LEÇONS

DE

PHRÉNOLOGIE

SCIENTIFIQUE ET PRATIQUE

—

TOME II

PARIS. — TYPOGRAPHIE SIMON RAÇON ET COMP., RUE D'ERFURTH, 1.

LA PHRÉNOLOGIE RÉGÉNÉRÉE
OU VÉRITABLE SYSTÈME DE PHILOSOPHIE DE L'HOMME
CONSIDÉRÉ DANS TOUS SES RAPPORTS

LEÇONS

DE

PHRÉNOLOGIE

SCIENTIFIQUE ET PRATIQUE

COMPLÉTÉE PAR

DE NOUVELLES ET IMPORTANTES DÉCOUVERTES PSYCHOLOGIQUES ET NERVO-ÉLECTRIQUES

TRADUCTION DE L'ESPAGNOL

DE

DON MARIANO CUBÍ I SOLER

Ouvrage dédié à Napoléon III, empereur des Français,

ET APPROUVÉ PAR MONSEIGNEUR L'ÉVÊQUE DE BARCELONE

ÉDITION PUBLIÉE AVEC LE CONCOURS DE L'AUTEUR, ET ORNÉE DE 147 GRAVURES SUR BOIS
INTERCALÉES DANS LE TEXTE.

TOME SECOND

PARIS

J. B. BAILLIÈRE et FILS	Vᵛᵉ VINCENT et BOURSELET
LIBRAIRES DE L'ACADÉMIE DE MÉDECINE	LIBRAIRES
RUE HAUTEFEUILLE, 19	RUE PAVÉE-SAINT-ANDRÉ, 13

MADRID	BARCELONE	LONDRES ET NEW-YORK
CH. BAILLY-BAILLIÈRE	P. BONNEBAULT, LIBRAIRE	H. BAILLIÈRE
Calle del Principe, 11.	Rambla del Centro, 22.	Libraire.

1858

LEÇONS

DE

PHRÉNOLOGIE

LEÇON XXXIV

Troisième classe : Facultés et organes de perception et d'action morale. — 18, GÉNÉRATIVITÉ; auparavant 1, amativité. — 19, CONSERVATIVITÉ. — 20, ALIMENTIVITÉ.

MESSIEURS,

Ces facultés, comme je l'ai dit dans la leçon XXIII, p. 569, produisent les phénomènes de l'esprit, résultant de leur grande force d'action naturelle de désir et d'affection, et de la connaissance des individualités, des qualités et des relations qu'elles reçoivent intérieurement des objets externes par le moyen de leur commerce mystérieux avec les facultés de connaissance physique. Leur mode principal d'action consiste à se mouvoir, à s'exciter ou à se diriger vers une action et à sentir de fortes affections. Ce sont des facultés affectives et de désir ou impulsion, par excellence. C'est ce qui a conduit à l'erreur qu'elles ne percevaient pas, ne concevaient pas, ni ne retenaient pas. Ces facultés sont : 18, générativité ou procréativité; — 19, conservativité; — 20, alimentivité; — 21, destructivité; — 22, combativité; — 23, conjugativité; — 24, philoprolétivité; — 25, constructivité; — 26, acquisivité; — 27, stratégitivité, auparavant sécrétivité; — 28, précautivité; — 29, adhésivité; — 30, habitativité; — 31, saillietivité; — 32, méliorativité; — 33, sublimitivité; — 34, approbativité; — 35, concentrativité; — 36, suavitivité, d'existence douteuse; les faits semblent prouver qu'elle fait partie du — 37, imitativité; — 38, réalitivité, auparavant merveillosité; — 39, effectuativité; — 40, rectivité; — 41, supérioritivité; — 42, bénévolentivité; — 43, inférioritivité; — 44, continuativité.

Ces facultés peuvent se subdiviser en *animales* et *humanales*. Dans la première de ces deux classes sont comprises les facultés qui sont communes à l'homme et aux brutes, et dans la seconde celles qui sont propres à l'homme et qui le placent à une distance immense au-dessus des êtres sans raison. A cette dernière classe appartiennent, à proprement parler, la méliorativité, la sublimitivité, la réalitivité, l'effectuativité, la rectivité, la bénévolentivité, l'inférioritivité et la continuativité. Les organes de toutes ces facultés ont leur siége dans la partie la plus élevée de la tête.

Les désirs et les affections de ces facultés ont constitué ce qui a été appelé *éthique* ou *philosophie morale* par les philosophes, sans que leurs spéculations et leurs réflexions fussent guidées, bien entendu, par l'éclatante lumière que répand sur ce sujet la connaissance fondamentale des facultés envisagées sous le point de vue de leur domaine, de leur juridiction ou de leur but spécial, qui comprend la formation d'*idées* relatives à ces mêmes désirs et à ces mêmes affections qu'elles engendrent. Si donc le bon sens et la saine philosophie rejettent comme inopportune et impropre, pour ne pas dire absurde, une pratique qui consiste à considérer comme une science distincte les idées formées par les facultés de connaissance physique, ainsi que nous venons de le voir, ils n'en repoussent pas moins celle qui considère aussi comme science séparée les désirs et les affections des facultés de perception morale. Dans les deux cas, en effet, ce ne sont que des modes d'action de l'âme, ayant pour objet de sentir et de connaître, c'est-à-dire de recevoir des sensations ou des impressions et de former des idées ou des conceptions. Il y a deux erreurs fondamentales dans cette pratique, qui est en faveur dans presque toutes les institutions d'éducation et d'enseignement. La première, c'est qu'elle considère les sensations et les idées comme des choses séparées, comme des sciences distinctes, comme des émanations de deux natures différentes dans l'âme, en un mot, comme si l'âme était *double* ou comme si elle avait deux essences différentes, doctrine fausse et pernicieuse que nous ne combattrons jamais trop. La seconde erreur, c'est qu'elle suppose que les sensations et les idées sont la base de l'*éthique* et de l'*idéologie*, c'est-à-dire la base des deux sciences dans lesquelles elles ont été divisées.

Les sensations, pas plus que les idées, ne pourront jamais être des sujets de science sans connaître leur principe fondamental, c'est-à-dire les *facultés de l'âme*, facultés qui, dans l'ordre de la nature, ne se manifestent directement que par les organes cérébraux auxquels Dieu les a mystérieusement unies. Sans la connaissance de ces organes, il ne peut y avoir, en saine philosophie, connaissance des facultés, et, sans la connaissance de ces dernières, l'idéologie, comme la philosophie morale, manque de base et de principe fondamental, ainsi que je l'ai indiqué dans la dernière leçon. La phrénologie est la science une, fondée sur la manifestation directe des facultés de l'âme. La phrénologie est par conséquent la science fondamentale de l'âme, et par suite celle des sensations et des idées. Mais, comme j'ai parlé plusieurs fois de ce sujet dans le cours de mes leçons, et comme je dois nécessairement le traiter plus loin d'une manière plus détaillée, je donnerai maintenant l'explication circonstanciée des facultés et de leurs organes dont se compose la classe III. En même temps je vous recommande d'une manière très-particulière de ne jamais perdre de vue ce que j'ai dit sur leur ensemble dans les leçons XXI à XXII.

18, GÉNÉRATIVITÉ; auparavant 1, AMATIVITÉ.

Définition. — Usage ou objet. Perception et conception de la condition ou qualité morale qui détermine le sexe de l'individu. Désir ou impulsion de propager l'espèce, conséquemment affection sexuelle de la satisfaction de ce désir. — Abus ou perversion. Fornication illégitime, habitudes sales. — Inactivité. Insensibilité sexuelle.

Localité. — C'est le cervelet. Vous avez déjà vu plusieurs fois son siège indiqué par le n° 1 dans différentes gravures que je vous ai présentées à ce sujet. Il est situé au côté externe des deux parties de la nuque, c'est-à-dire au côté interne de la partie inférieure ou *mastoïde* des os temporaux que je vous ai montrés sous le n° 3, dans la leçon XIV, p. 212. On apprécie la grandeur ou la petitesse de l'organe par la distance qui existe entre ces os dans la région mastoïdienne, et par la saillie ou par la dépression de la partie musculaire interposée entre eux. (Voyez p. 137, 170, 210, 225, 287, 335.)

Une grande distance et une grande saillie dénotent un organe grand; une petite distance et un petit relief indiquent un organe petit. Je vous ai parlé plusieurs fois de cet organe, et particulièrement, comme vous vous le rappelez sans doute très-bien, dans les leçons XII et XV, p. 137, 225.

Découverte. — L'existence de cet organe est si complétement prouvée aujourd'hui, qu'on ne peut maintenant en douter sans encourir le scepticisme philosophique. Qui que ce soit s'en convaincra en consultant Gall seulement (*ouv. cit.*, t. III). L'histoire de la découverte de cet organe est, en résumé, celle que vous allez entendre dans ce qui suit. Le docteur Gall était, à Vienne, médecin d'une dame veuve, d'un caractère et d'une réputation sans tache. Elle était sujette à une affection nerveuse qui se terminait par des accès de nymphomanie. Une fois, le docteur soutenait la tête de cette dame au moment d'un de ses paroxysmes violents; le gonflement et la grande chaleur du cou lui firent une grande impression. Cette dame lui dit que cette grande chaleur et ce gonflement présageaient toujours une crise. Cette observation suggéra au docteur l'idée qu'il pouvait y avoir une connexion entre le cerveau et le penchant générateur. C'est ce que de nombreuses observations confirmèrent alors, et ce qui a été confirmé depuis par beaucoup d'autres.

Harmonisme et antagonisme. — Toute faculté mentale est en harmonie avec le reste de la nature. C'est, pour ainsi dire, une partie du grand tout qui constitue l'univers, une partie de l'ordre et de la beauté que présente la création. Cette harmonie des organes ne se présente pas au premier abord, mais il suffit d'un léger examen pour l'observer de suite. En effet, nous voyons que la génerativité est en harmonie complète avec la loi impérieuse de la vie et de la mort à laquelle Dieu a soumis tous les êtres organisés. Pour accomplir cette loi divine, il fallait ou que la nature fût toujours en état de former matériellement des êtres, ou qu'en formant un individu d'une espèce, elle lui concédât la faculté de croître et de se multiplier de lui-même, c'est-à-dire qu'elle lui donnât un organe de génération. Ce dernier système de reproduction en harmonie avec cette nécessité est celui que présente la nature vivante. Cet organe de génération, comme tous ceux qui manifestent une faculté mentale, quoiqu'il n'agisse pas sans se mouvoir, sans dominer ou sans faire intervenir quelque autre partie spéciale de l'organisme, comme cela a lieu avec la génerativité, réside dans la tête.

Divers degrés d'activité. — Si l'organe est *petit*, la faculté se montrera faible. L'individu, par conséquent, sentira à peine un désir vénérien ou sensuel. S'il est continent, il le sera sans *triomphe*, parce qu'il n'y aura pas eu de *lutte* ; et, sans triomphe, il n'y a, dans l'ordre de la nature, ni vertu ni mérite. Ainsi constitué, il éprouvera peu d'inclination érotique pour le sexe opposé, c'est-à-dire qu'il sentira toute espèce d'affection, moins celle qui provient de la pure condition sexuelle, condition qu'il est du domaine exclusif de la génerativité de sentir et de percevoir. Les portraits authentiques de notre grand cardinal Ximénès de Cisneros, p. 287; de Kant, p. 133; de Newton, de l'abbé la Cloture et d'autres, indiquent un petit développement de l'organe de la génerativité; la vie de ces hommes illustres est en complète harmonie avec ce développement. Si le développement de l'organe est *moyen*, l'individu éprouve des désirs et des affections érotiques modérés. Il sent une inclination suffisante, mais non démesurée, pour le sexe opposé. Les *idées érotiques* qu'il perçoit sont et peuvent être seulement en harmonie avec ces désirs et ces affections modérés. Mais avec ce degré de développement, l'organe peut, par l'exercice, augmenter beaucoup sa vigueur et son activité, et, si une bonne direction lui fait défaut, il entraînera l'individu par son influence aveugle. Si l'organe est *grand*, l'individu aura la faculté naturellement très-active. Il possède des *idées* très-vives et des passions très-fortes relativement à la sensualité. S'il ne les bride pas, s'il ne les domine pas par l'activité prédominante d'autres facultés, particulièrement par l'activité des facultés religieuses, morales et réflexives (*Voy.* p. 375), sa conduite se fera remarquer dans toutes ses relations par l'incontinence érotique. La vue de gestes voluptueux et de représentations obscènes, la lecture de livres où sont décrites avec de vives couleurs les impulsions de la faculté, l'enflamment et lui communiquent une ardeur frénétique. Les unes l'excitent en s'adressant à sa partie sensitive, et les autres à sa partie intelligente. Vous pouvez distinguer ces deux modes différents d'exciter facilement et d'une manière très-utile, depuis que je vous en ai donné l'explication dans la leçon précédente (p. 535 à 536), en vous parlant des mots comme signes d'idées, et de l'imitation des objets ou du langage naturel comme cause immédiate de sensations.

Direction et influence mutuelle. — Dans la leçon XXII, j'ai dit ces paroles, que, quoique je les répète, je ne répéterai jamais trop, et, quoique vous les méditiez, vous ne les méditerez jamais trop : « Les désirs sont en eux-mêmes indéterminés. Ils se rapportent d'une manière vague et aveugle *à toute une classe.* Ils ne se rapportent aux individus ou variétés infinies de cette classe que lorsqu'ils sont *connus.* Ainsi la visualitivité désire *voir*, mais non voir le noir, le bleu, le coloré, ce qui serait connaître d'une manière innée ou infuse. L'olfactivité désire sentir, mais non sentir l'odeur d'un œillet, d'une rose, d'un jasmin ou de tel ou tel bouquet; elle ne désire que flairer. La destructivité désire détruire, mais elle ne détermine pas la spécialité de cette destruction. De même, il n'y a pas de faculté pour détruire des moutons, des chevaux, des hommes, des maisons ou des institutions; il n'y a pas de mode suivant lequel cette destruction doit être exécutée, c'est-à-dire si c'est par des coups, par le sabre, par des explosions, lentement, secrètement ou à l'aide d'intrigues légitimes ou réprouvées. La destructivité désire seulement détruire. Le pourquoi et le comment doivent venir de la conception et de l'influence des autres facultés qui sont dominées par elle ou qui la dominent. Une couleur spéciale, un mode spécial de destruction, une satisfaction amoureuse particulière étant connus, la faculté a exercé sa *partie intelligente ;* elle a acquis le moyen de *choisir* et de *déterminer.* Par cette courte explication vous comprendrez que l'*aveuglement* d'une faculté consiste dans sa *partie qui désire et est affectable*, et son intelligence ou intellectualité de « *inter legere*, choisir « entre, » dans sa partie conceptive et perceptive. »

Dans la leçon XXIV, p. 387, en parlant du mode suivant lequel s'engendrent les diverses affections, sujet que j'ai entièrement expliqué dans la leçon XXI, p. 337, et qui forme encore une partie de celle-ci, j'ai dit ces paroles, que vous ne devriez jamais oublier : « La visualitivité, dans sa partie active, par exemple, ainsi que je l'ai répété plusieurs fois, désire seulement voir d'une manière abstraite. Son objet, c'est voir sans déterminer quelle chose ni quelle couleur. Après avoir perçu, dans son attribut passif, toute classe de couleurs sombres-nuancées, claires-obscures, la visualitivité peut avoir autant de désirs qu'il y a eu de perceptions de ces modifications de lumière et qu'il lui a été donné de produire de nouvelles conceptions.

« On peut et on doit en dire de même de la génératrivité et de toutes les autres facultés. La génératrivité, dans sa partie active, désire, pousse, excite, entraîne à commettre des actes propres à elle-même. Elle fait cela abstractivement, c'est-à-dire sans déterminer quels actes, ni de quelle manière on doit les commettre. Après les avoir exécutés ou les avoir vu commettre, son pouvoir passif les perçoit, c'est-à-dire sait ce qu'ils sont. Alors elle peut avoir autant de désirs que d'espèces d'actes concupiscents perçus par elle, et qu'il y en a qui, par le moyen de ces mêmes actes, peuvent être conçus et imaginés. Ainsi le désir génératif, seul et unique en lui-même, peut se diviser en autant de désirs et d'aberrations de désir qu'il en a été perçu et qu'il peut s'en imaginer encore. C'est pourquoi, devant la jeunesse, nous ne devons présenter des objets ni proférer des paroles susceptibles d'éveiller en elle des désirs érotiques qu'avec un très-grand tact et une très-grande circonspection; car ces désirs s'alimentent promptement par le pouvoir conceptif que possèdent toutes les facultés et se changent en passions ardentes qui, pour satisfaire leur violence, nous entraînent dans mille précipices, ou qui, si elles ne peuvent se satisfaire, laissent dans l'âme la plus grande douleur, l'angoisse, la consternation et la misère. »

La générativité peut seule désirer une satisfaction érotique. Cette satisfaction, à quelque degré et de quelque manière qu'on la conçoive, reconnaît cette faculté pour son centre et pour son origine. Je ne cesserai cependant de répéter que, de même que la destructivité se satisfait en mordant, en égratignant, en pinçant, en cassant, en brisant, en déchirant, en brûlant, en taillant, en noyant, en étranglant, en empoisonnant, en nuisant par des paroles grossières et insultantes, en semant la discorde dans une intention méchante, et par mille autres douloureuses inflictions, de même la générativité se satisfait de mille manières différentes, soit légitimes, soit réprouvées, auxquelles je m'abstiens de faire allusion directement et que vous apprécierez surtout après ce que j'ai dit dans la leçon XXIV, p. 387, et dans la leçon précédente, p. 535 à 536, leçons que j'ai mentionnées depuis peu. Si les paroles n'excitent pas des impulsions ou des affections directement, comme les gestes et les représentations, elles les excitent indirectement en réveillant des idées qui les reproduisent.

La générativité ne se connaît point elle-même, pas plus qu'aucune faculté de la première, de la seconde et de la troisième classe ne se connaît, comme cause, comme agent d'un effet ou d'un résultat. Cette connaissance appartient exclusivement à la juridiction des facultés de relation universelle [1]. Quant à ce qui concerne la générativité, cette faculté ne désire qu'une *satisfaction* érotique. C'est à cela que se circonscrit son cercle d'action. Afin que cette action s'achemine vers le but saint et légitime pour lequel Dieu a créé cette faculté, but qui consiste dans la propagation de l'espèce d'une manière sainte et légitime, il faut l'influence et la direction des autres facultés, comme je l'ai expliqué d'une manière précise et détaillée dans différentes leçons [2], mais plus particulièrement dans la leçon XVIII, p. 286 à 289.

Toutefois je n'ai pas considéré jusqu'ici cette influence et cette direction sous ses deux aspects, l'un *aveugle*, et l'autre *intelligent*, comme le sont

---

[1] Dans les leçons XLV et XLVI, j'ai démontré, comme je l'ai répété plusieurs fois, qu'elle réside exclusivement dans l'harmonisativité, nommée auparavant comparativité.
(*Note de l'auteur pour l'édition française.*)

[2] Je ne dois pas cesser de vous faire observer que, si vous n'avez pas présent à l'esprit ce que j'ai dit alors sur cette matière et ce que j'ai dit dans les leçons V, p. 49 à 53, XI, p. 142 à 145; XII, p. 161 à 173, sur chacune des facultés et sur chacun des organes, à l'article *Direction et influence mutuelle*, vous ne retirerez pas, ni vous ne pourrez pas retirer tout le fruit et toute l'utilité qui doit résulter de tout ce que je dis maintenant et de tout ce que je peux dire dans la suite sur cette question.

toutes les facultés de l'âme, c'est-à-dire toutes les facultés qui le produisent
et le reçoivent, le reçoivent et le produisent d'une manière isolée ou combinée. Maintenant cette considération devient indispensable, parce que, sans
elle, nous ne pourrions pas nous former une idée claire et compréhensible
du mode d'agir des facultés morales, dont j'ai déjà commencé, comme vous
le voyez, l'explication.

L'influence que reçoit une faculté d'une autre ou de plusieurs est aveugle
lorsqu'elle agit seulement sur sa partie sensitive, c'est-à-dire sur sa partie
qui désire, qui est impressionnable et affective, soit pour l'aider à accomplir
son objet ou son projet spécial, soit pour l'entraîner après elle, c'est-à-dire
pour la convertir en une faculté auxiliaire de la faculté influente. L'influence que reçoit une faculté d'une autre est intelligente (et voilà ce qui
est complétement nouveau en phrénologie, ce qui unit et harmonise ce système mental avec tous les autres systèmes, ce qui les embrasse tous, les
comprend tous et se les incorpore tous) lorsqu'elle agit sur elle dans sa
partie perceptive et conceptive pour l'instruire et la convaincre, soit afin
qu'elle remplisse mieux son objet ou qu'elle domine avec plus de force son
action, ou qu'elle aide avec plus de sûreté la faculté influente.

Nous ne savons pas comment cela a lieu, mais nous sentons et nous savons que cela s'effectue. Abandonnée à son caprice, sans répression ni sans
le frein d'aucune autre faculté, la générativité agit dans sa perversion, et
alors se montrent l'impudicité, la luxure, l'obscénité. Si cette même faculté
domine et agit avec l'aide de la combativité et de la destructivité, elle prend
de force, elle viole et commet mille autres actes exécrables. Mais, si cette
faculté, dans ce même degré d'activité, agit, quoique dominante, sous l'influence de quelques autres facultés, elle est le premier et le plus puissant
élément de production utile. C'est à elle, par exemple, qu'on doit les vers les
plus sublimes du *Paradis perdu* de Milton et les pages les plus belles de
notre immortel Cervantes.

Je dis cela pour vous démontrer avec clarté, une fois pour toutes, le fait
remarquable en lui-même d'après lequel une faculté peut, dans les effets
de sa spécialité propre et exclusive, agir suivant une direction qui produise
un mal immense et suivant une autre direction qui produise un bien immense. Cette direction différente est en notre pouvoir, sinon absolument,
et alors la grâce divine serait inutile, au moins beaucoup plus complétement
que ce que l'on sait, que ce que l'on peut en dehors de la phrénologie. Nous
serions donc bien coupables, si nous n'utilisions pas ce pouvoir pour le
bien. (Voir p. 286 à 299.)

« Beaucoup croient, dit George Combes, qu'on ne doit pas parler des
fonctions de cet organe. Mais il me semble que pour l'homme pur tout est
pur, et qu'il n'y a pas de fonction qui ne prouve la sagesse et la bonté du
Créateur. La question n'est pas de savoir si nous sentirons ou si nous ne
sentirons pas les affections que manifeste l'organe de la générativité, parce
qu'il n'y a pas en nous un pouvoir qui nous empêche de les sentir. La ques-

tion consiste à savoir si un entendement bien éclairé bridera et dirigera la générativité vers des fins utiles et simples pour lesquelles elle a été créée, ou s'il lui sera permis de courir à toute bride, de s'emporter avec toute la fureur et la frénésie d'un instinct animal, aveugle, égoïste et emporté. »

Les parents et les maitres, en n'instruisant pas, relativement à la générativité [1], leurs fils, leurs enfants et leurs élèves avec tout le décorum et tout le respect nécessaire, font que beaucoup de jeunes gens deviennent imbéciles, fous, infirmes, parce qu'ils s'adonnent à l'onanisme. « Si mon père, me disait un monsieur qui avait été victime de ce vice, si mon père m'eût dit une seule parole qui m'eût fait comprendre les conséquences funestes des excès de la masturbation, je n'aurais pas ruiné ma santé et je ne me verrais pas, comme je me vois aujourd'hui, destiné à souffrir et à languir pendant toutes les années que j'ai encore à vivre. » — « Sur les trois cent dix-huit phthisiques entrés dans la salle Saint-Bruno, Hôtel-Dieu de Lyon, dit D. G. F et A. (traducteur de la *Physiologie humaine* de M. Devay, t. II, p. 115), cent vingt-six m'ont avoué plusieurs fois (en 1838) que la masturbation était la cause de leur maladie. »

Beaucoup de personnes et plusieurs institutions religieuses, très-utiles dans leur but et leurs tendances, ont souffert dans leur bonheur et dans leur réputation pour avoir méconnu la nature de la générativité [2]. Si la vertu de la chasteté doit être leur base principale, toute personne dont le caractère naturel ne tendrait pas à l'accomplissement de cette vertu ne devrait point faire partie de ces institutions. « Les différentes professions de la vie, dit Gall, (*ouvr. cit.*, t. III, p. 170), devraient être le résultat de l'organisation différente des personnes qui s'y consacrent. » Si nous voulons des Lucrèces, des vestales, des cénobites, nous devons rechercher des personnes comme Newton, Kant, Ximénès de Cisneros, Charles XII de Suède, saint Thomas à Kempis; chez eux la générativité était presque nulle. Comment espérer, sans une grâce particulière du Seigneur [3], une continence générative de personnes comme l'impudique Sapho, Néron, Catherine II de Russie, Piron, Mirabeau, Chorier, l'Aretin, François Ier et d'autres, que le respect et la pudeur ne permettent pas de citer, et chez lesquelles la générativité était très-pervertie [4]? Vous connaissez le sort de Boutillier et de Thibets (p. 137 à 145, 170 à 171). La perversion ordinairement grande de la générativité ou de quelque autre organe, quoique toujours dominable et dirigeable avec l'aide

---

[1] Nous n'ignorons pas qu'une semblable instruction exige beaucoup de discernement pour ne pas faire ouvrir les yeux de celui qui les tient fermés ou à demi fermés. Il est quelquefois prudent de se taire, et il faudra toujours réfléchir avant de se prononcer.

[2] Lorsque nous disons que la réputation de plusieurs institutions religieuses a souffert, nous entendons qu'elle a souffert de la part de ceux qui, méconnaissant ou voulant méconnaitre la saine logique, ont tiré des conséquences générales de quelques prémisses particulières. Pour nous, nous admirons et nous respectons ces institutions.

[3] La grâce du Seigneur ne fait jamais défaut à ceux qui, de leur côté, font tous les efforts qui leur sont possibles. Avec la grâce du Seigneur, nous pouvons tout.

[4] Voyez Walker, *Intermarriage* « mariage », p. 80-105 (New-York, 1859. — Londe, *Hygiène*, édit. cit., p. 127-198, et autres ouvrages.

de la grâce divine, se remarque à simple vue. A cet égard, vous avez eu occasion de comparer Thibets avec notre cardinal Ximénès de Cisneros, p. 287. En voyant le malheureux Kunow, dans la prison de Spandau, Gall dit : « C'est sa nuque qui l'a perdu. » La même chose m'arriva pour un détenu de la prison publique de Villafranca del Panadès, en Catalogne. A peine avais-je dit : « Détenu pour viol, » que quelqu'un, en m'entendant, me répondit : « C'est vrai. »

Dans toutes ces circonstances, la phrénologie peut être naturellement d'une grande utilité. En parlant précisément de Thibets, à la fin de la leçon XI, j'ai dit, à cause de son opportunité et de son importance, ce que je vais vous répéter ici. « La phrénologie, disais-je alors, nous apprend qu'une faculté trop active, par suite du développement excessif de son organe, peut être réprimée dans ses excès en excitant les autres facultés qui sont ses antagonistes ou qui doivent souffrir de ses excès. En voyant son excessive générativité, Thibets pouvait exciter ses facultés intellectuelles et prévoir les dangers et les souffrances que sa conduite effrénée devait lui attirer. Il pouvait exciter sa petite bienveillance, son faible sentiment de justice, sa susceptibilité au qu'en dira-t-on. Il pouvait enfin mettre presque toute sa tête contre une petite partie et conquérir par cette réunion de forces le triomphe d'une seule. Il pouvait même faire davantage. La phrénologie, d'accord avec le sentiment commun, détermine les objets externes qui excitent ou affaiblissent l'action de chacune des facultés. Si la vue de personnes de sexe opposé, les lectures et les conversations obscènes, enflamment la générativité, la vue d'objets attendrissants excite notre tendresse; celle d'actions nobles, notre bienveillance; celle d'actes religieux, notre mépris pour la chair ; elles fortifient ou elles affaiblissent, selon que nous recherchons certains objets ou que nous les fuyons, les facultés dont nous désirons la victoire ou le triomphe. La phrénologie est de cette manière un appui ferme, sublime et glorieux pour la pratique de la religion et de la morale, ce que nos adversaires méconnaissent ou ne veulent pas comprendre.

« Mais, si tout cela ne suffit pas, la phrénologie présente encore une autre ressource qu'on ne peut nier et que l'expérience a prouvée maintes fois, quoiqu'elle ait fait tourner la tête aux uns et qu'elle ait excité un sourire de compassion chez les autres. Cette ressource est curative ou thérapeuthique. Les effets de la morphine, de l'opium, des alcools, des alcalis et d'autres substances sur le cerveau, les conséquences qui s'en sont suivies pour les facultés mentales, ont fait découvrir des effets partiels sur les organes particuliers de l'encéphale. Si l'on découvre un jour par ce moyen le mode par lequel l'action de certaines facultés mentales déterminées s'excite ou s'apaise, on le devra entièrement à la phrénologie. Pour le moment on sait déjà par l'expérience que des moyens calmants, appliqués sur la nuque, affaiblissent physiquement l'organe de la générativité, car on connaît le principe d'après lequel, suivant l'énergie ou la faiblesse d'un organe, se manifeste la faculté dont il est l'instrument, et l'on a découvert que la générativité réside dans la nuque, comme vous le voyez indiqué dans le même portrait de Thibets et comme je le prouverai d'une manière irréfutable lorsque je m'occuperai spécialement de ce sujet. Puisque sans la grâce divine tous les efforts humains sont inutiles, Thibets, en ayant recours à tous ces moyens, aurait eu la conscience que ses fins, ses désirs, ses aspirations, étaient bons, agréables à Dieu ; il aurait imploré avec plus de ferveur sa sainte grâce, et son triomphe, si des secrets providentiels ne s'y fussent opposés, aurait été complet. »

Incidents. — Gall, afin d'appuyer sur des preuves accessoires le siége de la générativité, mis hors de toute incertitude par les milliers de preuves positives et finales qu'il rapporte et que vous-mêmes pouvez vérifier maintenant en comparant l'étendue et le relief de leurs *nuques* respectives[1] avec le penchant naturel érotique que chacune manifeste, dit qu'il y a plusieurs siècles ce fait était connu par *sensation*, mais non par *observation*. Il rapporte à cet égard un écrit d'Apollonius de Rhodes (il florissait cent quatre-vingt-quatorze ans avant Jésus-Christ), qui, en parlant de l'amour passionné de Médée, dit : « Tous ses nerfs participent au feu qui la dévore et qui se fait sentir derrière la tête, dans ce même endroit où *la douleur est plus vive* lorsqu'un amour extrême s'empare de tous nos sens. »

On trouvera ce passage remarquable dans l'*Histoire abrégée de la littérature grecque* de M. Schœll, t. I, p. 99. — Chez les animaux dont la propagation n'a pas lieu par l'union des deux sexes, on ne trouve rien qui ressemble au cervelet. Quelques-uns de ceux chez lesquels intervient cette union se caressent lorsqu'ils sont en chaleur d'une façon qui prouve clairement l'existence de l'organe en question. Tel est l'âne, tel est sa femelle, qui, dans ces circonstances, irrite son compagnon en mordillant sa nuque. Aucune faculté ne présente au-

---

[1] Dans ce sens, le mot *nuque* désigne toute la distance comprise entre les apophyses ou proéminences mastoïdes, c'est-à-dire la partie *inférieure-postérieure* des os temporaux, immédiatement située derrière les oreilles et indiquée par le n° 5 sur un dessin que j'ai rapporté dans la leçon XIV, p. 212. Comme il est incontestable que la nuque, dans sa partie externe, se montre volumineuse lorsque la générativité est grande, on a l'habitude d'employer ce mot, comme je le fais ci-dessus, pour exprimer toute l'étendue dans laquelle se montre extérieurement l'organe génératif interne. Remarquez en même temps que le cervelet est situé à la base postérieure du cerveau, comme vous l'avez vu sur la gravure que je vous ai présentée dans les leçons XIV et XXII, p. 207, 359. Dans cette dernière gravure, vous avez vu que la moelle épinière, renfermée dans la colonne vertébrale et dont l'extrémité supérieure porte le nom de moelle allongée, s'unit au cerveau précisément au milieu de ses deux hémisphères et derrière eux. Dans la leçon XXI, p. 334, je vous ai présenté un squelette visible à travers ses muscles et sur lequel vous avez vu la réunion du rachis avec le crâne. Comme le cervelet repose tout à fait sur la *partie inférieure* du crâne, en arrière de la *partie supérieure* de l'épine dorsale ou *nuque*, on ne peut apprécier son développement que par l'étendue et la saillie des muscles situés immédiatement au-dessous du crâne ou partie externe de la nuque, siége que j'ai indiqué depuis peu, comme la localité de l'organe en question. D'où l'on peut conclure naturellement que, de même que l'observation ordinaire de la race humaine a établi que l'individu très-présomptueux, tenace ou arrogant, porte la tête élevée, ce qui le fait appeler vulgairement *roide de nuque* « *tieso de cogote ;* » lorsqu'on saura généralement de même que celui qui se trouve sous l'influence d'une forte passion érotique, sensuelle ou luxurieuse, a la nuque large et gonflée ou gonflée et large, on l'appellera avec autant de vérité *large de nuque* « *ancho de cogote,* » *grand de nuque* « *de gran cogote,* » *gonflé de nuque* « *abultado de cogote.* »

tant d'incidents curieux et démonstratifs de l'existence d'un organe spécial pour son siége comme celle de la générativité. Mais je m'abstiens sur ce sujet pour des raisons que vous ne pouvez ignorer. Toutes les facultés, dans leur action comme dans leur manifestation, ont besoin d'un frein, et celle-ci plus que toutes les autres, parce que sa force est plus grande que celle de chacune d'elles [1]. Si la passion *entraîne*, ai-je dit dans un autre endroit, p. 418, presque dans les mêmes termes, la raison *bride* ou *réprime;* et, si la raison *s'emporte*, la souffrance la retient. Avant d'en arriver à cette souffrance, il est de notre devoir de l'éviter par tous les moyens qui sont à notre disposition. La souffrance, pour moi, consisterait, dans ce cas, dans la sensation désagréable ou dans les remords qu'éprouverait mon âme en sachant que mes paroles ont produit ou ont pu produire les excitations inopportunes les plus minimes. Ce que j'en dis est destiné pour toutes les oreilles. Cette considération est le frein que ma raison impose à ma passion.

Il est certain que tout est pur pour celui qui est pur, comme je l'ai déjà dit; mais toute chose a ses limites. Tout est comme la chaleur : une chaleur suffisante plaît, beaucoup de chaleur suffoque, trop de chaleur brûle. *Tempérance et harmonie en tout*, voilà la grande règle, comme j'aurais besoin de le dire bien souvent. Mais cette tempérance et cette harmonie ont *leurs conditions.* Ce qui est tempérance et harmonie pour un temps, pour un lieu, pour une personne, pour une circonstance, peut être intempérance et désaccord pour une autre ou pour d'autres. Et pourquoi ? Parce qu'il est très-évident que Dieu a accordé la RAISON à sa créature privilégiée, et par conséquent un vaste champ pour l'exercer. C'est pourquoi discuter sur la liberté absolue et sur l'autorité absolue parmi les hommes, comme nous voyons que cela se fait journellement dans des discussions polies ou inconvenantes, lorsque Dieu seul, à proprement parler, est absolu, c'est, selon moi, une absurdité. Rien ni personne ne peuvent à cet égard, dans l'ordre de la nature, être absolus, parce que tout est conditionnel, parce que tout est antagonisme, tout est perfectible, ainsi que je l'ai expliqué leçon XXVI, p. 417 à 419. Rapporter les divers effets que certains états et certaines conditions de l'organisme produisent sur la faculté érotique par le moyen de son organe, et rapporter, d'un autre côté, quelques-unes des modifications qu'elle produit à son tour sur l'organisme, ce serait de ma part, en ce moment, fouler aux pieds les lois de la délicatesse à laquelle doivent strictement se soumettre mes discours. Je ne dois faire allusion à des faits, ni rapporter des incidents relatifs à ce sujet qu'autant que mes allusions et mes observations ont pour but exclusif d'exciter la terreur et la frayeur contre l'abus de cette faculté, comme je viens de le faire en vous parlant de sa *direction* et de son *influence*. Ceux qui, à cause de leur précocité, de leur circonspection, de leurs conseils et de leur carrière, ont besoin de la connaissance de ces effets et de ces modifications, pourront consulter la Phrénologie de Spurzheim, plusieurs fois citée, tome I, p. 149-152; les ouvrages de Gall, également cités, t. III, p. 141-240 ; le *Mé-*

---

[1] Le cervelet des adultes, comparé avec le cerveau, est comme un à cinq, à six, à sept et à huit au plus ; il a donc à lui seul la force approximative, la force de quatre ou cinq au moins des autres organes. Celui qui désirerait connaître à fond les fonctions du cervelet et voir confondus ceux qui, comme Flourens, ont attaqué les doctrines phrénologiques sur cet organe cérébral, doit consulter l'excellent ouvrage : *Sur les fonctions du cervelet*, par les docteurs Gall, Vimont et Broussais, ouvrage traduit en anglais et augmenté par George Combe (Édimbourg, 1858).

moire de chirurgie militaire et campagnes du baron Larrey, t. II, p. 150;·
t. III, p. 252 ; les *Éléments de Physiologie* par Richerand, p 379-380 ; l'*E-
dimburg phrenological Journal*, t. V, p. 98, 311, 636; t. VII, p. 29; t. VIII,
p. 377, 389; t. IX, p. 188, 383, 525; les *Observations on mental alienation*,
par Andrew Combe, p. 162, et autres ouvrages de moins d'importance que je
ne cite pas. L'homme le plus sceptique, l'adversaire le plus systématiquement
opposé à la phrénologie, se diront, en lisant ces ouvrages écrits tous dans un but
scientifique et nullement dans l'intention d'offenser la pudeur et la délicatesse:
« Ou je dois fermer les yeux à l'évidence de mes sens et de ma raison, ou je
dois croire que le cervelet est l'organe de la générativité [1].

Observations générales. — C'est une erreur de croire que l'organe de la
générativité est plus grand chez les nations des pays chaudss que chez celles
des pays froids. Jusqu'à présent, on n'en a trouvé aucune chez laquelle l'organe
fût plus développé que chez les Groënlandais et chez les autres tribus d'Esquimaux qui, comme vous le savez, habitent les régions les plus froides que l'on
connaisse. Un grand nombre de crânes qu'on trouve dans la Société phrénologique d'Édimbourg le démontrent et le confirment. Cox a écrit sur ce sujet
un mémoire instructif et intéressant intitulé : *Essay an the character and cerebral development of the Esquimaux*; j'en recommande la lecture à ceux
qui s'occupent particulièrement de cette question.

Quant au sexe, l'organe est beaucoup plus développé chez l'homme que chez
la femme; « et la preuve, dit Broussais dans son ouvrage remarquable de l'*Irritation et de la Folie*, p. 424, ouvrage recommandable sous beaucoup de rapports, mais digne de censure sur quelques autres points, c'est que l'homme est
celui qui attaque toujours, et c'est toujours le sexe masculin qui oblige les tribunaux à instruire des procédures relatives aux violences suggérées par la
passion de l'érotisme. » Il y a cependant des exceptions, comme le prouvent

---

[1] Quoique Spurzheim ait écrit son ouvrage en anglais, il a publié en *latin* les incidents
ou les observations que je mentionne ci-dessus. Cette délicatesse me met à même, sans
l'offenser, d'en citer dans cette même langue quelques-unes assez intéressantes et assez
importantes, et qui viennent à l'appui de la vérité phrénologique du sujet en question :
« Partes genitales, dit-il, sive testes hominibus et fœminis uterus propensionem ad
venerem excitare nequeunt. Nam in pueris veneris, stimulus seminis secretioni sæpe
antecedit. Plures eunuchi, quamquam testibus privati, hanc inclinationem conservant.
Sunt etiam fœminæ quæ, sine utero natæ, hunc stimulum manifestant. Hinc quidam ex
doctrinæ nostræ inimicis harum rerum minime inscii seminis præsentiam in sanguine
contendunt et hanc causam sufficientem existimant. Attamen argumenta hujus generis
vera physiologia longe absunt et vix citatione digna videntur. Nonnulli etiam hujus in-
clinationis causam in liquore prostatico quærunt; sed in senibus aliquando fluidi prostatici
secretio sine ulla veneris inclinatione copiosissima est. — Cerebello vulnerato partes genitales in sympathiam traduntur. Gall, Vindobona Austriacorum, duos milites, e vulnere
occipite, impotentes fieri observavit, quorum unus duobus post annis, veneris appe-
tentiam et copulandi potestatem iterum recepit puerosque genuit.

In morbis glandulæ parotis, partes genitales variis modis afficiuntur. Laque suspensi
et strangulati plerumque erectionem et seminis emissionem habent. Menstruationis sup-
pressæ a vesicatione cervicis restitutæ exempla dantur. Cervicis frictiones cum spirituosis
in hesteriam remedium præclare dicuntur. In crotomania, partes genitales sæpe inflam-
matæ sunt, sed hæc inflammatio non est idiopathica, sed sympathica. Eroticus furor
hominis necnon et equorum a castratione sanatus est; melius tamen sit morbum fran-
gere per remedia in inflammatione sanata, priapismus sedatur. Omnes similes observa-
tiones ad actionem reciprocam colli ac partium genitalium pertinentes, cerbelli functio-
nem probant. »

Sapho, Catherine II de Russie, Godfried et autres; mais dans ces cas, très-rares il est vrai, la nuque est en harmonie avec le penchant.

Par rapport à l'individu, l'organe chez le nouveau-né est moins développé que tous ceux qui constituent l'encéphale; à cet âge on voit en harmonie avec ce développement la partie postérieure du cou, comme si elle eût été exactement unie à l'occiput. Le cervelet se développe d'ordinaire beaucoup, au commencement de la puberté; il atteint son maximum de développement entre dix-huit et vingt-six ans. Ces circonstances ne devraient pas passer inaperçues dans la formation des lois contre les abus de l'érotisme.

Jusqu'à présent je me suis occupé de la générativité comme faculté dirigeante, excitante, influente, prédominante, dont la satisfaction complète a pour auxiliaires les autres facultés. Je me suis occupé de la générativité, comme fleur principale d'un bouquet, dans lequel les autres fleurs ne se trouvent que pour faire exhaler avec plus de force et plus d'avantage son parfum spécial. J'en ai parlé comme instrument de concert d'un orchestre, dans lequel les autres instruments ne servent qu'à donner plus de corps et plus de volume sonore à ses tons; comme figure principale d'un tableau, dans lequel les figures accessoires servent seulement à la faire ressortir davantage; j'en ai parlé enfin comme un général dont l'armée n'est qu'un ensemble de forces subordonnées, physiques et morales, pour exécuter d'autant mieux et d'autant plus complétement son plan spécial, qu'elles sont plus puissantes et plus nombreuses. Ce plan peut cependant être modifié, suivant la nature de ces forces, et suivant le pouvoir que le général possède sur elles, de la même manière qu'on peut modifier l'effet de la figure principale d'un tableau, les sons eux-mêmes de l'instrument de concert d'un orchestre, le parfum de la fleur principale d'un bouquet, suivant l'influence des figures, des instruments et des fleurs accessoires.

La générativité, comme *fleur accessoire* des divers bouquets de fleurs mentales que les facultés peuvent former par leur combinaison variée, leur communique un parfum moral exquis, délicieux, pénétrant. Toute action morale, même la plus chaste, la plus pure, la plus simple, dans laquelle l'influence générative fait défaut, manque d'un élément important, et n'a point de *chaleur amoureuse*, point de *feu d'amour*. Si dans nos prières au Très-Haut, à la sainte Vierge, dans nos épanchements à notre directeur spirituel, l'influence de cette chaleur ne se fait pas sentir, dominée, dirigée, élevée, presque divinisée dans ces cas par des facultés d'ordre supérieur, nos prières manqueront d'une certaine ferveur, et manifesteront ainsi plus de tiédeur; nos épanchements manqueront d'un certain soulagement et seront plus réservés par conséquent.

La douceur, la suavité du parfum moral et délicieux de l'amour se fait sentir en tout et pour tout, et particulièrement dans les relations même les plus chastes et les plus pures entre les deux sexes. C'est ainsi seulement que nous pouvons nous expliquer comment la tendre influence d'une mère, le regard caressant d'une sœur, le soupir plein de candeur d'une épouse, la muette supplication pudiquement exprimée sur le front d'une jeune fille aimée, retiennent et maintiennent dans les bornes les élans d'un jeune homme insensible à toute autre influence. Si l'*amour prédominant* peut nous faire tomber dans mille aberrations, dans mille égarements, *dominé* par la religion, par la morale et par l'intelligence, il peut être l'origine des sensations les plus agréables et les plus délicieuses qu'il nous soit permis d'éprouver ici-bas.

La partie morale de la générativité adoucit toutes les passions et particulièrement l'orgueil et la haine, qui rendraient l'homme insatiable. Elle alimente et multiplie les affections tendres et bienfaisantes. Voyez combien sont austères, combien sont rudes les hommes qui n'ont point ressenti dans leur enfance la douce influence morale du sexe féminin! Voyez, au contraire, combien elle est petite-maîtresse et remplie d'affectation doucereuse, la femme dont l'éducation première n'a pas reçu l'influence de l'homme! Il n'y a que la générativité pour nous expliquer les considérations mutuelles qui se présentent à égalité de circonstance chez les sexes. L'homme est meilleur et plus généreux envers la femme et la femme envers l'homme.

J'ai à vous dire quelque chose le plus brièvement possible sur le motif qui m'a fait adopter la dénomination *générativité* au lieu de celle « d'amativité, » introduite par Spurzheim, car Gall a appelé dès le commencement cette faculté et son organe « instinct de génération » La générativité, comme la visualitivité, est divisée en partie *intra-cranéale* et partie *extra-cranéale*. Il n'y a de différence qu'en ce que la partie extra-cranéale de la visualitivité, ou les yeux, possède l'attribut passif et actif, c'est-à-dire qu'elle voit ou reçoit des impressions du monde externe, et qu'elle *regarde* aussi ou agit activement excitée par les facultés dont elle est l'intermédiaire. La partie *extra-cranéale* de la générativité, ou organes externes procréateurs, n'a de pouvoir passif, ne reçoit d'autre impression que ceux du toucher commun à tout l'organisme. Aucune *sensation*, susceptible de se changer en *idée*, rien de ce qui peut exciter une affection n'entre par la partie extra-cranéale de la générativité. C'est un sens purement actif. Le monde externe n'y est pour rien. Tous ses mouvements émanent de l'*aveugle désir* interne de la faculté. Mais, comme ce *désir* produit par sa grande activité des modifications organiques, qui engendrent d'elles-mêmes de fortes impressions, celles-ci sont *perçues* par la faculté et s'accompagnent d'*affections correspondantes*. Voilà comment l'homme pourrait avoir des idées et des affections érotiques quand même il aurait perdu tous ses sens externes, excepté celui de la faculté dont nous parlons et dont les sensations, à cause de leur énergie et de leur violence plus grandes que celles d'aucune autre faculté, ont été appelées, par antonomase, AMOUR. De sorte qu'AMOUR, qui ne veut dire autre chose qu'*inclination*, que *désir*, qu'*affection*, dans le sens le plus étendu et le plus général de ces mots, a été appliqué par excellence à l'amour érotique ou génératif. L'adoption du mot *amour*, dont la signification est si étendue et si générale, pour exprimer un amour spécial et particulier, seulement parce que cet amour était, dans ses effets moraux comme dans ses effets physiques, plus actif que les autres affections, est, selon moi, une faute de précision technologique, qui ne doit pas être acceptée et encore moins propagée; il augmenterait le nombre des inexactitudes idiomologiques des langues.

A toutes les époques et dans tous les temps, le sens commun de la race humaine, *sans savoir pourquoi*, a établi une différence très-considérable entre l'action de la générativité par le moyen de son organe intra-cranéal et celle de sa réaction sur le sens extra-cranéal. Le désir affectif de la faculté se nomme toujours *amour pur, amour moral;* sa réaction impulsive sur le sens externe ou extra-cranéal s'appelle *amour grossier, amour physique*. On voit dans cette même distinction l'acception universelle du mot *amour*. Si, en effet, sa signification usuelle et primitive ne s'étendait pas à toute classe d'affections, de désirs et d'idées, quelle que soit la faculté dont ils proviennent, la dénomination

amativité eût été sans doute la plus convenable, parce qu'elle était la plus connue. Mais comme, je le répète, dans son étymologie comme dans son usage, le
mot amour veut dire désir et affection, suivant l'acception la plus universelle
de ces mots, raison pour laquelle nous disons *amour de gloire, amour d'argent, amour du travail, amour du prochain* et autres expressions analogues,
il a fallu adopter une dénomination dont le sens ne dépassât pas les limites de
l'action générale de la faculté, mais comprît et embrassât toutefois le cercle de
ses attributions. Tel est, à mon sens, le mot générativité ou procréativité, que
j'ai adopté.

D'ailleurs, puisqu'il y a un terme pour exprimer la faculté dans sa spécialité
exclusive, le mot amour pourra être convenablement employé pour signifier son
mode d'action passif ou moral, par opposition avec son mode d'action actif ou
charnel, que la faculté soit considérée seule ou en combinaison avec d'autres.
Ainsi, lorsque nous dirons sensualité, concupiscence, érotisme, luxure, liberti-
nage, galanterie, séduction, viol et autres mots que par respect je ne nomme
pas, nous saurons que nous faisons allusion à l'action grossière et matérielle de
la faculté. Lorsque nous dirons amour platonique, amour pur, amour héroïque,
amour chevaleresque, un saint amour de Dieu, nous saurons qu'il s'agit d'un
amour dans lequel tout est idéal, spirituel, chaleur vivifiante, sans aucun mélange de sensualité. Si je ne me trompe, les idées qui, en vertu de mes explications relatives à la faculté dont nous parlons, pourront être représentées par le
mot *amour*, seront plus facilement comprises et n'exciteront jamais des émotions capables de communiquer une *activité* générative, car elles ne renfermeront
aucune signification qui puisse susciter des sensations matérielles. Ainsi donc,
si je ne me fais illusion, en adoptant la dénomination *générativité*, j'aurai non-
seulement rendu un service à la technologie psychologique, mais j'aurai encouragé une vertu dont une auteur américaine parle avec beaucoup de délicatesse
et de convenance dans les termes suivants :

« Il est une vertu qui semble particulière à notre sexe, parce qu'elle lui sert
en même temps d'armement et de défense, parce qu'elle désarme l'audace de
l'homme le plus fier, parce qu'elle inspire le respect aux plus corrompus, parce
qu'elle sert d'expression au plus pur de tous les sentiments et de parure à la
beauté, parce qu'elle se manifeste involontairement dans les âmes pures et
qu'elle transmet au visage les émotions de l'âme sans tache, parce qu'elle révèle enfin l'indignation de la vertu et qu'elle condamne et terrifie sans l'exas-
pérer celui qui l'outrage. Cette vertu, c'est la PUDEUR : vertu si nécessaire à la
femme, que sans elle on ne peut espérer ni garantie pour la faiblesse, ni dignité dans l'amitié, ni ordre dans la société. Il n'y a pas dans l'éducation une
tâche plus difficile que celle qui a pour but d'inspirer cette vertu et de recommander sa pratique à la jeunesse. En parler dans des leçons d'une manière
directe et en termes positifs, c'est l'affaiblir et lui ôter son éclat. Signaler les
inconvénients qu'engendre le vice opposé est une chose impossible. On doit donc
l'enseigner par l'influence de l'exemple, et de l'exemple continuel, et tenir à
une grande distance tout ce qui l'offense, tout ce qui la représente à l'imagination comme une chimère monstrueuse. »

Je manquerais à un devoir que m'imposent la science et la gloire nationale,
si, en parlant de la générativité, je ne vous faisais pas connaître quelques travaux, nouveaux dans leur genre, d'un Espagnol illustre, sur les fonctions que le
système nerveux exécute à l'aide d'un *fluide* qu'il appelle *électrico-animal*. Ce

que ce savant Espagnol a dit sur ce sujet est nouveau et se trouve consigné dans une série d'articles publiés à Madrid dans *el Boletin de medicina, cirujia i farmacia* (le Bulletin de médecine, de chirurgie et de pharmacie). Ces observations n'ont pas été, que je sache, publiées en un ouvrage à part. Chose étrange ! à une époque où l'on publie tant de mauvaises choses pour un peu de bien, des articles d'un mérite littéraire et scientifique véritablement extraordinaire, renfermant peut-être le germe des découvertes les plus fécondes et les plus importantes qui puissent se voir, se trouvent ensevelis dans une publication périodique spéciale que peu de personnes voient et que moins encore lisent. Don Augustin Maria Acevedo, auteur de ces articles qui répandent la seule lumière scientifique que nous possédions jusqu'à présent sur le magnétisme, sera ou ne sera pas phrénologue. Mais ce qui est certain, c'est qu'il a décrit mieux que personne jusqu'à présent le mode physiologique suivant lequel se reproduisent les impressions dans le sens extra-cranéal de la générativité, en transmettant à l'âme son énergie mentale. Il est à désirer que ce savant Espagnol publie ses travaux en un livre séparé, pour en faciliter et en généraliser la lecture, et qu'il le fasse sinon dans le but d'augmenter sa gloire littéraire, ce qui lui importe peu peut-être, au moins pour encourager le progrès scientifique et pour rehausser les gloires de sa patrie.

Enfin, je ferai observer que l'organe de la générativité, comme tout autre organe, peut être malade. Il fait perdre alors l'équilibre ou harmonie mentale et produit mille aberrations dont j'ai parlé déjà dans les leçons XX, p. 329; XVII, p. 260 à 264. J'espère que vous avez présent à l'esprit ce que j'ai dit alors et ce que j'ai dit sur moi-même en m'occupant de la langagetivité, p. 450. Je livre à votre considération l'importance de la phrénologie dans des cas semblables. J'ai attiré, il y a peu de temps, votre attention sur ce point en vous parlant de Thibets. Individualiser la partie excitée, irritée, enflammée ou lésée du cerveau, tel est et tel doit être le premier pas à faire pour guérir toute aberration mentale et toute souffrance morale. C'est pourquoi, dans la leçon XII, p. 174 à 175, j'ai dit qu'au point de vue thérapeutique la mission de la phrénologie consistait à individualiser et à déterminer l'organe matériel propre à chaque faculté mentale particulière, à étendre par conséquent la symptomatologie médicale et à appliquer ces ressources avec plus de précision analytique à certaines maladies cérébrales.

L'ouvrage d'Andrew Combe, intitulé : *Mental Derangement* (dérangement mental); celui de Spurzheim, intitulé : *Insanity* (aliénation); celui de Broussais, intitulé : *De l'Irritation et de la Folie*, déjà cité, rendent éclatante la lumière que la phrénologie a répandue sur ce sujet. Je recommande très-vivement l'étude de ces ouvrages et celle des articles de M. Acevedo à quiconque, parmi vous, désire se consacrer à la médecine mentale, ou veut méditer et écrire avec succès sur la législation médicale appliquée aux hôpitaux d'aliénés.

Langage naturel. — Les anciens, qui s'égarèrent tant pour vouloir tout matérialiser, comprirent cependant, dans toute leur pureté, les deux phases morale et physique de la générativité. Ils représentaient son attribut actif ou charnel sans excès par la déesse *Éros*, et son attribut passif ou moral par leur *Vénus céleste*. C'est aux noms de ces deux divinités que sont dues l'origine des mots *érotisme* et *vénérien* et celle de tous leurs dérivés. Les sages de l'antiquité éclairée admettaient ces divinités embellies par une expression et une attitude qui n'avaient rien de reprochable. Elles représentaient, en effet, le sentiment pur, sans aucune espèce d'infraction contre la modestie et la pudeur. Il est vrai que les Grecs firent plus tard des divinités de leurs excès sensuels, c'est-à-dire des abus de la générativité dans sa partie active; mais nous ne devons voir en cela qu'une dépravation du goût artistique. Ni les attitudes voluptueuses, ni les gestes lascifs, ni les figures obscènes, ne sont le *langage naturel* de cette faculté réprimée.

Quoique quelques-uns l'entendent d'une autre façon, la *beauté physique*, à mon avis, ne peut être représentée dans toute sa splendeur et dans tout son éclat sans rehausser le sentiment moral comme principe, c'est-à-dire sans activer, philosophiquement parlant, les facultés supérieures. Comparez les statues et les peintures dans lesquelles la générativité se présente dans toute son effronterie, c'est-à-dire dans toute son impudicité, avec celles qui la représentent réservée et pudique, sous le voile moral que leur prêtent l'action et l'influence des facultés supérieures, et vous verrez de quel côté brillent davantage les lois de l'esthétique, c'est-à-dire dans la représentation de l'amour grossier ou dans celle de l'amour honnête. Quant au reste, je trouve inutile de m'étendre ici sur le langage naturel, après vous en avoir parlé si longuement dans les leçons XXIV et XXV, p. 384 à 395.

19, CONSERVATIVITÉ.

A proprement parler, le domaine de la phrénologie comprend seulement les facultés dont les organes sont complétement déterminés, démontrés et établis; mais, comme dans l'homme tout est susceptible d'un développement progressif, la découverte d'*aujourd'hui* n'est que le précurseur de celle de *demain*, ce qui existe est le point de départ de ce qui doit exister. C'est pourquoi la phrénologie, comme toutes les autres sciences, se compose toujours d'une partie certaine et d'une partie incertaine, de sa partie connue et de sa partie à connaître, de sa partie démontrée et de sa partie spéculative, jusqu'à ce qu'elle soit expérimentée, celle-ci marchant vers celle-là.

A cette partie spéculative appartiennent les deux facultés qui vont maintenant fixer notre attention. Nous n'avons que des suppositions, des probabilités et des conjectures sur l'existence et le siége de la conservativité et sur ceux de l'alimentivité. Ces deux facultés, relativement à leur perception par le moyen de la partie externe du crâne, sont du domaine de la spéculation, mais de cette spéculation raisonnable qui fait chaque jour de nouveaux progrès dans le champ de l'observation et de la vérité expérimentale par les nombreux faits qui vont chaque jour en s'accumulant sur ce sujet.

Il n'y a pas de créature humaine qui ne sente et ne démontre qu'il existe en nous un instinct qui nous lie, nous attache à la vie terrestre, nous détourne de la mort et nous la fait fuir. Cet instinct diffère de tout autre,

quel que soit le nom par lequel on le distingue; ce sera un sentiment plus
ou moins fort, mais, dans son essence, c'est un des premiers sentiments qui
se développent dans l'âme et le dernier qui s'en sépare.

Que la vie animale terrestre soit ou doive être constituée par une *essence*,
par un *principe*, par une *force* primitive, par une espèce de fluide impondérable, comme la philosophie saine et intelligente commence à le croire,
qu'elle soit une simple propriété de la matière organisée sous une *essence*
particulière et propre, ce qui est certain, c'est que nous la percevons naturellement et instinctivement. L'automate le mieux construit et qui imite le
mieux les mouvements d'un animal quelconque ne pourra pas nous tromper;
nous percevrons à l'instant, d'une manière instinctive, que c'est une matière inerte, mise en mouvement par la main de l'homme et non par le
souffle divin. Cette perception de la vie animale terrestre en dehors de nous,
cette sensation et cette conception de la vie animale terrestre dans notre
intérieur, présupposent dans l'âme une faculté ou un mode d'action qu'aucun autre ne peut remplacer.

D'un autre côté, l'harmonie universelle préconise l'existence d'une semblable faculté. Il y a pour l'homme mille devoirs qu'il ne peut accomplir
que par une longue série d'années; il les abandonnerait peut-être, à cause
des tristes et malheureuses situations auxquelles nous sommes tous sujets,
s'il n'avait un amour et un attachement pour la vie qui lui fît tout surmonter. Quelque malheureuse que soit notre condition, le désir de vivre, dont
le sentiment nous procure un plaisir et un bonheur particuliers, prédomine
donc comme principe général. Harmonie sublime et merveilleuse! Que de
choses Dieu a faites pour nous! Pourquoi ne ferions-nous pas ce qu'il désire
pour notre bien et pour lequel il nous a donné un pouvoir d'exécution? Ce
n'est donc pas de l'existence de cette faculté, mais du siége que son organe
occupe dans l'encéphale, qu'on doute. O. S. Fowler, célèbre phrénologue
praticien, le place dans la tête, en arrière et au-dessous de la destructivité,
à côté de la générativité[1]; c'est l'endroit à peu près indiqué par Spurzheim[2].
Combe croit qu'elle est située au-dessous de la destructivité et qu'il est impossible d'apprécier son développement pendant la vie, parce qu'il ne
se manifeste pas à l'extérieur[3]. Vimont, d'après de nombreuses observations chez les animaux, met son siége au-dessous de l'alimentivité[4]. Broussais, Dumoutiers et d'autres ont adopté l'opinion de Vimont. Quoique j'aie
indiqué, dans la tête phrénologiquement numérotée, son siége là où le plaçait Spurzheim, je suis autorisé à croire que Vimont a raison.

---

[1] « La vitativité est placée au-dessous du procès-mastoïde et elle en fait partie entre
l'amativité et la destructivité. » *Pratical phrenology*, p. 75.

[2] « Il est très-probable qu'il y a un instinct particulier de la vie, je cherche son organe
à la base du cerveau, entre les lobes postérieur et moyen, vers le côté interne de la
combativité. » *Phrenology*, éd. cit., p. 136.

[3] *System of phrenology*, éd. cit., p. 156–157.

[4] Broussais, *Cours de phrénologie*, p. 254-242 (Paris, 1836).

Observations générales. — J'en ferai seulement quelques-unes relativement aux données sur lesquelles se fondent les opinions opposées qu'on a avancées sur le siége de cette faculté dans le cerveau et relativement à la signification des mots, *peur* et *courage*, que cette faculté éclaire et y répand de la lumière. paraît que Vimont, dont j'ai cité l'ouvrage remarquable, a étudié les mœurs d'un grand nombre de lapins qui vivaient ensemble. Il en remarqua un qui fuyait au moindre bruit. Il le tua et examina son cerveau.

Il trouva la partie inférieure et interne du lobe moyen deux fois plus grande que celle de ceux avec lesquels il l'avait comparée. Il répéta ces observations et ces expériences, et il se crut autorisé à signaler l'endroit indiqué, comme étant le siége de la conservativité.

Le docteur Andrew Combe examina le cerveau d'une dame âgée qui avait toujours eu grand'peur de mourir. « L'énorme développement d'une circonvolution, dit-il, à la base du lobe moyen du cerveau, et dont on ne connaît pas la fonction, était trop extraordinaire pour ne pas attirer mon attention. Cette circonvolution est située au-dessous de la ligne médiane à la base interne du lobe moyen, et par conséquent au-dessous de la destructivité. La situation de cette circonvolution ne permet pas de constater son développement pendant la vie et c'est pourquoi sa fonction reste inconnue.

Spurzheim, O. S. Fowler et d'autres phrénologues pensent que cela n'est pas impossible, quoique l'organe soit situé au-dessous de la destructivité, à côté de la générativité et de la combativité, et quoiqu'il soit difficile, à cause du procès mastoïde, de vérifier ces divers degrés de développement.

Les mots *peur* et *courage* ont une signification générique. C'est pourquoi l'on dit qu'il y a plusieurs espèces de peur et plusieurs espèces de courage. La conservativité (comme la combativité, la destructivité, la précautivité, etc.) est un élément de peur et de courage, selon ses divers degrés de développement. Les Hindous sont lâches, parce qu'ils sont incapables de résister à celui qui les attaque. Mais sous d'autres rapports ils sont courageux, parce que leur petite conservativité ne leur permet pas de craindre la mort. S'ils sont fatigués par une marche, ils ne désirent qu'une chose, c'est qu'on les laisse reposer, malgré qu'il y ait mille probabilités qu'ils seront dévorés par les bêtes féroces, ou qu'ils seront saisis et tués par l'ennemi qui les poursuit et s'approche.

Langage naturel. — On suppose que la terreur et l'épouvante que beaucoup de condamnés ont peintes sur leur visage lorsqu'ils vont à l'échafaud est l'expression produite principalement par la conservativité désagréablement affectée. L'aspect de l'homme qui a toujours une grande peur de mourir représente le langage naturel de la faculté impressionnée. Lorsque l'homme est agile, jeune, fort, plein d'énergie, et lorsqu'il éprouve une sensation indéfinissable qui naît de la perception d'une santé complète, et, par conséquent, une sensation de félicité, son aspect représentera le langage naturel de la conservativité agréablement affectée.

Considérations finales. — Un squelette dessiné avec une faux et un sablier est la personnification emblématique de la *mort*. C'est une représentation, non-seulement du résultat que produit le temps sur l'organisme humain privé de son principe vital, mais encore de la non-éternité de ce principe vital dans aucune créature terrestre. La conservativité, comme toutes les facultés, éprouve un désir qui l'excite et une aversion qui la retient, comme je l'ai expliqué dans la leçon XXI, p. 330 à 334. La *vie* est en harmonie avec le *désir*, qui recherche le *plaisir*, et la *mort* avec l'*aversion*, qui fuit la *douleur*. La mort est à la conservativité, vitativité ou biophilotivité, dénominations qui peuvent servir à désigner convenablement cette faculté, ce qu'une mauvaise *odeur* est à l'olfactivité ou ce qu'est une *plainte* à la bénévolentivité.

La mort, toutefois, n'a pas d'*essence*; c'est un phénomène produit par la séparation d'une essence. Ce phénomène produit dans l'organisme humain un certain aspect qui, à proprement parler, est le langage naturel de la mort. Il appartient à l'individualitivité de considérer cet aspect, ce langage naturel, comme une existence isolée, comme un objet séparé, ainsi que je l'ai longuement expliqué dans la leçon XXXI, p. 486 à 491. L'imitation de cet aspect ou langage naturel de l'absence de la vie produit directement des sensations désagréables à la conservativité, comme le sablier les engendre pour la durativité, et, pour la supérioritivité, la faux, qui semble nous dire à tous : « Ni toi non plus, tu n'échapperas pas. » Ces sensations désagréables de la conservativité excitent *désagréablement* les autres facultés. Ainsi se trouvent philosophiquement expliquées l'*horreur*, les *idées* terribles que nous *suscite* une illusion, parce que c'est une illusion que la vue d'une *représentation* de la mort produise en nous des sensations comme la mort elle-même, sans que la rectification des facultés raisonnables qui nous disent : « Calme-toi, c'est une *illusion*, une *peinture*; la mort n'est pas encore arrivée, » soit quelquefois suffisante pour nous tranquilliser. Ceci explique également pourquoi les facultés religieuses ne dissipent pas quelquefois cette horreur, quoiqu'elles nous disent : « Calme-toi, la mort n'est pas une mort, mais *elle est un échelon de la vie et le chemin de l'éternité.* »

Ce que je viens d'exposer suppose que la conservativité est entièrement *dominante*; mais cette faculté, comme toutes les autres, est susceptible d'agir étant *dominée*, et très-dominée. En effet, s'il n'en était pas ainsi, si elle ne pouvait pas être réprimée et anéantie, comment le soldat, plein de vie et de courage, ouvrirait-il une brèche dans une muraille qu'entourent mille dangers? Comment le marin s'élancerait-il, audacieux, intrépide et calme, sur l'immensité des mers? Comment l'homme, enfin, affronterait-il tant de dangers, vaincrait-il tant de facultés, renverserait-il tant d'obstacles pour atteindre le triomphe et l'empire de la création, dont Dieu l'a fait roi et seigneur?

Tout, oui, tout a cependant son antagonisme : si ce mépris héroïque de la vie est souvent une vertu, il conduit d'autres fois au vice et au crime. L'imitativité peut quelquefois calmer la vitativité et l'action des facultés supérieures, de manière que beaucoup de personnes se suicident par son influence. A Athènes, le suicide devint une mode pendant un temps parmi les dames de la plus haute classe, et aucune loi ne la supprima, si ce n'est

celle qui conduisit à l'excitation violente de l'approbativité et de la supérioritivité. Toute personne suicidée était mise à nu et promenée dans les rues
les plus fréquentées d'Athènes. Nous savons tous qu'en Allemagne l'empereur Napoléon se vit obligé à faire brûler une guérite dans laquelle toutes
les sentinelles se suicidaient. L'exemple du passé excitait l'imitativité du
présent; l'imitativité, à son tour, excitait désagréablement quelques autres
facultés, et celles-ci faisaient passer devant elle, en procession et un par un,
les souvenirs amers, les tristes désillusions, les pénibles déboires de sa vie;
là, dans le silence de la nuit, alors que rien ne pouvait impressionner ses
sens pour éloigner ces terribles idées, la malheureuse sentinelle cédait à
des tentations qui, pour commettre un *crime*, lui faisaient saisir le même
fusil qui lui avait été donné pour la glorieuse défense de sa patrie. Voilà,
messieurs, la raison si importante, si transcendantale, si sacrée qui nous
impose à tous le devoir de donner un bon exemple.

Comme conclusion, je dirai maintenant ce que je dis dans les autres leçons sur l'usage, l'abus et l'inactivité de la faculté. Son *usage* consiste à
percevoir et à concevoir ou à se former une idée de la condition ou propriété
vitale que possèdent les êtres ou les objets. Tendance à conserver notre vie.
Crainte de la perdre ou de nous laisser anéantir avec leurs correspondantes
affections agréables et désagréables. Son ABUS consiste dans une terreur très-
grande de la mort et dans des inspirations qui poussent à sauver sa vie d'une
manière lâche et dégradante. Son INACTIVITÉ consiste à avoir peu d'attachement pour la conservation de sa vie.

20, ALIMENTIVITÉ.

Quoique le siége de l'organe de cette faculté ne soit pas tout à fait démontré, il n'y a pas cependant divergence d'opinions sur celui que l'on signale. Toutefois on ne considère jamais en phrénologie l'existence d'un organe comme complétement prouvée tant que le siége qu'il occupe dans le
cerveau ne peut être reconnu à la partie extérieure du crâne, et que son degré
de développement ne peut être apprécié par la vue et le toucher d'une manière certaine et incontestable. Peu s'en faut que l'alimentivité ne se trouve
dans ce cas, comme vous vous en convaincrez vous-mêmes.

Définition. — USAGE ou OBJET. Instinct de se nourrir, envie de manger et
de boire, sensations d'appétit et de soif. — ABUS ou PERVERSION. Gloutonnerie, ivresse, amour effréné de gourmandise. — INACTIVITÉ. Indifférence pour
la quantité et la qualité de la nourriture et de la boisson en général.

Localité. — Immédiatement au-dessus du centre de l'arcade zygomatique
ou pommette du visage; c'est celui que vous avez vu indiqué par le n° 1,
sur le dessin du crâne que je vous ai présenté dans la leçon XIV, p. 212. On
ne peut pas se méprendre à la localité de cet organe, car elle est au devant de
la destructivité. Celle-ci occupe l'endroit le plus saillant de toute la tête, car

elle est située au-dessous du trou auditif, derrière la partie supérieure de l'oreille. Il faudrait être aveugle pour ne pas la trouver au moment même où on veut la désigner. Avant de vous former un jugement sur le volume d'un organe quelconque, veuillez vous bien rappeler, je vous prie, tout ce que j'ai dit dans les leçons XV et XVI. Ne recherchez pas surtout les proéminences ni les dépressions, mais recherchez le siége, la localité de l'organe, et déterminez son volume par l'aspect qu'il présente, relativement au reste de la tête. Une personne chez laquelle on remarque une grande distance entre les pommettes aura l'alimentivité plus développée, quoiqu'elle ne soit pas saillante d'elle-même, ni par elle-même, que celle d'une autre personne chez laquelle on voit l'organe un peu proéminent, mais n'ayant qu'une petite distance entre les deux pommettes.

Je vous présente de nouveau ici Vitellius, l'un des hommes les plus gloutons que l'on connaisse. Voyez comme le grand développement de son 20, alimentivité, correspond avec sa gloutonnerie excessive.

Découverte. — Dès le commencement des recherches phrénologiques, Gall et Spurzheim comprirent que le désir de se nourrir, de prendre des aliments, dépendait de quelque organe cérébral. Cependant ils ne purent découvrir sa situation dans la tête[1]. Ce sujet attira l'attention du célèbre phrénologue de Copenhague, le docteur Hoppe. «Comment, disait-il, *Phren. journ.*, t. II, p. 70-484 ; t. IV, p. 308, la sensation

Vitellius, empereur romain. (Voyez t. I, p. 288-290.

de la faim, plus agréable ou plus désagréable que toute autre sensation, pourrait-elle faire désirer la nourriture à l'animal, sans connaître auparavant, *par expérience*, cette nécessité ? Nous savons que le petit poussin, à peine sorti de l'œuf, becquette le grain qui se trouve sur le sol, et que l'enfant qui vient à peine de naître prend le sein. Peut-on expliquer ces phénomènes sans admettre l'existence d'un organe analogue à celui qui fait

---

[1] Le même Spurzheim a dit : « Gall et moi nous avons placé tous les instincts dans le cerveau et nous avons regardé comme très-probable que celui de l'alimentation dépendait d'un organe cérébral, mais nous ne connaissions pas son siége dans la tête. » *Phrenology*, édit. cit., t. I, p. 157.

plonger l'oison dans l'eau? Je ne puis pas autrement toutefois concevoir comment l'animal qui vient de naître peut distinguer ce qui est nécessaire à sa nutrition. Le poussin ne prend jamais du gravier pour du blé; les bêtes sauvages évitent toujours les plantes vénéneuses sans jamais les goûter. »

. J'ai conclu de ces réflexions et de mille autres que la nécessité de l'alimentation et le désir de la satisfaire ne pouvaient seulement *être sentis* que par un instinct manifesté au moyen de l'organe cérébral. Voyant que cet organe devait résider dans la région de la destructivité, j'ai commencé à faire des recherches conformément à cette présomption. J'ai examiné et comparé des centaines de têtes, de crânes et de cerveaux, et je suis arrivé, le 28 décembre 1824, à la ferme conviction que « l'endroit où se manifestent sur le corps vivant les divers degrés de développement de l'alimentivité existe « *dans la fosse zygomatique, précisément au-dessous de l'organe de l'acquisivité et au devant de celui de la destructivité.* »

Le docteur Crook a dit dans un mémoire qu'il lut devant la Société phrénologique de Londres, le 8 avril 1825, que dès l'année 1819 il avait regardé le même lieu indiqué par le docteur Hoppe comme étant le siége de l'organe en question. « Cette coïncidence me parait très-remarquable, pour moi surtout, dit Combe, *System of phrenology* (New-York, 1841), p. 153, puisque dès 1821 j'avais eu la même idée. Jusqu'à présent cet organe est regardé comme probable, continue le même auteur dans ses *Lectures*, éd. cit. p. 162; mais moi je le considère comme établi. » En effet, les faits qui viennent à l'appui de son existence et de sa localité sont si nombreux et si extraordinaires, qu'ils ne peuvent pas être plus longtemps regardés comme douteux.

Divers degrés d'activité. — Avant d'expliquer cette partie de ma leçon, je dois avertir que l'estomac et la partie inférieure du palais [1] sont à l'alimentivité ce que les sens externes sont aux facultés de *contact externe immédiat.* Il ne se produit dans l'organe cérébral d'autres sensations que celles qu'il reçoit en vertu des impressions d'appétit et de soif éprouvées par l'estomac. Tout ce que j'ai dit sur les *sens externes* dans les leçons XXVII, p. 421 à 424, et XXVIII, p. 438 à 442, est applicable aux sens de la faim et de la soif. Il n'y a d'autre différence qu'en ce que, les impressions de ces sens étant très-sensibles et très-exigeantes, les sensations de leur organe cérébral sont plus fortes et plus intenses. D'ailleurs, si l'organe cérébral de l'alimentivité est *petit*, l'individu éprouve de l'indifférence pour le manger. Les impressions d'appétit, quelque fortes quelles soient, produisent à peine quelques sensations dans son cerveau. Le jeûne n'est pas une vertu pour celui qui est ainsi constitué. Dans ce cas, l'*esprit* n'a pas à lutter contre la *chair*. Franklin, Denty–Goss, Avoy et le nègre Eustache (*Voy.*

---

[1] Dans son ouvrage admirable intitulé : *The Physiology of digestion, considered in relation to the principles of Dietetics*, Andrew Combe dit : « La sensation de la faim se rapporte communément à l'estomac, et celle de la soif à la partie supérieure de la gorge et à la partie interne de la bouche. » Édit. de Boston, 1856, p. 12.

p. 171 à 172, avaient l'organe ainsi développé. Lorsque son développement est *moyen*, l'individu ne sent ni beaucoup ni peu d'appétit. La plus petite occupation lui fait oublier la nourriture, et le moindre dégoût lui fait passer les envies de manger. Il reçoit très-bien les impressions de l'estomac. Il dépendra de lui d'avoir et de sentir de l'appétit, qu'il pourra cependant réprimer et diriger sans beaucoup de difficulté suivant les lois hygiéniques. Si l'organe est *grand*, l'individu a presque toujours un très-bon appétit, il mange avec beaucoup de plaisir et il lui est agréable de vivre bien; la nourriture est une de ses préoccupations constantes. Mirabeau, Quidant, Pigault-Lebrun et d'autres se trouvaient dans ce cas.

Harmonisme et antagonisme. — La loi suivant laquelle les animaux ne peuvent exister sans destruction de la matière organisée étant établie, il était nécessaire, pour faire régner l'harmonie qui resplendit partout, se montre partout, qu'il existât un instinct pour les exciter et les entraîner à la recherche de leur nourriture; il était, de plus, nécessaire que la combativité et la destructivité vinssent s'adjoindre à cet instinct, comme elles le font, afin d'établir un rapport convenable entre notre organisation et celle des êtres qui doivent nous nourrir, et dont la nature prévoyante nous a entourés. Pour observer combien est merveilleuse cette harmonie que présente toute la création, il faut remarquer que si l'alimentation, la sustentation est la première, la plus impérieuse nécessité que l'homme éprouve en naissant, l'instinct qui nous pousse à la satisfaire est aussi celui de l'organe qui donne les premiers indices de son développement dans le cerveau. C'est ainsi que Bessières [1] l'a récemment découvert et l'a fait connaître dans ces paroles : « Les seules fibres qu'on aperçoit bien distinctement à la naissance des enfants, alors que tout le cerveau est mou et pulpeux, sont celles du paquet fibreux qui naît des parties latérales des pédoncules antérieurs et dont le développement forme sur les parties latérales des lobes moyens du cerveau l'organe de l'alimentation. C'est également le premier et le plus indispensable des organes, des facultés industrielles ou de conservation de l'individu [2], et la nature a dû hâter son développement. »

Direction et influence mutuelle. — Je dois vous faire observer, après tout ce que j'ai dit sur ce sujet, touchant les autres facultés, que si l'alimentivité n'est pas bien dirigée par l'influence des facultés supérieures et bien éclairée par la religion et la saine philosophie, son organe étant grand, la pensée dominante de l'individu sera : « *Vivre pour manger.* » On peut dire que lorsque l'alimentivité se trouve dans cet état, elle est *pervertie;* c'est ainsi que la possédaient les suppliciés Benoît, Choffon, Boutillier et beaucoup d'autres. Ses excès ruinent l'estomac et produisent mille autres maladies. Vous avez eu une preuve très-démonstrative de l'action répressive et annihilante de quelques facultés sur certaines autres, même sur

---

[1] *Nouvelle classification des facultés cérébrales,* traduit en espagnol par don José Cerber de Hables, p. 151-152 (Valence, 1857).

[2] Voyez, t. 1er, page 376, la *Classification* de Bessières.

celle de l'alimentivité dans l'exemple que je vous ai rapporté en vous expliquant, dans la leçon XXXII, p. 511, l'effet que produisit une fois l'éloquence de Wirt sur moi.

Tous les règnes de la nature peuvent fournir un aliment à l'homme, qui peut le choisir chaque fois plus convenable et plus abondant, suivant les lois de l'accroissement progressif continuel et incessant auquel il est sujet, et que je vous ai expliqué dans diverses occasions. Mais il est dans la nature que plus est vaste le champ dans lequel il peut exercer ses forces, plus sont grands et nombreux les cas dans lesquels il peut s'égarer, se tromper. Nous voyons que l'intelligence humaine, excitée sans cesse, est en harmonie avec ces principes, soit, d'un côté, qu'on découvre des vérités inconnues, soit, d'un autre côté, qu'on renverse, détruise de vieilles erreurs et qu'on évite de nouveaux écueils, ce qui constitue tous les éléments de notre progrès.

Les livres qui, par suite de ce mouvement intellectuel, ont été écrits par les hommes sur la meilleure manière de se nourrir, sont innombrables, n'ont pas d'unité. Ces livres considèrent, à ce qu'il paraît, l'alimentivité comme base ou fondement de toute science diéthétique, et les autres facultés comme des auxiliaires qui se réunissent à cette faculté pour l'éclairer et la diriger. Le meilleur ouvrage de ce genre qui a été publié, selon moi, est celui d'Andrew Combe, auquel j'ai déjà fait allusion dans cette leçon (note à la fin de la p. 27). L'auteur y admet l'usage de la chair des animaux pour sustenter l'homme, pourvu que cet *usage* ne se change pas en *abus*. Le même genre de progrès que fit naître l'ouvrage de Combe vient de produire, en Angleterre, un mouvement extraordinaire, qui a été excité et soutenu par beaucoup d'hommes éminents de ce pays et des États-Unis, à la tête desquels se trouve le savant et vertueux James Simpson, de Manchester, contre l'usage, comme aliment, de la chair d'un animal quelconque. Ceux qui pensent ainsi, et qui se comptent par milliers, se sont réunis en société. Ils ont des assemblées, prononcent beaucoup de discours et publient sur ce sujet un journal mensuel habilement rédigé. Tous les jours ils grossissent les rangs de la société par de nouveaux prosélytes. Les observations qu'on présente, les arguments rapportés par le *Vegetarian Messenger*, journal de la société, dont M. Simpson est le rédacteur en chef, et un grand ouvrage écrit par John Smith [1], prouvent qu'ils ne se trompent pas. La majorité de nos paysans, qui mangent à peine de la chair, et notre armée, qui vit presque exclusivement de substances farineuses, peuvent servir d'arguments en leur faveur. Il est certain qu'en Angleterre, comme dans les États-Unis, l'influence des opinions des légumistes fait diminuer l'usage excessif qu'on faisait de la chair des animaux dans ce pays, et qu'à mesure

---

[1] Le titre entier de l'ouvrage est : *Fruits and farinacea the proper food of man ; being an attempt to prove from history, anatomy, physiology and chemistry, that the natural, natural, and best diet of man is derived from the vegetable kingdom*, « des fruits et des farines, aliments propres à l'homme; essai dans lequel on cherche à prouver par l'histoire, l'anatomie, la physiologie et la chimie, que l'aliment primitif, naturel et le meilleur pour l'homme, provient du règne végétal. » En un volume. (Londres, 1849).

que cet usage va en diminuant, la santé et le bien-être de ceux qui l'abandonnent vont en augmentant.

Toutefois je ne m'occupe de cette question, messieurs, que pour vous
faire comprendre combien il est nécessaire et important que toutes les facultés, dans l'étude de la satisfaction de chacune d'elles, concourent à son
instruction, afin de mieux remplir leur *objet* spécial. Si *une* faculté est pour
toutes, *toutes*, sans troubler en aucune manière leur ordre hiérarchique,
doivent être pour *une*. Je ne dirai pas qu'un régime purement herbacé et
féculent, avec addition d'œufs, de lait, de miel et d'autres substances ali--
mentaires qui ne comprennent pas la chair, est, sous tous les rapports,
comme l'assurent ceux qui, par leurs connaissances, ont droit d'émettre
une opinion sur ce sujet, plus moral, plus sain, plus appétissant, moins
coûteux et meilleur enfin pour l'homme, qu'un régime composé de toutes
ces substances et de viandes. Ce que je dois dire, c'est que, règle générale,
plus l'homme est élevé dans la sphère humaine, plus son régime est herbacé et féculent, et, qu'au contraire, plus il est déchu de sa dignité et plus
il se rapproche des brutes par ses appétits, plus il est carnivore. Voici deux
gravures : l'une représente un crâne type des Caraïbes de Vénézuéla, pres-

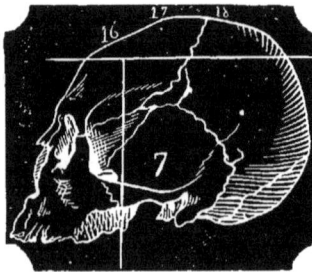

Caraïbe de Venezuela. (Voy. t. 1, p. 179.   Araucanien. (Voy. t. 1, p. 247.)

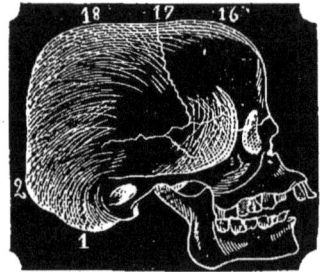

que entièrement disparus aujourd'hui et placés tout à fait au bas de l'échelle
humaine; non-seulement ils sont exclusivement carnivores, mais ils sont encore anthropophages. L'autre représente le crâne du chef Araucanien Bam-
puni, qui nous fournit l'idée la plus élevée de sa race noble, vaillante et
vertueuse. Tous ceux qui ont parlé de cette race d'hommes supérieurs confirment leur sobriété, leur abstinence, et mentionnent surtout cette particularité que, comme un très-grand nombre de nos paysans, les plus sains et
les plus robustes mangent à peine de la viande. Je ne connais pas, à cet
égard, de races qui puissent être citées d'une manière plus impartiale, pour
inspirer la foi en pareille matière, puisque toutes deux sont indigènes,
libres et en dehors de toute influence étrangère.

Incidents. — Franklin, *ouv.* t. I, p. 46-48, raconte une gracieuse anecdote
qui est une preuve des effets de l'alimentivité très-développée et très-déprimée.

En 1724, à l'âge de dix-huit ans, Franklin était ouvrier dans l'imprimerie de Keimer, à Philadelphie. Ce dernier était très-hypocrite et aimait les polémiques sur la théologie. Il voulut établir une nouvelle secte dont la doctrine fondamentale consistait à laisser croître la barbe et à suivre d'autres extravagances de modes. Keimer avait une haute opinion de Franklin. Il le pria de s'associer à son projet, et de se charger de confondre leurs adversaires. Franklin connaissait l'absurdité du plan; mais, voulant se divertir un peu aux dépens de son maître-patron, il lui dit « qu'il adopterait ce projet à la condition qu'il pût y introduire sa doctrine. » Il était indifférent à Franklin de manger ou de ne pas manger; mais il savait que Keimer était un grand glouton. Il proposa donc que les nouveaux sectaires ne pussent manger ni viande ni poisson d'aucune espèce. « Cette fantaisie, dit Franklin, me convenait parfaitement à cause de son originalité. Je la suivais très-content; mais le pauvre Keimer souffrait terriblement. Il finit par se fatiguer de son projet. Il mourait d'envie de viandes rôties, et il commanda un cochon. Il m'invita avec deux dames pour le manger. Mais, s'étant un peu trop pressé de le mettre sur la table, il ne put résister à la tentation, et il mangea le cochon tout entier avant l'arrivée des convives. » — On a rapporté de nombreux cas de faim canine, et de mort d'individus chez lesquels on a trouvé des lésions des organes cérébraux qui président à l'alimentivité. — Le talent culinaire, la science gastronomique et tout ce qui établit une relation de la partie mentale et des affections agréables et désagréables de l'appétit, avec sa résistance ou sa docilité à se laisser réprimer, dépendent, à ce qu'il paraît, de l'alimentivité comme élément primitif.

Brillat-Savarin, auteur d'un ouvrage de beaucoup de mérite et qui a fait beaucoup de sensation en France, La *Physiologie du goût, ou Méditations de Gastronomie transcendante*, Paris, 1re édition, 1825, 2 volumes in-8°, est un exemple extraordinaire de cette vérité. L'organe de l'*alimentivité*, était chez lui non-seulement très-développé (Roret, *Manuel du Physiologiste et du Phrénologiste*. Paris, 1838, p. 25), mais il a observé, avant que les phrénologistes eussent découvert sa localité, que tout bon gourmet, tout moderne Apicius, a toujours la tête saillante au-dessus des apophyses ou arcades zygomatiques. Cet écrivain distingué naquit en 1755 et mourut en 1826.

Observations générales.— Cet organe, comme tous les autres, est susceptible de maladie. Dans les annales de pathologie médicale, on rapporte des faits extraordinaires d'une perversion de l'alimentivité par suite d'une maladie. Une fille de la Salpêtrière, à Paris, selon Broussais, *ouv. cit.*, p. 230, mangeait chaque jour vingt-quatre livres de pain (douze kilog.) Dans son enfance elle épuisait le lait de toutes ses nourrices. Devenue grande, elle alla une fois dans une famille aisée. La table était mise ; elle mangea la soupe de vingt convives et huit livres de pain. Dans une autre circonstance, elle but à la Salpêtrière le café de soixante-quinze de ses compagnes. Le crâne de cette fille, conservé par M. Descuret, de Paris, est petit ; mais l'organe en question est très-développé. On connaît plusieurs faits de ce genre. Dans ces cas, l'estomac, paraît-il, est détérioré et ne peut rien digérer. Le déréglement du même organe produit ou engendre la *manie* de la boisson ou l'ivrognerie habituelle (*mania-a-potu*). La passion du vin et des liqueurs fortes provient quelquefois, dit l'éminent docteur Caldwell, d'une maladie de l'organe en question. Par conséquent, au lieu de donner des conseils et de faire des recommandations à l'ivrogne, ce savant docteur préconise dans le *Transylvania journal of medecine*, juillet, août, sep-

tembre 1825, comme moyen curatif « le repos, les vomitifs, les purgatifs, les
saignées, la diète sévère et de l'eau fraîche. »

Je manquerais au devoir que je me suis moi-même imposé de vous dire tout
ce que je sens et pense de la nomenclature phrénologique à laquelle, comme
vous le savez très-bien, j'ai consacré cinq leçons, depuis la vingtième jusqu'à
la vingt-quatrième inclusivement (de vingt à vingt-quatre compris), si je ne vous
faisais pas observer que l'alimentivité doit être considérée comme une faculté de
contact externe immédiat, puisque, de même que la visualitivité, l'olfactivité,
l'auditivité, la gustativité et la tactivité, elle perçoit des impressions produites
par un appareil spécial extra-cranéal de l'organisme. C'est en vérité une *faculté perceptive* par excellence, dans le sens attribué au mot *perceptif* par
Spurzheim, c'est-à-dire comme attribut exclusif de certaines facultés qui, d'après
lui, sont les seules qui puissent *former une idée* des impressions que l'organisme extra-cranéal ressent, ainsi que je l'ai indiqué clairement dans la définition que j'en ai donnée et que je vous ai répétée en entier, leçon XX, p. 325.
J'ai dit *par excellence*, parce que les impressions dont elles donnent connaissance n'ont pas été produites dans son propre sens, c'est-à-dire dans l'estomac
et dans la partie interne du palais, par le contact des objets externes, mais
bien par la fonction propre, physiologique, naturelle et spontanée de ce même
sens. Si des hommes comme Spurzheim, Caldwell, Combe, n'ont pu comprendre ce que je vous enseigne en ce moment, puisqu'ils considéraient l'alimentivité comme entièrement *aveugle* et ne pouvant former une idée spéciale de ses propres sensations, ce doit être et c'est pour nous, et pour moi le
premier, une leçon sublime. En effet, si ces hommes, que la nature a si heureusement doués, ne virent point l'inconséquence si remarquable dans laquelle ils
tombaient en refusant la perceptivité à l'alimentivité, que ne peut-il pas nous
arriver à nous par rapport à d'autres questions moins claires et moins évidentes?

Langage naturel. — La physionomie du glouton mis en face d'une table
somptueuse, à laquelle il prend ou il va prendre part, peut nous donner
une idée suffisante du langage naturel de *l'alimentivité*.

LEÇON XXXV

Classe III. — 21, DESTRUCTIVITÉ. — 22, COMBATIVITÉ ou ACOMÉTIVITÉ. — 23, CONJUGATIVITÉ.

MESSIEURS,

Dans mon explication complète des facultés et de leurs organes que je
dois encore passer en revue, je ne m'étendrai pas dans la suite autant que
je l'ai fait jusqu'à présent. Il n'y a aucune des questions traitées suivant
l'ordre d'explication que j'ai adopté pour chaque faculté que vous ne pos-

sédiez complétement sous son point de vue général. Cette circonstance facilite considérablement son intelligence dès qu'il s'agit de l'appliquer à quelque sujet particulier. Cela ne veut pas dire qu'en traitant des facultés et des organes, dans l'explication desquels je ne suis pas rentré, je ne sois aussi complet que cela ne sera nécessaire, car ce serait manquer à mon but. Mais comme une grande partie de ce que j'ai dit est applicable aux études que vous avez encore à faire, il serait trop long et trop fastidieux de répéter sans nécessité quelque chose de ce que vous savez.

21 ou 7, DESTRUCTIVITÉ.

Définition. — Usage ou objet. Perception et conception de toute propriété et condition destructive. Destruction de tout ce qui est juste et nécessaire pour notre bien et notre progrès. — Abus ou perversion. Assassinat, cruauté, vengeance, férocité, colère, infliger des châtiments ou faire souffrir par pur plaisir. — Inactivité. Tendance à avoir de l'aversion pour infliger un châtiment quelconque, pour faire de la peine ou causer du chagrin, pour détruire ou renverser ce qui existe, quelque nécessaire et quelque indispensable que cela soit.

Localité. — Immédiatement au-dessus du trou auditif, s'étendant un peu en avant et en arrière de ce trou. La grande distance d'une oreille à l'autre indique un grand développement de l'organe, lors même qu'on ne remarquerait pas de proéminence distincte.

Dans le Caraïbe de Vénézuéla, t. II, p. 30, le siège de cet organe a été désigné par le chiffre 7. Je l'ai indiqué ici dans le parricide Martin par le chiffre 21, suivant la nouvelle nomenclature. Dans cette malheureuse tête, vous voyez que non-seulement la destructivité, qui occupe la distance entre les nᵒˢ 21 et 27, se trouve très-saillante, mais qu'encore toute la base du cerveau est grande et la partie supérieure très-petite relativement, comme le démontrent son peu de hauteur et sa forme pyramidale.

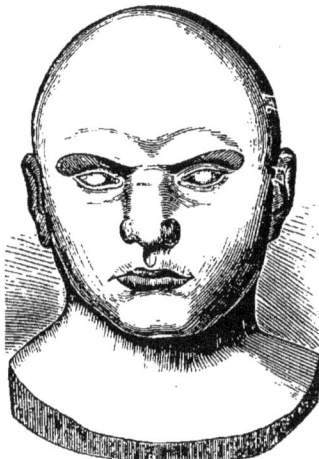

Martin, parricide.

Découverte. — Gall avait remarqué depuis longtemps, comme il le dit dans son grand ouvrage tant de fois cité, t. IV, p. 51, que la région indiquée ci-dessus était beaucoup plus grande chez les animaux carnivores que chez les animaux granivores ou herbivores, lorsqu'un ami lui envoya le crâne d'un parricide et celui d'un assassin, qui, non content de voler, tuait aussi ses victimes. Il examina ces crânes ; il les compara avec ceux des animaux carnivores, et il trouva que, quelque différentes que fussent les têtes en général, la région de la destructivité était dans toutes très-large et très-saillante. Il lui vint à l'esprit qu'il pouvait y avoir dans l'homme un penchant naturel pour l'assassinat, et cette idée le poursuivait d'autant plus que l'observation la confirmait davantage. Il appela, par conséquent, l'organe de ce penchant *instinct du meurtre,* c'est-à-dire « instinct de tuer, » ce qui, faute de connaissance linguistique, se traduit en castillan : « organe de l'assassinat, » et en anglais : *organ of murder,* « organe d'assassiner. » Comme Gall ne pouvait faire ses découvertes que sur des têtes dans lesquelles il y avait un organe d'un développement si excessif, qu'il ne pouvait s'empêcher de noter sa correspondance avec la manifestation impulsive de la faculté à laquelle il était uni, Gall dénommait son action générale, comme je l'ai expliqué en divers endroits, et en particulier dans la leçon XX, t. I, p. 218 à 220, que, je n'en doute pas, vous vous rappelez très-bien, à cause de cette violente manifestation qui dégénérait quelquefois en *abus,* et non à cause de l'usage légitime et convenable de la faculté.

Harmonisme et antagonisme. — La création entière n'est qu'un tableau de destruction. Les œuvres d'art elles-mêmes sont soumises à la main destructive du temps inexorable. Les mots enfance, jeunesse, vieillesse et mort démontrent que la destructivité fait partie du gouvernement naturel et moral de Dieu. Toute amélioration, tout progrès physique ou moral, présuppose la destruction d'un abus, d'une pratique, d'un être animé ou inanimé, ayant existé. C'est une loi éternelle du ciel que celui qui naît périsse, que celui qui vit meure, qu'aucun être organisé ne peut exister sans que sa vie organique soit vouée à la destruction.

Aucune créature humaine ne peut construire la plus misérable chaumière pour s'abriter sans être précédé de la destruction de plantes et d'animaux. Comment la civilisation aurait-elle pénétré dans les bois et changé les déserts presque impénétrables en cités prospères et magnifiques, si elle n'avait coupé les arbres et exterminé les bêtes féroces ? Si l'homme avait donc été placé sur la terre avec des instincts carnivores, avec la nécessité absolue de se couvrir et de chercher un asile, avec un désir irrésistible de progrès et d'amélioration, mais sans qu'il lui eût été accordé en même temps un penchant de destruction qu'il devait adapter aux diverses circonstances de sa condition, l'ordre, le concert et l'harmonie n'auraient pu exister dans la création. Quant aux antagonismes en général, j'en ai tant parlé dans la leçon XXVI, t. I, p. 410 à 419, et, en particulier sur la destructivité, dans la leçon XXI, t. I, p. 331 à 332, que toute explication serait ici, à cet égard, entièrement superflue.

Divers degrés d'activité. — Si cet organe est *petit,* l'individu éprouve tous les effets de son *inactivité.* Si son développement est *moyen,* l'instinct destructeur n'est pas de lui-même difficile à modérer et à diriger. L'individu possède assez d'inclination pour châtier, nuire, pour faire de la peine ou faire souffrir et même pour tuer. Mais, pour en arriver là, il a besoin d'avoir une profonde conviction de son utilité et de sa justice; cependant il importe de se rappeler tout ce que j'ai dit en d'autres circonstances sur le degré moyen en général, qui permet à la faculté de s'activer extraordinairement pourvu que l'organe soit exercé. Le même individu qui aujourd'hui voit infliger un châtiment à un malheureux avec une certaine horreur le contemplera demain avec plaisir, s'il ne retient cet organe.— Si l'organe est *grand*, il se pervertit facilement. Il peut, dans ce cas, porter l'individu à commettre toute espèce d'actes féroces et cruels, pour ne pas dire sanguinaires et d'extermination. Mais cette même faculté, dans ce même degré de développement, étant dominée et bien dirigée, devient, par l'aide de la constructivité, l'épée de la justice qui châtie, corrige, anéantit, par le moyen de la tactivité, t. I, p. 427 à 438, les écarts de la même destructivité; elle produit de plus tous les effets salutaires que j'ai mentionnés dans la leçon XVIII. t. I, p. 294 à 295, et qui, j'espère, ne s'effaceront pas de votre mémoire.

Direction et influence mutuelle. — J'ai si bien expliqué ce sujet, relativement à la destructivité, dans les endroits que je viens de citer, que tout ce que je pourrais ajouter ici ne serait qu'une prolixité inopportune.

Incidents. — Les incidents qui peuvent être cités ici relativement à cette faculté sont bien plus ceux des *Causes célèbres* que ceux de quelques leçons qui ont pour objet d'enseigner sans faire horreur, d'instruire sans effrayer. Les incidents de cette faculté doivent nous représenter l'homme dans ses actes de férocité et d'extermination, et ceux-ci sont faits bien plus pour être conçus que pour être entendus. Toutefois j'en rapporterai quelques-uns, pour éclairer ce sujet, dans une occasion plus opportune, c'est-à-dire lorsque je parlerai de la lumière que la phrénologie a apportée dans la législation humaine. Pour le moment, je me contenterai de vous dire que l'organe de la destructivité, comme vous l'avez vu, était très-grand dans Caracalla, t. I, p. 44; dans Néron, p. 157; dans Thibets, p. 170; dans Boutillier, p. 203. La faculté était si pervertie qu'elle conduisit ces individus à commettre des crimes horribles. Dans Washington, p. 408; dans Gall, p. 367; dans Catherine II de Russie, p. 409; dans Cervantes, p. 381, cet organe était également très-développé, mais il n'en était pas moins chez eux un élément puissant pour l'exécution de leurs meilleures et de leurs plus grandes œuvres et actions. J'ai voulu mettre ces deux classes d'hommes en présence l'une de l'autre, afin de vous présenter l'un des exemples les plus puissants pour la démonstration du principe phrénologique, qui proclame des *inclinations* et non des *nécessités*. Le même organe, par sa même activité efficace, fait exécuter aux uns des actes héroïques et aux autres des actes abominables.

Observations générales. — Gall n'avait pas examiné à fond, comme il le devait, l'*usage* des facultés. Il ne les avait étudiées que par rapport à leur action dominante. Lorsqu'on l'attaquait en niant ses découvertes, il répondait en montrant le débordement complet d'une faculté, comme si son action n'eût ou ne pût avoir un contre-poids, un maître, une direction imposée par une autre ou par d'autres forces physiques et morales. De sorte que les attaques de ses adversaires n'eurent pas seulement pour résultat de lui faire trouver des ressour-

ces, des preuves, afin de démontrer d'une façon qui ne permit ni doute ni réfutation l'existence des organes qu'il découvrit, mais encore de lui faire rechercher l'action de leurs facultés dans un état de débordement violent.

Après avoir démontré par des faits contre lesquels viennent se briser toute
espèce d'opposition l'existence et le siége de l'organe de la destructivité, Gall
décrit avec une éloquence énergique et terrible le déchaînement de cette faculté.
Il dit entre autres choses : « Si vous voulez bien voir l'homme dont le cœur nourrit des passions perverses, regardez-le lorsqu'il croit superflu de cacher le nombre
de ses crimes. Observez celui qui achète un assassin nocturne, ou l'assassin lui-
même qui donne un coup de poignard en échange d'or, et qui est un assassin
de profession. Voyez l'empoisonneur et ce chef de brigands entourés d'infâmes
et de misérables qu'il conduit au vol et à l'assassinat. Mais voyez surtout ces
hommes pervers, nés avec la soif du sang, lorsqu'ils sont assis sur le trône d'où
aucune loi ne peut les faire descendre, et qu'aucune considération ne peut réprimer leur fureur déchaînée. Voyez Caligula lorsqu'il fait couper la langue à
un grand nombre de pauvres innocents, ou qu'il les fait jeter aux bêtes féroces
pour qu'ils les dévorent. Voyez-le lorsqu'il oblige les pères à assister au supplice
de leurs enfants, ne donnant à ces malheureux que le choix de la roue ou de
l'écartèlement, et se réjouissant de leur agonie. Voyez-le, lorsque dans sa rage
concentrée il voudrait que les Romains n'eussent qu'une seule tête pour les dé-
capiter tous d'un seul coup. Voyez-le enfin, lorsqu'il nourrit ses bêtes féroces,
destinées au spectacle, avec la chair d'hommes vivants, et lorsqu'il dit que son
plus grand plaisir c'est de se trouver en présence des famines, des disettes, des
incendies et de la perte des armées.

« Voyez Néron, lorsqu'il empoisonne Britannicus, lorsqu'il assassine sa mère et
le mari de la femme qu'il voulait violer; lorsqu'il passe la nuit dans les rues au
milieu d'une plèbe infâme, pillant, volant et tuant; lorsqu'il sacrifie à sa fureur
Octavie son épouse, Burrhus, Sénèque, Lucain, Pétrone et sa chère Poppée; lorsqu'il incendie les quatre coins de Rome et qu'il monte ensuite sur une tour élevée
pour jouir seul de ce spectacle terrible; lorsqu'il fait couvrir les chrétiens de cire
et d'autres matières inflammables, et ainsi disposés les fait allumer pour servir
de flambeaux. Voyez-le lorsqu'il combine des plans pour assassiner tous les gou-
verneurs des provinces, tous les généraux de l'armée, tous les exilés et tous les
gens d'élite de Rome. Voyez-le lorsqu'il forme le projet d'empoisonner tout le
sénat dans un seul repas, de brûler Rome une seconde fois, de lancer dans les
rues pendant l'incendie les bêtes féroces des spectacles, pour que personne ne
puisse s'échapper.

« Voyez un Louis XI, fils ingrat, dénaturé et rebelle, dont le père mourut de
crainte d'être assassiné par son propre fils. Il voulait gouverner par la terreur
et regardait la France comme un pré qu'on devait faucher le plus près possible
de la terre... On ne voyait autour de son palais que des potences, prévenant toujours les justices de sa vengeance... Voyez Sylla, Tibère, Domitien, Marcus
Caïus, Marc-Aurèle, Caracalla, Septime-Sévère, Henri VIII, Catherine de Médicis. »

Afin que vous puissiez vous former une juste appréciation de ces faits histo-
riques et que vous les jugiez sous le véritable point de vue phrénologique, il importe que vous vous souveniez de tout ce que j'ai dit sur la *direction* et l'*influence mutuelle* des facultés, et surtout de l'explication que j'en ai donnée dans
la leçon XVIII, que j'ai citée tant de fois et que je ne cesserai jamais de citer.

Langage naturel. — D'après tout ce que j'ai dit sur ce sujet, il vous est facile de comprendre qu'il peut y avoir autant de langages naturels de la destructivité qu'il y a de modes simples et complexes de l'activer.

L'enfant qui, dans un accès de colère, brise les jouets qu'on lui a donnés; le soldat qui, excité par son courage, attaque et sabre son ennemi, le bandit qui assassine sa victime, l'homme féroce, qui avec un sourire infernal contemple des actes de cruauté, sont autant d'exemples du langage naturel de la destructivité, modifiée par des affections différentes.

22 ou 6, COMBATIVITÉ ou ACOMÉTIVITÉ.

Définition. — USAGE ou OBJET. Perception ou conception de toute propriété et de toute condition belliqueuses, agressives, ou qui font opposition. Tendance à résister : esprit d'opposition, penchant pour la lutte, le combat, l'attaque et la défense. Élément fondamental de valeur. — ABUS ou PERVERSION. Désir de quereller, de disputer, de provoquer, d'attaquer, d'agression illégitime ; esprit de dispute et de contradiction à chaque instant sans rime ni raison. Élément d'opposition systématique pour des fins illicites. — INACTIVITÉ. Absence d'impulsion belliqueuse et agressive ; peu de disposition à résister. Élément de paresse et de lâcheté.

Localité. — Cet organe est situé un peu au-dessus et derrière l'oreille, c'est-à-dire à l'angle postérieur et inférieur des os pariétaux. Une tête étroite ou rétrécie derrière la partie supérieure des oreilles indique peu de combativité, et une tête large dans cette région céphalique. qu'il y ait ou qu'il n'y ait pas des saillies, indique beaucoup de combativité. Je présente ici le siége de la faculté, sur deux crânes tirés de deux dessins copiés d'après

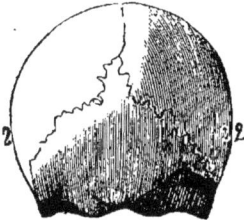

Wurmsen, général autrichien, né en 1714, mort en 1797.

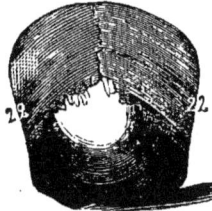

Crâne de femme déposé dans la collection de la Société phrénologique d'Édimbourg.

nature et rapportés par Combe, dans son *System of Phrenology*. Dans l'un, celui de Wurmser, la combativité est grande; dans l'autre, celui d'une jeune Sénégalaise, la combativité est petite.

Vous pouvez voir cet organe bien développé dans frai Luis de Grenade, et peu développé dans frai Luis de Léon, t. I, p. 40 et 41. Leur grande différence se base en grande partie sur ce développement. Il est également bien développé dans Cervantes, t. I, p. 381, qui, sans cette circonstance, sans cette qualité, n'aurait jamais éprouvé de vocation pour la guerre, pas plus qu'en Alger il n'aurait donné des preuves d'une valeur belliqueuse, héroïque et presque surhumaine. Dans Caracalla, t. I, p. 44, l'organe est aussi bien développé. Mais la tête dans laquelle je l'ai vu le plus développé, c'est celle de Thibets, p. 157. Malheureusement, comme vous le savez, dans ces deux derniers cas, son action ne fut pas réprimée comme elle pouvait et devait l'être.

Découverte. — Le même Gall rapporte (*ouv. cit.*, t. IV, p. 14 à 16) qu'il attirait dans sa maison des gens infimes et de peu d'éducation, appartenant aux professions les plus humbles, comme des domestiques, des cochers, etc., dans le but d'observer les penchants et les qualités remarquables qu'on constatait parmi eux. Il trouva que ceux qui étaient réputés *fanfarons*, *querelleurs* et *brouillons* parmi leurs compagnons avaient la partie de la tête en question très-grande, et qu'elle était extrêmement petite chez ceux qui passaient pour *poltrons* et *pusillanimes*. Le docteur Gall conclut de là que l'âme possédait une faculté dont l'exercice produisait de la *valeur* et qui résidait dans l'endroit déjà cité. Un grand nombre de preuves confirmèrent ce fait.

Harmonisme et antagonisme. — Nous nous dérangeons à peine lorsque nous rencontrons des obstacles qui gênent notre marche. Nous émettons à peine une opinion lorsque les passions entraînent quelqu'un à la combattre. Nous nous sacrifions à peine pour le bien ou pour le progrès de tous nos semblables, lorsqu'une formidable opposition s'élève contre nos raisons, et cherche à affaiblir notre prestige moral. La nature elle-même prouve qu'il en est ainsi d'une manière générale. Ce monde donc ne présente que des obstacles, des difficultés et de l'opposition qu'il faut surmonter, sans quoi l'existence de l'homme serait impossible. Il est évident qu'une faculté primitive et originelle, dont la fonction propre serait de *résister*, de *combattre*, de se *défendre*, de *vaincre*, était absolument indispensable, pour qu'il y eût, comme il y a, de l'ordre, du concert et de l'harmonie dans la création. De notre côté, il y a, à chaque instant, dans le monde où nous vivons, nécessité de répression et de direction. C'est pourquoi nous voyons que cette faculté, comme toutes les autres, se trouve en combinaison avec d'autres facultés ses *antagonistes*. La conservativité, la précautivité et l'inférioritivité s'opposent directement à l'action de la combativité. Combien ne voyons-nous pas l'épée dégainée en un clin d'œil par la combativité et rengainée par la précautivité, l'action de l'une et de l'autre faculté étant aveuglément neutralisée par leur propre influence antagoniste? Combien de fois, avant que le mouvement *interne* de la combativité soit devenu action *externe*, n'a-t-il pas été neutralisé par une impulsion contraire de l'inférioritivité! Ainsi, quoi qu'il en soit, l'excitation de certaines affections calme la véhémence des autres, comme je l'ai toujours avancé en parlant de leur direction et de leur influence mutuelle.

Des divers degrés d'activité. — L'organe étant *petit*, l'individu manque d'esprit d'opposition, d'agression, il n'a pas la pensée de vaincre les difficultés et de se défendre. Le premier élément qui doit l'empêcher de se laisser soumettre au joug que les autres veulent, dans leur audace, lui imposer, lui fait défaut. Les facultés, dont la combativité est l'auxiliaire, sentent toujours qu'il leur manque un appui actif et efficace. Dans ce cas, l'individu est pusillanime. Sa parole, alors même qu'elle posséderait toutes les propriétés physiques nécessaires, manquera toujours de l'expression énergique que cette faculté peut seule lui communiquer, comme je l'ai exposé en principe général dans la leçon XXXII, t. I, p. 519. Le développement de l'organe étant *moyen*, la faculté se réprime et s'équilibre d'elle-même. Elle tient le juste milieu. L'individu alors possède assez d'esprit d'opposition et d'attaque. Quoiqu'il puisse, à cet égard, se retenir facilement, la faculté peut être activée par les autres et servir pour toute sorte d'opposition et de défense énergique. Si l'organe est *grand*, la faculté se manifeste avec vigueur. L'individu aura de la *fierté*, de la *témérité*, de l'*audace*, de l'*intrépidité*, et il en usera ou il en abusera, suivant la combinaison qui fait agir la combativité.

Direction et influence mutuelle. — Gall, en nommant cette faculté *valeur*, ne tint pas compte de ce que ce mot n'exprime pas l'action plus ou moins vive d'une faculté, mais un attribut ou une qualité mentale résultant de l'action combinée de diverses facultés. Il peut donc y avoir autant de classes, autant de genres de valeur qu'il y a de ces combinaisons. Un homme peut avoir beaucoup de combativité, et par conséquent attaquer avec énergie ; mais s'il possède en même temps une conservativité et une précautivité excessive, il peut prendre la fuite lâchement, et même trembler comme celui qui *a peur de mourir*, au moment où il est attaqué ou repoussé. Le même homme qui est *vaillant*, vers le faible, peut être lâche vers l'homme fort. C'est pourquoi nous ne pourrons jamais nous exercer avec trop de soin pour apprécier la différence qu'on doit établir entre l'action spéciale et propre d'une faculté dans ses divers degrés d'activité et les actions mentales infinies qui résultent et peuvent résulter de la combinaison variée des facultés. Le bien fait à la science par Spurzheim, sur ce point, est immense, ainsi que je l'ai dit leçon XX, t. I, p. 318 à 320.

La combativité n'est qu'un élément de VALEUR dans sa partie *positive*, de même que la conservativité et la précautivité en sont un élément dans leur partie *négative*. Je conçois très-bien comment deux individus peuvent se disputer éternellement à l'égard d'un troisième, l'un soutenant qu'il est lâche, l'autre qu'il est courageux, et tous deux ayant raison. Celui-là peut se former une idée d'après laquelle la valeur consiste plutôt à offrir une résistance passive qu'une répulsion audacieuse. Eh bien, la résistance passive nécessite, comme premier élément, un grand développement de la continuativité, et la répulsion audacieuse une grande combativité. L'individu qui fait le sujet de la dispute peut avoir l'un des deux organes très-grand et l'autre très-petit; d'où résulterait un caractère qui, calme, se laisserait couper en morceaux, mais ne pourrait repousser l'attaque par l'attaque, ou qui, audacieux, s'élancerait sur l'agresseur, mais disparaîtrait lâchement au premier retour favorable de l'ennemi. Dans ces circonstances la phrénologie nous offre une vive lumière et son influence peut éviter mille disputes qui, comme on l'a vu dans la leçon XXVIII, t. I, p. 454, peuvent donner lieu à de graves querelles. D'ailleurs, il importe de ne pas oublier que si la combativité a des antagonistes, elle a aussi des auxiliaires, et que tous peuvent l'influencer d'une manière ou d'une autre, suivant leur spécialité propre. La stratégitivité, auparavant secrétivité, peut, à l'aide de certaines combinaisons, activer énergiquement son action et suspendre ou réprimer en même temps sa manifestation externe. La destructivité, si elle est faible, peut la fortifier, et si elle est forte elle peut l'irriter. L'effectuativité ou espérance et la merveillosité ou réalitivité peuvent, dans tous leurs degrés d'action, l'encourager et la diriger, contrairement aux inspirations de la conservativité et de la précautivité, vers les plus grands dangers et les plus profonds abîmes. Celui qui combat avec l'idée que le triomphe sera réel et positif sent se ranimer et se fortifier la combativité d'une manière incompréhensible. S'il n'en était pas ainsi, comment la vue seule d'un chef courageux, ou la voix seule d'un général heureux réveillerait-elles l'impétuosité belliqueuse éteinte d'une armée découragée? Si une faculté n'avait pas une influence magique sur une autre, comment nous expliquerions-nous qu'une femme s'élance, intrépide, pour retirer de la gueule d'un lion son jeune enfant; qu'un individu, très-souvent pusillanime, lutte corps à corps pour défendre son foyer domestique? Comment nous expliquerions-nous enfin que celui-ci se bat pour une injure, celui-là pour venger un ami, un tel parce qu'un chef l'épouvante de son regard, et tel autre par crainte du *qu'en dira-t-on?* Sans ces influences leur petite combativité n'aurait jamais fait un effort. N'oublions point que le soldat *conscrit* tremble de peur de mourir aux premières balles qu'il entend siffler, l'action de sa combativité étant anéantie; que le soldat *vétéran* se rit de la mort et s'élance, intrépide, à la bouche du canon. L'éducation guerrière a fortifié la combativité et ses auxiliaires. Elle a affaibli la conservativité et d'autres antagonismes. Cela ne veut pas dire cependant que la personne douée d'une grande combativité ne manifeste plus, à moins d'excitants nécessaires, un esprit de résistance dans toute occasion sans jamais faillir, tandis qu'au contraire celui qui est doué d'une petite combativité pourra, dans le moment le plus décisif, perdre son énergie belliqueuse. Enfin j'observerai que si la combativité est le fondement de la science d'*attaque*, la *science elle-même* est l'action intelligente de toutes les facultés qui aident et éclairent la combativité.

Incidents. — L'antiquité civilisée avait reconnu et observé instinctivement cet organe et les fonctions de sa faculté. Les sculpteurs anciens, comme les sculpteurs et les peintres modernes dont je vous ai parlé dans la leç. XXV. t. I, p. 593 à 595, ont donné à leurs statues des héros et des athlètes une tête grande et saillante, volumineuse en arrière, entre les oreilles. La tête du gladiateur, comme celle de tous les guerriers, ont la même forme. — Si je n'avais pas cru à cet organe et à sa faculté, le grand développement de la tête de Thibets t. I, p. 157, et de celle de Jackson, président des États-Unis de 1828 à 1836, m'auraient convaincu de son existence. On n'a jamais vu deux cas d'une plus grande combativité, pervertie dans le premier et bien dirigée dans le second; mais jamais non plus on n'a vu cette faculté se manifester autant que dans ces deux hommes.

Observations générales. — Relativement aux deux sexes, cet organe est bien plus développé chez l'homme que chez la femme. Lorsque cette circonstance est renversée, ce qui n'arrive pas souvent, les manifestations de la faculté sont également inverses. Quoique les hommes aient l'organe plus développé que les femmes, il y a cependant de grandes différences parmi les individus. A ce sujet nous avons vu celles que Gall a observées. Il est des individus qui sont querelleurs, provocateurs, amateurs de rixes et de disputes, tandis que d'autres sont pacifiques, réservés et peu disposés à résister ou à contredire sur quoi que ce soit.

Il est des nations entières qui se distinguent par le développement de cet organe. Les Caraïbes, les Araucaniens, les Péruviens et d'autres races que j'ai mentionnées dans la leçon XIII, sont une preuve palpable de cette vérité. Les Hindous comparés avec les Suisses, t. I, p. 247, en offrent une différence remarquable. Le plus ou moins de développement de cet organe s'observe même dans les diverses provinces dont se compose une nation. Les Catalans, à l'exception des Navarrais et des Castillans anciens, l'ont collectivement plus développé que les peuples des autres provinces de l'Espagne. Cette grande combativité, combinée à notre petite précautivité, forme les principaux éléments ou traits de notre caractère provincial.

Plusieurs classes d'animaux sont douées de cet instinct. Leur plus ou moins d'activité se reconnaît aussi par la largeur et le volume plus ou moins prononcés de la région postérieure de la tête, entre les oreilles. Les bêtes féroces, les dogues et tout animal qui attaque, de même que le lapin, le lièvre, l'agneau et tout animal qui n'attaque pas, sont des preuves positives et négatives de la vérité de l'existence de cet organe. Les amateurs de combats de coqs savent très-bien distinguer, sans avoir appris la phrénologie, par le volume de la tête et du cou, ceux qui sont plus ou moins courageux.

Langage naturel. — Il est à remarquer que cet organe inspira à Gall l'idée du *langage naturel*, sur lequel j'ai attiré votre attention dans les leçons XXIV à XXV, t. I, p. 585 à 595, et je n'ai cessé depuis de le fixer à chaque faculté et à chaque organe dont je vous ai parlé. Le principe dont je désire vous entretenir, et auquel j'ai fait allusion pour la première fois dans la tonotivité, leçon XXXIII, t. I, p. 519, est celui-ci, savoir : que toute faculté en action énergique et dominante dirige la tête et tout le corps vers le siége où réside son organe. C'est en vertu de ce principe qu'ont lieu certaines attitudes et certains mouvements particuliers des individus dont j'ai parlé, leçon XXV, t. I, p. 595. Ce principe est une vérité éternelle. Si quelquefois il

nous paraît inexact, parce que nous voyons des personnes diriger la tête
vers un point différent du siége de l'organe de la faculté considérée comme
excitée, c'est qu'en ce moment une ou plusieurs autres affections violentes
se réveillent.

Comme l'observation qui fut l'origine de la découverte de ce principe me
paraît très-intéressante et d'une grande importance, je rapporterai à ce sujet
les propres paroles de Gall :

« Je vis une fois, dit-il dans son langage simple et plein de candeur (*ouv.
cit.*, t. V, p. 273 et 274), deux cochers qui se battaient. L'un attaqua brus-
quement et avec fureur son adversaire, qui était beaucoup plus petit; celui-
ci, s'appuyant un peu sur le côté, serra le poing, ramassa la tête d'entre les
épaules, la porta un peu en arrière, et repoussa victorieusement son agresseur avec force coups de poing répétés. L'autre combattant chercha, par un
détour, à saisir son adversaire par le flanc; mais celui-ci, qui comprit instantanément le but de la manœuvre, se laissa tomber un peu plus sur le côté
et prit instinctivement une attitude exactement pareille à celle du gladiateur romain ; il porta ensuite son corps en arrière, baissa la tête entre les
épaules, et continua à repousser avec succès son agresseur. Son adversaire,
espérant le faire tomber, le saisit par les bras; mais l'autre, sans se décourager, et comme inspiré par de nouvelles forces, serra si fortement sa barbe
contre sa poitrine et le saisit avec tant de violence qu'il tomba sur le sol
avec lui. Le grand nombre de spectateurs qui s'étaient réunis autour d'eux
mit fin au combat. » Pendant que Gall observait les attitudes et les posi-
tions naturelles de ce petit athlète, il eut l'idée que, de même que la combativité *en action* dirigeait naturellement la tête vers le siége de son organe, communiquait au visage un certain aspect particulier et plaçait tout
le corps dans certaines attitudes spéciales, il pouvait aussi peut-être en arriver de même pour toutes les autres facultés. En effet, l'observation et
l'expérience le convainquirent enfin que telle était en réalité la correspondance que Dieu avait établie entre la manifestation *externe* et l'excitation
interne des facultés. « Quand je vis, s'écrie le père de la phrénologie dans
son langage naïf (*ouv. cit.*, p. 275), ce que je n'avais jamais cru possible,
que l'homme pouvait pénétrer dans ces secrets de la nature, ma joie fut
telle qu'elle faillit me faire perdre la raison. »

Cela ne me surprend pas. Si, contre l'évidence des sens, quelque chose
m'a empêché de croire avec plus d'empressement, c'est le principe dont il
s'agit, parce que, *à mon avis*, il y avait une circonstance qui le niait complétement. « Comment se fait-il, me disais-je, que la mère, pour embrasser
son enfant, incline la tête en avant? Si ce principe était vrai, continuai-je,
elle dirigerait la tête en arrière. » A cette époque, j'avais appris depuis plusieurs années à suspendre mon jugement, en matière de philosophie, dans
tout ce qui n'avait pas de données suffisantes pour établir, asseoir une opinion affirmative ou négative, opinion qui pourrait être appelée bien fondée,
selon moi. J'abandonnai donc au temps mes convictions.

Un jour, c'était le jeudi 7 juillet 1836, je visitais la grande fabrique d'armes que possède le gouvernement des États-Unis à Harper's-Ferry. Une jeune mère avait confié son enfant à un petit garçon qui se promenait par là et s'en alla porter quelque chose à son mari, ouvrier dans la fabrique. Au bout de quelques minutes, inquiète et soucieuse, elle sortit empressée pour aller à la rencontre de son enfant chéri. Je la suivis dans l'intention d'observer sa conduite. Quelle ne fut pas ma surprise et ma joie quand je vis qu'elle prit l'enfant, les bras tendus, le leva un peu au-dessus de son visage, et, l'ayant contemplé quelques instants, la tête dirigée vers la philoprolétivité, l'approcher pour l'embrasser. Bientôt elle l'éloignait de nouveau, portait la tête en arrière sans changer de direction, et l'embras- sait une seconde fois ensuite. « Voilà, me dis-je en moi-même, plein de joie et d'admiration, le véritable *langage de la philoprolétivité.* »

Depuis lors toute ma sollicitude consista à chercher des exemples analo- gues, et bientôt je me convainquis que lorsqu'une mère embrasse un enfant sans porter d'abord la tête en arrière, *elle ne le fait pas sous l'influence d'un pur amour de mère.* Si la philoprolétivité est excitée, la tête s'incline invariablement en arrière, de même qu'elle se retourne vers la nuque, si c'est la générativité. Poussé par le désir de me convaincre complétement sur ce point, j'allai aux environs de Montréal, dans le Canada. On me dit qu'il y avait une tribu d'Indiens catholiques remarquables par leur religiosité, et qui s'étaient rarement unis aux Européens. « Si le principe en question est vrai, me dis-je, ces gens, quittant leur maison pour aller à l'église et l'é- glise pour rentrer chez eux, doivent diriger la tête vers l'inférioritivité. » Vingt-trois jours après avoir observé le fait d'Harper's-Ferry, je me trouvais à *Cognomaga,* petit endroit des lieux qu'habitaient ces Indiens. C'était le dimanche 31 juillet. Après l'attitude avec laquelle ils allaient à l'église et dans laquelle ils se maintenaient, je ne cherchai plus de démonstrations du principe en question. Je suis aujourd'hui aussi convaincu de sa vérité que je le suis de ma propre existence au moment où je parle. D'ailleurs le *lan- gage naturel* de la combativité consiste à incliner la tête en arrière et par côté, à écarter un peu les jambes, à fermer les poings et à donner aux yeux une expression menaçante, comme on l'observe dans le pugilat.

23, CONJUGATIVITÉ.

C'est une de ces facultés dont l'existence ne peut être mise en doute, mais le siége de son organe est un objet de doute et de controverse; il n'est pas encore sorti du cercle de la spéculation pour entrer dans celui des vérités philosophiques ou démontrées.

Tout le monde sait et personne ne nie que le lion, le cerf, l'aigle, le cor- beau, le renard se réunissent pour vivre avec un individu de leur espèce et de sexe opposé. La conjugativité est la faculté qui les pousse à cette union appelée mariage. En parlant de l'*adhésivité*, dans son *Nouveau manuel de phrénologie*, page 69, Fossati a dit : « Il paraît que cette faculté prédispose certains animaux à vivre en société ; tels sont les moutons, les corbeaux, les poules, etc. Il y en a d'autres qui vivent seuls et à part, comme le renard, l'ours, le rossignol, etc. D'un autre côté, il y a des espèces qui vivent deux par deux, c'est-à-dire en état de mariage, comme le loup, le renard lui-même. Enfin il y en a qui, quoique sociables et domestiques, ne se marient jamais, comme le cheval, le bœuf, le chien. La société et le mariage sont, chez l'homme et chez les animaux, des états naturels qui se manifestent à cause de l'organisation cérébrale. »

Quelques phrénologues supposent, et Vimont croit avoir prouvé que l'adhésivité se divise en deux organes, l'un qui préside à l'instinct de sociabilité ou d'association, et l'autre à l'instinct du mariage. Il est certain que lorsqu'on parle de mariage à beaucoup de personnes ayant le moyen de soutenir et d'élever une famille, c'est leur parler de la mort, tandis que d'autres, quoique n'ayant rien, mourraient si elles ne se mariaient pas.

En voyant que l'Église a érigé en *sacrement* la satisfaction de la conjugativité ; que le mariage est le premier et le plus important élément de la domesticité ; en voyant que le sentiment spécial de cette faculté devient presque une frénésie chez plusieurs individus, et croyant qu'il pouvait y avoir quelque chose de vrai dans les observations de Vimont, j'ai commencé à trouver un grand développement de conjugativité dans toutes les personnes qui avaient un occiput très-saillant et volumineux immédiatement aux côtés du centre.

On me présenta, à Alméria, un jeune homme de seize ans, dans le but de lui examiner phrénologiquement la tête. Il avait la configuration indiquée très-développée. A peine l'avais-je vu, que je dis :

« Ce garçon ne pense qu'à se marier ; peu lui importe le moyen et la personne avec laquelle il doit le faire : ce qu'il veut, c'est être uni à une femme pour la vie.

— Quelle grande vérité vous venez de dire ! répondit la personne qui le conduisait. Il a déjà essayé quatre fois de se marier. En ce moment même, nous avons été forcés de faire intervenir à ce sujet l'autorité civile supérieure, sans savoir comment elle terminera l'affaire.

— Qu'il se marie le plus tôt possible. Vous devez seulement faire en sorte que ce soit avec une personne convenable et digne. »

D'autres faits de ce genre m'ont convaincu que le mariage est naturel à l'homme, que chercher à enlever à la société les institutions qu'il a nécessitées serait une tentative aussi vaine que celle qui consisterait à vouloir changer la nature hautement conjugative de la tourterelle avec celle de la sociabilité des brebis, ou la nature sociable des abeilles avec la nature tout à fait solitaire du cheval. Sachons que vouloir fonder parmi les hommes des institutions qui ne s'accordent pas avec la nature humaine, ou vouloir détruire celles qui sont basées sur elle, c'est et ce sera peine inutile. D'ailleurs je ne considérerai l'organe et son siége comme complétement démontrés que lorsqu'un plus grand nombre de cas les auront vérifiés.

L'*usage* ou *objet* de cette faculté consiste à percevoir et à concevoir la condition morale de toute union pour la vie entre deux personnes de sexe différent; désir d'obtenir cette union; aversion pour une manière de vivre différente; son *abus* ou *perversion* consiste en ce que des personnes de sexe opposé vivent unies d'une manière équivoque, illégitime et réprouvée. Son *inactivité* consiste à ne sentir aucune impulsion pour le mariage. Quant à ce qui est relatif à l'organe, vous ne pouvez vous y tromper, si vous vous rappelez qu'il se trouve à côté de la philoprolétivité, dont j'ai cherché à vous faire connaitre la localité, indiquée par le chiffre 2 sur la tête phrénologiquement numérotée au commencement du tome premier et dans les gravures que j'ai rapportées dans la leçon XIII et XVI, p. 194, 195, 249.

LEÇON XXXVI

24, PHILOPROLÉTIVITÉ; auparavant 2, philogéniture. — 25, CONSTRUCTIVITÉ. — 26, ACQUISIVITÉ.

Messieurs,

Un des principaux motifs qui m'ont porté à établir dans la nomenclature phrénologique un nouvel ordre de priorité et de postériorité, ç'a été de faciliter la connaissance du siége qu'occupent les organes, en les rangeant par lignes horizontales de front et de côté, en allant de la base au sommet de la tête.

En bas, sur la première ligne latérale, se trouvent la conservativité et la générativité. Ensuite les lignes se dirigent toujours d'avant en arrière, commençant par l'alimentivité et finissant par la continuativité. La philoprolétivité, qui doit maintenant occuper notre attention, a son organe à l'extrémité de la seconde ligne latérale. De sorte que cette ligne, dont le milieu ou le centre est l'orifice de l'oreille sur lequel elle se trouve, embrasse les quatre organes suivants : l'alimentivité (20), la destructivité (21), la combativité (22), la conjugativité (23) et la philoprolétivité (24). En parcourant toute la tête au moyen des lignes, on acquiert facilement la connaissance de ses diverses localités; c'est ce que m'a démontré l'expérience dans le long cours des années que j'ai consacrées à l'enseignement pratique de la phrénologie; c'est ce qu'a dû vous démontrer votre expérience personnelle, quand vous vous êtes rendu compte du siége qu'occupent respectivement les facultés nous menant à la connaissance du monde extérieur, et que je vous ai fait connaitre dans la leçon XXXIII, t. I, p. 521.

Je vous présente ces deux crânes avec les n°° 20, 21, 22, 23 et 24, pour que vous sachiez bien localiser les organes que ces numéros désignent. Le

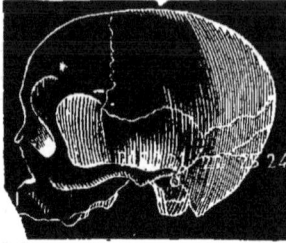

Crâne type d'un indou.
(Voir t. 1, p. 249.)

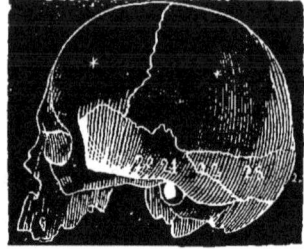

Crâne type d'un Suisse.
(Voir t. 1, p. 249.)

n° 20 désigne l'alimentivité sur laquelle D. Antonio Fernandez Martinez, médecin distingué de Séville, vient de me communiquer un cas pathologique qui achève de compléter la constatation du siége qu'elle occupe, comme je vous l'expliquerai dans une autre leçon; le n° 21 indique la destructivité, le n° 22 la combativité, le n° 23 la conjugativité, et le n° 24 la philoprolétivité. Une fois ces organes ainsi vus et observés sur une ligne, il est plus facile d'en déterminer et d'en retenir le siége.

24 ou 2, PHILOPROLÉTIVITÉ.

Définition. — Usage ou objet. Perception et conception de tout ce qui est tendre ou frais, de toutes les qualités que donne le jeune âge ou la courte durée de l'existence antérieure. Désir d'une postérité, amour des enfants, propension à les caresser ou à se trouver au milieu d'eux; aversion pour tout ce qui est décrépit, vieux, languissant, et pour ce qui déchoit. — Abus ou perversion. Affection excessive pour les enfants ou les êtres jeunes; douleur trop violente à la perte de l'un d'eux. — Inactivité. Peu d'affection et de tendresse paternelles; aucune sensibilité à l'égard de ce qui est jeune et délicat.

Localité. — Il n'est pas douteux. Il se trouve au-dessus de cette crête occipitale, marquée par le n° 2, que vous avez vue dans la figure que je vous ai expliquée dans la leçon XVII, t. 1, p. 281. J'ai eu en tant d'endroits différents [1] l'occasion de vous montrer des copies de crânes, dans lesquels cet organe se trouve désigné par le n° 2, qu'il serait tout à fait superflu de vous donner à cet égard un plus grand nombre d'indications. La seule chose que je doive vous faire remarquer, c'est que la crête dont je viens de parler, et que nous rencontrons aussitôt quand nous nous passons la main sur le derrière de la tête, est souvent prise à tort par plusieurs personnes pour la géné-

[1] Voir t. 1, p. 181, 187, 194, 195, 249, 266.

rativité. Cette simple crête n'est proprement l'indice ni le siége d'aucun organe : la générativité se trouve au-dessous; la philoprolétivité au-dessus.

Découverte. — Le docteur Gall observa [1] que chez les femmes cette partie était presque toujours plus développée, plus saillante ou plus proéminente que chez les hommes. De ce fait il conclut que la portion du cerveau qui renflait le volume de la tête au milieu de sa partie postérieure était le siège d'une faculté naturellement plus développée chez la femme que chez l'homme. Dès ce moment, la question fut celle-ci : « Quelle est cette faculté? » Pendant cinq ans il réunit, il examina, il compara des données sur ce sujet. Il remarqua enfin que les crânes des singes avaient, dans cette partie postérieure, une ressemblance très-frappante avec ceux des femmes. Il déduisit de ce fait lumineux que la portion de la cervelle qui renfle l'occiput était *probablement* l'organe d'une qualité que possédaient également à un degré supérieur les femmes et les singes. Il persista d'autant plus dans cette idée, qu'à raison des découvertes antérieurement faites, il était sûr que l'occiput ne pouvait être le siége d'aucun organe saisitif ou de connaissance des attributs physiques.

Gall continua à se demander pendant quelque temps quelle pouvait être la qualité prépondérante commune aux femmes et aux singes. Mais il avait beau méditer et réfléchir, il ne trouvait point la réponse. Comme, d'un autre côté, il ne voulait point former de jugements ni tirer de conclusions qui ne fussent fondés sur l'observation et sur l'expérience (car il voulait, non pas *faire* à son gré les facultés mentales, mais les *découvrir telles que Dieu les avait créées*), il s'abstint et continua à s'abstenir de hasarder de vaines opinions. Enfin, tandis qu'un jour il donnait une leçon à ses élèves, il eut un de ces moments heureux où l'âme conçoit spontanément ce qu'elle est parfois incapable de concevoir par les plus grands efforts, et songea tout à coup à l'amour extrême que les singes ont pour leurs petits. Il lui passa dans l'esprit comme un rayon de lumière, et il soupçonna que ce pouvait être là la faculté qu'il cherchait depuis si longtemps sans la trouver, puisque les femmes se distinguent d'une manière si marquée par un pareil amour pour leurs enfants. Transporté de joie, et incapable de continuer son discours, il pria ses auditeurs de se retirer, et se rendit immédiatement chez lui pour regarder et comparer la nombreuse collection de crânes qu'il avait, et qu'il légua en mourant au Jardin des Plantes de Paris, où je les ai dernièrement examinés.

Quelle ne fut pas sa joie, quelle ne fut pas sa satisfaction, quand il vit en effet que d'ordinaire l'occiput des singes était saillant et développé comme celui des femmes! Et comme un amour extraordinaire pour leurs petits ou pour leurs enfants est précisément la faculté qui caractérise les uns et les autres, Gall ne douta plus dès ce moment que l'organe de la

---

[1] Ouvrage déjà cité, t. III, p. 264-266.

philoprolétivité n'eût son siége dans la portion du cerveau qui grossit le milieu de la partie postérieure du crâne. Néanmoins il ne voulut point présenter ce principe comme positif avant d'avoir observé l'amour pour les petits dans tout le règne animal, et d'avoir reconnu que cet amour était toujours moins grand chez le mâle que chez la femelle, et que cette différence correspondait exactement à celle de l'occiput de leurs crânes respectifs. Il est bien entendu que, dans les animaux comme chez les hommes, on trouvera des cas qui font exception à cette règle; mais cette exception même sera toujours exactement indiquée par le degré de développement de la partie postérieure du crâne.

Harmonisme et antagonisme. — La créature humaine et les autres animaux du rang le plus élevé devant passer par une enfance impuissante, l'ordre et l'harmonie manqueraient dans la création, s'il n'y avait dans les pères et mères qui les produisent un instinct, un désir vif et ardent, dont la satisfaction se trouve dans les soins qu'ils leur donnent et qu'ils leur voient donner. S'il n'en était pas ainsi, si les pères et mères n'étaient pas doués d'une faculté originelle et primitive, qui leur fait goûter dans ce qu'ils souffrent et dans la sollicitude inquiète avec laquelle ils cherchent à satisfaire aux besoins du premier âge, condamné à tant de faiblesse et à tant d'impuissance, une jouissance aussi douce que celle qu'éprouve l'avare à amasser des richesses, les races ne pourraient ni se conserver ni se perpétuer : l'organe de la génération ne servirait à rien. Mais autant tout ce qui est jeune convient à cette faculté, autant ce qui est décrépit lui répugne : d'un côté l'harmonisme, de l'autre l'antagonisme. Si dans la jeunesse nous nous sentons agréablement affectés par ce qui est délicat dans les enfants, comme dans les petits animaux, comme dans les plantes; dans la vieillesse, quand cette même faculté se trouve à chaque instant désagréablement excitée par des retours sur nous-mêmes, par la vue de notre propre état, nous recherchons avidement la société de jeunes enfants qui puissent en quelque sorte nous remplacer, et qui nous fassent sentir, du moins un instant, que ces jeunes plants sont le rejet d'une vieille souche. Voilà pourquoi les aïeuls contemplent avec ravissement leurs petits-fils; voilà pourquoi une affection qui, comme toutes les autres, devrait tendre à décroître à mesure que s'affaiblit l'organisme, semble prendre avec la vieillesse de nouveaux accroissements et une nouvelle vigueur.

Divers degrés d'activité. — Si l'organe est *petit*, le sujet est indifférent à ce qui est tendre et délicat. Ni les fleurs, ni les oiseaux, ni les enfants n'éveillent en lui des sensations agréables ou désagréables : il ne perçoit ni les qualités ni les conditions que présentent les plus riants objets. Une scène filiale, une scène paternelle, quelque tendre, quelque touchante qu'elle soit, est pour lui ce qu'est la meilleure musique pour l'individu doué de peu de tonotivité, ou ce que sont les plus riches nuances pour celui qui est doué de peu de coloritivité. Jamais, si c'est un homme, il ne regarde la femme; jamais, si c'est une femme, elle ne regarde l'homme avec l'empressement qu'inspire le pur désir de laisser une postérité. — S'il est de *moyenne* grandeur, le sujet éprouve dans une juste mesure les désirs, les affections et les aversions que fait naître la faculté. S'il a des enfants, il s'intéresse convenablement à leur sort. Il sent une véritable satisfaction à suivre leurs premiers pas, à entendre leurs premières paroles, à voir leurs premiers jeux, et il connaît la tendresse filiale. — L'organe est-il *grand*, le sujet perçoit et conçoit avec une grande rapidité tout ce qui est tendre et délicat; il s'y sent promptement et vivement entraîné. Il parle sans cesse des sentiments qu'éprouve un père. Si c'est un homme, il se préoccupe avec un zèle constant des besoins et de l'éducation de ses enfants. Si c'est une femme, elle supporte avec joie toutes les fatigues, toutes les peines qu'elle doit essuyer pour eux. La nuit, le jour, à toute heure, elle est vigilante et prompte à leur prodiguer avec un tendre dévouement tous les soins qu'elle sait leur être nécessaires.

Direction et influence mutuelle. — Il doit vous être aisé de comprendre que le sujet qui a une tête où la philoprolétivité est *dominante* perçoit, sent et manifeste avec énergie tout ce qui en dépend. Idolâtre de ses enfants, il les regarde comme son plus grand bien, comme son plus grand bonheur. Il ne s'en sépare qu'avec une amère douleur, et, s'ils viennent à mourir, il éprouve des regrets que ne peut adoucir aucune consolation. Cet organe atteint un pareil degré de développement chez les Caraïbes, qui dévorent les adultes, et qui en même temps soignent leurs enfants avec la plus active sollicitude. Il l'atteint également parmi diverses tribus de nègres, dont on voit mourir un grand nombre de tristesse quand on les arrache à leurs enfants. On le trouve très-grand chez Carême, qui dota plusieurs enfants; chez une idiote de la Salpêtrière de Paris, qui enlevait des petites filles; chez Granier, qui, condamné à la peine capitale, se laissa mourir de faim, parce qu'il croyait ainsi pouvoir laisser son patrimoine à ses enfants. Cela nous montre combien il est nécessaire pour toutes les facultés, quelque utile, quelque saint que soit leur objet, d'être éclairées, dominées et dirigées, comme je l'expliquerai bientôt avec plus de détails. Il est vrai que *chacune* des facultés doit servir *toutes* les autres; mais il est vrai aussi que *chacune* est servie par *toutes* les autres, sans qu'aucune perde son rôle spécial, son individualité : car c'est là-dessus que reposent philosophiquement leur mutuelle influence et leur bonne direction.

Incidents. — Si l'on remarque, d'ordinaire, que l'organe de la philoprolétivité est petit chez les infanticides (et cette circonstance a déjà été considérée par un tribunal espagnol comme une circonstance atténuante de cet horrible crime), sa voix peut néanmoins être étouffée, quelque forte, quelque puissante qu'elle soit, par d'autres facultés qui parlent plus haut qu'elle. Je conçois qu'une grande philoprolétivité puisse très-bien être dominée par une approbativité péniblement affectée, qui craint le *qu'en dira-t-on*, ou par une supérioritivité qui, placée dans les mêmes conditions, craint la perte de la dignité personnelle. Je conçois que ces facultés puissent troubler la raison par la violence de leur action, et jeter aveuglément la destructivité et la combativité dans un accès de frénésie telle, que, sans la grâce divine, cette grâce qui ne manque jamais à celui qui fait tous les efforts possibles pour l'obtenir, rien ne saurait empêcher la perpétration d'un infanticide, quelque grande que soit la philoprolétivité. Voilà comment la phrénologie reconnaît l'imperfection humaine et la nécessité d'implorer la grâce divine, quelque développés que soient les organes. Que si nous rencontrons des têtes comme celles de saint Bonaventure [1], de saint Thomas d'Aquin [2] et beaucoup d'autres, où les organes se trouvent disposés de telle sorte, que, d'après les signes phrénologiques, les facultés doivent agir avec presque toute la perfection qu'il est possible de concevoir, nous savons aussi qu'il naît des hommes que Dieu *prédestine*, dans ses mystérieux et impénétrables desseins, *à la gloire et à la sainteté*. Vous voyez, messieurs, comment la phrénologie, en même temps qu'elle soutient les dogmes et les mystères de notre sainte et sublime religion, brille, comme un astre éclatant, dans le monde moral, et jette du jour sur toutes les questions de législation et de criminalité humaines. — A Jackson, dans la Louisiane (États-Unis de l'Amérique du Nord), j'examinai la tête d'une dame chez laquelle cet organe manquait presque absolument, elle sentait elle-même si vivement la réalité de ce défaut, que sa conscience souffrait le martyre pour « une faute, disait-elle, qu'il ne dépend point de moi d'éviter. » Mes explications calmèrent singulièrement cette dame, que ses scrupules avaient rendue presque folle, et j'ai maintenant la satisfaction d'ajouter que mes explications furent hautement approuvées par son directeur spirituel, qui était convaincu que la phrénologie, philosophiquement parlant, pouvait être fort utile à un confesseur. — Chez Juan Rufo, dont j'ai eu occasion de parler dans la vingt-neuvième leçon [3], la philoprolétivité était immense. Aussi personne ne le surpasse-t-il dans l'expression des sentiments tendres. Aussi a-t-il pu seul composer la pièce de vers qui commence ainsi : « Doux enfant de ma vie, » etc. — Durant mon séjour à Séville (en janvier et février 1846), il me fut donné de reconnaître la tête de tous les membres de la famille de l'excellentissime duc de Ribas. Ce grand développement de la philoprolétivité est une qualité inhérente à tous; mais la sensibilité la plus exquise est également commune à tous. Qui ne se rappelle cette ode de D. Angel Saavedra, adressée à son enfant à la mamelle, qui commence par ces vers :

> Sur le sein de ta mère, enfant, mon seul bonheur,
> Tu dors, et je crois voir la perle de rosée
> Que les doigts de l'aurore ont doucement posée
> Dans le calice d'une fleur [4].

Observations générales. — Aucune faculté ne connaît par elle-même son usage ou son objet ; elle ne fait que sentir et percevoir ses désirs et ses aversions, ses perceptions et ses conceptions, et ses affections ou émotions, agréables et désagréables : la connaissance de sa spécialité et de ses divers actes spéciaux, comme formant une classe distincte, doit lui venir d'autres facultés dont la mission est de comparer les opérations d'une faculté, considérées à part, aux

[1] Voir t. I, p. 61.
[2] Voir t. I, p. 60.
[3] Voir t. I, p. 472 à 475.
[4] Traduction de M. Ernest Lafond, pour l'auteur de cet ouvrage. (Paris, 15 mai 1858.)

opérations des autres facultés, aussi considérées comme formant des classes distinctes, et, ces comparaisons faites, d'inférer, de discerner, de déterminer ou de distinguer la spécialité particulière de chacune de ces classes. De sorte que la philoprolétivité, par exemple, ne sait que ses sensations et ses notions expriment la tendresse et l'amour pour les enfants que lorsqu'elle le PERÇOIT avec le concours des facultés de relation universelle, les seules qui puissent lui communiquer cette perception. Avant cette communication, la philoprolétivité agit *par instinct;* elle a des sensations et des notions ; mais elle ne sait pas ce qu'elles sont, en tant que formant une classe distincte des autres sensations et notions ; car, par elle-même, elle est incapable de se comparer, sous toutes ses faces et dans tous ses rapports, aux autres facultés. Or, sans cette comparaison préalable, la détermination ou la connaissance de sa spécialité propre est impossible. C'est pourquoi, dans mes explications sur *l'idéologie* [1], j'ai dit qu'une double comparaison a toujours lieu dans chacune des facultés de l'âme humaine, de l'âme raisonnable : une comparaison entre les diverses sensations et notions qui lui sont exclusivement propres, et une comparaison de toutes ces sensations et notions considérées comme une classe distincte, avec les sensations et notions des autres facultés, aussi considérées comme autant de classes distinctes, par une dernière opération qui forme l'attribution particulière et exclusive de la comparativité. Ainsi, de même que, par exemple, il appartient exclusivement à la philoprolétivité d'avoir des sensations et des notions des diverses espèces de tendresse et des diverses qualités dépendantes de la philoprolétivité, de même il appartient exclusivement à la comparativité de faire des comparaisons entre les opérations de la philoprolétivité et celles des autres facultés. De sorte que si, d'une part, la philoprolétivité ne peut se comparer elle-même aux autres facultés, ni même, après que cette comparaison a eu lieu, percevoir, sans la causativité, qu'une certaine force, une certaine puissance réside en elle, ni davantage déduire de cette comparaison ou discerner par cette perception, sans l'intervention de la déductivité, le résultat spécial que doit produire cette force ou cette puissance ; d'autre part, ces trois facultés supérieures de *relation universelle* ne peuvent point non plus faire des arguments ou des syllogismes, c'est-à-dire établir des comparaisons, poser des prémisses ou tirer des conséquences sur aucune idée, aucune qualité, aucun sentiment provenant de la philoprolétivité, sans que celle-ci leur en fournisse les données. En elles-mêmes, ces facultés sont purement abstraites ; elles n'ont aucun objet déterminé ; leur rôle est de *comparer*, de *prémisser* [2] et de *déduire ;* non de comparer, prémisser et déduire

---

[1] Voir la leçon XXXIII, t. 1, p. 540.

[2] J'emploie ici le mot *prémisser* comme je dirais *poser des prémisses.* J'ai déjà dit, dans la leçon XIII, t. 1, p. 176, que le *matérialisme* n'est qu'un échelon du *spiritualisme.* De la *tête* nous nous élevons à l'*âme,* du *langage* au *raisonnement.* Avancer signifie *monter* et non descendre ; car descendre, c'est reculer : ainsi nous avançons, quand des choses matérielles nous nous élevons aux choses spirituelles. Au commencement, parler et raisonner sont des expressions synonymes ; en avançant, nous distinguons ensuite le langage de la pensée immatérielle, dont il est comme le corps ou le vêtement matériel. Logique, dans son sens véritable et primitif, veut dire langage matériel. Plus tard, on donna à ce mot un sens plus étendu en l'employant au figuré, comme voulant dire le *raisonnement,* et aussi l'*art de bien raisonner.* Le mot *art,* dans ce sens, signifie l'ensemble des règles découvertes par l'expérience des grands hommes de tous les siècles, qui nous apprennent à mieux penser que nous ne pourrions le faire en ignorant ces règles. Le mot *syllogisme* signifie, dans son étymologie grecque, primitive et matérielle, *réunir, colliger des choses matérielles ;*

ceci ou cela, mais de comparer, prémisser ou déduire, suivant les données qui leur sont fournies. Semblables à un miroir, qui par lui-même ne réfléchit aucun objet en particulier, elles réfléchissent à la fois toutes les idées et tous les sentiments qui leur sont présentés.

Eh bien, les êtres irraisonnables, quelque élevés qu'ils soient dans l'échelle, manquent de comparativité, de causativité et de déductivité, générales ou abstraites, tout en ayant des *sensations* et des *notions* relatives à tout ce pourquoi ils possèdent des facultés, mais ils ne perçoivent pas la classe de ces sensations et notions ; par conséquent ils ne savent pas en *raisonner*. Ainsi ils sentent et perçoivent une différence entre diverses formes, entre divers sons, entre divers objets; mais ils ne savent, d'une manière générale et abstraite, ni ce qu'est une forme, ni ce qu'est un son, ni ce qu'est un objet; par conséquent, ils n'ont pas d'*idées* générales, et, n'ayant point d'*idées* générales, ils n'ont point non plus de faculté capable d'inventer des signes pour les exprimer. De sorte que, quoique tous les animaux à peu près soient doués de philoprolétivité, aucun d'eux ne sait ce que c'est; aucun d'eux n'est capable de raisonner sur les opérations d'une faculté par comparaison avec celles d'une autre. Ne pouvant pas raisonner, en comparant *intelligemment* quelques facultés et leurs opérations avec d'autres, ils ne peuvent pas davantage les exciter ou les modérer *sciemment :* pour cela ils n'ont point sur elles l'empire qui leur serait nécessaire ; ils ne savent pas leur donner une direction indiquée par une *déductivité* intelligente. Leurs facultés ne sauraient exercer une influence intelligente ; elles ne font que subir une influence sensitive. Ainsi, par exemple, la tactivité, affectée d'une manière désagréable, poussera la combativité, et celle-ci communiquera aux autres facultés une impulsion qui leur imprimera un mouvement plus vif, plus rapide. La faim éveillera chez quelques brutes la stratégitivité, qui emploiera mille ruses pour leur procurer des aliments. La philogéniture excitera la combativité et la destructivité, et aux oiseaux de proie elles feront défendre leur nid, aux bêtes féroces leur caverne. Mais dans tous ces mouvements, dans tous ces actes, il n'y aura aucune considération intelligente. Telles et telles facultés ne *perçoivent* point les opérations des autres, et par conséquent elles ne *calculent* pas, elles ne se répriment ou ne s'excitent pas mutuellement par un concours intelligent. Ces facultés, incapables de percevoir les opérations des autres, ne peuvent ni exercer un *empire intelligent*, ni être intelligemment guidées et *instruites*. Voilà la grande différence, la différence immense qui existe entre les facultés *sensitives* des animaux et les facultés *intelligentes* des hommes;

plus tard, on en spiritualisa la signification, et maintenant il exprime l'*opération spirituelle qui consiste à conclure quelque chose que l'on ignore de ce que l'on sait déjà.* Pour procéder suivant les règles, on nous dit qu'il faut d'abord poser les prémisses, c'est-à-dire établir une vérité connue, et ensuite déduire les conséquences, c'est-à-dire dégager l'inconnu. La réunion des prémisses et de la conclusion s'appelle un syllogisme ou argument. Ces quelques explications suffisent pour que l'on voie quel jour éclatant la phrénologie est destinée à répandre sur la logique, en mettant sous nos yeux ses trois principaux éléments (la comparaison, l'établissement des prémisses, la déduction), ainsi que les sources d'où dérivent, philosophiquement parlant, les données premières qui entrent dans ces éléments. J'ai jugé utile de faire les observations qui précèdent pour montrer la nécessité d'adopter en espagnol un mot unique, tel que *prèm sar* (en français *prémisser*), qui exprime l'acte de *poser des prémisses* ou l'acte de la causativité, comme nous avons déjà les mots *comparar* et *deducir* (en français, *comparer* et *déduire*), pour exprimer l'objet de la comparativité et celui de la déductivité.

entre la philogéniture d'une femme douée de raison et celle d'une femelle privée de raison. Cette dernière agit et doit nécessairement agir par pur *instinct*, *à l'aveugle;* la première agit aussi par pur *instinct* et *à l'aveugle;* mais elle est susceptible d'être *instruite*, de dominer et d'être dominée par un élément intelligent, parce qu'elle perçoit en vertu des facultés supérieures ce qui se passe en toutes. (Voir leç. LVIII, sous l'épigraphe *Idées*).

Toutefois tout se compense dans la nature. Si, d'une part, nous avons le raisonnement, l'empire intelligent, la connaissance du bien et du mal, en un mot, la capacité de nous *instruire;* d'autre part, nos facultés se trouvent constituées de telle sorte, qu'elles ont besoin de tous ces moyens pour suivre une *bonne direction.* Les animaux apportent en naissant des facultés douées d'une *instruction infuse*, qu'ils sentent et perçoivent, mais sans *savoir* qu'ils la sentent et perçoivent, tandis qu'ils le sauraient si cette instruction était, en eux comme en nous, le résultat de la comparaison, de l'établissement de certaines prémisses, de la déduction générales ou abstraites, et non de la pure sensation ; et c'est par là qu'on distingue l'instinct de la raison, et la raison de l'instinct.

La tigresse, la lionne, la brebis, mettent bas et élèvent leurs petits suivant une méthode que, dans les limites de la condition de ces animaux, ne sauraient améliorer ni les raisonnements les plus sagaces, ni la philosophie la plus sublime.

Leur philogéniture, il est vrai, ne perçoit pas les opérations des autres facultés pour s'instruire, pour se guider dans ses actes avec intelligence et en harmonie avec des résultats prévus ; mais, en échange, Dieu a imprimé à cette philogéniture une *direction* aveugle et instinctive que, je le répète, l'intelligence ne saurait améliorer avec la comparaison la plus étendue, ni avec le discernement le plus sûr.

Ce n'est pas à dire, comme je l'ai déjà expliqué, leç. XXVI, t. I, p. 414 à 417, que la philogéniture instinctive et raisonnable des hommes soit inférieure à la philogéniture purement sensitive ou instinctive des animaux ; mais la sphère d'action de la faculté des derniers est infiniment plus restreinte que celle de la même faculté chez les premiers : autrement, le principe qui en elle raisonne, discerne, choisit, ne pourrait point s'exercer dans un cercle assez large. Le chien, l'oiseau, le poisson, sont astreints à élever leurs petits d'une manière fixe, déterminée, qui n'est susceptible d'aucune modification ni d'aucun progrès, mais qui est en même temps simple et facile et n'exige pas de profonds raisonnements. Après qu'ils ont reçu l'existence, les animaux ont, relativement, besoin de très-peu de soins paternels. Une philogéniture purement sensitive suffit pour donner ces soins ; mais la philogéniture humaine a un champ beaucoup plus vaste à parcourir. Du moment où l'embryon se forme dans le sein de la mère, jusqu'à ce que l'enfant puisse se passer des soins du père, il faut tenir compte de tant et de si diverses circonstances pour bien diriger la philoprolétivité, qu'il était nécessaire qu'elle fût douée de plusieurs instincts tout différents et tout spéciaux, ou d'une *perception générale intelligente*, afin qu'elle pût être *instruite* par les autres facultés qui, embrassant l'univers entier dans son passé, dans son présent et dans son avenir, dans l'ordre physique comme dans l'ordre moral, pussent lui faire connaître la meilleure manière d'agir dans les *mille conditions si compliquées et toujours progressives* au milieu desquelles elle doit se trouver. Dieu adopta le dernier système; dans ses impénétrables desseins, il accorda à toutes les facultés humaines, pour leur permettre de remplir leur objet, l'idonéité à l'*instruction*, par préférence à la diversité des instincts.

La direction des facultés humaines, considérées à part ou dans leur ensemble, ne consiste point exclusivement, comme pour les animaux, dans l'impulsion spéciale de chacune d'elles et dans les diverses influences aveugles que chacune d'elles peut recevoir des autres ; elle consiste dans cette impulsion guidée, éclairée par toutes les connaissances que les facultés peuvent recueillir au dedans et au dehors de l'individu.

Ainsi l'alimentivité, en elle-même, par elle-même, se dirige aveuglément ; mais, éclairée, instruite par sa propre expérience qui agit sur les autres facultés et opère bientôt sur elle une réaction intelligente ; éclairée, instruite, en outre, par l'expérience d'hommes éminents, tels qu'Andrew Combes, John Smith[1] et d'autres auteurs, elle fera d'intelligents efforts pour se diriger de manière, tout en se satisfaisant le mieux possible, à se conformer aux préceptes les plus sublimes de la morale et de la religion. Celui en qui les impulsions aveugles de son alimentivité sont modérées par cette instruction jouira d'une plus grande santé du corps, d'une plus grande satisfaction de l'âme, que celui qui en est privé.

L'homme qui éclairera sa générativité sur les résultats de ses abus, et lui mettra le frein de la raison, de la morale et de·la religion, trouvera dans l'amour de plus pures jouissances et moins de douleurs et de mécomptes : il obtiendra la récompense qui suit toujours l'accomplissement d'un devoir, et évitera la punition qui suit toujours la perpétration du péché.

Ce n'est pas à dire que tout homme doive être médecin, avocat et casuiste : non ; comme ce n'est pas non plus à dire que tout homme doive être commerçant, artiste ou marin. La seule chose dont je désire vous convaincre pleinement, c'est que, bien que la vie de l'homme ne suffise pas pour apprendre tout ce qu'il est possible de savoir sur une seule faculté, nous avons tous besoin de posséder sur chacune des facultés certaines connaissances générales faciles à acquérir, et sans lesquelles nous ne pourrions guère que nous tromper, que nous égarer, parce que notre expérience et notre *savoir* seraient insuffisants pour que nous donnions une sage *direction* à nos facultés.

Ainsi chaque femme ne doit pas être accoucheuse ; mais chaque femme doit connaître les règles les plus générales de la grossesse et des couches, sauf à observer, en les lui enseignant, la réserve et la décence qu'exige la pudeur. Chaque femme ne doit point être savante en physiologie ou en anatomie ; mais elle doit être initiée aux principes les plus généraux de l'hygiène propre aux enfants. Chaque femme ne doit pas être versée dans la politique ; mais elle doit être instruite des principales lois qui président à la diminution ou à l'augmentation excessive de la population ; deux extrêmes d'où naissent des maux dont la plupart pourraient être évités, si l'homme était plus religieux, plus moral, plus intelligent. Chaque femme ne doit pas être un profond philosophe ; mais elle doit être initiée aux principes généraux de la phrénologie, pour comprendre que toute faculté est *aveugle;* que par elle-même elle ne suit point d'autre direction que celle que lui imprime l'expérience de l'individu ; et que, par conséquent, si cette expérience est insuffisante ou nulle, avec les intentions les plus pures et les plus saintes, elle peut jeter les enfants qu'elle aime dans mille dan-

---

[1] Leçon XXXIV, t. II, p. 28 à 30.

gers et dans mille précipices. En un mot, chaque femme ne doit point connaître à fond toutes les sciences ; mais il conviendrait qu'elle sût que beaucoup de maux et beaucoup de biens, beaucoup de vices et beaucoup de vertus se perpétuent par la génération ; que des fils robustes ne sortent point de pères rachitiques ; que de l'union de proches parents sort une race dégénérée ; que c'est pour cette raison, et pour d'autres non moins graves, que l'Église prohibe les alliances entre personnes de la même famille, si ce n'est dans des cas exceptionnels ; que, chez les hommes, certaines facultés ont besoin du concours des autres ; qu'en conséquence nous naissons tout nus, incapables de nous procurer des aliments et un asile ; et que tout cela doit nous apprendre que la *reproduction* doit toujours être précédée de l'*accumulation* des moyens et des ressources nécessaires pour pourvoir à toutes ces premières nécessités de l'enfance, et stimuler ainsi l'action utile et énergique d'une foule de facultés productrices.

Comme d'ordinaire on n'enseigne à la femme rien de tout ce que je viens d'indiquer, et comme pourtant tout cela est absolument nécessaire pour que, dans des circonstances égales, elle dirige sa philoprolétivité avec autant de prévoyance que, naturellement et instinctivement, les êtres irraisonnables dirigent la leur, il ne faut point s'étonner de voir tant d'erreurs, tant de souffrances, tant de malheurs causés de mille différentes manières, parmi les hommes *doués d'intelligence*, par leur ignorance sur la nature et les conditions de la philoprolétivité, et d'en voir comparativement si peu parmi les animaux *privés de raison*.

C'est une erreur de supposer que les mères sachent tout ce qu'elles devraient savoir pour instruire la philoprolétivité de leurs filles et que le médecin puisse suppléer à ce qu'elles ignorent, au moment où certaines connaissances seraient nécessaires. Sans doute, les leçons d'une mère sont toujours importantes et les services du médecin souvent indispensables ; mais ils ne suppléent pas le moins du monde et ne pourront jamais suppléer, pour les filles, au besoin, des notions spéciales dont j'ai parlé. La mère ne sait que ce qui est arrivé à ses oreilles par la tradition, dans un cercle fort restreint, et ce que sa propre expérience lui a appris ; mais elle ignore ce que la sagesse et l'expérience de tous les siècles nous ont transmis. Or c'est là ce qui constitue la science, c'est là ce qui constitue l'enseigne-

Langage naturel de la philogéniture.
(Tel que je l'ai décrit dans le t. II, p. 43.)

ment, c'est précisément là ce que je prétends devoir être enseigné d'une manière générale à l'homme comme à la femme. Beaucoup d'abus et de désordres de la philoprolétivité sont un effet de cette ignorance originelle, et, une fois qu'ils se sont produits, ni l'habileté du médecin ni les efforts de l'homme ne pourront les détruire. Au contraire, de même que mieux un terrain est préparé, plus abondante est la récolte qu'on y obtient, de même plus une famille connaîtra les véritables lois de l'hygiène, plus les services du médecin seront profitables.

Négligeant, quant à présent, les mille erreurs, au point de vue physique, qui se commettent et qui proviennent toutes de cette ignorance des règles et des caractères de la philoprolétivité, je vous raconterai un cas qui m'a été rapporté comme vrai et qui explique les mille erreurs dans lesquelles fait tomber cette même ignorance au point de vue moral. Une dame veuve vivait avec trois fils dans une bourgade de la côte de Catalogne. Son époux lui avait laissé un certain avoir pour leur entretien et leur éducation; mais il était insuffisant. Cette dame avait dans l'île de Cuba un frère qui la priait avec les plus vives instances de lui envoyer ses fils à mesure qu'ils grandiraient, s'engageant à pourvoir à leur éducation et à les mettre sur la route de la fortune. La mère n'écouta que les cris de son aveugle philoprolétivité, qui, d'après ce qu'on m'a dit, était immense; c'est elle qui, dans son aveuglement, inspirait à la mère le vif désir, le désir violent, le désir presque irrésistible de garder près d'elle ses fils. *Ignorant* les caractères de la philoprolétivité, elle ne savait pas qu'il était de son devoir d'évoquer la bénévolentivité, qui lui eût dit : « Considère l'avantage de tes fils, dût ta tendresse maternelle en souffrir. » *Ignorant* les caractères de la philoprolétivité, elle ne savait pas qu'il était de son devoir d'évoquer la raison, qui lui eût mis sous les yeux l'abîme de maux dans lequel allaient se précipiter ses fils s'ils restaient à ses côtés; elle ne savait pas que, comme elle n'envisageait et ne pouvait envisager la question qu'à travers le prisme d'une aveugle et excessive affection maternelle, elle devait consulter un tiers qui pût l'examiner avec calme et maturité.

La bonne dame ne fit donc rien de tout cela dans son ignorance, elle crut qu'elle était très-bonne mère, parce qu'elle *sentait*, dans l'exagération de son amour maternel, qu'elle devait garder ses fils près d'elle, comme elle les garda en effet. Mais sa conduite fut la source d'une suite de malheurs. L'aîné, après avoir quitté le service militaire, lui causa bientôt les plus amers chagrins. De mauvaises compagnies et de pires exemples le conduisirent au crime, et il finit par mourir entre les mains du bourreau. Le second, suivant les traces du premier, embrassa aussi la carrière des armes, déserta et alla habiter une préside. Le troisième tomba du haut d'un bâtiment et mourut sur-le-champ. La pauvre mère, qui n'avait pas la force d'âme nécessaire pour supporter avec calme cette suite d'affreux malheurs, dépérit lentement jusqu'à ce qu'elle succombât à l'excès de sa douleur.

J'ai voulu m'étendre beaucoup sur cette matière, messieurs, pour que vous vous convainquiez de plus en plus que toute faculté a besoin d'un ENSEIGNEMENT, et que l'influence, soit instinctive, soit intelligente, des facultés les unes sur les autres, sera d'autant plus efficace, plus puissante et plus propre à les diriger dans une bonne voie, que les facultés elles-mêmes seront plus et mieux éclairées et instruites.

Il faut toutefois, avant de terminer ces *observations générales*, que je vous fasse voir aussi clairement que vous voyez le soleil en plein jour que l'*instruction* est seulement un élément de bonne direction; que l'instruction n'est que le flambeau, l'étoile polaire, le guide, le phare qui nous indique comment nous devons accomplir une *action*, et qu'elle ne constitue pas l'action elle-même. L'*instruction* est la direction, la théorie, la science; mais elle n'est pas la conduite, la pratique, l'opération active. Ici un autre élément doit intervenir, non-seulement comme une condition inévitable, mais comme la condition la plus essentielle : c'est l'*élément aveugle*, c'est le désir impulsif, origine principale et presque exclusive de toute action.

En effet, à quoi servirait l'*instruction* qui dirige, si l'impulsion qui nécessite la direction manquait? A quoi serviraient toutes les leçons possibles pour le bon usage de la main, si la main elle-même n'existait pas? Ainsi l'instruction ne sert de rien, sans l'élément aveugle auquel elle doit donner une direction. Mais cette impulsion aveugle est susceptible de divers degrés d'activité, depuis la simple velléité jusqu'à la passion frénétique, comme je l'ai expliqué d'une manière générale dans la leçon XXI, t. I, p. 335 à 337, et que vous en avez vu ensuite l'application particulière, quand j'ai parlé de chacune des facultés. Ces divers degrés d'action que comporte la *partie aveugle* des facultés, ce manque de régularisation intrinsèque, conséquence du manque d'instincts divers que j'ai déjà signalés, font naître, pour leur partie intelligente, la nécessité d'un enseignement aussi étendu, aussi complet qu'il est possible qu'elles le perçoivent. Et, comme je l'ai déjà dit, meilleur et plus parfait sera cet enseignement, meilleure et plus efficace sera la direction donnée aux facultés. Il ne faut jamais oublier, toutefois, que si le principe aveugle d'une faculté est soumis à son principe intelligent, la faculté elle-même est soumise à une autre faculté d'un rang supérieur, comme l'une et l'autre sont soumises à l'harmonique combinaison de toutes les facultés.

Tout, dans les choses humaines, tout, comme je l'ai souvent répété, joue un rôle d'antagonisme et de perturbation; mais tout est en même temps soumis à l'*harmonie* et à l'*ordre*, qui sont la loi universelle. Le principe aveugle d'une faculté est le principe perturbateur, contraire au principe intelligent; mais il lui est inférieur, et c'est de cette infériorité que vient le pouvoir régulateur et ordonnateur de la faculté qui impose aux deux principes l'ordre et l'harmonie. Une faculté est à une autre ce que son principe aveugle est à son principe intelligent; de là naît une nouvelle discordance, une nouvelle perturbation, dominées à leur tour par un pouvoir qui doit rétablir l'ordre et l'harmonie; et, de la sorte, toutes les facultés se donnent les unes aux autres et reçoivent les unes des autres une impulsion et une direction particulière, suivie d'une impulsion générale, dans laquelle interviennent tous les principes instinctifs qui poussent, et d'une direction générale, dans laquelle interviennent tous les principes intelligents qui dirigent.

S'il n'en était pas ainsi, comment verrait-on le principe intelligent porté, excité, poussé, entraîné à chercher l'*instruction*, pour acquérir un pouvoir de plus en plus grand et trouver une direction de plus en plus sûre, et, d'un autre côté, le principe aveugle, agité, instigué, troublé par mille circonstances, qui rendent de plus en plus indispensables l'empire et la direction du principe intelligent? Si l'harmonie et l'ordre ne s'établissent pas entre ces deux éléments rivaux et toujours en lutte, autant du moins qu'il est donné au principe intelligent de prévaloir, Dieu nous force à l'établir au moyen du châtiment. N'oublions jamais que, comme je l'ai dit précédemment, t. I, p. 418, la passion ou le principe aveugle nous éperonne, la raison ou le principe intelligent nous retient, et, si la raison elle-même s'emporte, la souffrance vient lui mettre un frein.

Si le principe aveugle qui pousse s'équilibrait avec le principe intelligent qui dirige, sans que, de notre part, nous eussions besoin de faire aucun effort, l'ordre et l'harmonie se trouveraient établis par le fait. Il en résulterait, ou que nous ressemblerions aux animaux qui n'ont qu'un *instinct* infaillible, ou que l'homme n'aurait jamais commis aucun péché originel, et que par conséquent nous serions absolument parfaits. Alors nous n'aurions besoin d'aucun *gouvernement*, ni de droit ni de fait (*Voy.* t. I, p. 49 à 53); car de soi-même tout serait bien *gouverné*; alors aucune *loi* ne serait nécessaire; car nous porterions tous en nous-mêmes notre loi vivante; alors il n'y aurait point de *devoir*, puisqu'il n'y aurait point d'éléments opposés qui pussent donner lieu à aucune sorte d'*infraction*; alors il n'y aurait ni crainte ni espérance, et, par conséquent, il ne faudrait non plus ni châtiment ni récompense. Or, si les châtiments et les récompenses n'étaient pas nécessaires, il serait absurde de seulement imaginer la possibilité de l'existence du *droit* et de l'*autorité*, et, par conséquent, de la LIBERTÉ, que le droit et l'autorité supposent.

Voilà comment la phrénologie, se mettant d'accord, comme je l'ai insinué de bonne heure (*Voy.* la leçon VI, t. I, p. 49 à 53), avec tout ce que la religion et la philosophie, la raison et l'éducation, l'individu et la société ont de plus saint et de plus sacré, nous éclaire, nous instruit, pour que, humainement parlant, nous parvenions à mieux comprendre et à mieux appliquer ces principes fondamentaux de tout ordre physique et moral.

Ainsi la mère qui se voit douée d'une philoprolétivité fort développée saura que si l'élément instinctif de cette faculté est d'autant plus fort en raison de ce développement, son élément intelligent est aussi proportionnellement plus fort; que plus elle l'éclairera, plus elle la soumettra, suivant les circonstances, à l'influence des facultés auxiliaires, plus elle la combattra avec le secours des facultés rivales, comme je l'ai expliqué fort au long dans la leçon XII, t. I, p. 164 à 167, plus grand sera l'empire qu'elle acquerra sur elle, plus sûre sera la direction qu'elle pourra lui donner dans l'ordre naturel des choses humaines. Qu'importe de dire, par exemple, à une mère : « Souvenez-vous qu'on est le bourreau de ses enfants quand on les aime trop tendrement, » si elle se sent entraînée par une impulsion frénétique à rester ce que sa philoprolétivité *sent être le bien suprême?* A quoi bon, d'un autre côté, lui dire : « Souvenez-vous qu'il n'y a qu'une mère dénaturée qui regarde ses enfants avec indifférence, » si naturellement et spontanément elle *sent* qu'elle ne saurait s'empêcher d'*éprouver* cette indifférence? La phrénologie lui démontrerait que cette tendresse excessive et cette excessive indifférence ont également leur origine dans l'activité ou l'inactivité excessive d'une faculté que, même humainement, elle pouvait réprimer ou exciter au moral et au physique, par l'emploi d'efforts intelligents. *Moralement*, en l'instruisant, de sorte que, non-seulement son principe instinctif ou son principe intelligent eût acquis plus de vigueur, suivant que l'un ou l'autre était plus faible, mais qu'encore d'autres facultés eussent été affectées soit d'une manière agréable, soit d'une manière désagréable, pour servir, suivant les cas, de frein ou de moteur, de point de résistance ou de point d'appui. *Physiquement*, par des procédés de traitement directs, analogues à ceux dont j'ai parlé à propos de Thibets (t. I. p. 142 à 145), et dont présente un exemple frappant, positif et concluant le cas pathologique que vient de me communiquer de Séville le médecin distingué D. Antonio Fernandez Martinez. J'y ai déjà fait allusion; mais je me réserve d'en parler tout au long dans un moment plus opportun.

Et si, dans les luttes entre le principe impulsif aveugle et le principe directeur intelligent, l'individu se voyait, par suite de l'imperfection de son humaine condition, sur le point de céder, sur le point d'être entraîné comme une frêle barque sur une mer orageuse, il ne s'écrierait pas avec Malendez, notre charmant poëte : « Le noble emploi de la RAISON sera-t-il de se laisser vaincre par la POUSSIÈRE? » Non; mais il dirait, plein de consolation et d'espérance : « Toutes, oui, toutes les choses créées, rangées dans un ordre hiérarchique plein d'harmonie, sont soumises à un principe de subordination. La matière, ajouterait-il, est soumise à l'organisation, l'organisation au sentiment, le sentiment à l'intelligence, et l'intelligence à Dieu. Je recourrai à sa protection toute-puissante; je lui demanderai sa sainte grâce avec de ferventes instances, et, avec son secours, l'esprit triomphera en moi complétement de la chair. »

Si, d'un autre côté, à la vue des prodigieuses découvertes que l'intelligence humaine fait tous les jours, et au premier rang desquelles il faut, dans mon opinion, placer la phrénologie, quelque étourdi s'écriait : « La raison suffit, le savoir humain suffit; notre libre arbitre est tout-puissant, rien ne saurait l'arrêter... » la phrénologie lui répond : « HALTE ! Toute vérité nouvelle établit la possibilité de tomber dans une erreur nouvelle ; tout pouvoir nouveau établit la nécessité d'une direction nouvelle ; en un mot, toute nouvelle application de l'*usage* établit une nouvelle probabilité de l'application de l'*abus*, sans que jamais le principe intelligent humain puisse se soustraire à la faiblesse et à l'imperfection de sa nature, ni cesser d'être subordonné au Créateur suprême dont il a reçu l'être et l'existence. »

Langage naturel. — Dans la précédente leçon, t. II, p. 41 à 45, j'ai déjà longuement traité ce sujet, et il n'y a qu'un instant (t. II, p. 55) que je vous ai présenté une figure qui rend l'attitude dans laquelle j'ai vu une mère. Cette manière de tenir son enfant m'a convaincu de la vérité d'un grand principe phrénologique : c'est qu'une faculté en véhémente action incline la tête et le corps dans la direction du lieu où se trouve son organe. Ainsi la philoprolétivité, quand elle est sous l'influence d'une activité intense, incline la tête en arrière, comme vous venez de le voir. « Les grands peintres d'Italie, dit Combe, ont déjà remarqué cette expression, puisque dans leurs tableaux du *Massacre des Innocents*, ils représentent leurs malheureuses mères la tête inclinée en arrière et le visage couvert d'une pâleur mortelle. » On voit dans la cathédrale de Séville un excellent tableau de l'école flamande sur ce sujet, et le peintre a aussi donné cette pose à la tête des mères désolées. Je l'ai dernièrement examiné avec quelques artistes intelligents, et, quand je leur fis remarquer cette particularité, ils restèrent tous frappés du bon effet qu'elle produit.

25 ou 12, CONSTRUCTIVITÉ.

Définition. — USAGE ou OBJET. Perception et conception de toutes les propriétés et conditions qui concernent la construction, c'est-à-dire de toutes les qualités ou conditions qui résultent de l'union, de la coordination, de la symétrie et des autres modifications avec lesquelles on emploie ou l'on combine les éléments matériels, et qui constituent leur forme, leur confection, leur construction. Désir ou goût de tout ce qui se rattache à la construction, et aversion de tout ce qui ne présente pas un mécanisme quelconque. D'autres facultés déterminent la constructivité particulière pour laquelle le sujet a de l'aptitude. — Abus ou perversion. Tentatives et entreprises de constructivité blâmables, ou dans lesquelles nous manquons à des devoirs et à des obligations plus pressants ou d'un ordre supérieur. — Inactivité. Indifférence complète pour tout genre de construction et de mécanisme.

Localité.— Sur l'os frontal, immédiatement au-dessus du sphénoïde, c'est-à-dire entre la tonotivité (17) et l'acquisivité (26), au-dessus de la tactivité (1) et au-dessous de l'améliorativité (32). Chez quelques sujets, on trouve à cet organe une forme parfaitement circulaire, comme chez le remarquable aveugle Isern, de Mataro, et chez D. Juan Bagur, célèbre mécanicien de Palma (Majorque), qui l'avait tel que Gall l'a décrit. Chez d'autres individus, il se montre sous une forme rectangulaire horizontale ; chez ceux-ci tout à fait ovale, chez ceux-là il ressemble à une pyramide. C'est pourquoi, pour distinguer le développement petit, moyen ou grand de cet organe, le commençant ne doit considérer que la protubérance plus ou moins grande que présente la tête au point où il est situé, et la distance petite ou grande qui sépare les deux organes de la constructivité. Le muscle temporal couvre entièrement l'organe ; et, comme la proéminence remarquée en cet endroit pourrait en certains cas être tout aussi bien une excroissance charnue qu'une protubérance crânienne, il sera bon, s'il y a le moindre doute, que le sujet se mette le muscle temporal en état de contraction, afin qu'on puisse ainsi en apprécier plus facilement l'épaisseur.

Je vous présente ici le portrait authentique de Vignole, ce fameux architecte du seizième siècle, auteur du Traité sur les cinq ordres d'architecture, qui a été adopté comme la règle de l'art. Voyez comme ici l'organe de la constructivité enfle et grossit la tempe. Il est inutile de vous faire

Vignole, célèbre architecte italien, né en 1507, mort en 1573.

remarquer que tous les organes, dont vous connaissez déjà les divers siéges, atteignent dans cette tête un développement sans lequel sa constructivité aurait servi fort peu à Vignole. Il se serait senti beaucoup de goût et peu d'aptitude pour la construction, conformément à la théorie que j'ai graduellement exposée sous ce titre : *Direction et influence mutuelle*, jusqu'à ce que, dans la leçon XXXII, t. I, p. 521 à 531, j'aie achevé d'établir ce principe d'une manière claire et complète.

Découverte. — Le docteur Gall découvrit cet organe en remarquant que les hommes doués d'un génie particulier pour les arts mécaniques avaient la tête très-large aux tempes. « Dès lors je cherchai, dit-il lui-même, à faire partout la connaissance de mécaniciens distingués : j'étudiais la forme de leur tête et j'en prenais copie. Bientôt j'en rencontrai plusieurs chez qui le diamètre d'un os temporal à l'autre était plus considérable que celui qui séparait les arcades zygomatiques. Quand je me fus assuré du siége de l'organe et de son apparence extérieure, je multipliai mes observations et je trouvai de toutes parts, tant dans notre espèce que chez les animaux, les preuves les plus convaincantes que la faculté de la mécanique est une puissance fondamentale. »

Harmonisme et antagonisme. — L'homme naît, comme je l'ai dit plus haut, leçon XXVI, t. I, p, 414. dans un désert, nu et sans asile, mais en même temps avec le besoin si urgent et si absolu de se couvrir et de s'abriter, que, s'il n'y pourvoyait pas, il ne ferait en ce monde que paraître, souffrir, agoniser et mourir. Mais l'ordre que Dieu a établi ne lui a pas permis de donner des *besoins* sans le *pouvoir de les satisfaire*, ce qui supposerait de l'imprévoyance, des intentions contradictoires chez Celui qui est le principe de toute harmonie. Il est vrai que l'homme naît sans vêtements, sans foyer, sans aliments sous la main et sans instruments pour s'en procurer; mais il naît avec une faculté, avec la constructivité, qui, combinée avec d'autres facultés, lui donne le pouvoir de se munir d'outils; avec des outils il forge des machines, et avec des machines il se fabrique de riches vêtements, il se construit de somptueux palais, de merveilleux aqueducs, des routes excellentes; il force tout le globe à contribuer à son entretien, et, sans avoir ni les ailes de l'aigle ni la légèreté du daim, il voyage avec la rapidité du vent. Ainsi, l'homme qui naît comme un pauvre bâtard, abandonné de la nature, s'aperçoit, en s'observant de près, qu'il est en réalité le maître et l'être privilégié de la création.

Divers degrés d'activité. — Si l'organe est *petit*, toute espèce de construction et de mécanisme est indifférente au sujet. — S'il est *moyen*, le sujet pourra, avec des études et de la pratique, devenir bon constructeur ou bon mécanicien dans les arts spéciaux pour lesquels le développement d'autres organes lui donnera de l'aptitude. — S'il est *grand*, le sujet a du génie naturel pour faire, pour fabriquer, pour construire toutes sortes d'objets mécaniques, quels que soient ceux pour lesquels les autres facultés lui donneront une direction et des moyens particuliers.

Direction et influence mutuelle. — La constructivité n'est que le désir, l'instinct, le goût spontané de faire, de fabriquer, de construire. Mais, comme

je l'ai dit plusieurs fois[1], une faculté ne constitue par elle-même qu'un instinct aveugle, dont la sphère d'action dépend des secours qu'elle reçoit ou
de l'influence qu'elle subit. A quoi sert, par exemple, une grande constructivité pour donner à un objet une certaine forme particulière qui lui est
nécessaire comme élément essentiel de tout ouvrage mécanique, sans la
configurativité, à laquelle il appartient proprement et exclusivement de
communiquer à la constructivité l'idée de tous les genres de forme ou de
configuration? Comment pourra-t-elle donner ou communiquer une forme à
quoi que ce soit, de quelques dispositions que soit abstractivement doué le
sujet qui la possède, si elle ne peut agir avec le concours de l'unique faculté
qui puisse lui donner l'idée de la forme qu'elle doit réaliser ou construire,
ni entretenir avec cette faculté des relations intelligentes? Par elle seule la
constructivité n'est qu'un désir abstrait; sa direction et son aptitude dépendent des combinaisons que les autres facultés peuvent former, avec son aide,
comme je l'ai expliqué tout au long dans les endroits que je viens de citer.
Du reste, maintenant que vous connaissez comme vous le connaissez le
principe général, vous pourrez en faire toutes les applications désirables. Si
vous voyez un individu doué de peu de tonotivité, quelque grande que soit
la constructivité qu'il possède, assurément vous ne le déclarerez pas apte à
consacrer cette constructivité à la fabrication d'instruments de musique ni
à la construction de machines, s'il a peu de comptativité, de mouvementivité
et de pesativité. Toutes les combinaisons que je pourrais ici vous offrir
comme exemples ou éclaircissements sont fort peu de chose en comparaison de celles que vous êtes en état de concevoir vous-mêmes sans que je
doive vous y aider le moins du monde. Au surplus, cette faculté, comme
toutes les autres, a besoin d'un *enseignement*, et il faut que, comme pour
les autres facultés, cet enseignement soit *appliqué*. L'*enseignement* se trouve
dans les meilleurs traités qui ont paru ou qui paraîtront sur le dessin, la
peinture, la sculpture, l'architecture, la mécanique, et sur les autres matières dont cette faculté est l'élément principal; et l'application de l'enseignement consiste dans la pratique, dans les opérations de la faculté elle-
même associée à d'autres facultés qui doivent lui prêter leur concours, suivant le genre de construction auquel le sujet voudra se livrer. Pour cet
exercice actif de la constructivité, qui peut être aussi compliqué que peuvent
l'être les diverses combinaisons des facultés dont elle réclame l'alliance, Dieu
nous a accordé un organisme spécial. Si la constructivité humaine est susceptible d'applications aussi variées que merveilleuses, la *main humaine* ne
l'est pas moins, elle qui constitue un des instruments matériels les plus
admirables de notre organisme.

La même main qui prend le pinceau pour peindre un tableau prend la
navette pour tisser, et les mêmes doigts qui arrangent des caractères d'im-

---

[1] Voir les leçons XX, t. I, p. 517; XXIX, p. 460 à 461; XXX, p. 482; XXXI, p. 495; XXXII,
p. 527 à 531, et divers autres endroits.

primerie dans le composteur deviennent d'autres doigts pour faire des cardes. Si la constructivité est dans ses applications aussi vaste que l'univers, la main est aussi vaste que la constructivité. Mais, si la constructivité dépend de la direction d'autres facultés, la main dépend de la direction de la constructivité. De sorte que la main est subordonnée à la constructivité, comme la constructivité à l'enseignement et à la direction d'autres facultés. Même en dehors de cette dépendance, tout acte de la constructivité exige la pratique, l'exercice, l'effort. Chez les hommes, la nature seule ne suffit pas : l'art est aussi nécessaire. Il n'y a pas jusqu'au génie qui crée, qui invente, qui, le premier, découvre, qui ne doive accomplir le précepte divin en vertu duquel nous mangeons notre pain à la sueur de notre front. Une grande force d'action et une habile direction, voilà les grands éléments des productions et des progrès de l'humanité.

Incidents. — Les indigènes de la Nouvelle-Hollande ont cet organe si peu développé, ainsi que les autres qui doivent lui servir d'auxiliaires indispensables pour les ouvrages les plus simples, qu'ils ne savent pas même se construire des cabanes. Le capitaine Cook[1] les trouva vivant en rase campagne, et un grand nombre d'entre eux avaient l'habitude de dormir, comme les oiseaux, sur les branches des arbres. — L'histoire rapporte que Lucien et Socrate durent renoncer à la sculpture, que leurs parents voulaient qu'ils apprissent, tandis que Léopold Ier, prince de Nassau, Pierre le Grand de Russie, Louis XVI, roi de France, et d'autres personnages, avaient leur atelier particulier, où ils faisaient des horloges et d'autres ouvrages. L'aveugle D. Jaime Isern, de Mataro, dont j'ai eu plusieurs fois occasion de parler, a fabriqué, par la seule force de son génie, des violons excellents, des chefs-d'œuvre d'ébénisterie et a fait au tour de véritables bijoux. Il est aussi l'inventeur de divers instruments fort utiles pour que les aveugles puissent facilement écrire, copier de la musique, etc. Chez cet homme remarquable, dont j'ai examiné plusieurs fois la tête, la constructivité est énorme et l'intelligence grande. Si ce que fait Isern ne tenait pas à son organisation particulière, pourquoi tous les musiciens aveugles de naissance n'en feraient-ils pas autant ?

Bien plus, Isern n'a jamais fréquenté les colléges, il a à peine reçu quelque instruction : pourquoi surpasse-t-il d'une manière si extraordinaire par ses connais-

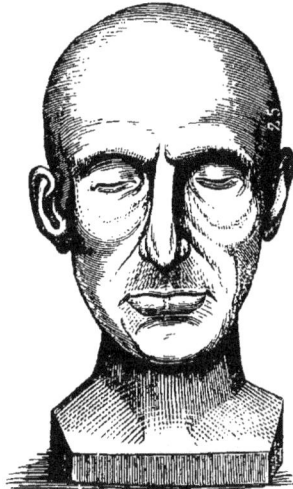

CANOVA. (Voir t. I, p. 72.)

sances générales, par ses productions musicales et artistiques et par l'exécution de ses morceaux, presque tous les aveugles du monde qui ont fréquenté

[1] *Voyages*, liv. II, ch. II-VI.

les colléges et reçu une instruction soignée? Parce que presque aucun d'eux n'a la constructivité et ses facultés auxiliaires aussi développées qu'Isern. Chez le célèbre sculpteur Canova, que je viens de vous montrer, cet organe, désigné par le chiffre 25, apparaît très-proéminent, quoique la partie où il se trouve soit très-décharnée. Chez Bréguet, chez Brunel, qui a dirigé l'exécution du tunnel ou passage souterrain sous la Tamise, chez le grand astronome Herschell et chez tous les sujets remarquables par leur talent dans cet ordre de faits et d'idées que j'ai examinés, l'organe de la constructivité a un développement extraordinaire.

Observations générales.—Personne ne doute que beaucoup d'animaux n'aient cet organe; mais chez eux les applications en sont infiniment moins étendues que chez l'homme. En outre, il ne saurait être formé ni par leur propre expérience ni par une expérience étrangère, en d'autres termes, ni par l'animal lui-même, ni par les autres animaux, comme lui privés de raison; c'est pourquoi, comme je l'ai amplement expliqué en parlant de la philoprolétivité, leur organe trouve en lui-même toute la direction qui lui est nécessaire. Belle, sublime et divine harmonie de la nature! Conformément à ce principe, les animaux sont tous doués d'instruments divers, et *chacun d'un instrument propre et spécial,* en rapport avec l'impulsion simple et purement instinctive de sa constructivité. Vous n'avez qu'à lire l'histoire naturelle des insectes, des oiseaux, des poissons, etc., pour voir que chacun d'eux a en lui et par lui-même l'armure ou les armures propres et convenables à l'office instinctif que la nature lui a assigné. Dans l'animal tout est concret, tout est déterminé. En lui il n'y a point d'abstractions; il n'a point reçu le privilége de faire des applications ou des adaptations amenées par des raisonnements abstraits, et pour lui tout se rapporte à cette manière d'être. Quelle différence dans l'homme! Chez lui tout est le résultat d'une lutte, de l'action de forces contraires, de l'influence de principes qu'il applique ou qu'il néglige d'appliquer! Il ne naît pas avec une scie ou avec un poinçon, ou avec une lime, comme les constructeurs irraisonnables, parce que la nature ne lui a point assigné une destination exclusive. Mais il naît avec une intelligence qui lui fait connaître les principes sur lesquels reposent l'existence et l'usage de ces instruments, avec un organisme qui lui permet de les créer et de les employer, et dans un monde qui lui offre les moyens nécessaires pour qu'il puisse rendre réels l'existence et l'emploi de ces instruments. Il n'a pas d'armures, mais il est capable d'en fabriquer; il ne naît pas avec tel ou tel engin qui agit par lui-même; mais il naît avec une main et un organisme qui, sans être réduits à employer tel ou tel instrument, peuvent se servir de tous ceux que l'esprit humain est capable de concevoir et de produire, et le nombre en est infiniment plus grand que celui des instruments dont disposent tous les animaux réunis.

Il faut néanmoins se rappeler toujours que l'homme n'est pas tout-puissant, qu'il n'est qu'une créature finie. Il avancera toujours dans la voie du progrès, il marchera toujours vers la perfection; mais la perfection absolue est essentiellement l'attribut de la Divinité. La puissance de l'homme ne va pas au delà de celle que Dieu a accordée d'abord aux facultés de son âme, et ensuite aux diverses combinaisons qu'elles peuvent former entre elles, ainsi que je ne me suis pas lassé de le répéter sous l'épigraphe de *direction et influence mutuelle* Comme les êtres privés de raison, l'homme a son *génie,* parce que, comme en eux chacune de ses facultés peut, seule ou associée à d'autres, se mouvoir spontanément. Murillo se mit à peindre sans que personne lui apprit la peinture, instinctivement, presque au hasard, par la seule force de son *génie*, en d'autres termes, par la seule force naturelle de sa coloritivité et par l'énergie étonnante des autres facultés qui devaient lui prêter leur concours pour lui faire produire d'admirables chefs-d'œuvre. Tous les jours nous entendons parler d'hommes qui se distinguent par leur génie dans tel ou tel genre de travaux se rattachant à la construction, parce que chez eux la constructivité est extraordinaire, et que naturellement les organes des autres facultés, de la combinaison desquels provient cette aptitude spéciale, ont aussi un développement extraordinaire. Mais, outre le génie ou la puissance innée ou instinctive qu'ont les animaux, l'homme a la capacité d'être instruit, c'est-à-dire le TALENT. L'homme produit avec les ressources de la *nature* et avec les ressources de l'*art*. La nature est au *génie* ce que l'art est au *talent*. Le génie crée l'art, et ensuite l'art modifie, améliore, perfectionne le génie. D'abord les *règles* naissent du génie, et bientôt les sciences et les arts naissent des *règles*. Les animaux n'ont que le génie; les hommes ont le génie et l'art. Les premiers ne peuvent agir que par instinct; les seconds peuvent suivre l'instinct et la règle. Le génie des êtres irraisonnables meurt avec l'individu; celui des hommes se transmet, au moyen des sciences et des arts, à toutes les générations, et pour eux les produits du passé servent à féconder le présent et l'avenir.

Tout, oui, tout se borne, pour les animaux, à l'individu même. Ceux qui sont destinés par la nature à vivre dans des cavernes ou en rase campagne, manquent de constructivité; mais le chien, la taupe des champs, les oiseaux et tous ceux qui doivent occuper une demeure fixe, ont cet organe fort développé. Ce fait incontestable a imposé silence à ceux qui soutenaient que la nécessité créait le génie. La nécessité pourra l'aviver, l'aiguiser, le stimuler, le mettre en action, mais jamais elle ne le créera. « La coquille du limaçon, dit Gall [1], la toile de l'araignée, les alvéoles hexagones de l'abeille, les galeries souterraines de la fourmi et de la taupe, les terriers du lapin, les nids des moineaux et des écureuils, le logement du castor, etc., sont autant de chefs-d'œuvre. Quelle est la puissance qui les a faits? Le chien et le cheval, si supérieurs sous beaucoup de rapports à ces animaux, ne se sont jamais montrés par le moindre signe, par le plus léger indice, même dans leur plus grande détresse, dans leurs nécessités les plus pressantes, doués d'un instinct de construction, d'une aptitude quelconque pour la mécanique. »

Je ne dois point me lasser de répéter que les animaux sont privés de facultés logiques supérieures, qui généralisent, qui découvrent les résultats, qui dirigent les puissances vers des fins déterminées; c'est pourquoi parmi eux la constructivité a toujours par elle-même un objet spécial et déterminé. Ainsi l'oiseau ne sait construire que son nid, le castor que son terrier, l'abeille que son rayon, l'araignée que sa toile, la fourmi que ses galeries, d'une manière fixe, particulière et que rien ne modifie. La constructivité de l'homme n'a pas cette direction spéciale, parce qu'il en reçoit une de ses facultés supérieures qui la modifient, l'améliorent, la perfectionnent, suivant ses besoins, ses progrès et ses caprices.

Une des preuves convaincantes de l'existence de cet organe, c'est que beaucoup d'animaux carnivores, tels que le tigre et le lion, ne sont point construc-

[1] Ouvrage cité, t. V, p. 99.

teurs, et ont en conséquence très-déprimée la région céphalique où les phrénologues le placent.

Le docteur Barclay cherchait à détruire ce fait phrénologique, « en montrant
à ses élèves, dit Combe[1], les crânes du lion et d'autres animaux carnivores, et
se moquant des phrénologues, parce qu'ils attribuaient la dépression d'une certaine région céphalique chez ces animaux à l'absence de la constructivité. Le
lion, leur disait-il, a les muscles temporaux très-forts, pour que ses mâchoires
puissent broyer la chair et les os de sa proie. Eh bien, il est de toute évidence
que l'action ou le jeu des muscles temporaux déprime la tête dans la région de
la constructivité et occasionne cette étroitesse remarquable. » — « Cet argument
paraît d'abord très-plausible, ajoute Combe; mais, si ce professeur avait fait des
observations plus étendues, il *eût vu* que cette forme étroite de la tête à la région de la constructivité se remarque dans les embryons ou *fœtus* des espèces
carnivores, et chez eux cette configuration ne saurait être l'effet de l'action de
leurs mâchoires sur des substances dures. Mais voici d'ailleurs le castor. Ne
perfore-t-il pas avec ses dents de grands et gros morceaux de bois, grâce à la
force extraordinaire de ses muscles temporaux? Cependant vous voyez bien que
la région céphalique où les phrénologues placent la constructivité est *très-large*,
comme le prouve le crâne que je vous présente » Combe s'adressait à un nombreux auditoire, et, en introduisant le doigt *au dedans*, il trouva une cavité
correspondante à cette protubérance *du dehors*. — Personne n'ignore la merveilleuse constructivité du castor, manifestée, comme le démontre la phrénologie, par la quantité de substance cérébrale qui remplit la cavité mentionnée par
Combe.

Langage naturel. — Tourner la tête tantôt d'un côté, tantôt de l'autre,
dans la direction des tempes, où se trouve placé l'organe. Les enfants,
quand ils apprennent à écrire, les modistes, quand elles confectionnent
un ouvrage de goût, les sculpteurs, quand ils s'occupent d'une partie difficile, regardent obliquement leur travail. Quand ils sont las de regarder à
droite, ils se détournent et regardent à gauche. C'est cette pose oblique que
l'artiste a donnée à la statue funéraire qui représente le célèbre graveur
François Parinesi, né à Rome en 1748, mort à Paris en 1810.

26 ou 11, ACQUISIVITÉ.

Définition. — Usage ou objet. Perception et conception de la qualité qui
porte à conserver les êtres vivants et à réunir les objets purement physiques. Instinct de propriété, désir de posséder; aversion pour la pauvreté;
répugnance à n'avoir rien, avec les sentiments particuliers correspondants,
agréables ou désagréables, que produit la réalisation de ces désirs et de
ces répugnances. — Abus ou perversion. Acquisition, possession ou richesse, de quelque genre que ce soit, si elle a été obtenue par des moyens
illégitimes et criminels, comme le vol, l'usure, la parcimonie, l'avarice. —

[1] *Leçons*, p. 171-172.

INACTIVITÉ. Indifférence et négligence pour acquérir quoi que ce soit, même pour satisfaire à nos nécessités les plus pressantes.

Localité. — Au-dessus de l'angle antérieur inférieur des pariétaux, c'est-à-dire, derrière la constructivité (25) et devant la stratégitivité (27), au-dessus de l'alimentivité (20) et au-dessous de l'améliorativité (52) et de la sublimitivité (55).

Découverte. — Gall la raconte [1] avec sa candeur philosophique ordinaire. Il réunissait souvent dans sa maison des gens des classes inférieures sur lesquels l'éducation n'avait pu exercer aucune influence, et quelquefois il les divisait en trois classes. L'une se composait des *chipeurs*, c'est-à-dire, de ceux qui se vantaient d'être, et étaient en effet, d'adroits voleurs ; l'autre, de ceux qui regardaient le vol avec le plus d'horreur; la troisième, de ceux qui le considéraient avec indifférence. En examinant leurs têtes, il découvrit chez les premiers, au lieu indiqué, une forte proéminence ; chez les seconds, une dépression; et, chez les derniers, un développement plus ou moins considérable, mais jamais aussi marqué que chez les premiers. « Ces observations, dit Gall lui-même, ne tardèrent pas longtemps à me suggérer l'idée que la propension au vol pourrait bien être un résultat de l'organisation. » Des cas très-nombreux d'un pareil développement cérébral confirmèrent la vérité de ce que Gall soupçonnait. Mais, cette découverte étant celle de l'*abus*, et non celle de l'*usage*, de l'*acquisivité*, que les objections et les vérifications postérieures de Spurzheim et d'autres phrénologistes éclaircirent et expliquèrent bientôt, Gall appela cet organe d'abord *organe du vol*, puis *instinct d'appropriation*. Ensuite Spurzheim lui donna le nom de *cupidité*, et enfin G. S. Mackensie celui d'*acquisivité*, qui est le plus propre et celui qu'on a universellement adopté : tant il est vrai qu'on ne saurait améliorer les nomenclatures qu'à mesure qu'on connaît mieux les objets désignés par leurs termes, comme je l'ai amplement expliqué dans les leçons XX et XXIII, auxquelles je vous ai si souvent renvoyés.

Harmonisme et antagonisme. — De toutes parts le sein vaste et fécond de notre première mère nous offre des biens et des richesses qui n'attendent que la main des enfants qui la possèdent pour se changer en moyens *présents* et *futurs* de subsistance, de satisfaction, de jouissance et de plaisir. Mais, s'il n'y avait que la faim et la soif qui poussassent cette main, nous chercherions seulement à satisfaire dans le moment actuel à ces exigences animales ; nous ne sentirions aucun motif qui nous portât irrésistiblement à faire des provisions pour le temps où la vieillesse, les infirmités ou les autres empêchements que nous rencontrons, ne nous permettront plus de lever cette main. Il y a, en outre, dans l'homme, des besoins moraux, intellectuels et de perfectionnement, qui ne peuvent être satisfaits que par l'accumulation préalable de capitaux. Sans capitaux nous ne pouvons même pas exercer des œuvres de miséricorde : car pour *donner* il faut

---

[1] Ouvrage cité, t. IV, p. 129.

avoir; sans capitaux nous ne pouvons pas acheter de livres ni former de cabinets pour nous instruire ; sans capitaux nous ne pouvons faire ni chemins, ni canaux, ni travaux publics d'aucune sorte ; sans capitaux nous ne pouvons construire ni temples, ni hôpitaux, ni hospices, ni séminaires, ni maisons pénitenciaires, et beaucoup moins encore des monuments ou des ouvrages d'agrément et de luxe, dans lesquels se complaise ce sublime instinct du beau idéal qui distingue si éminemment l'homme ; sans capitaux, enfin, il est impossible de réaliser aucune amélioration physique ou morale, impossible de satisfaire aucun des sentiments qui élèvent l'homme au-dessus de la brute privée de raison. Ce serait donc supposer quelque chose de contradictoire dans le principe et le centre de toute harmonie, que de croire qu'il pourrait exister une créature douée, d'une part, des plus nobles et des plus ardents désirs, aspirant sans cesse à des améliorations continues et progressives, et, d'autre part, manquant d'une certaine propension à accumuler, à réunir des capitaux, à se procurer les biens de la fortune, sans lesquels il n'est possible ni de satisfaire ces désirs ni de réaliser ces améliorations.

Divers degrés d'activité. — Si l'organe est *petit,* le sujet est indifférent à l'économie et à l'accumulation ; il n'éprouve ni un vif désir de la richesse, ni une forte répugnance pour la pauvreté ; à cet égard il est dans l'indifférence ; il ne sent point l'aiguillon de l'acquisivité. — S'il est *moyen,* le sujet sent assez le besoin d'acquérir, de posséder, d'économiser, d'amasser ; il est même assez porté à le faire ; mais en soi et de soi l'organe n'a qu'une activité médiocre, quoiqu'elle puisse être excitée à un point extraordinaire par l'influence d'autres facultés. — S'il est *grand,* le sujet se sent une soif ardente, une volonté persistante d'avoir, de posséder, d'acquérir, de devenir riche, et à ce sentiment correspond une aversion tout aussi prononcée pour la pauvreté.

Direction et influence mutuelle. — L'acquisivité, la constructivité, l'alimentivité, comme toutes les autres facultés, ne déterminent point d'elles-mêmes et par elles-mêmes ce qu'elles doivent acquérir, construire, manger et boire, etc , ni comment elles le doivent faire : car cela dépend d'autres facultés, et en outre de l'*instruction* que nous recevons, et du parti que nous en tirons dans la *pratique.*

Si c'est la supérioritivité qui la première meut, excite, active fortement l'acquisivité, elle désire acquérir le pouvoir ; si c'est l'approbativité, elle désire acquérir la gloire ; si ce sont les facultés qui nous font connaitre les objets physiques, elle désire acquérir la science, et chacune d'elles et toutes ensemble lui donnent une direction particulière. Elle aiguillonne, elle presse tour à tour le laboureur, l'artisan, le manufacturier, le commerçant, l'artiste, le savant et tous ceux qui s'adonnent à quelqu'une des professions productrices qui enrichissent la société. Sous la bienfaisante influence de cette précieuse faculté, on voit cesser l'inaction et l'oisiveté, mère de tous les vices, et l'on ne *consomme* que la moitié de ce que l'on *produit*, et l'on entretient ainsi perpétuellement le fonds de la richesse nationale, pour activer et développer les arts, le commerce et l'industrie au profit des générations futures. La direction que prend cette faculté dépend, comme vous le savez déjà et que vous venez de l'entendre, de l'intervention de celles qui l'aident, la dominent ou la guident, de l'instruction qu'a acquise ou qu'a reçue le sujet, et de la conduite ou manière d'agir à laquelle il s'est accoutumé dès son enfance. Sommes-nous animés de sentiments d'un ordre supérieur, nous désirons acquérir pour faire du bien à l'humanité. Sont-ce l'idéalité, la coloritivité, la configurativité qui nous dirigent, nous voulons faire des collections de peinture. Est-ce l'approbativité, nous désirons exciter l'admiration et recevoir des applaudissements. Sont-ce la vénération et les facultés qui servent à la connaissance, nous cherchons à former des bibliothèques d'ouvrages rares, à recueillir des curiosités et des antiques, et ainsi de suite pour les autres directions que peut prendre l'acquisivité. Si cette faculté a un développement immense, parce qu'elle a un organe énorme et disproportionné, ou surexcité ou malade, et si en même temps les facultés qui doivent la contre-balancer, c'est-à-dire celles qui mènent à la connaissance des objets physiques, celles qui servent aux relations universelles, et les facultés morales, proprement dites [1], sont faiblement organisées, alors le sujet a une acquisivité entraînée par des *inclinations perverses*, et il a besoin de faire de grands efforts pour ne pas succomber aux tentations du vol, du larcin, de l'usure, et pour ne pas commettre les autres abus de cette faculté que j'ai signalés. La phrénologie prête son brillant flambeau pour déterminer, réaliser et rendre plus efficaces ces efforts, ainsi que je l'ai avancé dans les leçons XI et XII [2], que je l'ai expliqué en divers autres endroits, et que j'achèverai de le démontrer dans les *observations générales*.

Incidents. — La maladie de cet organe peut produire des aberrations dans la faculté, en suspendant ou en rompant tout à fait ses relations intelligentes avec les autres facultés, comme je l'ai expliqué t. I, leç. XXX, p. 374 à 377. En ce cas il n'y a que la médecine ou le libre arbitre de la société, comme je l'ai expliqué, leç. XII, t. I, p. 168 et suiv., qui puissent prévenir ou réprimer les élans irréguliers ou effrénés de la faculté. La phrénologie, en indiquant le siége de *l'organe atteint d'une maladie*, par l'effet de laquelle divers désordres éclatent dans la faculté, augmente singulièrement à cet égard les ressources de la médecine, pour rétablir, autant que possible, l'équilibre dont la cessation donne lieu à des particularités extrêmement remarquables, à quelque point de vue qu'on le considère.

Un de mes élèves me disait en 1846 : « Monsieur Cubí, je voudrais voir quelque cas d'acquisivité *malade*; je voudrais voir un de ces hommes ou une de ces femmes qui ont la *maladie* de voler. » Pour toute réponse je lui dis : « Suivez-moi. » Nous nous rendîmes au *préside péninsulaire* de cette capitale (Barce-

---

[1] Voir cette division des facultés aux pages 575 à 577 du t. I.
[2] Pages 142 à 145, et 154 à 169 du t. I.

lone), et là je priai un des surveillants de vouloir bien nous montrer quelques
détenus pour *vol*. Il nous en présenta plusieurs; je leur examinai la région de
la tête où réside et a son siége l'acquisité,
que je désigne par le numéro 26 dans ce
buste d'Isnard. Parmi ces prisonniers, je trouvai un jeune homme avec une protubérance
énorme au même point que vous voyez être
si proéminent chez Isnard [1]. Ce développement particulier ne m'eût indiqué sans doute
que l'activité de l'organe, si, comparé aux
autres régions de la tête, relativement fort
petites, il n'eût été pour moi un indice de désordre. Après cet examen phrénologique je
m'écriai, sans demander ni attendre plus de
renseignements : « Voici un cas. — Voyons,
ce fut la réponse de mon élève. En effet,
en effet, c'est extraordinaire, c'est étrange ! »
murmurait-il pendant qu'il passait la main sur
la tête du prisonnier. Bientôt il s'écria à
haute voix : « Mais *qui sait* si ce développement correspond à la conduite de l'individu ? »
Je lui fis signe de se taire, pour ne pas blesser, par ses indiscrétions, la susceptibilité du

Isnard, voleur français qui, par ses
plaisanteries et ses farces, savait,
pour les voler, distraire l'attention
de ceux qui l'entouraient.

point d'honneur de ce malheureux. Quand
nous nous fûmes assez éloignés pour qu'il ne
pût point nous entendre, je dis à mon élève :
« Je vois là quelques surveillants, interro-
geons-les. » Nous nous dirigeâmes vers eux, et, quand nous leur eûmes exprimé notre curiosité, l'un d'eux prit la parole et dit, la surprise peinte sur
sa physionomie : « Je ne comprends pas ce qui se passe en ce pauvre diable.
Tous les jours nous le punissons parce qu'il vole, et à chaque instant il récidive.
Hier il a volé à M. le commandant du bois qu'il a ensuite jeté à la cour. —
Cela prouve, dis-je alors, que les *coups de bâton* ne suffisent et ne remédient
pas à tout. Cet homme a une partie de la tête *malade*, et la *bastonnade* ne fait
pas plus disparaître ces sortes de maladies que le *fouet* ne guérit une inflamma-
tion des yeux. Je ne dis pas que, dans des établissements comme celui-ci, l'ordre soit possible sans une sévère discipline; mais je dis que les connaissances
phrénologiques peuvent procurer à la discipline correctionnelle beaucoup de
ressources qu'elle ignore encore. » Les surveillants, bien entendu, ne savaient
pas ce que signifiait cette expression, les *connaissances phrénologiques;* mais
je me souvenais trop bien de ce que je vous ai dit dans la vingt-huitième leçon [2]
sur ce qu'il y a d'arbitraire dans le *sens* des mots, pour ne pas tâcher de leur
expliquer ma pensée. Ils restèrent convaincus de la vérité des principes que je
leur exposais, et de leur utilité pratique, pourvu qu'on les entende sagement;

[1] « Isnard se montra, dit Bruyères (*Phrénologie pittoresque*, p. 79), le plus rusé et le
plus madré des voleurs. Il s'abstenait de toute violence. Il était saltimbanque, et, à la
faveur de ses bons mots et de ses manières séduisantes, il distrayait l'attention des spectateurs et leur prenait ce qu'il pouvait. »

[2] Pages 451 à 455 du t. I.

cela valut au malheureux prisonnier d'être traité ensuite plus humainement, plus rationnellement. On considéra son inclination au vol comme une infirmité involontaire qui, comme toute autre infirmité, peut empêcher l'exercice du libre arbitre.

D. Manuel Lino de la Rosa, de Séville, domicilié à la Nouvelle-Orléans, homme d'une véracité hors de doute, m'a raconté en 1840 un cas encore plus extraordinaire que le précédent. Il vit un jour un misérable qui avait été condamné aux galères, parce qu'il avait plusieurs fois récidivé dans le vol, demander en grâce qu'on ne le laissât jamais sortir d'un lieu où il lui serait impossible de voler, parce qu'il n'était pas capable de dominer son penchant. Cette singulière révélation engagea quelques hommes zélés à s'occuper de cet infortuné. S'attachant à ne point le perdre de vue, ils remarquèrent que, quand il se trouvait seul dans un lieu où il croyait n'être vu de personne, il ôtait son bonnet et le posait à terre. Il s'en éloignait ensuite à une distance plus ou moins considérable, puis il se mettait à courir, et, arrivé à l'endroit où il avait déposé son bonnet, il s'en emparait *à la manière d'un voleur*; il tournait aussitôt la tête autour de lui pour voir si personne ne l'avait épié, et, s'il était tranquille à cet égard, sa physionomie brillait de plaisir et de la satisfaction que lui inspirait le succès d'un vol imaginaire, qui dans son esprit était réel et positif.

Gall et Spurzheim ont publié une longue série de cas de ce genre aussi instructifs qu'intéressants.

Suivant leur récit, Victor-Amédée Ier, roi de Sardaigne, dérobait tout ce qu'il voyait. La femme de Gambius, célèbre médecin de Leyde (Hollande), prenait toujours quelque chose dans les boutiques où elle allait acheter. Moritz, auteur allemand, rapporte l'histoire d'un maniaque qui, pendant que son confesseur le préparait à la mort, tacha de lui prendre sa tabatière. Un jeune Kalmouck au service du comte de Stahremberg, ambassadeur d'Autriche près la cour de Saint-Pétersbourg, devint malade parce que son confesseur lui avait défendu de voler. Ce prêtre, aussi pieux qu'intelligent, se rendant compte des causes de la maladie de son pénitent, lui permit alors de voler, à la condition qu'il restituerait les objets qu'il prendrait. Usant de cette permission, il prit la montre de son confesseur pendant qu'il lui servait la messe, mais il la lui rendit après la cérémonie en sautant de joie.

Observations générales. — Dirons-nous, eu égard aux cas que je viens de vous citer, qu'il y a un organe du vol, un instinct qui nous porte irrésistiblement à voler? Ce serait une absurdité monstrueuse, et c'est la doctrine que, dans leur profonde ignorance, les adversaires ou les ennemis de la phrénologie s'obstinent à lui attribuer; mais quiconque, après la publication de mes leçons, réitérera cette accusation, ou n'aura point voulu s'instruire ou bien outragera sciemment la phrénologie.

Que dirions-nous, messieurs, de celui qui reprocherait à la médecine l'ivrognerie et la faim canine, parce que cette science reconnaît et admet des organes d'alimentation? Les médecins confondraient celui qui avancerait une pareille absurdité, en disant : « La soif et l'appétit sont la règle, l'usage, l'objet de l'alimentivité; mais l'ivresse et la faim canine ne sont que des particularités exceptionnelles, des abus, des perversions dont Dieu a rendu, dans notre imperfection, cette faculté susceptible. Mais, loin que la médecine reconnaisse ces désordres ou les présente comme un état normal ou harmonique pour l'individu, son premier objet n'est que de les connaître pour les faire cesser ou pour les combattre, comme des discordances, comme des infirmités, comme des états anomaux. » Vous savez que la phrénologie et les phrénologues tiennent le même langage. Le *vol* est une irrégularité, une discordance, une aberration, un abus de l'acquisivité, comme l'*assassinat*, de la destructivité, l'*escroquerie*, de la stratégitivité, etc.; et, loin d'admettre ces états anomaux comme leur règle, la phrénologie les étudie comme leur exception, pour pouvoir les faire cesser avec la grâce divine et les guérir le plus promptement et le plus radicalement possible, afin de remettre les facultés déviées sur leur route et de leur rendre leur salutaire et légitime activité.

J'ai dit ailleurs : « S'il n'y avait ni éducation intellectuelle, ni éducation morale et religieuse; s'il n'y avait ni lois restrictives, ni mesures préventives, ni maisons de correction, ni peines répressives, nous ne pourrions exister; » et tout ce que j'ai enseigné depuis a corroboré la vérité de ma proposition et a servi à démontrer ma profonde conviction à cet égard. La phrénologie, loin de méconnaître ces nécessités individuelles et sociales, les proclame, et elle les proclame pour leur prêter son appui. Sans doute, il faut que l'escroc, le voleur, l'assassin *volontaires* expient leurs crimes, en subissant la condamnation ou la punition que les lois infligent à leur *perversité volontaire;* mais il faut en même temps que les transgresseurs des lois soient traités non comme des êtres qui ne méritent que le châtiment, mais comme des hommes faibles, imparfaits, sujets aux tentations, susceptibles de correction et d'amendement. Il faut encore qu'en les traitant de la sorte on cherche et l'on emploie les *meilleurs moyens* d'obtenir cette correction et cet amendement. En règle générale, la seule crainte du châtiment suffit, chez la plupart des individus, pour contenir dans les bornes leurs mauvaises inclinations, dont il y a peut-être un grand nombre qu'ils ne réprimeraient pas, si l'institution du châtiment n'existait pas. Chez d'autres l'expérience réelle et positive du châtiment est nécessaire pour produire cet effet, sans compter ceux que ne corrige ni la crainte ni l'expérience du châtiment.

La phrénologie détermine *à priori* ces divers cas, et établit en principe général que chez les hommes d'un naturel tout à fait pervers le châtiment peut bien réprimer, mais qu'il ne peut nullement corriger ou changer la *tendance* de leurs facultés désordonnées. Pour atteindre ce résultat, après avoir infligé au délinquant la peine qu'il a encourue, il est nécessaire d'instruire le plus et le mieux possible la faculté *qui s'est mise à la tête de la rébellion.* J'ai dit en diverses circonstances [1] que dans toute action bonne, mauvaise ou indifférente, il y a une faculté qui instigue, qui pousse, qui séduit, qui entraîne les autres, qui demande à toutes et à chacune un secours spécial pour la perpétration de l'acte qu'elle a l'intention ou le désir d'exécuter; c'est cette faculté qu'on peut justement appeler, quand il s'agit d'un dessein criminel, le *chef de la rébellion.*

Je supposerai, par exemple, un délit de vol pour l'exécution duquel l'acquisivité doit avoir été la faculté motrice, ou bien le *chef de la rébellion.* En ce cas on doit *instruire,* le plus et le mieux possible, la faculté infractrice, afin qu'elle montre dans le chemin du *bien* la même ardeur qu'elle a montrée dans le chemin du *mal.* On doit pénétrer son élément intelligent des principes que la religion, la morale et la saine logique proclament, et tels qu'ils se trouvent établis dans divers ouvrages, entre autres dans l'*Art de voler* d'un sage jésuite,

[1] Voir t. I, p. 517, 482, 495, 506, 509, 527, et t. II, p. 9 à 20.

le père Antonio Vieyra[1]. Ceci s'entend de la *bonne instruction* que l'on procure à l'élément intelligent de la faculté. Mais cette instruction, quelque salutaire et complète qu'elle soit, ne suffit que pour les personnes dont les facultés saisitives, morales ou religieuses et intellectives[2], sont au moins passablement développées. Dans beaucoup de cas, et, en considérant notre imperfection, on pourrait dire, dans tous les cas, pour incliner vers le bon chemin la faculté pervertie, il est encore nécessaire, après lui avoir donné une *instruction* saine et complète, de recourir aux moyens que j'ai déjà indiqués dans la onzième leçon, t. I, p. 143 à 145, et en plusieurs autres endroits, pour amortir son impulsion aveugle vers les actions qu'elle *sait* déjà être mauvaises, et pour se servir de l'influence aveugle d'autres facultés, de manière à l'entraîner vers les actions qu'elle sait déjà aussi être bonnes. Les actes religieux aiguillonnent les facultés religieuses, et les œuvres morales les facultés morales ; et les unes et les autres acheminent la faculté pervertie vers son objet légitime. Voilà ce que l'on peut faire d'une part. D'autre part, on peut encore, par d'intelligents efforts, impressionner d'une manière à la fois si vive et si désagréable la tactivité, la précautivité et les autres facultés, qu'elles arrivent à sentir, c'est-à-dire à imaginer ou à concevoir toutes les douleurs du châtiment corporel, toutes les émotions de la terreur et autres semblables aussi vivement que si elles étaient réelles et positives. Ces douleurs idéales ou imaginaires conçues par certaines facultés ont pour effet naturel de réprimer, d'étouffer et de neutraliser complétement celles dont les tendances sont mauvaises. Dans beaucoup de cas on réussira à obtenir un changement et à prévenir des récidives par ces moyens sans lesquels tout serait inutile. Ce que je dis ici relativement à l'acquisivité, je l'applique aux autres facultés, et toujours en entendant qu'aucun effort humain n'est efficace sans la grâce divine.

Maintenant que vous commencez à comprendre que toutes les facultés, isolées ou associées, sont soumises à un principe *intelligent* de perception et de conception qui connaît et dirige, et à un principe *aveugle* de désir et d'affection, qui excite et qui sent, principes que je me glorifie d'avoir découverts, constatés et démontrés, vous comprendrez comment il est possible à l'homme de méditer et de raisonner sur des passions violentes qu'il ne saurait dominer directement, pas plus qu'il ne saurait directement dominer ou réprimer un mal de tête. Et de même que pour un mal de tête il cherche au dehors des remèdes propres à le guérir, de même l'homme, *en pleine connaissance de cause*, cherche des expédients qui lui ôtent la liberté de nuire. En pareil cas il sait, il connaît, il annonce ses accès de frénésie ; il demande qu'on le lie, qu'on le retienne, parce qu'autrement il commettrait, sans pouvoir s'en empêcher, des actes de vio-

---

[1] Comme cet ouvrage, d'une utilité réelle et d'un intérêt général, n'est pas fort connu, je cite le titre en entier, tel qu'il se trouve dans l'édition d'Amsterdam (1744), et qui est ainsi conçu : *Art de voler, miroir de fourberies, théâtre de vérités, indicateur des heures fatales, à l'usage des habitants du Portugal* ; dédié au roi D. Jean IV, notre maître, et soumis à son approbation; publié, en 1652, par le P. Antonio Vieyra, pour le bien de son pays, avec beaucoup de corrections et d'améliorations et de notes indiquant au lecteur curieux les fautes qui se sont glissées dans la première édition.

[2] Pour déterminer comme il convient, une fois pour toutes, chacune des diverses classes de facultés, je range dans la *prem ere* les facultés que j'appelle *contactives*; dans la *deuxième*, les facultés *saisitives* ou *connaissantes*; dans la *troisième*, les facultés *IMPULSIVES animales*, *morales* ou *religieuses*, suivant celles qu'on voudra indiquer (voir t. 1, p. 369 et 375), et dans la *quatrième*, les facultés *intellectives* ou *philosophiques*.

lence. Cela arrive quand la *partie intelligente* d'une ou plusieurs facultés se trouve en harmonie avec la partie intelligente de toutes les autres ; quant à leur *partie aveugle*, elle a cessé tous ses rapports avec les autres facultés. Quand on sait tout cela, on peut s'en servir pour éclairer les personnes atteintes de ces *maladies morales* et pour augmenter les moyens dont elles doivent disposer pour rétablir l'équilibre de leurs facultés. Des notions semblables contribuent à convaincre ces malheureux avec plus de force de la nécessité où ils se trouvent de se mettre sous l'empire du libre arbitre de la société ; et on les voit arriver à *vouloir* qu'on les réprime, qu'on les retienne, qu'on les garde dans les *prisons*, pour que leurs passions soient *prisonnières*. Les facultés des animaux privés de raison peuvent aussi se déranger et perdre leur équilibre. On remarque fréquemment un pareil désordre dans le cheval. Il n'est pas très-rare qu'un cheval *devienne fou*. Mais, comme les animaux privés de raison manquent, ainsi que vous le savez, d'*un principe intelligent*, on ne voit ni dans le cheval, ni dans aucune espèce d'animaux privés de raison, le phénomène mental extraordinaire que présente l'homme et sur lequel je viens appeler votre attention : ce phénomène consiste en ce qu'un individu qui est fou sait en même temps lui-même qu'il l'est.

Si tous les rapports, soit de l'élément instinctif, soit de l'élément intelligent, se trouvent rompus entre une faculté et les autres, au point que toute instruction soit inutile et que tous les secours qu'elle pourrait recevoir des facultés saines ne servent à rien, il reste encore une ressource : c'est d'appliquer à son organe les remèdes de la médecine, comme le dit Spurzheim pour la générativité[1], et comme un habile médecin, D. Antonio Fernandez Martinez, vient d'en faire l'expérience avec succès pour l'alimentivité. Que si, après avoir épuisé toutes les ressources humaines pour obtenir l'amélioration désirée, nous ne réussissons pas encore, nous n'aurons plus qu'à nous abandonner avec une humble résignation à la volonté divine, contents d'avoir fait tous les efforts humains qui ne dépassaient pas nos forces.

Ces observations faites, il ne sera pas superflu de faire observer que le désir d'acquérir, d'avoir des propriétés personnelles, provient, comme vous venez de le voir, d'un instinct naturel que Dieu seul peut déraciner du cœur humain. Jusqu'ici on n'a rencontré aucune race d'hommes qui méconnaissent la propriété personnelle, comme on n'a rencontré aucun enfant qui ne désire avoir des jouets, des livres, des vêtements et jusqu'à des assiettes et des cuillers *qui lui appartiennent*. Que parlé-je des enfants ? Les animaux eux-mêmes sont possédés du désir d'avoir des choses qui leur soient propres et particulières Est-ce qu'après une longue absence la cigogne ne revient pas à la même tour, l'hirondelle au même toit ? Est-ce que le chien ne défend pas l'os qu'on lui jette? Est-ce que si un oiseau essaye de s'emparer du nid d'un autre oiseau, le légitime possesseur ne le défend pas jusqu'à la mort ? Sur quoi est fondé le sujet de la *Pie voleuse* de Rossini (la *Gazza ladra*), sinon sur la propension innée qu'a cet oiseau à acquérir, à posséder, à s'approprier quelque chose? Gall, Spurzheim, Vimont, Broussais, rapportent tous beaucoup de cas instructifs et curieux qui trouveraient ici leur place; et, si je ne les cite pas, c'est que cela me paraît tout à fait superflu après tout ce que j'ai dit.

L'instinct naturel d'acquérir, comme tous les autres instincts, apparaît muni

[1] Voir plus haut la note au bas de la page 16.

de ressources et entouré de moyens de satisfaction qui constituent le pouvoir ou la liberté de son action, comme je l'ai démontré, leçon XXVII, t. I, p. 411 à 419. Il serait absurde de supposer que Dieu eût donné à l'homme ou aux animaux des désirs sans une *sphère d'action* dans laquelle ils puissent exercer LEUR POUVOIR ET LEUR LIBERTÉ. Mais autant il serait absurde de supposer des désirs sans liberté et sans moyens de satisfaction, autant il le serait de supposer que dans l'homme *fini* ou dans les animaux encore plus *finis* que l'homme, il pourrait y avoir une liberté et un pouvoir *infinis*. Rien n'existe à quoi Dieu n'ait assigné ses limites ; rien n'existe qui n'ait son *jusqu'ici*. La mer a ses rivages, les comètes leur orbite, les globes leur circonférence déterminée, les plantes leur terrain, les animaux sensitifs leur susceptibilité douloureuse. Quant à l'homme intelligent, il a un pouvoir rationnel de coercition individuelle, subordonné à un pouvoir rationnel supérieur de coercition sociale, et l'un et l'autre pouvoir sont soumis, sous peine d'un inévitable châtiment, au pouvoir irrésistible des lois divines.

Le DEVOIR de l'homme, soit comme individu, soit comme membre de la société, est d'user de son *pouvoir rationnel*, pour se conformer dans sa conduite, autant qu'il le sait et le peut, aux lois divines ; son DROIT est fondé sur l'existence de ce pouvoir et de cette liberté qui doivent se soumettre à ce *devoir*.

Toutefois, à cet égard même, l'homme est un être borné. Il ne lui est pas donné de connaître sur-le-champ ni tous ses *droits* ni tous ses *devoirs*, il ne peut que les découvrir progressivement. Mais cela n'empêche pas que plus il connaîtra et remplira de *devoirs*, plus il découvrira et défendra de *droits*, plus il jouira et moins il souffrira, plus il s'élèvera dans sa condition humaine au-dessus de la condition des brutes. La condition des brutes est renfermée dans un cercle étroit : dans leur activité, elles ne peuvent pas dépasser les bornes jusqu'où les entraîne l'aveugle impulsion *animale* du moment, et la souffrance actuelle en est le seul modérateur. Le cercle de l'activité humaine s'agrandit au delà du terme de l'aveugle impulsion animale du *moment*, sous l'effort de l'impulsion morale qui tend à l'*avenir*, et, outre la souffrance, modérateur tyrannique, elle a un principe *rationnel* et prévoyant qui réprime ou active.

Il suit de tout ce qui précède qu'attaquer un instinct dans son *usage*, dans sa *saine direction*, c'est attaquer un principe de liberté et de droit naturels, sur lequel reposent les institutions humaines, qui dans leur essence sont éternelles et indestructibles. Telle est l'institution de la propriété personnelle, qui découle directement de l'imprescriptible acquisivité ; et pourtant certains hommes, qui naissent pour tout ébranler sans rien consolider, se sont déchaînés contre elle avec une folle extravagance. Il ne faut pas douter que dans le système de l'harmonie universelle ces hommes ne remplissent une fin utile ; mais, si leurs doctrines pouvaient prévaloir, même un seul instant, comme principe social général, elles seraient, tant qu'elles régneraient, la ruine de toute liberté et de tout progrès individuel et national, comme je l'ai démontré dans deux opuscules[1]

---

[1] Le premier a pour titre : « Causes qui rendent le communisme impossible et le progrès inévitable ; considérations sur les lois naturelles qui régissent : 1° la propriété ; 2° le travail ; 3° la propriété individuelle et générale ; 4° le progrès humain. » Le titre du second opuscule est celui-ci : « Route qui peut nous conduire à l'abondance et nous éloigner de la misère ; du pain et des bouches, ou l'économie politique mise à la portée de tout le monde. »

adressés au *peuple espagnol*, dont je ne puis m'empêcher de vous recommander la lecture et la méditation sérieuse.

Langage naturel. — Voici comment Gall le décrit [1] : « L'organe de l'instinct de la propriété, ayant été placé par la nature dans la région des tempes, mais plus en avant qu'en arrière, portera, tant que durera *son action énergique*, la tête un peu penchée en avant. Quand elle cessera, le sujet aura les bras allongés, les mains parfois tout à fait ouvertes, parfois entr'ouvertes avec les doigts légèrement recourbés, comme s'ils se disposaient à prendre une mouche au vol. Le mendiant qui demande l'aumône ne se dirige jamais vers nous d'un pas ferme et avec une contenance roide ; nous le verrons toujours le corps plus ou moins incliné, la tête en avant et la main entr'ouverte. » A une table de jeu, dans une assemblée d'actifs spéculateurs, on verra le langage de l'acquisivité modifié de mille manières différentes par l'influence des autres facultés. Vous savez que déjà dans la leçon XII, t. I, p. 156, j'ai indiqué les mille formes variées sous lesquelles ce langage peut se produire, comme tout autre langage naturel. Alors, pour vous faire parfaitement comprendre l'influence que les facultés ont les unes sur les autres, je vous ai dépeint une réunion de personnes à l'angle d'une rue, regardant, leur billet en main, les listes des numéros gagnants au dernier tirage de la loterie qui s'y trouvent affichées. Tout cela nous montre d'une manière claire et complète que le langage naturel extérieur n'est qu'un daguerréotype de l'action mentale intérieure, quand cette action est vive et énergique.

LEÇON XXXVII

Troisième classe. — 27, STRATÉGITIVITÉ; auparavant 10, SECRÉTIVITÉ. — 28, PRÉCAUTIVITÉ; auparavant 15, CIRCONSPECTION. — 29 ou 5, ADHÉSIVITÉ.

Messieurs,

Tout changement produit, au commencement de son application, un certain bouleversement, c'est indubitable ; et, s'il n'apporte pas de nombreux et grands avantages, il est peut-être préférable de ne pas le faire. Vous connaissez les motifs qui m'ont déterminé à adopter une dénomination phrénologique qui, partant d'un principe général, exprimât l'impulsion aveugle ou instinctive, naturellement et spontanément propre et exclusive de chaque

---

[1]   vrage déjà cité, t. V. p. 279-280.

faculté. J'ai dû, en outre, dans certains cas, changer le mot radical de plusieurs dénominations données par quelque éminent phrénologue, soit parce qu'elles exprimaient un cercle d'action trop étendu ou trop restreint, soit parce qu'elles exprimaient le principe d'affection et non celui de désir, soit enfin parce qu'elles n'exprimaient pas le cercle ou juridiction spéciale et exclusive de la faculté dénommée.

Ainsi j'ai substitué, par exemple, au nom d'éventualité celui de mouvementivité, parce que la juridiction de la faculté dénommée s'étendait bien au delà des limites qu'exprime le sens du mot *événement*, comme je l'ai remarqué, leçon XXXIII, t. I, p. 506. Par une raison contraire, c'est-à-dire parce que la dénomination admise exprimait une idée trop universelle, j'ai changé le nom d'amativité pour celui de générativité, comme je l'ai expliqué, leçon XXXIV, t. II, p. 18 à 19. Ces raisons et d'autres analogues m'ont porté à modifier quelques autres dénominations, partant toujours du grand principe établi par Spurzheim, dont je me suis efforcé de vous donner une idée exacte, claire et complète dans la leçon XX; principe qui consiste à distinguer la faculté par un nom dont le sens embrasse tout le cercle de sa juridiction simple, exclusive et spéciale, sans autre application, détermination ni combinaison que sa tendance naturelle.

Malheureusement pour la science, cet auteur, comme je l'ai déjà dit dans la leçon XX, n'a pas toujours suivi ce principe, qui fit faire indubitablement un grand progrès à la philosophie de l'esprit. Dans les changements signalés tout à l'heure, je n'ai donc fait qu'appliquer le principe fondamental de dénomination phrénologique, universellement adopté aujourd'hui, dans les cas où son auteur même avait cessé de le suivre et de le pratiquer.

Les reproches et les objections faits aux dénominations dont je viens de parler peuvent aussi s'appliquer aux noms de *secrétivité* et de *circonspectivité* ou circonspection, dont se servit Spurzheim pour exprimer et déterminer deux facultés mentales différentes. *Secret*, qui est le radical de secrétivité, exprime un des modes d'action affective, ou de désir de la faculté, mais nullement sa tendance fondamentale, dans tout le cercle de ses applications. Pour spécifier cette tendance, nous n'avons d'autre guide, d'autres règles, d'autres données, que d'observer la conduite naturelle et spontanée de la personne dans la tête de laquelle nous voyons une région spéciale très-prononcée. Guidé par sa grande sagacité, Gall fut le premier qui observa avec une scrupuleuse attention et un profond examen le rapport de la conduite avec cette région spéciale. Dans beaucoup de cas il découvrit, comme je l'ai dit dans la leçon XX et ailleurs, les facultés dans leur *abus;* mais leur abus peut, en général, être un indice et une lumière pour donner une dénomination qui exprime toute l'étendue de leur *usage.*

La secrétivité, dans sa première impulsion abusive, est portée vers la tromperie, la fourberie, la filouterie. Conformément à ces manifestations, Gall l'appela, comme je l'ai dit, leçon VIII, t. I, p. 77, *list, schlauheit, klugheit,* mots qui signifient littéralement : astuce, fourberie, subtilité.

C'est un fait prouvé mille et mille fois par l'observation, que les hommes chez qui cet organe est très-développé ont une inclination primitive et fondamentale à procéder toujours par voies tortueuses, supercheries, détours, subtilités, ruses et fourberies. J'ai fait bien des observations sur les hommes et sur leurs actions; j'ai lu tout ce que les principaux phrénologues ont dit sur ce sujet, et je suis resté convaincu enfin que le mot *stratégie* exprime, comme radical, la tendance spéciale et exclusive de cette faculté, dans toute son étendue. De *stratégie* j'ai formé le mot *stratégitivité*, pour exprimer le mode d'action *désiratif* de la faculté, mode que j'ai pris, comme vous le savez, pour base générale de dénomination phrénologique.

Gall découvrit l'organe nommé par lui, comme je l'ai dit, leçon VIII, p. 77, *bchuthsamkeit, vorsicht, vorsichtigkeit,* « précaution, prévision, prudence, » chez une personne pleine de doutes et de craintes, et surnommée pour cette raison *cacadubio.* Cet abus de la faculté, comparé avec la conduite de ceux qui ont l'organe très-développé, voilà la seule donnée qui puisse, en saine logique, nous mettre en état de donner une dénomination propre. Spurzheim a adopté, je vous l'ai dit, leçon XX, t. I, p. 322, le mot *cautiousness,* qui signifie circonspection, dont le radical est *cautious,* circonspect. Il l'a fait dans la fausse idée, comme l'a démontré Cox (voy. p. 323), que le mode d'action principal de cette faculté est d'affection et non de propension, tandis que j'ai démontré par des faits irrécusables et des arguments irréfutables, je l'espère, dans les leçons XXI à XXIII, que le mode d'action principal de toute faculté est *désiratif* ou de propension; et que le désir ou la propension de celle qui nous occupe, comme l'a senti le même Cox (voy. p. 325), est « de se mettre sur ses gardes, » raison pour laquelle je l'ai appelée *précautivité.*

Ces observations faites au sujet des deux premières facultés et de leurs organes qui doivent nous occuper dans cette leçon, entrons maintenant dans l'examen de ces mêmes organes, de ces mêmes facultés.

27, STRATÉGITIVITÉ; auparavant 10, SECRÉTIVITÉ.
●

Définition. — Usage ou objet. Perception et conception de l'astuce, de la tromperie, de la fourberie, des intentions perfides, sous quelque voile qu'elles se cachent. Désir d'agir avec détours, dissimulation, réserve, astuce; aversion à être trompé, à passer pour dupe. Élément important de tact, de conduite dans les affaires épineuses. — Abus ou perversion. Tromperie, ruse, fourberie, hypocrisie, dissimulation, fausseté. — Inactivité. Peu de tendance à la dissimulation, à l'astuce, même dans les affaires où elles sont nécessaires pour arriver à une heureuse issue. Indifférence pour la stratégie. Absence d'un élément principal pour se conduire avec la réserve et le tact nécessaires, même dans les affaires les plus simples.

Localité. — Précisément au-dessus de la destructivité. Pour bien localiser les organes qui appartiennent à cette seconde ligne latérale, et sur lesquels nous avons donné des explications, il n'y a qu'à retenir que la stratégitivité se trouve au-dessus de la destructivité, l'acquisivité en avant de la stratégitivité et la constructivité en avant de l'acquisivité. Selon que certains organes sont plus ou moins dans telle ou telle direction, ils empiètent plus ou moins sur le terrain des organes contigus. Les yeux, par exemple, ont un siége fixe dans le visage, mais ce siége n'est pas si strictement circonscrit à un point qu'il n'y ait pas possibilité d'aucun écart. Le siége est toujours le même, sans doute, et cependant les yeux ne laissent pas pour cela d'être tantôt plus rapprochés du nez, tantôt plus éloignés; tantôt plus enfoncés dans les orbites, tantôt plus saillants. Eh bien, il en est de même pour les organes céphaliques. L'un sera un peu plus en arrière ou un peu plus en avant, un peu plus haut ou un peu plus bas par rapport aux voisins, suivant le développement de tous. Dans la *pratique* de la phrénologie ou dans la phrénologie considérée comme *art*, cette considération ne doit jamais être oubliée; on doit au contraire y faire tout spécialement attention.

Découverte. — L'histoire de la découverte de cet organe se trouve dans les œuvres tant de fois citées de Gall, t. IV, p. 119. Le caractère et la tête d'un de ses camarades de collége, très-connu pour son astuce et sa malice, fit une forte impression sur ce sagace et profond observateur. Cet élève était bon ami, mais il éprouvait un inexplicable plaisir toutes les fois qu'il pouvait jouer quelque mauvais tour à ses condisciples. Sur sa figure était peinte la ruse, telle qu'on la voit dans le chat et dans le chien quand ils jouent et cherchent à se surprendre. Quelque temps après, Gall connut un autre individu qui, non-seulement était malin et rusé, mais encore très-perfide, et dont la tête, comme celle de son compagnon de collége, présentait un fort renflement dans la région temporale. A Vienne, il fit connaissance d'un médecin qui avait un semblable développement du crâne. Celui-ci avoua qu'il n'avait pas de plus grand plaisir au monde que de tromper, et, en effet, il fit tant de piperies, qu'à la fin le gouvernement avertit le public, par la voie des journaux, de se mettre en garde contre lui et de ne pas s'y fier.

Gall conclut de là qu'il pouvait y avoir dans l'esprit de l'homme une faculté primitive dont la tendance était le dol, la tromperie, la fourberie, et que l'organe qui signalait cette faculté était bien dans le lieu indiqué. Il fit de nombreuses observations dans les maisons de correction, dans les prisons, dans les tribunaux de justice, et toujours, sans exception aucune, il remarqua qu'un renflement à la partie postérieure des tempes correspondait à une disposition de tromper, de piper. Il chercha des cas analogues dans les animaux inférieurs, et il en trouva, particulièrement dans le chat, dans le renard, et dans d'autres. Depuis, tout ce qui a été observé et remarqué, même ce qui d'abord paraissait contradictoire, a contribué à démontrer, à fortifier et enfin à établir sur des bases fixes et immuables la vérité de la découverte de la stratégitivité.

Harmonisme et antagonisme. — L'homme est entouré d'une infinité de

dangers, de piéges, d'embûches, où il tomberait à chaque instant si Dieu ne
lui eût pas donné une faculté qui les prévoit instinctivement et le pousse à
employer la ruse et l'adresse pour les éviter. Dans l'harmonie universelle,
comme je l'ai dit en parlant de la tactivité, leçon XXVII, p. 428-430, ces
dangers, ces piéges, ces embuscades, sont indispensables pour l'avantage général, mais ils peuvent être partiellement, comme l'eau et le feu, extrêmement nuisibles, et c'est pourquoi il est nécessaire de les connaître pour les
éviter, les diriger, en tirer profit. En outre, toutes les facultés ont une impulsion ou tendance aveugle, primordiale et exclusive, vers une satisfaction
spéciale et particulière, susceptible d'être influencée par l'action des autres.
Si donc l'homme n'avait pas une faculté dont la tendance exclusive soit d'a-
gir avec ruse et habileté, avec le pouvoir d'exercer dans le sens *straté-
gique* une influence sur les autres, pour éviter les funestes effets des dangers, des piéges, des embuscades, dont il est et dont il faut qu'il soit
entouré dans le monde physique et dans le monde moral, il serait constamment la victime de ces circonstances, qui sont, dans leur essence, pour un
bien réel et positif. Cette faculté a, comme toutes les autres, ses antagonistes au dedans et au dehors de l'individu. Une conduite franche, sans
détours ni mystères, déconcerte complétement la tendance de cette faculté,
comme je le ferai voir plus clairement en parlant de sa *direction* et de son
influence.

Divers degrés d'activité. — Si l'organe est *petit*, la faculté est indifférente; elle donne tous les signes de l'*inactivité*. L'individu est sans finesse,
sans ruse, sans habileté, incapable dans les affaires qui demandent du tact,
de la réserve, de la subtilité. Il doit toujours avoir cette phrase dans la
bouche et dans le cœur : « Garde qu'on ne te trompe. » — S'il est *moyen*,
l'individu a suffisamment de stratégie dans sa conduite, il perçoit avec assez
de sagacité les dangers, les piéges, les embûches des personnes avec lesquelles il a commerce. S'il n'a pas des organes très-developpés dont les facultés perverties tendent à donner une mauvaise direction à celle qui nous
occupe, il se guidera d'après le principe qui dit : « *Ni trompeur, ni
trompé.* » — S'il est *grand*, les tendances de l'individu au soupçon, à la
méfiance, sont très-actives; il croit toujours et partout apercevoir un piége,
une embûche secrète. Il se sent, en outre, porté à user de ces mêmes
moyens pour arriver à son but. Il a des tendances à se laisser trop entraîner par les inspirations de la ruse, de la subtilité, de la dissimulation, et
par le désir de cheminer par des voies tortueuses. Il court le risque, par
trop d'adresse, de *to over-reach the mark* (de dépasser le but), selon l'expression des Anglais. Si celui qui a cet organe *petit* doit se metre en garde
pour n'être pas trompé, celui qui l'a *grand* doit se mettre en garde pour
n'être pas trompeur.

Direction et influence mutuelle. — Le pouvoir de modifier, en la réprimant, l'action d'une autre faculté, est l'attribut général de toutes les facultés, et n'est nullement du domaine exclusif de la stratégitivité, comme

le fait entendre le mot *secrétivité* ou suspension de manifestation. L'acquisivité de l'avare étouffe l'action de la générativité, *pour ne pas dépenser*, de
même que la rectivité du juste étouffe celle de l'acquisivité, *pour ne pas
pécher*. C'est ainsi que toute faculté, pour satisfaire le désir qui lui est
propre, peut en dominer une autre, suivant sa force, et ne la laisser respi-
rer que dans le sens de sa propre impulsion. L'occultation d'une faculté
dépend donc de la domination que les autres exercent sur elle. Une faculté
peut être plus ou moins réprimée par autant de motifs que nous possédons
de facultés; il faut donc regarder comme inexacte la théorie qui attribue
exclusivement à la stratégitivité la puissance de répression. Il serait vraiment absurde d'admettre que toutes les facultés se répriment plus ou moins
entre elles dans leur tendance instinctive, et de dire ensuite que le pouvoir
de répression appartient proprement et exclusivement à une seule faculté,
que pour cette raison l'on appelle secrétivité. Si cette faculté en réprime une
autre, c'est pour arriver à sa propre satisfaction : à la tromperie dans son
abus; à l'habileté, dans son *légitime usage.* Cette faculté exerce son influence
sur les autres, non pour qu'elles se taisent, mais pour qu'elles agissent
avec dissimulation, réserve et finesse : si elle leur fait *dissimuler* ou réprimer plus ou moins leurs manifestations, c'est pour favoriser la *stratégie ;*
mais, pour atteindre son but, toute autre faculté en fait autant. L'imitativité, par exemple, leur fait dissimuler ou réprimer leurs manifestations,
pour favoriser la ressemblance, l'imitation.

« Le renard, dit Spurzheim (*Phren.*, t. I, p. 189), en s'approchant des
poules, a soin de n'être pas vu; le chat, épiant la souris, ne fait pas un
mouvement; le chien cache l'os qu'on lui jette; les enfants jouent à cache-
cache; l'homme prudent et rusé ne laisse pas percer son intention, et parfois montre des opinions contraires à celles qu'il a réellement. Les usages
et les abus de cette faculté sont divers, mais l'*occultation* est l'essence de
toutes ses manifestations. »

Ici Spurzheim nous a avertis que l'*occultation* ou répression est un mode
d'action propre à toutes les facultés, et que la secrétivité s'en sert, comme
elle se sert de tous les autres modes d'action générale, pour arriver à son
objet; mais l'occultation n'est d'aucune manière son *objet* individuel exclusif. Son objet est de tromper par ruse, par adresse, pour une bonne fin ou
pour une mauvaise, selon que la faculté agit dans son légitime *usage* ou
dans son *abus.*

Il ne faut jamais oublier le grand principe, tant de fois indiqué, que dans
toute action il y a une faculté, primitive, cause, motrice, qui se sert des
autres pour satisfaire son *désir.* La stratégitivité a non-seulement à *cacher*,
mais à faire *paraître*, à *imiter*, à *faire croire le contraire de ce qu'elle se
propose*, sans quoi elle ne répondrait pas à sa tendance instinctive; et, pour
cela, toutes les autres facultés doivent lui prêter secours en favorisant son
instinct spécial. Voilà ce qu'il fallait éclaircir en phrénologie, et voilà pourquoi Spurzheim tomba dans une grave erreur en dénommant une faculté

d'après son pouvoir de répression sur les autres, lorsque ce pouvoir est commun à toutes.

Incidents. — Debout, dans sa précieuse *Esquisse de la Phrénologie* (Paris, 1843), p. 38, rapporte que Gall avait coutume de dire : « Les hommes chez qui les organes de la fourberie et du vol sont grandement développés et en combinaison n'ont pas besoin de beaucoup d'intelligence pour tromper beaucoup de gens; ils arrivent toujours à leur but par instinct et ne le manquent jamais. Voici une des nombreuses observations que faisait Gall en examinant les facultés isolément et en les voyant dans leur vil et méprisable abus. La stratégitivité n'est qu'un désir, un simple et très-simple désir; une inclination, dans le sens de laquelle l'on peut diriger et faire agir les autres facultés. La stratégitivité, accompagnée de facultés logiques faibles, de facultés connaissantes faibles, fait d'un homme qui la possède un sot fripon, un *voleur en petit*, un escroc qui se laisse bientôt prendre dans la nasse. La stratégitivité n'est de soi qu'un instinct de ruse, et, pour s'élever au degré d'habileté, de prudence, d'adresse, de louable finesse, il faut qu'elle soit combinée avec l'action d'autres facultés supérieures. — Fossati a dit pareillement dans son *Manuel*, p. 86 : « Cette faculté et son organe sont de ceux qui sont le mieux établis..... Je connais plusieurs personnes dont l'organisation cérébrale, quant à l'organe en question, est en parfait rapport avec leur conduite. Je dois citer, entre autres cas, celui d'une dame riche et bien élevée dont la tête est très-grande dans la région de la secrétivité, qui pendant toute sa vie n'a fait qu'intriguer et tromper. » Il faut entendre ici la faculté dans son abus. Suivant que les intrigues sont bien tramées, les escroqueries exécutées avec talent et finesse, les facultés qui agissent sous l'influence d'une grande stratégitivité doivent avoir plus ou moins de développement. Nous devons, en conséquence, nous garder des coquins d'esprit plus que des *sots coquins;* les uns sont des vauriens en grand, les autres sont des vauriens en petit. Il y a des médiocrités dans le *mal* comme dans le *bien.*

Observations générales. — De tout ce que je viens de dire, il n'est pas difficile de conclure que la stratégitivité est, comme le feu, utile ou nuisible à la société ou à l'individu, suivant l'usage que nous en faisons dans ses diverses combinaisons avec les autres facultés. Ainsi donc, avec une grande stratégitivité et un grand développement des facultés que nous nous proposons de faire concourir, en combinaison avec elle, à un but, nous ouvrons ou nous fermons notre cœur, nous parlons ou nous ne parlons pas; mais toujours de manière que les paroles ou le silence ne nous compromettent pas. Pour cela nous employons les mille ruses que la stratégitivité nous suggère, en mettant à contribution les autres facultés.

Comme la *surprise* est le plaisir de la stratégitivité, les écrivains qui ont cet organe très-développé peuvent aisément cacher la trame de leurs œuvres jusqu'au parfait dénoûment, comme on le remarque dans la Fontaine. Chez les acteurs dramatiques elle prête un immense secours à l'imitativité; elle réprime les manifestations de leur caractère naturel, ce qui leur rend possible de jouer celui qu'ils doivent représenter. L'organe était grand dans Talma, Maiquez et Prieto. Il était grand aussi dans notre illustre écrivain dramatique D. Augustin Moreto, auteur de la comédie *el Desden con el Desden*, qui fait le désespoir de tous ceux qui ont cherché à l'imiter (voyez son portrait ci-contre). Ses autres organes céphaliques, particulièrement ceux des facultés connaissantes et logiques, devaient conséquemment être bien développés; autrement il lui eût été impossible de produire son immortelle comédie.

Si cette faculté rend le guerrier capable de couvrir d'un impénétrable voile le plan de ses opérations, pour surprendre l'ennemi sur le champ de bataille ou dans la lice parlementaire, elle a besoin, à son tour, de l'influence des facultés supérieures morales, logiques et connaissantes, pour que son principe intelligent perçoive qu'elle doit imposer silence à son langage naturel. C'est ce qu'elle faisait très-bien, en effet, chez Franklin, Washington, Wellington, Napoléon et autres grands hommes. En eux la stratégitivité agissait sur les facultés supérieures, mais celles-ci réagissaient aussitôt sur elle, l'obligeant à cacher son langage naturel, qui eût tout dévoilé à la ruse d'autrui. De sorte que, comme Franklin le raconte de lui-même, et comme l'histoire le raconte de Napoléon et de Wellington, quand la perspicacité d'autrui cherchait à découvrir les secrets de leur stratégitivité, ils prenaient un visage de bronze et de marbre pour qu'elle ne se révélât pas elle-même. Non-seulement donc la stratégitivité n'est pas la seule faculté qui influe sur les autres pour supprimer leur manifestation, mais encore elle a besoin de leurs influences répressives pour cacher ses intentions. Les *coquins* en petit sont si sots, qu'ils n'ont pas la force de *dissimulation* suffisante pour ne pas laisser percer leur *coquinerie*. L'expression italienne : *Volto sciolto con pensieri stretti*, visage ouvert avec des pensées fermées, est fille de la stratégitivité, dominée par les facultés connaissantes et logiques en action et réaction mutuelle; le conseil « d'avoir un cœur de tigre et de montrer un visage de mouton, » vient aussi de la stratégitivité pervertie, poussant la destructivité et l'imitativité à agir très-activement, et réprimant les facultés morales et logiques qui commandent, au nom de la vertu et de l'intérêt, d'agir autrement. Néanmoins, le bon développement de la stratégitivité est très-important au commerçant et à l'homme d'État, dont l'habileté et le succès dépendent du tact avec lequel ils conduisent leurs entreprises. Les Anglais, les Américains du Nord, les Hollandais, doivent une bonne part de leur réputation de bons commerçants au grand développement de cet organe, comme qualité nationale.

Moneto. Il vivait au dix-septième siècle.

Si la stratégitivité est dominante, et si l'éducation et la force des autres facultés ne la dirigent pas dans la voie qu'enseignent la religion et la morale, elle est, comme je l'ai dit, le principal élément de la tromperie, de l'hypocrisie, de la calomnie, de l'escroquerie, de la perfidie et de toute sorte de mauvaises actions. Elle nous induit à faire trop de cas du silence et de la dissimulation. Talleyrand avait pour maxime ce paradoxe : « La parole a été donnée à l'homme pour déguiser sa pensée. » Elle donne une violente démangeaison de tout obtenir par escroquerie, ruse, fourberie, stratagèmes et manéges occultes. D'autres facultés déterminent la direction de ces manifestations. L'*abus* de la stratégitivité, avec peu de conscience, nous pousse à *mentir*; avec beaucoup d'acquisivité, à *voler;* avec peu d'adhésivité et de bienveillance, à être infidèles à nos amis, et à tromper même nos parents les plus proches. Les caractères de don Raphaël et de Lamela, si admirablement peints dans *Gil Blas*, sont le résultat d'une perversion ou abus de la secrétivité, aidée d'une grande acquisitivité, d'une intelligence bien développée et de peu d'activité dans les facultés morales. En considérant, en outre, que si Lesage [1], auteur de *Gil Blas*, n'avait pas possédé la stratégitivité à un degré très-actif, mais dirigée dans la bonne voie, il n'aurait jamais pu concevoir ni décrire ces deux personnages, l'on aura une idée complète de l'usage, de l'abus et de l'étendue de cette faculté, dont je viens d'expliquer les divers modes d'action et les différents rapports.

Langage naturel. — Il est susceptible d'autant de modifications que la faculté a de modes actifs d'agir simples et complexes. En parlant du langage naturel de cet organe, Combe dit : « C'est un regard furtif, une manière douce et mielleuse de parler; en supprimant les autres facultés et propensions, bouche serrée, yeux presque fermés, laissant une petite ouverture pour voir sans pouvoir être pénétré. Voyez les portraits de Napoléon et de Fouché avec leurs lèvres minces et leurs yeux presque fermés. » Gall (t. V, p. 279) dit sur le même sujet : « L'homme fourbe regarde de biais et présente de même sa tête et son corps... Le tigre et le chat, guettant leur proie, ou s'en approchant à pas de loup, posent leur tête sur leurs pattes de devant, ou s'étendent, le corps entièrement aplati, remuant doucement la queue de côté et d'autre. Quand deux chiens folâtrent, si l'un d'eux veut surprendre l'autre, il s'étend à plat sur la terre, la tête tendue en avant, et, après s'être ramassé *silencieusement*, peu à peu et à la dérobée, il s'élance soudain sur son compagnon. Quand nous jetons quelque chose à manger à un moineau qui n'est pas apprivoisé, il s'en approche par des mouvements plus ou moins obliques. » — Le peuple espagnol, dans son bon sens, n'appelle-t-il pas l'*hypocrite* « tête de biais? »

28, PRÉCAUTIVITÉ; auparavant 15, CIRCONSPECTION.

Définition. — Usage ou objet. Perception et conception de la sécurité ou de l'inquiétude physique ou morale. Désir de prendre des mesures contre

---

[1] Ford, dans son *Hand. Book of Spain* (Londres, 1845), p. 707 et suiv., prouve d'une manière irréfutable que Lesage a composé *Gil Blas* avec plusieurs ouvrages espagnols qu'il avait sous les yeux.

le danger présent ou prévu; c'est-à-dire circonspection, prudence, vigilance; aversion pour l'incertitude, pour le danger actuel ou imaginaire; appréhension, doute, perplexité. — ABUS OU PERVERSION. Être dans une inquiétude violente et perpétuelle quant à ce qui est l'objet de cette faculté, comme d'avoir une ardeur frénétique pour la vigilance, d'être toujours en doute sur la sécurité et le danger. Élément prédisposant à la mélancolie, à l'abattement. — INACTIVITÉ. Complète indifférence pour la sécurité ou pour le danger, et pour les moyens d'éloigner les périls. Cette indifférence n'est pas un élément de courage; mais, comme elle permet que les autres facultés agissent avec moins de restriction prudente et circonspecte, elle donne lieu à l'étourderie, à la légèreté, à la témérité.

Localité. — En arrière et au-dessus de la secrétivité, c'est-à-dire à la partie la plus saillante des pariétaux, là où commence ordinairement l'ossification dans l'embryon. On ne peut pas se tromper sur cet organe. Vous le voyez bien marqué sur cette tête de femme vue par derrière, et sur celle de Philippe II, où il était extraordinairement développé.

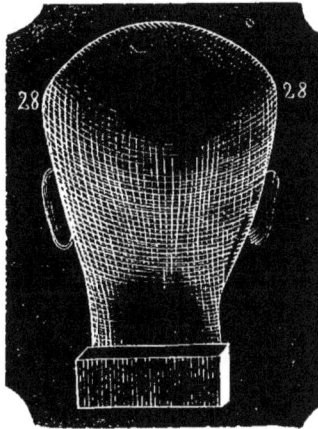

Tête de femme vue par derrière.

Découverte. — Gall connaissait à Vienne un prélat, homme de bon sens et de beaucoup de talent, qui, dans tout ce qu'il faisait et disait, hésitait et craignait de se compromettre. Rarement il achevait une phrase sans en avoir répété deux ou trois fois le commencement, par crainte de dire quelque chose de contradictoire. Il avait des talents oratoires peu communs, mais il ne pouvait prêcher sans fatiguer ses auditeurs, parce qu'il était constamment à hésiter sur le choix des idées et des mots. Ce prélat avait des rapports d'amitié avec un conseiller de la régence à qui son manque éternel de résolution avait valu le surnom de *Cacadubio*. Dans les examens des écoles publiques, ces deux personnages étaient toujours assis l'un à côté de l'autre, circonstance favorable qui permit à Gall de comparer leur tête, très-différente en quelques points, mais identique en leur partie postérieure latérale : toutes deux se faisaient remarquer dans cette région par une proéminence considérable. Gall conclut de là que l'irrésolution, l'indécision et la circonspection pouvaient avoir un rapport avec la partie cérébrale que l'on voyait saillante dans ces deux têtes, et il en acquit la certitude par les nombreuses observations et les réflexions qu'il fit ensuite.

Harmonisme et antagonisme. — Le corps humain est combustible; il est sujet à être détruit par la violence ou à souffrir par toute espèce d'extrêmes. Il serait donc étrange que, conformément à cet état, il n'ait pas un instinct

qui le mette naturellement en éveil à l'égard des dangers, qui lui mur-
mure tout bas : « Prends-garde, arrête-toi, réfléchis; » ou qui lui crie tout
haut, comme la sentinelle de la Tour de la Veille (Torre de la Vela, à
Grenade) : « Sois toujours prêt à sonner la cloche d'alarme. »

Les animaux, étant créés en harmonie avec les objets qui les entourent et exposés à beaucoup de
dangers, possèdent aussi la circonspection. Gall, Vimont et Broussais citent des faits qui ôtent tout
doute à ce sujet. Qui ne sait que
le chamois, l'outarde, l'oie sauvage,
l'étourneau, le singe et d'autres
animaux placent des sentinelles
pour n'être pas surpris? Ne voit-
on pas en cela la précautivité en
action combinée avec la stratégitivité?

Divers degrés d'activité. — Si
l'organe est *petit*, l'homme subit
tous les funestes effets qu'entraîne
avec lui le manque de précaution
et de circonspection. Il est très-
porté à ne tenir compte ni de son
expérience ni de celle d'autrui. —
Moyen. L'individu est assez précau-

PHILIPPE II.

tionné, circonspect, mais d'une manière aveugle, indéterminée, sans dessein, sans intention spéciale : les autres facultés lui suggèrent tout. Il apprend à ses dépens, mais à ses seuls dépens. — *Grand.* L'individu est très-
prudent, très-précautionné, très-circonspect. Il n'a nul goût à acquérir l'expérience à ses propres dépens, ni à admettre des compromis. Il est très-
enclin à tout ce qui est l'objet de cette faculté.

Direction et influence mutuelle. — *Activement,* cette faculté ne produit
en soi qu'un instinct de désir, qui est la *précaution,* dont l'antagoniste est
l'aversion pour le danger, sans déterminer quelle sorte de danger; *passivement,* elle ne produit que la susceptibilité d'éprouver un sentiment agréable
qui naît de la sécurité ou de l'absence de danger, ou un sentiment désagréable qui naît de l'absence de sécurité réelle ou imaginaire, que d'autres
facultés déterminent. Ainsi le mode d'action *désiratif* et le mode d'action
affectif sont susceptibles de mille degrés d'activité, de mille combinaisons,
auxquelles, sans les avoir jamais analysées, on donne différents noms sur le
sens desquels s'élèvent d'interminables disputes, comme je l'ai fait remarquer dans la leçon XXVIII, t. I, p. 452 à 455.

Impulsion aveugle à prendre des précautions contre le danger à cause de la répugnance qu'il nous inspire; sentiment agréable de la sécurité où nous nous voyons; sentiment désagréable de l'absence de sécurité : tel est, en substance, l'objet de cette faculté; mais ce n'est pas elle qui détermine précisément le danger ni comment nous devons l'éviter. Elle est le cri d'alarme qui éveille et excite les aversions de toutes les autres facultés, afin que toutes soient en *alerte*. Sans précautivité, l'acquisivité aurait de l'aversion pour la *pauvreté*, cela n'est pas douteux; mais elle ne la craindrait pas au point de la voir déjà sur sa tête. La conservativité aurait sa répugnance pour la mort, c'est évident; mais l'individu ne serait pas si alerte contre les dangers qui l'en menacent, comme si elle fondait déjà sur lui. La précautivité fait ouvrir l'œil aux autres facultés et les fait mettre en garde, de peur que leurs craintes innées et leurs répugnances ne se réalisent, appelant d'avance chacune des autres à son secours. Mais, comme toute faculté, vous le savez, a sa faiblesse et son imagination, nous pouvons avoir des *terreurs* au milieu de la plus grande sécurité.

Observations générales. — La circonspection est plus développée chez la femme que chez l'homme, et, parmi les êtres privés de raison, chez la femelle que chez le mâle. L'organisation est en rapport exact avec la destination spéciale des sexes. La femme doit être plus timorée, plus circonspecte, plus craintive que l'homme, afin de mieux prendre soin de sa réputation, de ses enfants, de sa maison, de ses actions, de sa conduite. Elle doit prendre ses précautions contre les scrupuleuses exigences des yeux qui sont fixés sur elle et l'examinent; car les mêmes actions qui parfois nous frappent d'admiration dans l'homme par leur intrépidité, leur audace, nous les blâmerions dans la femme pour leur choquante *désinvolture*.

La stratégitivité et la précautivité sont les deux éléments principaux d'un caractère craintif et prudent. La première engendre la ruse, la seconde la circonspection; l'une évite les écueils auxquels nous expose le défaut d'habileté, l'autre les dangers auxquels nous conduit inévitablement la précipitation. La précautivité fait généralement défaut aux peuples qui naissent de la souche purement celtique, comme les Français du Midi, les Irlandais, les Portugais et les Catalans de la côte. Elle est très-développée dans les branches teutoniques et anglo-saxonnes. Cette organisation particulière explique facilement et complétement les prouesses, la condition actuelle et le caractère particulier de tous ces peuples, mieux que les histoires et toutes les profondes réflexions des hommes éminents.

De même que la *combativité* ne constitue pas le courage, de même non plus la précautivité ne constitue pas la *lâcheté*. Autre chose est le désir de combattre, autre chose la *valeur*; autre chose est le désir aveugle de se précautionner, autre chose la peur. Si par valeur on entend « désir, » toutes les facultés ont la *valeur*; si par peur on entend « répugnance, » toutes les facultés ont la peur; mais ce n'est pas là la signification ni de valeur ni de peur, c'est celle du mode d'action actif et passif de toutes les facultés. Certes, la valeur a pour base l'élément moral qui attaque et affronte l'ennemi; mais cet élément devient *courage* alors seulement qu'il est accompagné d'autres éléments, comme je l'ai expliqué, t. II, leçon XXIV, p. 23, et leçon XXXV, p. 39 à 40. Je dois en dire autant de la peur. Il n'est pas douteux que l'élément moral qui, loin d'attaquer, désire se mettre en garde, inspire la peur du danger; mais il n'est pas l'origine exclusive de toutes les peurs. La précautivité devient *peur*, ou *appréhension*, ou *terreur*, lorsque, percevant, imaginant ou sentant vivement, sous l'influence de sa répugnance, les dangers avec lesquels elle se trouve en discordance, elle s'exalte et se surexcite désagréablement.

Mais dans ce sens toutes les aversions *fortes* sont des *peurs*. Ainsi nous disons la *peur* de mourir, la *peur* d'offenser, la *peur* de souffrir, qui ne sont que des aversions soulevées dans la conservativité, l'infériorititité, la tactivité; et, autant ces facultés seront excitées, autant ces peurs seront actives dans l'individu. La précautivité et la combativité ont pareillement leur *peur* ou « répugnance. » Celle-ci a la peur du calme et désire la lutte; celle-là a la peur du danger et désire la sécurité. Celui qui a une grande précautivité, et celui qui a une grande acquisitivité, et celui qui a une grande stratégitivité, auront peur de l'objet ou de l'action avec quoi ils se trouvent en *discordance* (voy. t. I, leçon XXI, p. 330 à 333), et s'élanceront avec ardeur vers l'objet avec lequel ils sont en *concordance*. La précautivité fuit instinctivement le danger, l'acquisitivité fuit la pauvreté, la stratégitivité fuit ce qui est simple et sans détour. Avec une grande acquisitivité, dès que la précautivité donne le signal d'alarme, nous avons peur de perdre nos biens; avec un grand orgueil, peur de perdre nos dignités; avec une grande philogéniture, peur de voir souffrir nos enfants; et avec une grande conservativité, peur de mourir. Et, comme la prédominance d'un organe supprime l'action des autres, dans des circonstances pressantes, *une peur en chasse une autre;* l'avare ne pense qu'à son argent, la tendre mère qu'à ses enfants, le cœur charitable qu'au malheureux. Si la circonspection l'emporte absolument, alors, seulement alors, arrive ce qu'on appelle *terreur panique indéfinie.* Si par *peur* nous voulons exprimer *lâcheté*, alors cette affection complexe résulte de l'action simultanée de divers organes. Peu de combativité, circonspection très-active, peu de supérioritité, peu de continuativité, peu de concentrativité, tête petite, en général, qui ne peut beaucoup stimuler ces organes, tempérament défavorable, voilà ce qui constitue le poltron, le lâche. Mais, si par peur ou lâcheté nous voulons tout simplement dire *peu de hardiesse à combattre*, alors il n'y a pas de doute que son élément principal est le peu de développement de la combativité.

Cela dit, je terminerai l'explication de cet organe par quelques observations sur le mot CRAINTE. En admettant ce fait, que je crois avoir prouvé et démontré, qu'un acte agréable ou désagréable de l'âme peut être le résultat d'une des mille combinaisons possibles des désirs et des affections dans leurs divers degrés d'activité (voy. t. I, p. 330-338), nous comprendrons parfaitement la philosophie du sens ou de la valeur du signe ou du mot *crainte*.

La *crainte* exprime toujours la peur modifiée par quelques facultés qui dominent cette affection. Pour exciter la *peur*, il suffit de menacer, dans le sens désagréable, la répugnance de la tactivité, de l'alimentivité, de la conservativité ou d'autres facultés, soit par la voie de la précautivité, qui, dans sa prévision, repousse le danger avant de l'avoir sur elle, soit par la voie de l'intellectualité, qui présente les mêmes objets d'aversion à ces facultés. Pour exciter la crainte, il faut, en outre, inspirer la *vénération*, ou exciter dans le sens agréable l'infériorititité par le moyen du pouvoir légitime, ou l'autorité; inspirer l'*idée de droiture*, ou exciter dans le sens agréable la rectivité par le moyen de la justice; et inspirer l'*idée d'intelligence*, ou exciter dans le sens agréable l'intellectualité par le moyen de la sagesse. Pour inspirer la *peur*, il suffit d'être puissant; pour inspirer la *crainte* proprement dite, il faut, en outre, être juste et sage. Suivant donc que l'individu sera plus puissant et moins juste, il inspirera plus de peur; et, suivant qu'il sera plus juste et que sa justice couvrira sa puissance, il inspirera plus de crainte. En Dieu, le pouvoir étant infini comme la sagesse et la justice qui le dirigent sont infinies, nous sentons qu'il est absurde de supposer même qu'il puisse inspirer de la *peur*. Le pouvoir ou le gouvernement humain qui n'inspire que de la *peur* est cruel et ignorant; celui qui inspire la *crainte* sans la *terreur* est seul juste et sage. Les instincts féroces agissent exclusivement chez le premier; chez le second, la destructivité est soumise à la morale et à l'intelligence. Cependant les mots *peur* et *crainte* s'emploient et peuvent s'employer souvent dans un sens identique; mais il y a plusieurs cas douteux où on ne devrait jamais le faire : ces cas peuvent être déterminés avec une exacte précision par la phrénologie.

De tout ce que je viens de dire, on peut conclure clairement et formellement que les dissentiments et les polémiques entre les phrénologues sur le point de savoir si la circonspection, aujourd'hui la précautivité, est la source de la *peur* ou manque de *courage*, ou si le manque de courage ou la lâcheté est la même chose que la *peur*, et par conséquent dépend du défaut de combativité, sont terminés pour toujours, ainsi que toutes les disputes élevées sur cette matière en dehors du terrain phrénologique. Le *courage* et son antipode la *lâcheté*, comme je l'ai expliqué au long, leçon XXXV, t. II, p. 38 à 40, en parlant de la combativité, dépendent d'une combinaison de facultés dans laquelle la combativité, très-active dans le premier cas et très-endormie dans le second, entrent comme circonstance principale, selon l'espèce de courage ou de lâcheté que nous voulons exprimer. Quant à la *peur* et à la *panique*, à la *crainte* et à la *terreur*, je dis de même qu'elles sont des sensations produites par une ou plusieurs facultés auxquelles se joint toujours, comme élément primordial, la précautivité dans ses divers modes d'action, de désir ou d'affection (voy. t. I, p. 357-339, 551-359).

Non-seulement la phrénologie répand, comme vous le voyez, une vive lumière sur la critique linguistique, elle peut encore, philosophiquement, nous éclairer pour trancher beaucoup de questions, comme, par exemple, celle de savoir si le suicide est un acte de courage ou de lâcheté. C'est une aberration, un état frénétique de quelques facultés qui font taire, affaiblissent et étouffent enfin complétement les inspirations de la *conservativité*, comme je l'ai expliqué longuement dans les *observations finales*, t. II, leçon XXXIV, p. 23 à 25, en parlant spécialement de cette faculté.

Devant ces éclaircissements philosophiques sur des points épineux, difficiles et compliqués de morale, de casuistique et de politique, sur le sens des mots les plus abstraits, les plus synthétiques et des plus difficiles à définir, les moralistes et les politiques ne voudront-ils pas profiter de l'éclatante lumière que leur apporte la phrénologie en faveur du droit, de l'ordre, de l'autorité, de la justice, aujourd'hui surtout que l'on prétend arracher le ciment qui unit et consolide les matériaux du monde moral et du monde social? Les philologues, les lexicographes, ne voudront-ils pas mettre à profit cette splendide lumière pour donner une exacte définition des mots, à une époque où luttent à bras-le-corps le néologisme audacieux et le purisme pusillanime? Je crois que les Espagnols embrasseront avec plaisir et ardeur la science que je prêche depuis dix ans avec tout le zèle et toute la force dont je suis capable. Pour moi, je suis bien convaincu que, dans l'ordre scientifique, elle est le plus grand appui de la religion, le plus grand soutien de la vertu, la plus solide garantie de la liberté soumise à l'ordre; et qu'en cela, en cela seulement, est SON VRAI TRIOMPHE.

Langage naturel. — L'homme, poussé par l'activité de cette faculté, ouvre les yeux, roule les prunelles et tourne la tête de côté et d'autre, d'où vient le mot *circonspection.* Un lièvre surpris quand il est sur ses gardes est un exemple notable de l'expression que je veux décrire. Il est évident que, suivant que la faculté est excitée seule ou en combinaison avec d'autres, son langage se conforme à ces divers états. Dans la terreur ou une panique elle se manifeste à son plus haut degré d'excitation désagréable, toutes les autres facultés étant ou anéanties ou violemment excitées dans le sens douloureux.

29 ou 5, ADHÉSIVITÉ.

Définition. — USAGE ou OBJET. Impulsion spéciale et primitive d'attachement, d'affection et d'amitié pour les personnes ou les choses qui nous entourent, d'où naît instinctivement le lien qui unit les hommes en société. Cette impulsion présuppose son antagoniste, qui est l'aversion pour la solitude et l'isolement. Les affections agréables sont celles que produit purement et simplement le plaisir des relations amicales; l'absence d'objets auxquels on puisse s'attacher produit les affections désagréables. Perception et conception de tous ces modes d'action. — ABUS ou PERVERSION. Il naît de la surexcitation, de la maladie, de la mauvaise direction. Douleur inconsolable de la perte de quelque ami ou de quelque cher objet; réunions pour des fins réprouvées. — INACTIVITÉ. Indifférence pour l'amitié ou pour l'inimitié; peu de répugnance pour la solitude; détachement de la société.

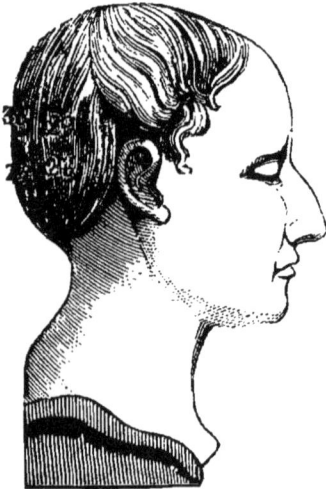
Madame DUMONT-D'URVILLE, femme du célèbre navigateur.

Localité. — Après 28, la précautivité, en avant de 30, l'habitativité, au-dessous de 34, l'approbativité, et au-dessus de 23, la conjugativité. Gall découvrit cet organe sous forme de demi-lune et le signala ainsi; mais aujourd'hui il est reconnu que la forme des protubérances qui indiquent des organes développés est variée et différente, et qu'il est impossible de la signaler sous une apparence générale.

L'adhésivité se trouve très-développée dans le crâne de madame Dumont-Durville, femme du célèbre navigateur que je vous ai indiqué, t. I, leçon XXX, p. 478, comme modèle de grande localité. Les deux époux périrent malheureusement, ainsi que le rapporte Bruyères (*Phrén. pittor.*, p. 53), dans la catastrophe arrivée il y a peu d'années sur le chemin de fer de Versailles.

Découverte. — D'après ce que Gall raconte lui-même (t. III, p. 299), il paraît qu'il fut prié, à Vienne, de prendre un modèle de la tête d'une dame très-remarquable par son attachement à ses amis au milieu même des divers changements et des vicissitudes de fortune. Le docteur acquiesça à la demande et trouva à côté de la philogéniture, s'inclinant vers le haut, deux grandes protubérances en forme de segment sphérique. L'idée lui vint naturellement que la partie cérébrale qui grossissait cette région du crâne pourrait bien être l'organe d'une propension à l'attachement. Ses nombreuses observations constatèrent et confirmèrent ensuite cette découverte.

Harmonisme et antagonisme. — Tout nous dit que l'homme est né pour la société; il est né pour mille satisfactions qu'il ne peut se procurer que dans la société. Tout annonce que les œuvres, les progrès et le bien-être des hommes sont d'autant plus grands qu'ils sont inspirés par un plus vif esprit d'association. Nos intérêts mutuels sont tels, le bonheur de l'un dépend de telle manière du bonheur de tous, et celui de tous de celui de chacun, qu'une réunion d'hommes n'est qu'une tête étendue dans laquelle chaque faculté, gardant toujours la hiérarchie naturelle qui les classe, est impulsion, appui, direction des autres. Si telle est la nature des créatures humaines, il n'était pas possible qu'elle fût privée d'un instinct conforme et en concordance avec le monde extérieur pour lequel ces créatures existent; c'eût été un défaut d'harmonie qui ne se voit dans aucune des œuvres du Créateur. La même loi d'*harmonie* présuppose dans l'homme l'existence de l'*antagonisme* qui la trouble, afin que *son intelligence ait une sphère d'action.* C'est ainsi que l'adhésivité trouve au dedans de lui les principes antagonistes aveugle et intelligent qui ne sont pas *harmonisés* d'eux-mêmes, mais qui sont *harmonisables,* et qui, en effet, avec des efforts intelligents, peuvent agir en *harmonie.* Elle a des facultés contiguës, naturellement auxiliaires et antagonistes, qui, soit qu'elles se heurtent en ennemies, soit qu'elles se combinent en amies, sont aussi *harmonisables;* et c'est de leur action harmonique bien combinée seulement que peut résulter le bien spécial de l'adhésivité en concordance avec le bien spécial de toutes les autres facultés. Plus sont grandes les perturbations inharmoniques auxquelles l'homme est sujet à cause des éléments antagonistes de sa nature, plus le champ et la sphère de son action morale et intelligente sont vastes. Les arbres naissent complètement *harmonisés;* les animaux privés de raison sont un peu *harmonisables,* pour que tout ce que Dieu leur a accordé d'effort sensitif ait une sphère d'action. L'homme est sensitif; il est en outre intelligent, prévoyant, moral et religieux; il possède infiniment plus de moyens d'*harmonisation*, mais aussi, en regard de ces plus grands moyens, il a de plus grandes tentations, il a ses mauvaises pensées, afin que jamais il ne puisse tout de lui-même et se voie toujours obligé d'implorer la grâce.

Divers degrés d'activité. — Si l'organe est *petit*, la faculté est inactive. L'individu a une indifférence naturelle soit pour la société, soit pour l'isolement. Il n'a absolument aucun attrait pour les liaisons amicales. — S'il est *moyen*, la faculté se dirige de soi vers son usage, si d'autres ne la font pas dévier, ou si l'organe ne s'irrite pas. J'ai dit et je répète que dans cette condition l'exercice développe et fortifie beaucoup la faculté. — S'il est *grand*, l'homme a de forts penchants à l'amitié. Il a besoin de quelqu'un sur la poitrine duquel il puisse se reposer; il est comme le lierre, qui ne se soutient qu'en s'attachant au mur, en s'y cramponnant. L'homme ou la femme ainsi constitués recherchent la société, les réunions, et regardent avec horreur l'isolement et la solitude. Le peuple chez qui cet organe sera très-développé aura un grand esprit d'association et de réunion.

Direction et influence mutuelle. — Si les facultés, sans sortir de leur spécialité et de leur hiérarchie, ne coopéraient pas toutes avec chacune et chacune avec toutes, l'unité de *dessein* dans une action, à un temps donné, serait impossible à l'homme, comme dans les brutes l'unité d'*impulsion aveugle*. Après tout ce que j'ai dit sur ce sujet, et je n'ai pas peu dit, je ne désespère pas de vous voir arriver enfin à comprendre clairement et complétement que l'influence d'une faculté sur les autres se borne à les faire agir toutes dans le sens de son attribut spécial et exclusif. Si l'influence de l'adhésivité, par exemple, opère sur la destructivité, celle-ci est poussée à agir dans un but amical; si elle opère sur la combativité, la combativité marche à la défense des liens sociaux; si elle opère sur la philoprolétivité, cette faculté joint sa tendresse à l'affection amicale, et l'adhésion est plus forte. Il en est de même de toutes les autres facultés. Comme il n'y a presque pas d'action humaine dans laquelle ne puissent entrer d'une manière ou d'une autre toutes les facultés sous forme d'élément coopérateur, vous comprendrez que plus nombreuses elles concourront en influences harmoniques, plus l'action sera complète et efficace. Vous comprendrez que si, pour une œuvre quelconque, il est besoin du concours de certaines facultés déterminées, plus la tête de l'individu sera grande, plus il aura d'activité d'esprit, et mieux l'œuvre sera accomplie. L'extraordinaire adhésivité de Raphaël lui servit pour mieux exprimer l'affection et l'amitié dans le visage et les attitudes des personnages qui devaient représenter ces sentiments dans ses tableaux; de même que sa grande destructivité lui fit mieux peindre la férocité. Si Burns, More et Angel Saavedra, tous poëtes très distingués, n'eussent pas joint à l'ensemble des facultés qui produisent le *dessein aveugle*, ou le désir aveugle d'écrire des vers, une adhésivité très-active, l'on ne sentirait certes pas dans leurs compositions,

même les plus fortes et les plus mâles, ce courant intérieur d'onction amicale qui les distingue à un si haut point. Finalement, il faut tenir pour
bien entendu qu'aucune faculté, à moins d'être surexcitée hors de toute
borne, n'agit jamais isolément, et que son action est modifiée par l'influence des autres facultés en combinaison desquelles elle opère.

Incidents. — Pour vous convaincre que le *cacher* est un mode d'action propre à une faculté quelconque, lorsque le principe intelligent l'exige d'elle ou
que l'impulsion *aveugle* l'y force, vous n'avez qu'à vous rappeler qu'on a vu
des voleurs et des assassins montrer une telle amitié pour leurs compagnons,
qu'ils se sont sacrifiés pour eux, et que, pour ne pas les dénoncer et les trahir,
ils ont supporté les tortures les plus horribles et les agonies les plus douloureuses. De même que la combativité se signale de très-bonne heure dans les
petits garçons par leur amour pour les sabres, les chevaux, les soldats; et la
philoprolétivité dans les petites filles, par leur amour pour les poupées; de
même, dans les uns et dans les autres, l'adhésivité se manifeste dès la plus
tendre enfance. Voyez ces amitiés pures et sans mélange d'autres sentiments
que nous formons à l'école, au collège, dans les jeux de l'enfance, et dont le
feu, vif et ardent, dure parfois la vie tout entière. — Dans l'antiquité, l'amitié
paraît avoir été en grand honneur. Oreste, Pylade, et d'autres personnages sont
les héros de poëmes dans lesquels ce sentiment, dit Bruyères, « s'est élevé jusqu'au sublime. » — Milton avait, comme on le voit dans tous les portraits
authentiques que le temps nous a transmis de lui, l'adhésivité, comme les autres organes céphaliques, très-développée. Aussi n'y a-t-il peut-être pas de poëte
qui se soit élevé à un degré aussi sublime d'exaltation affectueuse que lui, quand
il décrit, dans le livre XI de son immortel poëme, Ève quittant le paradis terrestre. Il n'est pas d'objet auquel elle ne témoigne son attachement et dont elle
ne se sépare avec de profondes et douloureuses plaintes affectueuses. La première fois que je lus ce livre, j'étais ravi et je pensais aux personnes dont l'affection se répand sur tout ce qui les entoure. Ces personnes conservent et
regardent d'un œil ami un vieux chapeau, une vieille tabatière, une antiquaille
quelconque; elles ne s'en déferaient à aucun prix. L'histoire raconte des cas où
l'adhésivité, où le dévouement amical a fait cacher une vive crainte de la mort.
On a vu plus d'un soldat, emporté par son attachement affectueux (et ici la vénération a une influence très-puissante), s'élancer comme l'éclair et recevoir le
coup mortel dirigé contre son chef.

Observations générales. — Cet organe est ordinairement plus développé chez
la femme que chez l'homme. Les femmes, on le sait, sont plus aimantes, plus attachées, plus affectueuses que l'homme. La femme, dont la vie doit naturellement
se passer dans le foyer domestique, dont les affections doivent être limitées,
fixées, dont les armes doivent être l'amour, l'attachement, le dévouement, la
soumission plutôt que le courage et l'audace, a l'adhésivité communément plus
développée que l'homme. Cela nous explique pourquoi nous voyons la femme se
livrer avec cette brûlante ardeur, ce généreux abandon, ce constant enthousiasme
à l'objet de son amour. Il n'est donc pas étonnant qu'on ait répété tant de fois :
« Heureux l'homme qui a une femme pour *ami !* »

L'impulsion de l'adhésivité a pour but exclusif d'établir l'attachement, l'affection, l'amitié. De là naissent toute espèce de réunions sociales, déterminées

par les autres facultés. L'adhésivité, en combinaison avec la conjugativité, la générativité et la philoprolétivité, inspire le mouvement dont le but instinctif est la *famille*. Ce but n'est pas humain, il est écrit dans nos facultés domestiques par le doigt du Tout-Puissant. C'est une impulsion que l'homme ne se donne pas, ne détermine pas, qui existe indépendamment de sa volonté et de son intelligence, qu'il est, par conséquent, aussi difficile de détruire qu'il est impossible de supprimer la faim, la soif, le sentir, le toucher de la nature humaine. Je dis cela pour vous faire entendre combien il est absurde de supposer, comme quelques-uns l'ont fait en principe, la possibilité de détruire la famille parmi les humains, comme une amélioration sociale. Il pourra y avoir (qui en doute?) quelques individus en qui les organes domestiques, à l'exception de l'adhésivité, sont peu développés, et en qui la bénévolentivité, ou la supérioritivité, ou d'autres organes ont un grand développement, qui préféreront vivre en communauté pour quelque fin sainte et utile. La société les encourage au lieu de les blâmer, loue leur genre de vie au lieu de l'attaquer, et tient leur conduite pour bonne et avantageuse au bien commun.

L'adhésivité est très-active dans certains animaux. On a vu des bœufs et des chevaux mourir pour avoir été séparés de leur compagnons. Dans l'*Exposition du Système du docteur Gall*, Madrid, 1806, premier livre publié en Espagne sur la phrénologie, on lit, p. 122, au sujet de l'adhésivité, ces remarquables paroles : « Parmi les animaux, on trouve cette protubérance chez les chiens, surtout chez le *lévrier*, raison pour laquelle les peintres devraient le choisir de préférence pour représenter l'emblème de la fidélité. »

Gall, en parlant de cet organe, expose avec sa maturité et sa profondeur ordinaires les raisons qui, selon lui, militent pour faire supposer que l'adhésivité n'implique pas le *but instinctif* du mariage ou union pendant la vie, mais que ce but est une impulsion primitive d'une autre faculté nouvelle, comme on le croit généralement aujourd'hui et comme cela est presque prouvé ((Voy. t. II, leçon XXXV, p. 43 à 45.) « Le chien, dit l'immortel auteur de la phrénologie, le chien, modèle d'amitié parmi les animaux, et très-ardent dans sa générativité, ne vit pas avec une compagne; tandis que le renard, le chat sauvage, l'aigle, l'épervier, la tourterelle, le cygne, le serin, le moineau et autres animaux vivent en état d'union avec une compagne. »

Langage naturel. — Nul ne peut mettre en doute que l'embrassement, le côté de la tête où siége l'organe posé sur la poitrine de l'ami, le baiser, la forte poignée de main, ne soient autant de manifestations mimiques de l'activité de cet organe. La voix, qui s'accorde toujours avec l'affection, ou la combinaison des affections actives qui constituent l'acte de l'âme, à un temps donné, se module de telle sorte, que ses seules inflexions suffisent pour exprimer l'attachement affectueux. L'homme étudie ces phénomènes naturels dont il fait un bon usage ou il en *abuse*, suivant la fin qu'il se propose.

LEÇON XXXVIII

**Troisième classe. — 30 ou 3, HABITATIVITÉ. — 31 ou 24, SAIL-
LIETIVITÉ. — 32, MÉLIORATIVITÉ; auparavant 22, idéalité.
— 33 ou 23, SUBLIMITIVITÉ.**

MESSIEURS,

Des quatre facultés et de leurs organes sur lesquels je dois aujourd'hui
appeler votre attention, deux seulement, la saillietivité et la mélliorati-
vité, ont été découvertes par Gall ; et, dès que les observations de Gall ne
sont pas venues compléter la preuve d'un fait phrénologique, il plane toujours sur lui plus ou moins de doute : tant fut grande la sublimité du génie
qui inspira ce mortel privilégié.

Toutes les facultés de la troisième classe qui nous ont occupés jusqu'ici sont communes aux animaux et aux hommes. Parmi celles qui sont
aujourd'hui l'objet de notre étude, l'habitativité seule est commune aux
uns et aux autres ; le reste appartient exclusivement aux hommes. On les
appelle *morales*, du mot latin *mores*, mœurs ; dénomination impropre, si
l'on considère que toutes nos facultés, et non celle-ci exclusivement, concourent à former nos mœurs ; mais la langue n'offre pas de mot plus convenable. Il ne faut donc pas oublier que nous nous servons du mot *moral*
dans divers sens. L'un de ces sens est très-étendu et signifie tout ce qui est
opposé au *physique*, tout ce qui est expressément propre aux êtres animés ;
comme lorsque nous disons : « Dans l'ordre physique et dans l'ordre moral, tout ce que nous voyons est harmonie. — Les êtres doués de tendance
instinctive et intelligente impriment à la matière des qualités morales.
— Idées morales, principes moraux, actions morales, lois morales. »
(*Voy.* t. 1, p. 346, 369.) Dans ce sens, le mot *moral* exprime tous les phénomènes particuliers qui sont du règne animal. Dans un sens un peu plus
limité, on se sert du mot *moral* pour exprimer tout ce qui dans l humanité
n'est pas du ressort de l'évidence ou des sens externes, supposant l'humanité faillible en comparaison de l'infaillible omniscience divine ; ainsi nous
disons « moralement parlant, » c'est-à-dire parlant avec la faillibilité humaine. Dans un sens encore plus restreint, on se sert du mot *moral* pour
exprimer l'esprit de droiture des principes de conduite ou d'action sur lesquels doit se guider l'homme ; ainsi nous disons « homme moral. » Dans
ce sens, moralité et vertu sont synonymes. Vient enfin le sens phrér ologi-
que du mot *moral* par lequel je distingue une classe entière de facultés
de l'esprit, dont le mode principal d'action est de pousser les êtres animés,
tant raisonnables que déraisonnables, à agir en telle direction spéciale et

déterminée ; à percevoir et concevoir les qualités propres aux êtres vivants et les qualités morales que les mêmes êtres vivants impriment dans
les objets. Cette classe générale se subdivise en facultés *animales* qui sont
propres à l'homme et aux brutes, et en facultés *humanales*, qui sont exclusivement propres à l'homme. Comme dans le langage ordinaire tout ce qui,
parmi les êtres animés, est exclusivement propre à l'homme s'appelle *moral*, je dis souvent *morales* au lieu d'*humanales* [1] en parlant des facultés
qui, parmi *celles d'action morale*, appartiennent exclusivement à l'homme,
suivant la doctrine que j'ai établie dans la leçon XXIII, p. 369 à 370.

30, HABITATIVITÉ.

Définition. — Usage ou objet, c'est-à-dire, impulsion primitive de la faculté dans son état normal. Désir ou aiguillon, dont le dessein, en soi-
même inconnu et pour cette raison appelé *aveugle*, est de vivre en un lieu
déterminé, de fixer sa résidence dans ce lieu spécial, sans qu'une autre
cause que cette impulsion spéciale intervienne dans son élection. Élément
principal de l'*amour de la patrie*. Perception et conception *habitatives*. —
Abus ou perversion, c'est-à-dire violente surexcitation de la faculté, ou influence illégitime des autres sur elle. Élément principal de *nostalgie*, maladie qui naît du trop vif regret de notre foyer et des objets de notre attachement spécial qui font partie de ce foyer. — Inactivité. Indifférence
complète pour fixer sa résidence. Elle favorise l'esprit nomade qu'inspirent
la localitivité et les autres facultés saisitives ou connaissantes.

Localité. — Précisément au-dessus de la philogéniture. C'est à cet organe
que s'arrête la seconde ligne latérale. J'ai dit et je ne cesserai de répéter
qu'un des plus puissants motifs qui m'ont déterminé à modifier l'ordre numérique de la nomenclature phrénologique, c'est de faciliter la localisation
des organes. En effet, les six qui sont compris dans cette ligne peuvent se
localiser avec la plus grande facilité, en considérant qu'au-dessus de la destructivité réside la stratégitivité, ayant par devant, vers le front, d'abord
l'acquisivité, puis la constructivité, et par derrière, vers l'occiput, d'abord
la partie inférieure de la précautivité, puis l'adhésivité et enfin l'habitativité. Ainsi le siége d'un organe peut nous guider pour déterminer sans
possibilité d'erreur celui des six qui couvre cette seconde ligne, comme
vous pouvez le voir ici sur cette tête nouvellement numérotée. (T. I, p. 371.)

Découverte. — Gall, t. IV, p. 156-194, ne faisait aucune distinction entre

---

[1] Cette confusion de sens attachés à un seul mot vient de ce qu'on a confondu le *règne
animal* avec le *règne humanal*. Si l'on a trouvé la sensation suffisante pour marquer la différence qui existe entre la vie végétale et la vie animale, le raisonnement et les impulsions morales ne le sont-elles pas davantage pour former dans la nature un nouveau
règne, appelé *humanal*, marquant ainsi la différence entre la vie sensitive et la vie morale
rationnelle? Si cette différence eût été faite, le mot *humanal* serait employé avec plus de
propriété dans quelques-uns des sens où l'on emploie le mot *moral*. (V. t. I, p. 362 à 369.)

ces deux organes et l'estime de soi-même. Spurzheim, t. I, p. 164-165, a remarqué que les individus aimant vivre dans un même lieu avaient très-grosse la partie inférieure de l'*estime de soi-même*, maintenant 41, supério-ritivité (*voy.* t. I, p. 371, son siège), d'où il conclut que cette partie infé-rieure était un nouvel organe, et il l'appela *habitativité*. Georges Combe, *System of Phren*, p. 119-130, remarqua aussi chez ceux qui se distinguaient par la facilité avec laquelle ils se fixaient sur un point et y concentraient leurs pensées et leurs affections que cette même partie était très-dévelop-pée, et il l'appela *concentrativité*. De là s'élevèrent des discussions entre ces deux phrénologues dans le but d'étudier plus scrupuleusement la nature et d'appeler l'attention générale sur ce sujet. Quelque temps après, les phrénologues américains commencèrent à remarquer, et particulièrement O. S. Fowler (*Practical phrenology*), que la concentrativité même était une réunion de deux organes dont le supérieur remplissait les fonctions que lui assigne Combe. Enfin, M. Vimont, de Paris, dans ses nombreuses expériences de phrénologie comparée, a établi ce dernier fait. « Si les con-sidérations de Vimont sont vraies, dit George Combe (*Lectures*, p. 144), comme je n'en doute pas, les idées du docteur Spurzheim et les miennes se trouveront conciliées [1]. » D'où il suit que l'organe considéré comme *un* par Gall se trouve être un groupe de *trois* organes, à savoir : estime de soi-même (maintenant *supérioritivité*), habitativité et concentrativité.

Cette circonstance, au lieu de nuire aux doctrines phrénologiques, milite en leur faveur et fait ressortir l'esprit investigateur et consciencieux de ceux qui les ont adoptées. Ni l'opinion de Gall, ni celle de Spurzheim, ni celle de Combe, ni d'aucun homme, ne fait autorité en phrénologie, dès que des recherches plus profondes ou des observations plus exactes démon-trent qu'elle n'est pas conforme à la nature telle que Dieu l'a créée, et non telle que l'homme a coutume de s'imaginer qu'elle devrait ou pourrait exister.

Harmonisme et antagonisme. — Dépourvu d'un désir spécial dont la satisfaction consiste à demeurer dans un même lieu, de se concentrer sur un même point, l'homme serait constamment nomade, il fixerait aujour-d'hui son habitation ici, et demain, au moindre déplaisir, à la moindre dif-ficulté, il la transporterait ailleurs. En ce cas, le monde, au lieu de ma-gnifiques cités bâties sur des lacs, au milieu des déserts, de marais et

---

[1] « Sachant, dit Broussais, *ouv. cit.*, p. 201, la controverse qui existait entre Combe et Spurzheim sur cette faculté et son organe, M. Vimont s'est mis à examiner un grand nombre d'animaux relativement à ce point. Il a cru remarquer que les animaux capables de soutenir une attention permanente ou difficile à distraire, comme le chien de chasse en arrêt, plusieurs animaux de la race féline, qui ont une grande patience à guetter leur proie, à l'observer, présentent très-développée la région où l'habitativité a son siège. Les premières observations de ce phrénologue se portèrent, au commencement, sur le chien d'arrêt, le renard, le chat, au moment où ils guettent leur proie ; « mais ce ne fut, dit Vimont lui-même, qu'après avoir réuni environ sept cents crânes d'oiseaux, et après avoir trouvé la même configuration dans tous ceux qui *étudient* leur proie, quelle qu'elle soit, que je me sentis convaincu. »

7

d'autres lieux peu propices, ne présenterait que des maisons isolées, déla- brées avant d'être achevées. Ces prodiges de l'homme, dans leur cause pri- mitive et nécessaire, sont dus à l'habitativité qui nous pousse à fixer notre demeure dans tous les coins du globe par le plaisir et le goût que l'homme éprouve à vivre en un même lieu, en y établissant pour toujours son domi- cile. Dans ses leçons que j'ai plusieurs fois citées, Broussais dit à la page 198 : « Il existe des rapports entre les objets muets, inanimés et les corps vivants. Ce n'est pas la *raison* assurément qui préside chez les ani- maux au choix de leur demeure : on peut supposer que chez l'homme elle y contribue quelquefois. Il faut admettre une force intérieure qui, mani- festée par l'organisme, et, comme l'est la raison, par le système nerveux, conduit aveuglément à habiter certains lieux déterminés. »

Divers degrés d'activité. — L'organe étant *petit*, l'individu montre de l'indifférence et peu d'attachement pour les lieux où il demeure. — S'il est *moyen*, nous éprouvons dans une juste mesure l'affection pour les lieux où nous vivons, soit qu'ils nous aient vus naître, soit que les circonstances nous y aient amenés. — S'il est *grand*, l'individu éprouve un fort penchant à avoir son propre foyer, son *chez moi*. Une maisonnette, une cabane, un coin, qui lui sert d'habitation, est pour lui un palais. Il parle toujours avec un vif intérêt de son pays natal ou de son pays d'adoption.

Direction et influence mutuelle. — Chaque faculté a dans sa partie instinctive la tendance exclusive que le doigt de Dieu lui a imprimée. En vertu de ses facultés logiques, l'homme peut connaître cette tendance na- turelle, la diriger, la conduire dans le cercle d'action que Dieu lui a assi- gné. La tendance instinctive de l'habitativité, ou, ce qui est la même chose, l'aiguillon qui a en nous pour but spécial le choix du lieu pour vivre, peut être influencée dans l'homme, peut être modifiée et même complétement réprimée et étouffée, s'il le faut, par d'autres instincts, comme je l'ai déjà dit et ne cesserai de le répéter. Plus un lieu offrira satisfaction à de nom- breux et vifs désirs, plus il sera agréable à l'homme. Le même individu qui aura eu la *nostalgie* dans un pays étranger finira par s'attacher profondé- ment à ce pays, à mesure qu'il y trouvera à satisfaire ses désirs et ses né- cessités les plus pressantes. L'homme en qui les affections domestiques sont entièrement prépondérantes vivra partout avec sa famille dans le con- tentement, ayant avec lui la source de ses plus grandes jouissances. L'indi- vidu chez qui dominera l'esprit de bienveillance vivra avec plaisir là où il y a le plus de bien à faire. S'il en était autrement, comment nous expli- querions-nous que des gens vivent et se plaisent dans des pays malsains, y éprouvent mille ennuis, mille peines, seulement parce que l'acquisivité très-active s'y satisfait aisément et complétement, sous l'excitation de l'ef- fectuativité qui verse le baume de la consolation aux autres désirs, en leur disant : « Encore un peu de patience, et votre satisfaction sera com- plète ? » De même, quand l'habitativité est dominante, elle associe son ac- tion avec les facultés qui peuvent la favoriser et sacrifie, en les annulant, celles qui peuvent lui faire opposition. Voici un dessin pris sur un buste moulé sur nature après la mort de mademoiselle Germain, connue par son talent pour les mathématiques. Elle était si sédentaire, si casanière, qu'elle ne sortit pas de son appartement pendant une longue suite d'années. Je connais un individu du même genre auquel, par suite d'une affection morbide de l'organe, on ne peut faire franchir le seuil de sa maison, sans lui causer le plus grand chagrin. Nous revenons toujours à ce point, savoir : qu'une faculté possède, suivant son développement, un *désir* et une *aversion* plus ou moins forts, qui contribuent au même objet. Le désir de rester dans une chambre et la répugnance d'en sortir, par exemple, produisent des sentiments différents, c'est certain, mais leur tendance instinctive est identiquement la même, suscepti-

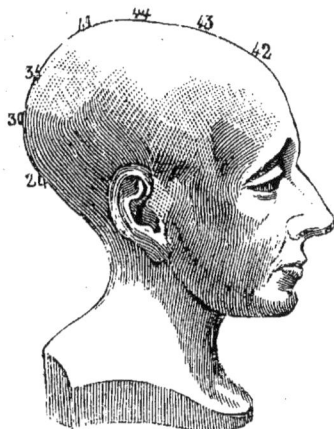

Mademoiselle Sophie Germain, célèbre mathématicienne, morte il y a quelques années.

ble comme on le suppose de s'activer ou de se réprimer, de se compliquer ou de se simplifier, suivant sa force normale ou anormale, d'autant de manières que les autres facultés ont de modes d'action et de combinaisons, ou qu'il y a de diverses tendances.

Incidents. — Si les observations de Vimont tendent à démontrer l'existence de la concentrativité, le cas de Roig, que je vais vous rapporter, ne confirme pas moins l'existence de l'habitativité. Voici ce que j'ai consigné dans mon *Système complet de Phrénologie*, t. I, p. 162-165 :

« A Villanueva-i-Jeltru, on me présenta un cas très-singulier, qui prouve jusqu'à l'évidence la certitude de la localité assignée à l'habitativité, et démontre en même temps le mode de manifestation de cet organe dans un état d'excessive activité. Le cas est trop important pour ne pas le rappeler tel qu'il est écrit dans mon journal, à l'époque même :

« Le mardi, 23 janvier 1844, étant à Villanueva-i-Jeltru, dans le but d'y introduire la phrénologie, on me présenta D. Indalecio Roig, âgé de vingt et un ans, accompagné de madame sa mère, pour examiner sa tête.

« A peine y avais-je posé la main, que je remarquai une chaleur extraordinaire dans une proéminence très-prononcée, de forme semi-ovale, qui se trouvait à la pointe de l'os occipital, où les phrénologues placent l'habitativité. Le reste de la tête gardait une température normale. — Est-ce que vous sentez une grande chaleur ici où je touche (c'était l'habitativité), demandai-je au jeune homme ? — Si forte, répondit-il, qu'elle me brûle.

« Je ne connaissais pas, et je ne crois pas que la phrénologie connût alors, les manifestations de l'habitativité en un état d'irritation excessive. — Il est probable, dis-je à la mère, que ce jeune homme a un amour excessif de son pays, qu'il parle toujours de sa maison; mais je ne saurais dire jusqu'à quel point précis... A ces mots, la mère, fondant en larmes, me raconta ce qui suit :

« En 1839, nous envoyâmes Indalecio à la Havane, où il demeura quatre ans, « au bout desquels ceux à qui nous l'avions confié durent le renvoyer en Espa- « gne à cause des fortes attaques de nostalgie qu'il éprouvait très-fréquemment. « Depuis qu'il est de retour, il lui prend de temps en temps des accès dans les- « quels il prend la fuite, *à la recherche de sa patrie*, comme il dit; mais, ne « trouvant pas cette *patrie rêvée*, il revient à la maison au bout de deux ou « trois jours. C'est pour cela que les gamins lui ont donné le surnom de *Cher-* « *che-patrie*. Il y a neuf mois que nous lui avons fait prendre le métier de « charpentier, et, depuis, les paroxysmes sont moins forts.

« — Ne craignez rien, dis-je à la pauvre mère, votre fils n'est pas fou dans le sens que vous vous le figurez. Il n'a qu'un organe de la tête dans un état de forte irritation; c'est comme si je vous disais, en parlant de ses mains, qu'il a un doigt malade.

« — Vous savez bien quand ces accès vont venir, n'est-il pas vrai? dis-je en m'adressant au jeune homme. — Oui, monsieur, me répondit-il. — Eh bien, repris-je, quand vous les pressentez, dites-le à la personne qui sera là pour qu'elle vous empêche de fuir, jusqu'à ce que l'accès soit passé. — Je le ferai, répondit-il avec une franchise et un accent qui annonçaient la volonté de tenir sa promesse.

« Puis, me tournant vers la mère : — Vous le voyez, lui dis-je, il ne fuira plus. Donnez-lui quelque distraction; cherchez-lui un compagnon qui, sans blesser son amour-propre, le raille de ses accès; faites qu'il pense souvent à cette aberration mentale, et, dès l'instant où il entrera en lutte courageuse pour vaincre les ardeurs de l'organe irrité, il ne tardera pas à être guéri radicale- ment.

« La mère se retira consolée et satisfaite, et j'eus le plaisir, avant de quitter Villanueva-i-Jeltru, c'est-à-dire trois semaines après, de revoir le jeune homme qui, joyeux et d'un air de triomphe, me dit : — Je suis guéri. J'examinai de nouveau son habitativité, et je trouvai qu'en effet sa chaleur était presque des- cendue au degré normal du reste de la tête.

« J'avais à Villanueva-i-Jeltru quatre classes de phrénologie auxquelles je présentai le jeune Roig le lendemain du premier examen que j'en fis. — Mes- sieurs, dis-je à mes élèves, indiquez-moi quelle est la partie la plus chaude de cette tête. A peine la palpaient-ils, que chacun d'eux s'écriait : — Celle-ci, celle- ci; et ils indiquaient l'habitativité.

« Quatre médecins distingués, qui faisaient partie d'une de ces classes, joi- gnirent le certificat suivant au rapport écrit par moi tel que vous venez de l'en- tendre :

« Nous, médecins soussignés, assistions comme élèves aux classes dont parle « le seigneur Cubi, et certifions : Que nous fûmes effectivement *frappés* de « voir la correspondance entre l'irritation de l'habitativité du jeune Roig et les « paroxysmes auxquels nous le savions sujet. Ce cas, et d'autres non moins im- « portants que nous fit connaître le seigneur Cubi, nous ont fait partager la « conviction de notre savant Vieta, que : « la phrénologie se trouve maintenant « en possession de connaissances dont ne peuvent se passer ni le philologue, ni « la médecine pratique, ni la législation, ni la morale, etc. » Villanueva-i-Jel

« tru, 7 février 1844. José Puigdemasa, médecin-chirurgien. — Carlos Galce-
« ran, médecin. — Juan Benach, médecin-chirurgien. — Isidro Parellada,
« médecin-chirurgien. »

Villanueva-i-Jeltru sera toujours distinguée dans les annales phrénologiques
pour avoir été le seul point en Espagne où j'aie eu une classe exclusivement composée de dames. Elle s'est constituée ensuite en société phrénologique, qui s'est
dissoute peu de temps après par le mariage de toutes ou de presque toutes les de-
moiselles qui en faisaient partie. Je ne puis résister au désir de vous lire le témoignage public que me donnèrent mes estimables élèves, après la série de
leçons que je m'étais engagé de faire. Voici la teneur de cet intéressant document :

« Villanueva-i-Jeltru, le 1er février 1844. Sr. D. Mariano Cubi i Soler. —
Monsieur, depuis que nous avons entendu les discours publics sur la phrénologie que vous avez prononcés dans la salle du théâtre les 19 et 20 du mois dernier, nous avons la conviction profonde que, sans la connaissance de cette science,
la femme marchera presque toujours à l'aveugle dans l'accomplissement de la
haute mission d'épouse et de mère à laquelle la nature l'a destinée dès sa naissance. Mais, depuis que vos leçons théorico-pratiques nous ont donné une connaissance assez complète de la phrénologie, nous avons senti que cette conviction est
basée sur des principes vrais, fixes et immuables.

« Si notre exemple est largement suivi dans les autres villes et cités d'Espagne, peu de générations suffiront pour faire de nous une nation forte et vigoureuse, morale et religieuse, intelligente et prospère. S'il en est ainsi, quelle ne
sera pas notre satisfaction de voir que vous avez été l'instrument dont Dieu s'est
servi pour procurer un tel bien à votre chère patrie !

« Nous sommes vos reconnaissantes servantes. — Niceta Rafecas i Pasarell. —
Anjelica Pasarell i Milà de la Roca. — Dolores Domingo Juliachs. — Jertrudis
Sans i Ferrer. — Rosalia Roig i Puig. — Juanna Almirall. »

Observations générales. — Le cas de Roig a mis fin, selon moi, à la dispute
sur la question de savoir si la *nostalgie* est un état morbifique de l'*adhésivité*,
comme le veut Combe (*System of Phrenology*, p. 132), ou de l'*habitativité*,
comme le veut Fossati (*Nouveau Manuel de Phrénologie*, Paris, 1836, p. 38,
note 1). La nature a montré que l'opinion de Fossati était la vraie, quant au
siége primitif et à la cause de la nostalgie, bien que la répugnance de l'adhésivité affectée doive, comme élément indispensable, y contribuer puissamment.
J'ai, depuis, observé d'autres cas, parmi lesquels celui d'un conscrit galicien
attaqué de cette maladie à l'hôpital général de Tarragone, et guéri en quelques
jours par le docteur Català, par une application de sangsues à la région de
l'*habitativité*.

Maintenant que vous êtes préparés à entendre des cas de guérison dus à la
science médicale éclairée par la phrénologie, voici le plus important et le plus
transcendant que l'on connaisse. Je veux parler de celui auquel j'ai fait plusieurs fois allusion (t. II, p. 46, 58, 74), de celui que m'a communiqué de Séville
un médecin très-distingué, D. Antonio Fernandez Martinez, qui m'honore de ses
bons souvenirs et de son amitié[1]. Le cas n'a pas besoin de commentaire. Le

---

[1] Le seigneur Fernandez est avantageusement connu dans le monde scientifique. Entre
autres opuscules très-utiles qu'il a publiés, il vient d'en donner un sur la *petite vérole*,
qui a mérité les éloges de tous les hommes intelligents qui l'ont examiné avec attention;

voici tel que le seigneur Fernandez le rapporte dans une lettre qu'il m'écrivit
en date de Séville, le 18 octobre 1852 :

« A D. Mariano Cubi i Soler. — Parmi les jeunes gens que reçut cette bri-
gade l'année dernière (1851), se trouva Saturnino Lopez, né à Valdelecha,
province de Madrid, âgé de vingt ans, bien développé et de *constitution* bi-
lieuse (non tempérament, comme disent les physiologues, par ignorance du vrai
mot). Quelques jours après son entrée il se fit remarquer par une insatiable voracité, voracité telle, qu'un jour, après avoir mangé le pain de deux rations
(trois livres) et la gamelle de plus de six individus, notre homme engloutit encore vingt-quatre petits pains blancs (de quatre onces chaque), sans que pour
cela son appétit fût satisfait. La répétition de ces abus d'alimentivité ne pouvait pas manquer d'arriver à ma connaissance, et, vous le pensez bien, ne devaient pas dès lors tomber par terre.

« A cette nouvelle, je me mis à examiner le *famélique*, qui me dit qu'à l'âge
de douze ans il avait reçu un coup à la *tempe gauche*, et qu'après plus de deux
mois de maladie il s'était déclaré chez lui, par suite d'une potion qu'un médecin lui fit prendre à Madrid, une faim qu'il n'avait jamais pu assouvir; que,
pour cette raison, ses parents avaient remercié Dieu de l'avoir fait tomber au
sort et envoyé à l'armée. Un jour, il mangea la nourriture qui avait été prépa-
rée pour son père, sa mère et onze de ses frères ! Après avoir examiné l'individu, je ne trouvai rien dans les appareils organiques qui dénotât une souffrance
quelconque, *si ce n'est une douleur profonde, lente, qui le tourmentait constamment dans la partie où il avait reçu le coup*. Il est à remarquer que le
malheureux, et heureux MORALEMENT, malgré sa faim dévorante, n'a jamais pris
le pain d'aucun de ses compagnons, n'a jamais eu recours au *vol* pour se procurer des aliments : circonstance qui s'accorde avec sa tête dans laquelle sont
grandement développés les organes de la bénévolentivité et de la conscien-
ciosité.

« Le devoir de ma charge d'une part, de l'autre, les sentiments de ma colossale bénévolentivité, aiguillonnée, s'il est possible, par la curiosité de découvrir une vérité, et ma continuativité, qui n'est pas petite et qui, si l'on veut, me
persécute, tout cela me fit concevoir l'idée d'essayer un plan de cure *locale*, à
mes propres dépens et avec la ferme résolution de ne rien administrer intérieurement, afin d'ôter tout doute à ceux qui croient que la *tête* n'a rien à voir
avec l'*estomac*. En conséquence, considérant l'action double, *je dirigeai mes
vues sur les deux alimentivités, où je fis appliquer des sangsues, et, quand
les plaies furent fermées, des cantharides*. Les profanes ont vu avec une
étonnante surprise que le sujet ait recouvré son ancien état normal d'estomac,
et se contentât de la ration que reçoit un pauvre soldat. Ses digestions se font
parfaitement, et son estomac commence à prendre une nutrition qu'il n'avait
pas. Notez surtout que maintenant l'individu goûte la nourriture, et que,

je suis convaincu qu'on le lira avec plaisir et profit, aussi bien en dehors du cercle que
dans le cercle de la profession médicale, à cause de la multitude de renseignements
utiles et curieux qu'il renferme et dont quelques-uns sont aussi importants que peu
connus. Le titre complet de cet opuscule est celui-ci : « Discours sur la petite vérole et
son préservatif, écrit par le docteur académique en médecine et en chirurgie de la bri-
gade montée du troisième département d'artillerie, Antonio-Fernandez Martinez, pour la
séance académique militaire de Séville du 8 novembre de la présente année. Séville 1851.—
Imprimerie de D. J. M. Alonso. »

malgré la perversion où se trouvait son alimentivité, il ne fut jamais adonné au vin ni aux liqueurs.

« Ce cas fait naître, mon cher ami, de sérieuses réflexions que je ne veux pas écrire en ce moment; mais, bien que certain de ne pas vous ennuyer par la longueur de cette lettre, je la finis cependant pour ne pas vous détourner plus longtemps de vos graves obligations, et je vous donne l'assurance de la satisfaction qu'éprouve, en vous offrant ses respects et en vous témoignant le désir de vous être agréable, votre dévoué serviteur et reconnaissant ami. — Antonio Fernandez Martinez. »

Langage de l'habitativité. — On ne connaît maintenant que celui de son action irrégulière, surexcitée, par laquelle l'individu cherche un foyer, comme on l'a vu dans les aberrations de Roig. Les Anglais et les Américains du Nord possèdent l'organe très-grand relativement aux autres nations, et, quand ils parlent du *home,* du *sweet home* (mon foyer paternel, mon doux foyer paternel), on remarque sur leur figure un sentiment spécial qui lui donne une certaine expression émue, et la tête se dirige, en ce cas, vers l'habitativité. Comme cette faculté opère nécessairement en action combinée avec les autres facultés qui constituent le *groupe domestique,* son langage naturel est communément enveloppé dans toutes les manifestations, filles de la domesticité en action. Les Anglais et les Américains du Nord s'imaginent généralement que les autres peuples manquent d'un mot expressif pour exciter en eux les mêmes sentiments que leur inspire leur *home.* En cela ils se trompent, comme nous pouvons le leur dire aujourd'hui à haute voix, devant la lumière que la phrénologie répand sur ce sujet. Les Allemands souffrent *heim-weh,* comme les Anglais *home-sickness,* les Catalans *añoramen,* mots qui expriment l'extrême douleur que cause sur la terre étrangère le souvenir du foyer domestique. Celui qui a une grande habitativité et une grande adhésivité avec assez de philoprolétivité, en entendant tout mot qui exprime pour lui le foyer domestique, que ce soit *home,* *heim* ou *chez moi,* se sentira affecté et ému. Les Biscayens peuvent le dire, et les Galiciens, et les Asturiens, et les Suisses, et ordinairement tous les montagnards, chez qui ces organes sont généralement bien développés! Aussi, les premières douleurs habitatives que cause l'expatriation étant passées, sont-ils les meilleurs colons, parce qu'ils s'identifient le mieux avec la patrie adoptive.

31, SAILLIETIVITÉ; auparavant 24, GAIETÉ.

Gall, le vrai père de la phrénologie, a découvert, démontré et établi, dans vingt-sept cas, la correspondance qui existe entre certaines parties de la tête et certaines facultés mentales; mais il a attribué, à beaucoup de ces facultés, comme modes d'action normale et exclusive, des modes d'action qui n'appartiennent qu'à leur état anormal, ou qui naissent de l'action combinée de diverses facultés. Une seule pensée occupa Gall toute sa vie :

découvrir des organes céphaliques. Il s'y consacra avec un zèle, une constance et un labeur infatigables. Une seule pensée occupa Spurzheim toute sa vie : corriger et compléter ce qu'il jugeait incorrect et incomplet dans Gall. Il mit en général toute sa sollicitude à chercher des noms qui exprimassent dans toute son étendue la sphère d'action spéciale, particulière et exclusive de chaque faculté. Ce fut là la grande pensée de Spurzheim, et c'est là le grand pas qu'il fit faire à la phrénologie. Une pensé aussi a occupé toute ma vie, la pensée de remplir le grand vide que depuis Gall jusqu'à ce jour tous les phrénologues ont senti et déploré, c'est-à-dire de découvrir les modes d'action de chaque faculté, sans quoi l'on ne peut pas avoir une vraie nomenclature phrénologique, ni faire de la phrénologie un beau et complet système de philosophie de l'esprit.

La saillietivité nous offre un exemple de la nécessité et de l'importance des travaux de Spurzheim et des miens pour profiter et faire une application convenable des sublimes découvertes de Gall.

Voici comment ce grand homme, dans son langage ferme et sûr, décrit la faculté qui nous occupe, et ses attributs.

« Une troisième manifestation particulière de la *faculté intellectuelle*[1], dit-il (*OEuvr.*, t. V, p. 131-135), est celle que les Allemands ont appelée *witz* et les Anglais *wit*. Je ne connais aucun mot français qui exprime la même *idée* avec une exactitude identique. Cette faculté considère les objets sous un point de vue particulier, y trouve des rapports tout à fait spéciaux et les présente d'une manière étrange qui constitue ce qu'on nomme le *sel*, le *mordant*, la *naïveté*, ou candeur quelque peu incisive. Pour donner à mes lecteurs une idée claire et exacte de cette faculté, je ne trouve pas de meilleur moyen que de citer les personnes dont la qualité prédominante fut ce qui me semble être celle que j'essaye d'expliquer. Lucien, le *Voltaire* des Grecs, Rabelais, Cervantes, Marot, Boileau, Racine, Régnier, Swift, Sterne, Voltaire, Piron, Rabener, Wieland et autres étaient des personnes de ce genre.

« Chez tous les individus distingués par cette faculté, que j'ai eu occasion d'examiner, j'ai trouvé les parties antérieures supérieures latérales du front très-développées en forme de segment de sphère[2]. Quand cet organe est prépondérant, sa faculté a une propension au *ridicule*. L'individu se sent entraîné à n'épargner ni ami ni ennemi, et, s'il ne trouve personne à critiquer, il se critique lui-même[3].

---

[1] Par *faculté intellectuelle*, Gall entend toutes les facultés logiques ou réfléchissantes dont les brutes manquent absolument. Il emploie le mot *intelligence* comme puissance rationelle, comme attribut exclusif de l'homme.

[2] En effet, l'organe, comme vous pouvez l'avoir remarqué dans la tête numérotée phrénologiquement, t. I, p. 371, se trouve au-dessus de la tonotivité et entre la causitivité et la méliorativité. Vous pouvez le voir marqué également dans la tête de Bertinazzi; c'est sur la troisième ligne latérale, le premier des quatre que vous devez regarder comme divisant chaque côté de la tête.

[3] On voit ici que Gall appelle d'abord cette faculté *intellectuelle* et lui attribue ensuite une

« Aristophane était si mordant, qu'il n'épargna pas même sa propre famille. Il poursuivit de ses sarcasmes Socrate et Euripide. On a reproché à Henri IV de France de trop aimer la raillerie. On l'a blâmé pour ses plaisanteries hors de saison au milieu d'une bataille, pour ses bons mots dans la bonne comme dans la mauvaise fortune, et pour les joyeusetés, trop souvent peu mesurées, de sa vive imagination.

« Diogène le Cynique, esprit satirique et mordant, s'amusait de toutes les folies du siècle. Cicéron était fort enclin aux bouffonneries et aux pointes d'esprit. Horace était naturellement satirique; mais il raillait

BERTINAZZI, *gracioso* français, né en 1713, mort en 1783.

ordinairement avec finesse et délicatesse. Juvénal, le dur et impitoyable critique du règne de Domitien, flétrit, écrase tout ce qu'il touche.

« Si nous considérons maintenant les bustes, regardés comme les plus authentiques, de Diogène, d'Aristophane, d'Henri IV de France, de Cicéron, de Cervantes, de Rabelais, de Boileau, de Racine, de Régnier, de Swift, de Piron, de Sterne, de Voltaire, de Wieland, nous trouverons (comme vous l'avez vu dans Bertinazzi) que la partie antérieure-supérieure latérale du front est saillante. Chez d'autres, comme Crébillon, qui, au contraire, détestent tout ce qui se rapproche de la satire et de la plaisanterie, cette région du front est aplatie. »

Au dire de Gall, vous venez de l'entendre, la faculté qu'il appelle « *witz* » et que Spurzheim appela ensuite « *mirthfulness*, de *mirth*, gaieté, » et que nous nommons « *saillietivité*, » possède seule toutes les attributions qui ne peuvent qu'appartenir à son action combinée avec celle des autres facultés. La mission de Gall fut de jeter les fondements et d'élever les murs de l'édifice phrénologique, laissant quelque chose à faire à ses successeurs. S'il apercevait ce que l'édifice pourrait être et serait avec le temps, il ne pouvait pas consacrer à ce qui devait être *après* les moments que réclamait avec

propension, sans prendre garde ni s'inquiéter beaucoup de la différence notable qui existe entre la propension qui _pousse_, incline vers une action, et l'intelligence qui perçoit et conçoit une propriété ou qualité.

instance le *présent*. D'après les principes établis et que vous connaissez, une grande saillietivité aura une certaine tendance à mettre, à répandre dans toutes ses actions l'esprit qui lui est propre, c'est-à-dire le plaisant, le comique, parce qu'elle se fera sentir dans toutes les combinaisons qu'elle formera avec les autres facultés. Gall comprenait cela par *instinct*, mais il ne pouvait s'arrêter à l'éclaircir. Il voyait bien que tous les modes où se présente l'action de la saillietivité ne sont pas d'elle seule exclusivement, puisque, aussitôt après avoir dit ce que vous venez d'entendre, il ajoute : « Cependant il ne nous est pas permis de douter plus longtemps que ce talent se manifeste par l'organisation que je viens d'indiquer. La manière de se manifester, soit par des sarcasmes blessants, soit par des plaisanteries inoffensives, soit par le choix de tel ou tel sujet, etc., *tout dépend du plus ou moins grand développement des autres organes.*

La mission de Gall n'était pas de fixer, d'éclaircir, d'analyser, de déterminer et d'expliquer ces modifications; mais de s'assurer et de prouver qu'elles existaient dans *tous* ceux qui avaient le *witz* ou la saillietivité grande. Ce que je dis de cette faculté s'applique à toutes les autres dont Gall découvrit l'organe. Je le répète, il entrevit ce que serait dans toutes ses parties l'édifice dont il jetait les fondements; mais sa mission n'était pas de s'appesantir sur les futures contingences; elle était d'établir, comme il le fit, ses fondements sur le roc inébranlable et indestructible de la vérité physiquement et moralement démontrée.

Spurzheim, dont la mission n'était pas aussi sublime que celle de Gall, sans être moins utile, s'attacha, comme je l'ai dit plusieurs fois, aux attributions particulières de chaque faculté et à l'action complète qui en résulte lorsque deux ou plusieurs fonctionnent de concert. C'est toujours dans ce sens qu'il parle quand il ajoute quelque petite pierre à l'édifice phrénologique, ou quand il veut reprendre Gall, son maître; mais, dans cette dernière entreprise, il n'est jamais, ou du moins très-rarement, ni heureux ni sûr. Il dit sur la saillietivité :

« Gall (t. I, p. 259-240) considère cette faculté comme *puissance intellectuelle*, et il l'appelle en français *esprit de saillie, esprit caustique;* mais il reconnaît que ces dénominations n'indiquent pas *witz* ou *wit*. Ces deux derniers mots, je le répète, expriment des opérations complexes de l'âme... Je ne regarde pas cette *faculté* comme intellectuelle, mais comme PROPENSITIVE; je la considère comme une *affection* qui prédispose l'homme à tout regarder sous un point de vue gai, jovial et plaisant. Elle peut s'appliquer aux mots, aux choses, aux idées, aux arts et à toute manifestation mentale. De là les noms différents qui résultent de ses différentes manifestations combinées, comme raillerie, bonne humeur, caricature, moquerie et ironie. Combinée avec les propensions inférieures, c'est-à-dire *animales* (t. I, p. 375-377), et secondant l'influence de la bienveillance (bénévolentivité), du respect (inférioritivité), et de la justice (rectivité), elle blesse ordinairement par le sarcasme, l'épigramme, la satire. A mon avis, cette faculté a été accordée à

l'homme pour être joyeux et gai; affections qu'il ne faut pas confondre avec
la satisfaction et le contentement, qui sont des *sensations communes à
toutes les facultés*, tandis que la joie et la gaieté sont particulières à la faculté qui nous occupe. »

Ici Spurzheim n'est pas assez franc ou n'est pas assez perspicace. Il dit
que Gall considère cette faculté comme *puissance intellectuelle*, mais il ne
dit pas qu'il la considère aussi comme *puissance propensitive*, comme vous
venez de l'entendre. Il dit que *witz* « finesse » est une opération complexe :
elle l'est, considérée comme produit de l'esprit, mais non comme impulsion
primitive qui désigne ce produit, ainsi que je l'ai expliqué en parlant des
langues (t. I, p. 444 à 446). Spurzheim ne savait pas que dans tout produit
ou invention humaine il doit entrer un désir primitif qui la signale. Le
witz ou « finesse, » outre qu'il exprime un produit ou une action gaie, est
la racine du mot qui exprime le désir primitif qui nous y porte, ou soit
witiveness « esprit de saillie. » D'un autre côté, Spurzheim, pour donner
à la saillietivité un rôle exclusif de propensitivité ou affectivité, présente
comme son action normale son mode d'action à son plus haut degré d'activité folle. En effet, l'action qui prédisposerait un individu *à tout regarder*
au point de vue de sa spécialité particulière, serait-ce autre chose qu'une
action particulière très-véhémente d'une faculté? Ne dirions-nous pas qu'il
est fou, celui qui, voyant un malheureux expirer sur l'échafaud, ou un pauvre
père malade, entouré de sa famille dans la détresse, ou qui, souffrant lui-
même les douleurs les plus aiguës, se sentirait intérieurement poussé à ne
voir dans tout cela qu'une cause de joie et de gaieté, ou à regarder tout
exclusivement sous le point de vue comique et plaisant? Oui, nous dirions
de lui, et avec raison, qu'il est fou; car il n'est pas admissible que, par le
seul transport de la saillietivité, un homme puisse manifester de semblables
aberrations.

Le fait est que cette faculté possède, comme toutes les autres, ainsi que
je crois l'avoir démontré complétement et avec toute l'évidence que peut
exiger la raison la plus difficile (leçons XXI-XXIV), perception et conception,
d'une part, et, de l'autre, désir et affection. Dans sa partie perceptive et conceptive, la saillietivité est *intellectuelle;* dans sa partie de désir et d'affection, elle est *propensitive;* circonstances que la sublime perspicacité de Gall
avait déjà entrevues.

Par sa partie conceptive, la saillietivité connaît la qualité *plaisante* dans
le monde externe, qu'elle soit enveloppée dans le sarcasme ou contenue
dans la satire; qu'elle éclate dans le Français causeur et incisif, ou qu'elle
apparaisse inattendue et sombre dans le rusé et méditatif Anglais; qu'elle
montre son sel et son enjouement sur les lèvres d'une svelte et gracieuse
Andalouse, ou dans les gaies et facétieuses chansonnettes du joyeux et malin
Castillan. Dans tous ces cas, nous parlons de produits qui sont le résultat
d'actes complexes. Pour leur donner l'existence, il y a en action : 1° les facultés de contact, qui voient et entendent; 2° les facultés saisitives ou

de connaissance physique, qui prennent connaissance des qualités physiques des objets externes; 3° les facultés impulsives ou d'action morale, qui perçoivent les qualités des personnes ou des objets que nous avons devant nous. J'ai expliqué sur ce point (t. I, p. 333 à 334) la subordination où se trouvent les divers ordres de facultés pour que l'admirable rapport et la dépendance qu'on remarque entre elles puisse exister. Ainsi, au moment où les facultés prennent connaissance des diverses propriétés physiques et des qualités morales des personnes ou des objets qui sont sous nos yeux, notre saillietivité prend connaissance de la qualité particulière et spéciale qu'il n'est donné qu'à elle de sentir, de comprendre et de transmettre *faiblement*, si son organe est PETIT; d'une manière *ordinaire*, s'il est MOYEN, et *vigoureusement*, s'il est GRAND.

Par son impulsion ou son désir, la saillietivité aiguillonne sa perception et sa conception à prendre connaissance du plaisant partout où il se trouve, et exerce sa puissante influence aveugle et intelligente pour agir de concert avec les autres facultés; mais il est clair que, si les autres perdent influence sur elle, elle s'égare, se fourvoie, se pervertit et tombe dans des aberrations propres à la folie.

Il est donc établi que la saillietivité, comme toutes les autres facultés (Voyez t. I, p. 227, 444, notes au bas de la page), est intellectuelle et propensive. Avec le mode intelligent d'action, elle perçoit la qualité morale plaisante partout où elle se trouve, et, par le mode propensitif, elle glisse dans l'action, plus ou moins complexe, des autres facultés l'esprit enjoué qu'elle seule possède. Du reste, de son action particulière combinée avec celle d'autres facultés résultent la finesse, la badinerie, l'enjouement, la plaisanterie, la bouffonnerie, la moquerie, la délicatesse, la raillerie, la malice, le sarcasme, la satire, etc.

Observations générales. — Dans la description que je viens de faire de la saillietivité, vous avez vu les trois grands pas faits par la phrénologie depuis Gall et Spurzheim jusqu'à moi [1] quant à la découverte des modes d'action des facultés. Gall a passé toute sa vie à établir la correspondance qui existe entre

[1] J'emploie ici le mot *moi* comme synonyme de Cubi, sans y mettre ni la moindre vanité ni le moindre orgueil; je sais trop bien que, quoi qu'il fasse pour ses semblables, jamais un individu ne fera pour eux autant qu'ils ont fait pour lui. Si l'on reconnaît que j'ai réellement fait quelque chose pour le progrès de la science de l'esprit, je n'aurai fait que remplir mon devoir.

Si le mot *jusqu'à moi* (hasta yo) sonne mal, sous le rapport idiomologique, à l'oreille de quelqu'un, je prierai ce quelqu'un de considérer qu'en espagnol ce pronom a trois sens, bien que je ne les aie vus définis dans aucun des vocabulaires que j'ai consultés. *Je* ou *moi* signifie, *premièrement*, la personne qui parle, v. g. je travaille, j'apprends; *secondement*, la personne qui parle de sa propre personnalité comme elle pourrait le faire d'une tierce personne quelconque, v. g. je suis Pierre, moi le roi, entre toi et moi, même moi, je me fatigue; *troisièmement*, l'intelligence se percevant elle-même, v. g. le *moi*, notre *moi*. Vous trouverez des langues qui possèdent trois mots distincts pour exprimer ces trois significations distinctes du *moi*. En français, il y en a deux : *je* et *moi*. J'en ai dit assez pour justifier le *jusqu'à moi* dont je me sers ci-dessus. Mon intention, pour le moment, n'est pas de pousser plus loin les considérations linguistiques qui, de quelque espèce qu'elles

certaines facultés et certains organes, la prouvant dans vingt-sept cas d'une manière qui n'admet ni doute ni réplique. Il a découvert cette correspondance; il est par conséquent le père et l'auteur de la phrénologie. Spurzheim a consacré toute la sienne à ce grand principe, que les facultés et leurs organes devaient se désigner par des noms qui, embrassant tous les extrêmes de leur action, exprimassent cette action d'une manière simple, particulière et exclusive. Il applique en beaucoup de cas le principe dont il est l'auteur à la dénomination de certaines facultés et de leurs organes, et présente la grande découverte de Gall sous des formes en général plus acceptables et beaucoup plus estimées, ne me laissant à moi qu'à rectifier quelques erreurs où il est tombé dans la pratique de son propre principe, comme vous l'avez vu, et préparant le terrain, avec d'autres insignes phrénologues, pour que je puisse aussi apporter ma petite pierre au grand édifice philosophique de l'esprit.

Ni Gall ni Spurzheim, occupés chacun à l'accomplissement de, leur mission spéciale, ne pouvaient donner les vingt-cinq années de méditation continuelle que m'a coûté la découverte des divers modes d'action communs et généraux à toutes les facultés, et la manière dont les facultés se combinent pour produire les phénomènes complexes de l'esprit qui résultent de leurs combinaisons. Ce dernier pas achèvera de faire de la phrénologie le système le plus complet de philosophie de l'esprit que nous connaissions ; système qui met en évidence tout ce que l'homme et l'humanité ont naturellement de désir et de répugnance, d'affection, de plaisir et de douleur, de perception et d'imagination, de dessein instinctif et de dessein intelligent, de liberté et de devoir constitutifs du droit, d'autorité et de soumission, de concordance, de discordance et d'harmonisme, d'où naît l'impulsion du progrès et la nécessité de l'ordre.

Langage naturel de la sailliétivité. — Quoique le *rire* n'est pas toujours l'effet d'un sentiment de gaieté, d'un sentiment intérieur de joie, néanmoins, si l'on examine bien la matière, on verra qu'il naît presque toujours d'une idée perçue, au fond de laquelle, de quelque manière qu'elle se manifeste, se trouvent le plaisant et le piquant, qui causent pour le moment un sentiment de gaieté et de joie particulières. Les bouffonneries, les railleries, les farces, les plaisanteries sont des manifestations de la sailliétivité excitée, en action combinée avec l'approbativité qui cherche des éloges et l'indispensable imitativité qui copie, et sans le secours de laquelle nulle de ces actions qui soulèvent le rire ne pourrait se produire. Nous en revenons toujours à ceci : une faculté *désire*, d'autres la répriment, la soutiennent, l'aident; voilà comment l'objet de son désir se met ou se trouve en harmonie avec le désir de toutes.

soient, doivent être renvoyées pour l'époque où je publierai l'ouvrage auquel j'ai fait allusion, t. I, leçon XXIV, p. 388, et dont j'ai donné un échantillon qui peut laisser voir ce que le public doit en attendre *. (Voy. t. I, p. 441-445, 448-452.)

* Pour compléter cette note, le lecteur doit lire ce que je dis sur cette importante matière dans la leçon XLVIII. On y voit tout ce qu'il restait à la science à dire à l'égard du *moi* et des *moi.*
(*Note de l'auteur pour l'édition française.*)

32, MÉLIORATIVITÉ ou PERFECTIVITÉ; auparavant 22, IDÉALITÉ.

Définition. — Usage ou objet. Désir d'améliorer, de progresser, d'avancer, d'embellir, de fomenter et, par conséquent, aversion d'empirer, de reculer, de détériorer, d'enlaidir, de laisser incomplet. Perception et conception de la qualité qui, dans les œuvres de l'art comme dans celles de la nature, constitue le progrès, l'amélioration, le beau, au physique et au moral, avec leurs antagonistes la détérioration, l'arriéré, le laid. Affections agréables et désagréables que causent ces perceptions et ces conceptions, appelées en langage ordinaire : sentiment du beau idéal, jouissance que donne la contemplation du noble, du sublime, du supérieur dans les arts, les sciences ou les actions humaines, et déplaisir que produit tout ce qui est petit, rachitique, misérable, vicieux et criminel. Cette faculté, avec la partie conceptive des autres, constitue le désir inextinguible de perfectibilité; et toutes ensemble, avec les ressources qu'offre le monde externe, ont le pouvoir de le satisfaire progressivement. J'ai parlé souvent, et particulièrement, t. I, leçons XXI, XXVII, XXX, p. 359, 434, 474, de cette perfectibilité ou désir de développement progressif qui aiguillonne constamment l'humanité. — Abus ou perversion. Enthousiasme absurde, amour du fantastique, du pompeux; exaltation pour un progrès très-prompt, sans vouloir entendre aucune considération; tendance à se perdre dans les régions imaginaires et purement idéales. — Inactivité. Indifférence pour tout progrès et pour tout mouvement rétrograde; absence de l'exaltation et de la chaleur qui peut communiquer l'ardent désir de perfectionner, d'améliorer, d'embellir, c'est-à-dire d'ajouter quelque chose à ce que l'on a, à ce que l'on perçoit, à ce que l'on exécute. Faible perception du beau ou du laid, de l'honorable et du blâmable; faible sentiment du beau idéal au moral et au physique.

D. Anjel Saavedra, duc de Rivas, un des plus grands poëtes lyriques du siècle. Il est né à Cordoue, le 1er mars 1791.

Localité. — Près de la ligne du bord inférieur de l'os frontal, où s'insèrent les dernières fibres du muscle temporal, c'est-à-dire entre 31, la saillietivité, et 35, la sublimitivité; au-

dessus de 25 et 26, la constructivité et l'acquisivité, et au-dessous de 38, la
réalitivité ou merveillosité. Le meilleur mode de déterminer le siége de cet
organe est de le voir dans un développement colossal, comme dans le portrait
de D. Anjel de Saavedra, duc de Rivas, que je mets sous vos yeux. Il est
exactement copié de celui que D. Vicente Salva a mis en tête de sa belle
édition du *Moro Espósito*. Il y a dans ce poëme des traits descriptifs si élevés, si sublimes, qu'il n'en est pas, selon moi, de supérieurs. Lorsque je me
sens fatigué d'esprit, je cherche un agréable délassement dans deux auteurs,
Shakspeare et Anjel de Saavedra. La lecture de leurs œuvres, dans ces cas,
soulève et ravit ma méliorativité, l'organe qui est le plus développé chez
moi, à un tel point que sa vive excitation agréable, étouffant toutes mes
sensations douloureuses, me donne un soulagement complet, efficace, délicieux [1].

Découverte. — Gall, étonné de ce qu'un de ses amis faisait naturellement
et spontanément des vers, chercha sur sa tête, on le pense bien, quelque
notable particularité. « Je vis, en effet, dit-il (*OEuvr.*, t. V, 151), que son
front, à partir de la naissance du nez, s'élevait perpendiculairement et se
terminait à chaque partie latérale extrême par une sorte de bosse. Je me
souvins d'avoir vu dans un buste d'Ovide la même forme céphalique. Je
n'avais pas remarqué que chez d'autres poëtes le front s'élevait d'abord
perpendiculairement et fuyait soudain vers les côtés, ce qui me fit juger que
cette remarquable configuration était purement accidentelle ; cependant,
*pour les deux proéminences aux deux côtés de la partie antérieure de la
tête au-dessus des tempes*, je n'ai vu aucun poëte qui ne les ait pas... Peu
de temps après, continue Gall, p. 152, j'ai pu reconnaitre la tête du poëte
Alxinger, dans laquelle cette partie du cerveau, de même que l'organe de
l'adhésivité, est très-développée, tandis que les autres le sont peu. Dans la
suite, après la mort du poëte Junger, je trouvai sur sa tête les mêmes proé-

[1] Phrénologiquement parlant, le portrait de D. Anjel Saavedra n'a pas l'exactitude dé-
sirable. Le vendredi 25 février de cette année 1858, j'ai eu le plaisir de reconnaitre la tête
de M. le duc de Rivas, actuellement ambassadeur d'Espagne près la cour impériale de
France. Outre les qualités morales que tout le monde reconnait à cet illustre Espagnol,
j'ai trouvé chez lui, bien et harmoniquement développées, toutes les facultés primor-
diales qui constituent le poëte. D'abord la méliorativité, source première du sentiment
poétique, est colossale dans cette tête. La partie gauche du front, la plus en vue dans le
portrait ne représente pas suffisamment le développement de l'organe. Viennent ensuite
la constructivité, l'imitativité, la langagetivité, la durativité, la tonotivité, la causativité,
la déductivité, l'harmonisativité, toutes facultés qui se manifestent chez l'auteur du *Moro
Espósito* par des organes grands, et d'un tempérament actif, vigoureux, résistant. Il n'est
donc pas étonnant qu'avec une pareille organisation céphalique le duc de Rivas soit un
génie poétique, et qu'il compose sa belle et sublime poésie comme l'abeille compose son
miel. Quand on entend l'illustre poëte lui-même dire comment il fait ses compositions,
l'on comprend que les vers doivent jaillir de son âme, comme l'eau vive jaillit de sa
source. De même que Shakspeare, Dante et Byron, le duc de Rivas est une preuve inébranlable de la vérité de tout ce que je dis sur le génie en général et en particulier, sur
le génie considéré en lui-même et comparé avec le talent. (Voyez les pages indiquées à
la table analytique des matières sous les mots *génie* et *talent.*)

(*Note de l'auteur pour l'éd t on française.*)

minences latérales... J'ai rencontré la même organisation dans madame Laroche, d'Offenbach, près de Francfort, dans Angelica Kaufmann, dans Sophie Clémentine de Merker, dans Klopstock, dans Schiller, de la tête duquel je possède un modèle en plâtre. Je la trouvai aussi, à Zurich, dans Gessner. Lorsque j'étais à Berlin (1803), je parlais encore avec grande réserve de cet organe dans mes leçons publiques. Nicolaï nous invita, Spurzheim et moi, à aller voir ensemble une collection d'une trentaine de bustes de poëtes qu'il avait. Après un examen attentif, nous vîmes, à notre grande satisfaction, la région en question plus ou moins proéminente, suivant le talent poétique de chacun. Depuis lors, je n'eus aucun scrupule à enseigner en toute confiance que, malgré toute apparence d'improbabilité, nous devions admettre un organe du talent pour la poésie, et que, par conséquent, le génie poétique « *dichter geist* » supposait l'existence d'une faculté distincte, fondamentale et primitive. »

Vous venez d'entendre que la confirmation de l'existence supposée d'une unique faculté spéciale pour la *poésie* et, par conséquent, d'un organe individuel, particulier et exclusif qui la manifeste, eut lieu en compagnie de Spurzheim. Mais, comme celui-ci jugeait que, si cette faculté communiquait ou inspirait le sens *poétique* ou *idéal* en général, elle ne constituait et ne pouvait d'aucune façon constituer à elle seule le *talent* ou *génie poétique*, il faut que vous sachiez ce que le second père de la phrénologie pense sur cette matière. Voici donc comment il s'exprime, t. l, p. 258 :

« Je crois que l'inclination de l'âme vers ce qui est poétique vient d'un mode spécial de sentir, d'une certaine manière de regarder le monde et les événements. Une description pure et simple des choses telles qu'elles sont ne peut s'appeler de la *poésie*; il faut de la chaleur, de la vivacité, de l'exaltation, de l'imagination, de l'inspiration, de l'entraînement dans l'expression, pour que nos compositions soient dignes d'être appelées *poétiques :* tout s'y représente en termes exagérés, dans un état de perfection tel qu'il devrait être. Les poëtes se figurent un monde fictif et imaginaire. C'est ainsi que j'admets un sentiment qui vivifie les autres facultés et leur donne un caractère particulier appelé *poétique* ou *idéal*. Il peut se combiner aussi bien avec les facultés affectives qu'avec les facultés intellectuelles (V. t. l, p. 322-323 quelles sont ces facultés); et il aspire à la *perfection imaginaire* ou au *fini de la chose*. Dans les arts, elle produit le sublime ; en amitié, en vertu, en peinture, en musique, ou en toute autre direction que prennent nos talents ou nos sentiments, elle nous rend enthousiastes. J'ai réuni sur cet organe un grand nombre de faits, et je suis *parfaitement certain* que sa fonction répond au mode de sentir que je viens d'expliquer. Le degré d'exaltation qu'éprouvent les poëtes varie suivant son plus ou moins grand développement. J'appelle cet organe *idéalité*; il est petit dans les criminels. »

De tout cela, il suit en substance que Gall considère la faculté en question comme productive du *génie* poétique, tandis que Spurzheim la considère comme productive du *sens* poétique ou *idéal*. Sans se donner la peine d'étudier cette question avec la maturité et la profondeur que mérite son importance, les phrénologues qui vinrent après Gall et Spurzheim crurent que l'opinion du dernier était en apparence la plus certaine, et l'acceptèrent sans autre vérification d'aucune sorte. Ainsi l'organe que Gall découvrit et donna comme manifestant le *génie poétique* a passé jusqu'à nos jours, en fait, comme révélant seulement le sens poétique ou *idéal*, et l'on ne crut pas pouvoir mieux le dénommer qu'en l'appelant *idéalité*.

Observations générales. — Dans la définition de la faculté qui nous occupe, je n'ai pas suivi entièrement, comme vous l'avez vu, l'opinion de Gall ni celle de Spurzheim. Il y a des années que je me suis assuré par des centaines de faits de l'existence de l'organe découvert par Gall, mais ces mêmes faits m'ont démontré que ni lui ni Spurzheim, soit dit avec tout le respect qui leur est dû, ne se sont formé une idée exacte et complète de l'essence fondamentale de cette faculté ; c'est pourquoi ni la dénomination que lui donna l'un, ni le nouveau nom que lui donna l'autre, ne la déterminent précisément, clairement et complétement.

Pour connaître si Gall a compris ou non l'action primitive et spéciale de la faculté en question, et par conséquent la fonction de l'organe qui la manifeste, il ne faut qu'analyser en quel sens l'on emploie universellement et l'on entend les expressions : « talent pour la poésie, » ou « génie poétique, » *dichter geist.* Dès lors il saute aux yeux que ces expressions embrassent non-seulement beaucoup de facultés, mais beaucoup de facultés unies à des organes bien développés afin de pouvoir s'exalter facilement.

Talent poétique signifie disposition favorable pour faire de la *poésie.* Mais la disposition poétique peut-elle exister sans la disposition linguistique ? Il est clair que non ; et il faudrait avoir perdu la raison pour supposer le contraire, puisque la poésie, sous quelque aspect qu'on la considère, n'est ni ne peut être qu'une *qualité* du langage. Si donc poésie signifie *langage poétique*, on aura difficilement du talent pour la poésie si l'on n'a pas aussi en même temps du talent pour le *langage*, duquel, je le répète, la poésie n'est qu'une qualité adventice. Cette première proposition admise, proposition qui est d'ailleurs aussi évidente que le sont en eux-mêmes les axiomes de mathématique, on admet aussi qu'accorder une faculté exclusive à l'âme pour produire la poésie, laquelle montre dans sa propre essence qu'elle prend sa source dans plusieurs facultés, c'est accorder ce que nie l'évidence des faits. Qu'est-ce donc que la poésie ? me demanderez-vous. Je réponds : De même que pour savoir ce que c'est que construction architectonique, construction navale, construction industrielle, on doit d'abord déterminer ce que c'est que *construction*, de même, pour savoir ce que c'est que langage poétique ou *poésie*, langage éloquent, langage fleuri, langage pompeux, langage esthétique, il faut déterminer d'abord ce que c'est que *langage*. Eh bien, qu'est-ce que le langage ? car, je le répète, si nous ne savons pas ce qu'est l'essence du langage nous ne pourrons pas déterminer la qualité ou les qualités qui le rendent *poétique*.

Le langage est une réunion de paroles, choisies, disposées et ordonnées de manière à exprimer des idées ; les unes servent de point d'appui aux autres, et toutes ensemble forment un sens achevé, complet, plus ou moins étendu, plus ou moins compliqué. Le langage diffère de la langue en ce que celle-ci exprime des *idées*, et seulement des *idées* considérées isolément, séparément, tandis que celui-là exprime des idées et des sentiments considérés dans leur union, dans leur enlacement, comme parties ou éléments d'une idée ou pensée générale. Les langues sont dans les dictionnaires; la *lexicographie* est la science des langues; la grammaire enseigne à convertir la langue en langage. Les sciences et les arts qui nous apprennent à présenter le langage sous différentes formes sont aussi nombreux qu'il y a de formes différentes. La *rhétorique* nous apprend à parler avec éloquence; la *morale* à parler avec *honnêteté*, et nous ne manquons pas de règles et de préceptes dont l'objet est de nous enseigner à revêtir notre langage de la forme poétique. Le langage, *dans toutes ses formes*, est consigné dans les littératures et les conversations des peuples.

Les langues et les langages ne se composent donc que de mots, dus à la langagetivité dans son désir, ou son inspiration primitive. La manière dont se forment ces mots, que la langagetivité désire et ne connait pas, est due à d'autres facultés qui toutes, de concert avec le monde externe, concourent à leur production, comme je l'ai longuement expliqué, t. I, leçon XXVIII, p. 443-456.

Les mots ne devant exprimer que des *idées* isolées, leur formation n'a d'autre objet que la création d'un signe matériel plus ou moins long, plus ou moins sonore, plus ou moins commode. Comme les langues ne se distinguent que par des qualités physiques, elles n'ont en elles-mêmes aucune qualité morale. Il n'en est pas ainsi du *langage*, qui représente toute l'âme en action et qui a toutes les qualités qu'on lui donne. C'est un produit de diverses facultés indispensables, dans lequel, comme dans la peinture, la musique et les autres arts, toutes peuvent contribuer à lui donner un caractère. La faculté qui domine dans ce concours laisse une empreinte plus marquée. Le penseur profond ne mettra donc dans son langage que le pur raisonnement de son genre de spécialité. Le langage du mathématicien ne révélera qu'une pure intelligence mathématique; celui du logicien ne présentera que des syllogismes. Celui qui parle ou qui écrit sous l'influence d'affections bienveillantes mettra dans son langage des sentiments de bonté, tandis que celui en qui brûle le feu de la destructivité n'y fera éclater que des sentiments violents et destructeurs.

Quelle est donc la qualité qui *poétise* le langage, qui le change en *poésie*? Nul langage, assurément, ne sera poétique s'il ne respire, outre la *cadence*, le feu, l'invention, l'enthousiasme, la beauté, la sublimité. C'est précisément dans ce sens que nous disons : « Les descriptions de l'Histoire de Solis sont poétiques; il y a beaucoup de poésie dans la prose de Buffon et de Lamartine. » Parler de poésie sans le langage qui la contient serait parler d'une ombre sans le corps qui la produit. La *poésie* est un mode de dire, une manière de s'exprimer; supposer qu'elle peut avoir essence ou existence sans ce dire ou cette expression, c'est, je le répète, supposer que la forme peut exister sans la matière, ou la qualité sans l'essence.

Aux qualités morales qui, en passant dans le langage, le rendent poétique, j'ai ajouté à dessein la qualité physique que nous appelons *cadence*, sans laquelle il n'y a pas de poésie. Quelque élevé que soit le langage, si ses périodes manquent de fluidité, de mélodie et d'harmonie, qui est ce qu'on entend par *cadence*, on pourra l'appeler comme l'on voudra, mais les qualités qui le constituent *poétique* ne seront pas complètes. On suppose encore au langage poétique, outre les conditions ci-dessus énumérées, une autre condition essentielle : le *rhythme* ou le *mètre*. Le langage, il est vrai, peut être poétique sans être rhythmique ; mais cela n'empêche pas que lorsqu'on parle de poésie on entend vivacité, feu, enthousiasme, sublimité dans un langage *cadencé* et *rhythmé*, ou, ce qui est la même chose, *versifié*. Si donc l'on peut trouver la poésie avec ses qualités morales dans une prose *cadencée*, il n'est pas moins vrai que son vêtement le plus ordinaire, le plus propre et qui lui convient le mieux, c'est le vers. C'est pourquoi « génie poétique » signifie la faculté complexe de nous exprimer en un langage plein de beauté morale, mais cadencé et rhythmé dans ses formes physiques. Celui qui possède cette facilité, cette disposition, ce talent, a le génie poétique [1].

Vous le savez, le génie poétique, c'est la facilité de produire un langage versifié dans ses formes physiques, et plein d'élévation, de beauté et de sublimité dans son essence morale. Le mot imagination est un terme général, synthétique, qui exprime (t. I, p. 339-344) l'état conceptif ou créatif d'une faculté ou d'une combinaison de facultés. Et, quoique avant la connaissance de la phrénologie on ne savait pas que nous possédons autant de sortes d'imaginations qu'il y a de facultés et de combinaisons possibles des facultés, toujours assujetties au même *moi*, à la même unité spirituelle, à la même âme *une*, de laquelle ces facultés ne sont que les principes prochains, suivant l'expression de saint Thomas (t. I, p. 82 et 90), on savait néanmoins très-bien le sens que l'on donnait et que l'on donne au mot imagination. On savait très-bien que par imagination l'on entendait et l'on entend cet état d'une ou plusieurs facultés dans lequel, se soustrayant au monde externe, matériel ou physique, elles se concentrent, se renferment dans leur monde intérieur, mental, conceptif ou imaginaire, qu'on appelle aussi *idéal*, et là, agitées, émues et exaltées dans leur principe aveugle et intelligent, ou affectif et connaissant, inventent, créent, produisent avec ardeur et enthousiasme. Cet état imaginatif de certaines facultés donne naissance au produit mental appelé poésie qui prend corps dans le langage.

En supposant une langagetivité bien développée, source des mots et des langues qui sont la base et le fondement sur lesquels repose l'existence de tout genre de *langage* parlé ou écrit, l'individu pourra s'exprimer en phrases rhyth

---

[1] J'ai en vain cherché dans toutes les poétiques que j'ai lues, et elles ne sont pas peu nombreuses, la ligne de démarcation entre le vers et la prose. J'ai dû recourir pour cela à la lumière que la phrénologie répand sur cette matière. Il y a du feu, de l'ardeur, de l'exaltation dans la prose; sans ces qualités, y aurait-il éloquence? Toutes se trouvent dans la prose, et, en outre, celles de la *cadence*; autrement, y aurait-il prose poétique? Quelle est donc la ligne qui sépare le vers de la prose? Le rhythme ou mètre. Oui : la division des mots d'une composition ou d'un discours en une quantité de syllabes déterminée ou pieds, suivant le temps que l'on met à leur prononciation cadencée, voilà ce qui constitue le vers; la versification consiste donc dans le rhythme et la cadence. La cadence dépend de la durativité et de la tonotivité (t. I, p. 509), et le rhythme de l'action combinée de ces deux facultés avec la méditivité, dont le désir primitif est de *mesurer* ou de vérifier la quantité en général (voy. l'explic. de cette fac, t. I, p. 464 et suiv.). J'ai la conviction, chaque jour de plus en plus profonde, que la *quantité*, dans tous ses rapports d'étendue, de poids et de durée, est son objet. La dénomination de *méditivité* ne peut être plus propre. Si la pesavité, par exemple, est bien celle qui nous donne conscience de la résistance, la faculté qui désire la mesurer, s'assurer positivement de sa quantité ou de ses quantités, c'est la méditivité. La durativité nous donne connaissance du temps ou de la durée, mais la méditivité désire savoir avec une exactitude précise le nombre d'instants dans lesquels elle se divise. La mélodie et l'harmonie des sons, ou la *cadence*, dépendent du rapport des sons, mais le *mètre* est la mesure de la durée plus ou plus moins grande des sons, simples ou combinés en séries déterminées, et, je le répète, il est, dans le langage, la qualité physique fondamentale qui constitue le vers.

miques et cadencées, s'il possède la méditivité, la durativité et la tonotivité
très-développées. Pour les qualités morales qui doivent prendre corps, ou s'en-
velopper dans le langage pour le rendre poétique, c'est-à-dire beau, grand, sublime, considéré comme produit communicatif d'idées, il faut avoir très-développées l'individualitivité et la mouvementivité, qui, dans l'exaltation de leur
désir instinctif de raconter et de décrire, agissent et fassent agir avec ardeur
les facultés qui doivent être leurs auxiliaires (t. I, p. 469-473, 504-505). Il faut
aussi que la comparativité soit très-développée, afin que, dans son action, combinée avec les deux facultés précédentes, elle offre des figures nouvelles, animées, surprenantes, des tropes, des comparaisons, des allégories dans lesquelles
se trouve en concours l'action vive et ardente de beaucoup d'autres facultés.
L'imitativité doit aussi avoir un grand développement, pour qu'elle présente à
la langagetivité les moyens de trouver immédiatement les mots imitatifs, les
onomatopées, offrant ainsi aux sens une vive *représentation* des actions et des
objets physiques au lieu de leurs conceptions et de leurs idées. Si enfin, outre
cette organisation, l'effectuativité et la réalitivité ne sont pas bien développées,
elles dont les inspirations font sentir comme réelles et effectives les pensées qui
s'élèvent dans des mondes vraiment imaginaires, le langage de l'individu manque du feu, de la ferveur, de la foi qui font le langage poétique. Telles sont, à
mon avis, outre la constructivité, les facultés dont les organes doivent être indispensablement bien développés pour qu'un homme ait le pouvoir de mettre dans
son langage le feu *poétique* qui, suivant que seront les autres facultés, brûlera,
tendre ou volcanique comme dans Byron, paisible comme dans frai Luis de Léon,
saint et respectueux comme dans Calderon de la Barca, Milton et Klopstock, ou
grandiose et sublime comme dans Homère, Dante et Shakspeare.

Comment se fait-il donc, demanderez-vous, que Gall ait trouvé cet organe,
qu'il a appelé l'organe de la *poésie*, très-développé chez tous les poëtes? La réponse est fort simple. Je n'ai parlé jusqu'ici que des facultés qui produisent la
poésie, mais je n'ai pas parlé de celle qui nous inspire le désir de communiquer
la *poésie*, c'est-à-dire, expression, élévation, sublimité, perfection aussi bien au
langage qu'à tout autre produit humain. Sans la constructivité, nous aurions
toutes les facultés qui construisent, mais nous n'aurions pas de construction.
Pourquoi? Cela est clair; parce que nous manquerions d'une faculté dont le
dessein providentiel ou l'objet instinctif soit de construire. Dans ce cas, pour
nous, la construction ne serait ni désirée, ni repoussée, ni sentie, ni perçue, ni
imaginée. Nous serions nuls quant à elle, et elle serait nulle quant à nous. Il en
est de même des facultés qui produisent la qualité dite *poétique* dans le langage.
Ces facultés, eussent-elles une force quintuple, décuple, centuple, si nous n'a-
vions pas au dedans de nous un dessein instinctif ou providentiel qui nous pousse
à communiquer son action ou son influence aux *produits* humains, ces facultés,
dis-je, seraient comme n'existant pas. L'organe que découvrit Gall est celui
d'une faculté qui désire améliorer tout, compléter tout, communiquer à chaque
chose, suivant sa nature, la plus grande perfection possible. Il n'est donc pas
étonnant que des hommes chez qui le langage se montrait naturellement dans
la forme que l'on considère comme la plus belle ou la plus perfectionnée, la
forme poétique, eussent dans un grand état de développement, outre les facultés dont le *produit* est cette *forme poétique*, la faculté qui désire perfectionner
sans cesse l'art et la nature.

Il est facile d'inférer de tout cela que la dénomination de Gall est inexacte, parce qu'elle exprime un *talent* qui a sa source dans l'action combinée de diverses facultés, lorsqu'elle ne devrait exprimer que l'action simple, exclusive, particulière et fondamentale d'une seule faculté. Mais la dénomination de Spurzheim est-elle plus exacte? J'en doute fort. Si l'expression *talent poétique* signifie, comme je viens de l'expliquer longuement, le développement considérable de diverses facultés, et non l'attribution exclusive d'*une* seule, le mot *idéalité* a deux grands défauts, selon moi. Le premier, c'est que du premier coup il parait signifier « abondance d'idées; » et le second, beaucoup plus grave, c'est que, même dans le sens que lui donne Spurzheim, il n'exprime qu'*imagination*, dont le mode d'action, loin d'être spécial et particulier à la faculté qu'il veut dénommer, est, vous le savez, commun à toutes (t. 1, p. 339-344).

Le mot *idée*, d'où dérive *idéalité*, comme je l'ai expliqué au long (t. 1, p. 534), exprime une sensation, perception, conception ou affection intelligente, c'est-à-dire, une sensation dans laquelle est intervenue l'action ou la réflexion des facultés de rapport universel. Qu'elle soit simple ou composée, qu'elle exprime la sensation la plus simple ou la complication de pensées et de sentiments la plus vaste, l'idée est toujours et nécessairement doit toujours être une *abstraction*, parce qu'elle est une réflexion mentale, non une réaction physique, comme l'est l'*impression*. Toutes les facultés, toutes, agissent *in abstracto*, et en cela consiste leur mystérieuse *mentalité*. Il n'y a que les sens externes des facultés *contactives* qui reçoivent les impressions directes des objets ou des actions externes; dans toutes les autres il y a abstraction complète de l'existence matérielle.

Les propriétés physiques sont perçues *abstraitement* par les facultés *cognoscitives*[1]; les facultés *actionitives* perçoivent abstraitement les qualités morales; les facultés de *raisonnement* perçoivent abstraitement les rapports généraux.

La distinction des idées en *idées* physiques, morales et abstraites, n'est que pour exprimer le genre de qualités auquel se rapporte l'*idée*. S'il s'agit d'une qualité perceptible pour les facultés *cognoscitives*, l'idée s'appelle PHYSIQUE; pour les facultés *actionitives*, MORALE; pour les facultés logiques, ABSTRAITE; mais, je le répète, toutes ne sont et ne peuvent être qu'abstraites.

Comme il importe beaucoup que vous compreniez bien les *abstractions*, soit quant aux sensations, perceptions, conceptions et affections, soit quant aux idées, je vais en quelques mots, et le plus clairement qu'il me sera possible, élucider cette matière. Un orchestre éclate au milieu de nous. Les sons qui en jaillissent produisent dans l'air certaines vibrations qui *s'impriment* dans les oreilles. C'est là une véritable impression, un phénomène *matériel* organique. Cette impression retentit instantanément dans le principe *aveugle* de l'auditivité, produisant un *mode de sentir* mystérieux, en manière d'écho ou de réaction mentale : c'est là une *sensation*. Cette sensation est déjà une *abstraction*, c'est déjà un inexplicable phénomène mental, complétement *abstrait* du corps physique qui a produit l'*impression* dans les sens externes.

Mais dans cette sensation coexistent divers éléments constituants qui trouvent un écho dans d'autres facultés, hiérarchiquement ordonnées, lesquelles, à leur

[1] Comme il est bon, dans le langage, d'avoir abondance de synonymes, j'appellerai fréquemment les facultés de connaissance physique saisitives ou *cognoscitives;* celles d'action morale, impulsives ou *actionitives;* et celles de rapport universel, intellectives, réflexives, philosophiques, de *raisonnement* ou logiques, comme je l'ai fait remarquer dans la seconde note de la page 75, t. II.

tour, éprouvent de nouvelles *sensations*, plus abstraites, plus sublimes, plus inexplicables, plus mystérieuses. La durée ou le temps, incorporée dans cette sensation synthétique particulière, excite une autre sensation d'un ordre plus élevé dans la durativité ; les concordances ou les discordances sonores, une autre dans la tonotivité, et ainsi des autres éléments conjointement sentis dans le principe par l'auditivité. Voilà une sensation synthétique divisée au dedans du monde interne en autant de sensations diverses que sont divers les éléments constitutifs de l'objet ou de l'action existant dans le monde externe. Admirable, prodigieuse, divine harmonie !

Vous comprenez maintenant ce que c'est qu'une *sensation* considérée dans son ensemble et dans sa division, dans sa concentration et dans son expansion, c'est-à-dire dans sa synthèse et dans son analyse. Voyons maintenant la ligne de démarcation qui la distingue de l'*impression*. La *sensation* est un écho, un effet, une réaction ou une réflexion de l'*impression*, comme celle-ci est l'écho, l'effet de l'objet externe qui la produit immédiatement sur le sens matériel. Dans la première, il n'y a intervention sensitive d'aucune sorte, tout est effet inorganique et organique corporel ; dans la seconde, il y a intervention mentale sensitive, et, partant, mystérieuse, inexplicable, *abstraite*.

Il est superflu de vous parler des sensations appelées *perception, conception*, et *affection*, après tout ce que j'ai dit à ce sujet, t. I, leç. XXI, p. 352-339, et dont sans doute vous vous rappelez. J'ajouterai seulement la particularité qui distingue la *pure* sensation de la *pure* perception ; distinction que je dois faire avec d'autant plus de soin et de clarté qu'on ne l'a pas faite jusqu'ici, que je sache, dans aucun traité de philosophie. Lorsque la musique, qui nous a servi d'exemple, excite les sensations dont j'ai parlé, il y a, au moment où la sensation est reçue, une autre opération spirituelle d'un ordre plus élevé, savoir : *sentir que l'on sent la sensation ;* ce à quoi l'on donne le nom adéquate de *perception. Perception* exprime donc une sensation avec conscience ou conviction intime qu'on la sent. L'œil, par exemple, n'a pas de *sensations*, parce qu'il n'existe en lui que des propriétés physiques pour recevoir les *impressions* directes du monde externe ; il a moins encore de *perceptions*, parce que s'il n'éprouve pas de sensations il ne peut pas avoir la conscience ou la conviction intime qu'il les éprouve. (Voy. leç. LVIII, épigraphes *Percevoir* et *Perception*.)

L'écho intérieur de l'impression auditive qu'a produit la musique ne s'arrête pas aux facultés qui ont senti, perçu et conçu analytiquement les propriétés et les qualités qui la constituent ; mais, par un procédé inverse synthétique, toutes ces sensations rayonnent ou convergent vers les facultés logiques ou de pur rapport rationnel, et là, considérées synthétiquement et analytiquement, ensemble et séparément de toutes les autres sensations éprouvées, elles sont comparées entre elles, et il se fait, en harmonie avec toutes, une déduction générale qui détermine l'essence de la primitive impression reçue, ainsi que l'essence de toutes les propriétés et éléments qui la constituent. Voilà l'*idée*. Elle est entrée dans l'âme impression physique, elle en sort image spirituelle. Elle est entrée *impression* sans connexion ni rapport, elle sort analysée dans tous ses éléments, et comparée dans tous ses éléments à tous ceux avec qui elle a des rapports. Quand les sensations ont rayonné vers le miroir des facultés réfléchissantes, l'âme opère abstractivement de toute matière sur des sensations proprement siennes · Alors elle vit et se nourrit seulement d'*idées* dont chacune embrasse un monde, et son existence est vraiment *idéale*. D. Agustin Maria Acevedo

(t. I, p. 20 à 21), qui a conçu, bien que par une autre voie, la matière qui nous occupe, comme je viens de l'expliquer moi-même en abordant la considération de ce monde idéal ou de cette action des facultés réfléchissantes, s'écrie : « Le cercle intellectuel inférieur est le premier qui se met en jeu; mais, à mesure que son action augmente, il la communique au cercle supérieur, qui, appelant à lui toute la vie et la partageant avec l'inférieur, avec le centre de perception et l'organisme, fait que notre intelligence s'élève dans une atmosphère quasi divine ou très-supérieure au moins à celle qui nous entoure ordinairement. L'homme livré à lui-même meurt alors pour l'univers, et les prodiges que la majestueuse voûte des cieux étale au-dessus de sa tête ne sont pas capables de le retirer de son extase. »

Les animaux ont des sensations, mais non des idées ; il ont des extases affectives, mais non intelligentes ; il vivent enfin dans un monde *sensitif*, non idéal. Un rossignol, par exemple, entend la musique d'un autre rossignol et en reçoit une *impression* parce qu'il a des ouïes, une *sensation* du son, du temps, des mélodies musicales, parce qu'il a auditivité, durativité, tonotivité. Il a perception de ses *sensations*, parce qu'il *sent* qu'il *sent;* autrement il ne démontrerait pas par son chant et ses autres mouvements la *sensation* causée dans sa configurativité par la présence de la personne ou de l'objet qu'il a coutume de voir. Il a *conception*, parce qu'à peine entend-il un autre rossignol, que sa vanité affectée s'excite, s'échauffe ; ses facultés musicales s'exaltent, et il va jusqu'où il lui est possible de se surpasser lui-même. Il a donc, comme l'homme, des sensations de douleur et de plaisir d'autant de sortes qu'il a de facultés. L'expression extérieure des émotions qu'il sent en entendant les chants de son semblable, en voyant son maître et dans d'autres circonstances, sont des preuves irrécusables qu'il éprouve des douleurs et des plaisirs.

Mais le rossignol peut-il percevoir ensemble toutes ces sensations et les réduire synthétiquement en une nouvelle essence, indépendante, abstraite non-seulement de l'*impression*, mais de la *sensation*, la contempler, la considérer dans une existence purement intellectuelle ou idéale ? Non, certes, mille fois non. S'il en était ainsi, il aurait intelligence, entendement, raisonnement ; il formerait des *idées*, et avec des *idées* des signes intelligents pour les exprimer, comme il exprime maintenant par des mouvements spontanés ou naturels ses actes *sensitifs*. (Voy. leç. LVIII, épigraphe *Idée*.)

Entre les facultés qui produisent la musique dans le rossignol et l'acte de la produire, il n'existe pas de musique *idéale* intermédiaire. Il peut produire un *la*, le combiner avec un *fa*, mais il ne peut rien percevoir de cela en dehors de son existence *sensitive*. Pour percevoir les sons il lui faut les entendre, les *sentir;* tandis que l'homme, sans les entendre ni les sentir, les contemple dans leur existence idéale, et, ainsi conçus en rapport avec toutes les autres sensations d'espèce différente, il les distingue, les médite et sait ce qu'ils sont. En vertu de ce pouvoir *idéal*, les Mozart, les Bellini, les Rossini, l'âme détachée de toute existence matérielle et sensitive, créent la musique la plus sublime qui ait impressionné des oreilles mortelles, et la communiquent ensuite au monde externe dans l'*idéale* essence avec laquelle ils l'ont conçue, âme de la nouvelle existence matérielle que vont lui donner les instruments et les voix. Et c'est précisément dans cette essence purement intellectuelle ou intelligente que les mots expriment des *idées*, et les lettres ou notes musicales écrites, des *paroles*, ainsi que je me suis efforcé de l'expliquer en toute clarté dans la leçon XXXIII, t. I, p. 535-536.

Vous venez de voir l'immense distance qui existe entre l'*idée* et la *sensation*,
mais malheureusement pour les progrès psychologiques, considérés particulièrement, cette immense différence n'a pas empêché, au dehors et au dedans du
terrain phrénologique, de confondre la sensation avec l'idée et l'idée avec la
sensation. La plupart des auteurs, obstinés à ne voir dans l'*idée* qu'une *image*,
qui du monde externe s'imprime dans l'âme, ne se sont jamais arrêtés à distinguer ce qu'il en est des sensations produites dans l'âme par toute espèce de
perceptions et conceptions internes, avec l'existence idéale ou intellectuelle que
reçoivent ces sensations perçues par les facultés de rapport universel. En un
mot, ils ne se sont jamais arrêtés à distinguer ce qu'il en est des sensations
perçues par l'âme au moment où l'âme s'en forme la *notion*, qui est l'*idée*. Et
je vois avec plaisir et satisfaction que c'est dans ce sens primordial, c'est-à-dire
comme *notion* de sensation, et non comme sensation exclusive, que l'on définit
le mot *idée* dans les diverses acceptions admises dans les dictionnaires des langues cultivées qui font le plus autorité.

Comme tous les phénomènes de l'âme, et par conséquent toute philosophie
de l'esprit, se réduisent, en dernier résultat, aux *sensations* et aux *idées*, la
confusion de ces deux mots a porté un immense préjudice aux études psychologiques. Si mon explication est considérée, ainsi que je l'espère, par toutes les
écoles philosophiques, comme vraie, explicite et concluante, les idéologues [1]
verront que, pour avoir considéré ou avoir voulu paraître considérer tout ce qui
est dans l'esprit comme provenant de la sensation, leurs travaux ont beaucoup
perdu de leur mérite.

Si en phrénologie et en dehors de la phrénologie on a confondu le sens du
mot *idée* avec celui du mot *sensation*, en ravalant par cette confusion la nature
raisonnable de l'homme jusqu'à la nature purement sensitive des brutes, le mot
idéal a conservé, en échange, bien qu'obscurément comprise, la vraie signification que lui ont donnée le sens commun et l'intelligence générale des nations
cultivées qui l'emploient. C'est un adjectif qui exprime tout ce qui se rapporte à
idée dans le sens que je viens d'expliquer, c'est-à-dire que les sensations, au
moment où elles sont réfléchies par les facultés de rapport universel, dont
manquent les brutes, sont converties en *essence intellectuelle* ou *idée*.

Mais, comme les écoles philosophiques, chacune selon ses vues et ses principes
extrêmes et opposés, ont tout confondu, jusqu'ici, au moins que je sache, le
sens du mot idéal, comme exprimant tout ce qui se rapporte à *idée*, ne se
trouve ni bien éclairci ni clairement compris. Les idéologues, imaginant que tous
les phénomènes de l'esprit résultent des impressions externes, ramènent l'origine de tout à l'*impression* externe; les psychologues, j'entends les platoniciens
purs (t. I, p. 12 à 17), ceux qui disent : « Étudiez la nature en l'absence de toute
impression externe, soyez exclusivement psychologues, » ramènent tout à un pur
idéalisme. De là vient que, sans y faire attention, ces écoles philosophiques ont
réduit l'existence des êtres inorganiques et organiques à deux classes exclusives :
existence matérielle et *existence idéale*, sans considérer qu'il y a autant de

---

[1] J'entends ici par idéologues ou école idéologique ces philosophes comme Condillac,
Locke, Dumarsais, Destutt-Tracy, Horne-Took et autres, qui, pâles reflets de l'école d'Aristote (t. I, p. 18 à 19), semblent n'accorder à l'âme aucune inclination native de désir, aucune capacité affective inhérente, aucune force innée de déduction, de prévision, de
logique, malgré le témoignage du sens intime, malgré les preuves fournies par l'observation externe.

classes d'existence qu'il y a de règnes (t. I, p. 362 et la note p. 96, t. II), à savoir : existence minérale, végétale, sensitive et idéale ou intelligente, subordonnées l'une à l'autre et toutes à Dieu, comme je vous l'ai fait remarquer (t. II, p. 59) en vous disant dans la leçon XXXVI : « La matière est soumise à l'organisation, l'organisation au sentiment, le sentiment à l'intelligence (ou *idée*), et l'intelligence (ou *idée*) à Dieu.

Le mot idéal, faute d'une rigoureuse analyse mentale, a été considéré comme exprimant une existence qui ne renferme pas les existences intermédiaires entre l'organique et l'intellectuelle. On n'a pas vu que, de même que le pur organique ou *végétal* comprend l'inorganique matériel, le pur animal ou *sensitif*, le végétal et l'organique matériel, de même le pur idéal ou intellectuel comprend ou embrasse, outre son essence propre spirituelle et mystérieuse, tout le sensitif, le végétal et l'inorganique matériel. Ainsi donc une *idée*, quelle qu'elle soit et à quelque classe qu'elle appartienne, comprend, outre son essence intellectuelle, les trois existences inférieures, sensitive, végétale et inorganique. Voilà comment le *penser*, qui n'est autre chose que *concevoir des idées* (rappelez-vous bien ce que signifie *concevoir*, t. I, p. 339), ne peut exister sans la contemplation des existences inférieures sensitive, végétale et inorganique, qui sont sa base, son piédestal, son marchepied, le lien inexplicable et mystérieux qui l'unit avec la matière. S'il n'en était pas ainsi, où se trouverait en ce monde la mystérieuse union, l'harmonie entre l'esprit et la matière, entre l'âme et le corps ?

Donc, supposer le pur *idéalisme*, c'est-à-dire supposer que l'âme peut penser sans matériaux à quoi penser, comme le veulent les psychologues (t. I, p. 3 à 17), c'est supposer que les forces digestives de l'estomac peuvent digérer sans qu'on leur donne rien à digérer. Ce serait confondre la force avec l'action, la puissance avec son exercice. Supposer, d'autre part, comme les idéologues, que les idées sont formées par la pure sensation causée par les impressions, c'est supposer qu'il n'existe pas dans l'âme des forces intelligentes, des forces conceptives intellectuelles, des forces d'où sortent les idées et où se forment tant *à priori* qu'*à posteriori* les *principes généraux*, ce qui revient à supposer, en reprenant la comparaison de l'estomac, que le manger se digère par lui-même sans les forces digestives. Il y a un principe organique dans les plantes, un principe organique sensitif dans les animaux, et un principe organique sensitif intelligent dans l'homme. L'*idée* embrasse tous ces principes, et c'est une aussi grande absurdité de supposer que le principe supérieur *idéal* ne renferme pas les principes inférieurs sensitif, végétal et inorganique, que de supposer que Dieu, supérieur à tous les principes, ne les embrasse pas tous et n'est pas supérieur à tous.

Si je suis parvenu, comme je l'espère, à expliquer ce que toutes les écoles philosophiques entendent, — beaucoup d'entre elles sans le remarquer, — par *idée*, il résulte que le mot *idéal* exprime ce qui se rapporte à toute propriété inorganique, à toute fonction végétale, à toute sensation animale et morale, soit de désir ou de répugnance, soit de perception ou de conception, de douleur ou de plaisir, dont le principe penseur de l'homme a pris notion. Définir une *idée*, ce n'est donc qu'exprimer toutes les sensations et idées subordonnées qu'elle embrasse. L'*idée* d'un objet est d'autant plus profonde, d'autant plus étendue, qu'elle embrasse plus de propriétés, de sensations et de rapports relativement à cet objet. L'*idée* d'une affection est d'autant plus vraie, que l'on sent ou que l'on a senti plus vivement et en plus vaste combinaison cette affection. Et l'*idée* même est d'autant plus claire et complète qu'elle embrasse plus de sensations et d'idées subordonnées dans la plus grande somme de rapports possibles. Ainsi, l'homme en ce monde étant toujours perfectible, ses idées peuvent toujours devenir plus larges.

Dans le sens où je viens d'expliquer le mot, nous disons : l'idée du blanc, du noir, de l'angulaire, du piquant, de la pesanteur, de la résistance; l'*idée* du juste, du droit, du devoir, de la passion; l'*idée* d'une montagne, d'un arbre, d'une pierre; l'*idée* de la vie, du mouvement, de l'impulsion, de la vertu; l'*idée* d'un animal, d'un lion, d'un tigre, d'un éléphant; *idée* fausse, *idée* claire, *idée* profonde, *idée* simple, *idée* complexe, *idée* vaste; nul ne peut se former une *idée* de ses souffrances; on s'était fait là-dessus une *idée* très-différente.

Si Spurzheim a tiré *idéalité* d'*idée*, ce n'est certainement pas dans le sens qu'a ce mot dans les exemples que je viens de citer. Voyons donc quelles en sont les autres significations fondées toutefois sur celle que je viens de vous expliquer comme étant la souche de toutes les autres; et fixons-nous sur celle que Spurzheim a prise pour l'étymologie de son *idéalité*. *Idée* s'emploie pour exprimer non-seulement une simple réflexion des facultés intelligentes, mais encore une réflexion complexe qui embrasse tout un acte mental très-compliqué, un acte dans lequel les mêmes facultés réflexives ont agi simultanément avec diverses autres facultés actionitives, cognoscitives et contactives, formant un plan général d'action dont le centre ou point d'appui est la faculté qui détermine son dessein. Dans ce sens, le mot *idée* est synonyme de pensée, plan, opinion. Ainsi nous disons : quelle belle idée! idée mère, idée perverse, idée triste, idée fixe, idée dominante; se communiquer l'un à l'autre ses idées. Dans tous ces exemples, par *idée* on veut exprimer un acte ou une réunion d'actes de l'esprit très-étendus et très-compliqués, concentrés et perçus dans une seule conception rationnelle.

Outre ces sens, *idée* s'emploie très-fréquemment pour exprimer le dessein primitif ou l'invention d'un produit qui est dû, dans son principe, comme je l'ai plusieurs fois expliqué (t. I, p. 458, 480, 491, 507; t. II, p. 61 à 63), à l'action *désirative* ou *affective* de quelque faculté. En ce cas, le mot *idée* signifie cette même *invention* dont les facultés intellectuelles se sont fait une *idée*. Ainsi nous disons : l'*idée* de ce tableau est admirable; c'est-à-dire, son essence, son dessein primitif, l'instinct qui l'a suggéré est admirable. Si dans une œuvre d'imagination ou d'art il n'y a pas une trame compacte et intelligente, c'est-à-dire un dessein qui se manifeste dans l'ensemble et dans les parties, nous disons alors que cette œuvre manque d'*idée*, qu'elle n'a pas d'*idée*.

On emploie encore ce mot dans un autre sens pour exprimer des visions chimériques, des choses qui ne peuvent, ou que l'on *suppose* ne pouvoir exister ou se réaliser. Dans ce sens, nous disons : ce ne sont que des idées; un tel prend ses idées pour des réalités; il se repaît d'*idées*, c'est-à-dire de chimères, d'illusions, de vaines espérances; il vit dans un monde *idéal*; toutes ses richesses sont idéales.

Idéal s'emploie enfin pour exprimer une conception ou un produit dont l'intelligence s'est fait une *idée* et que l'on considère comme au-dessus des modèles que la nature nous en donne. Dans ce sens, nous disons : *beauté idéale*, formes idéales, et, employant le mot substantivement, l'*idéal*.

Quand Spurzheim nous dit qu'il appelle *idéalité* la faculté qui nous occupe, parce que les poëtes *se figurent un monde fictif et imaginaire* (t. I, p. 112), il semble tirer *idéalité* d'*idée* dans le sens de vision ou chimère; quand il nous dit que la faculté *aspire à la perfection imaginaire ou au fini de la chose*, il semble la tirer d'*idée*, dans le dernier sens que j'ai expliqué, c'est-à-dire de conception supérieure à celle que nous offrent les modèles.

Dans le premier cas, les visions, chimères ou fictions désignées comme *idéales* ne viennent pas d'une faculté, ainsi que veut nous le faire entendre Spurzheim, mais du mode d'action imaginative qu'ont toutes les facultés. Toutes les facultés sont imaginatives; et la *poésie* n'est pas l'imagination, mais le résultat de l'imagination des diverses facultés que j'ai énumérées dans cette même leçon, p. 115 à 116.

Si la force et la véhémence, la chaleur et la passion, l'enthousiasme et l'exaltation d'une faculté, puisque tout cela s'entend par *imagination*, si tout cela, dis-je, ne dépend pas du grand développement et du tempérament favorable de la faculté même, mais d'une autre faculté générale qui le lui communique jusque dans sa spécialité, la doctrine phrénologique de la pluralité des facultés pour la diversité des instincts est renversée, et, comme les anciens moralistes, nous admettons une faculté *idéale* exclusive appelée *imagination*, avec des pouvoirs ou des imaginations de tout genre pour inspirer l'enthousiasme à toutes les autres. Mais cela est trop ridicule pour être même supposé. Ni la destructivité du tigre, ni la combativité du lion, ni l'astuce du renard, ni la tonotivité du rossignol, n'agissent avec enthousiasme, avec chaleur, avec véhémence sous l'influence de l'idéalité, puisqu'ils n'en ont pas. Dans les criminels, les passions animales agissent avec enthousiasme ou une frénétique ardeur, et cependant, selon Spurzheim lui-même, l'*idéalité* se trouve toujours déprimée chez eux. Ajoutez encore que l'on ne pourra jamais employer le mot *idéal* sans donner à entendre que l'*idée* s'est mêlée au sentiment. Toute fiction poétique, toute exaltation imaginative, en s'appelant *idéale*, fait supposer que déjà elle réside dans l'*idée*, que son existence est enlacée avec les facultés réflexives, les seules qui puissent former des *idées*. Le fait est que Spurzheim a commis à l'égard de l'idéalité la même faute qu'il reproche souvent à son maître, celle d'attribuer à une faculté ce qui est l'abus d'une faculté, ou ce qui est le résultat de plusieurs, ou ce qui est commun à toutes.

Dans le second sens, on voit, il est vrai, que l'esprit de Spurzheim a entrevu quelque rayon de lumière quant à la primitive impulsion de la faculté, mais on voit aussi qu'il la confond avec l'imagination en général. Que veut dire aspirer à une perfection imaginaire ou idéale, sinon que la faculté s'est déjà fait l'idée ou l'image de la perfection qu'elle désire? En outre, Spurzheim considère l'idéalité comme un sentiment et non comme un désir, raison pour laquelle il ne devrait lui attribuer d'*aspirations* d'aucune espèce. Mais Spurzheim ne savait pas que toutes les facultés désirent, et c'est pourquoi il est tombé dans les erreurs que j'ai signalées dans la leçon XXII, t. I, p. 344 et suivantes. De toute manière et quoi qu'il en soit, *idée*, *idéal*, *idéalité*, sont toujours des termes impropres pour exprimer un sentiment ou un désir, n'importe de quelle espèce, quand ils ne laissent pas d'exprimer, en quelque sens qu'on les prenne, des actes de l'intelligence, c'est-à-dire des propriétés, des impressions, des sensations déjà réfléchies par l'intellect. Il est étrange, assurément, d'aller chercher, pour exprimer le sentiment le plus sublime de notre nature, le mot *idéal*, dans le sens duquel semble plus ou moins enveloppé l'impossible *idéalisme* des psychologues purs.

Je dis impossible, car, tant que l'âme est emprisonnée dans nos dépouilles mortelles, il est impossible, à moins que Dieu n'opère un miracle en quelqu'un de nous, d'avoir des idées de ce qui ne se sent pas ou ne s'observe pas, comme il est impossible de faire des digestions sans aliments.

Voyant que la dénomination de Gall et de Spurzheim, bien qu'elle exprimât la faculté qui nous occupe dans quelqu'un de ses rapports, ne la déterminait pas, ne l'exprimait pas dans son essence, dans son caractère, dans sa spécialité, d'une manière précise, claire et concluante, je n'eus pas de repos que je n'aie trouvé son impulsion primitive. Après la découverte que toute *sensation* primitive ou spontanée devait être désirative et répugnative, comme je l'ai expliqué, t. I, leçon XXI, pages 530 à 334, la difficulté fut de trouver ce mode désiratif et ensuite de le dénommer d'un seul mot qui exprimât tous ses extrêmes sans outrepasser le cercle de sa juridiction particulière.

Dans cette recherche, Spurzheim d'abord, et Broussais ensuite, m'ont ouvert et aplani le chemin. Vous venez d'entendre dire au premier : « *Cette faculté aspire à la perfection imaginaire* ou au fini de l'œuvre. » Broussais, s'appuyant sur ces paroles de Spurzheim, son maître, dit un jour à ses élèves : « Je vous assure que je penche vers l'opinion de Spurzheim, trouvant comme fondement de ce qu'il appelle *idéalité* le goût, le désir du beau, du bien, de la perfection dans l'œuvre. Quant à moi, je vois dans cette faculté la passion de produire ce qui excite l'admiration avec l'affection qui lui est propre, et de chercher toujours à se surpasser dans ce but. »

Les deux auteurs ont entrevu l'impulsion primitive de cette faculté, mais ils ne l'ont pas vue complétement, et, par conséquent, n'ont pas pu l'établir. Du reste, une seule réflexion eût suffi pour convaincre Broussais que le dessein instinctif de l'idéalité ne pouvait être de produire dans le but d'exciter l'admiration : nulle faculté n'agit ni ne peut agir avec un dessein connu sans les facultés réflexives ; quant à l'admiration, personne ne peut douter qu'elle soit le but fixe et déterminé de la méliorativité.

Lorsque j'eus conçu l'idée que la faculté appelée *dichter-geist* par Gall et *idéality* par Spurzheim n'est ni la faculté qui constitue *seule* le talent poétique, puisque celui-ci dépend de diverses facultés, ni celle qui constitue *seule* la chaleur, la véhémence, la passion, l'enthousiasme des facultés, puisque tout cela dépend, pour chacune dans sa partie *conceptive* spéciale, du grand développement de l'organe et de l'influence mutuelle que toutes les facultés ont entre elles, et moins encore celle qui induit à tout voir, à tout présenter sous un point de vue factice, imaginaire, *idéal* ou *poétique*, dans le sens visionnaire, puisque cela dépend des facultés déjà énumérées dans cette leçon, p. 115 à 116, j'entrepris de déterminer quelle était la juridiction particulière de cette faculté, et la trouvai dans le désir de surpasser, d'améliorer, d'avancer sans cesse et de perfectionner toujours *ce qui existe déjà*, c'est-à-dire ce qui est déjà perçu, conçu, pensé, produit. Cette faculté possède, par conséquent, dans son action imaginative, l'enthousiasme, l'exaltation, le feu, l'animation ; mais le tout, dans sa spécialité, c'est-à-dire dans le cercle du progrès et du perfectionnement. Je remarquai, d'autre part, que mon idée conciliait toutes les opinions et pouvait mettre un terme à toutes les dissidences qui, jusqu'alors, avaient existé sur ce point. Mais, comme en phrénologie les spéculations n'ont aucune valeur si elles ne sont pas accompagnées de la preuve physique, je jugeai que je devais, avec un zèle et un travail infatigables, accumuler des observations sur le sujet.

Je profitai dans ce but des nombreuses occasions qui s'offrirent à moi de reconnaître divers crânes et diverses têtes d'improvisateurs distingués, improvisateurs dès l'enfance, et de différents poëtes naturels parmi le bas peuple. Ce que je remarquai chez tous ces individus fut un développement avantageux, à un degré plus ou moins grand, des facultés dont j'ai fait mention, mais nullement un développement de la méliorativité assez notable pour qu'on pût le dire colossal ou extraordinaire. Je me livrai ensuite à l'examen de personnes qui n'étaient pas *poëtes*, mais qui avaient l'organe vraiment grand. Que trouvai-je de remarquable en elles? Je trouvai réellement cette ardeur, ce feu, cet enthousiasme, cette exaltation, mais limités au cercle d'action de la faculté. Oui, je trouvai ardeur, feu, passion, frénésie, mais pour avancer, pour améliorer, pour embellir, pour perfectionner.

Mais, pourrez-vous me demander, ardeur, passion pour perfectionner *quoi?* Cela est clair : pour perfectionner les différents produits sortis du talent spécial de chacun.

Écoutez. Cette faculté, comme toutes les autres, s'associe naturellement, donnant impulsion et la recevant, avec les facultés les plus actives de l'âme, et de cette combinaison sort un talent, un génie ou une capacité. C'est ainsi que les facultés qui font le peintre, le musicien, l'avocat, le professeur, le médecin, les pousse vers le mieux et vers le mieux encore, leur inspirant un esprit ardent de perfectibilité dans le cercle de leur action ou de leur influence spéciale. En vertu de ce nouvel élément excitateur, ces facultés font des efforts pour se surpasser elles-mêmes, agitant, activant, aiguillonnant leur partie conceptive ou imaginative. Ce nouveau mode de sentir réagit sur la faculté excitative, laquelle se sent à son tour éperonnée : et voilà comment la méliorativité agit, poussant ou poussée, toujours à la recherche d'une perfection humaine plus grande et plus élevée. Aussi le poëte, l'artiste, l'orateur, le musicien, ne se sentent poussés ni à chercher avec feu, énergie, exaltation, enthousiasme, la plus grande perfection dans leurs œuvres, ni à y mettre ces qualités, s'ils n'ont pas une méliorativité bien développée. La méliorativité seule peut produire, seule peut sentir, percevoir, concevoir et communiquer, dans leurs mille formes variées possibles, simples et compliquées, les désirs et l'amour de perfectionner.

Une faculté qui aiguillonne sans cesse les autres pour que chacune, dans sa partie *conceptive* ou *imaginative*, s'efforce à améliorer, à perfectionner les productions actuelles, soit existantes dans l'esprit, soit déjà réalisées au dehors, est donc une faculté nécessaire, non-seulement au poëte, mais à l'orateur, à l'écrivain, à l'artiste et à tous les hommes en général; oui, à tous, parce que tous nous sommes nés avec le *devoir*, puisque Dieu nous a donné le *pouvoir* d'*améliorer* ce qui existe, de tendre toujours vers l'*amélioration de l'amélioré*, comme je l'ai expliqué dans divers endroits, et spécialement, t. I, pages 410-419, en parlant des harmonismes et des antagonismes en général.

En quelque état d'avancement et de développement que l'art et la nature aient mis la condition de l'homme et tout ce qui l'entoure, la méliorativité nous fait partir de là, sous un sentiment ou sous un autre, nous pousse, nous aiguillonne, nous entraîne en avant, et toujours en avant, sans nous jamais permettre repos ni trêve. Ce désir, qui se trouve en harmonie avec tout ce que l'homme a de foi, d'espérance, d'avenir, de vie et de mouvement, est, dans son *usage*, le courant de l'invincible progrès qui nous achemine sans cesse vers la perfection infinie de notre divin Créateur. Dans son *abus* ou son *inactivité*, c'est le flot redoutable qui nous jette au milieu des écueils et des précipices qui nous épouvantent et nous brisent.

Convaincu de ces vérités par l'étude des effets comme moi par l'étude des causes, M. Philarète Chasles, dans un article publié par le *Journal des Débats* du 24 décembre 1852, dit : « Les philosophes et les observateurs considèrent la vie et les sociétés en *repos; mais elles ne cessent jamais de *marcher en avant.* Abuser de l'idée mal comprise de ce mouvement nécessaire, comme on l'a fait en Grèce, c'est arrêter le *progrès lui-même.* Abuser de l'idée du repos ou de la permanence, c'est consacrer la mort par la destruction de tout mouvement, comme font les Chinois. Exagérer l'un ou l'autre de ces éléments; l'avenir ou la mobilité, le passé ou la permanence, c'est suspendre la vie même des peuples, que la régularité éternelle de la lutte entre ces deux éléments soutient et anime. Permanence et mobilité, le monde vit de cet antagonisme, ou, si l'on veut, de cette antithèse. Rien ne se perd et tout change; rien ne s'anéantit, *tout se développe.* »

Le principe de permanence naît des forces antagonistes des facultés mentales se dominant les unes les autres, et toutes se mettant au repos. Le principe du mouvement ou progrès est dû à la force conceptive qu'ont toutes les facultés et à l'impulsion que leur donne la méliorativité dans leurs combinaisons pour les divers produits humains, dans le but déterminé d'embellir, de développer, de parfaire son œuvre, puisque le perfectionnement, cercle de son action, comprend tous ces effets et beaucoup d'autres encore.

C'est au désir inné de cette faculté, joint au mode d'action imaginatif des autres, que l'humanité doit d'être arrivée, pas à pas, du sentier du féroce Indien à travers les déserts aux chemins de fer à travers les populeuses cités. Nous lui devons aussi l'invention des hiéroglyphes, puis des alphabets, puis de l'imprimerie, puis aujourd'hui de la télégraphie électrique, qui laisse entrevoir mille applications. Comment n'avoir pas la conviction que les idées que l'on regarde comme des visions dans un siècle sont des réalités dans le siècle suivant?

Dans tous ces cas, les effets de la méliorativité, produits dans sa combinaison d'action avec certaines facultés pendant une longue série de siècles, s'appellent *progrès*, de même que l'espèce d'influence qu'elle exerce dans sa combinaison avec d'autres facultés, opérant sur le langage, s'appelle *poésie* (voy. t. II, p. 114 à 116). La méliorativité, agissant avec les facultés musicales, produit l'expression, de même qu'elle produit la beauté lorsque son action se combine avec certaine classe de facultés qui donnent existence à la forme; car la beauté réside essentiellement dans la forme. Quand, par exemple, la constructivité, la configurativité, l'imitativité et autres facultés produisent la sculpture, si elles sont animées, vivifiées par la méliorativité, elles s'efforcent d'appeler à leur aide le plus de facultés possible, afin de produire une perfection qui dépende de la symétrie de l'ensemble, de l'ajustement, de l'harmonie, de l'arrangement et de la disposition des parties, dont le tout s'appelle beauté; et toutes ces sensations, rayonnant dans les facultés intellectuelles, réfléchissent l'*idée* de cette beauté conçue, que nous appelons ensuite *beauté idéale*, beauté supérieure à celle que nous offrent les modèles existants.

La *vertu*, ou *beauté morale*, qui a pour antagonisme le vice, ou laideur morale, n'est également qu'un produit inspiré par la méliorativité. Voici comment elle lui donne l'existence. Les facultés d'impulsion humanale (t. II, p. 96, note), se trouvant d'un côté aiguillonnées par les facultés animales, sentent de l'autre l'influence de la méliorativité qui les poursuit. En vertu de cette influence, elles se trouvent inspirées pour le mieux, pour l'éminent ; elles entendent un écho qui leur répète sans cesse : *Excelsior ! «* Plus haut ! plus haut ! » Dans cet état d'aspiration perfective, elles s'élèvent au-dessus des facultés de pure action animale ; et de l'opération de toutes ces facultés combinées en un ordre hiérarchique symétrique, il résulte une action dans laquelle resplendit cette concordance, cette harmonie, cette beauté morale que nous appelons vertu ou moralité, dont l'antagonisme est la discordance inharmonique ou laideur morale, appelée vice ou immoralité.

Combien est beau et sublime un acte de vertu ! et combien est laid un acte de noire, infâme et misérable méchanceté ! L'un est un vrai progrès, un pas vers la Divinité, origine, centre et circonférence de toute perfection ; l'autre un pas en arrière, un pas vers les instincts des brutes. Dans l'ordre moral, la beauté et la sublime harmonie qui résultent du triomphe des facultés *humanales* sur les impétueux instincts *animaux*, c'est un *progrès avec ordre*.

Spurzheim trouva toujours l'IDÉALITÉ aplatie chez les criminels, de bas étage s'entend ; je l'ai trouvée de même. Comment pourrait-il en être autrement ? Comment serait-il possible qu'une faculté qui pousse constamment les facultés morales vers une vertu de plus en plus grande ; les facultés linguistiques vers une poésie, une éloquence ou une élégance toujours plus élevées ; les facultés constructives vers une beauté idéale toujours plus sublime ; les facultés musicales vers une expression toujours plus ardente, plus vive, plus brûlante ; et toutes les facultés vers le mieux, et vers le mieux encore, en leur criant sans cesse : *Excelsior !* « Plus haut ! plus haut ! plus haut ! » comment serait-il possible, dis-je, que cette faculté se trouve très-développée dans les criminels qui, déserteurs de la vertu, de la poésie, de la beauté, du grand, de la perfectibilité, se plongent dans le vice, ne se plaisent que dans la bassesse, la laideur, et vont, en un mot, à la barbarie ?

Jugez vous-mêmes si une faculté qui a pour objet d'élever, de perfectionner et les actions et les produits de l'homme, de quelque genre qu'ils soient, ne doit pas s'appeler méliorativité, perfectivité ou progressivité.

Soyons francs, mettons la main sur la conscience, et nous verrons que Gall et Spurzheim ont très-bien conçu le dessein primitif de cette faculté ; mais ni l'un ni l'autre n'avaient pu la considérer en abstraction complète de toute influence étrangère. Ils n'avaient pas distingué entre un produit, résultat de diverses facultés, et le dessein instinctif, résultat d'une seule faculté qui nous pousse naturellement à ce produit. Tous deux considèrent l'action instinctive de la méliorativité dans sa combinaison avec les facultés qui produisent le langage et ce que nous appelons *poésie* dans le langage. L'un lui donna le nom de *talent poétique*, ce qui revient à dire que cette faculté seule produit les langues, convertit les langues en langage, et communique à ce langage la versification, l'imitation, l'exaltation figurative, la description élevée, la narration sublime, toutes circonstances qui, combinées, constituent le produit moral appelé *poésie*, dans lequel concourent, par une nécessité forcée, une grande partie des facultés découvertes par Gall. Spurzheim, de son côté, a vu dans son esprit l'âme de la poésie, qui est, à n'en pas douter, l'*imagination*, mais une imagination complexe, une imagination embrassant les imaginations de diverses facultés qui, combinées en une action simultanée, concourent, comme vous le savez, à la production mentale que nous appelons *poésie*. Il entrevit ce concours ; mais, ayant toujours dans l'esprit que l'organe s'était trouvé grand chez les poëtes, il a cru qu'il existait une faculté dont l'impulsion primitive était d'incliner l'âme à la *poésie*. c'est-à-dire de produire l'*imagination poétique*. Il n'a pas remarqué, d'abord, que c'est une absurdité de supposer l'existence d'une faculté non assujettie à divers degrés d'action, et dont l'impulsion primitive doit être l'élévation poétique, ce qui signifie nécessairement exaltation, feu, véhémence, imagination, affections communes, je ne me suis pas lassé de le répéter, à toutes les facultés en état d'agitation. En second lieu, il n'a pas remarqué que le mot *idéalité*, dérivé directement d'*idéal*, exprime une beauté, une perfection au physique comme au moral; que l'intellect ayant pris connaissance de ce fait, il en est résulté une *idée;* oui, une *idée*, pour la formation de laquelle, vous le savez, ont dû intervenir toutes les facultés intellectualitives, logiques, pensantes ou réflexives.

Si la méliorativité, dans sa partie désirative, soupire après le progrès, dans sa partie perceptive, elle prend connaissance de ce progrès; autrement elle ne serait pas, comme elle l'est, en harmonie avec la création, où tout est développement progressif, et où le perfectible s'enchaîne dans une sphère incommensurable de perfection suprême. L'art aura beau avancer, embellir, améliorer, la nature sera toujours un modèle-type, un modèle parfait de progrès, de beauté, d'amélioration. La même faculté donc qui désire progresser se plaît dans le progrès; la même faculté qui s'efforce d'embellir se plaît avec la beauté; la même faculté qui aspire à innover se plaît dans le nouveau. L'*admiration* est son affection, de même que l'enchantement est celle de la réalitivité. Les étoiles qui brillent au ciel, les fleurs qui ornent les champs, les continents et les mers avec leurs aspects et leurs horizons, les astres avec leurs orbites et leurs mouvements rotatoires, l'être inorganique le plus simple comme l'être organique le plus complexe, tout est plein de perfection, d'harmonie, de beauté suprême, et la méliorativité est, je le répète, en parfaite concordance avec toutes ces perfections.

La méliorativité étant *petite*, l'individu sentira peu d'enthousiasme pour le progrès, l'amélioration ou la beauté d'aucune espèce ; si elle est *moyenne*, il sentira une inclination régulière; si elle est *grande*, il sentira une inclination très-active, mais sa direction spéciale est déterminée par d'autres facultés. Cobbet appelait le *Paradis perdu* de Milton un « fatras absurde et ridicule; » cependant sa méliorativité ne manquait pas d'un bon développement, mais il était privé des facultés poétiques. L'école *utilitaire*, qui fut un moment en faveur, méprisant le beau, le recherché, le poétique, ne doit pas faire présupposer un manque de méliorativité, mais le défaut d'activité dans les facultés qui donnent naissance aux beaux-arts, aux arts d'imitation. Cette école place la beauté, non dans les arts nobles, mais dans le plus grand nombre de personnes qui ont l'estomac rempli et les membres bien couverts, comme si l'homme n'avait pas d'aspirations plus élevées que la satisfaction des nécessités animales les plus grossières. Avec une grande méliorativité, nous nous sentons emportés par l'ardeur et l'enthousiasme à perfectionner, à embellir, à rehausser, et aussi à goûter, à savourer ce qui est digne d'admiration. Mais à perfectionner, à embellir *quoi* et *comment?* Cela regarde d'autres facultés, je ne cesserai pas de le répéter. Avec beaucoup de méliorativité, l'écrivain qui se livre à un genre de littérature pour lequel les facultés nécessaires n'ont pas chez lui un développement favorable effacera beaucoup; si un artiste se trouve dans le même cas, il fera beaucoup d'essais qui seront inutiles si les organes des facultés productrices sont très-petits, et enfin satisfaisants s'ils sont moyens.

Langage naturel. — Dans sa pure action affective au degré véhément, cette faculté exprime l'admiration ou l'enthousiasme pour une perfection ou une beauté extrême. Tous les transports d'admiration, dans les mille combinaisons où ils peuvent se trouver, sont des exemples du langage naturel de cette faculté. Chaque fois que nous contemplons en extase un progrès inattendu, une beauté qui passe les limites de l'idée que nous nous en étions faite, le langage naturel de la méliorativité se peint instantanément sur notre figure; il est l'image ou l'expression externe du sentiment que nous appelons admiration. Comme un sentiment est rarement assez violent pour absorber tous les autres, il se manifeste en action combinée avec quelque autre affection. Ainsi l'admiration et l'étonnement, c'est-à-dire le langage naturel de la méliorativité et de la réalitivité, paraissent d'habitude simultanément dans l'expression du visage.

Vous me pardonnerez, je l'espère, les longues observations que je viens de faire sur la méliorativité. Tous les phrénologues conviennent qu'elle se trouve en harmonie avec la partie *perfectible* du monde externe, et avec la condition *perfectiblement imparfaite* de notre nature. Néanmoins, pour n'avoir pas connu le principe à la découverte duquel j'ai consacré toute ma vie, à savoir, que toute conduite, tout produit de l'homme dépendent nécessairement de diverses facultés, dont une seule leur sert d'âme ou d'inspiration essentielle, et qu'aucune faculté, de quelle classe soit-elle, ne peut opérer spontanément ou par excitation, sans l'intervention des autres qui lui servent de sens ou de moyens exécutifs (voyez leç. XLVII); pour n'avoir pas connu ce principe, dis-je, la méliorativité a été jusqu'ici, à mon avis, mal dénommée et très-confusément expliquée.

33, SUBLIMIVITÉ; auparavant 25, SUBLIMITÉ.

Combe a cru remarquer dans certains cas que la région derrière l'idéalité, aujourd'hui méliorativité, était grande, lorsque la méliorativité même était petite. Il supposa, d'après les faits qu'il put rassembler sur la matière, que la région en question pourrait bien être le siége d'une faculté dont la juridiction particulière serait le terrible, le redoutable, le grandiose, le vaste, le magnifique, l'immense, en somme, le sublime. Qu'il existe une différence bien marquée entre le beau et le sublime, cela n'est pas douteux. Burke, un des écrivains les plus éminents de la Grande-Bretagne, a composé sur ce sujet un ouvrage plein d'érudition et de bon sens. Combe cependant ne se prononce pas sur la faculté, il se contente de la mentionner pour attirer sur elle l'attention des phrénologues. A Manresa, D. Jose Codina, prêtre, remarqua un enfant qui paraissait se complaire à observer les tempêtes, les incendies, et tout ce qui dans la nature présente un aspect de terreur sublime, tandis que le beau, le pur, le simple, le touchaient peu. Cet enfant présentait l'organisation qu'indique Combe.

Dès le principe, je donnai à ce sujet, sinon toute l'attention qu'il mérite, du moins toute celle dont je suis capable. Je remarquai bientôt que le lieu où Combe suppose que la sublimivité peut avoir son siége est voisin de celui de la précautivité, et, par conséquent, cette dernière pourrait jouer un rôle qui ne serait pas sans importance, relativement aux affections que Combe attribue à une faculté nouvellement découverte. Ce qui est certain, c'est que jusqu'ici aucun phrénologue, si ce n'est Combe et moi, après lui, n'a parlé d'une semblable faculté. Je commence à croire que nous devrons abandonner l'idée de l'existence de la sublimivité, et attribuer les affections qu'on lui suppose à la précautivité en combinaison active avec la mélîorativité. En effet, le sublime n'est pas éloigné du terrible, si toutefois ils ne vont pas toujours ensemble. Dans le vaste, le grandiose, l'immense, il y a sublimité, s'il y a en même temps concordance et harmonie, ou, ce qui est la même chose, *beauté*, objet de la mélîorativité. Le vaste, le grandiose, l'immense, considérés exclusivement en eux-mêmes, dépendent de mesures colossales en propriétés physiques, objet de la méditivité et autres facultés cognoscitives. La terreur, qui n'est qu'une crainte violente, se fonde sur la sensation désagréable de la précautivité (Voy. t. II, p 87 à 90) modifiée par l'action d'autres facultés. Dans une tempête, dans un embrasement, dans un bouleversement immense de la nature, il y a sublimité, péril, et éléments physiques dans les proportions qui constituent le vaste, le grandiose. Il y a plus; il y a le prodigieux, il y a l'inscrutable dessein d'une cause très-puissante que nous sentons, mais que nous ne connaissons pas. Dans la personne qui sera agréablement émue, au milieu de toutes celles qui contempleront un pareil spectacle, il y aura beaucoup des facultés saisitives ou cognoscitives en action, ensuite la mélîorativité, et, après, la réalitivité. Mais la faculté qui joue ici le grand rôle est la précautivité dans sa partie d'affectivité agréable (Voy. t. II, p. 87 à 90), puisqu'au milieu d'un danger vaste et étendu, elle éprouve le plaisir que lui cause la sécurité. Ce plaisir, joint à celui que procure le beau à la mélîorativité, nous explique le sentiment délicieux que nous éprouvons en contemplant le terrible. Mais, si le danger devient imminent, l'affectivité désagréable de la précautivité s'éveille et la pénible sensation se développe avec une telle rapidité, que bientôt nous sommes en proie à une terreur panique. En de pareils moments, la faculté n'opère plus que dans son état le plus violent de douloureuse susceptibilité.

LEÇON XXXIX

**Troisième classe. — 34 ou 14, APPROBATIVITÉ. —
35 ou 4, CONCENTRATIVITÉ.**

Messieurs,

Je serai plus bref sur les facultés et les organes qui vont nous occuper
que sur les explications que j'ai données dans la leçon précédente. J'ai été
entraîné à vous dire ce que vous avez entendu sur l'idéalité, aujourd'hui
mélioralité, par une conviction de haut devoir. L'organe de cette faculté
est chez moi d'un développement presque anomal, au point que ses voisins
sont tous notablement déprimés. Quand il en est ainsi, il n'est pas difficile
à l'individu de déterminer l'action particulière et spéciale de la faculté au
degré le plus élevé d'activité, en s'adressant à sa conscience.

En effet, parcourant ma vie depuis ma plus tendre enfance, j'ai pu remarquer, ou j'ai cru pouvoir remarquer, l'action de ma mélioralité dans son
action simple, isolée et particulière. Mes observations ont pu être d'autant
plus nombreuses et plus exactes, que, dès l'âge de dix ans, j'ai tenu un journal
de ma vie, dans lequel j'ai noté mes actions et mes pensées pour peu qu'elles
m'aient paru importantes, le tout dans le but, instinctif en moi, d'améliorer
et d'améliorer toujours. Je retrouve dans ce journal que, dès mon enfance,
j'ai eu l'habitude de me dire : « Le présent vit de l'avenir. » — « Malheur à celui qui est content, le royaume du *statu quo* est à lui. » Je remarque aussi que la première sentence populaire, en patois catalan, qui ait
frappé ma jeune attention fut celle-ci : *Qui no mira en devan en derrera
cau*, « qui ne regarde pas en avant tombe en arrière. » J'ai vu ensuite cependant que si nous devons, en effet, fixer constamment les yeux sur cet *en
avant*, sur cet avenir, il est vrai aussi que cet avenir a pour origine et pour
appui un *présent* dans lequel et duquel nous devons tâcher d'être contents,
si nous ne voulons pas être complétement misérables.

Mais, dans cette double existence de conservation et de progrès, d'arrêt et
de mouvement, de présent et d'avenir, vers laquelle nous devons diriger
notre attention, plus nous sommes satisfaits de ce qui est actuellement,
plus nous reculons, plus nous nous détériorons, plus nous nous bestialisons.
Notre sainte religion ne nous fait-elle pas porter le regard vers l'avenir,
quand elle nous dit que la mort n'est qu'un degré pour aller à l'éternité ?

Avec l'organisation que je viens de signaler en moi, et mon peu de tendance à regarder les choses sous un point de vue exclusif, j'ai cru que je
possédais tout ce qu'il fallait, je le dis en toute simplicité et en toute humilité, pour éclairer le monde scientifique sur une matière aussi importante

que celle qui, dans son origine, constitue tout progrès, tout avancement que peut concevoir l'intelligence humaine. Avoir les qualités, avoir le pouvoir, c'est avoir, selon moi, le *devoir* de les utiliser, de s'en servir au profit de son prochain et pour la gloire de Dieu.

C'est à la conviction profondément enracinée en moi du rapport qui existe entre le pouvoir et le devoir de l'exercer pour le bien, que vous devez les explications que j'ai données sur la méliorativité dans la précédente leçon. Si elles sont vraies, si elles reposent, comme je le crois, sur les lois naturelles de notre esprit, dont Dieu est l'auteur, alors certains hommes de petite méliorativité et de grande animalité auront beau crier : « En arrière! reculez! » mot qui, selon moi, vous le savez (t. 1, p. 125 à 128), est la consigne du *vice* et du *mal;* Dieu répond : « En avant! Plus haut! » cri qui est celui de la *vertu* et du *bien :* et l'humanité marche et marchera en avant.

Les diverses manières de considérer le progrès, c'est-à-dire la beauté, la vertu, le bien; les uns croyant qu'il consiste en plus ou moins de répression, les autres en plus ou moins de liberté; ceux-ci dans les développements du commerce, ceux-là dans les développements de la fabrication; ceux-ci dans l'extension de l'agriculture, ceux-là dans l'extension de la navigation; ceux-ci dans l'adoption des formes du gouvernement absolu, ceux-là dans celle des formes du gouvernement représentatif; celui-ci dans la culture des beaux-arts, celui-là dans la culture des arts mécaniques; ceux-ci dans la pratique de certaines actions morales plus répressives, ceux-là de certaines actions morales plus expansives; toutes ces manières répondent aux desseins providentiels et ne sont, en dernier résultat, que des moyens de graduer la marche du progrès général, en harmonie avec les pas que Dieu lui a comptés et les rivages dans lesquels il l'a enfermé pour empêcher son courant de déborder. C'est ainsi que les uns voient le *progrès* où les autres voient l'*immobilité;* mais, dans ce cas, les idées de *progrès* comme celles d'*immobilité* ne sont que des partis adverses qui, se servant mutuellement de contre-poids, opposent des signes au progrès général qui est la beauté et la vertu, sans empêcher son cours et sans le détourner de sa direction.

Lorsqu'un ou plusieurs des partis opposés du progrès, car le progrès, comme tout autre *produit* senti et imaginé par l'homme, divise les hommes en partis; lorsqu'un de ces partis devient prépondérant, c'est-à-dire lorsque plusieurs classes de la société agissent dans la persuasion que le progrès consiste exclusivement en une espèce d'avancement, de développement donné, et non dans celui de toutes les classes, de tous les individus et de tous les produits, considérés dans leur ordre hiérarchique, alors il y a un *engorgement* social qui finit par de grandes et terribles catastrophes nationales. Les royautés comme les républiques, les principautés comme les empires, nous en ont donné d'effrayants exemples. En ce cas, le progrès est un fleuve débordé qui, ayant franchi les bords qui régularisent et dirigent son cours, ne produit qu'inondations, horreur et épouvante dans les lieux où il devait répandre la fécondité, la fertilité et l'abondance.

34 ou 14, APPROBATIVITÉ.

Définition. — USAGE OU OBJET. Désir d'approbation, de louanges, de gloire, de distinction, de renommée, et aversion pour l'indifférence, le mépris, le peu d'estime qu'on fait de nous. Perception et conception de ces qualités morales et des sentiments correspondants qu'elles causent. Il est clair, comme vous pouvez maintenant le comprendre, que l'*idée* que nous nous formons de ces désirs, de ces sentiments, se réfléchit dans le miroir des facultés *intellectualitives*. — ABUS OU PERVERSION. Vaine gloire, vanité extrême, excessive timidité honteuse; fureur pour les vaines distinctions, les flatteries, les adulations; crainte horrible qu'on ne fasse pas cas de nous; jactance. Il peut y avoir, c'est clair, autant d'abus de l'approbativité qu'il y a de facultés, qui agissent en action combinée avec cette faculté pervertie. — INACTIVITÉ. Dans cet état, elle prédispose à regarder avec indifférence l'opinion d'autrui sur nous.

Localité. — La partie antérieure de cet organe est en arrière de la précautivité; sa partie postérieure est en avant de la concentrativité et de la supérioritivité; sa partie supérieure est au-dessous de la rectivité et sa partie inférieure au-dessus de l'adhésivité; il est tout entier aux côtés de la déclinaison de la partie postérieure de la tête. Quand cet organe est très-développé, la partie postérieure du sommet de la tête se présente avec une grande proéminence sphérique, tandis qu'un grand développement de la supérioritivité seule donne à cette partie du crâne une forme pointue.

Découverte. — Le docteur Gall vit dans un hôpital de fous une femme qui se croyait reine de France. Il crut trouver chez elle l'organe de la supérioritivité grandement développé; il se trompait; à la place il trouva un creux; mais de chaque côté de ce creux il aperçut une protubérance très-marquée. Cette particularité le troubla d'abord beaucoup; mais son génie extraordinaire vit bientôt que la folie de cette femme était très-différente de celle que montrent ceux qui sont fous d'orgueil. Ceux-ci ont un air de majesté fière; ils sont compassés, mesurés, graves, impérieux, arrogants; tandis que cette femme était babillarde, présomptueuse, impressionnable, désireuse de faire connaître sa haute lignée, ses immenses richesses, de promettre sa faveur et sa protection. Elle cherchait que l'on fît cas d'elle, elle se servait de tous les moyens à sa portée pour exciter l'approbation. Dès lors Gall (*OEuvr. cit.*, t. IV, p. 191-192) aperçut la différence entre l'orgueil et la vanité [1], et reconnut leur siége respectif dans la tête humaine.

---

[1] Beaucoup confondent l'orgueil, qui est l'abus de la supérioritivité, avec la vanité, qui est l'abus de l'approbativité. Gall (t. IV, p. 185 de ses Œuvres) a mis très-exactement en parallèle ces deux affections. « L'*orgueilleux*, dit-il, attend que les gens viennent à lui et reconnaissent son mérite; le *vaniteux* les appelle à grands cris et mendie le moindre honneur qu'on veut bien lui faire. L'orgueilleux méprise ces signes de distinction qui

Harmonisme et antagonisme. — L'approbativité est en harmonie avec les liens qui unissent et les causes qui constituent la société. L'existence de celle-ci étant déterminée par l'organe de l'adhésivité, qui la constitue essentiellement, l'approbativité est un élément indispensable. S'il existait, parmi les membres qui composent une société, une complète indifférence pour l'opinion des uns à l'égard des autres, pour se plaire ou se déplaire mutuellement, il manquerait une des causes principales de son existence; l'ordre et l'harmonie manqueraient dans l'univers. Le désir de plaire à autrui, de mériter l'approbation d'autrui, est un élément si indispensable, dont on peut si peu se séparer dans la société, que les animaux mêmes qui doivent y vivre le possèdent. « Avec quel plaisir, dit Gall (IV, 190), le chien reçoit nos caresses ! combien agréables sont au cheval les marques d'affection que nous lui donnons, et avec quelle ardeur il se précipite pour devancer son rival dans la carrière ! Nous savons tous que dans le midi de la France l'on orne de bouquets les mules quand elles marchent bien. Le plus grand châtiment qu'on puisse leur infliger, c'est de leur ôter le bouquet et de les placer derrière la voiture.

Divers degrés d'activité. — Si l'organe est *petit*, l'individu se sent peu d'inclination, peu de goût pour tout ce qui est l'objet de cette faculté. — S'il est *moyen*, l'activité de la faculté dépend de l'exercice qu'on lui donne, de la direction qu'on lui impose. Dans cet état, la faculté n'est pas de soi sujette à des excès, mais elle peut être facilement un instrument utile ou pernicieux, suivant la direction que lui donnent les facultés dominantes. On doit toujours être sur ses gardes à l'égard des organes moyens, à cause de la facilité avec laquelle leurs facultés se répriment ou s'excitent. — S'il est *grand*, l'individu perçoit et conçoit avec de fortes émotions tout ce qui est l'objet de cette faculté. Il se sent disposé à tout pour être agréable, pour obtenir l'approbation d'autrui. Le sourire du puissant, du gouvernant; tout acte qui marque qu'il a l'approbation d'une personne qu'il respecte ou qu'il vénère, l'affectent aussi agréablement qu'il serait péniblement mortifié de sa désapprobation. Si l'on n'y veille de près, la faculté se manifestera facilement sous toutes les formes possibles de sa perversion.

Direction et influence mutuelle. — Après tout ce que j'ai dit sur ce sujet, il doit vous être facile de comprendre que le désir de gloire et de renommée se présentera d'autant de manières que l'approbativité peut former de combinaisons possibles avec les autres facultés, chacune dans les divers

font tant de plaisir au vaniteux. Les louanges indiscrètes répugnent à l'orgueilleux ; le vaniteux aspire avec délice l'encens de la flatterie, même quand il est trop fort et qu'il lui est présenté par une main peu délicate. » — Blair a fait aussi une distinction assez exacte entre l'orgueil et la vanité. « L'orgueil, dit-il dans ses *Leçons de rhétor que* (leçon XI) nous fait estimer nous-mêmes ; la vanité désire l'estime des autres. C'est comme si nous disions, avec Swift, qu'il y a des hommes qui ont trop d'orgueil pour être vaniteux. » — Les Français ont plus d'approbativité, les Anglais plus de supérioritité; tous ceux qui ont écrit sur le caractère de ces deux peuples s'accordent à le reconnaître. Certain auteur dit : « Les rues de Paris ne respirent que *vanité* ; dans celles de Londres, tout est *orgueil*. »

degrés d'activité dont elle est susceptible. Comme élément de conduite humaine, il y a à peine une seule action où on ne la trouve. En effet, y en a-t-il *une* où n'entre, où ne puisse entrer la considération du « Qu'en dira-t-on? » Sous l'influence dominante des facultés supérieures, l'approbativité inspire à l'homme le désir d'être agréable, qui modifie favorablement tous ses produits et toutes ses actions. Cette même influence favorable suppose qu'il n'est ni acte ni produit humain qui ne puisse être gâté par l'influence d'une approbativité pervertie, de même qu'un mets quelconque peut être gâté par la prépondérance exagérée de quelqu'un des ingrédients qui le composent.

Incidents. — Le célèbre poëte romancier et historien Goldsmith avait l'approbativité à un haut degré pervertie. Johnson dit de lui : « Il a si peur qu'on ne fasse pas attention à lui, que souvent il parle seul, de crainte qu'on oublie qu'il est présent. » — Un célèbre cuisinier français s'est suicidé parce que la marée manquait pour la table de son maître. — Le célèbre poëte Racine contracta la maladie dont il mourut, parce que Louis XIV lui refusa entrée à la cour. — Il y a peu de temps, un célèbre ténor s'est suicidé à Naples, parce qu'on lui dit qu'un autre chanteur, qui lui était réellement inférieur, se rendait à Paris et allait éclipser sa gloire. — Qui ne sait que notre célèbre poëte Melendez, en lisant une composition de son disciple Cadalso, laissa tomber le papier avec tristesse et se prit à dire : « On me laisse déjà en arrière ! » et Rossini, avec un sentiment analogue, après avoir entendu une partition de Bellini : « *Il commence par où je finis!* »

Observations générales. — Toute aversion peut produire une sorte d'affection timide qui inspire une certaine *peur;* de même que tout désir peut produire une sorte d'affection réactive qui inspire un certain *courage,* comme je l'ai déjà expliqué (p. 624). Désir d'être agréable et aversion de l'indifférence sont, dans leur objet, la même chose, il n'y a pas de doute ; mais, dans les affections et les effets qu'ils produisent, ils sont très-différents, comme j'ai eu l'occasion de le faire remarquer au sujet d'une autre faculté. L'un cherche le *plaisir*, l'autre fuit la *douleur.* Les tendances de celui-ci sont par conséquent de *reculer,* celles de celui-là d'*avancer.* L'affection produite par l'un s'appelle *amour-propre* dans le sens de présomption arrogante; celle produite par l'autre s'appelle *honte* dans le sens de douloureuse pusillanimité. L'un active la *désirativité*, l'autre la *répugnativité* des autres facultés. C'est ainsi que la même approbativité, qui, dans ses excès désiratifs, fait parade de ce courage qui sent la *jactance*, produit, dans ses excès répugnatifs, cette timidité qui implique la *défiance.*

La femme est destinée à embellir, à égayer, à orner la société ; l'homme, à gouverner, à vaincre les obstacles. En harmonie avec cette destination, ordinairement chez la femme l'approbativité est plus et la supérioritivité est moins développée que chez l'homme.

L'approbativité, dans son impulsion primitive et naturelle, a donné naissance aux institutions des titres et des distinctions honorifiques : vouloir les détruire est aussi absurde que d'en abuser. L'ambition d'un blason se rit de la mort. Le désir d'obtenir les louanges publiques peut être la source des plus belles actions. Souvent un homme fait plus par enthousiasme pour la gloire que par

aucun autre motif. Et, comme le sentiment est le même dans le maître et dans
le serviteur, dans le médecin et dans l'avocat, dans le charpentier et dans le
chapelier, l'approbativité, satisfaite avec modération, est un stimulant noble,
puissant et désintéressé au progrès des arts et des sciences, elle produit un
grand plaisir individuel et un grand bien social.

Ces économistes politiques qui ne voient d'autre stimulant pour la production
que la rivalité de la concurrence ne connaissent pas aussi bien les motifs humains que le bon sens de ces peuples qui, pour donner une impulsion à cette
même concurrence, ont établi des *expositions publiques* de toute espèce de
produits, accordant des récompenses à ceux qui ont inventé ou exposé les plus
remarquables. Parfois une médaille, un ruban, une mention honorable, qui satisfont l'approbativité, sont un aiguillon plus puissant pour le progrès artistique que toute la concurrence et toutes les espérances de gagner de l'argent.
Il n'est pas moins certain, malgré cela, que plus on excite de facultés à concourir à une fin déterminée, plus on a de probabilité de réussir. Les gouvernants qui désirent l'avancement et le bien-être de leur patrie devraient toujours avoir ce principe sous les yeux lorsqu'ils font des lois qui excitent les
craintes ou activent les espérances des hommes.

Du reste, le libre arbitre de l'homme est capable d'abuser de toute institution humaine ; il n'est donc pas étonnant de voir abuser des récompenses, des
éloges, des honneurs, comme nous voyons abuser des principes les plus saints
et les plus sacrés. — Les codes d'étiquette, de cérémonial, de politesse, reposent,
dans leur primitive inspiration, sur cette faculté.

Langage naturel. — Elle fait porter la tête en arrière et penchée de
côté; elle communique à la voix un son doux et solliciteur, et au visage un
sourire affable qui demande l'approbation; « elle produit sur les lèvres, dit
Combe, ce genre de beauté qui ressemble à l'arc d'Apollon. » Si l'approbativité est démesurée, l'individu joue beaucoup de la tête, écarte les jambes,
fait des gestes à droite et à gauche, se contorsionne, se pavane, s'enfle et
parvient à être désagréable et ridicule. Le langage naturel de l'approbativité
peut, comme le langage naturel de toute autre faculté, se présenter sous
mille formes distinctes, suivant qu'il se trouve modifié par l'action des autres
facultés.

35 ou 4, CONCENTRATIVITÉ.

Après ce que je vous ai dit de cette faculté et de son organe, en parlant
de l'*habitativité*, t. II, p. 96 à 103, il ne me reste rien ou du moins peu de
à chose vous faire remarquer à son sujet; d'autant plus que son existence, *à
laquelle, pour ma part, j'ai de forts motifs de croire*, n'est pas encore complétement démontrée, du moins démontrée selon la rigueur des principes
d'investigation phrénologique.

Ceux qui se sont consacrés avec le plus d'ardeur et le plus de zèle à l'é-
tude de cette faculté disent que son activité *désirative* la porte à se concentrer sur un objet, une idée ou une affection exclusive; que la partie active

ou d'attention[1] des autres facultés peut seule la satisfaire. Son activité *répugnative* est une aversion pour toute distraction, pour tout relâchement, soit dans les éléments physiques, soit dans les éléments moraux. La perception ou la conception d'enchaînement, d'agencement, de concentration dans le monde interne; la direction des facultés qu'elle domine vers une idée exclusive, vers un foyer de l'esprit, voilà ce qui plaît à la concentrativité. Ce qui lui déplaît, c'est la perception ou conception de divergence, de séparation, de relâchement, tant au dedans qu'au dehors de l'esprit.

La *perception*, vous vous le rappelez, se rapporte à ce qui est *actuellement*, à ce qui est *présent*, et la *conception*, à ce qui est *passé* et à ce qui est *à venir*. La conception compare donc, combine, réunit tous les désirs et les aversions, toutes les affections agréables ou désagréables (*Voy.* t. I, p. 339 à 344), et elle en déduit, elle en imagine tout ce que sa force constitutive est capable d'imaginer. Et, comme une faculté, — je ne me lasserai pas de le répéter, — *voit tout à travers le prisme de celles qui la modifient*, toutes ses conceptions se ressentent naturellement du mode d'action qui est prépondérant dans celle sous l'influence de laquelle elle se trouve. Si donc la concentrativité est dominée par la précautivité dans son mode d'action douloureux, qui est l'*appréhension*, la répugnance des autres facultés est éveillée. Alors l'individu ne voit plus de toutes parts que dispersions, ruines, désunion, relâchement physique et moral. Si l'effectuativité, dans son mode d'action agréable, est celle qui domine, l'imagination de la concentrativité prend le diapason et voit tout bien lié, bien concentré, tout avec la force que donne la rigidité, la contraction, l'union. Mais la concentrativité n'est pas seule susceptible de ces modes d'action opposés, suivant que ses affections agréables ou désagréables sont excitées par la précautivité ou l'effectuativité, toute autre faculté l'est de même, de quelque classe qu'elle soit.

Par la raison que toutes les facultés, en vertu des mille influences, des mille motifs opposés qui peuvent les émouvoir, sont susceptibles de mille modes d'action agréable ou désagréable, donnant lieu à des fluctuations, à des hésitations, à des revirements inattendus qui empêcheraient à chaque instant l'action générale de l'individu; pour cette raison, dis-je, Dieu nous a donné la continuativité. (Voy. leç. XLIII.) Cette faculté, nommée jusqu'à ce jour force de caractère, nous pousse à agir, au milieu de ces influences opposées, d'une manière certaine, constante, déterminée. Autre chose est

---

[1] Pour la complète intelligence de ce que j'explique, je recommande ce que j'ai dit sur l'*attention*, tome I, leçon XXVII, p. 425 à 424. Vous verrez comment le désir d'une faculté n'a de moyen de se satisfaire qu'avec le secours des autres facultés. C'est une doctrine que j'ai répétée bien des fois et que je ne saurais trop répéter. Si le désir vague et indéfini de se porter, de se concentrer, de se fixer sur un point, n'était pas associé avec des facultés qui *ont l'attention*, c'est-à-dire qui peuvent le satisfaire, où serait l'harmonie de l'esprit humain? Chaque faculté, il est vrai, a d'autant plus de force d'attention que son activité est plus grande; mais comment toutes les attentions se concentreraient-elles en *une*, si elles n'y étaient pas poussées par une impulsion de concentration et de convergence? (Voyez le complément de ceci vers la fin de la leç. XLVIII.)

donc de nous sentir poussés à choisir un mode d'agir arrêté, dont la base
est un désir de constance et de résolution, et autre chose de nous sentir
poussés à concentrer nos forces physiques et morales sur un point, dont
la base est le désir de la contraction et de l'union. C'est là la différence
fondamentale entre la concentrativité et la continuativité, facultés auxiliaires
qui, avec les facultés adjacentes, composent le groupe qui constitue la force,
la fermeté, l'inflexibilité de caractère.

Quand l'organe de la concentrativité est *petit*, l'individu n'a pas la force
qui resserre et qui unit; les idées l'étourdissent facilement; il a une grande
difficulté à se fixer sur la principale; il lui manque l'élément de l'esprit qui
réunit les forces actives pour les concentrer sur un point. Quand l'organe
est *moyen*, l'individu se concentre et se fixe facilement. Il passe d'une matière à une autre sans se troubler, sans perdre le fil qui les unit dans son
esprit. Quand il est *grand*, on éprouve un fort désir de tout voir uni, inflexible, concentré. Grande répugnance à passer d'une matière à une autre,
à rien voir de décousu, de désuni, rien où soit absente la force que donne
la contraction, l'union mutuelle, l'agencement, l'enlacement. Celui qui est
ainsi organisé devient aisément insupportable par sa persistance *à revenir
continuellement à ses moutons*. Dans sa *perversion* ou dans son action surexcitée, cette faculté produit très-facilement l'idée fixe, puis la monomanie.
J'ai réuni sur ce point une telle quantité de données, fruit de mes observations personnelles, qu'il ne m'est pas possible de douter. J'ai donc, vous
ai-je dit, de *puissants motifs* pour croire à l'existence de la concentrativité.

Observations générales. — Oui, je suis convaincu de l'existence de cette faculté et que son organe est bien là où les phrénologues le placent. Vous le
voyez extraordinairement développé dans la tête de mademoiselle Germain
(t. II, p. 99).

Depuis longtemps j'avais remarqué que la femme avait cet organe plus développé que l'homme, et je voyais là une discordance qui me gênait. « La continuativité, tout le monde le sait, me disais-je, est en général beaucoup plus
active chez l'homme que chez la femme. D'où vient donc que le proverbe applique à la femme la plaisanterie sur l'opiniâtreté? Application juste et méritée,
nous devons le reconnaître, sans vouloir aucunement offenser le beau sexe.
Juste et méritée, dis-je, puisque la législation pénale de tous les pays, l'histoire
domestique de toutes les familles, le font ainsi comprendre. Je fis enfin la distinction que je viens de vous expliquer, entre la concentrativité, si importante dans
la femme, dont la sphère d'action est presque réduite, après Dieu, aux étroites
limites de la famille, et la continuativité, si nécessaire à l'homme, dont la
sphère d'action est l'univers, où il est appelé par conséquent à sacrifier très-
souvent mille espèces de *désirs* à mille espèces de *devoirs*. Si la concentrativité
aime la contraction, la continuativité aime la résolution ; si la tendance de la
première est de se fixer, celle de la seconde est de rendre cette fixité durable.
La première est en harmonie avec le principe mental que toute faculté est
centre et foyer où les autres doivent souvent ramener et confondre leur action ;
la seconde est en harmonie avec cet autre principe, à savoir que les facultés, en

vertu de leurs antagonismes, flottent, oscillent, chancellent et ont besoin d'une impulsion aveugle qui les excite à se fixer et à ne pas s'écarter d'un centre ou d'un mode d'action. La concentrativité aide la continuativité, en ce qu'elle pousse les facultés à se concentrer; et la continuativité aide la concentrativité, en ce qu'elle les pousse à son tour à se réunir promptement et à persévérer dans un même mode de penser et de sentir. De l'une vient la *persistance*, de l'autre la *fermeté*. Elles excitent toutes deux la partie impulsive et efficace des autres facultés et les maintiennent concentrés. Elles sont pour cette raison, non-seulement un puissant élément de courage physique, mais encore, réunies à celles du groupe régulateur (t. I, p. 376), elles constituent le courage moral, la sérénité, la présence d'esprit, en un mot l'imperturbabilité au milieu des dangers les plus grands. L'homme qui a ce groupe très-développé sait à peine ce que c'est que s'*effrayer*, être surpris. Le bon développement de ce groupe est indispensable pour tout genre d'héroïsme.

Cette organisation donne un notable allongement à la région supérieure postérieure de la tête. On en a une idée complète en dirigeant la vue de l'oreille au sommet du crâne. La tête de notre immortel cardinal Jimenez de Cisneros, que je reproduis ici, peut être présentée comme type; type d'autant plus précieux que toute la vie de cet illustre personnage est une preuve frappante de la correspondance complète qui existe entre son caractère et son développement céphalique. Il importe beaucoup d'avoir présent à l'esprit ce développement, si l'on veut connaître *à priori* cette fermeté, cette vigueur, cette inflexible trempe d'âme qui constitue la volonté de fer de certaines personnes, parmi lesquelles on peut compter mademoiselle Germain, dont vous pouvez voir la tête à la page 99 de ce volume.

JIMENEZ DE CISNEROS. (Voyez t. 1, page 287.)

Convaincu de la réalité de ce que je viens de vous expliquer, surtout quant à l'usage, l'abus et l'inactivité de la concentrativité; convaincu d'ailleurs qu'une science est peu de chose si elle ne peut pas être utilement appliquée, je voulus sur-le-champ tirer parti de ces nouvelles connaissances dans ma pratique phrénologique. Parmi beaucoup de cas que je pourrais citer à l'appui de la vérité de ce que vous venez d'entendre, il en est un, bien triste et lamentable, mais si instructif et si intéressant, que je ne puis ni ne dois le passer sous silence.

Un riche fabricant de cette ville (Barcelone), accompagné d'une personne très-connue par son immense bonté et probité, je ne dois pas la nommer publiquement, se présenta à moi pour que je lui examinasse la tête phrénologiquement. L'acquisivité et la concentrativité avaient dans sa tête un développement extraordinaire et étaient chaudes au toucher ; les organes moraux étaient si avantageusement développés, qu'il n'était pas permis de supposr que la conduite de cet homme pût naturellement prendre une direction blâmable au point de vue social. Examén fait, je dis : « Monsieur a besoin de *distraction*, tous ses désirs, ses affections, ses pensées, sont concentrées d'une manière fébrile et frénétique dans l'idée d'acquérir. Il ne voit rien qu'à travers le *prisme* de ces violentes sollicitudes. Tout ce qu'il fait, tout ce qu'il sent, tout ce qu'il pense, augmente sa fièvre d'acquérir. Sur ce point, je le considère comme atteint de *monomanie*, et je ne vois d'autre remède, pour le moment, que de voyager pour se distraire avec un ami intelligent et affectueux qui pourra rétablir les facultés mentales dans l'équilibre naturel qu'elles ont perdu. — Je comprends, je sens ce que vous dites, répondit le fabricant, votre remède me paraît bon; mais, pour me résoudre à l'exécuter, il faudrait que je *crusse* qu'un autre paye les frais du voyage. — Eh bien, si vous ne suivez pas mon conseil, lui répliquai-je avec un accent où se mêlaient la pitié et l'amertume, vous n'avez pas un an à vivre.»

En effet, il mourut six mois après. Et voyez jusqu'où peuvent aller les aberrations d'esprit quand elles se manifestent par des organes irrités ou surexcités : ce pauvre illusionné, qui réalisait chaque année un bénéfice net de vingt mille francs, mourut avec la peur d'*être pauvre*, et il savait en même temps que cette peur n'avait pas de fondement, qu'elle était fille de l'imagination de quelque faculté trop exaltée.

LEÇON XL

Troisième classe. — 36, SUAVITIVITÉ; auparavant B, suavité. — 37, IMITATIVITÉ; auparavant 25, imitation. — Observations sur la MIMIQUIVITÉ.

MESSIEURS,

Il y a trente ans, les frères Fowler, deux célèbres phrénologues praticiens de l'Amérique du Nord, ont suggéré l'idée d'une faculté en vertu de laquelle l'homme se sent instinctivement poussé à être doux, suave et contenu dans ses manifestations extérieures. La sensation de répugnance de cette faculté est une espèce d'horreur pour les manières rudes, impétueuses et grossières. Ils plaçaient son organe à côté de la déductivité et au-dessus de la causativité. Peu de phrénologues ont fait mention de cette découverte. J'ai cru qu'il convenait de toutes manières d'appeler sur elle l'attention générale, et c'est pourquoi, dans l'édition de mon *Système complet de Phrénologie*, publiée à Barcelone en 1846, j'ai parlé de la suavitivité, mais en déclarant formellement que, pour établir, pour donner comme certaine l'existence de cette faculté, il fallait réunir un bien plus grand nombre de cas positifs et négatifs que ce qu'on avait alors.

Depuis l'époque où MM. Fowler ont livré leur idée au public, c'est-à-dire depuis trente ans, les études que j'ai faites sur la matière m'autorisent à croire que l'organe supposé manifeste une faculté très-différente de celle que lui attribuent ces deux éminents phrénologues. Selon moi, et je me fonde sur un nombre considérable de faits positifs et négatifs, cette région céphalique est l'organe d'une faculté dont l'impulsion primitive est de manifester les actes de l'esprit par des signes pantomimiques, comme je l'expliquerai bientôt. Du reste, la réflexion et l'expérience ont démontré que l'impulsion fondamentale de la faculté attribuée faussement à l'organe en question par MM. Fowler est et doit être une sensation complexe produite par diverses facultés agissant simultanément, parmi lesquelles la stratégitivité, la précautivité, l'ordinativité et la déductivité dominent et jouent un grand rôle.

37, IMITATIVITÉ; auparavant 25, IMITATION.

Définition. — Usage ou objet. Désir d'imiter les manières, les usages, les mœurs, le langage, la conduite, les produits des autres, c'est-à-dire d'imiter en général; sa répugnance est d'avoir à inventer, à être original. Affections agréables et désagréables que produisent les perceptions et les conceptions imitatives. — Abus ou perversion. Propension pour les grimaces, les caricatures, les copies, les moqueries, les railleries. Imitations dans un but réprouvé. — Inactivité. Absence du principal élément pour les arts d'imitation. Peu d'inclination pour imiter en général.

Localité. — De chaque côté de la bénévolentivité. Cet organe est le premier sur la quatrième des lignes latérales tirées aux deux côtés de la tête pour la localisation phrénologique.

Je dois ici vous présenter le portrait d'Horace Vernet. « Tout le monde sait, dit Bruyères, avec quelle vérité ce grand artiste exprime les mouvements, les gestes et le caractère distinctif moral et physique des personnages que

Horace Vernet, éminent peintre français contemporain.

son pinceau, aussi habile que fécond, multiplie avec une rapidité incroyable. » Ce peintre français, l'admiration de son siècle, offre, comme vous pouvez le voir, un grand développement de l'organe de l'imitativité, qui peut servir pour étudier son siège.

Découverte. — Gall parlait à Vienne avec un de ses amis, et celui-ci lui disait : « J'ai, je vous assure, une tête fort étrange. » Gall se mit à l'examiner. Il trouva la partie supérieure latérale du devant très-renflée. Ce monsieur avait un grand talent pour l'imitation. Gall se rendit sur-le-champ au collège des sourds-muets, dans lequel, six semaines auparavant, avait été admis l'élève Casteigner, qui était un prodige pour l'imitation. Quelle ne fut pas la joie du père de la phrénologie de trouver dans cet élève la même protubérance que dans son ami ! Depuis lors il multiplia ses observations, et un succès complet récompensa ses travaux : l'organe de l'imitation fut établi.

Harmonisme et antagonisme. — Si lorsqu'une découverte est faite, un progrès effectué, il n'était pas possible de l'imiter, la société manquerait du moyen le plus efficace d'amélioration progressive. L'homme, pour accomplir sa destinée comme créature perfectible, doit être capable d'employer tous les moyens d'avancement que la nature entière lui présente. Combien de siècles n'a-t-il point fallu pour arriver au degré de civilisation et de culture où est l'Europe aujourd'hui, et pourtant tous ces siècles de travaux et d'efforts seraient en grande partie inutiles aux générations naissantes sans le don de pouvoir les imiter, de pouvoir se mouler instinctivement sur elles. Les hommes, en venant au monde, auraient tout à inventer de nouveau, tout à découvrir de nouveau. Il est impossible de concevoir une société humaine se développant, progressive, perfectible, si les *successeurs* n'ont pas la faculté d'imiter les progrès, les perfectionnements de leurs *prédécesseurs.*

Divers degrés d'activité. — L'organe étant *petit*, l'individu a une complète indifférence pour toute espèce d'imitation. L'organe étant *moyen*, l'individu possède un élément qui est d'une nécessité presque absolue dans les beaux-arts et dans les arts mécaniques, car il n'en est aucun où l'homme, fût-il un génie, ne doive imiter ce que les autres ont découvert ou inventé. Si l'organe est *grand*, l'individu se sent poussé vers l'imitation en général; il possède un des principaux éléments indispensables pour tout art auquel il se consacrera; mais, s'il n'a pas en outre quelque organe ou quelque groupe d'organes qui l'incline vers un mode d'agir déterminé, il aura pour devise : « Suivons la foule, — faisons ce que fait tout le monde. »

Direction et influence mutuelle. — Suivant les grands principes que je me glorifie d'avoir établis, l'imitativité ne peut produire l'objet de son désir sans le secours des autres facultés (t. I, p. 460, 482, 493, 509; t. II, p. 61, 68 et autres endroits cités à la p. 460 du t. I). L'imitativité *désire*, mais ne *peut* imiter; l'acte d'imitation le plus simple, le moins compliqué, présuppose le secours des facultés de contact et de connaissance qui doivent communiquer à l'imitativité les propriétés physiques de l'objet ou modèle qui est à imiter. L'action morale la moins complexe, la plus simple à imiter, présuppose le secours des facultés impulsives à la juridiction desquelles appartiennent les éléments constitutifs de cette action.

Dans tous les cas, *imitation* signifie *production* compliquée. Celui qui a la tonotivité aplatie imitera-t-il les harmonies des sons? Il pourra en avoir le *désir*, mais non le *pouvoir*. Celui en qui la constructivité et les facultés auxiliaires dont elle a besoin pour *construire* sont inactives imitera-t-il des œuvres d'art mécanique? Celui qui a toutes les autres facultés en très-grande inactivité imitera-t-il leur langage naturel? Comment fera celui qui, au moment où son imitativité veut imiter, par exemple, le langage naturel de la dissimulation, trouve sa stratégitivité si endormie, qu'il en obtient à peine le secours indispensable? Je sais bien, et j'en ai donné une explication complète (t. I, p. 473 à 474), qu'il est plus facile de percevoir du dehors que de concevoir au dedans, et que l'imitativité se trouvant en harmonie avec la perception, il suffira, pour qu'elle ait un modèle, que les facultés connaissantes lui aient communiqué du dehors le langage naturel de la dissimulation, vu dans les autres. Mais il n'en est pas moins vrai que, pour percevoir la dissimulation dans les autres, il faut avoir une stratégitivité assez active, et que, plus elle sera active, mieux l'on pourra imiter la dissimulation. L'examen de cette matière est important; il nous explique l'instinct d'imitation du singe, du perroquet, de l'oiseau moqueur, qui contrefait le chant des autres.

Le perroquet, par exemple, imite les paroles de l'homme dans tout ce qu'elles ont de matériel, mais non dans ce qu'elles ont de rationnel, parce que le perroquet n'a pas les facultés qui perçoivent les idées ni celles qui perçoivent les signes représentatifs des idées. Le singe imite les gestes et les attitudes de l'homme, mais sans le dessein, l'intention, l'intelligence ou l'âme qui les produit dans l'homme. De même que le perroquet imite *uniquement des sons*, le singe imite *uniquement des mouvements physiques;* il imite le mouvement des traits, des bras, des jambes; mais il ne perçoit dans ces mouvements que les sensations qu'il est lui-même capable d'éprouver. Notre éminent fabuliste Iriarte a parfaitement compris ce principe lorsqu'il conçut son apologue du *Singe et le Joueur de marionnettes*. Le singe veut imiter toutes les actions physiques de son maître Valdecebro quand il fait fonctionner sa lanterne magique; mais il ne va pas jusqu'à l'imiter dans la condition principale, qui est d'allumer la lanterne; et pourquoi? Parce qu'il ne peut en percevoir l'importance; et il ne peut en percevoir l'importance, parce qu'il ne peut se faire une idée de prémisses et de déductions, de conséquences et de résultats, comme le démontre l'observation phrénologique. Le singe, en effet, manque absolument de causalité et de déductivité. Tout le monde sait, tout le monde voit qu'il est très-naturel que le singe n'allume pas la lanterne. Ce qui serait étrange, inouï, invraisemblable et antinaturel, c'est qu'il l'allumât, c'est-à-dire qu'il *imitât* son maître jusqu'en ce point.

Voyez deux enfants s'amusant à imiter deux hommes qui causent ensemble: n'était la spirituelle malice qu'ils mettent à leur imitation, ils feraient complétement comme le singe. Il n'y a visiblement que quelques facultés saisitives qui agissent dans leurs mines ou leurs grimaces pour communiquer du dehors au dedans les actions imitées. Les idées et les sensations qui leur donnent naissance passent inaperçues. Chez ces petits espiègles, l'imitativité agit spécialement avec la stratégitivité et la saillietivité, et donne naissance à cette malicieuse contrefaçon qui passe dans leurs mines. Ils imitent les attitudes de ces bonnes gens qui causent, mais ils ajoutent quelque chose qui fait de cette imitation une charge, une bouffonnerie. Les enfants mal élevés donnent ordinairement cette mauvaise direction à leur imitativité.

Je ne me lasserai jamais de répéter qu'une faculté ne produit qu'un désir instinctif déterminé de connaître, d'agir ou de penser, et que la manière de satisfaire ce désir dépend des facultés dominantes chez l'individu. Ces facultés, jointes aux recours qu'offre le monde externe, constituent le *pouvoir de satisfaction*. Avec une grande imitativité, ou, ce qui est la même chose, un vif désir d'*imiter*, l'individu qui possèdera des facultés poétiques très-actives imitera dans son langage les sons des objets ou des actions qu'il décrit; celui qui possèdera des facultés musicales très-actives aura une musique très-expressive, dans laquelle se trouveront imités les langages, les actions, les mouvements, les mœurs particulières, et tout ce qui, dans l'ordre physique et moral, peut être imité par les tons, leurs mélodies et leurs harmonies; celui qui aura en grande activité les facultés qui font le peintre, et qui présupposent la constructivité, mettra dans ses tableaux une ressemblance très-exacte des objets imités; mais, d'un autre côté, s'il manque de mélioratitivité, ses œuvres s'en ressentiront beaucoup, et, par consé quent, manqueront de grandeur, d'harmonie et de beauté idéale. (Voyez t. II, p. 125, 128.)

L'acteur imite les langages naturels et toutes les affections qui peuvent s'exprimer par le langage parlé. On peut dire de l'imitativité qu'elle est la base de tout genre de déclamation. Avec une imitativité bien développée, un acteur se distinguera d'autant plus qu'il aura la tête plus grande : les facultés les plus dominantes déterminent sa spécialité. Il sera excellent comique avec une grande saillietivité et une grande stratégitivité, et grand tragique avec un bon développement de la stratégitivité, de la destructivité et des facultés régulatrices (t. I, p. 576). Et si, parmi ces spécialités, il doit y avoir une spécialité prédominante, elle sera toujours déterminée par la faculté ou par les facultés les plus développées de celles qui le sont le plus. Il est facile de conclure de ceci qu'une tête moyenne avec beaucoup d'imitativité rendra l'individu maniéré, affecté ou servile imitateur, parce qu'il n'agira que d'après des modèles que beaucoup d'autres suivent ou ont suivis. En ce cas, les facultés qui doivent aider l'imitativité manqueront de la force conceptive ou créatrice, de la force qui produit l'originalité, l'invention; elles en manqueront d'autant plus que la mélioratitivité sera moins grande.

MIMIQUIVITÉ.

Observations générales sur la mimiquivité. — Il m'a toujours semblé que désirer *imiter* (ce qui présuppose des modèles antérieurs) était autre chose que désirer exprimer des idées et des affections par des signes mimiques ou pantomimiques, ce qui est amener les facultés à exprimer extérieurement des actes de l'esprit par le moyen du geste et des attitudes de l'organisme. A proprement parler, il y a trois langages : langage sensitif, ou naturel, langage mimique, langage arbitraire.

Le langage *sensitif* est celui où il n'y a pas d'intention, de dessein ni instinctif ni rationnel ; c'est un effet spontané du mouvement des facultés d'observation et de raisonnement, et surtout des facultés d'impulsion. J'en ai parlé fort au long dans les leçons XXIV et XXV, pages 583-596.

Le langage arbitraire est celui qui se compose de signes qui expriment *purement des idées*. Comme il n'existe aucune loi qui oblige l'homme à se servir de tels ou tels signes pour exprimer ses idées, il a formé ceux qui lui ont paru les plus faciles, les plus utiles, les plus commodes, les plus convenables, et qui sont les mots, ou sons vocaux et articulés. J'ai longuement parlé du langage arbitraire dans différentes leçons, surtout en attirant votre attention sur la langagetivité et l'idéologie. (*Voy.* t. I, p. 443 à 456, 535 à 546.)

Le langage mimique se compose de signes soumis à des lois que l'on commence seulement à entrevoir. L'homme fut musicien bien longtemps avant de découvrir l'échelle musicale ; calculateur bien longtemps avant de découvrir la table de multiplication ; et nous nous servons du langage mimique depuis bien des siècles sans connaître ses lois. Les mots, exclusivement formés par l'homme, qui constituent les langues parlées, sont aussi différents qu'il y a de divers peuples sur la terre; mais le langage pantomimique, qui dépend de lois naturelles, est un, semblable, le même sur toute la terre, chez tous les peuples. Le sourd-muet arabe, le sourd-muet basque, le sourd-muet turc, se comprennent sans s'être jamais vus ni connus. Il existe donc en nous et au dedans de nous un langage naturel mimique, dirigé par un dessein instinctif que chacun peut remarquer plus ou moins en soi, quand nous voulons nous faire comprendre d'un sourd-muet, ou transmettre une pensée à quelqu'un à distance et sans être entendu.

Il y a des peuples qui font grand usage du langage mimique et d'autres qui en usent très-peu. En visitant l'Andalousie, le midi de la France, Naples et d'autres pays, les Anglais sont frappés de voir tant de gestes, tant de signes, tant de mouvements entremêlés avec la conversation. Le mouvement de l'index pour diriger l'attention sur un point, le signe que nous faisons avec la tête pour dire à quelqu'un d'approcher, l'application de l'index sur la bouche pour recommander le silence, le *ps* sifflant pour ap-

peler quelqu'un, la pointe des cinq doigts réunis portés à la bouche et
baisés, puis la main ouverte pour marquer l'admiration, est-ce autre chose
que des signes exprimant des affections déterminées, des désirs, des idées
que tout le monde comprend ?

Dans ses *Notes on the United States of America* (notes sur les États-Unis
d'Amérique, 1841, t. II, p. 150-151), Georges Combe rapporte qu'en 1818,
à Hartfort (Connecticut), M. Laurent parla avec un Chinois sans savoir un
mot de la langue chinoise. Par le moyen de signes analogues à ceux dont
je viens de parler, M. Laurent put comprendre d'importants détails relatifs
à son interlocuteur. Il sut le lieu de sa naissance, le caractère de ses parents et le nombre des membres de sa famille. Bien plus, il apprit quel
métier son Chinois exerçait dans son pays, le lieu de son domicile aux
États-Unis, ses idées sur Dieu et l'autre vie; enfin, il vérifia le sens d'une
vingtaine de mots chinois. — J'ai lu des cas de cette nature au sujet d'un
sourd-muet qui sont vraiment admirables. — Roret, dans son *Manuel du physionomiste et du phrénologiste*, p. 77, parle d'un sourd-muet qu'il a vu en
1813 jouer la pantomime sur un théâtre de Florence. — Il y a un ouvrage
très-intéressant écrit en italien sur cette matière; il a pour titre : *la Mi-
mica degli Antichi, investigata nel Gestire Napolitano*, avec planches (Naples, 1832). J'en recommande la lecture, parce qu'il démontre jusqu'à l'évidence qu'il existe dans l'homme une faculté plus ou moins développée dont
le désir primitif est de communiquer des affections, des conceptions et des
idées par des gestes fixes et déterminés, au moyen desquels tous les hommes peuvent comprendre les actes de l'âme. Je crois que la faculté qui
nous inspire le désir mimique, et que nous pouvons très-bien appeler *mimiquivité*, se manifeste par la même région céphalique à laquelle les frères
Fowler (*voy.* t. II, p. 140 à 141) attribuaient la suavitivité. Je m'abstiens de
faire d'autres observations sur la matière, me réservant d'en parler *in extenso*
lorsque je publierai l'ouvrage dont j'ai parlé plusieurs fois. (*Voy.* t. I, p. 388,
445, et t. II, p. 108, fin de la note.) Ce que j'ai dit suffit pour appeler l'attention sur l'organe que je considère comme celui de la mimiquivité.

La *mimiquivité* a-t-elle un langage naturel? On peut fort bien le demander. — Oui, certes, elle en a un. — Le langage naturel, vous le savez, c'est
l'aspect, les attitudes qu'une faculté dans la véhémence de l'action communique spontanément à l'organisme. Ce langage peut se manifester lorsque
la faculté se trouve affectée *isolément*, ou lorsque, recevant ou donnant
l'impulsion, sa sensation est un élément *producteur*, agissant en action
combinée avec d'autres.

Dans le premier cas, le langage naturel est simple, spontané, *instinctif*;
dans le second, il est complexe, il a une direction et un dessein. Je l'ai souvent étudié comme effet instinctif dans un enfant de dix ans, D. Felipe
Cusachs, fils de D. Pedro, habitant de la Nouvelle-Orléans, aujourd'hui domicilié à Barcelone. Cet enfant a un talent singulier pour la peinture et la
musique, il a de plus le génie mimique à un très-haut degré. Comme

Garrick, comme Talma, comme Maïquez et autres comédiens distingués, il est entièrement maître non-seulement de ses membres, mais encore des traits de son visage pour leur faire exprimer, et pour faire comprendre à tout le monde, sans ouvrir la bouche, le sentiment et la pensée qu'il veut communiquer. Parfois son visage prend un aspect et ses membres une attitude qui crient clairement : *Je peux dire tout ce que je veux sans ouvrir la bouche.* Je vois ici l'action de la mimiquivité seule, isolée, ne *produisant pas de mimique*, parce que dès lors elle agirait avec le dessein et sous l'influence d'autres facultés ; je vois le langage naturel de la faculté, sa manifestation naturelle, spontanée, isolée. Selon moi, cette particularité se remarque sur le visage de Berlinazzi (t. II, p. 105), bien que l'expression en soit modifiée par la saillietivité.

Les brutes n'ont pas et ne peuvent pas avoir le langage mimique. Ce langage est vif, impressionnant, rapide ; il exprime des idées, et les brutes n'en ont pas, comme je crois l'avoir prouvé de manière à satisfaire tout le monde. Toutes les actions, tous les mouvements, toutes les expressions mis en œuvre par la mimique sont pour communiquer des pensées et pour émouvoir les affections par le moyen des pensées. Elle imite le langage naturel, non dans le but de le faire prendre, comme sur un théâtre, pour le résultat de sensations réellement senties, c'est-à-dire vraies, mais dans le but de communiquer l'idée que nous nous sommes faite de ces sensations. Le langage mimique *parle*, il ne *représente* pas ; il communique des idées, il n'imite pas des affections.

Le rossignol, le lévrier, le loup, le castor, peuvent-ils, pourront-ils jamais se faire une idée de ce que c'est que la *musique*, ni aucun de ses éléments, ni aucun de ses rapports ; de ce que c'est que l'adhésivité, ni aucun de ses éléments, ni aucun de ses rapports ; de ce que c'est que les affections de la faim ni aucune de leurs variétés et espèces ; de ce que c'est que la *constructivité* ni aucun de ses effets ? Non certes. Et pourquoi ? Vous le savez. Parce que leur âme, privée de raison, n'a pas les facultés intellectives ou de raisonnement, les seules qui peuvent généraliser, former des idées.

Les brutes s'expriment dans le langage de pure sensation, manifesté dans leurs produits instinctifs ou dans leurs purs mouvements organiques ; mais rien n'indique que la sensation soit devenue une idée.

Dans le langage des brutes tout est naturel et spontané, c'est-à-dire instinctif. Ce langage ne peut avoir un *dessein intelligent*, comme en a celui de l'homme, soit mimique, soit parlé. Chez les animaux, leurs sensations mêmes et leurs produits n'ont que l'unique langage qu'ils possèdent. Le rossignol, par exemple, ne peut communiquer ou faire connaître sa musique qu'en chantant, le lévrier son attachement que par ses caresses amicales, le loup sa faim que par les hurlements qu'elle lui fait pousser, le castor sa constructivité que par le fait de construire sa maisonnette ; parce que, ne pouvant se faire une idée de ce que c'est que le chant, l'attachement, la faim, la construction, ils ne peuvent pas non plus se souvenir d'aucune espèce de signes arbitraires ni mimiques pour exprimer ce dont il ne leur est pas donné de se former une idée rationnelle.

LEÇON XLI

Troisième classe. — 38, RÉALITIVITÉ; auparavant 21, merveillosité. — 39, EFFECTUATIVITÉ; auparavant 20, espérance.

MESSIEURS,

La découverte qu'une faculté en action nécessite l'activité des facultés qui lui servent de sens et l'importance que méritent les faits qui ont suggéré à Gall l'idée de chacune de ces découvertes m'ont ouvert et rendu facile le chemin qui m'a permis d'arriver à comprendre clairement et définitivement, si je ne me trompe, l'impulsion primitive et normale des deux facultés dont nous avons à nous occuper maintenant. Je vais entrer dans leur explication suivant l'ordre établi, sans autre préambule.

38, RÉALITIVITÉ; AUPARAVANT 21, MERVEILLOSITÉ.

Définition. — USAGE OU OBJET. Désir de donner une existence, une essence ou une entité réelle, vraie, propre ou positive à toutes sortes de conceptions; aversion pour le doute, la négation, pour tout ce qui est présenté comme fictif, comme faux ou sans existence. Perception et conception de tout ce qui constitue la réalité, l'entité, l'être ou l'essence positive, indépendamment de toute explication ou preuve, dans tout ordre de phénomènes externes ou internes, explicables ou inexplicables. Ces perceptions constituent la *croyance*, la *foi*, absolument indispensables pour permettre à l'homme d'avoir une notion d'un genre quelconque de vérité, de réalité ou d'existence positive, et par conséquent de fausseté, de fiction ou d'une existence purement illusoire. Les affections agréables proviennent de la perception ou conception des sensations surprenantes, extraordinaires ou en dehors de l'ordre habituel que les autres facultés ont reçues et que nous appelons *enchantement, ravissement, prodige, merveille,* et *étonnement, ébahissement, stupéfaction,* lorsqu'elles font éprouver une surprise. Les *affections désagréables* consistent dans la douloureuse perturbation d'esprit que nous éprouvons quand nous percevons quelques mystifications, quelques désabusements ou quelques désillusions. Ceci peut seulement nous arriver lorsque, par la rectification des autres facultés, nous perdons quelque perception agréable de la réalitivité, ce que nous appelons en langage vulgaire, mais vrai et expressif, « perdre une illusion. » Cette faculté nous met en harmonie avec toute sorte d'êtres, d'essences, de réalités naturelles ou surnaturelles, connues ou inconnues, apparentes ou cachées, que Dieu a créées dans ce monde où il nous a placés. — ABUS ET PERVERSION. Prédisposition à croire et à avoir foi dans toutes sortes de visions imaginaires, d'astrologie, de magie, de lutins, de faux miracles, d'apparitions supposées, de spectres et d'autres absurdités analogues. — INACTIVITÉ. Peu de perception de ce qui fournit ou de ce qui constitue l'essence, l'entité de tout ordre de choses ou d'existence.

Localité. — Vous la voyez dans la tête phrénologiquement numérotée, t. I, p. 571, et dans celle de l'Allemand Hoffmann, que je vous présente ici. Elle se trouve au-dessous de l'imitativité, au-dessus de la méliorativité; du côté antérieur elle avoisine les limites de la mimiquivité, *que je regarde comme un organe démontré*, et elle confine en arrière sa compagne, l'effectuativité, nommée auparavant espérance.

Le docteur Fossati, dans la dernière édition (Paris, 1845) de son *Manuel de phrénologie*, déjà cité, dit, p. 566, de cette faculté, dont je crois avoir découvert le mode d'action normal : « L'organe de cette faculté *que nous connaissons seulement sous certains rapports dans son état d'exaltation*, doit, d'après la

HOFFMANN, nouvelliste des plus originaux de l'Allemagne, poète, musicien et peintre assez distingué. Né à Kœnisberg (Prusse), en 1776, mort à Berlin en 1822.

place éminente qu'il occupe dans le cerveau, remplir, dans son état normal, une fonction très-importante. Il a son siège dans la partie supérieure-antérieure de la tête, immédiatement au dessus de l'idéalité, maintenant mélioralativité, comme vous le savez, un peu au devant de l'espérance (effectuativité) et au-dessous de la mimique (imitativité et mimiquivité). Son développement présente une proéminence arrondie à la partie supérieure latérale de l'os frontal, ainsi qu'on le voit dans la planche n° 18, où nous présentons le portrait d'Hoffmann comme type de cette organisation. Considéré comme l'un des génies les plus heureux de l'Allemagne, poète, peintre et musicien, il croyait aux lutins et aux fantômes. Ses nuits étaient fatigantes et pénibles, tourmentées par des spectres et des apparitions effrayantes. Ces hallucinations étaient telles, ou il réveillait souvent son épouse, lui demandant de s'asseoir auprès d'elle pour le protéger de sa présence contre les fantômes qu'il avait en vain conjurés. »

Découverte. — Le docteur Gall (*ouv. cit.*, t. V, p. 206-215) observa différentes personnes sujettes à des idées extravagantes et qui prétendaient voir les morts ou les absents et tenir conversation avec eux. « Sont-ils fourbes ou fous? se disait-il, ou bien ce phénomène dépend-il de quelque organisation cérébrale? » Il étudia l'histoire des hommes les plus remarquables sous ce rapport, tels que Socrate, le Tasse, Nicolas Gravin, Cromwell et d'autres. Il compara leurs têtes, ou leurs bustes, ou leurs portraits, et il trouva constamment une proéminence dans le lieu cité. Il continua ses recherches, et il constata un développement crânéal semblable chez tous les crédules. Quoique ces manifestations fussent dues à une activité excessive de l'organe et nullement à son état normal, Gall ne pouvait le connaître que comme « organe de visions. » Spurzheim chercha à en découvrir la fonction primitive. Il crut, dès le principe, que c'était une croyance au *miraculeux* ou au *surnaturel*, et il la nomma *surnaturalité*. Ayant analysé la fonction de cet organe avec plus de soin, Spurzheim (*ouv. cit.*, t. I, p. 236) dit : « Comme ce sentiment peut s'appliquer aux événements naturels et surnaturels qui jettent dans l'âme la surprise et l'étonnement, je me suis décidé à changer le nom de *surnaturalité* en celui de merveillosité. »

Lorsque je commençai à connaître un peu la phrénologie, en 1825, il me parut aussi peu logique d'admettre dans l'âme une faculté qui produisit dans son exaltation de *fausses visions*, comme le comprenait Gall, que d'en admettre une dont le simple mode instinctif d'action fût de sentir le merveilleux, comme le pensait Spurzheim. Dans le premier cas, je vis que c'était une trop grande absurdité de supposer qu'une *faculté seule*, — lorsque *tant d'autres* doivent intervenir pour concevoir la forme, le poids, la couleur, le mouvement, l'aspect, les attitudes, le langage et mille autres circonstances des fausses visions, — pouvait imaginer de semblables spectres et apparitions. Dans le second cas, je vis qu'il n'était pas moins absurde d'admettre l'existence d'une faculté qui devait éprouver une *sensation merveilleuse* et de lui refuser en même temps la perception de l'essence matérielle ou spirituelle qui devait produire cette sensation, car Spurzheim nie le mode d'action perceptif à toutes les facultés impulsives, *actionitives* ou affectives, comme il les appelle. (*Voy.* t. I, p. 322.) Je me fortifiai d'autant plus dans cette idée, que, d'après ce que dit Gall, comme d'après ce que disent Spurzheim et tous ceux qui ont traité ce sujet, on fait entendre que Dieu nous a donné une faculté pour concevoir des illusions, des erreurs, des faussetés, des hallucinations, tandis que toutes les facultés, à cause de notre *imperfection*, y sont sujettes, comme je vous l'ai expliqué longuement, t. I, leç. XVI, p. 239 à 244; XXVIII, p. 438 à 442; XXXIII, p. 537, et comme vous vous le rappelez, sans doute, très-bien. Autre chose c'est que les facultés qui, par suite de notre *imperfection*, sont sujettes au désordre ou à l'abus, et nécessitent *exceptionnellement* des moyens rectificateurs et correctifs; autre chose c'est qu'il nous en soit donné une pour nous conduire instinctivement à l'illusion, à la méchanceté, à la perversion, etc. C'est cette absurdité que Spurzheim même a tant cherché (t. 1, p. 318 à 320) à prouver, à établir.

Ces réflexions germèrent et fermentèrent dans mon âme, éclairée chaque fois davantage par des observations et des conceptions nouvelles. Elles enflammèrent en moi le désir de trouver le mode d'action instinctif de cette faculté, et de lui appliquer aussi une dénomination qui comprit les limites de cette action sans dépasser le cercle de sa spécialité. Il est impossible, sans passer pour vaniteux, ce qu'à Dieu ne plaise, de dire les efforts que je fis, l'enthousiasme, le zèle et la constance que j'ai montrés pour parvenir à déterminer l'action et la dénomination de la faculté suivant le sens que vous venez d'entendre dans sa définition. Le temps et les efforts des autres phrénologues à venir décideront de la vérité ou de l'erreur de mes convictions à cet égard.

Harmonisme et antagonisme. — En examinant ce sujet, de nombreux arguments achevèrent de démontrer dans mon esprit l'exactitude des idées que je m'étais formées sur l'action normale et propre de cette faculté. En effet, aucune faculté n'a ni plus ni d'autre conviction intime, c'est-à-dire de perception particulière que celles des sensations qui lui sont exclusivement propres sans être accompagnée, bien entendu, de l'idée de réalité ou de fausseté, de vérité ou d'apparence, d'illusion ou de positivisme. Or, sans aucune faculté qui inspirât cette idée, l'homme ne saurait jamais s'il dort ou s'il est éveillé, s'il vit dans un monde réel ou dans un monde factice.

Dans une des leçons précédentes, j'ai cherché à être très-explicite et très-complet, t. I, p. 438 à 442, dans l'explication du *trialisme* matériel, sensitif et mental, pour vous faire bien comprendre que de même que les facultés de *connaissance* dépendent, dans leurs sensations, des facultés de *contact*, de même les facultés d'*action* ou *actionitives* dépendent des facultés de *connaissance cognoscitives* ou *saisitives*, et les facultés d'*intelligence* ou intellectives des facultés *actionitives*. Ceci posé, la merveillosité, aujourd'hui réalitivité, perçoit les sensations suivant que les autres facultés se les transmettent et se les communiquent. Le désir instinctif que le doigt de la Providence a inscrit en elle est un désir exclusif d'imprimer le cachet d'une réalité, d'une entité véritable à tout ce que lui communiquent les autres facultés. Si les facultés saisitives deviennent exaltées et conçoivent des châteaux enchanteurs, des lions à dix queues, des tigres à six têtes, des figures corporelles, tout à fait imaginaires, auxquelles les autres facultés donnent des qualités morales comme une destructivité, une valeur, une bonté ou une méchanceté, etc., par suite du mode d'action conceptif ou imaginaire, la réalitivité perçoit ces différentes conceptions comme des essences ou des entités *réelles* et vraies. Plus ces assemblages fantastiques seront extraordinaires, plus la réalitivité sera exaltée, et plus elle sera surprise et ravie en éprouvant des affections agréables de stupéfaction et d'enchantement qui lui sont propres. La réalitivité perçoit donc ce qui dans nos sensations et nos idées constitue leur essence, leur réalité, leur entité véritable et positive, de même que l'approbativité perçoit ce qui constitue leur approbation. Cette dernière faculté éprouve des sensations désagréables lorsque, au lieu de la considération qu'on a pour nous, on fait peu de cas du mérite que nous croyons avoir, de même que la réalitivité éprouve des perturbations douloureuses lorsque la réalité disparaît et la raison ce que nous appelons fausseté, erreur, illusion, désillusion. (*Voy.* les douze dernières pages de la leçon XLIX.)

Quelques facultés sont correctives et rectificatrices de quelques autres. C'est ce que j'ai expliqué longuement leçons XVI, t. I, p. 259 à 244; XXVIII. p. 438 à 442; XXXVIII, p. 557. Vous ne devez jamais l'oublier, car cette circonstance répand une vive lumière sur le sujet qui nous occupe. La réalitivité ne fait que nous donner conscience ou une conviction intime que les sensations que nous éprouvons et les idées que nous formons ont une essence, une entité, une existence réelle et non factice. C'est aux autres facultés à nous faire sentir et savoir si elles sont ou ne sont pas vraies, si elles sont ou ne sont pas fictives. Les yeux, par suite d'une illusion optique, voient *brisé* le bâton qui est plongé *droit* dans l'eau; la réalitivité le perçoit ainsi et l'homme le croit de même. Il faut que les autres facultés rectifient l'erreur qui affecte vicieusement la visualitivité et surtout la réalitivité. Ce qui a lieu pour le bâton a lieu aussi pour d'autres objets, d'autres actions et d'autres principes, comme je l'ai expliqué, t. I, p. 438 à 442. Le critérium ne vient pas d'une faculté spéciale. Il est le résultat de l'action combinée et harmonique de toutes les facultés. Lorsqu'un paysan rustique voit pour la première fois un chemin de fer, un jeu de billard, une représentation théâtrale ou un phénomène extraordinaire quelconque qui n'excite ni crainte ni épouvante, l'affectivité de toutes ses facultés est agréablement excitée, parce que tout est réalité. Il ne doute pas, il ne nie pas; ses illusions ne s'évanouissent pas et la réalitivité se réjouit dans sa propre stupéfaction, dans son propre étonnement, dans son propre ravissement. Plus tard, le paysan rectifie, et en rectifiant il *mortifie* sa réalitivité, tandis qu'il est agréable aux facultés rectificatrices. Enfin, ce qui était un mystère, un objet de stupéfaction dans un temps, est maintenant un objet de *mépris*, parce que c'est simple, c'est connu, c'est explicable; et l'homme orgueilleux se sent *grand* pour avoir observé ou *expliqué*. Dans son délire il s'écrie : « *Tout est perspective.* » Mais bientôt il sort de cette illusion formée par son approbativité. Bientôt il voit que le champ de ce qu'il faut savoir est plus vaste que celui de ce que l'on sait, que le champ de ce qui est mystérieux est infini, tandis que celui de ce qui ne l'est pas est bien fini. L'homme aura toujours à apprendre; son désir d'acquérir sera toujours insatiable. Quel plus grand mystère que celui de percevoir une réalité sans pouvoir l'expliquer! Mystère qui veut que toutes les facultés humaines, dans leur action rectifiante et rectifiable, trouvent et trouvent toujours une sphère de satisfaction. Le phénomène le plus simple, comme le plus compliqué, présentera au philosophe le plus profond comme au paysan le plus naïf un champ vaste, immense, de recherche et de réflexion, plein de merveilles et de causes excitatives de notre stupéfaction. Il y aura toujours une réalité mystérieuse, c'est-à-dire perçue et non explicable, à cause d'une réalité *observée*, c'est-à-dire perçue et explicable. Lorsque nous contemplons, lorsque nous considérons mille causes et effets, mille propriétés physiques et morales, dans la germination d'une graine, dans la formation d'une idée, dans la digestion d'une substance, dans une fonction quelconque enfin de notre organisme, nous demeurons absorbés, étonnés et stupéfaits. Parmi tant de phénomènes que nous comprenons, qui produisent des sensations agréables dans beaucoup de facultés, il en existe toujours quelqu'un dont nous *percevons* la *réalité*, mais que nous ne parvenons pas à comprendre tout à fait. Il en existe quelqu'un d'autant plus merveilleux, qu'il est l'essence, l'entité, le principe ou la cause fondamentale de ce qui nous surprend. Nous *percevons* ce principe, mais nous ne le *connaissons* pas philosophiquement; et c'est pourquoi nous disons que nous le *croyons*. Ainsi donc *croire* c'est percevoir la réalité d'une chose dont on ne connaît pas la cause, ou qu'on connaît par l'autorité d'autrui. Dans ce cas, il n'y a d'autre différence entre le savant et l'ignorant qu'en ce que les affections de la réalitivité se mêlent, chez l'un, avec plus d'instruction, et, chez l'autre, avec moins d'instruction. Lorsque nous sommes simples ou innocents, tout ce qui se présente à nos yeux nous étonne. Lorsque nous discernons déjà le bien et le mal, la contemplation de notre discernement fait notre admiration : mais quant à son essence, dans l'un comme dans l'autre cas, l'étonnement n'est que le résultat de la perception d'une réalité sans la comprendre.

L'existence de Dieu est une réalité positive. Comment pourrions-nous la réaliser dans notre esprit sans une faculté capable de percevoir son essence, son être, son existence réelle et positive, *avec l'action combinée de plusieurs autres facultés*, sans la nécessité d'une preuve, d'une démonstration, d'une recherche des causes ni d'une déduction de conséquences, c'est-à-dire sans la nécessité de la connaître sensitivement ou logiquement? Comment pourrions-nous concevoir qu'il a notre image et notre ressemblance, si aux facultés de connaissance que perçoivent cette image et cette ressemblance ne s'adjoignait pas une autre faculté, pour les appliquer à un ÊTRE SUPRÊME, dont on perçoit la réalité, mais qu'on ne connaît pas par l'évidence de sens?

Sans cette faculté, l'homme ne pourrait pas réaliser dans son esprit les mystères religieux que Dieu a voulu révéler, non à sa *raison*, mais à sa *foi*, qu'ils soient ou non en harmonie avec sa raison. Sans elle, il ne saurait exister aucune *autorité morale*, parce qu'on ne percevrait la réalité de rien de moral. Toute *autorité* quelconque se fonde et doit nécessairement se fonder sur la *croyance* ou la *foi* de l'humanité. Ce sont des choses corrélatives et tellement corrélatives, que supposer l'une sans l'autre, supposer une autorité sans foi, ou une foi sans autorité, c'est supposer une absurdité évidente. L'homme donc *perçoit* instinctivement la réalité de ce qu'on lui fait comprendre, sans nécessité de le connaître sensitivement ou logiquement : et, lorsqu'il donne à ce qu'il comprend son assentiment instantané, c'est de sa part un acte purement instinctif. On doit, par conséquent, regarder l'idée qu'on peut ou qu'on pourra anéantir l'autorité ou les croyances de l'humanité comme aussi chimérique que celle qui ferait croire qu'on pourra lui enlever la vision ou l'ouïe.

Le bon sens de l'humanité a toujours su ce que je viens de vous exposer. C'est pourquoi les efforts que quelques visionnaires ont dirigés à toutes les époques contre ces doctrines sont venus toujours se briser contre eux-mêmes. La philosophie, toutefois, sans la découverte de la phrénologie, ne pouvait présenter comme une chose évidente aux sens et à la raison ni les croyances ni l'autorité, sans lesquelles l'éducation, les progrès, les principes moraux ne serviraient de rien, puisqu'il n'y aurait pas de foi. Comment l'enfant pourrait-il accomplir les préceptes de ses parents et de ses maitres, qu'il croit justes et vrais maintenant d'une manière intuitive, si cette croyance lui faisait défaut, ou s'il ne pouvait l'acquérir sans des convictions que sa faible intelligence ne peut pas former encore? Où serait le commerce, où serait le crédit dont la foi est la base? Qu'adviendrait-il enfin de l'homme, s'il lui était impossible de mettre sa confiance, sa foi sous-entendu, dans l'autorité d'un autre homme? Rien ne saurait exister. Les philosophes qui, guidés par le bon sens naturel, ont laissé de côté le bon et le mauvais des écoles psychologiques sont d'accord avec la phrénologie. Je place dans cette catégorie notre savant Balmès, comme le prouve chaque page de ses œuvres. Ce célèbre écrivain, dans son *Protestantisme comparé avec le Catholicisme*, Barcelone, 1842, t. I, p. 78, dit, sans savoir si la phrénologie existait : « J'ai déjà observé bien souvent qu'il n'est pas possible de satisfaire aux premières nécessités ni de donner suite aux affaires les plus ordinaires, sans la déférence à l'autorité de la parole d'autrui, *sans la foi;* et l'on voit facilement que, sans cette foi, tout le fond de l'histoire et de l'expérience disparaîtrait, c'est-à-dire que tout savoir manquerait de fondement. »

Toutes les observations et toutes les réflexions que je viens de faire démontrent l'harmonie admirable qui règne partout. Si la méliorativité (*voy.* t. II, p. 125 à 128) est en harmonie complète avec tout ce qui, dans l'homme et en dehors de l'homme, est *parfait* et *imparfait-perfectible*, la réalitivité est en harmonie avec tout ce qui est *réalisé* et *irréalisé-réalisable*. Si l'une perçoit d'un côté le meilleur et *admire*, l'autre perçoit le réel et *s'étonne*, sans s'arrêter nullement à considérer ni l'origine, ni la cause, ni les effets de leur admiration ou de leur étonnement; ceci appartient au domaine exclusif des facultés intellectives ou de raisonnement. Si la méliorativité peut se tromper en prenant le retard pour le progrès, l'imperfection pour la perfection, la laideur pour la beauté, le vice pour la vertu; si la réalitivité peut se tromper aussi en prenant des ombres pour des corps, comme l'enfant qui voit pour la première fois les *ombres chinoises;* des conceptions de figures internes pour des formes réelles externes, comme dans le cas du Tasse, de Cromwell et d'Hoffmann; des châteaux en l'air pour des faits accomplis, des chimères pour des réalités; tout cela

peut nous arriver et nous arrive à tous. La coloritivité peut également
prendre le jaune pour le vert, et la configurativité les formes rondes pour
les formes anguleuses. Tout cela prouve que les facultés, chacune dans leur
sphère spéciale et en harmonie avec leur condition *imparfaite-perfectible*,
sont sujettes à se tromper.

La relation qui existe entre la coloritivité et les couleurs existe de même
entre la méliorativité et le progrès, ou entre la réalitivité et la réalité. Ce
serait une aussi grande absurdité de dire qu'il n'y a point de couleurs,
parce que la coloritivité est sujette à se tromper, que si l'on disait qu'il
n'y a pas de progrès ni de réalité, parce que la méliorativité et la réalitivité
sont sujettes à s'égarer. La couleur, telle qu'elle est, comprise ou non comprise, excite la coloritivité, de la même manière que le progrès et la réalité,
connus ou inconnus dans leur cause immédiate, excitent la méliorativité et
la réalitivité, et produisent des affections immédiates.

Poussé par son esprit de progrès, l'homme avance. Il a découvert toutes
les actions des poules couveuses, et il est parvenu par des moyens artificiels
à couver des œufs mieux que ces oiseaux eux-mêmes. L'homme perçoit-il
cependant la réalité de *tout* ce progrès qu'il peut comprendre en partie en
comparant le connu d'*aujourd'hui* avec le connu d'*auparavant*, mieux que
le progrès infini que nous montrent au-dessus de nos têtes les voûtes du ciel
qu'il ne comprend pas et qu'il ne comprendra jamais? Perçoit-il *toute* la
réalité de la partie du progrès *connue* que l'homme doit à son art dans la
couvaison artificielle plus que la réalité de la partie du progrès *inconnue*
qui dans la même couvaison constitue sa nature ou son essence, et qu'il ne
connaît pas ni n'arrivera jamais à connaître complétement? Nullement. La
méliorativité et la réalitivité perçoivent et sont affectées par les progrès et les
réalités de toutes les époques et de toutes les provenances, soit dans le *fini*
qui est ou qui doit être produit par l'homme, soit dans l'*infini*, qui émane
directement de Dieu. Ceci nous explique comment toutes nos facultés se trouvent dans une harmonie aveugle avec un objet ou avec une action toujours
explicable et toujours mystérieuse. Il est absurde, à proprement parler, de
dire qu'une faculté seule est en rapport avec le mystérieux, parce que *toutes* à
la fois sont en harmonie avec le mystérieux et le non mystérieux, avec l'explicable et le non explicable. La réalitivité perçoit comme réel et positif le plus
surprenant, le plus absurde, le plus extravagant et le plus invraisemblable,
comme le plus évident, le plus mathématique, le plus simple, le mieux démontré, jusqu'à ce que d'autres facultés la désabusent. Son objet consiste à
percevoir une réalité d'existence telle que d'autres facultés se la représentent dans leur ensemble. Si elle est fausse, la réalitivité la perçoit fausse. Si
elle est positive, elle la perçoit positive. Elle se trouve en cela en harmonie
avec la même condition que les autres facultés. Si, par exemple (t. I, p. 438
à 442), l'impression que la visualitivité transmet à la coloritivité est fausse,
la couleur que percevra celle-ci sera fausse pareillement. D'ailleurs, dans ce
monde, il y a et il doit y avoir mystère en tout, et dans tout il doit y avoir

matière à explication. On peut donc dire que la réalité est en harmonie avec l'essence réelle de ce qui est explicable, comme de ce qui est mystérieux; mais elle est surtout en harmonie avec l'essence réelle de ce qui est mystérieux, parce que si, au moment où se présentent à nous des faits inexplicables et placés en dehors de la sphère que l'ordre naturel a établi dans notre esprit, il n'y avait pas dans l'âme une perception capable de nous donner la notion de sa réalité, c'est-à-dire de la *foi aux croyances*, notre existence, créés comme nous le sommes, serait, comme je viens de l'expliquer, impossible.

Divers degrés d'activité. — Si l'organe est *petit*, la faculté possède peu de sensation de réalité pour le plus merveilleux comme pour le plus simple. Ceci explique pourquoi certains Indiens de l'Amérique du Nord n'admirent et ne s'émeuvent jamais. J'ai examiné la tête de beaucoup d'entre eux; j'ai toujours trouvé la méliorativité et la réalitivité déprimées. — Si le développement de l'organe est *moyen*, l'individu s'impressionne, comme il le doit, à la vue du merveilleux et de l'extraordinaire. Il a et il n'a pas de la répugnance à ne pas ajouter foi à ce qu'il regardait comme réel et vrai, et à ce qu'il devait abandonner comme faux et visionnaire, ou à admettre, au contraire, comme vrai ce qu'il regardait comme visionnaire. A ce degré de développement, l'organe se pervertit facilement ou bien on lui imprime facilement une bonne direction. — Si l'organe est *grand*, il a une forte inclination pour regarder comme une existence réelle et positive tout ce que l'imagination des autres facultés lui dépeint d'extravagant, d'absurde et d'invraisemblable.

Direction et influence mutuelle. — Il n'y a pas de faculté dont la mauvaise direction ne conduise à d'aussi désastreux et à d'aussi déplorables résultats, bien qu'il n'y en ait pas une non plus de plus importante et de plus nécessaire, lorsqu'elle est bien instruite, bien éclairée et bien dirigée. Exaltée et habituée à agir en combinaison avec la méliorativité, l'infériorivité et l'effectuativité, elle rend l'homme crédule pour les plus grandes absurdités, et aux plus grandes absurdités elle donne une réalité, une personnification et une existence. Il est impossible de se former une idée complète du préjudice qu'occasionnent les nourrices, les domestiques et les parents eux-mêmes, lorsque, pour faire cesser les exigences importunes des enfants, ils les menacent de la venue du démon, du revenant ou d'un mort. A cet âge, les facultés antagonistes ou de l'intelligence sont faibles et sans instruction. Pour peu que les enfants possèdent de la réalitivité, ils voient dans leur esprit la terrible image de celui dont on les menace. Lorsque cette faculté n'est pas bien dirigée, bien activée et bien instruite, l'homme donne une réalité aux causes imaginées par son mécontentement, par son envie, par son chagrin; elle peut devenir un instrument cruel dans les mains de l'illusionné ou du méchant pour attaquer toute espèce d'institution, même les plus saintes, les plus sacrées et les plus utiles. Si les facultés intellectives ou logiques la dominent complètement, l'homme

doute de tout; il nie tout et il vit sans réalité présente ni future. Cette faculté
cependant est l'unique élément excitateur de l'action conceptive des autres
facultés pour produire des créations nouvelles, imaginaires et fantastiques.
C'est ainsi que la méliorativité les excite afin de produire le *nouveau*, dans
le sens d'avancement et de progrès, et la réalitivité dans le sens d'originalité,
de surprise et de merveille. Aucun romancier, aucun poëte, ne peuvent
être éminents sans un grand développement de cet organe, car il leur manque
alors l'aiguillon, l'impulsion qui met en mouvement les autres facultés pour
concevoir, imaginer, créer, dans le but de produire des essences, des personnages, des entités, des réalités qui surprennent, étonnent, émerveillent. Il
dépendra de l'harmonie corrective ou rectificative produite par l'action générale de toutes les facultés, comme je l'ai déjà expliqué, t. I, p. 239 à 244,
438 à 442, 557, que l'on soit, dans ce cas, un écrivain plus ou moins vrai-
semblable.

Incidents. — Dans l'ouvrage cité de Gall (t. V, p. 210), on lit les faits intéressants suivants :
« Un individu, qui fréquentait le monde et était admis dans la haute société à
Paris, voulut une fois connaître mon avis sur sa tête. La seule chose que je lui
dis tout de suite fut qu'il avait quelquefois des visions et qu'il croyait aux far fa-
dets. Étonné, il sauta de la chaise sur laquelle il était assis, m'avoua qu'en
effet il avait des visions très-souvent, mais que, jusqu'à ce moment, il n'en avait
parlé à personne, dans la crainte de passer pour crédule. Il dit une fois au docteur W.... qu'à la forme de sa tête il reconnaissait en lui un penchant extraordinaire pour le merveilleux et le surnaturel. — Cette fois, répondit-il sur-le-
champ, je suis sûr que vous vous trompez, mon cher docteur, parce que j'ai
pour règle de conduite de n'admettre jamais rien de vrai qui ne soit mathéma-
tiquement exact. Nous parlâmes ensuite de divers sujets scientifiques, et nous
en vinmes au *magnétisme animal*, qui me parut offrir une matière très-suffi-
sante pour pouvoir apprécier la rigueur mathématique de mon estimable confrère. A l'instant, il devint très-animé, m'assurant de nouveau qu'il ne regardait
rien de certain que ce qui pourrait passer par l'épreuve d'une démonstration
mathématique. — Cependant, ajouta-t-il, je suis convaincu que dans le magnétisme il y a un esprit qui agit, et qu'il agit à de grandes distances. Il n'y a pas
de distance, en vérité, capable de neutraliser son action. Je puis, par ce moyen,
sympathiser avec des personnes placées dans une partie quelconque du monde.
C'est la même cause, une cause tout à fait pareille, continua-t-il, qui produit les apparitions. Les apparitions et les visions sont rares, il est vrai ; mais
elles existent incontestablement, et je connais très-bien les lois d'après lesquelles
elles existent. En entendant ces assertions, je dis en moi-même : — L'organologie cérébrale n'est pas non plus ici en défaut »
Voilà ce que nous dit Gall. S'il avait réfléchi un moment que la réalitivité ne
peut pas produire l'objet de *son désir exalté*, c'est-à-dire donner une réalité à des
conceptions extravagantes, surprenantes, merveilleuses, sans le secours ou la
concurrence des autres facultés qui, précisément, doivent engendrer ces conceptions, ces visions ou ces apparitions, il se serait aperçu que son confrère n'aurait jamais formé l'idée d'un *esprit, auteur* de ce phénomène, sans une grande

causativité, qui, avec l'aide des autres facultés, inventait une *cause* sous forme d'esprit pour s'expliquer des phénomènes qu'elle ne comprenait pas. Supposer ensuite que cet esprit, incorporé dans le fluide magnétique, pouvait pénétrer dans l'esprit de l'individu qui recevait, ce n'était pas une chose très-difficile, malgré que cet esprit fût absent. Cet esprit, que la causativité, et non la réalitivité, imagina, une fois admis, toutes les déductions qui le concernaient, quelque extravagantes qu'elles fussent, étaient extrêmement logiques.

Observations générales. — Comme je viens de l'exposer, vous avez vu vous-mêmes que Gall n'observa et ne pouvait observer des *visions* (je parle, bien entendu, des visions naturelles) que chez des personnes qui avaient une tête très-grande ou au moins quelques organes céphaliques très-developpés; autrement elles n'auraient pas inventé, dans cet état normal, des créations fantastiques ou conceptives au delà de ce qu'elles eussent perçu dans le monde externe. Gall ne les trouvait pas non plus sans une réalitivité très-grande; cela est évident. La juridiction de cette faculté consiste à *percevoir* la réalité existante et à concevoir par elle une réalité non existante, c'est-à-dire en dehors de l'ordre déjà perçu. C'est pourquoi la réalitivité, comme la méliorativité, dans sa partie qui désire, ne peut agir que sur les *conceptions* et nullement sur les perceptions des autres facultés. Elles ne peuvent désirer que les facultés produisent des essences, des réalités, des choses que tantôt elles perçoivent et qui *tantôt existent*, parce que cette réalité, elle la perçoit d'elle-même, et elle la perçoit comme une semence qui, germant dans son sein, doit produire une autre *réalité nouvelle*. Leur objet, que Combe a imparfaitement entrevu, est et doit être nécessairement, dans tout ce qui dépend de l'homme, la production du *nouveau*, de l'entité, de l'essence, qui n'existent pas, de la réalité qui doit apparaître, de ce qui, enfin, produit de l'étonnement du merveilleux, ainsi qu'on l'observe dans l'enfant nouveau-né les premières fois qu'il contemple la lumière artificielle, lumière dont la contemplation merveilleuse, réagissant en moi, m'a très-souvent surpris et émerveillé.

Sachant que la réalitivité perçoit dans leur réalité, dans leur essence ou dans leur entité, les choses que les autres facultés lui présentent, et sachant que ces conceptions sont des réalités, des essences ou des entités nouvelles, il est facile de comprendre comment, exaltée, possédée du désir chaque fois plus violent de produire des réalités, des essences ou des entités nouvelles, elle réveille dans ce but le pouvoir fantastique, imaginatif ou conceptif de l'âme tout entière. On comprend ainsi comment lui arrivent des visions, des fantômes, des spectres, des farfadets, des apparitions, des personnages sous différentes formes et figures, suivant les facultés qui agissent en combinaison avec cette faculté dominante.

Eh bien, toute faculté, par suite d'une réaction des facultés intellectives ou d'intelligence, perçoit les modes de son action dans son trialisme objectif, impressionatif et subjectif. La réalitivité peut percevoir donc ces créations relatives à tout ce qui se passe dans les autres facultés, comme je crois l'avoir prouvé, t. I, p. 325 à 529, jusqu'à l'évidence. En vertu de cette perception générale, la réalitivité contemple ses modes d'action en harmonie avec ce qui se passe dans l'âme et en dehors de l'âme; elle les modifie, elle les rectifie suivant l'influence modificatrice et rectificatrice qu'elle reçoit des autres facultés; elle sait que ses conceptions, quoique se composant d'un trialisme, n'ont d'autre existence réelle que la *subjective*, c'est-à-dire celle qui a été engendrée en elle-même; elle voit, elle touche, elle entend des fantômes, des personnages, des formes vivantes et non vivantes de toute sorte et autant qu'elle peut en imaginer avec l'aide des autres facultés, mais toujours avec la perception instinctive et simultanée que, malgré que tout cela soit un *trialisme*, elle n'a qu'une existence *subjective*, c'est-à-dire que ce qui se passe en elle est à elle seule et non à elle et au monde externe. Elle peut davantage : elle peut comparer ses conceptions *subjectives* avec les existences *objectives* d'une classe analogue; elle peut, en les réunissant à des notions actuelles que les autres personnes possèdent sur elles, produire plus de vraisemblance, c'est-à-dire une *correspondance de trialisme*, sans rien sacrifier de ce qui doit être produit en elle de prodigieux et de surprenant. C'est l'état NORMAL de la faculté; c'est aussi l'état dans lequel, plus elle est active, plus sont surprenantes et plus ou moins sont vraisemblables, dans l'écrivain ou l'orateur, les essences, les réalités, les entités ou les personnages qu'elle crée ou qu'elle peint. La manifestation de cet état normal dépend, non-seulement de l'état sain de l'organe auquel la faculté est unie, mais encore de l'enchaînement, de l'union et de l'enlacement que tous les organes ont entre eux. Ce sont autant de voies que les facultés peuvent mettre en évidence par autant d'aberrations différentes qu'il y a de désunions, de désenlacements, de déchaînements.

L'action anomale la plus ordinaire d'une faculté, lorsque son organe, à cause de son volume trop grand ou par d'autres causes, se trouve dans un état de grande surexcitation, consiste à perdre son intime relation avec les autres facultés et à percevoir comme d'existence de *trialisme* (t. I, p. 438 à 442) ce qui n'est que d'existence *subjective*. Dans ce cas, la faculté exaltée absorbe l'action des autres facultés. Celles-ci perdent leur influence rectificatrice sur elle, agissent en désaccord ou en dehors de leur pivot, et ne voient qu'à travers le prisme de sa propre exaltation. C'est ainsi que cela a lieu pour la visualitivité lorsque, par suite du défaut d'harmonie dans les éléments constitutifs et par conséquent fonctionnels de l'œil, son sens voit tout *en jaune*. Dans ces circonstances, la faculté *sent* et *voit objectivement*, c'est-à-dire comme existant *en dehors* et comme venu *du dehors*, le pur *subjectif*, ou ce qui a pris naissance et ce qui se trouve seulement à l'intérieur. En effet, l'harmonie, qui permet à l'âme de distinguer et de comparer entre eux les divers éléments *objectif*, *impressionnatif* et *subjectif* dont se compose l'existence complexe du *trialisme*, a été perdue.

Voilà pourquoi cette jeune fille d'Olot, dont j'ai parlé dans la leçon XVII, page 267, voyait son visage tomber en lambeaux toutes les fois qu'elle se regardait dans un miroir; voilà pourquoi le fabricant dont je vous ai parlé il y a peu de temps (t. II, p. 140) se voyait, se sentait réellement et positivement pauvre au milieu de grandes richesses; voilà pourquoi les individus chez lesquels Gall trouva la réalitivité extrêmement développée voyaient et sentaient des spectres existant dans leur *trialisme* complet, tandis qu'ils n'avaient qu'une existence *subjective*, ou, comme l'on dit vulgairement, *imaginaire*, *idéale*; voilà, enfin, l'explication claire, simple et définitive de l'origine de toute sorte d'illusions, de visions, d'hallucinations, de délires, de rêves et de folies dont quelques-unes ont été mentionnées t. II, p. 260 à 263. Oui, messieurs, l'origine de toutes les aberrations mentales consiste dans un défaut d'équilibre (t. I, p. 438 à 442, 473 à 477), dans un défaut de juste proportion entre le poids et le contre-poids que les facultés doivent avoir entre elles, afin qu'aucune ne perde jamais de vue ni aucun élément du *trialisme* dont se *compose* tout phénomène mental, ni l'action modifiante et modifiable que toutes les facultés ont entre elles à leur état normal, ce qui produit leur mutuelle force de rectificati n ou rectificabilité.

Vous avez déjà vu les effets de l'état normal et de l'état anomal de la réalitivité. Ils se présentaient souvent chez Hoffmann, tantôt dans l'un, tantôt dans l'autre état. La réalitivité lui faisait voir parfois des spectres et des fantômes d'une manière plus ou moins continue, lorsqu'elle perdait son équilibre avec les autres facultés ; d'autres fois, au contraire, elle lui faisait concevoir des caractères ou des personnages fictifs qui se distinguaient par leur nouveauté et pouvaient exciter la surprise et l'étonnement. C'est à elle que le *roman* doit son origine. Sans la réalitivité, l'homme n'aurait jamais eu l'idée de présenter des fictions, c'est-à-dire des conceptions de pure existence subjective, comme des réalités qui ont aussi une existence externe et objective.

Hoffmann vous a présenté un cas dans lequel l'organe en question était dans un état anomal. Voyons maintenant son action active à l'état normal. Je vous présente ici le portrait authentique de notre littérateur distingué don Victor Balaguer, dans lequel on remarque à première vue un développement favorable, non-seulement de l'organe en question, mais encore de ceux de la mélioratité, de l'imitativité et de la bénévolentivité. La partie antérieure supérieure de sa tête est assez elevée à partir de la racine du nez ; elle a cet aspect arrondi et bombé qui est un indice sûr du bon développement des facultés désignées ci-dessus. Sur toutes les lignes inférieure, moyenne et supérieure du front, on n'aperçoit aucun organe qui, dans son développement, ne conserve une proportion symétrique relativement aux autres, et qui ne se présente à la vue

Victor Balaguer, célèbre écrivain espagnol contemporain, né à Barcelone, le 15 décembre 1823.

du phrénologue le moins expert sous un rapport favorable. Cette région antérieure, comparée dans son ensemble avec les autres régions de la tête, proclame sa domination imprescriptible. Voilà phrénologiquement pourquoi M. Balaguer s'est senti entraîné, selon moi, dès son enfance, vers les lettres, et non vers les arts ou vers les armes ; voilà pourquoi il n'aurait jamais obtenu, dans ces dernières professions, les lauriers, bien mérités à mon avis, qui lui ont été décernés dans les lettres.

Il est certain que M. Balaguer, par suite de l'activité de sa réalitivité, se sent entraîné à présenter des personnages qui nous étonnent ou nous jettent dans la stupéfaction; mais sa mélioratité veut qu'ils excitent l'admiration, son approbativité qu'ils charment, et l'influence corrective de toutes ses facultés en action combinée et harmonique veut que, sans rien perdre de leur force d'excitation merveilleuse, ils soient simples et vraisemblables. De là vient le grand naturel que

présentent tous ses écrits. Voilà comment cet auteur, doué d'une grande réalitivité qui le pousse d'elle-même à présenter des personnages extraordinairement
fantastiques et imaginaires, et qui, modifiée par les autres facultés, les modifie
également à son tour, représente toujours ses personnages d'une manière qui
enchante par sa simplicité et son naturel, sans rien perdre de leur influence et
de leur prestige.

Afin de pouvoir me former un jugement consciencieux sur les qualités qui
impriment aux productions de D. Balaguer le cachet de son caractère particulier, j'ai relu, libre de toute préoccupation d'esprit, ses principales compositions.
Cette lecture a achevé de me convaincre que la *description* et la *narration*
(t. I, p. 464 à 473, 502 à 507) sont les deux qualités par lesquelles se distingue
plus spécialement son talent littéraire

Nous voyons que l'individualitivité et la mouvementivité (t. I, p. 467 à 502)
montrent, sur le front bien proportionné de cet écrivain fécond et populaire, que
leur développement favorable est en harmonie complète avec ce jugement. Ces
facultés, lorsque M. Balaguer écrit, forment le centre vers lequel convergent
les autres, agissant comme des éléments secondaires ou modificateurs. Il n'est
donc pas étrange qu'avec l'organisation céphalique indiquée, cet auteur agréable
et instruit se distingue dans ses *descriptions* et *narrations*, non-seulement par
sa supériorité intrinsèque, mais encore par sa fluidité limpide, par son attrayante
animation et par son harmonie cadencée. Selon moi, cet Espagnol illustre na uit
pour décrire et raconter les faits et les événements; suivant les doctrines phrénologiques, l'histoire est sa spécialité.

« Mais, me direz-vous peut-être, relativement à M. Balaguer, quel rapport est-il entre l'histoire et sa réalitivité, objet de cette leçon? — Il y en a
beaucoup : tout ce que l'homme produit, toutes les qualités qu'il communique à ce qu'il produit ne sont qu'un reflet de son âme. Comment son âme
réfléchira-t-elle la lumière qu'elle ne possède pas? Comment réagira l'impression qu'elle n'a pas reçue? La réalitivité étant la faculté qui nous inspire la *foi*
et la *croyance*, comment celles-ci pourraient-elles se réfléchir vives et ardentes
dans nos productions de l'esprit ou de la matière, si nous ne les sentons pas
véhémentes? Sans ce reflet, tout ce que nous pensons, tout ce que nous disons
et tout ce que nous faisons est froid, languissant et sans vie. Mais l'histoire, sans
lui, l'est bien davantage, parce que l'être tout entier, toute l'existence, toute
la réalité de l'histoire, c'est la foi qui l'inspire. Et comment, je vous demande
à mon tour, répandra-t-il la *foi*, celui qui n'a pas de *foi?* » Il n'en inspirera aucune. Il pourra l'imiter, la simuler; mais la répandre réellement et véritablement, jamais. Et encore son imitation ne sera qu'un pâle reflet de la réalité,
comme je vous l'ai prouvé complétement. (*Voy.* t. II, p. 142 à 143.) Jamais un
auteur n'imitera bien ce qu'il ne sent pas bien.

La faible et pâle lumière que la foi et les croyances de l'historien de peu de
réalitivité réfléchissent fait que les descriptions de ses personnages, conçus en
dehors de tout ce qui peut les rendre surprenants ou merveilleux, manqueront
d'un certain prestige moral, mystérieux, défaut qui laisse après lui, sans l'expliquer, un vide pénible. Tout en brûlant du désir de tout présenter en détail et
logiquement, il fera des descriptions sans âme, sans mystère, sans personnification, sans une essence dont nous percevons la réalité et qui nous *affecte agréablement*, pourvu qu'on ne la connaisse pas ou qu'on ne l'explique pas. Elles
manqueront de ce qui doit produire dans le lecteur un plaisir analogue à celui

qu'éprouve le nouveau-né ou le paysan rustique lorsqu'ils voient pour la première fois, celui-ci une scène théâtrale, celui-là une lumière artificielle. Ses écrits pourront être faits suivant les règles qui constituent la base de l'enseignement classique; mais ils manqueront toujours du premier et du plus important élément prescrit par l'école romantique : l'*âme*, l'*essence*, la *vie*, l'*entité*, la *réalité* mystérieuse, inexplicable.

Voilà, messieurs, le rapport qu'a la réalitivité avec l'histoire; voilà les modes d'action normaux et anomaux de la réalitivité démontrés à votre satisfaction, je l'espère, dans deux auteurs célèbres qui, chacun dans sa sphère spéciale, ont su mériter les sympathies de leur pays.

L'homme ne sait rien de l'essence première et fondamentale des choses. Il ne forme et il ne peut former des notions de réalité, de vérité, de science, de qualités, que par les sensations qu'il éprouve. Ces notions sont, par cela même, phénoménales : elles dépendent du *trialisme*, que j'ai cherché à vous expliquer le plus clairement possible (t. I, p. 438 à 442) dans l'une des leçons précédentes. Le même individu éprouvera, à des époques et dans des circonstances différentes, des sensations variées; il se formera des idées diverses sur la *même chose*, tout comme sentiront et penseront différemment, quant à elle, deux ou plusieurs individus constitués, instruits, élevés ou éduqués d'une manière différente, comme je vous en ai présenté plus haut une démonstration instructive et intéressante. D'un autre côté, les mêmes choses peuvent se présenter à nous modifiées de mille manières et avec mille rapports différents. Rien n'empêche cependant que les choses n'aient une essence ou une manière d'être réelle et effective dans tous leurs modes infinis d'existence et d'influence, comme dans leurs mille modes infinis de nous impressionner. Cette manière d'être ou essence réelle sera plus ou moins comprise, plus ou moins mystérieuse, puisqu'il doit y avoir toujours dans la chose la plus simple quelque chose de mystérieux, même pour l'homme le plus savant; mais elle existe, et elle existe parce que nous sentons qu'elle existe. Dieu ne trompe pas. Si donc, dans toute sorte de phénomènes connus ou à connaître, il y a une essence réelle, il est nécessaire que nous ayons une faculté en harmonie avec cette essence réelle, d'autant plus affectée et d'autant plus affectable que cette même réalité est plus surprenante, plus merveilleuse ou plus inexplicable. C'est cette faculté que j'appelle *réalitivité*.

Je dis ceci, messieurs, parce que nous devons croire que les visions, tout en étant visions, n'en sont pas moins une chose qui possède une *essence réelle* perçue comme telle par la réalitivité. Ce que nous appelons *visions* est aussi réel et aussi positif dans son essence que ce que nous appelons *réalité*; car, ainsi que je viens de le dire, t. II, p. 158, toute vision, comme toute réalité, n'est qu'une conception mentale qui doit nécessairement faire partie du trialisme, déjà cité t. I, p. 438 à 442. La réalitivité seule la perçoit dans son essence, dans ce qu'elle est, dans son mode entier d'existence, comme une entité, comme une chose, comme une réalité actuelle. Qu'elle soit ou qu'elle ne soit pas une essence qui s'évanouira, une essence qui revêtira d'autres formes; qu'elle soit ou qu'elle ne soit pas une essence existant seulement dans l'esprit, une essence applicable ou réalisable maintenant ou plus tard dans le monde externe, cela dépend, comme on le sait, du fait lui-même, c'est-à-dire de l'observation et de la démonstration des résultats qu'une chose ou une autre accrédite. Mais cette chose, quelle qu'elle soit, n'a pas moins besoin de l'intervention de la réalitivité que la vision la plus absurde, pour acquérir en nous une preuve certaine de sa réalité. Il est vrai que cette faculté n'a rien à faire dans la démonstration de l'existence ou de la non-existence de nos sensations ou notions, dans toutes leurs relations internes et externes, présentes et futures. Mais aussi, la vérité la plus grande et le mensonge le plus grand ne peuvent être *en nous* que des sensations ou des notions actuelles sur la réalité desquelles nous ne pouvons former une *idée* sans une faculté spéciale. Cette faculté est, je le répète, la *réalitivité*. C'est dans la réalitivité que s'engendrent naturellement toutes sortes d'affirmation et d'assentiment dont les êtres irrationnels ne présentent pas le moindre indice.

Langage naturel. — Nous le connaissons tous. La surprise, l'étonnement, les manifestations que nous présentons lorsque nous sommes stupéfaits, sont le langage de cette faculté momentanément affectée. Si cela se présente très-souvent, la physionomie de l'individu en conserve des traces fixes. On voit sur sa figure l'image d'une certaine exaltation ou inspiration mystérieuse qui indique, à ce qu'il parait, quelque chose de surhumain.

39, EFFECTUATIVITÉ; auparavant 20, ESPÉRANCE.

Définition. — Usage ou objet. Désir d'encourager, d'introduire dans toutes les facultés la sûreté qui doit faire obtenir ce qu'elle *désire*, en leur inspirant des affections agréables. Aversion pour toute espèce d'abattement, de découragement et d'idée dont on ne doit pas avoir de résultat, quelque faible qu'on le désire. Perception et conception de tout ce qui est riant, consolateur, encourageant, c'est-à-dire de tout ce qui est explicable ou inexplicable, et qui tend à obtenir, à accomplir ou à *effectuer* ce qui est désiré. Ces perceptions et ces conceptions sont des *espérances;* c'est-à-dire des perceptions et conceptions *espoiratives*, ou qui donnent de l'espoir. L'effectuativité perçoit et conçoit comme réalisée la satisfaction que les autres facultés *désirent.* De ces perceptions et de ces conceptions proviennent ses *affections agréables.* Nous manquons d'expressions simples pour distinguer cette spécialité. Nous voyons l'image de ces affections peinte sur la physionomie, dans le geste, dans le maintien; mais nous n'avons d'autre moyen de les désigner qu'en disant : Ce sont des *plaisirs de l'espérance.* Nous n'avons pas non plus d'expressions simples pour exprimer la spécialité des douleurs, ou des *affections désagréables* de l'espérance, provenant de la satisfaction peu probable, et toujours douteuse et limitée, des autres facultés. Les mots désespoir, dégoût, dépit, expriment un grave déplaisir de l'effectuativité, et excitent de fortes sensations variées de désir dont l'action combinée engendre une impulsion générale qui porte l'individu à des actes de violence contre lui-même et contre les autres. Le mot *désolation* n'exprime pas une affection simple et désagréable de l'effectuativité, mais bien son défaut d'action contre les appréhensions des autres. — Abus ou perversion. Espérances excessives et mal fondées. Esprit d'entreprise et de spéculation audacieuses, parce qu'on voit tout trop souriant. Tendance à tout envisager sous un point de vue de satisfaction exclusive. — Inactivité. Tendance à tout voir sous un aspect triste, lamentable, et à faciliter l'affaissement, le découragement, l'abattement de l'esprit, la désolation.

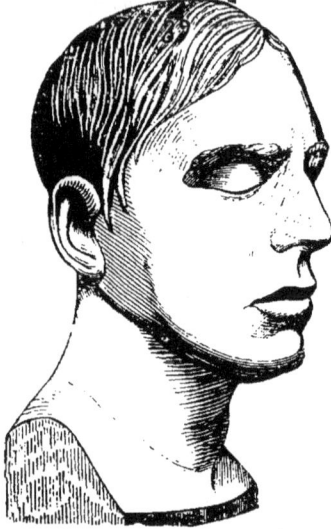

Localité. — Voici Harris Je vous le présente comme une preuve de l'existence de l'organe. C'est la copie d'un buste modelé d'après nature. J'ai tiré ce portrait de l'ouvrage plusieurs fois cité, et dans lequel Bruyères dit que la conduite d'Harris ne démentit jamais le grand développement de son effectuativité. Le siége de cet organe, comme vous le voyez, se trouve sur les côtés de l'inférioritivité. Son grand développement étend et élève la région centrale latérale supérieure de la tête où il se trouve.

Découverte. — Spurzheim, convaincu que l'espérance était une faculté de l'âme, se mit à la recherche de son siége, et il le trouva dans le lieu indiqué ci-dessus. Il ne nous a pas donné, comme son illustre maître, l'histoire de la découverte des organes qu'il a localisés. Nous ne savons donc pas quelle fut la première circonstance qui le fit découvrir, ni les particularités qui accompagnèrent la découverte de l'organe de l'espérance. Tous les phrénologues cependant le regardent comme établi et comme démontré. Pour moi, je n'ai point de doute à cet égard, à cause de l'observation personnelle d'une infinité de cas positifs et négatifs.

Divers degrés d'activité. — Si l'organe est *petit*, l'individu a peu de tendance à fixer l'avenir. Il attend peu de l'influence du temps. Il a peu de tendance à percevoir le souriant, ou ce qui peut donner l'espérance. Il manque en outre du principal élément qui inspire de la consolation. — Si le développement de l'organe est *moyen*, il n'y a pas et il ne cesse pas d'y avoir en nous un élément qui nous porte à nous livrer, pleins de confiance, à l'heureux résultat que l'avenir doit nous apporter. Lorsque cette affection est plus ou moins vive, cela tient aux circonstances du moment. — Si l'organe est *grand*, il y a tendance à voir effectués à *l'instant* nos désirs basés sur l'*avenir*. Nous éprouvons une impulsion instinctive à la *consolation*, c'est-à-dire à oublier ou à ne pas sentir les peines présentes à cause de la contemplation de nos satisfactions futures. Nous éprouvons des plaisirs qui nous apportent de l'espérance ou qui doivent se réaliser. Fossati (*ouv. cité*, p. 559-565) dit : « Silvio Pellico dans les cachots du Spielberg, Mungo

Harris, homme dont la conduite n'a jamais démenti le grand développement de son effectuativité.

Park, dans les tristes déserts de l'Afrique, et le capitaine Ross, qui passa quatre années de sa vie au milieu des glaces polaires, ont dû avoir cette affection de l'espérance a un degré élevé, puisqu'ils ne furent jamais en proie au découragement. »

Direction et influence mutuelle. — Lorsqu'il existe une grande effectuativité, l'homme doué de beaucoup d'acquisivité compte toujours ses gains ; doué de peu de précautivité et de peu de stratégitivité, il tombe toujours dans les filets que les autres lui tendent ; doué de peu de réalitivité, il *promet* beaucoup. La tendance dominante de l'effectuativité consiste à nous présenter comme réalisée, comme acquise, comme obtenue, la satisfaction que les autres facultés désirent dans le moment présent. Voilà pourquoi l'effectuativité est le grand élément mental de la consolation, de l'espoir, du courage.

Observations générales. — Une faculté existe pour toutes et toutes existent pour une. Une faculté est un élément de satisfaction pour toutes, et toutes sont un élément de satisfaction pour une. Si ce principe eût guidé les phrénologues, nous aurions aujourd'hui plus de progrès et moins de polémique. Toutes les facultés *désirent* du plaisir. Mais le désir qui leur fait voir ces désirs effectués, satisfaits, accomplis dans l'avenir, en annihilant les inspirations de la crainte ou de la répugnance, quelque grands que soient les obstacles, quelque malheureuses que soient les circonstances qui lui sont opposées, devait dépendre du domaine d'une faculté spéciale. Exposés comme nous le sommes à tant d'erreurs, à tant de revers de fortune, à tant de contre-temps divers, à tant de désastres, à tant de désillusions ; exposés en un mot à la réalisation de tant de répugnances, il serait bien ridicule de nier en nous l'existence d'une voix mystérieuse, qui, soulevant le voile de l'avenir, nous dirait : « Regarde comme il brille, » et que tout à coup il se montrât à l'âme dans un aspect souriant.

Pour vous convaincre, messieurs, que la science phrénologique était dans la nécessité absolue de déterminer clairement et définitivement, comme j'ai cherché à le faire leçons XIX-XXIII, la juridiction particulière et exclusive de toutes les facultés et de chacune d'elles, et de fonder ensuite sur elles une nomenclature exacte et uniforme, vous n'avez plus qu'à écouter ce que divers auteurs disent de l'*espérance* et du *désir*.

Spurzheim a dit : « Toutes les facultés, par cela seul qu'elles sont actives, *désirent* ; par conséquent, les animaux mêmes *désirent*. Dans l'homme, il y a quelque chose de plus : il y a une affection ou sentiment qui ne se trouve nullement en proportion avec les autres facultés. Nous pouvons *désirer* ardemment dans le moment même où nous nous trouvons sans *espérance* aucune. » — *Ouv. cit.*, t. I, p. 254, mot *Hope* (espérance).

Si, selon Spurzheim et selon tous les phrénologues, comme je l'ai démontré jusqu'à l'évidence (t. I, p. 350 à 359), toutes les facultés *désirent* dans le moment, ou par cela seul qu'elles sont actives, en quoi consiste ce que chacune *désire*? Que désire l'espérance? En quoi consiste le désir de la réalitivité? Ni Gall ni Spurzheim, ni Combe ni Broussais, ni Fossati ni Caldwell, ni aucun phrénologue ne nous le disent. Et c'est pourtant ce que, après avoir réfléchi pendant vingt ans, je me suis efforcé, ainsi que vous le savez (t. I, p. 314), d'expliquer comme principe général dans les leçons XIX-XXIII, et comme phénomène propre à chaque faculté, depuis la leçon XXVII. Combe, *ouv. cit.*, pense comme Spurzheim. Il a dit : « Un malheureux, en se trouvant près de la potence pour être supplicié, peut avoir un grand désir de vivre, tandis que peut-être il n'en a aucun espoir. »

Gall, le père de la phrénologie, croyait, selon Spurzheim, *loc. cit.*, que chaque faculté possédait une *espérance*, et il la confondait dans son esprit avec le *désir*. Fossati, partisan consciencieux de Gall (*Manuel*, p. 359), dit sur l'opinion que Spurzheim attribue à ce dernier relativement à la confusion du désir avec l'espérance : « Nous n'avons vu dans aucune partie des ouvrages de Gall qu'il ait parlé de l'espérance ; seulement on trouve le passage suivant dans ses *Observations sur la phrénologie de Spurzheim* : « Ce que Spurzheim dit sur « les organes de l'espérance, de l'étendue (méditivité) et de la pesanteur (pesati-« vité), je n'ai pas pu m'en convaincre encore. »

Cependant Fossati, *ouv.* et *loc. cit.*, convient qu'il existe une faculté particulière qui inspire l'espérance, différente du *désir*. Il dit, entre autres choses, avec beaucoup d'à propos : « L'espérance nous procure des émotions gaies, agréables, souvent trompeuses, en nous faisant entrevoir l'avenir beau et un bonheur imaginaire, *comme s'il devait en effet se réaliser.*

Broussais a dit : « Tous les jours nous désirons ce que nous ne *conseillons* pas d'*espérer*, car le désir se combine, comme *sentiment général*, avec toutes les impulsions instinctives ou sentimentales qui nous promettent une satisfaction agréable. (*De l'Irritation et de la Folie*, t. I, p. 510.) Dans le même tome de ce même ouvrage, p. 498-499, il dit : « L'espérance possède dans la tête humaine un organe qui n'a pas été admis par Gall, mais qui cependant a été reconnu comme réel et vrai par tous les phrénologues. J'ai cherché moi aussi à le vérifier, et jamais mes observations ne m'ont trompé. Il ne m'est donc pas permis de douter d'aucune manière que l'espérance ne soit en effet un sentiment primitif.»

L'espérance existe donc, d'après les observations de tous les phrénologues qui font autorité, comme une faculté fondamentale. Mais ils ne nous disent pas toutefois quelle est son impulsion propre et spéciale. Ils admettent qu'elle est un instinct, et que comme instinct elle *désire* ; mais ils ne nous ont pas dit en quoi consiste ce *désir*. Ne nous ayant pas dit ce que l'espérance *désire*, nous n'aurions jamais pu établir avec clarté la différence entre *désirer* et *espérer*, ni appliquer par conséquent une dénomination propre à la faculté en question. D'autre part, Spurzheim n'a pas vu que les affections ou sentiments (t. I, p. 335 à 339) sont des résultats de sensations ou de perceptions et non des impulsions primitives. Les impulsions primitives sont et peuvent être seulement des désirs (t. I, p. 330 à 333). Le défaut de cette connaissance l'empêcha d'arriver à la véritable dénomination des diverses facultés, malgré qu'il soit parvenu à découvrir leur véritable mode d'action affective. Voilà pourquoi il appela deux facultés *merveillosité* et *espérance*, dénominations qui expriment des sentiments, des affections, lorsqu'il aurait dû choisir des noms signifiant désir, impulsion, instinct, comme je l'ai fait moi-même avec succès, si je ne me trompe, en substituant à ces dénominations celles de *réalitivité* et d'*effectuativité*. Je ne doute pas, messieurs, qu'en voyant ce que je viens de vous dire et ce que je pourrais ajouter encore bien mieux, vous n'ayez été convaincus de la nécessité absolue dans laquelle se trouvait la science phrénologique, et quand je dis science phrénologique, j'entends un système de philosophie mentale, embrassant tous les systèmes connus, de dénommer les facultés mentales découvertes, d'après un mode d'action commun à toutes, d'après un mode d'action reconnu, vérifié et admis par tous les phrénologues. Ce mode d'action est, comme vous le savez (t. I. p. 565), le *désir*.

Il est très-important d'établir la différence qui existe entre l'effectuativité et la réalitivité, dans le sens suivant lequel je les ai définies, ainsi que vous l'avez entendu. Ces paroles : *comme s'ils devaient en effet se réaliser*, les dernières que j'ai citées du docteur Fossati dans ce dernier paragraphe, renferment cette différence. L'effectuativité *désire* seule que les autres facultés *effectuent* ce qu'elles désirent ; la réalitivité, qu'elles le perçoivent comme essence réelle. Celle-ci seulement répugne à ce que les autres facultés ne désirent pas leur objet comme une réalité, celle-là à ce qu'elles ne le désirent pas comme une chose qui doit s'*effectuer* sûrement. Ainsi les désirs de l'effectuativité et de la réalitivité correspondent au *désir* des autres facultés, tandis qu'elles sont en complet désaccord relativement à leurs répugnances.

Les désirs excités par l'effectuativité et par la réalitivité se réveillent contre les craintes, t. II, p. 87 à 90, 135 à 136, et ils inspirent ou tendent à inspirer le courage, l'audace, la valeur, c'est-à-dire une réaction contre les inspirations lâches. Mais, comme tout est poids et contre-poids, comme tout est *antithèse*, l'effectuativité et la réalitivité se trouvent toujours face à face et en guerre ouverte avec la précautivité et la stratégitivité, leurs antagonistes, qui tendent à produire le découragement, la dépression, la lâcheté, c'est-à-dire un abattement général. Il est certain que celui qui se représente à chaque instant des dangers, des piéges, tiendra ses *craintes* éveillées et se sentira lâche, à moins que sa combativité et les facultés régulatrices ne soient *très-puissantes*. Il est évident que celui qui, au contraire, non-seulement *espère*, mais *croit* toujours à la réalité et au succès de ce qu'il *désire*, se sentira plein de courage, lors même que sa combativité et ses organes régulateurs ne seraient pas grands. Voilà comment l'effectuativité et la réalitivité sont de grands éléments de valeur, et la stratégitivité et la précautivité de grands éléments de lâcheté. Voilà comment la femme, ayant plus de précautivité et moins de combativité que l'homme, mais beaucoup plus d'effectuativité et de réalitivité, l'excite souvent, l'encourage, le console dans le malheur et l'infortune, et montre parfois, au milieu des plus grands éléments de frayeur, une énergie et un courage en apparence surhumains.

Ainsi l'effectuativité, comme la réalitivité, nous porte à des comtemplations d'un ordre très-élevé. L'effectuativité ne voit pas réalisées, il est vrai, comme sa sœur la réalitivité, qui *croit* les choses du moment, mais elle les voit réalisées dans le lointain, et elle *espère*. L'une met l'homme en harmonie avec l'explicable et le non explicable ; l'autre avec le présent et le futur. Pour la première, le phénomène le plus évident, comme le plus mystérieux, est une réalité, une vérité, un fait ; pour la seconde, le présent qui se touche, se palpe, n'est pas moins certain, ni moins positif, ni moins tangible que le futur qui ne se touche pas, ne se palpe pas et qui ne nous enchaîne pas moins toujours. Si la réalitivité se combine avec les autres facultés pour leur faire sentir que leurs désirs sont réels et non faux, l'effectuativité s'associe à elles pour leur faire sentir que tout ce qu'elles désirent se réalisera. L'une nous présente la fausseté, la non-essence, la non-réalité comme une impossibilité ; l'autre nous montre la misère, le malheur, l'infortune, comme non existantes. Celle-là nous fait voir la *lumière* au milieu des ténèbres : celle-ci nous fait jouir du *plaisir* dans la douleur.

Toutes les deux, en action réunies et dominantes, nous élèvent à la réalisation du bonheur futur. Il est évident que nos conceptions sont alors des *visions*, mais des *visions* seulement pour celui qui ne perçoit que le matériel, l'actuel, le terre-tre; mais non pour celui qui perçoit le mystérieux, le futur, le céleste.

Eh bien, Dieu ne nous a donné aucune faculté sans donner à son désir instinctif des moyens de satisfaction, et sans que cette satisfaction ne soit en harmonie (t. I, p. 331 à 332, 410 à 419) complète avec ces désirs. Si la philo-prolétivité existe, il existe aussi des enfants auxquels nous prodiguons nos caresses. Si l'adhésivité existe, il existe aussi des amis auxquels nous témoignons notre affection. Dieu a créé avant les animaux leurs éléments, et avant Adam il a créé son Éden. Avant la visualitivité qui désire voir, il y a eu la lumière pour satisfaire ce désir, de même qu'avant les poumons il y avait l'air. L'eau a existé avant la soif, et l'aliment avant la faim. D'où l'on doit conclure logiquement qu'avant l'effectuativité, la réalitivité et la vitalivité, il existait cette béatitude éternelle, cette immortalité mystérieuse, comme moyen de satisfaction du désir naturel, spontané et ardent de ces facultés.

A la vue de si puissants arguments, dira-t-on, sans fouler aux pieds la vérité, que la phrénologie n'est pas l un des plus puissants appuis philosophiques qui possèdent les doctrines les plus sublimes et les plus mystérieuses de notre religion sainte et sacrée? Et l'on prétendrait, sans fouler aux pieds la vérité, que la phrénologie n'est pas en harmonie complète, juste, parfaite et sublime avec tous les principes psychologiques que la révélation nous enseigne! Et l'on voudrait, sans fouler aux pieds la vérité, que la phrénologie, loin de rabaisser les inspirations les plus sublimes de notre âme, ne les rehaussât pas, ne les raffermît pas, ne les réalisât pas? C'est impossible. Personne, après s'être formé une idée juste de ce que sont la phrénologie, ses applications, ses tendances, ne manquera de reconnaître que cette science a fait concorder les découvertes philosophiques matérielles avec les découvertes philosophiques spirituelles, et qu'elle a permis à l'homme *tout entier*, à sa triple nature physique, intellectuelle et religieuse-morale de progresser en complète et sublime harmonie.

Langage naturel. — On ne peut mieux réaliser dans notre esprit la manifestation de cette faculté dans son mode d'action affective, agréablement excitée, qu'en contemplant la physionomie et le maintien d'une mère à laquelle les médecins donnent des espérances complètes sur le rétablissement de la santé de sa fille qu'elle considère comme gravement malade, ou encore en contemplant la physionomie et le maintien d'un bon père auquel la meilleure conduite de son fils, vicieux auparavant, vient donner une entière espérance qu'il va être un homme utile et honorable. Le désespoir, dans ses mille modifications, peint sur le visage et dans les attitudes de celui qui l'éprouve, est le langage naturel de cette faculté désagréablement affectée.

LEÇON XLII

**Troisième classe. — 40, RECTIVITÉ; auparavant 19, conscien-
ciosité. — 41, SUPÉRIORITIVITÉ; auparavant 13, amour de
soi-même.**

MESSIEURS,

Vous êtes bien convaincus qu'il n'y a pas de différence entre le mode
suivant lequel l'âme *perçoit* et se forme une idée des propriétés physiques et
celui suivant lequel elle perçoit et se forme une idée des qualités morales.
Il ne sera d'ailleurs pas inutile de rappeler votre attention sur ce sujet, le
plus transcendental de tous ceux que comprend le vaste champ de la science
psychologique. De même que sans la visualitivité et l'auditivité nous igno-
rerions l'existence du principe lumineux ou la *lumière* et le principe du
bruit ou le *son*, de même, sans la rectivité et la supérioritivité, nous ignore-
rions le principe de l'équité ou la *justice* et celui de la hiérarchie ou *autorité*. Nous savons que la lumière, que le son existent parce que la visualitivité et l'auditivité ont des sens qui les touchent, les palpent, sont en
contact avec eux, en reçoivent une impression; nous savons que cette impression produit ensuite une sensation (t. I, p. 335 à 339) qui devient instantanément une sensation-perception analogue à son *désir* instinctif, comme je
l'ai expliqué (t, I, p. 335 à 339, 387 à 388). C'est de la même manière, tout
à fait de la même manière, que nous savons qu'il y a une *justice* ou un *devoir*,
une *autorité* ou un *ordre hiérarchique*. Nous le savons parce que la rectivité
et la supérioritivité ont des sens (t. I, p. 333 à 335) qui touchent ces qualités
morales, les palpent, sont en contact avec elles, en reçoivent une impression
et que cette impression devient instantanément une sensation–perception
analogue au *désir* instinctif de ces mêmes facultés. Il suit de là, logiquement, clairement et définitivement, que si nous savons qu'il existe des
propriétés physiques, c'est qu'il y a en nous des sens qui en reçoivent des
impressions instantanément converties en sensations-perceptions. Si nous
savons qu'il y a des principes moraux, c'est parce qu'il existe pareillement
en nous des sens qui en reçoivent des impressions instantanément converties en sensations-perceptions. Sans ces sens, qui forment une partie intégrante des facultés dont les organes sont complexes, c'est-à-dire constituent
des appareils (lisez avec soin et réflexion, t. I, p. 340 à 342, 345 à 347), l'âme
ne pourrait pas avoir de *perception*, ni se former par conséquent une *idée* de
ce que sont des propriétés physiques, des propriétés morales, ainsi que je
l'ai clairement et définitivement démontré dans les endroits que je viens de
citer. Il est donc aussi absurde de nier les principes moraux que de nier les

principes physiques, puisque c'est par la même force de sensation et la même force de perception que nous connaissons les uns et les autres.

Lorsque j'ai établi et *démontré* (t. I, p. 325 à 342), et lorsqu'il a été pour la première fois établi et démontré en philosophie mentale que toutes les facultés *perçoivent*, il est resté établi et démontré pour la première fois en philosophie mentale que la partie morale de l'homme, dans le sens le plus large de ce mot, n'est pas moins certaine, ni moins perçue que sa partie physique. Les principes de l'une et de l'autre sont visibles comme le soleil qui nous éclaire ou comme l'air que nous respirons. Établir un semblable point de départ, démontré par l'observation, relativement à un *devoir* et à une *autorité*, objet des deux facultés qui doivent nous occuper dans cette leçon, c'est fonder sur des bases indestructibles, sur une évidence manifeste pour le criterium commun de tous les hommes, tout ce que j'ai à vous dire sur les questions terrestres les plus importantes, les plus transcendentales, qui agitent le plus et qui pendant longtemps encore doivent agiter les sociétés humaines.

40, RECTIVITÉ; auparavant 19, CONSCIENCIOSITÉ.

Définition. — Usage ou objet. Désir inné d'agir avec droiture; désir d'être universellement juste, c'est-à-dire d'être juste pour soi-même et pour les autres. Instinct fondamental de devoir, d'obligation. Ses répugnances ou aversions sont l'injuste, l'illicite, le louche. Perception et conception de tous ces modes d'action équitables qui engendrent ensuite les désirs et les affections *réactionnées* (lisez avec beaucoup d'attention ce que je dis sur la *perception* (t. I, p. 352 à 339, et sur le désir, p. 337 à 388) ou leurs éléments primordiaux que nous distinguons par les noms : *conscience, expiation, inculpation, reconvention, condamnation, châtiment.* Les *affections agréables* qu'ils produisent ou dont le principal élément sont les perceptions et les conceptions, consistent dans les satisfactions d'avoir agi avec droiture, avec équité, avec probité, avec sincérité et avec loyauté. Les *affections désagréables* se nomment componction, remords, savoir mal par suite d'actes ou d'intentions injustes. On a l'habitude d'exprimer ces affections dans un sens figuré, en les nommant *ver rongeur.* — Abus ou perversion. Remords implacable pour des actions innocentes ou peu importantes. Reproches illégitimes contre un même individu. Scrupules trop consciencieux qui détruisent sans raison le repos et la tranquillité de l'âme. — Inactivité. Peu d'aversion pour l'injuste et l'illicite, tendance à ne pas avoir de remords ni de componction pour de mauvaises actions.

Localité. — Cet organe a son siège sur les parties supérieures et latérales de la voûte du crâne, à côté de la continuativité, auparavant fermeté, au-dessus de la précautivité, en arrière de l'effectuativité et au devant de l'approbativité. D'après le système de localisation que j'ai établi, ce siège

se fait voir de lui-même. Il est placé dans la quatrième ligne latérale.
Au devant de lui se trouvent situées l'effectuativité, la réalitivité, l'imitativité et la mimiquivité :
au dessous on rencontre la
précautivité, la stratégitivité,
la destructivité et la combativité.

Voici Jules Jeannin dont
le nom seul indique la justice :
regardez et admirez ce front
large et voûté, indice d'une
cognoscitivité et d'une intellectualitivité grandioses.
Toute la partie supérieure de
la tête est également haute et
bombée, ce qui indique que
ses sentiments moraux étaient
énergiques et puissants. La
vie de Jeannin prouve que la
phrénologie ne s'est pas trom-
pée non plus sur lui.

Découverte. — Gall regardait la bienveillance comme
la source de la justice et de
la conscience (*ouv. cit.*, t. V,
p. 162-167). Mais Spurzheim

JULES JEANNIN, célèbre magistrat, ministre de Henri IV,
roi de France, né en 1540, mort en 1622.

remarqua qu'il existe des personnes très-bienveillantes qui n'éprouvent aucun remords, et qu'il y en a réciproquement d'autres qui, n'étant ni affables, ni agréables, ni d'un bon naturel, se conduisent pourtant d'après des
principes d'une justice rigide et sévère. Cette observation étant faite, Spurzheim, convaincu qu'il devait y avoir un organe ayant pour fonction la manifestation de la conscience du sentiment de justice, se mit à la recherche
de son siége. Il l'établit enfin dans le lieu indiqué. Quoique des milliers de
faits aient démontré l'exactitude de la localité de l'organe en question,
Spurzheim ne nous a fait connaitre aucune des circonstances qui ont accompagné une si importante découverte.

Harmonisme et antagonisme. — Il est impossible de mieux parler sur ce
sujet que le père de la phrénologie. Il dit, avec sa lucidité analytique, caractéristique et profondément philosophique (*ouv. cit.*, t. V, p. 273) : « Du
moment que l'homme a été destiné à vivre en société, le sens moral lui
était indispensable. Sans cet instinct supérieur, on ne peut concevoir l'existence d'aucune réunion d'hommes, d'aucune association, d'aucune nation.
Si aucun devoir ne t'a été imposé, *tu* n'en reconnaitras aucun pour *moi*.
Dans ce cas, nous nous verrions précisément isolés, parce que sans devoirs

réciproques il n'y a pas de secours mutuels. Nous chercherions tous à être maitres. Nos rapports seraient ceux des bêtes féroces. Une guerre éternelle serait notre condition normale. C'est ainsi que, dans tous les temps, des sociétés se sont formées parmi les hommes, et que chacun a été convaincu que, comme individu, il n'était qu'une partie du tout, de ce tout qui doit mériter toute sa considération. La nature impose à chacun de nous la condition tacite de concourir au bien public, c'est-à-dire que tous nous sommes doués d'un sens moral, du sentiment de ce qui est *permis*, de ce qui est *devoir*, de ce qui est *prescrit*. »

Divers degrés d'activité. — Si l'organe est *petit*, la faculté est inactive, et l'individu ne se sent pas naturellement d'inclination pour opposer une grande résistance aux tentations qui le portent à commettre une action répréhensible. Le peu de développement de cet organe laisse le champ plus libre au mensonge, au vol, à l'hypocrisie, à la calomnie et à l'absence de tout principe d'honneur. Peut-il y avoir une plus grande preuve de la faiblesse de l'homme que celle qui nous montre que ses forces peuvent faiblir et qu'à chaque pas il a besoin d'implorer la grâce *divine* pour fortifier son libre arbitre et pour triompher de ses tentations perverses! — Si le développement de l'organe est *moyen*, l'homme possède naturellement la faculté de telle manière, qu'il lui est facile, comme je l'ai dit souvent, de la diriger, dominante, vers le bien, ou, dominée, de faire taire sa voix avant comme après avoir fait le mal. — Si l'organe est *grand*, l'individu éprouve une forte inclination pour le juste, pour le droit, pour l'accomplissement de ce qui est obligation et devoir. *Wellington* était un des hommes qui possédaient ce sentiment à un haut degré. L'organe de la rectivité correspondait très-bien par son grand développement avec sa conduite. Si à un homme ainsi constitué on dit : « Telle ligne de conduite est utile à autrui, » il répond bientôt : « Est-elle juste? puisque je ne dois pas vouloir pour moi ce que, à égalité de circonstances, je ne voudrais pas pour autrui. » Nous savons tous que le mot *bien*, en castillan, s'emploie comme synonyme de « juste, » de « droit. » C'est pourquoi la personne qui a l'organe de la rectivité prédominant se demande à chaque instant : « Vais-je bien? fais-je bien? dis-je bien? ai-je bien agi? » Et elle décide par le *oui* ou le *non* qu'elle se répond d'exécuter ou ne pas exécuter une action. Elle se sent portée à ne rien sacrifier à la convenance propre ou du moment. Elle désire que sa conduite n'ait d'autre guide, d'autre boussole que la justice universelle. Elle est surtout très-portée à avoir des remords, à s'inculper pour tout, à n'accuser jamais les autres, et, pour peu que sa bénévolentivité soit active, elle pardonne avec facilité.

Direction et influence mutuelle. — Tout ce que j'ai dit sous ce titre, dans toutes les facultés dont j'ai parlé, est applicable à celle qui nous occupe et à celles qui doivent nous occuper encore. Je vous engage surtout à ne pas oublier ce que j'ai dit (t. I, p. 281 à 299; t. II, p. 49 à 60), en traitant des changements de caractère et de la philoprolétivité. D'après les observations détaillées que j'ai faites alors et ailleurs, il est facile de concevoir que, malgré que la rectivité désire le juste, l'accomplissement du devoir, le *comment* et le *moyen* (t.,I, p. 387 à 388) dépendent des autres facultés et de leur instruction.

Le désir primitif et fondamental, messieurs, provient exclusivement d'une faculté. Il est *le même* à toutes les époques et pour toutes choses. Mais l'objet, la satisfaction de ce désir, le genre de produit ou d'action qu'il provoque est le résultat des autres facultés et des ressources externes. C'est pourquoi il y a mille manières de le percevoir et de le satisfaire. Le désir de *construire* est un, égal, identique dans tous les habitants du globe; mais (t. II, p. 61 à 65) ses modes de construire, combien ne sont-ils pas différents et variés! Le désir de parler, langagetivité, est un, pareil, identique dans tous les habitants du globe; mais (t. I, p. 444 à 446) combien ses modes de parler, *ses langues*, sont divers! Le désir primitif et fondamental de se nourrir est identique dans tous les hommes. Tous nous sentons primitivement et fondamentalement la faim et la soif; mais *combien* les aliments et les boissons sont *différents*, variés, divers! Et tout cela pourquoi? Parce que les instincts, les désirs primitifs et fondamentaux viennent de Dieu, et leur satisfaction vient de l'homme; c'est-à-dire que l'imperfection humaine ou le pouvoir actif de combinaison et de direction de toutes les facultés pénètre, s'introduit dans les divers modes de les satisfaire.

Ce qui est vrai relativement à la construction, au langage, à l'alimentation, l'est aussi pour le devoir, pour l'autorité, pour le gouvernement, pour tous les sentiments et pour toutes les institutions humaines. Dire qu'il n'y a pas de justice, pas d'autorité, pas de gouvernement moral, parce que les hommes ont différentes notions de la justice, de l'autorité, du gouvernement, et parce qu'ils fondent des institutions différentes de justice ou de modes de légiférer, différents gouvernements ou modes de gouverner, différentes autorités ou modes de commander, en harmonie avec ces diverses notions, est aussi absurde que de dire qu'il n'y a ni à construire ni à parler, ni à manger ni à boire, parce que les hommes s'en sont formé différentes notions qui ont donné lieu à des pratiques et à des produits divers, à des institutions et à des arts variés, à des sciences et à des coutumes différentes relativement à la satisfaction d'un même désir fondamental.

Si, messieurs, tous les modes *infinis* de construire aboutissent à la satisfaction du désir essentiellement et fondamentalement *un* de construire, tous les modes *infinis* de parler conduisent à la satisfaction du désir essentiellement et fondamentalement *un*, qui est parler. Tous les modes *infinis* de se nourrir conduisent à la satisfaction de l'alimentivité *une*, qui est manger et boire. Il en est de même à l'égard de tous les autres désirs animaux et moraux. Les modes *infinis* de satisfaire la rectivité conduisent à la satisfaction du désir essentiellement et fondamentalement *un*, qui est un désir d'être juste, droit, d'accomplir le devoir. Les modes *infinis* de satisfaire la supériorivité aboutissent au désir essentiellement et fondamentalement *un*, qui est un désir d'être supérieur aux autres. C'est là, oui, là, qu'on voit resplendir la justice, la bonté et la sagesse infinie de Dieu. En accordant des désirs essentiellement identiques à tous les hommes de toutes les nations et de tous les pays, Dieu leur a donné des modes et des moyens infinis de les satisfaire, qui sont en harmonie avec leurs différentes ressources externes et avec leurs différentes conditions physiques, morales et intellectuelles de toutes les époques passées, présentes et futures. En même temps, il leur a toujours donné, avec leurs conditions imparfaites-perfectibles, un vaste champ pour l'exercice de leur libre arbitre et pour implorer la grâce, sans laquelle on ne peut rien obtenir.

C'est pour ne pas avoir reconnu ce principe que beaucoup de philosophes célèbres ont erré et ont proféré mille inepties. Ne pouvant pas s'expliquer les diverses notions de justice ou d'équité morale, de supériorité ou de gouvernement moral que les peuples de la terre se sont formées, ils ont nié l'essence ou l'existence propre et spéciale de l'équité morale, du gouvernement moral. Ils ont attribué le désir instinctif de justice et d'ordre hiérarchique à l'invention humaine, comme si l'homme pouvait inventer un instinct ou une faculté. Parmi eux on compte Paley, Hobbes, Mandeville, la Rochefoucauld et mille autres, qui ont dit plus ou moins d'absurdités sur cette matière.

Le désir du droit, du juste, du licite, dans leur plus ou moins grande extension, est le même dans tous les hommes de tous les pays et de toutes les époques, parce qu'il dépend d'une seule et même faculté exclusive; mais, je le répète et je ne cesserai de le répéter, les modes de désirer, les modes de satisfaire, et les idées, les notions ou opinions que nous nous formons de ces modes sont aussi variés que les développements et les combinaisons de nos facultés, que les institutions qui nous entourent, que les enseignements que nous recevons. Comme je l'ai dit et répété plusieurs fois, mais plus particulièrement dans la leçon XVIII, au sujet de l'influence mutuelle externe que les facultés ont entre elles, et dans la leçon XXXVI, t. II, p. 49 à 59, au sujet de l'instruction et des autres influences externes, les idées de justice de celui dont la faculté agit en combinaison avec peu de bénévolentivité, peu d'inférioritivité, et avec beaucoup de destructivité et de combativité, seront très-différentes de celles de celui chez lequel elle agit en combinaison avec toute la région supérieure très-développée et avec la région inférieure active excitée et dominée par une région antérieure très-puissante. De même les notions de justice de celui qui a reçu une éducation parfaite seront très-différentes de celles de celui qui a reçu une éducation très-perverse. Mais il faut bien se rappeler et ne jamais oublier que l'essence, le désir, l'instinct primitif et fondamental du devoir est identique dans tous les deux, dans tout le monde. Le devoir, la justice, sont toujours les *mêmes;* les modes de les considérer sont *infinis.*

Incidents. — J'ai entendu raconter qu'un esclave nègre de la Louisiane, ayant commis une faute légère, fut atteint depuis d'un délire presque continuel,

et il répétait : « *I must atone, I must atone* ; je dois expier, je dois expier. »
Enfin, sur ses instances répétées, son maître ordonna de le fouetter. Pendant
qu'il supportait le châtiment, il criait qu'on le frappât « plus fort, plus fort. »
À la fin, il s'écria satisfait : « Maintenant, oui, maintenant je suis heureux. On
m'assura que son organe de la rectivité était très-grand.

Lorsque la rectivité opère avec les facultés régulatrices très-excitées, l'individu se sent poussé à accomplir avec intrépidité les devoirs les plus terribles.
Bruyères raconte, *Phrén.*, p. 135, que le général Kléber, dans une retraite
très-difficile, manda un capitaine dont il connaissait très-bien l'inflexibilité et
la fermeté de caractère : « Tu iras te placer avec ta compagnie à l'entrée de ce
défilé, lui dit-il. — Oui, mon général. — Tu arrêteras là l'ennemi, tu te feras
tuer avec tes soldats et tu sauveras ainsi l'armée. — Oui, mon général ! » Et ce
vaillant capitaine accomplit l'ordre avec le plus grand sang-froid et avec la généreuse fermeté d'âme que le sentiment du devoir peut seule inspirer. » — Le
même auteur nous raconte que dans le seizième siècle, pendant les troubles
qui agitèrent les frontières de l'Allemagne avec la Suisse, une personne prit
note des crimes commis contre l'ordre et qui étaient restés impunis suivant sa
manière de voir. Lorsqu'il avait rassemblé assez de preuves pour se démontrer
d'une manière suffisante la culpabilité d'un individu, il prenait son fusil, épiait
son homme et ne rentrait pas qu'il n'eût exécuté la sentence de mort qu'il
avait prononcée contre lui. Les troubles étant passés, l'archiduc fit appeler cet
individu, dont il avait entendu tant parler. Celui-ci se présenta avec son registre
en règle et avec la profonde conviction d'un homme qui a bien agi. Le prince
lui ordonna de se tenir tranquille et de laisser la justice ordinaire suivre son
cours. Cette anecdote est une preuve de la nécessité de fixer des devoirs,
comme les comprennent les hommes les plus religieux, les plus sages et les
plus moraux, et non comme les entend le caprice de chacun. — J'ai dit que
cette faculté dans ses affections désagréables produit les remords. Un misérable, dont le visage était pâle et effrayant, et qui s'était caché dans les bois,
tirait constamment des pierres aux oiseaux. Un passager lui ayant demandé la
cause de cet acharnement : « C'est, répondit-il, parce qu'ils m'accusent d'avoir
tué mon père. » Ainsi se vérifie très-bien ce que dit Shakspeare : *murder
will out*, l'assassin se dévoile lui-même. — Que de fois l'homme, à l'état de
veille, ne peut-il pas faire taire les remords de sa conscience ! Mais celle-ci re-
prend son empire pendant le sommeil et se satisfait par des révélations et des
aveux qui font reconnaître le criminel abandonné à son agitation intérieure. —
Il est des cas malheureux d'une rectivité déprimée, qui ont démontré que des
individus ayant refusé de suivre les conseils que la religion nous donne dans les
derniers instants de notre vie sont morts en proie à une férocité qui faisait
frémir.

Gabriel Fundalo, célèbre par ses perfidies et ses cruautés, lorsqu'il fut au
moment d'être exécuté, et pendant que son confesseur le priait avec une ardeur, avec une sollicitude des plus compatissantes et le suppliant de se repentir,
lui répondit d'une voix brutale et avec un air terrible qu'il se repentait seulement d'une chose dans ce monde, c'était de ne pas avoir jeté du haut de la tour
de Crémone le pape Jean XXI et l'empereur Sigismond, lorsqu'ils eurent la
curiosité d'y monter avec lui. — N'est-ce pas un fait historique que le fameux
assassin Rossignol ne se repentit jamais ? Ne montrait-il pas son bras nu et ne
disait-il pas avec un infernal sourire : « Le voici, *lui seul a assassiné soixante-*

treize prêtres dans les Carmes de Paris ? » — Il y a une soixantaine d'années qu'à Lyon, en France, un homme, après avoir eu les os rompus sur le chevalet à cause de ses crimes innombrables, au lieu de manifester du repentir, se mit à rire à gorge déployée. Interrogé pourquoi il riait, il répondit : « *Des contorsions que fait le bourreau.* »

Observations générales. — Vous avez vu, messieurs, dans ce que je viens de dire, comment ce qu'on regarde comme juste et ce qui peut réellement être juste dans un pays est considéré comme injuste et peut l'être réellement dans un autre ; comment ce qui en réalité était juste hier, les circonstances étant changées, se trouve réellement injuste aujourd'hui. Le sentiment de justice ne se borne pas à un objet, à une personne, ni à une époque déterminée. Il veut le juste réellement et positivement ; il dépend ensuite de l'effort humain de savoir en quoi il consiste, où il se trouve, en tenant compte des circonstances de temps, de lieux et de personnes[1]. Comme nous croyons que notre mode individuel de voir et de sentir les choses est en général le véritable, l'unique, l'exclusif, une société a besoin d'une législation, d'un code, de lois, pour que tous les membres ou tous les individus puissent se diriger, dans des cas donnés, suivant une même règle. S'il n'en était pas ainsi, chacun considérerait la justice à sa manière et voudrait l'administrer selon son caprice. Je dis la même chose de toutes sortes d'ordonnances, de toute obligation et de tout devoir. Il est nécessaire de les déterminer et de les prescrire à l'aide de codes ou de collections de *règles* morales ou impulsives, de même que dans le physique on prescrit et on détermine toutes sortes de distance, de grandeur et d'autres propriétés physiques à l'aide de TRAITÉS ou de collection de règles cognoscitives ou saisitives. Sous quelque point de vue qu'on envisage les règles, leur objet ne consiste qu'à *donner plus d'évidence*, relativement aux sens externes et internes du commun des hommes, aux propriétés et aux modes d'agir, qui, sans cela, seraient d'une perception générale incertaine, difficile ou impossible, et qu'à élever l'amélioration d'une société au niveau de ces hommes (t. I, p, 393 à 395, 434 à 456, 536 à 537) qui ont découvert des moyens de rendre *perceptibles* à tout le monde ce que leur *génie* privilégié avait rendu *conceptible* pour eux seuls. Voilà comment ce qui auparavant était réservé au génie devint l'objet d'un *talent*. Voilà comment ce que le talent seul aujourd'hui peut obtenir, et ce qui se nomme *arts nobles, professions, modes d'agir privilégiés*, devient demain facile, de manière qu'on le met à la portée de l'homme le plus inepte, et se nomme *art mécanique, métier, mode d'agir vulgaire*. Il résulte de là que mépriser les règles, c'est ne pas vouloir baser notre conduite sur l'expérience des hommes les plus éminents en vertu, dans les lettres, dans les arts et dans les sciences de tous les peuples et de toutes les époques ; c'est ne pas vouloir équilibrer le talent et le génie, la perception ordinaire, capricieuse ou fausse d'un homme, et les conceptions les plus sublimes, les plus fixes et les plus vraies de l'humanité. Les règles, il est vrai, étant des émanations humaines, doivent être plus ou moins imparfaites et toujours *perfectibles* Mais cela ne s'oppose en rien et ne contredit nullement ce que je viens d'établir.

---

[1] Nous n'entendons pas détruire par là l'essence de la justice. Nous avons dit déjà que la justice est une ; les circonstances peuvent faire que ce qui était juste hier soit injuste aujourd'hui. Toutefois il y a des choses qui seront justes toujours et partout, et d'autres, au contraire, qui seront injustes.

Langage naturel. — Simplicité naïve dans les manières, sûreté affable dans le ton de la voix, élévation et droiture dans la manière de marcher, expression calme et honnête sur le visage.

41, SUPÉRIORITIVITÉ; auparavant 13, AMOUR DE SOI-MÊME.

Définition. — Usage ou objet. Désir de préférence sur les autres, désir de l'emporter, de surpasser, instinct de dignité personnelle, impulsion à nous placer en tête, à être un chef ou une autorité, et répugnance pour ce qui nous rabaisse, pour ce qui manque à notre respect, pour celui qui ne ménage pas la préférence instinctive et particulière que nous avons de nous-mêmes. Perception et conception de tous ces mouvements internes et de tout ce qui, à l'extérieur, constitue un pouvoir, une autorité, une préférence spéciale, une indépendance, un respect personnel. Affections analogues agréables et désagréables, spontanées ou produites par les perceptions et les conceptions. L'amour-propre, la vaine gloire, la satisfaction personnelle que produit notre autorité, la considération du *moi* avec plaisir, sont autant d'affections agréables de cette faculté, de même que l'indignation et les autres effets désagréables que produisent les humiliations ou les mépris de notre dignité sont autant d'affections désagréables. — Abus ou perversion. Hauteur, morgue, fierté, dédain, mépris, arrogance injuste, présomption, orgueil, amour excessif d'autorité ou de commandement, esprit d'exclusivisme, fureur pour maintenir les autres en sujétion. Dans son abus, cette faculté engendre l'*envie*; d'autres facultés déterminent son genre. Elle donne de même une existence à l'*égoïsme*, c'est-à-dire à un amour ou à une préférence excessive de nous-mêmes et à un mépris des autres. — Inactivité. Elle prédispose au manque d'une dignité personnelle, d'un respect propre, d'une élévation de caractère; elle facilite l'humiliation et elle conduit à la trivialité; elle nous porte à nous rabaisser, à ne pas donner à notre âme l'estimation et la considération convenables, à ne pas nous donner le ton propre, à ne pas nous respecter nous-mêmes ni à ne pas respecter les autres.

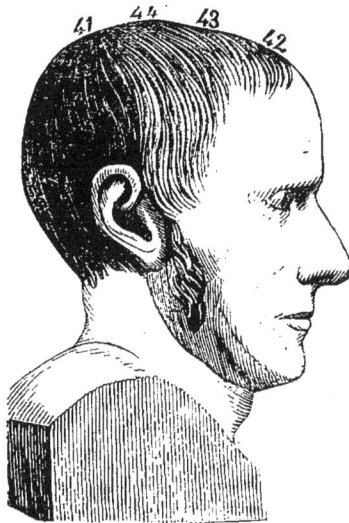

Le général Foy, né à Ham (France), en 1775, mort en 1825.

Localité. — Au sommet de la tête ou vertex, c'est-à-dire là où la superficie coronale commence à s'incliner vers l'occiput, un peu au-dessus de l'angle postérieur ou sagittal des pariétaux. Le buste du général Foy, copié sur un modèle fait d'après nature, que vous voyez ci-contre, présente l'organe de la supérioritivité très-développé; mais, comme son antagonisme naturel, la vénération ou inférioritivité, est également dominante, et comme la bénévolentivité, la rectivité et d'autres facultés modificatrices, le sont dans un sens très-moral, la supérioritivité, dans le général Foy, ne se manifeste que dans un noble sentiment de dignité personnelle et d'indépendance de caractère. Son désir d'autorité et de commandement avait pour but autant sa propre satisfaction que le bien des autres. Il voulait de l'indépendance, de la dignité, de la liberté pour lui et pour ses semblables. C'est en cela qu'existe la différence entre une supérioritivité dominante et une supérioritivité bien dirigée : l'une veut tout pour l'individu; tout est et doit être pour le *moi*; *moi* et toujours *moi*, telle est sa devise; l'autre veut que tout ce que l'individu désire d'indépendance, de dignité et de liberté pour lui-même soit également pour autrui. Les auteurs de l'*Encyclopédie américaine* considèrent le général Foy comme l'un des premiers orateurs des assemblées législatives de France et comme un ferme soutien de la *loi* et de la *liberté*.

Découverte. — Gall (*ouv. cit.*, t. IV, p. 167-170) découvrit cet organe en observant la tête d'un mendiant qui avait hérité une fortune considérable de ses parents, et qui croyait déchoir de sa propre dignité en s'adonnant à quelque profession ou métier, soit pour conserver son héritage, soit pour augmenter son capital. Gall prit un modèle de sa tête. En l'examinant avec soin, il rencontra la précautivité très-déprimée et la tête en général plutôt petite que grande. Il constata, depuis le vertex et dans une direction descendante, une saillie longitudinale très-développée. Il continua ses recherches sur ce point, et il reconnut enfin complètement l'organe. Gall supposait la partie inférieure de ce dernier comme appartenant aussi à la supérioritivité; mais, ainsi qu'on l'a découvert depuis (*Voy.* t. II, p. 96 à 97), elle est le siège de deux autres facultés : la concentrativité et l'habitativité.

Divers degrés d'activité. — Si l'organe est *petit*, la faculté est inactive; l'individu a une prédisposition à se croire indigne, à faire et à dire des choses triviales, à ne pas respecter ni à ne pas se faire respecter, à ne pas savoir se donner une importance. C'est ainsi qu'était notre poëte Melendez et que sont d'autres hommes qui ne craignent pas de dire et de faire des choses qui rabaissent leur dignité et qui leur enlèvent leur prestige personnel. — Si le développement de l'organe est *moyen*, l'individu possède la faculté de telle sorte, qu'il se maintient de lui-même dans les limites de l'*usage*. Cette faculté cependant peut être à chaque pas entraînée par les facultés plus actives et manifester par leur intervention des éléments d'*abus*, si elles ne sont pas bien dirigées. De sorte que l'usage et l'abus d'une faculté dont l'organe possède un développement moyen dépendent entièrement de la direction que lui donnent les facultés plus actives. — Si l'organe est *grand*, l'individu éprouve des désirs très-actifs, des affections, des perceptions et des conceptions propres à cette faculté, avec de grandes tendances à l'*abus*, si les autres facultés ne la répriment pas ou ne lui donnent pas une bonne direction. Cet état de développement conduit à la fierté de l'âme, à l'indépendance de caractère, à prendre sur soi des responsabilités. L'individu qui possède cette organisation éprouve une forte aversion pour les injures, pour les offenses, pour les outrages personnels. Sa précautivité et sa stratégitivité doivent être peu développées, pour qu'il ne s'efforce pas de les imiter, ou sa combativité et sa destructivité doivent être peu développées, pour que, s'il a reçu des outrages, il ne se sente pas porté à exiger une satisfaction ou autrement à les *venger*. Le bon développement de cet organe est, comme je l'ai dit en diverses circonstances, un élément de valeur physique et morale très-remarquable. Cela est évident. Plus la sensation que nous fait éprouver une offense ou un outrage est forte, plus la crainte de nous rabaisser devant nous-mêmes ou de démériter notre propre approbation est vive, plus est rapide, plus est violente, plus est énergique l'impulsion que reçoivent la combativité et la destructivité.

Direction et influence mutuelle. — Il ne faut pas perdre de vue que s'il est bien vrai que les divers degrés d'activité d'une faculté dépendent du développement de son organe, on ne doit pas non plus oublier jamais que l'*usage* ou *abus* de cette activité dépend de l'action des facultés avec lesquelles elle se combine. Il faut donc établir la différence nécessaire entre le plus ou moins d'activité et le plus ou moins de direction de cette faculté. Quelque grande, quelque extraordinaire que soit la supérioritivité, jamais elle ne parviendra au cercle de l'abus, pourvu que les autres facultés soient développées harmoniquement avec elle. Dans ce cas, nous avons, comme le général Foy, comme Isabelle la Catholique, comme Franklin, comme Washington, comme Jovellanos, beaucoup de dignité et d'indépendance de caractère, mais nullement de l'orgueil ni de la fierté. De sorte que, quoique la médisance, la calomnie, le désir de rabaisser le mérite d'autrui, de fouler aux pieds et d'assujettir nos semblables, et d'autres vices analogues s'engendrent dans cette faculté, ils peuvent seulement s'engendrer lorsque, n'étant pas instruite (*Voy.* t. II, p. 50 à 59), son action se trouve combinée avec celle de la combativité, de la destructivité, de la stratégitivité, de l'approbativité et d'autres facultés animales trop actives ou mal dirigées. D'un autre côté, si la supérioritivité est peu active et l'approbativité très-active, si de plus ces dernières facultés animales sont dominées par les facultés supérieures morales, nous n'attachons aucune valeur à nous-mêmes; nous nous sentons portés à nous blâmer, à nous inculper avec facilité; nous attribuons le bien aux autres et le mal à nous-mêmes; nous préférons la dignité d'autrui à la nôtre. A un individu ainsi constitué tout semble digne de mérite chez les autres, et ce qui lui est propre ne lui semble d'aucune valeur.

Incidents. — Il y a des hommes qui ne veulent jamais reconnaître une erreur et qui se croient infaillibles. Napoléon appartenait à cette catégorie. « Après sa chute, dit Bruyères, et pendant les longues heures de sa dure captivité, il chercha toujours à justifier tous les actes de sa politique, sans jamais convenir des erreurs qu'il avait commises, quelque évidentes qu'elles fussent. Il attribuait toujours sa chute et l'insuccès de ses savantes combinaisons à la trahison ou à l'impéritie de ses seconds. Singulière manifestation d'un égoïsme ou d'un amour-propre aveugle! Dans tous les bustes de Napoléon, l'organe de la supérioritivité est très-développé. » — En 1836, pendant que j'étais professeur de langues modernes à l'université de la Louisiane, un élève, doué d'une supérioritivité considérable et dominante, assistait à mes leçons. Il ne voulait jamais avouer qu'il s'était trompé, quelque évidente que fût son erreur pour tout le monde. Un jour il écrivit « *gramatica* » avec deux *mm*, comme *grammatica*. « Il y a, monsieur R..., une *m* de trop, lui dis-je. — D'après quelle autorité? demanda-t-il. — D'après celle de l'Académie royale espagnole, » lui répondis-je. Et je lui mis son dictionnaire entre les mains. Il chercha en effet le mot, et, le trouvant écrit avec une seule *m*, il me dit : « Mon autorité est aussi bonne que celle de l'Académie royale espagnole ou de toute autre Académie, et *moi* je dis que ce mot doit être écrit avec deux *mm* en castillan; je l'ai écrit ainsi et je continuerai à l'écrire ainsi. » La connaissance de la phrénologie, comme vous pouvez très-bien le penser, me servit beaucoup dans cette circonstance; elle me convainquit, d'une part, qu'il n'y avait pas eu en lui un désir de me manquer de respect, et, d'autre part, que tout raisonnement pour lui faire comprendre son erreur eût été inutile. Les railleries de ses condisciples, ses réflexions postérieures, l'étude profonde qu'il fit, sur mes instances, de la phrénologie, furent cause que, dans des cas aussi évidents que celui que je viens de mentionner, il ne se regarda pas comme infaillible. — Le développement extrême de cet organe, accompagné d'une approbativité, d'une combativité et d'une destructivité actives, est la source de beaucoup de révolutions politiques; tantôt ce sont les gouvernants qui offensent cette faculté chez les gouvernés, tantôt ce sont les gouvernés qui se montrent insolents envers les gouvernants. « De tels hommes, dit Gall, en parlant du sculpteur révolutionnaire Ceracchi, renverseraient tous les trônes pour pouvoir devenir eux-mêmes des despotes. Leur argument consiste en ceci : *Retire-toi et cède-moi ta place.* » Il faut remarquer en effet que l'amour-propre exclusif déclame contre le pouvoir parce qu'*il ne peut pas l'exercer*, et non à cause de sa nature ou de ses désordres. — L'anecdote suivante, racontée par Bruyères, est également très-caractéristique : « J'ai connu sous la Restauration, dit-il, un retraité d'une classe élevée, homme d'un très-grand courage et d'excellentes manières, mais possédant une dose d'amour-propre un peu trop forte. Il figurait, bien entendu, dans les rangs de l'opposition; mais cette opposition n'était pas seulement constitutionnelle, elle était générale et habituelle, elle s'appliquait à tout. Quel que fût le sujet de la conversation, il y prenait part et commençait toujours dans cette forme invariable : « *Moi*, j'ai fait; *moi*, j'ai dit. » Nous l'appelions le *général Moi*.

Observations générales. — De même qu'on doit à l'acquisivité, dans les sociétés humaines, l'origine de la propriété, de même on doit à la supérioritivité l'origine de l'autorité, du pouvoir ou du gouvernement politique. Il n'y a et il ne peut y avoir une réunion de créatures humaines sans que l'une ou plusieurs d'entre elles ne forment un corps d'opinions qui constitue le pouvoir, l'autorité actuelle. Cette autorité sera bienveillante ou cruelle, éclairée ou ignorante. Elle n'existe pas seulement, elle forme aussi constamment un élément primordial et nécessaire à toute réunion d'hommes. Dans les jeux de la jeunesse, dans les écoles, dans les familles, il y en a un qui est naturellement en tête. Dans tout corps délibératif, il y en a un ou quelques-uns qui dirigent; dans toute assemblée formée subitement il y en a bientôt un ou quelques-uns qui se présentent, s'emparent et se font donner instinctivement l'autorité. Dans toute bande de voleurs et d'assassins, il en est un qui naturellement domine les autres. Si dans toutes ces circonstances plusieurs personnes se disputent l'autorité, elle revient toujours après la lutte à celle qui est la mieux organisée pour l'avoir et pour savoir la conserver. Aussi, dans un pays gouverné despotiquement, un imbécile ne peut-il pas être roi. Cela est si vrai, d'après l'autorité de toutes les histoires, qu'un esclave né avec des talents et doué d'un esprit de domination parviendra à être maître, et que le maître, s'il ne possède pas des qualités naturelles et s'il es lâche ou faible, deviendra esclave. D'ailleurs, l'homme est entouré d'univers, d'objets grandioses et sublimes qui le confondraient sous le poids de sa propre insignifiance augmentée, comme vous le verrez bientôt, par son inférioritivité, si un sentiment de sa propre dignité, de son propre mérite, de sa confiance en lui-même, ne l'encourageait à lever la tête vers eux.

L'organe de la supérioritivité n'est donc pas seulement en harmonie avec l'ordre établi par Dieu dans la création, mais encore il est impossible, sans lui, de concevoir son existence.

De même que l'approbativité a été la source des institutions de titres et de distinctions honorifiques (t. II, p. 135 à 136), de même la supérioritivité a engendré celle des privilèges et des hiérarchies sociales. C'est pour ne pas avoir connu cette origine qu'un principe mal compris d'*égalité* a fait commettre des horreurs en Angleterre, en France, en Espagne et dans d'autres pays. Les hiérarchies et tout ce que Dieu a établi dans l'univers ont une fin sainte et utile. Il faut aller à la découverte de cette fin et agir ensuite en harmonie avec elle; tout le reste n'est que folie. Les hiérarchies, filles de la supérioritivité, sont des réunions d'hommes élevés au-dessus des autres par leur talent et par leur vertu. Si la volonté les fonde sur ces deux qualités, le talent et la vertu, si on les envisage dans celui qui, appartenant à la classe la plus élevée et descendant de la race la plus illustre, est le plus intelligent, le plus vertueux, le plus utile, le plus honorable, les hiérarchies produiront tout le bien en vertu duquel la nature les a établies.

Il est naturel que dans un pays dont les habitants possèdent, comme les Basques, les Calabrais, les Suisses, les Écossais, les Araucaniens (t. 1, p. 183 à 186) et autres qui vivent ordinairement dans les régions hautes ou élevées, un grand développement de l'organe de la supérioritivité (Gall, t. IV, p. 176), ils soient exclusifs, orgueilleux, indépendants. C'est ce que prouve l'histoire de tous les peuples. La supérioritivité n'est qu'un élément de *gouvernement*, elle en constitue la partie qui commande, qui domine, qui fait l'autorité; mais il lui manque l'élément de l'obéissance, de la soumission, de la résignation, qui est du domaine de l'*inférioritivité*, et l'élément de la justice, du devoir, du droit, qui dépend, comme vous le savez, de la rectivité. Du développement général de ces trois organes dans les sociétés humaines dépendra la nature essentielle de leur gouvernement politique. Si la supérioritivité prédomine, le gouvernement sera plus *libéral;* si c'est l'inférioritivité, il sera moins *libéral.* Gall a dénommé cette faculté et son organe, d'après l'un de ses modes d'action *abusive, orgueil.* Spurzheim l'a appelée *amour-propre*, d'après l'un de ses modes d'action *affective.* Fossati, *ouv. cit.*, p. 304-312, a fondé sa dénomination *indépendance* sur l'un de ses modes secondaires de désirer. (*Voy.* t. I, p. 387 à 388.) Quant à moi, vous venez de le voir, je la désigne sous le nom de supérioritivité, à cause de son mode fondamental et primitif de désirer.

Langage naturel. — On l'observe d'une manière très-évidente dans les manifestations d'un orgueil démesuré qui semble dire : « Je suis supérieur à tous; le commandement m'appartient; je suis l'autorité. » Lorsque cette faculté est en action harmonique avec les autres, elle prête à l'individu un air noble, distingué, élevé. Si elle prédomine d'une manière exclusive, elle blesse l'amour-propre de tout le monde; dans ce cas, l'individu met en évidence son langage naturel en marchant avec roideur, et la tête haute et inclinée en arrière vers le dos. Son regard est fier, fixe et imposant. Il est grave et froid dans ses manières; il salue sans s'incliner. Son port ou son maintien en général, comme ses attitudes en particulier, laissent deviner l'intime conviction qu'il a de sa propre supériorité. Le langage de cette faculté est l'origine, ainsi que je l'ai dit déjà, t. I, p. 392 à 396, de certaines cérémonies, de certaines étiquettes et de certaines distinctions sociales.

LEÇON XLIII

Troisième classe. — 42, BÉNÉVOLENTIVITÉ; auparavant 16, bienveillance. — 43, INFÉRIORITIVITÉ; auparavant 17, vénération. — 44, CONTINUATIVITÉ; auparavant 18, fermeté de caractère.

Messieurs,

Les explications que je vais vous donner aujourd'hui mettront fin à l'étude des facultés qui, avec leurs organes, constituent la classe III. Vous avez pu facilement remarquer qu'à mesure que le siége des organes des facultés se trouve plus élevé de bas en haut et d'avant en arrière, plus s'élève aussi leur ordre hiérarchique. En effet, les organes dont les facultés enchaînent l'homme au présent et au futur, à l'explicable et à l'inexplicable ou mystérieux, à l'imparfait et au perfectible, au perfectible et au parfait, sont situés vers le sommet et en avant.

42, BÉNÉVOLENTIVITÉ; auparavant 16, BIENVEILLANCE.

Définition.—Usage ou objet. Désir d'augmenter les joies et de diminuer les misères des êtres sensibles; aversion pour les souffrances d'autrui. Les affections *agréables* sont engendrées par le bien-être d'autrui, et les affections *désagréables* par sa misère, sa souffrance ou son malaise. La miséricorde, la bonté, la magnanimité, la clémence, la largesse, le désintéressement, la générosité, l'humanité, la commisération, l'hospitalité, la philanthropie ou l'amour du prochain, l'esprit de pardon, sont des affections agréables qui prennent naissance dans cette faculté comme élément principal de leur origine. Les affections *désagréables* viennent de la perception de la souffrance des autres, c'est-à-dire des répugnances de la faculté qui ont été réalisées. La *pitié*, la *compassion*, sont des affections de cet ordre; elles deviennent facilement des sensations complexes, appelées *indignation, colère* et *vengeance*, si elles excitent, comme cela se présente souvent, la supérioritivité, la destructivité, la combativité et d'autres facultés contre celles qui provoquent la souffrance qu'on éprouve. Tant il est vrai que la compassion est près de la colère, la pitié près de la vengeance, l'antidote près du poison, le plaisir près de la douleur! Tant il est certain que tout (t. I, p. 417 à 419) est antagonisme, tout est antithèse! Les perceptions et les conceptions de cette faculté comprennent toutes les sensations que produisent en nous les joies et les misères des créatures sensibles. — ABUS OU PERVERSION. Bonté extrême ou exagérée; prédisposition à la faiblesse de caractère, à la profusion, à la prodigalité, à l'abandon de ses propres intérêts pour ne s'occuper que de ceux d'autrui; cette inclination est d'autant plus grande, que la bénévolentivité se trouve plus unie à une supérioritivité inactive, son antagoniste. — INACTIVITÉ. Prédisposition à l'indifférence pour nos semblables, à n'éprouver ni compassion pour les classes nécessiteuses, ni désir de soulager les misères du prochain. Cette disposition de la faculté facilite beaucoup l'action *abusive* de la supérioritivité.

Localité. — Elle est située à la partie supérieure de l'os frontal, justement au devant du sinciput. Son siége n'est pas équivoque, surtout dans les têtes qui ont l'inférioritivité *petite*, comme on le voit dans le crâne araucanien que j'ai mentionné plusieurs fois (t. I, p. 247). Dans l'ancienne nomenclature, cet organe est désigné par le nombre 16; vous l'avez vu très-souvent indiqué ainsi (t. I, p. 179, 181, 183, 187, 192, 193, 225).

On trouvera à peine dans les annales de l'humanité un homme dont la bienveillance *naturelle* surpasse celle d'Eustache; je vous ai parlé de ce der-

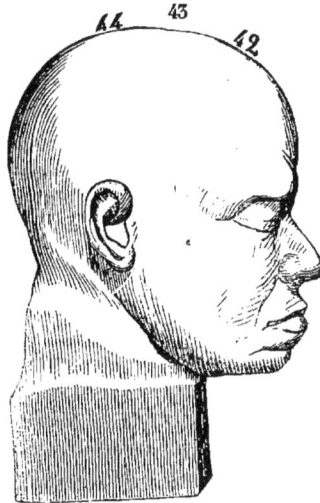

EUSTACHE. Gravure copiée sur un buste modelé d'après nature. (Voyez ci-devant, t. I, p. 172 à 173.)

nier avec détail dans une autre leçon (t. I, p. 171 à 173). Le portrait que je vous en ai montré alors était une copie d'un portrait authentique publié par

MM. Fowler, de New-York, dans leur *Phrenological Journal* Comme la conduite d'Eustache a été complétement d'accord avec le développement de sa tête, je vous en présente ici un portrait dont l'authenticité est hors de doute; c'est une copie d'un buste modelé d'après nature. En comparant ce portrait avec celui de Robespierre (t. I, p. 348), vous pourrez vous faire une idée exacte de l'aspect qu'offre la tête lorsque l'organe est petit et lorsqu'il est grand. La tête de saint Vincent de Paule présente dans tous les portraits que j'en ai vus une bénévolentivité considérable. Comparez la tête de ce saint avec celle de Thibets, et voyez si l'immense différence qu'on remarque entre elles ne correspond pas phrénologiquement à la différence, aux inclinations *naturelles* de ces deux personnages si opposés !

Découverte. — Un ami de Gall le pria d'examiner la tête de son fils Joseph, « car, lui dit-il, il est impossible que vous ne lui trouviez pas beaucoup de bonté de cœur. » Gall l'examina, et il constata la présence d'une saillie sur l'os frontal. Il se rappela qu'un de ses condisciples avait également un caractère très-aimable; il trouva aussi une protubérance sur le même endroit de sa tête. Ces observations et un très-grand nombre d'autres le convainquirent que la disposition des individus à faire le bien est innée, que cette disposition avait un organe correspondant, et que son siége était dans le lieu indiqué. Tout cela est aujourd'hui démontré et parfaitement établi.

Harmonisme et antagonisme. — Pour que l'homme pût se constituer en société suivant les lois de sa nature, il était nécessaire qu'il fût enchaîné par les liens indissolubles de la sympathie, de la générosité magnanime et désintéressée d'un individu envers l'autre, non-seulement pour le présent, mais encore pour l'avenir. S'il n'en eût pas été ainsi, le monde n'eût été qu'un désert moral, un pur égoïsme, et l'on n'eût jamais vu des actes de générosité, de magnanimité, de désintéressement. Heureusement il n'en est pas ainsi. Dieu y a mis un empêchement par la faculté innée de la bénévolentivité. Avant de raisonner, l'enfant compatit à la souffrance d'autrui et il pleure. Avant de penser, l'homme tend sa main généreuse et bienfaisante au pauvre délaissé.

Divers degrés d'activité. — Lorsque l'organe est *petit*, il ne présente pas de résistance ou d'opposition à la destructivité, à la combativité, à la stratégitivité et aux autres facultés animales purement égoïstes, susceptibles de se pervertir facilement. C'est pourquoi les hommes qui commettent des crimes atroces ont d'ordinaire la bénévolentivité petite. Il en est au moins ainsi dans les bustes de Tibère, de Caligula, de Néron, de Catherine de Médicis, de Danton, de Robespierre, de Thibets, de Boutillier. Je l'ai constaté de même dans beaucoup d'assassins. Les Caraïbes anthropophages, dont j'ai déjà fait mention (t. I, p. 179 à 181), se trouvent également dans ce cas.— Si le développement de l'organe est *moyen*, la faculté, comme je l'ai dit tant de fois, est à la merci des facultés plus actives. Une imitativité, une stratégitivité, une supérioritivité, une combativité grandes, pourraient, si les facultés de connaissance et d'intelligence étaient bien développées, parvenir à prosti-

tuer la bénévolentivité, jusqu'au point de mettre en jeu son langage philan-
thropique, pour mieux satisfaire les désirs de ces facultés dominantes. Voilà
comment on peut faire parler le langage propre à une faculté pour satisfaire
d'une manière dissimulée les désirs d'une autre ou de plusieurs autres facultés. Fossati (*ouvr. cité*, p. 331) dit avec beaucoup de raison : « On a
tellement abusé du mot *philanthropie*, que nous osons à peine en parler. » —
Si l'organe est *grand*, l'individu se sent porté naturellement à la bienveillance et à l'obligeance. La phrase suivante de Fénelon a pris son origine
dans cette faculté unie à un organe considérable : « J'aime ma patrie, mais
j'aime mieux l'humanité. » Il en a été de même de celle d'Henri IV de
France, que voici : « Je voudrais que chacun de mes sujets pût mettre une
poule au pot tous les jours. » Dans ce degré de développement, notre mémoire n'oublie jamais ces phrases sublimes de notre divin Rédempteur :
« Aimez-vous les uns les autres ; aimez Dieu par-dessus toutes choses et le
prochain comme vous-même. » L'homme doué de cette organisation se sent
naturellement porté à être, dans ses paroles comme dans ses actes, un véritable ami de l'humanité, plein de charité et d'amour pour le prochain.

Direction et influence mutuelle. — Il y en a beaucoup qui trouvent étrange
que Dieu ait réuni dans une même créature des facultés aussi opposées que
celles de la bénévolentivité, de la rectivité, de la supérioritivité, de la destructivité, de la combativité et de la stratégitivité. Mais il y a à peine une institution humaine à laquelle ne prennent point part toutes les facultés en
action combinée, ainsi que tant de fois je vous l'ai fait comprendre. En
quoi consiste l'objet de la législation, si ce n'est à donner à chacun ce qui,
suivant son droit, est en harmonie avec l'équité et la justice et doit produire
un *bien?* Dans ces circonstances, la destructivité, la combativité, la supérioritivité, ne sont-elles pas l'origine du châtiment établi par l'*autorité*, afin que
les lois s'exécutent et atteignent ceux dont les principes moraux ne sont
pas naturellement très-actifs ? A quoi serviraient les *lois* dans une société
d'hommes, puisque d'hommes il s'agit et non d'anges, si leur transgression
n'était pas accompagnée du *châtiment*, qui produit une douleur, et si la satisfaction, qui produit un *plaisir*, n'accompagnait pas l'obéissance à ces mêmes
lois? Rappelez-vous bien ce que j'ai dit dans la leçon XII, t. I, p. 155 à 169.

Les institutions relatives à la peine et à la récompense, dans les sociétés
humaines, ne sont autre chose qu'une règle ou un système d'application
établi *instinctivement*, pour la vérité de ce que j'ai très-souvent démontré
philosophiquement dans mes leçons (t. I, p. 164 à 165, p. 428 à 430), savoir :
qu'exciter certaines répugnances qui inspirent la *peur* et certains désirs qui
inspirent du *courage* (t. II, p. 87 à 90), c'est réprimer ou activer l'impulsion
de quelques facultés très-développées qui, dans leur débordement, entraîne-
raient au désordre, à l'anarchie, au crime. Ces influences, dont je n'ai cessé
de vous entretenir, peuvent seulement s'exercer, à la condition qu'il existe
des facultés opposées, contraires et antagonistes.

Il n'y a pas de facultés, quelque opposées qu'elles soient, qui e puissent, en action combinée, concourir à la formation de certaines institutions humaines. Que sont les armées sans les instruments de la destructivité? Et cependant on y voit des médecins et des chirurgiens, qui, sous l'influence de la bienveillance, se destinent à secourir les malades et à leur faire du bien. Les hôpitaux, les hospices, les maisons de charité, ne sont-ils pas des créations de la bienveillance placées à côté des prisons, des bagnes, des potences, érigées par la destructivité? L'ordre établi par Dieu dans la nature n'est-il pas le résultat des deux éléments de bénévolentivité et de destructivité, dont l'union et l'harmonie constituent une justice suprême, éternelle et universelle? Ne voyons-nous pas la bénévolentivité et la destructivité s'unir pour nous procurer des objets destinés à satisfaire nos besoins et à nous faire perdre ensuite la santé, si nous en abusons? N'est-ce pas la bénévolentivité qui engendre la faim et les aliments pour la satisfaire? N'est-ce pas la destructivité qui nous tue, si, par ignorance ou par suite d'une perversion de la volonté, nous prenons des aliments nuisibles ou en trop grande quantité? Qui osera dire après cela qu'il n'y a ni justice ni concert dans l'ordre de la création, parce qu'on y voit agir simultanément la bénévolentivité et la destructivité?

Incidents. — On sait que les sauvages chez lesquels on a trouvé la bénévolentivité très-développée ont été civilisés avec la plus grande facilité, à cause de la douceur de leurs habitudes respectives. Parmi les nations civilisées de l'antiquité, les Athéniens n'ont jamais voulu adopter les combats de gladiateurs, et leurs habitudes douces et bienveillantes sont proverbiales. De toutes les observations qu'on a pu faire sur ce sujet, il résulte que l'organe en question était plus développé parmi eux que parmi les Spartiates et les Romains. — J'ai vu une fois (1836), dans la prison de la Nouvelle-Orléans, un prisonnier qui avait l'organe presque nul. Il faisait du mal autant qu'il le pouvait à ses compagnons avec des signes évidents de plaisir et de joie. Sa destructivité n'était pas très-grande; mais son plus puissant contre-poids faisait défaut. « On voit bien ici, me disais-je en moi-même en examinant cette tête, l'influence mutuelle des facultés. » — Thibets (t. I, p. 137), Williams et Hare (t. I, p. 169), Boutillier (t. I, p. 172), le nègre Eustache (t. I, p. 172, t. II, p. 183) et tous les cas que j'ai rapportés dans la leçon XIII, sont des incidents remarquables de cette faculté.

Observations générales. — « Le sentiment de bienveillance, dit Fossati (*ouv. cit.*, p. 329), ne se borne pas aux hommes, il s'étend aux animaux. Qui ne se sent saisi d'indignation à la vue d'un muletier méchant qui châtie sans pitié ni miséricorde la bête qui succombe sous le poids d'une charge trop lourde, ou à la vue des chiens qui mordent cruellement les moutons et les bœufs que l'on conduit à l'abattoir? » C'est par suite de ces considérations et de plusieurs autres analogues que Broussais (*Leçons*, p. 354 et 355) s'écrie aussi : « Plaise à Dieu que ces faits et ces réflexions hâtent l'époque où nous imiterons les Anglais quant à la protection qu'ils étendent sur les animaux devenus les esclaves et les appuis de l'homme! Verrons-nous toujours les charretiers accabler de coups et faire succomber sous leur nombre les animaux parce qu'ils ne peuvent point traîner des charges au-dessus de leurs forces, ou leur infliger de terribles coups de fouet pour le seul plaisir de montrer leur habileté brutale? Faudra-t-il que nos bouchers continuent à se mettre tous les jours en colère et en fureur pour dompter la résistance des animaux qu'ils doivent immoler ? » Si ces auteurs s'expriment ainsi, que dirai-je moi-même d'un peuple très-catholique, très-pieux et très-moral ? Que dirai-je d'un peuple qui, avec raison et avec justice, se glorifie de sa douceur, de son élégance, de sa tendresse, de son amour pour le progrès et pour toute sorte d'enseignement, de délicatesse, de beauté domestique et sociale, en voyant que ce peuple religieux, grand, charitable, intelligent et bienveillant, donne au public des spectacles dans lesquels on irrite, on martyrise et on égorge brutalement des animaux inoffensifs, aides, appuis et soutiens de l'homme ? et tout cela dans le but évident de faire briller l'agilité, la dextérité, la sérénité et la grâce de quelques personnes ? Ce peuple, c'est le peuple espagnol ; ces spectacles, ce sont « las corridas de toros, » les *courses de taureaux* ! Les amateurs auraient pu me dispenser d'en parler ; mais je ne puis ni ne dois passer sous ce silence cette coutume qui rabaisse tant et si injustement l'idée que les étrangers se forment de notre bienveillance, quoique quelques-uns d'entre eux possèdent ou aient possédé des usages aussi peu convenables, aussi inhumains et aussi réprouvés. D'ailleurs, celui qui veut juger l'homme lorsque ses facultés agissent sous l'influence de la bénévolentivité et sous celle de la destructivité n'a qu'à le considérer dans ses actes de bonté, de charité et de désintéressement héroïque et dans ses actes de férocité, d'iniquité et d'extermination.

Les légumistes (t. II, p. 28 à 30) basent sur l'instinct de la bienveillance l'un de leurs puissants arguments en faveur de leur système alimentaire. Ma grande pratique phrénologique me permet d'établir comme principe que les personnes ayant beaucoup de bénévolentivité et peu de destructivité se sentent naturellement portées au régime végétal.

Combe (*Lectures*, p. 192), sans avoir compris, relativement à la satisfaction du désir bénévole, le principe en vertu duquel un désir primitif et fondamental s'engendre dans une faculté exclusive et sa satisfaction dans toutes, principe que je regarde (*Voy*. t. II, p. 173 à 174) comme un des plus grands progrès que j'ai fait faire à la phrénologie, a dit : « C'est une erreur très-commune de croire que la bienveillance ne peut se montrer seulement que dans les œuvres de charité. La bienveillance se montre chez ceux avec lesquels nous vivons lorsque nous mettons nos règlements en harmonie avec leur intérêt. C'est de la bienveillance que de réprimer nos fantaisies et nos caprices lorsqu'ils doivent occasionner de la souffrance ou du déplaisir aux autres. Nous sommes bienveillants lorsque, demandant quelque chose, nous le faisons sans la pétulance et sans le ton qu'y apporte l'amour-propre très-développé, et lorsqu'en critiquant nous sommes affables et charitables. C'est être bienveillant également que de se montrer poli et d'avoir des égards pour ceux qui appartiennent à une classe inférieure. La bienveillance est encore un élément essentiel de la véritable humanité. J'ai connu un monsieur qui avait cet organe très-grand, mais uni à une grande acquisivité et à un grand amour-propre. Ses occupations lui laissaient beaucoup de loisirs : il consacrait des jours entiers à la bienveillance, mais il prêtait rarement de l'argent. »

Il est des animaux chez lesquels cette faculté se manifeste comme une sorte d'instinct pacifique très-exalté par l'adhésivité, dont quelques-uns sont doués (t. II, p. 94) à un degré extraordinaire. Cet instinct, qu'on pourrait appeler chez eux *mansuétivité*, est quelquefois très-prononcé, surtout dans les animaux domestiques qui vivent dans la société de l'homme. D'après le témoignage du docteur Fossati, on a vu les animaux s'entr'aider au milieu des périls, des dangers les plus imminents et risquer de perdre la vie. Les chiens, les singes, différentes espèces d'oiseaux, se prêtent des secours mutuels et s'avertissent d'un danger à l'aide de certains cris d'alarme. Les animaux ne font pas seulement des actes de bienveillance envers leurs semblables, ils en font encore à l'égard de l'homme. Ne voyons-nous pas tous les jours des chiens se précipiter dans l'eau pour sauver une personne en danger de se noyer et attaquer avec fureur les assassins qui veulent attenter à la vie de leurs maîtres?

« Cet organe, dit Combe (*Lectures*, p. 193), se rencontre dans quelques animaux inférieurs et son développement peut être constaté. Lorsque le cheval offre une petite dimension sur le centre du front, immédiatement au-dessus des yeux, il est vicieux et toujours prêt à donner des coups de pied et à mordre; chez les chevaux doux et pacifiques, nous trouvons une forme opposée. La même règle s'observe pour les chiens et pour les chats. Nous savons tous les grandes différences de naturel et de disposition qu'on remarque parmi eux. Il y a des chats qui se laissent manier par les enfants et qui jouent avec eux, tandis qu'ils en égratignent d'autres qui les touchent à peine. »

Langage naturel. — Le visage de notre divin Rédempteur exprime parfaitement ce langage, il est la véritable personnification de la bienveillance. Cet organe communique ordinairement de la douceur au timbre de la voix, de la souplesse et de l'agrément à nos manières. Celui qui possède cet organe prédominant parle toujours affectueusement et entraîne par son affabilité. Il est l'origine de certains gestes, de certaines attitudes et de certaines manières propres à l'individu comme à la société. Rappelez-vous bien, je vous prie, ce que j'ai dit à cet égard dans la leçon XXV, t. I, p. 392 à 394.

43, INFÉRIORITIVITÉ; auparavant 17, VÉNÉRATION.

Définition. — Désir de rendre hommage, de vénérer, rendre culte, de nous soumettre, de nous effacer, de nous assujettir, d'obéir; désir enfin de nous montrer inférieurs; aversion pour tout ce qui est récalcitrant, insoumis, insubordonné, désobéissant. Les affections *agréables* proviennent de la perception, de la conception ou de la satisfaction de la partie qui dans la faculté *désir*; elles se nomment : vénération, déférence, respect, résignation, humilité, adoration, dévotion et autres choses que nous pouvons appeler : « plaisirs de l'inférioritivité. » Les affections *désagréables* sont dues à la perception et à la conception de ce qui est récalcitrant, insoumis, insubordonné, désobéissant, ou de quelque autre répugnance réalisée relative à cette faculté. Perception et conception de toutes ces sensations et des idées qu'on se forme de ces mêmes sensations par l'intermédiaire des facultés intellectives ou de raisonnement. — ABUS ou PERVERSION. Pusillanimité morale, anéantissement, découragement, soumission exagérée, humiliation inconvenante, esprit d'infériorité mal appliquée. — INACTIVITÉ. La supérioritivité manque de son plus fort contre-poids. L'individu se sent naturellement peu de penchant à se soumettre, à se subordonner, à être respectueux et à sentir très-peu les opérations de cette faculté.

Localité. — Au sinciput, c'est-à-dire au centre supérieur de la tête, entre la bénévolentivité et la continuativité sur les côtés de l'effectuativité. Voici le portrait authentique de notre Calderon de la Barca; sur sa grande tête, on voit la proéminence de l'inférioritivité.

Découverte. — Le père de Gall avait dix enfants (t. I, p. 68 à 77). L'un d'eux voulait être ecclésiastique dès son enfance. On le fit commerçant. Il fut malheureux dans ses affaires, et, à l'âge de vingt-trois ans, il entra dans les ordres. Le docteur Gall avait été destiné pour l'Église; mais, comme il ne se sentait pas d'inclination pour cette carrière, il l'abandonna pour celle de la médecine. Lorsqu'il eut fait quelques découvertes phrénologiques, il se rappela la dévotion excessive de son frère et les observations qu'il avait fai-

CALDERON DE LA BARCA, né en 1701, mort en 1787.

tes dans sa jeunesse à cet égard. Il commença à faire des recherches sur la forme du crâne des personnes dévotes. Il visita beaucoup d'églises et beaucoup de temples de sectes différentes. Il visita de nombreux couvents; il examina plusieurs individus remarquables par leur piété, et constata d'une manière invariable une tête très-élevée vers le sommet chez les personnes qui se consacraient entièrement à des exercices de dévotion. Enfin il démontra et il établit l'existence de l'organe. Gall le nomma « *sentiment religieux, théosophie,* » organe de Dieu et de la religion. » Spurzheim, l'ayant mieux analysé et ayant découvert que sa tendance primitive et fondamentale consistait à inspirer l'obéissance, la vénération, la révérence, le nomma *vénération.*

Dans l'étude que j'ai été obligé de faire sans trêve ni repos, pendant une longue série d'années, afin de donner à toutes les facultés une dénomination uniforme basée sur le mode d'action le plus général et le mieux démontré, j'ai tenu naturellement à m'arrêter dans cette faculté et à fixer sa manière primitive et fondamentale de *désirer.* Il ne me reste aucun doute, car j'ai eu mille preuves que l'organe en question se trouve uni à une faculté dont les modes d'action se bornent tous au cercle de l'inférioritié. Désirer, sentir, percevoir, concevoir et être affecté par l'inférioritié, telle est la juridiction de sa spécialité. C'est pourquoi je l'ai appelée *inférioritivité.*

Harmonisme et antagonisme. — L'ordre hiérarchique serait une chimère si l'esprit de supériorité existait en nous sans l'esprit d'infériorité: car, dans ce cas, l'esprit de supériorité ne trouverait pas de moyens de satisfaction. Entre deux personnes douées d'une supérioritivité active prédominante, il y a antipathie, répulsion, défaut de soumission enfin. Au reste, tout est relatif, tout est conditionnel, tout est progressif dans l'homme, ainsi que je l'ai démontré (t. 1, p. 418 à 419) de la manière la plus convaincante et la plus irrécusable. S'il en est ainsi, quelque grandes que soient la puissance, la sagesse et la bonté d'un homme, il y en aura toujours un autre chez lequel ces qualités seront plus grandes en tout ou en partie. Si nous parvenons à en rencontrer un véritablement supérieur en tout et à tous, que serait-il en comparaison de son Créateur? un pauvre vermisseau.

Tout est subordonné à Dieu. C'est pourquoi il y a dans tout, excepté en Dieu, une infériorité et une supériorité relatives. C'est au milieu de ces conditions que nous naissons, et c'est à elles que nous devons être adaptés. Comment pourrions-nous être adaptés à ces conditions sans des facultés qui nous fissent naturellement et spontanément désirer l'infériorité comme la supériorité, le commandement comme l'obéissance? L'enfant se sent naturellement et spontanément inférieur à ses parents, à ses précepteurs, à ses maîtres. La même relation d'infériorité, d'humiliation, d'obéissance dans laquelle se trouve l'enfant relativement à ces personnes, existe également entre ces personnes et les grands, les savants, les riches, les princes, les rois. Quel enchaînement naturel et spontané, quel enchaînement si sublime d'infériorité et de supériorité, d'obéissance et de commandement, n'existe-t-il pas dans une société humaine quelconque? Sans inférioritivité, antagonisme de la supérioritivité, point d'*obéissance;* sans supérioritivité, antagonisme de l'inférioritivité, point d'*autorité;* et, sans l'une et l'autre, point d'harmonisme dans la *subordination.*

Divers degrés d'activité. — Si l'organe est *petit,* l'individu ne sent presque pas de sensations qui le portent à se regarder comme inférieur. Il a un penchant très-faible pour l'humilité, peu de vénération, peu de soumission. La faculté se montre inactive. — Si le développement de l'organe est *moyen,* nous ne sommes pas trop portés, d'une part, à être soumis, humbles ou obéissants; d'autre part, à obéir, à respecter et à vénérer. — Si l'organe est *grand,* nous aurons de grandes tendances à sentir en tout et pour tout notre petitesse, notre infériorité. Nous sommes portés à nous humilier en présence de l'autorité, du pouvoir, de la supériorité. Si un bon développement de la supérioritivité nous fait défaut, et si les organes sont affaiblis, nous restons courts de paroles, toute énergie d'action disparaît; nous restons complétement anéantis, et nous ne savons que faire ou que dire au moment où un supérieur acariâtre nous regarde ou nous parle d'un air menaçant. Celui qui est ainsi organisé a souvent la faculté extrêmement active. Aussi éprouve-t-il des tourments et des angoisses à la seule idée que l'autorité peut avoir affaire avec lui.

Direction et influence mutuelle. — Je ne m'occuperai de ce sujet qu'au moment où je finirai l'explication des facultés, et cela avec d'autant plus de raison, que je devrais en parler par incidence à chaque instant dans les observations générales.

Observations générales. — D'après tout ce que j'ai dit (t. I, p. 318 à 320; t. II, p. 103 à 108, 113 à 117) en divers endroits, vous savez que Gall confondait très-souvent les actes généraux de l'âme avec les modes d'action d'une seule faculté. Quant à la faculté qui nous occupe, il lui attribua toutes nos sensations et toutes nos idées de Dieu et de la religion. Il l'appela, comme vous savez, *théosophie.* Toute personne, cependant, douée d'un criterium ordinaire, doit voir nécessairement que l'opinion de Gall fut très-erronée à cet égard. L'idée d'une cause suprême s'engendre et peut seulement et naturellement s'engendrer dans les facultés intellectuelles. La connaissance de l'existence de Dieu est donc une induction, induction la plus logique, la plus sévère. Dès sa naissance, l'homme voit que les planètes roulent, que l'univers se meut. Nous entendons le tonnerre, nous subissons les dévastations des tremblements de terre. Nous sommes sujets à la maladie, à la mort, à mille influences que nous sentons, que nous touchons, que nous percevons; mais nous ne connaissons pas leur cause ou agent suprême et universel, quoiqu'il existe positivement, car ses effets sont évidents. La perception de ces effets et d'une cause peut seulement s'effectuer en vertu de la causativité et de la déductivité (leçon XLIV), puisqu'à elle seule a été donné l'attribut de percevoir la cause et l'effet. Quelque superficiellement qu'on étudie cette cause suprême, la comparativité constate que partout règne la plus complète et la plus sublime *harmonie.* Eh bien, l'*harmonie* présuppose une intelligence, d'où il suit logiquement que la cause suprême universelle doit être également *intelligente.* C'est pourquoi partout où se montre l'intellectualitivité partout se présente naturellement et spontanément la perception de l'existence d'une *cause suprême, universelle, intelligente.* Comme parmi toutes les créatures terrestres l'homme est seul doué d'une intellectualitivité propre, particulière et spéciale, lui seul peut percevoir l'existence de son Dieu. Par conséquent, partout où il y a eu des *hommes,* c'est-à-dire une raison, là il y a eu des notions de l'existence d'une cause suprême, désignée par des noms particuliers. Les Chinois ont leur *Tien-Chu,* quelques Indiens leur *Kertar,* plusieurs tribus de Péruviens anciens leur *Pachamao,* leur *Viracocha;* tous les Indiens de l'Amérique du Nord ont leur Grand Esprit, qu'ils désignent par différents noms, *Manitou, Ok-Ki.* La signification étymologique de ces mots, qui est « créateur de toutes choses, maître du ciel, auteur universel, etc., » montre très-bien l'idée qu'ils renferment, idée identique à celle que se formaient les anciens de leur Jupiter, ou nous-mêmes de notre Dieu tout-puissant.

Il ne faut cependant jamais perdre de vue la spécialité de l'intelligence qui consiste à rechercher des causes, à trouver des analogies, à déduire des conséquences. C'est pourquoi, tout en cherchant une cause comme origine, dès que l'homme l'a trouvée ou perçue, il la considère comme un effet ou un phénomène. Notre raison ou intellectualité ne peut percevoir ni concevoir une cause qui ne soit effet, ni un effet qui n'ait une cause. Afin de pouvoir percevoir une essence ou une existence réelle et positive sans relation aucune avec une cause ni la raison. Cette faculté, comme vous le savez, c'est la réalitivité aux inspirations de laquelle nous devons toutes nos idées d'assentiment et de dissentiment, d'affirmation et de négation, de *oui* et de *non*, c'est-à-dire de foi, de croyance en ce qui a une cause que l'intellectualitivité connaît, ou ne connaît pas et ne doit même pas connaître. Autrement, l'homme ne se trouverait pas en harmonie avec le mystérieux qui nous environne partout, tant il est vrai, suivant la phrase profonde de Pascal, que « nous savons le tout de rien. »

L'idée d'une cause première et intelligente réagit sur la réalitivité par les facultés intellectives et acquiert dans l'individu une conviction intime de son existence *réelle* et *positive*. Cette conviction n'est ni plus ni moins intime que l'existence que nous nous formons de la couleur, que nous voyons avec les yeux, ou de la saveur, que nous distinguons avec le goût. En outre, la réalitivité, étant chargée spécialement et exclusivement de percevoir l'essence des choses, c'est-à-dire les choses dans leur entité réelle et positive, désire les percevoir au dehors dans leur matérialité, dans leur personnification. Voilà pourquoi toute nation *que la lumière de la révélation n'a pas encore éclairée* personnifie l'Être suprême suivant son caprice ou sa fantaisie.

L'inférioritivité est chargée de percevoir l'existence de Dieu, conçu par l'action combinée de diverses facultés, comme une réalité positive et même personnifiée, comme je viens de l'expliquer. Les affections qu'elle éprouve sont et doivent être nécessairement analogues à la grandeur infinie de l'Être infini qui les produit. Si un individu doué d'une grande inférioritivité éprouve les affections que je viens de décrire, lorsqu'il se trouve en contact avec la supériorité humaine, qu'en sera-t-il lorsqu'il percevra la supériorité divine? Il serait absurde de les comparer. C'est pourquoi, lorsque cette faculté est affectée par la perception de l'immensité divine, ses affections se nomment *adoration* et non vénération; les actes auxquels nous entraînent les nouveaux désirs de rendre hommage et de respecter, inspirés par les nouvelles perceptions que nous nous formons, à mesure que nous réfléchissons sur la bonté, la puissance et la sagesse infinie de Dieu, se nomment *culte* et non cérémonie. De sorte que la religion, d'après la définition du Dictionnaire de l'Académie royale, la « vertu morale par laquelle nous adorons Dieu, » est naturellement et instinctivement engendrée par l'intellectualitivité, la réalitivité et l'inférioritivité. Mais la satisfaction de ce désir d'adorer Dieu, comme celle de tout autre désir, ainsi que je l'ai répété plusieurs fois, dépend de toutes les facultés. Le désir donc d'adorer Dieu est un, tandis que les manières de l'adorer sont immensément nombreuses. La *religion* qui vient directement de Dieu est *une,* tandis que les *cultes,* qui sont d'invention humaine, sont *infinis.*

Considéré donc comme exclusivement inspiré par ses instincts et sa raison, l'homme nous apparaît, relativement à sa satisfaction religieuse, soumis à la même imperfection perfectible qui s'observe pour tout autre genre de satisfaction. Le *culte* naturel, ou pour mieux dire l'immense variété de cultes naturels, ne peut ni ne doit être considérée que comme une immense variété de systèmes, de formules, d'institutions établis par l'homme, suivant sa condition et dans divers pays, pour la manifestation *extérieure* de son sentiment religieux. Là où l'homme possède un entendement très-borné, le culte consiste à adorer son semblable, le génie de la tempête, le soleil, la chaleur, les pierres et même les œuvres de ses mains. Là où l'homme est pauvre, là où il possède peu de constructivité, les bois sont ses tabernacles et les pierres ses autels. Dans tout cela, nous voyons resplendir la bienveillance du Créateur, qui, ayant donné à l'homme un désir d'adorer, lui permet de le satisfaire dans tous les états et dans toutes les conditions de son amélioration progressive. On voit également, quant au lion et à l'agneau (t. I, p. 412 à 414), qu'à l'un il n'a point donné de remords de conscience, puisque la *férocité* est sa mission exclusive, et à l'autre pas d'instinct carnivore, puisque la *douceur* est son apanage.

Mais si, en cela comme en tout le reste, nous voyons resplendir l'immense bonté de Dieu, la même raison nous indique que, dans un sujet d'une importance aussi transcendante et dont l'objet est la vie éternelle, la vérité ne pouvait être incertaine ni soumise au criterium humain. Ainsi donc, relativement à la religion et aux principes les plus élevés de conduite morale ou humaine, Dieu nous a donné non-seulement des *désirs* innés, mais il nous a révélé encore le véritable moyen de les diriger et de les satisfaire. Il n'a pas laissé, comme dans les langues, comme dans l'alimentation, comme dans les arts, comme dans les nombreux devoirs qui naissent de circonstances modifiées et modifiables à chaque instant (t. II, p. 173 à 174), la direction, la satisfaction des désirs à l'arbitre progressivement meilleur et le plus intelligent de l'homme ; il a tout prescrit par la *révélation*, par la *parole*, par la *loi écrite* par lui-même. Il n'a pas voulu à cet égard que l'homme fût progressif. Il n'en a point laissé la découverte aux efforts successifs des générations successives. Il a voulu faire briller et il a fait briller sur sa faible raison, sur sa raison imparfaite et obscure, un rayon de la lumière de sa divinité. C'est pourquoi nous possédons deux espèces de vérité, la *vérité philosophique*, que la raison découvre pas à pas, sans qu'il lui soit jamais permis de connaître son tout, vérité dont une partie est toujours enveloppée d'erreur, et la vérité *religieuse*, démontrée par la RÉVÉLATION, qui est éternelle, fixe, immuable et sans erreur. (*Voy* t. I, p. 121 à 122.)

Ceux qui, comme Volney, ont attaqué la religion comme une invention humaine, puisqu'il y avait diversité de *cultes*, ont agi comme ceux qui ont attaqué la justice (t. II, p. 173 à 174) comme étant une chose d'invention humaine, parce qu'il y avait diversité dans les *législations*. Ils auraient pu dire de même qu'il n'y avait pas de langage, parce qu'il existait beaucoup de langues ; qu'il n'y avait point d'odeurs, parce qu'il existait beaucoup d'odeurs. Misères humaines ! La phrénologie mettra un terme, une fin, à de semblables polémiques, car elle démontre que le monde religieux comme le monde moral sont soutenus par le souffle divin, et ce même souffle divin pousse l'homme à les soutenir malgré lui. Mais comment le démontre-t-elle ? Elle le démontre d'une manière irrécusable, même pour ceux qui ne croient à la vérité que de ce qu'ils *touchent*, par les sens externes. En effet, lorsque Dieu ordonna à l'âme de se manifester mystérieusement au moyen d'instruments matériels, l'homme apparut à l'instant avec des *organes* qui en firent, à l'aide de lois fixes, immuables et éternelles, une créature morale et religieuse. Ces organes sont situés dans la partie supérieure de la tête. Dire par conséquent que la morale et la religion sont d'invention humaine est tout aussi philosophique que de dire que la partie supérieure de la tête est l'ouvrage de l'homme.

D'ailleurs, la révélation, philosophiquement considérée, suivant les principes phrénologiques, est conséquente. Dieu ne trompe pas, comme j'ai eu occasion de vous le prouver (t. II, p. 168). Du moment que l'homme est venu avec un désir d'adorer Dieu dans son vrai culte, culte que sa raison exclusive ne pouvait atteindre, il était de toute nécessité qu'il lui fût révélé par la parole. Cette parole, c'est Dieu qui l'a révélée, et il l'a révélée en harmonie avec tout ce qui est humain. Il ne l'a pas révélée à tous les hommes, ni tout de suite. Il l'a révélée à quelques-uns, afin que l'Évangile, en s'étendant, suivît la marche progressive de tout le genre humain. C'est pourquoi la mission du prêtre, consistant à prêcher, à divulguer et à répandre la parole divine, est tout à fait sublime. Oui, elle est en effet sublime. Le prêtre est destiné à continuer l'œuvre du Seigneur, à répandre la lumière évangélique, la lumière religieuse, là où il n'y a encore que ténèbres, qu'obscurité, qu'erreur. Quelle est la mission plus sublime que celle du prêtre, destiné à être un messager de paix, de charité, d'amour, de civilisation? Celui qui christianise ne civilise-t-il pas? Oh! mission sainte, mission de gloire! mais quelquefois aussi mission d'épines, mission de tourments, mission de martyrs; oui, de martyrs, qui nous montrent l'esprit supérieur, avec la grâce de Dieu, à la chair, le céleste supérieur au terrestre, l'âme supérieure au corps, et qui élèvent l'homme, dans ces circonstances, à une essence presque divine. Avant que l'expérience nous l'eût montrée par des observations antérieures, la phrénologie avait mis en évidence le penchant naturel que porte un individu à embrasser cette mission sainte; et parmi les spécialités infinies que comprend cette mission, elle avait indiqué celle que la nature lui avait plus particulièrement désignée. Voilà, oui, voilà les *triomphes* grands et sublimes, les vrais *triomphes* de la phrénologie.

L'homme se trouve placé dans une condition intermédiaire entre le temps et l'éternité, entre l'explicable et le mystérieux, entre le spirituel et le terrestre, entre le perfectible et la perfection. Vous voyez par toutes les explications que j'ai données particulièrement à l'égard de ces dernières facultés, qui élèvent si haut la nature de l'homme, qu'il a été créé en harmonie avec cette condition intermédiaire. D'ailleurs, quoique l'âme soit enchaînée au corps, ses manifestations, à moins qu'une grâce particulière du Seigneur ne s'y oppose, se trouvent en harmonie avec la condition de ce corps. C'est pourquoi nous voyons des folies religieuses, tout comme des folies d'un autre genre. Dans les États-Unis, *Reports relating to the State Lunatic Hospital at Worcester Massachussets*, sur cinq cas d'aliénation, il y en a un occasionné par l'*exaltation religieuse*. Dans ces circonstances, la phrénologie a été d'une utilité immense, suivant le docteur Woodward, directeur de l'hôpital ci-dessus, car elle aide à déterminer quels sont les organes cérébraux malades, et cette connaissance est le premier élément d'une guérison progressive.

A Malgrat, lieu de ma naissance, il est arrivé, le 2 décembre 1849, un fait de triste et lamentable mémoire. L'un de ses principaux habitants, homme de beaucoup d'intelligence et très-respectable, se vit, allant à cheval dans la campagne, entraîné dans un passage difficile par un omnibus. Sans qu'on pût l'attribuer à une maladresse ou à la faute de quelqu'un, le cheval, par suite d'une fatalité déplorable, se jeta sur l'omnibus, lorsqu'une de ses roues, qui, pour lui livrer passage, dut prendre pied sur un terrain un peu élevé, tomba sur le cheval et écrasa le cavalier. Ce digne voisin avait un frère qu'il aimait affectueusement. En apprenant cette catastrophe, son adhésivité perdit son équilibre. (*V*. t. I, p. 475 à 477; t. II, p. 59 à 60.) Dans un accès de délire et de désespoir il saisit un couteau pour se suicider. Les facultés religieuses s'élevaient contre un si terrible attentat. Mais, comme elles avaient perdu leur harmonie avec les autres facultés, elles ne purent, à moins qu'un miracle ne fût intervenu, servir de contre-poids complet; seulement elles agirent de leur côté pour pousser l'individu, dans sa précipitation, vers l'église. Là, prosterné devant un crucifix : « Mon père, pardonnez-moi ce péché, » dit-il, et en même temps il se coupa la

gorge avec le couteau qu'il avait emporté avec lui. Il s'enfuit ensuite tout en-
sanglanté, et son cadavre tomba sur le seuil à l'entrée de l'église.

Il y a des cas d'un autre genre. L'ignorance, et jusqu'à un certain point une
trace de désharmonie mentale, sont la cause d'autres actes très-lamentables
également. Parmi eux, on peut mentionner ceux de ces assassins qui, élevant
avec une ferveur religieuse leurs cœurs reconnaissants vers Dieu, parce qu'ils
croient qu'il leur a donné des moyens de satisfaire leurs penchants iniques et
brutaux. On voit assez souvent en Italie des bandits s'agenouiller aux pieds d'une
Vierge et lui consacrer une partie de leur butin, ou même le poignard avec
lequel ils viennent de commettre un assassinat.

Les autres faits que je vais vous rapporter mettent en évidence l'action de la
faculté qui nous occupe, dans ses rapports avec les affaires ordinaires de la vie,
lorsqu'elle se trouve très-excitée ou très-affaiblie, mais accompagnée dans les
deux cas d'un grand développement de l'organe de sa faculté antagoniste, la
supérioritivité. Ceux qui ont vécu quelque temps dans l'île de Cuba savent qu'il
existe certaines classes de nègres qui se pendent ou se suicident en avalant leur
langue pour ne pas être réduits en esclavage. Tous ceux que j'ai examinés parmi
eux, et qui ne sont pas en petit nombre, pendant mon séjour dans cette île, de
1829 à 1832, m'ont présenté toujours un grand développement de la supérioritivité et une inférioritivité presque nulle. Cette organisation cérébrale est opposée à l'organisation ordinaire des nègres. — Napoléon demanda un jour à un
général russe qu'il avait fait prisonnier pourquoi il avait exécuté un ordre qui
l'avait mis en grand danger de perdre la vie ? « Je n'examine jamais, je suis aveuglément les ordres de mon Empereur, » répondit le vaillant et vénératif général.

En terminant mes observations sur l'inférioritivité, qui, je l'espère, vous ont
satisfaits et ont satisfait aussi tous ceux qui aiment voir la vérité philosophique
en harmonie avec la vérité religieuse, je ne puis m'empêcher de vous dire un
mot sur ce que j'ai fait et sur ce que l'on a attendu de moi à l'égard d'une
question aussi sublime et aussi intéressante. L'éminent et le savant théologien
espagnol, lumière de l'Église catholique, Don Manuel Garcia Jil (t. I, p. 110 à
113), faisant allusion à certaines de mes explications sur la polémique que j'ai
eu à soutenir devant le tribunal ecclésiastique de Santiago[1], dit : « Cette explication, et d'autres qui furent faites, m'ont fait éprouver non-seulement une
impression agréable et m'ont suggéré une idée très-flatteuse de M. Cubí.
Elles m'ont permis de croire, je ne crains pas de le dire, que c'est peut-
être l'homme auquel est réservée la gloire de purifier la phrénologie et le
magnétisme de tout ce qu'ils ont de dangereux et de faux, et d'harmoniser par
conséquent ces systèmes avec la religion.... Ce jour sera glorieux pour lui et
pour la patrie. Il bénira le contre-temps qui l'a obligé à mieux reconnaître et à
mieux étudier leurs doctrines, et nous serons heureux d'honorer davantage un

---

[1] J'ai fait mention de cette polémique ou cause criminelle, et j'en ai cité des extraits
(t. I, p. 110 à 120). Voici son titre en entier : *Polem ca relijioso-frenelojico-magnetica*, soste-
nida ante el tribunal eclesiastico de Santiago en el espediente que ha seguido con mo-
tivo de la denuncia suscitada contra los libros i lecciones de Frenologia i magnetismo de
D. Mariano Cubí i Soler, cuya causa ha terminado ultimamente por sobre sei miento ;
dejando a salvo la persona i sentimientos del señor Cubí. Redactada i publicada segun
ofrecimiento que hizo el autor i admitió aquel tribunal, por D. Mariano Cubí i Soler, fun-
dador de varias sociedades científicas i de dos colejios literarios, etc., etc. » (Un volume
in-8° français de 500 pages.)

Espagnol à cause des éminents services qu'il aura rendus à la religion et à la science. » (*Polémique*, p. 421 à 422, p. 452 à 453.)

J'avoue sincèrement que ces paroles et ces félicitations consolantes d'un homme comme Don Manuel Garcia Jil m'ont servi de boussole et de guide dans ces leçons et m'ont encouragé quand mon esprit faiblissait. Lorsqu'aux destinées d'une science sont unies la plus grande gloire de Dieu et le plus grand bien de l'humanité, son triomphe est inévitable, quelque puissantes que soient les tempêtes soulevées contre elle par ses amis et par ses ennemis. Dans cette catégorie, je place la phrénologie. Jusqu'à présent, comme j'ai eu occasion de vous le dire (t. I, p. 94), le vent a tourné contre ceux qui ont osé la rejeter avec mépris, et l'aiguillon contre ceux qui ont voulu le diriger contre elle. A Santiago de Galice, au moment où l'on s'y attendait le moins, elle a triomphé par l'argumentation de deux hommes éminents dans les lettres et en vertus, nommés par l'évêque de ce diocèse pour l'examiner. A Barcelone, elle a triomphé par l'intervention de deux hommes non moins illustres et non moins éminents, les docteurs en droit Don Antonio Fabregas Caneny et Don Manuel Rodriguez, nommés par cet excellentissime et illustrissime diocésain pour censurer mes leçons. La sagacité, la noblesse, l'attention, le scrupule avec lesquels ils ont accompli et ils accomplissent leurs missions, prouvent bien évidemment, comme j'ai eu occasion de le dire quelquefois, que l'Église, en Espagne, possède des hommes illustres qui, tout en consacrant exclusivement leur piété, leurs talents et leurs vues élevées à l'appui de la religion, sont pour la science des juges intelligents, droits, justes et impartiaux, des juges qui soumettent, comme ils le doivent, la science à la religion pour la fortifier et la favoriser.

Dès que Gall eut fait ses premières découvertes, on vit que la phrénologie, loin d'être hostile à la religion, la rehaussait. Comme il avait d'une manière inexacte appelé l'inférioritivité, « organe de Dieu et de la religion, » *théosophie*, on lui dit : « Si l'homme est né avec un organe religieux, à quoi bon la révélation ? » Il répondit de suite et avec beaucoup d'à-propos : « Dieu seul a pu se révéler aux créatures auxquelles il avait d'avance concédé une faculté pour comprendre la révélation. » Cette réponse ne trouva pas et n'admit pas de réplique. Gall laissa donc ainsi en bonne voie sa découverte.

D'ailleurs, que la religiosité dépende dans l'homme d'une ou de plusieurs facultés, cela revient toujours au même. En effet, la phrénologie prouve physiquement l'existence de Dieu et de ses mystères, la spiritualité de l'âme, la vie éternelle et la nécessité d'une révélation. Toute personne qui l'étudiera, même très-superficiellement, restera profondément convaincue de cette vérité. Ceux qui l'ont regardée comme hostile à la religion ne l'ont connue ou ne la connaissent seulement que par ouï-dire, sans cela ils n'auraient pas eu aussi peu d'estime de leur savoir et de leur criterium. Je ne cesserai de répéter qu'au milieu des grandes conquêtes faites par l'intelligence humaine dans le monde matériel depuis quatre siècles, il était nécessaire, pour équilibrer et harmoniser les connaissances et les progrès scientifiques, de faire quelque grande découverte dans le monde moral. Cette découverte est incontestablement la phrénologie. Plusieurs écrivains ecclésiastiques l'ont défendue contre ceux qui l'ont considérée à tort comme contraire à la religion. Parmi eux se distinguent l'abbé Fréré, l'abbé Restani, le curé Torino, l'abbé de Lucques, *Annali di scienze religiose* (Rome, 1839) ; l'abbé Besnard, dont j'ai cité l'ouvrage, *Orthodoxie philosophique* et son titre entier (t. I, p. 118). Cependant ces efforts n'avaient point achevé de démontrer l'harmonie complète entre la phrénologie et la religion ; ils ne répondaient point aux espérances formulées par Don Manuel Garcia Jil, ni à celles de ceux qui, comme lui, désiraient que les doctrines phrénologiques fussent critiquées, révisées et admises comme *pures* par les tribunaux ecclésiastiques, manifestant ainsi leur complète harmonie avec la religion sainte que nous avons héritée de nos pères. Voilà ce que je crois avoir accompli relativement à elles. Voilà dans quel état je vous les présente à vous, à ma patrie, au monde, à la postérité.

Langage naturel. — Lorsque cette faculté se trouve momentanément très-excitée, la tête et le corps se portent en avant et en haut ; les bras et les yeux se dirigent vers le ciel ; tout est dans l'attitude de l'humilité, tout démontre la conviction de notre propre infériorité. La représentation d'un saint quelconque, en état de dévotion extatique, met parfaitement en évidence le langage naturel de cet organe. En outre, toute génuflexion, toute action révérencieuse, toute attitude soumise, toute manifestation externe de déférence, font partie du langage de l'infériorité. Vous devez vous rappeler les observations que j'ai faites sur l'influence du langage naturel dans les manières de certains individus et de certaines nations, leçon XXV, t. I, p. 392 à 394. Ces observations étaient en résumé ce que j'ai ensuite expliqué en détail dans chaque leçon, sous l'épigraphe *Langage naturel*, à partir de la leçon XXVII. Les manières, les cérémonies, les étiquettes, toute sorte de manifestations externes enfin, sont dues au langage naturel des facultés. Les codes, les règles ou traités qui les prescrivent ou les déterminent, sont le résultat de l'action combinée de toutes les facultés dirigées vers ce sujet.

44, CONTINUATIVITÉ ; auparavant 18, FERMETÉ DE CARACTÈRE.

Définition. — Usage ou objet. Désir que les facultés ne luttent pas, ne chancellent pas, ne soient pas indécises et irrésolues ; désir qu'elles se décident, qu'elles prennent une résolution, qu'elles forment et qu'elles *conservent* un dessein déterminé. Ce désir excite comme l'effectuativité, comme la réalitivité, comme la supérioritivité, comme la concentrativité, la partie impulsive et courageuse (t. II, p. 87 à 90, 135 à 136, 167 à 168) des facultés et lui communique une certaine énergie et une certaine consistance que nous appelons *résistance*. Les objets d'aversion et de répugnance de la continuativité sont : la délivrance, les luttes mentales, l'irrésolution, la vacillation, l'instabilité, la fluctuation. Perception et conception de tout cela à l'intérieur comme à l'extérieur. Les affections agréables de cette faculté proviennent de la perception, de la conception ou satisfaction de la partie qui en elle *désire*. On les nomme persistance, résistance, ténacité. Les affections qu'on nomme inflexibilité, fermeté de caractère, esprit résolu, décidé ou déterminé, sont engendrées dans leur élément primitif et principal par cette faculté. Les affections désagréables et pénibles dépendent de la perception, de la conception ou de la satisfaction de la partie qui en elle *répugne* ou repousse. Ce sont l'indécision, la lutte, l'incertitude, la fluctuation, l'irrésolution, la vacillation, etc. — ABUS OU PERVERSION. Entêtement, obstination, opiniâtreté, c'est-à-dire, désir ardent et impétueux de poursuivre un projet, lors même que les sentiments moraux et supérieurs le réprouvent ou que la raison met en évidence leur inconvenance ou leur perversion. Grande répugnance à délibérer, à écouter des raisons qui peuvent nous dissuader d'un dessein prémédité ou d'une résolution prise. — INACTIVITÉ. Il nous manque, dans les luttes mentales, un pouvoir qui doit faire pencher et qui doit maintenir inclinée d'un côté ou de l'autre la balance de la raison. L'individu est dépourvu de cette prédisposition qui pousse les facultés à se maintenir fermes et fixes (t. II, p. 138 à 140) dans un projet, ce qui tend à produire un caractère mobile, instable, inconstant, irrésolu ou indécis. Dans ce cas, l'individu, loin d'être entêté, se sent une prédisposition à céder devant l'opinion des autres, dès qu'on lui présente quelque argument un peu plausible qui soulève quelques-unes de ses répugnances ou de ses craintes.

Localité. — A la partie postérieure de la ligne médiane de la voûte du crâne, entre la supérioritivité et l'inférioritivité, sur les limites, par son côté externe, de la rectivité. Du côté interne, les *deux* organes de la continuativité sont en face ou se touchent, c'est-à-dire qu'ils se trouvent en contact immédiat, ainsi que cela a lieu (*Voy.* t. I, p. 208) pour tous ceux qui sont situés sur la ligne moyenne. Du reste, vous savez déjà (p. 255, 432, *Observations générales*) que la faculté ou le sens est *un*, mais que les organes sont toujours doubles.

Afin que vous ne puissiez pas vous tromper dans aucun cas sur le siège de la continuativité, décrivez une ligne verticale qui, partant de l'orifice auditif, s'élève directement en haut. L'endroit où elle se termine sur le sommet de la tête est le point où siège l'organe. Il était indiqué dans l'ancienne nomenclature par le chiffre 18 et dans la nouvelle par le chiffre 44. Ainsi, d'une manière ou d'une autre, je l'ai soumis plusieurs fois à votre examen (t. I, p. 185, 187, 192, 193, 225, 247; t. II, p. 99, 177). C'est pourquoi je suis entièrement convaincu que vous connaissez parfaitement le siège de cet organe.

Découverte. — Contrairement à sa coutume, Gall n'a pas mentionné la première circonstance qui a attiré son attention sur cette faculté et sur son organe. Il dit (*ouv. cit.*, t. V, p. 216) qu'il a toujours constaté beaucoup de fermeté de caractère chez les personnes qui ont la tête très-développée dans cette région où je viens de localiser l'organe en question, et qu'elle l'était très-peu chez les individus faibles et irrésolus. Il ajoute qu'après avoir vérifié ses convictions à cet égard par de nombreuses observations, il apprit que Lavater, à l'aide d'un grand nombre de *silhouettes* ou profils, formés par la chambre noire qu'il possédait, avait reconnu que la tête proéminente et volumineuse à la région du vertex était l'indice de beaucoup « de fermeté de caractère. » Cette expression est celle par laquelle on désigne et on a continué de désigner cette faculté et son organe jusqu'à ce que, par les raisons que je vous exposerai, je les ai nommés continuativité.

Observations générales. — Jusqu'à présent, tous les phrénologues ont parlé en termes vagues, spécieux et souvent contradictoires, de l'action primitive et fondamentale de cette faculté. Fossati (*Manuel*, p. 342-343) dit : « La fermeté donne à l'homme une manière d'être particulière qui se nomme *caractère* ou fermeté. Cette faculté est l'origine de la persévérance, de la constance, de la détermination dans les entreprises et dans toutes les actions où il est nécessaire de montrer du *caractère. Il est difficile d'analyser et de distinguer son principe fondamental*, car la fermeté, la persévérance, la constance, se montrent seulement lorsque l'organe est très-développé, sans que ces qualités soient communes à toutes les personnes, tandis qu'il faudrait trouver une manifestation, quel que fût son degré d'activité, commune à tous les individus de notre espèce. Ses effets se prennent quelquefois pour la *volonté*, parce que les individus qui ont la faculté très-développée se sentent fortement portés à employer avec beaucoup d'emphase le mot : « *Je veux* », qui est le langage naturel de la détermination; mais ce sentiment est différent de la volonté proprement dite. »

Un peu plus loin il dit, p. 344 : « Cependant la fermeté *porte son action* sur les facultés que l'individu possède très-développées. Un individu qui a, par exemple, les organes de la fermeté et de la musique très-prononcés, s'appliquera avec persévérance à la musique bien plus qu'à toute autre chose. Celui qui a un organe très-actif de la causativité se livrera avec ardeur aux études abstraites et philosophiques. Si l'organe est faible, l'individu manquera de stabilité dans tout ce qu'il entreprendra; il cédera à l'influence de causes externes; il ne saura pas résister aux sollicitations; il agira facilement suivant la volonté des autres: il se sentira porté à céder à ses propres penchants dominateurs. »

Voilà, certes, une description de la manifestation de cette faculté, cela n'est pas douteux; mais on y trouve les contradictions les plus manifestes et les plus palpables. D'abord on nous dit que la « fermeté » (continuativité) *porte son action*, c'est-à-dire agit sur les facultés les plus développées, ou, ce qui revient au même, leur prête son influence spéciale et leur donne une plus grande persistance, un plus grand esprit de continuativité. Ensuite, et presque à la ligne suivante, on trouve, en complète contradiction avec ce principe, que, si la fermeté est débile, l'individu cède à ses propres penchants dominateurs. Mais, monsieur, ne venez-vous pas de dire et de démontrer par les exemples du musicien et du philosophe abstrait que la fermeté se met du côté des facultés les plus actives? Eh bien, si elle se met du côté des facultés les plus actives, plus l'action de ces facultés sera énergique, plus la fermeté agira de son côté, et plus, par conséquent, l'individu se trouvera entraîné par elles. De sorte que, d'après le principe que vous venez d'exposer, l'individu résistera d'autant moins à ses propres penchants dominateurs, que la fermeté sera plus robuste et non plus faible.

Spurzheim, antérieur à Fossati, présente à l'occasion de cet organe les mêmes contradictions que je viens d'exposer : « Cette faculté, dit-il (*Phrenology*, t. I, p. 223), donne de la constance et de la persévérance aux autres facultés et contribue à donner de la persistance, de la stabilité à son activité... Sa faiblesse permet que les autres facultés prennent l'avance, et elle rend les hommes inconstants, mobiles et propres à céder aux circonstances. »

Tout est vague, confus et contradictoire. Si la fermeté donne de la persistance à l'activité des autres facultés, beaucoup de fermeté leur donnera beaucoup de persistance d'activité, et peu de fermeté leur en donnera peu. Mais, si certaines facultés et non certaines autres prennent ou ne prennent pas l'initiative, cela dépendra toujours de leur prépondérance relative et non de la grande force ou du peu de force de la fermeté, à moins qu'on n'envisage cette faculté comme une entité mentale avec une volonté propre, ce qui serait, non-seulement la plus grande des absurdités, mais encore attaquerait de front l'unité spirituelle. En outre, il est un principe que ni la raison, ni la philosophie, ni le sens commun ne peuvent s'empêcher d'admettre; c'est que plus une faculté est active, plus elle doit avoir nécessairement de force, de persévérance et de résistance contre des influences étrangères. Autrement, à quoi servirait de dire qu'une faculté est d'autant plus dominante qu'elle est plus développée? Spurzheim s'est contredit complétement lui-même, dans le même *ouv. cit.*. p. 223, lorsqu'il a dit, presque dans le même paragraphe : « Toutefois on doit remarquer que la persévérance dans la satisfaction d'*inclinations prédominantes* peut se rencontrer chez des personnes qui ont l'organe de la fermeté petit. Un individu, par exemple, doué d'une grande acquisivité et de peu de fermeté peut se livrer à de grands efforts pour parvenir à être riche; mais il manquera de fixité dans les moyens qu'il emploiera. Celui qui, au contraire, sera doué d'une grande fermeté, suivra avec constance le plan adopté. » On voit par là que la constance de l'acquisivité sera en raison de son développement; et, comme les moyens employés par l'individu pour la satisfaire dépendront des autres facultés, le plus ou moins de persistance à employer ou à ne pas employer ces moyens dépendra, suivant le principe exposé, comme nous le voyons s'effectuer pour l'acquisivité, du développement plus ou moins grand des facultés qui ont suggéré ces moyens.

Bruyères, Broussais, Combe, tous les phrénologues enfin, en parlant de cette faculté, sont tombés dans les mêmes contradictions et ont tenu le même langage vague et incertain. Quant à Gall, il n'a rien dit, parce que sa mission n'avait et ne devait avoir pour but que la recherche de protubérances ou de dépressions considérables. Avec un peu de réflexion sur le sujet qui nous occupe, il aurait vu que les individus dont les développements extraordinaires dans une partie spéciale de la tête l'ont conduit à sa grande découverte n'avaient pas besoin de l'organe de la fermeté de caractère pour suivre avec *constance* l'inclination déterminée par une faculté spéciale très-développée. Par conséquent, supposer l'existence d'un organe exclusif de la persévérance, c'est admettre l'existence d'un organe constituant de lui-même exclusivement l'imagination, la mémoire ou la perception, ce qui serait une absurdité manifeste. (*Voy.* t. I, p. 315 à 316, 339 à 340, et leçon LVIII, mot *mémoire*.)

Pour comprendre l'impulsion fondamentale de la faculté en question, il faut savoir que son désir essentiel, comme celui de toutes les autres facultés, peut se satisfaire seulement en excitant d'autres facultés dans l'un de leurs modes d'action générale ou spéciale. La précautivité peut se satisfaire seulement en excitant les répugnances ou les craintes des autres facultés; car ses désirs seront activés de cette manière seulement pour obtenir la sécurité qu'elle désire. La méliorativité peut seulement se satisfaire en excitant les conceptions ou mode d'action imaginative de chaque faculté; ainsi seulement se produira l'amélioration ou le perfectionnement, qui est l'objet exclusif de son désir. L'effectuativité et la réalitivité peuvent seulement se satisfaire en excitant le désir et en réprimant leur répugnance; car seulement ainsi elles peuvent avoir du cœur, de la valeur, du courage, qui sont l'objet exclusif de leurs désirs. La continuativité se satisfait de la même manière en excitant la stabilité des affections devenues des résolutions, parce qu'elle satisfait seulement son désir en poursuivant le même projet et se procure un *plaisir*, tandis que, en ne le poursuivant pas, elle réalise ou satisfait sa répugnance et se procure une *douleur*. Voilà comment la continuativité, qui désire du plaisir d'une part, et qui craint de la douleur d'autre part, résiste et doit faire résister les facultés, qu'elle domine contre toute influence interne ou externe tendant à modifier ou à anéantir la résolution adoptée.

L'antagonisme le plus formidable de la continuativité est justement l'intellectualitivité qu'elle soutient et qu'elle appuie. La vue de ces résultats peut, en effet, alarmer les répugnances ou les craintes de beaucoup de facultés qui, se réunissant autour d'elles, abandonnent le projet dans lequel la continuativité les faisait persister. Toutefois, lorsque tout cela a lieu, ce n'est que le triomphe d'un nouveau dessein suggéré par l'intellectualitivité qui a vaincu les répugnances de la continuativité et des autres facultés, et qui a excité de nouveaux désirs dominants. Mais, comme la continuativité ne peut être alimentée ni satisfaite dans ses désirs sans un projet, de même que l'olfactivité, l'alimentivité ou la méliorativité ne peuvent être alimentées ni satisfaites que par des odeurs, des aliments ou des conceptions, elle s'adonne, *à moins qu'elle ne soit pervertie*, avec plus ou moins d'ardeur au nouveau projet. La continuativité, en changeant ici de projet, n'a fait que changer de mode de satisfaction. Toutefois elle peut être tellement développée, qu'elle s'enflamme pour la première résolution, quelle qu'elle soit. Sa répugnance et son aversion à changer de projet ou d'opinion peut, dans ces circonstances, dégénérer en folie ou en délire et résister à toutes les influences des autres facultés, même aux inspirations de l'intellectualitivité, qui, mieux éclairée, voit la nécessité de changer de résolution à cause des funestes résultats auxquels doit être entraîné l'individu si elle se réalise. La continuativité, néanmoins, appelle à son secours, dans sa folle et délirante répugnance à changer de projet, l'énergie de l'âme tout entière, et l'intellectualitivité comme les autres facultés restent enchaînées à son désir propre et particulier, qui consiste à ne pas changer de résolution une fois adoptée. Voilà comment se produisent l'obstination, l'acharnement, l'entêtement, la ténacité, l'opiniâtreté. Voilà comment l'esprit peut s'obstiner dans une erreur, de manière à souffrir *avec joie* ou à ne pas *sentir* au moins *avec douleur* (t. I, p. 428 à 430) les martyres les plus cruels. Gall a découvert l'organe de la continuativité dans ce degré de développement extrême. Il n'est donc pas étonnant qu'il l'ait appelé (*ouv. cit.*, t. V, p. 245), « fermeté, constance, persévérance, obstination, » et qu'il ait confondu la fermeté, qui s'engendre dans un grand développement de la continuativité et les facultés intellectives, avec l'obstination, qui est l'affection d'une continuativité pervertie à la faveur d'une résolution que la raison repousse. Vous voyez que toutes ces affections de fermeté, de constance, de persévérance, d'obstination, sont des résultats complexes de plusieurs facultés, et que, considérées comme des affections exclusives de la continuativité, elles servent à l'alimenter et à la satisfaire.

Ce qui précède explique pourquoi un homme doué de beaucoup de continuativité non pervertie montre toujours une grande constance ou fermeté de caractère, quelle que soit la nature du projet ou de la résolution qu'il forme ou qu'il adopte. C'est comme si nous disions qu'un individu doué de beaucoup d'alimentivité éprouve un grand appétit, quel que soit le genre de nourriture qu'on lui présente, à moins qu'elle ne soit répugnante. Voilà pourquoi les personnes douées de beaucoup de continuativité, comme l'avancent Spurzheim, Fossati, Bruyères, Combe, disent toujours : « *Je veux* » avec beaucoup d'emphase ou d'énergie, quoiqu'à proprement parler ce mot ne prenne point son origine dans cette faculté. Il est certain que le vouloir, la résolution, la décision, s'engendrent dans les facultés intellectives ; mais la conviction intime et profonde qu'on poursuivra le projet dépend d'une continuativité bien développée.

Du reste, une résolution, un vouloir, une décision quelconque étant formés, si l'âme n'avait pas eu une faculté, dépendante dans sa satisfaction spéciale de la poursuite de ce projet, *résistant* et excitant des *résistances* contre les influences tendant au changement ou au désistement qui peuvent avoir lieu à chaque instant en vertu de l'antagonisme ou de l'antithèse qui préside à toutes et entre les facultés de l'âme, il nous serait impossible d'adopter aucun plan ni aucune ligne de conduite. Dans ce cas, les *tentations*, qui ne sont, dans l'ordre de la nature, que des désirs, des affections ou des pensées contraires aux résolutions dictées par la raison et par les facultés morales, ne trouveraient pas une *résistance* compacte, unie et ferme. L'homme serait né, d'un côté, avec des éléments spirituels qui le pousseraient à se décider, à se résoudre, à se déterminer, à vouloir, à adopter une ligne de conduite, à établir des principes, et, d'un autre côté, il lui manquerait une force prépotente qui le défendit contre les désirs et les aversions momentanées, contre les affections agréables et désagréables, contre les pensées contraires et favorables qui s'élèveraient en opposition directe à la décision, la résolution, la détermination arrêtés. Ce serait un désaccord, un défaut d'ordre, un défaut d'harmonie universelle qu'on ne trouve nulle part dans la création.

Toute faculté cherche avec plus ou moins d'énergie la satisfaction de son désir spécial. Celui-ci ne peut être satisfait si la faculté qui l'engendre ne sert de centre, d'appui, de point de convergence autour duquel une autre ou plusieurs autres facultés viennent se grouper, s'agglomérer ou se réunir, et agissent de concert, en commun accord et en intelligence mutuelle (t. I, p. 325 à 329) pour obtenir l'objet désiré, comme je n'ai cessé de le répéter (t. I, p. 50 à 53, 143 à 145, 161 à 167, 286 à 299, 393 à 394, 527 à 531). Chez les animaux, il existe aussi cette agglomération de facultés pour la réalisation de l'objet de leur satisfaction, mais il n'y a pas l'intellectualitivité, l'intelligence [1] (t. I, p. 372 ; t. II, p. 119, 147).

---

[1] Dans son attaque contre la phrénologie, intitulée : *Examen de la Phrénologie*, p. 109-110 (Paris, 1842), M. Flourens, en parlant de la réflexion, établit la limite qui sépare l'intelligence de l'homme de celle des animaux par ces remarques plausibles et bien faites :

« Les animaux reçoivent, par le moyen de leurs sens, dit-il, des impressions semblables à celles que nous recevons avec les nôtres. Ils conservent, comme nous, les images de ces impressions ; ces impressions conservées forment dans leur intelligence, comme dans la nôtre, des associations nombreuses et variées ; ils les combinent, ils découvrent des relations, ils déduisent des jugements. Les animaux ont donc une intelligence. Mais là se borne toute leur intelligence. Cette intelligence dont ils jouissent ne se considère pas elle-même, ne se voit pas, ne se connaît pas. Ils manquent de *réflexion*, faculté suprême que possède l'homme, et par laquelle il se replie en lui-même et étudie l'âme. »

Cette citation montre le défaut de précision analytique de ceux qui, en traitant de la psychologie, sont dépourvus de la lumière phrénologique, ou qui, comme M. Flourens, ne veulent pas éclairer avec elle leur entendement. Cet auteur, comme vous venez de le voir, parle de l'intelligence comme si les psychologistes admettaient dans l'homme deux

C'est pourquoi ils ne peuvent convertir leurs sensations en idées, et, par suite, ils ne peuvent ni penser ni raisonner, ni discourir ni réfléchir, ni délibérer. Il n'y a pas en eux le *moi;* n'ayant pas le *moi*, et ne pouvant réaliser toutes ces opérations, ils ne peuvent pas non plus, par conséquent, *vouloir, juger, se résoudre,* *se décider, se déterminer, se convaincre, former des projets, avoir des intentions,* parce que tous ces actes ne sont que des résultats de l'action des facultés intellectuelles.

Eh bien, la *continuativité* est corrélative de ses actes de l'intelligence dont manquent les brutes. N'ayant pas d'intelligence, ils ne peuvent avoir un désir que l'intelligence seule peut *satisfaire.* Voilà pourquoi nous les voyons sans continuativité. Ainsi donc les êtres sans raison manquent, comme M. Flourens a voulu nous le faire comprendre, non-seulement de réflexion ou de raison, mais encore de toutes les facultés qui sont corrélatives de la réflexion ou de la raison. La conviction s'engendre dans l'intelligence; mais que serait-elle sans la foi, sans l'assentiment, sans l'affirmation, sans le oui qui provient de la réalitivité et qui imprime son cachet à toute espèce de convictions? Le progrès ou le désir d'amélioration prend son origine dans la méliorativité. Comment cependant la méliorativité pourrait-elle se satisfaire sans l'intelligence qui donne une forme idéale à toutes les sensations conceptives, qui les considère, les compare ensemble, et qui déduit de ces considérations et de ces comparaisons des *idées nouvelles,* des *principes nouveaux,* formant le *progrès* ou objet de satisfaction exclusive de la méliorativité? C'est pourquoi les brutes manquent, non-seulement de continuativité, de méliorativité et de réalitivité, mais encore d'effectuativité, de rectivité, d'inférioritivité, de langagetivité, de mimiquivité, de saillietivité (chistositivité) et, jusqu'à un certain point, de bénévolentivité.

Ce qu'on trouve dans certains animaux, c'est la concentrativité en quoi elle diffère de la continuativité). Or cette faculté n'opère pas comme la continuativité sur des projets ni sur des résolutions pour lesquels est nécessaire le concours de l'action de l'intellectualitivité; elle opère sur la partie active ou éveillée, des facultés dont la satisfaction ne présuppose pas la nécessité d'une intelligence. Par conséquent, la force d'attention ou de concentration chez les animaux ne doit pas et ne peut pas avoir un caractère de constance, de fermeté, de détermination, de même que leur répugnance, leur aversion ou leur résistance à faire ce

---

intelligences on deux *moi,* l'un sensitif, et l'autre réflexe. Je dis *sensitif,* parce que la brute est égale à l'homme quant aux sens, et *réflexe,* parce que, par la réflexion seulement, l'homme se distingue, selon lui, de la brute.

Eh bien, que veut dire *intelligence,* dans le sens que M. Flourens donne à ce mot, sinon le pouvoir mental qui considère comme causes, sous forme d'idées, les sensations plus ou moins complexes, plus ou moins variées, qui compare ensuite ces idées entre elles, et qui forme avec ces comparaisons un jugement ou une déduction générale qui doit être forcément tout à fait idéale ou abstraite? Les brutes manquent de tout cela. C'est donc une absurdité de dire qu'ils ont une *intelligence* quelconque. Les hommes comme M. Flourens, dont je ne contesterai pas les intentions honnêtes, sont ceux qui, dans leur manie d'attaquer ce qu'ils ne comprennent pas, attaquent la spiritualité de l'âme tout en voulant la défendre. Oui, ce qu'ils ne comprennent pas, puisque la simple lecture de l'*Examen de la phrénologie* de M. Flourens suffit pour convaincre de cette vérité. (Cependant si M. Flourens entend par *intelligence* dans les animaux leurs perception, conception et mémoire, comme je les ai expliquées t. II, p. 51 à 52, 119, 143, et dans les leçons XLV, XLVI et XLVIII, alors il a raison de leur attribuer une intelligence, qui sera toujours sensitive et partielle. Mais, dans ce cas, comment expliquer ces phénomènes hors de la phrénologie, que M. Flourens repousse?   (*Note du traducteur pour l'édition française.*)

qu'on leur ordonne, ne peut être considérée comme de l'entêtement, de l'obstination ou de la ténacité. Dans l'un comme dans l'autre cas, il n'y a pas eu, en effet, de projet ni d'intention, ce que présupposent ces affections très-énergiques. De sorte que je ne puis pas concevoir de plus grande inexactitude, dans l'idée comme dans l'expression, que celle qui consiste à dire d'un aigle, qui, par exemple, concentre dans les airs toute sa force sensitive sur un objet terrestre, qu'il est « très-ferme » ou « très-constant, » ou d'un âne, lorsqu'il résiste entièrement aux cris et aux coups de bâton, qu'il est « têtu » ou « entêté. »

Combe a dit : « Dans des circonstances bien caractérisées, le genre humain perçoit par instinct une certaine force ou faiblesse de caractère, et il modifie sa conduite suivant qu'il remarque une chose ou une autre. Ceux dont les principes moraux et religieux ne constituent pas la règle habituelle de leur conduite agissent avec les individus d'une manière très-différente, suivant les impressions qu'ils reçoivent de leur mode d'action et suivant le calcul qu'ils font sur leur force ou leur faiblesse de caractère.

« Il y a des personnes dont le visage porte l'empreinte de la grandeur de l'âme et dont la manière de se présenter semble dire : *Nemo impune lacesset* (personne ne m'offensera impunément). Tout le monde comprend cette intimation, tout le monde convient que la meilleure manière de se conduire à l'égard de personnes semblables, c'est de leur laisser suivre sans opposition la conduite qu'ils ont adoptée, pourvu qu'elle ne soit pas offensive ou injurieuse.

« Contrairement à ces personnes, nous en voyons d'autres qui sont faibles et variables. Il y a des hommes aussi mobiles que l'eau, aussi variables que le vent; les méchants se jettent sur eux et en font leurs victimes. Ainsi donc le traitement que les personnes reçoivent dans la société qu'elles composent est très-différent. On peut dire avec raison qu'une grande partie du genre humain ne peut pas comprendre facilement les misères que les individus forts et moralement peu scrupuleux causent ou infligent aux faibles tout en profitant de leur faiblesse d'esprit. »

J'ai voulu, messieurs, vous rapporter cette citation, afin que vous sachiez d'une manière bien précise que la continuativité, grande ou petite, ne constitue pas à elle seule la force ou la faiblesse de caractère que Combe vient de nous dépeindre par quelques coups de pinceau de main de maître. Et cependant c'est ce qu'établit Gall et ce que, suivant lui, les phrénologues même les plus célèbres qui se sont succédé veulent et ne veulent pas nous faire comprendre, comme vous l'avez vu. La fermeté et la faiblesse de caractère décrites par Combe sont la fermeté et la faiblesse de l'âme, de l'esprit : elles ne constituent pas le peu ou le beaucoup de fermeté, le peu ou le beaucoup de constance, dont le désir s'engendre dans une faculté; elles désignent une grandeur ou une petitesse de l'âme, une supériorité ou une infériorité de l'esprit, une force ou une faiblesse de caractère provenant d'une tête petite ou grande dans laquelle prédomine la région supérieure-postérieure, c'est-à-dire la concentrativité, la supériorité, la continuativité et les autres facultés régulatrices dont je vous ai parlé t. I, p. 376. Saint Bonaventure (t. I, p. 65), Eustache (t. I, p. 172), Shakspeare (t. I, p. 291), Isabelle la Catholique (t. I, p. 347), le cardinal Jimenez de Cisneros (t. I, p. 287), le général Foy (t. II, p. 177), Washington (t. I, p. 408) et d'autres nous offrent des exemples de cette classe de têtes.

Si la tête est grande et possède la région postérieure-supérieure *dominante*, avec la région actionitive impulsive humanale dominée, qui comprend les facultés que je viens d'énumérer t. II, p. 205, lig. 20 à 24, l'individu est doué alors d'une grande force mentale; ses inclinations consistent à dominer les autres, afin qu'ils suivent et exécutent ses plans ou afin que ses désirs se satisfassent, lors même qu'il devrait en résulter du préjudice ou du malheur, et cela sans pitié ni miséricorde. Cette organisation nous ferait reconnaître le grand coquin, c'est-à-dire l'homme de beaucoup d'énergie mentale, mais peu scrupuleux moralement, dont nous parle Combe, et que j'ai moi-même cité avec détail leçons XI et XII. C'est surtout pour contrecarrer ou pour réprimer les impulsions d'individus semblables (t. I, p. 164 à 166) que sont nécessaires les lois répressives dictées par la religion, par la philosophie et par la raison, et soutenues par une autorité et par une force morales et physiques qui doivent les rendre effectives. Si le préjudice que ces grands coquins causent à la société et à eux-mêmes devait être pour eux le seul moyen de répression et de bonne direction de leurs instincts pervers, comme le veulent les défenseurs de la *liberté absolue*, basée, comme je le démontrerai, sur la négation de toute intelligence, il n'y aurait pas de société possible. A la tête de ses défenseurs se trouve M. de Girardin, appelé « le colosse de la presse. » La société n'existerait pas non plus avec l'*autorité absolue*, fondée sur le *droit absolu*, ainsi que le veulent quelques publicistes très-célèbres et très-respectables, parce que, comme je le démontrerai, ce serait la négation du *plus* et du *moins* parmi les hommes.

Quant au caractère variable, caractère qui voit souvent le mieux et qui fait le pire, ou qui veut facilement une chose ou une autre, il se rencontre dans une tête équilibrée dont les organes n'ont pas de prépondérance les uns sur les autres, et sont, par conséquent, susceptibles d'être excités par l'objet que leur présente momentanément le monde externe ou par la pensée qui surgit accidentellement dans le monde interne. Cette organisation est l'indice de l'instabilité naturelle et non de la faiblesse de caractère. Pour qu'il y ait, en effet, faiblesse, il faut que la tête soit comparativement petite. Lorsqu'une passion dominante, comme celle de Thibets (t. I, p. 137 à 142, 157 à 167), nous porte naturellement à commettre mille forfaits ou crimes, l'individu peut être aussi appelé faible, parce qu'il se laisse séduire par les inspirations d'une seule faculté. Une personne ayant une tête grande et équilibrée [1] possédera beaucoup d'énergie mentale, mais point de principes stables; il lui manquera, en effet, l'activité d'une troisième faculté qui devrait la porter à s'enchaîner au projet ou à l'opinion adoptée.

Tout ce que je viens d'exposer montre facilement qu'il y avait une impérieuse nécessité à déterminer, dans la science phrénologique, la fonction spéciale de l'organe qu'on appelle fermeté de caractère. Je pense que vous serez convaincus comme moi que la continuativité, considérée d'une manière abstraite, embrasse tous les extrêmes et représente le cercle d'action fondamentale de cette faculté.

---

[1] Par tête équilibrée, on entend celle dans laquelle les trois divisions supérieure, antérieure et inférieure, comme je l'ai indiqué et expliqué dans divers endroits de la leçon XIII, sont naturellement égales ou très-égales en force. Une tête déprimée, comme celle de Caracalla, sera l'indice d'un caractère instable, parce que la région antéro-postérieure ne portera pas l'individu à s'attacher à ses projets actuels; mais ses intentions seront perverses, parce qu'il n'aura pas d'inspirations efficaces du côté de la moralité. Une tête déprimée à la partie antéro-supérieure et élevée à la partie postérieure, comme je l'ai dit (t. I, p. 188), indique naturellement que l'individu possède de mauvais penchants et qu'il désire les satisfaire.

L'expression *continuativité* est donc une dénomination propre, exacte et non équivoque.

J'ai réservé pour la fin de cet article les *degrés d'activité de cette faculté suivant le développement de son organe*, étant certain que vous comprendriez ainsi ce que j'aurai à vous dire sur ce sujet. Lorsque l'organe est *petit*, l'individu se sent peu excité par l'élément mental, dont la satisfaction consiste à inspirer un esprit de persévérance dans l'opinion adoptée, et à offrir de la résistance aux influences quelles qu'elles soient qui s'opposent au dessein actuel ou au projet de l'individu. — Si le développement de l'organe est *moyen*, cette impulsion mentale est très-sujette, comme je n'ai cessé de le répéter, à s'affaiblir ou à se fortifier, suivant qu'elle s'exerce ou qu'elle ne s'exerce pas. Dans le projet que l'homme forme, comme dans le décret que formule un corps délibératif, il y a des éléments opposés qui se *répriment*, mais ne se *suppriment* pas, car ils sont toujours prêts, à la moindre excitation, à s'opposer à ce qui est résolu ou adopté. Dans un cas de développement moyen, le défenseur du projet ou du décret, c'est-à-dire la continuativité, possède peu de force et se laisse séduire ou vaincre très-facilement, *à moins qu'elle ne réagisse sur elle-même* (t. I, p. 421 à 424) en appelant à son aide les autres facultés. L'habitude que possède une faculté de réagir sur elle-même lorsque son organe a un développement moyen, l'habitude de faire contre fortune bon cœur, comme on dit vulgairement, augmente beaucoup sa force naturelle. — Si l'organe est *grand*, l'individu possède naturellement beaucoup de force mentale continuative. Sa pensée, sa méditation, son raisonnement, sont toujours accompagnés d'une certaine conviction intime qui consiste à vouloir et à persister, à vouloir ce qu'on se propose, à ne pas l'abandonner jusqu'à ce qu'il y ait eu effet, et à faire la plus grande résistance à toutes les influences internes ou externes qui s'y opposeront. La force, l'étendue, la grandeur, la sagesse, la nature enfin de la résolution elle-même dépend du degré d'activité des facultés intellectuelles et de leurs diverses combinaisons avec les autres facultés.

Avant de terminer les *observations générales*, je rapporterai *incidemment* quelques faits remarquables. Gall raconte (*ouv. cit.*, t. V, p. 246) que la continuativité était extrêmement développée dans le crâne d'un bandit. On jeta ce misérable dans un cachot très-étroit, dans l'espoir qu'il ferait connaître ses complices. Quand on vit que ces moyens ne réussissaient pas à faire découvrir ce qu'on désirait, on eut recours au bâton ; mais, ne voulant pas subir un pareil supplice, ce misérable s'étrangla avec sa chaîne. Après sa mort, Gall trouva ses pariétaux disjoints précisément dans le siége qu'occupe l'organe de la fermeté. « Cette séparation a-t-elle été, se demande Gall, un effet de la strangulation ? Devons-nous l'attribuer à l'activité excessivement énergique de l'organe de la fermeté ? Était-elle un effet du hasard ? Avec le temps, nous trouverons peut-être des cas analogues qui résoudront la question. »

Cette question, jusqu'à présent, n'est pas résolue ; elle n'a pas été non plus, que je sache, l'objet d'une sérieuse considération de la part des phrénologues. J'avoue pourtant que le cas rapporté par Gall attira beaucoup mon attention lorsque je le lus pour la première fois. Justement, à cette époque, j'avais fait de tels efforts de fermeté[1], que ma continuativité moyenne les regardait comme

----

[1] C'était l'époque (1829) où j'ai fondé, sous l'invocation de saint Ferdinand, un collége littéraire, le premier de son genre, à la Havane. Il n'est pas d'obstacle qui n'ait été mis en

extraordinaires. « Si ce que dit Gall est vrai, pensai-je en le lisant, mes pariétaux doivent être séparés; » et en même temps je plaçai ma main sur la continuativité. Quelle ne fut pas ma surprise, quel ne fut pas mon étonnement en
constatant que mes pariétaux, dans l'endroit indiqué, étaient et restaient séparés de plus d'un demi-pouce! Comme je n'ai pas un souvenir fixe, positif et
certain que mes pariétaux fussent *unis* avant de me livrer à ces efforts, je ne
puis pas dire je *sais*, quoique je le *croie*, que cette séparation a été le résultat
de ces efforts. — Je répéterai aussi, comme incident, ce que dit Gall dans le
même endroit, afin que vous finissiez de vous convaincre que, bien que la continuativité et son organe fussent découverts, leur action fondamentale était inconnue. « Le docteur Spurzheim et moi, dit-il, nous vîmes, dans une maison de
correction, à Strasbourg, un dangereux voleur qui, pendant toute une année,
feignit le mutisme. Cet homme avait l'organe de la fermeté extraordinairement
développé. » Cela dit, il ajoute presque à la ligne suivante : « La fermeté de
caractère ne doit pas être confondue avec la persévérance de certains penchants,
comme cela a lieu pour la manifestation non interrompue de certaines facultés,
même dans le caractère le plus variable. » Cela prouve bien clairement que,
tant qu'on n'a pas découvert un principe général vrai, les plus grands hommes
sont exposés à dire les plus grandes absurdités sur certaines particularités renfermées dans ce principe. Celui qui possède une grande bénévolentivité sera-t-il
jamais indécis pour faire ou ne pas faire des actes de bonté? Nullement : d'a-
bord parce que cette faculté, par sa force prédominante, poussera l'individu à
faire le bien, et ensuite parce que la fermeté, grande ou petite, s'associera à la faculté prédominante, ainsi que l'avancent et que l'assurent tous les phrénologues.
(*Voy.* ce que dit Fossati, ci-devant, p. 199, lig. 6 à 27.) De sorte que, supposer,
comme dit Gall, la manifestation non interrompue de certaines facultés dans un
caractère faible après avoir avancé que la fermeté s'associe ou se combine aux facultés prédominantes, est une absurdité manifeste.

Il est certain, ainsi que cela résulte de ce que je viens de rapporter, que les
phrénologues regardaient, d'une part, la constance ou action fondamentale
propre à la fermeté comme étant générale pour toutes les facultés, d'autre part
ils avaient une idée vague, confuse et indéfinie sur la non-identité de cette action. Mais ce qui est vrai, c'est que cette action est essentiellement la même,
et que son désir spécial, comme objet de satisfaction, est seulement du domaine
de la continuativité. C'est ce que les phrénologues n'avaient pas remarqué; ils
n'avaient pas découvert qu'il existait en dedans comme en dehors du terrain
phrénologique certaines facultés impulsives ou actionitives dont le désir peut
seulement être satisfait par quelques modes d'action spéciale et propre à d'autres facultés. Toutes les facultés possèdent, par exemple, comme vous le savez,
un mode d'action imaginative; mais la méliorativité, dont le désir fondamental,
ainsi que je l'ai dit, t. II, p. 200 à 201, n'a d'autre moyen de satisfaction que cette
action imaginative des autres facultés (t. II, p. 125), les excite, les active, les aiguillonne dans son propre intérêt. C'est de la même manière qu'une action quelconque d'une faculté quelconque présuppose plus ou moins de durée, de permanence ou de constance; autrement l'action ne saurait avoir d'existence. Eh bien,
le *désir* fondamental de la continuativité consiste en ce que cette action se conti-

travers de mon projet, dans le but de m'en détourner ou de m'en dégoûter; mais, grâce
à Dieu, je menai tout à bonne fin.

nue d'une manière permanente, tandis que son *aversion* est l'inconstance. D'un autre côté, les facultés, comme je l'ai répété plusieurs fois, sont antagonistes; il est nécessaire, par conséquent, de déterminer dans un moment donné l'action prépondérante de l'esprit. Or ce déterminement étant du domaine exclusif des facultés intellectives, la continuativité, comme je n'ai cessé de le répéter, s'alimente et se satisfait par la constance et la persévérance qu'elle contribue elle-même à donner aux projets ou aux résolutions formés par l'intelligence.

Gall nous a dit (t. II, p. 742) que déjà Lavater avait, au moyen de sa grande collection de silhouettes, découvert comme lui que les personnes dont la tête se trouvait volumineuse et développée à la région du vertex étaient entêtées et obstinées. Qu'aurait dit cet immortel auteur de la phrénologie s'il avait vu que la linguistique ou idiomologie démontrait que le sens commun de la race humaine avait fait cette découverte depuis un temps immémorial? Qu'aurait-il dit s'il eût vu que beaucoup d'expressions, non-seulement dans le castillan, mais aussi dans toutes les langues, significatives d'*obstination* au *moral*, expriment au *physique* une tête élevée et développée vers le sommet, et désignent la faculté spirituelle interne d'après le même développement matériel qui a fait découvrir à la science qu'elle se manifeste à l'extérieur? En effet, *tozudo, cabezudo, testarudo* (grosse tête, têtu) sont des expressions de ce genre. La terminaison *udo*, qu'elle dérive du latin, comme le veulent quelques-uns, ou qu'elle dérive de la langue biscaïenne ou *euscara*, comme le veulent quelques autres, signifie *abondance dans ce qui forme l'extrémité, la cime ou la pointe* (abundancia en lo que forma estremo, cima o punta), comme on l'observe dans les mots *patudo* (pattu), *campanudo* (bouffi, gonflé), *cornudo* (très-cornu) et d'autres. Eh bien, *tozal, cabeza, testa* (tête) sont des mots synonymes qui expriment, dans l'étymologie primitive et naturelle, *lieu élevé, très-haut, extrême* ou *éminent*, et s'appliquent, par antonomase, à la tête de l'homme comme principe ou moteur de toutes les fonctions. De sorte que *tozudo, cabezudo, testarudo*, signifient : beaucoup de tête au sommet ou à l'extrémité supérieure. Comme c'est précisément le développement céphalique que la pénétration naturelle du genre humain a eu toujours en vue chez les individus entêtés ou obstinés, on a désigné par le nom de ce même développement le caractère spécial dont il est l'indice. Cette circonstance démonstrative met en évidence le principe cité, t. I, p. 42 à 45, 175 à 178, que l'homme, dans sa marche incessante et progressive vers l'amélioration, va toujours de l'instinctif au scientifique et du matériel au spirituel.

Dans mes voyages phrénologiques, j'ai eu lieu de remarquer de grandes différences entre les individus d'une province et ceux d'une autre. Lorsqu'on met en parallèle la tête des Aragonais avec celle des habitants de la province de Valence, on trouve une différence presque incroyable. C'est à peine s'il y a quelques Aragonais de la montagne qui n'aient physiquement et moralement beaucoup de tête au sommet (*tozudo*), tandis que les habitants de la côte de Valence remarquables par cette forme de tête sont rares. Les exceptions très-prononcées qu'on observe dans l'un et l'autre cas confirment la règle, car, lorsqu'on étudie les individus qui les présentent, on constate, s'ils sont Aragonais, qu'ils n'appartiennent pas à la race *celtibère*, et, s'ils habitent Valence, ils n'appartiennent pas à la race *édétane* (de Valence). Les Navarrais, considérés dans leur ensemble, sont beaucoup plus grosse tête au sommet (*testarudos*) que les Galiciens, et ceux-ci, sauf plusieurs exceptions provenant de croisements de race, plus que les Andalous. Les Normands

ont la tête plus grosse au sommet (têtu, *cabezudo*) que tous les autres provin-
ciaux de France, et les Français, considérés comme nation, beaucoup moins *stub-
born* (solides comme un tronc), *strong headed* (fortement têtus, *cabezudos*) que
les Anglais. S'il y a des exceptions on trouvera, dans le premier cas, que les
individus ne procèdent pas de la race anglo-saxonne ou anglaise, ni, dans le
second cas, de la race gallo-franque ou française. Ces observations suffisent pour
vous donner une idée de la vive lumière que la phrénologie peut apporter dans
l'étude du caractère distinctif des races plus ou moins primitives qui composent
aujourd'hui la grande famille humaine; elles suffisent aussi pour vous démontrer
que l'ethnologie, tant prônée, est, sans l'aide de la phrénologie, d'une nullité
complète dans ses applications à l'étude de l'homme.

Langage naturel. — On l'observe chez l'homme résolu et décidé, quand
il vient de former un projet dans son âme, dans les actes d'opiniâtreté et
de ténacité de celui qui, obstiné, ne veut pas se rendre aux arguments
qu'on lui oppose ou aux menaces qu'on lui adresse. On le constate dans
tous les actes d'une obstination énergique et active, quels que soient les
éléments qui la modifient. Il y a des actes d'une obstination menaçante,
des actes d'une obstination résignée, des actes d'une obstination qui entraîne, des actes d'une obstination qui répugne, etc. Tous ces actes d'obstination mettent en évidence l'action de la continuativité modifiée simultanément par celles des autres facultés. Voilà pourquoi le langage naturel d'une
faculté, c'est-à-dire l'expression externe d'une faculté en action, considérée
isolément, ne peut être représenté qu'à l'égard d'une faculté qui se trouve
dans un transport ou dans une exaltation complète.

Ce qu'on appelle un caractère tenace, opiniâtre, c'est-à-dire un esprit
obstiné et acharné, qui ne veut ni céder ni entendre raison, ne dépend pas
seulement d'un grand développement de la continuativité, mais encore d'un
grand développement simultané de la stratégitivité, de la destructivité et de
la combativité, uni à peu d'inférioritivité, d'approbativité et de précautivité.
Le père qui, doué d'un développement cérébral de ce genre, a un fils identiquement organisé, est peu capable de faire son éducation, à moins qu'il ne
commence par s'instruire lui-même. S'il n'agit pas ainsi, il lui arrivera
naturellement ce qui est arrivé à l'âne de la fable d'Iriarte. De même que
celui-là crut pouvoir produire par un braiment des sons harmonieux, celui-ci
croirait produire une conduite réglée par ses criailleries. Si le père, au lieu
d'exciter le fils par sa conduite naturellement rude et les facultés qui dans
leur action combinée produisent l'*entêtement*, n'éclaire l'intelligence et
excite la réalitivité et l'inférioritivité, sans offenser la tactivité qui irrite
les répugnances de la supérioritivité, jamais il ne changera son obstination en une véritable fermeté de caractère, c'est-à-dire que jamais son
grand caractère d'âme ne se développera en croyant et en suivant les conseils paternels. De même, messieurs, que la main qui peint un ange peut
peindre un démon, que les jambes qui vont au nord peuvent aller au sud, de
même aussi les facultés qui, par leur action combinée et énergique, pro-

duisent l'obstination qui s'attache à un projet *mauvais*, engendrent l'opiniâtreté, qui s'attache à un projet *bon*. Tout dépend (leçons XVIII et
XXXVI) de l'*instruction* et de la *direction*. Quant à cette instruction,
comme j'ai eu occasion de vous le dire (t. II, p. 52 à 59); quant à cette direction, comme je l'ai expliqué (t. I, p. 294 à 299), la phrénologie, considérée
comme science, nous enseigne des principes sublimes, et, considérée comme
art, elle nous indique des règles très-utiles. Vous le savez déjà, et toutes ces
leçons en sont une preuve constante, incontestable, irrécusable, de même
qu'avec un piano composé des éléments les plus désagréables par leurs dis-
sonances on peut faire les accords les plus harmonieux, suivant la manière
dont se produisent et se combinent les sons, de même aussi, selon que nous
exciterons certains désirs et certaines répugnances, dans les individus qui
nous environnent, nous les ferons agir d'une manière très-différente. Le
père dont il vient d'être question ne comprend pas que la conduite de son
fils ne dépende pas exclusivement de son caractère obstiné, comme cela se
voit souvent pour le gouvernant par rapport au gouverné, pour le maître par
rapport au domestique, pour le mari par rapport à l'épouse ou pour une personne quelconque par rapport à un autre semblable. Il ne comprend pas
que cela dépend de son esprit obstiné et de la manière dont se comportent
à son égard ceux qui l'entourent. Ici la conduite obstinée et opiniâtre du
fils est bien plus un résultat de l'ignorance du père, qui ne sait pas toucher
le piano mental de son fils, que de son esprit indomptable. Savoir mieux toucher ce piano de l'âme, ces fibres du cœur, afin de mieux adapter la conduite
de l'homme au principe de la vraie religion et de la saine philosophie, c'est-
à-dire afin d'exciter des répugnances pour le mal de plus en plus fortes et des
désirs de plus en plus ardents pour le bien, tel est en dernier résultat le but
de la phrénologie.

LEÇON XLIV

**Quatrième classe. — Facultés et organes d'intelligence ou de re-
lation universelle. — 45, COMPARATIVITÉ; auparavant 38,
comparaison. — 46, CAUSATIVITÉ; auparavant 39, causalité.
— 47, DÉDUCTIVITÉ; auparavant A, pénétrabilité.**

MESSIEURS,

Ce que j'ai dit dans différentes leçons (t. I, p. 222, 333 à 534, 370, 525; t. II,
p. 51 à 52, 117 à 119, 143, 201 à 204) a dû vous faire comprendre que les facultés dont nous devons nous occuper sont, collectivement considérées, le foyer
où les autres facultés analytiquement considérées renvoient leurs perceptions

et où elles se transforment ensuite synthétiquement en *idées* ou représentations intelligentes par le moyen d'une fusion, d'une digestion ou d'une alambification *mystérieuse*. Par conséquent; recevoir une action sensitive des autres facultés et la faire réagir ensuite sur elles *idéalement* ou *intelligemment*, tel est l'objet principal de l'intellectualitivité ou facultés intellectives.

Sans cette réaction, les autres facultés n'auraient aucun besoin du principe intelligent auquel j'ai fait allusion si souvent (t. I, p. 350 à 354, 533 à 534; t. II, p. 10 à 14, 51 à 59, 73 à 74, etc.). Toutes les facultés sont intelligentes dans leur cercle spécial, et peuvent comprendre les réactions sur elles des facultés intellectives ou d'intelligence universelle; autrement, ce serait l'absurdité la plus évidente de supposer que les facultés intellectives ont un pouvoir sur les autres. Percevoir, concevoir ou apprendre un principe, une doctrine qui doit agir intelligemment contre le principe aveugle d'une faculté, ainsi que je l'ai expliqué (t. II, p. 51 à 52), appartient au domaine exclusif des facultés intellectives ou de relation universelle. Si ce principe, une fois possédé par l'intellectualitivité, ne pouvait pas être perçu par la faculté sur laquelle il doit réagir, comment pourrait-elle se sentir intelligemment excitée contre son propre instinct fondamentalement aveugle? En effet, le sens intime nous prouve à chaque instant qu'il en est ainsi, et moi-même je l'ai démontré (t. I, p. 323 à 328) par des arguments incontestables et par des exemples aussi instructifs et aussi intéressants que démonstratifs et féconds ((t. II, p. 50 à 59).

Les facultés intellectives ou logiques, comme toutes les autres facultés, perçoivent et conçoivent. Mais leurs perceptions et leurs conceptions proviennent d'une relation purement intelligente, c'est-à-dire d'*idées* qui, concentrées, comprennent et peuvent comprendre dans chacune d'elles un nombre infini d'impressions et de sensations. Les perceptions et les conceptions intellectuelles sont d'une nature d'autant plus élevée que l'*idée* est plus élevée que la *sensation*, le *savoir* plus que le *sentir*, la *raison* plus que la passion. On distingue les actes perceptifs de l'intellectualitivité par les mots : entendre, comprendre, saisir; et les actes conceptifs par ceux de : penser, méditer, discourir, délibérer, récapituler, raisonner et autres. D'où il suit qu'on appelle les facultés intellectives entendement, compréhension, discours, raison, raisonnement, expressions que par extension on emploie dans le langage vulgaire pour signifier l'âme et toutes ses facultés. (*Voy.*, dans la leçon LVIII, tout ce qui est dit sous le mot *Idées*.) — Après ce préambule, opportun et nécessaire selon moi, nous entrerons immédiatement dans l'explication pro pre à chacune des facultés qui, réunies ou collectivement considérées, con stituent l'*intelligence*, engendrent la *volonté* et conçoivent l'*idée* du *moi*.

45, COMPARATIVITÉ; auparavant 58, COMPARAISON.

Définition. — USAGE ou OBJET. Désir de percevoir et de concevoir des ressemblances et des différences, des analogies et des contrastes, des adaptations et des proportions, des concordances et des harmonies; aversion pour toute sorte de discordances, de non-assortiments, de non-adaptations et pour tout ce qui manque de relation comparative entre les divers modes d'action des autres facultés. Les affections *agréables* proviennent de la perception et de la conception du désir satisfait, et les affections désagréables de la perception et de la conception de l'aversion réalisée. La comparativité est l'origine du désir primitif et fondamental de qualificatifs ou adjectifs, de similitudes, de métaphores, d'apologies et de tout ce qui dépend de la ressemblance relative, des impressions, des sensations et des idées. — Abus ou PERVERSION. Application de la faculté à des objets ou à des actions réprouvés. Profusion d'épithètes, de comparaisons et de métaphores. Tendance à parler ou à écrire dans un style tellement fleuri et orné, que sa force et son expression en sont affaiblies. — Inactivité. Très-peu de force comparative. Dans cet état l'individu perçoit à peine d es différences, des ressemblances ou des analogies entre les objets, les relations et les actions ; il ne peut par conséquent les classifier. Il est prouvé et démontré que la faculté possède cette inactivité dans beaucoup de bandits, de brigands, d'assassins, de voleurs et de malfaiteurs de toute espèce.

Localité. — Au centre de la partie supérieure du front, là où existe toujours une saillie ou une proéminence cranéale plus ou moins développée. Dans l'ancienne nomenclature, cet organe est désigné par le n° 38, et dans la nomenclature actuelle par le n° 45. Il est situé au-dessous de la déductivité, au-dessus de la mouvementivité et entre les deux proéminences de la causalité. Il est le point de départ de la ligne qui détermine la région des facultés morales.

Benjamin Franklin, né à Boston en 1706, mort en 1790.

Gall possédait un développement extraordinaire de cet organe, comme on peut le voir dans son profil (t. I, p. 142) présenté dans la première leçon. « La sagacité comparative par le moyen de laquelle, disent ses biographes (*ouv. cit.*, t. I, p. 36), nous distinguons promptement les rapports de discordance ou de concordance des objets soumis à notre examen, et par laquelle nous sommes portés à cher-

cher des affinités, des comparaisons et des similitudes, était extraordinaire dans Gall. Cet organe était également très-développé dans Franklin,
dont je vous présente ici le portrait authentique d'après celui que Gérard
Sparks a publié dans la magnifique édition des ouvrages de cet homme
immortel. C'est à cette faculté que je dois presque toutes les découvertes
psychologiques que j'ai faites et surtout le traité des concordances et des
discordances (t, 1, p. 410 à 419), des harmonismes et des antagonismes (t. I,
p. 330 à 334), qui, si je ne me trompe, a changé toute la phrénologie, lui a
donné une nouvelle direction et en a formé un système de philosophie mentale embrassant et utilisant le bon et le vrai des autres systèmes. (*Voy.* fin de
la leç. L.) Kant (t. I, p. 33) possédait cet organe immensément développé.
Sans ce développement spécial, il est très-douteux qu'il eût fait, à moins de
l'intervention d'un miracle, la grande découverte psychologique, savoir que
nous connaissons les *phénomènes* résultant de l'action combinée de l'esprit
et de la matière, mais que nous ignorons (t. I, p. 28) l'objet ou le sujet,
c'est-à-dire l'essence de la matière et celle de l'esprit.

Découverte. « J'étais habitué à avoir des conversations philosophiques
avec un savant qui possédait, dit Gall (*ouv. cit.*, t. V, p. 121), une grande
vivacité d'esprit. Toutes les fois qu'il se trouvait arrêté et ne pouvait pas rigoureusement démontrer une proposition, il avait recours invariablement à
une comparaison. De cette manière, il dépeignait d'une certaine façon ses
idées, en démontant et en entraînant avec lui ses adversaires, résultat qu'il
n'avait pu produire par ses arguments. Bientôt j'observai que cette habitude
était chez lui une particularité caractéristique de son naturel. J'examinai sa
tête, et je trouvai à la partie supérieure et moyenne de l'os frontal une
saillie prolongée qui n'avait pas encore fixé mon attention. Cette proéminence avait en haut un pouce de largeur; elle se contractait ensuite sous
forme de cône, à mesure qu'elle s'approchait de l'organe de l'éducabilité ou
mouvementivité. » Gall chercha ensuite des hommes dont la même inclination naturelle se manifestait dans leurs discours et dans leurs écrits. La
même correspondance dans leur organisation cérébrale lui fit découvrir et
lui démontra la *comparaison*, mot que nous devons à Spurzheim, et qui
désigne cette même faculté que Gall distinguait par ceux de perspicacité, de
sagacité, d'esprit de comparaison.

Divers degrés d'activité. — Si l'organe est *petit*, l'individu ressent tous
les effets de son inactivité. — Si son développement est *moyen*, le désir de
comparer est assez actif et assez bien dirigé de lui-même; mais il peut facilement se pervertir, suivant l'inclination ou suivant la route que lui inspirent les autres facultés. — Si l'organe est *grand*, l'individu se sent fortement
entraîné à établir des classifications, à comparer des analogies, à examiner
des adaptations, à rapporter des exemples et des démonstrations appropriés,
à former des arguments suivant les analogies, à concevoir facilement la condition des choses, à employer un langage riche, rempli d'épithètes, de vrai-
semblances, de métaphores, d'allégories.

La comparaison est généralement grande chez les Andalous et les Tos-
cans.

Observations générales et incidents. — La découverte qu'une faculté seule
désire (t. II, p. 172 à 174 et les endroits qui y sont cités), et que l'objet de sa
satisfaction dépend des autres facultés et des ressources du monde externe
nous explique la différence entre la tendance à la comparaison, impulsion innée et fondamentale de la comparativité, et une comparaison objet de satisfaction de cette faculté. Le désir plus ou moins énergique de comparer est *un*
dans tous les hommes (t. II, p. 172 à 174), mais les modes de comparaison ou
les comparaisons sont et peuvent être aussi variés que le sont et que le peuvent
être les modes infinis d'action, les combinaisons, les degrés d'activité et d'instruction de toutes les facultés et leurs ressources externes. Voilà comment
un individu formera des comparaisons, suivant sa comparativité, son instruction, et suivant le développement spécial de ses autres facultés, et non d'une
manière exclusive suivant le développement de sa comparativité. Celui qui aura
une grande tactivité prendra ses comparaisons dans les sensations purement
physiques. Celui qui possède une grande précautivité trouvera des sources
abondantes pour apaiser sa soif comparative, dans la crainte, dans la frayeur,
dans la sécurité. Avec une grande saillietivité, nous ferons des comparaisons originales, et avec beaucoup de constructivité des comparaisons mécaniques. Un marin cherchera ses comparaisons parmi les objets nautiques, et
un paysan parmi les objets agricoles. La comparaison est l'organe principal
de l'orateur, parce que les similitudes, les métaphores, les allégories, les expressions figurées, animent, vivifient le discours et excitent fortement les facultés perceptives. Il est bien entendu que, sans une vaste érudition, et si l'on ne
comprend pas bien la matière dont on parle, si l'on ne connaît pas à fond le
cœur humain, si l'on ne possède la causativité, la méliorativité et la sublimitivité bien développée, il ne peut y avoir de véritable éloquence, c'est-à-dire qu'on
ne peut émouvoir ni convaincre le lecteur ni l'auditeur.

Ce qui est vrai par rapport à la *conception* de comparaisons l'est également
par rapport à la *perception* de ces mêmes comparaisons déjà formées. Quoique
l'*essence* d'une comparaison dépende de la comparativité, les éléments qui la
constituent n'en proviennent pas moins des facultés qui sont en relation immédiate avec elle. Ainsi donc une comparaison est inintelligible si on l'établit
entre des objets que les auditeurs et les lecteurs ne connaissent pas, entre des
sentiments qu'ils n'ont pas. Aucun orateur, à moins d'avoir perdu l'esprit, ne
comparerait le rugissement du lion au mugissement de la mer devant un auditoire qui n'aurait jamais entendu parler du lion ni de la mer ou qui ne les aurait jamais vus, parce que le bon sens indique que cette comparaison, exacte,
belle et sublime en elle-même, ne serait pas comprise dans ce cas. Mais l'orateur qui dirait devant un auditoire bienveillant et désabusé : « Une action magnanime dans ce monde pervers est comme une lumière éloignée dans une nuit
obscure, » serait non-seulement compris, mais ferait éprouver encore une sensation agréable.

« L'*aveuglement* d'une faculté, » ai-je dit (t. I, p. 351 à 352), consiste dans
sa *partie du désir* et son *intelligence* ou intellectualité, de *inter legere* « choisir entre, » dans « sa partie conceptive et perceptive. » Mais après mes longues
et lumineuses réflexions (t. II, p. 117 à 121, 142 à 143, 146 à 149) sur la ligne

qui divise, qui sépare et distingue la *sensation* de l'*idée*, la perception sensitive
de la perception intelligente, vous ne pouvez pas ne pas comprendre que la perception et la conception d'une faculté, lorsque l'intellectualitivité réagit sur elle
dans ses actes, sont seulement *intelligentes*, proprement parlant. Une faculté
qui, isolément considérée, agit sans l'influence de ces facultés supérieures logiques, n'a que des sensations avec l'attribut d'en avoir conscience ou perception,
c'est-à-dire une intime conviction qu'elle les sent, comme je l'ai expliqué avec
toute la clarté et toute la lucidité que j'ai cherché à répandre dans les leçons
XXXVIII et XL (t. II, p. 117 à 121, 146 à 149). Je vous engage avec beaucoup
d'instance à ne jamais oublier tout ce que j'ai dit alors sur ce sujet, et à ne
perdre jamais de vue non plus que les facultés des brutes sont *aveugles* et *sen-*
sitives, et que celles des hommes, étant aveugles et sensitives aussi, sont de plus
intelligentes par le moyen de la réaction de l'intellectualitivité sur elles.

L'intime conviction, la conscience ou la perception d'une faculté, même considérée isolément dans sa spécialité, présuppose comparaison et déduction, mais
comparaison et déduction seulement des sensations qui sont propres à son individualité, comme je l'ai démontré définitivement dans une autre leçon (t. I,
p. 325 à 329). Cette comparaison et cette déduction, considérées en elles-mêmes,
par elles-mêmes, sont toutefois *sensitives*, *non intelligentes;* elles forment une
conviction intime qui est ne pas savoir. J'ai distingué, par exemple, un ton d'un
autre ton dans la tonotivité, le vert du jaune dans la coloritivité, et dans la philoprolétivité un mode de sentir d'un autre mode de ressentir l'affection paternelle.
La comparaison ne pouvant pas s'établir entre les différentes manières de sentir
des diverses facultés, il n'y aurait pas, comme je l'ai dit (t. I, p. 51 à 52, 143,
147), de comparaison intelligente, de comparaison *avec connaissance de cause*,
de discernement comparatif, ce qui est précisément l'attribution spéciale et exclusive de la comparativité. Cette faculté synthétique ou de relation universelle
comprend tous les rapports comparatifs de quelque espèce qu'ils soient et toutes
les différentes impressions, sensations ou idées quelconques qn'elle embrasse.
Elle perçoit et elle conçoit le contraste qui forme la *couleur* et une *note musi-*
cale, soit que cette couleur et cette note musicale existent en *sensation*, directement venue du monde externe ou spontanément apparue dans le monde interne, soit qu'elles existent (t. I, p. 535 à 536) en *idées* ou représentations intelligentes, incorporées dans des mots. Elle conçoit la *ressemblance* entre un homme
fort et un lion. Cette ressemblance n'est pas un attribut spécial d'un objet
comme la couleur, l'étendue, qui peuvent être perçues, que les sens externes
communiquent ; c'est une relation qui résulte de la *contemplation* de ces attributs, ou des mots qui les représentent. Cette faculté conçoit et crée des adaptations, des harmonies, des classifications qui proviennent également des relations
comparatives entre toutes sortes d'idées et de sentiments. Le temps et les tons,
par exemple, sont satisfaits par un genre de musique quelconque, funèbre ou
gaie ; mais la comparativité s'offenserait si la première s'exécutait pour un sujet
de réjouissance et si la seconde s'appliquait à un motif de tristesse. Le coloris ne
fait que percevoir des couleurs, mais la comparativité conçoit l'harmonie et l'a-
daptation qu'elles ont dans certaines circonstances. Ainsi elle applique le noir
au deuil, le blanc et les couleurs brillantes à des occasions d'allégresse. L'individualitivité perçoit seulement des objets comme des existences séparées, mais
la comparativité conçoit cette ressemblance, ce contraste ou cette différence qui
provient de la comparaison d'individus de nature diverse ou d'objets distingués

par un attribut ou par une propriété différente, ce qui engendre les diverses classifications d'objets. Dans la nature, il n'y a que des individus ; la comparaison forme des classes, des divisions, des genres.

J'ai dit (t. II, p. 172 à 174) que les désirs fondamentaux sont essentiellement les mêmes dans tous les hommes, et que leurs modes de satisfaction sont infinis. La comparativité, par exemple, désire percevoir des analogies physiques et morales, mais elle les perçoit, c'est-à-dire elle satisfait son désir, suivant les données que lui fournissent les autres facultés, de même que la visualitivité (t. I, p. 240 à 242, 438 à 442, 537 à 538) voit les objets suivant les impressions qu'en reçoivent les yeux. De sorte que si des yeux ictériques transmettent à la visualitivité interne des objets *jaunes*, qui en réalité sont verts, l'âme les perçoit *jaunes* et non verts. De même, lorsque les facultés de contact ou contactives, de connaissance ou cognoscitives et d'action ou actionitives, qui doivent nécessairement intervenir dans la formation d'une comparaison, ne sont pas saines, actives, éclairées ou équilibrées par les autres, cette comparaison sera inexacte, fausse, incomplète. Dans ce cas, quoique les perceptions ou les conceptions comparatives que nous distinguons par les adjectifs *mauvais, malheureux, vicieux, beau*, etc., expriment des qualités morales relatives ou comparatives, dont l'existence et l'existibilité (existibilidad) dans les créatures sensitives sont incontestables, elles peuvent être erronées ou fausses. Nous pouvons percevoir ou concevoir le mal pour le bien ou le bien pour le mal, l'heureux pour le malheureux ou le malheureux pour l'heureux, le vertueux pour le vicieux ou le vicieux pour le vertueux, le beau pour le laid ou le laid pour le beau. C'est pourquoi je n'ai cessé de vous démontrer la nécessité qu'il y avait à vous faire comprendre (t. II, p. 240 à 242, 438 à 442, 537 à 538) la mutuelle relation qui existe entre toutes les facultés de l'âme et leur équilibre indispensable pour la formation de leurs jugements équitables, même dans ce qui est spécial et propre à une seule faculté isolément considérée. Il serait cependant très-absurde, absurdité dans laquelle sont tombés quelques savants philosophes, de supposer que, pour qu'on pût prendre le bleu pour le noir, ou le vert pour le rouge, il faudrait qu'il n'y eût pas de couleur, ou que, pour pouvoir prendre la vertu pour le vice ou la laideur pour la beauté, il ne devrait pas exister des qualités morales. La découverte, je ne pourrais jamais trop le répéter, qu'une faculté seule désire, et que les autres, dominant avec elles l'organisme et le monde externe, *satisfont*, détruira l'idée que les qualités comme les principes moraux sont des inventions humaines. L'homme ne peut inventer aucune qualité primitive ni aucun principe fondamental. Je ne m'étendrai pas davantage sur ce sujet, parce que je l'ai presque entièrement épuisé en traitant (t. II, p. 158 à 160, 191 à 197) de la réalitivité et de l'inférioritivité.

Comme d'une part l'organe de la comparativité est universellement bien développé, et que, d'autre part, en faisant connaître des ressemblances, des contrastes, des différences, nous devons mentionner des objets dont nos auditeurs ou nos lecteurs doivent connaître parfaitement les propriétés, le langage de la comparaison devient très-intelligent, très-descriptif, très-expressif, très-émouvant. C'est pourquoi tous les orateurs célèbres l'ont employé pour haranguer ou pour diriger les multitudes. C'est le langage ordinaire des saintes Écritures ; c'était le langage usuel des Égyptiens, et c'est encore le langage habituel de beaucoup de races indiennes. Pythagore, Ésope, la Fontaine, la Bruyère, s'en sont servis presque exclusivement. Quel philosophe eût mieux parlé, d'après Gall, aux ambitieux que Pétrarque, quand il leur dit : *Chercher le pouvoir pour vivre dans la tranquillité et le repos, c'est grimper sur une montagne élevée pour éviter le vent et les tempêtes.*

La comparaison trouve des analogies dans toute sorte d'objets et d'actions matériels ou spirituels. Ainsi nous disons une pensée *profonde*, un argument *solide*, une conception *brillante ;* nous disons : le sang *bout*, le cœur *palpite*, le vent *siffle*, la nature *sourit*. Cette faculté trouve une certaine analogie entre la mort et un squelette, entre un homme et un lion, entre un homme cruel et un tigre, entre un homme de talent perspicace et un lynx, entre un homme pacifique et un agneau, entre les instincts des animaux et les actions des hommes. Il est bien entendu que son objet consiste seulement à concevoir cette analogie, parce que les objets, les formes, les phénomènes qui le constituent sont du domaine de l'individualitivité, de la mouvementivité, de la configurativité, etc. La réalitivité, comme je l'ai dit (t. II, p. 151 à 156), donne la loi, l'existence, la réalité, et réalise ainsi les analogies de la comparaison, en appelant un homme fort un *lion*, un homme pacifique un *agneau*, un homme cruel un *tigre*, un homme perspicace un *lynx*. C'est ainsi que se formulent les proverbes, comme : « Chat ganté ne prend pas de rats ; » c'est ainsi que s'explique comment la comparativité, excitant et aidant les autres facultés, devient l'origine des hiéroglyphes, des emblèmes, des allégories, des métaphores et de tout ce qui peut être le résultat des relations comparatives entre toutes sortes d'idées et de sentiments.

Moore, poète et biographe anglais, avait l'organe de la comparativité très-grand. Dans la vie qu'il écrivit du célèbre Shéridan, il rapporta deux mille cinq cents exemples sans compter les métaphores ni les expressions allégoriques. Je dis aussi à une célèbre poète espagnole qui avait cet organe bien développé, qu'elle se servait de beaucoup de comparaisons dans ses écrits. Elle me répondit qu'elle n'en avait pas conscience et que mon jugement ne lui semblait pas exact. « Voyons-en la preuve, » lui dis-je. J'attaquai une collection de ses poésies que je lui demandai, et les trois premiers vers qui se présentèrent furent trois belles comparaisons. Cette poète espagnole est notre savante et illustre compatriote madame doña Josefa Masanez de Gonzalez, si avantageusement connue dans le monde littéraire par quelques-unes de ses compositions, qui sont l'honneur et la gloire du Parnasse espagnol.

Langage naturel. — On l'observe dans la personne qui est sous l'influence d'une méditation très-profonde lorsque toutes les facultés intellectives sont en action exaltée. Le langage naturel de chacune des facultés intellectives, logiques, philosophiques, réflexives, réfléchissantes ou de raisonnement, car avec tous ces noms on peut distinguer les facultés de rapport universel, considérées isolément, ne peut pas être représenté. Il est à présumer que, dans leur état normal, ces facultés n'agissent jamais séparément; si elles le font à l'état anomal, l'expression, le geste, l'attitude et les mouvements que l'une d'elles engendre à l'extérieur doivent être très-analogues à ceux qui produisent les deux autres.

46, CAUSATIVITÉ; auparavant 39, CAUSALITÉ.

Définition. — Usage ou objet. Désir de rechercher, d'enquêter, de dépister, de découvrir, de savoir la cause des effets ou phénomènes que nous connaissons ou que nous éprouvons, et aversion pour tout objet, tout rapport, toute sensation ou toute idée qui ne peut être envisagée comme *prémisses*, comme *cause*, comme moyen final, comme agent ou comme puissance productrice d'une chose, d'une sensation, d'un rapport ou d'une idée connue d'avance. Elle est l'origine du *pourquoi*. Les *affections agréables* ou satisfactions de cette faculté naissent ou proviennent de la découverte de la perception et de la conception de causes dont nous connaissons les effets. *Felix qui potuit rerum cognoscere causas*, dit Virgile, dont la faculté devait être extrêmement développée. Les *affections désagréables* ou douleurs de la causativité consistent dans le désappointement que nous éprouvons lorsqu'il ne nous est pas permis de *découvrir* ou lorsque nous ne pouvons trouver la cause immédiate d'un phénomène de quelque manière que nous la *cherchions* ou que nous la recherchions avec soin. — Abus ou perversion. Recherches des causes, poser des prémisses, employer des arguments avec une intention malveillante, c'est-à-dire la causativité étant dominée par les facultés purement animales ; se perdre dans de vagues théories, dans des généralités purement spéculatives et tout à fait inapplicables aux circonstances de la vie, dans des systèmes extravagants par une envie démesurée de vouloir expliquer le *pourquoi* de tout. — Inactivité. L'individu ne voit, n'observe, ne perçoit ni ne conçoit rien comme prémisse ou cause. Il ne s'écrie pas comme Virgile : *Felix qui potuit rerum cognoscere causas*, puisqu'il éprouve à peine un semblable désir. Un individu ainsi constitué ne se sent jamais poussé par le désir de savoir le *pourquoi* des choses ni l'explication de rien; l'un des éléments *logiques* les plus importants, le *premisar* (établir des prémisses, *Voy.* t. II, p. 51, note au bas de la page) lui fait défaut.

Localité. — A l'extrémité du front, située par son côté interne sur les limites de la comparativité et du côté externe sur celles de la saillietivité. A sa partie supérieure elle avoisine la mimiquivité, et à sa partie inférieure la durativité. Son développement, quelque faible qu'il soit, se montre d'ordinaire par deux éminences osseuses.

Voici son siége indiqué dans ce portrait authentique de Franklin Pierce, ancien président des États-Unis. Dans cet homme véritablement remarquable, la causativité existe à un degré de développement si prononcé, que vous n'avez pas besoin certainement du numéro pour le reconnaître. La vie entière de Pierce est en harmonie avec ce développement de sa causativité; celle-ci peut être appelée pervertie, non parce qu'elle est très-saillante, puisque vous savez que la perversion d'une faculté ne dépend pas de son développement considéré isolément, mais de son dévelopement considéré dans ses relations avec les autres facultés. La causativité dans Pierce est grande, mais non excessive, non démesurée, si on la compare avec le développement général de toute la tête. Chez lui, cette faculté est un élément prédominant de son talent spécial, elle n'est pas une passion qui entraîne les autres facultés et tend à produire le défaut qui consiste à se perdre dans les régions purement spéculatives.

Découverte. — « Il y à longtemps, dit Gall (*ouv. cit.*, t. I, p. 129), qu'on a observé que des hommes auxquels on a attribué un grand esprit philosophique avaient la partie supéro-antérieure du front extrêmement grande et proéminente. Parmi eux on peut citer Socrate, Démocrite, Cicéron, Bacon, Montaigne, Galilée,

Pierce, né à New-Hampshire (États-Unis), en 1804. Élu président le 4 novembre 1852; entré en fonctions le 4 mars de l'année suivante, comme le prescrit la constitution de ce pays.

la Bruyère, Leibnitz, Condillac, Diderot, Mendelsohn, etc. Dans ces têtes dominent deux parties cérébrales, une de chaque côté de l'organe de la *sagacité comparative*... Pendant nos voyages (il parle de lui et de Spurzheim), on nous donna un modèle de Kant fait d'après nature et après sa mort. Nous vîmes avec le plus grand plaisir que les deux parties frontales auxquelles j'ai fait allusion étaient bien développées. Quelque temps après, nous fîmes la connaissance de Fichte, et nous lui avons trouvé la même région plus développée que dans Kant; nous avons constaté une semblable organisation dans Shelling. »

Après cette découverte, Gall et Spurzheim firent un grand nombre d'observations qui achevèrent de confirmer cette vérité. Gall nomma l'organe découvert : *metaphysischer tief-sinn*, c'est-à-dire sens profond de métaphysique; mais Spurzheim attaque cette dénomination en disant que la *métaphysique* ne dépend pas d'une faculté mentale exclusive. « L'objet des métaphysiciens consiste, dit-il (*Prenology*, t. I, p. 538), à rechercher la nature de toutes les choses, même celles de Dieu et de l'âme immortelle. Et, quoique je croie, comme Kant et d'autres, qu'il est impossible au raisonnement de pénétrer ces matières, nous pouvons cependant nous demander

quelle est la faculté qui s'applique (désire) à le faire. En s'efforçant d'expliquer les phénomènes, les métaphysiciens examinent naturellement les rapports qui existent entre la cause et l'effet. Dans leurs explications des phénomènes naturels par le raisonnement, les philosophes supposent ou admettent toujours une cause, et ils développent ensuite d'après elle le sujet au moyen de l'induction. Il me semble, par la même raison, que la faculté spéciale, placée sur les côtés externes de la comparaison, examine des causes, considère les rapports de cause à effet et porte l'homme à se demander *pourquoi?* » Aussi Spurzheim a-t-il appelé cette faculté et son organe causalité, et cela avec raison. Mais, quant à ses modes d'action, il a été tout à fait dans l'erreur de deux manières : d'abord parce qu'il suppose que la causalité n'est pas *impulsive*, tandis qu'il dit lui-même qu'elle nous pousse à demander *pourquoi?* et ensuite parce qu'il lui attribue, avec tous les autres phrénologues, Gall compris, le pouvoir de *déduction*, confondant ainsi, à mon avis, les effets *connus* qui, tantôt sont cause, tantôt sont des preuves établies avec les effets *inconnus* qui sont des déductions à trouver, ce qui est l'attribut spécial d'une autre faculté, que j'ai appelée, comme vous le savez, déductivité.

Divers degrés d'activité. — Si l'organe est *petit*, la faculté est inactive, et l'individu se livre peu à la recherche des causes; il se contente de voir des résultats ou des phénomènes, et leur origine lui importe peu. — Si le développement de l'organe est *moyen*, c'est l'indice d'une faculté qui n'est ni inactive, d'une part, ni énergique de l'autre. L'individu qui la possède à ce degré de développement n'éprouve point d'envie de vouloir tout expliquer; il ne se sent pas non plus influencé par le désir de rechercher des causes, de connaître des moyens de trouver l'origine des phénomènes connus. Cette faculté peut être, dans ce cas, une proie facile pour les autres facultés, qui la dirigent soit vers le bien, soit vers le mal; un attribut intellectuel d'une classe aussi élevée et aussi sublime peut être séduit et assujetti par les impulsions purement animales et servir d'élément pour mieux faire réussir les intentions les plus infâmes. Souvenons-nous toujours que les grands coquins sont ceux qui réunissent à une intellectualitivité très-active peu de moralité et beaucoup d'animalité. — Lorsque l'organe est *grand*, la faculté est naturellement active. Dans ce cas, l'individu se sent poussé à savoir le *pourquoi* de tout. Il s'écrie très-souvent, et avec un accent très-significatif, comme Virgile : *Felix qui potuit rerum cognoscere causas.* Il désire toujours argumenter sur des principes établis, sur des causes admises; chercher et toujours chercher, telle est sa passion dominante.

Observations générales et incidents. — Nous devrions considérer comme établie l'existence de cette faculté et celle du siége de l'organe qui la manifeste, lors même que nous n'aurions comme cas démonstratifs que ceux de Pierce, ancien président des États-Unis, de Henry Clay, que je vous présente ici, et celui que je vous montrerai bientôt, de mistress Harriet Beecher Stowe, tous de race anglo-saxonne, branche principale de la race teutonique, qui, après avoir renversé l'empire romain, n'a pas cessé un seul instant d'étendre ses conquêtes dans tout le monde civilisé et pour civiliser. Cette race, très-améliorée dans les

États-Unis par les croisements qui se font, sur une grande échelle, avec la race latine ou romano-celte, offre le type général le plus noble et le plus élevé dont l'humanité puisse se glorifier.

Le portrait d'Henry Clay est une copie d'une gravure rapportée dernièrement par l'*Illustration*, journal hebdomadaire pittoresque qui se publie à Paris. L'original dont provient ce portrait a été dessiné par Marc et gravé par Best, Hotelin et compagnie. J'ai vu un grand nombre de fois Henry Clay lui-même. Bien des fois je lui ai parlé et quelquefois j'ai examiné sa tête. J'avoue sincèrement que je n'ai jamais vu un portrait de ce grand homme plus ressemblant et plus exact que celui que je viens de vous présenter. Dites-

HENRY CLAY, né à la Virginie (États-Unis), en 1777, mort en 1852.

moi, messieurs, si, avec ce que vous savez de la phrénologie, vous ne vous exclameriez pas en voyant une tête comme celle d'Henry Clay, et sachant qu'il s'est voué à la politique : « Vous êtes le plus éloquent orateur et le plus habile diplomate de votre pays, » comme le disent avec connaissance de cause ses biographes de l'*Illustration*.

J'ai dit (t. II, p. 156 à 157) que la réalitivité, qui *crée*, se trouve en antagonisme complet avec la causativité, qui, ne se contentant pas du phénomène qu'elle perçoit, *veut* percevoir son origine, et, ne la connaissant pas, est agitée, tourmentée, *souffre*. Mais, comme il y a et qu'il doit y avoir des causes, des principes fondamentaux, qu'il ne nous est et qu'il ne nous sera jamais donné de découvrir ni de connaitre, Dieu nous a concédé cette faculté antagonistique, consolatrice, la réalitivité, en vertu de laquelle nous *croyons* sans *savoir*, nous *assurons* sans *découvrir* et *nous nous convainquons sans démonstration*, c'est-à-dire nous restons naturellement et spontanément pénétrés de la réalité de tout ce que nous percevons. Harmonie admirable ! Là où l'homme pourrait souffrir vainement toute sa vie, excité par sa causativité, à la recherche de causes qu'il ne peut comprendre, soit parce que son intelligence individuelle ne les découvre pas pour le moment, soit parce que l'intelligence collective de l'humanité ne les découvrira jamais; là même nous possédons une autre faculté dont le plaisir est percevoir comme réalité ce qu'on ne peut ni démontrer ni savoir, et dont l'aversion consiste à ne pas aller au delà des sensations et des idées connues, et des assertions vraies ou fausses que nous communiquent d'autres personnes, à l'autorité desquelles notre inférioritivité se soumet instantanément et spontanément. Si des luttes s'élèvent entre la réalitivité qui *crée* et appelle à son secours l'effectuativité qui *se fie*, et la *causativité* qui *recherche* et appelle à son aide la précautivité qui *se défie*, le DOUTE survient. L'idée de sécurité, de certitude, ne prédominera dans l'âme que lorsque la réalitivité, la seule faculté qui puisse nous la donner, dominera. Voilà clairement et complétement pourquoi dans nos investigations philosophiques il est extrêmement absurde de nous guider exclusivement d'après le *doute* comme d'après la *croyance*, et comment, en dernier résultat, toute sensation et toute idée de réalité, de positivisme, dépend de la *foi*. Sans *foi* dans le présent et sans *espérance* dans l'avenir, il n'y a pas même *idée* de positivisme. Combien n'ont-elles pas été erronées, par conséquent, les idées des philosophes et des hommes pratiques qui ont fondé la sagesse sur le doute! Le principe lumineux en vertu duquel une faculté seule nous pousse vers ce que les autres facultés et le monde externe peuvent seulement nous procurer nous permet de savoir que le désir de rechercher des causes *d'une manière abstraite* est tout autre chose que le genre de cause que l'on désire rechercher *d'une manière concrète;* que le genre de cause qu'on désire chercher est autre chose que les ressources que nous possédons pour les rechercher; qu'enfin le désir de *poser des prémisses* est autre chose que les *prémisses;* l'un est l'attribut exclusif de la causativité, l'autre appartient au domaine des autres facultés dirigées par elle avec les ressources externes dont nous pouvons disposer. Quelque immense qu'eût été la causativité de Daguerre (t. I, p. 537), il n'aurait jamais éprouvé, sans une visualitivité extraordinaire, de l'inclination pour la recherche des causes photographiques; sans son développement considérable des facultés de connaissance physiques, il n'eût jamais fait sur la lumière les découvertes que le monde étonné admire et admirera.

Quelle harmonie, quelle dépendance, quel ordre, quel enchaînement sublime entre toutes les facultés, entre ces facultés et notre organisme, entre notre organisme et le monde externe! Aucune faculté ne peut satisfaire son désir sans une intervention étrangère, et plus sa hiérarchie est élevée, plus est grande sa dépendance. Les facultés du pur contact externe dépendent, par rapport à la satisfaction de leurs désirs, des sens externes, et ceux-ci ne peuvent être impressionnés sans les objets qui les frappent dans ce but. Et si, d'une part, nous pouvons *voir* sans *entendre*, ou *flairer* sans *goûter*, nous sommes, d'autre part, sujets à erreur dans chacune de ces opérations; car la loi précise de la nature nous oblige à recourir à l'action combinée (t. I, p. 241, 242, 537) de tous les sens ou d'une partie d'entre eux pour rectifier le malentendu de l'un d'eux. Voilà ce qui constitue leur dépendance mutuelle et inévitable.

Les facultés *cognoscitives* sont dans leur ordre hiérarchique (t. I, p. 333 à 334) supérieures aux facultés *contactives;* cette même supériorité les rend dépendantes, dans la satisfaction de leur désir, de l'action de ces *dernières*. Quel plaisir dans un son, par exemple, pourrait recevoir la tonotivité sans l'intervention de l'auditivité? Comment la colorotivité pourrait-elle trouver un plaisir dans un coloris sans l'intervention de la visualitivité? Tandis qu'au contraire, dans un sens inverse, ni l'auditivité, ni la visualitivité n'ont besoin, pour leur propre satisfaction, du secours de la tonotivité ni de la colorotivité.

De même que les facultés *cognoscitives* dépendent, pour leur satisfaction, des facultés *contactives*, parce qu'elles leur sont hiérarchiquement supérieures, les facultés *cognoscitives* dépendent des facultés *contactives*. Le nouveau-né, par exemple, pourra-t-il prendre le sein de la mère pour satisfaire son alimentivité, sans au moins l'intervention d'une faculté contactive? C'est impossible. La constructivité pourra-t-elle jamais satisfaire ses désirs sans le secours de beaucoup de facultés cognoscitives et contactives? L'inverse est au contraire possible et même très-naturel.

Ce qui a lieu par rapport aux trois grandes classes de facultés a lieu également par rapport à la quatrième classe supérieure ou intellectualitive qui nous occupe. Aucune de ces facultés ne peut être satisfaite sans l'intervention de toutes celles qui lui sont hiérarchiquement inférieures. En effet, la juridiction de la causativité, par exemple, est circonscrite au désir de chercher et de découvrir des causes. Mais comment pourrait-elle jamais l'effectuer, sans la connaissance des *effets* dont elle cherche les causes? Et ces *effets*, sous forme de données, qui peut se les produire, si ce n'est les facultés contactives, cognoscitives et impulsives ou actionitives, puisqu'à elles seulement il a été permis de les percevoir?

Quelle sublime leçon de *logique* nous offre cette connaissance! Si le *premisar*, ou poser des prémisses (t. II, p. 51, note 2, au bas de la page), c'est-à-dire, s'appuyer sur des données comme causes d'effets connus ou supposés, que nous appelons *principes* ou *hypothèses*, appartient au domaine exclusif de la causativité, ces principes ou hypothèses seront d'autant plus exacts et d'autant plus compréhensibles, qu'un plus grand nombre de sensations rayonneront sur la causativité. Ainsi donc la première règle, la règle fondamentale de la logique, considérée comme art de bien discourir, consiste à activer et à instruire le plus et le mieux possible toutes nos facultés afin qu'elles produisent la plus grande quantité possible d'*expérience*, c'est-à-dire de faits accomplis, de données, d'effets ou de phénomènes *connus* à la causativité, dont le désir exclusif est rétrocéder ou remonter vers l'origine, vers l'agent ou vers la puissance productive d'un phénomène connu, c'est-à-dire vers le *passé*.

Les animaux n'ont ni causativité ni déductivité. Ils ne peuvent donc pas percevoir un phénomène présent comme résultat d'un phénomène antérieur, ni comme puissance productrice ou créatrice d'un autre phénomène nouveau qui doit apparaître. Combe mit souvent un singe très-intelligent en présence de quelques enfants qui, avec un arc et une flèche, abattaient les pommes d'un pommier. Le singe, poussé par son alimentivité, les ramassait et les mangeait. Plusieurs fois il laissa le singe seul avec l'arc et la flèche ; mais, dépourvu des facultés qui auraient pu lui faire découvrir la puissance de ces instruments pour abattre des pommes, le singe ne s'en servit jamais dans ce but. Il arrivait relativement au singe ce qui était arrivé, comme je l'ai dit (t. II, p. 143), dans la fable d'Iriarte ; il imitait les *actions* qu'il avait vues, mais il n'imitait pas leur intention. Il saisissait l'arc, décochait la flèche, mais jamais avec l'intention d'abattre des pommes. — Sur le rocher de Gibraltar, il y a un grand nombre de singes qui, pendant l'hiver, vont se chauffer la nuit devant les feux que laissent allumés les travailleurs quand ils s'en vont chez eux. Quoique autour de ces feux il y ait du bois pour les entretenir, ces singes les laissent s'éteindre, parce qu'ils ne découvrent pas la relation de cause à effet, c'est-à-dire le *pouvoir* qui existe entre le bois et le feu. Dans l'excellent ouvrage du P. Almeida, intitulé *Harmonie de la religion et de la raison*, on trouve beaucoup de cas analogues très-agréables et très-instructifs.

Vimont a dit : « Je suis très-porté à croire que la causalité existe dans certains animaux, comme l'éléphant, l'orang-outang et le chien, mais à un degré si inférieur, qu'on ne peut à cet égard le comparer à l'homme. Je crois qu'on doit au grand développement de cette faculté dans l'homme l'immense distance qui existe entre lui et les *brutes*. » Si Vimont avait su que les animaux n'avaient pas de désirs intelligents, qu'ils n'agissent pas, ne peuvent agir avec connaissance de cause, ni avec un instinct de déduction, il n'aurait pas dit que les bêtes avaient peu ou beaucoup de causalité. L'oiseau, en faisant son nid, voit, par exemple, qu'une paille est trop longue, et il la coupe. Une guêpe, en saisissant une mouche, si elle l'enlève sans lui arracher les ailes, s'aperçoit que le vent l'empêche de l'emporter, et elle les arrache. Le mâtin voit qu'on attaque son maître, et il s'élance furieux sur l'agresseur. Il y a beaucoup d'autres cas analogues dans lesquels on ne trouve, en cherchant bien, que des éléments de sensation et point d'*intention*. Les animaux connaissent, mais ils ne savent pas; ils sentent, mais ils n'ont point d'idée. Dans les cas ci-dessus, et dans tous les cas analogues qu'on rapporte, on ne voit que l'action *aveugle* d'une faculté qui en excite *aveuglément* une autre; mais on n'y remarque pas, il n'y a pas une intention intelligente, c'est-à-dire une intention formée par la connaissance des analogies et des causes et par le pouvoir mental de tirer de ces analogies et de ces causes des conséquences applicables, actes de l'esprit qui constituent le *savoir* ou l'*intention rationnelle*. (*Voy.* ce sujet traité de manière à ne rien laisser désirer, leç. XLV, XLVI, XLVIII.)

Si l'homme voit de la fumée, il court spontanément vers le feu qui la produit; s'il aperçoit un courant, il remonte instantanément vers la source d'où il provient. Rien de semblable n'a lieu chez les créatures purement sensitives, car autrement elles le manifesteraient par des signes, et je me glorifie (t. II, p. 119, 143, 147) d'avoir démontré incontestablement qu'elles ne le font pas. En étudiant la nature, l'homme observe qu'il n'y a ni objet ni événement, ni action ni phénomène qui ne soient liés à une cause, à une force ou à une puissance d'où émane leur existence; et, s'il continue à rétrograder, comme je l'ai déjà dit (t. II, p. 191 à 192), il arrivera à Dieu, cause suprême et universelle de toute la création. La causalité est donc en harmonie avec l'univers et son créateur.

N'oublions jamais cependant que la causalité en elle-même et d'elle-même ne peut que *désirer*; pour *accomplir*, elle a un besoin indispensable de la concurrence des autres facultés, et il lui est par conséquent aussi impossible de découvrir une cause sans leur secours qu'il est impossible à la visualitivité de voir un objet sans les *yeux*.

En présence d'un arc prêt à décocher une flèche, l'individualitivité perçoit, avec l'aide de toutes les facultés qui lui sont subordonnées, cet objet comme une cause isolée et sans mouvement. En décochant la flèche, la mouvementivité, aidée également par toutes les facultés qui lui sont subordonnées, perçoit cet objet en mouvement, ou le mouvement de cet objet. A la causalité seulement il est permis de désirer percevoir la cause de l'acte, et le désir enfin se satisfait par la relation qu'elle observe entre la tension de la corde de l'arc et l'impulsion que reçoit la flèche. Celui qui manquerait absolument de causalité ne pourrait jamais avoir l'*idée* que ce phénomène devait s'engendrer dans une cause. Celui qui l'aurait peu développée percevrait qu'il doit exister une cause, mais il ne la découvrirait pas; il serait nécessaire de la lui apprendre. Celui qui l'aurait grande percevrait la cause instinctivement. Mais la causalité pourrait-elle jamais satisfaire à son tour son désir, sans l'aide de l'individualitivité, de la mouvementivité et de ses autres facultés auxiliaires subordonnées ? Ce serait impossible, aussi impossible qu'à un général de livrer bataille sans soldats.

Il y a beaucoup d'effets ou de phénomènes dont nous ne connaissons pas les causes par notre ignorance ; mais nous arriverons à les connaître à mesure que l'homme avancera dans le progrès. Il y a un siècle, nous ne savions pas que les manifestations de l'âme dépendaient des diverses parties du cerveau ; nous ne savions pas que le bonheur d'un peuple dépendait, non de ce qu'il y avait peu ou beaucoup d'habitants, mais de ce que chacun d'eux devait accomplir modérément et harmoniquement les nécessités animales, morales, religieuses et intellectuelles que Dieu lui a données. Il y a d'autres effets ou d'autres phénomènes dont nous n'arriverons jamais à connaître les causes, parce que Dieu ne nous a pas donné une organisation pour cela. Parmi eux, il faut placer l'essence de l'âme, la nature de la matière, l'infini. Cependant, comme la tendance primitive de la causativité consiste à rechercher la cause, à trouver le *pourquoi* de toutes les choses, on en abuse quelquefois, parce qu'on veut tout expliquer, parce qu'on cherche des causes qui ne peuvent être découvertes, ou parce qu'on se laisse entraîner, comme je l'ai dit, dans les régions de la spéculation pure, inapplicable, ou dans des abstractions qu'on ne pourra jamais concilier.

La cause d'un effet quelconque étant connue, elle passe pour un principe que nous pouvons appliquer, au moyen des rapports de ressemblance, d'adaptation ou d'harmonie que nous fait concevoir la comparativité. Si nous voyons un homme qui, dans une entreprise, a obtenu un bon ou un mauvais succès, notre causativité cherche le pourquoi, la cause, les motifs du résultat, et par le moyen de la comparaison nous appliquons le fait à nous-mêmes. Nous examinons ensuite, à l'aide des autres facultés cognoscitives et actionitives, s'il y a en nous des circonstances qui puissent produire un semblable résultat, et puis nous entrons ou nous n'entrons pas dans l'entreprise avec connaissance de cause. Avec les facultés cognoscitives seulement, nous aurions connu les moyens qui existent en nous, mais sans la causativité et la déductivité, dont je parlerai bientôt, nous n'aurions pas connu l'agent ou la puissance capable de produire des effets déterminés. Avec son immense individualitivité, excitée par l'amour-propre, blessé contre ses condisciples qui remémoraient bien, Gall remarque des yeux grands et saillants dans ses émules ; sa grande comparativité perçut une certaine harmonie ou concordance entre la mémoire des mots et ses yeux ; et bientôt, avec sa causativité extraordinaire, il découvrit en effet que la manifestation de ce don de rappeler était liée à des yeux saillants, et, par suite de sa déductivité bien développée, il en conclut que la manifestation des autres dons de l'esprit pourrait peut-être se trouver également liée avec les autres organes céphaliques. Telle a été l'*induction*, la *spéculation* et l'*a priori* d'où dépendit et d'où dut dépendre la découverte de toute vérité nouvelle. L'*expérience* qui confirma l'exactitude de cette induction, origine de la phrénologie, vint ensuite. Si ce principe n'a pas été découvert auparavant, ce fut parce qu'il n'y eut personne qui possédât le même développement des organes céphaliques que Gall, ou, s'il y eut quelqu'un qui l'eut, il n'appliqua pas son action au même objet.

Langage naturel. — J'en ai déjà parlé, t. II, p. 217, en traitant de la comparativité.

47, DÉDUCTIVITÉ; auparavant A, PÉNÉTRABILITÉ.

En entrant dans l'explication de cette faculté et de son organe, je me vois dans la nécessité, messieurs, d'implorer plus que jamais cette bienveillante indulgence dont vous m'avez donné si souvent tant de preuves pendant le cours de ces leçons. Je me trouve tellement et si bien identifié avec la découverte du mode d'action primitive et fondamentale de cette faculté, la plus sublime, la plus élevée par sa hiérarchie comme par son importance, que cette découverte, si réellement elle en est une, est, avec la découverte de l'harmonisativité, leçon XLVI, le sceau et le complément de mes découvertes phrénologiques et le commencement d'une nouvelle ère pour la science psychologique, ère de fixité, de sécurité, de réalité et de certitude pour ce qui concerne la *spéculation* et pour ce qui constitue l'*expérience*, c'est-à-dire les éléments qui sont et doivent être éternellement la base fondamentale de toute science morale ou physique, abstraite ou concrète, d'application ou d'explication.

La grande distance qui sépare la comparativité de la bénévolentivité fixa tellement l'attention des frères Fowler, dont je vous ai parlé (t. II, p. 140 à 141), que, dès le principe, ils regardèrent cette région comme le siège de deux organes intermédiaires. Ils supposèrent que les facultés de ces deux organes étaient la suavitivité ou agréabilité dont je vous ai parlé (t. II, p. 140 à 141), et la pénétrabilité ou *connaissance intuitive du cœur humain*, comme ils l'appellent. A cette époque et même en 1842, moment de la publication de leur ouvrage (*Practical Phrenology*, p. 247-248), dont ils me donnèrent l'exemplaire que j'ai entre les mains, le 13 juillet 1842, ils localisèrent la pénétrabilité là où plus tard ils établirent le siège de la suavitivité, aujourd'hui mimiquivité, et la suavitivité là où ils placèrent définitivement la pénétrabilité, c'est-à-dire qu'ils intervertirent l'ordre de localisation. Quant à ce qui concerne la *suavitivité*, vous savez déjà ce que je crois avoir découvert d'après l'observation des faits. Son siège, entre la causativité et l'imitativité, révèle une faculté mimique et non *suavitiva* (de la suavité). Quant au siège de la pénétrabilité, tout présageait que sa découverte était exacte, mais ils ne parvinrent pas à déterminer l'action primitive et fondamentale de cette faculté. Dans un sujet aussi transcendant et plus transcendant qu'il ne le paraît à première vue, il importe de savoir ce que disent les frères Fowler en parlant de la région céphalique où se manifeste la pénétrabilité.

« L'un de nous deux, L. N. Fowler, disent-ils (*ouv. cit.*, p. 247), a fait de nombreuses observations et de nombreuses expériences sur cette région; il croit, en conséquence, quelle est occupée par un organe dont la faculté a pour objet de nous donner une connaissance instinctive ou intuitive du *cœur humain*, ou, ce qui revient au même, de nous mettre en état de percevoir instantanément la manière de penser et de sentir des autres, et d'agir, par conséquent, comme il nous convient par rapport aux idées et aux sen-

timents de nos semblables. Nous n'ignorons pas que la fonction de la faculté
dont nous parlons est attribuée ordinairement à d'autres facultés, ou qu'on
la regarde plutôt comme un résultat de la combinaison de plusieurs organes
dont les fonctions sont découvertes. Mais, si l'on veut opposer cette pratique
comme argument formel à ce que nous rapportons ici, quelque plausible
qu'elle paraisse, elle a en réalité très-peu de valeur; car si, en fin de compte,
il en était ainsi, il n'y aurait qu'à suivre l'ancienne habitude des métaphysiciens, qui prétendaient donner raison de tous les phénomènes de l'esprit
humain sans lui accorder des facultés distinctes. L'existence de la faculté
que nous admettons est d'autant plus probable, que nous déduisons *à priori*,
par une conséquence logique, que la fonction attribuée au nouvel organe
n'appartient pas *exclusivement* à aucun des autres organes. Que notre faculté d'apprécier le cœur humain et d'adapter nos actions aux sentiments
et aux idées de nos semblables reçoive en plus de l'expérience un puissant
appui de la causativité, de la comparativité, de la précautivité, de la stratégitivité, de la méliorativité, de l'imitativité, de l'individualitivité, de l'éventualité et d'autres facultés, c'est indubitable; mais qu'elle dépende d'elles
entièrement et exclusivement, c'est ce qui reste encore à prouver. Nous
possédons une grande quantité de faits qui suffisent pour nous convaincre
que la connaissance du cœur humain dépend de l'*instinct* d'une faculté et
non de l'action combinée de plusieurs. Cependant nous n'avons pas la prétention de croire que nous a-
vons définitivement résolu cette
question; mais nous avons jugé
opportun de la présenter à la
considération des phrénologues, afin que de nouvelles observations et de nouvelles expériences en confirment la vérité
ou la fausseté. »

Dans mon *Système complet de
phrénologie* (Barcelone, 1846),
j'ai parlé de la faculté en question et je lui ai donné le nom
de *pénétrabilité*. Il m'avait semblé alors que les individus chez
lesquels la tête était très-développée entre la comparativité et
la bénévolentivité, comme on
l'observe dans ce portrait de la
célèbre mistress Harriet Bee-

Mistress HARRIET BEECHER STOWE, auteur de l'ouvrage célèbre et bien connu, la *Case de l'oncle Tom* (Uncle's Tom cabin).

cher Stowe, que je vous présente ici, dans celui de Franklin, que je vous ai
montré il y a peu d'instants (p. 212), et dans celui de John Tyler, que je
vous signalerai bientôt, avaient de la facilité dans les modes d'action que

les frères Fowler attribuaient à cette faculté. C'est pourquoi je l'admis et je la déterminai en la définissant de la manière suivante : *Faculté qui perçoit des résultats à priori, c'est-à-dire sans des faits et sans aller de cause à effet. Penchant à pénétrer dans le fond des choses, dans les secrets de l'avenir, sans méditation logique. Tendance à fonder des théories sans preuves, à deviner, à prophétiser. Connaissance instinctive du cœur humain.*

Bien que j'eusse observé que les personnes ayant l'organe en question très-développé possédaient une espèce de prévision intuitive, certaines *inspirations* sûres et non équivoques, une sorte de seconde vue prophétique qui semblait pénétrer avec la rapidité de l'éclair, sans partir de prémisses, dans les résultats les plus secrets, il me paraissait toujours qu'il n'y avait et ne pouvait y avoir, comme dans le monde externe, ni objet ni phénomène qui ne fût à la fois cause et effet, un produit d'une autre cause, et qui ne renfermât en même temps l'embryon, le germe d'un nouvel effet; il ne me semblait pas possible qu'il y eût, *dans des circonstances naturelles,* une faculté qui s'écartât de cet ordre, une faculté qui pût déduire des conséquences sans prémisses antérieures. Dans le but de faire quelque découverte utile sur ce terrain, je m'adonnai au magnétisme animal pendant dix ans avec une passion presque frénétique. J'avais entendu et lu tant de choses sur les prévisions des somnambules, que je croyais de bonne foi trouver par ce moyen dans l'âme une faculté latente qui, excitée par un fluide nerveux inconnu, pût acquérir une certaine activité de vision ou divinatoire. Tout fut inutile. Malgré les efforts les plus grands, les plus permanents et les plus impartiaux, je restai complétement frustré dans mes espérances. J'admirai et j'admire une foule de phénomènes surprenants dans le magnétisme animal ou humain ; mais, toutes les fois que j'ai voulu, dans les somnambules réputées les plus lucides, les plus clairvoyantes, entrevoir des résultats sans les baser sur des prémisses, je suis arrivé à une mystification. Enfin, je me suis convaincu que Dieu seul, par un effet de sa sainte grâce, pouvait accorder le don surnaturel de prophétie ou de divination. Et, lorsque le tribunal de Santiago me fit des objections sur ce que j'admettais, en même temps que le magnétisme, le principe d'après lequel l'homme pouvait dans son état naturel pénétrer l'avenir sans liaison avec le présent, prévoir des résultats séparés de leurs causes, sans vaciller, sans chanceler, sans hésiter un seul instant, je dis ce que je pensais sur ce sujet. Ma réponse charma et émut d'une telle façon le censeur qui m'avait adressé les objections, qu'il s'exprima (*Polém. cit.*, p. 466-467) de la manière suivante :

« M. Cubi détruit cette objection, en affirmant que *cela ne doit s'entendre, n'est, n'a été et ne peut être son intention que cela ne s'entende, que du don des devins tout autant que cela peut être deviné par le moyen du magnétisme, c'est-à-dire deviner avec connaissance de prémisses, de circonstances accidentelles et intercurrentes, qui peuvent affecter le résultat; mais jamais, non jamais, relativement à ces divinations des voyants qui étaient directes,*

*sans lien ni connexion avec des connaissances antérieures et postérieures,
à l'aide desquelles on peut entrevoir ou déduire logiquement les effets.* Il
reconnaît que les saintes Écritures sont *remplies de ces véritables prophéties
dépourvues de prémisses, de causes vraies, d'un point de départ sur lequel
on fonde des jugements,* et, par conséquent, des *miracles réels qu'il n'est
donné ni au magnétisme, ni à la phrénologie, ni à aucun pouvoir naturel
d'expliquer ni de produire.* Il repousse enfin comme une *absurdité,* dont
je l'avais à regret supposé capable pour un moment, l'*admission d'un organe
des miracles.*

« Cette explication est claire, solide et complète ; c'est pourquoi, et d'après
ce que j'ai dit en outre sur le magnétisme, non-seulement je n'insiste pas sur
l'objection qu'avait soulevée les mots *prophètes privilégiés,* soit à cause d'un
mauvais choix d'expressions, soit par négligence dans la note ajoutée, mais
encore je m'en tiens à l'idée que j'ai mentionnée plus haut, que M. Cubí
prétend à l'honneur de dépouiller le magnétisme comme la phrénologie de
toute illusion et de toute exagération, de n'écrire et de n'enseigner que ce
qui est, que la vérité, pour laquelle je suis sûr que la religion et la science
lui devront un service éminent. »

Plus mes convictions sur ce point étaient profondes et stables, plus je per-
sistai à penser et à méditer, sans trêve ni repos, sur ce que pouvait être l'action fondamentale de la pénétrabilité, que j'excitai alors avec tant d'énergie,
qu'elle dégénéra en délire. Enfin, elle m'inspira l'idée que les phrénologues, moi compris, nous avions confondu l'antécédent et le conséquent,
les prémisses et les conséquences, la cause et l'effet, et que nous avions fait
de l'une et de l'autre chose l'objet d'une même, seule et exclusive faculté,
la causativité. Cette idée fut un rayon de lumière qui illumina et éclaira
vivement mon entendement. En effet, je me dis à moi-même : « Autre chose
est le *passé* ou indication de la cause, autre chose est le *futur* ou indication de l'effet. Autre chose est considérer un individu comme un *fils* qui
le fait remonter *rétroactivement* à son père, expression du passé ; autre chose
est le considérer dans son efficacité génératrice, dans son pouvoir d'être père
qui le rattache à son *fils* à venir, expression du futur. Ensuite, continuai-je
dans mes élans de pur plaisir intellectuel, ensuite l'individualitivité et la
mouvementivité présentent à l'âme les objets et les faits comme étant du
présent. La causativité les présente dans leurs relations avec le *passé,* et la
pénétrabilité que, dès ce moment, j'appellerai déductivité, dans leurs rapports avec le *futur.* Puis nous avons la base fondamentale, le principe, la
source (t. II, p. 54 à 52), d'où émanent tous nos attributs, toutes nos notions
et toutes nos idées *logiques.* L'individualitivité, la mouvementivité et la comparativité, en action combinée avec la causativité et toutes les autres facultés
ses auxiliaires, établissent des *prémisses.* La déductivité, complément suprême de notre essence spirituelle, déduit des *conséquences.* » Alors, baigné
des larmes d'un plaisir extatique, fléchissant insensiblement les genoux sur
le sol, et levant la tête qui me semblait toucher le ciel, et environné de pures

substances angéliques : « Grand Dieu ! m'écriai-je, tout vient de vous, ne permettez pas que je m'en enorgueillisse, parce que sans vous et sans l'aide d'autrui, jamais je n'y serais parvenu. »

Les observations nombreuses et multipliées que j'ai faites depuis sur des personnes qui avaient une grande facilité à déduire des conséquences et une grande difficulté à percevoir des causes, ou *vice versa*, ces dispositions étant accompagnées d'un développement correspondant des organes respectifs, confirmèrent complétement ma doctrine. Les mêmes individus que je regardais comme remarquables par ce que je nommais *pénétrabilité*, l'étaient évidemment par leur *déductivité*. L'idée était la même au fond. Il n'y avait d'autre différence, sinon que, dans le premier cas, en admettant l'organe comme manifestant une faculté pénétrative, on supposait qu'on voyait des résultats sans lien avec leur cause, et que, dans le second cas, en les supposant comme manifestant une faculté *déductive*, on supposait plus naturellement et plus philosophiquement qu'on voyait des résultats unis à leur cause, c'est-à-dire des phénomènes en relation avec leur origine immédiate. Il reste établi dans mon esprit, comme vérité philosophique, que le désir de percevoir l'attribut ou la relation qui existe entre une cause et un effet est l'objet de deux facultés distinctes, savoir : la causativité et la déductivité, et non l'objet exclusif de la causativité seule, comme tous les phrénologues, et moi jusqu'alors, nous l'avions avancé.

Cette découverte m'ouvrit un monde nouveau en philosophie mentale. Je vis qu'il ne peut y avoir, qu'il n'est pas possible qu'il y ait d'autre *philosophie* que la philosophie *spéculative ;* aucune invention, aucune découverte scientifique ou philosophique qui ne soit pas le résultat d'une *déduction*. En quoi consiste cette déduction ? Je le demande au monde littéraire et scientifique ? N'est-ce pas une spéculation qui pourra devenir une vérité ou un mensonge, suivant que le détermineront ou que le démontreront les faits, l'expérience ou l'action combinée de toutes les facultés dans l'individu, et de toutes les opinions dans la société ? Quelle signification peut avoir l'*à posteriori*, si ce n'est qu'il fut un temps le douteux *à priori* ? En quoi consiste l'*observation* en elle-même, l'expérience en elle-même, si ce n'est en des sensations *instinctives*, avec lesquelles on ne pourrait fonder aucun plan, ni déduire aucun principe d'application ni d'explication, sans les facultés causatives et déductives, sans la spéculation ?

Gall (*ouv. cit.*, t. I, p. 19) a dit : « Jusqu'à présent, ce que j'ai considéré comme bien établi par mes raisonnements, je l'ai trouvé en général incomplet ou erroné... Et je suis persuadé qu'on arrive seulement à la vérité par la voie de l'expérience. » Il ne doit pas nous étonner de voir qu'on ait écrit tant de philosophie aussi erronée, aussi fausse, aussi équivoque, quand nous voyons que Gall, que l'immortel Gall pouvait s'égarer jusqu'au point d'exprimer ce que vous venez d'entendre. Si tout ce que Gall a découvert par ses raisonnements, *seul moyen de découvrir*, avait été incomplet ou erroné, comment aurait-il jamais pu devenir l'auteur de la phrénologie ? Par la voie de l'expérience nous parvenons à réunir des faits, et avec leur aide nous arrivons à la démonstration de la vérité, mais non à sa découverte, domaine exclusif du raisonnement ; par la voie de l'expérience, nous améliorons le criterium qui nous fait apprécier ce qu'il y a de vérité ou de mensonge dans nos raisonnements. Mais la découverte de vérités nouvelles ne pourra jamais dépendre que de nos raisonnements, de même que ceux-ci ne pourront jamais dépendre que de nos facultés logiques ayant en leur possession plus ou moins de données fournies par les autres facultés.

D'après tout ce que je viens de dire, et qui est basé sur les nombreuses observations que j'ai faites pendant les dix dernières années, je me crois autorisé à poser, comme principe vrai, que le désir de déduire des conséquences, l'attribut de les concevoir, de les percevoir et de les sentir, appartiennent au domaine exclusif de la déductivité. En elle, s'irradient enfin toutes les sensations et toutes les perceptions des autres facultés, et elle déduit des conséquences, origine et fondement de tout savoir et de toute conjecture humaine, *avec connaissance de cause,* c'est-à-dire avec une intelligence exacte et complète de plus ou de moins d'antécédents considérés comme *cause.*

La DÉFINITION que je donne par conséquent de cette faculté est la suivante : désir logique de tirer des déductions, de déduire des conséquences, de prévoir des moyens, d'aller au fait, de découvrir l'objet, de voir la fin, et aversion pour tout ce qui ne possède pas une tendance à aller directement à la déduction de conséquences, à l'induction, à la fin, à l'objet définitif. Perception et conception de tout ce qui, dans le présent, est lié à l'avenir, au futur, à ce qui doit être expliqué, à ce qui doit être une conséquence ou un résultat. Cette faculté est l'origine de l'*à quoi bon?* et constitue le premier élément de ce qu'on appelle « bon sens » et « pénétration. » — *Abus* ou *perversion.* Désir extrême de prédire, de pénétrer l'avenir, de déduire des principes avec peu ou point de preuves, employer la faculté à des fins réprouvées. — *Inactivité.* L'individu manque du principal élément logique ; à peine lui est-il permis de bien raisonner, parce que, quelques faits qu'il possède, les conséquences qu'il en déduit ont toujours peu d'exactitude.

La DÉFINITION que je viens de donner de la déductivité peut servir de base pour déterminer *ses divers degrés d'activité,* suivant le développement de son organe. Si celui-ci est *petit,* la faculté subit tous les effets de l'*inactivité.* Si son développement est *moyen,* son action se trouve d'elle-même et naturellement en juste proportion avec celle des autres facultés. Dans ce cas, l'individu se sent entraîné à déduire des conséquences, mais aussi à posséder des faits suffisants pour éviter une erreur ou une fausseté autant que possible. S'il désire *déduire,* il désire aussi *poser des prémisses,* et, s'il désire *établir des prémisses,* le développement de l'organe céphalique étant moyen, il désire également poser des prémisses en vue de la plus grande quantité de sensations et d'idées qu'il peut acquérir. Si l'organe est *grand,* l'individu voit des résultats, à ce qu'il paraît, par *intuition :* il pronostique ayant à peine quelques données, quelques faits dont l'expérience démontre ensuite l'exactitude. Tout à coup, et comme par inspiration, il sait la conclusion d'une affaire, ou bien il pénètre le point le plus essentiel d'un sujet. Lorsque l'organe possède ce degré de développement, la faculté se manifeste comme si elle agissait, en effet, dans une complète indépendance de causes. Mais il n'en est pas ainsi. Cette faculté n'a d'elle-même d'autre spécialité que celle de déduire des conséquences *suivant les données que lui fournissent les autres facultés.* Newton n'aurait pas fait ses déductions astronomiques sans un bon développement des facultés cognoscitives, ni Rossini ses déductions musicales, sans un grand développement des facultés des tons. De même qu'il ne sert à rien à celui qui possède *peu* de déductivité d'avoir tous les faits possibles pour déduire des conséquences sûres, de même il semble que celui qui a *beaucoup* de déductivité déduit des conséquences sans données. Quelques faits suffisaient à la grande déductivité de Napoléon (t. I, p. 435 à 437) pour en déduire des résultats très-importants, car il indiquait d'avance le jour et même l'heure où une bataille, très-indécise pour ses généraux expérimentés, serait gagnée, où une ville, considérée comme imprenable, serait prise, et il en arrivait comme il l'avait prédit. En voyant le buste de ce grand capitaine de notre siècle, à côté de celui des généraux autrichiens avec lesquels il devait combattre, Gall prédit ses brillantes et étonnantes victoires d'Italie. — Jovellanos, Franklin, Spurzheim, Desormeaux, Foy, Cuvier, Fox, Orfila, avaient cet organe très-développé. C'est pourquoi ces hommes concevaient ce que leur siècle ne pouvait quelquefois comprendre.

Il est vrai que, sans une tête grande, où les facultés de transmission de la déductivité sont bien développées, la déductivité elle-même ne saurait agir, parce que, je le répète, sa spécialité ne consiste qu'à percevoir la force ou la puissance productrice dite *déduction* ou *conséquence* des phénomènes qu'on lui présente ou qu'on lui fait connaître. Toutefois il n'est pas moins certain, comme vous le savez, que, sans une faculté déductive, l'idée ni le pouvoir de tirer des conséquences logiques des données que nous avons sous les yeux n'existeraient ni ne pourraient exister en nous.

Je ne puis, messieurs, m'empêcher de répéter à chaque instant, à cause de ses immenses applications d'utilité générale et particulière, le grand principe que toutes les facultés, *dans leur intérieur*, désirent, c'est-à-dire se sentent naturellement et spontanément entraînées par quelque chose en rapport avec l'*extérieur* qui produit un plaisir spécial, et qu'elles répugnent, c'est-à-dire qu'elles se sentent repoussées par quelque chose d'antagoniste en rapport également avec l'extérieur qui produit une *douleur* spéciale. Désir de jouir et aversion pour la souffrance, attraction pour un plaisir et répulsion pour une douleur, tel est le mode général et fondamental de sentir de toutes les facultés et de chacune d'elles. Ce *désir*, toutefois, ne se satisfait ni en lui-même ni de lui-même, pas plus que cette *répugnance* n'est réalisée ni en elle-même ni d'elle-même; il faut pour cela le concours des autres facultés et de leurs influences sur l'organisme et sur le monde externe, ainsi que je n'ai cessé de le répéter, t. II, p. 175 à 176, et dans beaucoup d'autres endroits.

La déductivité ne fait pas exception à ce principe lumineux; au contraire, celui-ci nous explique pourquoi, le désir de déduire des conséquences étant identique, dans son essence, chez tous les hommes, les *conséquences déduites*, même par rapport aux mêmes faits, sont aussi variées que les comparaisons (t. II, p. 214) formées sur les mêmes objets. Par conséquent, autre chose est désirer, déduire ou inférer ce qui est essentiellement identique dans tous les hommes, et autre chose est former des déductions ou des conséquences qui sont aussi variables et aussi différentes que les têtes elles-mêmes. Le désir d'être juste ou de remplir ses devoirs (t. II, p. 175 à 176), ce que tout le monde sent de la même manière, est tout autre que les devoirs eux-mêmes, que ce soit ceux que la véritable religion nous prescrit, ou que ce soit ceux que les autorités humaines légalement constituées ont le droit de nous imposer. Les premiers, étant des émanations de Dieu, sont fixes et invariables; les seconds, créés par la condition imparfaite de l'homme, peuvent être et sont, dans quelques cas, aussi variables et aussi différents que les sociétés et les relations humaines. Une personne de beaucoup de moralité et de peu d'animalité forme des déductions bienveillantes ou bénévoles avec les mêmes données dont une autre personne, différemment organisée, ne tire que des déductions malveillantes. Un homme doué d'une acquisivité pervertie ne forme des forces productives de ses semblables que des *idées* qui doivent favoriser son avarice, tandis qu'un autre, mieux organisé de la tête, ne déduira de ces forces productives que des idées dont l'application aura pour but exclusif d'être utile à l'humanité entière. D'où il suit que nos jugements ne sont pas seulement en relation exclusive avec notre déductivité et avec les objets, propriétés et rapports sur lesquels elle agit; ils sont encore en rapport avec les connaissances plus ou moins vastes et plus ou moins exactes que nous avons sur ces objets, propriétés et relations, et avec l'activité, la combinaison et l'harmonie de toutes les autres facultés dont le ministère forme la voie unique et exclusive qui doit permettre à la déductivité de recevoir les données sur lesquelles elle doit exercer son action déductive et établir enfin sa décision.

Observations générales. — Comme les *exemples*, messieurs, servent non-seulement de preuve pour établir la vérité ou la fausseté des *principes*, mais encore pour nous permettre de nous en former une idée plus précise, plus complète et plus exacte, je vais vous présenter quelques têtes remarquables qui seront un appui et une démonstration de ce que je viens de vous expliquer. Voici John Tyler, dont je vous ai parlé il y a peu d'instants, page 227. Vous remarquez de loin que sa tête est douée d'une déductivité considérable. En même temps, cependant, que sa déductivité est très-grande, une grande partie de la région cognoscitive, celle qui doit procurer des données externes à cette faculté inductrice ou déductrice (t. I, p. 520 à 527), est *comparativement* étroite et rétrécie d'une manière remarquable, indice certain de son inactivité. Aussi la causativité, qui considère les objets dans leur relation de causalité, est-elle comparativement peu développée. Qu'est-ce que John Tyler? Un des grands hommes des États-Unis, de ce pays où s'observent si souvent des têtes de premier ordre. Quels sont les antécédents de cet homme éminent, qui démontre et qui prouve à la fois, *expérimentalement*, les principes phrénologiques? Le voici en deux mots. Le 4 novembre 1840, il fut élu vice-président des États-Unis, et William Henry Harrison président. Ils entrèrent tous deux en fonction le 4 mars 1841. Juste un mois après, Harrison mourut, et la présidence échut à Tyler, suivant la constitution du pays. Au bout de quelques jours, il adressa au peuple américain un manifeste dans lequel il exprima des convictions en grand désaccord avec celles qu'il avait annoncées auparavant, convictions qui lui

JOHN TYLER, vice-président des États-Unis depuis le 4 mars jusqu'au 4 avril 1841, et président depuis le 5 avril 1841 jusqu'au 3 mars 1845.

valurent la réputation d'inconséquent, aux yeux de certains partis du moins, et ne contribuèrent pas peu à lui faire perdre son auréole et son prestige populaires. Des opinions différentes fondées sur l'existence des mêmes faits pouvaient seulement naître dans un homme d'une moralité et d'une sagacité mentales aussi grandes que celles de Tyler, de son défaut d'aptitude à bien saisir les faits extérieurs et à savoir les apprécier à leur juste valeur comme cause de conséquences à déduire et comme base d'un jugement définitif à fonder.

Voici un exemple tout opposé. C'est un portrait fidèle, exact et identique de notre éminent écrivain, le docteur don Jaime Bálmes. Je dis fidèle, exact et identique, parce qu'il est une copie d'un dessin fait d'après la statue que l'on vient d'ériger à la mémoire de cet Espagnol illustre à Vich, lieu de sa naissance. Tout le monde sait que cette statue, sculptée par notre éminent artiste don José Bover, à l'amabilité duquel je dois le portrait ci-dessus, est remarquable par son exactitude et par sa ressemblance.

Dans ce portrait, nous voyons une tête très-grande et un tempérament extrêmement favorable. Ainsi toutes les facultés *cognoscitives*, de même que la comparativité et la causativité, sont véritablement remarquables par leur grand développement; elles le sont aussi par la mélioractivité et la stratégitivité. Du reste, il en a donné des preuves brillantes et admirables dans ses écrits philosophiques, moraux et politiques. Mais vous avez observé, sans doute, dans ce front, un défaut, et ce défaut remarquable consiste dans le peu de développement de l'organe de la déductivité. Considérée dans son ensemble, la tête est *proportionnellement* plus large que haute; elle a très-peu d'élévation dans la région déductive, dont l'étendue ne nous indique pas de relation avec les autres organes intellectifs et cognoscitifs. C'est justement à cause de cette défectueuse déductivité que les jugements de Bálmes, sur des questions problématiques, mais vastes et compliquées, n'étaient pas toujours justes, malgré qu'ils fussent basés sur l'immensité de faits que sa grande tête était capable de comprendre et d'apprécier à leur juste valeur de causalité. Je sais bien que l'homme n'est pas Dieu, et que, par conséquent, nos jugements sont sujets à erreur; mais, en cela comme dans tout ce qui est humain, il y a son *plus* et son *moins*. C'est pourquoi, avec *plus* de déductivité, Bálmes, le célèbre et illustre Bálmes, se serait *moins* mépris

BALMES, né à Vich (Catalogne), le 28 août 1810, et mort dans la même ville, le 9 juillet 1848.

dans certains jugements d'une haute importance transcendantale. Sa tête était en général, comme vous l'avez observé, plus large que haute, tandis que celle de Tyler est plus haute que large.

Voici Spurzheim. Son nom sera immortel dans les fastes de la phrénologie. Si Gall en a été le fondateur, Spurzheim en a été le premier et le plus ardent apôtre. Son front, comme vous l'observerez immédiatement, sans doute, lors même que je ne vous en ferais pas la remarque, est grand et présente une harmonie complète dans toutes ses parties. Ainsi les organes *cognoscitifs*, comme les organes *intellectifs*, sont tous développés en combinaison harmonique, c'est-à-dire que tous sont suffisamment développés et en juste proportion comparés les uns aux autres. C'est pourquoi, dans les études philosophiques, son âme ne se livre jamais ni à la spéculation exclusive ni à l'expérience exclusive. Spurzheim comprit très-bien qu'avec la spéculation nous inventons et nous découvrons, et qu'avec l'expérience nous prouvons et nous déterminons. D'une part, il n'abandonnait pas une théorie comme fausse parce qu'elle ne pouvait être entièrement démontrée *expérimentalement*, chose que Gall avait l'habitude de faire, comme il le dit en parlant de lui-même, t. II, p. 230; d'autre part, il ne manquait pas d'accorder aux faits toute l'importance qu'ils méritent, soit comme base de déduction, soit comme criterium de démonstration. En outre, Spurzheim, comme vous pouvez le conclure d'après sa bénévolentivité élevée, se consacra tout à fait au bien et au progrès de l'humanité avec une complète abnégation de tout intérêt exclusivement personnel. Je ne doute pas que vous ne désiriez entendre raconter les principales circonstances de sa vie, que je vous rapporterai avec plaisir en peu de mots.

Jean-Gaspard Spurzheim naquit le 31 décembre 1776, à Lonwich, lieu situé à sept milles de la ville de Trèves, sur la rivière de la Moselle, comprise, avant 1806, dans le cercle du Rhin, mais qui forme aujourd'hui une partie intégrante de la Prusse. Il mourut à Boston, capitale de Massachusets (États-Unis), le 10 novembre 1832. Il fut associé avec Gall. Il nous raconte lui-même, dans sa *Phrenology*, page 12, plusieurs fois citée, cette union en termes assez laconiques. « En 1796, dit-il, Gall commença son cours de leçons à Vienne. En 1798, le gouvernement autrichien les suspendit par une ordonnance. En 1800, j'assistai pour la première fois à ses leçons, et, aussitôt que j'eus terminé mes études universitaires, en 1804, je m'associai à ses travaux sur l'anatomie, la physiologie et la pathologie du cerveau et sur le système nerveux... En

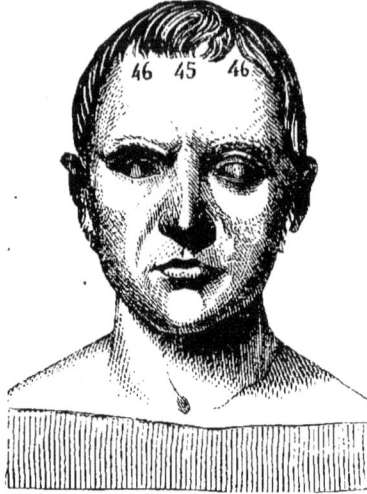

SPURZHEIM, né en 1776, mort en 1832.

1813, notre union cessa, et depuis lors chacun a travaillé de son côté. » Ce qu'il y a de plus remarquable dans la vie de Spurzheim, c'est qu'après avoir publié ses ouvrages, il a propagé dans toute la Grande-Bretagne la science phrénologique jusqu'au point où il l'avait poussée avec Gall. Il visita ce pays pour la première fois en 1814, et, en 1818, il retourna en France. Il demeura à Paris jusqu'en 1825, époque où il revint visiter la Grande-Bretagne. Là, il s'occupa à écrire et à publier des ouvrages phrénologiques en anglais; il visita des institutions publiques et il fit des cours de phrénologie jusqu'en 1831. En juin 1832, il s'embarqua au Havre pour les États-Unis; il arriva à New-York le 4 août. Il commença à propager la phrénologie en faisant un cours public de leçons à Boston; mais, deux mois après, ses restes mortels reposaient dans la tombe, victime du zèle, de l'ardeur et des travaux excessifs à l'aide desquels il s'efforça d'introduire, de répandre et d'établir dans ce pays les doctrines phrénologiques. Voyez la biographie de Spurzheim, par Nahum Capen dans : *Phrenology in connexion with the study of physiognomy* (Boston, 1836), pages 9 à 174, que j'ai mentionnée quelquefois dans le cours de ces leçons.

Cela ne veut pas dire que Spurzheim ait été l'auteur et le fondateur de la phrénologie. En 1798, sept ans avant sa liaison avec Gall, la phrénologie était déjà établie. Gall avait déjà, en 1798, découvert, établi et expliqué vingt-sept organes. Lisez la célèbre lettre que Gall écrivit de Vienne, le 1er octobre 1798, au baron de Retzer, et qui fut publiée dans le *Mercure allemand* (Deutscher Mercur), tome IV, cahier XII. C'est le plus précieux document que possède la phrénologie, comme étant le premier écrit de Gall sur ce sujet. Bien que le célèbre docteur Fossati, de Paris, l'ait traduite et fait imprimer en français en 1835, on le connait à peine. Le même docteur Fossati me donna l'exemplaire que je possède et dont je lui serai toujours reconnaissant. Toutefois la phrénologie doit beaucoup au talent et aux efforts de Spurzheim. Il découvrit ou il localisa sept organes; il améliora beaucoup la nomenclature en étudiant profondément la fonction primitive des organes. Il chercha à classifier les facultés mentales plus philosophiquement que ne l'avait fait Gall, et il appliqua le premier les doctrines phrénologiques au traitement curatif de l'aliénation et à l'amélioration de l'éducation, « ce qui rendra toujours, dit Boardman (Combes, *Lectures*, p. 73), sa mémoire digne de reconnaissance. »

LEÇON XLV

Action combinée des facultés intellectives ou intellectualitives. — L'intelligence. — La volonté. — Le moi. — Influence corrélative entre notre moral et notre physique. — Principes d'impulsion qui sont aveugles et opposés, source des troubles et des luttes qui se passent *au dedans* de nous; principes de direction qui sont intelligents et qui tendent à l'harmonie, source de la régularité et de l'ordre avec lesquels nos actions, considérées au point de vue individuel ou au point de vue social, peuvent se produire *au dehors* [1].

S SIEURS,

Dans leur action combinée les facultés intellectualitives constituent l'*intelligence*, déterminent la *volonté* et conçoivent l'idée du MOI. Si l'on considère le mot d'INTELLIGENCE comme exprimant une *puissance subjective*, dont nous ignorons l'essence, il signifie la même chose que le terme d'*intellectualitivité* ou facultés intellectualitives, dont je viens de parler assez longuement. Si on l'emploie pour exprimer des connaissances intelligentes ou des *idées* [2], par opposition aux connaissances sensitives ou aux *sensations*, alors il indique un phénomène produit par l'action de l'intellectualitivité, à laquelle ont concouru les sensations des autres facultés, comme élément nécessaire aux opérations de l'intellectualitivité. *Intelligence* est un mot qui dérive, comme vous le savez [3], de *interlegere*, choisir entre, et

----

[1] Je conserve ce titre et la division des leçons qui précèdent et qui suivent pour que l'édition française soit conforme à l'édition espagnole, et pour que le lecteur puisse se rendre compte de l'origine et du développement dans mon esprit des découvertes psychologiques, qui ont enfin constitué en science nos connaissances mentales, et ont indiqué à l'humanité le véritable point de départ de toute investigation et de toute étude philosophique. Mais dans la cinquante-huitième et dernière leçon on trouvera les éclaircissements et les rectifications qu'exigent tant ce titre que plusieurs passages des leçons qui précèdent et qui suivent.   (*Note de l'auteur pour l'édition française*.)

[2] Voir t. I, p. 534 à 536; t. II, p. 53 à 54, 117 à 118, 142 à 145, 147 à 148.

[3] Voir t. I, p. 531.

qui signifie, par conséquent, dans son sens étymologique, la faculté
ou les facultés qui choisissent. Pour *choisir*, il faut comparer; car sans
comparer on ne saurait distinguer, déterminer ou discerner; et sans distinguer, déterminer ou discerner, on ne saurait *choisir*. De sorte que dans ce
cas CHOISIR et PERCEVOIR [1] sont des termes synonymes qui expriment l'acte
de comparer, de déterminer et de choisir. En effet, comment pourrais-je
jamais avoir la *perception* ou la *conscience* ou la *connaissance* du vert, ou
le *choisir*, sans comparer cette couleur appelée verte, avec le bleu, le jaune,
le blanc ou les autres couleurs déjà connues, en la déterminant comme une
chose différente et particulière? Comment percevrais-je, connaîtrais-je une
forme ronde, carrée ou angulaire, ou comment en aurais-je conscience, sinon
par ce procédé? Comment le chien pourrait-il *percevoir* et choisir son maître
sans le comparer avec un autre ou d'autres individus et le distinguer aussi
tôt, comme aussi *percevoir* un mal particulier sans le comparer avec d'autres maux, et sur-le-champ en reconnaître la différence? Qu'on tourne et
qu'on retourne la question comme on voudra, on aboutira toujours au même
résultat; on verra que pour *choisir*, *percevoir*, ou *avoir conscience*, il faut
d'abord *comparer* et déterminer.

Aussi a-t-on cru et croit-on universellement que l'*intelligence* consiste dans
ce pouvoir de choisir ou percevoir, et que l'*intelligence*, considérée simplement dans ce sens étymologique, constitue la *rationalité* humaine, par opposition à l'aveugle *sensitivité* animale. Mais, comme le pouvoir mental de
choisir ou percevoir réside, ainsi que je l'ai prouvé d'une manière incontestable [2], tant dans toutes les facultés des êtres irraisonnables d'une classe
élevée que dans toutes les facultés humaines [3], il a toujours régné mille
idées vagues, confuses et contradictoires sur ce que véritablement l'on entend ou l'on doit entendre par le mot *intelligence*, et sur la question de savoir si, à proprement parler, les animaux privés de raison sont ou non doués
d'intelligence. En prouvant que ce qui constitue l'*intelligence*, ce n'est pas
la capacité de percevoir des SENSATIONS, capacité inhérente à toute faculté humaine ou animale, mais c'est celle de former et de percevoir des IDÉES DES
CHOSES [4], en d'autres termes, que ce n'est pas la capacité de percevoir exclusivement d'une manière sensitive, mais c'est celle de percevoir à la fois d'une manière sensitive et intelligente, ce qui est absolument impossible aux brutes,
j'aurai réellement mis fin, si je ne me fais illusion, à toutes ces interminables
disputes, et j'aurai démontré, en outre, que le mot *intelligence*, dans le sens
où on l'emploie pour distinguer la *rationalité humanale de la sensitivité
animale*, s'applique et ne peut s'appliquer qu'à l'existence et à l'*action combinée* des facultés intellectualitives. Là-dessus vous vous souviendrez sans
aucun doute de ce que j'ai prouvé d'une manière claire et décisive en divers

[1] Voir t. I, p. 535, 542, 546, 587; t. II, p. 118.
[2] Voir les leçons XX, XXIII et divers autres endroits.
[3] Voir t. II, p. 117 à 119.
[4] Voir t. II, p. 117 à 119, 142 à 143, 147 à 148.

endroits [1]. J'ai toujours pensé qu'appeler, à l'exemple de Spurzheim [2], *intellectuelles* ou *intelligentes* certaines facultés communes aux hommes et aux animaux, uniquement parce que leur principal mode d'action est de *percevoir*, c'était identifier la perception *intelligente* avec la perception *sensitive* ou *instinctive*, et partant accorder la rationalité aux brutes. Si j'ai dit et si je répète maintenant que TOUTES les facultés de l'homme sont intelligentes, c'est parce que toutes perçoivent ce qui se passe en elles-mêmes et ce qui se passe dans les autres [3]; et, percevant ce qui se passe en elles et dans les autres, elles perçoivent forcément les actes de l'intellectualitivité, ou, ce qui revient au même, elles ont cette *connaissance intelligente*, cette *conscience rationnelle*, cette *perception des idées*, sur laquelle repose et à laquelle se réduit l'*unité intelligente* de l'âme humaine [4].

L'unité de l'âme irraisonnable ou de l'âme des brutes est *sensitive* [5]. Elles ont une perception, une conception et une mémoire sensitives; non *idéales*, non abstraites ou indépendantes de la sensation [6]. Pour se souvenir, pour concevoir, il faut qu'elles *sentent* ce dont elles se souviennent ou ce qu'elles conçoivent. Il n'en est point de même pour l'homme; ainsi l'homme se souvient d'un mal particulier, *sans en sentir l'impression*, parce qu'il s'en rappelle l'*idée*, c'est-à-dire parce qu'il se souvient de ce mal, en vertu des relations d'analogie, de cause et d'effet qu'il a avec d'autres choses, et non en vertu de la sensation par laquelle il a eu d'abord la conscience de ce mal, ou s'est d'abord formé une conviction intime sur la nature de ce mal. Par ce principe et par ce que j'ai dit dans le cours de ces leçons, je crois pouvoir me flatter d'avoir démontré, avec toute la rigueur de la science, la différence qui existe entre l'intelligence et la sensitivité, entre l'idée et la sensation, et d'avoir indiqué la grande ligne de division qui sépare l'homme raisonnable de la brute irraisonnable, ou, si l'on veut, la raison, qui est l'intelligence et la perception intelligente, de l'instinct, qui est la sensation et la perception sensitive, avec une précision telle, qu'il n'y a personne qui puisse ne pas l'apercevoir, quelque ordinaires que soient ses lumières. Avec la raison, nous agissons à dessein, avec une intention déterminée, *sciemment*; avec l'instinct, nous agissons par inspiration, sous une impulsion, *à l'aveugle*; l'une enfante le *talent*, l'autre constitue le *génie*.

Au commencement de ces leçons, quand je ne vous avais pas encore exposé ni complétement expliqué quels sont les rapports de l'idée et de la sensation, je me suis vu quelquefois forcé d'employer ces mots de telle manière que le sens de l'un pouvait être confondu avec le sens de l'autre. Cependant rien n'était alors et rien n'est maintenant plus loin de ma pensée et de mes désirs que cette confusion. Je crois au contraire que la distinction

[1] Voir t. I, p. 560 à 565; t. II, p. 214 à 217, 225 à 224.
[2] Voir t. I, p. 222.
[3] Voir t. I, p. 523 à 528.
[4] Voir t. I, p. 528 à 529.
[5] Voir t. I, p. 560 à 565.
[6] Voir t. II, p. 117 à 119, 214 à 217, 225 à 224.

que je ne me suis point lassé d'établir [1], et sur laquelle je viens d'appeler votre attention, entre la *sensation* et l'*idée*, doit être non-seulement maintenue, mais considérée comme la base fondamentale de toute saine et véritable *idéologie*. Mais l'erreur qui fait supposer que l'*idée* est la sensation interne produite par les impressions faites sur les organes externes, et non la connaissance spéculative que nous acquérons de cette sensation, soit que nous l'ayons éprouvée, soit que nous ne l'ayons pas éprouvée; la conviction que l'idée est la sensation causée par une chose, et non la représentation intelligente de cette chose même, résultant ou provenant des rapports d'analogie, de cause et d'effet, ont jeté de si profondes racines, qu'il faudra bien du temps pour les extirper du champ de la philosophie mentale. Il est étonnant qu'après avoir observé pendant tant de siècles au dedans de lui-même qu'autre chose est de *sentir* une impression ou d'éprouver une sensation, autre chose de se faire une idée de cette impression ou de se former une conception *intelligente* de cette sensation [2]; il est étonnant qu'après avoir observé pendant tant de siècles que quand les sensations ou les impressions nous affectent, nous ne les *expliquons* et nous ne les *définissons* que par l'*idée* que nous nous en formons; il est étonnant qu'après avoir observé pendant tant de siècles que les sensations ne sont que la *substance* dont se forment les idées, mais nullement les idées elles-mêmes, l'homme ne soit point encore parvenu à établir une distinction claire, nette et complète entre les *sensations* et les *idées*. Faute de cette distinction, faute d'avoir compris que les *idées* sont de *pures abstractions intelligentes*, formées d'après les rapports d'analogie, de cause et d'effet que les choses ont entre elles, on n'a point vu que les idées ne sauraient se produire dans le monde extérieur, et de ce monde extérieur se transmettre à d'autres êtres intelligents, sans s'incorporer dans quelque chose de matériel, parce qu'il n'y a que quelque chose de matériel qui puisse affecter les sens, et l'on sait assez que les sens sont le seul moyen de communication avec le monde extérieur qui est l'âme. De sorte que la capacité de former des idées et la capacité de les incorporer dans des signes matériels sont deux capacités corrélatives; l'une suppose l'existence de l'autre; l'idéativité [3] sans la langagetivité [4] serait un contre-sens, une discordance dont on ne trouve aucun exemple dans la création.

On a écrit des milliers de volumes sur la VOLONTÉ, dont j'ai maintenant à traiter; mais, dans mon humble opinion, ce mode d'action mentale reste encore à expliquer d'une manière claire et précise, en dehors du terrain comme sur le terrain de la phrénologie. A mon avis, l'inutilité de tant d'essais, de tant d'efforts, ne peut venir que de l'ignorance du principe fondamental dont dépend cet attribut primordial de l'âme humaine, et ce principe, je crois l'avoir découvert, messieurs, après trente ans de recherches assidues

---

[1] Voir t. I, p. 359 à 540 et *passim*.
[2] Voir t. I, p. 534 à 535, 540 à 541; t. II, p. 51 à 52, 117 à 119, 214 à 217, 225 à 224.
[3] Ou puissance de se former une idée des choses. Voir les endroits ci-dessus, note 2. cités.
[4] Ou puissance d'exprimer des idées par des signes arbitraux, t. I, p. 443 à 456.

et de méditations continuelles. Je crois pouvoir, à moins que la présomption ne m'aveugle, démontrer que la volonté et la comparativité sont dans leur principe essentiel et fondamental une seule et même chose.

S'il en est ainsi, si je puis prouver en effet, comme je l'espère, que le désir de l'harmonie et l'aversion pour la discordance en toutes choses constituent la partie aveugle ou *instinctive* de la volonté, que la perception de cette même harmonie et de cette même discordance générale constitue sa partie comparative ou délibérative, et que la réaction de cette perception constitue sa partie exécutive ou productive (et tout cela est propre à la COMPA- RATIVITÉ), j'aurai résolu un problème destiné à étendre singulièrement les limites de la science psychologique, à augmenter considérablement les res- sources de la phrénologie pratique, et à jeter le plus grand jour sur les légis- lations de l'univers; car j'aurai déterminé, au point de vue humain, le principe fondamental de l'AUTORITÉ et les devoirs qui en résultent, par con- séquent, l'origine de tout *gouvernement*, et le principe de la LIBERTÉ, avec ses limites, par conséquent, l'origine de toute *action;* et c'est à l'ignorance de ces principes qu'il faut attribuer mille systèmes sociaux extravagants [1], mille théories philosophiques incohérentes, mille idées administratives ab- surdes, qui, dans la pratique et dans l'application qu'on a voulu et qu'on voudra en faire, n'ont produit et ne pourront jamais produire que des dés- ordres et des malheurs.

Excité par ces convictions, si profondément enracinées dans mon esprit, je me sens animé en ce moment comme d'une ardeur fébrile pour vous ex- pliquer, à vous et en même temps au monde entier, d'une manière tout à fait satisfaisante, ce qui me paraît, à moi, être le véritable principe fonda- mental de la VOLONTÉ, point capital de tout ce que je vous ai exposé jusqu'ici. Et je vous avoue de bonne foi que durant les onze ou douze dernières se- maines j'ai fait, pour m'y préparer, des efforts d'esprit si continues et si violents, que plus d'une fois je suis tombé dans une espèce de délire. Si, au milieu de pareilles agitations, dont les effets sont souvent si funestes et si déplorables, je suis parvenu à conserver ma santé physique et à maintenir mon équilibre moral, je le dois, après Dieu, à la pratique de la plus impor- tante règle phrénologique [2], qui nous prescrit de procurer à une faculté violemment agitée du repos et de la distraction, par l'excitation salutaire d'une ou de plusieurs autres facultés, en leur présentant des objets qui leur soient agréables et avec lesquels elles n'aient que des rapports harmoniques. Plaise au ciel que vous trouviez qu'une si grande énergie mentale m'a fait atteindre le but auquel j'aspirais! Plaise au ciel qu'après les explications un peu brèves, mais claires et concluantes, j'espère, que je vais vous donner, vous vous écriiez tous avec conviction : « *Nous sommes complétement satisfaits!* »

Ce qu'est la VOLONTÉ. *Elle est propre à l'homme, non aux animaux.* —

---

[1] Voir t. II, p. 205, et la fin de cette leçon.
[2] Voir t. I, p. 141, 161 à 162; t. II, p. 11.

Quand, dans l'ordre hiérarchique et progressif qui règne dans tout l'univers, nous trouvons un être comme l'homme, doué, ainsi que vous l'avez vu [1], de facultés nombreuses et essentiellement différentes et antagonistes, nous devons nous dire qu'il faut, ou qu'il soit né pour une guerre et une discordance continuelles, formant la loi de sa nature, ou qu'à côté de ces facultés coexiste en lui un principe supérieur *intelligent*, capable d'associer toutes les facultés dans une action harmonique, en donnant UNE *direction générale*, ferme, unique, déterminée, à leurs *nombreuses* tendances instinctives, toutes particulières et opposées. Que la première hypothèse ne soit pas entrée dans le plan du Créateur, il y a un fait qui le prouve : c'est que les éléments d'antagonisme eux-mêmes, du seul choc desquels peuvent résulter la discordance et la guerre, ont tous été produits par le *principe* [2] et soumis à la *loi* du repos et de la concordance. Que la seconde hypothèse ait été réellement réalisée, c'est ce qu'atteste autant notre sens intime que la conduite qu'on observe dans tous les membres de la grande famille humaine.

« J'aime les pommes à la folie, dit une personne; mais, ajoute-t-elle, je ne VEUX point en manger, parce qu'elles me font du mal; » et, se vainquant elle-même, comme on le dit souvent, elle n'en mange pas. — « Ce breuvage me répugne, dit une autre, mais je le prends, dit-elle encore, parce qu'il me fait du bien. » Et en effet, en dépit des nausées que lui cause cette potion désagréable, elle veut la prendre et elle l'avale.—« J'ai la passion du théâtre, dit un troisième; mais, ajoute-t-il, je préfère consacrer à l'étude le temps que j'y passerais; il m'en coûte beaucoup d'exécuter une pareille résolution; mais je VEUX la remplir et je la remplirai. » — « N. a blessé mon amour-propre, s'écrie cet autre; l'injure qu'il m'a faite a soulevé dans mon esprit comme une tempête de sentiments contraires, et il est agité par un frénétique désir de vengeance; mais je sais, ajoute-t-il, que je ne dois point le satisfaire, que je ne dois point perdre, quand je le pourrais, celui qui m'a si indignement traité. » Et cet homme résout d'étouffer et d'éteindre ce feu de la vengeance qui lui dévore l'âme, et parvient à exécuter pleinement sa généreuse résolution. Combien de fois, en un mot, nous voyons un homme embrasser héroïquement un principe, une idée, une opinion qu'il croit conforme à la vérité et à la justice [3], et la suivre au milieu et en dépit des plus grandes souffrances, des plus grands tourments, et de toutes les sensations douloureuses dont on peut l'affecter, pour le forcer à l'abandonner.

Et que signifie cela? que signifie tout ce que j'ai dit d'analogue à cela [4]? Cela signifie qu'il y a au dedans de nous un principe *idéal* [5], supérieur au principe *sensitif*, un principe inné de liberté intelligente, qui est le pouvoir délibératif et exécutif, l'AUTORITÉ qui domine les *libertés sensitives* quelque

[1] Voir depuis la leçon XX jusqu'à la leçon XLV.
[2] Voir t. I, p. 331 à 333, 410 à 419.
[3] Voir t. II, p. 200 à 201.
[4] Voir t. I, p. 52 à 55, 136 à 175, 281 à 299; t. II, 174 à 176, 200 à 208.
[5] Voir t. II, p. 117 à 119, 214 à 217, 223 à 224.

nombreuses et quelque hostiles qu'elles soient, aussi bien celles qui expriment des désirs que celles qui manifestent des répugnances. Et ce fait, que signifie-t-il? Il signifie que Dieu a mis dans notre âme[1] une force de direction générale et intelligente UNE, à laquelle se trouvent subordonnées les tendances particulières, multiples et aveugles de toutes nos inclinations si différentes et si contraires. Et ce fait, que signifie-t-il? Il signifie que, si d'une part notre âme se trouve sujette, en vertu de l'ordre hiérarchique des facultés diverses[2], dont le Créateur l'a douée, à mille troubles et combats intérieurs, à mille luttes et tempêtes mentales issues de la *discordance*, d'autre part, elle possède un GOUVERNEMENT moral et intelligent, délibératif et exécutif, pour faire observer la loi de la *concordance*, ou du bien, de l'intérêt général, à laquelle Dieu a soumis toutes nos actions, sous peine d'une misère, d'une souffrance ou d'une douleur générale[3]. Et que signifie encore tout cela? Tout cela signifie qu'en nous réside une faculté par laquelle nous pouvons nous résoudre, nous décider, ou nous déterminer, en vue du bien ou de l'harmonie générale, et mettre ensuite à exécution ce que nous avons résolu, décidé ou déterminé, malgré toutes les résistances intérieures particulières, ou les directions contraires qui dans le moment viendraient s'opposer à l'action de cette faculté.

Cette autorité, cette force de direction intelligente, ce gouvernement délibératif et exécutif, cette faculté de prendre une résolution et d'y donner suite, dont Dieu a doté l'âme humaine, *et dont tout gouvernement domestique, civil, politique ou national n'est qu'une imitation*, est ce que nous appelons VOLONTÉ. La volonté est donc, à toutes nos impulsions contraires, mais susceptibles de se combiner et de se concilier, en d'autres termes, à nos désirs et à nos aversions, ce qu'est un conducteur de mules à l'attelage qu'il mène; ce qu'est un chef de musique à l'orchestre qu'il dirige; ce qu'est un général à la troupe de soldats qu'il commande; ce qu'est un gouvernement aux divers partis, opinions et intérêts qu'il domine; ce que Dieu, enfin, est aux mondes innombrables dont il maintient de son souffle divin la sublime et harmonique économie.

On a vu pourtant des philosophes, comme Diderot et ceux de son école, qui, sans tenir compte de ce qui se passait au dedans d'eux-mêmes, et insensibles aux impressions de leurs sens extérieurs, ont nié, en s'appuyant sur des arguments analogues aux sophismes que j'ai mis à dessein dans la bouche de Thibets et de Caracalla[4] l'existence de la volonté dans l'homme. Tout au contraire, d'autres philosophes, confondant le désir avec le vouloir, et l'impulsion avec le motif, ont cru remarquer certains actes de volonté intelligente jusque dans les animaux : ces deux opinions me parais-

[1] Voir t. I, p. 157 à 159, 160 à 166, 295 à 299; t. II, p. 51 à 59.
[2] Voir t. I, p. 52 à 55, 137 à 141, 154 à 156, 175, note 5, au bas de la page, 295 à 299; t. II, p. 51 à 59.
[3] Voir t. I, p. 410 à 419.
[4] Voir t. I, p. 157 à 160.

sent s'éloigner également de la vérité, en se portant dans deux extrémités
opposées ; et c'est ce qui arrive communément, comme j'ai déjà eu occasion
de vous le faire observer [1].

Que la *volonté* existe dans l'homme, c'est là une chose qu'il est aussi
inutile de prouver que de nier : car en lui elle se révèle, elle se fait sentir
d'elle-même, comme vous venez de le voir. Pour avoir la conviction intime
et expérimentale que la volonté n'existe pas et qu'il n'est pas logique qu'elle
existe dans les animaux, il suffit de comprendre qu'il n'y a point en eux de
facultés antagonistes ou rivales. Toutes les facultés qu'ils ont peuvent,
comme les facultés *contactives* ou de contact qui nous sont communes [2],
agir ensemble ou séparément, sans que jamais l'action de l'une contrarie,
résiste ou s'oppose à l'action de l'autre. Nous pouvons ne faire que voir, ou
voir et entendre à la fois ; ou voir, entendre, toucher, sentir et goûter à la
fois, sans que toutes ces opérations cessent de se concilier les unes avec les
autres. Ce qui arrive par rapport aux facultés de contact se reproduit pour
les facultés *animales* qui servent à la connaissance et à l'action [3]; parmi
elles il n'en est point une seule qui manque d'être *naturellement* et *spontanément* en harmonie avec toutes les autres, et c'est cette particularité qui
détermine la condition purement instinctive et sensitive des brutes ou des
êtres qui ne dépassent point le cercle de l'animalité.

Chez eux, les facultés *inférieures* ne rencontrent point, comme chez
l'homme, au fond de leur propre nature, l'opposition des facultés *supérieures* [4]; c'est pourquoi ils sont privés de ces éléments intérieurs, aveugles et rivaux, qui produisent les perturbations et les luttes auxquelles nous
sommes si fréquemment exposés. En eux, par exemple, la destructivité n'est
pas contre-balancée, comme chez l'homme, par la bénévolentivité [5], qui
peut s'opposer intérieurement à ses désirs d'extermination féroce, même
avant qu'elle se mette à l'œuvre. L'acquisivité [6] ne rencontre point en eux,
comme elle rencontre en nous, l'antagonisme de la rectivité [7] qui se sent à
peine blessée qu'elle repousse ses désirs les plus violents, avant qu'ils aient
pu être satisfaits par des actes blâmables.

Ils n'entendent point, comme l'homme, cette voix intérieure qui sort de
ses différentes facultés, combinées, malgré leur opposition, dans un ordre
hiérarchique, cette voix redoutable qui crie aux passions, même avant leur
débordement furieux : « Arrêtez; » il n'y a point en eux comme dans
l'homme cette digue morale qui contient les appétits brutaux, avant qu'avec
une aveugle impétuosité ils précipitent l'individu dans le bourbier du vice.
Enfin, ils n'ont point, comme nous, une chair avec des désirs contraires à

[1] Voir t. I, fin de la page 52 et commencement de la page 53.
[2] Voir t. I, p. 365; t. II, p. 75, 117, notes au bas des pages.
[3] Voir t. I, p. 569 à 570; t. II, p. 95 à 96.
[4] Voir t. I, p. 374.
[5] Voir t. II, p. 55 à 57.
[6] Voir t. II, p. 182 à 188.
[7] Voir t. II, p. 66 à 76.

ceux de l'esprit, ni un esprit avec des désirs contraires à ceux de la chair [1]; car en eux tout est chair, tout est animalité, tout est basse passion.

Si les brutes n'ont que des désirs brutaux, et si naturellement elles se trouvent toujours [2] dans une condition où ces désirs peuvent être satisfaits en concourant directement au bien ou au bonheur spécial auquel elles sont appelées, ainsi qu'au bien et au bonheur des autres êtres de l'univers, comment supposer, sans tomber dans l'absurde, que les facultés des animaux sont susceptibles d'éprouver certaines discordances intérieures spontanées, dont quelques-unes pourraient servir, subjectivement ou d'une manière inconcrescible, de force excitative et répressive pour les autres? Si, d'une part, les brutes ne sont pas susceptibles de sentir une discordance qui procède originellement *du dedans*, et si, d'autre part, elles n'ont pas de facultés qui puissent, avant l'accomplissement de leurs désirs ou de leurs répugnances, servir de force excitative ou répressive pour les autres, où est pour les brutes la nécessité d'une VOLONTÉ, d'une souveraineté, d'une autorité *intérieure?* Où est pour elles la nécessité d'un principe supérieur *intelligent*, qui, en vertu d'une force innée, spéciale et exclusive, cherche à faire régner une harmonie générale entre les diverses espèces de leurs désirs et de leurs répugnances, qui par elles-mêmes sont discordantes, bien qu'elles puissent se combiner dans leurs mutuels rapports, puisque dans ces mêmes brutes règne déjà *intérieurement l'harmonie?* Où est pour elles, je le répète, la nécessité d'un principe rationnel qui n'ait et ne reconnaisse d'autres moyens de satisfaction *passive* et *active* [3] que la perception et la réalisation de combinaisons harmoniques entre des éléments différents, puisque chez elles toutes les facultés agissent déjà harmoniquement, et puisque l'organisation que leur a donnée le Créateur empêche qu'aucune influence *produite au dedans* tende à les faire agir d'une autre manière?

Mon intention n'est point de donner à entendre par ce que je viens de dire que les impulsions des facultés purement animales des brutes cessent d'être soumises à cette loi universelle de poids et de contre-poids, d'action et de réaction, de repos et de mouvement, d'attraction et de répulsion, d'excitation et de répression, en un mot, à cette loi des antagonismes [4], d'où vient, en tout ce que Dieu a rendu perfectible [5], ce progrès toujours susceptible d'accélération et toujours arrêté [6], ce développement toujours susceptible d'augmentation et toujours restreint. Non, il n'en est point ainsi. Les impulsions des animaux sont, et ne peuvent manquer d'être sujettes aux excitations et aux répressions. Mais elles ne le sont que par une coercition extérieure, et cette coercition s'exerce exclusivement par des attractions et

---

[1] Voir t. I, p. 175.
[2] Voir t. I, p. 410 à 419.
[3] Voir t. I, p. 422 à 424.
[4] Voir t. I, p. 331 à 355, 410 à 419.
[5] Voir t. II, p. 127 à 128.
[6] Voir t. II, p. 75, 131 à 132.

des répulsions, c'est-à-dire par des impressions telles que celles dont tout être animé se sent affecté d'une manière agréable ou désagréable par les objets qui l'environnent

Les zoophytes ou animaux-plantes qui manquent non-seulement d'imPULSION, mais même de sens déterminés, ne sont susceptibles que d'une sensibilité tactile, passive, indéfinissable, qui se trouve excitée et réprimée par des impressions extérieures immédiates. Dans ces animaux-plantes il ne se produit aucune *réaction sentie*. En montant un peu plus haut dans l'échelle des êtres animés, nous rencontrons les mollusques ou animaux invertébrés et inarticulés, qui n'ont que quelques sens et la réaction sentie de la locomotion, c'est-à-dire une certaine *impulsion de locomotion* à un degré peu sensible, telle qu'on la voit, par exemple, dans le limaçon. Les chenilles ou les animaux articulés de la classe à laquelle appartiennent tous les insectes, outre qu'ils sont doués de tous ou de la plupart des sens, sont susceptibles de plusieurs IMPULSIONS, et il suffit que l'une se fasse sentir ou se produise, pour que les autres se manifestent, et que spontanément, instantanément, il y ait dans l'animal une action commune et harmonique. Ces animaux manquent de *perception*. Une faculté ne perçoit ou ne distingue pas ce qui se passe en elle ou dans les autres : c'est pourquoi aucune lutte, même entre des impulsions déterminées par des influences extérieures, ne saurait avoir lieu chez eux : les facultés de ces animaux sont toujours à l'état de repos absolu, ou soumises à l'empire absolu d'une seule faculté sur toutes les autres. La même chose arrive chez les animaux *vertébrés* des classes les moins élevées, par exemple, dans beaucoup d'espèces de poissons. Il n'y a que les vertébrés d'un rang supérieur tels que le singe, le chien, l'éléphant et tous ceux qui sont destinés à vivre avec l'homme, ou à être apprivoisés par lui, qui aient reçu, outre la variété des impulsions, une force de *perception sensitive* [1], pour pouvoir remplir leur rôle. Les facultés de ces animaux perçoivent et déterminent leurs propres sensations, agréables ou désagréables, et celles des autres facultés [2]; et elles perçoivent et déterminent les objets extérieurs qui excitent les unes comme les autres.

En vertu de cette perception, leurs facultés ont, jusqu'à un certain point très-limité, une force particulière qui leur fait percevoir les excitations et les répressions extérieures; elles ont une certaine force de réactivité produite par la perception propre de sensations contraires, et c'est de la connaissance de ces conditions que l'homme se sert pour exercer sur cette classe d'animaux, par des moyens qui impressionnent leur sensitivité, une autorité qui les entraîne, qui les retient, qui les subjugue, comme je l'expliquerai bientôt. L'homme n'exerce point sur eux cet empire par des moyens *intelligents*, qui, sans produire en eux aucune sensation, affectent simplement l'intellectualitivité; qui éveillent en eux des *idées* : car ils ne sauraient

[1] Voir t. II, p. 119.
[2] Voir t. II, p. 237 à 259.

en concevoir; qui les fassent réfléchir ou raisonner eux-mêmes sur ces idées, de sorte qu'ils se convainquent qu'ils doivent faire ce qu'on leur demande : car il leur est impossible d'y arriver. Ainsi ils ne peuvent point, par un acte libre et spontané d'une autorité propre et d'une volonté intérieure, qu'ils ne connaissent pas, exciter ou réprimer, *sciemment, à dessein* ou *avec intention*, l'action des facultés qui doivent s'exercer dans la circonstance. Voilà la différence, la différence notable, immense, qu'il y a entre l'excita- ion et la répression d'une force d'intelligence interne, qui détermine, comme dans l'homme, une action libre ou volontaire, et l'excitation et la répression de forces extérieures, qui peuvent exclusivement provoquer des sensations agréables ou désagréables, ou produire une action forcée, obligée, inévitable, comme dans les brutes.

J'ai dit que les animaux n'ont point dans leur sensorium des facultés dont l'antagonisme puisse par lui-même donner lieu à des luttes; j'ajoute main- tenant que les forces de chacune d'elles sont graduées de telle sorte, que, toutes les fois que la situation particulière de l'être l'exige, il arrive natu- rellement qu'une seule faculté domine les autres, et que toutes, obéissant à la loi de leur spontanéité propre, concourent harmoniquement à l'action commune. Que l'on étudie comme on voudra les actions des êtres privés de raison, même de ceux de la classe la plus élevée, et l'on restera irrésisti- blement convaincu que les facultés d'où elles émanent sont naturellement d'autant plus actives que leur importance est plus grande pour la conser- vation de l'individu et de l'espèce, et qu'elles se trouvent toujours en parfait rapport avec les circonstances au milieu desquelles ils sont placés[1]. S'ils ont certaines facultés qui semblent ne servir qu'à leur pure satisfaction indivi- duelle, comme le chant pour les oiseaux, la fidélité pour le lévrier, l'extrême sagacité pour le renard, la monogativité ou conjugativité pour la tourterelle[2], nous verrons que ces facultés ne manifestent leur existence que quand les premières sont satisfaites, ou bien qu'elles se trouvent tellement dévelop- pées, qu'au moment où elles agissent elles dominent toutes les autres.

L'adhésivité du lévrier présente le dernier cas; c'est pourquoi, d'une part, comme je viens de le dire, l'impulsion qu'elle communique est domi- nante chaque fois qu'elle est en action, et, d'autre part, toutes les impul- sions des autres facultés se feront nécessairement sentir d'accord avec elle. Il n'est donc pas étonnant, il est, au contraire, tout naturel qu'un lévrier, quelque affamé qu'il soit, refuse la nourriture qu'on lui jette pour suivre son maître qui se met en marche, et qu'un tigre, quelque repue que soit son alimentivité, satisfasse, comme nous le raconte l'histoire naturelle, les fé- roces instincts de sa destructivité, en tuant ses propres petits. Ici il est clairement prouvé par les faits que, subjectivement ou instinctivement, les brutes se dirigent d'après l'impulsion la plus forte et non par un principe

[1] Voir t. I, p. 410 à 419.
[2] Voi t. II, p. 43 à 45.

intelligent qui réfléchit et se résout en s'appuyant sur quelque motif supérieur, et c'est là une vérité d'autant plus évidente, qu'il est physiquement démontré que l'organe de la destructivité dans le tigre et celui de l'adhésivité dans le lévrier sont de beaucoup les plus développés.

Ce qui arrive instinctivement ou spontanément par une pure impulsion intérieure, à cause du développement particulier des facultés, peut, dans certains cas, arriver à la suite de violentes excitations extérieures. Supposons qu'à force de donner des coups à un chien chaque fois qu'il va suivre son maitre, on excite si vivement en lui les répugnances ou les *craintes* de la tactivité [1], qu'il parvienne à surmonter les désirs ou l'entraînement de son adhésivité, de sorte que, quelque poussé que soit l'animal à suivre son maitre, comme le témoignent l'agitation et le tremblement de tout son organisme, il se trouve dominé par les craintes de la tactivité ou l'appréhension d'une douleur physique, au point qu'il se sente contraint, forcé, obligé à ne point suivre son maitre. Dans ce cas, l'attraction du plaisir de l'adhésivité est et *se sent* vaincue par la répulsion de la douleur tactile.

Il y a eu ici perception et mémoire sensitives. Qui pourrait en douter? Dans toutes les hypothèses possibles, l'adhésivité de ce chien, excitée par le départ de son maitre, eût-elle réprimé son action, si, en même temps que cette excitation, elle n'eût pas perçu ce qui se passait dans la tactivité? Mille fois non. Et la tactivité se fût-elle sentie violemment excitée par des répugnances prédominantes, si elle n'eût pas pu se souvenir de la douleur qu'ont produite les coups reçus par l'animal dans des occasions analogues? Mille fois non encore. Il faut que dans ce cas, ou il y ait eu des actes de perception et de mémoire, ou que les facultés du chien n'eussent pu entrer en lutte ni par une cause intérieure ni par une cause extérieure, pas plus que celles des animaux articulés. Or, sans une pareille lutte, jamais on n'eût vu un animal éprouver à la fois des désirs et des répugnances, des attractions et des répulsions, de la peur et du courage; jamais il n'eût été possible qu'un animal se fût trouvé dans des conditions où l'antagonisme de ces sensations contraires eût pu se produire.

Si dans le cas que je viens de citer il y a eu perception et mémoire, il n'y a eu et il n'a pu y avoir aucun acte de volonté. Dans la lutte qui s'est passée il n'y a eu que des impulsions, sans aucune autorité supérieure qui ait intérieurement comparé les divers motifs et qui se soit librement prononcée en faveur de l'une ou de l'autre des parties belligérantes. Le choix est inné dans le chien, il ne dépend pas de lui; la nature l'a fait pour lui en lui accordant l'organe de l'adhésivité beaucoup plus grand que celui de la tactivité. Il n'y a eu ici qu'une surexcitation énergique, produite par des violences extérieures répétées sur une faculté comparativement faible, qui a, *pour le moment*, dominé une autre faculté comparativement forte, en vertu de la loi universelle suivant laquelle un mouvement plus grand l'emportera

[1] Voir t. I, p. 427; t. II, p. 155.

toujours, dans des circonstances égales, sur un mouvement moindre de la même nature. Dans ce cas et dans tous les cas analogues qu'on pourrait citer, on ne verra qu'une force d'impulsion aveugle vaincue ou victorieuse, jamais une force de direction intérieure intelligente qui gouverne. Maintenant, si par volonté on veut entendre la plus grande force impulsive par laquelle une faculté peut vaincre d'une manière passagère ou permanente une autre faculté moins excitée, on confond le sens des mots ; car on prend la force de la passion *sensitive* [1] pour la force de la raison *intelligente*. Cette confusion, dans laquelle on tombe trop souvent, démontre combien il est impérieusement nécessaire, comme je l'ai déjà longuement expliqué [2], que tout le monde comprenne la signification exacte des termes abstraits, afin d'éviter les graves inconvénients qui résultent de ce que chacun les entende à sa guise.

Quand un chat, regardant avec convoitise un morceau de viande, résiste à la vive impulsion que lui imprime son alimentivité pour le lui faire manger, parce qu'il se souvient des coups répétés qu'il a reçus quand, dans des cas analogues, il s'y est laissé aller, il n'y résiste pas en vertu d'un motif quelconque, logiquement déduit, c'est-à-dire parce qu'il a perçu l'acte de prendre le morceau de viande comme cause d'un effet, qui serait la douleur que lui attirerait son larcin. Il ne se passe ici rien de semblable. S'il réprime les *désirs* de son alimentivité qui le poussent, c'est parce qu'ils sont surmontés par les *répugnances* plus fortes qui l'arrêtent et que sent sa tactivité J'emploie le mot *sentir*, car le chat a une perception, et, par conséquent, une conception et une mémoire bien positivement sensitives. Or la mémoire fait naître dans une faculté des impressions agréables ou désagréables aussi vives que celles qui ont été antérieurement senties, et la conception, à son tour, fait naître des désirs ou des répugnances assez violents pour pousser l'animal à accomplir ou pour le détourner d'accomplir un acte analogue à celui précédemment exécuté, comme je l'ai déjà indiqué, en parlant de l'homme, dans une de mes précédentes leçons [3].

Ne nous y trompons pas, messieurs, il est impossible qu'il existe des actes de volonté ou de vouloir là où n'existe pas la *faculté de se résoudre par des motifs*, et toute résolution, de même que tout motif, dépend de l'intellectualitivité. En effet, pour se résoudre, se décider ou se déterminer, il faut pouvoir comparer toutes les sensations actives et passives, en d'autres termes, les impressions et les impulsions, *dans leurs diverses espèces*, et vous savez parfaitement qu'aucune sensation ou impression, aucun désir, aucune répugnance, aucune impulsion ne saurait être comparée à part sans que toutes soient considérées en bloc, abstractivement, en idée [4], au moyen

---

[1] Voir t. II, p. 51 à 52, 119, 143, 147, 214 à 217, 257 à 240.
[2] Voir t. I, p. 452 à 454.
[3] Voir t. II, p. 72 à 74.
[4] Voir t. II, p. 51 à 53, 118 à 121, 143, 147, 201 à 205, 257 à 240.

des facultés intellectives, intellectualitives, de raisonnement ou logiques,. dont se trouvent absolument dépourvues les brutes.

J'en dis autant relativement au motif ou aux motifs sur lesquels doit nécessairement être fondée toute résolution, décision ou détermination; puisque *motif* ne signifie et ne peut signifier que la perception d'une *impulsion* considérée comme cause de l'effet prévu qu'elle doit produire. Et comment pourrait-il considérer une impulsion comme cause d'un effet, l'être qui manque absolument des facultés auxquelles il appartient d'une manière absolue et exclusive de concevoir et de percevoir des sensations d'une nature différente dans leurs rapports d'analogie, de cause et d'effet? Ce lui est impossible. De sorte que, quand j'ai démontré [1] qu'il est impossible aux brutes de transformer leurs sensations en idées, j'ai en même temps démontré qu'il leur est impossible de changer leurs impulsions en motifs; car, en définitive, qu'est-ce qu'un motif, sinon une idée active ou une impulsion *intelligente ?*

Comme en nous toute affection ou impression peut se changer en impulsion [2], et toute impulsion en motif, nous avons autant de *genres* de motifs fondamentaux, sentis de la même manière par tous les hommes, que de facultés, et nous pouvons nous guider par des motifs aussi variés, aussi compliqués, aussi innombrables [3] que peuvent l'être les sensations simples ou combinées [4] dont les facultés sont susceptibles. Je crois avoir ainsi expliqué la théorie des motifs humains, assez brièvement, assez succinctement, il est vrai, mais d'une manière tout à fait satisfaisante.

Ces considérations décisives achèveront de nous faire bien comprendre pourquoi les animaux ne peuvent, *subjectivement* ou au dedans d'eux-mêmes, se sentir mus que par des *impulsions* et jamais par des motifs, et POURQUOI, *objectivement* ou au dehors, ils ne peuvent être affectés que par des impressions qui produisent des *sensations*, jamais des idées. Il serait aussi absurde de supposer que les animaux puissent être affectés par des impressions qui s'adresseraient seulement à l'intelligence, dont ils sont privés, que de supposer que les plantes peuvent l'être par des impressions, exclusivement destinées à exciter des sensations, dont elles ne sont pas susceptibles. Les influences des objets et des circonstances extérieurs ne pourront jamais faire naître dans les animaux irraisonnables une pensée que leurs facultés ne sauraient atteindre. Tout ce qu'ont appris les chiens savants, les oiseaux savants, les éléphants savants, ils l'ont entièrement appris au moyen d'impressions qui excitent des sensations agréables ou désagréables. Si nous voyons quelques animaux, des plus élevés dans l'échelle, affectés par les menaces, par les cris, par les gestes et même par l'expression de la physionomie de l'homme, c'est parce que ces démonstrations font partie du lan-

---

[1] Voir t. II, p. 51 à 55, 118 à 121, 143, 147, 201 à 205, 237 à 240.
[2] Voir t. I, p. 551, 589; t. II, p. 9 à 10.
[3] Voir t. II, p. 173 à 174, 214 à 216, 221 à 223, 252 à 255.
[4] Voir t. I, p. 331 à 352, 527 à 528 et *Direction et Influence mutuelle*, dans chaque facul

gage naturel [1] qui s'adresse directement aux *sensations;* jamais ils ne seront ni ne pourront être impressionnés par le langage mimique ou parlé [2] qui s'adresse exclusivement à l'*intelligence.* On pourra forcer, obliger, contraindre les êtres privés de raison par des moyens sensitifs; mais jamais les convaincre, les pousser, les entrainer par des moyens intelligents. On poura les faire agir dans un sens contraire à leur désir du moment, en leur inspirant, par des coups ou par d'autres moyens coercitifs, une répugnance plus forte que ce désir, mais jamais par des raisons ou par des signes exprimant des idées. Ils sont exclusivement sensitifs, et leur nature *animale* ne saurait être excitée par aucun ordre de causes supérieures aux impressions ou aux impulsions, tandis que la nature humanale peut l'être, non-seulement par des impressions et des impulsions, mais aussi par des idées et par des motifs.

Je dis pour conclure qu'après avoir examiné la question sous toutes ses faces on devra toujours finir par reconnaitre que les brutes, même les mieux douées [3], ne possèdent que des facultés animales, et c'est pourquoi elles n'ont qu'un pouvoir d'exécution animal, qu'*une liberté animale.* Ce pouvoir d'exécution ou cette *liberté animale* ne trouve donc point et ne peut point trouver, en chacune d'elles, ce qu'il trouve en chaque homme, c'est-à-dire un autre pouvoir d'exécution ou une liberté supérieure, appelée *morale,* qui serve à pousser ou à retenir l'animal, et beaucoup moins encore, un troisième pouvoir d'exécution, ou une liberté supérieure, appelée *intelligente,* qui, en pleine connaissance des causes et des effets, *sciemment, à dessein,* sache se dominer et dominer les autres facultés pour le bien, l'harmonie ou l'intérêt général, *principe* qui a présidé à la création de tout être, loi à laquelle tout être a été soumis. Cette liberté supérieure, ᴀᴜᴛᴏʀɪᴛᴇ́ intelligente qui domine les deux autres libertés, animale et morale, et origine de toute autorité naturelle humaine, est ce que nous appelons ᴠᴏʟᴏɴᴛᴇ́. Ainsi, supposer que les animaux sont doués de volonté, tandis qu'ils manquent des éléments qui la constituent et des conditions qui l'exigent, c'est supposer quelque chose d'évidemment absurde.

Faculté de la volonté. — *La faculté de la volonté est la comparativité.* La ᴠᴏʟᴏɴᴛᴇ́ dépend-elle d'une faculté primitive, exclusive, fondamentale, ou est-elle le résultat de l'action combinée de facultés diverses? Voilà la question. Jusqu'ici les phrénologues ont cru que la ᴠᴏʟᴏɴᴛᴇ́ était le résultat de facultés diverses agissant de concert, et la plupart que ce mode d'action mentale dépendait des facultés cognoscitives et intellectualitives, que Spurzheim a réunies, comme vous le savez [4], sous le nom d'*intellect.* Pour Combe, volonté et intellect sont des mots synonymes. Spurzheim opine que les facultés intellectualitives, qu'il appelle *réflexives,* constituent seules la

[1] Voir t. I, p. 389 à 390.
[2] Voir t. II, p. 145 à 148.
[3] Voir t. I, p. 369 à 370, t. II, p. 200 à 201.
[4] Voi   , p. 522 à 523.

volonté. « La volonté, dit-il[1], n'est point une puissance fondamentale, mais l'effet des puissances réflexives appliqué aux puissances affectives et perceptives de l'âme[2]. » Gall dit de son côté[3] : « La volonté est une décision, une détermination produite par l'examen et la comparaison de divers motifs. » Gall, comme vous le voyez, reconnaît l'existence de la volonté; mais il confond son principe fondamental avec ses actes : car les décisions sont des actes de la volonté, et non la volonté elle-même. Il est clair qu'il ne prétend point déterminer si la volonté dépend uniquement d'un principe fondamental, ou si elle résulte d'une certaine action combinée de facultés diverses. Bruyères, que j'ai plusieurs fois cité, examine les divers sens dans lesquels on emploie le mot volonté, et dit qu'elle est à son avis l'action combinée des facultés qui constituent la volonté dans chacun de ces sens. D'autres phrénologues supposent que la volonté dépend principalement de la continuativité associée à l'intellect, et je vous ai démontré[4] combien leur opinion est inexacte. La continuativité, la concentrativité et toutes les autres facultés peuvent être qualificatives de la volonté, par la raison que chaque faculté qualifie l'essence de toutes les autres, et celles-ci l'esssence de chacune; mais elles ne constituent ni ne peuvent constituer en aucune manière son essence.

La volonté a été jusqu'ici, quant à la faculté ou aux facultés qui constituent son essence ou son principe fondamental, une *région* tout à fait *inconnue*. On ne formait à cet égard que des conjectures vagues et hasardées, plus ou moins plausibles. Je crois avoir enfin découvert et pouvoir démontrer que la volonté dépend exclusivement, dans son essence ou dans son principe fondamental, d'une seule faculté, et que cette faculté est la *comparativité*.

Il serait aussi inutile que déplacé de vous entretenir de l'immense labeur intellectuel auquel j'ai dû me livrer pour arriver à la conclusion que je viens de vous communiquer relativement à la volonté, et pour me démontrer ensuite à moi-même que cette conclusion est exacte et vraie. Que de veilles! que de théories construites à grands frais et bientôt renversées, avant d'atteindre ce résultat! Mais, messieurs, je passe sous silence ces détails qui sont entièrement personnels, et je vais essayer de vous montrer, le plus rapidement et le plus clairement qu'il me sera possible, quel est le principe fondamental de la volonté.

Si la VOLONTÉ est, en effet, une faculté spéciale de l'âme, et non le résultat de la combinaison de diverses facultés, elle doit avoir un mode d'action propre et particulier, spécial et exclusif, qui détermine d'une manière précise le caractère par lequel elle diffère du caractère essentiel des autres facultés, quoique toutes, vous le savez, s'identifient avec l'âme. Ce mode

[1] Dans son ouvrage déjà cité, t. II, p. 48.
[2] Voir t. I, p. 322 à 323.
[3] Dans son ouvrage déjà cité, t. II, p. 227.
[4] Voir t. II, p, 202 à 204.

d'action particulier et exclusivement propre à la volonté doit être le principe *aveugle* ou *instinctif*[1], c'est-à-dire le principe impulsif, fondamental, celui qui primitivement inspire les désirs ou les répugnances. Il n'est heureusement pas difficile de déterminer ou d'indiquer d'une manière positive et certaine quel est ce mode d'action instinctif. Car, si en effet la volonté est, comme on l'a universellement admis, cette puissance, cet attribut ou ce mode d'action de l'âme qui se résout, se décide ou se détermine, avec une LIBERTÉ coexistante ou le pouvoir d'exécuter ou de ne pas exécuter ce qui a été résolu, décidé, déterminé, l'instinct originel et spécial qui fait éprouver à la volonté des désirs et des aversions est et doit nécessairement être le désir de se résoudre, de se décider, ou de se déterminer, avec la répugnance qui en résulte pour rester dans l'irrésolution, dans l'indécision, dans la vacillation ou l'oscillation mentale.

Cela établi, rappelez-vous bien que tout désir, comme je l'ai dit et démontré[2], est une inclination ou une attraction naturelle qui nous porte vers un objet, une propriété ou une action harmonique, afin de produire un *plaisir;* et que toute répugnance est une aversion ou répulsion naturelle qui nous éloigne d'un objet, d'une propriété ou d'une action discordante, afin d'éviter une *douleur.* Il y a autant de classes d'*instincts* ou de désirs et de répugnances *primitifs* et *abstraits*, qu'il y a de *facultés;* mais il peut y avoir autant de sortes de désirs et de répugnances *acquis* ou RÉACTIFS qu'il y a de modes (et ils sont infinis dans l'homme[3]), de satisfaire ces désirs et de suivre ces répugnances primitifs. Les désirs et les répugnances instinctifs de la volonté ne forment ni ne pourront jamais former une exception à cette règle universelle que je me glorifie d'avoir découverte et démontrée pour la première fois en philosophie mentale. Ils n'en forment point en effet ; car il ne saurait y avoir une seule résolution qui ne soit fondée sur un désir d'*harmonie* ou sur une aversion pour la *discordance*, tendant à obtenir un *plaisir* général qui est le BIEN, ou à éviter une douleur générale, qui est le MAL.

Quelle est donc la différence entre le désir et la répugnance instinctifs de la volonté et le désir ou la répugnance instinctifs des autres facultés? Il n'y en a aucune essentielle. Ainsi, de même que la volonté se sent instinctivement portée par ses désirs à se résoudre, et éloignée par ses répugnances de rester indécise, de même, la rectivité, par exemple[4], se sent une inclination instinctive à faire et un désir inné d'obtenir justice, et une aversion ou répugnance innée et instinctive pour toute espèce d'injustice. Dans les deux cas le désir et l'aversion sont les mêmes quant à leur essence; la seule différence qu'il y a, c'est que la volonté désire les harmonies et repousse les discordances générales, tandis que la rectivité et les autres facultés désirent

[1] Voir t. I, p. 331 à 335.
[2] Voir t. I, p. 331 à 334.
[3] Voir t. I, p. 331, 587; t. II, p. 9 à 10 et autres endroits.
[4] Voir t. II, p. 1 0 à 177.

une harmonie et repoussent une discordance particulière. En effet, le désir de se résoudre, de se décider, de se déterminer ne peut se trouver en accord ni en désaccord avec aucune *espèce exclusive* de sensations; il ne comporte qu'une préférence ou que le contraire d'une préférence qui doit résulter de la comparaison de toutes les espèces de sensations et d'idées que l'âme est capable de concevoir. Le désir et l'aversion primitifs et fondamentaux de la volonté s'étendent donc à toutes les facultés de l'âme, à toutes ses sensations et à toutes ses idées, tandis que le désir et la répugnance primitifs et fondamentaux des autres facultés se trouvent bornés au cercle restreint des sensations qui entrent exclusivement dans leurs attributions propres et spéciales.

Ainsi, la philoprolétivité [1], vous le savez, s'attache exclusivement à ce qui est *jeune*, et trouve son antagonisme dans ce qui est *décrépit*. De sorte que ses choix et ses préférences, ses refus et ses répulsions, ne s'exercent que dans le cercle des sensations qui se rapportent à ce double ordre de choses. Dans sa sphère d'action, elle se borne, *abstractivement*, à rechercher ou à repousser instinctivement ce qui est jeune ou ce qui est décrépit; et concrétement, à expérimenter, à percevoir, à concevoir, puis à désirer ou à repousser, suivant ce qu'elle a expérimenté, recherché, perçu et conçu [2] toute sorte de diverses sensations agréables et désagréables, pourvu toutefois qu'elles se renferment dans le cercle des objets qui forment son harmonisme et son antagonisme. La même chose arrive pour les autres facultés. La mélioralivité [3] est rigoureusement renfermée dans le cercle des sensations et des actions que suppose une marche progressive ou une marche rétrograde, ou bien que provoque la beauté ou la laideur physique et morale; la bénévolentivité [4] ne connait que le plaisir ou la douleur des créatures sensitives; la déductivité [5], l'induction des conséquences ou des inconséquences; la causativité [6], l'origine immédiate, fausse ou véritable, des effets constatés ou cherchés, et ainsi pour toutes les autres facultés.

La volonté seule, tant par sa nature que par ses actes, n'a et ne peut avoir aucun désir, aucune préférence, sans que les autres facultés y soient intéressées, aucune répugnance ou antipathie qui ne dépende d'une répugnance ou d'une antipathie générale étrangère; seule, elle est absolument indépendante; seule, elle n'est point exclusive dans son exclusiveté; seule, elle n'est point spéciale dans sa spécialité; parce que seule elle doit désirer et préférer l'harmonie, le bonheur ou le bien général, et repousser et combattre la discordance, la misère, le malheur général de toutes les facultés, dans les innombrables sensations et idées, et combinaisons de sensations et

[1] Voir t. II, p. 46 à 59.
[2] Voir t. I, p. 551, 587; t. II, p. 9 à 10.
[3] Voir t. II, p. 110 à 152.
[4] Voir t. II, p. 182 à 188.
[5] Voir t. II, p. 226 à 237.
[6] Voir t. II, p. 218 à 225.

d'idées [1], plus ou moins concordantes ou contraires qu'elles peuvent éprouver. Toutes les facultés, hors celle qui constitue la volonté, sont, si une
pareille comparaison peut m'être permise, les mules de l'attelage dont j'ai
parlé [2], et parmi elles chacune a une impulsion propre et déterminée. De
sorte que, si elles étaient livrées à elles-mêmes, celle-ci irait à droite, celle-
là à gauche; l'une en avant, l'autre en arrière; le conducteur seul, qui est
l'AUTORITÉ, le commandement, manque d'une direction propre et *déterminée*, parce qu'il a à suivre celle que lui imprime un principe supérieur. Ce
principe supérieur est la loi que lui ont imposée ses maîtres, et cette loi,
qu'ils font consister dans le bien ou le plaisir général, est celle à laquelle
le conducteur doit subordonner et conformer sa direction et les divers mouvements de l'équipage qu'il guide. Grand et sublime principe, principe fécond en enseignements, qui démontre qu'aucun gouvernement, aucune autorité, aucun pouvoir suprême, ne doivent avoir aucun désir propre qui ne
tende au bien général, qui est la loi de leur direction et de la direction qu'ils
doivent donner aux êtres gouvernés, subordonnés ou commandés !

Cela posé, je demande quelle est la faculté que l'Être suprême a destinée,
dans l'esprit humain, à désirer ou préférer le bien, c'est-à-dire les harmonies générales, et à réprouver ou repousser le mal, c'est-à-dire les discordances générales, qui existent tant dans les éléments physiques que dans les
éléments moraux, tant au dehors qu'au dedans de nous? Vous savez déjà,
messieurs, que cette faculté est la COMPARATIVITÉ [3]. Seule elle compare l'analogie harmonique ou discordante qui existe entre toutes les sensations et
idées plus ou moins nombreuses ou contraires, dans le dessein de percevoir
ou déterminer, non ce qui procure le plus de plaisir ou inspire le moins de
répugnance à la causativité, ou à la déductivité, ou à la rectivité, ou à la
continuativité; car ceci regarde spécialement, exclusivement, chacune de ces
facultés; mais ce qui leur procure le plus de plaisir ou leur inspire le moins
de répugnance, à les considérer unies à toutes les autres facultés; ou, plus
brièvement, dans le dessein de percevoir ou déterminer ce qui doit causer
le plus de plaisir et le moins de répugnance à l'esprit, en consultant, non
telle ou telle faculté d'une manière spéciale ou exclusive, mais toutes les facultés ensemble ou collectivement; d'où résulte la perception de l'*harmonie*,
du *bonheur*, du *bien* général, objet spécial de la VOLONTÉ, ou désir exclusif
de la COMPARATIVITÉ. Si donc l'objet de ce que nous appelons *volonté* est identiquement le même que le désir instinctif de ce qu'en phrénologie on appelle
COMPARATIVITÉ, il reste prouvé que la *volonté* n'est plus ni moins que la COM-
PARATIVITÉ elle-même, considérée dans son essence et dans sa sphère d'action
comme une faculté primitive et fondamentale de l'âme humaine. Et, chose
remarquable ! c'est ainsi qu'elle a été considérée et naturellement comprise
par le sens commun du genre humain, puisque, dans son sens étymolo-

[1] Voir t. I, p. 331 à 333, 351, 387, 521 à 527.
[2] Voir t. II, p. 243.
[3] Voir t. II, p. 211 à 217.

gique, le mot VOLONTÉ signifie, dans le grand nombre de langues pour lesquelles il m'a été possible de le vérifier : *désir du bien, désir du plaisir* ou *du bonheur général.*

En confondant ces deux puissances, j'ai démontré par l'expérience que le désir du bien ou de l'harmonie générale et l'aversion correspondante pour le mal ou la discordance générale, est un instinct, une lumière, une irradiation d'en haut sur l'âme humaine, qui met désormais les phrénologues entièrement d'accord avec les théologiens sur la question de la RAISON. « Quand les théologiens, a dit D. Manuel Garcia Gil, un des flambeaux qui brillent d'un plus vif éclat dans l'Église catholique [1], déclarent que la raison est la règle immédiate des actes humains, ou qu'ils sont bons ou mauvais suivant qu'ils se conforment à la raison ou qu'ils s'en écartent, ils ne parlent point de la raison théorique et discursive en tant que telle, en tant qu'elle se borne à coordonner et à déduire des conséquences d'un principe établi, et moins encore en tant qu'elle invente et développe des théories à plaisir, ou qu'elle enfante des doctrines et des systèmes arbitraires. Ils parlent de la raison en tant qu'elle vient de Dieu, en tant qu'elle est une participation ou émanation de la raison ou de la loi divine, comme dit saint Thomas; en tant qu'elle est un rayon de la face du Seigneur, imprimé en nous, suivant l'expression du prophète, pour nous montrer le bien. Je m'énoncerai encore plus clairement. Dieu, en créant l'homme intelligent et moral, c'est-à-dire capable de connaître et de pratiquer le bien, ne pouvait pas ne pas lui accorder le principe de l'intelligence et de la moralité; et ce principe ne consiste pas seulement dans la faculté, dans le pouvoir d'acquérir des idées ou d'aspirer au bien, mais il suppose, en outre, la lumière nécessaire pour voir la connexion des idées, la convenance du bien : car cette lumière ne s'acquiert pas; elle ne vient pas des objets extérieurs; elle n'appartient à aucun organe; elle n'est le produit ni de l'éducation ni du raisonnement. »

Quelle sublime harmonie! L'expérience démontre, comme je viens de l'expliquer, que l'homme a une faculté dont l'instinct essentiel ou l'inclination innée est l'harmonie ou le plaisir général, c'est-à-dire le bonheur ou le bien, considéré abstractivement, et que cet instinct ou cette inclination est et doit nécessairement être une émanation directe de la comparativité, comme la comparativité n'est et ne peut être qu'une émanation directe de Dieu. De sorte que je ne saurais, pas plus que tout autre ne saurait expliquer d'une manière plus claire et plus satisfaisante l'instinct spécial de la comparativité et sa filiation, que ne l'a fait D. Manuel Garcia Gil, quand, en décrivant la RAISON, en tant qu'elle est instinctive ou qu'elle vient de Dieu, il a dit qu'elle est une participation ou irradiation de la raison ou de la *loi divine*, un rayon de la face du Seigneur imprimée en nous pour nous montrer le BIEN.

Étant prouvé que la volonté et la comparativité sont et doivent nécessai-

[1] Voir t. I, 110 à 119; t. II, p. 195 à 196.

rement être une même chose, parce qu'ainsi seulement le désir inné de l'une comme de l'autre peut se trouver satisfait par la *concordance*, et la répugnance innée de l'une comme de l'autre peut se produire par la discordance générale des autres facultés, considérons un instant avec quelle admirable perfection ces facultés ont été créées et harmoniquement agencées dans cet ordonnancement divin. En effet, si la volonté ou la comparativité a de l'aversion pour la *discordance*, les diverses spécialités, l'ordre hiérarchique multiple des autres facultés les rend essentiellement discordantes, et, par conséquent, propres à réaliser l'objet spécial de cette aversion dans les luttes et les guerres sans nombre [1], auxquelles elles sont sujettes et que nous sentons si souvent. Si la volonté ou la comparativité éprouve un *désir exclusif* qui ne peut être satisfait que par la *concordance* des facultés, leur mutuelle intelligence, leur enchaînement, leur influence répressive et instigatrice, constituent leur *harmonisation*, comme j'ai tâché de l'expliquer [2] d'une manière complète et catégorique. Pour faire comprendre aussi clairement que possibl comment toutes nos facultés, dans leur susceptibilité de *discordance* et dans leur capacité de *concordance*, ont été créées en harmonie avec la volonté ou comparativité, et la volonté ou comparativité en harmonie avec elles, je comparerai l'âme humaine à un congrès national en séance permanente. Dans ce congrès, il est naturel de supposer que, quelle que soit la proposition faite par un représentant, chaque membre la défendra ou l'attaquera, suivant qu'elle engagera ses intérêts particuliers et personnels. Tous craignent qu'on ne porte atteinte à leur liberté particulière, au pouvoir particulier d'action dont ils jouissent pour éviter une douleur ou se procurer un plaisir; c'est pourquoi ils sont égoïstes; ils ne considèrent et ne font valoir que leur intérêt, et chacun d'eux se retient ou s'avance, suivant la force des arguments et le degré de conviction de ses collègues.

Après avoir ainsi personnifié chacune de nos facultés, dont vous connaissez déjà [3] les intérêts distincts et les divers modes d'action, il nous est facile de supposer que si c'est, par exemple, la générativité qui occupe la tribune, elle ne parlera, quelle que soit la question qu'il s'agisse de discuter et de résoudre, qu'en faveur de la concupiscence, parce que c'est là son penchant. Un autre orateur, la destructivité, n'ouvrira, par la même raison, la bouche que pour crier : « Mort! extermination! point de merci! » Le représentant qui s'appelle la bénévolentivité ne cessera, au contraire, de s'écrier : « Pitié! compassion! » La déductivité répétera à chaque instant : « Un peu de logique, messieurs! un peu de logique! » Tandis qu'un autre député, la causativité, aura toujours sur les lèvres des mots tels que ceux-ci : « Vérifions, étudions, remontons à l'origine! » La rectivité, qui ne s'occupe ni de la logique, ni de ces vérifications, ni de ces plaintes, parce qu'elle n'attache aucune importance aux intérêts que les autres orateurs défendent avec tant de chaleur, et

[1] Voir t. I, p. 140 à 175; t. II, p. 56 à 59.
[2] Voir t. I, p. 142 à 167, 292 à 299, 326 à 331, 351 à 353, 447 à 419, 480, 521 à 528.
[3] Voir chaque faculté et organe individuellement expliqués, leçons XXVII à XLIV.

qu'elle cherche seulement à donner à chacun et à chaque chose ce qui lui appartient, ne saura dire que : « La justice ! la justice ! Il n'y a qu'à faire son devoir ! » Et peut-être les voûtes de la salle du congrès retentiront-elles encore du bruit de ses paroles, quand la supérioritivité s'écriera : « Il n'y a point d'ordre, de justice, d'harmonie, sans une *autorité* qui commande en souveraine ! » Ce qui, appuyé par la vénération, mais par une raison contraire, lui fera dire : « Oui, messieurs, il est vrai qu'il n'y a rien de tout cela sans subordination, sans déférence, sans soumission. » Le premier de ces deux derniers orateurs crie : *A l'ordre ! à l'ordre !* parce qu'il n'est pas satisfait du COMMANDEMENT qu'on lui impose, tandis que le second crie tout autant : *A l'ordre ! à l'ordre !* parce qu'il n'est satisfait que quand on *obéit* humblement au commandement, quelque rigoureux qu'il soit. Alors se lève la combativité, et elle ne demande ni l'ordre ni la logique, ni des vérifications ni la justice, ni le triomphe de l'autorité ni la soumission; elle veut que tout se décide par la force des armes, et que le plus vaillant l'emporte. « La guerre, le combat, la lutte ! s'écrie-t-elle, tout le reste n'est que couardise et pusillanimité ! Et voilà l'unique objet de mon aversion et de mes dégoûts ! » Pendant qu'on entend encore les derniers sons de la voix de l'orateur qui ne respire que la discorde, qui ne fomente que le trouble et le désordre, la précautivité, redoutant précisément ce que son adversaire désire, fait un suprême effort pour exciter les alarmes de l'assemblée, afin d'y ramener le calme, la paix, la sérénité. En un mot, chaque orateur parle, mû par son intérêt personnel, par l'aversion ou le désir particulier qui le pousse, et c'est ainsi que s'élèvent dans le congrès, qui est l'âme, ces guerres, ces luttes, ces combats, ces séditions, auxquels nous assistons si souvent, mais à la suite desquels doit finir par l'emporter et l'emporte une opinion quelconque, que la majorité des facultés adopte comme conforme à l'harmonie ou à l'intérêt général.

Eh bien, si, au milieu de tant d'avis, de tant d'opinions, de tant d'intérêts, en un mot, de tant d'impulsions divergentes et contraires, il n'y avait point dans le congrès mental une autorité, un gouvernement, en partie *passif* ou *délibératif*, mais capable de discerner le point de jonction entre *beaucoup* d'éléments contraires, pour que ces *nombreux* éléments se confondent en UN SEUL, — *e pluribus unum*, — c'est-à-dire capable de discerner entre ces diverses directions UNE direction; entre ces divers intérêts UN intérêt; entre ces diverses impulsions contraires tendant à la satisfaction de besoins particuliers une résultante menant à un plaisir ou à un bien général; entre ces nombreux éléments de discordance une harmonie universelle et complète; ayant assez de force pour exciter ou pour réprimer les représentants trop mous ou trop violents, trop exaltés pour ou contre toute combinaison harmonique qu'il eût conçue pour faire concourir à une même opération tant de nombreux rivaux, où se trouverait le principe de l'UNITÉ mentale au milieu de tant de facultés jalouses ? où se trouverait l'unité d'action universelle au milieu de tant d'actions particulières ? Et sans cette UNITÉ d'action subjective, comment serait-il possible, dans n'importe quelles circonstances, de réaliser, objectivement, aucun acte mental ? Cependant tous les phrénologues avaient, et moi avec eux, méconnu ou nié ce principe suprême et souverain, ou cette force rationnelle d'unité d'action, ce principe ou cette force de conciliation et d'association harmonique, qui, ainsi que je crois l'avoir démontré, est la volonté. Tous avaient parlé de la combinabilité harmonique des facultés et des opérations mentales auxquelles donnent lieu leurs diverses combinaisons; tous disaient, avec Combe, que la direction réelle est celle qui résulte de la *combinaison harmonique* des facultés. Mais il n'était venu à l'esprit ni de Combe ni d'aucun phrénologue de se dire que pour qu'elles concourent sciemment de concert à une action, il faut d'abord qu'il y ait un principe fondamental d'AUTORITÉ *harmonisative* rationnelle, qui désire, qui perçoive, et qui, dans son aversion pour les discordances, exige cette *combinaison harmonique;* car les facultés humaines, livrées à elles-mêmes, ressemblent toujours, *à cause des différences de leur ordre hiérarchique,* à un attelage (t. II, p. 241, 255) de mules aussi livrées à elles-mêmes, de sorte que chacune tirerait de son côté; ou bien à une compagnie de musiciens livrés à eux-mêmes et qui joueraient de leur instrument chacun suivant son caprice, de sorte que l'harmonie du concert serait absolument impossible, du moment où aucun maître ne la désirerait, ne la percevrait et ne l'exigerait.

Nous sentons tous que notre tête est un congrès mental, un champ de bataille, où il y a continuellement des débats, des luttes, des séditions. Saint Paul[1] les a décrits avec une simplicité et une exactitude admirables. Notre poëte Melendez Valdès[2] connaissait bien cet état. Tous ses écrits attestent combien son esprit souffrait de cette manière. A chaque instant, il laissait échapper des exclamations telles que celles-ci : « Ciel ! quelles révoltes je sens en moi ! En combien de partis rivaux lutte contre elle-même ma pensée !... Le noble rôle de la raison sera-t-il d'être vaincu par la poussière?...»

Un homme d'État célèbre, M. Guizot, a dit dans un ouvrage intitulé : *De la démocratie en France* (ch. II) : « Tout le monde regarde avec inquiétude les agitations, les hasards extérieurs de la vie humaine; que serait-ce si l'on était témoin des agitations, des hasards de l'âme humaine? C'est là qu'il faut voir les dangers qui se présentent, les embuscades, les ennemis, les *combats,* les victoires, les déroutes sans nombre qui arrivent en un jour, en une heure. » Il n'y a personne qui n'ait remarqué en lui-même et qui ne connaisse par une expérience toute personnelle ces luttes et ces guerres, ces défaites et ces victoires; mais l'idée d'en mettre l'origine immédiate plus à la portée de tout le monde, en comparant l'âme humaine et ses facultés à un congrès mental, pour établir de plus en plus par des aperçus humains le libre arbitre, ainsi qu'on le verra bientôt, cette idée m'appartient exclusivement, comme je ne doute pas qu'avec le temps cette IDÉE ne finisse par être la base fondamentale de tout gouvernement humain *dont les formes doivent*

[1] Voir la note au bas de la page 173 du t. I.
[2] Voir t. II, p. 59.

toujours être en harmonie et en concordance avec la condition des gou-vernés; il ne me parait point hors de propos d'ajouter qu'elle date de 1836, quand je publiai à Baltimore (États-Unis de l'Amérique du Nord) mon pre-mier écrit sur la phrénologie, sous ce titre : *Introduction à la phrénologie, par un Catalan.*

Il est toutefois nécessaire, messieurs, de toujours se souvenir et de ne ja-mais perdre de vue que les séditions, les guerres, les luttes mentales, filles de la DISCORDANCE, sont l'exception, l'accident; mais que la règle, l'objet, la loi, se trouvent seulement [1] dans la tranquillité, la paix, la sérénité, filles de l'HARMONIE. Les discordances sont à la volonté ce que les mauvaises odeurs sont à l'olfactivité [2], ce que les douleurs physiques sont à la tactivité, les humiliations à la supérioritivité, c'est-à-dire *l'objet de ses répugnances innées et instinctives.* C'est pourquoi quand une ou plusieurs passions veulent en-traîner avec elles les autres affections et exciter l'individu à une action dis-cordante, nous sentons-nous au dedans de nous-mêmes; il n'y a pas *jusqu'au plus grand assassin, jusqu'au plus insigne voleur,* qui ne sente au dedans de lui-même un *quelque chose* qui lui répugne, un *quelque chose* qui lui dit : « Ce serait mal; surmonte-toi; ne le fais pas; fuis la tentation. » C'est la voix de la volonté dans sa partie perceptive, c'est la lumière de la raison, c'est le discernement naturel, c'est la connaissance instinctive du mal et par conséquent du bien [3] qui nous incrimine devant nous-mêmes; de là vient que si nous avons le jugement sain ou si nous ne sommes pas atteints d'im-bécillité ou de folie [4], nous sommes tous responsables de nos actions; car la partie morale et la partie intellectuelle sont assez développées en nous tous [5] pour nous donner une connaissance instinctive de ce qui est juste (la recti-vité, t. II, p. 170 à 177), de ce qui est religieux (l'inférioritivité, t. II, p. 188 à 197), de ce qui est bienveillant (la bénévolentivité, t. II, p. 182 à 188), et des résultats (l'intellectualitivité, t. II, p. 210 à 237) auxquels peuvent con-duire les actes isolés de chaque faculté ou groupe de facultés. Et outre tout cela, outre que la volonté se trouve en nous dans sa partie perceptive, comme centre intelligent commun de toutes ces connaissances, elle s'y trouve avec une force réactive, comme je l'expliquerai bientôt, pour permettre ou empê-cher que tout mouvement subjectif quelconque aboutisse à un effet objectif.

Que la règle, l'objet, la loi de la volonté soit la concordance, l'harmonie, le repos, le bien, le plaisir, c'est ce qui est démontré par le fait que Dieu n'a créé aucun désir, aucune répugnance sans une sphère d'action [6]. Qu'il est grand, qu'il est beau de penser qu'on ne saurait concevoir aucune action extérieure qui ne soit d'autant meilleure, d'autant plus sage, qu'elle se

---

[1] Voir t. I, p. 331 à 332, 410 à 412.
[2] Voir t. I, p. 331 à 332.
[3] Voir t. II, p. 236.
[4] Voir des exemples de ce genre aux p. 70 à 74, 99 à 105 du t. II.
[5] Voir t. I, p. 137 à 175.
[6] Voir t. I, p. 331 à 334, 410 à 419.

trouve plus parfaitement, plus complétement en concordance avec une certaine harmonie intérieure de toutes les facultés ! Qu'il est beau, qu'il est grand de voir que, depuis les choses les plus simples jusqu'aux choses les plus compliquées, tout a été créé, tout a été réglé avec cette harmonie générale de toutes les facultés, dont la volonté désire exclusivement l'harmonie ! En effet, l'acquisivité, par exemple, désire abstractivement acquérir, sans déterminer ni *quoi* ni *comment*, ainsi que je l'ai maintes fois répété[1]. Quoi que nous acquérions ou amassions, l'acquisivité est satisfaite. Peu lui importe que nous acquérions par le vol, par l'assassinat, par la violence, par l'iniquité; ce qui lui importe, c'est d'acquérir. Il n'en est pas de même pour les autres facultés. Car, si nous acquérons par le vol, nous satisfaisons l'acquisivité, mais nous excitons les plaintes de la rectivité, qui crie à l'infamie et s'oppose à l'acte. Les facultés intellectuelles se sentent aussi contrariées ou péniblement affectées, parce qu'elles connaissent les désordres, les maux et les horreurs que causerait la généralisation du vol. L'inférioritivité ne verrait dans le vol qu'un acte contraire à la loi divine, qui ordonne de donner à chacun ce qui lui appartient. Si donc acquérir est un besoin de notre nature aussi impérieux que celui de manger ou de boire[2], la satisfaction de ce besoin aura lieu d'une manière d'autant plus parfaitement conforme à la loi divine, au bien, à l'harmonie générale, que seront en même temps plus satisfaits les désirs de toutes les autres facultés.

Mais Dieu a-t-il créé le monde, par rapport à l'homme, de manière qu'il puisse satisfaire son acquisivité, en satisfaisant en même temps les désirs des autres facultés, c'est-à-dire en procurant à toutes un plaisir sans causer une douleur à aucune? L'affirmative est évidente; et c'est en cela que consiste l'harmonie générale dont je parle, et qui seule satisfait pleinement la volonté comme centre de toute harmonie. Le commerçant, qui transforme les valeurs par des opérations justes et légitimes, en satisfaisant ainsi son acquisivité, objet principal de sa profession, satisfait aussi tous les désirs de ses autres facultés. En échangeant une marchandise contre une autre, il satisfait sa bénévolentivité, parce qu'il sait qu'il a rendu un véritable service à son semblable, puisqu'il donne à son échangiste une chose que celui-ci préfère à celle qu'il abandonne. De cet échange de marchandises résulte l'augmentation de la consommation ; cette augmentation de la consommation générale procure du pain à beaucoup de familles, et cette pensée est douce à la bénévolentivité. La justice et l'équité qui président à ces échanges remplissent de joie la rectivité, à laquelle s'associe l'inférioritivité, qui se soumet volontiers à la loi, et elles enchantent la supérioritivité, qui, toujours orgueilleuse, aspire à ce qui est digne, à ce qui est grand, et, plus un acte est moral, plus il est digne et grand. Les facultés domestiques, l'adhésivité, la philoprolétivité, etc., jouissant de toutes les douceurs qu'elles re-

---

[1] Voir t. I, p. 351, 587; t. II, p. 9 à 10, 173 à 174.
[2] Voir t. II, p. 67 à 69.

cherchent exclusivement, ne sont ni tourmentées ni inquiétées par la perception [1] d'aucune douleur amère troublant actuellement les hautes régions de l'âme, ou d'aucun danger entrevu dans le lointain par l'intellectualitivité. Ce que je dis de l'acquisivité, je le dis de la destructivité [2]; ce que j'applique à la destructivité peut se dire de l'améliorativité [3], et ce qu'on dit de ces facultés peut se dire des autres : elles sont agencées, comme je n'ai cessé de le répéter [4], pour agir de concert, chacune avec toutes et toutes avec chacune : toutes peuvent agir en désaccord, il n'y a point de doute; mais toutes sont faites pour agir avec accord.

Qualités de la volonté. — L'importance de la découverte que la comparativité est la volonté, et la volonté la comparativité, se manifeste aussitôt, dès le moment où nous considérons que la volonté est une faculté comme toutes les autres, et que celles-ci modifient. Abstractivement la volonté désire se résoudre, c'est-à-dire percevoir une harmonie générale dans les facultés, et ensuite exécuter ce qu'elle a résolu par une réaction que j'expliquerai bientôt; de même que la tonotivité [5] désire percevoir la musique pour la produire ensuite par une réaction analogue. Mais il dépend des autres facultés que ce désir soit constant ou passager, faible ou énergique, impulsif ou compressif. La science et le sens commun avaient déjà découvert ce fait. Tout le monde parle d'une volonté forte et d'une volonté faible, d'une volonté aveugle et d'une volonté éclairée, d'une volonté constante et d'une volonté mobile. Nous disons d'un homme qu'il n'a pas de volonté, qu'il ne sait pas vouloir avec fermeté et persévérance, et d'un autre, qu'il a une volonté de fer, qu'on brise mais qu'on ne plie pas. Bálmes, traitant ce sujet, a dit, dans son « Criterio » ou *Art d'arriver au vrai* [6] : « Dans le cours ordinaire de la vie, pour obtenir il faut *vouloir;* mais vouloir d'une volonté décidée, résolue, inébranlable; d'une volonté qui marche au but sans se laisser décourager par les obstacles ou les fatigues. » Ce n'est là qu'établir un fait ou plutôt exprimer une opinion; mais il restait à l'expliquer, il restait à le prouver, il restait à le rattacher à sa cause immédiate, et c'eût été absolument impossible, tant qu'on n'eût pas découvert le principe fondamental sur lequel repose la volonté. Maintenant nous savons que la *volonté*, dans son essence, considérée abstractivement, comme elle l'est par Bálmes, puisqu'il souligne le mot pour montrer qu'il la considère ainsi, est la comparativité. Dans ce sens, quiconque montre de la comparativité (et nous en montrons *tous* plus ou moins) a de la volonté. Mais, pour avoir une volonté décidée, résolue, inébranlable, il est besoin, indépendamment de la comparativité, d'un grand développement de la continuativité, dont j'ai traité *in extenso*, et j'ai anticipé alors

[1] Voir t. I, p. 525 à 528, 533 à 535.
[2] Voir t. I, p. 294 à 296, 331 à 533.
[3] Voir t. I, p. 531 à 533.
[4] Voir t. II, p. 30.
[5] Voir t. I, p. 521 à 528.
[6] Page 349 de l'édition espagnole; chap. xxii, § 57 de la traduction française.

mes explications pour que vous pussiez parfaitement comprendre ce que j'ai
eu à dire dans cette leçon-là [1] et ce qu'il me reste à dire dans celle-ci.

Pour qu'un homme ait une volonté, qui, non-seulement soit ferme, mais
qui marche au but sans se laisser arrêter par les obstacles ou décourager
par les fatigues, il faut qu'outre la comparativité, qui constitue l'essence
de la volonté, qu'outre la continuativité, qui lui communique la fermeté, il
ait une combativité, une supérioritivité et une concentrativité fort développées. D'un autre côté, une personne douée d'une grande comparativité,
mais chez laquelle les facultés que je viens de nommer n'ont qu'un faible
développement, aura beaucoup de volonté; en d'autres termes, elle aper-
cevra très-facilement les harmonies ou concordances mentales, et par réaction, sous leur influence, elle formera beaucoup de résolutions et de projets;
mais, ou elle en changera à chaque instant, ou elle manquera d'énergie pour
les mener à bonne fin, et cela par une raison que je vous ai cent fois exposée [2], savoir qu'une faculté isolée n'a qu'une force abstraite de désir, de perception et de conception, et que par conséquent, tant pour satisfaire ce désir que pour percevoir ou concevoir les choses de fait, elle a nécessairement
besoin du secours et de l'aide des autres facultés avec lesquelles elle a des
rapports étroits. Bálmes s'est exprimé, comme psychologue, de la manière
dont se sont exprimés ordinairement tous les psychologues étrangers à la
phrénologie, c'est-à-dire en termes vagues et indéfinis, en énonçant des
généralités spécieuses, en émettant des opinions plus ou moins plausibles,
mais sans rien démontrer; car il est impossible de démontrer, quand on ne
sait pas rattacher ce que l'on avance ou que l'on émet à son principe fondamental ou à sa cause immédiate.

*Organe de la volonté; applications pratiques d'une utilité immense aux-
quelles conduit la découverte de cet organe.* — On sait qu'une faculté est
fondamentale et primitive, et qu'il est certain que les attributs qu'on lui accorde ne dépendent point de l'action combinée d'un groupe quelconque de
facultés, quand, suivant Gall et Spurzheim, cette faculté existe chez quelques
animaux et pas chez d'autres; quand elle varie dans les deux sexes de la
même espèce; quand elle n'est pas proportionnée aux autres facultés du
même individu; quand elle ne se manifeste pas simultanément avec les
autres facultés, c'est-à-dire quand elle apparaît ou disparaît plus tard ou plus
tôt que les autres facultés; quand elle peut opérer ou se reposer séparément;
quand elle se transmet évidemment d'une génération à l'autre; quand elle
peut conserver son état propre de santé ou de maladie. L'existence de
toutes ces conditions dans la comparativité étant, d'une part, prouvée par
des centaines et des milliers de faits, consignés dans les ouvrages de Gall,
de Spurzheim et des autres phrénologues, et l'identité de la volonté et
de la comparativité étant, d'autre part, démontrée jusqu'à l'évidence, l'existence de la faculté de la volonté se trouve par là même également prouvée.

[1] Voir observations générales dans la continuativité, t. II, p. 199 à 209.
[2] Voir t. I, p. 444 à 449, 521 à 528; t. II, p. 175 à 174, 214 à 216, 221 à 225.

En ce qui concerne l'organe d'une faculté, il n'y a de valable et d'admissible en phrénologie que la démonstration expérimentale, laquelle se fonde exclusivement sur l'observation. L'existence et le siége de l'organe de la comparativité et par conséquent de la volonté restent démontrés par toute sorte de preuves et d'observations positives et négatives faites sur des sujets sains et sur des sujets malades : c'est là un fait que nous connaissons, comme nous connaissons le fait de la vision par les yeux et comme nous savons que les yeux occupent dans le visage humain la place que nous voyons et que nous constatons qu'ils occupent.

On peut déduire de là des principes d'application qui augmentent singu-

Imbécile d'Amsterdam.

lièrement, comme je l'ai dit plus haut[1], l'utilité pratique de la phrénologie. Car, en effet, en voyant une tête comme celle-ci, que vous connaissez déjà[2] et qui présente une comparativité si déprimée, vous vous écrierez aussitôt : « Il n'y a point ici de volonté; il n'y a point ici de force de résolution; il n'y a point ici de perception intelligente des harmonies mentales. Si l'individu qui a cette tête est opiniâtre, son opiniâtreté sera sensitive, comme celle des ânes : car elle dépendra de l'action exclusive de la concentrativité et de la continuativité. »

Quels caractères différents présente cette autre tête, celle de l'immortel fondateur de la phrénologie, dont j'ai pris le portrait dans la dernière édi-

GALL. (Voir t. I, p. 5 et 567.)

tion du *Manuel pratique de phrénologie* du docteur Fossati! Voilà une volonté d'une grande force propre, et, en outre, avec toutes les conditions ou qualités dont parle Bálmes. Voilà une volonté d'une vaste capacité pour percevoir les harmonies mentales, et, par conséquent, pour former de grands projets, des résolutions complexes, avec l'énergie, la vigueur, la fermeté et l'ardeur nécessaires pour les mettre à exécution, sans se laisser décourager ni par les fatigues ni par les obstacles.

Voici la tête de Ferdinand VII. C'est la copie d'un portrait que l'on tient pour le plus exact; car il est la reproduction d'un buste authentique, que l'on

[1] Voir t. II, p. 241.
[2] Voir t. I, p. 134.

retrouve sur beaucoup de monnaies espagnoles d'or et d'argent, avec
lesquelles on peut le comparer. S'il n'était pas assez prouvé qu'un seul re-

FERDINAND VII, roi d'Espagne.   CHARLES X, roi de France.

gard jeté sur une tête à la lumière de la phrénologie nous fait mieux connaître le caractère de la personne que toutes les opinions émises par les
auteurs, même les plus dignes de foi, puisque presque toujours ils doivent

LOUIS-PHILIPPE.   LOUIS XVIII.

être partiaux dans un sens ou dans un autre, ce portrait suffirait pour déterminer le fait. Quelle comparativité bien développée ! quelle continuativité !
dans son ensemble, quelle tête bien formée, bien pleine, bien proportionnée dans ses diverses parties ! Qu'on la compare à celle du comte d'Artois,
depuis Charles X, roi de France ! Cette comparaison faite, qu'on se rappelle
ce que dit l'histoire, même avec toutes ses réticences, sur la conduite de ces
deux princes dans des cas difficiles, dans des cas où l'homme montre tout
ce qu'il est, et qu'on décide alors si la phrénologie est trompeuse ! Pour se
convaincre qu'elle ne l'est pas, il suffit, à mon avis, de jeter un coup d'œil
sur une collection, quelque incomplète qu'elle soit, de portraits de rois, tels
qu'ils se trouvent sur les monnaies de leur pays respectif, frappées sous leur
règne. C'est dans cette pensée que je présente ici l'effigie de quelques autres

rois; comparée aux précédentes, elle vous servira d'objet d'étude et de vérification expérimentale pour tout ce que vous avez appris sur la phrénologie
dans le cours de ces leçons. Comparez, messieurs, ces connaissances pratiques, positives, palpables, qui vous per-
mettront de vous assurer, avant qu'une
triste expérience ou que quelque funeste
déception vous le démontre, que telle personne est faible ou que telle autre personne est ferme, que 'N. change d'opinion
à chaque moment par excès de volonté
et manque de continuativité, ou que R.
s'obstine dans ses opinions par manque de
volonté et excès de continuativité [1], avec
cette métaphysique vague, confuse, générale et indéterminée, qui n'exprime sur

LÉOPOLD I⁰ʳ, roi des Belges.

tout que des généralités aussi inutiles qu'abstraites, et ne découvre aucune application utile, particulière, concrète.

Liberté de la volonté. — Origine naturelle du principe de la LIBERTÉ *et de*
*l'*AUTORITÉ. — Toute sensation ou idée détermine, en réagissant, vous le savez
très-bien [2], une impulsion de désir ou un mouvement de répugnance, un besoin
de concrétation ou d'application qui nous porte à réaliser une action ; et les
facultés mentales, de même que tout notre organisme, sont, ainsi que je l'ai
dit plus haut [3], et que j'achèverai bientôt de le démontrer, admirablement
adaptées à cet effet. Mais la *qualification* de l'action entreprise est du ressort
exclusif de la comparativité. A elle seule il est donné d'apprécier les divers
modes agréables ou désagréables par lesquels cette action affecte les autres facultés, et de décider enfin [4] si elle est en général discordante ou concordante,
propre à produire la douleur ou le contentement, en un mot, *mauvaise* ou
bonne. La causativité, par exemple, a beau percevoir ou concevoir l'existence
d'*une cause*, elle a beau, par réaction, éprouver le désir de l'appliquer en se
servant à cet effet des autres facultés, elle ne saurait y parvenir, à moins que
la comparativité n'y consente, après en avoir perçu la concordance ou l'harmonie. Si la comparativité perçoit que dans son application générale cette cause
sera discordante, elle lui répugne naturellement, et cette répugnance la fait entièrement réagir contre une semblable action. Comme cette réaction a lieu
sciemment, en pleine connaissance des causes et des effets, elle s'appelle résolution, décision, propos, volition, acte de vouloir. Ce que je dis pour la causativité, je le dis pour l'amativité, pour l'acquisivité, comme pour toute faculté qui
fait partie de notre congrès mental [5], parce que la comparativité seule peut, en
dernier résultat, comparer ce que chaque représentant ou ce que chaque faculté
avance en faveur du désir ou de la répugnance dont il s'agit, et déterminer ce

[1] Voir t. II, p. 202 à 204.
[2] Voir t. I, p. 351, 387, 521 à 528; t. II, p. 173 à 174.
[3] Voir t. I, p. 447 à 449, 493 à 494, 521 à 528; t. II, p. 28 à 30.
[4] Voir t. II, p. 214 à 217.
[5] Voir t. II, p. 258 à 260.

qui, en général, est le plus convenable, le plus juste, le plus utile, le meilleur, en un mot, le plus concordant ou le plus harmonique. Ici vous voyez clairement et positivement que la *volonté* ne peut être une faculté autre que la *comparativité*, et qu'en dernière analyse c'est la comparativité qui décide, qui résout, qui détermine, qui réalise toute action générale, quelle qu'elle soit, et par quelque faculté qu'elle ait primitivement été conçue.

Vous savez déjà, car je l'ai maintes fois répété[1], que Dieu n'a point créé un seul désir sans lui donner une correspondante sphère d'action dans laquelle il puisse s'exercer, ni une seule aversion sans l'entourer de circonstances par lesquelles l'objet puisse en être évité. Il n'est donc pas à supposer que les désirs et les répugnances, par réaction de la volonté ou de la comparativité, appelés volitions, décisions, résolutions, propos, actes de vouloir ou de ne pas vouloir, restent sans objet, sans sphère d'action, ou, ce qui revient au même, sans force d'exécution ou de réalisation. Que les répugnances puissent se produire, en vertu de nos diverses facultés rivales, et, une fois qu'elles se sont produites, exciter vivement le désir de les éviter, c'est ce que j'ai démontré par tous les arguments et par tous les éclaircissements[2] que la matière méritait, à raison de son importance. Que les désirs de la volonté, c'est-à-dire les désirs de l'harmonie, du contentement ou du bien général puissent également se satisfaire, c'est ce que j'ai démontré d'une manière qui exclut tout doute et n'admet aucune réplique. Les réponses que m'a faites Thibets[3], la réponse du tribunal phrénologique à Thibets et à Caracalla[4], tout ce que j'ai dit sur le gouvernement, l'autorité, le libre arbitre ou la direction[5], les observations que je vous ai soumises dans diverses leçons sur l'influence mutuelle et l'association spontanée des facultés[6] et sur les moyens extérieurs dont l'intelligence peut se servir pour exciter certaines facultés et pour en réprimer d'autres, quelque exaltées et même quelque malades qu'elles soient[7], sont une preuve décisive et irréfragable que les désirs et aversions réfléchies de la volonté, ou ses desseins, projets, propos, en d'autres termes, ses actes de vouloir ou de non-vouloir, sont accompagnés de moyens ou de ressources qui lui permettent de les satisfaire, de les réaliser, de les exécuter.

La facilité d'exécuter ou d'accomplir un désir ou d'éviter l'objet d'une répugnance quelconque est le principe de toute LIBERTÉ, sous quelque point de vue, pour quelque application et dans quelque situation qu'on la considère. La liberté est donc d'autant plus large ou étroite, d'autant plus étendue ou bornée, que sont plus ou moins nombreuses les manières dont il est possible qu'un désir soit satisfait ou que l'objet d'une répugnance soit évité. La *liberté* de la destructivité chez l'homme est d'autant plus étendue que dans la brute, que plus grand est chez lui le nombre des facultés par le concours desquelles la destructivité peut se satisfaire. Chez l'homme, la destructivité peut se satisfaire en s'associant aux facultés animales, morales et intelligentes, tandis que dans la brute

[1] Voir t. I, p. 331 à 334, 410 à 419, et *Harmonisme* et *Antagonisme*, dans chaque faculté, depuis la leçon XXVII.
[2] Voir t. II, p. 242 à 245 et les endroits qui y sont cités.
[3] Voir t. I, p. 137 à 142.
[4] Voir t. I, p. 158 à 168.
[5] Voir t. I, p. 49 à 50, 166 à 168, 294 à 299; t. II, p. 11 à 14, 56, 73 à 75, 169 à 182, 204 à 206.
[6] Voir t. I, p. 447 à 449, 493 à 494, et *Direction* et *Influence mutuelle*, dans chaque faculté, depuis la leçon XXVII.
[7] Voir t. II, p. 7 à 14, 51 à 60, 68 à 76, 99 à 103.

elle ne peut se liguer qu'avec les facultés animales. Le tigre, par exemple, ne peut satisfaire sa destructivité qu'en combinant son action avec celle de l'alimentivité, de la combativité, de la générativité, de la conservativité et de quelques autres facultés, tandis que chez l'homme la destructivité peut se satisfaire[1] en combinant son action avec celle de ces facultés, et, en outre, avec celle des facultés qui tendent au plaisir d'autrui, à l'utilité commune, au bien général et même au perfectionnement de la partie même que l'on détruit. Moins un être a de facultés, moins il a de liberté, ou encore, moins il a d'espèces de libertés ou de modes de satisfaction, et plus il se trouve resserré dans le cercle de chacune de ces libertés. D'où il faut tirer cette grande et consolante conclusion, que plus l'homme s'assimile aux bêtes par l'ignorance et par l'animalité, moins il est libre, parce qu'il peut se procurer *des satisfactions d'autant moins étendues et d'autant moins élevées*, et plus il s'élève par la dignité morale et par l'intelligence, plus il est libre, parce que ses jouissances ou ses moyens de pouvoir agir d'une manière satisfaisante, sont d'autant plus nombreux, plus étendus, plus élevés.

Mais dans les animaux la *liberté* d'une faculté ne peut jamais envahir ou usurper le terrain de la *liberté* des autres facultés ; car, comme je l'ai dit[2], en eux elles agissent *toutes* naturellement dans une harmonie *instinctive*. Il n'en est pas de même pour les facultés humaines, sujettes à des luttes, à des guerres, à des séditions, dans lesquelles chacune cherche à étendre les limites de sa *liberté*, sans tenir compte des limites de la liberté des autres. Si, au milieu de ces usurpations commises par des *libertés* rivales, il n'existait pas un principe supérieur de *liberté générale*, un principe supérieur dont l'objet exclusif est de mettre ces libertés d'*accord*, pour produire l'*harmonie*, l'âme humaine se trouverait, *par la loi de sa nature*, en éternelle discordance avec elle-même, en d'autres termes, Dieu l'aurait créée avec des éléments discordants et *sans force harmonisatrice* ; or cette simple supposition serait une absurdité monstrueuse.

Ce principe harmonisateur, ce principe de liberté générale, protégeant et dirigeant, suivant une résultante parfaite, les libertés particulières, existe dans l'homme, ainsi que je l'ai démontré, et elle existe sous le nom de volonté ou de comparativité. Mais les désirs et les aversions de ces facultés sont[3], comme je viens de le dire, des résolutions, des propos, des décisions qui n'aboutiraient à aucun résultat sans une force d'autorité, sans une force d'empire, sans une force de direction. Ainsi tout principe de *liberté générale*, d'harmonie des libertés, est une *autorité* née, une autorité qui a le pouvoir naturel et spontané de réprimer et d'exciter les diverses libertés, pour pouvoir faire une *unité* de tous ces multiples, *è pluribus unum*, une *concordance* de toutes ces discordances[4] pour pouvoir produire cette identification mentale *unique*, qui absorbe et concentre toutes les autres identifications, en changeant tous les désirs en un seul désir ; car vouloir une chose ne peut être qu'un acte *unique*, quoique par rapport à cette chose il y ait *beaucoup* de désirs.

Voilà le point de la difficulté éclairci. Voilà comment le mot LIBERTÉ exprimant dans son sens abstrait ou universel, la facilité, le pouvoir acquis d'accom-

---

[1] Voir t. I, p. 295 à 295, 331 à 334; t. II, p. 185 à 186.
[2] Voir t. II, p. 244 à 246.
[3] Voir t. II, p. 266 à 267.
[4] Voir t. II, p. 258 à 259.

plir un désir ou d'éviter l'objet d'une répugnance, exprime, si on l'applique à
la VOLONTÉ, une force d'autorité, de commandement ou de direction exécutive.
Cette force de direction suppose dans la volonté les deux modes d'opération
passive et *active*[1] qu'a toute faculté. Elle suppose le mode d'opération ou de
capacité passive, puisque autrement la volonté ne pourrait point percevoir les
sensations ni les idées des autres facultés, c'est-à-dire qu'elle ne pourrait point
délibérer, penser, examiner, réfléchir, raisonner pour parvenir à concevoir,
quand il y a dissidence entre les facultés, ce qu'il y a de meilleur ou de plus
convenable pour tout l'être, considéré sous autant de rapports qu'il a de facultés, et que ces facultés ont de sensations et d'idées[2], en se fondant sur quelque motif[3] d'harmonie, de contentement ou de bien général. Sans cette capacité passive la volonté ne pourrait jamais déterminer ce qu'elle doit commander,
imposer ou exiger dans tels cas donnés, puisque sa force ou sa capacité de réaction manquerait d'éléments ou de substance concrète sur laquelle elle pût réagir ; et par conséquent elle ne pourrait ni concevoir ni déterminer ce qu'elle
aurait à faire.

D'autre part, sans le mode d'opération active, les perceptions ou conceptions
du bien, du contentement ou de l'harmonie générale de la volonté ne pourraient
point se changer en résolutions, en décisions, en desseins, en intentions ou projets à exécuter, à accomplir. Mais en elle-même et par elle-même la volonté est
simplement une autorité, une force directrice ; comme telle, elle n'accomplit
donc rien directement, ELLE FAIT ACCOMPLIR ; elle n'exécute donc rien directement, elle commande, elle ordonne, elle exige que ce qu'elle veut, ce qu'elle a
résolu, soit exécuté ; la réalisation immédiate, la force d'exécution proprement
dite, ne dépend point de sa LIBERTÉ ; elle a seulement le pouvoir d'empêcher
l'exécution, l'accomplissement, la réalisation d'une chose quelconque, de ne pas
suivre l'impulsion d'un désir ou d'une aversion, du moment où cette chose
n'est pas complétement harmonique, c'est-à-dire où elle n'est pas conforme à
l'intérêt général de l'individu dans tous ses rapports ; elle a seulement le pouvoir de permettre l'effet de toute impulsion qui y est conforme. Que nous ayons
une semblable liberté, ou le pouvoir de subir ou de repousser une impulsion,
suivant qu'elle se concilie ou qu'elle ne se concilie pas avec les autres impulsions,
motifs, sensations ou idées, cela est hors de doute ; c'est là un fait qui se passe
et que nous sentons se passer au dedans de nous à chaque instant. De là vient
notre responsabilité absolue pour toute action mauvaise ou discordante : car
nous avons eu, en premier lieu, la force passive ou intelligente nécessaire pour
la percevoir dans sa subjectivité, et, en second lieu, la force dominatrice ou régulatrice nécessaire pour empêcher que de sa subjectivité ou de son existence
purement mentale, elle passât à l'objectivité ou à l'existence matérielle[4].

De ce que je viens d'expliquer, il est facile d'inférer que, dans leur partie
impulsive, toutes les facultés sont soumises à la volonté, et que, par conséquent,
dans l'état normal, aucune action n'émane de l'homme, à laquelle ne consente
ou que ne permette tacitement ou explicitement la volonté, cette AUTORITÉ intelligente que Dieu a installée dans l'âme de toute créature humaine. Supposer donc

[1] Voir t. I, p. 351, 387, 422-424; t. II, p. 9 à 10.
[2] Voir t. I, p. 331 à 335, 521 à 528; t. II, p. 173 à 174, 211 à 216.
[3] Voir t. II, 249 à 250.
[4] Voir t. II, p. 241 à 245, 265 à 269 et *Conditions* et *Accidents de la volonté*, leç. XLVII.

avec M. de Girardin, surnommé le *géant du journalisme*, qu'on peut fonder le gouvernement de l'individu ou de la société sur le principe exclusif d'*une liberté absolue*, comme il l'a souvent soutenu [1], sans l'intervention simultanée du principe de l'AUTORITÉ, dont il nie dans tous les cas l'origine naturelle ou divine, excepté peut-être, dit-il, dans le cas de l'autorité paternelle, c'est, d'une part, résister à l'évidence de certains faits qu'il ne peut apprécier faute de connaissances positives de l'esprit humain, et, d'autre part, c'est supposer qu'il peut y avoir des désirs et des répugnances susceptibles, par leur nature, d'*usage* et d'*abus*, sans un gouvernement moral et intelligent qui prescrive l'*usage* et réprime l'*abus*. Analogiquement ce serait supposer qu'il peut y avoir un univers sans Dieu, des nations sans gouvernement, des armées sans général, des écoles sans maître, des attelages sans conducteur, des libertés rivales, en un mot, sans principe directif qui les *achemine* toutes vers un BIEN GÉNÉRAL, en les détournant des voies où elles ne trouveraient que les éternelles luttes de la discorde.

Nous dire que la *liberté* d'*un* homme ou d'*une* réunion d'hommes porte en elle ses propres limites, comme l'affirment Girardin et ceux de son école, en essayant de le démontrer par de vaines questions telles que celles-ci : « Est-ce que les astres n'ont pas leur orbite? Est-ce que la fatigue n'épuise pas les forces? Le meilleur piéton ferait-il dix lieues en une heure? Le meilleur estomac digérerait-il une arrobe de viande [2] en un jour? » c'est confondre l'action d'une faculté considérée uniquement en elle-même avec cette action considérée dans ses rapports de discordance et de concordance avec les autres facultés. Dire à l'acquisivité : « Tu as une *liberté absolue*, agis avec ta *liberté absolue*... » c'est lui dire : « Suis l'impulsion de tes instincts sans égard ni considération pour les autres facultés. » Cela équivaudrait à lui dire : « Sers-toi comme tu l'entends des autres facultés, pour accomplir ton désir; » phrase que l'on pourrait traduire ainsi dans le langage commun : « Tue, vole, égorge, brûle, attaque l'honneur, la pudeur, la religion, le bien-être d'autrui, en un mot, viole à ton aise toutes les autres libertés pour satisfaire la tienne. Si tu dépasses certaines bornes, tu te détruiras, ou tu te fatigueras, ou tu annuleras ta propre action.» Ce serait nier, comme on le nie virtuellement, le principe de la volonté qui discerne ces abus et les évite, en limitant l'action particulière de chaque faculté à l'action harmonique générale de toutes les facultés. Ce serait proclamer comme unique principe coercitif, impulsif et directif de l'homme, le plaisir ou la douleur sensitivement transmis du dehors, ce qui seul arrive dans les brutes [3], et non la force directrice intelligente agissant du dedans, dont l'homme est doué. En niant le principe de la volonté dans l'homme, on nie celui de l'AUTORITÉ parmi les hommes, et on leur dit : « *Gouvernez-vous par le principe d'une liberté absolue;* » en d'autres termes : « Que chacun satisfasse ses désirs à son gré; car, quand il sera rassasié, il ne pourra plus les satisfaire; ou bien, quand, en se satisfaisant, il aura porté atteinte à la liberté d'autrui, il y aura des guerres, des séditions, des troubles, des malheurs et des catastrophes qui ne lui permettront pas d'aller plus loin. » Ce serait proclamer l'ABUS comme l'unique loi de notre nature, en niant l'existence de la volonté, qui discerne et exige l'USAGE.

---

[1] Dans la *Presse*, lorsque ce journal était sous sa direction.

[2] L'*arrobe* équivaut à vingt-cinq livres, c'est-à-dire à treize kilogr. à peu près du système de poids français.

[3] Voir t. II, p. 244 à 249.

Les horribles résultats du principe de la liberté absolue parmi les hommes, toutes les fois qu'*accidentellement* il a régné seul dans une société quelconque[1], prouvent et prouveront éternellement, comme le *train qui déraille*, sa funeste influence par des traces ineffaçables. Je crois avoir ainsi démontré, par des considérations aussi nettes que décisives, que jamais les diverses inclinations contraires de l'individu ne pourront constituer son principe d'autorité ou de direction individuelle, comme les volontés différentes et rivales d'une société ne pourront non plus jamais former son principe d'autorité ou de direction sociale. Et cependant, sans une *autorité individuelle*, l'homme ne serait qu'un tourbillon de passions, comme, sans une *autorité sociale*, les hommes ne seraient qu'un tourbillon de volontés. Ainsi, dans l'homme comme dans la société, le principe de la *liberté* et le principe de l'*autorité* sont INSÉPARABLES et CORRÉLATIFS. L'un suppose l'autre, et le bon gouvernement dépend, non de l'absence de l'un ou de l'autre, mais de l'*harmonie* des deux. Augmenter la liberté aux dépens de l'autorité, c'est tomber dans la *licence*, qui confond et renverse tout[2]; augmenter l'autorité aux dépens de la *liberté*, c'est tomber dans l'oppression, qui resserre et flétrit tout[3]. Sachez-le donc, habitants de la terre : voulez-vous, comme individus ou comme nations, être plus libres? Augmentez de plus en plus la vigueur et l'énergie de toutes vos facultés[4]; c'est-à-dire augmentez toutes vos libertés en harmonie. De la sorte, si vous êtes plus destructeurs, vous serez aussi plus constructeurs, vous serez aussi plus justes, plus religieux, plus sensibles sur le point d'honneur, et vous le serez afin de mieux arriver au bien, au plaisir ou à la concordance générale ; en d'autres termes, vous le serez afin de mieux obéir à la loi divine, qui, suivant la magnifique expression de notre illustre frère Louis de Léon[5], est la loi de notre propre progrès. La somme des libertés individuelles constitue la quantité de liberté nationale. Supposer qu'un peuple peut être nationalement plus libre, chaque citoyen l'étant moins, c'est supposer qu'un tout est plus grand que toutes ses parties réunies. Ceux qui, ignorant les lois mentales, supposent que la liberté peut exister sans l'autorité dans le monde moral ; que le principe d'autorité règne plus ou moins exclusivement, par exemple, en Russie, et le principe de liberté aux États-Unis, supposent une chose absurde. Non-seulement la liberté et l'autorité ne peuvent jamais être séparées, mais là où il y a plus de liberté, il doit nécessairement y avoir plus d'autorité ; car l'autorité n'est que la direction des libertés, et plus de libertés nécessitent plus de direction, comme plus d'aveugles exigent plus de guides (*lazarillos*).

L'individu, comme partie ou membre de la nation, sent l'action du gouvernement, qui est l'autorité générale, aux États-Unis, moins; en Russie, davantage. Mais est-ce parce qu'en Russie il n'y a point de liberté et que l'autorité est tout, ou parce qu'aux États-Unis la liberté est tout et qu'il n'y a point d'autorité? Impossible. S'il en était ainsi, tout Russe serait un automate sans aucune force d'action, sans aucun pouvoir d'exécution ; car cette force et ce pouvoir sont ce que l'on entend et ce que l'on peut seulement entendre par liberté[6].

[1] Voir t. I, p. 164 à 168.
[2] Voir t. I, *ibid.*
[3] Voir t. I, p. 193.
[4] Voir t. II, p. 267 à 268.
[5] Voir t. I, p. 411.
[6] Voir t. II, p. 267 à 270.

Et, sans *liberté*, la nécessité de l'*autorité* eût-elle jamais existé, se fût-elle jamais fait sentir? Non, répondra naturellement et spontanément tout homme qui n'a point perdu le sens commun. D'autre part, si aux États-Unis la liberté régnait seule, chaque Américain serait un despote absolu, et tous les Américains formeraient une réunion de despotes absolus, dont l'état normal serait forcément la discorde, le désordre et la guerre; quand, au contraire, il n'y a point au monde de peuple chez qui règnent davantage la concorde, l'ordre et la paix [1].

Ces observations vous démontrent quelle grosse absurdité ce serait de supposer que dans l'ordre moral et rationnel la liberté soit possible sans l'autorité, ou l'autorité sans la liberté. Ce qui est vrai à cet égard, messieurs, c'est, en commençant toujours par l'individu pour descendre ensuite à la société, que comme un *homme* doit moins lutter contre lui-même, et sa volonté a moins souvent besoin de réprimer ou d'exciter les autres facultés, à mesure qu'elles agissent toutes dans les limites de l'activité qui constitue l'*usage*; de même, dans une nation, l'action du gouvernement tendant à réprimer ou à exciter les individus se fait moins sentir à mesure que d'eux-mêmes ils se répriment ou s'excitent pour ne pas dépasser ou pour atteindre les limites qui décrivent le cercle de l'*usage*. Si aux États-Unis les individus jouissent de plus de liberté qu'en Russie, c'est parce que, autant les Américains du Nord sont plus intelligents, plus instruits et généralement plus actifs que les Russes, autant ils sont

---

[1] Ceci doit s'entendre comparativement et s'applique à la situation des États-Unis il y a quelques années. Car le grand principe, comme je viens de l'établir, est celui-ci : plus il y a de liberté, plus il doit y avoir d'autorité. Supposer une plus grande somme et une plus forte organisation de libertés sans une plus grande somme et une plus forte organisation d'autorité, pour les harmoniser et les diriger, c'est supposer ce qui n'existe pas en principe dans le monde physique, et le vouloir introduire dans le monde moral, c'est vouloir le troubler par une infraction de la loi d'harmonie.

L'agrandissement du territoire et l'accroissement de la population des États-Unis développent et multiplient, par une conséquence naturelle, les intérêts contraires, et augmentent en même temps les éléments de perturbations sociales. L'autorité de l'individu sur lui-même devient inefficace pour l'engager à la subordination, en conciliant ses libertés avec celles de ses concitoyens. Il est donc fort douteux que la forme du gouvernement des États-Unis puisse se concilier longtemps avec le rapide accroissement quant à la quantité et quant à l'importance de tant d'intérêts individuels et sociaux essentiellement contraires. Ce développement de forces rivales est inévitable, tant que le territoire et la population s'accroîtront, parce que, comme je l'ai déjà expliqué, cet antagonisme est nécessaire pour que l'humanité, soumise à la loi du progrès, ne cesse d'avancer dans sa marche constante et continuelle vers la perfection infinie.

Le mormonisme, l'esclavage, le manque de liberté personnelle à cause de l'abus qu'on en fait, l'impuissance de l'autorité, qui ne peut employer que des moyens de répression insuffisants, la licence de la presse, la fréquence des divisions intestines locales ou des émeutes que des intérêts opposés excitent avec une facilité excessive, et d'autres symptômes de cette nature sont une preuve que la force des convictions individuelles ne constitue pas une autorité assez intelligente et assez forte pour faire cesser l'immense divergence des libertés et des intérêts qui existent dans la société américaine. Il est donc grand temps que l'autorité générale extérieure se fasse *plus* et *beaucoup plus* sentir. Tout cela éclaircit, corrobore et confirme le principe dont je vous ai si amplement expliqué la découverte dans ce que je vous ai dit plus haut : c'est que tant que le gouvernement social ne se fonde pas sur le gouvernement individuel que Dieu a établi en la tête humaine, il chancellera sur sa base d'un côté ou d'un autre. Il doit y avoir dans la société, comme il y a naturellement dans l'homme, une autorité unique, souveraine et suprême, dont la loi soit la protection, le progrès et l'harmonie complète de tous les intérêts et de toutes les libertés.

(*Note de l'auteur pour l'édition française.*)

plus soumis à l'empire d'une plus grande force d'autorité individuellement propre ; ils se répriment ou s'excitent plus *volontairement* par eux-mêmes, par leur activité intérieure, pour ne point se voir réprimés ou excités *forcément* par une influence extérieure, comme les brutes [1] auxquelles Dieu a refusé toute direction et toute autorité intérieure. N'en doutons pas, celui qui dans la sphère de son action se dirigera moins par la force intérieure de sa propre AUTORITÉ, sera d'autant plus soumis à l'action de l'autorité extérieure. Gouvernements et gouvernés ne forment qu'*un corps*, et ce corps n'est soumis qu'à une loi qui est celle du bien [2] ; s'ils ne s'y conforment pas, autant qu'ils le savent et le peuvent, la loi contraire, qui est le mal [3], les obligera à s'y conformer. Parmi les hommes, qui sont des êtres moraux et raisonnables, si le gouvernement, quelle que soit sa forme, est immoral ou inhabile, les gouvernés, par une loi à laquelle ils ne sauraient se soustraire, se soulèvent contre lui et le renversent : si les gouvernés se jettent dans les désordres des révolutions parce que l'autorité est mauvaise, ignorante ou faible, ils ne se tranquillisent pas jusqu'à ce qu'ils trouvent eux-mêmes ou que la Providence leur procure une autorité qui réprime leurs excès et dirige au bien général toutes les libertés publiques.

Les philosophes qui ont cru qu'il y a dans l'homme une autorité originelle, innée, instinctive, n'auraient jamais avancé comme base fondamentale du gouvernement humain cette proposition : « *Aucun* homme n'a plus d'autorité ni plus de droits qu'un autre homme, » s'ils avaient réfléchi que le principe d'autorité, comme le principe de justice, comme le besoin de manger, de comparer, de parler, quoique identique dans tous les hommes, l'est seulement dans son essence spirituelle, et que dans son mode de manifestation ou d'application il est, comme je l'ai prouvé jusqu'à l'évidence [4], aussi varié que les individus, les peuples et les nations de la terre. Dans son essence, l'autorité est UNE, sans aucun doute, mais dans ses manifestations, par lesquelles seules son essence peut se produire, elle se multiplie et se divise. En principe ou essentiellement, l'autorité de l'imbécile d'Amsterdam est la même que celle de Gall [5] ; celle de Thibets est la même que celle de Prieur [6] ; mais dans ses manifestations, et nous ne pouvons connaître que les manifestations extérieures, ni être influencés que par elles, combien celle de Gall est supérieure à celle de l'imbécile ! combien celle de Prieur est supérieure à celle de Thibets ! Il est aussi naturel que l'imbécile se sente dominé par Gall, et que Gall se sente supérieur à l'imbécile, ou que Thibets se trouve subjugué par Prieur, et que Prieur domine Thibets, qu'il est naturel qu'un géant ait plus de force physique qu'un nain, ou qu'un nain en ait moins qu'un géant. Chez ces deux derniers êtres, la force physique, *dans son essence* ou *dans sa nature*, est la même, mais, dans ses manifestations, combien celle du géant l'emporte sur celle du nain, et combien la force du nain le cède à la force du géant ! Il m'a toujours paru que vouloir fonder un gouvernement humain sur le principe que tous les hommes ont la même autorité, les mêmes droits et les mêmes libertés, c'est la même chose que vouloir établir une méthode de peindre des portraits bien res-

[1] Voir t. II, p. 214 à 250.
[2] Voir t. II, p. 255.
[3] Voir t. I, p. 31 à 33, 410 à 419.
[4] Voir t. I, p. 444 à 446; t. II, p. 173 à 174, 214 à 216, 221 à 224, 252 à 255.
[5] Voir les portraits, t. II, p. 264.
[6] Voir ce qui s'est passé entre eux, t. I, p. 137 à 141.

semblants sur le principe que tous les hommes ont le même visage, les mêmes traits et la même expression, parce que tous ont le visage, les traits et l'expression qui appartiennent à l'humanité.

LEÇON XLVI

Action combinée des facultés intellectives ou intellectualitives. — L'intelligence. — La volonté. — Le moi. — Influence corrélative entre notre moral et notre physique. — Principes d'impulsion qui sont aveugles et opposés, source des troubles et des luttes qui se passent *au dedans de nous*; principes de direction qui sont intelligents et qui tendent à l'harmonie, source de la régularité et de l'ordre avec lesquels nos actions, considérées au point de vue individuel ou au point de vue social, peuvent se produire *au dehors*.

(SUITE.)

MESSIEURS,

C'est à un tel point et de telle sorte, que l'on a confondu et que l'on confond, dans le langage scientifique comme dans le langage commun, les diverses significations du mot volonté, qu'il n'est pas possible, à mon avis, de parvenir à se former une idée précise et complète de la volonté elle-même sans se rendre nettement et exactement compte de cette confusion. J'ai donc cru qu'il était de la plus haute importance, sinon d'une nécessité absolue, d'appeler spécialement votre attention sur ce sujet.

Modes d'action mentale avec lesquels on confond la volonté. — La VOLONTÉ, considérée soit dans son essence, soit dans son impulsion instinctive, soit dans ses actes réfléchis de vouloir ou de non-vouloir, soit dans ses moyens de réaliser ces actes, est l'objet d'une continuelle confusion. Tantôt on prend les volitions ou les résolutions pour les impulsions des autres facultés, tantôt on les prend pour la VOLONTÉ elle-même. Quelquefois on confond la volonté avec les impulsions et les sensations qui se transmettent jusqu'à elle et sur lesquelles elle réagit et opère; et d'autres fois on confond l'entendement et l'intelligence en général avec la perception intelligente propre à la volonté, sans que presque dans aucun cas on manque de confondre le principe de la *liberté*, nécessairement renfermé dans la volonté avec les diverses applications ou la sphère d'action de ce principe. Une pareille confusion, de si grandes divergences, proviennent, je crois, et je l'ai déjà fait remarquer, de l'ignorance de l'origine primitive d'où émane la volonté considérée dans son principe ou dans son essence.

Pour bien comprendre comment on confond sans cesse les résolutions de la VOLONTÉ ou les volitions avec les *impulsions*, c'est-à-dire avec les désirs et les répugnances des autres facultés; pour voir aussi clairement que possible en quoi consiste cette confusion, rappelez-vous que l'homme ne peut pas dire qu'il a formé une résolution ou qu'il a une volition quelconque, ou, ce qui revient au

même, *qu'il veut ou ne veut pas*, sinon quand il a délibéré COMPARATIVEMENT,
en d'autres termes, quand, en présence de motifs et sous l'influence de sentiments plus ou moins nombreux, plus ou moins contraires, il a résolu de préférer ou de rejeter une chose, de s'y attacher ou d'y renoncer, d'exécuter ou de
ne pas exécuter une action. Néanmoins, nous disons souvent : « Je veux manger; je ne veux pas manger; » quand seulement, à proprement parler, *nous désirons* manger, ou qu'il nous *répugne* de manger ; c'est-à-dire, quand seulement
nous nous sentons aveuglément *excités* par la partie *instinctive* de l'alimentivité
à agir sous l'impulsion de son désir ou de son dégoût particulier, sans avoir
comparé ce désir ou ce dégoût avec mille autres désirs et dégoûts différents, avec
mille autres sensations et idées différentes, avec lesquels ce mouvement de l'a-
limentivité se trouve et doit nécessairement se trouver combiné dans un être
composé, comme l'homme, de tant d'éléments contraires mais conciliables. Tant
que cette délibération comparative ne s'est pas effectuée, la perception analogique qui détermine si ce désir ou ce dégoût de manger que l'on éprouve conduit ou ne conduit pas, de la manière et dans le moment où on l'éprouve, à un
acte *bon* ou *mauvais*, eu égard à tous les éléments de notre nature physique,
animale, morale et intelligente, considérés en bloc, et si par conséquent il faut
se prêter ou s'opposer à cet acte, en permettant ou en empêchant qu'il s'accomplisse à l'instant même, ou plus tard, ou avec quelques modifications, cette perception ne peut pas avoir lieu. Sans cette perception analogique intelligente, effet
de l'opération ou de la délibération de la *comparativité*, aidée de toutes les sensations et idées des autres facultés, l'acte mental dont nous parlons ne saurait
émaner que de l'INSTINCT de l'alimentivité et non de la VOLONTÉ; il ne sera pas
une *volition*, en d'autres termes, il ne sera pas *un vouloir ou un non-vouloir*,
mais simplement *un désir ou une répugnance*. Et si ce désir s'accomplit, si cette
répugnance est satisfaite, l'action extérieure qui en résultera ne sera qu'une action *aveugle ;* ce sera une action provenant, non d'une volonté raisonnable,
mais d'un instinct *animal :* cette distinction n'avait peut-être pas été faite jusqu'ici avec la clarté qui, si j'en juge par l'expression de votre physionomie, vous
la fait parfaitement comprendre.

Il faut toutefois faire une observation à cause de sa haute importance, tant au
point de vue législatif qu'au point de vue judiciaire : c'est que, à proprement
parler, même quand une action est purement *instinctive* chez l'homme, c'est-
à-dire même quand elle émane d'un désir ou d'un dégoût *aveugle* et *animal*,
et non d'une volition *intelligente* et *morale*, cette action n'est point et ne doit
point être appelée *involontaire*, puisque la VOLONTÉ subsiste dans le sujet moral
et intelligent chez qui elle a été conçue et par qui elle a été exécutée. Si cette
action a été criminelle ou blâmable à raison du moindre des résultats infinis
qu'elle peut avoir, l'être qui en est l'auteur est *responsable* de son crime ou de
sa faute, pour n'avoir pas, le pouvant, exercé sa volonté intelligente et morale,
qui aurait pu en prévoir les suites et par conséquent empêcher que l'action
s'accomplît, ou qu'elle s'accomplît à l'aveugle et sans direction, et c'est peut-
être cette négligence qui en a constitué la criminalité ou la répréhensibilité.
Pour que l'on puisse proprement appeler une action plus ou moins involontaire,
c'est-à-dire pour que l'on puisse s'assurer qu'une action s'est accomplie à défaut
de discernement et de perception intelligente, il faut ou que la volonté morale
et intelligente n'existe point dans l'être animé, auteur de l'action, et c'est le cas
des animaux, ou que, si elle existe, elle soit malade, ou que le sujet n'ait point

assez de pouvoir ou de liberté pour empêcher l'exécution de l'action. Ce dernier cas arrive quand, par exemple, les bras nous tremblent de froid sans que la VOLONTÉ travaille à empêcher que le tremblement ait lieu ; ou quand, sous l'impulsion d'une destructivité furieuse, un homme en démence, ou même un homme sensé, dans un accès de fièvre, décharge un coup violent sur une douce, inoffensive et faible créature ; dans ces cas-là, la VOLONTÉ est pendant un temps plus ou moins long obscurcie dans sa partie *intelligente* ou *passive*, et énervée dans sa partie *impulsive* ou *active*. Mais, d'une part, l'homme ne sait pas tout et ne peut pas tout ; d'autre part, il sent peser sur lui l'imperfection que nous a transmise par sa transgression notre premier père Adam.

Nous confondons la volonté dans son *essence* avec ses actes de vouloir ou de non-vouloir, ou avec ses *volitions*, quand nous disons : « C'est là ma volonté ; telle est sa dernière volonté. » Le mot VOLONTÉ n'exprime en ce cas qu'une résolution prise, une détermination arrêtée, un propos formé, c'est-à-dire un acte exclusivement propre à la volonté, mais non la volonté elle-même, non la faculté de la volonté.

On prend la VOLONTÉ pour les impulsions, les sensations et les perceptions partielles qui lui sont transmises et sur lesquelles elle réagit et opère, comme pour sa liberté ou son pouvoir exécutif, quand on affirme avec certaines écoles philosophiques que l'âme a seulement trois facultés : la sensibilité, l'intelligence et la volonté ; ou bien la mémoire, l'entendement et la volonté[1] ; on entend alors par volonté la réunion de toutes les facultés mentales, en tant qu'émanent d'elles nos instincts et nos sensations, ou nos impulsions et nos impressions, et en tant qu'elles usent de toute notre *liberté* pour permettre ou empêcher l'accomplissement des actions auxquelles nous portent ces impulsions, et pour consentir ou résister à la douleur ou au plaisir que ces impressions nous causent. En l'entendant ainsi, ou en comprenant les autres facultés dans ces trois principales, on ne tombe dans aucune erreur, si l'on dit que les puissances de l'âme sont au nombre de trois, savoir : la mémoire, l'entendement et la volonté.

La VOLONTÉ, ainsi considérée, devient le principe fondamental de toutes nos *actions* et *omissions*, l'origine de toutes nos dispositions et de tous nos talents, l'arbitre de toutes nos impressions agréables ou désagréables. Mais confondre les instincts actifs et les sensations passives de toutes les facultés de l'âme avec la VOLONTÉ, dont l'objet est d'empêcher ou de permettre l'exécution des actions auxquelles conduisent les uns et de diminuer ou augmenter l'énergie des autres, pour les faire contribuer ensemble au bien ou à l'harmonie générale, c'est confondre les éléments de notre esprit qui doivent être gouvernés et dirigés avec l'autorité à laquelle ils doivent obéir. En attribuant exclusivement à une faculté particulière l'intelligence ou l'entendement, pour aussitôt supposer que la volonté est douée d'intelligence ou d'entendement, on a besoin de s'engager dans mille explications obscures, embarrassées et pleines de difficultés, dans lesquelles on confond à chaque instant la capacité ou la perception intelligente de la volonté avec la faculté de l'intelligence ou de l'entendement proprement dit. D'autre part, il est impossible de ne pas reconnaître à la volonté une capacité intelligente. Toute philosophie qui la refuserait se mettrait en complet désaccord avec le sens commun du genre humain et avec la pratique de tous les tribunaux. Qui ne voit que pour nous RÉSOUDRE nous avons besoin de *connaître* les choses

[1] Voir t. 1, p. 82 à 95.

sur lesquelles nous avons à nous résoudre, et que l'intelligence est nécessaire pour former la résolution? Quel tribunal civil, militaire ou ecclésiastique y a-t-il sur la terre qui considère une *action* comme *volontaire*, si cette action n'a pas été accomplie sciemment, exprès, à dessein ou avec intention, c'est-à-dire si elle n'a pas été faite *intelligemment*, après réflexion ou avec discernement des causes et des effets? Ainsi là où manque une force de perception *intelligente*, là il n'y a et ne saurait y avoir de *volonté*. Sachez-le bien, messieurs, et sachez-le une fois pour toutes, l'intelligence générale dépend de toutes les facultés intellectualitives, et l'intelligence particulière de la volonté de la partie perceptive, conceptive et mémorative de cette faculté.

On confond le principe de LIBERTÉ inhérent à la volonté avec les applications de ce principe, quand on nous dit que notre VOLONTÉ est la cause et l'origine de toutes nos *actions* et *omissions*. Cette confusion vient de ce que l'on n'a pas bien compris qu'autre chose est la force d'autorité ou de direction intelligente qui réside dans la volonté, autre chose sont les éléments qui sont soumis à cette autorité; et qu'ainsi les *actions* comme les *omissions* dépendent de causes différentes. La volonté ne peut avoir de LIBERTÉ pour un plus grand nombre ou pour un autre ordre d'*actions* ou d'*omissions* que pour celles dont les éléments d'exécution ou de non-exécution se trouvent immédiatement sous son domaine. Les organes de la digestion, par exemple, ne sont pas soumis à l'empire de notre volonté; par conséquent, notre volonté n'est pas libre de digérer bien ou mal, comme par la même raison elle n'est pas libre de faire circuler ou de ne pas faire circuler le sang. Notre volonté a un certain empire sur les organes de la respiration, et conséquemment, quelque borné que soit cet empire, notre volonté a une certaine LIBERTÉ de se prêter ou de résister à la respiration. Si presque tous nous ne composons pas et ne saurions pas composer des opéras comme Rossini, ni jouer du violon comme Paganini, ce n'est pas que notre volonté ne soit pas *libre*, puisque nous sentons qu'elle est libre d'imiter leurs actions, mais c'est que, ne disposant pas de certains éléments musicaux extraordinaires, elle ne peut pas déployer les ressources de sa liberté dans une sphère d'action aussi étendue que celle de ces immortels musiciens. Il est donc important de comprendre et de bien comprendre que la LIBERTÉ de notre volonté ne sait pas tout, ne peut pas tout, qu'elle n'est pas universelle, mais qu'elle se borne, dans sa partie *passive*, aux irradiations des autres facultés, et dans sa partie *active* aux éléments qu'elle domine, et sur lesquels elle doit étendre progressivement sa domination. Mais, comme il n'est point d'homme qui, pourvu qu'il soit dans un état sain et qu'il ne soit pas imbécile, dont la volonté n'ait à sa disposition des éléments moraux et intelligents[1], il n'en est point non plus dont la LIBERTÉ ne parvienne à pouvoir suivre ou ne pas suivre, modifier ou ne pas modifier une impulsion, qui, considérée isolément, le conduirait au crime; c'est pourquoi, dans les cas normaux, ordinaires ou réguliers, nous sommes tous responsables de nos actions sans qu'il y ait une législation humaine qui ne parte pas du principe que toutes sont *volontaires*, jusqu'à preuve du contraire. On ne peut pas nier, cependant, qu'en cela comme dans toutes les choses humaines, il y a du plus et du moins, il y a divers modes et divers degrés; de sorte que, s'il est vrai que notre VOLONTÉ et sa liberté, s'il est vrai aussi que tous nos désirs

[1] Voir t. II, p. 260 et les endroits qui y sont cités.

et toutes nos répugnances[1] sont, dans leur essence, identiques chez tous les hommes, il est également vrai que, dans leurs *qualités* et dans leurs *rapports*, ils sont chez tous et doivent nécessairement être différents. Il reste donc bien établi et démontré qu'autre chose est la LIBERTÉ de la volonté, que personne ne saurait nier sans avoir perdu le sens, autre chose l'étendue, la juridiction ou la sphère d'action de cette LIBERTÉ, que la phrénologie prouve, loin de la contester, et qu'elle élargit, loin de la restreindre, ainsi que je l'ai démontré[2] d'une manière qui n'admet ni doute ni réplique.

LE LIBRE ARBITRE.

La volonté est le principe fondamental ou la dynamique de notre libre arbitre. — Nous avons tous la conscience qu'il existe au dedans de nous un certain principe d'action ou une puissance dynamique GÉNÉRALE dont les opérations sont supérieures aux sensations ou aux idées PARTICULIÈRES[3],

[1] Voir t. II, p. 173 à 174, 214 à 216, 252 à 253.

[2] Voir t. I, p. 156 à 175; t. II, p. 51 à 60, 72 à 74.

[3] Comme on néglige trop souvent de faire une distinction (qu'on ne devrait jamais perdre de vue, à raison de son importance) entre le principe de l'action ou la dynamique et l'acte ou le fait, j'ai eu soin, tout au commencement de ces leçons (voir t. I, p. 30 à 31), d'appeler votre attention sur ce sujet. Plus tard (voir t. II, p. 276), je vous ai fait remarquer que, pour avoir oublié cette distinction, on avait parfois employé le mot *volonté*, tant dans le langage scientifique que dans le langage commun, pour exprimer la *résolution* qui est un effet de la volonté; cet abus a contribué à faire confondre chaque jour de plus en plus la puissance dynamique avec ses actes. Comme d'une part l'importance du sujet qui nous occupe exige qu'on le comprenne bien, et comme, d'autre part, je n'ai pas vu qu'il ait été traité d'une manière assez claire, assez complète et assez concluante pour dissiper tous les doutes et satisfaire pleinement l'esprit, je crois qu'il ne sera pas inutile de faire ici quelques observations sur ce que sont les *principes* ou les *dynamismes* et les *actes* ou les *faits*.

Autre chose est, par exemple, l'estomac, principe ou dynamisme de la digestion, autre chose la digestion elle-même, acte ou fait, opéré ou produit par ce principe ou ce dynamisme. Le principe ne comprend que l'estomac ou l'essence inconnue du suc gastrique, de ce suc qui a dans l'estomac une variété digestive, sans qu'on sache pourquoi ce suc a ces propriétés particulières plutôt que tout autre; le fait implique l'effet de ces propriétés, l'action de ces forces sur quelques aliments introduits dans l'estomac, et il s'opère autant de digestions différentes qu'il y a d'actes de l'estomac et qu'il y a de variété dans les circonstances de temps, de quantité, de qualité, etc., dans lesquelles les aliments sont introduits. Autre chose est la voix humaine, autre chose sont ses actes ou ses effets. La voix humaine est un principe ou un dynamisme de sonorité articulée; mais les cris, les exclamations, les paroles, sont des effets ou des actes de ce principe ou de ce dynamisme, à la production desquels ont dû concourir une multitude de causes sensitives et intelligentes diverses. Autre chose sont les poumons, principe ou dynamisme de la respiration, autre chose les respirations et les aspirations. La première chose n'indique qu'un principe ou un dynamisme inerte; la seconde chose constitue des actes ou des faits qu'il ne peut produire, bien qu'ils lui soient propres, que lorsqu'une autre force causale en amène ou en provoque la production. En eux-mêmes et par eux-mêmes les poumons ne produiront jamais des aspirations ni des respirations; ce résultat ne sera jamais obtenu qu'avec le concours de l'air susceptible de se diviser à l'infini en combinaisons et en portions différentes; car c'est toujours avec une variété infinie que peuvent se produire les actes des poumons comme de toute autre force causale, quelque minime ou insignifiante qu'on la suppose.

Le principe ou le dynamisme, qui, affecté par des circonstances ou des causes étrangè-

à quelque hauteur que celles-ci élèvent l'âme, et avec quelque force qu'elles la portent à une action particulière. Nous sentons plus que cela; nous sentons que, maîtres absolus, nous pouvons arbitrairement choisir ou rejeter, préférer ou dédaigner des sensations, des impulsions ou des pensées particulières pour les associer et les désassocier, puis recommencer à combiner de mille manières toutes celles qui dans un moment donné existent dans

res, produit un phénomène, un fait ou un acte nouveau, ne saurait être le phénomène, le fait ou l'acte produit. C'est pourquoi on ne répétera jamais assez que le principe ou le dynamisme de l'être d'une chose ne réside ni ne saurait résider dans la chose elle-même. Si le principe de son être résidait dans une chose, tout existerait de soi et par soi, tandis qu'il n'y a que Dieu qui existe sans cause étrangère ou extérieure, parce qu'il est la cause des causes, le principe des principes. Chercher dans un acte *sensitif* ou *perceptif* le principe de son propre être ou existence, c'est nier l'existence de la puissance sensitive et perceptive d'où ces actes proviennent, et non-seulement l'existence de cette puissance, mais encore celle de l'Être suprême, infiniment sage, bon et puissant, qui l'a créée. S'il pouvait y avoir une opération sans un opérateur, ou si l'opérateur était assimilé, incorporé à l'action, le créateur et la création seraient une même chose. C'est seulement dans cette absurde hypothèse que pourraient être vrais l'*athéisme* qui, d'une part, admet l'action et en nie l'auteur, et le *panthéisme* qui, d'autre part, confond l'auteur de l'action avec l'action, et l'action avec son auteur.

Ces explications achéveront de vous convaincre de ce que je me suis tellement attaché à vous démontrer (t. I, p. 444 à 446, t. II, p. 173 à 174), à savoir que les principes, les dynamismes, les dispositions, les aptitudes, en un mot, toutes les forces natives, toutes les puissances causatives originelles, viennent de Dieu; et que les actes, les faits ou les effets instinctifs ou volontaires viennent de l'être en qui ils se manifestent. Ainsi vous comprendrez maintenant mieux que jamais que, par exemple, autre chose est le dynamisme, la disposition ou la force causale qui s'applique uniquement à la linguistique et qui s'appelle langagctivité (voir t. I, p. 445 à 456); autre chose sont les faits ou actes appelés *langues*, et tirant leur origine de ce principe ou dynamisme, par le concours d'autres puissances dynamiques ou d'autres forces causatives. Cette explication met pour toujours fin, si je ne me fais pas illusion, à toutes les disputes qui ont agité le monde littéraire depuis plus de trois mille ans sur la question de l'origine divine ou humaine des langues. Le dynamisme lingual est d'origine divine; l'acte ou le fait des *langues parlées*, qui s'est produit par le concours d'autres dynamismes associés au premier, est d'origine humaine. Autre chose est le dynamisme, le principe ou la faculté de la rectivité (voir t. II, p. 170 à 177), ainsi que les autres éléments primordiaux et essentiels par l'action desquels sont produits des actes ou des faits conformes à la rectivité; autre chose sont ces mêmes actes, ces mêmes faits considérés en eux-mêmes : l'un nous vient du ciel, l'autre est un fruit de la terre. Enfin, autre chose est la comparativité et autre chose sont les comparaisons (voir t. II, p. 214 à 216); comme autre chose sont ces comparaisons et autre chose les réactions intelligentes ou les résolutions (voir t. II, p. 266 à 267, 274 à 275) qui en résultent.

C'est parce qu'on n'a pas assez remarqué que Dieu s'est borné à créer des forces causatives ou dynamiques, posé les lois ou établi les modes d'action simple ou composée, nécessaires à la production des effets (et cette doctrine se trouve en parfaite harmonie avec tout ce que la révélation nous enseigne), que l'on a constamment confondu, comme je l'ai déjà dit, le principe avec l'acte et l'acte avec le principe.

Bálmes dit dans son *Histoire de la Philosophie (Éléments de philosophie*, § 575 : « *La philosophie est la raison examinant*, » et tout ce qu'il ajoute pour développer et expliquer cette idée ne sert qu'à montrer que, là encore, l'auteur a confondu la puissance dynamique avec le fait, ou, ce qui revient au même, le principe avec l'acte. « La raison examinant » est l'origine de toute philosophie actuelle et future; mais la philosophie elle-même, qui constitue le savoir humain, n'est qu'une émanation de cette origine (voir la note au bas de la page 7, t. I). Le mot philosophie signifie tout aussi peu la *raison examinant*, si l'on en considère le sens strictement étymologique, qui exprime, comme tout le monde le sait, l'*amour de la sagesse* ou plutôt le *désir de savoir*. Si le désir de savoir

l'âme pour les transformer en MOTIFS [1] ou causes générales d'action éloignée ou immédiate. Ce n'est pas encore tout; nous sentons, une fois que nos impulsions, nos sensations ou nos idées sont transformées en motifs, agir en nous un grand principe d'ÉLECTION, d'OPTION ou d'ARBITRAGE, qui pèse ou compare ces motifs comme des éléments entre lesquels il peut choisir celui qu'il préfère, et qui ensuite, obéissant à une loi d'intérêt général [2], se décide pour celui qu'il juge propre à procurer le plus de plaisir ou le moins de douleur à toutes les facultés considérées dans leur intime union, et qui enfin fonde sur le motif choisi ses réactions ou décisions, si différentes [3] des réactions ou impulsions particulières [4] des autres principes ou facultés de l'âme.

Oui, le sens intime de chacun de nous suffit pour que nous soyons tous irrésistiblement convaincus qu'en nous réside un principe *général* UNIQUE qui commande, ordonne, adopte l'affirmative ou la négative, un principe supérieur aux DIVERS autres principes *particuliers* coexistants, qui éprouvent des désirs et des répugnances différents et contraires [5], ou, ce qui revient au même, qui sentent diverses sortes contraires d'impulsions positives et négatives. Tel est le fait, fait dont j'ai démontré l'existence [6] par les importantes applications auxquelles il peut conduire, mais qu'en lui-même il est aussi inutile de prouver que de nier, parce que nous le sentons tous spontanément et irrésistiblement. En prenant ce sentiment pour point de départ, l'humanité est arrivée pas à pas à découvrir que si ces principes *particuliers*, dans leur variété d'actes infinis, sont des éléments susceptibles d'être intelligiblement combinés par UNE autorité exclusive, par un gouver-

n'excitait pas notre raison, nous n'aurions pas en nous de cause productive de l'étude : or sans cause il n'y a pas d'effet.

Hahnemann pose en principe et soutient que la médecine homœopathique rétablit dans notre corps, en affectant le principe vital, l'ordre ou l'harmonie physiologique appelée santé. Eh bien, le principe vital est UN, comme le principe de la linguistique est UN; mais comme les langues (voir t. I, p. 444 à 446), les modes, les genres et les degrés de vie sont infinis, ainsi que le démontrent les plantes, les animaux, les hommes, la vie d'une plante, d'un animal ou d'un homme n'est pas le principe vital; elle est un acte du principe vital, produit par divers organismes et mille causes coagissantes qui affectent ces organismes. Une vie ne réside donc pas dans le principe vital, pas plus qu'une langue ne réside dans la langagétivité, et c'est pour cela qu'aucun remède appliqué à la vie d'un organisme ne pourra affecter le principe vital. La vie elle-même, j'entends non la vie *psychologique*, mais la vie *physiologique*, dépend de l'organisme dans ses diverses conditions, et, pour agir sur elle, il est nécessaire d'agir sur l'organisme dont elle dépend. Nul doute que dans l'univers tout ne soit principe et acte, que tout ne soit cause et effet, excepté Dieu, qui est le principe de tous les principes et la cause de toutes les causes; mais il importe beaucoup, quand nous parlons des choses, de savoir si nous en parlons comme de principes généraux ou d'actes particuliers, comme de causes fondamentales ou comme d'effets communs, qui se rattachent à une cause fondamentale; en procédant autrement, nous pourrions tomber nous-mêmes et entraîner les autres dans de graves erreurs.

[1] Voir t. II, p. 249 à 250.
[2] Voir t. II, p. 252 à 258.
[3] Voir t. II, p. 266 à 267, 273 à 274.
[4] Voir t. I, p. 351 à 387.
[5] Voir t. II, p. 244 à 245.
[6] Voir t. II, p. 242 à 243, 257 à 262, 266 à 269.

nement *général*, par un élément ordonnateur souverain de ce qu'il choisit, c'est afin que ces principes partiaux ou particuliers, dans leurs conditions diverses et contraires, puissent, comme je ne me suis point lassé de le répéter [1], tendre à un but déterminé en coopérant avec unité à une action choisie, préméditée, réfléchie, intelligemment préconçue pour le plus grand bien ou le moindre mal de toutes les facultés considérées dans leur enchaînement étroit et dans la multiplicité de leurs rapports.

Cette autorité exclusive, ce gouvernement général, ce principe supérieur, qui à la fois choisit et ordonne, doit nécessairement avoir et a deux libertés [2] entièrement différentes, complétement distinctes, parfaitement bien caractérisées : une liberté passive et une liberté active [3], une liberté délibérative et une liberté exécutive, la liberté de choisir ou de préférer, et la liberté de mettre à effet ce qui a été choisi ou préféré. C'est précisément à ces deux libertés d'élection ou de préférence et de commandement ou de direction que, dans l'usage commun comme dans le langage scientifique, on a donné et l'on donne le nom de *libre arbitre*, de *franc arbitre*, de *liberté d'arbitre*, de *liberté de volonté*, et, par excellence ou antonomase, simplement de LIBERTÉ. Cette liberté intelligente, qui, à proprement parler, se compose de deux libertés, repose sur la VOLONTÉ.

Que la liberté de commandement, de direction, d'autorité suprème, pour permettre ou empêcher la transition d'un acte mental à son exécution matérielle, réside dans la volonté, c'est ce que je crois avoir prouvé et démontré [4] surabondamment et avec tous les éclaircissements qu'exigeait l'importance du sujet. Que la liberté de choisir ou de rejeter, de préférer ou de dédaigner toute sorte de sensations et d'idées, afin de les associer ou de les combiner habilement en motifs, en se décidant ensuite pour celui qui est jugé le plus propice aux intérêts de l'individu considéré dans ses innombrables rapports, soit également l'attribut spécial et exclusif de la volonté dans ses fonctions passives ou délibératives, c'est ce que j'ai aussi prouvé [5], mais pas assez particulièrement, pas avec les développements étendus qu'exige l'importance du sujet et les détails dans lesquels je vais entrer maintenant.

Toutes les facultés de l'âme humaine sont douées, comme me revient la gloire de l'avoir établi [6], d'un principe aveugle, impulsif, représentant leur force ACTIVE, et d'un autre principe intelligent, perceptif, représentant leur force PASSIVE [7]. La tendance de l'un est de chercher le plaisir et d'éviter la

[1] Voir t. II, p. 242 à 246, 257 à 262, 266 à 272.
[2] Voir aux p. 267-268 du t. II, ce qu'est la *liberté*.
[3] Voir t. II, p. 268 à 270.
[4] Voir t. II, p. 243 à 245, 249 à 251, 256 à 261, 267 à 270.
[5] Voir t. II, p. 257 à 262, 266 à 270.
[6] Voir t. I, p. 350 à 354, 553 à 555; t. II, p. 10 à 15, 51 à 60, 73 à 75, 210 à 211, 257 à 240, 266 à 270.
[7] Si la grande erreur de Gall, rectifiée par Spurzheim (voir t. I, p. 519) a consisté à faire trop souvent dériver les *actes mentaux* de l'action d'une seule faculté considérée dans son individualisme exclusif, celle de Spurzheim a consisté, ainsi que je crois l'avoir complé-

douleur; la tendance de l'autre est de chercher le savoir et d'éviter l'ignorance. La force AVEUGLE OU ACTIVE met toute faculté en état de produire et de
sentir des actes particuliers que nous appelons désirs et aversions, qui poussent l'individu à certains modes déterminés d'agir ou l'en détournent; la
force INTELLIGENTE OU PASSIVE met toute faculté en état de recevoir des communications, des influences ou des sensations, en vertu desquelles se manifestent les actes ou phénomènes que nous appelons sensations ou expériences,
perceptions ou connaissances. Avec la force ou le principe AVEUGLE, toute
faculté est susceptible d'éprouver et de faire éprouver une réaction, de subir
et d'imprimer une impulsion; avec la force intelligente, toute faculté est
capable d'être instruite et d'instruire, d'être dirigée et de diriger. C'est pourquoi il n'y a aucune faculté qui, tant dans sa partie aveugle que dans sa
partie intelligente, ne puisse être et ne soit successivement, par rapport à
une action, comme je l'ai plusieurs fois démontré [1], l'élément PRINCIPAL, le
centre d'une impulsion ou le principe d'une connaissance, et l'élément ACCES-
SOIRE, qui aide et éclaire l'élément principal.

Il y a dans l'être humain autant d'espèces de forces aveugles ou actives, et
de forces perceptives ou passives qu'il y a de facultés. Les forces aveugles
dominent et se laissent dominer en éprouvant une passion ou une douleur;
les forces perceptives, en concevant ou connaissant les choses avec calme et
sans souffrir. Les premières sont d'autant plus énergiques, qu'elles sentent
ou qu'elles souffrent plus vivement; les secondes le sont d'autant plus, que
plus considérable est le nombre des sensations essentiellement calmes ou des
données intellectives sur lesquelles elles s'exercent. Les forces aveugles, les
forces de la passion [2], quand elles se dominent l'une l'autre ou qu'elles
dominent toute autre force, VAINQUENT, entraînent ou anéantissent l'obstacle,
comme on voit un moindre mouvement céder à un mouvement plus rapide,
un doux zéphyr au violent ouragan; une faible digue au torrent impétueux; quand les forces intelligentes ou paisibles ont leur tour, elles CON-
VAINQUENT [3], elles instruisent, elles éclairent. Le triomphe des premières est

tement démontré (voir t. 1, p. 350 à 358), à considérer certaines facultés comme exclusivement *aveugles*, et d'autres comme exclusivement *intelligentes*. Il n'a pas su voir que toutes
les facultés ont et doivent avoir à la fois les deux principes, l'*intelligent* et l'*aveugle* ou
l'instinctif, ainsi que cela résulte de l'uniforme multiplicité de leurs propres actes considérés en eux-mêmes.
Il y a lieu de dire ici en passant que les sentiments ou sensations passives sont *aveugles*,
en tant qu'elles ne renferment pas des actes comparatifs et déterminés. Mais, comme elles
constituent toutes les observations expérimentales et qu'elles servent d'unique fondement
à tous les actes de perception sensitive ou intelligente (voir t. II, p. 257 à 240, 247 à 251),
elles se produisent dans cette partie de la faculté que j'appelle intelligente ou perceptive;
car, je le répète, au fond et en définitive, la perception, soit sensitive, soit intelligente des
choses, n'a et ne peut avoir d'autre fondement que les expérimentations qui naissent entièrement du dedans, ou qui sont directement transmises du dehors au dedans par les
impressions.
[1] Voir t. 1, p. 325 à 528, 350 à 356, 522 à 528; t. II, p. 16 à 20, 72 à 76 et *passim*.
[2] Voir t. II, p. 748.
[3] Voir t. II, p. 51 à 60.

dans la déroute; celui des secondes, dans la concorde. Elles réunissent les forces différentes ou contraires : celles-là en les entraînant avec violence, celles-ci en les harmonisant avec calme. Les unes jouent le rôle principal ou forment le centre commun d'une action par la prépondérance de leur IMPULSION passionnée ou des désirs et des répugnances [1] qui portent à n'envisager que la satisfaction exclusive du moment; les autres interviennent avec la puissance d'une PERCEPTION qui, connaissant le passé, le présent et l'avenir, prend une détermination tranquille. Le principe instinctif ne connaît pas de loi autre que l'impulsion de ses propres désirs ou de ses propres répugnances, qui entraîne la faculté par le *sentiment spontané d'un malaise particulier* [2] sous l'impression duquel la faculté oublie tout le reste. Le principe intelligent se sent sous l'empire d'une loi qui lui fait chercher le plaisir ou le bien et éviter la douleur ou le mal de la faculté considérée dans son intégralité, en examinant avec calme et tranquillité à quel résultat ont conduit, en réalité, les impulsions ANALOGUES à celle qui se fait actuellement sentir: et, par une utile réaction, il l'excite à l'action particulière à laquelle elle est poussée, ou bien il l'en détourne.

Si l'homme avait peu de facultés, et si elles devaient nécessairement agir d'accord, parce qu'aucune n'aurait d'intérêt contraire, chaque fois que l'impulsion d'un désir ou d'une répugnance se communiquerait à une faculté quelconque, toutes les autres s'uniraient naturellement et spontanément à elle pour accomplir l'action à laquelle cette impulsion conduirait, et il n'y aurait chez l'homme ni luttes ni résistances mentales, pas plus qu'il n'y en a, comme je l'ai déjà prouvé [3], dans les animaux annelés et même dans les autres d'un rang plus élevé. Mais l'homme a une grande variété de facultés; le secours des autres est indispensable pour que l'une d'elles puisse se satisfaire, et, en démontrant ce point [4], j'ai fait faire, si je ne me trompe, un pas immense à la science de l'esprit. La faculté impulsive ou principale peut se sentir très-fréquemment portée à une action particulière, de l'accomplissement de laquelle une autre faculté auxiliaire, dont le concours est indispensable, aura nécessairement à se plaindre. En pareil cas, si après qu'il y a eu souffrance le passé était oublié, et si par conséquent l'avenir n'était pas prévu, il y a des facultés qui n'existeraient que pour être le constant fléau des autres, et, par impossible, la douleur et le mal seraient la loi de l'univers, tandis qu'en réalité le plaisir et le bien en sont la loi, comme je l'ai prouvé vingt fois [5]. Le principe intelligent ou calme est absolument nécessaire à l'être qui possède une grande variété de facultés pour éviter des chocs douloureux, ou pour établir une union salutaire, quand un désir ou une ré-

[1] Voir t. 1, p. 331 à 355.
[2] Voir t. 1, *ibid.*
[3] Voir t. II, p. 245 à 251.
[4] Voir t. 1, p. 325 à 335, 351 à 355, 438 à 442, 515 à 517, 522 à 528; t. II, p. 61 à 66, 72 à 74, etc.
[5] Voir t. 1, p. 331 à 355, 410 à 419.

pugnance sert de premier mobile à une action [1], entre toutes les facultés mentales appelées à concourir à l'exécution ou à l'accomplissement de cette action.

Quand la réalitivité d'un enfant est agréablement excitée par la vue d'une flamme frappant pour la première fois ses yeux, l'impression que nous appelons étonnement, saisissement, enchantement, se produit dans son âme [2]. A l'instant même et avec la rapidité de l'éclair, sa vive causativité [3], entrainée par une passion violente [4], veut connaître davantage et mieux l'origine, le principe, la cause du fait nouveau, merveilleux, extraordinaire que sa visualitivité lui révèle. Mais, comme il n'est point de désir ou de passion négative ou positive qui puisse se satisfaire sans l'indispensable concours de plusieurs facultés, ainsi que je l'ai déjà démontré ; comme [5] par conséquent

---

[1] Voir t. II, p. 72.

[2] Voir t. II, p. 147 à 148.

[3] Voir t. II, p. 224 à 225.

[4] J'attribue ici à la causativité une *passion violente* : ce dont jusqu'à présent les phrénologues n'ont cru susceptibles ni cette faculté ni même les autres facultés appelées par eux intellectuelles suivant Spurzheim (voir t. I, p. 521 à 525, 569 à 570). Et après avoir nié qu'elles fussent susceptibles d'une *passion violente*, ils sont allés, par une étrange contradiction, jusqu'à dire qu'elles ne l'étaient pas d'une sensation passive et active, c'est-à-dire d'une impulsion et d'une affection; mais je crois pouvoir me flatter d'avoir banni de la science psychologique cette erreur capitale (voir t. I, p. 555 à 560). Combe, voulant se rendre raison d'un principe si erroné, qu'il considérait pourtant comme incontestable, tomba, comme on peut se l'imaginer, dans une foule d'erreurs plus ou moins spécieuses. « Si, dit-il dans son *Système de Phrénologie*, les organes des facultés intellectuelles avaient été aussi grands que ceux des facultés affectives (voir quelles sont ces facultés à la p. 225 du t. I), nous aurions été sujets à des *passions intellectuelles*. Le calme relatif de nos facultés intellectuelles vient sans doute de la *petitesse de leurs organes.* »

Autant d'erreurs qu'ont reproduites sans réflexion ni examen les phrénologues, en se copiant les uns les autres. Bruyères lui-même, généralement si exact, si scrupuleux, les présente, dans sa *Phrénologie pittoresque* (p. 173), comme des vérités qui n'admettent point le doute. Combe a eu soin de dire le calme *relatif*, pour ne point se mettre en contradiction ouverte avec lui-même; car bien souvent, quoiqu'il eût adopté la nomenclature de Spurzheim, il semblait pressentir que les facultés peuvent toutes agir à la manière des instincts. Néanmoins cela ne détruit pas le fait *palpable* que les organes *intellectuels*, la comparativité, la causativité et la déductivité (voir t. II, p. 210 à 257) égalent essentiellement en grandeur les organes les plus grands des facultés affectives, ni cet autre fait, que la découverte en a eu lieu par la manifestation de *passions* correspondantes. Assurément, si certains hommes n'avaient pas été poussés par une forte et constante passion à comparer, à remonter aux causes, à descendre aux déductions, on n'eût jamais découvert les organes qui servent à ces opérations. Au reste, j'ai déjà démontré que les PASSIONS ou désirs véhéments (voir t. I, p. 558), que les douceurs EXTATIQUES ou les satisfactions vives (voir t. I, p. 557) sont aussi propres aux facultés intellectuelles (voir t. I, p. 556 à 560) qu'aux facultés affectives. Le calme relatif dont parle Combe, ce calme que nous sentons jusqu'au milieu des plus violentes tempêtes mentales (voir t. I, p. 474 à 477), se trouve comme principe *actif* ou *ordonnateur* dans la comparativité; car les tendances de cette faculté réclament essentiellement ce calme; comme principe *passif* ou *obéissant*, il se trouve dans la partie perceptive et paisible des autres facultés. La volonté désire instinctivement sans aucune sensation et par conséquent indépendamment de toute passion particulière; en désirant, elle s'attache toujours à un principe d'harmonie générale (voir t. II, p. 251 à 257) qui est, par lui-même, étranger à la *passion;* et c'est ce désir exempt de passion qui agit sur la partie perceptive ou *paisible* des autres facultés.

[5] Voir t. I, p. 325 à 355, 550 à 558; t. II, p. 173 à 174, 221 à 224.

toutes ces facultés [1] se donnent ou reçoivent tour à tour les unes des autres l'impulsion, se prêtent ou se demandent un mutuel secours, tantôt dominantes, tantôt dominées, la causativité, pour suivre sa passion actuelle, telle qu'elle est déterminée, a nécessairement besoin du concours auxiliaire de la tactivité. C'est pourquoi elle l'excite vivement à étendre la main vers cette brillante flamme pour savoir, au moment même, *perceptivement*, l'espèce de *sensation* que produit le contact immédiat de l'organisme avec l'objet qui cause l'impression d'admiration qu'éprouve la faculté; or la causativité ne saurait y parvenir sans l'intervention de la tactivité qui, dans ce cas, est son sens; car, ainsi que je l'ai démontré [2], certaines facultés sont les sens natifs de quelques autres.

La tactivité, destinée à nous faire connaître les effets du calorique à ses mille degrés de force, par les applications utiles que nous sommes appelés à en faire [3], n'éprouve ni ne saurait éprouver un désir ou un sentiment d'aversion déterminé, particulier, exclusif, à l'égard des effets tactiles produits par le feu, jusqu'à ce que l'expérience les lui ait fait connaître [4] au moyen de sensations agréables ou pénibles. Ainsi, excitée par la causativité, elle porte l'enfant à étendre la main vers le feu; et la causativité, occasionnant la plus vive douleur à la tactivité elle-même, lui inspire aussitôt une forte répugnance pour l'acte qui l'a occasionnée. Quand, ensuite, l'enfant a expérimenté à diverses reprises les sensations désagréables ou douloureuses que produit en lui le contact de la main avec le feu, sa tactivité, quand elle en est menacée de nouveau, se tient sur la défensive et s'en rapporte à une fâcheuse expérience. En cet état de choses, la réalitivité peut bien encore s'extasier à la vue d'une flamme; la causativité peut bien se sentir violemment poussée à percevoir la sensation qu'en produit le contact avec l'organisme; elle peut, par une impulsion égoïste, énergique, aveugle, exciter un moment la tactivité à la satisfaire; mais cette faculté, douée d'un principe qui connaît les choses avec calme, avec impassibilité, du principe que nous appelons perceptif ou intelligent, se souvient rapidement de la douleur que lui ont occasionnée les actes ANALOGUES qu'elle se sent maintenant poussée à exécuter par une force étrangère; mais aussitôt ce souvenir détermine une impulsion contraire qui écarte et repousse toutes les influences aveugles et égoïstes qui l'excitent à l'accomplissement d'un acte pour elle exclusivement douloureux. Voilà le *psychisme* [5], en vertu duquel nous voyons parfois un jeune enfant étendre à peine sa main, mue par une sensation *impulsive*,

---

[1] Voir t. I, p. 154 à 156, 295 à 299, 428 à 450 et *passim*.

[2] Voir t. I, p. 333 à 334, 351 à 354.

[3] Voir t. I, p. 428 à 450.

[4] Voir t. I, p. 354, 587.

[5] J'emploie le mot *psychisme* plutôt que celui de *psychologisme* (de psychologie; voir t. I, p. 13), pour exprimer le mode d'opérer de l'âme dans la consommation de ses actes. Ce n'est pas la manie du néologisme qui m'a porté à me servir de ce mot, déjà reçu d'ailleurs dans la langue scientifique; mais l'expression de *fonctionnement spirituel*, par laquelle on pourrait très-bien le remplacer, rappelle trop l'organologie matérielle. En outre, le mot *fonctionnement* est déjà employé toutes les fois que l'on parle des opé-

pour toucher au feu, qu'aussitôt il la retire parce qu'elle est mue par une contre-sensation *répulsive*.

Mais approfondissons encore, messieurs, cette importante matière. L'alimentivité[1], vous le savez, n'est qu'une force, une puissance dynamique, une disposition, une tendance, une inclination dont le nom indique l'objet. En elle-même ou par elle-même, elle ne désire, comme je me flatte de vous l'avoir démontré[2], que manger ou que boire. Pour qu'elle s'exerce ou qu'elle refuse de s'exercer sur un mets ou sur un breuvage particulier et déterminé, il faut qu'avec l'indispensable secours d'autres facultés[3], ce mets ou ce breuvage, ou d'autres mets et boissons analogues aient produit en elle certaines impressions[4] agréables ou désagréables. Entre les facultés dont le concours est indispensable pour que l'alimentivité puisse s'exercer, soit d'une manière passive, soit d'une manière active, la gustativité se trouve en première ligne. Eh bien, il est certain que, dans l'ordre naturel et régulier, la gustativité est faite, de même que les autres facultés, pour se satisfaire d'accord avec l'alimentivité, et l'alimentivité, à son tour, doit se satisfaire d'accord avec la gustativité et toutes les autres facultés, ainsi que je l'ai prouvé[5]; mais la variété des satisfactions auxquelles peut aspirer chaque faculté humaine[6] est si immense, même dans les limites du cercle qui lui est tracé[7], qu'une faculté peut éprouver, comme je viens de l'établir, un désir qu'il lui serait impossible de satisfaire ou une aversion dont il lui serait impossible d'éloigner l'objet sans porter atteinte à d'autres libertés[8] par le fait même de la satisfaction de ce désir ou de l'éloignement de cet objet d'aversion, ou, ce qui revient au même, sans causer quelque douleur à l'une des facultés sans le secours desquelles l'action proposée n'eût pas pu être accomplie ou évitée; c'est ce que nous avons vu pour la causativité, qui, désirant savoir POURQUOI une flamme enchante la réalitivité d'un enfant, excite la tactivité à lui faire mettre la main au feu à ses risques et périls.

Peu importe à la causativité de porter atteinte aux libertés de la tactivité, ou, en d'autres termes, de lui causer quelque douleur par le contact immédiat de l'organisme avec le feu. Indifférente à toute liberté, à toute communication, à toute impression qui ne lui est pas propre, la seule chose qu'elle désire, c'est de connaître *perceptivement* le plus grand nombre des effets sensibles que lui transmettent les facultés qui les ont expérimentés, afin de satisfaire d'autant mieux son désir de remonter aux causes. Si, dans

rations *physiologiques* du cerveau comme organe de manifestation de l'âme ou de la substance *psychologique*.

[1] Voir t. II, p. 25 à 32.
[2] Voir t. I, p. 551, 387; t. II, p. 9 à 10.
[3] Voir t. I, p. 325 à 333, 522 à 528 et autres passages souvent cités.
[4] Voir t. I, p. 355 à 559.
[5] Voir t. II, p. 260 à 262.
[6] Voir t. I, p. 551 à 533; t. II, 255 à 257.
[7] Voir t. I, p. 410 à 415; t. II, p. 28 à 30, 53 à 55, 64 à 66.
[8] Voir t. II, p. 266 à 274.

ces circonstances, la tactivité n'avait pas un principe intelligent pour lui rappeler le risque que court sa liberté ou l'impression douloureuse que le contact immédiat du feu a déjà produite en elle, et si, par une conséquence nécessaire, cette perception ne déterminait pas un certain choix, une certaine préférence d'où naîtrait forcément une répugnance d'autant plus forte que l'impression de la douleur éprouvée aura été plus vive, toutes les fois que la causativité serait excitée par le désir de savoir POURQUOI le feu a produit une sensation quelconque dans une faculté, elle pousserait la tactivité à y toucher, sauf à renouveler l'impression de la douleur et à porter atteinte aux intérêts d'autres facultés particulières. Ainsi le principe intelligent ou impassible des facultés particulières est, à proprement parler, chargé, tantôt d'opposer l'expérience de l'une à la force impulsive de l'autre, quand la seconde tend à porter atteinte aux libertés de la première, ou, ce qui revient au même, quand elle cherche à l'entraîner à une action dont il ne peut résulter pour elle que du dommage; tantôt de prendre, de choisir, de préférer avec calme, entre deux ou un plus grand nombre d'objets agréables ou désagréables, celui qui, d'après l'expérience du passé, doit procurer le plus de bien ou le moins de mal possible à la faculté considérée dans son intégralité ou dans l'ensemble de ses forces combinées; en d'autres termes, la force intelligente ou impassiblement cognoscitive de chaque faculté particulière sert à défendre et à diriger ses libertés propres ou renfermées dans le cercle de ses attributions spéciales [1], lorsqu'une influence étrangère ou un choix malencontreux pourrait les restreindre ou les annuler.

Pour mieux comprendre ce que je viens d'exposer, rappelez-vous que l'alimentivité peut *désirer* ce même qui a plusieurs fois déplu à la gustativité, comme il arrive à ceux qui ont eu des nausées chaque fois qu'ils ont pris du vin, de la bière ou tout autre liquide : quand on offre ce liquide, quel qu'il soit, à la personne *une* dont les *deux* facultés sont ainsi affectées, cette personne *une* balance entre le *désir* de l'alimentivité et la *répugnance* de la gustativité. Le principe intelligent de chacune de ces facultés rappelle les sensations particulières contraires que ce liquide a produites en elle chaque fois que la personne *une* en a bu ou goûté, et PRÉVOIT les mêmes impressions pénibles si l'acte se répète. Cette force de prévision augmente la véhémence du désir et la vivacité de la répugnance qui sont en lutte; et, comme chacune de ces facultés, obéissant à l'impérieuse loi de sa nature, n'agit que pour son propre bien ou plaisir, l'une repousse le liquide, parce que la connaissance des sensations passées l'en *dégoûte*, tandis que l'autre, au contraire, l'appète parce que le souvenir d'autres sensations passées le lui fait *désirer*. De là une guerre entre des passions contraires, une contradiction entre des préférences inconciliables qui empêcheraient et rendraient même impossible l'harmonie des éléments en discorde, si n'intervenait une autorité supérieure, dirigée par un principe d'intérêt, de bien ou de plaisir général,

[1] Voir t. II, p. 255 à 257.

c'est-à-dire commun a toutes les facultés considérées dans l'unité de leur ensemble; car le bien unique, le bien suprême que recherche chacun de ces éléments, et en vue duquel seul il peut opérer activement ou passivement, forme le caractère propre de la faculté où ils se rencontrent. Dans cet état de choses, il faudrait que le *principe d'union* ou le dynamisme unitif, sans lequel les facultés ne pourraient point opérer avec la simultanéité qui est indispensablement nécessaire pour qu'une action quelconque puisse être exécutée ou accomplie, empruntât toute sa force, non à l'intelligence, mais à la passion[1], et tous leurs actes seraient des triomphes funestes, des victoires préjudiciables. Quand des luttes semblables s'engagent, si, parmi les facultés, il en est une qui soit plus énergique que les autres, celles-ci doivent toutes lui céder comme de faibles zéphyrs cèdent à la violence de l'aquilon. Si les passions ou les préférences contraires sont égales en énergie, le combat ou l'indécision se prolonge jusqu'à ce que l'un ou l'autre des éléments rivaux s'assure la supériorité par l'intervention de nouveaux auxiliaires. Ce qui arrive en cas d'impulsions contraires en présence d'un objet arrive aussi en cas d'impulsions parallèles en présence de deux ou plusieurs objets, et alors c'est, non la plus grande force, mais le plus grand nombre de forces qui l'emporte.

Ceci nous explique comment une puissance qui ne fait que comparer et déterminer avec calme et tranquillité parvient à vaincre des répugnances et à réprimer des désirs avec un succès qui paraît impossible à l'individu même qui l'expérimente. Qui croirait que le chat peut réprimer ses appétits carnivores, et le chien les désirs de son adhésivité, au moyen de l'influence qu'exerce sur la tactivité respective de ces animaux la force perceptive de cette faculté elle-même, dont les répugnances s'accroissent au point de vaincre et d'annihiler les véhéments désirs de l'alimentivité et de l'adhésivité? Et cependant il n'y a rien de plus certain[2]. Ceci nous explique les indécisions sensitives dont la fable nous cite un exemple célèbre dans l'âne qui, se trouvant entre deux champs de luzerne, restait en suspens sans savoir lequel il devait préférer ou dans lequel il devait commencer à paître, parce qu'il était dominé par deux désirs de même nature qui l'attiraient, l'un vers un objet, et l'autre vers l'autre, et parce qu'en même temps les sensations qu'il avait expérimentées dans des cas analogues, par la satisfaction de l'un ou l'autre de ces désirs, étant égales, il en résultait que la partie perceptive de l'alimentivité n'avait aucune cause ou raison de préférence. Quand ces indécisions arrivent, l'esprit balance incertain entre l'effet *senti* de deux forces opposées, l'une centrifuge, l'autre centripète, ou bien d'attractions extérieures et de désirs intérieurs de même nature, entre lesquels le principe impartial ou intelligent ne voit aucune différence sur laquelle il y ait lieu de fonder une préférence ou une option. Nous avons tous vu des exemples

[1] Voir t. II, p. 249.
[2] Voir t. II, p. 247 à 250.

de ces indécisions sensitives momentanées dans les enfants quand ils envisagent quelque péril ou convoitent quelque mets défendu. En pareil cas, l'impulsion du désir, qui se fait sentir à une ou à plusieurs facultés en émoi, mesurée par la force perceptive avec l'impulsion contraire ou avec les répugnances qui la neutralisent, a laissé l'esprit en suspens jusqu'à ce que la PERCEPTION, cédant à quelque autre impulsion plus vive ou plus puissante, consente à une action dans le sens que détermine cette plus forte impulsion.

Comme rien n'apprend, n'explique et n'éclaircit un principe d'une manière aussi nette et aussi prompte que les exemples, je vais vous rapporter un cas de lutte mentale sensitive qui m'a fait une impression extraordinaire et qui a provoqué ensuite presque toutes les réflexions que j'ai déjà faites et que je dois faire encore sur la *préféritivité* ou *électivité* AVEUGLE et FORCÉE, la seule dont jouissent les animaux, même du rang le plus élevé[1], et sur la *préféritivité* LIBRE et INTELLIGENTE que possèdent, outre la première, les créatures humaines.

Lorsqu'en 1837 j'étais, dans la Louisiane, professeur titulaire de langues modernes à l'université de Jackson (à cent cinquante milles de la Nouvelle-Orléans, États-Unis de l'Amérique du Nord), j'observai un jour un petit chien qui suivait son maître monté à cheval comme d'autres personnes qui l'accompagnaient. Quand les cavaliers arrivèrent à un petit lac fort près de cette ville, le chien s'arrêta. J'ai su depuis qu'il n'avait jamais vu même une mare d'eau. Il passa quelques instants à regarder les environs, et, remarquant que des obstacles insurmontables l'empêcheraient de tourner le lac assez vite, il se mit à aboyer, et, à mesure que les voyageurs s'éloignaient, ses aboiements se changeaient en cris plaintifs et en hurlements douloureux qui me touchaient l'âme. Il fallait voir l'état d'agitation sensitive du pauvre animal! A peine une réaction de la combativité, accompagnée d'aboiements qui exprimaient du courage, lui faisait-elle sentir l'aiguillon du *désir* et lui poussait-elle tout le corps vers l'eau, qu'une contre-réaction de la précautivité lui opposait les plus vives *répugnances* et le repoussait en arrière, tout effrayé et jetant des cris de détresse. Éperdu, plein d'impressions contraires, qui faisaient de son âme un tourbillon de passions[2], il vit à la fin son maître disparaître. Cette PERCEPTION imprima à l'adhésivité une dernière impulsion qui, communiquant son influence à la combativité, excita la partie courageuse[3] de diverses autres facultés. Ces auxiliaires, renversant la précautivité et les obstacles opposés par elle, permirent au *chien tout entier* de céder à une excitation irrésistible de l'adhésivité : il s'élança hardiment dans l'eau, traversa rapidement le lac, et courut à perte d'haleine raconter à son maître, par ses sauts et ses cris joyeux, le glorieux triomphe

[1] Voir t. II, p. 245 à 251.
[2] Voir t. II, p. 274.
[3] Voir t. II, p. 87 à 88, 135, 167 à 168.

que le *courage* de son adhésivité venait de remporter sur les *craintes* de sa précautivité.

Dans ce cas et dans les autres cas que je viens de rapporter, nous voyons s'élever une lutte et se passer un combat chez le même sujet, non-seulement entre les puissances aveugles, entre les désirs et les répugnances, mais encore entre les puissances perceptives ou appréciatrices d'impressions passées ou futures, qui animent ou paralysent successivement et simultanément, ou même qui animent et paralysent à la fois diverses facultés en imprimant diverses impulsions, ou en donnant aux impulsions déjà imprimées une nouvelle force, une nouvelle vivacité. Vous avez tous compris que, au fond et en définitive, il n'y a eu néanmoins ici guerre qu'entre des éléments sensitifs alliés ou rivaux. On ne voit point ici de principe général, harmonisateur, qui, par une intelligence supérieure, produise la conviction, le rapprochement, la concorde. Il n'y a eu qu'une déroute, une défaite ou une suspension d'impulsions particulières; tout a été l'effet de passions violentes [1], en entraînant d'autres moins violentes, ou maintenus dans la neutralité par l'antagonisme d'autres forces égales dirigées vers un même objet, ou enfin analogues, mais tendant vers des objets différents. Ce n'est point une conviction générale qui a remporté ici ce triomphe, qui est et que l'on peut bien appeler la *concorde*, la *conciliation*, l'*accord*, l'*unanimité*, l'UNIFORMITÉ VOLONTAIRE.

Et pourquoi n'a pas eu lieu ce triomphe LIBRE et INTELLIGENT? En d'autres termes, pourquoi n'a pas eu lieu cette conciliation ou cet accord volontaire? Pourquoi une *coercition sensitive* a-t-elle été nécessaire pour donner à l'action l'uniformité, l'unanimité, l'unité? Pourquoi a-t-il fallu que les facultés n'aient pu agir dans leur UNITÉ SOLIDAIRE qu'à la suite d'une lutte entre les passions et après une victoire qui suppose toujours une déroute? Pourquoi enfin l'acte que ce chien a fini par accomplir a-t-il été l'effet de la force d'un instinct *triomphant*, et non de la force d'une volonté *harmonisatrice*? La réponse est extrêmement facile après toutes les explications que j'ai données sur la matière. Tout s'est passé ainsi parce que les perceptions ou les actes cognoscitifs des facultés particulières sont sujets à une réaction qui s'opère et qui se manifeste par des sensations fixes, déterminées, exclusives [2], au choix desquelles ne président ni l'intelligence ni la liberté.

L'intelligence n'y préside pas, parce que ces sensations réflexes, en d'autres termes, ce principe de réaction qui pousse les facultés particulières à une détermination quelconque, est égoïste, est exclusif, ne cherche, ne considère, ne consulte que l'intérêt d'une individualité ou d'une seule faculté; tandis qu'en réalité il se rattache, comme la partie intégrante d'un tout, à une réunion d'individualités ou de facultés inséparables, dont les intérêts sont si étroitement liés, dont l'objet est si commun, que l'*uniformité* qui

[1] Voir t. II, p. 247 à 251.
[2] Voir t. II, p. 252 à 258.

en résulte constitue une essence exclusive et unique appelée âme. La liberté n'y préside pas non plus, car les actes d'option ou de préférence qu'exerce ce principe ne sont pas des choix ou des préférences entre des MOTIFS qui, au-dessus des violences de la sensation ou de la passion, servent de fondement à des déterminations ou à des résolutions; mais ils ont lieu entre des impressions pénibles ou agréables du même genre éprouvées dans le passé ou pressenties dans l'avenir, lesquelles, au moment même où on les perçoit, ou, ce qui revient au même, au moment même où l'on s'en souvient et où on les prévoit, donnent, par réaction, à la faculté, sans qu'elle puisse empêcher cet effet, une impulsion particulière, exclusive, égoïste[1], qui aboutit ou n'aboutit pas à un résultat, suivant qu'elle est plus forte ou moins forte qu'une ou plusieurs autres impulsions étrangères d'une tendance différente ou contraire.

Dans les cas que je viens de citer et où des facultés particulières jouent seules un rôle, nous avons vu que la perception de l'alimentivité en lutte avec la gustativité n'a consulté et n'a pu consulter que des impressions alimentatives, pour céder ou pour résister à l'impulsion actuelle; de même que la perception de la gustativité, en lutte avec l'alimentivité, n'a consulté et n'a pu consulter que des impressions gustatives, pour suivre ou pour repousser son impulsion actuelle. Ceci s'applique également à la tactivité, qui chez l'enfant triomphe de la causalité, et à la précautivité du chien, qui surmonta son adhésivité. Le principe de décision ou d'option auquel s'est trouvée soumise la partie perceptive de ces facultés a été sensitif, partial, égoïste; dès lors il devait nécessairement être incapable de transiger et, comme tel, il ne pouvait qu'être dominé, vaincu, entraîné par les forces instinctives auxquelles il résistait, mais qui étaient supérieures aux autres forces instinctives de désir ou de répugnance que lui fournissait ou que soutenait l'expérience. Aussi, quoique le principe intelligent de toutes les facultés particulières ou partielles et de chacune d'elles, compare, détermine[2] et, par conséquent, pense, réfléchisse, médite, jamais, sans une influence supérieure qui lui fasse connaître leurs intérêts généraux, il ne se décidera ni ne pourra se décider autrement que pour l'intérêt particulier et exclusif de la faculté à laquelle il appartient. Il trouvera sa loi, son principe ou sa règle de réaction, comme je l'ai dit et comme je ne saurais assez le répéter, uniquement dans les impressions éprouvées par elle, sans songer à mettre en balance les impressions éprouvées ou les libertés réclamées par les autres facultés : c'est pourquoi il sera incapable de s'arrêter à des motifs généraux pour déterminer ses réactions. En un mot, il n'y a point une seule des facultés particulières qui ait ou qui connaisse un autre principe de réaction ou d'option que son avantage partiel, égoïste, exclusif, comme je l'ai si souvent démontré[3].

Un principe de réaction ou d'option qui forcément choisit ou préfère son propre bien, et évite ou repousse son propre mal particulier, parce qu'il ne

[1] Voir t. II, p. 249 à 250.
[2] Voir t. II, p. 237 à 240.
[3] Voir t. I, p. 331 à 355; t. II, p. 252 à 257.

connait ni d'autre bien ni d'autre mal qui soit plus grand, est en même
temps juge et partie, arbitre et élément intéressé dans son propre procès;
or le bon sens lui-même proclame que ni un pareil juge ni un pareil arbitre
ne sauraient être impartiaux, libres, indépendants. Supposer un choix
libre là où domine quelque passion ou inclination particulière, ce serait
supposer quelque chose d'absurde. Supposer un choix libre là où commande
une nécessité, c'est-à-dire là où il y a une plus grande satisfaction ou une
plus grande douleur déterminante, c'est supposer une contradiction. Ainsi
il faut comprendre et bien se convaincre qu'il n'y a ni ne saurait y avoir de
perception intelligente proprement dite [1], ni de liberté de choix ou de détermination dans la faculté dont les choix et les déterminations, subordonnées à une inclination décidée et exclusive vers un objet, peuvent être contraires ou opposés à l'intérêt d'autres inclinations.

Quelle liberté de choix peut-il donc y avoir, par exemple, dans la générativité, dont les actes, de quelque manière qu'elle agisse, doivent rigoureusement et nécessairement être GÉNÉRATIFS [2], et dont toute la sphère d'action,
dans l'ordre naturel et régulier, dépend toujours, comme *élément éligible*,
du grand *principe électeur*, qui est la volonté, dont se trouvent dépourvus
les êtres irraisonnables [3]? Que la générativité opère comme agent PRINCIPAL, ou
qu'elle intervienne comme agent SECONDAIRE [4], elle ne peut, pour réagir ou
pour se résoudre, s'attacher à aucune sorte de motifs de choix, d'option ou
de préférence; son MOTIF d'action, qui est la *génération*, et qui constitue son
principe déterminant, se trouve inné en elle, et est, par conséquent, en elle
nécessaire, exclusif, inaliénable.

De la générativité, destinée par ses attributions distinctes ou spéciales à
agir, tant dans sa force passive que dans sa force active, pour se procurer
des jouissances ou pour éviter des douleurs, restreintes à un genre ou renfermées dans un cercle particulier [5], appelé *génératif*, il ne pourra provenir
que des sensations, des impulsions, des conceptions et des notions GÉNÉRA-
TIVES. Tel est l'objet, tel est le but de son existence. Les actes de la générativité pourront se trouver plus ou moins animés des sentiments d'une tendre
affection, de l'amour du prochain, de l'amour de la justice, et combinées
avec la ruse, la sagacité et toutes les autres perceptions ou idées par lesquelles les autres facultés auront pu intervenir dans leur accomplissement :
la générativité pourra se former des convictions intimes, des impressions
qu'elle en aura reçues; elle les appréciera, les jugera, les étudiera; mais
rien de tout cela n'empêche que son principe nécessaire d'action et de réaction essentielle ou fondamentale ne soit GÉNÉRATIF, car le mode de sentir
actif et passif, positif et négatif, qui détermine son caractère ou sa nature

[1] Voir t. II; p. 257 à 240, 245 à 251.
[2] Voir t. II, p. 252 à 257.
[3] Voir t. II, p. 245 à 251.
[4] Voir t. II, p. 17 à 18.
[5] Voir t. I, p. 331 à 335, 245 à 251.

intime, est génératif [1]. A cet égard, il n'y a dans la générativité rien de multiple, rien de divers. Où il n'y a rien de multiple, rien de divers, il n'y a pas d'éléments *éligibles* qui exigent un pouvoir ou des moyens d'*élection*; et

[1] Toutefois il ne faut pas supposer qu'une influence quelconque de la sagacité, de la ruse, de l'affection, etc., intervenant dans un acte spécial de la générativité, de la destructivité, de la tonotivité ou de toute autre faculté, perde ou puisse jamais perdre ses conditions propres, son caractère essentiel, sa nature intime. Cela est impossible, aussi impossible qu'il le serait pour un arbre que la structure, la couleur, la cohésion des filets ligneux, la séve, qui composent son organisme, perdissent leur manière d'être propre. Les éléments accessoires que la sagacité, la ruse et l'affection peuvent fournir à la générativité, n'ont fait que modifier, caractériser ou diversifier l'essence de l'acte principal de la génération, sans qu'il cesse pour cela de rester essentiellement génératif; comme, dans l'exemple de l'arbre, la structure, la couleur, la cohésion des filets ligneux, la séve, n'ont fait que modifier, caractériser ou diversifier l'essence de l'arbre, qui ne cesse jamais d'être un arbre, malgré toutes les modifications et les transformations qu'il peut subir. Il n'y a ici qu'une seule différence : c'est que l'essence de l'arbre peut être dissoute ou décomposée, parce qu'elle consiste en des éléments matériels susceptibles de dissolution ou de décomposition ; tandis que l'essence de la générativité et celle des autres facultés de l'âme ne peuvent être ni dissoutes ni décomposées, parce qu'elles sont des identifications d'une essence spirituelle qui est un élément simple (voir t. I, p. 106 à 107), c'est-à-dire d'un élément qui n'a point de parties susceptibles de composition ou de décomposition.

Ainsi donc, comme je l'ai déjà amplement expliqué en parlant, dans une leçon spéciale, de la générativité (voir t. II, p. 7 à 24), dont nous venons encore de nous occuper incidemment, toute faculté, comme élément dynamique ou productif d'un *acte mental* (voir t. I, p. 516 à 518), peut être principale ou accessoire (voir t. II, p. 17 à 18) : *principale*, elle détermine l'être ou l'essence de l'acte ou de l'action; *accessoire*, elle le modifie par sa manière d'être propre et essentielle qu'elle ne perd et ne saurait perdre jamais. Si c'est une faculté autre que la volonté qui exerce avec prédominance sa force active, c'est-à-dire qui opère comme agent PRINCIPAL d'un acte mental, elle *entraîne*, si c'est la volonté, elle *harmonise* les autres facultés, pour qu'elles concourent à réaliser et à diversifier, à généraliser la satisfaction exclusive et égoïste de ses dispositions instinctives particulières. Si elle est dominée quand elle opère, ou si elle agit comme partie ACCESSOIRE (v. t. II, p. 17 à 18), elle ne fait que modifier l'action à laquelle donne lieu son essence, sa nature, son caractère ou son individualité, la faculté qui la domine comme partie *principale* ou directrice, comme il a été démontré chaque fois qu'on a parlé sur la direction et influence mutuelle des facultés.

J'ai déjà dit (v. t. II, p. 261 à 262) qu'il n'y a point une seule action à laquelle toutes les facultés ne puissent concourir avec avantage et satisfaction. J'ai déjà démontré dix fois et cent fois (voir t. I, p. 291 à 299, 351 à 333; t. II, p. 185 à 186), de la manière la plus complète et la plus concluante, que les facultés les plus opposées par leur nature s'unissent dans une combinaison harmonique, sans abdiquer leur propre manière d'être, ce qui serait impossible; mais, au contraire, en vertu de l'antagonisme de leurs attributions, pour la production des actes mentaux, des actions extérieures, des inventions et des institutions humaines, quelque grande que soit la diversité qu'il y a dans l'essence des choses, il y a aussi entre elles toute une ANALOGIE plus ou moins prochaine, plus ou moins éloignée, et de là viennent toutes les compositions et décompositions harmoniques et discordantes réelles et possibles. Le *sucre* est une substance fort différente de la substance appelée *jus de limon*; mais les deux substances ont entre elles des *affinités*, et par suite de ces affinités chimiques on en fait, quand on les mélange, sans qu'aucune perde ses qualités propres, une autre substance moins simple et moins homogène, appelée *limonade*, boisson agréable et souvent médicinale. Et cependant le jus de limon est d'ordinaire, par lui-même, désagréable au palais. Raphaël avait une grande destructivité, qui, livrée à elle-même, l'aurait conduit dans des moments de colère, jusqu'à l'assassinat; mais, associée à d'autres facultés, elle servit à ce peintre immortel pour rendre avec une vérité plus saisissante des scènes de destruction. Il n'y a point de nature, il n'y a pas de faculté, il n'y a pas de tête essentiellement perverse. Dieu, auteur de tout bien, ne peut avoir rien créé à une mauvaise fin. Thibets lui-même (voir t. I, p. 137 à 141), qui semblait être né avec une tête

j'ai déjà prouvé [1] que, là où il n'y a point de pouvoir, Dieu, dans sa bonté et dans sa sagesse infinies, n'a établi ni impulsion dans un sens ni impulsion dans un autre, en d'autres termes, ni désir ni répugnance. Sans le désir et sans le pouvoir de choisir, la *liberté de choisir* est une chimère : car toute liberté, quelle qu'elle soit, est, comme je l'ai déjà dit, le pouvoir de suivre un mouvement attractif ou répulsif, ou, ce qui revient au même, le pouvoir de satisfaire un désir ou d'éviter l'objet d'une répugnance [2]. Ainsi des affections pour et des affections contre, c'est-à-dire agréables ou désagréables, peuvent naître dans la générativité; mais elles ne sauraient nécessairement pas manquer d'être SPÉCIALES ou *génératives*. Il peut y naître des perceptions ou des notions de choses positives et négatives ou de réactions causées par des désirs et des répugnances; mais les désirs ou les répugnances qui suivront ces réactions [3] devront aussi nécessairement être spéciaux, c'est-à-dire génératifs. Voilà pourquoi, bien que la générativité ait des forces passives qui produisent des impressions, des conceptions et des perceptions, et

perverse, eût été, comme il le disait lui-même, bon et heureux avec une bonne direction (voir t. I, p. 294 à 299) et des efforts suffisants. Que tout homme ou tout pouvoir individuel cherche à exercer chacune de ses facultés, dans une sphère d'action convenable, en harmonie avec les autres facultés; que tout gouvernement ou pouvoir général procure à chaque citoyen et à toutes les classes de citoyens une sphère d'action où ils puissent exercer leurs facultés en harmonie avec tous les citoyens et avec toutes les classes de citoyens, de sorte qu'aucune faculté, aucun citoyen, aucune classe de citoyens ne perde sa manière d'être essentielle, sa nature propre, son caractère distinctif, et l'on verra se produire des modifications, des transformations, des combinaisons, des phénomènes de bonté et de bonheur, là où les mêmes facultés, les mêmes citoyens, les mêmes classes de citoyens, c'est-à-dire les mêmes éléments, produisent la perversité et le malheur.

[1] Voir t. I, p. 410 à 419; t. II, p. 257 à 266.

[2] Je puis me féliciter d'avoir enrichi la philosophie mentale de deux idées : la première, c'est que toute liberté sensitive ou volontaire consiste dans une impulsion imprimée par le désir ou dans une répulsion causée par la répugnance qu'il faut attribuer à un principe ou à un dynamisme inné, et à un pouvoir antérieurement donné pour céder à ce mouvement (voir t. II, p. 266 à 272); la seconde, c'est que Dieu n'a donné à ses créatures aucune force originelle de désir ou de répugnance, sans avoir créé d'avance les moyens propres à l'exercer (voir t. I, p. 410 à 419). Sur ces deux idées reposent, si je ne me trompe, des applications si nombreuses d'utilité particulière et générale, que je me promets d'en faire l'exposé complet dans un temps peu éloigné.

Relativement à la seconde idée, dans laquelle la première est renfermée, j'ai fait en partie ce qu'ici j'annonce, dans un discours que j'ai eu à prononcer, lors de ma nomination comme professeur de langues modernes à l'université de la Louisiane, devant une société littéraire qui s'y était réunie. Le texte original de ce discours, dont je conserve le manuscrit, est ainsi conçu : A theory upon Desire and Power applied to the increase of virtue and happiness and the decrease of vice and misery among mankind. — Address delivered at the request of the Philomatic Society of the university of Louisiana, Tuesday, the 19 th. of december, 1857, by Mariano Cubi i Soler, professor of modern languages in this institution; ou, en traduisant littéralement : « Théorie du Désir et du Pouvoir, appliquée à l'accroissement de la vertu et du bonheur et à la décroissance du vice et de la misère parmi les hommes. — Discours prononcé à la demande de la Société Philomatique de l'université de la Louisiane, le mardi 29 décembre 1837, etc. » Ce discours commence par cette phrase : « Les phénomènes de la création, sous quelque aspect qu'on les considère, portent dans l'âme la conviction irrésistible que les créatures sensibles sont forcées de chercher le bonheur ou le plaisir sous peine de misère ou de douleur. »

[3] Voir t. I, p. 351, 387; t. II, p. 9 à 10.

des forces actives qui produisent des désirs et des répugnances, ou des réactions, elle n'a ni ne pourra jamais avoir dans ses perceptions une LIBERTÉ D'ÉLECTION GÉNÉRALE, ou une liberté intelligente, tant qu'un principe sensitif spécial, le principe génératif, leur servira de cause immédiate, nécessaire, inévitable.

Ce qui est vrai, à cet égard, de la générativité, l'est aussi de la destructivité, de la tonotivité et de toutes les autres facultés, moins la volonté. Tout ce que la destructivité sent et perçoit, provenant soit de son propre fonds, soit du dehors, se change, malgré ses méditations et ses jugements, ses pensées et ses réflexions, en objet de conception et de réaction spéciale. Il ne peut sortir de la destructivité que des pensées, des raisonnements, des conceptions et des impulsions conformes à son inévitable instinct destructif. Elle ne regarde et elle ne peut cesser de regarder tout qu'à travers ce prisme étroit, uniforme, égoïste, exclusif; pour elle, elle ne sait que détruire, comme l'œil ne sait que voir; elle n'a point, à cet égard, la liberté de préférer, d'arbitrer, de choisir. Dans ses décisions, elle ne peut faire un choix ou marquer sa préférence exclusivement qu'entre des actes de destructivité, et nullement entre ces actes et ceux d'une nature différente propres aux autres facultés, car elle a essentiellement une *préféritivité* destructive innée, inhérente à son être, qu'elle ne saurait ni changer ni abdiquer. De même, de quelque manière que toutes les facultés influent sur le mode de sentir et de penser de la tonotivité, à quelque degré que sa puissance perceptive ait la conscience sensitive et intelligente de tout ce qui se passe dans l'âme, jamais il ne pourra se produire en elle que des sensations et des conceptions, des désirs et des répugnances, qui aient pour objet des harmonies et des discordances sonores, et, par conséquent, toute sa liberté d'élection se bornera toujours à choisir des effets de la tonotivité [1].

En est-il de même pour la VOLONTÉ, destinée, non à agir pour se satisfaire elle-même indépendamment des autres facultés [2], mais à satisfaire les autres facultés pour se satisfaire elle-même? En est-il de même pour la VOLONTÉ, destinée à désirer, non une satisfaction particulière exclusivement propre à sa nature, mais un ensemble harmonique de satisfactions ou une satisfac-

---

[1] Comme une faculté peut, soit dans les conditions ordinaires, soit dans un état irrégulier, jouer un rôle *principal*, au point de dominer toutes les autres comme *accessoires* (voir la note au bas des pages 293 à 294 du t. II), la doctrine ci-dessus établie nous explique comment l'homme peut se trouver et très-souvent se trouve absorbé dans une seule idée, sensible à une seule impression, entraîné par une seule impulsion, sans plus avoir ni la conscience ni presque la possession de lui-même. En pareil cas, la faculté dominante, ne pouvant voir les choses qu'avec ses dispositions innées, les communique à tout ce que l'âme éprouve et pense. Or la puissance passive ou active d'une faculté peut, *accidentellement*, annihiler la volonté par la violence anormale de son action ou paralyser sa force dominatrice. Ce fait que les facultés peuvent se trouver ainsi aveuglément et forcément dominées par une impression particulière et exclusive nous montre donc de la manière la plus claire et la plus satisfaisante l'origine de nos transports, de nos ravissements, de nos paniques, de nos extases, de nos châteaux en l'air, de nos rêves dorés, de nos manies et de nos folies, comme je l'expliquerai bientôt plus au long.

[2] Voir t. II, p. 252 à 255.

tion toujours conforme à celle que désire uniquement chacune des autres
facultés [1] considérées dans leur enchaînement? En est-il de même pour la
VOLONTÉ, destinée, dans la satisfaction de son désir ou de son mode de sentir
essentiel, d'une part, à empêcher qu'une faculté ne porte atteinte à la liberté
d'autres facultés [2], et, d'autre part, à combiner harmoniquement l'action de
toutes les facultés [3], afin que chacune, en agissant instinctivement pour son
propre bien ou pour son propre plaisir, agisse en même temps pour le bien
ou pour le plaisir des autres, de sorte qu'il en résulte l'harmonisme des libertés, comme je l'ai démontré plus ou moins directement en diverses occasions [4]. En est-il de même pour la VOLONTÉ, destinée à être un principe vivant
de SOLIDARITIVITÉ MENTALE, ou, ce qui revient au même, un principe vivant
qui rende dans tous les cas affective la SOLIDARIBILITÉ ou l'harmonie [5] dont
Dieu a créé capables les facultés de l'âme, quoique la diversité et l'opposition de leurs intérêts respectifs [6] puissent l'empêcher, comme en réalité elles
l'empêchent trop souvent, à cause de notre négligence ou de notre misère,
tant dans l'individu que dans la société, au détriment et au préjudice des
intérêts de l'homme et de l'humanité? En est-il de même pour la VOLONTÉ,
destinée, comme centre d'une puissante intelligence impartiale, à exercer un
empire intelligent sur les inclinations sensitives partielles des autres facultés,
en les obligeant, suivant que l'harmonie ou le bien général l'exige dans des

[1] Voir t. II, p. 257 à 260.
[2] Voir t. II, p. 266 à 275.
[3] Voir t. II, p. 242 à 245, 252 à 262.
[4] Aux pages 5 à 7, 49 à 54, 91 à 92, 96 à 97, 157 à 158, 144 à 145, 154 à 155, 157 à 170,
282 à 284, 294 à 299, 331 à 333, du t. I, et aux pages 11 à 15, 57 à 58, 73 à 75, 169 à 182, 204
à 206 du t. II, j'ai parlé plus ou moins directement de la volonté, en lui donnant les noms
de principe moral, de principe intelligent, de direction, d'autorité, de gouvernement, de
libre arbitre, quoique je n'eusse pas encore déterminé ni démontré, comme je l'ai fait
depuis, en quelle faculté elle réside. Je prie instamment le lecteur de se rappeler ce que
j'ai dit en ces divers endroits, pour prouver et constater qu'il y a dans l'homme, en vertu
même de ses classes différentes et contraires d'intérêts et de libertés (voir t. II, p. 241),
une faculté supérieure à toutes les autres facultés, qui, à raison de la supériorité de sa
puissance intelligente et de la persévérance avec laquelle elle cherche le bien ou le plaisir général, est son AUTORITÉ native ou naturelle; que, dans toute réunion d'hommes, il y
a un homme des hommes, qui, à raison de la supériorité de leur puissance intelligente
et de la force de leur passion du bien ou de l'avantage général, constituent une AUTORITÉ
native ou naturelle, qu'ils soient ou qu'ils ne soient pas choisis par le concert des volontés
de tous ces hommes réunis; que, dans toute réunion de nations, il y a une ou plusieurs
nations qui, à raison de qualités analogues, représentent une AUTORITÉ naturelle, ou, ce
qui revient au même, le principe d'ÉQUILIBRE ou d'HARMONIE entre les autres. Supposer autre
chose, ce serait supposer que la discordance est la règle et la concordance l'exception, et
j'ai déjà démontré (voir t. I, p. 331 à 334, 410 à 419; t. II, p. 241 à 244) que cela n'est pas,
que cela ne peut pas être. Supposer autre chose, ce serait supposer qu'il n'existe point
dans l'humanité un désir instinctif de commander et un autre d'obéir; et l'existence en
nous de la supérioritivité et de l'inférioritivité (voir t. II, p. 177 à 182, 188 à 197) prouve
que ce défaut de subordination n'entre point et n'est point entré dans les desseins du Très-
Haut. Supposer autre chose, ce serait supposer que, dans l'ordre divin, il n'y a point du
plus et du moins, qu'il n'y a point de degrés, qu'il n'y a point de progrès, qu'il n'y a point
de catégories, et l'univers entier annonce qu'il n'en est ni n'en saurait être ainsi.
[5] Voir t. I, p. 294 à 296, 331 à 333; t. II, p. 185 à 186, 257 à 264.
[6] Voir t. II, p. 241 à 245, 293 à 294, notes au bas des pages.

cas donnés, tantôt à repousser ce que naturellement elles rechercheraient, tantôt à rechercher ce que naturellement elles repousseraient, tantôt à résister, tantôt à céder à leurs impulsions concrètes ou déterminées [1], dans leur tendance à une réalisation subjective matérielle ou extérieure, dont j'ai présenté tant d'exemples à vos réflexions [2]?

Non assurément. La volonté, en elle-même et par elle-même, n'a rien *qui l'oblige*, comme les autres facultés; elle n'est point enchaînée à un point fixe et immobile, et réduite à ne se résoudre ou à ne réagir que par un principe particulier, unique et exclusif, s'appliquant à un genre de préférences circonscrites et restreintes au mode de sent r [3] d'une seule faculté : c'est ce que je viens de démontrer et d'expliquer. Pour réagir ou pour se résoudre la volonté a la LIBERTÉ, ou le désir et le pouvoir de choisir [4] entre les divers genres de préférences ou de choix aveugles et forcés de toutes les autres facultés. La volonté n'est pas obligée, par une force aveugle et irrésistible, à réagir sous une impression exclusivement générative, qui lui serve de motif tout-puissant, comme la générativité; ou sous une impression uniquement destructive, comme la destructivité; ou sous une impression exclusivement sonore, comme la tonotivité; mais elle a le pouvoir et le droit, elle a la *liberté de choisir*, entre tous les modes de sentir et de percevoir possibles, d'une seule ou de toutes les facultés, dans leurs innombrables modes de combinaison possibles. La loi à laquelle Dieu a soumis le principe d'action de la volonté ou le centre intelligent n'est point un instinct *particulier* comme celui des autres facultés, mais un principe d'option générale entre tous les motifs particuliers. La volonté ne peut rien désirer de déterminé en vertu d'une réaction sensitive ou particulière, mais seulement en vertu d'une comparaison intelligente générale entre tous les principes sensitifs et instinctifs particuliers; rien par l'effet direct d'une impulsion passionnée, mais seulement par l'effet d'une *perception rationnelle* qui, dans la sphère humaine, est souverainement intelligente.

Et je dis souverainement intelligente, parce que c'est ainsi, et non autrement, qu'il faut appeler la perception de la volonté.

Comment pourrait-on appeler autrement, en se servant de termes propres, une PERCEPTION qui se forme une IDÉE [5] de ce que SONT réellement les choses, et qui les détermine, avec le secours de la langagetivité, par des noms adéquats? Car, quoique Dieu se soit exclusivement réservé le droit de savoir *pourquoi* à leur origine les choses *sont* ce qu'elles *sont*, il n'en a pas moins donné à l'homme de s'en former une IDÉE, c'est-à-dire de savoir plus ou

[1] Voir t. II, p. 270.
[2] Voir t. II, p. 242 à 243, 266 à 269.
[3] Voir t. I, p. 312 à 313, t. II, p. 587.
[4] Je dis la *l berté*, ou le *désir* et le *pouvoir*, parce que, comme je viens de le démontrer voir t. II, p. 266 à 269, et la note au bas de la p. 294), toute liberté humaine repose, au fond, sur un désir accompagné du pouvoir de le satisfaire, ou sur une répugnance accompagnée du pouvoir d'en éviter l'objet.
[5] Voir t. II, p. 237 à 240.

moins exactement ce qu'elles sont en réalité, par la différence des sensations
et des perceptions qu'elles produisent en lui, et par la comparaison de ces
différences en bloc et dans un seul acte mental. Comment pourrait-on appeler autrement en termes propres une PERCEPTION qui établit sur la comparaison de ces différences dans les individus et dans les classes ses rapports plus ou moins directs ou indirects, et qui, en vertu de ces rapports, se
forme réellement une IDÉE de leur être ou de leur essence, déterminant ce
qu'est une *saveur* et ce qu'est une *odeur*; ce qu'est un *arbre* et ce qu'est un
homme; que ceci est *vert* et que cela est *bleu;* que ceci est *proche* et que
cela est *éloigné?* Car, comme je l'ai dit [1], tout ce qui fixe pour nous l'être
des choses est relatif et dépend de la comparaison. Comment pourrait-on
appeler autrement en termes propres une PERCEPTION destinée à prononcer
définitivement, en décidant [2] si l'action à laquelle nous entraîne, dans un
sens ou dans un autre, l'impulsion prépondérante actuelle doit être, eu
égard aux mille correlations de toutes les facultés de l'âme, généralement
utile ou nuisible, agréable ou désagréable à tout l'individu? Comment pourrait-on appeler autrement, en termes propres, une PERCEPTION qui domine
toutes les perceptions; car elle n'a d'autre *motif* d'agir, d'exécuter, que celui
qu'elle coordonne et choisit elle-même, en vue de causes et d'effets, de
moyens et de fins généraux, pour l'examen desquels doivent lui prêter
leur concours la causativité et la déductivité, comme facultés inférieures
consultatives, telles que le sont, par rapport à elle, toutes les facultés de
l'âme. Comment pourrait-on bien appeler autrement une PERCEPTION qui,
sans être soumise pour réagir à aucun instinct particulier, remplace des
millions d'instincts, qui, son défaut, seraient indispensables, ainsi que je l'ai
démontré [3]? Comment pourrait-on bien appeler autrement une PERCEPTION qui,
centre rationnel de toutes les perceptions ou connaissances spéciales des
autres facultés, embrasse d'un coup, comme je l'ai d'abord énoncé [4], et que
je l'ai ensuite démontré [5], l'univers entier dans son passé, dans son présent
et dans son avenir, tant dans l'ordre physique que dans l'ordre moral, et
détermine ou discerne, comme si en dernier résultat l'instinct seul se faisait
entendre, le mode d'agir le meilleur ou le plus conforme à l'harmonie générale dans les mille circonstances compliquées et conditions *progressives*
auxquels l'homme tout entier est sujet, qu'on le considère au point de vue
soit physiologique, soit psychologique? Or cette perception supérieure qui
classifie, qui détermine le *mérite relatif* d'une action avant qu'elle s'accomplisse, qui rend cette décision souveraine : elle est BONNE, elle est MAU-
VAISE, et qui, sur cette décision, rendue par elle-même, base ses *résolutions
réfléchies*, librement et intelligemment, sans être forcée de les baser aveu-

---

[1] Voir t. I, p. 239 à 245.
[2] Voir t. II, p. 215 à 216, 266 à 269, 272 à 274.
[3] Voir t. II, fin de la page 53 et commencement de la page 54.
[4] Voir t. II, *ibid.*
[5] Voir t. II, p. 211 à 217, 252 à 257, 266 à 269, 272 à 275.

glément sur un instinct particulier ou sur des impressions nécessaires ou inévitables, comme il arrive aux autres facultés, relativement à leurs *réactions impulsives*[1] forcément basées sur des instincts particuliers, relève, vous le savez déjà [2], exclusivement de la volonté ou de la comparativité [3].

Comme la volonté se trouve essentiellement portée à la conciliation des

[1] Voir t. I, p. 551, 587; t. II, p. 9 à 10, 245 à 251, 266 à 267, 273 à 274.

[2] Voir t. II, p. 212 à 217.

[3] J'ai dit et démontré (voir t. II, p. 281 à 283) que TOUTES les facultés de l'âme humaine possèdent un principe intelligent ou perceptif, et j'ai banni à jamais du domaine de la science, au moins je le crois, la doctrine de Spurzheim, qui n'accorde la perception ou l'intelligence qu'à quelques facultés appelées intellectuelles. Il s'agit maintenant de démontrer que ce principe de perception ou d'intelligence n'est pas égal ou de même nature dans toutes les facultés; car la perception de la volonté est une force d'intelligence générale et libre, tandis que la perception des autres facultés (voir t. II, p. 281 à 293) est une force d'intelligence particulière et sensitive. Ainsi, à proprement parler, il n'y a que la volonté dont le principe perceptif puisse s'appeler rationnel ou intelligent par excellence, parce que la volonté seule agit exclusivement sur des *perceptions*, et parce que seule elle est influencée exclusivement par des perceptions dans ses jugements. Ceux des autres facultés dépendent, comme on l'a vu (voir t. II, p. 281 à 293), d'impressions ou de sensations expérimentées ou prévues, et d'un principe instinctif, déterminant, exclusif, unique et sans choix entre les diverses classes ou genres de sensations.

Cela posé, il est très-facile de comprendre qu'encore que toutes les facultés humaines aient une force perceptive; encore que j'aie appelé *intelligente* cette force perceptive, on doit néanmoins distinguer en elle, dans un langage plus rigoureux, une force perceptive SENSITIVE et une force perceptive INTELLIGENTE, ainsi que je me flatte de l'avoir déjà démontré (voir t. II, p. 237 à 240, 244 à 251); en faisant cette distinction, on trace nettement et exactement, comme je l'ai déjà dit (voir t. II, p. 239), la ligne de démarcation qui sépare la nature des êtres irraisonnables de celle des êtres raisonnables, l'existence *animale* de l'existence *humaine*, l'instinct de la raison, le génie du talent, le MOI sensitif ou force passionnelle ne sentant que son action, du MOI intelligent ou l'harmonisativité des forces mentales agissant avec la conscience précise de son être ou de son essence, ou, en d'autres termes, en se formant une *idée* d'elle-même.

La PERCEPTION SENSITIVE détermine uniquement les sensations qui ont été transmises directement du monde extérieur avec l'intervention immédiate des sens (voir t. II, p. 117 à 119, 237 à 240), ou qui se sont produites spontanément dans le monde intérieur. Si la perception sensitive d'une faculté a connaissance ou conscience de ce que perçoivent les autres facultés, circonstance qu'on commence à remarquer dans les animaux des classes les plus élevées (voir t. II, p. 245 à 251), ce n'est que pour réprimer, exciter ou modifier partiellement de quelque autre manière l'action impulsive de la faculté principale. En ce cas la faculté percevante principale devient, pour le moment, un centre de perception sensitive (voir t. I, p. 558, dernier alinéa); car, à l'état normal, ni l'âme de la bête ni l'âme douée de raison ne pourraient exister un seul instant, si un principe dominant d'UNIFORMATIVITÉ passive et active ne pouvait pas réduire à l'UNITÉ toute la MULTIPLICITÉ de perceptions et d'impulsions qui peuvent se produire à tout moment.

La PERCEPTION INTELLIGENTE, c'est-à-dire intelligente par excellence ou rationnelle, privilége exclusif de l'homme entre tous les êtres qui habitent ce globe, est la force perceptive libre et souveraine de la volonté, qui non-seulement se rend compte des perceptions sensitives, mais qui même modifie l'action des autres facultés. En outre, elle détermine les rapports généraux d'analogie et de cause à effet que Dieu a établis entre les perceptions sensitives, et qui ne sont que le reflet de celles qui existent entre les choses d'où ces perceptions sont parvenues. Et c'est précisément en vertu de la connaissance de ces relations (voir t. II, p. 237 à 240), fondée sur les perceptions sensitives, que l'homme se forme une IDÉE ou a une connaissance intelligente de ce que SONT les choses, et que les idées qu'il s'en forme sont d'autant plus claires, plus profondes, plus complètes (voir t. II, p. 122, commencement de la page), que les sensations au moyen desquelles il les conçoit ont été plus nombreuses et plus suffisamment éprouvées.

divers intérêts, des diverses sensations, des divers égoïsmes, qu'il lui est donné de COMPRENDRE et d'HARMONISER, mais nullement de SENTIR [1], comme elle aspire uniquement à la bonne intelligence, à l'ordre, à la solidarité, elle est toujours accompagnée d'un certain calme, d'une certaine retenue qui lui sont propres [2] et qui lui permettent de changer d'avis ou de renoncer à

[1] Il ne lui est pas possible de SENTIR ces intérêts particuliers, parce qu'aucun intérêt semblable n'existe en elle. Le dynamisme sensitif et les actes sensitifs qui en émanent sont, *en ce qu'ils sont*, tout à fait propres à la nature spéciale de chaque faculté. S'il n'en était pas ainsi, les facultés ne seraient pas distinctes; car elles n'auraient rien qui constituât ou sur quoi se basât leur individualité ou leur identification exclusivement propre. Si la bénévolentivité, par exemple, pouvait éprouver ou sentir les mêmes impressions, impulsions et conceptions que la destructivité, il n'y aurait ni destructivité ni bénévolentivité, mais les deux facultés seraient toute destructivité ou toute bénévolentivité; et, dans ce cas, il serait absurde de parler de facultés distinctes. Mais, comme la nature des actes de destruction est toute différente de celle des actes de bienveillance, ou il faut nier que Dieu ait créé des causes déterminantes diverses, ou il faut reconnaître que les actions et les sensations bienveillantes procèdent d'une faculté individuelle différente de la faculté qui produit les actions et les sensations destructives. Voilà la base fondamentale jusqu'ici inaperçue, de cette partie de la science psychologique, connue sous le nom d'ESTHÉTIQUE ou science de sensations. (V. leç. LVI.)

Toutefois il n'en est pas de même pour la force *perceptive* des facultés. La force perceptive ne s'exerce pas seulement, dans son action comparative et déterminative (voir t. II, p. 237 à 240), en commençant par les animaux de la classe la plus élevée (voir t. II, p. 245 à 251, sur les sensations et impulsions exclusivement propres à la faculté dont elle fait partie; mais elle perçoit, elle sait, elle comprend ce qui se passe dans les autres, comme je ne me suis pas lassé de le démontrer dans ces leçons (voir t. I, p. 525 à 529, 342 à 345, et divers autres endroits); et c'est ainsi que, comme vous avez pu vous en convaincre (voir t. II, p. 51 à 59, 245 à 250, 284 à 295), elle réprime ou excite son désir ou son aversion. Une faculté peut transmettre à une autre la connaissance, la perception, l'intelligence, la notion ou l'appréciation précise de ses actes, mais non la *sensation*, non le pouvoir de les expérimenter ou de les produire; car pour cela il faudrait qu'elle changeât d'essence ou de nature, et j'ai déjà dit (t. I, p. 292, et la note au bas de la p. 294 du t. II et je viens de répéter que cela est impossible : la causalité ne sera jamais la philoprolétivité, comme un rouvre ne sera jamais un noyer, comme une feuille ne sera jamais un tronc. Autre chose donc est de connaître par l'expérience du fait, comme la tonotivité connaît les tons; autre chose de les connaître en vertu d'une perception transmise, communiquée ou irradiée par la mystérieuse intervention de *quelque fluide impondérable*, par la tonotivité elle-même à d'autres facultés. C'est ainsi, par exemple, que les perçoivent ou les connaissent la mouvementivité et la durativité de l'ours et du singe, quand ces animaux se mettent à danser au son de quelque instrument de musique ou de quelque chant vocal. La mouvementivité est le principe fondamental de la danse, sans aucun doute ; mais, pour que la mouvementivité règle et exécute ses perceptions de mouvement d'après la mesure de la musique et les divers intervalles des temps, en d'autres termes, qu'elle se conforme aux conditions essentielles et constitutives de la danse, il faut que la mouvementivité COMPLEXE, quoiqu'elle ne SENTE pas expérimentalement, les actes de la tonotivité et de la durativité.

Eh bien, comme il ne se produit dans la volonté aucune espèce d'affections ou d'impulsions d'un genre particulier ou déterminé, sa perception ne s'applique à aucune espèce de sensations expérimentées; mais elle est la compréhension ou l'intelligence de pures perceptions qui lui sont transmises du dehors. De sorte qu'elle ne sait rien, qu'elle ne connaît rien, par expérience, par sensation ou par son propre INSTINCT; et c'est pourquoi elle est purement, essentiellement, exclusivement RATIONNELLE ou raisonnante. Sa perception, soit qu'elle s'applique à ce qui lui est transmis, soit qu'elle s'applique à ce qu'elle transmet, est une puissance de raison ou d'intelligence pure; et c'est là-dessus que repose, comme je l'ai dit plus haut, sa souveraine liberté humaine, ainsi que sa suprême intelligence humaine.

[2] Voir la note 3 au bas de la p. 284 du t. II.

exécuter une résolution prise[1]. D'une part, la volonté ne trouve en elle-même aucun motif particulier de réaction forcée; d'autre part, elle a le pouvoir perceptif souverain de déterminer le mérite relatif d'un acte mental à côté d'un ou de plusieurs autres, également déterminés par une comparaison et une déduction intelligente, et nullement par la sensation ou l'expérimentation sensible; or voilà ce qui constitue le principe rationnel et libre de sa réaction ou du pouvoir qu'elle a de se résoudre d'après ses perceptions. De l'exercice ou de l'application de la réaction *libre* et *intelligente* de la volonté résulte ce que nous appelons proprement le VOULOIR et le NON-VOULOIR, pour distinguer cet acte de l'exercice ou de l'application de la force de réaction, *aveugle* et *irrésistible*, des autres facultés, qui s'appelle le *désir* et la *répugnance*. Dans le premier cas, c'est une puissance de *raison* ou *rationnelle* qui s'exerce; dans le second cas, c'est une puissance d'*instinct* ou *instinctive*. Comme les actes du vouloir ou du non-vouloir, en d'autres termes, les *résolutions* naissent d'un dynamisme ou d'une force libre de tout effet sensible ou de toute passion, et comme les actes de désir et de répugnace ou les *impulsions* résultent d'un dynamisme ou d'une force où la passion agit seule, quoique plus ou moins faible, ou plus ou moins violente, il existe entre les résolutions et les impulsions une différence que j'ai déjà indiquée en passant[2], mais dont il convient d'achever maintenant l'explication.

La résolution, fille de la comparaison générale ou intelligente (car sans comparaison générale ou intelligente[3], il ne saurait y avoir d'option ou de choix libre) est une *force de raison*, une force purement idéale; elle est affranchie de tout effet sensible[4]; c'est pourquoi elle apparaît toujours avec calme; toujours prête à faire place à une autre conception ou perception décisive, plus conforme dans son objet au bien général, qui est la loi à laquelle est soumis[5] le principe d'où émanent toutes les résolutions. Si en pareil cas nous ressentons quelque plaisir ou quelque douleur, ce sentiment n'est point l'effet immédiat de la résolution formée, mais de la profonde conviction qu'a l'intelligence que l'exécution en tournera au bien général, ou que, si quelque obstacle insurmontable en empêche l'accomplissement, il y aura dans l'âme une douleur générale.

L'impulsion dominante est une *force de passion*[6]; elle ne nous donne ni trêve ni relâche; elle ne tend qu'à sa satisfaction particulière, égoïste, exclusive; c'est de ce côté-là seulement qu'elle cherche à nous faire pencher, et qu'elle nous entraînerait, si elle le pouvait, dût-elle soulever mille tempêtes et nous faire tomber dans mille précipices. Sa force est comme celle

[1] Voir ci-dessus la différence entre une *résolution* et une *impulsion*.
[2] Voir t. II, p. 266 à 267, 272 à 274.
[3] Voir t. II, p. 245 à 249.
[4] Voir t. I, p. 555 à 556; t. II, p. 51 à 54, 118 à 121, 212 à 214, 257 à 240.
[5] Voir t. II, p. 252 à 257.
[6] Voir p. 249 à 251.

du vent qui suit lui-même forcément sa propre direction. L'intelligence humaine n'a pas concouru et ne peut pas concourir à cette impulsion. Si elle ne produit pas son effet, c'est, comme je l'ai déjà dit [1], parce qu'une autre force plus énergique l'emporte sur elle

Jamais partiale, jamais égoïste, une résolution ne nous violente pas jusqu'au milieu des tempêtes morales dont elle est l'ennemie née ; elle nous donne toujours le temps d'attendre qu'une idée nouvelle se présente, afin de céder la place à une autre résolution qui convienne plus ou mieux au bien général, ou que, pour ce même bien général, se présentent des circonstances plus favorables à l'exécution. Et comme les idées peuvent se succéder, et par conséquent se remplacer très-fréquemment, la volonté est sujette à se trouver très-fréquemment indécise et variable. En elle-même et par elle-même, elle n'est point, comme les autres facultés, sous l'empire d'une nécessité déterminante qui la presse, qui la poursuive, avec l'aiguillon douloureux de l'impulsion sensitive, et qui la force à être toujours décidée et déterminée, comme, hormis quelques cas exceptionnels, on voit toujours que le sont tous les animaux, parce qu'ils manquent de volonté [2]. Mais, ô sublime, merveilleux et divin arrangement ! pour obvier aux dangers extrêmes auxquels cette circonstance pourrait à chaque pas exposer l'homme, la prévoyante nature nous a doués de la continuativité, qui tend, par une disposition innée, comme je me flatte de l'avoir prouvé [3], à faire une sorte de violence à la volonté, pour l'empêcher de varier ou de changer de dessein. Ainsi, un homme peut avoir une grande force de volonté pure, c'est-à-dire une grande tendance à former des résolutions; mais, si en même temps sa force de continuativité et de concentrativité sont moindres, son esprit et par conséquent son caractère, jamais stables, jamais décidés, jamais définitivement résolus, ressembleront, comme je l'ai longuement démontré plus haut, au pendule d'une horloge [4], toujours exposés à se trouver à la merci de la faculté dont l'organe est le plus développé. L'individu ainsi constitué sera toujours hésitant, toujours irrésolu, tandis que celui que Dieu a doué d'une volonté bien développée et d'une grande continuativité et concentrativité, quand on lui supposerait une tête ordinaire pour tout le reste, est, comme Jiménez de Cisneros, extrêmement décidé, résolu, tenace dans ses résolutions, dominant à l'instant toutes les impulsions contraires qui s'y opposent. Ces observations, jointes à celles que j'ai faites [5] en parlant de la continuativité dans ses rapports avec l'intellectualitivité et surtout avec la perception de la volonté, sont d'une immense utilité sur le terrain de la phrénologie pratique.

Il suit de ce qui précède que la volonté, bien qu'elle ne soit susceptible

---

[1] Voir t. II, p. 281 à 283.
[2] Voir t. II, p. 244 à 251.
[3] Voir t. II, p. 193 à 201.
[4] Voir p. 262 à 265 et passim.
[5] Voir t. II, p. 201 à 204.

d'éprouver aucun désir particulier ou aucune aversion particulière, peut vouloir ou ne pas vouloir, c'est-à-dire choisir ou préférer dans ses réactions tout dés'r ou toute aversion quelconque des autres facultés. La vol. nté ne peut pas désirer procréer, ou détruire, ou vénérer, ou dominer, ou attaquer, ou acquérir, ou faire aucun autre acte mental qui soit propre dans son origine à l'individualité essentielle et exclusive des autres facultés; mais elle peut vouloir ou ne vouloir pas tous les actes de ces individualités; en d'autres termes, elle peut les prendre, les choisir ou les préférer, comme objets présentés à son choix, pour les combiner, les uniformiser ou les diriger vers une fin d'harmonie générale, de la manière qu'il lui plaît ou qu'elle le détermine pour y parvenir. Qu'importe à la volonté qu'il ne lui soit pas possible d'expérimenter un désir ou une aversion quelconque pour les actes de la générativité, de la destructivité, de la vénération, de la supérioritivité, de la combativité, de l'acquisivité, si elle a le privilége de COMPRENDRE toutes ces sensations et toutes les autres sensations[1] qui ont été, qui sont ou qui peuvent être éprouvées, et si, par ses choix et ses préférences, elle peut exercer sur elles un véritable empire, pour les uniforer dans toutes les combinaisons dont elles sont susceptibles, afin qu'aucune faculté n'agisse que pour le bien de toutes et que toutes n'agissent que pour le bien de chacune, autant du moins qu'il peut être donné à la volonté d'y arriver en certains cas, en suivant l'impulsion générale harmonique qui est sa loi? Qu'importe, en un mot, à la volonté que le désir de procréer, de détruire, de vénérer, de dominer, d'attaquer, etc., ne naisse point en elle, si elle peut vouloir ou ne vouloir pas procréer, détruire, vénérer, dominer, attaquer et accomplir tous les actes simples ou complexes, qui sont exclusivement propres aux autres facultés.

Pour que le gouvernement que Dieu a accordé à l'homme pût être, comme il l'est, celui d'une pure et souveraine intelligence, ou, ce qui revient au même, celui d'un pur et souverain *libre arbitre*, il fallait que, d'une part, ce gouvernement fût affranchi de toute NÉCESSITÉ ou de toute *partialité forcée*, et que, d'autre part, il jou t d'une liberté de choix et de commandement complète sur les éléments gonvernés, c'est-à-dire sur les éléments soumis à son choix et à son commandement. A défaut de l'une de ces conditions, le gouvernement humain ne pourrait être celui du pur libre arbitre.

Tout gouvernement qui dans ses actes gouvernementaux est dans lui-même forcément soumis à un principe déterminatif sensitif, ou manque de force pour accomplir à son gré ou ne pas accomplir ces actes eux-mêmes, n'est point un gouvernement de pure et souveraine intelligence ; n'est point un gouvernement de libre arbitre, puisqu'il n'est libre ni dans ses choix ni dans ses commandements ; n'est point, enfin, un gouvernement de VOLONTÉ ou de RAISON libre et intelligente, une et universelle; il n'est qu'un gouvernement

---

[1] Voir la note au bas de la p. 300 du t. II.

de PASSION ou d'INSTINCT, contraint et aveugle, changeant et partial dans ses actes.

Que dans l'ordre naturel et régulier le gouvernement de l'homme et des hommes appartienne à la *volonté* ou à la *raison*, et non à l'*instinct;* au *libre arbitre,* et non à une *impulsion forcée,* c'est ce qu'il est aussi inutile d'établir et de prouver qu'il l'est de le contester et de le nier: car nous sentons, par l'expérience de ce qui se passe et de ce qui s'est passé au dedans et au dehors de nous[1], que nous possédons une force unique, générale, intelligente, qui domine, pour les harmoniser[2], les autres forces particulières, sensitives, multiples et contraires, dont aussi nous nous sentons doués.

Supposer, parce que la volonté ou le gouvernement humain appartient à l'intelligence pure et souveraine, exempte de toute inclination particulière, qu'elle n'a point la force exécutive ou la liberté de commandement[3], c'est supposer que Dieu a créé des inclinations, des tendances, des puissances causatives, sans les moyens de satisfaire ces tendances, en d'autres termes, sans d'autres puissances causatives correspondantes, destinées à produire également des effets. En fait, cela serait impossible, comme je me flatte de l'avoir démontré[4]; mais, en outre, on nierait, en le disant, l'ordre phénoménal de l'univers. Supposer que la volonté n'a point le pouvoir d'opter ou la liberté de choisir, pour combiner, harmoniser ou uniformiser les facultés dans leurs divers actes négatifs ou positifs, afin que dans tous les cas possibles elles agissent pour le bien général, et non exclusivement pour leur avantage particulier, ce serait avancer la plus énorme des absurdités; car ce serait supposer qu'un principe électeur GÉNÉRAL est soumis aux éléments éligibles particuliers.

Et cependant c'est dans cette grosse absurdité que tombent ceux qui, réduisant l'humanité à une existence uniquement sensitive, croient qu'elle n'est dirigée, comme celle des brutes, que par une impulsion aveugle et particulière, parvenant à dominer d'autres impulsions différentes ou contraires. Ce serait confondre les *divers* principes sensitifs qui engendrent des IMPULSIONS différentes et aveugles, avec le principe rationnel *unique* et exclusif qui ne fait que VOULOIR et vouloir *intelligemment;* ce serait confondre les différentes

[1] Voir t. II, p. 278 à 281.

[2] De tout ce que je viens de dire sur le libre arbitre, il résulte évidemment qu'il n'est ni ne peut être absolument autre chose qu'un principe harmonisateur général d'autres divers principes particuliers, qui, à cause de leur diversité et de leur opposition, peuvent se désharmoniser (voir t. II, p. 241, 245, 256 à 260). Et comme ces principes mentaux multiples ne constituent et ne peuvent constituer, tant par leur nature que dans leur action simple ou combinée, qu'une seule *unité* mentale, appelée âme, il faut bien en conclure que c'est la volonté qui réalise l'harmonisation de cette unité mentale ou de l'âme. HARMONISATIVITÉ serait donc le mot propre pour désigner l'inclination innée harmonisative qu'on a connue jusqu'ici sous le nom de volonté, et c'est ainsi que je l'appellerai dans la suite pour me mettre d'accord avec moi-même sur le principe que j'ai établi (voir t. I, fin de la p. 364 et commencement de la p. 365) relativement à la dénomination phrénologique des facultés et de leurs organes.

[3] Voir t. II, p. 266 à 268.

[4] Voir t. I, p. 331 à 333, 410 à 419; t. II, p. 278 à 280, notes au bas des pages.

forces particulières sensitives *obéissantes* qui sont la juridiction avec la force générale intelligente[1] qui est l'*autorité*.

Quand un homme pressé par un vif désir de manger des pommes[2] compare ce désir produit par sa partiale alimentivité, dans ses mille rapports[3], est-ce par un effet de l'impulsion dominante, est-ce à la suite d'un choix fait parmi les éléments qui lui sont présentés, que sa volonté, résistant à ce désir, parce qu'elle perçoit qu'il tend à la discordance générale, dit : « Je ne veux pas en manger, » et que cet homme n'en mange pas? Est-ce par un effet de l'impulsion dominante que ce jeune enfant que nous avons vu[4] triompher des instigations de la causativité, et retirer vivement sa main du feu, plus tard l'en approche spontanément, par quelque motif d'un intérêt général, par le choix de son libre arbitre, par un acte délibéré de volonté, ou, en d'autres termes, en vertu d'une résolution, qui annihile l'impulsion négative ou la répugnance de la tactivité? Un bandit, nous raconte M. de Lamartine, dans son *Voyage en Orient*, se mit en tête de voler, au moyen d'une ruse, un magnifique cheval à un grand seigneur. Sachant dans quel endroit celui-ci devait passer un certain jour, le voleur s'y montra feignant une paralysie. En le voyant, tel qu'il lui parut, si impotent et si embarrassé pour regagner sa maison, le cavalier s'apitoie, met pied à terre et l'aide à monter pour le prendre en croupe. Mais à peine notre homme a-t-il enfourché le cheval, qu'il part au galop. « Écoute, écoute, lui crie le maître au désespoir; écoute deux mots. » Le bandit, sûr que personne ne pouvait plus lui enlever le cheval, se rapprocha du seigneur et lui dit d'une voix rude : « Que voulez-vous? — Je veux, lui répondit celui-ci avec bonhomie, je veux te recommander de ne parler à personne de la manière dont tu m'as pris mon cheval. — Pourquoi? — Parce que, si tu en parles, ta ruse sera connue et désormais il n'y aura plus de pauvre infirme qui puisse espérer du secours sur les routes. » Cette réponse fit une telle impression sur le bandit, que non-seulement il résolut de rendre le cheval à son maître, mais que, mettant pied à terre, il lui dit : « Reprenez ce qui vous appartient; vous m'avez désarmé, et, si vous le voulez, je serai pour toujours votre fidèle serviteur. » Et il le fut.

Est-ce là agir par aucune impulsion aveugle, par aucun principe intéressé? Est-ce par l'effet d'une impulsion dominante quelconque que l'homme, ayant à lutter contre mille désirs et aversions contraires, comme devait nécessairement avoir à le faire celui dont je viens de vous rapporter l'exemple, considère avec calme tout ce qui se passe au fond de lui-même, avec calme, puisqu'il le considère idéalement, dans une abstraction complète de cette agitation sensitive que produisent les aversions et les désirs particuliers? Est-ce par l'effet d'une impulsion semblable que, percevant ce que réclame

[1] Voir t. II, p. 277 à 278.
[2] Voir t. II, p. 240 à 241.
[3] Voir t. II, p. 273 à 274.
[4] Voir t. II, p. 284 à 286.

le bien général, il l'adopte ou le choisit comme motif ou fondement d'un acte spécial du VOULOIR, qui peut frustrer plusieurs de ses désirs particuliers, et exciter momentanément en lui plusieurs aversions particulières, qu'il réprime par un souverain pouvoir d'intelligence?

Sachons-le bien, messieurs, quand la volonté d'un individu, de même que la volonté d'une nation, perd la liberté de choisir, et se trouve pour le moment[1] à la merci d'un élément ou principe particulier prédominant, qu'elle devrait pouvoir rejeter, c'est signe qu'il y a là un ébranlement, un désordre, une perturbation, qui conduit nécessairement aux maux les plus grands et les plus terribles. Qu'on ôte à quelque principe d'élection que ce soit la LIBERTÉ complète de choisir entre les divers éléments ou objets éligibles, aussitôt ce principe perd son existence. Supposez une faculté, un principe, dont le mode d'action consiste à vouloir ou à ne vouloir pas, et lui nier ensuite la liberté du choix entre les éléments sur lesquels doivent être fondés ses actes de vouloir ou de non-vouloir, c'est reconnaître l'existence d'une faculté et lui contester aussitôt le mode d'action pour lequel elle a été exclusivement créée; c'est instituer une autorité, un commandement, sans droit de se décider, sans droit de commander.

Serait-il général, représenterait-il la volonté, le libre arbitre, le gouvernement de l'armée, celui qui serait obligé de se décider d'après l'opinion de chacun des soldats placés *sous son commandement?* Serait-il le maître, c'est-à-dire la volonté de la classe, celui qui serait obligé de se décider d'après le caprice de chacun des élèves soumis *à sa direction?* Serait-il le conducteur, c'est-à-dire la volonté, le gouvernement, la direction d'un attelage, le prétendu conducteur qui se verrait obligé de suivre l'impulsion de chaque cheval? Serait-il le gouvernement, c'est-à-dire la volonté, le libre arbitre d'une nation, celui qui se verrait obligé de prendre ses décisions ou ses résolutions en faveur d'un parti ou d'une classe spéciale, et non en vue du bien, de la satisfaction et de la concorde de tous les partis et de toutes les classes gouvernés? Mille fois non. Dans cette hypothèse, il serait absurde d'admettre la nécessité, et conséquemment l'existence d'une volonté ou d'un principe général par lequel les divers éléments sensitifs et impulsifs, différents les uns des autres, opposés les uns aux autres, doivent s'ASSOCIER pour concourir à une même fin. En un mot, ou il faut nier l'existence de la volonté, et pour cela il faudrait nier les révélations de notre sens intime et le témoignage de nos sens extérieurs, ou il faut lui accorder une liberté complète d'élection. Autrement il n'y aurait, dans les éléments et dans les actes humains, qu'une diversité multiple sans uniformité; autrement, dans l'homme comme dans l'humanité, puisqu'il est impossible de nier que des facultés contraires existent en nous, l'ordre serait l'exception et le désordre la règle; et cette seule supposition, après tout ce que j'ai dit sur la matière, serait une absurdité. L'ordre est la loi, et, dans toutes les choses

[1] Voir t. I, p. 164 à 165.

humaines, notre volonté, notre libre arbitre, ou notre liberté intelligente, est son principe naturel. C'est pourquoi il n'y a pas de créature humaine qui ne se sente irrésistiblement forcée de s'écrier, avec l'illustre Bossuet : *J'ai un sentiment clair de ma liberté* ; car il n'y en a aucune qui, recevant à la fois deux ou plusieurs impulsions contraires, ne sente intérieurement qu'elle a une force de perception appréciative pour discerner l'impulsion tendant le plus directement au bien ou à l'harmonie générale [1], une liberté intelligente d'élection pour la choisir comme MOTIF, et une force ou puissance d'exécution ou de répression suffisante pour que l'âme ne cède à aucune autre impulsion que celle à laquelle elle se soumet.

Toutefois, si l'existence dans l'homme de cette LIBERTÉ par excellence ne saurait être niée, par la raison qu'elle se fait sentir d'elle-même, comme je l'ai dit précédemment et que je viens encore de l'établir, vous ne devez jamais oublier que cela s'entend et ne peut s'entendre qu'en règle générale ; mais jamais, non jamais, comme règle absolue; car, rigoureusement parlant, il n'y a rien d'absolu dans l'homme. Sans compter les fous et les imbéciles [2], — et l'on peut comprendre dans la première classe presque tous les Caraïbes et presque tous les anthropophages [3], — il y a beaucoup d'individus qui, par leur faute, par suite de leur éducation, sous l'influence d'un certain désordre ou trouble mental, ou bien pour toutes ces causes réunies, qu'il faut généralement attribuer à l'imperfection de la perfectible nature humaine, n'ont pas le sentiment ou n'ont pas la conscience de l'action de leur liberté, quoiqu'elle existe en eux, quoiqu'elle agisse en eux, quoique très-souvent une expérience, une réprimande ou une punition quelconque la mette tout à coup en mouvement.

Il peut fréquemment arriver que les individus qui s'accoutument à se laisser entraîner par quelque forte inclination naturelle ou par quelque habitude acquise (et l'on remarque cette propension chez ceux en qui une ou plusieurs régions céphaliques prennent un développement excessif, témoin Martin, Thibets [4] et d'autres) n'aient plus le sentiment ou perdent l'expérience de leur liberté intelligente, parce qu'ils ne l'exercent pas, parce que l'action en est dominée et contrainte désordonnément par quelqu'une des facultés qui n'ont qu'une liberté de satisfaction particulière, forcée, irrésistible. Ce sentiment ou cette expérience peut également manquer aux gens qui s'accoutument à agir par la passion, la fantaisie ou le caprice du moment, qui, plus ou moins criminel, plus ou moins coupable, plus ou moins malhonnête, prend naissance et doit nécessairement prendre naissance dans quelque faculté qui a un intérêt particulier; car la faculté générale ou l'*harmonisativité* n'a point d'intérêts particuliers, et, par conséquent, pas de passions exclusives, pas de caprices. Nous voyons malheureusement à chaque

[1] Voir t. II, p. 214 à 216, 260 à 262.
[2] Voir t. I, p. 167 à 171.
[3] Voir t. I, p. 177 à 194.
[4] Voir t. I, p. 135, 137.

pas dans nos relations ordinaires des exemples de ce genre, que confirme jusqu'à une complète évidence [1] la conduite d'un Caracalla, d'un Danton, d'un
Néron et d'un Vitellius. Les gens qui s'habituent à ne point écouter la voix
de cette liberté souveraine, de ce libre arbitre, de ce MOI *intelligent* [2],
qui crie [3] : « Arrête-toi, réprime-toi, ne va pas plus loin; » de ce MOI *intelligent*, irradiation du Seigneur [4], appelée par saint Paul [5] *loi de l'esprit*, — et
avec raison, puisqu'il constitue une faculté exclusivement intelligente, qui
s'adresse aux autres facultés quand l'une d'elles les pousse à la révolte [6], et
amène contre le MOI un TOI passionné, fantasque, capricieux, rebelle [7]; —
ces gens-là, dis-je, ne peuvent pas non plus avoir la conscience de ce MOI,
car il ne se trouve pas en eux suffisamment excité ou exercé pour faire sentir habituellement une action prédominante, et tout élément mental qui
n'agit qu'étant dominé ou comme accessoire [8] ne manifeste point son existence dans le sujet.

Les personnes dont les facultés intellectualitives confondent le désir avec
le vouloir, la passion avec le motif [9], et le motif intérieurement coordonné et
choisi avec les causes purement extérieures et étrangères, ne parviennent
pas à connaître distinctement leur propre MOI LIBRE et dominant, libre dans
le choix des motifs sur lesquels il fonde ses résolutions, et libre dans l'accomplissement ou le non-accomplissement de la résolution préférée, toujours
conformément à un principe de bien, de plaisir ou d'harmonie générale, qui
n'exerce aucune pression, aucune vexation, aucune violence, comme vous
avez pu pleinement vous en convaincre [10]. Nous devons dire en pareil cas que
l'individu nie le libre arbitre comme principe inhérent à son âme, en même
temps qu'il en *sent* les opérations, parce que la force perceptive de sa volonté, ou ne se trouve pas suffisamment instruite, ou est offusquée [11] par
quelque erreur ou conviction trompeuse. On peut se faire une idée complète
du langage qu'emploient ces personnes, d'ailleurs fort éclairées et attachées

[1] Voir t. I, p. 151, 193, 203, 288.
[2] Voir t. II, note au bas de la page 299.
[3] Voir t. II, p. 260.
[4] Voir t. II, p. 236.
[5] Voir la cinquième note au bas de la p. 175 du t. I.
[6] Voir t. II, p. 72.
[7] Combien de fois ne nous adressons-nous pas la parole à nous-mêmes, comme si notre
âme était un composé d'un MOI et d'un TOI, d'une première personne qui *parle* et d'une
seconde personne à qui L'ON PARLE! Combien de fois ne nous disons-nous pas à nous-mêmes : « Attention! mon cher, tu marches mal; attention! si tu ne changes pas de conduite, tu vas te perdre! — Quel terrible mécompte tu as eu là! » Et d'autres choses semblables. Je ne pense pas que jusqu'ici on n'ait jamais expliqué d'une manière satisfaisante le psychisme de ce phénomène mental qui consiste dans l'existence d'une faculté
souveraine, intelligente ou sans passion partiale, et d'autres facultés particulières (t. II,
p. 232, 237), douées d'une certaine perception, mais passionnées ou sujettes à quelque
inclination forcée, tyrannique et exclusive.
[8] Voir la note au bas de la p. 295 du t. I.
[9] Voir t. II, p. 243, 249 à 250, 272 à 274, 299 à 303.
[10] Voir t. II, p. 252 à 257, la note au bas de la p. 303.
[11] Voir t. II, p. 216.

à la saine morale, en entendant parler sur ce sujet Diderot, l'un des plus ardents défenseurs de la doctrine de la *nécessité*, ou de l'école qui nie d'une manière absolue le libre arbitre de l'humanité.

« Examinez, dit-il, la question de près, et vous verrez que le mot LIBERTÉ est un mot vide de sens; qu'il n'y a point et qu'il ne peut point y avoir de créatures *libres;* que nous sommes seulement ce qui s'accorde avec l'ordre général, avec notre propre organisation, avec notre éducation et avec l'enchaînement des faits. Toutes ces choses disposent de nous invinciblement. Il nous est aussi impossible de concevoir un être qui agisse sans un motif que de concevoir que les bras d'une balance se meuvent sans un poids qui les sollicite. Le motif, toujours extérieur, toujours étranger, agit sur nous par quelque cause qui se trouve hors de nous. Ce qui nous trompe, c'est l'immense variété de nos actions, jointe à l'habitude que nous avons prise dès notre enfance de confondre ce qui est volontaire et ce qui est libre. Nous avons été si souvent loués et blâmés, et nous avons si souvent loué et blâmé les autres, que nous contractons le préjugé invétéré de croire que les autres et que nous-mêmes *agissons* et *voulons* librement. Mais, s'il n'y a pas de LI-BERTÉ, il n'y a pas non plus d'action qui mérite ni récompense ni châtiment. Quelle est donc la différence entre les hommes? C'est de faire le bien et de faire le mal. Celui qui fait le mal est un homme qu'il faut détruire et non châtier; celui qui fait le bien est heureux et non vertueux. Ne reprochez rien à personne et ne vous repentez de rien : voilà le premier pas dans le chemin de la sagesse. »

Toutes ces erreurs, que l'on peut bien appeler des *extravagances*, et mille autres erreurs dont les conséquences ne sont pas moins profondément funestes, comme je l'ai déjà fait remarquer [1], sont conçues, propagées et adop-tées comme des doctrines éternellement vraies, parce que leurs auteurs ne discernent pas la différence qui existe entre les diverses espèces de *forces causales*. Personne ne nie que le MOTIF qui détermine une résolution ne soit autant une force causale que le POIDS qui détermine l'abaissement d'un bras de balance, ni qu'il ne soit aussi impossible qu'il se produise une résolution sans un motif qu'il est impossible qu'un bras de balance s'abaisse sans un poids, car il n'y a pas d'effet sans cause; mais le motif et le poids, consi-dérés comme forces causales de deux actions distinctes, sont-ils une même chose, sont-ils le principe de deux faits égaux?

Non, assurément; mais cette négative n'a pas été comprise par ceux qui confondent les forces causales intelligentes (les motifs) avec les forces cau-sales inorganiques (les forces physiques). Les forces causales appelées MOTIFS se manifestent exclusivement dans l'homme [2], être extraordinairement com-pliqué, capable d'expérimenter et de connaître, en vertu de facultés INTERNES dont la phrénologie a prouvé l'existence, au moyen de l'observation [3], mille

---

[1] Voir t. II, p. 240.
[2] Voir t. II, p. 249 à 251.
[3] Voir t. I, p. 177 à 281.

impressions et impulsions qu'elle perçoit en idée, qu'elle associe intérieurement, et que bientôt elle combine en causes immédiates de résolutions. Ces
causes immédiates de résolutions, les seules que l'on appelle et que l'on
puisse proprement appeler des MOTIFS [1], sont soumises, par l'être même en qui
elles se produisent, à un froid examen, à une tranquille comparaison par rapport à un principe de bien général inhérent à ce même être [2]. Dans ces conditions, avec ces ressources ou dispositions, l'homme se trouve naturellement
en état de déterminer le mérite relatif de ses *motifs*, de connaître celui qu'il
doit, mais qu'il *peut* ne pas choisir, et, quand il l'a choisi librement, d'accomplir la résolution qu'il a fondée ou qu'il peut fonder sur ce motif. Voilà
le PSYCHISME [3], dont je me flatte d'avoir le premier donné une idée complète
en philosophie mentale. Or, en présence de ce psychisme, pourra-t-on dire,
sans offenser la raison et sans insulter le sens commun du plus niais des
hommes, que le motif est toujours extérieur, toujours étranger au sujet qui
le formule et le coordonne, et qui sent qu'il le formule et le coordonne au
dedans de lui-même? Tout motif, quel qu'il soit, est un acte INTERNE de notre
harmonisativité, volonté ou comparativité, et, pour nous convaincre par une
preuve *sensible* que cette comparativité nous est propre et non pas étrangère, qu'elle existe en nous et non pas au dehors, il nous suffira, après que
nous nous serons démontré que la phrénologie est incontestablement vraie [4],
de nous poser la main au milieu du front et de palper [5] une proéminence
qui y a été placée, non par l'homme, mais par la nature.

Que le motif se rattache et doive toujours se rattacher à quelque cause coïnci-
dente du dehors, qui en doute? Le dire, ce n'est qu'une plate vulgarité, comme
le nier, ce ne serait qu'une absurdité évidente. Vous savez parfaitement [6]
qu'aucun principe ne produit des actes déterminés sans qu'avec lui se combinent des forces causales étrangères; vous savez qu'il n'y a ni ne peut y avoir
aucune *idée* qui ne se rattache aux objets qui nous entourent; et un motif
n'est qu'une idée [7]. S'il en était autrement, que serait-ce, et je vous l'ai déjà
demandé ailleurs [8], que la mystérieuse union et la mystérieuse harmonie
qui existent en ce monde entre l'esprit et la matière, entre l'âme et le
corps? Mais de là à faire naître nos MOTIFS du dehors, il y a une distance immense, si immense, qu'on ne peut la franchir sans outrager la raison, blesser
le sens commun, nier tout principe d'autorité, fouler aux pieds les plus sublimes principes de morale que la nature nous enseigne comme la révélation,
détruire tous les éléments moraux qui maintiennent l'union de la société

[1] Voir t. II, p. 249 à 250.
[2] Voir t. II, p. 254 à 257.
[3] Voir la note au bas de la p. 281 du t. II.
[4] Voir t. I, p. 175 à 281.
[5] Voir t. II, p. 242.
[6] Voir la note au bas des p. 278 à 280 du t. II.
[7] Voir t. II, p. 249 à 250.
[8] Voir t. II, p. 121.

humaine, et établir [1] la discordance, la guerre, la révolte, comme son état normal, sa loi, son principe, sa raison d'être.

Ceux qui ont nié la LIBERTÉ de l'homme pour n'avoir pas su, comme Diderot et d'autres, distinguer une force causale purement inorganique ou physique, non d'une force causale d'affinité ou chimique, non d'une force causale purement organique ou végétale, non d'une force causale sensitive ou animale, mais d'une force causale intelligente, ont attribué cette *liberté*, comme vous l'avez vu dans la citation que je viens de vous faire, à l'habitude que nous avons prise dès l'enfance de *confondre ce qui est volontaire et ce qui est libre*. Si quelqu'un confond ici et confond grossièrement ce qui est volontaire et ce qui est libre, c'est celui qui parle d'une pareille confusion. Pour confondre les idées du *libre* et du *volontaire*, qui sont des plus abstraites ou des plus universelles, il faut avoir, non une force d'intelligence quelconque, mais une force d'intelligence capable de concevoir des idées abstraites même très-compliquées. Eh bien, comme personne, en naissant, ni même longtemps après la naissance, n'a une intelligence [2] assez développée, assez vigoureuse pour concevoir des idées de ce genre, il est évidemment absurde de dire que nous les confondons dès le bas âge, car, pour les confondre, il faut d'abord pouvoir les former ou les concevoir.

Mais on me dira peut-être que Diderot, dans le passage que j'ai cité, ne parle que de l'HABITUDE prise, non de la force efficiente, de confondre les idées les plus abstraites. Ceci rend, s'il est possible, l'absurdité plus énorme; car le mot *habitude* signifie uniquement une force d'activité communiquée à une combinaison spéciale de dispositions innées pour la répétition de certains actes. Pour qu'il y ait *habitude*, il faut qu'il existe d'abord une faculté fondamentale, par la répétition des actes de laquelle l'habitude puisse se former. Une chouette acquerra-t-elle jamais l'habitude de chanter comme un rossignol, ou un rossignol l'habitude de nager comme un poisson? Impossible. Eh bien, il est également impossible qu'un enfant confonde des idées avant qu'en lui se développe la puissance de les former.

D'autre part, l'enfant, pas plus que qui ce soit dans un état normal, ne saurait confondre ce qu'il sent ou ce dont il a une conviction intime. Quand un bambin de trois ou quatre ans, qui a déjà quelque raison, dit : *Je veux* ou *Je ne veux pas*, à propos d'une chose qu'on lui prescrit ou qu'on lui demande, il sait bien que ce *je veux* ou ce *je ne veux pas* exprime un acquiescement ou un refus déterminé, accompagné de la liberté d'y donner ou de n'y pas donner suite, quoiqu'il ne puisse pas s'en former une idée, c'est-à-dire savoir ce que c'est que cet acte par la simple comparaison des rapports des choses; ou bien il faudrait nier la force interne du raisonnement, et le pouvoir d'exprimer, au moyen des paroles, les actes de ce même raisonnement, dont les faits proclament et attestent l'existence. Autre chose est la

---

[1] Voir t. I, p. 164 à 166 ; t. II, p. 250 à 253.
[2] Voir t. II, p. 237 à 240.

force de *raisonner* et de *vouloir*, qu'un enfant possède et exerce dès le plus bas âge, autre chose de *discerner* ce que c'est que raisonner et vouloir, ou de s'*en former* une idée, par la simple comparaison des rapports d'analogie et de cause à effet [1]. Pour cela il faut une comparativité et un ensemble de connaissances qu'aucun enfant ne montre, si l'on s'en rapporte à l'opinion de tous les législateurs de la terre, avant l'âge de sept ans, quand, suivant une expression vulgaire bien significative, *nous cessons d'être innocents pour devenir malins.*

Du reste, depuis la découverte de la phrénologie, personne ne pourra plus, à moins de se faire passer pour un imbécile ou pour un fou, établir les conclusions que certains hommes, niant la révélation et le sentiment commun de l'humanité, croyaient pouvoir tirer des grosses erreurs que je viens de combattre. Pourquoi, en effet, s'il n'y a aucune action qui mérite la louange ou le blâme, comme le prétend Diderot, à quelle fin, peut-on lui demander, nous ont donc été accordées l'approbativité et la rectivité [2], dont on ne saurait contester l'existence sans folie? S'il n'y a ni vertu ni vice, quel objet a dans ce monde la méliorativité [3] qui perçoit aussi naturellement ce qui est vertueux et ce qui est vicieux que l'olfactivité perçoit les parfums et les mauvaises odeurs, ou que la visualitivité perçoit la lumière et les ténèbres? Comment est-il possible que l'homme ne reproche rien à personne, et ne se repente de rien, quand nous venons tous au monde avec une faculté *qui blâme et se repent* [4], aussi naturellement, aussi involontairement et aussi spontanément que les sources découlent des rochers, ou que le nouveau-né s'attache au sein maternel? Il est vraiment déplorable, messieurs, que des hommes tels que Diderot se forment de notre nature une idée si fausse et si erronée. Si une semblable idée pouvait être appliquée en pratique, elle nous changerait tous en bêtes féroces. Mais cela est aussi impossible qu'il le serait de trouver le moyen de faire naître désormais l'homme sans la partie supérieure de la tête; car c'est seulement ainsi, comme je l'ai déjà démontré [5], que les hommes pourraient devenir des monstres. Si nous voyons parfois, comme une exception à la règle, l'anarchie changer pour un moment les hommes en bêtes féroces, comme promptement s'éveillent en nous les instincts propres à l'humanité, à l'appel spontané de l'AUTORITÉ GÉNÉRALE [6], qui d'une main vigoureuse et puissante contient et dirige vers le bien général les instincts animaux dont se compose également notre nature, sans avoir besoin de les *détruire*, comme le propose Diderot!

Mais faut-il s'étonner que Diderot et les philosophes de son école se soient exprimés dans les termes que vous venez d'entendre, si plusieurs phrénolo-

[1] Voir t. II, p. 237 à 240.
[2] Voir t. II, p. 135 à 156, 212 à 219.
[3] Voir t. II, p. 126 à 127.
[4] Voir t. II, p. 174 à 175.
[5] Voir t. II, p. 188.
[6] Voir t. I, p. 164 à 166

gues distingués et d'une grande influence, se formant aussi une idée erronée de la liberté humaine, de cette liberté qui peut choisir et commander, ont étouffé la voix sainte qu'elle faisait entendre au fond de leur âme? Il plut au célèbre Broussais de supposer, c'est du moins, à mon avis, ce qui résulte de ce qu'il a écrit sur cette matière, que la liberté doit s'entendre du pouvoir de changer ou d'annihiler la nature des impulsions ou des forces instinctives; mais, comme je l'ai déjà dit [1], ce pouvoir est l'attribut exclusif du Très-Haut, parce que lui seul peut suspendre les lois générales qu'il a établies pour le gouvernement de l'univers.

« L'homme est libre, a dit Broussais [2], dans toutes les actions indifférentes ou de peu d'importance; il ne l'est presque jamais dans les grandes choses, dans celles dont dépend ordinairement son sort. Il le voit bien : il savoure sa liberté dans le *modus faciendi* de toutes ses actions, parce qu'il est maître de varier à son gré le mode de les exécuter; mais il ne voit pas les tyrans auxquels il doit obéir dans son plan de conduite. Qu'on le dise donc : l'homme est-il libre de ne pas être ambitieux, colère, dissimulé, circonspect, cupide, indifférent, affectueux, orgueilleux, bon, méchant, cruel, présomptueux, querelleur? Dépend-il de lui de voir toutes les propriétés d'un corps qui impressionne ses sens ou de n'en percevoir que quelques-unes; d'apprécier toutes les circonstances d'un événement ou de n'en remarquer et de n'en retenir qu'un petit nombre? »

Qui a jamais dit à Broussais que l'homme *soit* libre de n'être pas ambitieux, colère, dissimulé, circonspect, etc.? Autant vaudrait supposer que la fumée a la liberté de ne pas prendre une direction ascendante, ou l'eau celle de ne pas couler de niveau ou en aval. Autant vaudrait supposer que les particules d'un sel ont la liberté de ne pas s'attirer en raison de leurs propriétés et conséquemment de ne pas former de cristaux. Autant vaudrait supposer que les plantes ont la liberté de ne pas se nourrir par intus-susception, et conséquemment de ne pas croître. Autant vaudrait supposer que chacune des diverses facultés mentales a la liberté de ne pas se sentir poussée du côté vers lequel l'incline sa nature intime, et de ne pas percevoir ou comprendre les sensations dont elle est seule exclusivement susceptible. En un mot, autant vaudrait supposer que les choses créées peuvent plus que leur créateur.

Mais, si tout cela est impossible, parce que tout cela équivaudrait au bouleversement de l'ordre universel, il ne l'est pas que certaines forces et leurs lois soient subordonnées à d'autres forces et à d'autres lois [3], comme les physico-inorganiques aux chimico-inorganiques, les chimico-inorganiques aux organiques, les organiques aux sensitives, les sensitives à celles de la raison, et toutes à Dieu. C'est ainsi que les instincts et les perceptions d'harmonie partielle se trouvent subordonnées à l'instinct et à la perception d'harmonie

[1] Voir t. I, p. 192; t. II, p. 293 à 295.
[2] *Cours de phrénologie*, p. 692 (Paris, 1836).
[3] Voir t. II, p. 59, 121.

générale : le *sensitif* commence et se renferme dans le premier; le *rationnel* commence et se renferme dans les seconds. Il est certain, comme je l'ai déjà dit [1], que les ACTES des facultés partielles ou sensitives s'enchaînent aux impressions reçues du monde extérieur, de même que les ACTES rationnels se rattachent aux irradiations sensitives; mais cela n'empêche pas le moins du monde que les forces de l'harmonisativité, de la comparativité, de la volonté ou de la faculté générale et leur loi ne soient, ainsi que je l'ai précédemment démontré [2], supérieures aux formes et aux lois des autres facultés particulières.

Il est clair que l'homme n'est pas libre de faire que sa destructivité ne se sente point inclinée à détruire ni de cesser, par conséquent, d'être destructrice, ou que son acquisivité ne se sente point inclinée à thésauriser et de cesser d'être cupide, ou encore que sa générativité ne se sente point inclinée à procréer et de cesser d'être voluptueuse. Cela ne veut pas dire que l'homme doive *nécessairement* être destructeur, cupide, voluptueux, etc.; on dit qu'il a des inclinations pour la destructivité, pour la cupidité, pour la volupté, etc.

Mais il n'y a là rien qui empêche que la destructivité, l'acquisivité, la générativité, comme toutes les autres facultés particulières, soient sous le domaine ou la juridiction [3] de l'harmonisativité ou de la volonté; ou que la volonté ait la liberté de contenir dans les bornes les impulsions de toutes ces facultés particulières, de combiner et de recombiner par la pensée ces impulsions, en les changeant en motifs, puis de choisir entre ces motifs celui qui se conforme le plus au bien général, autant qu'il nous est donné de le connaître, et de fonder sur le motif préféré une résolution qu'on laisse ou qu'on ne laisse pas aller jusqu'à l'exécution objective. S'il en était autrement, si l'homme ne pouvait pas permettre ou empêcher, *par un seul acte de sa volonté*, la satisfaction d'un désir ou la réalisation d'une répugnance, comme il permet ou empêche, quand il n'est pas malade, qu'un doigt, un bras, une jambe, ou tout le corps, se meuve dans telle ou telle direction, son existence serait purement sensitive, et nous serions privés de ce que nous sentons tous que nous possédons, c'est-à-dire de la force de répression, d'expansion et de direction suprêmement intelligente ou rationnelle que nous pouvons exercer sur nos désirs et sur nos répugnances pour éviter un acte évidemment criminel ou coupable ; et c'est là toute la liberté dont l'homme a besoin ou qu'il peut désirer dans la condition où il a été placé.

J'ai en outre démontré [4], le flambeau de la phrénologie à la main, qu'aucune impulsion n'est ni ne saurait être *irrésistible* dans des cas normaux; et saint Augustin a établi, il y a quinze cents ans, cette proposition, quand il a dit [5] qu'en nous donnant le pouvoir Dieu ne nous a pas infligé l'irrésistibi-

---

[1] Voir t. II, p. 117 à 121.
[2] Voir t. II, p. 240 á 251.
[3] Voir t. II, p. 277 à 278.
[4] Voir t. I, p. 121 à 299.
[5] *Lib. de Littera et Spiritu*, cap. XXXI.

lité[1]. Telle est la force et la contre-force que les facultés exercent les unes sur les autres[2], telle est l'influence que l'esprit harmonisateur de la volonté ou le principe de direction a dans les diverses et contraires opérations de l'âme[3], que jamais nous ne nous sentons mus par une impulsion, sans que simultanément nous ne nous sentions en possession de quelque chose qui la réprime, qui la restreint, qui la contient dans les bornes, qui nous permet également d'y céder, sans porter atteinte à aucune liberté[4], et en donnant carrière à toutes les facultés de l'âme. De sorte que la phrénologie, qui, à cause des deux grandes erreurs capitales[5] dans lesquelles sont tombés la plupart de ses ennemis, se voit injustement attaquée parce qu'on suppose qu'elle proclame la *fatalité* ou l'*irrésistibilité* des impulsions ou passions humaines, est le seul des systèmes philosophiques[6] qui démontre, en poursuivant la chicane et le doute jusque dans leurs derniers retranchements, qu'elles sont susceptibles d'être restreintes, combinées et dirigées par des forces internes correspondantes de restriction, de combinaison et de direction. D'ailleurs, la sentence prononcée par le tribunal de la phrénologie contre Thibets et Caracalla[7], et les observations importantes que je vous ai faites sur la nature, le caractère, la conduite et la direction de l'homme[8] doivent convaincre tous ceux qui ne veulent pas fermer les yeux à l'évidence des faits, qu'autre chose est la *nature intime*, qui ne saurait changer, et autre chose le *caractère*, qui peut toujours plus ou moins changer ou se modifier; qu'autre chose est le *caractère*, qu'on considère toujours comme *principe*, et autre chose la *conduite* qu'on considère toujours comme *acte*. Supposer, après ces explications et après celles que je viens de donner sur le libre arbitre, que, dans des circonstances normales, la conduite humaine doit nécessairement être celle à laquelle nous poussent les différentes forces de nos PASSIONS, et non celle que détermine ou décide un principe calme et tran-

---

[1] Ainsi pensait Gall lui-même, le père de la phrénologie, que l'on a tant attaqué par cet endroit. Cet homme immortel ne pouvait pas tout faire, tout découvrir, comme j'ai eu occasion de le dire ailleurs (t. I, p. 103 à 109 et *passim*), et, par conséquent, il ne put pas développer et expliquer le principe fondamental du libre arbitre d'une manière qui désarmât tous ceux qui ont voulu attaquer de ce côté la phrénologie. Mais je me fais un devoir de prouver que jamais il n'admit qu'il y ait dans l'homme des *influences irrésistibles*, système qui briserait tous les liens moraux qui unissent et maintiennent la société humaine. « L'homme, ne cessait de répéter Gall dans ses leçons publiques, l'homme n'est pas assujetti, comme sous une main de fer, sous le despotisme irrésistible de son organisation. Il y a dans toutes les têtes, si ce n'est dans celles des imbéciles et des fous, chez lesquels le crime n'est pas possible, discernement pour comprendre le vice et faculté pour le combattre. » (*Journal de la Société phrénologique de Paris*, n° 6, 2ᵉ trimestre de 1835, p. 218-219.)   (*Note de l'auteur pour l'édition française.*)

[2] Voir t. I, p. 121 à 299.

[3] Voir t. I, p. 164 à 166, 290 à 299; t. II, p. 240 à 245.

[4] Voir t. II, p. 266 à 270.

[5] Voir t. I, p. 145.

[6] Voir t. I, p. 120 à 299.

[7] Voir t. I, p. 156 à 170.

[8] Voir t. I, p. 281 à 299.

quille de RÉFLEXION ou de volonté, assujetti à la loi du bien général[1], à laquelle sont également assujetties les forces des passions, puisqu'elles se trouvent dans le cercle de la même juridiction[2], serait, dans mon opinion, supposer une chose évidemment fausse. C'est ce que fait clairement comprendre Broussais lui-même, sauf à tomber dans les contradictions les plus choquantes et les plus pitoyables.

Cet auteur célèbre, qui a rendu d'ailleurs à la phrénologie des services considérables, accorde à peine, ainsi que vous l'avez vu, le libre arbitre à l'homme dans l'ouvrage que je viens de vous citer; tandis que dans un autre ouvrage, intitulé : *De l'irritation et de la folie*[3], et auquel j'ai déjà fait allusion[4], il le lui accorde presque absolu. « Heureux l'homme, dit-il ici[5], en qui une fermeté (continuativité), bien développée sans être excessive, correspond à une grande intelligence. Quelles que soient ses passions, il peut parvenir à les dominer, non dès les premières tentatives, mais avec le temps et les secours qu'il trouve dans l'éducation qu'il a reçue d'autrui. » Eh bien, presque tous les hommes, au moins la grande majorité, ont le degré de continuativité dont parle ici Broussais; et l'organe de l'intelligence qui, dans le sens où ce mot est employé, n'est autre que celui de la comparativité, est aussi très-développé dans presque tous les hommes. Ainsi, suivant Broussais, d'un côté, l'homme n'est libre que par rapport aux petites choses, c'est-à-dire *aux passions faibles*, et, d'un autre côté, il confesse avec toute l'effusion éloquente d'une conviction profonde que l'homme est libre ou peut le devenir, par des efforts efficaces, même en présence des passions les plus violentes. Du reste, je suis heureux d'entendre Broussais parler dans ce passage de la corrélation de l'intelligence et de la continuativité : car c'est ce qui m'a procuré l'occasion d'appeler votre attention sur ce sujet, aussi difficile qu'important, sur lequel j'espère avoir jeté assez de lumière pour vous le démontrer et vous le faire comprendre complétement[6].

Toutefois, messieurs, ne confondons pas, nous qui cherchons la vérité, le libre arbitre humain, d'une part, avec l'irrésistible violence de l'impulsion la plus forte à laquelle se trouve assujettie l'unité d'action des brutes, comme vous venez de le voir[7]; ni, d'autre part, avec la volonté divine. Le libre arbitre humain est dépendant, borné, imparfait, quoique perfectible; la volonté divine est absolue, inconditionnelle, toute-puissante.

Par la seule efficace de la parole divine, des milliers de mondes peuvent surgir du néant ou rentrer dans le néant, tandis que la parole humaine ne produit son effet que sur *de simples forces causales créées d'avance et préparées à dessein*. Le libre arbitre humain, dans l'individu comme dans la

[1] Voir t. II, p. 252 à 257, 298 à 301.
[2] Voir t. II, p. 252 à 254, 299 à 301.
[3] Paris, 1829.
[4] Voir t. II, p. 16 à 17.
[5] Voir t. I, p. 311.
[6] Voir t. II, p. 200 à 209.
[7] Voir t. II, p. 246 à 251, 285 à 290.

société, se borne à pouvoir choisir ou préférer des éléments offerts à son choix dans les limites d'une juridiction toujours progressive et toujours se grandissant, que Dieu lui a assigné, pour les composer et les décomposer conformément aux conceptions qui se forment dans l'âme; or ces conceptions dépendent à leur tour de mille causes ou conditions, et sont, par conséquent, sujettes à mille ACCIDENTS : jamais il ne pourra créer ou faire sortir du néant des *éléments primitifs, entre lesquels il aurait également à choisir.*

Il serait donc absurde de supposer, comme le voudrait Broussais, que le libre arbitre humain puisse à son gré produire ou détruire des facultés, ou qu'il puisse à son gré forcer les facultés à sentir d'une manière autre que celle qui a été établie par la loi de leur nature spéciale : dans ce cas, on les priverait de leur individualité ou de leur identification essentielle. Tout ce que peut faire la volonté humaine, c'est d'observer les phénomènes, et, quand ils sont observés et connus, d'en profiter dans les limites de son autorité. Mais son autorité se borne dans les cas normaux, comme je l'ai démontré, à pratiquer le bien et à éviter le mal; car c'est une autorité destinée tour à tour à réprimer et à activer, à choisir et à harmoniser tout ce qui dépend de sa juridiction, formée par les facultés particulières [1], qui la secondent par l'empire spécial qu'elles ont toutes, dans leurs combinaisons infinies, sur l'organisme et sur le monde extérieur.

Si notre libre arbitre franchissait les bornes de sa juridiction, s'il allait au delà des phénomènes propres aux facultés particulières considérées dans leurs rapports spéciaux avec l'organisme et avec le monde extérieur [2], l'homme pourrait être ou cesser d'être, rien qu'en le voulant, tout ce que dans ses caprices il lui plairait, et il oublierait ainsi la nécessité d'implorer la grâce divine. Dans ce cas, nous pourrions tous, rien qu'en le voulant, peindre comme Murillo ou composer de la musique comme Rossini; rien qu'en le voulant, nous serions un glorieux modèle de toutes les vertus ou un type affreux de tous les vices. Il n'y aurait alors aucun don spécial, aucun mérite particulier. Le génie et le talent exceptionnels seraient des mots vides de sens, et le mystère sacré de la prédestination serait tout à fait ébranlé : car la volonté humaine se mettrait au-dessus des actions essentielles des facultés particulières, comme au-dessus des desseins impénétrables de la divine providence [3].

Conclusion. — L'immortel Gall [4] a établi, par une preuve sensible et palpable, qu'en effet les diverses espèces de forces instinctives et perceptives reposent sur la diversité des facultés ou principes, en découvrant les organes matériels par lesquels se révèlent au monde extérieur vingt-sept de ces facultés ou principes. Il m'a été réservé de démontrer que ces principes ou

[1] Voir t. II, p. 277 à 278.
[2] Voir t. I, p. 334 à 355, 410 à 419, 438 à 442.
[3] Il faut regarder comme le complément très-important de ce que je dis plus haut la première moitié de la leçon LVII, à laquelle je renvoie le lecteur.
                    (*Note de l'auteur pour l'édition française.*)
[4] Voir t. I, p. 63 à 78.

facultés et que tous les principes ou facultés qui ont été et qui seront découverts dans l'homme sont des éléments particuliers qui constituent la juridiction [1] d'un principe souverain, dont l'organe matériel a également été
découvert et montré aux sens extérieurs de l'humanité. Ce principe culminant, cette souveraineté individuelle, est le régulateur, le gouvernement, la
volonté, l'harmonisativité, le libre arbitre originel ou naturel dont Dieu a
doué l'âme humaine, et sans lequel ses forces perceptives et sensitives, avec
leur variété et leur MULTIPLICITÉ, manqueraient d'un principe d'action intelligente destiné à les UNIFORMER rationnellement. Ainsi Gall a découvert plusieurs des NOMBREUX principes qui forment la *multiplicité*, et j'ai découvert,
moi, le principe UNIQUE, mais culminant et souverain, sur lequel repose l'unité
suprêmement intelligente ou rationnelle de nos forces mentales.

Sans ces deux découvertes, ni la liberté intelligente ou le libre arbitre de
l'homme, ni ses attributions, n'auraient pu être démontrées par des preuves
sensibles et palpables. Sans la découverte de Gall, jamais nous n'eussions
connu d'une manière précise les divers principes, facultés, individualités
ou identifications *partielles* de l'âme qui forment le ressort ou la juridiction
du libre arbitre. Sans ma découverte, jamais nous n'eussions connu à fond
le principe d'unité intelligente qui est l'ARBITRE suprême de tous les principes
particuliers, et les domine tous par une LIBERTÉ essentiellement raisonnable,
c'est-à-dire exempte de toute inclination forcée, de toute *nécessité déterminante*, ce pourquoi on l'appelle libre arbitre.

Tant que l'on n'eût découvert dans l'âme, tant que l'on n'eût admis que des
facultés particulières, avides de se procurer chacune un plaisir qui lui fût exclusivement propre, il eût été difficile de considérer la volonté autrement que
comme le résultat de la force prédominante d'une passion, ainsi que je l'ai déjà
dit [2], et cela équivaudrait à nier l'existence d'une volonté dans l'âme. Au
moins c'est ainsi que l'âme avait été considérée par les phrénologues, et
leurs efforts pour expliquer le principe et les modes d'action de la volonté
ne les ont conduits qu'à la négation de la volonté [3]. Si, au contraire, on avait
continué à confondre la volonté avec la sphère de sa liberté ou la juridiction

---

[1] Voir t. II, p. 277 à 278.

[2] Voir t. II, p. 502 à 507.

[3] En preuve de cette assertion, on peut voir ce qu'ont écrit les auteurs et fondateurs de
la phrénologie, Gall et Spurzheim, celui-ci dans sa *Phrénologie* (Boston, 1838 ; t. II, p. 47-50
et 124-152), celui-là dans son grand ouvrage, dont j'ai reproduit le titre en entier (ci-
dessus, dans la note 6 au bas de la page 155 du t. I). Dans le tome Ier, p. 218-232, Gall fait
des observations très-importantes sur cette matière. Mais il n'est jamais venu à l'esprit
de cet homme immortel que pût exister dans l'âme, et, beaucoup moins encore, que pût
jamais être découverte une faculté suprême et souveraine, qui possède en elle-même le
principe, *par elle connu*, de ses déterminations, sans aucune nécessité (p. 297 du t. I) déterminante, extérieure ou intérieure. De sorte que, tout en ne le cherchant ni ne le désirant, Gall, en dernière analyse, fait toujours dépendre toute action humaine d'une force de
PASSION qui réagit aveuglément, forcément (voir t. II, p. 501 à 502) par une inclination
inévitablement déterminée, et non d'une force de RÉFLEXION, qui réagit ou se résout par
un motif ou une cause qu'elle-même choisit avec liberté et intelligence.

de son autorité [1], en supposant qu'en elle résident toutes les diverses sortes de forces impulsives et perceptives propres aux facultés particulières, suivant l'opinion que les philosophes non-phrénologues ont aussi adoptée jusqu'à présent, on eût abouti au même résultat.

En admettant que toutes les diverses espèces de forces impulsives et perceptives résident dans la volonté, tandis qu'elles constituent, comme je vous l'ai démontré, la juridiction dans laquelle elle exerce un souverain empire [2], elle devrait, en définitive, se résoudre, non par un principe de bien ou de bonheur général, mais sous l'influence d'une passion particulière qui, dans un cas quelconque, serait la plus forte et la plus violente, ainsi qu'il arrive [3] dans les animaux de l'ordre le plus élevé.

Ce mode de se résoudre serait pour l'homme forcé et nécessaire, non libre et intelligent; il exclurait les actes propres à ce que nous appelons la volonté. C'est seulement en admettant que la volonté se trouve en elle-même et par elle-même libre de toute inclination particulière ou de toute force impulsive, qui seule pourrait constituer une nécessité déterminante, et en même temps en possession, ainsi que je l'ai démontré [4], d'une autorité suprême sur toutes les inclinations particulières ou forces impulsives de l'âme, qu'on peut accorder à l'âme humaine une liberté d'élection intelligente ou un libre arbitre conditionnel et borné, bien entendu, à tout ce qui est humain. Voilà, messieurs, comment dans ce cas, de même que dans tous les autres cas, et vous avez pu vous en convaincre, la phrénologie, bien comprise et bien développée, explique un grand nombre des mystères qui concernent l'individu et la société, en apportant son concours à toute saine philosophie. C'est pourquoi j'ai toujours dit et je ne me lasserai jamais de répéter que cette science indique des inclinations, mais qu'elle n'établit pas des nécessités; qu'elle détermine des tendances, mais qu'elle ne prédit pas des actions; qu'elle reconnaît et démontre la souveraineté du libre arbitre sur les impulsions particulières, mais qu'elle ne le fait ni parfait ni tout-puissant, puisqu'elle le déclare uniquement perfectible et essentiellement imparfait et borné; d'où il résulte rigoureusement qu'elle doit admettre et admet la nécessité de la grâce.

[1] Voir t. II, p. 277 à 278.
[2] Voir t. II, p. *ibid.*
[3] Voir t. II, p. 247 à 250, 282 à 301.
[4] Voir t. II, p. 240 à 272.

LEÇON XLVII

Action combinée des facultés intellectives ou intellectualitives. — L'intelligence. — La volonté. — Le moi. — Influence corrélative entre notre moral et notre physique. — Principes d'impulsion qui sont aveugles et opposés, source des troubles et des luttes qui se passent *au dedans* de nous; principes de direction qui sont intelligents et qui tendent à l'harmonie, source de la régularité et de l'ordre avec lesquels nos actions, considérées au point de vue individuel ou au point de vue social, peuvent se produire *au dehors.*

(SUITE.)

MESSIEURS,

Considérer d'une manière décisive et péremptoire la volonté dans ses conditions et dans les accidents[1] que produisent ces mêmes conditions, tel est l'objet que je me propose dans cette leçon. J'irai plus loin : j'exposerai les applications utiles que la volonté peut faire d'une connaissance d'elle-même plus étendue et plus complète, dans le but d'augmenter sa force essentielle, causative ou dynamique (t. II, p. 278 à 280, note au bas de la page), d'augmenter sa connaissance et son pouvoir dans la sphère de son ressort ou juridiction, qui, embrassant toutes les facultés de l'âme, embrasse tout ce qui est en rapport avec elles, c'est-à-dire l'univers entier dans son passé, dans son présent et dans son avenir. Cette leçon sera comme un traité complet du principe ou du pouvoir général de notre volonté. Ce principe ou pouvoir RÉSUME tous les principes ou pouvoirs particuliers, et, ainsi résumés, les applique, en une action uniforme, à un dessein intelligent préalablement arrêté.

CONDITIONS ET ACCIDENTS DE LA VOLONTÉ.

La volonté humaine dans son essence, la volonté considérée comme force *causative* première d'une entité spirituelle, libre, intelligente et immortelle, ne dépend d'aucune autre condition que de l'acte de la volonté divine, qui la crée ce qu'elle est et ce qu'elle doit être. Quant à la manifestation sensible de son essence en nous, de même que celle de tous ses actes, elle dépend de circonstances ou CONDITIONS qui la limitent et l'assujettissent à mille acci-

---

[1] En soi, c'est-à-dire considéré dans tous ses infinis rapports, rien n'est *accidentel*, parce que Dieu n'a rien créé qui ne soit une partie harmonique de ce grand tout appelé création. Mais, pour l'homme, tous les phénomènes dont la cause est inconnue, aussi bien que les phénomènes qui procèdent, comme effets peu ordinaires, de causes connues, sont des *accidents*. Dire qu'une chose est sujette à des accidents, ou que telle chose est accidentelle, c'est donc simplement dire qu'il peut émaner d'elle, *comme cause*, des phénomènes imprévus, inattendus ou peu communs; ou qu'elle-même, *comme effet*, procède d'une cause inconnue, inattendue ou peu commune.

dents auxquels une grâce spéciale du Seigneur peut seule, le plus souvent, nous soustraire. Néanmoins l'homme et tout ce qui émane de l'homme, je le répéterai toujours (t. I, p. 410 à 429; t. II, p. 124 à 135), est susceptible de progrès; aussi plus nous connaîtrons de CONDITIONS, plus nous pourrons en tirer parti pour éviter leurs ACCIDENTS et élargir les limites de nos libertés, sans prétendre pour cela pouvoir jamais changer notre condition perfectible en condition parfaite et rendre absolue ou toute-puissante notre volonté conditionnelle et limitée.

La première CONDITION, ou principe, de laquelle dépend la volonté, après son essence spirituelle, qui est émanée directement de Dieu, c'est la mystérieuse union avec la matière à laquelle toutes les facultés sont assujetties ici-bas pour manifester, lorsqu'elles sont affectées par d'autres forces *causatives*, les phénomènes ou modes d'action dont elles sont susceptibles. Nous ne savons pas, nous ne saurons jamais, à moins d'un miracle, le principe de ce principe, la condition de cette condition, le comment s'effectue l'union primitive de l'esprit avec la matière, de la volonté spirituelle avec son organe matériel; mais nous savons positivement (t. I, p. 175 à 180) que tel est l'organe, telles sont les manifestations de sa faculté, et que, par conséquent, pour toutes nos fins scientifiques et d'utilité commune, connaître les conditions de l'organe de la volonté, c'est connaître la cause ou la condition de laquelle dépend la *manifestation* de l'essence spirituelle de la volonté.

Quand il est démontré et prouvé jusqu'à la plus parfaite évidence que ni la volonté ni aucune des autres facultés de l'âme ne peuvent se manifester dans aucun de leurs actes sans l'intervention d'un organe matériel, il faut bien avouer que l'homme n'a pas de termes convenables pour exprimer l'importance, les immenses avantages de cette CONDITION ordonnée de Dieu. En effet, à quoi servirait la volonté dans ce monde, s'il ne nous était pas possible de la manifester pendant toute notre vie? Et cela nous serait-il possible si Dieu n'eût pas fait dépendre toutes les révélations de la volonté d'un organe matériel sujet à toutes les conditions physico-organiques de notre corps? (*Voy.* t. I, p. 438.) Cette condition ou dépendance de la volonté donne lieu à mille ACCIDENTS, nous le savons tous; mais qu'importe l'inconvénient causé par ces ACCIDENTS partiels possibles comparés avec le bien immense produit par cette condition et avec celui que peuvent produire les nombreuses et utiles applications que la volonté est à même d'en faire lorsqu'elle la connaît?

Les ACCIDENTS les plus déplorables qui naissent de la CONDITION MATÉRIELLE, de laquelle dépend la volonté pour manifester ses opérations spirituelles, sont ceux qui apparaissent par suite du défaut de grandeur, de qualité, de santé de son organe ou des organes des autres facultés avec lesquelles elle forme un tout uniforme et avec l'action desquelles sa propre action est corrélative. L'imbécillité manifestée extérieurement par l'idiot d'Amsterdam (t. II, p. 264) dépend du peu de grandeur et de la qualité défectueuse de divers organes cérébraux, et particulièrement de celui de la volonté. Nous avons vu (t. I, p. 129, 151, 135, 137, 169, 170, 179, 181, 188, 195, 203, 288) quelle prodigieuse diversité d'inclinations perverses peuvent faire éclater certaines irrégularités de configuration céphalique. En outre, les faits nous prouvent qu'il n'est pas de tribunal, soit ecclésiastique, soit civil, soit militaire, qui ne se voie obligé, dans certains cas, de déclarer, d'accord avec la science et l'observation commune de tout le genre humain, que tels individus sont dépourvus de l'idée du bien et de la liberté d'action, les uns par stupidité, les autres par folie. Ainsi donc, si l'homme est doué d'un principe (t. II, p. 242 à 243, 259 à 262, 266 à 270) qui lui montre instinctivement le bien, et d'assez de liberté pour l'accomplir, la manifestation de ce principe et de cette liberté peut *accidentellement* être entravée parce que Dieu l'a rendue dépendante de mille conditions et antagonismes qui, vu l'imperfection de notre nature, sont toujours sujets à faillir ou faire défaut humainement (t. I, p. 410 à 419).

Mais qu'est-ce que ces *accidents* possibles auxquels cette condition peut donner lieu en comparaison du bien immense que, grâce à cette condition une fois connue, la volonté peut procurer à l'individu? La volonté sachant que non-seulement elle-même, mais toutes les autres facultés de l'âme, dépendent, pour la force et la justesse de leurs manifestations, d'organes matériels soumis à certaines conditions physiques sur lesquelles elle possède un grand empire, elle profitera de cet empire pour préparer avantageusement ces conditions. Sachant que, si elle ne soumet pas son organe, comme celui de toutes les autres facultés, à certaines lois hygiéniques qu'elle connaît ou peut connaître, son action générale s'affaiblira, se perdra, et qu'au contraire, si elle l'y soumet, cette action se fortifiera et s'activera, elle possède l'immense pouvoir d'affaiblir et de perdre ou de fortifier et d'activer à son gré et elle-même et toutes les facultés de l'âme, non-seulement quant à leurs forces sensitives et affectives, mais quant à toutes leurs autres forces impulsives et intelligentes.

On sait aujourd'hui que non-seulement l'hypocondrie, les terreurs sans fondement et autres états anormaux du moral, mais encore le délire, la monomanie, l'imbécillité, la folie et autres états anormaux de l'intelligence, dépendent d'organes matériels : ce sont, dit le savant et vertueux docteur Woodward (t. II, p. 194), directeur de l'hôpital des fous de Worcester, des *maladies* qui peuvent être reconnues et comprises, comme les causes qui produisent la phthisie ou la goutte. Elles naissent, on le sait aujourd'hui, du dérangement d'un ou de plusieurs organes, sur lesquels on a déjà acquis et l'on acquiert chaque jour une action de plus en plus grande. Par rapport à la générativité (t. I, p. 13 à 16), à l'habitativité et à l'alimentivité (t. II, p. 99 à 103), cette connaissance a produit d'importants résultats pour le bien et l'avancement de l'humanité. Et les admirables effets produits par le trépan, opération si en vogue aujourd'hui pour guérir l'*immobilité*, dont je vous ai rapporté deux cas (t. I, p. 263) des plus intéressants, à qui sont-ils dus, sinon à l'union des facultés mentales avec des organes matériels? Et si la science est en état de pouvoir donner les lumineuses explications dont je vous ai fourni d'abondantes preuves (t. I, leçon XVII, p. 251-273), n'est-ce pas à cette union qu'elle le doit?

Tous les jours on découvre diverses substances qui ont une action spécifique sur des organes déterminés du cerveau. A mesure que ces connaissances iront s'augmentant, l'ACTION des facultés mentales sera davantage sous l'empire de la volonté, la volonté acquerra plus de force pour mieux éviter les ACCIDENTS auxquels elle est sujette. Qui sait si par ce moyen beaucoup d'aliénations mentales et autres affections morbides causées dans l'organe de la volonté, et sur lesquelles nous n'avons aujourd'hui aucun pouvoir, ne seront pas facilement guéries dans un temps très-rapproché?

La morphine, suivant le docteur William Gregory, médecin distingué d'Édimbourg, récemment décédé, agit exclusivement sur le lobule antérieur du cerveau, et spécialement sur l'organe de la langagetivité. Il est évident pour moi, et mon observation repose sur des faits innombrables, que l'alcool et les boissons alcooliques affectent immédiatement l'organe de la pesativité (t. I, p. 481 à 484) et rarement, jamais peut-être, celui de la volonté. Il n'est personne qui ne perde l'*équilibre* dans l'ivresse, mais il y a peu d'ivrognes qui n'aient pas leur volonté et qui ne sachent pas ce qu'ils font. Aussi l'ivresse, soit accidentelle, soit habituelle, ne devra jamais, selon moi, ôter la responsabilité d'un acte coupable.

Là ne se bornent pas les avantages de la *condition* que nous examinons; toutes les règles qui constituent la PHRÉNOLOGIE PRATIQUE, ou la PHRÉNOLOGIE CONSIDÉRÉE COMME ART, reposent aussi sur elle. Qu'est-ce en effet que la *phrénologie pratique* ou l'*art phrénologique*, sinon un ensemble de règles cranioscopiques basées sur ce principe, que les facultés de l'âme se manifestent par la tête, ou, ce qui est la même chose, sur ce fait, que les manifestations spirituelles dépendent de CONDITIONS organiques matérielles? Et cet art n'est-il pas une autre source d'avantages et de moyens destinés à diminuer considérablement les *accidents* qui naissent de ces *conditions*? (Voy. leç. LVI et LVII.)

Avec l'art phrénologique, dont peut aujourd'hui profiter la volonté humaine, nous pouvons connaître approximativement le caractère, le talent, les dispositions de nos semblables, sans être obligés d'attendre l'expérience qui suit l'observation de leur conduite. La possibilité de connaître une personne, à la première vue, ne fût-ce même qu'approximativement, n'est-ce pas un immense avantage pour tout le monde? Grâce à l'art phrénologique nous pouvons nous conduire à l'égard d'un homme que nous voyons pour la première fois avec une bien plus grande assurance de ne pas nous tromper, soit que nous veuillions établir avec lui des rapports de bonne intelligence, soit que nous veuillions utiliser pour un bien particulier en général ses dispositions, ses talents ou ses qualités spéciales. L'art phrénologique est une lumière qui nous éclaire dans la direction de la jeunesse, une boussole qui nous guide pour déterminer la vocation (t. I, p. 136 à 142, 282 à 283, 292 à 293, note au bas des pages) que chacun de nous a apportée en naissant. Il

D. Fernando Sor, né à Barcelone, en 1779, mort à Paris,
en 1829. (Ce portrait est authentique.)

D. Dionisio Aguado, Espagnol, mort à Madrid,
en 1851, à l'âge de soixante-cinq ans et huit
mois. (Ce portrait est authentique.)

ne cesse de proclamer *qu'il n'y a pas de tête mauvaise, si elle est appliquée à la destination que la nature lui a donnée.*

Pourrait-on mesurer les ressources qu'offre à la volonté un art qui, à la vue d'un organisme comme celui que présente ce portrait, fait dire, même d'un enfant : Tu es un génie pour toute espèce de musique instrumentale.

Personne pourra-t-il mesurer les ressources qu'offre à la volonté humaine un art qui, à la vue d'une personne comme celle que représente ce portrait avec une exactitude presque parfaite, peut dire : Tu es un génie (t. I, p. 447, 473, 528 à 531, 535 à 557) pour rechercher les causes, découvrir les principes et établir des règles pour leur application. Tu pourras découvrir comment agissait d'elle-même la nature privilégiée de Sor dans le parti qu'elle tirait de la guitare, et tu apprendras au commun des hommes le moyen de l'imiter plus facilement. Avec des forces naturelles moyennes, ou du TALENT, tu pourras faire et enseigner à faire par l'*étude* ce que le GÉNIE de Sor faisait spontanément dans sa grande puissance. Mais ici se borne ton pouvoir. Jamais tu n'aurais créé, jamais tu n'aurais fait le premier pas :

tu n'aurais jamais su, si auparavant tu n'avais vu et appris.

Voici le portrait authentique de James Simpson, président actuel de l'*Association végétarienne* de la Grande-Bretagne, dont j'ai déjà eu occasion de vous parler (t. II, p. 29 à 30). En contemplant ce portrait, pour peu que l'on connaisse la phrénologie, on ne pourra s'empêcher de s'écrier *à priori* : Tu es bon, tu es grand ! absolument comme le qualifient *à posteriori* tous ceux qui connaissent les actes du personnage qu'il représente. Cette correspondance entre la tête de Simpson et ses dispositions ne se fondent-elle pas sur la CONDITION qui nous occupe ? Et la volonté, connaissant cette correspondance, n'en peut-elle pas faire d'utiles applications qui fortifient son désir efficient harmonisatif et son pouvoir sur sa juridiction ou forces obéissantes avec le secours desquelles ce désir doit trouver satisfaction ?

Voici le portrait de Napoléon III, l'homme certainement le plus extraordinaire de notre siècle; il a été dessiné par un excellent artiste, d'après les portraits les plus ressemblants. On peut donc le regarder comme le plus authentique que l'on puisse présenter [1].

Cette tête est grande sous tous les rapports, avec un tempérament très-actif et très-vi-

JAMES SIMPSON, né dans le Lancashire, en Angleterre, en 1811. (Copié sur un portrait original d'une grande ressemblance.)

NAPOLÉON III, empereur des Français.

[1] Dans l'édition espagnole j'ai publié quatre portraits différents. J'ai jugé plus à propos de n'en donner ici qu'un seul, mais fait avec le plus grand soin et la plus grande exactitude. (*Note de l'auteur pour l'édition française.*)

goureux. On voit briller en elle les organes bien développés de la bénévolentivité, de la continuativité, de la précautivité et de la stratégitivité : ceux de
la causativité, de l'individualitivité et de la comparativité y sont énormes.
N'est ce pas là la marque d'une vaste volonté capable de garder ses résolutions et de les exécuter avec une grande fermeté, une grande puissance de
concentration et une invincible persévérance? Ne lisez-vous pas dans l'ensemble de ces organes la cause efficiente des actes de sagesse, de prudence,
de courage, de fermeté et de constance par lesquels Napoléon III a étonné
et étonne le monde? Ne soyez pas surpris que Gall, en comparant le buste
de Napoléon Ier (t. I, p. 436 à 437) avec ceux des généraux autrichiens, ait
pu prédire ses campagnes d'Italie; vous auriez pu prédire vous-mêmes, à la
seule vue de la tête de Napoléon III, les actes gouvernementaux qui l'ont
déjà immortalisé, *comme je l'ai fait, longtemps avant qu'il fût proclamé
président de la dernière république française*, à la simple vue d'un buste
en cire qu'on me disait être, et qui en effet est très-ressemblant [1].

Ce portrait de l'Impératrice a été aussi fait exprès pour ces leçons. Vous
y remarquez, telles qu'elles sont dans l'original, une bénévolentivité et une
déductivité extraordinairement développées. La supérioritivité, très-large,
y maintient sous son empire l'approbativité. La tête en général est grande,
élevée et de forme allongée. Le tempérament est très-favorable.

---

[1] Depuis le moment où je vis ce buste, j'eus le plus vif désir de connaître la personne
qu'il représentait. Mes vœux furent accomplis le jeudi 18 mars 1858, jour où j'eus l'honneur d'être reçu dans les appartements de Leurs Majestés Impériales, d'une heure et de-
mie à trois heures du soir. Là mes désirs furent comblés bien au delà de ce que je pouvais me permettre d'espérer.

Le temps qu'a duré cette audience est pour moi le plus glorieux et le plus heureux de
ma vie. J'eus la preuve complète que le jugement que j'avais porté sur le caractère et les
grandes qualités de S. M. l'Empereur, d'après le buste que j'avais vu, était de la plus
parfaite exactitude. J'acquis aussi la certitude que je ne me suis pas trompé dans tout ce
que je dis un peu plus loin de l'Impératrice et du Prince impérial. J'ai donc la profonde
conviction que cette famille est providentielle pour le bien de la France et du monde
entier.

Il me fut permis de donner des preuves de mes connaissances théoriques et pratiques
en phrénologie et d'entrer en des explications au sujet de quelques observations très-
profondes et très-philosophiques de S. M. l'Empereur, à qui les principes fondamentaux
et les applications de cette science sont loin d'être inconnus. Sa Majesté demeura convaincue, comme le furent mes censeurs ecclésiastiques (voy. l'approbation, en tête du
tome Ier) qu'avec les nouvelles découvertes que j'ai apportées à la science, le libre arbitre
était à l'abri de toutes les attaques, de quelque côté et de quelque personne qu'elles
vinssent, et que toutes les objections scientifiques ou religieuses dirigées ordinairement
contre la phrénologie se trouvaient complétement détruites.

Alors Sa Majesté me demanda si j'avais écrit quelque chose sur la matière : « Oui, Sire,
répondis-je ; j'ai écrit un livre un peu volumineux qui a été imprimé en Espagne. Je dé-
sirerais qu'il fût publié en France, ce centre scientifique du monde civilisé, mais je ne
trouve pas d'éditeur ; et, quant à le publier à mes frais, je dois reculer devant la dépense.
— Bien, bien, dit Sa Majesté, je me charge de le faire traduire et imprimer pour vous. »

A ces paroles, mon cœur s'emplit d'une joie d'autant plus grande que jamais je n'aurais osé concevoir l'espérance d'une aussi flatteuse distinction. Voilà comment l'œuvre
qui, à mon avis, régénère et complète la phrénologie, l'œuvre qui m'a coûté une vie
entière d'étude et sept années de travaux constants et assidus, a pu se présenter devant
la grande nation française.   (*Note de l'auteur pour l'édition française.*)

Ce développement céphalique répond si bien au caractère de cette haute dame, qu'il suffirait à lui seul, en l'absence d'autres données, à fonder un système phrénologique. En effet, ne parle-t-on pas avec admiration de la bonté, de la clémence, de la douceur angélique de l'Impératrice des Français; de sa gracieuse dignité, qui charme et qui impose; de ses jugements, prompts comme l'éclair et presque prophétiques? Devant ce type sublime, quel phrénologue pourrait ne pas s'écrier : « Vous êtes née impératrice? »

Et que dirons-nous de ce portrait très-exact du prince impérial? Ne paraît-il pas une reproduction complète de la tête de Napoléon Ier?

Lorsque j'eus le grand honneur d'être admis dans les appartements de Leurs Majestés Impériales, en voyant au précieux rejeton de la race napoléonienne une tête aussi grande, aussi harmoniquement complète dans toutes ses parties, la première chose qui m'occupa fut de bien examiner son tempérament et toutes les autres conditions qui modifient les effets de la grandeur céphalique.

Après m'être complétement assuré que toutes les conditions que je pouvais observer étaient favorables à l'extraordinaire et harmonique volume cérébral de cette

L'IMPÉRATRICE EUGÉNIE.

LE PRINCE IMPÉRIAL.

tête, je ne pus m'empêcher de m'écrier : « Heureuse la France, qui aura pour chef suprême une semblable tête! Heureux le monde entier, parce que la France aura un pareil chef! »

L'auguste mère me dit alors : « Ce que je veux savoir, c'est s'il a beaucoup de bienveillance; cela m'importe le plus.

« — Oui, madame, ai-je répondu; sa bienveillance est extrêmement grande, et, ce qui est mieux encore, elle est en développement harmonique avec les autres facultés. Le prince votre fils, madame, sera bon, clément, magnanime, généreux, toujours prêt à éloigner des autres les misères et à les soulager, et, avec tout cela, il aura de la pénétration, de la résolution, de la fermeté, un esprit calme et courageux. »

L'on voit donc que, si la nature divise les hommes en diverses catégories de gouvernants et de gouvernés, elle produit des têtes exprès pour chaque catégorie; elle va, pour les chefs des vastes et puissants empires, jusqu'à un degré d'étendue et de perfection dont le prince impérial de France est un remarquable exemple.

Permettez-moi ici, messieurs, de vous faire remarquer que la tête destinée au commandement doit être complète, c'est-à-dire que tous les organes doivent être harmoniquement développés. Le commandement représente toujours une abstraction, une généralité, et, par conséquent, outre les connaissances spéciales qui sont nécessaires dans des cas déterminés, l'impartialité est toujours indispensable aussi bien que le désir de répondre à la somme des intérêts divers et opposés sur lesquels le pouvoir a mission de veiller. Or cette impartialité et ce désir d'atteindre à un pareil but ne se peuvent trouver que dans une tête complète.

Il y a beaucoup de têtes qu'on peut dire grandes sans être complètes. Elles sont grandes par leur développement en général, mais elles ne laissent pas pour cela d'être petites dans quelques-unes de leurs régions. De semblables têtes indiquent plus ou moins de talent ou de génie pour un art, pour une science, une profession, une carrière spéciale, mais non pour le commandement et le gouvernement en général. En effet, beaucoup d'hommes très-distingués, très-supérieurs comme écrivains, peintres, musiciens, constructeurs, etc., échouent dans la conduite générale, faute de jugement, de discernement, de prudence, de sagacité, de bonne et sûre direction. Que de personnages célèbres je pourrais nommer pour prouver ce que j'affirme ici! Distingués au barreau, à la tribune parlementaire, à la guerre, dans les arts ou dans les sciences, ils sont tombés en se mettant à la tête des affaires publiques. Et pourquoi? Ils avaient une tête grande, mais elle n'était pas complète, ou, ce qui revient au même, harmoniquement développée.

Revenons donc à la découverte de la phrénologie, et avouons qu'elle n'est qu'un moyen de plus conquis par l'homme pour communiquer des connaissances à la volonté, laquelle aussitôt, comme principe qui résume l'homme tout entier, les APPLIQUE de mille manières pour augmenter la puissance de sa force essentielle et acquérir un pouvoir plus grand sur la sphère de sa juridiction, ou, ce qui est la même chose, sur la sphère de la juridiction ou de forces humaines. Le pouvoir de la volonté n'est-il pas en effet augmenté et fortifié par cette science qui nous dit : « Il y a autant de tendances, d'inclinations ou de dispositions primitives qu'il y a de facultés; il n'y a aucune faculté qui ne se manifeste au moyen d'un organe céphalique visible et palpable ; et voilà pourquoi nous pouvons lire sur notre propre tête et sur la tête des autres le caractère, les talents et les dispositions spéciales de chacun. »

« Voyez-vous, pouvons-nous dire maintenant (t. I, p. 172, 187, 598), voyez-vous cette tête dont la partie supérieure du devant se fait remarquer par un haut promontoire? Eh bien, l'impulsion dominante de celui qui la possède est un ardent désir de faire le bien. Voulez-vous sympathiser avec lui? Parlez-lui d'actes généreux, de souffrances héroïques pour le bonheur de l'humanité. Voulez-vous qu'il agisse, qu'il se lance intrépidement dans les dangers? Présentez-lui pour suprême récompense de ses travaux le bien de l'humanité.

« Voyez-vous cette autre tête de forme arrondie (t. I, p. 131, 135, 137, 188, 192), large derrière les oreilles, basse de front, élevée dans la partie postérieure-supérieure? Cette tête a soif de sang humain ; endormie, éveillée, elle demande du sang. Elle n'a pas d'autre aiguillon, pas d'autre goût dominant que de faire du mal à ses semblables, de les faire souffrir, de les exterminer. Les hommes qui ont de pareilles têtes, bien que la partie morale et intellectuelle soit chez eux suffisante pour connaître la criminalité de l'action à laquelle les poussent violemment leurs instincts, et, par conséquent, le libre arbitre ou l'empire intelligent suffisant, comme je l'ai démontré (t. I, p. 157 à 145, 140 à 175; t. II, p. 260), pour se retenir, ces hommes, dis-je, doivent être placés sous le gouvernement ou la volonté sociale, afin que leurs penchants à la violence reçoivent une bonne direction.

« Celui qui s'offre à vos yeux avec un front haut, large et découvert, avec la partie frontale élevée et la partie inférieure nourrie (t. I, p. 347, 408, 457; t. II, p. 171, 177, 212), c'est une noble tête que l'impulsion de la gloire domine, mais la gloire de faire le bien; son ambition est de commander, mais c'est pour éclairer, moraliser et enrichir le prochain; ses impulsions animales sont de châtier, mais c'est pour guérir l'esprit malade. »

Pourquoi un homme qu'un ami ne peut faire fléchir cède-t-il à une femme? Parce qu'en lui la générativité est grande et l'adhésivité petite. Pourquoi un enfant se rit-il des coups tandis qu'un autre tremble devant la seule menace? Parce que leurs facultés sont différentes et qu'elles se manifestent différemment. Celui que les tourments ne font pas plier se rendrait peut-être à un regard de bienveillance, tandis que cet autre qui tremble et succombe devant le châtiment se moquerait peut-être de la pauvre veuve, du malheureux orphelin, et achèverait de gaieté de cœur de les plonger jusqu'au fond du gouffre des pleurs et de la misère.

Rien n'est plus inexact, pour ne pas dire plus faux, que ces principes généraux qui prétendent que le châtiment guérit tous les hommes, que tous les hommes se vendent pour de l'or, qu'il n'y en a pas un qui résiste à la tentation. Ces observations et d'autres semblables sont vraies ou fausses : cela dépend de quels châtiments et de quelles cures, de quelles tentations et de quels hommes l'on parle; c'est pourquoi il ne convient pas d'établir des systèmes généraux absolus d'éducation, de législation, de conduite, qui ne peuvent atteindre dans leurs détails toutes les différentes capacités, les dispositions et les caractères divers[1].

Une autre condition très-importante de la volonté, c'est que, comme faculté exclusivement abstraite, neutre ou régulatrice, elle dépend, pour ses *qualités* (t. II, p. 262 à 263), des facultés particulières. Cette condition, dont le but divin est de communiquer à la volonté, dans sa force efficiente, une force contingente aussi variée et aussi compliquée qu'elle existe dans toutes les autres facultés réunies, en faisant d'elle l'*homme en résumé*, l'assujettit à mille ACCIDENTS dans ses qualités possibles. En effet, vous l'avez vu (t. II, p. 200 à 202, 262 à 266), d'une part, la volonté peut être faible, changeante, instable, ignorante; et, de l'autre, tenace, opiniâtre, impétueuse, suivant l'empire *accidentel* qu'exercent sur elle les autres facultés dans leur état normal. Mais que sont ces *accidents* en comparaison du bien immense qui découle de la même condition?

Lorsqu'on connaît le principe suivant lequel les qualités accidentelles s'unissent à la volonté, l'on sait qu'elle a ou qu'elle peut avoir autant de force efficiente qu'il y a de facultés dans l'âme, c'est-à-dire qu'en elle peut se résumer et se résume en effet toute la force efficiente de l'âme, puisqu'elle est en principe et peut être en fait l'*homme en résumé*. Il en est comme d'un gouvernement national, qui a autant de force qu'il en existe dans tous les membres de la nation qu'il régit. Mais qu'importe que la volonté soit sujette, comme tout ce qui est humain, à des qualités accidentelles qui sont bientôt force efficiente, si la connaissance de cette condition peut en faire tirer parti pour le bien et l'avancement de l'humanité tout entière, et même pour empêcher et diminuer peu à peu les accidents auxquels l'assujettit cette condition!

Si les parents, les maîtres, les gouvernements, savent que toutes les facultés peuvent se grouper dans la faculté générale, ou volonté, et lui communiquer autant d'intensité et de variété de forces qu'il y a de variété et d'intensité de force morale dans toutes et chacune d'elles, ils mettront cette connaissance à profit pour engager leurs fils, leurs élèves, leurs sujets, à associer, dans tous leurs desseins, le plus grand nombre possible de facultés,

[1] En cette matière la phrénologie aura toujours, sur tous les autres systèmes psychologiques, l'immense avantage de considérer d'abord les individualités, puis les classes ou hiérarchies, et enfin les ensembles. Quant à l'homme, la phrénologie part de ses facultés prises isolément, chacune dans sa spécialité; elle passe ensuite aux groupes ou hiérarchies formées par leurs plus prochaines analogies; elle arrive enfin à leur ensemble total unifié qui est et qui constitue l'âme. Elle procède de même par rapport aux hommes; elle considère d'abord les individus dans leur capacité spéciale et distincte, puis les diverses classes ou hiérarchies d'individus, et, enfin, les masses plus ou moins générales appelées municipes, provinces, nations, humanité.

afin que leur volonté ait plus de force et de vigueur. Les autres facultés sont pour la faculté dominante (t. II, p. 17 à 18; t. II, p. 293, note au bas de la page) comme les soldats pour un général, comme les figures accessoires pour les figures principales d'un tableau, des forces qui augmentent et *modifient* la sienne.

Si à l'application de ce principe on ajoute la connaissance de la phrénologie, le père, le maître, le général, connaîtront *à priori* la faiblesse ou la force d'un fils, d'un élève ou d'un soldat, et profiteront de cette connaissance pour les diriger vers quelque fin utile (t. I, p. 295 à 299; t. II, p. 208 à 209). On ne peut pas se servir d'un instrument que l'on ne connaît pas, et on ne peut pas l'améliorer; mais mieux nous connaîtrons la nature humaine dans sa multiple unité, mieux nous la *dirigerons*, dans son immense complication, vers les hautes fins auxquelles Dieu l'a destinée.

La volonté ne doit être ni faible ni obstinée; il faut qu'elle soit ce qu'elle doit être pour accomplir son devoir, suivant l'objet, la mission, la charge que Dieu lui a manifestement assignée. Un père qui voit que la volonté de son fils est naturellement trop changeante ou trop obstinée pour la carrière qu'il veut lui faire embrasser doit, pour remplir sa mission, essayer de la rendre plus stable ou moins opiniâtre, ou bien choisir une autre carrière où ces extrêmes n'aient que peu ou point d'importance. Si la volonté est trop faible ou trop tenace pour la plus grande partie des actes de la vie commune, il faut faire tous les efforts humainement possibles pour l'éclairer, afin que, dans un cas, elle se fortifie, et que, dans l'autre, elle se domine. Il faut, en outre, obliger, dès l'âge le plus tendre, l'enfant qui a une volonté inconstante (t. II, p. 201 à 202, 262 à 263, 302) à former rapidement ses résolutions, et, une fois formées, à ne jamais les changer, même dans les circonstances indifférentes, que pour des causes et des motifs très-puissants; tandis que l'on fera prendre à celui qui a une volonté obstinée l'habitude de ne se jamais résoudre qu'après avoir bien réfléchi à son objet, quelque insignifiant qu'il soit, l'amenant à se bien convaincre que les jugements de l'homme sont toujours faillibles, malgré les plus belles apparences.

Occupons-nous maintenant d'une autre CONDITION d'une importance immense, puisque d'elle dépendent tous les phénomènes de l'esprit, considérés comme actes, faits ou applications déterminées, et, par conséquent, tous les ACCIDENTS qui peuvent rentrer dans ces mêmes phénomènes. Pour la comprendre complétement, il ne faut pas oublier que nulle force que la force divine ne peut être pour nous autre chose que *causative*. Les forces divines seules sont *en elles-mêmes* des forces de cause et d'effet, parce qu'elles sont cause suprême de toutes les causes. Dans tout le reste, il n'y a et il ne peut y avoir d'EFFET sans l'action combinée de deux ou plusieurs forces causatives distinctes. Toute faculté, considérée dans sa nature intime ou individuelle, n'est donc qu'une force, un dynamisme ou principe d'action active, passive ou exécutive; les actes, effets ou produits de cette force dépendent de son action combinée avec d'autres forces, d'autres dynamismes ou principes distincts.

Plus clairement. En soi, une faculté n'a qu'une tendance, une disposition, une force causative, *sentie* ou *connue* par elle-même, pour une classe d'actes impulsifs ou perceptifs; mais aucun de ces actes ne peut se produire sous une forme déterminée, concrète, ou avec une existence propre, sans le secours des autres facultés.

Les dialecticiens disent, conformément à cette vérité : *Omne efficiens agit secundum vires recipientis, non suas.* « Tout efficient agit suivant les forces (causatives) reçues, et non suivant les siennes. » Mais il ne faut pas admettre cette maxime d'une manière absolue. Par le seul fait qu'une chose a sa force propre, elle communique nécessairement sa vertu efficiente ou essentielle à tout ce qui émane d'elle. Ainsi les digestions de l'estomac et les sons de la voix se produisent, non-seulement suivant la nature des aliments et de l'air, ou *vires recipientis*, mais suivant la vigueur ou l'énergie inhérente à l'estomac et à la voix, c'est-à-dire l'efficacité ou *efficiens*. Malades, détériorées ou faibles, la langagetivité (t. I, p. 451 à 452), la configurativité (t. I, 462 à 465), la pesativité (t. I, p. 482 à 485), etc., qui sont des principes, des dynamismes ou *efficacités*, produiront des effets sans valeur, détériorés ou faibles, quelles que soient les forces causatives ou *vires recipientis* qui les affectent.

L'on conclut de là clairement et péremptoirement qu'en soi exclusivement nulle faculté mentale, pas plus que toute autre force causative simple ou composée, ne peut produire des actes concrets ou déterminés. Pour cela, le contact ou la combinaison d'autres causes auxiliatrices est indispensable. Sur ce point, les facultés mentales sont comme l'estomac (t. II, p. 278 à 280, note au bas des pages), qui a des forces propres, naturelles, spontanées pour digérer, mais ne fait pas de *digestions* s'il ne reçoit pas d'aliments; ou comme l'œil, qui a des forces innées, naturelles pour *voir*, mais qui ne produit pas l'acte qui s'appelle *vision* si les objets ne rayonnent pas en lui, ou comme la voix, qui a des forces causatives de sonorité, mais qui ne peut produire des sons si l'air ne lui prête pas ses vibrations.

La volonté ou harmonisativité ne pouvait pas être et n'est pas affranchie de cette CONDITION qui atteint, non-seulement les facultés de l'âme humaine [1]

---

[1] Les forces passives, actives ou exécutives d'une faculté résident dans son essence spéciale; mais les forces récipientes sur lesquelles elles agissent et dont l'action doit avoir pour résultat les sensations, les conceptions, les impulsions, les résolutions et les réalisations CONCRÈTES ou DÉTERMINÉES, dépendent du secours et de l'irradiation des autres facultés dans leur union et leur puissance au sein du monde objectif. Je tiendrai toujours pour mon plus beau titre de gloire, — et c'est la phrénologie qui m'a donné le moyen d'y arriver, — d'avoir démontré cette *condition*, dont je ne me suis jamais lassé de parler. Tout ce que j'ai dit sur la Direction et l'Influence mutuelle, t. I, p. 155 à 156, 245 à 292, 331 à 333, 447 à 449, 522 à 528, 535 à 537; t. II, 28 à 30, 156 à 157, 172 à 176, 191 à 197, 201 à 204, 215 à 217, 222 à 223, 232 à 233 et autres endroits, est une constatation de cette condition universelle. Sans une explication et une démonstration de ce principe claire pour toute intelligence saine, en vain Gall aurait jeté les bases de tous les systèmes psychologiques (t. I, p. 63 à 78, 122 à 124), nous n'aurions jamais eu, si la présomption ne m'aveugle pas, un vrai système de psychologie, c'est-à-dire un enchaînement, une série bien liée de vérités psychologiques qui puisse mériter à juste titre le nom de science ou de système psychologique.

mais toutes les forces physiques et morales de la création. En effet, s'il est exclusivement au pouvoir de cette faculté générale de juger intelligemment ou de se faire des idées de ce que sont réellement les choses, eu égard aux *diverses classes* de rapports que Dieu a créés entre elles, ce pouvoir ne peut être effectif qu'à la CONDITION que, pour les données et pour les motifs sur lesquels se fonde chacun de ces jugements, il dépende exclusivement des irradiations ou connaissances partielles que les autres facultés lui transmettent comme je me glorifie de l'avoir démontré (t. II, p. 295 à 305), en élargissant le champ de la philosophie de l'esprit. Le saint et divin objet de cette *condition* est de rendre supérieure ou d'élever la force de perception générale intelligente, ou de pur raisonnement, *une* au-dessus des *diverses* forces de perception partielle sensitive ou de raisonnement passionné, et de former ainsi de la partie passive de la volonté un vrai SENS RATIONNEL, ce que jusqu'ici l'on a appelé, fort improprement selon moi, « raison naturelle, sens commun, bon sens, etc., » toutes dénomination également spécieuses, vagues et indéterminées [1].

Sans un sens général ou rationnel, sans un CENTRE de perception générale ou suprême dans lequel rayonnent les diverses perceptions des facultés partielles ou subordonnées (t. II, p. 299 à 300, notes au bas des pages), il ne serait pas possible de résumer, de réunir, d'embrasser ou de COMPRENDRE dans un seul acte mental toutes ces perceptions inférieures ni, en comparant leurs DIFFÉRENTES CLASSES d'analogies et de contrastes plus ou moins prochains, plus ou moins éloignés, de se former une idée de l'entité (t. II, p. 298) des choses auxquelles ces perceptions se rattachent.

Le *sens rationnel* peut aussi naturellement et aussi spontanément percevoir, ou se former un jugement ou une idée de ce que sont les choses, en comparant leurs *diverses classes* de rapports *connues*, que les sens particuliers peuvent percevoir ou se faire une idée de quelque classe spéciale de choses, en comparant entre eux leurs divers rapports analogues SENTIS ou expérimentés. Je l'ai démontré d'une manière très-étendue (t. I, p. 438 à

[1] Qualifier de naturelle la raison de l'homme, c'est supposer que dans l'homme il y a quelque autre raison qui n'est pas naturelle. Appeler un sens quelconque *commun* ou *bon*, c'est supposer que les autres sens de l'homme ne sont ni communs ni bons. Si l'on emploie ces qualificatifs pour exprimer un sens *naturel*, *commun* ou *bon* par excellence ou par antonomase, ils ne déterminent pas non plus son caractère spécial, qui est, comme je l'ai démontré (t. II, p. 298), d'embrasser tous genres de perception, de les comparer et de déduire de cette comparaison universelle l'entité, l'individualité spéciale des choses par les rapports infinis qui existent entre elles.

Les sens partiels, ou la partie passive des autres facultés, n'embrassent que les sensations du genre que leur spécialité détermine (t. I, p. 325; t. II, p. 255 à 255, 292 à 295); ils ne peuvent donc s'en faire qu'une notion sensitive, et nullement une idée intelligente. Ainsi la visualité ne connaît par elle-même et dans son essence que les rapports qui existent entre les diverses lumières; l'auditivité, entre les divers bruits; la tonotivité, entre les divers tons, et ainsi des autres facultés. C'est en vertu de la connaissance de ces rapports que sont déterminés, perçus, déduits sensitivement les lumières, les bruits, les tons spéciaux, dont les perceptions peuvent, comme je l'ai démontré (t. I, p. 300, note au bas de la page), se transmettre aussitôt aux autres facultés qui les comprennent.

442, t. II, p. 117 à 121), quelles que soient la quantité et la complication des irradiations desquelles dépend une faculté pour ses sensations et ses perceptions, les objets ou facultés d'où émanent ces irradiations, aussi bien que la faculté qui éprouve les sensations et forme les perceptions, ont été créés pour agir et agissent dans le plus grand nombre des cas avec une parfaite simultanéité ou une admirable unité d'action.

A peine les rayons lumineux réfléchis par un objet frappent-ils l'œil, à peine les vibrations sonores frappent-elles l'oreille, que la tonotivité, la mouvementivité, la configurativité, la coloritivité, la localitivité, l'individualitivité, etc. (t. II, p. 117 à 121), se trouvent simultanément affectées, impressionnées ou sensibilisées, et, agissant de concert, déterminent, perçoivent ou forment, un jugement sensitif de l'objet. Il en est de même pour le *sens rationnel*, c'est-à-dire pour la comparativité ou la volonté dans sa partie passive, qui a été créée pour agir avec une simultanéité harmonique ou harmonisée avec toutes les autres facultés, comme toutes ont été créées pour agir avec elle; parce que l'âme, considérée dans son principe essentiel et dans ses opérations de fait, est toujours, comme je l'ai déjà dit (t. I, p. 103), une unité multiple.

La coloritivité ne se forme pas avec plus d'instantanéité et de précision une conviction, un jugement, une notion ou perception sensitive (t. II, p. 237 à 240, 245 à 251, 298 à 299) d'une couleur, parce qu'elle est différente d'autres couleurs, déjà expérimentées sensiblement de fait, avec lesquelles elle la compare, que l'harmonisativité ne se forme l'idée que c'est une couleur et non une autre chose, en comparant la notion que la coloritivité lui a transmise avec d'autres notions particulières de diverse classe. La rectivité ne se forme pas avec plus d'instantanéité et de précision un jugement, une notion sensitive d'un fait injuste, en comparant la sensation spéciale qu'elle a ressentie avec d'autres sensations de même genre, que l'harmonisativité ne se fait une idée de l'entité ou essence de cet acte, en comparant la notion sensitive que la rectivité s'en est formée avec les notions de *différent genre* que les autres facultés en ont perçues et lui ont transmises.

Il y a des cas assurément où il faut beaucoup d'effort au sens rationnel pour distinguer des choses qui embrassent une grande étendue [1], une grande diversité et un grand contraste de rapports; mais il en coûte également aux sens particuliers pour des choses qui n'embrassent que des rapports d'une analogie intime. S'il est difficile d'arriver à percevoir les choses que nous exprimons par les mots *liberté, droit, devoir, autorité, souveraineté, justice, loi, machine*, etc., et s'il faut pour cela au sens rationnel le secours de facultés particulières très-actives et bien instruites, il est également difficile parfois de distinguer des sensations qui n'embrassent que quelques

---

[1] L'Anglais sir James Shuttleworth, dans son discours sur la difficulté de comprendre des intérêts compliqués, publié dans le *Manchester times and Examiner* du 14 juin 1854, expose cette idée de la manière suivante : « Distinguer des vérités abstraites qui se rapportent à des événements très-différents dans beaucoup de leurs phases, c'est l'œuvre d'une intelligence versée dans l'observation et familiarisée avec les principes. »

rapports d'une analogie intime ou d'une même espèce. En effet, il est difficile de distinguer un noir clair d'un vert foncé; un *fa* bémol d'un *mi* soutenu; un goût qui tire à l'aigre d'un goût qui a une pointe d'amertume; une
grandeur, un poids, une distance, d'autres grandeurs, poids ou distances
semblables. Dès que dans les sensations causées par ces choses on ne trouve
que des rapports d'une analogie intime, le sens particulier efficient qui doit
les distinguer a besoin pour cela du secours indispensable de diverses facultés
(t. I, p. 333 à 335, 342 à 355; t. II, p. 222 à 223), dont une ou plusieurs
doivent être très-vigoureuses et bien instruites. C'est ce qui arriva pour la configurativité dans Cuvier et dans Canova, et pour la comptativité dans Newton
et Vito Mangiamele [1]. Si Daguerre n'avait pas possédé une visualité immense,
il n'aurait jamais eu conscience d'une si grande diversité de sensations produites par la lumière et ne les aurait jamais distinguées en démêlant leurs
rapports d'une analogie intime.

La connaissance de cette matière étant d'une importance extrême pour
réussir dans l'exercice de la crânéologie ou phrénologie pratique (t. II, p. 323),
j'ai essayé de l'expliquer (t. I, p. 240 à 245) avec tous les développements et
toute la clarté que son importance mérite.

Il suit de la CONDITION dont nous parlons, c'est-à-dire de cette condition
qu'aucune faculté ou force fondamentale subjective ne peut de soi produire aucun genre de phénomènes considérés comme applications ou faits
déterminés, et qu'il est besoin pour cela de la réunion de diverses facultés
ou forces subjectives, agissant les unes sur les autres; il suit de cette *condition*, dis-je, que l'âme doit être nécessairement, dans son UNITÉ essentielle,
une MULTIPLICITÉ de principes ou de facultés, dont chacun possède un intérêt
et une liberté distincts, particuliers à sa nature intime (t. II, p. 266 à 274) et
que pour cette raison rien ni personne ne peut lui arracher. Il suit encore de
cette admirable CONDITION que, si l'intérêt et la liberté de chacune des facultés
sont essentiellement distincts et particuliers (t. II, p. 266 à 274), les facultés
elles-mêmes où ils prennent source ne laissent pas pour cela d'être si intimement liées, et de constituer par la loi de leur nature intime une solidarité si
complète, que l'on ne peut blesser ou défendre l'intérêt et la liberté de l'une
sans blesser ou défendre plus ou moins les divers intérêts et les libertés de
toutes les autres : et ce fait montre ce que j'ai dit plusieurs fois déjà, à savoir : qu'une faculté a été créée pour toutes et toutes pour une [2].

---

[1] Que l'on considère combien le fils de l'aveugle Isern de Mataro (t. I, p. 454) devait avoir une tonotivité vigoureuse et énergique, une auditivité fine et puissante, lorsqu'à l'âge de cinq ans il distinguait et nommait toutes les notes contenues dans le
bruit qui résultait d'un coup frappé des deux mains à la fois sur les touches d'un piano.

[2] Les communistes, oubliant ou ne voulant pas considérer que tout fait, tout acte et
tout être a une existence propre, ont pris pour *identiques* les intérêts ou les libertés qui
sont seulement *analogues*; pour *fusibles*, ceux qui sont seulement *harmonisables*; pour
convertissables, ceux qui ne sont que *solidarissables* : voilà l'erreur fondamentale de leur
système de gouvernement social. Les invectives lancées contre ce système, les lamentables expériences produites par sa mise en pratique, n'auraient jamais révélé la
source de l'erreur ni fait mettre le doigt sur la plaie. Il fallait toujours nécessairement

Mais de cette CONDITION dans laquelle s'établissent, s'enracinent tous les phénomènes de l'esprit considérés comme faits déterminés, les intérêts et les libertés, généraux et particuliers, se défendant et s'aidant mutuellement, la convergence et l'unification de *plusieurs* en *un* (t. II, p. 256 à 260, 292 à 295) et la divergence et l'influence de cet *un* sur *plusieurs* (t. II, p. 296 à 519) pour le bien de tous ; de cette CONDITION, dis-je, dépendent les ACCIDENTS les plus déplorables. C'est à elle que sont dus tous les faux jugements, les perceptions ou convictions fausses, sensitives ou idéales, auxquelles nous sommes sujets *de fait*. C'est à elle que sont dues toutes les impulsions impropres que les facultés particulières peuvent *de fait* éprouver, et toutes les résolutions préjudiciables que la faculté générale peut *de fait* former. C'est à elle que sont dues en somme toutes les absences d'équilibre entre les divers genres de *désirs* des facultés sensitives et les moyens de les satisfaire, entre les divers vouloirs ou les diverses volitions de l'harmonisativité ou la faculté *idéale*[1], et le POUVOIR de les accomplir.

Que nos perceptions particulières, nos convictions sensitives, puissent être erronées, fausses, chimériques, illusoires, le chapitre des *accidents* pour presque chaque faculté l'a clairement démontré. Si nous voulons des exemples particuliers de cette vérité, nous en avons dans la coloritivité prenant le blanc pour le jaune (t. I, p. 459), à cause des fausses irradiations que lui transmet la visualitivité; dans la configurativité prenant pour tortu ce qui est droit ou pour raboteux ce qui est lisse, à cause des illusions qu'elle reçoit de la visualitivité et de la coloritivité; dans la mouvementivité voyant *tomber* en morceaux (t. I, p. 263) ce qui ne bouge pas et reste entier, à cause des fausses perceptions sensitives que lui transmet la configurativité; dans la méliorativité percevant *tout* un objet laid comme beau, parce que la visualitivité, la configurativité, la mouvementivité et autres facultés ne lui communiquent qu'une *partie* de l'objet; dans l'olfactivité percevant l'existence de l'odeur dans des fleurs artificielles, parce que beaucoup d'autres facultés font naître en elle la perception d'éléments constitutifs des fleurs qui sont en général accompagnés d'odeur. Ainsi sur ces erreurs aussi bien que sur les désabusements postérieurs amenés par la rectification ou une autre cause (t. I, p. 240

découvrir que toutes les facultés humaines ont chacune un intérêt et une liberté propres et exclusifs, inéchangeables, inaliénables (t. I, p. 292; t. II, p. 266 à 274, 500, note au bas de la page); que malgré cela, tous ces intérêts, toutes ces libertés, divers et mêmes opposés, vus dans leur ensemble partiel et dans leur ensemble total, peuvent être harmonisés, réunis, unifiés par quelque idée d'intérêt et de liberté générale; et qu'enfin il existe dans l'âme une faculté qui perçoit ou conçoit des idées d'intérêt général et de liberté générale qui embrassent les libertés et les intérêts particuliers de l'individu tout entier, et que cette faculté est chargée d'exiger, de commander et d'effectuer la réalisation objective de ces idées d'harmonie générale Cette faculté, c'est l'*harmonisativité* ou la comparativité, dont, à proprement parler, la *raison* est la partie passive et la *volonté* la partie active.

[1] Je prends *idéal* dans son sens direct et non figuré, comme on le prend ordinairement. J'entends ici par « faculté idéale, » la faculté qui perçoit, conçoit les idées et en garde le souvenir, c'est-à-dire la volonté ou harmonisativité, et non pas les facultés qui, dans leur action combinée et leur état d'exaltation, perçoivent, conçoivent et se rappellent des visions, des chimères, des fictions.

à 242, 438 à 442, 537) peuvent se baser mille impulsions, c'est-à-dire mille désirs et aversions, plus ou moins violents, mais tous plus ou moins discordants, inconvenants ou criminels.

Quant aux jugements généraux faux ou erronés, quant aux convictions intelligentes, c'est-à-dire aux IDÉES de l'essence des choses, formées par le sens rationnel, *ce principe qui résume tout l'homme*, nous en avons un exemple dans cette personne (t. II, p. 141) qui se sent complétement pauvre au milieu des plus grandes richesses, parce que l'acquisivité malade lui apporte des illusions qui produisent des actes de conviction *idéale* ou intelligente beaucoup plus forte que tous les raisonnements que peut lui communiquer une harmonisativité extraordinaire, et plus forte que toutes les irradiations qu'elle reçoit des autres facultés particulières parfaitement saines; nous en avons aussi un exemple dans cette personne (t. II, p. 175) qui se trouve profondément convaincue que l'individu doit subir un atroce châtiment pour quelque faute très-vénielle, très-justifiable ou complétement innocente, parce que la rectivité extrêmement exaltée lui transmet des notions de criminalité exagérées; nous en avons encore un dans des hommes comme Diderot, Broussais et autres, qui, faute de données psychologiques, portent des jugements aussi étranges que ceux que vous avez entendus sur le libre arbitre.

Ces explications doivent vous démontrer parfaitement que, comme je l'ai déjà dit (t. II, p. 215 à 217), pour sain et robuste que soit le *sens rationnel*, il est fort possible, dans certains cas donnés, qu'il prenne le bon pour le mauvais, la vertu pour le vice; qu'il déclare éléphant ce qui n'est réellement qu'un chien, ou qu'il prenne pour un assassin en embuscade un simple tronc d'arbre immobile : notre propre expérience nous l'atteste à chaque pas. Lorsque cela arrive, rien de plus facile que de choisir quelque MOTIF faux ou erroné pour baser une *résolution* que l'on tiendra pour excellente et qui sera la plus insensée et la plus féconde en malheurs et en misères, si on la met à exécution.

Ce qui est vrai pour la partie passive et active est vrai également pour la partie satisfactive ou exécutive des facultés. En soi et de soi nulle faculté ne peut jouir de rien ni rien exécuter. Pour cela toutes ont besoin, je ne me suis pas lassé de le démontrer (t. I, p. 331 à 333, 352 à 354, 438 à 442; t. II, p. 332, note au bas de la page), toutes ont besoin du secours des autres. Nul désir, nulle volition, ne porte avec soi le POUVOIR de s'accomplir. Le pouvoir de satisfaire un désir, d'éviter la réalisation d'une répugnance et d'accomplir ce qu'on veut, ou de ne pas accomplir ce qu'on ne veut pas, réside dans les facultés accessoires ou auxiliaires (t. II, p. 293, *note*), dans l'organisme et dans les objets et événements externes : dualisme et trialisme dont j'ai souvent parlé (t. I, p. 331 à 333, 438 à 442). Et comme, ni dans leur individualité ni dans leur mille combinaisons possibles, les facultés accessoires ou auxiliaires n'ont pas toujours la force nécessaire pour satisfaire ou exécuter, il y a souvent de tristes et lamentables ACCIDENTS qui prennent leur origine dans la discordance objective et subjective d'un désir ou d'une volition, d'une répugnance ou d'un non-vouloir, quelque utiles, légitimes ou nécessaires qu'ils soient, avec le pouvoir de satisfaire l'un et d'éviter la réalisation de l'autre [1].

Combien de fois la volonté *voudrait* avoir pour quelque fin déterminée plus de courage physique ! mais elle ne *peut* l'avoir, parce que sa combativité et sa destructivité sont faibles. Combien de fois la bénévolentivité *désire* essuyer les larmes du malheur, ou fomenter le progrès général de l'humanité ! Mais l'intellectualitivité, l'acquisivité et d'autres facultés ne lui ont pas fourni un pouvoir suffisant pour acquérir les moyens externes dans le passé; ou bien, avec des moyens externes disponibles, il n'y a pas dans le présent de pouvoir de direction pour la satisfaire. Une *faculté* quelconque, si elle est très-robuste, peut soulever des désirs très-vifs conformes à son caractère naturel; mais, si les autres facultés sont faibles, l'individu ainsi constitué sera toujours en proie à des passions volcaniques sans pouvoir pour les satisfaire; ou, s'il les satisfait, sans faire de grands efforts pour les bien diriger, ce sera toujours d'une manière blâmable, criminelle, comme on l'a vu (t. I, p. 137 à 141) dans Thibets et autres individus célèbres par leurs crimes ou leurs vices.

Ce qui peut arriver accidentellement dans la conduite morale, qui a un rapport direct avec les libertés de nos semblables en général, peut également arriver dans la conduite qui a un rapport direct avec la famille. Une philoprolétivité désordonnée, écrasant les autres facultés sous ses violences, peut produire, sans aucune vue morale ni religieuse, plus d'enfants que l'individu n'a le pouvoir d'en entretenir, d'en nourrir, d'en instruire convenablement. Ce qui peut arriver dans la conduite relative à la procréation de la race peut arriver dans la conduite exclusivement particulière, c'est-à-dire dans les désirs et les conceptions dont la satisfaction n'affecte directement que les libertés individuelles, parmi lesquelles celles d'où émanent tous les genres de produits, d'industries, de professions et de carrières. Une imitativité colossale, si elle n'est pas accompagnée d'un bon développement dans la configurativité et dans les autres facultés qui doivent lui donner le pouvoir de satisfaire ou exécuter ses désirs, n'est pour l'individu qu'une impulsion constante et douloureuse vers une action,

---

[1] Un désir ou une répugnance, on le sait, est une réaction ou une impulsion sensitive, sur le motif ou la cause immédiate duquel la faculté dans laquelle il se manifeste n'a pas eu pouvoir d'élection intelligente (t. II, p. 282 à 293). Le désir existe donc sans qu'on ait pu le comparer avec le pouvoir de satisfaire ou d'éviter. Une volition ou une non-volition, un vouloir ou un non-vouloir, est une réaction ou résolution de laf aculté générale unique appelée volonté ou harmonisativité dont elle a pu à son gré choisir ou repousser la cause ou le motif immédiat (t. II, p. 293 à 503). La volition existe donc avec la possibilité d'avoir été comparée avec le pouvoir d'être ou non accomplie. C'est pourquoi l'humanité suppose instinctivement que l'on peut *désirer* ce que l'on sait ne pouvoir atteindre, et regarde comme déraisonnable de *vouloir* ce que l'on sait être impossible à accomplir. Ainsi s'explique pourquoi aujourd'hui l'on taxerait de folie ou de démence celui qui dirait formellement : « Je veux aller dans la lune; » tandis qu'on ne trouverait pas extraordinaire qu'il dise : « Je désire aller dans la lune. »

sans moyen aucun d'atteindre au plaisir de la réaliser : c'est la faim et la soif, sans aliments et sans breuvages pour se satisfaire.

Qu'importe qu'avec une acquisivité très-grande l'homme se sente vivement poussé à amasser, à thésauriser, s'il ne peut SAVOIR que par le secours des autres facultés ce qu'il doit amasser ou thésauriser, et, le sachant, amasser et thésauriser sans offenser, sans blesser ni sa liberté ni celle d'autrui ! Qu'est-ce que la constructivité? Une force causative impulsive abstraite qui, sans les irradiations et le secours des autres facultés, ni ne SAIT ce qu'elle désire construire, ni ne PEUT construire ce qu'elle désire. De sorte qu'un homme peut se sentir vivement poussé à construire, sans POUVOIR aucun pour satisfaire cette impulsion ; ou bien, au contraire, il peut posséder d'abondants moyens de construire sans se sentir porté à le faire. En un mot, par la même raison qu'il jouit, en vertu de l'harmonie qui existe, comme principe général, entre le DÉSIR et le POUVOIR de satisfaction (t. I, p. 331 à 333, 411, 419, 294, note au bas de la page), l'homme souffre des discordances poussées à l'extrême qui peuvent, partiellement ou accidentellement, exister entre ce désir et ce pouvoir.

Mais qui doute que ces ACCIDENTS ne se trouvent en parfaite concordance avec un principe supérieur d'harmonisation et le libre arbitre? Quel serait l'usage, l'objet, la sphère d'action de notre volonté sans ces désaccords, ces inégalités, ces discordances possibles? Là où les forces impulsives, c'est-à-dire les instincts, se trouvent soumises à une seule qui est naturellement plus robuste (t. II, p. 247 à 251); là où les instincts sont peu compliqués et ont d'eux-mêmes une direction simple, spéciale et déterminée (t. I, p. 412 à 414; t. II, p. 52 à 53; 598 à 601); là où ils agissent intérieurement en *harmonie spontanée* sans possibilité de discordance, parce qu'aucun d'eux n'est essentiellement antagoniste (t. II, p. 244 à 245), comme dans les animaux, là le principe harmonisateur du libre arbitre n'a ni nécessité ni raison d'être, et par conséquent n'existe pas. L'harmonisativité où il n'y aurait pas possibilité de discordance interne, de perturbation et de désordre; le libre arbitre où il n'y aurait pas de contraste d'impulsions, d'inclinations ou d'instincts, seraient un contre-sens : Dieu ne tombe jamais en aucune espèce de contradiction.

L'on voit même ici un arrangement sublime, une harmonie générale, juste et bienfaisante. L'homme est plus sujet aux discordances, aux antagonismes, source de toute espèce d'accidents, que les animaux privés de raison, parce que sa nature est plus étendue, plus compliquée, plus multiforme. En harmonie avec cette possibilité d'accidents immensément plus grande, nous voyons dans l'homme, pour pouvoir éviter ces accidents, un POUVOIR sur lui-même, sur son organisme et sur le monde externe, immensément plus grand que celui des brutes. Ce POUVOIR, tant dans sa force active ou exécutive que dans sa force passive ou évitative [1] n'est pas seule-

---

[1] Par exemple, dans les limites où la main a pouvoir d'action ou force d'obéir, toute faculté partielle a force ACTIVE pour la mouvoir dans le sens de l'impulsion qui lui est exclusivement propre ou pour l'empêcher de se mouvoir, et la faculté générale ou vo-

ment direct, instinctif, naturel ou d'inclination, comme celui des animaux, mais encore indirect, rationnel, artificiel.

Avec le secours de la causativité et de la déductivité dont manquent absolument les animaux, même de la classe la plus élevée (t. II, p. 247 à 293), la volonté connaît les rapports de cause et d'effet que Dieu a établis entre toutes les choses. Ces rapports sont appelés lois naturelles (522 à 523, note au bas de la page) parce qu'elles s'accomplissent en vertu d'elles-mêmes. La volonté les applique de fait à des fins déterminées prévues et résolues d'avance. C'est dans ce pouvoir indirect ou artificiel, qui agit en appliquant des causes connues pour produire des effets prévus, que consiste l'immense efficacité de la volonté, non-seulement pour éviter des ACCIDENTS, mais encore pour faire toutes ces conquêtes de l'intelligence (t. I, p. 415 à 417) qui nous étonnent et nous ravissent, et parmi lesquelles brille au premier rang la grandiose découverte de la phrénologie.

Avec la connaissance des lois naturelles, ou le mode de succession des effets, la volonté humaine peut non-seulement former instinctivement des jugements et des résolutions générales, en dominant spontanément par sa force de *réflexion* les forces de *passion* diverses et opposées, mais encore communiquer une plus grande efficacité à la réalisation de ces opérations, en appliquant des forces causatives qui sont hors d'elle et n'émanent pas d'elle directement. Il ne faut pas cependant entendre par là, comme je l'ai déja démontré (t. I, p. 292 ; t. II, p. 293 à 294, *notes*, 313 à 316) et comme je ne me lasserai pas de le répéter, qu'elle soit capable en aucun cas de changer une seule essence ou de modifier un seul rapport établi par le Tout-Puissant.

Il est aussi impossible à la volonté humaine d'éviter que la générativité se tourne vers la concupiscence, la destructivité vers la détérioration, qu'il est impossible au nord et au sud de souffler dans des directions opposées à celles où ils sont forcés de souffler par la loi de leur nature intime. Mais la volonté humaine connaît instinctivement ces faits. Elle compare instinctivement les diverses inclinations des facultés, comme elle compare les diverses directions des vents, et elle se reconnaît, instinctivement aussi, capable de diriger, par son seul vouloir, les premières dans une action commune pour des fins déterminées, et incapable d'agir sur les autres.

Jusqu'ici la volonté humaine est analogue, pour ne pas dire identique, à la force exclusivement instinctive des brutes. Mais ici finit leur ressemblance. Aidée par la causativité et la déductivité, que l'on peut appeler justement ses ministres, la volonté se reconnaît elle-même comme cause effi-

lonté a force de la mouvoir dans le sens qu'elle a déterminé par choix ou préférence de motifs. Tant qu'un aliment est masticable et tant que nos mâchoires ont force de mastication, notre alimentivité a force ACTIVE de mastiquer ou non, et notre volonté de le permettre ou non. D'un autre côté, ni l'homme ni la brute n'a, par exemple, de pouvoir sur les vents et les tempêtes, mais il a la force PASSIVE directe d'éviter leurs funestes effets en construisant des cabanes ou en cherchant des antres. L'homme a de plus un pouvoir passif *indirect* que lui donne sa connaissance des principes ou des rapports de causes et d'effets généraux qui l'élèvent si haut au-dessus des autres êtres de la création.

ciente unique et exclusive dans l'ordre naturel pour produire des effets d'harmonisation dans toute espèce de diversité et de discordance de passions, non-seulement par sa force native et directe, mais encore par la force étrangère ou indirecte que lui apportent les lois naturelles (t. I, p. 522 à 523, *note au bas de la page*), à mesure qu'elle les comprend en les découvrant où en les apprenant.

La volonté est complétement sans action pour empêcher que sous l'influence d'une excitation interne ou externe il ne s'élève dans quelque faculté partielle une passion qui, emportée vers son objet, pourrait conduire à mille accidents funestes et lamentables. La volonté peut aussi être sans action pour apaiser d'une manière directe une passion frénétique, et l'être, par conséquent, pour lui fermer le chemin vers la réalisation de son objet, bien que cette passion soit en désaccord avec l'intérêt général de l'individu et bien qu'elle envahisse et écrase les libertés (t. II, p. 266 à 274) de diverses autres facultés. S'il n'en était pas ainsi, ces transports, ces accès, ces fureurs qui à chaque pas proclament notre faiblesse, notre peccabilité et notre imperfection perfectible, n'existeraient pas. Mais rien de tout cela n'empêche que la volonté puisse dans beaucoup de cas opposer INDIRECTEMENT une digue à la réalisation de l'acte à laquelle aspire toute frénésie ou tout délire insensé, évitant ainsi la série d'aveugles ACCIDENTS qui s'attachent naturellement et inévitablement à cette réalisation.

La volonté, qu'ici, comme dans beaucoup d'autres endroits, j'entends dire *l'harmonisativité*, sait, par une perception instinctive du fait, qu'un clou chasse un autre clou, c'est-à-dire qu'une passion plus grande domine une passion moindre. Elle sait aussi que nulle passion ne peut se satisfaire sans le secours de l'organisme et des objets qui l'entourent; et que cet organisme et ces objets, placés en certaines conditions qu'elle domine, peuvent servir à faire naitre une ou plusieurs autres passions indifférentes ou contraires à la passion actuelle. Elle sait en outre qu'avec ces passions soulevées elle pourra mettre l'individu dans l'impossibilité de satisfaire la passion qu'elle veut, mais qu'elle ne peut dominer *directement;* ou, au contraire, la mettre en état d'avoir à réaliser nécessairement quelque acte d'utilité générale, mais souverainement répugnant à quelque faculté spéciale, dont elle veut mais ne peut pas *directement* faire disparaitre la répugnance. S'il n'en était pas ainsi, l'individu n'aurait pas de force coercitive intelligente sur lui-même, ni la société sur l'individu, ni l'homme sur la création.

Il n'est pas un instant où notre propre volonté n'ait conscience de ce pouvoir d'exécution indirecte qui augmente immensément la force active (t. II, p. 281) de notre libre arbitre, l'appliquant ou l'utilisant pour triompher de quelque caprice importun ou d'une passion pernicieuse. On raconte que Pinkney, célèbre avocat de l'Amérique du Nord, avait dans sa jeunesse une passion folle de se promener dans les rues, mais qu'il était aussi très-studieux. Sa volonté comprit cependant qu'elle n'avait pas assez de force instinctive ou directe pour triompher de cette rage de flânerie, bien que la vue de ses funestes résultats la portât à faire les plus grands efforts pour en venir à bout. « Puisque avec ma force naturelle de vouloir, se dit-elle un jour à elle-même, je ne puis réprimer cette maudite passion qui me fait perdre le temps en sottes promenades, j'y parviendrai en soulevant contre elle d'autres passions qui me forceront à rester chez moi[1]. »

Là-dessus, il envoie chercher un barbier et se fait raser la moitié de la tête. Cette espèce de tonsure était regardée comme honteuse dans ce pays, parce qu'on l'avait adoptée pour les détenus dans les bagnes, afin de les reconnaitre en cas de fuite et de les arrêter. Lorsque Pinkney se vit ainsi accommodé, ses répugnances furent telles, qu'elles l'emportèrent sur les désirs de promenade. Il se retira tout honteux dans un coin de sa maison, ne voulant pas même être vu de ses plus intimes amis. Là il s'abandonna aux livres jusqu'à ce que la partie rasée de sa tête fût recouverte de longs cheveux. L'*habitude* de l'étude s'était, pendant ce temps, si bien enracinée dans son âme (t. II, p. 311), que bientôt la volonté fut obligée d'user de forces indirectes pour que l'individu quittât les livres lorsque sa santé altérée ou quelque grave affaire l'exigeait.

Nous savons tous que Démosthènes s'enferma dans une cave dans le même but, et que Cortès, pour couper à sa petite armée les ailes que l'espoir de la fuite pourrait prêter à la peur, fit brûler ses vaisseaux. A qui de nous n'est-il pas arrivé d'éviter une rencontre, de cesser de voir un objet, de ne pas se permettre la lecture d'un livre, en somme de fuir la tentation, la volonté, sachant que la vue ou le contact soulèverait certaines impulsions frénétiques ou produirait certaines affections profondes que ni sa force directe ni sa force indirecte ne pourrait ensuite dominer, et qu'alors aurait lieu, comme conséquence inévitable, quelque accident terrible? Il m'est arrivé à moi-même, quand j'étais livré à quelque étude importante, de m'enfermer dans ma chambre et de jeter la clef dans la rue de peur que quelque désir contraire à mon objet principal, s'élevant et s'enflammant au point de devenir une passion, ne vînt entraîner tous les bons propos et ne m'attirât tous les accidents attachés à sa satisfaction. Voilà comment la volonté humaine a non-seulement un pouvoir instinctif et naturel *direct* pour triompher des désirs dont la violence agite, trouble et désharmonise l'âme, mais encore un pouvoir intelligent ou artificiel *indirect*, qui s'étend à mesure qu'elle connait un plus grand nombre de rapports déterminés de cause et d'effet entre les choses. Voilà comment il n'est aucune découverte, aucun progrès dans un art ou dans une science qui n'augmente le pouvoir de la volonté : et augmenter le pouvoir de la volonté, c'est augmenter les ressources de l'homme et de l'humanité sur sa juridiction, qui, embrassant toutes les facultés, embrasse les forces connues et à connaître de l'univers entier.

[1] Comme la volonté est le souverain principe de l'âme, son MOI, comme je l'expliquerai bientôt, parle toujours au nom de l'homme tout entier, et s'adresse aux autres facultés comme éléments qui constituent sa juridiction et sur lesquels elle a autorité et empire suprême.

Mais la volonté humaine, même dans sa propre sphère d'action, n'a et n'aura jamais de pouvoir ni direct ni indirect qui ne soit limité par la nature même des choses. Dans ses résolutions, elle est forcée de se décider pour le bien général de l'individu, et, dans l'exécution objective de ces résolutions, elle dépend des éléments qui constituent le pouvoir exécuteur, lesquels sont une vraie cause récipiente de l'effet qu'elle veut.

Si parfois nous crions qu'on nous attache, parce qu'autrement nous sentons que nous commettrions des actes de violence (t. II, p. 73 à 74); si parfois nous nous opposons des obstacles insurmontables pour éviter des actions inconvenantes ou criminelles, parce que nous savons que nous n'aurions pas assez de force pour les éviter lorsque la tentation deviendrait pressante; si parfois nous voyons le mieux, et si nous avons l'intime conviction que nous ferons le pire lorsque le moment d'agir sera venu, c'est parce que l'intelligence suprême de la volonté, c'est-à-dire la partie passive de l'*harmonisativité*, connaît instinctivement que l'accomplissement de ses commandements, de ses ordres, de ses décrets, dépend de facultés exécutives ou qui doivent obéir; que ces facultés, bien qu'elles constituent sa juridiction, bien qu'elles lui soient subordonnées, ne sont pas elle-même et ont leur force et leur liberté propres et individuelles (t. II, p. 266 à 274); que, pour cette raison, elles sont sujettes à se trouver trop faibles et à ne pouvoir obéir, ou trop fortes et à se révolter contre elle-même, circonstances dont elle ne pourra empêcher l'influence, le cas d'agir étant venu.

S'il en était autrement, la volonté humaine serait illimitée ou absolue dans sa sphère d'action exécutive et pourrait tout ce qu'elle voudrait; mais Dieu n'a rien créé d'absolu et d'illimité dans aucune sphère. Si la volonté est hiérarchiquement supérieure à toutes les facultés, sa force peut être limitée par toutes. Le bien général est sa loi (t. II, p. 252 à 257), sans doute, mais elle peut vouloir le mal, parce qu'elle peut former des jugements erronés (t. II, p. 336 à 339) et baser sur eux des résolutions qui, mises à exécution, conduiraient l'individu à un abîme de misères en blessant indûment quelque intérêt ou quelque liberté particulière. C'est pourquoi Dieu a fait la volonté CONTRAIGNABLE par la véhémence d'une faculté quelconque, donnant ainsi aux minorités une défense contre tout pernicieux vouloir de la volonté ou toute funeste combinaison de quelque majorité égoïste.

Si la volonté ne veut pas absolument manger, par exemple, en se fondant sur quelque motif erroné, elle opprime indûment la liberté de l'alimentivité, qui se révolte dans l'intérêt de l'individu et entraîne à sa suite, comme une tempête déchaînée, toutes les facultés. Si la volonté veut absolument, d'après une perception fausse, agir injustement, bassement, méchamment, la rectivité, la supérioritivité, la bénévolentivité, s'exaltent, s'opposent à l'action et entraînent avec elles l'âme tout entière.

Si la volonté humaine ne pouvait être CONTRAINTE, nous n'aurions aucun moyen humain de la forcer à agir contre ses résolutions, quelque erronées qu'elles fussent, surtout lorsqu'elle se trouverait appuyée par une continuativité très-développée. Alors l'obstination, l'opiniâtreté de la volonté humaine, et non le bien général ou ce qui convient le mieux, serait la loi de son action, auquel cas elle descendrait au niveau des facultés partielles. Alors les expressions qui se trouvent dans toutes les langues de l'univers, telles que celles-ci : « Que tu le veuilles ou non, — Bon gré, mal gré, — Bien qu'il nous en coûte, » et autres manières analogues de dire qui prouvent avec une irrécusable évidence la sujétion naturelle et la subordination de la volonté à l'exaltation des facultés particulières pour la forcer d'accomplir la loi du bien général, à laquelle Dieu a soumis son action, ces expressions, dis-je, n'auraient aucune valeur. Alors le vouloir du malveillant, du récalcitrant, du vicieux, de l'aveuglé, du paresseux, de l'ignorant, serait la loi d'action de sa volonté, et non la loi de l'autorité domestique, civile, militaire, ecclésiastique ou politique à laquelle elle est assujettie. Et il en serait ainsi parce que nulle volonté ne pourrait se réprimer ni s'exciter intérieurement en activant par la punition ou par les menaces certaines facultés particulières jusqu'à l'horreur ou la terreur panique. En ce cas, nous n'aurions d'autres moyens répressifs que les prisons, les menottes, les chaines, la mutilation ou la mort, c'est-à-dire les moyens que nous avons pour empêcher les bêtes féroces de nous nuire dans leurs fureurs.

Cependant cette condition de contrainte, si indispensablement nécessaire pour forcer la volonté humaine à prendre le bon chemin dans les cas d'aberration ou d'aveuglement qui ne vont pas toutefois jusqu'au délire ou à la folie, produit assurément mille accidents déplorables. Un misérable traître nous surprend à l'écart dans un sentier solitaire, et, nous mettant le pistolet sur la gorge, nous crie d'une voix terrifiante : « La bourse ou la vie ! » Ce coup inattendu jette la panique dans la conservativité, qui la communique, avec la rapidité de l'éclair, à la précautivité, c'est-à-dire que la partie répugnative ou peureuse (t. II, p. 87 à 88, 135 à 136, 167 à 168) est portée dans ces deux facultés à un tel extrême, que l'âme tout entière devient une tempête, un tourbillon de peurs qui l'anéantissent, l'abattent et l'accablent complètement. Lorsque cela arrive, il n'est donné à aucune faculté, dans les cas communs ou normaux, de reprendre l'activité de son désir ou de sa valeur, et la volonté, bien que peut-être elle perçoive l'inconvenance, le crime même de consentir à la livraison de l'argent, se trouve supplantée par des forces de passions supérieures, et ne peut agir en aucun sens, ou, si elle peut agir dans sa partie passive ou élective, celle-ci ne peut appeler à son aide le pouvoir exécuteur nécessaire pour rendre son vouloir effectif.

Ce qui est vrai à l'égard de la *contrainte* l'est aussi à l'égard de la séduction de la volonté. Si quelques facultés ne pouvaient être gagnées en leur présentant des objets ou des faits de leur juridiction spéciale, dont la possession dépend d'un acte qui répugne à d'autres facultés, mais vers lesquels la volonté penche, l'âme n'aurait plus de raison de préférence qu'une plus grande répugnance ou une plus grande peur de la douleur, et non un plus grand désir ou une plus grande aspiration pour le plaisir. L'homme alors ne serait excité que par la crainte et jamais par l'espérance; tout serait alors châtiment sans récompense, menace de misères sans promesse de bonheur. Alors le monde moral ne serait plus en harmonie avec le monde physique, dans lequel, s'il y a des répulsions et des antagonismes, il y a aussi des attractions et des analogies, et, s'il y a des analogies et des antagonismes, il y a aussi des harmonies et une harmonisation formées par les analogies et les antagonismes, comme j'ai essayé plusieurs fois (t. I, p. 331 à 333, 410 à 419, 438 à 442; t. II, p. 125 à 128, 296 à 305) de vous le démontrer avec toute la clarté et tout le zèle que mérite l'importance de la matière.

On peut légitimement flatter l'homme pour des fins saintes et utiles; sa volonté peut être séduite pour des actes de grandeur et d'héroïsme auxquels elle ne se porterait pas autrement. En offrant des honneurs à l'approbativité, le commandement à la supérioritivité, des richesses à l'acquisivité, on peut enflammer ces facultés d'un tel désir de posséder ces objets et d'en jouir, qu'elles feront taire toutes les terreurs paniques et les effrois de la précautivité et de la conservativité, laissant la combativité et la destructivité libres et dégagées, pour que la volonté agisse hardiment et vaillamment dans la défense de quelque grande cause, même lorsque les éléments de courage sont en essence peu développés et les peurs très-actives dans leur répugnance.

Mais, par la même raison que la volonté peut être séduite pour de saintes et nobles fins, elle peut l'être pour les objets les plus infâmes et les plus iniques. Dans l'un et l'autre cas, elle dépend pour cela de la même CONDITION, qui est la susceptibilité des facultés particulières que les faits matériels ou les idées peuvent exciter; et, vous le savez, toute condition produit des ACCIDENTS. Ainsi la volonté peut être séduite par la supercherie et par toute espèce d'infamie couverte et de méchanceté voilée.

Un perfide amant peut communiquer des idées au sens rationnel d'une innocente et imprudente jeune fille, lesquelles, se glissant dans l'effectuativité, dans la réalitivité et dans l'adhésivité, flattent si extraordinairement ces facultés, font taire si complétement les murmures de la rectivité et les avertissements de la vénération, qu'enfin la volonté elle-même se trouve SÉDUITE au point de permettre à la générativité une satisfaction qu'elle désapprouve réellement et positivement. Un démagogue peut séduire ses auditeurs en communiquant certaines idées à leur sens rationnel, certaines attitudes et certains gestes à leurs divers sens particuliers, afin que, trompés, ils entraînent la volonté du côté que désire le séducteur et la détournent du côté où elle pencherait naturellement, sans ces fausses espérances et ces trompeuses promesses qu'il a su faire valoir. Un coquin peut séduire un homme de bien, mais ignorant, en s'adressant à son sens rationnel avec des idées en apparence droites et saines, en réalité mauvaises, et en excitant par ce moyen ses facultés morales et religieuses vers la méchanceté et le crime qu'il est dans leur essence de détester, d'exécrer.

Il ne faut pas se faire d'illusion. De fait, la volonté ne peut agir dans aucun sens s'il lui manque le secours des autres facultés, comme je l'ai dit et le répéterai sans cesse (t. II, p. 330 à 336). La volonté ne peut former ni jugement, ni perception, ni convictions *déterminées*, sans les irradiations de forces mentales étrangères. Elle ne peut pas non plus donner une existence déterminée, ou de fait, à aucune résolution, sans un motif préféré (t. II, p. 249 à 250, 307 à 313), dans lequel est toujours enveloppée une impulsion dominante sensitive ou partielle. Jusqu'aux volitions mêmes, qui sont incorporées dans les résolutions, manqueraient, sans le secours de la continuativité, de fermeté déterminée, de constance, d'impulsion continue, en un mot, de force, de vouloir cela même qu'elles veulent.

Il n'est donc pas étonnant que, confondant comme on l'a fait jusqu'ici (t. II, p. 261 à 262, 275 à 276) les actes et les qualités de la volonté avec le principe de volonté, on ait appelé force de volonté l'acte de vouloir une même chose avec fermeté, constance, ténacité, obstination invincibles [1].

---

[1] Il ne faut pas oublier que si la volonté ne peut, sans l'aide de la continuativité, vouloir avec constance et fermeté, il n'y a pas de propos, de résolution, de dessein, d'intention, de velléité, d'acte de vouloir déterminé, qui ne dépende d'un motif, et que tout motif est un jugement général ou une idée formée par la même volonté. Si le motif est très-puissant, et il le sera d'autant plus que les facultés qui l'approuvent sont plus nombreuses et qu'elles l'approuvent avec plus d'ardeur, la résolution sera pareillement, dans sa force essentielle de pure intelligence, très-puissante et dominera la continuativité, quelque grande que soit son horreur pour le désistement, comme je l'ai démontré complétement dans une autre occasion (t. II, p. 200 à 201). S'il n'en était pas ainsi, la force de *raison*, en principe fondamental, ne serait pas supérieure à la force de *passion*, ce qui serait une interversion de l'ordre hiérarchique; mais les faits démontrent qu'un semblable désordre n'existe dans aucune partie de la création.

Le célèbre Pinel (né en 1745, mort en 1826, qui a réformé le système cruel et barbare de traiter les fous, voulant démontrer l'empire qu'a la volonté sur certaines parties de l'organisme, — et dans la volonté il comprenait la continuativité, — nous rapporte un cas intéressant et instructif qui prouve admirablement que les résolutions, toutes fondées, bien entendu, sur des convictions intelligentes ou idées, ne peuvent être détruites que par d'autres convictions ou idées plus puissantes; mais que, quand cela arrive, elles sont réellement détruites ou changées, quelle que soit l'obstination avec laquelle la continuativité les soutienne.

Voici le cas. Pinel avait sous sa direction un aliéné qui avait une manie, c'est-à-dire qui avait l'idée ou la conviction profonde que, s'il urinait, il inonderait le monde. Retranché dans cette idée, il ne voulait pas uriner; et cette force de vouloir dominait complétement non-seulement le besoin violent qu'il sentait de décharger sa vessie, mais encore tous les plus solides arguments par lesquels on essayait d'effrayer sa précautivité et sa conservativité. Une obstination, une ténacité pareille compromettaient la vie du maniaque, et Pinel rêvait jour et nuit au moyen de le convaincre qu'il devait uriner.

Un jour, enfin, une idée jaillit du cerveau de ce génie privilégié, dont la mise à exécution devait changer le vouloir de son obstiné malade. Une nuit, pendant que celui-ci dormait, il fit allumer autour de lui un peu de paille, d'étoupes et autres combustibles qui produisaient une grande flamme sans pouvoir être dangereux. L'obstiné s'éveille tout épouvanté. Pinel saisit ce moment de surprise : « Le monde, dit-il, n'est qu'un vaste brasier; nous allons tous être brûlés; vous seul pouvez nous sauver; vous seul êtes capable d'éteindre cet incendie universel avec l'immense fleuve d'urine que vous pouvez lâcher. » Le maniaque fut convaincu que Pinel disait vrai. Sur cette idée, il résolut d'uriner; et telle fut alors sa force de vouloir pour accomplir cette résolution, car sans doute sa bénévolentivité et sa continuativité étaient colossales, que, malgré l'état anomal de sa vessie, il la vida complétement.

L'on voit donc que, si les convictions sensitives ou les impulsions sont dominées par des impulsions plus fortes, comme il arrive exclusivement dans les brutes, les convic-

D'un autre côté, vous venez de le voir bien démontré et prouvé, la volonté humaine a beau *vouloir*, elle ne *peut* rien sans éléments créés ou combinés d'avance, et sans qu'entre elle et ces éléments il existe un rapport de commandement et d'obéissance établi de Dieu, aussi fixe, aussi stable qu'aucun rapport naturel de cause et d'effet. Bien que la volonté *veuille* voir ou ne pas voir, elle ne peut remplir son intention sans les yeux et sans les paupières ou autres moyens indirects de fermer les yeux. Il en est de même pour tous les autres vouloirs. Que la volonté veuille détruire, manger, construire, elle ne peut le faire sans des facultés particulières qui lui obéissent et fassent mouvoir les membres du corps dans la direction commandée. Et encore, l'objet qui se trouve incorporé dans cette même direction ne s'ac-

tions intelligentes ou idées ne sont dominées ou effacées que par d'autres convictions intelligentes ou idées plus puissantes. Le monde connaissait déjà instinctivement ce principe psychologique, que je viens de démontrer scientifiquement, et il en déduisait que le châtiment ou la mort peuvent réprimer ou tuer l'homme, mais que ses convictions intelligentes ne pourront jamais être déracinées que par d'autres idées plus puissantes. De là viennent ces maximes politiques que nous exprimons de cette manière ou d'une manière analogue : « Les convictions ne s'arrachent pas à coups de bâton ; — le châtiment réprime, mais il ne convainc pas ; — les balles tuent les hommes, mais elles ne tuent pas les idées ; — la main du bourreau se lasse, mais les idées triomphent. »

Tout cela signifie simplement que les convictions générales ou idées de la volonté ou faculté suprême de l'âme ne peuvent être détruites ni déracinées par aucune sensation ou conviction partielle. Il en est ainsi, bien que la volonté, faible, si elle est privée du secours d'une continuativité et d'une supérioritivité bien développées, soit facile à séduire ou à contraindre, et se laisse entraîner, à la moindre terreur ou à une caresse particulière, à une action qu'elle désapprouve. Cela peut aussi arriver malgré que la volonté ferme, énergique et héroïque (t. I, p. 287 à 288; t. II, p. 139 à 140, 205 à 209) soutienne une fausseté, c'est-à-dire une idée ou conviction intime en discordance complète avec la réalité du fait auquel elle se rapporte. Vous avez vu dans le cas du fou du docteur Pinel, et dans beaucoup de cas analogues (t. II, p. 337 à 339), que la volonté est sujette à percevoir comme vérité objective ce qui est une erreur positive; mais cela n'empêche pas qu'avec une trempe d'âme convenable l'individu ne supporte volontiers les plus grandes tortures et les plus pénibles agonies pour la défense d'une idée qui ne sera qu'une erreur quant à la réalité du fait qu'elle embrasse.

Cela nous explique ce singulier phénomène dont l'histoire civile du genre humain nous offre tant d'exemples, à savoir : que parfois un homme, grand par sa science, ne peut souffrir la moindre douleur pour la défense d'une idée qui se rapporte à un fait vrai, tandis qu'un autre, petit par l'étendue bornée de son savoir, mais d'une volonté héroïque, subit avec joie les plus grands tourments pour la défense d'une idée qui, par rapport au fait qu'elle contient, est complétement fausse. Quand on dit que *les idées ne meurent pas, qu'on n'enchaîne pas les idées, que les idées sont impérissables*, nous devons toujours entendre ces idées qui se rapportent aux principes de vérité éternelle, dont la découverte a coûté tant de siècles et tant d'énergie mentale, et dont la droite intelligence coûte ordinairement à l'humanité des luttes infinies. Si ces expressions désignaient les convictions générales ou idées que nous formons à chaque instant, dont la fausseté par rapport aux choses qu'elles représentent se voit au moment même, ces expressions porteraient en elles-mêmes la preuve de leur inexactitude. De toute manière, il est démontré par ce que je viens de dire que *par la force* on ne détruit pas une idée, bien qu'elle soit erronée quant au fait auquel elle se rapporte. Pour cela, il faut une autre idée plus puissante, c'est-à-dire qui embrasse le plus de rapports généraux de cause, d'effet et d'analogie, et surpasse en force intelligente celle qui contenait moins d'éléments vrais. C'est pourquoi je ne me fatiguerai jamais de répéter ce que j'ai déjà dit tant de fois, que l'instruction et la bonne direction sont les meilleurs redresseurs des idées et de la conduite.

complirait pas sans éléments matériels externes qui lui servissent de complément. C'est pourquoi je ne me suis pas lassé de démontrer (t. I, p. 331 à
353, 410 à 419, 438 à 442; t. II, p. 125 à 128, 261 à 262, 296 à 305) l'harmonie parfaite qui existe en principe entre la volonté, les facultés particulières et l'organisme; et entre l'organisme et les objets qui nous entourent :
tout cela pour qu'il n'y ait pas de légitime désir sans moyens de satisfaction
ni de légitime répugnance sans moyens d'éviter sa réalisation.

La dernière CONDITION importante de la volonté, dont je vous parlerai, est
sa progressivité, sa méliorativité ou perfectibilité. Il y a dans l'homme une
loi qui agit et lui commande de se perfectionner et de perfectionner tout ce
qu'il y a d'imparfait-perfectible en lui et hors de lui ; d'harmoniser tout ce
qu'il y a en lui et hors de lui de discordant susceptible d'accord; de rectifier
tout ce qu'il y a en lui et hors de lui d'erroné rectifiable. Cette loi l'expose
à d'innombrables accidents qui dépendent de la CONDITION même sur laquelle
elle repose. Pour être toujours *perfectible*, il faut qu'il soit toujours ici-bas
entre le relativement plus imparfait et le relativement moins imparfait. En
effet, c'est ainsi que se trouve et ainsi que se trouvera constamment l'homme
jusqu'à ce qu'il arrive à cette perception éternelle dans les cieux que Dieu
a assignée pour objet et pour fin à sa création. En attendant, mille accidents
tristes et aveugles surgissent de sa condition terrestre.

L'homme se trouve toujours entre l'échelon sur lequel il s'appuie et celui
sur lequel il doit monter; toujours entre ce qu'il sait et ce qu'il ne sait pas;
toujours entre le perçu et ce qui se conçoit ou s'entrevoit; toujours entre
l'obvie et le douteux; toujours entre la vérité et l'erreur, le bien et le mal,
le bonheur et le malheur, la règle et l'exception, le principe et l'accident; en
somme (t. I, p. 410 à 419), toujours entre des analogies et des antagonismes;
toujours au milieu d'une antithèse. D'où il suit logiquement et évidemment
que si l'homme, conformément à sa condition, a des facultés pour percevoir
ce qui pour lui, à un temps donné, est obvie, c'est-à-dire pour percevoir
le crime manifeste, l'erreur manifeste, l'inconvenance manifeste, il a aussi
des facultés qui le poussent à rendre évident ce qui pour lui est maintenant
douteux, à démontrer comme certain, possible, utile et juste, ce que jusqu'ici
le monde a tenu pour incertain, impossible, inutile et injuste, et que cependant il ne peut pas moins tomber en mille extravagances, mille erreurs,
mille crimes.

Dans la loi naturelle du progrès humain, comme dans toutes les autres
lois naturelles (t. I, p. 522 à 523, *note*), Dieu a enveloppé une force qui
châtie toutes les transgressions qui se commettent accidentellement ou volontairement contre elle. Un crime ou un acte visiblement nuisible, une négligence, un accident, un malheur quelconque qui se trouvent en discordance avec ce que commande le progrès harmonique tourmentent l'homme
par des effets intérieurs ou extérieurs; et ce tourment, la loi du progrès nous
l'inflige pour châtiment de notre transgression.

La volonté, aidée de son conseil intelligent, qui se compose de la causativité et de la déductivité, prend connaissance de ces transgressions et de ces châtiments. Cette connaissance la porte à s'efforcer, — et, quand elle s'efforce, l'homme tout entier s'efforce, — de connaître davantage et mieux une loi qui l'embrasse, elle et les autres facultés et tout ce qui les entoure. Elle s'efforce également de découvrir de plus nombreux et de meilleurs moyens de l'accomplir, de réduire ainsi le cercle des châtiments, des douleurs et des malheurs, et d'augmenter continuellement le cercle des récompenses, des plaisirs et des accidents heureux ; ce qui constitue le vrai PROGRÈS. Voici pourquoi Dieu, dans son immense bonté, nous a accordé un instinct spécial et exclusif, la *méliorativité*, qui nous rappelle constamment et nous fait sentir la nécessité et le devoir que le Tout-Puissant lui a imposés de se perfectionner et de perfectionner.

C'est ainsi que, sans s'arrêter jamais, bon gré, mal gré, l'homme est allé toujours en avant (t. I, p. 415-417), et que sa volonté a élargi toujours de plus en plus son pouvoir et sa sphère d'action, à mesure que se sont faites de nouvelles découvertes, de nouvelles améliorations. Ce qu'il est insensé de *désirer* aujourd'hui, il sera peut-être très-sage de le *vouloir* demain. Il n'y a pas encore un demi-siècle que l'imagination la plus exaltée de l'homme le plus puissant aurait à peine osé concevoir le désir de se transporter à raison de vingt lieues à l'heure, et aujourd'hui c'est au pouvoir et, par conséquent, à la *volonté*, au *vouloir* de l'homme le plus simple et le plus pauvre. L'utopie d'un siècle est la réalité d'un autre. Qui sait donc si le désir d'aller à la lune, qui aujourd'hui est un rêve, ne pourra pas être dans le cours des années et des siècles un *vouloir* (t. II, p. 338, *note*) très-naturel ?

Mais il est nécessaire de ne jamais oublier, — les lois du PROGRÈS l'exigent ainsi, — que plus le pouvoir de la volonté ou harmonisativité se développe sur sa sphère d'action ou sa juridiction, plus se développe la sphère de sa responsabilité, et des nécessités qu'elle domine et dirige; d'où naît la possibilité de *nouveaux accidents*. L'ACCIDENT d'être incriminé ne peut atteindre un enfant innocent, parce que, ne pouvant se former une idée ni du bien ni du mal, l'enfant est incapable de concevoir une action criminelle. Plus tard, son instinct ou sa faculté rationnelle étant fortifiée et éclairée, il discerne, dans un cercle assez étendu, le bien et le mal; et autant il le discerne dans ce cercle, autant il est responsable; et il peut être justement puni pour n'avoir pas fait le bien ou évité le mal, lorsqu'il le pouvait. Ce châtiment, en dernier résultat, n'a pas d'autre objet que le PROGRÈS de l'individu, puisqu'il pousse sa volonté à s'activer pour harmoniser mieux l'action de toutes les facultés dans le nombre infini de leurs combinaisons possibles. Il en est de la société comme de l'individu, par rapport au châtiment imposé ou naturellement reçu. La société, en outre, a pour objet naturel l'augmentation du nombre des bouches [1], et avec elles des besoins, à mesure que les effets du

---

[1] C'est-à-dire la population. Voyez l'opuscule que j'ai publié sous ce titre : *Pain et bouches, ou Économie politique mise à la portée de tout le monde.* (Barcelone, 1852.)

génie augmentent les moyens de satisfaction. Le progrès pourra accidentellement ou partiellement s'arrêter ou rétrograder, mais ce temps d'arrêt
ou ce mouvement rétrograde sera momentané, parce que sa loi, que Dieu
sanctionne par le châtiment et la douleur, est de n'être jamais suspendu ou
en repos.

Beaucoup des ACCIDENTS que j'ai voulu signaler dans les deux dernières
conditions peuvent être évités avec le secours de la phrénologie appliquée
comme science dans ses principes psychologiques, ou comme art dans ses
règles cranioscopiques. Avec la connaissance de la phrénologie, la volonté
saura avec la plus grande exactitude, *à priori*, le pouvoir sur lequel peut
compter chaque faculté ou combinaison de facultés pour se satisfaire, puisqu'elle pourra le calculer comme elle calcule des ressources extérieures. Si une
amativité furieuse, comme celle de Thibets (t. 1, p. 137), ou une acquisivité
pervertie, comme celle d'Isnard (t. II, p. 70), ou une destructivité colossale,
comme celle de Martin (t. II, p. 33), existe dans quelque individu, la volonté
du même individu ou celle de la société peut connaitre la violence de sa force
avant que d'autres facultés soient entrainées (t. II, p. 72 à 75), quelque liberté
étrangère enveloppée, et qu'il soit commis un acte criminel dont le résultat est
préjudiciable au transgresseur en particulier et à la société en général. C'est
ainsi qu'avec la phrénologie nous pouvons éviter beaucoup plus d'accidents
dans le genre de crimes honteux ou d'actes atroces, et nous savons tous que
le grand objet de tout sage législateur est de prévenir plutôt que de punir.

Dès qu'elle sait qu'en une action générale quelconque les intérêts et les libertés de toutes les facultés se trouvent plus ou moins engagés, et que si l'on
en blesse un ou plusieurs, c'est tout au préjudice de l'individu, de la famille ou
de la société, la volonté humaine a une règle de conduite pour éviter beaucoup
d'*accidents* auxquels, par ce côté, donnent lieu les conditions qui nous occupent. En effet, si, par exemple, lorsque nous voulons contracter mariage,
nous ne cherchons qu'à satisfaire l'amativité, la méliorativité, l'acquisivité,
la supérioritivité et l'approbativité, en épousant une personne belle et riche,
et si, au mépris des intérêts ou des satisfactions spéciales des autres facultés, nous ne cherchons pas d'autres qualités, nous pouvons remplir l'âme en
général de larmes et de misères.

On n'ambitionne pas ce qu'on possède; la beauté et les richesses pourront procurer tranquillité et satisfaction aux facultés avec lesquelles elles se
trouvent en rapport intime; mais, si la personne à laquelle nous nous serions uni était incapable de nous comprendre, cette tranquillité et cette satisfaction partielle ne nous feraient pas éviter les martyres et les désirs non
satisfaits que notre intellectualitivité éprouverait à chaque pas. Si elle était
en outre déshonnête, colère, emportée, insolente et valétudinaire, elle blesserait beaucoup de nos facultés morales et animales, quelque peu développées
qu'elles fussent; elle torturerait surtout la philoprolétivité, qui, en inoculant
dans sa race les germes de maladies qui devraient nécessairement la conduire
à une souffrance perpétuelle et à la mort, la regarderait comme son bour-

reau et son assassin. Elle blesserait donc ces facultés, qui, loin de trouver dans l'union formée satisfaction et plaisir, éprouveraient aversion et douleur. Ce serait dans l'âme des guerres, des révoltes, des tortures, des martyres d'autant plus grands qu'ils seraient plus inévitables.

Avec les connaissances phrénologiques, la volonté humaine peut éviter beaucoup de ces *accidents;* parce qu'elle sait qu'une action est d'autant plus convenable, juste, droite, évangélique [1], qu'elle satisfait modérément et harmoniquement plus de facultés, et que le monde est créé (t. II, p. 260 à 261) en concordance avec la satisfaction modérée d'une faculté, et que la satisfaction modérée d'une faculté est en harmonie avec les intérêts, les libertés et les satisfactions (t. II, p. 266 à 274) des autres facultés.

Vous avez vu qu'il y a une variété infinie de développements céphaliques qui peuvent, pour cette raison, donner lieu à mille accidents par la discordance entre le désir et le pouvoir de le satisfaire, entre le vouloir et le pouvoir de l'accomplir, comme je viens de vous l'expliquer. Mais il ne faut pas oublier, d'un autre côté, que de cette infinie variété de développements céphaliques dépend l'infinie variété des génies, des talents, des opinions, des manières de sentir diverses et opposées, comme la phrénologie glorieuse et triomphante vient de nous le démontrer. Et cette infinie diversité de génies, de talents, d'opinions, de manières de sentir diverses, se trouve en rapport avec l'infinie variété de carrières, de professions, d'arts, de métiers et d'occupations, comme élément essentiel de la société humaine. De sorte que le rapport qui existe entre la grande variété de têtes et la grande variété d'emplois, constitue un principe beau et sublime, juste et sage, d'harmonie sociale qui proclame : *Il n'y a pas de tête mauvaise* (t. II, p. 293 à 294, note au bas de la page, 324); *il n'y a pas de tête en discordance avec la sphère que la nature lui a assignée.*

Mais, pour que ce principe soit une réalité dans chacun des actes infinis qui peuvent émaner de lui, c'est-à-dire pour qu'en aucun cas la tête ne soit pas *de fait* mauvaise, et qu'elle ne se trouve pas *de fait* en discordance avec sa destination, il faut que le jugement ou la volonté humaine intervienne pour appliquer chaque tête spéciale à sa sphère spéciale d'action. C'est ici le secret; c'est ici qu'il y a possibilité qu'une plus ou moins grande quantité d'*accidents* arrive ou soit évitée. La possibilité des accidents n'est pas dans les principes, qui sont tous parfaitement harmoniques, parce que c'est Dieu qui les a établis; elle est dans l'application des principes, parce que c'est l'homme qui les applique.

Ces vérités, qui sont du domaine de la philosophie la plus élevée et la plus

[1] Je dis évangélique, parce que la doctrine que j'établis n'est autre que celle qui dit : *Ne veuille pas pour moi ce que tu ne veux pas pour toi.* Nous ne voudrions pas voir nos libertés enfreintes ni nos droits légitimes foulés aux pieds. Nous ne devons pas vouloir non plus enfreindre les libertés ni fouler aux pieds les droits d'autrui pour la défense desquels est instituée la souveraineté du gouvernement, ou volonté individuelle (V. t. II, p. 295 à 301), sur les autres facultés de l'âme, et la souveraineté du gouvernement ou volonté nationale sur les autres individus d'un peuple.

sublime, l'homme les a connues instinctivement par les actes perceptifs
spontanés de son sens rationnel. « Dieu, dit le proverbe, et les proverbes
sont l'expression du sens rationnel agissant instinctivement, Dieu donne
l'habit selon le froid, mais les doigts de la main ne sont pas égaux pour cela,
et nous ne naissons pas tous pour être évêques. » Ces sentences et d'autres
semblables montrent que l'homme a toujours connu qu'en PRINCIPE nous
sommes placés dans une sphère d'action en harmonie complète avec toutes
nos nécessités présentes et à venir, mais qu'*en fait* nous devons tâcher d'é-
viter les accidents qui peuvent survenir en *voulant* être ce pourquoi nous
ne sommes pas nés, ou en n'étant pas ce que nous aurions dû, et ce qu'avec
des efforts convenables nous pourrions être.

Jusqu'ici, nous sommes tous phrénologues par instinct (t. I, p. 42 à 44),
et, en conséquence, nous voyons qu'en règle générale l'humanité a toujours
essayé de placer naturellement chaque talent dans sa sphère la plus convenable,
et que les accidents qui résultent en ce point du manque d'harmonie partielle
de fait n'existent que parce qu'on n'a pas su davantage. Autant qu'il a été
possible, on s'est basé sur l'expérience, les actes antérieurs, les antécédents,
surtout lorsqu'il s'est agi des postes difficiles à remplir et qui imposaient une
plus grande responsabilité. La science vient aujourd'hui en aide aux instincts; la connaissance plus étendue de certaines causes liées à certains
effets vient prêter une force indirecte ou artificielle à la volonté, afin que,
dans la matière qui nous occupe, ses jugements puissent être plus exacts. La
phrénologie devient aujourd'hui un diapason, une mesure, une règle, un
art (t. I, 241, 511; t. II, p. 64 à 66, 176), avec le secours duquel la volonté
pourra déterminer *à priori*, dans un plus grand nombre de cas, le rapport
plus ou moins prochain qui existe entre la disposition de certaines personnes
et la nature de certains emplois.

La phrénologie dit à la volonté : « Vois combien de talents subordonnés
travaillent à la statue du sculpteur. Vois quelle diversité de talents analogues
en essence, mais différents en degré, en complication, en hiérarchie, demandent l'administration générale, le sacerdoce, l'armée, le barreau, la
médecine, et les autres arts, et les autres sciences, et les autres carrières
et professions. Eh bien, il existe autant de têtes en harmonie avec tout cela;
il n'y a qu'à les chercher et déterminer cette harmonie. *Désormais je t'offre,
comme art, des règles pour pouvoir faire l'un et l'autre avec la plus* GRANDE
PRÉCISION. Et, avec cette plus grande précision, tu éviteras un nombre infini
d'accidents qui ont existé jusqu'ici, parce qu'on ne pouvait pas connaître *à
priori* la grande diversité et la diverse intensité des facultés, ni leurs rapports mutuels considérés comme origine du DÉSIR de satisfaction et du POUVOIR
de satisfaire, dans lequel se fonde toute espèce de plaisir et de douleur, de
joie et de tristesse, d'espérance et de crainte, de courage et d'abattement,
qui existent et existeront dans l'humanité. »

En effet, par des circonstances particulières, une personne veut *être* ou
l'on veut qu'elle *soit* prêtre, par exemple. Cette personne pourra déterminer

avec une exactitude très-approximative le rapport qui existe entre ses dispositions naturelles et cette carrière sublime (t. II, p. 194) dont je vous ai déjà parlé.

En passant la main sur sa tête et suivant le procédé que j'ai expliqué (t. I, p. 528 à 529), en consultant un phrénologue pratique, elle verra peut-être que sa vraie vocation (t. II, p, 323 à 328) n'est pas pour le sacerdoce, mais bien pour fendre les mers et lutter avec les tempêtes. Une autre, en pratiquant la même reconnaissance phrénologique, dira peut-être : « Je ne serai pas bon compositeur de musique, mais je puis être un excellent musicien instrumentiste. » Cette autre pourra dire : « Je ne me distinguerai jamais dans la peinture historique, mais je pourrai briller dans le paysage. » Et cette autre : « Je serai un génie dans telle carrière (t. I, p. 529 à 530), mais, si je poursuis celle qu'on m'a fait embrasser, et qui me plaît par habitude, je ne serai jamais qu'une médiocrité. » Et alors ces personnes, choisissant la carrière que leur conseillent les jugements phrénologiques, pourront peut-être infiniment mieux servir Dieu et être utiles à leur prochain.

Outre tout ce que je viens d'exposer, la volonté, avec le secours de la phrénologie, a une connaissance positive de l'existence certaine de beaucoup de facultés, peut-être de la grande majorité, qu'elle peut consulter et regarder comme un vrai congrès mental (t. II, p. 257 à 259). De cette manière elle ne peut, ni par négligence ni par ignorance, oublier l'intérêt ou la liberté d'aucune, et ses jugements et ses résolutions porteront ainsi le sceau de l'opinion et de l'approbation les plus générales possible. C'est ici que brille et éclate l'immense utilité de la phrénologie; de la phrénologie qui a fait connaître psychologiquement à la volonté humaine son ressort, sa juridiction, c'est-à-dire les facultés avec lesquelles et pour lesquelles elle agit.

Lorsque, en vertu d'une impulsion partielle, la volonté se trouve tourmentée et pressée de se résoudre dans quelque sens, et qu'elle doute si ce sera pour le bien général de tout l'individu considéré dans ses divers rapports internes et externes (t. II, p. 273 à 276), elle peut maintenant s'en assurer en mettant en présence la faculté partielle agitatrice avec les autres qui se taisent anéanties, ou qui, séduites, crient en sa faveur. Avantage immense, inouï! avantage que l'humanité appréciera peut-être dans les siècles futurs à sa juste valeur !

Si, par exemple, dans une tête comme celle de Thibets (t. I, p. 137), l'amativité, entraînant à sa suite la destructivité, la concentrativité et d'autres facultés, se sent poussée, violente et fougueuse, à se satisfaire par un crime, c'est-à-dire en outrageant ou enfreignant les libertés de beaucoup de facultés, la volonté peut s'adresser directement à celles qui sont le plus menacées. « Que dis-tu, rectivité? que dis-tu, inférioritivité? et toi, bénévolentivité? » peut-elle s'écrier. Et ces facultés excitées répondront : « Justice, respect à la loi, pitié! » Ces mots mettront en mouvement la causativité et la déductivité, qui crieront aussitôt : « La douleur, le tourment, la mort seront le résultat de l'action tentée! » Alors la précautivité et la conservativité, quel-

que faibles qu'elles soient, feront un effort suprême en criant de toutes
leurs forces : « La vie, la sécurité ! »

Les facultés les plus naturellement opposées à la réalisation du désir par
lequel la générativité, ou toute autre faculté exaltée, trouble et agite l'âme,
en manifestant ainsi leur opinion et leurs sentiments particuliers, connaissent mieux le danger qui les menace chacune exclusivement ; mais là volonté
connaît le danger qui menace tout l'individu en général. Cette connaissance
plus parfaite produit un grand nombre de vives impulsions répugnatives
dans l'âme ; l'harmonisativité ou la volonté les perçoit, les assemble pour
l'unité d'action et les dirige, *forte de tout son pouvoir réuni*, contre la générativité ou toute autre faculté frénétique dont la violente passion actuelle
tombera peut-être soudain.

De toute manière, la volonté a toujours disposé d'un plus grand pouvoir naturel direct qu'elle n'aurait pu le faire si elle n'avait eu la ressource
d'appeler, une à une, l'attention des facultés contre la réalisation d'un désir qui incendiait tout et qui, pareil à un torrent impétueux, entraînait
tout.

De même que plus une volonté nationale (ou gouvernement) consultera d'intérêts divers et en entraînera en sa faveur, plus ses lois seront
parfaites et plus elle détruira promptement et complétement les factions,
quels que soient leur pouvoir, leur prétexte ou raison d'être ; de même,
plus la volonté individuelle (ou gouvernement individuel) consultera de facultés partielles et en entraînera en sa faveur, plus ses jugements seront
exacts et plus elle calmera promptement et efficacement toute passion particulière déterminée, quelque frénétique qu'elle soit. Mais il ne faut pas
perdre de vue, et c'est à quoi l'on fait le moins attention, que ni l'harmonisativité individuelle, domestique ou sociale, ni aucune espèce d'harmonisativité, n'est autre chose qu'une pure abstraction, un simple principe causatif
ou force efficiente, et que, pour cette raison, comme je viens de le démontrer complétement (t. II, p. 331 à 540), elle n'a en soi pouvoir ni pour déterminer ni pour accomplir ou faire accomplir de fait aucune espèce de vouloir, de résolution, bien que vouloir et résoudre soit de son domaine unique
et exclusif.

Mais que sont, avec ou sans la phrénologie, tous les ACCIDENTS qui de fait
ont existé et qui de fait existeront dans l'avenir, en comparaison des biens
immenses qui naissent dans la même CONDITION ou PRINCIPE d'où sortent ces
accidents ? Rien : ce sont comme les ténèbres accidentellement attachées
au soleil qui éclaire l'univers ; comme les maladies accidentellement attachées au principe de santé qui règne dans la création vivante. Et quel est
l'homme, à moins d'avoir perdu le jugement, qui, considérant l'humanité
en masse, voudrait que la lumière n'existât pas, avec toutes les jouissances
qu'elle procure, pour n'avoir pas les cas accidentels que les ténèbres, son
antagonisme conséquent, produisent ? ou que la santé n'existât pas, avec
toutes les jouissances qui naissent de son principe, pour éviter les cas acci-

dentels[1] qui, par exception nécessaire (t. I, p. 427-430) dans l'ordre universel, ont leur origine dans la maladie, son antagonisme conséquent (t. I, p. 417-419)? Ce que je dis par rapport à la lumière et à la santé, je le dis par rapport au principe de liberté, d'autorité (t. II, p. 266 à 274) et de tous les principes ou CONDITIONS que Dieu, dans son immense sagesse, a voulu établir pour l'essence des choses présentes et futures.

Si nous voulons qu'il n'y ait pas d'ACCIDENTS attachés à la CONDITION ou principe d'où dépendent toutes sortes de satisfactions, ou joies sensitives et intelligentes, nous devons vouloir aussi que ces mêmes satisfactions n'existent pas ; parce que les satisfactions comme les accidents dépendent du même principe ou condition, à savoir : désirer et vouloir joints au pouvoir de s'accomplir l'un et l'autre. J'ai déjà démontré (t. I, p. 331 à 333, 410 à 417; t. II, p. 168, 257-262, 292, note 2 au bas de la page) et je base là-dessus ma plus grande gloire, que Dieu n'a pas créé diverses facultés qui *désirent*, et une faculté qui *veut*, sans avoir créé auparavant les moyens ou le pouvoir de satisfaire leurs aspirations. Ces moyens et ce pouvoir (ordre sublime et admirable !) sont d'autant plus cachés, étendus, difficiles à combiner ou pleins d'accidents progressifs (t. I, p. 331-337, 411-417), que les êtres pour lesquels ils ont été créés sont doués plus amplement.

Quelle sphère d'action, quels moyens de pouvoir se satisfaire et jouir l'intelligence humaine aurait-elle, si elle savait tout par science infuse, et faisait tout spontanément comme les brutes? Si tout dans l'univers était perfection sans imperfection perfectible, concordance sans discordance concordable, conditions sans accidents évitables, principes sans qu'on puisse porter ou non sensitivement et intelligemment ces principes sur le terrain de la pratique, de l'exécution, du fait; si tout était ainsi, le monde subjectif ne se trouverait pas en harmonie avec le monde objectif. Voilà, messieurs, une philosophie neuve, une philosophie sublime, une philosophie qui se trouve en harmonie avec les instincts humains; une philosophie, en somme, qui embrasse le plaisir et la douleur, le bonheur et le malheur, le bien et le mal, la récompense et le châtiment, la nécessité de l'effort de l'homme et l'espérance en la grâce de Dieu.

---

[1] Dans quelques études très-intéressantes sur la matière que je viens de lire, on prouve, d'une manière inattaquable, que ces cas accidentels ou de maladie sont de moins d'un pour trente cas normaux ou de santé. En considérant l'humanité en masse, on a vu que chaque personne qui arrive à l'âge de soixante ans n'a été malade que deux ans, et que celles qui ont moins vécu ont été proportionnellement moins longtemps malades.

LEÇON XLVIII

Action combinée des facultés intellectives ou intellectualitives. — L'intelligence. — La volonté. — Le moi. — Influence corrélative entre notre moral et notre physique. — Principes d'impulsion qui sont aveugles et opposés, source des troubles et des luttes qui se passent *au dedans* de nous; principes de direction qui sont intelligents et qui tendent à l'harmonie, source de la régularité et de l'ordre avec lesquels nos actions, considérées au point de vue individuel ou au point de vue social, peuvent se produire *au dehors*.

(SUITE.)

MESSIEURS,

Les explications sur le *libre arbitre*, sur les *conditions* et *accidents* de la volonté étant terminées, je me propose aujourd'hui de considérer cette suprême faculté de l'âme sous d'autres points de vue d'une importance non moins transcendantale. L'harmonisativité ou volonté, comme sens et instinct suprêmes de l'âme, est le principe de notre souveraineté ou MOI rationnel et de notre ATTENTION générale et intelligente. Les autres facultés ne sont que des sens et des instincts partiels, que des *moi* passionnels, des *attentions* sensitives qui n'ont ni ne peuvent avoir une conscience propre, c'est-à-dire conscience d'eux-mêmes. Tant que la découverte (t. II, p. 317 à 319) qui m'est échue en partage n'a pas été faite, on n'a point et on n'a pas pu traiter ces questions en dehors comme en dedans du terrain de la phrénologie. Ces questions renferment tout un monde de philosophie mentale, un monde d'explications scientifiques sur les principes du gouvernement, du commandement, de l'autorité, de la souveraineté individuelle et nationale, tant débattue, mais si peu comprise jusqu'à présent, ou entrevue seulement d'une manière instinctive. On en connait et on en reconnait le fait, on en connait et on en reconnait la nécessité, mais on ignore son principe immédiat. Ce principe, que j'ai découvert, étant connu, la brillante lumière que nous prête la connaissance de la cause et de l'effet éclaire et met en évidence l'origine de la souveraineté ou de l'autorité suprême, individuelle et sociale, les droits qu'elle confère et les devoirs qu'elle impose. Inspiré par ces convictions, je m'efforcerai d'expliquer ces matières avec toute la clarté et toute la brièveté possibles. Je commencerai par donner une idée complète et exacte des sens, des instincts et des diverses espèces de sens et d'instincts découverts jusqu'à ce jour.

DES SENS ET DES INSTINCTS.

Des sens et des instincts particuliers, subordonnés ou sensitifs. — Du sens et de l'instinct général, suprême ou rationnel.

Toutes les facultés, ce qui n'avait pas encore été déterminé avec netteté et précision, sont des sens et des instincts à la fois; elles sont si essentiellement enlacées (t. I, p. 333 à 335, 351 à 355; t. II, p. 331 à 359 et lieux y cités), que les unes sont des sens et des instincts des autres [1]. D'une part, toutes les facultés ont un pouvoir sensitif et perceptif, c'est-à-dire PASSIF, dont les actes se nomment « sensations » et « perceptions; » d'une autre part, elles ont un pouvoir originaire et instinctif, c'est-à-dire ACTIF, dont les actes se nomment « impulsions » et « inclinations. » De même cependant que les principes ou dynamismes ont été constamment confondus jusqu'à présent (note au bas des pages 278 à 280 du t. Ier) avec leurs actes ou phénomènes, de même les pouvoirs sensitifs et perceptifs, et les pouvoirs impulsifs et inclinatifs ont été confondus avec leurs effets; on a donné à ceux-ci les mêmes noms qu'aux pouvoirs dont ils émanent. Il est bien entendu que par *sens* on entend d'une manière rigoureuse le pouvoir sensitif et perceptif spécial, et par *instinct* le pouvoir impulsif et inclinatif spécial, qui sont propres et exclusifs à toutes les facultés et à chacune d'elles.

C'est parce qu'on n'a pas bien distingué jusqu'à présent les actes ou modes d'action passifs, des actes ou modes d'action actifs des facultés (t. II, p. 281 à 285), que le mot *instinctif* a été appliqué à un acte actif ou passif quelconque de l'âme, naturel ou spontané, quel qu'il soit, c'est-à-dire à un acte quelconque qui n'a pas été dirigé ni consenti par le raisonnement humain; ou enfin, ce qui revient au même, à un acte quelconque, actif ou passif, dépendant de facultés qui agissent en harmonie sous l'influence de leur *force native*, et non sous l'influence ou par l'intervention de la faculté générale harmonisative. Et comme les brutes, quelque élevée que soit leur sphère, n'ont pas de faculté semblable, tous leurs actes doivent être nécessairement et sont en réalité *instinctifs* ou de pure sensation (t. II, p. 242 à 251), comme je n'ai cessé de vous le démontrer et de vous le faire comprendre. Ce sera toujours, si je ne me trompe, un des plus grands pas dans la voie du progrès pour la science psychologique, que la découverte que l'âme comprend *beaucoup* de facultés particulières et UNE seule faculté générale (t. II, p. 251 à 257, 278 à 304, 317 à 319), et qu'à chacune des facultés particulières la Toute-Puissance a assigné un cercle précis et déterminé d'opérations natu-relles ou spontanées, passives et actives, appelées les unes sensations et notions, et les autres impulsions et inclinations. Il n'a été assigné à la faculté générale d'opération, sensiblement formelle et déterminée, que la conception de tous les phénomènes passifs et actifs des autres facultés, et que celle d'établir sur eux librement et intelligemment, c'est-à-dire d'une manière purement rationnelle, leurs perceptions intelligentes, appelées IDÉES (t. II, p. 257 à 240), et leurs impulsions libres, appelées (t. II, p. 301 à 302) RÉSOLUTIONS. De sorte qu'il y a autant de sens et d'instincts que de facultés. Mais les sens

---

[1] On entend ici par sens et instincts, les *facultés* considérées comme principes sensitifs et instinctifs, et non les *organes* de ces facultés. Dans d'autres endroits de cet ouvrage, j'ai signalé l'immense distance qui existe entre les sens et les facultés, lorsqu'on entend par sens les organes qui les manifestent. J'ai dit, en conséquence, quelquefois, que je n'ai jamais eu l'intention de confondre les *sens* avec les *facultés*.

et les instincts des facultés particulières sont sensitifs ou passionnels, tandis que le sens et l'instinct de la faculté générale sont intelligents et rationnels, comme je viens de le démontrer en commençant l'explication de la volonté. Maintenant nous allons nous occuper du *moi*, du *non-moi* intelligent et des divers *moi* sensitifs. J'espère que ce sujet fixera votre attention tant par sa nouveauté, relativement à la manière de la traiter, que par l'importance de ses vastes applications transcendantes.

LE MÒI ET LE NON-MOI.

Des *moi* particuliers, subordonnés ou sensitifs; du *moi* et du *non-moi* général. suprême ou rationnel.

Tous les philosophes, à quelque école qu'ils appartiennent, sont aujourd'hui généralement convaincus que plus on a cherché à expliquer le moi, plus on s'est enfoncé dans le labyrinthe inextricable où l'avaient jeté, dès le principe, ceux qui fondèrent sur lui tout un système psychologique (t. I, p. 5 à 18). Cette confusion métaphysique n'est pas venue de ce qu'on ignorait ce que l'on voulait exprimer par le substantif ou le pronom moi, mais de ce qu'on ne connaissait pas mieux ce que ce mot signifie dans l'un comme dans l'autre cas.

Par le mot moi, employé comme substantif, — par exemple, « le moi est toujours le même, quoique l'individu change au physique, » — on entend l'individualité mentale avec tous ses attributs, connaissant sa propre identité ou sachant qu'il est le même sujet, toutes les fois qu'il se trouve en action. Par le mot moi, employé comme pronom, — par exemple, « moi, je parle ; moi, je réfléchis; moi, je pense; moi, je souffre, » — on entend cette même individualité mentale, se connaissant dans l'acte où elle agit. Le mot moi, considéré comme substantif ou comme pronom, exprime une idée qui comprend deux choses distinctes, savoir : 1° l'individualité mentale spirituelle ou métaphysique d'une personne, c'est-à-dire le moi dans son essence proprement dite; 2° la connaissance de cette individualité, dans son identité propre, ce qui n'est pas le moi dans son essence, comme principe fondamental, mais un acte de ce principe ou de ce moi.

En confondant toujours le principe fondamental appelé le *moi* avec l'acte de connaître sa propre identité, les psychologues ne se sont pas aperçus que l'individualité mentale peut agir, et en effet elle agit, sans reconnaître sa propre identité. Il en est ainsi dans l'individualité mentale de l'enfant avant l'âge de discernement; c'est pourquoi il se sert de son propre nom à la troisième personne pour exprimer son *moi* comme sujet de ses actions, bien longtemps avant que du moi dans la première personne, comme indiquant l'individu qui agit en reconnaissant sa propre identité. Il en est de même de l'aliéné; c'est pourquoi l'on dit qu'il est *en dehors de lui*, c'est-à-dire que ce qui connaît ou reconnaît son identité individuelle se trouve chez lui en dehors de sa sphère d'action. Il en est encore ainsi dans l'homme qui présente de l'incohérence dans ses idées; c'est pourquoi l'on dit qu'*il n'est pas dans son état normal*. C'est ce qu'on observe dans l'homme absorbé par une création particulière, entraîné par une affection vive ou surpris par quelque événement remarquable; c'est pourquoi l'on dit, dans ces cas, que l'individu n'est pas *sur ses gardes*. On le voit encore chez les animaux qui possèdent une individualité mentale ou une âme irrationnelle, quoique cependant ils manquent de faculté intelligente pour connaître leur identité. Faire dépendre, par conséquent, l'individualité mentale humaine ou le moi, dans son principe fondamental, de l'acte de se connaître soi-même ou de connaître son identité, comme cela est arrivé jusqu'à présent dans la psychologie des spiritualistes purs qui ont nié l'existence de cette même individualité mentale ou de ce moi, là où il ne se connaît ni ne se reconnaît pas, a été l'origine du labyrinthe dans lequel a été enfermée cette question féconde et transcendante.

Jamais on n'aurait éclairé ni résolu d'une manière satisfaisante cette matière; jamais elle n'aurait produit tout le bien qu'elle renferme, si on n'eût démontré en quoi consiste et en quoi doit nécessairement consister le principe du moi ou individualité mentale, connaissant ou ignorant son identité, afin que l'âme de l'homme ou des brutes ne perdît jamais dans sa *multiplicité* la conscience de son *unité*, par rapport à chaque faculté et à toutes les facultés qui la constituent. Telle est la grande nouveauté, telle est la vive lumière psychologique; voilà la grande différence, la grande ligne de séparation entre ce qu'a été la psychologie jusqu'à présent et ce qu'elle doit être dorénavant, c'est-à-dire depuis que j'ai démontré que toutes les facultés de l'âme peuvent être principales et accessoires, comme centres mutuellement excitants et excitables, rayonnants et rayonnables, sans cesser pour cela d'être harmonisables, uniformables, par une faculté suprême harmonisatrice, uniformatrice, afin que toutes se dirigent de CONCERT vers une même fin, vers un intérêt commun.

Dès le commencement de ces leçons (t. 1, p. 103, 106), j'ai démontré que l'âme est une unité multiple, une réunion ou uniformité de force, de puissance ou de facultés spirituelles subordonnées à une faculté générale (t. II, p. 278 à 319) qui les embrasse et les comprend toutes. Cette faculté générale ou suprème, à laquelle, comme vous le savez (note au bas de la page 304 du t. I), j'ai donné le nom d'*harmonisativité*, est la seule qui perçoive des principes, c'est-à-dire des relations entre des causes et des effets généraux [1]. Elle

[1] Pour connaître des principes, il faut pouvoir comparer toute une classe d'actes dans leur ensemble, comme procédant d'une origine commune, avec d'autres classes d'actes également dans leur ensemble, et provenant de diverses origines. J'ai démontré (t. II, p. 51 à 52, 249 à 251) que ceci appartenait au domaine exclusif de la comparativité ou harmonisativité. Aucune des autres facultés ne peut comparer une diversité d'actes dans leur ensemble, parce qu'il ne lui a pas été donné de faire abstraction de son attribut sensitif et déterminé. Pour la causativité, il n'y a point de faculté, point d'acte ou point d'objet qui ne soit *cause*, pas plus que pour la déductivité, il n'y en a pas qui ne soit *effet*, parce que leur attribut spécial les pousse à le considérer sous un rapport différent de celui

considère par exemple la visualitivité comme principe des actes de vision, la rectivité comme principe des actes de justice, et les autres facultés, y compris elle-même, comme principe des actes qui leur sont propres.

L'harmonisativité est, par conséquent, la seule faculté qui dans l'âme humaine, c'est-à-dire dans l'entité mentale de l'homme, se connaît elle-même. Elle est la seule faculté qui connaisse sa propre individualité comparée avec les autres individualités auxquelles elle est essentiellement unie. Elle est donc la seule qui connaisse ou puisse connaître sa propre identité et qui sache qu'elle est aujourd'hui la même qu'hier et qu'elle sera demain la même qu'aujourd'hui, quelles que soient les modifications contingentes qu'elle éprouve et qu'éprouvent les facultés de sa juridiction. Ainsi donc l'harmonisativité est le principe de l'âme sur lequel repose le MOI qui se connaît, ou, ce qui revient au même, le MOI suprèmement intelligent ou rationnel.

Comment se fait-il, cependant, qu'une faculté qui, seule, constitue UNE force intégrante de celles qui forment l'individualité mentale avec l'attribut de se connaître comme principe de ses actions, se reconnaisse comme constitutive de toute l'individualité mentale dans sa *multiplicité* la plus étendue? Comment se fait-il qu'UNE seule faculté, avec le seul attribut de connaître son identité, se reconnaisse nécessairement comme l'identification de toute l'âme? Ceci a lieu, messieurs, parce qu'*en principe* le MOI est dans toutes les facultés (t. I, p. 325 à 329, 504 à 506; t. II, p. 360 à 363), tandis qu'*en fait* il est constitué seulement et peut seulement être constitué par celle qui, à un moment donné, domine les autres. La faculté dominante, qu'elle agisse passivement ou qu'elle agisse activement, entraîne nécessairement l'action des autres facultés; elle leur enlève par conséquent la conscience que leur action embrasse, chose qu'elle ne fait pas, toute l'individualité mentale. D'un autre côté, la faculté dominante ne peut agir qu'unie aux facultés dominées; c'est pourquoi elle ne peut non plus se sentir ou se connaître elle-même que comme une force qui, unie à d'autres forces, constitue une seule individualité. Ainsi donc, quelque nombreuses que soient les individualités spéciales dont l'ensemble uniformisé constitue l'âme, il n'y aura jamais en elle qu'une seule et exclusive individualité générale dont le MOI, c'est-à-dire la conscience sensitive et intelligente d'elle-même, embrasse toute l'individualité générale dans sa plus grande extension et dans sa plus grande multiplicité.

En admettant que l'âme est un ensemble uniforme de facultés, ce qui, comme je l'ai démontré (t. I, p. 79 à 96), n'est pas nié ni ne peut être nié dans aucun système de philosophie mentale, il arrive que les psychologues du MOI exclusif se trouvent pris dans le même piège où ils avaient cru prendre, dès le

qu'elle détermine. Ainsi donc les irradiations de la philoprolétivité sont autant d'éléments de cause pour la causativité et autant d'éléments d'effet pour la déductivité que les irradiations de causes et d'effets de la causativité et de la déductivité sont des éléments de tendresse pour la philoprolétivité. Seulement l'harmonisativité compare ces actes entre eux, chaque classe dans son ensemble, et elle perçoit ce qu'est une classe en la comparant aux autres. C'est pourquoi elle seule peut voir des principes, c'est-à-dire des relations, entre des causes et des effets généraux.

principe, les phrénologues, en s'écriant triomphalement (t. I, p. 145 à 151) :
« Si la phrénologie était une vérité, il y aurait autant de *moi* ou d'*âmes* — confondant ici le *moi* avec l'*âme* — qu'il y a d'organes cérébraux, puisqu'elle
admet une multiplicité d'organes et par conséquent une multiplicité de *moi*
— confondant ici les *moi* avec les *facultés*. — Peu d'entre eux se dou-
taient que l'un des plus grands triomphes réservés à la phrénologie devait
servir à les tirer de leur bourbier en leur démontrant que leur мoi n'est et
ne peut être l'homme « se connaissant lui-même, » comme l'a dit M. Cousin,
chef des psychologues purs, mais bien une seule faculté de l'âme, qui, dans
un moment donné, agit comme maîtresse et souveraine de toute l'individualité mentale, individualité dont elle a une conscience sensitive ou intelligente.
Toutes les autres facultés de l'âme vaincues ou convaincues (t. II, p. 282 à 283,
289 à 291) sont accessoires ou auxiliaires de cette faculté dominante sans
perdre l'attribut ou l'essence de leur individualité propre ; mais elles perdent
toutefois la conscience que leur action spéciale embrasse, ce qu'en effet elle
n'embrasse pas, l'action générale de l'âme. Je n'ai cessé, comme vous le savez
(t. II, p. 256 à 260, 830 à 832, et notes, 312 à 315, 329 à 336), de vous présenter sur ce fait des preuves, des démonstrations et des explications qui l'élèvent
à la sphère d'un axiome, c'est-à-dire d'un principe évident par lui-même.

Lorsque l'harmonisativité dit : « Je veux manger ou je mange, je veux
chanter ou je chante, je ne veux pas souffrir, mais je souffre, » ce мoi souverain, cette autorité suprême de l'âme, n'est ni ne peut être toute l'individualité mentale. C'est une faculté, comme je viens de le démontrer, dont
l'action active ou passive embrasse, résume et connaît l'identité de toute
l'individualité mentale, mais NE LA CONSTITUE PAS. La preuve qu'elle ne la constitue pas devient manifeste lorsqu'on réfléchit que, pour pouvoir ou vouloir
manger, elle dépend des irradiations et du concours de l'alimentivité ; que,
pour pouvoir et vouloir chanter, elle dépend des irradiations et du concours
de la tonotivité ; que, pour pouvoir et vouloir ne pas souffrir, elle dépend
des irradiations et du concours de la tactivité. Par conséquent, lorsque le
moi dit : « Je mange, je chante, je souffre sans vouloir souffrir, » c'est
comme s'il disait : « L'alimentivité, la tonotivité, en harmonie avec les autres facultés, et мoi, comme principe souverain de l'âme ; nous mangeons,
nous chantons et nous souffrons [1], quoique cette souffrance répugne à la
tactivité et que je ne veuille pas souffrir. » L'harmonisativité ne peut signifier
autre chose, car j'ai démontré qu'elle n'est, comme toute autre faculté, qu'une
force causative, un principe pur, et qu'elle ne peut engendrer aucun acte
déterminé sans l'irradiation et le secours des autres facultés.

D'ailleurs, une faculté quelconque, parmi toutes celles qui constituent
l'entité mentale appelée âme, peut, comme vous le savez (t. I, p. 50 à 53,

[1] J'ai expliqué ici pour la première fois en philosophie mentale, pourquoi l'homme
emploie instinctivement et souvent à propos le pluriel *nous* ou *nous autres*, au lieu du singulier *je*, ou *moi*, *je*. La volonté en elle-même est *une*, mais elle ne peut agir qu'avec d'autres facultés et elle forme avec elles un *pluriel* collectif ou une *unité multiple*.

155 à 157, 161 à 165; t. II, p. 17 à 19, 71 à 76, 266 à 274, 331 à 339), dominer et entraîner avec elle toutes les autres facultés, ou bien celles-ci peuvent faire converger en elle leurs perceptions comme étant ses facultés
accessoires ou auxiliaires. Dans ce cas, la faculté dominante forme le sujet
actif ou passif de l'âme; et ce sujet, qu'est-il, que peut-il être, si ce n'est le
MOI, si ce n'est le principe qui a conscience exclusive de toute individualité
mentale ou subjective?

Oui, messieurs, lorsque l'assassin est exclusivement et aveuglément entraîné par sa passion criminelle de tuer son semblable, le MOI de son âme, le
principe qui embrasse et sent *activement* qu'il comprend toute l'individualité ou entité mentale, c'est la destructivité. Lorsque le musicien est entièrement absorbé par une composition, le MOI de son âme, le principe qui
embrasse *passivement* et perçoit sensitivement qu'il comprend toute l'individualité ou entité mentale, c'est la tonotivité, parce que toutes les perceptions des autres facultés, même celles de l'harmonisativité, s'irradient en
elle. Lorsqu'un commerçant se trouve entièrement absorbé dans les plans
d'une spéculation qui doit augmenter ses capitaux, le MOI de son âme, le
principe qui embrasse *passivement* et perçoit qu'il comprend toute l'individualité ou entité mentale, c'est l'acquisivité. Lorsque la mère intrépide s'é-
lance à la gueule du lion qui lui a enlevé son enfant chéri, et que, dans sa
satisfaction extatique, elle le délivre du gouffre où il allait être englouti, le
MOI de son âme, le principe qui embrasse *activement* et perçoit qu'il comprend toute l'individualité ou entité mentale, c'est la philoprolétivité. Lorsque
l'un de nous se trouve sous l'influence d'une panique ou d'une frayeur, d'une
extase ou d'une satisfaction, le MOI de l'âme, le principe qui embrasse *passivement* et qui nous fait sentir qu'il comprend toute l'individualité ou entité
mentale, c'est la faculté qui, énergiquement excitée, éprouve cette violente
affection pénible ou agréable.

Dans ces exemples, le MOI, c'est-à-dire la faculté qui embrasse activement
ou passivement toute l'individualité mentale, n'a pas conscience de son
identité propre; il est nécessaire, pour cela, comme je l'ai démontré (t. II,
p. 339 à 340), de connaître des principes. C'est pourquoi, conformément à
ce que j'ai dit, lorsqu'une faculté particulière constitue *de fait* le MOI de l'âme,
l'homme agit sans conscience rationnelle de sa propre identité; dans ce cas,
on dit qu'il est hors de lui (t. I, p. 475 à 476), qu'il est noyé, absorbé, stupé-
fait, ravi, emporté (t. II, p. 295 et note au bas de la page), suivant la faculté
particulière dominante et suivant son mode d'action actif ou passif.

Vous comprendrez maintenant comment chaque faculté forme un moi qui
se sent agir, mais qui ne se connaît pas, c'est-à-dire qui ne connaît pas son
identité propre, comme je l'ai dit (note 3 au bas de la p. 299 du t. I). C'est
pourquoi je l'ai appelé *moi* partiel, dominé ou sensitif. Il peut y avoir autant
de classes de ces MOI qui ne se forment pas une idée d'eux-mêmes, mais qui
comprennent ou qui saisissent toute l'individualité mentale, qu'il y a de facultés particulières. Vous comprendrez aussi maintenant comment il y a et com-

ment il peut seulement y avoir une faculté unique et exclusive qui engendre
le MOI rationnel ou qui ait le pouvoir de se former une idée d'elle-même,
de connaître sa propre identité. C'est la faculté à laquelle j'ai donné le nom
d'*harmonisativité*. (Voir la note au bas de la page 304 du t. II).

Dans l'acte ou dans la répétition infinie d'actes en vertu desquels l'harmonisativité forme une perception d'elle-même, c'est-à-dire de sa propre
identité, doit nécessairement être comprise l'identité de toute l'individualité
mentale, puisque ni l'harmonisativité ni aucune autre faculté ne peut faire
abstraction d'elle-même comme principe, comme identification ou comme
force intégrante distincte et séparée d'une individualité générale mentale appelée âme. Ceci n'empêche pas cependant que l'harmonisativité n'envisage
comme des choses différentes d'elle-même les principes ou forces diverses
dont l'ensemble uniformisé renferme une essence, un être ou une individualité physique ou métaphysique, lors même qu'elle serait la propre entité spirituelle dans laquelle elle est elle-même comprise; cela n'empêche pas
qu'elle ne les envisage comme des choses qui sont, par rapport à son MOI ou
à *nous*, un *tu* ou un *vous*, un *lui* ou un *eux*, suivant qu'elle s'applique à ces
choses ou qu'il s'agisse d'elles, comme je l'ai démontré (t. II, p. 508, note 7
au bas de la page) en m'occupant du libre arbitre.

Le NON-MOI est un conséquent de la connaissance de l'identité propre
qu'exprime le MOI. Du moment que le MOI signifie l'harmonisativité se reconnaissant elle-même en action, le NON-MOI exprime tout ce qui n'est pas
l'harmonisativité se reconnaissant elle-même en action. « Ce n'est pas moi,
— ce n'est pas moi qui ai fait cela, » sont tout à fait des *non-moi*, puisqu'ils
signifient des choses qui ne sont pas le *moi* ni ne procèdent du *moi*, c'est-
à-dire de l'harmonisativité en action passive ou active. Cependant l'homme
s'exprime souvent de manière qu'avec un *non-moi* il donne à entendre l'identité de son *moi*. Combien de fois ne disons-nous pas : « Je ne suis pas le
même, — je ne me reconnais pas, — je ne suis pas moi? » Dans ces cas, si
la signification des mots devait être interprétée dans un sens rigoureusement littéral, il y aurait une contradiction complète entre le fait et son expression. Par l'expression, on affirmerait un *non-moi*, et, dans le fait, on
démontrerait un *vrai moi*. En effet, qui est-ce qui se reconnaît changé, si
ce n'est le même *moi*? En outre, il me paraît presque inutile d'ajouter qu'un
non-moi constitue une idée, une perception intelligente, et non une notion
ou une perception sensitive (t. II, p. 337 à 339 et notes). Il émane de la connaissance et de la comparaison de principes, mais non de la connaissance
et de la perception de sensations d'une même classe. D'ailleurs, un *non-moi*
sensitif ne peut exister, parce qu'aucune faculté ne peut *se sentir* non existante. Ainsi donc admettre l'existence d'un *non-moi* ou de divers *non-moi*
sensitifs serait admettre une absurdité[1].

---

[1] Dans l'abîme insondable où les psychologistes purs (t. I, p. 8 à 18, 456 à 459; t. II,
p. 121 à 122 et leç. LI), ont plongé la psychologie ou philosophie mentale, le NON-MOI
comprend tout ce qui n'est pas subjectif ou l'âme. Cela est conséquent. Pour eux, le MOI,

Dans le sujet que je vous explique, il se passe, relativement à l'âme humaine, ce qui a lieu pour toute réunion d'individus associés formant naturellement ou artificiellement un tout ou une entité générale ; l'âme peut donc servir à expliquer l'unité essentielle et nécessaire des diverses sociétés, des corps sociaux ou des *touts* composés de différents individus, de même que l'un de ces corps ou de ces touts quelconque peut servir à expliquer l'unité essentielle et nécessaire de l'âme, appelée, dans son union avec le corps, « personnalité. »

L'homme, dans sa capacité de chef, d'autorité, ou de souverain-né de la famille, toutes les fois qu'il agit se reconnaissant lui-même comme tel, constitue le мoɪ de la maison, le мoɪ qui embrasse intelligemment toute l'individualité domestique ; de sorte que, quoique le мoɪ d'un maître de la maison considéré comme souverain de la famille soit le мoɪ d'une seule personne, tout comme le мoɪ intelligent de l'âme est le мoɪ d'une seule faculté, cela n'empêche pas que, dans l'une et l'autre circonstance, le мoɪ ne comprenne toute l'entité dont il n'est en réalité qu'une partie intégrante. Le мoɪ dans la bouche d'un roi, de même que le мoɪ dans la bouche d'un général, chacun parlant suivant sa capacité hiérarchique respective, expriment le roi et son royaume, le général et son armée.

L'expression qu'on a attribuée dès son origine à Louis XIV, roi de France : « *L'État, c'est moi,* » a été, à mon avis, plus blâmée que comprise. Pour un roi, dans sa capacité de souverain national *de fait,* « je suis le royaume » veut dire la même chose que « je suis le tribunal » pour un simple juge, et que, pour un général, « je suis l'armée, » pour un maître de maison « je suis la famille. » Ici le мoɪ n'exprime pas l'individualité de la personne qui parle, considérée dans son essence d'homme exclusive ; elle signifie une entité ou une individualité humaine qui est un membre constituant d'un corps, une entité ou une individualité sociale ou domestique. Il n'y a de différence qu'en ce que ce membre constituant est un élément général, suprême ou souverain, et que les autres membres de l'entité sont *particuliers,* subordonnés ou inférieurs, puisqu'ils en reçoivent une direction spéciale qui les harmonise ou les combine avec sûreté.

Nous savons tous qu'il ne peut y avoir de royaume sans régnicoles, pas de tribunal sans plaideurs, pas d'armée sans soldats. Il ne peut de même y avoir d'âme sans facultés. Mais le principe vivant qui produit la conscience sensitive et intelligente de l'entité dans le royaume, dans le tribunal, dans l'armée et dans l'âme, c'est le roi, le juge, le général et l'harmonisativité, de même que le principe vivant et nécessaire de l'immense individualité formée par toutes les choses créées et appelée création, c'est le Créateur.

Toutefois, bien que le chef de famille, le maître d'école, le chef de musique, le juge, le général, le roi, puissent être considérés sous divers points de

c'est l'âme ; donc le нoɴ-мoɪ doit être tout ce qui n'est pas l'âme ; c'est-à-dire le *non-âme* (no-alma), ou ce qui est objectif (t. 1, p. 28 à 29). Je ne dis rien des idéalistes transcendantaux ; leurs doctrines, leur philosophie sur le мoɪ et sur le нoɴ-мoɪ, à force de revenir sur le sujet qu'ils ont voulu expliquer, sont devenues des aberrations de l'intelligence humaine.

vue, bien qu'ils forment à cet égard des individualités de corps ou de sociétés distinctes, bien que leur moi, relativement à chacun de ces points de vue, constitue un moi qui embrasse une juridiction différente, l'harmonisativité ou volonté d'un individu ne peut jamais être envisagée que sous un même aspect exclusif, c'est-à-dire comme principe *général, intégrant*, qui, uni aux autres principes intégrants *particuliers*, forme cette unité, cette individualité ou cet ensemble spirituel, uniformisé, appelé âme. Ainsi donc quoique l'harmonisativité ou la volonté d'un homme ne puisse se considérer que comme un principe général de l'âme, elle doit toujours, en se formant une idée d'elle-même, la former en union inséparable des autres facultés avec lesquelles elle constitue une unité seule et exclusive, une entité, une individualité, un assemblage uniforme de principes spirituels dont elle est le principe suprême ou le souverain-né. Puisque l'harmonisativité ou la volonté est un principe souverain-né de notre entité mentale, et, par conséquent, un principe-né de la perception de notre identité spirituelle et personnelle, elle doit nécessairement, en se formant une idée d'elle-même, se la former comme identification de toutes les facultés; de même que le général, se considérant lui-même comme tel, doit se former une idée de lui-même comme incorporation de toute l'armée.

Voilà comment le mot moi dans la bouche d'un individu, sans rapport aucun avec une capacité spéciale, exprime l'harmonisativité ou la volonté avec sa juridiction ou ses dépendances en action, se connaissant elle-même, c'est-à-dire l'homme en abrégé ou résumé dans une seule idée, dans une seule perception intelligente. Voilà comment JE VEUX équivaut à « toutes les facultés veulent, » non parce que chacune d'elles veut, mais parce que le principe qui leur donne *unité d'action intelligente* veut et les guide en uniformité, à travers la route qu'elle et elle seule détermine avec intention et avec connaissance de cause. Ce qui est vrai d'un individu relativement à sa personnalité exclusive l'est également relativement à cette personnalité devenue autorité d'un corps social déterminé. Ainsi donc le moi d'un père est le moi ou le mot de la famille, le moi d'un caporal, le moi d'une escouade; le moi d'un général, le moi d'une armée; le moi d'un gouvernement constitué est le moi de la nation gouvernée. Voilà enfin comment tant de facultés si distinctes et une force intelligente qui constituent l'âme sont toutes considérées dans leur uniformité et dans leur ensemble, réunies en une seule force exclusive d'intelligence suprême; voilà comment le moi de cette seule force constitue le moi de toutes ces facultés et forces réunies, sans qu'aucune perde sa propre individualité, qu'elle ne peut pas perdre [1] (t. 1, p. 292; t. II, p. 293, 300, notes au bas des pages). De même que vous venez de voir l'existence

---

[1] Quoique dans ces leçons (t. 1, p. 8, 10, 12, 13, 14, 25, 156, 158, 160, 162, 166, 299, 505, 540 à 511; t. II, p. 109, 202 et *passim*) j'aie parlé et je me sois servi naturellement de l'expression le *moi*, suivant l'acception vague, confuse et variée de « sens intime, intelligence, âme, force dominatrice mentale, etc., » significations suivant lesquelles on l'emploie communément, j'ai toujours insisté sur ce fait primordial (t. 1, p. 528 à 531, 503 à

dans l'âme de divers principes de *moi* sensitifs et particuliers, tous naturellement subordonnés à un principe unique et exclusif du *moi* intelligent et souverain, de même il existe diverses forces d'attention, c'est-à-dire des ATTENTIONS sensitives et particulières, naturellement subordonnées à une force unique et exclusive d'*attention* intelligente et souveraine. Cette découverte explique le *psychisme* (t. II, p. 285, *note* 6) *de l'attention*, qui a été jusqu'à présent un chaos en philosophie mentale ou psychologie, en dedans comme en dehors du terrain phrénologique.

DE L'ATTENTION ET DES ATTENTIONS.

Toutes les facultés possèdent, comme vous le savez (t. II, p. 299 à 301 et remarque au bas de la page), une force intelligente ou perceptive. J'ajoute maintenant qu'elles possèdent aussi le pouvoir de combiner cet attribut perceptif ou, ce qui revient au même, de le diriger vers un point donné, compris toutefois dans le cercle (t. II, p. 251 à 257) de la juridiction spéciale assignée à chacune des facultés par le Créateur; la destructivité, par exemple, possède une force inhérente qui, de son propre mouvement, se sent poussée à toute sorte de destruction; l'alimentivité en possède une autre qui la dirige vers toute espèce de nourriture et de boisson; la configurativité une autre pour toute sorte de formes, et les autres facultés en possèdent d'autres, en vertu desquelles chacune se trouve entraînée vers le cercle de ce qui lui est particulièrement propre, spécial et exclusif.

Chacune de ces facultés en action combinée avec d'autres, qui, dans ce cas, sont leurs causes récipientes (t. II, p. 331 à 333), peut entraîner ou appliquer sa force perceptive (t. II, p. 320 à 323, 357, note au bas de la page) à des actes et à des objets appartenant au cercle ou à la sphère dont elle est le principe vivant, abstrait ou général. Cette force de perception combinable, ou applicable à un acte ou à un objet spécial déterminé, est évidemment ce que l'on veut faire entendre par le mot ATTENTION, quoique jusqu'à présent on ne l'ait pas défini ni expliqué de cette manière. Comme chaque faculté possède un pouvoir de perception spécial, propre, combinable ou applicable dans les cas donnés à des choses déterminées, il s'ensuit qu'il y a autant de classes de forces attentives ou d'attentions que de facultés, comme je l'ai établi et démontré dans une autre leçon. (Voir t. I, leçon XXVIII, p. 421 à 424.)

Cependant je n'ai pas dit alors, l'occasion ne s'en étant pas présentée : 1° qu'il existe dans l'âme des facultés dont l'objet général consiste à exciter ou à animer une force ou un mode d'action commun à toutes les facultés; 2° que l'harmonisativité est la faculté suprême qui réveille, excite, instruit et uni-

---

506) que le MOI, de quelque manière qu'il soit engendré, est le principe d'unité ou d'uniformité sensitive ou intelligente. Dans l'explication ci-dessus, je n'ai fait que démontrer, en dernier résultat, que le principe d'unité, d'uniformité ou d'harmonie intelligente qui reconnaît sa propre identité est l'harmonisativité, et que le principe d'unité de conscience sensitive, qui ne reconnaît pas sa propre identité, réside dans chacune des autres facultés.

formise les forces perceptives diverses et même antagonistes de toutes les facultés, pour les combiner ou les appliquer en unité d'action uniforme et sûre à un objet donné. Le défaut de ces explications ne vous a pas permis de voir (t. I, p. 421 à 424) qu'il y avait dans l'âme autant de principes d'attention *sensitifs* que de facultés particulières, et encore moins que ces principes d'attention sensitive étaient subordonnés à une force d'ATTENTION SUPRÈME, unique et exclusive, qui les uniformise ou leur donne *unité* dans leur *multiplicité* variée et antagoniste.

Pour se convaincre de ce grand et lumineux principe mental ou loi psychologique, il suffit de comprendre que, s'il existe un mode d'action de désir et de répulsion propre et commun à toutes les facultés de l'âme, comme je crois l'avoir parfaitement démontré en principe général (t. I, p. 331 à 340) comme en application particulière (leçons XXVI à XLIV), il existe également l'effectuativité, la réalitivité et la précautivité, dont l'objet principal est exciter, réveiller, activer, aiguillonner ce mode d'action de désir et de répulsion, propre à toutes les facultés de l'âme. Ainsi s'explique comment l'excitation de l'effectuativité et de la réalitivité, réveillant le désir de toutes les facultés et de chacune d'elles, soulève dans l'âme une si grande diversité de forces et l'anime. Ainsi s'explique comment l'excitation de la précautivité, réveillant la répugnance de toutes les facultés et de chacune d'elles, soulève une si grande diversité de craintes dans l'âme, et l'abat, comme vous l'avez vu complétement démontré (t. II, p. 87 à 88, 125 à 127, 167).

Toutes les facultés ont un pouvoir conceptif, imaginatif, créateur (t. I, p. 333, 343 à 345 et *passim*), en vertu duquel une faculté s'excite, s'échauffe, s'anime, s'enflamme (t. II, p. 119), pour donner une existence aux actes de l'ordre qui lui est propre, actes meilleurs ou plus énergiques que ceux qu'elle perçoit. La méliorativité, qui est, par excellence, la faculté excitante, stimulante et fécondatrice de ce mode d'action conceptif, imaginatif, créateur, ainsi qu'il m'a été donné (t. II, 123 à 128) de vous le démontrer, se trouve en harmonie sublime et admirable avec ce fait. L'homme doué d'une méliorativité bien développée se sent constamment poussé à aller en avant et toujours en avant, à concevoir et toujours concevoir de nouvelles choses, car, quelles que soient les facultés qu'elle excite le plus fréquemment, ce sont toujours celles qui sont le plus stimulées dans le congrès mental (t. II, p. 258 à 259) par le député qui ne demande et ne peut demander (t. II, p. 126 à 127) que progrès et toujours progrès, et dont le cri est *excelsio* et toujours *excelsior* (plus haut et toujours plus haut).

Toutes les facultés doivent avoir et ont un désir d'acquérir ou de posséder ce qui est propre et exclusif à leur spécialité. Les facultés cognoscitives et intellectualitives désirent acquérir ou posséder des sciences ; la philoprolétivité désire acquérir ou posséder des objets tendres, l'adhésivité des amis ou des objets qui inspirent l'affection, la générativité des moyens de satisfaire son inclination érotique, l'alimentivité des substances nutritives. C'est pourquoi Dieu nous a donné une faculté dont l'essence, l'attribut et la suprématie consistent à acquérir (t. II, p. 66 à 76), puisque ces impulsions et ces passions ont pour but exclusif de posséder, d'avoir, de thésauriser quoi que ce soit.

L'acquisivité est le principe général qui nous pousse à acquérir. Son excitation, étant une UNITÉ d'acquisition, réveille le mode MULTIPLE d'action d'acquérir de toutes les autres facultés. Voilà pourquoi une grande acquisivité porte l'âme tout entière vers sa direction, et les autres facultés dominantes déterminent *ce qu'*on désire acquérir le plus instinctivement et le mode suivant lequel on préfère l'acquérir. L'argent étant un principe de satisfaction très-général, parce qu'avec lui on peut se procurer une grande variété d'objets propres à satisfaire une grande diversité de facultés, il n'est pas étonnant, mais il est très-naturel que l'ambition de l'argent soit très-commune parmi les hommes. Voilà pourquoi les amendes et les récompenses en argent ou autres choses qui les remplacent sont des moyens très-efficaces afin de contraindre ou de séduire la volonté (t. II, p. 343 à 345) et de l'entraîner à certains actes déterminés, pour lesquels elle n'aurait aucune inclination sans ces stimulants énergiques et séducteurs.

Toutes les facultés ont en elles-mêmes et d'elles-mêmes, comme je l'ai démontré (t. II, p. 200 à 201), un principe de permanence. Eh bien, nous avons vu que l'âme possède, en harmonie sublime avec ce fait, la continuativité, dont l'instinct ou le mode spontané d'action active consiste à ranimer la disposition particulière continuative des autres facultés. C'est pourquoi l'homme doué d'une continuativité très-développée se sent constant, ferme, serein et tenace; il donne une UNITÉ de continuation à sa MULTIPLICITÉ continuative.

La méliorativité est à la force imaginative et la continuativité à la force de permanence de toutes les facultés ce que la précautivité est à leur force répulsive, l'effectuativité et la réalitivité à leur force de désir, et par conséquent ce que la volonté ou l'harmonisativité est à leur force intelligente ou conceptive. La perception est un attribut ou un mode d'opérer propre à toutes les facultés, comme vous le savez (t. II, p. 239 à 301, et notes au bas des pages); mais dans la volonté ou harmonisativité seule réside un mode d'action qui, dans son essence, dans sa puissance et dans sa suprématie, est perceptif ou intelligent, et qui, par suite, ranime, fortifie, excite, active, *uniformise* cette *multiplicité* de forces perceptives de l'âme.

Ce qui précède met au jour tout un monde de philosophie mentale, et nous explique que, si toutes les facultés possèdent une force intelligente ou perceptive, la volonté ou l'harmonisativité constitue à son tour une force perceptive par essence, par puissance, par spécialité et par excellence. Ses réactions ne sont pas de purs désirs ou de pures répugnances, comme celles des autres facultés (t. II, p. 281 à 295), mais bien des résolutions, des propositions, des décisions, une intelligence générale et suprême, réactivée, transmise, irradiée sur une variété de forces intelligentes, communes et particulières, qu'elle uniformise, qu'elle combine ensuite, qu'elle dirige ou qu'elle fixe, sur un objet ou sur un acte déterminé ou choisi par elle. Si donc chaque faculté est un principe d'*attention* abstrait et intelligent, rela-

tivement à sa sphère ou cercle d'action (t. I, p. 330, 427, notes; t. II, p.
252 à 257), la volonté ou harmonisativité sera un principe d'attention d'autant plus abstrait ou général et d'autant plus intelligent qu'il embrassera
toutes les sphères d'action de toutes les autres facultés de l'âme. Voilà
pourquoi c'est un principe d'attention suprême et souveraine.

Lorsque j'ai parlé (t. I, p. 421 à 424) de l'ATTENTION, je n'ai pu distinguer,
ainsi que je l'ai signalé, les attentions particulières et sensitives, mais générales et intelligentes par rapport à leur sphère d'action, de l'attention souveraine et suprême de l'âme, à laquelle elles se trouvent naturellement
subordonnées, et avec laquelle elles sont uniformisées et combinées ou ap-
pliquées en unité d'action, dans un but déterminé. Quelque rapide que soit
l'acte par lequel nous regardons activement, nous entendons ou nous flai-
rons un objet que nous avons vu, entendu ou senti passivement (t. I, p. 421
à 424), l'acte de regarder, d'entendre ou de flairer peut être dirigé sensitivement par une faculté particulière ou intelligemment par l'harmonisativité.
Dans les deux cas, l'acte de regarder, d'entendre ou de flairer, s'appellera
certainement *fixer l'attention*. Mais *l'attention particulière* de la destructivité, par exemple, qui fait voir nécessairement et forcément à la visualitivité,
qui fait entendre de même à l'auditivité et flairer à l'olfactivité des choses
dans un but exclusivement destructif, est très-différente de *l'attention suprême* de l'harmonisativité, qui emploie ces facultés librement et intelligemment pour regarder, entendre ou sentir un ordre quelconque de choses (fin
de la p. 302 et commencement de la p. 303 du t. I), suivant que cela est
plus juste, plus utile ou plus convenable, dans un moment donné, à tout
l'individu et à toutes ses relations.

Il est vrai, comme je l'ai dit (note au bas de la p. 97 du t. II), qu'il y a
des animaux qui montrent une force d'attention très-énergique. Les doctrines que vous venez d'entendre vous expliquent cette particularité d'une manière complète et satisfaisante. Les animaux d'une sphère élevée dans leur
classe possèdent, comme vous le savez (t. II, p. 245 à 251), autant de forces
de perception ou d'intelligence sensitive, et par conséquent autant de forces
différentes d'attention ou autant d'attentions que de facultés. Chez eux,
ces forces d'attention ne sont pas, comme dans l'homme, soumises à un
principe de liberté ou d'intelligence suprême qui les combine, ou les
uniformise d'une manière sûre, harmonique et avec connaissance de cause
et d'effet; mais elles sont soumises à une force de concentration particulière sensitive et forcée (t. II, p. 97, 136 à 137, 203 à 204), démontrée
par Vimont et qui spontanément fait cause commune avec la force de perception devenue plus active dans un moment donné. Ainsi s'explique comment chez les animaux ayant plusieurs forces de perception particulière soumises, comme chez l'homme, à une force générale ou abstraite qui les
domine spontanément, cette force est aveugle, sensitive, violente, concentrée par suite d'une inclination fixe et passionnelle.

De tout ce qui précède, il résulte évidemment que, quoique ce que je dis

T. II.   24

(t. I, p. 424) soit bien certain, savoir : « qu'un imbécile qui possède l'organe de la tonotivité et celui de l'ordénativité très-développés pourra apporter une attention extraordinaire à la musique et à l'ordre, tandis qu'il ne l'appliquera ni ne pourra l'appliquer à des pensées profondes, » il ne l'est pas moins que cette attention de l'imbécile agira sans se sentir dirigée par une force supérieure d'intelligence ou de volonté qui l'a inspirée, choisie ou préférée. et qui a réprimé avec connaissance de cause et à dessein l'action des autres forces d'attention particulière. Dans ce cas, la concentrativité et la continuativité viennent spontanément au secours des facultés excitées qui se sentent d'elles-mêmes aveuglément et spontanément entraînées — sans liberté ou pouvoir de faire autre chose — à écouter la musique, à observer l'ordre qui se présentent à leurs forces perceptives et qui se trouvent, comme on a coutume de le dire, *en extase.*

Ceci cependant est différent de l'ATTENTION qui oblige soit la tonotivité, soit l'ordénativité, soit une autre faculté quelconque à diriger sa force perceptive ou attentive vers une musique ou un ordre spécial ou tout autre objet quelconque, librement et intelligemment choisi ou préféré en vertu de motifs ou de circonstances particulières, par une faculté d'hiérarchie supérieure. Dans le premier cas l'ATTENTION est l'attention sensitive dont beaucoup d'animaux possèdent la force ou le principe; dans le second cas l'ATTENTION est une force ou un principe d'attention volontaire, rationnel, intelligent, libre et électif, propre et exclusif aux hommes. Celle-ci est précisément l'ATTENTION dont il est question, lorsqu'on parle d'attention proprement dite. Tout le reste est action spontanée, instinctive, animale. Lorsque l'homme agit seulement par instinct ou spontanément, et non avec intention, avec connaissance de cause, par élection, par une force intérieure dominatrice qui le dirige à dessein ou intentionnellement et qui est propre à la volonté ou à l'harmonisativité, il ne se conduit pas suivant sa raison.

Tout ce que j'ai dit sur la volonté et sur les divers principes qui résident en elle démontre, comme j'ai eu occasion de vous le faire remarquer plusieurs fois, que cette faculté est le représentant général de toutes les facultés de l'âme dans sa force perceptive et impulsive comme dans sa force propre harmonisatrice. C'est pourquoi elle est et elle peut très-bien s'appeler l'*homme en abrégé.* Ainsi donc la volonté, c'est-à-dire la force de perception ou intelligence suprême de toutes les autres facultés et de leurs actes, est naturellement le grand principe qui perçoit, qui détermine et QUI APPLIQUE tout ce que sentent et désirent, tout ce que connaissent et peuvent connaître les autres facultés considérées dans tout le cercle de leur extension ou juridiction spéciale et particulière.

Cette nouvelle manière de considérer la volonté, fondée sur une idée plus exacte et plus complète de son essence et de sa liberté, agrandit considérablement, si je ne me trompe, le cercle de la psychologie; elle rend manifeste le sens de certaines expressions très-usuelles, mais peu comprises. Lorsque nous disons « force de volonté, — faire un effort de volonté, — diriger la volonté, » nous parlons d'une force générale supérieure, qui domine dans l'homme toutes les autres forces qui lui sont inférieures et particulières.

Force de volonté veut dire la quantité d'énergie dont est doué le principe qui, chez l'homme, résume toutes ses forces mentales ou de l'esprit, les dirige et les applique dans toute leur extension.

Faire un effort de volonté exprime l'acte par lequel la volonté s'excite d'elle-même en vertu de quelques motifs pour déployer toute la vigueur et toute l'énergie mentale ou psychologique dont elle est capable. Dans ces circonstances, il est bien entendu que l'effort se fait pour diriger *en unité d'action* toutes les facultés de l'âme vers une fin déterminée à laquelle une ou plusieurs d'entre elles s'opposent ou pour laquelle elles ne montrent pas une célérité, une énergie suffisantes.

Diriger la volonté, c'est diriger intelligemment toute l'âme vers une fin déterminée. Ici comme dans tous les cas analogues où il est question de volonté, on entend non-seulement la force exclusive et efficiente de la volonté, mais encore tout son domaine, toute son extension ou toute sa juridiction (t. II, p. 276 à 278, 330 à 343), au moyen de laquelle elle accomplit ses projets. Dire par conséquent à un individu : « Dirigez votre volonté vers tel ou tel objet, vers telle ou telle chose, » c'est lui dire : « Dirigez toutes les facultés de votre âme résumées dans un principe général directeur et applicateur, dans le but de vouloir ou de ne pas vouloir telle ou telle chose. »

Si la direction ou l'application est purement passive ou perceptive, on entend alors par volonté l'unité d'action qu'elle peut donner à tous les principes divers de perception de chacune des facultés particulières pour les diriger vers un point déterminé. Dans ce cas, *diriger la volonté* signifie diriger toute l'âme dans sa partie intelligente vers un objet déterminé, ou, ce qui est le même, diriger vers ce but *toutes* les attentions particulières qui constituent une seule force d'*attention* générale. De sorte que, quand la personne qui parle appelle l'attention de celui à qui elle s'adresse, en lui disant : « Faites attention à ce que je dis, ne soyez pas distraite, » c'est comme si elle s'exprimait en ces termes : « Que votre volonté s'efforce de réunir toutes les perceptions des facultés particulières qui lui sont naturellement subordonnées en une force de perception générale pour qu'elle l'applique exclusivement et tout exprès à ce que je dis, et afin qu'aucune impulsion étrangère ne puisse l'en distraire. »

Toujours est-il que tout le monde parle d'ATTENTION et de VOLONTÉ. Mais jusqu'à présent la science ne nous a pas donné une idée claire, précise et exacte de la signification de ces mots, parce que la science, pas plus que les efforts des phrénologues, n'avaient pu découvrir que les divers attributs de perception et d'impulsion des facultés particulières étaient soumis à un pouvoir de perception et de résolution général ou suprême qui les harmonise et les applique *en unité d'action* et à dessein à une seule fin ou à un seul objet exclusif préalablement choisi ou préféré.

LEÇON XLIX

Action combinée des facultés intellectives ou intellectualitives. — L'intelligence. — La volonté. — Le moi. — Influence corrélative entre notre moral et notre physique. — Principes d'impulsion qui sont aveugles et opposés, source des troubles et des luttes qui se passent *au dedans de nous*; principes de direction qui sont intelligents et qui tendent à l'harmonie, source de la régularité et de l'ordre avec lesquels nos actions, considérées au point de vue individuel ou au point de vue social, peuvent se produire *au dehors*.

(CONCLUSION.)

MESSIEURS,

Le *libre arbitre* dans sa véritable essence et dans son mode d'agir, le sens rationnel qui jusqu'à présent n'avait pas été déterminé, le psychisme ou siquisme (t. II, p. 284, note 6 au bas de la page) de l'*attention* qui a soulevé tant de disputes inutiles entre les philosophes, depuis trois mille ans, le *moi* et le *non-moi* dans leur origine et tels qu'on doit réellement les entendre, tous ces problèmes qui sont du domaine, comme je viens de le dire, de la partie passive de la volonté ou harmonisativité, étant expliqués, examinons l'*influence corrélative de notre moral et de notre physique*.

LE MORAL ET LE PHYSIQUE.

Afin de pouvoir traiter ce sujet important avec toute la clarté et toute l'exactitude convenables, il est nécessaire d'abord de bien comprendre ce qu'on entend par « moral, » et ce qu'on entend par « physique, » quand on parle de leur influence mutuelle chez l'homme. Comme il ne nous est pas possible de bien comprendre ce sens, sans le comparer aux autres acceptions que l'on donne à ces mots, je commencerai dans cette leçon l'explication des significations principales que l'usage commun attribue aux mots « moral » et « physique. » Je ferai connaître, à mesure, les inexactitudes de quelques écrivains qui n'ont pas fait attention à ces différences ou qui les ont méconnues.

Quand on parle du moral en opposition avec le physique, dans la création entière, on entend, par *moral* (t. II, p. 95 à 96), la réunion ou l'ensemble des forces exclusivement propres aux êtres qui ont une vie sensible, et, par *physique*, l'ensemble des qualités propres à tous les objets insensibles. Quand on parle de *moral*, faisant allusion à notre conduite soumise au libre arbitre, c'est-à-dire qui est purement humanale, en opposition avec une conduite sujette seulement à une impulsion, c'est-à-dire qui est purement animale, le mot *moral* est employé dans un sens casuistique ou éthique; il signifie, dans ce cas, les actions elles-mêmes se rapportant, soit à l'individu, soit à une réunion d'individus dans leur relation exclusive avec le licite et l'illicite. On entend donc par sciences morales toutes celles qui se rapportent à la conduite, aux actions de l'homme et de l'humanité.

Mais, lorsqu'on parle du *moral* dans son influence corrélative avec le *physique*, ou du physique dans son influence corrélative avec le moral, le sens de ces mots diffère de celui qu'ils ont dans les cas que je viens de citer. Vous pouvez vous en convaincre en examinant seulement ces phrases et d'autres analogues complétement autorisées par le bon sens : « Beaucoup de maladies *physiques* prennent leur origine dans des affections *morales*; — dans les épidémies, le *moral* ou notre moral agit d'une manière pernicieuse sur le *physique* ou sur notre physique; — le *moral* de l'armée est en un aussi bon état que son *physique*; — la maladie dont M. X... vient d'être atteint a beaucoup affecté son *moral*. »

Dans ces exemples et dans tous les exemples analogues qu'on pourrait leur adjoindre, on voit très-manifestement que le MORAL, quant à son influence sur le *physique*, exprime l'ensemble des forces affectables ou impressionnables de l'âme dans un sens agréable ou désagréable, et que le PHYSIQUE, quant à son influence sur le moral, exprime l'ensemble de forces organiques dans leur action normale ou anomale. Par conséquent, les désirs et les aversions qui produisent des affections ou des sentiments de plaisir ou de douleur, et par suite un abattement ou une excitation, suivant leur complication et leur intensité et selon que ces désirs sont ou ne sont pas accompagnés d'espérances de se satisfaire, et ces aversions de craintes qu'elles ne se réalisent, sont des forces morales constitutives du *moral* (et non de la *morale*, c'est-à-dire du libre arbitre et des facultés particulières qu'elle domine[1]). La satisfaction actuelle des désirs ou la réalisation des répugnances par les affections ou par les émotions agréables ou désagréables qui se produisent sont aussi des forces morales ou du moral. Enfin, l'affectabilité ou sensibilité innée de toutes les facultés et de chacune d'elles dans un sens agréable ou désagréable, quels que soient la sensation, la perception,

[1] J'ai vu dernièrement dans plusieurs traductions castillanes, publiées par quelques journaux de Madrid, des dépêches françaises sur les batailles de l'Alma, Balaclava et Inkermann, que le *moral de l'armée* a été traduit par « la morale » et par « la moralité de l'armée, » phrase qui exprime certainement des choses très-distinctes. Le *moral*, qui en castillan est « el moral, » se rapporte, comme je le prouve dans cette leçon, au principe mental de nos affections, principe qui peut être fort ou faible, robuste ou débile, excité ou abattu, tandis que la « moralité » ou la morale, « la moralidad » ou « la moral, » expriment dans les deux langues le principe de conduite humaine et la conduite elle-même considérée par rapport à ce qui est licite et à ce qui est illicite.

Ces distinctions et ces démonstrations idiomologiques sont une nouvelle preuve, comme je vous l'ai fait observer plusieurs fois (t. I, p. 388, 443, 453, 455; t. II, p. 68 à 70, 108, *note*, 113 à 116), que la phrénologie et les découvertes auxquelles elle a donné lieu sont de la plus haute importance pour les progrès de la lexicographie, et que sans elles j'aurais vainement tenté de mettre l'ouvrage que j'ai promis de publier (t. I, p. 388) sur la linguistique à la hauteur des connaissances générales et des besoins littéraires de notre époque.

le souvenir ou la conception, sont également des forces morales constitutives du *moral*. De sorte que tout ce qui dans l'âme est capable de produire et de nous faire éprouver des affections, des commotions et des émotions agréables ou pénibles, et par conséquent encourageantes ou décourageantes, fait partie de ce qu'on entend par le *moral* de l'homme. Comme toutes les facultés de l'âme et chacune d'elles peuvent éprouver des affections agréables ou désagréables, et conséquemment encourageantes ou décourageantes, ainsi que je l'ai démontré d'une manière générale dans les leçons XXI et XXII, t. I, p. 331 à 342, 350 à 360), et d'une manière particulière en traitant de chacun des organes de manifestation mentale (leç. XXVII à XLIV), elles possèdent dans leur partie affectable ou sensible une force morale ou, ce qui revient au même, elles forment des parties constitutives du *moral*.

Quant à ce qui concerne les forces physiques constitutives du *physique*, nous devons considérer comme telles tous les organes du corps humain dans leur fonction normale ou anomale, soit qu'on envisage cette action comme produisant des actes exclusivement matériels, soit qu'on les considère, ainsi que cela a lieu pour tout le système nerveux, comme produisant des actes matériels unis à des manifestations mentales. Lorsque le foie sécrète de la bile, lorsque le cœur chasse le sang ou lorsque l'estomac digère les aliments, ces organes produisent des actes exclusivement matériels. Lorsque l'œil produit des impressions lumineuses, l'oreille des impressions sonores, l'estomac des sentiments de faim, et le cerveau des impressions de ces sensations, ces organes exécutent encore des actes purement matériels; mais ces actes matériels sont mystérieusement unis aux actes de sensation. de perception, de conception, de souvenir et d'impulsion qu'ils présentent.

La ligne qui sépare les actes *physiologiques* ou du physique des actes *psychologiques* ou du moral et tous les autres de l'esprit, est la ligne qui unit et sépare mystérieusement les impressions et les sensations (t. II, p. 117 et leç. LVIII, mot *sensation*). Les unes sont un résultat du fonctionnement matériel, les autres du *psychisme* ou siquisme (note 6 au bas de la p. 285 du t. I) spirituel. Le principe moteur des premières est décomposable, dissoluble, temporel; le principe moteur des dernières est indécomposable, indissoluble, éternel. On a dit : « *La matière ou le physique ne pense pas;* » il fallait ajouter : « ni ne sent pas, ne connaît pas, et encore moins ne se connaît pas ou ne détermine pas l'identité de son être et de son essence; » tout cela, et non le penser exclusivement, appartient au domaine de l'esprit humain.

Influence du physique sur le moral. — Avant la découverte de la phrénologie, cet important sujet était entièrement enveloppé dans un chaos de ténèbres, de confusion et d'une multitude infinie d'extravagances humaines. Aujourd'hui nous commençons à en donner une explication satisfaisante, sensible, c'est-à-dire basée sur des faits dépendant des sens externes. Ce n'est pas que nous connaissions ou que nous puissions jamais connaître tout ce qui est *susceptible d'être connu* sur ce sujet ou sur tout autre, mais nous avons sur cette matière un principe fixe, soumis à l'observation, et qui est un point de départ pour nos études et nos déductions.

La phrénologie a prouvé et démontré d'une manière qui n'admet ni doute ni réplique (t. I, p. 63 à 281; t. II, p. 520 à 331), et c'est là *le plus grand triomphe de tous ses triomphes*, que les conditions spirituelles et les modes d'action *psychologiques* des facultés mentales SE MANIFESTENT suivant les conditions matérielles et suivant les modes d'action *physiologiques* des organes et des appareils extra et intra-crâniens du système nerveux. Or, comme tous les organes et appareils du système nerveux sont une partie intégrante de notre physique ou de notre organisme, il est évident que toutes les fois que notre système nerveux se trouvera directement ou indirectement affecté par des objets externes ou par des mouvements organiques internes, les manifestations de notre esprit seront affectées d'une manière analogue; de sorte que les manifestations du moral et autres principes spirituels de l'âme seront en rapport avec les impressions matérielles que notre système nerveux reçoit par le moyen des objets externes ou des mouvements internes, ou avec l'état de santé ou de maladie de ce même système nerveux [1].

Une bataille, un événement malheureux, un dîner, une musique, un bouquet de fleurs, une galerie de peinture, une comédie ou une tragédie, une cérémonie religieuse, des vues champêtres, des diversions de tout genre, sont des faits matériels qui produisent des impressions organiques extra et intra-crâniennes. Ces impressions, comme je l'ai expliqué (t. II, p. 117 à 119), trouvent instantanément un écho sensitif mystérieux dans nos facultés mentales et produisent sur leur moral des émotions, des commotions, des affections ou des sentiments variés et divers, plus ou moins agréables ou désagréables, et conséquemment plus ou moins encourageants ou décourageants, plus ou moins excitants ou dépressifs. Voyez ensuite combien le physique et l'action du physique influent sur le moral et sur l'action du mo-

---

[1] J'ai démontré, *en général*, dans le t. I, p. 331 à 334, 339 à 341, 354 à 358, 410 à 413; t. II, p. 168, 294, *note*, et, en *particulier*, dans les paragraphes sous le titre de : *Harmonisme et Antagonisme*, en parlant de chacune des facultés individuellement considérées, qu'il n'y a aucun attribut spirituel subjectif ou interne qui ne soit pas intimement lié à un genre de forces inhérentes aux objets et aux faits matériels objectifs ou externes. S'il y a une olfactivité spirituelle, il y a aussi des substances matérielles avec une qualité odorante, pour exciter en elle des actes olfactifs. S'il y a une coloritivité, une configurativité mentales, il y a des objets matériels avec des forces récipientes pour exciter dans ces facultés des actes coloritifs ou configuratifs, agréables ou désagréables. S'il y a une précautivité et une conservativité, il y a des faits matériels, avec des forces récipientes pour exciter dans ces facultés des actes spirituels analogues. S'il y a des forces récipientes de goût, touchant la nourriture pour exciter des actes spirituels de saveur, il y a aussi des forces récipientes de frayeur dans l'acte matériel de l'assassin qui nous attaque. C'est pourquoi j'ai dit (t. I, p. 355) : « Il y a terreur, c'est-à-dire force excitative de terreur, dans la guillotine, beauté dans les champs, espérance dans le temps, effroi dans les tempêtes, justice, concert et bonté dans l'ordre de l'univers, comme il y a couleur, saveur, odeur, résistance, son et autres attributs dans les objets physiques, dont nous aurions, sans les facultés de relation externe, aussi peu de perception que des qualités morales sans des facultés de perception morale. » Il n'y a pas d'autre particularité entre les forces-causes, *vires recipientis* (t. II, p. 352), et les forces efficientes spirituelles, que l'existence du système nerveux extra et intra-crânien, comme organe de manifestation de ces forces efficientes spirituelles et de leurs actes.

ral! Voyez quel pas immense la phrénologie n'a pas fait faire à l'humanité
dans la connaissance de cette influence en découvrant quelles sont les forces
physiques ou les organes spéciaux qui affectent directement certaines forces
morales particulières, et que le domaine réciproque de ces forces physiques
ou organes, vus et constatés d'après leur plus ou moins grand développement
et autres conditions, indique le même domaine que possèdent entre elles
les forces morales qu'ils représentent [1].

D'après ce qui précède, on comprend que toute cause matérielle externe
qui, mise en contact avec notre physique, affecte notre système nerveux
intra ou extra-crânien, doit nécessairement affecter un principe mental, et
presque toujours le moral. Ainsi (t. I, p. 440), si nous respirons un air vi-
cié, si la quantité et la qualité de nos aliments ne sont pas proportionnées,
si les impressions atmosphériques sont désagréables, si nous agissons ou si
nous nous reposons trop, l'organisme extra-cranéal s'affaiblit, devient malade, et l'organisme intra-cranéal, en vertu duquel *notre moral* s'affecte et
devient malade, s'affaiblit et devient malade nécessairement, inévitablement.
Si, au contraire, nous observons toutes les règles de l'hygiène publique et
privée, l'organisme intra-crânien participe au bien-être de l'organisme extra-
crânien, et conséquemment *notre moral* se montre sain, fort, satisfait.
(Voir comment les impressions se portent sur le moral, leç. LII.)

Si un organe ou des organes cérébraux, par suite d'une cause quelconque,
deviennent malades de manière qu'ils n'aient point une élasticité, une force,
une vigueur ou une excitation suffisantes, la faculté ou les facultés qu'ils
manifestent sont à l'instant abattues, anéanties. Si, au contraire, l'organe
cérébral acquiert de la force, de la vie, de l'expansion, on verra combien la
faculté qu'il représente apparaît rapidement dans ces mêmes conditions.
Voilà comment se produisent, dans tous les modes d'action de l'âme, les
effets soudains de certaines substances physiques et de certaines actions
matérielles, ainsi que je l'ai démontré en divers endroits (t. I, p. 100 à 102,
117 à 118, 251 à 271; t. II, p. 15 à 16, 99 à 103, 322 à 323 et *passim*). Une
boisson alcoolique nous enivre, un narcotique nous fait tomber en léthargie,
un coup sur la tête nous fait perdre la raison, une fièvre nous fait délirer,
un ictère nous abat, une maladie organique quelconque peut décomposer
notre physique, et, ainsi décomposé, non-seulement le principe moral s'en
sépare complétement, mais encore tous les autres principes spirituels constituant l'essence spirituelle dont un moment auparavant il recevait animation
et vie. C'est sur ces circonstances et autres analogues que les végétariens ou
légumistes (t. II, p. 29 à 30) basent l'influence que les diverses sortes d'ali-

[1] Je n'ai cessé de vous entretenir de ce pouvoir, de cette influence et de cette direction
mutuelle. Plus nos connaissances à cet égard seront grandes et exactes, plus seront sûrs
nos jugements phrénologiquement déduits sur le caractère, les talents et les dispositions
des personnes; et nous comprendrons d'autant mieux la suprématie du libre arbitre.
Voyez ce que j'ai dit, *en général*, sur cet important sujet dans les lieux que je cite au bas
de la p. 352 du t. I, et, *en particulier*, dans les paragraphes qui ont pour titre : *Direction
et Influence mutuelle*, en traitant de chacun des organes.

ments produisent sur le physique, et, par conséquent, leur réaction sur le moral et sur les autres principes de l'esprit. Ils croient, et les arguments sur lesquels reposent leurs croyances sont très-solides (Voy. *Vegetarian Messenger*, n° 61, novembre 1854, p. 101-105), que l'usage de la chair des animaux comme aliment produit, par son indigestibilité et par ses propriétés trop excitantes, un état plus ou moins fébrile du corps. Cet état réagit sur le système nerveux et affaiblit en conséquence le ton, l'élasticité et la vigueur mentale. Aux preuves physiologiques et pathologiques qu'ils rapportent à l'appui de cette vérité, fondamentale pour eux, ils ajoutent l'autorité et l'expérience d'un grand nombre d'hommes célèbres anciens et modernes.

Suivant eux, Théophraste, disciple de Platon et d'Aristote, dit que « se nourrir de viande, c'est énerver l'âme et la conduire à la folie. » Milton dit qu'on peut être poëte lyrique tout en buvant du vin et tout en s'abandonnant à la gloutonnerie, mais que celui qui veut écrire un poëme épique digne de l'admiration des peuples doit manger des haricots et boire de l'eau. On sait que mistress Radcliff avait l'habitude de manger du foie cru ou demi-rôti, afin d'engendrer dans son âme des fictions extraordinaires lorsqu'elle écrivait ses romans effrayants. On sait aussi que Fuseli le peintre mangeait, dans le même but, de la chair crue. Il y a un grand nombre d'autres personnes dont les végétariens ou légumistes rapportent le témoignage ou l'expérience pour démontrer la grande influence que les digestions ont sur le cerveau, et, par conséquent, sur la manière dont le moral et les autres principes de l'âme se manifestent, afin de corroborer les doctrines qui servent de base à leur système ou régime diététique. Ces faits et ces opinions, que je vous présente seulement dans le but d'éclairer le sujet qui nous occupe, vous suffisent; surtout lorsqu'ils sont appuyés du témoignage des illustres personnages que je viens de citer.

Puisque j'en suis à ce sujet, je ne puis m'empêcher de vous dire que ma conviction profonde et fondée est que le magnétisme, fluide nerveux ou électricité animale et humanale, remplira, un jour qui n'est pas éloigné peut-être, un grand rôle dans le domaine que possède la volonté sur les autres facultés, et, avec elles, sur le monde externe. Je vous ai démontré plusieurs fois la vérité de la phrénologie en surexcitant, par le moyen de la magnétisation[1], quelques organes spéciaux dont le *langage naturel* (t. I, p. 383 à 405) se manifeste immédiatement sur le visage d'une façon très-prononcée et très-expressive. C'est là, oui, là, qu'on aperçoit d'une manière sensible l'ordre hiérarchique et la gradation naturelle des facultés sur lesquelles j'ai fixé votre attention tant de fois (t. I, p. 333 à 354, 352, 366; t. II, 126 à

[1] Afin que le lecteur ait une complète connaissance de ce sujet, je le renvoie à mon opuscule intitulé : *Éléments de Phrénologie, de Physionomie et de Magnétisme humain, en harmonie complète avec la spiritualité, la liberté et l'immortalité de l'âme*, par D. Mariano Cubi i Soler, propagateur de la phrénologie en Espagne, fondateur de deux collèges d'enseignement, membre de quelques sociétés scientifiques, auteur de plusieurs ouvrages littéraires, etc. Ouvrage publié avec l'approbation de l'autorité ecclésiastique. — Barcelone. Imprimerie d'Agustin Gaspar, plaza de Palacio, frente la lonja. 1849. Prix, 10 réaux.

127, 222 à 225). C'est là, oui, là, qu'on voit briller cette vérité, que plus nos sentiments et nos idées sont élevés, plus est noble, plus est élevée et plus est sublime l'expression que revêtent les traits du visage et les attitudes du reste de l'organisme. Quelle différence n'y a-t-il pas entre l'expression presque angélique que prend dans ces cas le visage humain lorsqu'on excite les organes par lesquels se manifestent l'intelligence et les sentiments moraux, et celle des attitudes, des gestes sensitifs de tout le corps, lorsqu'on excite les organes des passions grossières et animales ! Celui qui aura une nature humaine ne s'écriera-t-il pas, dans ces circonstances : « Il y a harmonie, il y a gradation, il y a plus ou moins d'infériorité et de supériorité dans l'ordre de la création? »

Ennemi juré de tout ce qui peut avoir quelque apparence de charlatanisme, j'ai toujours pratiqué ce genre d'expériences en présence de personnes d'une haute moralité et d'une haute réputation scientifique dont le témoignage les autorisât. A Reus, ainsi que je l'ai dit dans une autre occasion, (t. I, p. 253 à 254), tous les médecins et tous les chirurgiens de l'endroit y ont assisté. Une jeune fille d'une vingtaine d'années, très-sensible aux influences magnétiques, nous servit de démonstration. Les médecins furent placés à une très-courte distance d'elle et de moi. Chacun d'eux mettait dans ma main un petit papier où il avait écrit l'organe spécial que je devais exciter pour que le langage naturel de sa faculté se manifestât tout à coup et instantanément. Je n'avais qu'à fixer fortement les yeux sur l'organe indiqué par le petit billet, et, à l'instant, se montrait le langage naturel avec une énergie et une véhémence extrêmes, tantôt par une extase, tantôt dans un emportement. Il eût été tout à fait impossible de l'imiter ou de le produire par un effet quelconque de la volonté, en supposant même que cette jeune fille eût été la plus célèbre actrice connue. En voyant des phénomènes si extraordinaires, les médecins ci-dessus, ainsi que les élèves qui avaient assisté à l'un des cours de mes leçons sur la phrénologie, me transmirent leur opinion très-favorable sur ce sujet et l'accompagnèrent d'une lettre dont la teneur vous est déjà connue (note au bas de la p. 233 du t. I).

Cela ne doit nullement vous surprendre, si surtout vous considérez l'effet admirable que produisirent les cantharides employées dans un cas de maladie de l'alimentivité (t. II, p. 101 à 103) par notre médecin distingué don Antonio Fernandez Martinez. Ce confrère me communiqua depuis Séville, le 11 décembre 1854, un autre fait non moins important pour la thérapeutique cérébrale. Vers le milieu de la même année 1854, il eut occasion d'aller à la cour, où il fut invité pour voir un jeune aliéné que traitait le docteur don Juan Gualberto Avilés. M. Martinez conclut, après examen, que l'affection mentale était le résultat d'une insolation qui avait frappé le malade en juin de la même année. Cette insolation avait irrité quelques organes cérébraux, mais plus particulièrement l'acquisivité et la concentrativité.

« Il était à présumer, dit le même docteur Martinez, que l'acquisivité, aiguillonnée par la concentrativité, vivait aux dépens du reste du cerveau...

Enlever, dans ces circonstances, l'état inflammatoire par des moyens directs et indirects, a été toujours le plan que j'ai suivi. Ainsi je prescrivis une application de douze sangsues sur le siége de l'acquisivité, et deux cantharides à entretenir pendant une quinzaine de jours. — Au milieu d'août, continue le docteur Martinez, je reçus une lettre de son cousin, commerçant bien connu à Séville; elle m'apprit que le malade était revenu à son ancien état de santé et qu'il était allé prendre l'air dans les provinces de la Biscaye. Étant revenu à la cour vers le 20 septembre, j'eus le plaisir d'avoir une visite du malade : il jouissait d'une santé complète, comme le disaient lui-même et toute sa famille; mais, selon moi, il conservait une prédisposition organique à redevenir fou, à cause de sa grande concentrativité (*Voy.* le cas rapporté à la p. 140 du t. I). Je le lui montrai donc et je lui indiquai ce qu'il y avait à faire. »

Il n'y a pas très-longtemps que j'ai lu dans un journal de Barcelone quelques détails sur le sujet en question. Quoique l'article qui les rapporte ait été rédigé avec beaucoup de vague et d'indéterminations psychologiques, ce qui prouve que son auteur n'est pas phrénologue, je trouve les faits qu'il contient trop importants et trop curieux pour les laisser passer inaperçus. Je les rapporte encore, quoique les substances auxquelles il fait allusion n'aient pas une action spécifique sur des organes particuliers, mais plutôt sur tout le cerveau en général, à l'exception de la morphine, à laquelle on accorde, comme le docteur Gregory, des propriétés qui affectent exclusivement la langagetivité. Voici donc, tel que je l'ai extrait, l'article en question :

« Un docteur de cette capitale s'est occupé de la recherche de l'influence que l'usage de certaines substances exerce sur nos facultés morales et intellectuelles. Quelques-uns des résultats qu'il a constatés sont déjà connus; mais d'autres sont entièrement nouveaux et surtout très-singuliers. Nous croyons que quelques-uns d'entre eux ne déplairont pas à nos lecteurs. L'ammoniaque et ses préparations, la noix muscade, le castoréum, le vin et l'éther excitent l'imagination et rendent la méditation plus facile. Les huiles pyrogénées disposent à la mélancolie, à la mauvaise humeur et aux hallucinations. Une tasse d'une infusion d'une certaine quantité de chanvre produit une hilarité inextinguible, et c'est pourquoi les Indiens font entrer cette plante dans la composition de beaucoup de boissons enivrantes. Le protoxyde d'azote provoque le rire, ce qui lui a fait donner son nom. L'usage de l'arsenic, à doses infiniment petites et bien administré, provoque la tristesse; celui de l'or une belle humeur; celui du mercure une grande paresse. Celui qui fera usage du chlorhydrate de morphine jouira d'une loquacité remarquable et d'une grande facilité d'élocution. »

Ce genre d'étude a conduit à la conception et à l'exécution d'une plume. Si ce qu'on rapporte est vrai, elle rend palpables et manifestes les effets les plus surprenants d'un objet externe sur le physique, et en même temps ceux du physique sur le moral. Voici ce que je viens de lire à ce sujet dans le journal intitulé *The New-Orleans Price current* (t. XXVI, n° 21), 25 novembre 1854, page 3, colonne 3 : « Une invention récente, remarquable par sa nouveauté, préoccupe l'attention générale à Paris : c'est une plume *électro-galvanique* appelée *plume médicinale*. Elle est formée par l'union de deux métaux capables de produire un courant voltaïque sous l'influence de l'humidité de la main, et elle répand, dans tout le corps de la personne qui s'en sert, un effet calorifique et curatif. Son action principale se porte sur le système nerveux. » Il est presque inutile de vous prévenir que tout ce que je viens de dire constitue des découvertes qui mettent l'homme à même de dominer ou amoindrir les accidents inhérents à la condition primordiale à laquelle sont sujettes la volonté et les autres facultés de l'âme.

Influence des idées ou de l'intelligence rationnelle sur le moral. — Nous entrons maintenant, messieurs, dans les considérations d'un ordre plus élevé. Chaque faculté de l'âme, excepté la volonté, qui est toute l'intelligence humaine suprême, possède deux principes, c'est un de mes plus grands triomphes de l'avoir découvert et démontré (t. II, p. 281 à 283 et les endroits qui y sont cités), l'un *aveugle*, et l'autre *intelligent*. Le PRINCIPE AVEUGLE comprend les forces sensitives, affectives et impulsives; le PRINCIPE INTELLIGENT est constitué par les forces perceptives, compréhensives, mémoratives et imaginatives. Les unes ne sont pas et ne peuvent pas être les autres (t. I, p. 292: t. II, p. 293, 300, *notes au bas des pages*); mais les unes excitent, stimulent ou mettent en mouvement les autres. C'est pourquoi la partie affective des facultés est mise en action, non-seulement par des impressions physiques sur des organes qui produisent des sensations et des perceptions actuelles, perceptions qui, à leur tour, développent des affections agréables ou désagréables, mais encore par des souvenirs et des conceptions d'intelligence sensitive et rationnelle. O mystérieux *psychisme* ou siquisme spirituel (t. II, p. 285, *note* 6), qui engendres sans aucun concours matériel ou sensible, et les songes en sont une preuve évidente, des affections analogues à celles que les impressions matérielles ou sensibles seulement ont pu faire naître dans un principe !

Les souvenirs du passé et les conceptions du futur, basés sur des perceptions partielles ou sensitives, sont des actes d'une intelligence que possèdent même les brutes de l'ordre le plus élevé (t. II, p. 245 à 252). Cette intelligence n'agit que sur des sensations produites par des impressions externes. Mais l'homme possède en outre une autre intelligence supérieure rationnelle qui agit sur cette intelligence inférieure sensitive (t. II, p. 299 à 301). Ainsi cette intelligence est purement spirituelle ou interne (t. II, p. 237 à 240), puisque ses actes ne dépendent pas des sensations, des affections ou des impulsions particulières unies directement avec des impressions ou des actes externes ou matériels, mais des perceptions fondées sur ces sensations, sur ces affections ou impulsions et sur leurs relations. Cette force d'intelligence supérieure purement rationnelle réside dans l'harmonisativité (t. II, p. 297 à 301).

Cette harmonisativité ou faculté suprême idéalise ou généralise (t. II, p. 298) l'être ou l'essence des choses, c'est-à-dire qu'elle forme une connaissance idéale ou générale de son être, de son essence, comme partie ou comme tout d'une entité ou d'une individualité. L'homme peut donner et donne une existence objective propre à ces actes d'idéalisation ou de généralisation synthétique fondés sur les divers faits analytiques, c'est-à-dire sur la diversité ou sur les ordres de perceptions sensitives dans l'harmonisativité, à l'aide des facultés particulières qui s'irradient vers cette dernière, et il les incorpore à des signes matériels arbitraires [1]. De cette manière, ces actes d'idéalisation ou IDÉES sont tout autant d'entités, d'individualités, d'assemblages uniformisés ou d'unités multiples spirituelles incorporées dans des actes matériels capables d'impressionner les sens externes. A l'aide de cette existence objective, externe, propre, les *idées* peuvent être communiquées et elles se communiquent d'un homme à un autre et d'une génération à d'autres générations. S'il n'en était pas ainsi, nous serions renfermés, comme les brutes (t. II, p. 245 à 251), dans le cercle étroit et invariable de la sensation.

L'entité ou l'individualité propre d'une idée se fonde sur les divers éléments de comparaison que l'harmonisativité a embrassés (t. II, p. 298) pour la former dans son sein où elle a été engendrée. L'influence d'une idée sur la personne à laquelle on la communique dépend des éléments que son harmonisativité comprend ou perçoit dans cette idée. Ainsi donc une *idée*, entité purement spirituelle, suscite, dans l'individu qui lui a donné naissance ou auquel on la communique, les mêmes affections que développerait le contact matériel des éléments que l'harmonisativité perçoit ou comprend en elles. Aussi voyons-nous les *idées* ou causes idéales, comprises par le sens rationnel (t. II, p. 353) ou engendrées par lui, affecter quelquefois de l'intérieur notre moral aussi efficacement que l'affectent du dehors les SENSATIONS produites par des causes matérielles mises en contact avec les sens externes.

Il se présente à chaque instant des preuves positives et vraies qui éclairent et démontrent ce principe. De ce nombre sont tous ces faits dont les circonstances bonnes ou mauvaises nous réjouissent ou nous attristent, dont la victoire ou la défaite nous fait éprouver en les lisant mille plaisirs ou mille craintes, nous exalte ou nous abat; dont une seule parole menaçante, mais non accompagnée d'un geste physique ou matériel, nous anéantit; dont une seule parole encourageante nous anime. Dans ce nombre il faut encore comprendre ces cas dans lesquels nous mourons de la peur du choléra lorsque l'on nous dit que nous avons dormi dans le lit d'un cholérique, alors même que nous sommes le premier qui y ait été couché, ou lorsque nous prenons

[1] Il y en a qui ont dit que les signes avec lesquels l'homme donne une forme matérielle à ses idées spirituelles ne sont pas *arbitraires*. Il est évident que si par arbitraire on entend *omnipotence* d'une part, ou force *sensitive* d'autre part (t. II, p. 504 à 519 , ce qu serait une confusion d'idées, les signes ne sont pas arbitraires. Mais, si l'on entend par *arbitraire*, comme on doit le faire, ainsi que je l'ai démontré (t. II, p. 278 à 280), la force d'élection intelligente de notre volonté limitée t. II, p. 517 à 519 , ces signes alors sont arbitraires, car on peut les choisir à son gré. Toutefois, si dans cette élection, comme dans toute autre, l homme ne se guide pas, comme je l'ai démontré t. II, p.252 à 270), sur la loi de l'harmonie, il commet un acte arbitraire, un abus de linguistique, dont il est puni par la non-admission générale des mots formés par son caprice.

avec une grande confiance, et peut-être avec la certitude d'être guéri, le verre d'eau pure qu'on nous a dit contenir un spécifique admirable.

Dans aucun de ces cas, ni le moral ni le physique n'ont été impressionnés ni directement affectés *au dehors* par des impressions externes. L'affection morale a été engendrée par l'intelligence, par l'*idée* : tout est venu *du dedans*. D'abord le fait ou la chose affectante a été comprise *en idée* ; et puis cette *idée*, et non le fait ou la chose elle-même, a affecté le moral.

Ce qui a lieu pour la partie passive, morale ou affective, a lieu également pour la partie active, impulsive ou exécutive, comme je l'ai démontré en diverses circonstances. Une idée peut exciter en nous, suivant sa nature, des impulsions ou des passions différentes et opposées qui nous font connaître les actes les plus héroïques comme les plus lâches, les plus vertueux comme les plus criminels, les plus passionnés comme les plus impartiaux. Une *idée* nous rend furieux ou nous calme, nous sauve ou nous perd, change notre lâcheté en vaillance ou notre méchanceté en bonté. Une *idée* ouvrit à Thibets (t. I, p. 141), la veille de l'expiation de ses crimes horribles, un monde de gloire et de vertu ; une *idée* convertit l'assassin perfide et infâme et en fit un serviteur fidèle et honnête (t. II, p. 305). Une *idée* produit une conviction raisonnable dans l'esprit d'un fou, et cette conviction, qui est seulement la même idée comprise, produit en lui un changement de conduite que l'on chercherait à obtenir inutilement par les châtiments les plus cruels, par les souffrances les plus intenses, ainsi que vous en avez eu la preuve (note au bas des pages 346 et 347 du t. II) dans le cas que nous raconte Pinel. Une *idée* fait perdre ou gagner une bataille de laquelle dépend le sort de toute une armée et peut-être la ruine ou le salut de tout un peuple [1].

Combien de fois une *idée*, dès sa conception ou après avoir traversé des siècles, n'a-t-elle pas changé la marche d'une nation et même celle de l'humanité entière ? Combien de fois une *idée* ne soulève-t-elle ou n'apaise-t-elle pas dans l'homme ces séditions, ces luttes, ces guerres, ces conflits, ces changements soudains du moral, ou affections, ces changements du souvenir, ou résolutions, auxquels notre tête, véritable congrès mental ou champ de bataille (t. II, p. 259) est constamment sujette ! Les facultés qui, groupées autour d'une idée, nous conduisent au bien, sont les mêmes qui, groupées autour d'une autre idée, nous conduisent au mal. Les mêmes jambes (t. I, p. 294) qui, dirigées par une impulsion, cheminent vers le sud, peuvent, dirigées par une impulsion différente, cheminer vers le nord : tout dépend de la direction, et la direction n'est qu'une idée. Cette force des idées — de ces entités spirituelles, de ces entités qui se produisent et se comprennent exclusivement ici-bas par la raison humaine — excite non-seulement notre moral, ou partie affective, dans un sens agréable ou désagréable, mais encore, tant

---

[1] « Le sort d'une bataille, a dit Napoléon Ier, comme je l'ai lu dans quelque endroit, est le résultat d'un instant, d'une pensée ; on la commence par des combinaisons diverses, on la continue en combattant pendant quelque temps. Mais le moment décisif arrive, une idée heureuse jaillit de l'intelligence, et une réserve convenable remporte la victoire. »

qu'il y a de l'activité mentale en nous, avec plus d'intensité et plus de rapidité que toute autre force inorganique, chimique, végétale, animale, sensitive ou impulsive. Et cependant, vous le savez bien (t. I, p. 531 à 532), c'est précisément cette force des idées qui a été jusqu'à présent considérée dans les écoles comme séparée, désunie, divorcée du moral et de la morale; elles font de l'idéologie et de l'éthique deux sciences complètement distinctes et isolées.

Si d'aussi grands prodiges dépendent d'une idée, comme je viens de le démontrer, et s'il n'y a pas un *mot*, une attitude intelligente (t. II, p. 145 à 147), qui ne soit l'expression d'une idée, quelle importance immense n'ont pas les attitudes et les paroles? Avec quelle prudence, avec quelle réserve ne devons-nous pas les manifester et les prononcer? Le médecin guérit non-seulement par les médicaments physiques ou moraux qu'il prescrit, mais encore avec les idées que son langage naturel, mimique ou parlé, communique. Une attitude, un geste, un regard, une parole du médecin peut être, suivant l'idée qu'elle inspire aux malades dans des circonstances données, un remède qui lui donne la vie ou un poison qui lui donne la mort [1].

[1] Puisqu'on établit une distinction entre la médecine *physique* et la médecine *morale*, on devrait en établir une autre entre la médecine *morale* et la médecine *idéale*. On entend par médecine physique, la médecine matérielle, qui s'applique à l'organisme dans sa partie exclusivement physiologique ou objective, et, par médecine morale, la médecine sensitive et la médecine idéale, qui affectent directement, par le moyen des sens, la partie exclusivement psychologique ou subjective (t. II, p. 373 à 374). Il y a entre la médecine sensitive, celle qui peut être proprement nommée *morale*, et la médecine intelligente, celle qui, selon moi, doit être appelée *idéale* ou des *idées*, une différence aussi grande que celle qui distingue le règne animal du règne humain (t. II, p. 96, remarque au bas de la page), c'est-à-dire le règne sensitif du règne rationnel.

Il est si évident, par exemple, que la musique, la peinture, les fonctions théâtrales, les pratiques religieuses, les joies domestiques, la vue des amis, les diversions et les distractions de toute sorte dans leur usage TEMPÉRÉ et HARMONIQUE (t. I, p. 50, 74, 301, *note* et *passim*) produisent des résultats bienfaisants et salutaires pour l'âme comme pour le corps, que celui qui ne reconnaîtrait pas cette vérité passerait pour un insensé. Ces exercices prescrits et recommandés par le médecin dans le but d'exciter et de fortifier les facultés mentales, afin que l'influence de leur meilleur état serve à guérir, à fortifier ou à harmoniser le *physique* d'un malade, constituent, à proprement parler, la MÉDECINE MORALE; de même que lorsque l'homme sain les met en pratique pour conserver son bon état de santé, ils constituent également, à proprement parler, l'HYGIÈNE MORALE.

C'est une impropriété de langage, à mon avis, que de confondre cette médecine et cette hygiène morales ou purement sensitives avec la médecine et l'hygiène IDÉALES, c'est-à-dire celles qui sont incorporées dans les réflexions, dans les conseils, dans les pensées, dans les idées enfin qui, se transmettant aux malades par des paroles ou par d'autres signes intelligents, produisent d'habitude des effets aussi extraordinaires que ceux que vous avez vus ci-dessus. La médecine morale sensitive affecte, jusqu'à un certain point, les brutes. Rendre à un cheval le compagnon qu'on lui avait enlevé, c'est quelquefois lui rendre la vie, de même que la perte du maître a causé quelquefois la mort d'un chien. Mais, quant à la *médecine idéale*, quel effet peut-elle produire sur le règne animal ou purement sensitif, si, dans les êtres qui le constituent, il n'y a point d'harmonisativité pour concevoir, percevoir et comprendre les idées? Non-seulement, le règne sensitif n'a point d'harmonisativité, c'est-à-dire la force efficiente des idées, mais encore il n'a ni la causativité, ni la déductivité, c'est-à-dire les forces récipientes principales et indispensables, qui permettent à l'harmonisativité de les concevoir, de les percevoir et de les comprendre, comme je l'ai démontré (t. II, p. 257 à 241, 247 à 251, si je ne me trompe, d'une manière qui résout entièrement cette question.

Nous devons toujours faire en sorte que les idées exprimées par nos paroles aient une tendance sincère, instructive et encourageante. Nous devons, règle générale, faire en sorte que, dans l'affectable ou le moral, les idées renfermées dans nos paroles tendent à substituer le courage au découragement, l'espérance à la crainte, l'amour à la haine, la modération à l'emportement, la générosité à l'égoïsme. Si nous avons parfois à remplir un devoir qui nous oblige à transmettre des idées qui doivent nécessairement susciter des affections tristes et pénibles, nous devons au moins chercher en même temps à provoquer des affections de consolation, de résignation, de fermeté, objet pour lequel la phrénologie (t. II, p. 321 à 331) nous fournit une vive lumière. Nous ne devons pas moins apporter de soins et de réserve dans nos attitudes et nos paroles, à cause de leur influence sur les impulsions et sur la conduite. Que d'égarements, que d'aberrations, que de calamités n'a-t-on pas causés parmi les individus et chez les nations en parlant toujours de la *liberté* non considérée comme inévitablement soumise à l'*autorité;* du *progrès* non considéré comme inévitablement soumis à l'*ordre;* du *désir* non considéré comme inévitablement soumis à la *tempérance*, et bien plus encore en parlant sans cesse de *libertés*, de *progrès* et de *désirs* non considérés comme inévitablement soumis, dans leur diversité et leur contraste, à la loi de l'HARMONIE, que Dieu lui-même soutient dans l'ordre sensitif et rationnel à l'aide du plaisir comme récompense et de la douleur comme punition.

Influence du moral, de quelque manière qu'il se trouve affecté, sur le physique. — Comment se fait-il, pourriez-vous me demander, que le moral, affecté matériellement par des impressions ou spirituellement par des idées, imprime toujours au physique un état analogue à lui-même? Comment se fait-il, par exemple, qu'au moment où nous sommes moralement découragés par l'attaque inopinée du bandit dont on a parlé (t. II, p. 344), notre visage pâlit, nos jambes tremblent, nos yeux se gonflent, notre estomac se dérange et tout notre organisme se sent tout bouleversé?

Comment se fait-il que la crainte du choléra [1] engendrée par l'IDÉE qu'on a dormi dans le lit d'un cholérique, ou que l'espérance de guérir produite par la simple idée qu'on a pris un spécifique, aurait au moins suffi pour prédisposer, dans le premier cas, à la même maladie que l'on redoutait, et, dans l'autre, à la même guérison qu'on espérait?

La découverte de la phrénologie, qui a immortalisé le nom de Gall (t. I, p. 68 à 78), et mes propres découvertes, savoir : que l'âme, bien qu'elle

---

[1] Puisque je parle du choléra, du choléra-morbus asiatique, bien entendu, je ne puis m'empêcher de mentionner un opuscule remarquable sous beaucoup de rapports et que vient de publier, sur la manière de le traiter thérapeutiquement avec succès, le savant docteur don Antonio Fernandez Martinez, dont j'ai parlé dans d'autres occasions (t. II, p. 101 à 102). Dans cet opuscule (Séville, 1854, imp. de Francisco Alvarez i comp.), adressé sous forme de lettre à l'*Heraldo medico*, journal de médecine qui se publie à Madrid, M. Martinez prétend avoir découvert que l'éther sulfurique et le laudanum, employés comme il le prescrit, sont un spécifique de cette maladie.

se serve d'organes cérébraux pour ses manifestations, afin qu'ils établissent et qu'ils maintiennent une correspondance passive et active, sensitive et intelligente entre eux et avec toutes les parties de l'organisme, emploie autant d'espèces de fluides nerveux et d'électricités humanales qu'elle possède de facultés, me permettent, si je ne me trompe, de satisfaire brièvement, clairement et définitivement à vos demandes. En effet, la phrénologie nous enseigne qu'une faculté excitée à l'extérieur par des causes matérielles qui produisent en elle des sensations, ou à l'intérieur par des causes spirituelles qui lui communiquent des *idées*, que sa commotion soit agréable ou désagréable, modérée ou trop énergique, incorpore son état actuel, ce qui sera toujours pour nous un mystère, à l'organe cérébral par lequel elle se révèle ou se manifeste.

Dès qu'un organe cérébral quelconque se trouve impressionné par l'état actuel de sa faculté, il se développe en lui, ainsi que je l'expliquerai bientôt en parlant du *passage du matériel au spirituel et du spirituel au matériel*, un fluide électrique, magnétique ou nerveux, analogue à l'état que sa faculté lui a communiqué. Ce fluide, qui, dans ce cas, est affectif ou passif, et non impulsif ou actif, se répand, avec sa spécialité agréable ou désagréable, du cerveau à tout le physique ou à tout le système organique, et il produit, dans toutes ses parties, sans que la volonté puisse *directement* l'éviter, des effets plus ou moins considérables ou plus ou moins insignifiants, suivant que le sentiment moral est plus ou moins agréable ou désagréable, plus ou moins faible ou intense [1].

Voilà comment quelquefois une crainte dont la manifestation s'*engendre* dans le cerveau produit instantanément une paralysie de tout le corps en général, et comment une tristesse, prolongée pendant quelque temps, rend le foie entièrement malade. Voilà comment le sentiment de la sécurité personnelle fortifie et ranime tout l'organisme, et comment une joie nous épanouit et donne du ton au cœur et aux poumons. Ceci nous explique pour-

[1] Je dis sans que la volonté puisse directement l'éviter. Ceci doit s'entendre du fait qui a déjà eu lieu, c'est-à-dire d'une faculté particulière qui a été affectée d'une manière prépondérante, et de son affection qui domine le plus grand nombre de facultés, dans le sens suivant lequel elle est elle-même dominée. Dans ce cas, la valvule, qui donne issue au fluide accumulé dans son organe, se trouve ouverte et le fluide se répand dans tout l'organisme. Supposons qu'une ou plusieurs facultés soient désagréablement affectées et que la volonté, avant d'obtenir un pouvoir complet sur l'âme, puisse exciter l'action agréable d'autres facultés antagonistes. Cette nouvelle action agréable, dominante, réveille et stimule les facultés abattues; celles-ci se sentent sous une influence excitante qui les anime; le fluide nuisible de son organe est neutralisé ou la valvule se ferme pour l'empêcher de s'échapper. De sorte que ce fluide ne peut agir sur le physique que dans un sens salutaire. S'il n'en était pas ainsi, s'il n'y avait pas eu en nous l'effectuativité, l'infériorivité, la réalitivité, la rectivité, la bénévolentivité, dont l'action neutralise et repousse ce qui abat et ce qui opprime l'âme; si cette action ne pouvait être excitée intérieurement par la volonté ou extérieurement par les objets, par les faits et par les actions qui sont immédiatement en rapport avec elle et qui produisent un état favorable nouveau dans le moral, et par suite un état favorable nouveau dans le physique, l'homme, qui gémit et qui est abattu par la perte d'un fils ou de capitaux, par la crainte de la mort, ne pourrait trouver de consolation possible.

quoi une sensation de pitié produite par la vue des larmes ou par l'idée d'une plainte affecte péniblement l'homme bienfaisant. Voilà comment chez la plupart des hommes, le sentiment ou l'idée d'une douleur du tact, d'un plaisir du goût, d'un remords, d'un *tu as bien agi*, d'une vanité, qui sont des affections morales produites par des causes matérielles ou spirituelles, engendrent un effet nuisible ou utile au physique. Enfin voilà pourquoi le bien-être et le malaise du moral ont directement tant d'influence sur le bien-être et sur la santé du physique, et sur son malaise ou sur sa maladie.

Confusion psychologique des philosophes et des non-philosophes sur ce sujet. — Il vous sera facile, d'après ces observations, de comprendre la confusion psychologique qui règne dans cette question. Jusqu'à présent dans le langage philosophique ou des savants et dans celui qui se forme toujours d'après le leur, c'est-à-dire dans le langage vulgaire ou de la majorité des hommes, la force ou faculté que l'âme possède pour représenter les choses *en idées*, c'est-à-dire de les comprendre au moyen d'une perception spirituelle de tous les éléments réunis qui composent son être (t. II, p. 298) a été appelée IMAGINATION. En donnant ce nom à cette faculté mentale, ni les savants ni les ignorants n'ont examiné si l'âme possédait une ou plusieurs espèces d'imaginations (t. I, p. 559, 543; t. II, p. 115 à 116), si les choses *en idée* que l'imagination ou les imaginations se représentaient étaient conçues et senties par elles, ou purement communiquées à elles et comprises par elles, ou enfin si la chose ou les choses conçues en idées par l'imagination ou venues du dehors vers elle étaient fictives ou réelles. Les savants ont moins examiné encore si, lorsque le physique se trouve affecté agréablement ou désagréablement par une idée ou par un acte de ce qu'ils ont appelé *imagination*, est cette idée ou cet acte qui affecte le physique directement et exclusivement, ou si cette idée ou cet acte ne peuvent affecter le physique qu'indirectement, après avoir impressionné le moral.

C'est avec ce vague, cette inexactitude et cette confusion qu'on dit, lorsque nous possédons une représentation ou une idée d'une chose admise par la généralité comme factice, incertaine ou fondée, et lorsque cette représentation ou idée se manifeste par une affection dans le *physique*, que cette affection a été produite par l'IMAGINATION. Si l'on admet comme réelle, certaine, incontestable ou bien fondée la chose dont nous avons une simple représentation ou une idée, quoique nous n'en ayons eu qu'une représentation ou une idée, on ne la rapporte pas à l'*imagination*, mais bien à la réalité de la chose qu'exprime, que comprend ou que représente l'idée conçue, entendue ou lue. On rencontre à chaque instant des faits pratiques de l'un et de l'autre genre qui éclairent complétement ce sujet.

L'un des faits les plus remarquables et les plus intéressants de la première classe, fait connu de tout le monde, se passa, dit-on, en Angleterre, il y a plusieurs années. Il s'éleva, entre quelques étudiants qui suivaient la clinique de l'un des hôpitaux de Londres, la question de savoir : si l'*imagination* ou l'*illusion* avait ou n'avait pas réellement, dans certains cas, une influence remarquable sur le physique. Pour arriver à une conviction sensible ou fondée sur des faits visibles et palpables, ils convinrent de faire une épreuve, un peu dure à la vérité, sur un charretier, nommé Jean, qui les approvisionnait de charbon de terre, et qui répondit très-bien à leur désir.

Les étudiants se divisèrent en plusieurs groupes; ils se placèrent dans divers endroits par où devait passer le charretier. C'était un homme remarquable de toutes les manières par sa grande force et par sa santé extraordinaire. En passant à travers le groupe le plus avancé, l'un des étudiants, dont le visage et les gestes ne pouvaient faire soupçonner la moindre idée d'un plan secret, lui dit : « Jean, qu'as-tu? tu es pâle ! — Êtes-vous fou ? » repartit le charretier? Puis il ajouta d'un air dégagé : « Vous vous moquez de moi! » Et il poursuivit son chemin. Plus loin un étudiant du second groupe lui dit avec une apparence d'intérêt simulé : « Que diable as-tu aujourd'hui? Ton visage a la couleur du safran ! — Vous voulez, sans doute, répondit-il, plaisanter avec moi; je n'éprouve rien et je n'ai rien. » A peine avait-il marché un quart d'heure qu'il rencontra les étudiants du troisième groupe. L'un d'entre eux s'avança, et, simulant une grande sollicitude, lui dit d'une voix triste et attendrie : « Jean, ton visage fait pitié; les autres jours si frais, si robuste, si plein de santé, et aujourd'hui si pâle, si abattu, si faible! » Ici Jean dit avec quelque doute : « Je n'ai rien; mais d'autres m'ont déjà dit que j'étais pâle.

— Pâle ! lui répondirent-ils tous ensemble en affectant un grand intérêt; dis plutôt perdu. — Voyons le pouls », ajouta l'un d'eux. Et Jean tendit le bras sans chanceler ni sourciller un seul instant. Un moment après, celui qui avait pris le bras lui dit d'un air très-grave : « Tu as la fièvre; de vrai, tu es malade! » Ici il fit un grand effort pour surmonter le terrible effet que l'étudiant venait de produire dans son moral; et, son moral réagissant sur son physique, il s'écria en riant : « Vous vous moquez de moi, je n'ai rien et ne sens rien. » Et, donnant un coup de fouet aux chevaux, il continua son chemin en disant : « Allez chercher un autre nigaud pour vous divertir ! »

Au moment où Jean y pensait le moins, il rencontra d'autres étudiants dont le caractère réfléchi et réservé inspirait une grande confiance. Ceux-ci, le voyant réellement pâle et avec un visage tout changé, lui dirent sans dissimulation et d'un ton profondément convaincu : « Jean, tu as la fièvre; tu souffres sans doute de la tête. Quel accident t'est-il arrivé sur ton chemin? Tu es malade, et, si tu ne te mets pas au lit immédiatement, tu mourras très-prochainement. »

Ces paroles achevèrent de déconcerter le pauvre Jean, qui, d'une voix plaintive et souffreteuse, répondit : « Oui je suis malade; j'éprouve une chaleur qui me brûle, et la tête me fait bien mal. »

En effet, il en était ainsi. Les affections morales pénibles ou douloureuses, produites par les idées qu'on lui avait communiquées et qu'il avait

très-bien saisies, avaient réagi si bien sur son physique, qu'elles occasionnè-
rent réellement et positivement la maladie qu'on lui avait fait concevoir et
imaginer.

La chose était allée trop loin; les étudiants commencèrent à se demander s'il ne valait pas mieux désabuser le pauvre Jean que de le faire mettre
au lit et de le traiter médicalement d'après les symptômes manifestes d'une
maladie réelle et positive. Ils consultèrent à ce sujet quelques-uns de leurs
professeurs, qui se décidèrent sagement pour le dernier moyen. Jean se mit
au lit, fut saigné, prit des boissons émollientes, et son *moral* se releva par
ces *idées* et d'autres analogues : « Tu vas bien, tu es déjà mieux; ton visage
n'est plus le même. » Au bout de peu de jours, il se leva avec un *physique*
sain, agile et vigoureux; il fut très-satisfait de l'idée qu'il se trouvait débar-
rassé de la grande maladie dont il avait été atteint.

Je vais maintenant vous rapporter un fait de la seconde classe, c'est-à-
dire un cas dans lequel les idées, les représentations ou la *force d'imagination*, dans le sens indiqué, produisirent exclusivement aussi un effet semblable, mais plus funeste, fatal et déplorable. La différence qu'il y a, comme
je ne cesserai de le répéter, entre ce fait et celui que je viens de raconter,
c'est que, dans le dernier, la réalité de la chose que l'imagination s'est représentée est plus probable ou plus croyable pour la généralité que dans
celui de Jean.

« Un homme, appelé Smith, dit le *Manchester examiner and Times* dans
un de ses derniers numéros, mari de la dernière maîtresse d'hôtel du navire
Marco-Polo, laquelle vint s'établir à Melbourne, fut si agréablement impressionné de l'offre que les propriétaires lui firent de son passage gratis sur
ce bâtiment pour se rendre à cette ville d'Australie, où il allait retrouver sa
chère épouse, que peu de jours après lui en avoir donné la nouvelle, il mourut des effets que sa joie excessive produisit sur son système nerveux [1]. »

Dans ce cas, la croyance à la réalité objective de la chose que représentait l'idée communiquée au mari, afin qu'elle produisit l'impression ou l'effet
moral de la joie excessive qui tua son physique, a été un élément aussi indispensable que dans le cas de Jean la croyance à la réalité objective des
idées communiquées par les étudiants à sa subjectivité et qui impression-
nèrent tristement et péniblement son moral; ce moral, ainsi désagréablement affecté, rendit son physique malade. Dans les deux cas, la cause première de l'affection physique, *par le moyen de la cause secondaire indispensable du moral*, est purement *idéale* ou une simple *idée*. Il n'y a d'autre
différence, comme je l'ai dit, qu'en ce que, dans le premier cas, la croyance
à la réalité objective ou matérielle du fait, auquel l'idée se rapportait, ou

[1] Ce fait ne doit nullement nous surprendre, puisqu'il en arrive d'autres semblables
très-souvent. Il n'y a pas encore deux ans qu'un barbier mourut ici (à Barcelone, en 1855
de joie d'avoir gagné à la loterie. Étant enfant, j'ai vu moi-même mourir presque subitement de joie un père à qui l'on avait présenté à l'improviste un fils chéri qu'il croyait
mort. Depuis lors j'ai en aversion toute espèce de surprise.

que l'imagination se représentait, aurait, pour la généralité des personnes, plus de fondement que dans le second cas.

Il est certain que la philosophie a confondu jusqu'à présent, faute d'une analyse mentale plus exacte et plus rigoureuse, l'harmonisativité qui réunit *idéalement* les choses dans leur universalité la plus étendue (t. II, p. 298) avec la force d'imagination (t. I, p. 339, 343; t. II, p. 115 à 116), qui, comme vous le savez, est un mode d'action commun et propre à toutes les facultés de l'âme et à chacune d'elles. Cette confusion finit par s'embrouiller complétement en attribuant, comme on l'a fait et comme on continue à le faire, à l'*imagination*, considérée à tort comme une faculté et non comme un mode d'action propre de toutes les facultés (t. I, p. 315 à 317), les actes de croyance, *quand ils sont mal fondés*. La croyance, considérée dans sa généralité, est une force sentimentale agréable, et la non-croyance une force sentimentale désagréable. Toutes deux résident dans la réalitivité. Si la force perceptive ou conceptive de cette faculté perçoit ou conçoit *de fait* une chose avec plaisir, la perception ou conception de cette chose, unie au plaisir réalitif qu'elle procure, est une notion ou un acte concret de croyance; si elle la perçoit ou si elle la conçoit avec douleur, elle est une notion ou un acte concret d'incrédulité. Ces notions sensitives, irradiées vers l'harmonisativité, tendent à produire en elles une CERTITUDE ou conviction rationnelle positive ou négative, c'est-à-dire le OUI ou le NON intelligent ou en idée relativement à une chose ou à un fait considéré en général dans sa totalité.

Afin de rendre très-claire et très-compréhensible cette question sublime et transcendante entièrement nouvelle en psychologie, je rapporterai un exemple qui l'éclairera complétement. Supposons que, dans un temps de révolution, un ami, voulant se divertir et faire une plaisanterie de très-mauvais goût, dise gravement à un autre : « *On va te fusiller dans deux heures.* » L'harmonisativité comprendra l'idée exprimée par ces paroles dans la *multiplicité unie* d'éléments qui constituent toute l'étendue du fait auquel se rapporte l'idée elle-même; cette idée, comprise par l'harmonisativité dans sa totalité abstraite, sera instantanément rayonnée ou dirigée vers les autres facultés et excitera dans chacune d'elles des affections *concrètes*, propres à leur caractère spécial. La réalitivité en percevra son élément de vérité et produira l'affection AGRÉABLE appelée *croyance*. Mais la conservativité en percevra son élément de dissolution, et celui-ci produira une affection DÉSAGRÉABLE si intense, que ce sera une panique. Cette panique emportera non-seulement le plaisir de la réalitivité, mais elle remplira de terreur et d'épouvante la partie affective, c'est-à-dire le moral de toutes les facultés de l'âme de l'individu; elle laissera, comme conséquence, tout son physique bouleversé, déconcerté et en désordre.

On voit ici que l'idée communiquée, comme toute autre idée, est un acte mental, abstrait ou général qui embrasse un *tout complet*, sans aucune relation avec ses parties constituantes, c'est-à-dire qui embrasse le tout dans son tout et dans toutes ses applications possibles dans le cercle de la juridiction qu'il comprend; mais il n'y a point en lui et de lui-même une combinaison ou une application déterminée. Il n'y a dans l'idée rien de nécessaire, rien d'indispensable, rien de forcé. Il n'y a pas même la perception ou la conviction intime de réalité, de vérité ou de certitude. Si une seule conviction intime, une perception particulière ou une combinaison spéciale de quelque classe pouvait être propre et exclusive aux idées de l'harmonisativité, ces idées seraient déjà une *force d'inclination* particulière et non une force *de raison* générale. Mais, comme je l'ai démontré (t. II, p. 299 à 301 et *notes*), il n'en est pas, et il ne peut en être ainsi dans une créature raisonnable.

Supposons, pour mieux éclairer ce sujet, que dans le cas que je viens de rapporter comme exemple, l'individu auquel on a dit et qui a cru qu'il allait être fusillé dans deux heures possède, comme un autre Jimenez de Cisneros (t. II, p. 139), une grande fermeté d'âme, et qu'un moment après, sa stratégitivité, sa causativité, sa déductivité, sa précautivité et d'autres facultés le raniment et le rendent apte à agir avec sérénité. Supposons, en outre, que ces facultés perçoivent, conçoivent ou rappellent quelques circonstances nouvelles et qu'elles présentent le fait à la saillietivité de telle façon que cette faculté ne voie en lui qu'une tromperie ou qu'un tour de mauvais goût au moyen duquel un ami railleur a voulu se divertir. Cette conviction intime de la saillietivité se présente entièrement à la réalitivité, qui, bon gré, mal gré, la perçoit comme une réalité, éprouve bientôt après une nouvelle croyance, une certitude opposée, et ressent toutefois en même temps une douleur ou non-croyance par le souvenir du tour qu'on lui a fait. La perception de tromperie et de croyance en la tromperie convergent vers l'harmonisativité, qui, étant la force abstraite et impartiale, agrandit ou modifie l'idée du fait dans sa totalité; elle la répand ainsi agrandie dans les autres facultés; elle console, anime, fortifie la conservativité abattue et consternée auparavant. Le physique, en attendant, a été altéré parce qu'il se trouve soumis directement et immédiatement au moral des autres facultés; et ce préjudice n'est pas toujours neutralisé par un changement favorable et soudain d'affection dans le moral, comme nous le démontre le malheureux auquel on accorde la grâce au moment où on le conduit au supplice.

Voilà comment les actes des facultés particulières convergent dans la faculté générale et comment ceux de la faculté générale rayonnent vers les facultés particulières. Voilà comment une idée peut représenter un fait faux, affecter le moral de quelques facultés agréablement ou désagréablement, comme s'il était vrai et l'affecter encore agréablement ou désagréablement, comme vrai, quoique faux. Voilà comment se trouvent représentées en action des variétés de craintes et d'espérances, de lâchetés et de valeurs, d'excitations et de frayeurs qui apparaissent et disparaissent, qui se composent et se décomposent de mille façons, suivant l'idée que nous concevons à l'intérieur ou qui nous arrive du dehors[1].

[1] Si je ne m'illusionne pas, je crois avoir présenté le véritable *psychisme* ou siquisme (t. II, p. 285, note 6 au bas de la page) de la certitude ou de la réalité, tel qu'il se forme

Je terminerai cette leçon en vous faisant remarquer qu'il est nécessaire de connaître dans certaines circonstances la ligne de séparation qu'on a voulu établir entre le physique et le moral pour bien faire comprendre ce que nous disions à cet égard. Quelquefois nous disons dans un langage propre et sanctionné par le bon usage : « N... éprouve des douleurs *morales* cent fois plus aiguës que tous les tourments *physiques*. » — « Mieux vaut un moment de plaisir *moral* qu'un plaisir *physique* éternel. » Or toute espèce de plaisir et de douleur sont des *sensations*, et les sensations (t. II, p. 574 à 575; leçon LVIII, mot *Sensations*) ne sont pas propres au physique. Donc c'est, en principe général, une manière incorrecte de s'exprimer que de parler de plaisirs ou de douleurs *physiques*.

Par cela même que ce sont des plaisirs ou des douleurs, ce sont des sensations, des affections ou des sentiments exclusivement *moraux* ou appartenant au moral.

La découverte de la phrénologie, et ce que j'ai dit (t. I, p. 339 à 340, 357 à 360; t. II, p. 253 à 256) sur ce que chaque faculté mentale a l'attribut d'éprouver un genre d'affections ou de sentiments qui lui sont propres et exclusifs, montrent que l'adjectif « *moral* » s'applique *particulièrement*, dans ces circonstances, aux AFFECTIONS agréables ou pénibles, produites par des facultés qui n'ont aucun lien immédiat avec un appareil extra-crânien, et que l'adjectif « *physique* » s'applique à ces *affections* agréables ou désagréables produites par des facultés qui sont directement unies avec un appareil extra-crânien, c'est-à-dire par les facultés de contact externe immédiat (t. I, p. 335, 369, 436 à 437), parmi lesquelles on peut ou doit placer (t. II, p. 18, 32) la générativité et l'alimentivité. Par conséquent, il faut comprendre au nombre des douleurs ou des plaisirs « *physiques* » les affections visuelles, olfactives, auditives, gustatives, tactives, génératives et alimentives ou *nourritives*, toutes les fois qu'elles sont produites exclusivement par les impressions reçues par leurs sens ou leurs appareils extra-crâniens. Les douleurs ou plaisirs « moraux » comprennent les affections qui s'engendrent dans les

---

ou apparaît en notre esprit, à l'aide de ce que je viens de dire, de ce que j'ai expliqué sur la réalitivité, de ce que j'ai établi sur le sens rationnel, et dans la fin de cette leçon. Jusqu'à présent ce sujet a été, en philosophie mentale, le rocher contre lequel se sont brisés les efforts les plus énergiques de l'intelligence humaine. Celui qui veut connaître l'abîme insondable dans lequel se sont plongés les métaphysiciens qui ont traité ce sujet, et savoir comment ils ont toujours dû avoir recours au *sens commun*, sans s'entendre sur ce qu'ils comprenaient eux-mêmes philosophiquement par sens commun, doit comparer les passages auxquels j'ai fait allusion (t. II, p. 151 à 165, 333 à 340) avec ce qu'a dit Balmès dans tout le premier volume de son ouvrage intitulé : *Philosophie fondamentale* (Barcelone, 1848, quatre tomes in-8°) et dans son autre ouvrage intitulé : *Criterio* (Barcelone, 1851, un tome in-4°) chap. I, v et VI. Je ne renvoie pas le lecteur à d'autres ouvrages pour se convaincre profondément qu'avant la découverte de la phrénologie, et avant les découvertes, applications et explications auxquelles elle a donné lieu, tout ce qu'on disait sur la philosophie mentale n'était qu'un chaos de ténèbres, puisque rien ne pouvait être rapporté à un fait général, certain, positif, universellement admis, devant leur servir de preuve sensible ou universellement admise, ainsi que je n'ai cessé de le démontrer. (Voir leçon LVIII, mot *Criterium*.)

autres facultés sans l'intervention indispensable de quelques sens externes ou d'un appareil extra-crânien.

Un remords est une douleur *morale*. La douleur que nous éprouvons lorsqu'une lumière trop vive impressionne notre vue, une douleur de tête, une douleur d'estomac, sont des douleurs physiques; les effets éprouvés par suite d'un mauvais tour, d'une tromperie, d'une désillusion, sont des douleurs morales. La douleur qu'éprouve celui que l'on expose à la honte publique est une douleur morale; celle qu'éprouve celui à qui l'on inflige un châtiment corporel est une douleur physique. Ainsi, lorsqu'un maître dit à son élève : « Si vous ne faites pas dorénavant plus d'attention à mes explications, je vous punirai, » il met en avant des menaces « physiques; » mais, lorsqu'il lui dit, dans les mêmes circonstances : « Je ne vous estimerais pas, » il fait allusion aux menaces « morales. »

Il importe cependant de faire remarquer que les moyens employés par le maître pour communiquer ces menaces physiques et morales sont purement idéaux ou rationnels, puisqu'il n'a fait usage que d'*idées* transmises à l'intelligence et qui de là se sont irradiées vers la force perceptive des facultés particulières dans la partie spéciale propre à chacune d'elles. Je dis cela, parce que l'on attribue quelquefois à des influences morales primitives ce qui dépend spécialement ou exclusivement des influences idéales, rationnelles ou intelligentes (t. II, p. 380 à 384). Une femme chaste et pudique se défend, par exemple, contre les forces physiques de celui qui veut la violer. Convaincu qu'il n'obtiendra rien par des moyens *physiques*, cet individu veut voir l'effet que produiront les moyens appelés *moraux*. En conséquence, il signifie à sa victime que, si elle ne cède pas, il apprendra son déshonneur à tout le monde et affirmera partout qu'elle a volontairement consenti à tout ce qu'il a désiré. « Si tu cèdes, dit-il à la fin, j'affirmerai le contraire. » L'horreur qu'inspire à cette femme la crainte de passer pour déshonnête produit une coaction dans sa volonté (t. II, p. 343 à 345), et elle cède à ce qui lui répugne le plus dans ce monde.

Les moyens dont s'est servi cet individu perfide, loin d'être *moraux* dans leur essence, sont les plus *immoraux* que l'on puisse imaginer. Les expressions dont il fit usage étaient purement *idéales* ou se composaient d'*idées* renfermant un monde de fausseté et de connaissance de la faiblesse humaine.

Le même manque de précision et d'exactitude s'observe dans l'emploi des mots : « *Conviction physique* et *conviction morale*, » et l'on n'explique pas même scientifiquement ce qu'on entend par « *conviction intime*, » par « sentiment » ou par « conscience, » ni ce qu'on entend par « conviction entière ou certaine. »

Toute *conviction*, quel que soit son genre, qu'une chose EST, dans sa totalité multiple, ce que nous disons, ce que nous pensons, ce que nous sentons ou ce que nous percevons qu'elle EST, appartient au domaine exclusif du sens rationnel ou partie passive de la volonté. C'est par conséquent une conviction humanale ou intelligente. Si cette *conviction* se fonde sur les im-

pressions que les forces, les attributs ou les relations constitutives de la
chose, d'un objet ou d'un fait, ont produites sur les sens externes, elle se
nomme ordinairement « physique ou matérielle. » Une pareille dénomination
est impropre, selon moi, parce que, comme je viens de le démontrer, aucune affection, aucun sentiment, ne peuvent être « physiques ou matériels. »
Ce qu'on appelle *conviction physique* ou *matérielle*, pourra être, à proprement parler, « une conviction sensible ou sensitive, » et l'on commence à la
considérer ainsi dans les écrits où règne une exactitude rigoureuse; car
l'harmonisativité l'établit sur des sensations directement venues du monde
externe. La conviction que l'objet ou le fait vu, entendu, touché, goûté et
palpé par nous EST celui que nous nous représentons et non un autre, conviction basée sur les sensations que nos sens externes, matériels, excitent
dans nos facultés spirituelles, sera sensitive, psychologique (t. II, p. 574 à
375), mais jamais physique ni physiologique.

Les sensations que nous éprouvons de ce qui se passe en nous, contrairement aux faits externes, produisent ce que nous appelons une « conviction
intime, » un « sentiment » ou une « conscience. » Une sensation produite
par un objet externe, considérée exclusivement comme une affection mentale, produit dans son existence une « conviction intime, » c'est-à-dire que
nous en avons « conscience. » Les désirs et les répugnances, les plaisirs et les
douleurs, les perceptions et les conceptions, engendrent d'eux-mêmes à l'intérieur une connaissance de leur existence, c'est-à-dire une conviction intime, une conscience ou un sentiment. L'homme a une conviction intime
d'une douleur de tête, de même qu'il a un *sentiment* de son libre arbitre
dans le moment où il l'exerce (t. II, p. 307 à 317). L'homme a une *conscience* d'une passion spéciale tout comme il en a une de son empire intelligent UN sur ses passions DIVERSES (t. II, p. 317 à 319). L'homme possède une
connaissance interne ou une *conviction intime* de tous ses actes spirituels,
mais il n'en a pas de deux entités générales ou de deux unités multiples, séparées et agissant en lui, parce qu'elles n'existent pas et que, n'existant pas,
elles ne se font pas sentir. S'il en est autrement, c'est, comme je l'ai indiqué (t. I, p. 329), en vertu d'un dérangement cérébral, et non parce qu'il
en est réellement ainsi. Vous connaissez l'admirable siquisme en vertu duquel,
parmi tant de facultés, il y en a *une* exclusive qui embrasse l'unité d'action
de toute l'âme.

Les animaux possèdent, jusqu'à la limite cependant que peuvent atteindre
les facultés dont ils ont été doués, cette espèce de *conviction intime* ou de
connaissance d'une grande *variété* de sensations, d'affections et de perceptions toujours dominées, suivant la manière dont elles se font connaître à l'intérieur. Là conviction qu'ils n'ont pas, c'est la conviction RATIONNELLE ou celle
de l'essence ou totalité générale de la chose, la conviction *suprême* UNE, supérieure aux DIVERSES convictions *particulières*. Toutes les fois que l'âme humaine, se dominant intelligemment, compare de simples perceptions de sensations exclusivement internes, et se dit, au moyen de l'harmonisativité et de

la langagetivité fixées sur l'une d'elles : Ceci ᴇsᴛ une « sensation, » ceci est une « perception, » ceci est une « passion; » toutes les fois qu'elle compare des perceptions internes fondées sur des sensations occasionnées par des impressions externes directes et qu'elle se dit : Ceci *est* une « pierre, » ceci est une « couleur, » ceci est un « mouvement, » elle possède des convictions que ne forment ni ne peuvent former les êtres sans raison.

La *conviction morale* se rapporte toujours à un fait dont font partie certaines circonstances ou certains éléments qui, en eux-mêmes ni par eux-mêmes, n'ont pas impressionné les sens externes, ou qui, étant considérés comme résultat par l'effectuativité, ne peuvent pas être rattachés dans leur totalité à leur cause ou à leur point de départ par la causativité. Dans cet état de choses, l'harmonisativité possède une idée du fait dans sa totalité comme une chose réelle et positive; mais elle trouve en lui certaines circonstances qui se relient à une cause ou à une origine dont la causativité n'a pas eu une certitude complète, et qui, cependant, affectent agréablement la réalitivité et produisent en elle une croyance générale, malgré qu'on soupçonne seulement cette origine.

Si pendant ce désaccord entre la causativité et la réalitivité, l'harmonisativité, mue par un motif pressant, se voit obligée de déterminer ce qu'ᴇsᴛ la chose dans sa totalité, elle se trouve aux prises avec le *doute* (t. II, p. 222) que ces deux facultés en désaccord réveillent en elle. Que l'harmonisativité cède aux suggestions de la causativité, ou qu'elle cède à celles de la réalitivité, sa détermination ou sa décision sera basée sur une évidence incomplète. Si elle décide que l'origine ᴇsᴛ telle dans sa totalité que le croit la réalitivité, il reste toujours le doute, provoqué par la causativité. Si elle décide qu'elle ɴᴇ ʟ'ᴇsᴛ ᴘᴀs, il reste toujours le doute suscité par la réalitivité, et qui est fondé sur quelques-uns des éléments admis par la causativité elle-même.

L'harmonisativité, quelle que soit sa détermination, doit nécessairement se trouver incertaine, puisqu'elle affirme la réalité de l'existence d'une chose dans sa totalité, quand elle n'a seulement une conviction complète que d'une partie de cette totalité. Toutefois, comme l'harmonisativité se résout toujours d'après la perception du plus grand nombre de circonstances, en vertu desquelles elle se décide, cette perception incomplète, mais fondée sur le plus grand nombre de probabilités, s'appelle *conviction morale*. Les tribunaux sont très-souvent obligés de décider d'après cette conviction morale, incertaine et incomplète, parce que la causativité ne peut pas toujours rattacher les résultats complets dont l'effectuativité a connaissance et tous leurs détails à leur origine, ni en donner connaissance au principe humanal suprême ou l'harmonisativité qui doit décider définitivement. Ainsi donc, quel que soit l'aspect sous lequel on envisage ce qu'on nomme conviction *morale,* c'est toujours une perception intelligente ou rationnelle d'après laquelle l'harmonisativité décide ou résout l'existence de la réalité d'une chose, quoiqu'elle sache en même temps qu'elle n'a pas de sa cause la connaissance pleine et complète qu'en désire la causativité. Ainsi la conviction *morale* est une conviction *incomplète*, mais devenue nécessaire par quelque motif supérieur.

Par *conviction entière et certaine*, nous devons entendre celle que fonde l'harmonisativité sur une chose et qui est basée sur les diverses perceptions que lui en transmettent les autres facultés, sans qu'on puisse remarquer parmi ces perceptions distinctes et variées le moindre désaccord ou le moindre désir non accompli d'une faculté. Alors les sensations sur lesquelles se basent les perceptions particulières, et les perceptions particulières qui s'irradient dans l'harmonisativité ne laissent à cette faculté suprême aucun doute pour décider ou déterminer ce qu'EST la chose, avec une conviction entière ou certaine qu'elle EST ce qu'elle détermine. Cette *conviction entière* ou *certaine* dans l'homme individuellement considéré est le seul *criterium* de vérité philosophique que Dieu lui a donné. Cette conviction pleine ou certaine dans l'homme socialement considéré est le seul *criterium* de vérité philosophique que possèdent les nations et l'humanité.

Ce *criterium*, quelque complet et quelque exact qu'il soit, humainement parlant, n'est ni absolu ni parfait; car, ainsi que je l'ai dit (t. II, p. 552 à 555). les facultés qui le produisent sont soumises à des *conditions* et par conséquent à des *accidents* [1]. Toutefois c'est le seul moyen que nous ayons pour nous assurer entièrement que l'idée que nous nous formons de l'EXISTENCE d'une chose naturelle est réelle, positive et vraie. Les relations d'harmonie complète que Dieu a établies entre l'existence de la chose et le *criterium* qui la détermine constituent une vérité que le témoignage de tous les hommes physiologiques ou possédant un esprit qui n'est pas malade, en tant qu'ils sentent et perçoivent, ne permet pas de mettre en doute.

Du reste, il est bien entendu que le mot *moral*, employé dans l'expression « conviction morale, » signifie, comme je viens de l'expliquer, « *conviction incomplète*, » « non entière, » « non complétement satisfaisante, » mais qu'on juge suffisante pour servir de base à une action ou à une manière de procéder devenue nécessaire par quelque motif supérieur. Quant à son origine ou à sa dérivation, la conviction morale provient de l'action intelligente ou perceptive des facultés, et non de leur action aveugle ou sensitive. Sous ce point de vue, nous devons regarder la dénomination « morale » comme impropre. Mais, comme toutes les dénominations sont bonnes lorsqu'on connaît bien l'objet qu'elles expriment, je me suis efforcé de bien faire comprendre ce qu'on entend par *conviction morale*, afin de ne pas la confondre avec la « conviction sensitive » et la « conviction intime, » dont sont douées également les brutes. (Voy. en outre, leçon LVIII, le mot *Criterium*.)

Je vous ai présenté ces considérations pour que vous puissiez saisir avec beaucoup de précision l'impropriété de langage dont nous nous servons lorsque nous attribuons à des forces *morales* ce qui appartient aux forces purement intelligentes ou *idéales* (t. II, p. 380 à 385). Si ce sujet parvenait

---

[1] Les pages auxquelles je renvoie ci-dessus doivent être, à mon avis, lues et méditées constamment. Je m'honorerai toujours de les avoir écrites. La postérité peut-être les adoptera et ne les laissera pas périr.

à fixer l'attention générale, je ne doute pas que l'emploi du mot *idéal* ne fût adopté dans son vrai sens, et que sa signification figurée (note au bas de la p. 356 du t. II), exclusivement usitée jusqu'à présent, ne fût peut-être abandonnée. Puisque je me suis longuement étendu sur ce sujet, j'ajouterai seulement, comme conclusion, qu'il est des circonstances dans lesquelles l'usage commun des adjectifs « physique » et « moral » se trouve aussi en complète contradiction avec le sens que nous donnons à ces mots lorsque nous leur faisons exprimer les deux grands principes d'action physiologique et psychologique. Ainsi nous disons : « amour physique, amour moral ; » « valeur physique, valeur morale. » A proprement parler, il ne peut y avoir qu'un amour *moral* et qu'une valeur *morale*, parce que l'amour et la valeur doivent nécessairement s'engendrer, sous quelque aspect qu'on les considère, dans des créatures sensibles, et appartenant (t. II, p. 95 à 96) par conséquent à l'ordre moral. Pour éviter dans ces circonstances toute espèce de confusion, il faut savoir que l'adjectif « physique » s'emploie alors pour qualifier ou classifier des affections et des impulsions qui sont propres aux brutes et aux hommes, et il est par conséquent synonyme d'*animal;* et que l'adjectif « moral » sert à qualifier et à classifier des affections ou des impulsions qui sont exclusives aux hommes (t. II, p. 95 à 96), et que par conséquent il est synonyme d'humanal.

Ainsi donc, par « amour physique » on entend le principe d'inclination purement érotique que possèdent les hommes et les bêtes, et par « amour moral » (t. II, p. 18 à 19) ce même principe dominé par des forces supérieures exclusivement humanales. On entend par « courage physique » le principe de combativité (t. II, p. 37 à 41), qui est si développé chez quelques bêtes féroces, et que pour cette raison on appelle également « *courage animal* ou *brutal;* » et par « courage moral [1] » nous devons entendre ce même

---

[1] J'espère que dorénavant vous aurez une idée plus précise, plus exacte et plus complète du sens suivant lequel nous employons les mots « physique et moral. » Quoique je n'aie pas la prétention que la phrénologie soit un *explique-tout*, je me crois cependant autorisé à penser que sans elle et sans les découvertes mentales auxquelles elle a donné lieu, la linguistique, comme la philologie, la lexicographie comme la critique littéraire, considérées comme science, auraient manqué de base fondamentale; j'ai là-dessus une conviction entière et complète.

Après m'être occupé pendant des années à préparer l'ouvrage philologique dont j'ai fait mention (t. I, p. 388), après avoir réuni et consulté à cet égard les livres principaux de tous les grands écrivains sur l'idiomologie, nationaux comme étrangers, écrivains qui ne sont pas certes peu nombreux, j'ai dû l'abandonner faute de pouvoir m'expliquer la différence entre le dynamisme linguistique et ses actes, c'est-à-dire entre la parole et les langues que la phrénologie m'a permis d'expliquer et que j'ai expliquées dans ces leçons (t. I, p. 444 à 446; t. II, p. 173 à 174) avec toute la précision convenable.

Sous ce rapport, je considère la phrénologie comme providentielle; elle m'a mis en état de comprendre et de pouvoir m'expliquer ce que la linguistique renfermait de mystérieux et d'entreprendre de nouveau avec une énergie retrempée une tâche au moyen de laquelle je me suis promis de rendre un service signalé aux lettres nationales et étrangères. Ce que le public doit attendre de cet ouvrage peut, jusqu'à un certain point, être apprécié par ce que j'ai dit sur la philologie et la linguistique (t. I, p. 444 à 446, 451 à 456; t. II, p. 108, *note*, 114 à 115, et *passim*) dans d'autres leçons.

principe de courage animal, aidé et soutenu par quelques facultés morales humanales (t. I, p. 370; t. II, p. 95 à 96), telles que la continuativité, la rectivité, etc., harmonisées par la volonté.

J'ai cherché, messieurs, — je ne sais pas si j'y ai réussi, — à vous donner une explication nouvelle et complète de l'influence corrélative du physique sur le moral et du moral sur le physique, parce que, malgré les centaines de volumes qu'on a écrits sur cette matière, elle pouvait être appelée, selon moi avec raison, une *terre inconnue* en psychologie comme en physiologie.

LEÇON L

Conclusion des matières que je viens de passer en revue dans les cinq dernières leçons, précédée de l'explication d'une philosophie nouvelle, c'est-à-dire d'une nouvelle doctrine fondamentale qui, expliquant l'ÊTRE des choses par la nécessité de son *unité multiple*, renverse tous les systèmes ontologiques établis sur l'*unité* exclusive ou sur la *multiplicité* exclusive.

MESSIEURS,

Afin de terminer l'explication des matières contenues dans les cinq leçons précédentes, je dois maintenant m'occuper de la multiplicité des éléments impulsifs qui agitent et troublent l'âme, et de la multiplicité des éléments *directeurs* qui uniformisent et harmonisent ses éléments *impulsifs* pour donner UNITÉ, régularité, ordre à l'action MULTIPLE qu'ils produisent. Ces questions transcendantes et sublimes sont entièrement nouvelles en philosophie mentale. Sans les trois découvertes que vous connaissez, tous mes efforts auraient été inutiles pour en donner une explication, explication sur laquelle j'ai anticipé jusqu'à un certain point (t. II, p. 57 à 59, 71 à 75, 258 à 259, 268 à 270, 283 à 305). Je rapporte de nouveau ici les trois découvertes, savoir : 1° l'âme humaine se compose de *plusieurs* facultés particulières et d'*une* faculté générale (t. II, p. 278 à 281); 2° chaque faculté particulière possède deux modes d'action spéciaux : l'un aveugle, c'est-à-dire impulsif et affectif, et l'autre intelligent, c'est-à-dire perceptif et compréhensif (t. II, p. 305 à 307); 3° la faculté générale est toute une intelligence suprême (t. II, notes au bas des p. 299 à 300), une conceptivité ou une connaissance universelle, une force qui perçoit, dans un seul acte cognoscitif et simple, la *multiplicité* sensitive et perceptive la plus étendue que l'intelligence humaine puisse atteindre.

En dehors de ces découvertes, j'ai à vous faire comprendre, pour que vous puissiez saisir complétement ce sujet, que non-seulement l'âme (t. II, p. 318 à 319), mais encore l'univers et tout ce qu'il contient, est une *unité mul-*

tiple; tout est une *unité* renfermant la multiplicité et une multiplicité comprise dans l'unité. Comme cette vérité des plus importantes et des plus transcendantes est le principe fondamental de toute philosophie, comme elle élève l'ontologie au rang de science, qu'elle éclaire, qu'elle renverse *l'idéalisme allemand transcendant* de Fichte, Schelling et Hegel, si souvent *attaqué* et jamais *réfuté,* si souvent *expliqué* et toujours *confus,* je dois, avant d'entrer en matière, vous expliquer et vous démontrer cette vérité nouvelle de manière que mes efforts ne vous laissent ni doute ni réplique à cet égard.

UNITÉ ET MULTIPLICITÉ.

Dieu, autant que notre intelligence peut le comprendre, a créé une *multiplicité* d'êtres, d'entités ou d'objets analogues et opposés, avec des conditions, des propriétés, des attributs dans une dépendance réciproque qui les uniformise, qui produit cette *unité d'existence et d'action successive et simultanée, variée jusqu'à l'infini,* et qui, constamment et irrésistiblement, frappe et impressionne nos sens partout. Ainsi les êtres et leurs propriétés *produisantes* comme les actions *produites* par leur mutuelle dépendance, ne sont que des forces, des causes secondaires ou des phénomènes-causes appelés, dans leur généralité la plus étendue et la plus universelle : « CHOSE » et « CHOSES. »

Que la *chose* ou les *choses* soient considérées comme être ou comme êtres *productifs* (causes), ou qu'elles soient envisagées comme action ou comme actions *produites* (effets), puisqu'elles doivent être nécessairement considérées sous l'un ou sous l'autre ou sous les deux aspects, sont toujours à la fois *individualité* et *généralité, unité* et *multiplicité, division* et *réunion.* De quelque manière que nous envisagions l'univers et ses êtres, l'univers e' ses phénomènes, dans son passé lié à son présent, dans son passé et son présent liés à son futur, nous ne voyons et nous ne pouvons voir que la *chose* ou l'unité renfermant des *choses* ou multiplicité, ou, ce qui revient au même, des choses ou multiplicité comprises dans la *chose* ou unité. Rien n'existe qui ne soit à la fois des *touts* partiels dans un *tout* général ou un *tout* général renfermant des *touts* partiels. Rien n'existe qui ne soit en même temps des individualités diverses comprises dans une généralité identique et exclusive, et une généralité identique et exclusive comprenant des individualités diverses. Rien n'existe enfin qui ne soit une force générale dans une réunion de forces particulières, une unité avec une multiplicité, c'est-à-dire une division réunie, une *unité multiple.*

En premier lieu, il n'existe pas d'objets, pas d'êtres, pas d'entités, pas d'unités individuelles dans le matériel ou le physique qui ne puisse être divisé et subdivisé jusqu'à l'infini en une MULTIPLICITÉ d'unités plus simples, avec une identité et des forces propres corrélatives. En second lieu, il n'y a pas non plus d'individualité qui ne puisse être unie et incorporée à une autre multiplicité d'unités individuelles formant un corps ou une *unité multiple* matérielle plus étendue et plus compliquée. Dans le spirituel, dans le métaphysique, où il n'y a ni parties, ni fractions, ni divisibilité, il n'existe pas d'objet, pas d'être, pas d'entité ou pas d'UNITÉ individuelle qui n'ait, par sa relation et son enchaînement affectants et affectables avec le reste de l'univers, MULTIPLICITÉ de forces actives et passives, et qui ne puisse en même temps être réunie et former communion avec une autre *multiplicité* d'unités distinctes et séparées, constituant un corps social ou une *unité multiple* spirituelle plus étendue et plus compliquée; de sorte que la molécule la plus petite du fluide incoercible ou impondérable le plus ténu comme le plus vaste système planétaire qui remplit l'immensité des espaces, le zoophyte le plus infime comme la nation la plus intelligente et la plus puissante, tout est une UNIFORMITÉ distincte de forces, tout est une VARIÉTÉ d'unités multiples, tout est *des choses dans une chose.*

Le filament le plus ténu et le plus délicat de la substance la plus minime est une chose, une unité; mais cette chose a une forme, une étendue, une résistance, des relations actives et passives de cause et d'effet qui sont *multiplicité* de forces et par conséquent *des choses* contenues dans *une chose*, *des attributs* contenus dans le *filament*. Ce filament ou chose qui comprend d'autres choses et qui, par conséquent, est une *unité multiple*, peut être uni à d'autres filaments plus ou moins analogues, mais distincts, et dont la *multiplicité* constituera une autre *unité* distincte appelée *fil*. En suivant la même gradation, une réunion de fils considérés chacun comme une chose distincte formera, par les relations d'analogie de cause et d'effet qui existent entre eux, une troisième *unité* multiple, ou une chose avec des choses, appe'ée *corde*. Cette corde, unie à d'autres cordes et à d'autres choses nommées *fils d'archal, électricité, ouvrage humain*, etc., formera également, par ses relations spéciales de cause et d'effet, une autre espèce d'*unité multiple*, ou une chose avec des choses, appelée *câble électrique*. Ce câble électrique n'est cependant *en principe* qu'une *unité multiple*, ni plus ni moins que le brin le plus délié. Ainsi donc, je le répète et je ne cesserai de le répéter, la molécule la plus imperceptible et l'atome le plus minime sont un tout ou une unité multiple tout comme le système planétaire le plus vaste ou l'univers le plus immense.

Les choses ou entités spirituelles conservent à cet égard le même ordre et sont soumises à la même loi que les choses ou entités matérielles. Il n'y a pas de force sensible, quelque simple ou quelque imparfaite qu'on la suppose, dans laquelle il n'existe au moins des relations de cause et d'effet, ou, ce qui revient au même, *des forces dans la force, des choses dans la chose, multiplicité dans l'unité.* C'est tellement vrai, que plus la multiplicité de forces distinc es est grande dans une unité spirituelle particulière, plus cette unité est parfaite, élevée, complète, sublime ou de hiérarchie supérieure. C'est pourquoi l'âme humaine, suivant saint Thomas d'Aquin, est d'autant plus parfaite que l'âme brutale, que sa multiplicité est plus étendue et plus compliquée [1]. Ce qui est vrai par rapport à l'UNION de forces partielles constitutives d'une unité distincte et séparée avec un principe de conscience propre et exclusive, l'est également de la RÉUNION d'entités individuelles constitutives de ces unités multiples, sensitives et intelligentes appelées essaim, troupeau, famille, municipalité, peuple, nation, humanité; ces entités n'ont pas, dans leur généralité, une conscience propre, mais elles n'en forment pas moins une entité spéciale par l'enchaînement de certaines impulsions analogues-sympathiques ou attractives-sensibles, et par la conception réciproque ou mutuelle de certaines perceptions qui affectent quelques-unes comme toutes les entités composantes de la réunion générale d'unités ou unités multiples, représentées et dirigées toujours par une force intégrante supérieure sensitive ou rationnelle, ainsi que je l'ai démontré clairement et définitivement relativement à l'âme et relativement à toute espèce d'associations tant humanales qu'animales (t. II, p. 281 à 302, 358 à 366).

Dans la plus grande multiplicité de quelques individualités avec conscience propre et exclusive, comparées à d'autres, je vois, comme le savant Debreyne (t. I, p. 362), l'élément de l'immortalité de l'âme humaine. Quel inconvénient y a-t-il à admettre comme vérité philosophique ce qui nous est enseigné à cet égard par la révélation comme vérité religieuse (t. I, p. 121)? Quel inconvénient y a-t-il à admettre que les mystérieux phénomènes sensitifs et intelligents, que nous sentons et que nous savons avoir lieu en nous et non dans les brutes, émanent de forces qui ont la propriété de se maintenir unies et indissolubles dans cette vie temporelle et qu'elles constituent une unité spirituelle qui doit passer dans sa *totalité identique* et spéciale dans une autre vie d'éternité? Je n'en vois pas. Bien au contraire, je considère cette immortalité ou cette indissolubilité comme très-philosophique, très-naturelle et tout à fait en harmonie avec les mêmes inspirations que l'âme excite et réveille à chaque instant en nous, comme créatures humaines (t. I, p. 411; t. II, p. 168). Cette harmonie est, pour moi, aussi belle, aussi sublime, aussi mystérieuse que la gradation qui existe du zoophyte à l'homme (t. II, p. 246 à 251) et celle que nous devons déduire logiquement et admettre philosophiquement comme existant entre l'homme et l'ange, entre la création et le créateur.

Ce qui est vrai de la chose et des choses considérées comme des êtres, entités ou unités individuelles-causes, l'est également de la chose et des choses considérées comme action ou actions produites ou souffertes. En effet l'action active ou passive la plus simple ou la moins complexe, physique ou mé-

---

[1] « L'âme intellectuelle, quoique son essence soit UNE, est MULTIPLE cependant par sa perfection. C'est pourquoi ces diverses opérations nécessitent différentes dispositions dans les parties du corps auxquelles elle est unie. Nous voyons, par conséquent, qu'il existe une plus grande variété de parties chez les animaux parfaits que chez les animaux imparfaits, et dans ceux-ci que dans les plantes. » — Question LXVIII, art. 4, trad. de M. Bálmes, *Société*, t. I, p. 51.

taphysique, est une unité multiple ou une uniformité. Si nous considérons un rayon lumineux comme action ou phénomène produit par le soleil, nous y trouvons l'incorporation multiple de couleurs, tout comme une impression visuelle, auditive, tactive ou olfactive est la multiplicité des actions des choses qui ont produit l'impression.

Il n'y a pas d'impression, même la plus simple à concevoir, qui puisse s'effectuer sans un appareil-récipient et un objet-agent. Eh bien, il n'y a pas d'appareil qui ne renferme une multiplicité d'organes, pas d'organe qui ne possède une multiplicité de forces, de même qu'il n'y a pas non plus d'objet qui ne soit composé d'une multiplicité d'éléments, ni d'élément qui ne comprenne une multiplicité de forces. L'action appelée impression résultant de cette multiplicité de forces est certainement UNE; mais dans cette UNE est renfermée la MULTIPLICITÉ d'actions de chacune des forces qui ont contribué à sa réalisation.

Ce que nous appelons *unité d'action* n'est qu' « action *multiple* uniformisée. » Lorsque nous parlons d'une unanimité ou d'une unité d'intentions ou de pensées entre différentes personnes, ou d'une *unissonité* (réunion de sons égaux), c'est-à-dire d'une unité de sons entre plusieurs vóix, nous ne voulons pas dire que les intentions des personnes ou les sons des voix se trouvent confondus, convertis, absorbés dans une *unité* absolue, mais bien qu'une *multiplicité* d'intentions ou une *multiplicité* de sons constituent une harmonie ou UNIFORMITÉ mentale ou sonore, c'est-à-dire qu'une multiplicité de personnes relativement à leur intention ou qu'une multiplicité de voix relativement à leur son ou à leur sonorité, se trouve harmonisée ou uniformisée. L'intention, de même que le son, est certainement UNE, mais cette unité d'intentions générales comprend une MULTIPLICITÉ ou une harmonie d'intentions partielles, tout comme l'UNITÉ desons en général renferme une MULTIPLICITÉ harmonique de sons partiels. De sorte que, dans l'un et l'autre cas, on ne voit qu'*unités multiples*, c'est-à-dire uniformité ou harmonie d'intentions et uniformité ou harmonie de sons. Et qu'on ne croie pas que l'unanimité multiple de plusieurs personnes et le son multiple de plusieurs voix soient, dans cette circonstance, distincts ou différents de l'unanimité d'une seule personne ou du son d'une seule voix, car l'une est une unité multiple tout aussi bien que l'autre.

J'ai démontré qu'une cause seule considérée comme force-agent primitive (t. II, p. 278 à 280, note au bas des pages 352 à 349) ne peut produire aucun effet dans la création. Sans *multiplicité* de causes, il n'y a point d'unité d'*effet;* et dans l'unité d'effet doit nécessairement se trouver, en résumé ou en quintessence, la multiplicité de causes dont il émane. J'ai démontré que, d'accord avec ce principe, une résolution ou un désir, qui, quel qu'il soit, exprime l'*unité* d'intention d'un individu, résume la *multiplicité* des perceptions qui ont aidé, pour sa formation, la faculté dont elle provient. J'ai démontré encore que le son compris par l'*unité* de la voix de l'individu renferme la *multiplicité* des éléments qui ont concouru à sa formation. *Unité multiple* dans le principe ou réunion de causes qui engendrent nos conceptions, *unité multiple* dans *chacune* de ces mêmes conceptions qui donnent uɴɪтé à nos actions et à nos productions, *unité multiple* enfin dans chacune de ces actions et de ces productions considérées par rapport à leur effectuativité, voilà ce que l'on aperçoit, le plus simple comme le plus complexe, tout, oui, tout, qu'on le considère comme chose-sujet ou *cause*, comme chose-attribut ou *propriété*, comme chose-action ou *phénomène; que ce soit une forme, un son, une couleur, l'atome le plus petit ou l'astre le plus grand; que ce soit la force simple, la plus légère, la réunion de forces la plus immense ou le fait le plus compliqué, tout, je le répète, doit être envisagé, ainsi que cela existe en réalité, comme une *unité* synthétique totale, essentielle, comprenant une multiplicité analysable d'éléments constitutifs.

Dans la création, il n'y a qu'*une unité multiple variable jusqu'à l'infini*. L'unité exclusive et la multiplicité exclusive n'existent pas dans l'indépendance absolue l'une de l'autre. Dieu n'a rien créé d'absolument *lié* ou d'absolument *délié*, d'absolument *uni* ou d'absolument *désuni*. Il a tout créé, lié et délié, uni et désuni à la fois. Tel est le mystère ou le phénomène mystérieux, tel est le fait fondamental, et pour toujours inexplicable, qui sert et qui doit constamment servir de point de départ à toute investigation philosophique, fait que saint Thomas d'Aquin avait déjà entrevu [1], mais que je

---

[1] Je dis avait entrevu, parce que, d'après ce que vous venez de voir (note au bas de la page 400, t. II), ce docteur évangélique pressentit que l'âme est en même temps une et multiple. D'ailleurs, il dit encore : *Intellectus quanto est altior et perspicatior tanto ex uno plura cognoscere. Et quia intellectus divinus est altissimus per unam simplicem essentiam suam omnia cognoscit.* Ce qui signifie : « L'intelligence est d'autant plus supérieure, d'autant plus perspicace, qu'elle connaît dans l'*unité* une plus grande *multiplicité*. Et, comme l'intelligence divine est suprême ou la plus élevée, à cause de l'*unité* simple de son essence, elle connaît toute sa multiplicité, ou. ce qui revient au même, toute ᴇʟʟᴇ et tout ce qu'ᴇʟʟᴇ a créé. » On voit clairement par là que saint Thomas conçut entièrement l'existence de l'unité multiple; mais il n'explique pas ni ne démontre pas son idée de manière à la rendre compréhensible pour la grande majorité des hommes, et, vu l'immensité de son importance, à la faire servir de point de départ et de pierre fondamentale à toute philosophie et à tout système de philosophie.

Don Jaime Bálmes, dans son emportement contre l'idéalisme transcendant allemand, qu'il n'a fait, soit dit en passant, qu'attaquer sans le réfuter et traiter sans l'expliquer, se contredit d'une manière malheureuse sur l'*unité* et la *multiplicité*. D'abord, non-seulement il n'admet pas l'*unité*, mais il ne trouve pas même la force intellectuelle humaine capable de réduire la multiplicité à l'unité ou de ramener le multiple à l'unité. Ensuite il devient tout à fait *multipliciste* et il nie d'une manière absolue et définitive l'*unité* dans l'être humain. Puis il admet de nouveau l'*unité*, mais seulement dans la conscience. Enfin il revient à son *multiplicisme*, qui doit lui servir à réfuter complétement l'*unitarisme* allemand, et il le repousse par des arguments incontestables. Aussi se trouve t-il dans un abîme, dans un chaos de confusion dont toute sa « philosophie, » nommée mal à propos « fondamentale, » n'est qu'un exemple des plus singuliers. Afin de pouvoir sortir d'embarras, il fait retomber l'inspiration des « sophismes philosophiques » sur ses propres arguments irréfutables, et il conserve l'*unité de conscience* en se réfugiant, comme il le dit, dans l'invincible nature.

Dans le liv. I, chap. ɪᴠ, § 44, de sa *Philosophie fondamentale*, M. Bálmes dit clairement, et d'une manière définitive, ce qui suit : « L'un des caractères de l'intelligence consiste à généraliser, à percevoir le général dans la diversité, à réduire le *multiple* à l'*unité*; et cette force est proportionnelle au degré de l'intelligence. »

Dans le même chap. ɪᴠ, § 47, il dit : « Le progrès de l'intelligence consiste à *réduire la multiplicité à l'unité* et à faire en sorte que le plus petit nombre possible d'idées com-

m'honore d'avoir démontré, prouvé et mis à la portée de toutes les intelligences humaines qui ne sont pas folles ni imbéciles.

Ontologie. — Cette nouvelle théorie d'unité multiple dans la chose, étant
et formant la chose dans son existence abstraite ou générale comme dans
son existence propre et déterminée, entrevue déjà, — mais non démontrée
ni expliquée, ni divulguée, — par saint Thomas d'Aquin, nous ouvre tout
un monde d'ontologie véritable. Cette partie de la métaphysique, basée sur
la connaissance du principe constant et universel d'unité multiple ou d'uniformité dans toute la création, remplira mieux maintenant son objet; celui-
ci consiste à présenter une exposition scientifique ou philosophique des faits
qui constituent réellement et positivement l'ÈTRE d'une manière abstraite ou
générale et l'ÈTRE d'une manière concrète ou particulière de chacune des
choses, suivant qu'il nous a été permis de les connaître à l'aide des moyens
ou facultés que Dieu nous a concédés dans l'ordre de la nature.

L'Être ou la chose est une unité *générale ou abstraite avec une* multiplicité constitutive ou concrète. — L'homme, ainsi que je viens de le démontrer, peut considérer le plus borné et le plus étendu, le plus simple et
le plus complexe, comme une unité ou une série d'unités renfermant tou-

preune le plus grand nombre d'applications possibles. » Ici et dans beaucoup d'autres passages du chapitre iv, M. Bálmes admet clairement et complétement l'*unité* dans tout,
puisque l'intelligence peut, dans tout, *réduire* la multiplicité à l'unité. Rigoureusement
parlant, c'est une absurdité de dire que l'intelligence *réduit.* Ce que fait l'intelligence ou
comparativité et sa juridiction lorsqu'elle *agit activement*, comme vous le savez (t. II, p. 255
à 259, 296 à 301, 358 à 365), c'est donner de l'harmonie ou de l'uniformité à des éléments
variés et distincts, et, lorsqu'elle *agit passivement*, réunir *en idée* par un seul acte de perception, de conception ou de résolution, plusieurs éléments en un seul, c'est-à-dire embrasser ou comprendre en UNITÉ rationnelle la MULTIPLICITÉ sensitive. Toutefois, comme
je veux ici démontrer seulement que M. Bálmes admet complétement l'unité en tout, je
fais abstraction de ces inexactitudes, et je me borne à faire remarquer que celui qui établit que la *multiplicité* se réduit à l'*unité* établit, quelle que soit la manière de faire la
réduction, que non-seulement l'*unité* existe dans l'homme, mais encore que l'*unité* est pro-
ductible par l'homme.

Eh bien, M. Bálmes lui-même, quelques pages plus loin, c'est-à-dire dans le chapitre vii,
§ 79, lorsqu'il veut attaquer l'*unitarisme* exclusif du transcendantalisme allemand, oublie
ce qu'il vient de dire et ne voit partout que la *multiplicité* exclusive et absolue. Il semble
impossible que celui qui a dit ce que je viens de citer sur l'*unité* s'exprime, trois chapi-
tres plus loin, dans les termes suivants : « Il n'est pas *possible* d'arriver à l'unité si ce n'est
en partant de l'homme pour remonter à Dieu. »

Dans le § 1 du chap. viii, M. Bálmes s'exprime ainsi : « Nous ne rencontrons rien en nous
qui soit *un*, excepté l'unité de conscience. Une quantité d'idées, de perceptions, de jugements, d'actes de volonté, d'impressions les plus variées, voilà ce que nous sentons en
nous; multitude dans les êtres qui nous entourent ou si l'on veut dans les apparences :
voilà ce que nous éprouvons relativement aux objets externes. Où sont donc l'*unité* et l'*i-
dentité* si on ne les rencontre ni en nous ni hors de nous? »

Cette contradiction, qu'on ne saurait croire si on ne la voyait pas ou si on ne la constatait pas, devient encore plus manifeste par la série d'arguments irréfragables qui la suivent et dont on peut conclure, suivant M. Bálmes, qu'il n'y a pas même l'*unité* dans la
conscience; il retourne ainsi ce qu'il vient d'établir comme exception exclusive. S'il ne ré-
torquait pas les arguments, son emportement contre l'unité universelle et absolue de l'i-
déalisme allemand transcendant serait ridicule. Dès que l'on admet l'*unité de la conscience*, on l'admet nécessairement d'une manière absolue, parce que l'*unité*, d'après les

jours la multiplicité, ou comme une multiplicité ou une série d'éléments toujours comprises dans l'unité. En effet, la chose comme les choses se présentent constamment à l'homme comme totalités, comme réunions, comme uniformités indéterminées qui constituent son *unité* abstraite ou générale et possédant en même temps des qualités, des attributs ou des pro-

idées de tous les psychologues et de M. Bálmes lui-même, n'a ni degrés, ni relations, ni parties.

L'unité de conscience étant acceptée, on admet l'unité absolue en quelque chose, et l'unité absolue étant admise en quelque chose, elle n'est en rien plus admissible que dans le moi, comme l'entendent confusément les psychologues et les métaphysiciens de toutes les écoles, et comme ils l'auraient entendu confusément jusqu'à l'éternité si je n'avais pu démontrer physiquement ou sensiblement l'existence de l'*harmonisativité* et de ses attributs (t. II, p. 252 à 257, 295 à 305, 317 à 519, 558 à 565). Je m'honore d'autant plus de cette découverte, qu'avec elle, si je ne me trompe, on possédera une véritable science mentale. Dès qu'on admet l'unité absolue dans le moi, que tous les psychologues, M. Bálmes compris, prennent pour le principe unique et exclusif d'*unité de conscience*, sans s'apercevoir qu'il y a en nous autant de *moi* et par suite autant de principes de conscience qu'il y a de facultés (t. II, p. 558 à 565), on admet la base sur laquelle est établi l'idéalisme transcendant de Fichte, Schelling et Hegel.

M. Bálmes a très-bien connu l'abîme de difficultés dans lequel il s'est jeté en attaquant un système établi sur l'*unité* qu'il ne pouvait pas nier d'une manière définitive sans s'exposer à des attaques solides, sévères et très-justes de la part d'une autre philosophie et d'autres philosophies moins incertaines, moins exclusifs et moins présomptueux ; je veux parler de la philosophie simple et consolatrice des philosophes scolastiques et moralistes. Pour éviter de semblables attaques, cet écrivain distingué a cherché à sortir de l'impasse à l'aide d'une de ces phrases accommodantes qui approuvent et désapprouvent tout, qui admettent et rejettent tout à la fois et dont l'explication est telle, que l'auteur se trouve à l'abri, quelle que soit, le cas échéant, l'espèce d'interpellation qu'on lui adresse. Cette phrase accommodante, qui sert de résumé final à une série d'arguments incontestables en faveur de la pluralité et de la multiplicité du sujet de l'âme, du moi ou de l'esprit, est la suivante : « Loin de conserver l'unité absolue et l'identité entre le sujet et l'objet, on établit la *pluralité* et la *multipl cité* dans le sujet lui-même, et l'*un té de conscience*, qui est en danger d'être abîmée par les sophismes philosophiques, doit s'abriter à l'ombre de l'invincible nature. » *Philosophie fondamentale*, liv. I, ch. viii, § 96.

Ici M. Bálmes admet la pluralité et la multiplicité du sujet, de l'âme, du moi, de l'esprit, et il soutient néanmoins, en même temps, l'unité de conscience. Dans un autre endroit, il rejette une semblable multiplicité, parce que « l'union de conscience, dit-il, s'oppose à la division de l'âme. » *Métophysique, psychologie*, ch. ii, § 7. — Il est vrai que tout ce qu'a écrit M. Bálmes n'est qu'une série de jolies phrases élégantes, dans lesquelles il nie et il admet tout, mais principalement l'unité et la multiplicité du sujet, et, tantôt virtuellement, tantôt directement, l'unité et la multiplicité de conscience. Il tombe précisément ainsi dans l'inconséquence qu'il signale et condamne tant dans Cousin, son maître. (Voyez son opuscule intitulé : *Histoire de la ph losophie*, §§ 545, 546.)

Dans le paragraphe cité ci-dessus, M. Bálmes appelle *sophismes* les *arguments* qui lui ont servi à lui-même pour prouver la *multiplicité de consc ence*. Qu'on ne croie pas que ces arguments soient faibles parce qu'ils expriment des faits dont nous avons tous une conscience incontestable. L'un d'eux peut être formulé par ce syllogisme : *la chose* appelée conscience ne peut être ce qu'elle est sans comprendre *celle* dont on a conscience et qui est déjà une autre *chose* distincte ; donc il n'y a point conscience sans qu'il n'y ait dualité, pluralité ou multiplicité. Voici ses propres paroles : « C'est un fait attesté, non par l'expérience des objets extérieurs, mais par celle du sens intime, par ce qu'il y a de plus secret dans notre âme, que dans toute connaissance — il ne faut pas oublier que toute connaissance est un acte de conscience ou de sens intime considéré comme sujet dont on admet la multiplicité — il y a sujet et objet, perception et chose perçue ; sans cette différence la connaissance n'est pas possible ; lorsque même, par un effet de réflexion, nous

priétés déterminées et concrètes qui constituent sa MULTIPLICITÉ constitutive ou particulière. De sorte que, se former une idée de l'ÊTRE ou CHOSE en général comme en particulier, c'est se former une idée de la réunion, de l'*unité*, qui est toujours une abstraction, et de la *multiplicité*, qui est toujours une concrétion. Cette unité ou abstraction, unie à cette multiplicité ou

nous prenons nous-mêmes pour objet, la dualité apparaît; si elle n'existe pas, nous l'inventons; donc, sans cette fiction, nous ne parviendrions pas à penser. » *Philosoph'e fondamentale,* liv. I, ch. VIII, § 91.

D'après ce qui a été dit, l'existence de l'*unité de conscience* se trouve démentie, suivant M. Bálmes, par tous les arguments solides qu'on peut établir sur la matière. Mais, quoiqu'elle ne puisse être admise par aucune espèce de conviction sensitive ou rationnelle, nous devons l'accepter comme chose vraie, parce que le *témoignage de la nature* nous l'affirme ainsi. Qu'entend M. Bálmes par cette parole *nature*, dans ce cas et dans d'autres cas analogues où il l'emploie? Il n'entend et il ne peut entendre que notre propre expérimentation interne, sensitive et perceptive, c'est-à-dire notre conscience, notre sens intime. Que signifie donc « conscience, — sens intime? » Cela ne veut pas dire des forces primitives, ni des facultés; mais bien la généralité, la totalité, l'ensemble, considéré d'une manière abstraite, de tous nos actes sensitifs et perceptifs, c'est-à-dire tout et rien, un cercle ou une réunion de choses, mais point de chose concrète ni déterminée. Dans l'âme il n'existe aucun principe fixe, aucune faculté primordiale, aucune force ou aucun sujet général-agent exclusivement et définitivement chargé des actes de conscience. Chaque principe, chaque faculté, chaque force ou chaque sujet général de l'âme a charge exclusive de l'expérimentation des sensations et des perceptions qui lui sont propres. Si, au milieu d'une si grande multiplicité d'actes de conscience dont l'âme est susceptible, il y a toujours en elle *unité*, uniformité ou une harmonie de conscience, c'est parce qu'il y a toujours un acte de conscience sensitive ou intelligente, concret et déterminé, qui entraîne et domine les autres, comme je l'ai déjà démontré.

Voilà ce que ne savaient pas les métaphysiciens, et voilà pourquoi ils se sont disputés sur la *conscience.* Tantôt ils en faisaient une multiplicité exclusive et tantôt une unité exclusive; tantôt ils l'envisageaient comme une puissance et tantôt comme un acte, et ils jetaient leurs lecteurs et eux-mêmes dans la confusion. Leurs écrits ne sont en apparence qu'une série de récriminations réciproques; ils mettent en avant le mot « *présomption* » sous forme de raillerie qu'ils s'adressent, se rejettent et se renvoient, et sur lequel chacun établit son droit à la découverte de la philosophie fondamentale ou transcendantale. Mon intention n'est pas cependant de déprécier en aucune manière le mérite particulier d'aucun métaphysicien, d'aucun psychologue (voir t. II, p. 298 à 299, 532 à 537, 558 à 569), ni de méconnaître les immenses services qu'ils ont rendus à la science, même dans leurs erreurs, ainsi que je n'ai cessé de l'expliquer (t. I, p. 16, 55, 57 et autres endroits).

Afin que nous nous entendions sur la conscience ou sens intime comme chose existante et déterminée, il faut parler toujours d'une sensation ou d'une perception dominante. Cette sensation ou perception dominante, relativement à l'unité de conscience, est ce que M. Bálmes a entendu, sans le savoir, « par nature. » Mais, comme l'existence d'une sensation ou perception *dominante* est impossible sans la coexistence d'une autre ou d'autres sensations ou perceptions *dominées,* nous ne pouvons jamais affirmer l'*unité* de conscience sans la *multiplicité* simultanée ou successive de choses connues. Ce que nous sentons donc en nous adressant à la nature est une MULTIPLICITÉ simultanée ou successive de sensations et de perceptions comprises dans une UNITÉ intelligente qui les contemple et les domine pour les *harmoniser,* ou dans une UNITÉ sensitive qui les entraîne et les domine pour les *uniformiser.* C'est dire que nous sentons toujours là, dans le plus profond et le plus secret de notre âme, le mystère de l'*unité* et de la *multiplicité* réunies. L'unité d'une cause d'action PRINCIPALE ne peut jamais être *une* par cela même qu'elle est principale, étant liée simultanément avec la MULTIPLICITÉ de genres distincts ou différents qui doivent nécessairement émaner de principes accessoires, par cela même qu'ils sont dominés et distincts (voir t. II, p. 281 à 506).

concrétion, CONSTITUENT l'être ou la chose. Ainsi donc il n'y a point être ou chose pour l'homme là où il ne perçoit pas unité et multiplicité réunies.

Il n'y a donc pas de choses qui, pour nous, ne puissent être une abstraction et une concrétion réunies. Lorsque, par exemple, nous disons d'une chose déterminée qu'elle est « un minéral, » nous affirmons que cette chose est une *unité* abstraite; mais cette *unité* abstraite, considérée exclusivement en elle-même, ne serait rien pour nous, si elle ne contenait une *multiplicité* d'attributs, de propriétés ou de qualités concrètes qui sont sa constitution ou sa structure propre, déterminée, spéciale, concrète. Ce qui est vrai d'un minéral l'est aussi d'une plante; ce qui est vrai d'un minéral et d'une plante l'est également d'un être sensitif et d'un être intelligent, et ce qui est vrai d'un être sensitif et d'un être intelligent l'est encore de tous les êtres ou de tous les univers réunis. Il ne faut pas croire que cela soit vrai seulement des choses que nous appelons, d'une manière limitée, êtres, corps, objets ou entités, parce que c'est également vrai des choses que nous appelons « attributs » et des choses que nous appelons « actions. » Si pour l'attribut « vert, » par exemple, nous ne percevions pas une *multiplicité* de relations de cause, d'effet et d'analogie, nous ne nous en formerions pas une idée comme chose distincte, tout comme nous ne nous en formerions pas non plus sans une multiplicité semblable, de l'action ou du phénomène appelé « vision. »

Origine, principe ou fondement de l'unité et de la multiplicité dans la chose. — L'UNITÉ dans la chose n'est pas un résultat de sa multiplicité, comme le croient les philosophes sensualistes, matérialistes ou idéologistes purs (t. I, p. 10, 20 à 21, 83 à 84; t. II, p. 120 à 121). La MULTIPLICITÉ n'est pas non plus un contenu de l'IDÉE que représente l'UNITÉ, comme le croient les philosophes idéalistes, spiritualistes ou psychologues purs (t. I, p. 8 à 18, 438 à 442; t. II, p. 120 à 121). L'unité des choses en général et l'unité de chacune des choses en particulier proviennent de la conception ou de l'idée qui doit nécessairement les avoir précédées, tandis que la multiplicité émane de l'exécution, de la réalisation ou de l'effet et de l'idée ou conception précédée.

L'âme humaine, considérée dans sa totalité uniformisée ou dans son unité telle qu'elle fut donnée à Adam, commença dans une idée-acte ou une action idéale de la conception divine. Mais, si le Créateur suprême n'avait pas donné à cette action idéale ou idée-acte de sa conception infinie une MULTIPLICITÉ, une constitution ou une façon, c'est-à-dire des forces-causes propres, des attributs ou des facultés dont les relations entre eux et avec le reste de l'univers pussent manifester des phénomènes expérimentés par elle-même, il n'y aurait pas eu d'âme avec une existence propre, c'est-à-dire qu'elle n'aurait pas pu former une idée de son existence, parce qu'elle ne l'aurait eue que dans la conception de l'esprit divin. Et l'esprit divin n'est *directement* compréhensible que par la force intuitive des bienheureux dans le ciel ou de ceux à qui Dieu, par un effet de sa grâce spéciale, la leur avait accordée miraculeusement.

Ce que je dis de l'âme humaine, lorsque Dieu la fit par le seul effet de sa volonté et la donna à Adam par son souffle divin, je le dis aussi de la conception de la loi en vertu de laquelle toute âme doit être formée et incorporée à chacune des créatures humaines à mesure qu'elles apparaissent. Les lois ne sont que des *règles d'actions*, des modes de procéder établis, des *préceptes en idées* enfin. Les préceptes-idées ne comprennent ou ne représentent que des généralités abstraites, et les généralités abstraites, qu'on les perçoive ou qu'on les conçoive, que sont-elles et que peuvent-elles être, si ce n'est l'UNITÉ? Les préceptes ou lois sont donc les conceptions, les perceptions intelligentes ou *idées* des faits, des réalisations, des actions, des êtres dans leur UNITÉ ou totalité abstraite uniformisée; ils ne sont pas cependant les faits ou actions réalisées, ni les êtres ou entités constituées, parce que ceux-ci dépendent des forces, des attributs ou propriétés constituées, c'est-à-dire de leur MULTIPLICITÉ.

Pour que les lois s'exécutent réellement et effectivement, et pour que les actions ou phénomènes qu'elles prescrivent se manifestent dans le monde mental ou subjectif comme dans le monde physique ou objectif; il faut que les lois soient accompagnées de forces qui exécutent, réalisent, obéissent, c'est-à-dire d'une MULTIPLICITÉ effective qui donne existence propre à l'UNITÉ, émanation de l'idée qu'exprime la loi.

Il en est ainsi, en effet. Les lois de succession et d'incorporation des âmes dans les êtres humains, à mesure qu'ils apparaissent, sont une chose des actes en *idée* de l'intelligence divine omnipotente. La formation ou l'existence réelle et positive de ces âmes est une autre chose : ce sont les forces indépendantes ou avec une existence propre, également créées par Dieu, et qui accomplissent et exécutent les lois ou les règles qui président seulement au mode de formation ou d'incorporation de ces âmes. S'il n'en était pas ainsi, les êtres humains manqueraient d'une âme détachée, comme être, entité ou individualité spéciale de l'esprit divin ; ou bien Dieu devrait exécuter ses propres lois à cet égard et donner à l'âme de chaque nouveau-né une nouvelle existence. C'est cependant ce que ne révèlent pas les saintes Écritures, ce que ne renferment pas les livres des saints Pères, ce que n'enseignent pas les définitions de l'Église et ce que, encore moins, ne peuvent démontrer ni la philosophie d'aucun siècle, ni la philosophie d'aucun homme [1].

---

[1] Afin de mieux démontrer ce qu'est la *loi* comparativement aux forces qui l'exécutent, et ce qu'est le mode par lequel nous l'apercevons intelligemment et nous nous en formons une *idée*, je ferai les observations suivantes. Lorsque nous disons la fumée s'élève et l'eau descend, le feu détruit l'organisation de certaines plantes et de certains animaux, et l'air est indispensable à l'entretien de leur vie végétale et animale; le calorique dilate les corps et les corps sans appui ne se soutiennent pas, nous énonçons des faits *en idée*, des faits compris dans leur *unité* abstraite. Ces faits en idée ou idées, qui sont des lois ou des principes généraux, n'existent pas parce que nous les percevons, mais nous les percevons parce qu'ils existent, parce que Dieu l'a ainsi voulu. Comment les percevons-nous? Nous les percevons *idéalement*, c'est-à-dire par déduction intelligente, faculté que ne possèdent pas les brutes, et non par sensation directe comme les forces constitutives ou attributs. Nous voyons, par exemple, qu'un certain degré de chaleur uni avec les éléments qui constituent l'eau produit la vapeur ou la glace. Nous voyons qu'une certaine quantité

Ce qui est vrai de l'âme humaine et des lois en vertus desquelles elle se forme, elle apparaît et elle s'incorpore dans chaque créature humaine, depuis la création d'Adam, est également vrai de toutes les choses physiques et métaphysiques de la nature. Lorsque Dieu dit : « Que la lumière soit, et la lumière fut (*fiat lux, et facta est lux*), » *fiat lux* exprime l'idée, la loi, le fait mental divin qui précéda l'existence ou l'apparition de la lumière et l'embrassa dans son UNITÉ abstraite, c'est-à-dire dans sa totalité uniformisée. *Facta est lux* exprime comment cette idée, qui embrasse l'UNITÉ abstraite de la lumière, reçut une réalisation ou une constitution effective par le moyen de la *multiplicité* des éléments qui la constituent et la font une chose qui a être ou existence propre. Sans une IDÉE antérieure qui embrasse tout le cercle en général de ce qu'EST la lumière, on ne peut concevoir la MULTIPLI-CITÉ postérieure des forces, des attributs ou des propriétés qui la font réellement et positivement ce qu'elle EST; de même qu'il serait encore plus impossible de concevoir la création d'une multiplicité de forces, d'attributs, ou de propriétés constituant une UNITÉ ou une totalité uniformisée, sans une IDÉE ou une LOI qui comprendrait d'avance cette unité ou cette totalité uniformisée dans son existence propre, spéciale, déterminée.

Lorsque Dieu conçut en idée l'apparition, la disparition, la succession et l'amélioration progressives des entités insensibles en elles-mêmes ou *matérielles* appelées *minéraux* et *plantes*, l'être commença, sans aucun doute, dans son unité multiple de ces objets; mais, sans des forces ou des éléments effectifs qui devaient leur donner une réalisation ou une constitution propre, il aurait continué à exister, seulement en idée, dans l'intérieur de l'esprit divin, c'est-à-dire sans multiplicité, sans constitution ou sans existence propre à lui-même. Il y a deux choses dans créer : 1° concevoir en idée la chose dans son *unité* ou dans sa totalité uniformisée; 2° donner *multiplicité*, effet ou existence propre à l'aide de forces constitutives à l'unité ou à la totalité abstraite conçue. L'idée à laquelle on ne donne pas constitution ou réalisation reste toujours conception ou intention, c'est un acte ou un fait en principe et non un acte ou un fait consommé, ni un sujet-agent avec une individualité propre.

Ce que je dis des êtres *matériels*, je le dis également des êtres sensitifs, mortels ou dissolubles, et des êtres sensitifs, rationnels, immortels ou indissolubles. Tous, sans distinction aucune, ont commencé, quant à leur unité

---

d'alcool mêlée avec le contenu de l'estomac produit certains fluides ou vapeurs qui, combinés à leur tour avec le cerveau, le détériorent, et l'âme se manifeste troublée, désordonnée ou hors d'elle-même. Enfin, nous voyons que, toutes les fois que des causes analogues se combinent, des effets analogues se produisent; nous concluons ensuite qu'il doit y avoir entre ces combinaisons de causes et ces effets qu'elles produisent, une *idée* qui préside, une *règle* qui détermine, une *loi* qui ordonne. Cette IDÉE, que nous nous formons par déduction, est celle que nous percevons; elle n'est pas la même *idée* divine apparue par intuition dans notre esprit, c'est-à-dire venue directement de la conception divine, comme le croient et comme l'assurent les idéalistes transcendants ou les psychologues purs les plus exagérés. L'homme remonte à l'idée de la chose par l'étude de sa multiplicité ou constitution; jamais par inspiration ou intuition.

abstraite ou totalité uniformisée, en idée ou en principe intelligent. La différence, comme je l'ai dit (t. II, p. 399 à 400), se trouve dans leur multiplicité, dans leur réalisation ou constitution, dans les éléments ou attributs qui, considérés en eux-mêmes, possèdent aussi une existence propre, se séparent ou se dissolvent, mais qui conservent cependant leur essence, parce que *rien ne s'anéantit*, pour concourir ensuite à la formation de nouveaux êtres d'un ordre distinct ou semblable. L'âme humaine appartient à la classe des êtres dont la constitution, comme je l'ai dit (t. II, p. 399 à 400), est indissoluble par l'influence du temps. Elle apparaît toujours unie à un corps organique. Lorsque celui-ci est décomposé ou en dissolution, elle passe dans son *unité multiple* identique (t. II, p. 400) dans les régions éthérées où elle doit exister éternellement avec conscience de sa propre entité.

Tout ce que je viens d'exposer est prouvé et démontré par toute sorte de productions instinctives ou artificielles. L'être ou objet un ou UNITÉ appelée « *horloge* », par exemple, ne dépend pas exclusivement de ses propriétés, de ses parties, de quelques-uns de ses éléments matériels ou sensibles constituants, il dépend, *de plus*, de l'influence spirituelle ou IDÉE que l'horloger a communiquée à l'horloge. Ce qui le prouve, c'est que toutes les parties matérielles et sensibles de l'horloge peuvent exister séparément, occuper le même espace qu'elle, et n'être qu'un amas de choses qui seront ce que l'on voudra, mais qui ne sont pas assurément une horloge. Celle-ci dépend, sans doute, des parties matérielles composantes, sans lesquelles elle n'aurait pas constitution ou multiplicité; mais cette même constitution ou multiplicité, considérée comme un être ou un objet appelé horloge, n'existerait pas et ne saurait exister par la seule force naturellement harmonisable, réunissable ou combinable des éléments qui la composent.

Pour donner existence à cette unité, à cette totalité ou uniformité, il a fallu une intelligence qui comprit que ces éléments et leurs effets étaient susceptibles d'harmonie ou de combinaison, qu'elle les embrassât tous en *idée*, et qu'*en idée* elle leur donnât unité ou totalité uniformisée; il a fallu qu'elle donnât à cette unité ou totalité uniformisée en *idée*, une existence, une constitution ou une *multiplicité* effective. Sans l'idée de l'horloger, l'horloge n'aurait eu ni *unité* d'action, ni identité d'existence. Sans multiplicité ou sans éléments constitutifs créés par Dieu, l'horloger n'aurait pu donner effet, existence propre ou des attributs particuliers à cette unité d'action et à cette identité d'existence.

Ce qui est vrai des créations divines et des productions humaines, combinées instinctivement ou par la raison, l'est également des produits animaux, c'est-à-dire de pur instinct. L'*unité*, totalité ou généralité abstraite, appelée « *nid*, » ne dépend pas de sa multiplicité concrète, c'est-à-dire de ses forces constitutives ou attributs, qui nous le font connaître, étudier et déterminer, mais bien de la conception de l'oiseau qui a excité dans son esprit sensitif l'impulsion instinctive en vertu de laquelle il l'a construit ou il l'a réalisé en réunissant, sans savoir *pourquoi*, les éléments qui le composent.

Sans la conception sensitive de l'oiseau, l'unité, la totalité ou l'uniformité
du « nid » n'aurait pas été produite, et cette unité n'aurait pas eu non plus
existence propre et effective, sans la multiplicité de forces constitutives qui
ont donné existence ou réalité positive au nid. Ainsi donc aucune chose
n'existe par son *unité* exclusive ni par sa *multiplicité* exclusive, mais elle
existe par son unité et par sa multiplicité réunies : par son *unité* qui s'engendre dans l'IDÉE qui l'a conçue dans sa totalité uniformisée et par sa *multiplicité* qui forme sa constitution, ses attributs ou son existence propre.

L'ÊTRE ou CHOSE *doit être considéré sous quatre aspects, savoir : comme
« entité, » comme « attribut, » comme « effet » et comme « cause. »* — J'ai dit
et j'ai démontré (t. II, p. 398 à 406) que dans l'univers toute chose ou tout ce
dont l'homme peut se former une *idée distincte* est *unité multiple*, chose avec
des choses ou chose dans la chose. Dans cet état, l'*unité multiple* ou chose
est identique à tout ce que nous appelons être ou entité, force constitutive
ou attribut, action ou phénomène, cause ou principe. De sorte qu'une *pierre*
est une chose tout aussi bien que la forme, le poids, l'individualité, la résistance, la saveur, la chaleur et les autres forces qui la constituent. Ces
forces constitutives de la pierre sont également des *choses* comme les actions
ou phénomènes spéciaux que la pierre, considérée dans sa totalité ou dans
son uniformité, doit produire d'elle-même dans ses relations variées avec les
autres êtres de l'univers.

C'est parce qu'on n'a pas donné encore une explication satisfaisante du
mot CHOSE dans ses quatre sens différents d'existence générale qu'on a confondu l'idée de l'ÊTRE de telle manière qu'il a été impossible d'arriver à son
explication. M. Balmes, qui, pour beaucoup de personnes, passe pour un oracle
à cet égard, dit dans son *Cours de philosophie élémentaire*, apud *Métaphysique*, dans le paragraphe *idéologie pure*, chap. VI, § 65 : « L'idée de
l'entité est celle d'être, d'existence, de quelque chose, de chose, mots qui
veulent dire la même chose; il n'y a pas moyen de l'expliquer à celui qui ne
la conçoit pas [1]. » Il faut remarquer, en passant, que déclarer qu'il n'existe
pas de moyen d'expliquer l'idée d'être à celui qui ne la conçoit pas de lui-
même, c'est nier l'existence de toute espèce d'ontologie, puisque par ontologie on n'entend que la philosophie de l'*être* ou l'explication de l'être compréhensible par la généralité des hommes.

[1] On pourrait dire avec raison, selon moi, à celui qui fait un aveu si étrange : « Monsieur, si l'idée d'être n'a pas d'explication pour vous, c'est-à-dire si on ne peut la
faire comprendre à celui qui ne la conçoit pas de lui-même, à quoi sert-il d'écrire deux
cent trente et un paragraphes (de la page 81 à la page 165 de l'ouv. cité, Madrid, 1847)
pour expliquer, comme vous l'avez fait, ce qui, selon vous-même, est inexplicable ou ce
qui, étant susceptible d'être compris, doit l'être par suite d'une conception propre et
non par suite d'un enseignement étranger? « D'ailleurs, ce que ces deux cent trente et
un paragraphes expliquent peut être déduit de la conviction de l'auteur que ce qu'ils
prétendent expliquer est inexplicable. Il serait, en effet, difficile d'expliquer l'idée d'être
ou chose sans la découverte de la phrénologie et sans la démonstration que tout est *unité
multiple*, tout, et jusqu'à Dieu lui-même, qui est *unité* par l'identité de son essence et *multiplicité* par l'infini de ses perfections.

Être ou entité. — La confusion qui existe relativement au mot *chose*, comme significative « d'entité, attribut, action et cause » peut seulement être évitée par l'explication du sens dans lequel on emploie universellement ces mots. C'est justement l'explication que je vais entreprendre en ce moment, en commençant par la chose *être* ou *entité*. Je tâcherai d'être aussi bref et aussi clair que possible.

Toute chose *physique* ou *métaphysique*, pouvant produire en nous diverses espèces de sensations propres ou relatives à une même unité, sera toujours, pour nous, un être ou une entité existant avec une identité propre ou faisant partie de l'identité d'un autre être ou individualité. Une « feuille, » par exemple, considérée comme séparée d'un arbre avec une identité propre ou considérée comme partie intégrante de l'unité d'action et de l'identité d'existence appelée « *arbre,* » est pour nous un objet, un être, une entité, parce que sa forme, sa résistance, sa réflexion de la lumière, sa saveur, son étendue, son temps d'existence, son contact, produisent, dans certaines de nos facultés, autant d'autres sensations de genres différents, susceptibles d'être rapportées toutes à une unité ou individualité déterminée dont nous avons aussi sensation.

Un « *arbre* » est également un être, un objet, une individualité déterminée de même que la feuille; mais il appartient à un ordre différent, parce que l'arbre a une constitution plus étendue que la feuille, que ses attributs sont plus nombreux, et qu'ils nous font éprouver un nombre de sensations d'espèce différente, d'autant plus grand, que le nombre de ses forces constitutives et de ses attributs est lui-même plus grand. Par les mêmes raisons, un animal, un homme, un corps municipal, un peuple, l'humanité, sont des entités, des êtres, des objets, des individualités, mais d'un ordre d'autant plus grand et d'autant plus élevé que les sensations excitées en nous par chacun d'eux sont plus nombreuses et plus étendues. Parmi ces êtres, les uns ont conscience sensitive et conscience sensitive et intelligente de leur unité multiple, et les autres n'ont pas de conscience semblable (t. II, 399 à 400), et ils n'en sont pas moins cependant pour chacun de nous des individualités distinctes.

Force constitutive ou attribut. — Toute chose qui ne peut réveiller en nous qu'une sensation exclusive, appartenant à une même classe exclusive de sensations, est, pour nous, une force constitutive, un attribut ou une propriété d'un être ou d'une entité, mais elle ne sera jamais, pour nous, d'elle-même ni par elle-même, être ou entité. Ce que nous appelons en général le *mouvement* ou une variété de *mouvements*, par exemple, ce sont des forces constitutives, parce qu'ils ne peuvent en eux-mêmes ni d'eux-mêmes produire en nous que des *sensations* d'un ordre spécial et exclusif. Nous appelons *mouvement* ou diversité de *mouvements* ces forces-causes constitutives, de même que nous appelons *réflexion* ou diversité de *réflexions* lumineuses, d'autres forces-causes constitutives, non parce que ces forces sont en elles-mêmes causes primitives, mais en raison de la diversité de sensations d'un *même ordre* exclusif que chacune d'elles produit en nous.

De sorte que, pour nous, bruit, odeur, saveur, unité, multiplicité, distance, forme, couleur, tons, localité, mouvement, durée, vie végétale, vie animale, bonté, vénération, orgueil, etc., expriment en même temps des forces constitutives ou attributs d'êtres ou d'objets, et les sensations d'ordre semblable que chacune de ces choses produit en nous. C'est pourquoi, lorsque nous parlons de la *saveur* ou de la diversité de *saveurs*, d'une orange, par exemple, nous désignons non-seulement la force ou les forces sapides constitutives de l'orange, mais encore les sensations de *saveur* que ces forces sapides ont produites en nous. Il en est de même des actes variés de mouvement ou de repos d'une machine, ou des actes variés de force physique d'un cheval en mouvement. Tout cela signifie des forces constitutives de la machine et du cheval, ainsi que les sensations et les perceptions distinctes d'une classe exclusive que ces actes de mouvement et cette force physique engendrent dans les facultés appelées mouvementivité et tactivité.

Ces causes ou forces constitutives appelées mouvement et force, de même que d'autres causes constitutives nommées forme, odeur, saveur, résistance, étendue, individualité, etc., sont en elles-mêmes des choses métaphysiques avec existence propre, autrement elles ne pourraient ni affecter nos facultés mentales, ni produire dans chacune d'elles une diversité de sensations d'une même classe. Les sensations et les perceptions qu'elles produisent par l'intervention des sens externes dans l'âme sont également des choses distinctes de ces choses. Ainsi donc les noms, dans ces circonstances, expriment chacun deux choses distinctes : 1° l'attribut ou force-cause constitutive d'un être, et 2° l'effet sous forme de sensation produit par cette force dans la faculté spéciale avec laquelle elle se trouve enchaînée et en relation intime.

Eh bien, ces *je ne sais quoi* ou choses qui sont des forces-causes constitutives d'un être, et qui par conséquent possèdent une multiplicité ou une constitution spéciale, mystérieuse ou imperceptible, toutefois pour nous, ne pourraient jamais produire des sensations d'une classe semblable ni distincte si, dans leur essence spéciale, comme choses réellement et positivement existantes, elles n'affectaient pas, dans leur unité multiple ou dans leur généralité abstraite et dans leur constitution concrète, les organes cérébraux et les facultés mentales avec lesquelles elles sont enchaînées et en relation immédiate et spéciale.

Présentez une pierre à l'œil, par exemple : cette pierre, dans toute son *unité multiple*, c'est-à-dire dans sa généralité abstraite ou dans son uniformité générale, et dans sa constitution concrète comme être, entité ou individualité, produit une impression visuelle. Dans cette impression visuelle se trouvent représentées, *in globo*, toutes les simples forces-causes constitutives de la pierre appelées : forme, volume, couleur, inertie, mouvement, repos, etc. Ces forces-causes, qui sont la multiplicité ou la constitution de la pierre et qui forment une impression visuelle, tout comme produisent une impression sonore le ton, la durée et autres relations renfermées dans un son (t. II, p. 117 à 119), se séparent, se décomposent, et, ainsi mystérieusement séparées et décomposées, chacune affecte et met en mouvement l'organe spécial du cerveau avec lequel Dieu l'a mise en rapport immédiat.

Je dis *séparées et décomposées*, parce que nous avons une conviction sensitive de la réunion de ces forces-causes représentées dans l'organe de la vision. La découverte de la phrénologie ne nous permet pas de douter que chacune de ces forces-causes, dans leur spécialité, est en relation avec un organe spécial. Dès qu'il a été établi d'une manière qui n'admet ni réplique ni doute (t. I, p. 175 à 181) que Dieu a créé une faculté mentale et un organe cérébral pour chaque *classe distincte* d'attributs, on a démontré que chaque attribut de classe différente, dans son existence propre, doit nécessairement affecter, mystérieusement pour nous, il est vrai, la faculté et l'organe, ou l'organe et la faculté avec lesquels il se trouve en relation intime et exclusive. L'odeur, la forme, l'étendue, le siége, l'individualité d'un objet, de même que la durée, le ton et d'autres relations d'un son (t. II, p. 117 à 119), pourront, *réunis*, produire des impressions dans l'œil et dans l'oreille. Mais, pour produire dans la coloritivité, dans la configurativité, dans la méditivité, dans l'individualitivité, dans la mouvementivité et dans la tonotivité, une sensation différente, et pour être l'objet d'une perception distincte, ces attributs doivent se séparer et chacun d'eux doit aller de lui-même, dans son existence propre, impressionner l'organe cérébral avec lequel il est en relation intime. Cette impression cérébrale *physiologique* réveille donc d'une manière mystérieuse une sensation *psychologique* dans la faculté dont elle est un instrument de manifestation.

Ce qui est vrai d'une seule impression visuelle ou objet, ou d'une seule impression auditive ou son, l'est également pour le plus grand nombre possible d'objets, d'attributs et d'actions. Entrons, par exemple, dans un théâtre au moment où l'on représente un opéra : nos sens externes se trouvent immédiatement en contact avec les chants mélodieux des acteurs, avec les belles harmonies musicales de l'orchestre, avec les agréables parfums qu'on respire partout, avec la délicieuse mollesse des siéges, avec la richesse et le bon goût de mille décorations, avec l'animation variée, avec les sentiments divers, avec les conceptions différentes dépeintes sur le visage des spectateurs, avec les spectateurs eux-mêmes et avec les autres objets considérés comme partie composante de ce spectacle brillant, magnifique et imposant. Dans ces conditions, le tact ou tactivité reçoit, dans leur ensemble, une impression ou contact de toute espèce de forces constitutives, propriétés ou attributs appelés superficie, consistance, température, résistance, pression, dans les corps matériels. Les impressions tactiles peuvent être incorporées dans la dimension, dans le nombre, dans la forme, dans la division et dans d'autres propriétés; autrement Laura Bridgeman (t. I, p. 433 à 434), ne possédant que le sens du tact, n'aurait pas pu en avoir la perception.

L'ouïe ou l'auditivité reçoit impression ou contact des actions ou des phénomènes appelés bruit, son, cri, parole, chant, ton, harmonie, mélodie et contre-point sonores.

L'odorat ou l'olfactivité reçoit impression ou contact de forces constitutives ou attributs appelés odeurs, parfums, puanteurs.

Le goût ou gustativité reçoit impression ou contact de toute espèce de forces constitutives que nous nommons en général saveurs et que nous distinguons en particulier par le doux, l'amer, l'âcre, l'acide, le piquant, le salé.

L'œil ou la visualitivité reçoit impression d'une grande quantité de forces constitutives, de propriétés et d'êtres dans leur ensemble. Il reçoit impression de tout ce que nous appelons lumière, réflexion, réfraction, couleur, forme, union, désunion ou séparation, distance, mouvement, position, unités multiples externes ou corps physiques. L'œil ou visualitivité reçoit impression ou contact non-seulement de toutes ces choses considérées dans leur généralité ou unité multiple, mais encore de toute espèce de forces constitutives d'un être métaphysique, appelées morales et intellectuelles. De ce nombre sont celles qui sont dépeintes sur le visage, sur le corps ou dans les attitudes d'une créature vivante, et qui excitent les affections ou sentiments appelés crainte, espérance, amitié, amour maternel, colère, haine, etc.

Comment se fait-il cependant que tant de genres d'impressions synthétiques, reçues dans leur ensemble par les sens externes, se décomposent et se divisent en eux, et que, décomposées et divisées, elles s'en détachent et vont chacune dans leur être propre, comme chose distincte de toutes les autres choses existantes, impressionner ou affecter les organes cérébraux, et par conséquent les facultés mentales? Je vous ai déjà parlé, dans une autre occasion (t. II, p. 117 à 119), de cette union ou unité synthétique d'impression *physiologique*, accompagnée d'une séparation ou d'une multiplicité analytique de sensations *psychologiques*, si sublime, si admirable, si mystérieuse, que la métaphysique allemande elle-même n'a pas osé l'aborder dans son essor le plus élevé, ni dans ses investigations les plus profondes. J'ai l'intention de m'occuper encore de l'explication de cette utile et transcendante matière, tout autant qu'elle sera explicable pour moi et compréhensible pour l'esprit humain, lorsque je parlerai, relativement à l'homme, du passage du matériel au spirituel et du spirituel au matériel.

Action ou phénomène. — Toute chose créée, considérée comme être ou entité, ou considérée comme propriété ou attribut, sera toujours pour nous une action, une apparence, un effet ou phénomène, si nous l'envisageons comme exclusivement en rapport avec l'origine ou la réunion de causes dont elle provient d'une manière immédiate. Comme il n'y a rien de créé ni de produit qui n'ait ni ne puisse avoir pour nous une existence sans se trouver en rapport avec une origine, un principe ou une réunion de causes dont il émane, il n'y a pas non plus de choses créées ou produites qui ne puissent être considérées comme action ou phénomène, comme effet ou apparence.

C'est pourquoi c'est un principe fondamental de toute philosophie qu'au=

cune chose ne peut avoir être ou existence, c'est-à-dire ni unité ni multiplicité, sans l'être ou l'existence de causes antérieures dont elle dérive et avec lesquelles elle se trouve par conséquent en relation d'effet, d'action, d'acte, de résultat. Il n'y a point d'enfant sans père, de même qu'il n'y a pas de plante sans semence, ni de semence sans éléments qui la constituent, ni d'éléments constituants sans forces constitutives, ni de forces constitutives ou attributs sans quelques forces antérieures dont ils procèdent. Dieu seul, cause des causes, ne reconnaît point d'origine, parce qu'IL EST sa propre origine, parce qu'IL EST celui qui EST de lui-même.

Cause ou principe. — Quoiqu'il n'y ait rien de créé ou de produit qui ne soit *effet, phénomène, action* ou *relation dérivée,* par cela seul que c'est une chose créée ou produite, nous ne devons jamais cependant perdre de vue qu'il n'existe rien de créé ou de produit qui ne soit en même temps cause, principe, moteur, semence, germe. Rien n'existe dans la création, quelque antagoniste que cela soit, qui n'ait une force analogique ou de réunissable combinaison et une force productive ou phénoménale. Dès que le fils apparaît comme effet, considéré par rapport à la relation qui l'unit à son père, il apparaît aussi comme *cause* relativement au nouveau fils qu'il doit engendrer. La semence qui doit, unie à d'autres causes, produire une plante coexiste dans la plante mère qui vient de naître, de même qu'au moment où a paru une goutte d'eau comme *effet,* la même goutte d'eau a paru comme cause de glace et de vapeur. Toutes les choses, considérées en relation avec les causes immédiates dont elles procèdent, sont *effets.* Toutes les choses, considérées en relation avec la succession continue de phénomènes dont elles émanent et doivent émaner, sont *causes.* Nous connaissons donc toutes les choses et chacune d'elles comme effets ou phénomènes, et nous les connaissons aussi en même temps comme causes ou principes, et non pas exclusivement comme effets, phénomènes ou relations. C'est pourquoi il est de la plus haute importance de savoir comment on considère les choses pour ne pas confondre les principes avec les actes ou actions, et les actes et actions avec les principes. Je me suis déjà occupé de ce sujet (note au bas des p. 278 à 280 du t. II) avec toute l'extension que mérite son importance.

Toutes nos connaissances ont une existence ou se manifestent en vertu de phénomènes ; elles sont basées sur des phénomènes ; elles sont d'elles-mêmes et en elles-mêmes des connaissances de relations, de causes et d'effets, d'êtres et de qualités, de sujets et d'action. S'il n'en était pas ainsi, l'homme n'irait pas au delà du cercle sensitif. Si l'homme ne connaissait que des *relations,* comme les brutes, sans connaissance des causes dont elles émanent et des effets qu'elles peuvent produire, comment pourrait-il se servir, comme il le fait à tout instant, de causes ou de moyens *connus* pour provoquer ou pour éviter des phénomènes *prévus?* Toutes les sciences et tous les arts humains, existants et devant exister, dépendent de cette force qui évite ou qui produit des effets en vertu de la connaissance de relations de cause et d'effet que ne possèdent pas les brutes.

Renversement des écoles philosophiques qui n'admettent qu'unité, abstraction ou idée dans la chose, et de celles qui n'y voient que multiplicité, concrétion, sensitivité. — Sans la précédente démonstration que tout est unité multiple et que tout peut être considéré comme être et attribut, comme cause et effet à la fois, ou comme l'une de ces relations exclusivement, on n'aurait jamais pu rectifier les erreurs des deux écoles philosophiques opposées, inaugurées par Platon (t. I, p. 17) et Aristote (t. I, p. 24), écoles qui ont régné presque en souveraines dans le vaste champ du savoir humain et qui ont empêché jusqu'à présent l'existence d'une véritable philosophie, c'est-à-dire d'une théorie véritable sur l'être et sur l'examen de l'être des choses.

Platon part du principe que Dieu forma seulement des *idées-entités*, c'est-à-dire que toutes les choses existantes et devant exister ne sont qu'*idées-entités* destinées à voltiger dans l'espace. Il déduisit de cette théorie, devenue une vérité irréfutable dans son âme, que l'homme ne peut connaître les choses qu'en percevant l'*idée* qui les constitue, et que cette *idée* peut être perçue seulement par le moyen de l'*entendement*, c'est-à-dire à force de penser et de toujours penser. Voilà l'idéalisme, le spiritualisme ou le psychologisme pur. A une distance extrême de Platon se présente immédiatement Aristote, son élève. Celui-ci part du principe qu'il n'y a qu'existence externe, c'est-à-dire des êtres et des attributs que nous ne pouvons connaître sans qu'ils aient frappé d'abord nos sens. *Nihil est in intellectu quod non fuerit prius in sensu.* Observer et toujours observer, sans s'occuper de ce que l'entendement pur ou harmonisativité avec ses dépendances doit comprendre, constitue, selon Aristote, le mode exclusif de connaître les choses. Voilà le sensualisme, le matérialisme, le physiologisme pur. Pour Platon, les sens ne sont rien, et pour Aristote ils sont tout.

Ces deux doctrines opposées se sont disputé le champ philosophique avec plus ou moins de prépondérance respective, suivant les époques, jusqu'au dix-septième siècle. A ce moment, Descartes (t. I, p. 17) se proclama, avec toute la force de conviction d'une âme grande et sublime, partisan exclusif de Platon. Mais à peine ses doctrines commencent-elles à se répandre dans le monde scientifique et à se créer un domaine exclusif, qu'elles rencontrent des adversaires acharnés. Dans le dix-huitième siècle apparut son terrible antagoniste Condillac (t. I, p. 83), qui se prononça pour la philosophie sensuelle ou idéologue d'Aristote, et devint le grand sensualiste ou matérialiste moderne.

A peine Condillac commença-t-il à gagner du terrain, qu'il rencontra des adversaires dans Fichte, Schelling et Hegel; ceux-ci ont eu à combattre à leur tour Broussais, le plus terrible matérialiste et matérialisateur des temps anciens et modernes. Ce que j'ai démontré, savoir qu'aucune chose n'a été créée ni produite, ni ne peut être ni créée ni produite sans qu'elle ait existé d'avance en idée divine, en idée humaine, ou en perception sensitive animale, prouve que les platonistes, parmi lesquels je comprends l'école de Descartes, celle de Fichte, de Schelling, de Hegel et autres idéalistes ou psychologues purs, ont *à moitié* raison. Mais, du moment que ces philosophes ont cru que cette idée ou abstraction de la chose était le tout de la chose et qu'elle pouvait par conséquent être comprise directement, sans impression dans les sens externes et sans sensation dans les facultés partielles ou particulières de ces attributs ou de ces forces constitutives, ils se sont séparés de la vérité et ils sont entrés dans l'erreur. Il est certain que si nous pouvions comprendre, comme les bienheureux du ciel, les idées des choses telles que Dieu les a conçues, nous comprendrions directement, sans besoin d'impressions ni sensations, leur unité abstraite ou leur idée unie avec leur multiplicité concrète ou constitution. Mais, comme je l'ai dit, il ne peut en être ainsi que par une grâce toute spéciale du Seigneur.

L'âme humaine n'éprouve directement que *sensations*. Ses *perceptions* partielles sont fondées sur des sensations éprouvées et ses *idées* générales sur ces perceptions particulières, comme j'ai eu l'honneur de vous le démontrer (t. II, p. 296 à 302, 331 à 339, 379 à 385). C'est pourquoi une idée comprise ou conçue est un résumé intelligent de sensations ressenties ou une création fondée sur des éléments antérieurement perçus. C'est pourquoi une *idée* pourra être comprise ou être conçue avec plus de rapidité que celle du rayon lumineux ou de la lumière, mais jamais *directement* et toujours par comparaison et déduction établies sur des sensations antérieurement reçues et sur des perceptions antérieurement formées. Une idée représente l'*unité* d'une chose embrassant sa *multiplicité*. Les platonistes croient qu'à force de penser et de réfléchir ils comprennent cette unité directement, et, avec cette unité, sa *multiplicité* comme conséquence nécessaire. VOILA OU EST LEUR ERREUR. Nous ne comprenons jamais l'*unité* qu'indirectement, qu'en la déduisant de la connaissance que nous avons de la *multiplicité*. Nous savons en quoi consiste un être, un attribut, une cause ou un phénomène, non pas directement par son *unité*, mais, au contraire, par sa multiplicité comparée avec les autres multiplicités. Saurions-nous jamais en quoi *consiste* un son, c'est-à-dire aurions-nous jamais une *idée* d'un son, d'une couleur, d'une pierre, d'un homme, s'il ne nous avait pas été permis de comparer les attributs de ce son, de cette couleur, de cette pierre, de cet homme entre eux, et le son lui-même, la couleur elle-même, la pierre elle-même et l'homme lui-même avec d'autres sons, d'autres couleurs, d'autres pierres et d'autres hommes? Ce serait impossible.

Qu'est-ce que penser et réfléchir? N'est-ce pas comparer des sensations ressenties et des perceptions particulières produites en nous par la multiplicité des forces constitutives des choses et en déduire ensuite une idée générale, ou, ce qui revient au même, les comprendre dans un seul acte intelligent?

Toute l'erreur des idéalistes repose sur l'idée fausse qu'ils se sont formée du MOI (t. I, p. 358 à 371). Ils supposent que l'homme n'a, pour sentir et percevoir, qu'une unité, que cette unité est l'âme, et que cette âme en action est le MOI sans autres facultés qu'elle-même, c'est-à-dire sans *juridic-tion* (t. II, p. 277 à 278). Suivant eux, ce MOI perçoit l'abstraction, l'idée ou l'unité de la chose directement, et, dans cette perception directe de l'unité de la chose, sont compris ces attributs ou multiplicité; de sorte que, pour les idéalistes, le MOI est le tout, et les sens externes et les facultés particu-lières ne sont rien. Pour eux, la force de compréhension intelligente n'est pas une force de comparaison et de déduction, comme j'ai démontré qu'elle l'est et qu'elle doit l'être nécessairement, mais une force unique d'intelli-gence passive qui comprend l'idée, l'être ou l'unité de la chose de la même manière que nous sentons une diversité de sensations de la chose. Mais il n'en est pas ainsi, par la simple raison, comme je n'ai cessé de le démontrer et de le prouver, que toute perception, même la perception sensitive ou animale (t. II, p. 238), présuppose comparaison et déduction. Du moment que l'on démontre que l'IDÉE n'est pas intuitive, instinctive ou spontanée, comme la sensation ou le désir, mais qu'elle procède de comparaison et de déduction, c'est-à-dire qu'elle est un acte fondé sur des sensations et sur des perceptions antérieures soulevées dans les facultés parciales par les attributs ou la multiplicité de la chose, tout idéalisme pur est renversé et perdu sans que jamais il puisse se relever.

Les idéalistes ou spiritualistes purs sont néanmoins les antagonistes des idéologues ou matérialistes purs, et, sous ce rapport, leurs doctrines sont extrêmement utiles, parce qu'elles nous démontrent l'unité, l'abstraction ou la totalité uniformisée de la chose dans la chose, provenant de l'idée qui l'a conçue comme un principe, et non de la multiplicité qui la constitue. Il importe toutefois de distinguer l'idéalisme de Platon et de Descartes de l'i-déalisme de l'école allemande. Ces philosophes partent du principe que les *idées* des choses ou que le principe dont dérive l'unité des choses émanent de Dieu, intelligence suprême et omnipotente. La philosophie de Platon ou de Descartes, considérée avec toute l'extension que ses auteurs veulent lui don-ner, pourra être fausse ou défectueuse, mais non avare du principe le plus saint et le plus sacré que possède l'humanité et qui la maintient unie par tout un lien de croyance et de moralité universelle.

Il n'en est pas ainsi avec l'idéalisme allemand, qui conduit à l'athéisme. Schelling, son représentant général ou l'homme le plus important de cette école, part du principe que l'univers n'est qu'unité et identité absolue, c'est-à-dire qu'il n'y a pas des touts séparés, mais des parties absolument et exclu-sivement réunies. Cette réunion universelle n'est composée d'après lui que d'existence et de liberté : *existence*, ou l'être considéré dans son abstraction universelle, et *liberté*, ou le MOI humain considéré comme partie intégrante de la totalité universelle existant en elle-même ou par elle-même sans aucune espèce de dépendance; de sorte que, pour Schelling, le MOI humain est la force unique de perception et de vouloir philosophiquement admise, parce qu'elle seule peut former une *idée* de la totalité, de l'identité et de ses parties in-tégrantes universelles. Cette *idée* des choses que le MOI se forme à force de penser constitue la chose dans sa nature ou réalité, et les attributs ou *multiplicité* des choses ne sont que ceux que cette *idée* embrasse ou représente dans son unité. C'est dire que les attributs ou multiplicité des choses, dans cette philosophie comme dans la philosophie de Platon, sont conçus intelligemment ou en idée par le moi et directement compris dans l'unité de l'idée; mais ils ne sont nullement perçus expérimentalement dans leur diversité d'individualités par les facultés qui se trouvent en relation directe, comme l'a démontré la phrénologie (t. II, remarque au bas de la p. 375), avec les diverses espèces de ces mêmes attributs. Il n'est donc pas surprenant qu'un corps de doctrine ou de philosophie basée sur le principe qu'aucune connaissance ne nous vient par diversité *multiple* de sensations, mais qu'elle nous arrive exclusivement par *unité* directe de conception intelligente ou idée, s'appelle *idéalisme* et qu'on l'ait qualifiée de *transcendentale*, puisque l'idée humaine est élevée au-dessus de toute idée divine.

Une philosophie qui admet unité et identité universelle absolue, et qui ne donne à cette unité et identité universelle absolue qu'existence et liberté pour attributs, liberté qui, dans tout ce qu'elle peut atteindre, existe en elle-même et par elle-même sans dépendance aucune dans le moi de l'humanité, ne pourra admettre Dieu; si elle l'admet, il ne sera que comme partie intégrante de l'existence de l'unité et de l'identité universelle, mais nullement comme auteur de la création, et beaucoup moins encore comme intelligence suprême dont le moi est souverain, infini et omnipotent [1].

---

[1] Le jugement critique le mieux établi et le plus consciencieux de la philosophie et des philosophes allemands se trouve dans le *Allgemeine deutsche Real-Encyclopedie für die gebildeten Stande* « Encyclopédie allemande universelle pour les classes instruites. » On y lit sur Fichte : « Le principe fondamental du système de Fichte repose sur cette proposition : A = A, ou moi je suis moi. Moi est l'absolu qui s'affirme ou s'établit lui-même. Ce moi doit, en outre, être considéré comme une force d'action pure, qui, étant enfermé dans des barrières imperceptibles, se trouve arrêté dans son activité et sent, en vertu de cet obstacle, un non-moi qu'il contemple comme un monde objectif. Le moi ne peut donc s'affirmer ou s'établir sans qu'un non-moi, qui, à son tour, n'est qu'une production du *moi*, ne s'oppose en même temps à lui-même. C'est pourquoi, comme on le voit, le système de Fichte, dans sa forme primitive, n'est qu'un rigoureux *idéalisme*, puisque le réel ou le vrai, c'est-à-dire ce que nous plaçons en dehors de nous, lorsque nous l'y établissons, n'est qu'une création de notre activité interne. »

Dans cet extrait, on voit clairement le mode absolu suivant lequel Schelling, Fichte et Hegel, qui tous trois à cet égard pensent de la même manière, considèrent le moi et ce qu'on doit entendre par *idéalisme* pur d'après le sens adopté par eux-mêmes pour cette dénomination. L'*idéaliste* considère les attributs des choses comme des créations du moi humain. Il croit qu'ils existent parce que le moi humain les conçoit et non parce que Dieu les a créés. Quoique Fichte dise ensuite que ce moi, qui s'est donné à lui-même un non-moi, aspire nécessairement vers un ordre moral dans le monde *qu'il a lui-même créé*, et quoiqu'il ait appelé cet ordre moral la science de Dieu, nous aboutissons toujours à l'existence de Dieu suivant cet idéalisme, parce que le moi humain qui se donne tout et qui s'abandonne tout à lui-même, l'*imagine* ainsi, et non parce que Dieu lui-même nous l'enseigne par la révélation et nous le manifeste par ses immenses univers que nous admirons.

Combien est différente la philosophie que je viens d'expliquer! Suivant cette philosophie, Dieu a conçu les choses dans leur *être* et leur mode de *se succéder* progressivement; il a créé ensuite des forces constitutives afin que ces choses eussent existence

Cette philosophie et les erreurs immenses auxquelles elle conduit sont fondées sur le principe faux que le MOI humain est absolu, c'est-à-dire que la liberté du MOI n'est soumise à aucune condition, et que les relations d'analogie, de cause et d'effet existant entre tous les êtres ou toutes les choses et en vertu desquelles la plus grande multiplicité, c'est-à-dire la réunion et la complication d'unités les plus étendues, peut être considérée comme une unité exclusive ou une totalité uniformisée (t. II, p. 398 à 403), s'opposent à l'existence d'unités diverses, d'unités avec un être distinct, particulier, propre, spécial, déterminé[1].

Supposer le MOI absolu, c'est-à-dire supposer que le moi humain existe en lui-même et de lui-même ou qu'il agit en lui-même et de lui-même, c'est supposer une ignorance complète de la nature du MOI, expliqué pour la première fois, si je ne me trompe, en philosophie mentale, dans ces leçons. Le MOI, considéré comme principe ou force-cause vivante et intelligente, s sent, comme vous le savez (t. II, p. 253 à 257), porté à désirer *indéfiniment* le bien ou le plaisir de toute l'individualité mentale dont il constitue la

propre en dehors de son Esprit. L'homme est en complète harmonie avec ces choses dans leur être, dans leur mode de se succéder progressivement et dans celui de leur constitution réelle et positive ; et cela *passivement*, afin de ressentir et de connaître intelligemment les effets qu'elles produisent en lui, et *activement* afin d'agir en conformité avec le principe de progression, soit dans sa conduite morale, soit dans ses productions instinctives, artistiques et scientifiques.

[1] L'idéalisme allemand s'est produit, à proprement parler, dans Fichte. C'est lui qui fonda la doctrine que l'objectif dérive du subjectif ou moi. Dans cette doctrine est comprise comme conséquence celle de l'unité absolue dans la création. Fichte, la donnant pour admise, en a fait des applications sublimes dans ses observations sur la destinée de l'homme ; il a toujours confondu l'homme (individuellement) avec l'humanité (collectivement) et l'humanité avec l'homme ; il considère ce qui est propre et exclusif à l'homme comme propre également à l'humanité, et ce qui est propre et exclusif à celle-ci comme propre à celui-là.

Schelling, disciple de Fichte, admit substantiellement l'idéalisme de son maître et voulut le démontrer en cherchant à prouver l'unité absolue. Il n'a pas dit que l'objectif était seulement une création du subjectif ou du moi, comme Fichte ; mais il en vient à dire la même chose. puisqu'il établit que l'objectif et le subjectif, la réalité et l'idée, l'être et le savoir, sont une même chose et font partie intégrante d'une même totalité identique. C'est pourquoi les critiques allemands, qui ont jugé cette philosophie avec le moins de passion, disent qu'on ne doit pas l'appeler *naturelle*, comme on la nomme communément, mais bien *identificative*, puisque son objet ne consiste qu'à *identifier* tout.

Il est certain, comme je l'ai dit (t. II, p. 398-403), que l'homme doit considérer l'univers et les univers comme un grand tout, comme une *unité* exclusive ; mais il est impossible aussi qu'il ne voie pas en même temps *multiplicité* dans l'unité, c'est-à-dire réunion, uniformité, harmonie d'unités qui forment chacune un tout aussi complet, aussi entier, aussi parfait, aussi mystérieux, aussi sublime que l'immense totalité qu'elles constituent par leur réunion. Schelling ne vit pas que la relation d'analogie, de cause et d'effet existant entre un objet et un autre objet, et en vertu de laquelle des êtres infinis peuvent constituer par leur combinaison un être spécial, est toute autre chose que cette particularité ou réunion de particularités, distinctes, déterminées, exclusives, en vertu desquelles un être est distinct d'un autre être, une unité d'une autre unité, une action d'une autre action ; la connaissance de ces particularités ne dépend pas d'un MOI exclusif, mais des diverses facultés que Dieu nous a concédées et qui sentent et connaissent l'unité dans la multiplicité et la multiplicité dans l'unité, *unité-multiple* qui règne dans toute la création, que l'homme conçoit et perçoit, mais qu'il ne comprendra ni expliquera jamais.

partie suprême. Cette force ne peut dépendre d'elle-même, quant à son être puisqu'elle n'a pas eu liberté pour se créer et puisqu'elle ne l'a pas pour s'a. néantir; cette force doit, par conséquent, dépendre, dans son essence ou généralité abstraite, d'un être qui l'ait conçue et formée et qui, par suite, ne doit pas seulement la *surpasser*, mais encore posséder une toute-puissance suprême et absolument transcendante, toute-puissance que la créature conçoit dans son créateur. Du reste, j'ai démontré (t. II, p. 321 à 349) que, quant à tout ce qui est *déterminé* ou fixé par les lois naturelles, le moi ou la volonté dépend de forces qui ne sont ni elle ni en elle.

Quant à ses *idées*, sans lesquelles le moi ou la volonté ne peut ni former, ni formuler des intentions, ni par conséquent les préférer afin de se décider ou de vouloir, il dépend, comme vous le savez (t. II, p. 332 à 337), des irradiations des facultés avec lesquelles il forme l'individualité mentale (t. II, p. 358 à 366) appelée âme. Pour mener à fin ses résolutions, il dépend du concours actif des autres facultés (t. II, p. 337 à 348) et il ne peut rien exécuter sans lui. Pour l'obtention de ce concours, il dépend de la force compréhensive des facultés (t. II, p. 299 à 301), force en vertu de laquelle elles connaissent, chacune dans leur spécialité (t. II, p. 285 à 289), la partie de la douleur ou du plaisir comprise dans ses résolutions.

Les idéologues purs, en tête desquels on trouve Broussais, ainsi que je l'ai dit, prétendent, par suite d'un exclusivisme entièrement opposé à celui des idéalistes, connaître les choses *uniquement* par leur *multiplicité*, c'est-à-dire uniquement par les impressions que les propriétés, attributs ou forces concrètes constituantes de la chose produisent sur les sens externes. Ces philosophes sortiront nécessairement de leur erreur et éviteront les conséquences matérielles et désolantes auxquelles elle conduit en réfléchissant seulement qu'aucun être ne peut avoir existence sans une *idée* ou *conception* dans laquelle a commencé ou a pris naissance, comme je l'ai démontré (t. II, p. 406 à 409), sa totalité uniformisée.

L'axiome mathématique par lequel on dit que l'ensemble des *parties est égal au tout* est une absurdité, si l'ensemble de ces parties ne comprend pas l'influence de l'idée spirituelle qui lui a donné unité exclusive. En effet, l'ensemble des parties matérielles constitutives d'une « *horloge*, » de même que les forces ou facultés d'une *âme humaine* séparément considérées ne sont pas égales à toute l'horloge ou à l'âme humaine. Ces parties ou forces constitutives ne renferment pas, pour l'âme, l'idée divine dans laquelle cette totalité spirituelle uniformisée a commencé à exister dans son unité d'action et dans son identité d'être, ni pour « l'horloge » l'idée de l'horloger. Cependant il est manifeste que sans ces *idées* l'âme et l'horloge ne sauraient avoir l'uniformité spéciale que donnent à leur *tout multiple* cette unité d'action et cette identité d'existence qui leur sont propres et spéciales. Ces *idées* ou leur influence constituent, par conséquent, dans l'âme et dans l'horloge, une force positive, un dynamisme, une cause, un principe existant que nous ne connaissons pas sensiblement, mais que nous constatons *intelligemment par une déduction* (t. II, p. 297 à 501, 580 à 585), en vertu de laquelle nous donnons un nom aux choses. Ce principe dans la chose appelée « horloge, » connue par déduction intelligente, uni aux forces constitutives de « l'horloge » connue par expérimentation sensitive, constitue l'être appelé « *horloge*, » tout comme le principe d'unité dans l'âme uni à ses facultés constitue l'être ou l'entité appelée « âme. »

D'après ce que je viens d'exposer, il est facile de comprendre l'erreur de ceux qui proclament le matérialisme ou le sensualisme comme principe exclusif de l'être des choses. Les parties matérielles ou sensitives de l'horloge n'engendreront jamais par elles-mêmes l'uniformité harmonique d'existence et d'action qui les forme ou constitue horloge. L'influence spirituelle communiquée aux parties matérielles constitutives de l'horloge est aussi indispensable pour cela que l'influence spirituelle divine aux organes matériels constitutifs de l'œil, pour qu'ils forment, dans le temps et en vertu de leur uniformité mystérieuse, un dynamisme visuel. Il ne peut exister aucune chose qui, dans sa *multiplicité* de parties, ne possède en même temps *unité* d'existence et d'action, émanée d'un spiritualisme divin, artificiel ou instinctif renfermé en elles. Du moment donc où un matérialiste proclame l'ÊTRE d'une chose et dit : Ceci EST une pierre, ceci une maison; ceci EST un oiseau, ceci un nid, il proclame sa propre et complète réfutation. Il admet, en effet, qu'il y a dans les choses qu'il détermine unité d'action et d'existence, unité que leurs parties matérielles constitutives n'ont jamais pu se donner et qui, par conséquent, procède de quelque chose de supérieur à ces objets qu'il connaît par déduction intelligente.

Tant qu'on n'a pas eu découvert et expliqué le principe d'unité multiple dans les apparences ou êtres externes, et dans les apparences ou êtres internes, c'est-à-dire dans le matériel et dans le spirituel (t. II, p. 317 à 319, 598 à 406); tant qu'on n'a pas eu découvert en même temps la véritable nature du désir et de la volonté, du MOI intelligent et des MOI sensitifs (t. II, p. 240 à 571), on a pu soutenir sans crainte de réfutation philosophique, comme le prouvent les ouvrages de Bálmes et de Cousin, que tout est *division universelle* et que tout est *réunion universelle*, que tout est *unité* absolue et *multiplicité* absolue, que tout est existence et liberté exclusive, et que tout est *attributs* dans l'existence et dépendance dans la *liberté*. Tout, en effet, est une chose et une autre à la fois. Là est le mystère que nous percevons par n s facultés et que nous n'expliquons qu'en disant : « Dieu l'a fait ainsi. »

Tout mon mérite, si le jugement impartial de la postérité m'accorde quelque chose, consiste à avoir rendu manifeste ce mystère qui est la base fondamentale de toute philosophie et de tout ce qui peut être l'objet d'une investigation philosophique. D'ailleurs, je crois l'avoir rendu assez manifeste, pour démontrer que l'idéalisme transcendantal allemand, qui fait incidemment tant de bruit cette année (1855) parmi nous, n'est et n'a jamais été que le soupir du psychologisme ou du spiritualisme pur agonisant (t. I, p. 8 à 18, 438 à 439; t. II, p. 121), qui a pris naissance dans les sublimes conceptions du sublime Platon; de même que les idéologistes (t. I, p. 10, 19 à 21, 83 à 84; t. II, p. 121) de ces derniers temps ne sont que le soupir du sensualisme ou du matérialisme moribond qui prit son origine dans les observations sensuelles du sensuel observateur Aristote.

Renversement de la philosophie de Kant, *qui considère tout comme phénomène ou relation, et de la philosophie des sensualistes, qui croient que l'entité ne peut exister sans une substance* (substratum) *qui lui serve de noyau.* — La philosophie ontologique qui a été le plus en faveur dans ces dernières années est la négation de toute ontologie. Depuis que Kant a établi pour principe fondamental de toute ontologie qu'il n'y a, à proprement parler, dans l'univers que des actions dérivées et non des êtres ou des entités, nous avons vu apparaître les écoles philosophiques qui ne voient qu'effets, phénomènes, faits, apparences. Il est vrai que toutes les choses créées, ou produites sensitivement ou intelligemment par les êtres vivants, comme vous le savez, ne sont que des résultats, puisque toutes, toutes sans exception, reconnaissent une origine (t. II, p. 414 fin, 415 *commencement*). Il est vrai encore qu'il n'y a aucune chose créée ou produite dont nous ne puissions avoir connaissance dans l'ordre de la nature par quelques *phénomènes*, c'est-à-dire en vertu d'un effet produit en nous. Jusques-là, Kant (t. I, p. 27 à 34), Spurzheim (t. II, p. 235 à 236), Brown (t. I, p. 22 *fin*) et d'autres philosophes ont raison de dire que nous ne connaissons les choses que phénoménalement, mais ils n'ont pas raison d'en conclure et d'établir comme principe fondamental que nous ne connaissons ni les choses ni leurs qualités *en elles-mêmes* ou dans leur être.

J'ai déjà dit tout ce que la philosophie doit à Kant et à Leibnitz, qui ont embrassé à la fois l'objet et le sujet (t. I, p. 28 à 29), et qui ont établi entre ces derniers cette harmonie que la phrénologie a démontrée et fait ressortir de manière à éclairer pour toujours la philosophie de tous les siècles. Mais autre chose c'est l'existence de cette harmonie — l'existence de l'objet et du sujet — et autre chose c'est que nous ne connaissons en aucune manière ni l'objet ni le sujet, comme on l'affirme. La même phrase de Kant : « Nous ne connaissons l'objet ni le sujet que par leurs relations ou phénomènes, » apporte avec elle sa propre réfutation. Dire en effet que nous ne connaissons pas ce que nous nommons est une absurdité. Ou Kant se forma ou il ne se forma pas idée de ce qu'il a voulu exprimer par ces mots : *objet* et *sujet*. S'il ne se forma pas idée d'une chose ou d'une autre, Kant fut moins qu'un philosophe, il fut un imbécile. Si Kant se forma idée d'une chose et d'une autre, comme ses ouvrages l'attestent, il nous a désigné par ces mots *objet* et *sujet* des choses qu'il connaissait et que nous comprenons facilement. On ne se forme pas et on ne peut se former idée d'une chose qu'on ne connaît d'*aucune manière*. Mais Kant se forma une idée complète de ce qui pour lui était *sujet* comme de ce qui était *objet*, puisqu'il nous fait connaître (t. I, p. 28 à 29) les attributs qui sont propres et exclusifs au *sujet* et ceux qui sont propres et exclusifs à l'*objet*.

On pourra m'objecter que de toute manière nous arrivons toujours à la connaissance des causes ou principe d'action ou de l'objet et du sujet, c'est-à-dire des choses et des qualités en elles-mêmes par les sensations que leurs relations produisent en nous. Cela est vrai et indubitable. Mais baser la connaissance que l'âme possède des causes ou des choses et qualités en elles-mêmes en déterminant ce qu'elles sont (t. II, p. 297 à 302) sur leurs phénomènes sensitifs engendrés dans l'âme, est autre chose qu'établir comme principe fondamental de toute une philosophie que nous ne les connaissons en aucun *sens;* cela reviendrait à dire, quelques rectifications que l'on fît, que nous ne connaissons Dieu en aucun sens, quand, en dehors de la révélation, il est rigoureusement démontré, par une déduction logique (t. II, p. 191), que Dieu est un ÊTRE INFINI, cause des causes. Nous ne connaissons pas, il est vrai, l'objet ni le sujet *sensitivement*, comme nous connaissons les phénomènes directement produits en nous par les attributs ou forces primitives constitutives des forces; mais nous connaissons l'objet et le sujet par *déduction intelligente;* autrement, nous ne pourrions donner de nom ni à une chose ni à une autre. Kant et ses sectaires ont dû se dire : Nous connaissons les relations entre l'objet et le sujet par sensation ou conviction directe, et l'ÊTRE de l'objet et du sujet de la relation par conviction intelligente (voir leçon LV, mot *Criterium*). Cette distinction, qui, si je ne me trompe, est pour la philosophie l'inauguration d'une nouvelle ère de vérité et de consolation, n'aurait jamais pu être établie sans la découverte de l'harmonisativité et par conséquent du *psychisme* ou siquisme idéal (t. II, p. 251 à 256, 296 à 302). Elle démontre, détruit et rectifie l'erreur fondamentale de Kant et de ses disciples.

Cette erreur fondamentale fut cause que Kant et ses disciples ne virent dans l'âme qu'un phénomène, un acte, un effet avec la seule dépendance exclusive de son origine ou dérivation. Ils ne virent en aucune manière dans l'âme un phénomène-principe, un phénomène-réunion de causes, un phénomène qui, quelque dépendant qu'il soit, possède une existence propre sans laquelle il ne constituerait pas et il ne pourrait pas constituer ce que nous appelons un être, une entité, une essence, une existence, un objet, une individualité avec indépendance particulière, spéciale, déterminée. D'autres philosophes commencent au contraire toutes leurs explications en posant pour principe fondamental que les êtres dans leur constitution actuelle, c'est-à-dire dans la réalité propre et effective, avec laquelle nous les connaissons, existent parce que Dieu les a créés ainsi. Mais ils ne comprennent pas qu'en même temps que Dieu a donné constitution aux êtres de l'univers, il a formulé, relativement aux êtres *matériels*, leur dissolution, leur succession, et leur amélioration progressive. Quant aux êtres *spirituels*, il ordonna, au moins depuis le péché d'Adam, comme nous le voyons par le fait en lui-même, que pour chaque corps matériel humain nouveau-né, il apparût une âme unie à ce corps matériel et qu'à la dissolution de ce dernier, l'âme passât dans son *unité multiple* (t. II, p. 400, 406 à 407) dans les régions éthérées où elle doit éternellement exister avec conscience de sa propre identité.

En faisant abstraction de ces considérations ontologiques les plus importantes, ces derniers philosophes, — en tête desquels je citerai M. Bálmes, parce que c'est celui qui s'est le plus distingué parmi nous dans l'exposition de ce qu'ont dit les autres, quoique cependant il n'a établi aucun système, aucune philosophie, aucune idée propre, bonne ou mauvaise, — fixèrent comme principe que l'âme est une entité, et que, pour l'être, elle doit avoir au moins une *substance*, qu'ils l'ont confondue et qu'ils la confondent malheureusement avec les forces ou facultés constitutives. Ces forces constitutives lui donnent existence ou réalité propre, mais non unité d'action et identité d'existence, ce qui dépend de son origine primitive, c'est-à-dire de l'esprit divin, lorsqu'il l'a conçu en idée. Ce mot « *substance* » dérive du mot latin *substratum*, participe passé du verbe *substernere* « étendre dessous, » et signifie dans le langage métaphysique des substantialistes « quelque chose qui est dessous et qui sert d'appui ou de noyau. »

Si la *substance* est quelque chose qui sert d'appui, de soutien ou de noyau à la chose, ce quelque chose doit être nécessairement une propriété déterminée de la chose, mais non son essence, ni son tout, ni sa généralité, ni la chose comprise dans une unité générale qui embrasse toute sa multiplicité de causes. La chose où l'âme peut se fixer comme attribut ou chose propre de la chose n'EST pas la chose; elle est chose de la chose. La *chose* est *une* MULTIPLICITÉ des forces uniformisées et harmonisées d'avance par une idée ou par une conception intelligente qui lui a donné son UNITÉ d'existence et d'action. La substance ou *substratum*, de quelque manière qu'on l'envisage, sera toujours une force de la chose, mais non la chose elle-même; elle ne sera pas une *multiplicité* spéciale de forces, en *unité* exclusive contemporaine d'action et d'existence; et c'est précisément cela qui comprend la chose considérée comme un être ou une essence, laquelle, malgré ses relations plus ou moins prochaines avec le reste de l'univers, possède une existence propre, particulière et exclusive.

En posant en principe que l'âme n'est qu'un acte ou qu'une succession de phénomènes, Kant est conséquent lorsqu'il veut, par ses principes philosophiques, que nous connaissions seulement des effets; mais il est en contradiction complète avec la révélation qui nous apprend la formation des êtres; ceux-ci sont et doivent être nécessairement, pour nous, des résultats exclusifs de causes antérieures et aussi des principes complexes d'action, c'est-à-dire des entités, des uniformités avec existence et action propre produites directement et immédiatement par la toute-puissance divine, dans leur conception comme dans leur constitution. En outre, si, à l'exemple de Kant, de Spurzheim et de beaucoup d'autres philosophes, nous admettons tout comme phénomènes, nous nions, conformément à ce que j'ai démontré (t. II, p. 424), l'existence d'entités ou d'objets avec identité d'existence propre et avec unité d'action particulière.

M. Bálmes, en affirmant que l'âme est une entité ou un être avec existence
propre en vertu d'une *substance* renfermée en elle et non un pur phénomène, comme le veut Kant, oublie que cette *substance*, quel que soit le
sens que lui et ceux auxquels il a pris l'idée donnent à ce mot, est une
chose de la chose, mais non ce qui constitue la chose dans son être. L'âme,
considérée comme exprimant une chose de la chose, est une force *constitutive* comme tous les autres attributs, et elle n'est pas le principe qui lui ait
donné entité d'existence et unité d'action. Cette entité d'existence spéciale
et cette unité d'action déterminée de la chose, soit physique, soit métaphysique, après laquelle courent inutilement, depuis tant de siècles, les ontologistes, est, je le répéterai mille et mille fois l'IDÉE UNE par laquelle Dieu l'a
conçue dans son esprit infini; de même que sa constitution est la MULTIPLICITÉ
de forces effectives, par laquelle il a donné à cette *idée une* une existence
réelle et effective, propre et indépendante. C'est faute de cette découverte
que l'ontologie, jusqu'à présent, n'a consisté qu'en des attaques mutuelles
et qu'en mutuelles réfutations plus ou moins modérées et plus ou moins
violentes [1].

Le jugement que l'humanité portera sur la nouvelle philosophie de l'être
que je livre à la postérité et qui est basée sur l'*unité multiple* de la chose
et de toutes les choses, déterminera son mérite. Toutefois elle concilie
toutes les philosophies, et elle se trouve en harmonie avec tout ce que notre
sainte religion a de plus sacré, avec tout ce que la moralité la plus sublime
nous enseigne, avec tout ce que l'intelligence la plus élevée a défini et résolu. Cette philosophie admet la création des êtres par un principe qui est le
point exclusif de départ de beaucoup d'ontologistes, même les plus religieux

[1] M. Bálmes *attaque* Kant, sans pourtant le *réfuter*, dans sa Philosophie élémentaire,
apud Psicolojia, ch. I, § 2-3, de la manière suivante : « Kant, prétend, dit-il, qu'il n'est
pas possible de démontrer que notre âme soit autre chose qu'une simple série de phénomènes ; en d'autres termes, il pense qu'il n'est pas possible de prouver que notre âme
soit une substance. C'est une erreur fondamentale ; la psychologie doit commencer par
établir et démontrer la vérité contraire.

« L'âme est une substance.

« Par substance, nous entendons (voy. *Idéologie*, ch. X) un être permanent, non inhérent à un autre, sujet à des modifications; l'âme possède ces propriétés, donc elle est substance. L'expérience interne nous atteste qu'il y a en nous un sujet dans lequel s'accomplissent les sensations et les actes de l'entendement et de la volonté. Sans cette entité du
moi, on ne peut pas expliquer comment nous trouvons une identité au milieu des transformations ; on ne conçoit pas comment l'homme se trouve aujourd'hui le même qu'hier,
malgré les variations qu'il a dû éprouver. » Ici M. Bálmes confond malheureusement,
comme son maître Cousin, la partie passive d'une faculté avec toute l'entité mentale appelée âme (voir t. II, p. 358 à 365).

Ensuite M. Bálmes ajoute avec une apparence de démonstration mathématique que,
sans *substance*, l'âme n'aurait pas de mémoire ; toujours est-il que les psychologues, ne sachant de quelle manière expliquer l'unité du sujet ou, pour mieux dire, la force générale
une de l'âme, ont inventé une *substance*. Misérables subterfuges ! puisque M. Bálmes lui-
même a avoué (*notes* au bas des p. 403 à 406 du t. II) que l'âme n'éprouve d'elle-même
que *multipl' c'té*, et que pour prouver l'*unité de conscience* il a dû chercher un refuge dans
la *nature*.

et les plus consciencieux[1]. Elle admet également les lois de succession et de progrès, qui sont la base unique sur laquelle beaucoup de philosophes fondent toute espèce d'investigation scientifique. Elle admet des forces exécutives indispensables, afin que toute espèce de lois divines et humaines deviennent des faits consommés, des réalités positives, et ces forces exécutives sont les seules sur lesquelles les ontologistes exclusivement concrétistes ou matérialistes fondent l'être. Elle admet l'idéalisme ou unité platonique, c'est-à-dire l'existence et la perception de l'idée dans les choses; elle ne l'admet ni comme principe exclusif de tout être et de toute connaissance, ni par suite d'une intuition directe dépendante d'un don surnaturel; mais elle l'admet comme base particulière de tout être et de toute connaissance rationnelle et en vertu de cette force de *déduction intelligente* naturelle dont Dieu a doué l'humanité entière. Elle admet la multiplicité, les propriétés ou les attributs dans la chose et la force sensitive et intelligente dans le sujet pour connaître la chose suivant la doctrine aristotélique; elle ne l'admet pas comme principe exclusif d'existence objective et de connaissance subjective rationnelle, mais bien comme forces constitutives qui réalisent l'idée ou unité intelligente dans laquelle s'engendre la chose et comme données particulières devant servir de base à la connaissance rationnelle ou idéale de l'être des choses. Elle admet l'harmonie *prestabilite* ou prédéterminée de Leibnitz en tant que l'unité multiple dans les choses présuppose une loi antérieure à son apparition ou réalisation d'uniformité et d'harmonie; elle ne l'admet pas pour l'expliquer à l'aide d'une mondalgie chimérique, mais pour la soumettre à l'observation de l'humanité comme un principe universel inexplicable ou mystérieux qui doit entrer dans toute philosophie et servir de base à toute investigation philosophique. Enfin la philosophie ou doctrine fondamentale d'investigation scientifique, qui consiste dans l'unité comprenant la multiplicité et la multiplicité comprise dans l'unité, toujours une et toujours variée jusqu'à l'infini, doctrine que je soumets à l'observation de l'humanité, concilie tout ce qu'il y a de vrai dans tous les systèmes philosophiques qui ont apparu jusqu'à ce jour, et elle les fait servir et concourir à la formation de sa propre constitution, de sa propre multiplicité ou réalisation effective[2].

---

[1] Pour corroborer ce que je dis, voyez les premières pages de l'excellent ouvrage intitulé : *Elementi di filosofia*, del barone Pasquale Galuppi da Tropea. L'édition de cette œuvre admirable, que j'ai sous les yeux, est la quatrième (trois tomes; Fierenza, 1857). Il est surprenant que cet ouvrage n'ait pas été traduit plusieurs fois en Espagne et n'ait pas servi de texte dans les séminaires conciliaires et autres établissements d'enseignement, au lieu de la philosophie élémentaire de M. Balmes, et autres livres pauvres par le style.

[2] Je dis que les autres systèmes de philosophie concourent à former la *multiplicité* effective du mien dont l'*unité* dépend de l'idée une qui l'a conçu. Je n'ai pas dit, à dessein, que mon système est un éclectisme, parce que mon système démontre parfaitement que tout « éclectisme, » dans le sens rigoureux du mot, n'est que la constitution, la multiplicité, les forces exécutives d'un système, et non le système lui-même. Pour que cette multiplicité soit un système, il faut qu'elle se trouve réunie à une totalité uniformisée ou harmonisée par l'idée générale une de l'inventeur du système.

CONCLUSION

D'après toutes les explications que j'ai données dans les cinq précédentes leçons et que je viens d'exposer de nouveau, on comprendra que toutes les perturbations, tous les désordres, tous les faits, toutes les discordances, toutes les séditions, de même que toutes les délibérations et tous les débats (t. I, p. 50 à 52, 154 à 156, 172 à 173, et *rem.* au bas des p.; t. II, p. 57 à 59, 257 à 259) qui peuvent agiter l'âme dans son intérieur proviennent des collisions infinies que peuvent produire et que produisent constamment, en effet, les impulsions et perceptions variées et même antagonistes engendrées dans la MULTIPLICITÉ des facultés (t. II, p. 242 à 245) qui la constituent. Toute unité, toute uniformité, toute régularitité ou tout ordre suivant lequel peut se manifester *au dehors* une MULTIPLICITÉ quelconque et variée d'impulsions et de perceptions *à l'intérieur*, procède de l'*unionibilité* ou de la *réunionibilité* naturelle, par conviction ou par domination (t. II, p. 281 à 305, 358 à 371) de toute espèce de multiplicité impulsive et perceptive.

Il n'existe pas d'institution ou d'action humaine dans laquelle, comme je l'ai démontré (t. I, p. 294 à 297, 331 à 332; t. II, 185 à 186, 260 à 261), toute la *multiplicité* des facultés de l'âme, quelque différent et quelque opposé que soit leur attribut particulier, ne puisse et ne doive concourir en action combinée ou uniformisée, c'est-à-dire *unité d'action* (t. II, p. 401 à 402), à un même résultat UN. Bien plus, il n'y a pas et on ne peut pas imaginer d'action ni d'institution qui ne soient d'autant plus parfaites et dont le but ne parvienne à une région d'autant plus élevée, que les facultés qui ont concouru à l'intention comme à l'exécution seront plus nombreuses et mieux instruites.

Les éléments *directeurs* ou les principes qui uniformisent les actions particulières, variées et contraires des facultés, c'est-à-dire qui leur donnent *unité d'action*, sont de deux ordres : sensitifs et intelligents, dominateurs et persuasifs. Il y a autant de *moi* ou de principes *directeurs sensitifs* ou *dominateurs* qu'il y a de facultés particulières (t. II, p. 245 à 251, 281 à 295, 306 à 308, 358 à 371); mais il existe seulement un *moi* ou principe *directeur* intelligent ou persuasif (t. II, p. 296 à 305, 317 *fin* à 319, 358 à 371) qui est autorité suprême et souveraine de l'âme. Ces deux ordres de principes *directeurs* dans l'âme humaine ont été confondus jusqu'à présent. On a pris pour force de passion ce qui est force de raison, et pour force de raison ce qui est force de passion (t. II, p. 245 à 251, 317 *fin* à 319). C'est ce qui a été cause, en grande partie, que l'humanité, à proprement parler, n'a point possédé une véritable science ou philosophie mentale.

Le principe directeur, aveugle, sensitif ou dominateur, agit, en effet, en vertu de sa plus grande énergie impulsive sur d'autres forces impulsives moins énergiques, comme l'ouragan, le tremblement de terre, l'inondation, ainsi que je l'ai dit (t. II, p. 282) relativement au corps qu'ils dominent et qu'ils entraînent sur leur passage. Les brutes n'ont, en principe ni en fait, d'autre gouvernement ou d'autre *moi* que le *moi* sensitif ou dominateur, comme vous le savez (t. II, p. 245 à 251, 281 à 293, 358 à 371). L'UNITÉ d'action, dans sa MULTIPLICITÉ mentale, s'effectue toujours et dans toute circonstance par une faculté qui, soupirant avec plus d'énergie que les autres facultés après sa satisfaction particulière et exclusive, les oblige, les domine et les entraîne toutes.

Chez les hommes, il existe, en outre de ce principe *directeur* nécessaire, sensitif et dominateur résidant dans toutes les facultés et dans chacune d'elles, un autre principe libre et intelligent que vous connaissez déjà sous les divers noms de comparativité, volonté et d'harmonisativité; ce dernier est unique, exclusif et souverain. Cette harmonisativité n'agit pas par une force de conviction sensitive ni par celle d'une passion égoïste ou exclusivement propre (t. II, p. 251 à 259, 296 à 303); elle agit par suite d'un désir d'harmonie ou de *bien* général de toutes les facultés, elle comprise, considérées dans leur ensemble uniformisé. *De fait*, les résolutions de l'harmonisativité sont en harmonie avec son mode inné de désirer, excepté dans des circonstances accidentelles auxquelles (t. II, p. 336 à 345) nous sommes soumis par suite de notre nature imparfaite-perfectible. Ces résolutions, tendant en réalité et en général au bien de toutes les facultés, et celles-ci possédant une force d'intelligence ou perception pour les comprendre (t. II, p. 281 à 283, 298 à 301 et notes), toutes ces facultés ou au moins leur grande majorité doivent nécessairement en avoir une conviction intime. Cette intime conviction de bien ou de plaisir *général* produit, ainsi que je l'ai expliqué longuement et avec détail (t. II, p. 281 à 287), une grande variété de désirs impulsifs et de sentiments excitateurs *dans la majorité* des facultés particulières. Ces désirs impulsifs et ces sentiments stimulateurs, unis d'une manière solide et dirigés par la résolution qui les a provoqués, sans négliger une seule faculté (t. II, p. 353 à 354), entraînent et anéantissent toutes les répugnances particulières qui peuvent avoir été réveillées, soit par accident, soit par nécessité, soit par la nature antagoniste des diverses facultés (t. II, p. 242 à 244). De sorte que l'efficacité de la volonté ne dépend pas d'elle-même, comme l'ont fait entendre à tort les coryphées de l'ultra-idéalisme (t. II, p. 420 à 421), — Fichte, Schelling et Hegel, — mais de la condition inévitable, pour elle, que ses résolutions tendront au bien de toutes les facultés considérées dans leur généralité et que toutes les facultés particulières auront, comme j'ai démontré qu'elles ont (t. I, p. 325 à 328, 299 à 301 et *notes*), une force d'intelligence suffisante pour percevoir ou comprendre l'objet qui se trouve pour chacune d'elles et par lui-même renfermé dans ces convictions.

Voilà comment une faculté purement rationnelle et sans aucune force de passion propre qui domine, oblige ou anéantit, parvient à exécuter ses résolutions par la seule force innée de conviction qui se développe en elle malgré les plus formidables résistances (t. II, p. 243, 345 *fin* à 348, et *notes* au bas des pages) de désirs opposés ou de répugnances contraires. Voilà comment les idées, la force idéale ou d'intelligence pure, ont une si grande supériorité et produisent de si grands prodiges sur les affections, sur la force sentimentale ou le moral, comme je l'ai expliqué (t. II, p. 304 à 306, 345 *fin* à 348 et *notes*, 380 à 390). Voilà comment les idées dominant la force morale et impulsive dominent nécessairement les forces objectives avec lesquelles les impulsions et les affections se trouvent (t. I, p. 331 à 338, 410 à 417, 438 à 442; t. II, 277, 346 à 348 et *notes*) en relation immédiate. Voilà enfin comment, plus l'harmonisativité comprendra d'intérêts et de libertés particulières et, par suite, plus ses résolutions en embrasseront, — la phrénologie est ici d'un secours immense à l'homme (t. II, p. 321 à 355), — plus se développera en elles une force de conviction, d'union harmonique, d'ordre, de régularité et par conséquent d'exécution.

LEÇON LI

Modes suivant lesquels les facultés de l'âme sont mises en mouvement, et applications pratiques importantes qu'on peut faire de cette connaissance.

Messieurs,

Il a plu à la bonté infinie de l'Auteur suprême d'unir mystérieusement l'esprit avec la matière, et de faire dépendre naturellement les MANIFESTATIONS de toutes les facultés et de leurs phénomènes des conditions du cerveau et de ses fonctions. Nous savons au moins, de cette manière, quoiqu'il ne nous ait pas permis de connaître par excitation externe ni l'unité ni la multiplicité de l'être qui nous anime, que la MANIFESTATION de ces phénomènes se trouve naturellement en complète harmonie (t. I, p. 264 à 281; t. II, p. 321 à 329, 375 à 376) avec la condition de l'organe auquel elle est mystérieusement unie.

C'est pourquoi il n'y a pas de faculté mentale qui, étant excitée spontanément[1], n'excite aussi son organe de manifestation, et il n'y a pas non plus d'organe de manifestation qui ne soit excité sans une excitation correspondante de sa faculté. Dans le premier cas, c'est un mystère de l'union de l'âme avec le cerveau, de l'union de l'esprit avec la matière, que nous ne comprendrons

---

[1] Je n'emploie pas ici le mot *spontanément* dans un sens absolu, car Dieu seul, rigoureusement parlant, est absolu parce qu'il est infini. Par spontanéité d'action de l'âme, j'entends ces mouvements spirituels dont la cause excitante nous est inconnue. Il est aussi certain pour nous qu'il doit y avoir, dans ces cas, dans l'ordre de la nature, une cause inconnue, comme il est certain qu'à l'exception de Dieu il ne peut y avoir d'effet sans cause.

peut-être jamais. Nous voyons le fait, mais la cause nous est cachée. Nous savons qu'un organe cérébral a une activité *spontanée* d'autant plus grande, qu'il est plus développé; mais c'est un mystère, je le répète, que cette plus grande activité *spontanée* d'un organe doive être suivie de la manifestation d'une plus grande activité *spontanée* dans la faculté mentale.

Dans le second cas, c'est encore un mystère. En effet, quoique nous observions que les objets externes affectent l'âme par le moyen des sens (t. I, p. 335), nous ignorons comment cela s'effectue et pourquoi, dans l'ordre de la nature, ces affections mentales, manifestées dans leur degré d'intensité, sont toujours en harmonie et en concordance avec la condition de l'organisme cérébral.

Les facultés mentales se meuvent donc mystérieusement en harmonie avec l'action spontanée des organes cérébraux et avec l'action produite par les êtres et par les faits externes qu'on leur présente. C'est pourquoi celui qui a la générativité très-développée ressent *spontanément* de fortes inclinations concupiscentes; celui qui a la philoprolétivité très-grande se sent possédé spontanément de l'ardent désir d'avoir des enfants; celui qui a la tonotivité très-grande éprouve spontanément des impulsions véhémentes pour les harmonies et les mélodies musicales; celui qui a la causativité très-grande sent spontanément aussi une forte inclination pour la recherche des causes; celui qui possède une déductivité très-développée se sent encore spontanément porté à chercher et à espérer avec ardeur des résultats; celui enfin qui est doué d'une intellectualitivité très-considérable se trouve spontanément poussé à connaître et à établir des principes, des arguments et des raisonnements, à les concevoir et à les employer aussi spontanément. Je vous l'ai expliqué et je vous l'ai fait comprendre ainsi toutes les fois que je me suis occupé du grand degré d'activité d'une faculté ou de la combinaison de facultés manifestées par le grand développement de leur organe correspondant ou de la combinaison d'organes. Je vous en ai donné des preuves et des démonstrations si nombreuses et si évidentes (Voir *Divers degrés d'activité*, et *Direction et Influen e mutuelle*, dans chaque faculté), qu'il serait tout à fait inutile et même fastidieux de les reproduire ici.

Ces preuves et ces démonstrations vous permettent de comprendre de prime abord que présenter des êtres, des attributs, des actes aux sens externes ou extra-crâniens, c'est les présenter aux organes cérébraux ou intra-crâniens, à cause de l'admirable relation et de l'admirable enchaînement (t. I, p. 334 à 335, 438 à 442, 522 à 527; t. II, p. 117 à 118, 375 à 376 et *notes*) que le Créateur a établis parmi eux. Ainsi donc, à peine un être ou un acte affecte-t-il des sens externes dans la totalité ou dans l'unité multiple des propriétés qui le constituent, que l'impression synthétique formée dans l'un d'eux se décompose mystérieusement (t. II, p. 412 à 413), et chaque élément produit une impression interne dans l'organe cérébral avec lequel il est en rapport.

L'élément, l'attribut ou la force-cause, appelée *forme* dans sa propre existence mystérieuse, impressionne seulement l'organe de la configurativité; l'élément, l'attribut ou la force-cause appelée couleur impressionne celui de la coloritivité; l'élément, l'attribut ou la force-cause appelée vie végétale ou animale impressionne celui de la conservativité. Les éléments, attributs, forces-causes, principes ou facultés appelés générativité, philoprolétivité, bénévolentivité, etc., que nous connaissons sous le nom générique d'actions morales ou simplement d'*actionitives* (t. I, p. 369 à 370; t. II, p. 95 à 96, 372 à 374), impressionnent dans leurs actes ou manifestations les organes de même nom.

Les éléments, propriétés ou forces-causes générales ou abstraites, présentés à nos sens externes et appelés actes, actions ou faits indéterminés, parce que nous les reconnaissons comme émanations de quelque chose de complexe ou d'un principe général qui constitue pour tous leur origine immédiate, impressionnent ou mettent en action les organes de la causativité, de la déductivité et de la comparativité. A cette classe appartiennent toutes les choses que nous reconnaissons comme effets en rapport avec leur cause immédiate, pressentie ou déduite. C'est pourquoi la création entière, considérée, quant à son unité, comme conception divine, n'est pour nous qu'un fait, qu'un élément, qu'une propriété immensément multiple; considérée quant aux phénomènes infinis qui existent et se produisent dans ce même fait, elle est une réunion très-vaste de causes secondaires connues et à connaître jusqu'à la fin des siècles.

Si vous vous rappelez que les facultés se meuvent mystérieusement en harmonie avec l'action de leurs organes, que quelques facultés sont des sens d'autres facultés (t. I, p. 335 à 337, 350 à 354; t. II, p. 222 à 223), et que toutes agissent dans une admirable simultanéité (t. II, p. 333 à 335) par rapport à la multiplicité de propriétés ou de forces-causes constitutives des êtres ou des faits dont l'unité affecte les sens externes dans leur ensemble, vous comprendrez facilement comment un repas, présenté dans son ensemble ou dans son unité à la vue, au tact, au palais, à l'odorat, excite instantanément l'alimentivité. Une musique, présentée dans son ensemble ou unité à l'ouïe (t. II, p. 117 à 119), met instantanément en action la tonotivité, la mouvementivité, la durativité et d'autres facultés. Une bataille, de même que chacun de ses épisodes, présentés dans leur ensemble ou unité aux sens externes, font mouvoir instantanément toutes les facultés de l'âme (t. II, p. 412 à 414). Comme chaque faculté peut être affectée agréablement ou désagréablement, suivant la nature de la propriété ou de la force-cause qui la met en mouvement (t. I, 336 à 338), notre moral se trouve excité ou abattu d'une foule de manières complexes, suivant les objets et les actions qui se présentent à nos sens externes, comme je l'ai expliqué (t. II, p. 372 à 395) avec toute l'extension que comporte l'importance transcendante de cette matière.

Les facultés mentales, mises en mouvement par les êtres ou faits qui viennent dans toute leur unité multiple en contact direct avec les sens externes, s'excitent encore par des mots constitutifs du langage *arbitraire* ou par des gestes constitutifs du langage *mimique*. Ces deux langages représentent des *idées* (t. II, p. 145 à 147). Les idées doivent être considérées comme expressions de l'être des choses, suivant qu'il nous est permis de les comprendre par la force perceptive de l'harmonisativité (t. II, p. 287 *fin* à 288 *comm.*) et comme conceptions ou créations générales de cette même harmonisativité appelées *pensées* (t. II, p. 122).

Les paroles ou langage arbitraire et les gestes ou langage mimique s'adressent *aussi directement* aux sens externes. Les impressions organiques qui se produisent instantanément en eux subissent la séparation et la division déjà signalées (t. II, p. 117 à 119, 412 à 415); mais la signification intelligente qui comprend la multiplicité de sensations et de perceptions partielles, suscitées par ces impressions organiques s'adresse dans son ensemble à l'organe de l'harmonisativité et provoque mystérieusement dans sa faculté un acte de compréhension rationnelle (note au bas de la p. 299 à 301 du t. II). Vous savez déjà (t. II, p. 380 à 390, 427 à 430), et il serait par conséquent inutile de le répéter ici, comment cet acte de compréhension, suprêmement intelligent, met en mouvement et agite ensuite par rayonnement ou divergence les facultés partielles de l'âme, et non par irradiation ou convergence, comme cela se passe pour les impressions externes.

L'harmonisativité toutefois n'est pas seulement un *sens*, elle est aussi un *instinct* rationnel (t. II, p. 356 à 357) : c'est pourquoi elle ne MEUT pas seulement les autres facultés *passivement* au moyen des idées qui lui sont communiquées du dehors ou conçues dans son intérieur, comme je viens de l'expliquer très-longuement (t. II, p. 380 à 394), mais encore *activement* par sa force libre et intelligente d'action active et ordonative, comme je l'ai également démontré (t. II, p. 241 à 261, 337 à 348) avec toute la clarté et toute l'extension que mérite son importance. La volonté humaine excite par son seul vouloir ou par sa seule efficacité [1], excepté dans certains cas rares (t. II, p. 321 à 355), l'action perceptive et conceptive des facultés partielles jusqu'au point où peuvent atteindre leur souvenir déterminé et leurs forces générales. C'est en cela que consiste son pouvoir immense de suspendre ou

[1] En parlant du vouloir ou efficacité de la volonté humaine, il importe de se rappeler qu'elle n'a par elle-même et en elle-même exclusivement aucun vouloir ni aucune efficacité, car elle est en tout et pour tout dépendante et conditionnelle. Quant à sa force d'impulsion naturelle, non déterminée par elle pour le bien général (t. II, p. 252 à 257), qui est son être, comme chose distincte de toutes les autres choses, elle dépend de *Celui* qui a tout créé (t. II, p. 320 *fin* à 321 *comm.*). Quant à son désir, c'est-à-dire à ses actes déterminés de vouloir ou d'*efficacité spéciale*, la volonté dépend de ses *idées* qu'elle ne pourrait percevoir ni concevoir sans les irradiations des autres facultés (t. II, p. 352 à 357). Sans *idées*, elle ne pourrait ni penser ni formuler des intentions, et, sans intention, elle ne pourrait rien choisir qui pût lui servir de cause immédiate d'une résolution, ou d'un acte de vouloir ou d'efficacité déterminée, ainsi que je l'ai démontré d'une manière claire, complète et irréfutable dans le t. II, p. 345 à 349 et dans d'autres endroits y cités. D'un autre côté, pour que ces résolutions ou ces actes de vouloir ou d'efficacité déterminés par elle aient une réalité externe, la volonté dépend du concours actif (t. II, p. 337 à 348) de ces mêmes facultés avec lesquelles elle est intimement liée. Nous venons de voir ici combien est erronée toute espèce d'idéalisme pour qui suppose que les choses n'ont d'autre essence ni d'autre propriété que celles que détermine absolument et exclusivement la volonté, le moi ou le principe penseur humain (t. II, p. 420 à 421), tandis que ce principe ne peut rien déterminer sur les choses sans perceptions particulières irradiées vers lui et fondées sur des sensations soulevées par l'*existence propre* des attributs de ces mêmes choses.

de mener à fin l'exécution de toute espèce d'action active, et d'exciter, d'augmenter et de calmer toute espèce d'action active et passive, ainsi que je vous
en ai donné l'explication satisfaisante et circonstanciée (t. II, p. 337 à 355).

La partie active de l'harmonisativité ou volonté, il est vrai, ne fait pas exécuter ses résolutions aux facultés particulières en produisant directement en
elles des sensations ou des impulsions, ce qui lui est impossible (t. II, p. 312
à 318), mais elle y parvient en en donnant connaissance à sa partie intelligente ou perceptive (t. II, p. 429 et les endroits y cités). Ainsi donc la volonté
ordonne et veut qu'une faculté agisse jusqu'où elle *peut* agir, parce qu'elle
est instinctivement convaincue qu'elle agit pour son bien. La tonotivité avec
ses auxiliaires (voir la note 1 au bas de la p. 333 du t. II), par exemple, perçoit, conçoit ou exécute une musique, par le seul vouloir de la volonté, jusqu'au point où elle peut la percevoir, la concevoir ou l'exécuter (t. II, p. 277).
L'alimentivité avec ses auxiliaires peut percevoir, concevoir, confectionner ou
consommer des aliments jusqu'au point où elle les perçoit, les conçoit, les
confectionne ou les consomme en le voulant l'harmonisativité; en le voulant
l'harmonisativité la comptativité compte, la destructivité détruit, la combativité combat, et les autres facultés agissent ou n'agissent pas dans l'action
qui leur est propre.

Les envies, les désirs, les impulsions, les emportements, viennent ou ne
viennent pas ensuite ; mais la destructivité, l'alimentivité et les autres facultés partielles obéissent avec eux ou sans eux aux ordres de la volonté. Le
désir sensitivement éprouvé naît spontanément de quelques souvenirs, de
quelques représentations externes communiquées ou conçues, mais non
parce que la volonté le veut ou ne le veut pas ainsi (t. II, p. 313 à 315, 340
à 341, 346 à 348); il n'est pas donné à celle-ci, comme je l'ai dit (note au
bas de la p. 300 du t. II), de sentir aucune espèce de sensation, d'affection ou
d'impulsion déterminée, ni par conséquent de la communiquer ni de l'exciter
directement. Ceci explique comment l'homme peut manger sans éprouver
d'appétit, boire sans soif, toucher d'un instrument sans ressentir d'impulsion
musicale, se taire sans éprouver le besoin du silence, c'est-à-dire comment il
peut agir par pure volonté, par pure idée, par pure inspiration intelligente,
sans que le sentiment et le désir y soient pour quelque chose. Les brutes
sont dépourvues de cette influence rationnelle sur le passionnel; elles ne
peuvent être excitées que sensitivement, ainsi que je n'ai cessé de le démontrer en diverses occasions (t. II, p. 245 à 251, 281 à 295).

La volonté excite ou met directement en action la force intelligente des
autres facultés ; elle ne peut pas la suspendre directement et spontanément,
comme cela a lieu par rapport à la force exécutive : pour cela elle doit agir
indirectement, comme je vous l'ai démontré dans le cas de Pinkney et dans
d'autres analogues (t. II, p. 341 à 352). La volonté, par exemple, excite par
son seul vouloir la force perceptive ou conceptive de la comptativité ou de
la destructivité, et ces facultés rappellent et imaginent, ou s'efforcent de se
rappeler et d'imaginer des nombres ou des actes destructifs; mais, une fois

mises en action intelligente, elles ne peuvent pas être directement suspendues. C'est pourquoi l'on a dit avec autant de philosophie que de vérité : « *Personne ne peut arrêter l'essor de la pensée.* » Ceci cependant n'est pas absolu. La volonté, qui est l'homme en résumé (t. II, 330, 370), peut suspendre la force de la pensée en cherchant directement à la fixer sur des objets distincts ou en employant des moyens indirects pour provoquer de fortes impressions dans la partie affective de certaines facultés. A cet égard, la phrénologie, comme vous le savez déjà (t. II, p. 321 à 351, 341 à 346, 375 à 380), est d'un puissant secours.

APPLICATIONS UTILES.

Ces connaissances peuvent donner lieu à des applications pratiques d'une immense importance. Si les organes cérébraux, en effet, ont plus ou moins de tendance à se laisser exciter avec d'autant plus de spontanéité et d'énergie qu'ils seront plus développés et mieux organisés, celui qui a besoin d'une bonne d'enfants, par exemple, réussira d'autant plus sûrement, à circonstances égales, que la bonne d'enfants possédera une plus grande philoprolétivité. Le maître qui a besoin d'un serviteur fidèle et dévoué doit le choisir parmi ceux qui ont l'adhésivité bien développée et dont la région supérieure de la tête domine l'inférieure. La nation qui veut des soldats qui soient par eux-mêmes une discipline vivante, c'est-à-dire qui obéissent aveuglément, qui se battent comme des lions et qui résistent comme des chameaux dans les déserts, doit les chercher parmi les hommes qui possèdent un tempérament favorable et une tête généralement bien développée et dans laquelle se font remarquer surtout l'inférioritivité, la supérioritivité, la rectivité, la continuativité, la destructivité et la combativité. Dix mille hommes, ainsi choisis et bien dressés, en vaudraient cent mille choisis au hasard dans les classes pauvres, comme cela se pratique aujourd'hui en Espagne. L'engagement volontaire serait, à cet égard, un grand progrès. Mais, s'il y a des règles à suivre pour déterminer les qualités physiques ou organiques, pourquoi ne suivrait-on pas les règles *qui existent* pour déterminer des qualités mentales aussi importantes au moins que les qualités physiques ou organiques, lorsqu'il s'agit de valeur, de courage, d'intrépidité, d'obéissance et d'autres qualités analogues réunies dans un même individu?

Il ne suffit pas que la personne à qui nous devons confier notre maison, notre famille, nos intérêts ou autre chose de plus grande valeur que celles qu'on lui avait confiées auparavant, possède de favorables antécédents, il faut de plus que sa région morale (t. I, p. 373 à 375) soit bien constituée et bien développée. Il y a des hommes qui résistent facilement à la tentation de voler cent francs et qui ne résisteraient peut-être pas à celle d'en voler mille. De même qu'il y en a qui, résistant à une passion concupiscente relativement à une personne de peu de valeur, ne résisteraient pas, quelque criminelle qu'elle fût, à la passion relative à une autre personne douée de beaucoup de charmes personnels. D'un autre côté, lorsqu'on sait ou lorsqu'on croit qu'un acte, quelque hideux ou quelque pervers qu'il soit, doit rester impuni, humainement parlant, les facultés que son exécution doit satisfaire, charmer et peut-être ravir, encouragent et entraînent avec une plus grande violence l'individu libre des craintes et des horreurs que les excitations désagréables de la perception du châtiment pourraient provoquer (t. II, p. 343 à 348). C'est pourquoi la phrénologie demande à cor et à cri des lois répressives, des lois excitatives, et surtout une bonne éducation et une bonne direction. (Voir sur ce sujet t. I, p. 164 à 166.)

Il est des personnes qui sont honnêtes dans les petites choses afin d'inspirer la confiance et dans le but criminel d'en abuser dans les grandes choses. En 1844, les journaux rapportaient que le comte Rochi, receveur général de la province d'Ancône, après avoir inspiré une confiance générale par l'honnêteté simulée qu'il manifesta dans des choses de peu de valeur pour lui, vola des trésors qui s'élevaient à plusieurs millions dans le sanctuaire de Notre-Dame-de-Lorette, dont il était dépositaire, et il s'enfuit avec eux. Pour le phrénologue, la tête de ce comte portait l'inscription suivante : « Ne vous fiez pas à moi; mon penchant pour le vol est grand et très-violent. Donnez-moi une place qui me *force* à être entièrement honnête, car il n'y a ni tête ni aucune chose de mauvaise en elle-même et d'elle-même (t. II, p. 293 *note*, 325 *fin* à 324 *comm.*, 351), ni qui n'ait été créée en elle-même et par elle-même pour une fin sainte et utile. »

Je ne m'étends pas davantage sur l'application pratique du principe en question, parce que j'ai appelé sur elle votre attention (t. II. p. 323 à 329) toutes les fois que l'occasion opportune s'est présentée. En effet, lorsque j'ai parlé des degrés de développement de chacun des organes ou d'une réunion spéciale d'organes et d'un développement grand ou très-grand, je vous ai entretenus, je peux le dire, de la tendance à l'activité spontanée d'une faculté ou d'une réunion de facultés mentales.

Rappelez-vous, d'ailleurs, ce que j'ai dit sur l'éloquence oratoire ou parlée (t. I, p. 446 à 449), sur la beauté et l'opportunité des formes spontanément conçues (t. I, p. 460 à 462), sur des découvertes topographiques et géographiques (t. I, p. 478 à 480), sur les combinaisons sublimes et spéciales qu se présentent d'elles-mêmes et en elles-mêmes au peintre ingénieux, au sculpteur et à l'écrivain descriptif (leç. XXXI, t. I, p. 486 à 507), sur les principes de haute moralité qui germent comme des plantes indigènes dans la bénévolentivité, l'inférioritivité et la rectivité bien développées et en action combinée (t. II, p. 168 à 176, 182 à 197). Rappelez-vous enfin ce que j'ai dit sur ce qui constitue le génie ou la conception spontanée (t. I, p. 433, à 436, 474 à 476, 528 à 531; t. II, 64 à 65, 176 et divers autres endroits) et sur les règles de phrénologie pratique que j'ai déduites de tout cela et qui constituent la cranioscopie ou art phrénologique (t. II, p. 325 à 329, 350 à 354, et leçons LVI et LVII).

Les psychologues purs, ou idéalistes transcendants, n'admettent que l'action conceptive (t. I, p. 8 à 11); ils n'admettent pas qu'il y ait divers principes spirituels dans une même âme, principes qui font converger leurs perceptions vers une faculté générale, et celle-ci, fécondée par ces connaissances reçues, conçoit des idées générales, comme je vous en ai donné des preuves manifestes et incontestables (t. II, p. 297 *fin*, 298, 332 à 337); mais ils admettent que l'âme est un moi exclusif qui conçoit, sans aucun principe cause ou excitateur et en vertu de sa force efficiente exclusive une, — ce qui est impossible (t. II, p. 278 à 280, 332 à 337), — des idées qui embrassent toute la multiplicité des attributs des choses, et ces attributs n'ont pas été antérieurement dans l'âme un objet de sensation expérimentale, ni de perception formée, comme nous le fait entendre clairement et d'une manière définitive (t. II, p. 420 à 421) le grand idéaliste Fichte. La phrénologie, cependant, a prouvé et démontré victorieusement que toutes les *diverses espèces* de forces-causes ou attributs externes sont en harmonie avec des *principes* internes *distincts* (note au bas de la p. 375 du t. II et tous les paragraphes *Harmonisme et Antagonisme*). Elle a prouvé et démontré que, lorsque ces attributs et ces principes se trouvent en contact, il se produit une sensation plus ou moins manifestement éprouvée et une perception plus ou moins clairement déterminée, ainsi que je l'ai expliqué en thèse ou principe général (leçon XXI, t. I, p. 331 à 346) et en application particulière toutes les fois que je vous ai entretenus, à chaque organe individuellement considéré, des harmonismes et des antagonismes, de la direction et de l'influence mutuelle des facultés et de leurs relations avec le monde externe. (Voir t. II, p. 333 et 375 notes au bas de ces pages).

Les idéologues purs (t. II, p. 416 à 422), diamétralement opposés aux psychologues, n'admettent que cette partie de contact sensitif et d'impression produite par les objets et par les attributs externes sur les sens et dans les facultés; ils n'admettent pas ou ils omettent l'action pure intelligente de l'âme comme condition indispensable de la perception et de la conception. Dans l'un et l'autre cas, les applications pratiques relatives en général à la vie de l'homme et de l'humanité sont défectueuses.

D'après les psychologues purs, tout doit être *invention, création, génie;* d'après les idéologues purs, tout doit être *observation, sensation* basée sur des phénomènes exclusivement externes (t. I, p. 8 à 26, 438 à 442). Les premiers vont de l'*idée* dans la *parole* ou dans la chose directement à l'idée ou *unité* abstraite de la chose; ils comprennent dans cette unité abstraite la multiplicité des attributs de la chose sans les avoir jamais sentis ou éprouvés. Les seconds croient que les sensations soulevées par les impressions externes sont suffisantes pour former une idée de la *chose une*, constituée dans son unité par la multiplicité des attributs qu'elle contient. S'il était possible d'adopter le premier principe comme système unique de l'acquisition du savoir, nous aurions seulement une *conviction morale* des choses; en adoptant le second, nous aurions seulement une *conviction sensitive*; mais l'adoption des deux principes exclusivement considérés ne nous donnerait, dans aucun cas, une *conviction complète* ou CERTAINE bien fondée (t. II, p. 392 à 396).

Si celui qui n'a jamais vu un œillet demande à Platon, ou à Descartes, ou à Fichte : « Qu'est-ce que c'est qu'un *œillet?* » Ces philosophes, fidèles à leur principe (t. I, p. 8 à 16, 438 à 442), doivent lui répondre : « Fermez les yeux; annihilez vos sens externes; pensez, réfléchissez, et votre MOI parviendra à concevoir la réalité de l'existence de l'œillet. » Cette réalité ne se manifestera pas par l'image produite dans l'ensemble des sensations engendrées dans nos facultés par les impressions éprouvées dans les sens en vertu des attributs qui la constituent; rien de semblable n'aura lieu. On parviendra à une connaissance exacte de l'œillet en le *créant* à force de penser, puisque, suivant l'idéaliste allemand (t. I, p. 420 à 421), tout attribut externe est création du MOI humain. D'après l'idéalisme de Platon, on parviendrait également à connaitre l'œillet à force de penser, parce qu'à force de penser nous arriverions à concevoir l'idée primitive que Dieu en eut avant de réaliser sa constitution, c'est-à-dire avant de lui donner une façon matérielle. Si on adresse la demande à Aristote ou à ses sectaires, ils doivent répondre : « Regardez bien l'œillet, étudiez-le bien ; cherchez à recevoir la plus grande quantité d'impressions ou de sensations possibles de la multiplicité des attributs de l'œillet, et ces impressions, ces sensations, qui, pour eux, sont une seule et même chose, *se transformeront* (c'est leur mot favori) en connaissance de la totalité réunie ou idée de l'uniformité appelée œillet. » Toutes les sensations de l'univers, comme vous le savez très-bien, ne produiraient pas d'elles-mêmes intelligence, pas même sensitive, d'une chose; il est absolument nécessaire, pour cela, d'une force perceptive et conceptive dont les animaux de la classe la plus élevée dans l'échelle de la création vivante (t. II, p. 245 à 251) possèdent déjà des indices. Pour la formation de l'idée de ce qu'EST une chose, à laquelle on donne un nom, il faut une force rationnelle pure qui embrasse toutes les perceptions particulières et qui en déduisent une unité abstraite dans laquelle soient représentées toutes les sensations concrètes ou éprouvées (t. II, p. 297 *fin* à 301).

Que nous dit la phrénologie, ou plutôt quelles explications nous donne la phrénologie de ces systèmes partiels et exclusifs dont chacun d'eux ne renferme la vérité qu'*à moitié*, et qui, mis en pratique séparément, ne permettraient à l'homme d'exercer qu'une partie de ses facultés? Ce que la phrénologie dit à tout cela, vous le savez déjà. Avant que l'âme ait pu distinguer la chose à laquelle elle a donné ensuite le nom générique d'œillet, il a fallu (t. II, p. 297 *fin* à 301) qu'un grand nombre de facultés partielles aient expérimenté une immense multiplicité de sensations produites par les diverses espèces d'attributs propres à tous les objets individuels appelés « œillets; » il a fallu qu'elle se soit formé de ces sensations provoquées par les attributs une grande quantité de perceptions partielles, et déterminer en·

suite, après avoir comparé ces diversités de perceptions avec une autre
diversité non moins grande de perceptions d'une nature plus ou moins
distincte, que les choses auxquelles elle devait donner un nouveau nom ap-
partenaient à une classe de choses différentes des autres choses connues par
des noms différents; il a fallu enfin qu'elle donnât à la classe de choses nouvellement distinguées, et même encore par des raisons spéciales, la dénomination « œillet » pour désigner un individu particulier de cette classe,
et la dénomination « œillets » pour indiquer toute la classe. On voit clairement par là que les idéalistes ne peuvent penser sans que la force pensante
intelligente n'agisse sur des sensations et sur des perceptions antérieurement
reçues et qui lui servent d'aliment (t. II, p. 121); on voit que les idéologues
ne peuvent fonder sur la multiplicité des sensations *concrètes* reçues de la
chose une *idée*, c'est-à-dire une idée de l'unité abstraite de la chose, sans une
force rationnelle pensante ou réfléchissante UNE, dont la découverte de l'organe
et de sa localité constitue et constituera toujours mon plus grand triomphe.

Les applications pratiques auxquelles peut conduire la connaissance positive
que certaines classes d'attributs, de faits et d'objets externes excitent et affectent ou calment et apaisent certaines facultés particulières (t. II, p. 375 à 379
avec les notes au bas des pages et endroits y cités), et que l'action rationnelle d'une faculté générale (t. II, p. 297 à 299) est indispensable pour déterminer ce que SONT ces attributs, ces faits et ces objets, sont innombrables et
d'une si haute importance, que l'expérience seule pourra les faire reconnaître. J'ai donné de ces applications pratiques des exemples et des explications si
nombreuses et si complètes (t. I, p. 116 *fin* à 117, 143 à 145, 164 à 167, 429 à
430, 438 à 442, 522 à 527; t. II, p. 11 à 16 et *notes*, 62 à 75, 99 à 103, 321 à
323, 375 à 379), qu'il est presque entièrement inutile de reparlerici de ce sujet.

L'éducation intellectuelle et morale, relativement à leur côté pratique ou instructif, trouve un grand et véritable appui dans ce principe. Voulez-vous que
votre fille soit affectueuse, ne cherchez pas de froids préceptes; présentez-lui
des exemples de tendresse; soyez vous-même affectueux; vous exciterez et vous
fortifierez ainsi directement sa force d'affection et caresse. Voulez-vous que
votre fille sache soigner et qu'elle prenne soin des enfants avec amour et tendresse, excitez sa philoprolétivité, donnez-lui dès son jeune âge des créatures à
soigner. Voulez-vous que votre fils soit religieux, soyez-le vous-même et exer-
cez-le à des pratiques religieuses. Voulez-vous éteindre ses passions destruc-
trices ou dangereuses et ranimer ses penchants bénévoles, ne présentez aucun
acte de cruauté à sa destructivité; ne lui faites pas commettre encore moins
des actes d'une sévérité injuste; dirigez, au contraire, sa bénévolentivité vers
des actes de bonté et de désintéressement héroïque. Voulez-vous fortifier
le courage de votre fils, voulez-vous qu'il domine les affections de la peur,
voulez-vous qu'il se prépare à une vie de noble désintéressement? Rappelez-
vous ce que j'ai dit (t. I, p. 137 à 206; t. II, p. 376 à 380) du mode d'influence
directe que les objets externes exercent sur les facultés internes et de l'influence des facultés entre elles; n'oubliez pas, surtout, que l'exemple, la pra-

tique et la répétition sont les moyens les plus efficaces de l'éducation et même de l'enseignement. L'enfant qui, dès son jeune âge, entend des mots bien prononcés et un langage correct et châtié, parlera la langue, sans avoir appris ni grammaire ni rhétorique, à dix ans, mieux que le grammairien et le rhétoricien consommé de vingt ans qui n'a entendu que des mots mal prononcés et un langage inculte, bas et sale. S'il n'en était pas ainsi, nous parlerions tous de la même façon et nous ressemblerions aux moutons et aux bœufs qui bêlent et beuglent depuis la création de la même manière. Apprendre donc aux mères à bien parler, c'est apprendre à bien parler aux enfants avant que les grammaires et les rhétoriques leur fassent comprendre le *comment* et le *pourquoi*. Les bons exemples, l'exercice constant, les actes répétés produisent l'*habitude* (t. II, p. 311). L'habitude n'est-elle pas une seconde nature? Ce principe, perçu instinctivement par le sens rationnel, proclamé par tout système d'éducation, est celui que la phrénologie démontre dans toutes ses conditions et dont elle fait une vérité sublime et irréfutable.

Ce seul principe n'est pas cependant la base absolue de l'éducation humaine. Celle-ci comprend non-seulement une partie pratique ou appliquée, mais encore une partie instructive, sensitive et rationnelle. La partie instructive rationnelle s'appuie sur une autre base qui constitue le troisième mode suivant lequel les facultés humaines sont mises en action ou en mouvement; ce troisième mode consiste dans des mots ou autres signes intelligents renfermant des *idées* dirigées vers l'harmonisativité. Sans idées comprises directement par l'harmonisativité et sans la multiplicité de perceptions sensitives renfermées dans chacune des idées et *rayonnées* ensuite par elle vers les facultés partielles (t. II, p. 380 à 390), l'homme n'aurait point l'instruction rationnelle qui forme une partie aussi importante et aussi essentielle que l'instruction sensitive ou l'exercice. Oui, messieurs, l'enseignement rationnel pur ou instruction intelligente ne peut être conçue ni perçue qu'à l'aide des idées qui, pour être communiquées d'une harmonisativité à une autre, doivent nécessairement recevoir une constitution avec une existence propre (t. II, p. 380 *fin* à 381 *commenc.*) au moyen des paroles ou d'autres signes intelligents.

Quant à l'instruction elle-même, c'est-à-dire à l'enseignement rationnel pur, je vous ai déjà dit tout ce que je me suis proposé de vous communiquer dans ces leçons. Rappelez-vous ce que je vous ai expliqué à dessein sur ce sujet (t. II, p. 11 à 16 et *notes*, 28 à 34, 54 à 59, 62 à 75), en vous entretenant de la générativité, de l'alimentivité, de la philoprolétivité et de la constructivité. Je ne vous avais pas démontré alors de même que lorsque je vous ai entretenus de la DIRECTION en général (t. I, p. 292 à 299), que toute instruction ou enseignement rationnel est communiqué et reçu exclusivement et directement par le moyen de l'harmonisativité, et que de là elle passe par rayonnement ou divergence (t. II, p. 380 à 390) aux facultés partielles. Maintenant vous savez que les perceptions sensitives renfermées dans une IDÉE rayonnent ou divergent de l'harmonisativité sur les facultés partielles ou particulières (t. II, p. 580 à 590); vous savez par conséquent que toutes reçoivent, chacune en ce qui concerne son cercle spécial, une partie de la connaissance ou de l'instruction générale qu'a reçue cette faculté suprême ou harmonisativité.

Toutes les facultés particulières exclusivement sensitives en elles-mêmes s'instruisent *rationnellement* en vertu de cette force de compréhension suprêmement intelligente (t. II, p. 281 à 283, 297 *fin* à 301 et notes au bas des pages). Elles reçoivent par rayonnement de cette force l'idée qu'aucune d'elles exclusivement considérée n'aurait pu concevoir — même relativement à sa propre spécialité. — Il en est ainsi avec les conceptions sublimes du génie privilégié; quoique le talent moyen ne puisse pas les *produire*, il peut les *comprend*re. L'idée qui peut seulement jaillir, comme j'ai eu occasion de le dire plusieurs fois (t. I, p. 396, 501; t. II, p. 176), dans l'esprit d'un individu doué d'une grande intelligence, devient, avec la vitesse du rayon lumineux, le patrimoine de l'humanité.

Voilà comment toutes les facultés humaines s'instruisent *sensitivement* par des impressions venues du monde matériel externe, et intelligemment par de pures irradiations venues exclusivement du monde spirituel ou interne; voilà comment l'homme augmente ou modifie ses convictions jusqu'à l'infini (t. II, p. 53 à 55) par un intermédiaire qui, comme je n'ai cessé de le répéter, fait complétement défaut aux brutes de la sphère la plus élevée. Voilà comment le principe *compréhensible* (t. II, p. 245 à 251, 300, *note* au bas de la page) dont Dieu a doué chaque faculté particulière humaine que l'harmonisativité suprême, nommée dans la plupart de ces leçons libre arbitre, intelligence, etc. (voir t. II, p. 296, *note*), instruit par divergence, peut donner une DIRECTION meilleure et plus efficace (t. I, p. 292 à 299) à son principe aveugle, principe dont elle est l'autorité-née et avec lequel elle est en discordance harmonisable, comme j'ai eu occasion de vous l'expliquer plusieurs fois (t. I, p. 533 à 534; t. II, p. 51 à 59, 73 à 74, 281 à 302). Voilà comment on peut instruire l'homme de deux manières : 1° par *irradiation*, en présentant des objets à ses sens; 2° par *rayonnement* en présentant des IDÉES sous forme de mots ou signes intelligents (t. II, p. 240, 380 à 384) à son harmonisativité.

Nous savons, par exemple, ce que c'est qu'un oiseau, si on le met devant nous. Nous le savons également si l'on nous explique par des mots en quoi il consiste. Chacune de ces deux manières d'instruire exclusivement considérées est cependant insuffisante. La véritable instruction se compose de deux parties : impressionner les sens par les objets externes eux-mêmes et éclairer l'harmonisativité relativement à eux par des *idées* ou par des explications rationnelles adressées directement à elle, à l'aide de paroles ou de signes intelligents. Ce qui est vrai pour l'enseignement l'est également pour la pratique ou pour l'exercice d'une chose enseignée. La répétition seule d'actes qui constituent, comme je l'ai dit, l'habitude, est insuffisante, si elle n'est pas accompagnée de l'instruction nécessaire sur le meilleur moyen connu de mettre en pratique les répétitions, c'est-à-dire de faire les épreuves. Cette explication du meilleur moyen de faire des épreuves d'abord, pour arriver à l'exécution pratique définitive et la plus complète de la chose, ce qui *constitue l'art humain*, c'est-à-dire l'amélioration des instincts impulsifs, à l'aide de règles, est inutile aux êtres sans raison, parce qu'ils ne peuvent la comprendre et beaucoup moins encore la créer ou l'engendrer. Les animaux ne conçoivent pas ni ne perçoivent pas l'*art* (t. I, p. 522; t. II, p. 65, 176, 323 à 524, 352), c'est-à-dire le mode d'exécution d'une chose suivant la règle, ils n'ont pas par conséquent le talent (t. II, p. 65, 176) qui consiste à augmenter leur savoir et à améliorer leurs instincts par des efforts intelligents compris ou conçus en idées [1].

De tout ce que je viens de dire, on peut conclure que l'éducation humaine, outre les efforts sensitifs spontanés, comprend deux parties : des règles, c'est-à-dire une instruction intelligente; une pratique, c'est-à-dire une répétition d'épreuves. L'instruction sans l'exercice est toujours *défectueuse*; l'exercice sans l'instruction marche toujours en *aveugle*. — Le professeur de piano qui, après une explication précise et belle, faite à son élève sur le meilleur moyen d'exécuter un passage difficile, lui dirait : « Fermez votre piano, cela suffit, » agirait avec aussi peu de réflexion que celui qui lui dirait : « Point d'instruction, point de théorie, point d'explication, point de règle; touchez, et nous verrons. » — S'adonner aux règles à l'exclusion de la pratique, c'est apprendre à *savoir*, mais non à *savoir faire*; se livrer à la pratique à l'exclusion des règles, c'est apprendre à *faire*, mais non à *bien faire*, c'est-à-dire, non par règle, mais par routine comme les brutes chez lesquelles tout est spontanéité sensitive. L'origine et la spécialité de la pratique purement instinctive ou sans règles, de même que l'origine et la nécessité d'instruction intelligente ou des règles pour mieux diriger la pratique aveugle ou instinctive, vous ont été expliquées, comme vous le savez (t. II, p. 54 à 59), avec toute la précision, toute l'extension et toute la démonstration que mérite leur importance.

Je ne dois pas, à mon avis, m'étendre davantage sur ce sujet pour le moment, d'abord parce que ce qui a été dit suffit pour l'explication complète des bases qui servent de fondement à toute espèce d'enseignement humain, et ensuite parce que je me propose de traiter ce sujet d'une manière suffisamment étendue dans une série de leçons particulières sur les applications pratiques de la phrénologie, leçons qui seront le juste complément du cours actuel. On a parlé beaucoup de la phrénologie appliquée à l'éducation, mais tout cela est très-peu de chose comparativement à ce qu'on peut dire sur ce sujet, surtout depuis les découvertes psychologiques et nervo-électriques que j'ai faites et que vous connaissez déjà en partie et que vous achèverez bientôt de connaître complétement.

---

[1] L'immortel Schiller, poëte et philosophe allemand, né en 1759, mort en 1805, conçut instinctivement cette vérité et l'exprima dans ces vers admirables :

Im Fleiss kann dich die Biene meistern,	L'abeille en labeur peut te surpasser,
In der Geschicklichkeit ein Wurm dein Lehrer sein;	Un ver, en habileté, t'en montrer;
Dein Wissen theilest du mit vorgezognen Geistern;	Ton savoir est du génie le partage,
Die KUNST, o Mensch, hast du allein.	L'art, ô homme! est ton seul ouvrage.

Quant aux applications d'utilité pratique auxquelles donne lieu la connaissance de la volonté comme principe d'action, de mouvement ou d'excitation des autres facultés, j'ai peu de chose à ajouter à ce que je vous ai enseigné depuis la leçon XLV. La volonté, vous le savez (t. II, p. 330, 370), est l'homme en abrégé. Dans son empire, dans son efficacité ou dans son influence sur les autres facultés, elle agit par force de résolution ou idée fondée sur une conviction intelligente plus ou moins complète ou incomplète, et non par *force d'impulsion* ou de passion qu'elle ne ressent pas et qu'elle ne peut pas ressentir.

La quantité plus ou moins grande d'efficacité, de vouloir ou de force rationnelle que la volonté peut mettre en jeu par rapport aux autres facultés dans un cas donné, c'est-à-dire pour une résolution quelconque, dépend de la plus ou moins grande quantité de facultés et de sa force spéciale déterminée, qui, dans ce cas, fait cause commune avec elles (t. p. 262 à 263, 330 à 331). Vous savez que la continuativité fait forcément cause commune avec la volonté, dont elle est en même temps l'antagonisme, et avec la force exécutive immédiate, qu'elle a toujours sous sa main et dont elle peut toujours disposer immédiatement. Il en est tellement ainsi, qu'avant mes explications sur ce sujet on confondait les actes de vouloir propres à la volonté avec les actes de permanence propres à la continuativité (t. II, p. 199 à 210).

La volonté formule d'autant mieux les idées-motifs ou convictions intelligentes sur lesquelles reposent ses résolutions, que les perceptions irradiées ou transmises en elle par les facultés partielles sont plus nombreuses et plus énergiques. Sans perceptions partielles ou sensitives transmises à la volonté, il n'y a point d'idée-motif ou de conviction-intelligente possible, et sans motif ou sans conviction la résolution ne peut pas exister. De même la volonté sans le concours des facultés accessoires (t. II, note au bas de la page 333) manquerait absolument de force exécutive, et celle-ci sera d'autant plus efficace que les facultés partielles qui font cause commune avec elle seront plus nombreuses et que chacune d'elles possédera une force efficiente plus grande et un pouvoir externe plus étendu.

Eh bien, la volonté dans son influence sur les facultés particulières n'agit que par force de résolution, celle-ci est une idée, et cette idée n'a pas plus de force d'excitation que celle que lui communiquent les éléments perceptifs ou données renfermées en elle (t. II, 332 à 338). La volonté aura d'autant plus de force pour mettre les facultés en mouvement que l'idée-résolution elle-même contiendra, comprendra ou représentera plus d'éléments, plus de données. Réfléchir donc sur le plus ou moins de degré d'énergie que possédera l'excitation et sur la quantité de facultés qu'une résolution exécutée pourra exciter agréablement ou désagréablement, c'est réunir ou ne pas réunir plus ou moins de facultés en faveur de la résolution ou contre elle; ou, ce qui revient au même, c'est augmenter ou diminuer la force de pouvoir de volonté pour la réaliser. Réfléchir sur la justice ou sur l'injustice d'un acte qui produit ou qui doit produire en nous une douleur ou un plaisir physique, moral, c'est augmenter ou diminuer la force de pouvoir de volonté directe sur les facultés dont l'action produit ou doit produire ce plaisir ou cette douleur et augmenter, par conséquent, son affection agréable jusqu'au ravissement, ou son affection désagréable jusqu'à l'horreur. Réfléchir enfin sur les plaisirs que doit produire un acte dans certaines facultés, quoique sa réalisation provoque de l'horreur dans quelques autres, c'est augmenter la force de volonté pour changer le plaisir en douleur ou la douleur en plaisir.

En 1837, je suis tombé de cheval, parce que la selle était trop lâche ; je me brisai le bras gauche. Par suite d'une complication de causes, je souffrais des douleurs physiques horribles. J'étais dans un état vraiment pitoyable. Au milieu de mes souffrances, je me mis à réfléchir sur les lois naturelles de l'attraction ou de la gravité et de l'harmonie ou correspondance existant entre elles et les êtres vivants. Peu à peu, malgré les douleurs les plus aiguës, je m'aperçus que mon accident venait de ce que je n'avais pas bien sanglé le cheval, et de ce que je n'avais pas exercé la faculté de la précautivité que Dieu nous a donnée pour des cas semblables. Je me livrai ensuite à des réflexions sublimes sur ce que Dieu ne m'avait fait ni chat, ni tigre, pour pouvoir sauter sans danger à une hauteur très-élevée et sur ce qu'il m'avait donné la raison pour ne pas entreprendre des choses disproportionnées avec mes forces naturelles ou acquises. Ma rectivité tomba en extase et se délecta en présence de la justice et de l'harmonie d'après lesquelles Dieu avait tout créé. Mon inférioritivité fut ravie également et se résigna en vue de l'accident arrivé par ma faute et pour lequel je souffrais avec justice.

Ces extases affectèrent tellement d'autres facultés, que tout mon être fut absorbé, *idéalement* ravi, sans éprouver, pendant un long espace de temps, aucune douleur physique. Voilà comment la force de volonté peut dominer *directement* les plaisirs les plus délicieux ou les douleurs les plus horribles; voilà comment la réflexion sur des idées religieuses engendre, même dans l'ordre naturel des choses, des consolations qui produisent des modifications et des changements si inexplicables et si sublimes dans les manières de sentir. Mes découvertes sur la nature de la volonté humaine et sur son efficacité comme dépendante de conditions qui ne sont ni elle ni en elle (t. II. p. 521 à 555), et comme agissant toujours par suite d'une force rationnelle pure sur la partie perceptive des facultés particulières (t. II, p. 429 à 430), mettra fin à toutes ces théories absurdes de Kant, de Fichte, de Feuchtersleben et autres; tous ces philosophes partent du principe que la volonté humaine VEUT et obtient exclusivement par elle-même et sans aucune force étrangère ce qu'elle veut, lors même que ce serait contraire à la VÉRITÉ, c'est-à-dire à la loi divine. Kant a écrit un traité intitulé : *Von der Macht des Gemüths durch den blossen Vorsatz seiner krankhaften Gefühle Meister zu sein*, que le célèbre Hufeland a publié depuis avec des remarques, en 1824, à Leipzig. Ce titre, traduit mot pour mot, est le suivant : *Du pouvoir qu'à l'âme de dominer les sensations morbides par la seule force d'intention ou de résolution.* Kant établit et appuie l'existence de ce pouvoir de l'âme sur des cas analogues à celui que je viens moi-même de vous rapporter. Laissant de côté la confusion des espèces psychologiques que renferme et que doit nécessairement renfermer ce traité, on voit facilement que le principe qu'on s'y propose de prouver et de démontrer est une pure chimère, une impossibilité complète, aussi complète que le principe qui soutiendrait que l'estomac peut faire des digestions sans aliments (t. II, p. 121, 817 à 819, *notes*).

La volonté ne peut rien toute seule, de même que chacune de ses résolutions. La simple force de volonté, la simple force de résolution, ne consistent qu'à se réunir à d'autres forces pour produire des phénomènes. Une seule force ne peut les produire; si elle le pouvait, elle pourrait créer quelque chose de rien, et c'est là l'attribut exclusif du Très-Haut.

Quant à ses résolutions, la volonté dépend des perceptions sensitives des autres facultés, de même que, quant à ses digestions, l'estomac dépend des substances nutritives et absorbables. La coopération de la volonté avec les facultés partielles est indispensable pour que la force de résolution produise un effet dans ces mêmes facultés particulières. Il serait absurde et très-étrange de supposer que la force de résolution d'un gouvernement national peut produire exclusivement d'elle-même l'intention qu'elle renferme (t. II, p. 354).

Si ce que dit Kant était vrai, c'est-à-dire si la simple force de résolution (*durch den blossen Vorsatz*), de la volonté, pouvait absolument agir directement sur nos sensations morbides pour les rendre normales, elle aurait aussi le même pouvoir sur nos sensations normales pour les rendre morbides. Si lorsque la tactivité ressent une douleur physique très-grande (t. II, p. 311 à 312) à la suite d'une impression violente produite dans notre organisme par un coup; si, lorsque l'approbativité éprouve un plaisir ou une douleur morale par suite d'excitations spontanées ou provoquées en elle (t. II, p. 311 à 312); si, lorsque l'harmonisativité possède par excitation ou spontanément une succession d'idées générales qui suscitent des affections agréables ou désagréables, des impulsions normales ou violentes (t. II, p. 380 à 390), nous pouvions, par le seul vouloir, c'est-à-dire par une force de résolution tout à fait exclusive, annihiler ces impressions, ces sensations et ces idées, nous aurions également, par suite, le pouvoir de les invoquer ou de leur donner existence en vertu de cette même force exclusive. S'il en était ainsi, le vouloir ou les résolutions de l'homme pourraient opérer ou agir, sans l'intervention des miracles, dans une indépendance complète des lois (t. I, p. 522; t. II, p. 408, *notes* au bas des pages) que Dieu a établies pour la manifestation des phénomènes. Non; la résolution ou le vouloir, intention basée sur un motif préféré, ne peut agir sur aucune sensation ni sur aucune impulsion, dans un sens répressif ou excitatif, qu'en fournissant d'abord une conviction intelligente à la partie perceptive des facultés excitées et non excitées sur l'utilité et la justice générale de son exécution. Aucune résolution de la volonté, par conséquent, ne peut produire qu'un plaisir ou qu'une excitation de douleurs que son exécution est destinée à engendrer dans les facultés partielles considérées dans leur ensemble, comme je n'ai cessé de l'expliquer de toutes les manières et par tous les moyens (t. II, 281 à 295, 354 à 355, 429 à 430 et ailleurs). Ce *psychisme* ou siquisme n'a été jusqu'à présent que l'objet de théories plus ou moins erronées, de confusions métaphysiques plus ou moins embrouillées : par suite de la découverte que j'en ai faite et de l'explication que j'en ai donnée, il nous offre un véritable ART *de dominer les sensations ou affections agréables ou désagréables par l'influence directe de la volonté.*

Le baron E. de Feuchtersleben a écrit en allemand un petit traité — traduit dernièrement en castillan, d'après une publication française du docteur Schleninger-Roger, par le docteur don Pedro-Felipe Monlau — *Sur l'art de se servir des forces de l'esprit au bénéfice de la santé.* Son objet, ainsi que le dit d'une manière manifeste et complète le même auteur (édition espagnole, introduction, p. 9 et 10), consiste « à apprendre à se faire illusion à soi-même et à se commander soi-même. » Par exemple, un malade doit se faire illusion qu'il ne l'est pas ; puis, par sa force de volonté, il cherche à changer cette illusion en une réalité. Le docteur allemand fonde ces théories sur des faits analogues à ceux que je vous ai rapportés (t. II, p. 385 à 390) en vous parlant de l'influence mutuelle que le moral et le physique de l'homme exercent l'un sur l'autre. A l'appui de cette théorie, il cite l'autorité du grand philosophe et du grand poëte Gœthe, qui rapporte lui-même le fait suivant : « Pendant une fièvre putride épidémique qui exerçait ses ravages autour de moi, je me trouvai exposé à son contact inévitable ; mais je parvins à m'en sauver par la seule action d'une volonté ferme et décidée. Dans des occasions semblables, le pouvoir de la volonté est presque miraculeux ; il paraît que la résolution énergique se répand par tout le corps et le met dans un état d'activité qui s'oppose à l'action de toutes les influences nuisibles. La peur est un état de faiblesse apathique qui nous livre sans défense à notre ennemi. »

Ces théories sont en partie vraies relativement à un fait particulier ; mais elles sont tout à fait fausses par rapport au principe sur lequel elles s'appuient, parce qu'on n'a pas connu la nature de l'imagination ni celle de la volonté. Du moment que l'illusion est considérée comme telle, elle ne produit que des illusions. Si les paroles des étudiants développèrent une véritable maladie chez Jean (t. II, p. 386 *fin* à 389), ce fut par réalité, c'est-à-dire parce qu'il les crut, et non par illusion. Si une personne qui se couche dans un lit neuf (t. II, p. 381 *fin*) tombe malade du choléra parce que, comme nous l'avons dit, elle s'imagine qu'un cholérique y a dormi, c'est en vertu d'une réalité, et non en vertu d'une *illusion* développée en elle. La maladie à laquelle croit l'individu peut seulement avoir lieu parce que la croyance est ce qui constitue en nous la réalité qu'un cholérique a dormi dans le lit et que le choléra est épidémique [1]. La volonté ne peut agir sans une conviction de la vérité de la chose basée sur les perceptions irradiées en elle par les autres

---

[1] Lorsque Fichte établit que les attributs externes sont nos créations (note au bas des p. 419 à 420), il ne se trompe pas tant que cette doctrine suppose que la réalité des

facultés, ainsi que je l'ai démontré (t. II, p. 380 à 390) d'une manière évidente, complète ou irréfutable.

Si la tactivité éprouve une douleur, si la causativité et la déductivité, aidées par les autres facultés, perçoivent le siége, la cause ou la réalité de cette douleur, il est impossible que la volonté se forme un jugement, une idée ou une détermination de son EXISTENCE différente de celle qui peut être fondée sur la réalité qui lui est fournie. La volonté ne peut, quant à ce qui dépend d'elle, ni se former, ni vouloir des *illusions;* tout est réalité en elle. Si elle forme des illusions, cela tient à ce que d'autres facultés se trompent elles-mêmes (t. II, p. 532 à 537), et non à ce qu'elle n'est plus le rectificateur universel. La volonté du malade de Pinel (t. II, p. 347, *note*) avait un pouvoir répressif ou restrictif sur ses voies urinaires tant qu'elle fut convaincue de la vérité que, si elle permettait au corps l'acte d'uriner, le monde serait inondé. Elle ne concevait ce fait ni comme vérité ni comme mensonge, elle le déduisait seulement en idée comme vérité fondée sur les données qui lui étaient communiquées par d'autres facultés. La volonté du malade agissait donc en vertu d'une *réalité*, et non d'une *illusion*, quoique le fait fût entièrement une fiction. Il en fut de même lorsque la volonté du malade exerça sa force active ou efficiente sur les voies urinaires. Les facultés partielles ne virent dans la ruse ou dans le stratagème de l'incendie simulé qu'une véritable conflagration universelle, et la volonté, prenant idée de ce fait, se mit à uriner. Si on n'avait pas employé cet élément réalitif (t. II, p. 380 à 390), jamais l'aliéné ne se serait livré à des efforts volontaires pour uriner.

Dans le fait rapporté par Gœthe, — qui, soit dit en passant, possédait une continuativité immense, — la volonté agit d'après l'idée que, si elle se laissait entraîner par la peur de tomber malade, c'est-à-dire par les inspirations de la conservativité, de la tactivité et de la précautivité, elle serait en réalité victime de ces mêmes craintes. Elle résolut par conséquent de vaincre des craintes semblables, et Gœthe les domina, les annihila. Combien, en pareille circonstance, qui, ayant agi de même que Gœthe, ont cependant succombé! Pourquoi? Parce qu'il n'y avait pas dans leur âme un grand développement de la continuativité, de la combativité, de la réalitivité, de la supérioritivité, développement qui devait être, dans ce cas, une *qualité* (t. II, p. 262 à 263, 330 à 531) de la volonté susceptible de lui donner énergie, efficacité, pouvoir, empire contre les forces antagonistes qui inspiraient ces craintes. Toutefois cela n'empêche pas que, en principe général, la *réflexion* ne dominé la *passion*. Combien la résolution ou la simple force de conviction intelligente que la volonté possède pour le bien général n'a-t-elle pas de pouvoir sur la partie perceptive des facultés partielles! Combien cette partie perceptive de chacune des facultés particulières n'en a-t-elle pas à son tour

choses consiste pour nous dans la croyance interne (t. I, p. 586 à 590) que nous nous en formons; mais il s'est trompé lorsqu'il a supposé que ces créations NE se fondent PAS sur des sensations analogues relatives à la chose crue, venues *du dehors*, dans leur origine, par l'intermédiaire des sens externes.

sur la partie impulsive ou d'exécution et sur la partie répulsive ou de répression renfermées en elles-mêmes (t. II, p. 281 à 282 et autres endroits y cités)! Combien enfin l'influence de ces forces impulsives ou répulsives n'ont-elles pas d'empire sur l'organisme (t. I, p. 438 à 442, 520 à 529 et autres endroits y cités), ainsi que je vous l'ai démontré et expliqué pour la première fois en philosophie mentale (t. II, p. 967 à 968)! On s'en aperçoit dans la facilité avec laquelle cet aliéné de Pinel (t. II, p. 347, *note*) a pu, *par son seul vouloir*, maintenir ferme son appareil urinaire pendant si longtemps, résister à toute espèce d'influence et accomplir ensuite sans difficulté l'acte de la miction.

Tout ce que je viens d'exposer prouve clairement et manifestement que toutes les doctrines, tous les arts et tous les systèmes qu'on a fondés jusqu'à présent sur la force d'illusion ou de volonté directe pour dominer les sensations ou les impulsions n'ont pas de véritable base; ils sont par conséquent erronés en principe et inefficaces, lorsqu'ils ne sont pas dangereux pour la pratique. Dès aujourd'hui seulement, la force d'imagination et la force de volonté pourront servir de principe vrai pour fonder des théories, des arts et des systèmes, afin d'augmenter, au moyen d'un effort intelligent ou guidé par une règle, le bonheur et la vertu de l'homme en particulier et des hommes en général.

LEÇON LII

Passage du matériel au spirituel et du spirituel au matériel, par voies télégraphiques électrico-nerveuses. créées par Dieu dans notre organisme en admirable multiplicité de parties et en admirable unité d'action.

MESSIEURS,

Je ne me suis occupé jusqu'à présent, et l'on n'a parlé encore, je crois, en philosophie mentale, que des organes au moyen desquels se MANIFESTENT les facultés de l'âme. Il est opportun de pénétrer dans un nouveau monde d'investigations psychologiques et de vous entretenir des moyens matériels par lesquels ces mêmes facultés transmettent du dedans au dehors leurs manifestations et reçoivent du dehors, c'est-à-dire du monde externe, les impressions, les sensations et les idées. Comment et de quelle manière un geste, un mot, un signe matériel transmettent-ils intelligence à l'harmonisativité? Comment et de quelle manière un objet, une scène, un phénomène physique quelconque, transmettent-ils sensation et intelligence à l'âme? Comment et de quelle manière la volonté réactionnée transmet-elle ses ordres aux facultés particulières; ses désirs, ses aversions exécutives aux organes d'affectivité matérielle? Comment, oui, comment se réalise cette transmission ou cette communication passive et active entre l'âme et ses facultés, entre ses facultés et l'organisme exécutif? Telle est la matière dont nous allons nous occuper. Il est nécessaire, auparavant, de rappeler que nous ne savons rien et que nous ne pourrons jamais rien savoir sur ce sujet, considéré dans son spiritualisme exclusif.

L'homme ne sait rien de l'esprit, si ce n'est par ses manifestations au moyen de la matière. — Nous parlons dans un sens philosophique. — C'est et ce sera toujours pour nous un mystère que le principe suivant lequel s'effectuent l'union et le commerce de l'âme avec le corps considérés dans leur spiritualisme pur. Les découvertes *physiques* devraient-elles, en conséquence, passer toujours avant les découvertes *mentales?* Se pourrait-il que l'homme ait découvert le mode de transmission instantanée de la pensée à tous les confins de l'univers et qu'il n'ait pas même étudié les moyens dont se sert l'âme pour transmettre son énergie, sa force ou son efficacité sensitive et intelligente d'un organe cérébral à un autre et des organes cérébraux à l'organisme extra-crânien? Serait-il possible qu'il ne se fût pas occupé des moyens par lesquels les impressions reçues par les sens extra-crâniens, auxquels s'incorporent des sensations et des idées, se transmettent aux organes intra-crâniens, qui servent d'intermédiaire à l'âme pour les percevoir? Se pourrait-il que nous ayons inventé la *télégraphie électrique* pour faire traverser à notre gré à la pensée toutes les directions d'un pôle à l'autre avec une rapidité inouïe, l'Américain du Chimborazo pouvant avoir ainsi, à mille lieues de distance, une conversation avec l'Asiatique de l'Himalaya, et que nous n'ayons pas même étudié cette autre télégraphie électrique mystérieuse, sublime, parfaite, construite par Dieu dans notre organisme afin que les impressions reçues par les sens ou parties externes des organes de contact (t. I, p. 421) se transmettent instantanément (t. II, p. 117 à 120, 411 à 415) aux organes cognoscitifs, actionitifs et intellectuels, et affectent mystérieusement par ce moyen les facultés mentales en harmonie avec elles? Serait-il possible que l'homme ait découvert et inventé mille moyens pour communiquer l'efficacité ou l'énergie de ses résolutions et de ses impulsions à tous les hommes, à toutes les nations, à toutes les époques, et qu'il n'ait pas étudié comment la volonté transmet, au moyen de son organe, son efficacité intelligente et mandataire aux facultés impulsives, et comment celles-ci transmettent également, par le moyen de leurs organes, leur efficacité sensitive *exécutive* aux membres et aux autres parties du corps, afin que les intentions subjectives obtiennent un accomplissement objectif? Se pourrait-il enfin que nous ayons étudié autant notre TRIALISME (t. I, p. 438 à 442) et si peu le mode suivant lequel ses parties composantes communiquent entre elles lorsque cette communication est celle qui donne UNITÉ à la grande MULTIPLICITÉ des éléments qui entrent dans chacune de ses actions toujours complexes et très-complexes?

Vous saurez maintenant, messieurs, que si la tactivité, comme faculté mentale, perçoit, par exemple, — je parle de transmission PASSIVE, — une sensation agréable, suivant que certains légers frottements se produisent, et une autre sensation désagréable, suivant que ces frottements sont extrèmes ou violents, ainsi que je l'ai expliqué longuement dans d'autres circonstances (t. I, p. 331 à 332, 336 *fin* à 338), il existe et il doit nécessairement exister entre le point où se produit l'impression du frottement et la tactivité, comme organe cérébral, des moyens de transmettre l'énergie, la force ou l'efficacité sensitive agréable ou désagréable de l'impression reçue.

Vous saurez maintenant que si l'intellectualitivité comprend l'IDÉE renfermée dans un geste, dans une parole, dans un symbole ou dans un signe quelconque, comme je l'ai dit en d'autres endroits (t. II, p. 380 à 384 et autres endroits y cités), c'est qu'il existe entre le signe matériel, c'est-à-dire entre les corps externes et les sens, des moyens de transmission d'impressions ; c'est *qu'il y a un courant de molécules matérielles visibles ou invisibles, avec une force, une énergie, une efficacité spéciale* qui les affecte par un contact médiat ou immédiat, comme nous le constatons expérimentalement lorsque la lumière ou sa réflexion impressionnent le sens externe de la vision, lorsque les particules odoriférantes impressionnent le sens externe de l'olfaction, lorsque les vibrations de l'air impressionnent le sens externe de l'ouïe. Ces impressions des sens externes affectent tous les organes du cerveau par les courants de fluide nerveux qui le traversent et au moyen duquel les facultés de l'âme éprouvent les sensations, forment les perceptions dont ces impressions sont les éléments-causes (t. II, p. 117 à 119, 411 *fin* à 415), et comprennent ainsi (t. II, p. 299 à 301, *notes*) tout ce qui se passe entre elles.

Quant à la transmission ACTIVE d'intelligence et de sensation, c'est-à-dire quant à la communication du monde interne avec le monde externe, la chose n'est pas moins manifeste et évidente. Comment pourrions-nous observer cette intelligence et cette sensation qui se peint sur le visage de l'homme sans une communication matérielle entre les facultés et leurs organes cérébraux, entre les organes cérébraux et le reste de l'organisme? Le mode suivant lequel cela s'effectue dans son spiritualisme pur est et sera toujours pour nous un mystère. Mais quel est celui qui ne s'aperçoit pas du fait? Qui ne sait pas que plus est énergique une affection spirituelle *dans l'âme*, plus son expression se révèle matériellement *dans le visage* (t. I, p. 355; t. II, p. 377 *fin* à 378), et plus sont intenses les impressions qu'en reçoivent les sens externes des personnes présentes et qui ensuite se transmettent avec une rapidité inouïe au cerveau et du cerveau à l'âme? Comment l'homme pourra-t-il communiquer à ses œuvres des qualités susceptibles d'inspirer l'étonnement, la crainte, l'admiration, la méditation, si la force, l'énergie ou l'efficacité sensitive et intelligente de l'âme n'était pas transmissible par des moyens matériels? Comment la volonté pourrait-elle dans aucun sens ni dans aucune supposition, réprimer sans cette TRANSMISSION active certaines impulsions déterminées et mettre en mouvement une ou plusieurs parties du corps ou tout le corps lui-même dans tel ou tel sens, pour que telle ou telle action s'effectue ou ne s'effectue pas? Si la volonté n'avait pas en son pouvoir des moyens matériels de transmettre sa force mandataire ou de commandement aux organes matériels des autres facultés, et si ces facultés ne possédaient pas également des moyens matériels de dominer pour transmettre son énergie exécutive au reste de l'organisme, comment le langage et les autres instruments matériels, qui servent à la prononciation physique ou mécanique des paroles, pourraient-ils exercer leur influence sur l'organe de la langage-tivité et sur sa faculté? comment celle-ci pourrait-elle ensuite être réprimée ou activée et réprimer ou activer?

Les moyens matériels que l'âme met en jeu pour cette transmission active et passive sont des fluides impondérables *très-subtils*, généralement appelés « fluide nerveux, — fluide magnétique, — fluide électrique animal; » ils sont engendrés principalement dans le cerveau et dans les ganglions, mais ils parcourent et traversent tout l'organisme. L'observation et l'expérience ont prouvé qu'il en est ainsi du système nerveux de l'organisme EXÉCUTEUR, c'est-à-dire *extra-crânien*.

Télégraphie électrique nerveuse EXTRA-CRANIENNE *servant de passage actif et passif entre le spirituel et le matériel dans le corps de l'homme.* — La forme tubuleuse et d'autres conditions des nerfs dont tout notre organisme est si rempli, que, comme je l'ai dit dans une autre leçon (t. I, p. 358, *vers la fin*), il n'existe pas un seul point aussi petit que la pointe d'une épingle qui ne soit occupé par eux, ont fait supposer, pendant longtemps, à quelques philosophes, qu'il s'engendrait peut-être en eux un fluide électrique-animal qui les parcourait de toutes les manières et était destiné à transmettre sensation et intelligence du cerveau, organe de manifestation mentale, à tout l'organisme extra-crânien, et de tout l'organisme extra-crânien au cerveau. Ce que la supposition fit entrevoir intelligemment pendant un temps fut plus tard démontré sensitivement par les expériences.

« Il y a peu d'années, » dit le physiologiste éminent Joseph Bently dans son admirable opuscule intitulé : *Health made Easy* (moyen facile de conserver la santé), Londres 1849, « qu'on découvrit que les nerfs sont des tubes creux contenant un fluide transparent très-subtil, qui constitue très-proba-blement le moyen matériel de transmission sensitive. Ce dessin représente un faisceau de fibres nerveuses, plus grandes que nature, dégageant du fluide nerveux, c'est-à-dire électrique-animal, par leurs extrémités inférieures.

Faisceau de fibres nerveuses dégageant du fluide électrique-animal par leur extrémité inférieure.

« Un nerf doit être considéré comme un fil d'un *télégraphe électrique* qui transmet, LORSQU'IL LE FAUT AINSI, une communication instantanée au point où cela est néces-saire, tandis que les artères peuvent être comparées à un chemin de fer par lequel diverses substances corporelles sont réellement transmises d'un point à un autre à des époques déterminées et d'après un ordre régulière-ment établi. »

Cette découverte explique complétement ce qui était et ce qui aurait toujours été pour l'anatomie et pour la physiologie un secret qui donnait lieu à mille suppositions et s'opposait entièrement à une foule de découvertes très-importantes. En effet, sous quelque point de vue qu'on les considère,

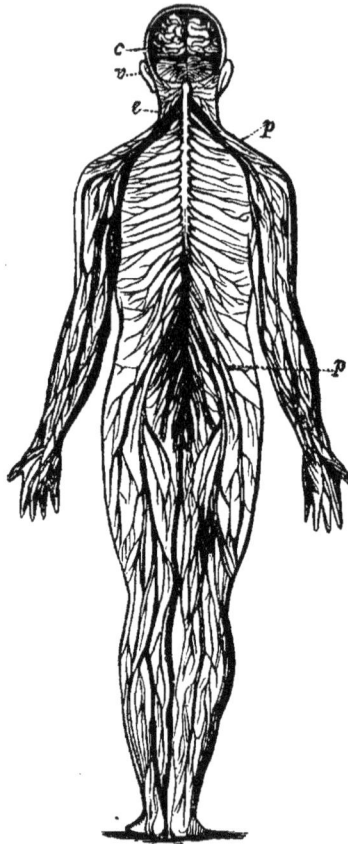

ainsi que je le démontrerai bientôt, les nerfs ne sont d'eux-mêmes et par eux-mêmes que de simples *conducteurs*, de même que les veines et les artères. Ce qu'il importait le plus de connaître, c'était la *chose transmise par eux*, parce que de cette chose et non des nerfs eux-mêmes dépendent une foule de phénomènes corporels et spirituels qui ont attendu jusqu'à présent une explication qu'on n'avait pu trouver. Oui, le système nerveux est en réalité, messieurs, une grande TÉLÉGRAPHIE ÉLECTRIQUE dont le centre de réception et de direction spirituelle, c'est-à-dire sensitive et intelligente, se manifeste par le moyen de l'encéphale, c'est-à-dire (t. I, *note* au bas de la p. 257) du cerveau, du cervelet et de la moelle allongée, que vous connaissez déjà entièrement (t. I, p. 207, 209, 256, 359). Les différents organes dont se composent ces trois grandes parties composantes du cerveau ou encéphale, communiquent également entre eux par des courants magnétiques nerveux ou électriques-animaux, dont nous ne connaissons l'origine ou le principe que par l'observation directe, de même que nous ne connaissons celui des courants du système nerveux extra-crânien que par des phénomènes qui prouvent et mettent

Système nerveux vu par la partie postérieure du corps, et servant principalement à donner l'impulsion ou le mouvement ACTIF à l'organisme [1].

hors de doute son existence, comme je le démontrerai bientôt. Cette gravure

---

[1] J'ai extrait ce dessin de l'ouvrage le plus remarquable sur ce sujet; il est intitulé : *Phisiology and animal mechanism* « Physiologie et mécanisme animal, » par W. S. W. Ruschenberger, M. D. (Philadelphie, 1841). — C le cerveau (t. I, p. 207 à 209, 256 à 257); — V le cervelet (t. I, p. 207, 209, 256, 359); — E la moelle épinière (t. I, p. 359), où naissent une grande quantité de nerfs qui se ramifient dans toutes les parties du corps; — P supérieur, le plexus brachial; — P inférieur, le plexus sciatique.

représente tout le *système nerveux* intra et extra-crânien vu par la partie postérieure du corps, laquelle sert principalement à transmettre à l'organisme extra-crânien les différentes impulsions ou mouvements ACTIFS qui partent du grand centre de direction encéphalique, afin que les actes intelligemment déterminés par la volonté et ceux que les facultés impulsives

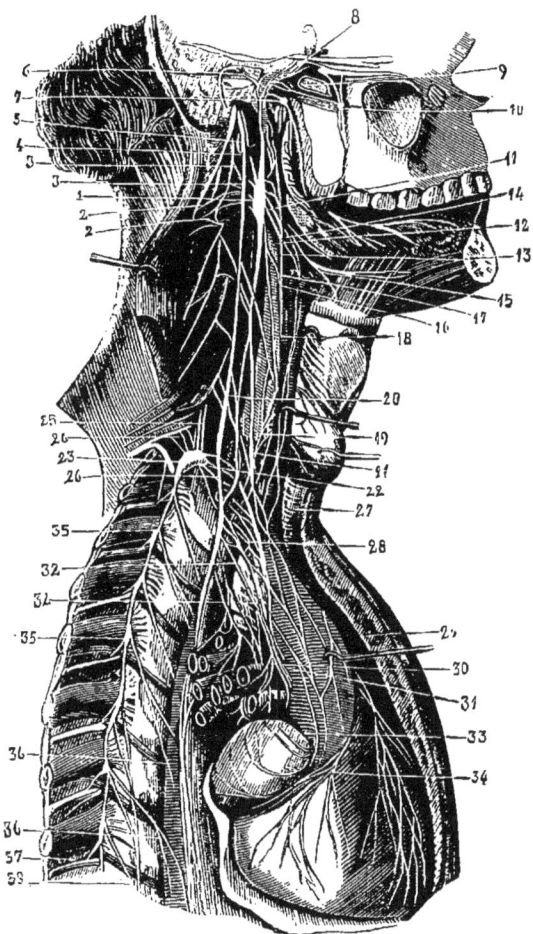

Système nerveux vu par la partie antérieure du corps, et qui, réuni aux sens externes, sert principalement à communiquer au cerveau ou au grand centre de direction, c'est-à-dire à lui donner communication PASSIVE.

déterminent aveuglément, s'exéc tent, se réalisent ou passent à l'état de faits dans le monde externe. L'homme pourra-t-il jamais présenter un modèle aussi simple dans sa complication et aussi complet dans sa simplicité de TÉLÉGRAPHIE ÉLECTRIQUE? C'est impossible.

La gravure précédente [1] réunie à celle des sens externes *purement passifs*, que vous avez vus dans leur connexion avec le cerveau ou grand centre de direction (t. I, p. 355), représente le système nerveux ou télégraphie électrique-animale, destinée presque exclusivement à communiquer les impressions venues du monde externe ou engendrées dans l'organisme comme cela se passe pour la générativité et pour l'alimentivité, ainsi que je l'ai expliqué (t. II, p. 18, 52) dans deux leçons antérieures.

Les nerfs, qui doivent, ainsi que je viens de le dire, être considérés comme les fils ou filets unitifs de ce grand, de ce mystérieux, de ce sublime *système nerveux* ou télégraphie sensitive et intelligente, quelque invisibles qu'ils soient dans les nombreuses parties de notre corps, qu'ils remplissent sans laisser un seul espace où l'on puisse faire pénétrer la pointe d'une aiguille, se distribuent par faisceaux, par branches, par rameaux et par filets. On entend par nerf chacune des fibres ou filets qui constituent ces faisceaux, ces branches, ces rameaux; lorsqu'on dit qu'un fluide magnétique nerveux ou électrique-animal parcourt les nerfs, on entend que ce fluide de transmission sensible et intelligent existe dans chacune des fibres, dans chacun des filaments ou filets de ces faisceaux, de ces branches et de ces rameaux, toujours prêts à suivre la direction exigée.

[1] J'ai extrait cette gravure de l'*Atlas complet d'anatomie descrip ive du corps humain*, par S. N. Masse, traduit par notre professeur distingué don Francisco Mendez Alvarez. C'est un ouvrage remarquable auquel on ne peut comparer aucun autre de son genre, à cause de l'exactitude de ses gravures. Voici l'explication de celle que vous avez sous les yeux : 1. Ganglion cervical supérieur. — 2. Rameaux de ce ganglion anastomosés avec le nerf spinal. — 3. Anastomoses avec deux des nerfs cervicaux. — 4. Anastomose avec le nerf pneumo-gastrique. — 5. Rameaux supérieurs du ganglion cervical supérieur. — 6. Anastomose avec le nerf de Jacobson. — 7. Anastomose avec le ganglion otique. — 8. Anastomose avec le nerf moteur oculaire externe. — 9. Anastomose avec le nerf ptérygoïdien. — 10. Ganglion sphéno-palatin ou de Meckel, qui présente le nerf ptérygoïdien en arrière, deux rameaux supérieurs anastomosés avec le nerf maxillaire supérieur et deux rameaux inférieurs (nerfs palatins). — 11. Rameaux pharyngiens et carotidiens. — 12. Nerf glosso-pharyngien. — 13. Plexus-pharyngien. — 14. Nerf lingual de la cinquième paire. — 15. Nerf hyppoglosse. — 16. Rameaux carotidiens. — 17. Nerf cardiaque supérieur. — 18. Un des rameaux cardiaques du pneumo-gastrique. — 19. Ganglion cervical moyen. — 20. Rameaux supérieurs de ce ganglion, dont l'un se continue avec le ganglion cervical supérieur et les deux autres s'anastomosent avec des nerfs cervicaux. — 21. Nerf cardiaque moyen renforcé en ce point par un gros rameau venant du rameau de communication entre les deux ganglions. — 22. Anastomose de ce nerf avec le rameau laryngé inférieur du nerf vague. — 23. Ganglion cervical inférieur. — 24. Anastomose avec les nerfs du plexus brachial. — 25. Rameaux qui pénètrent dans le conduit de l'artère vertébrale. — 26. Rameaux qui s'anastomosent avec le ganglion cervical moyen et qui passent les uns devant les autres derrière l'artère sous-clavière. — 27. Nerf cardiaque inférieur. — 28. Anastomose du pneumo-gastrique avec les nerfs cardiaques. — 29. Nerfs cardiaques entre l'aorte, l'artère pulmonaire et la trachée-artère. — 32, 32, Nerfs trachéaux du pneumo-gastrique et les anastomoses avec les nerfs cardiaques. — 33. Plexus cardiaque antérieur. — 34. Plexus cardiaque postérieur. — 35, 35. Deux ganglions thoraciques. — 36, 36. Rameaux aortiques des deux ganglions. — 37. Anastomose d'un ganglion thoracique avec l'un des nerfs intercostaux. — 38. Grand splanchnique.

On sait, d'après la manifestation des sens, c'est-à-dire d'après l'observation et l'expérience des faits, que certaines fibres, certains filaments ou certains filets nerveux sont destinés, en vertu du fluide qui les parcourt, à la transmission du *mouvement général*, et que d'autres sont destinés à la transmission de la *sensibilité générale*. Chacun des filets ou des filaments qui constituent notre *système nerveux* est, si je puis m'exprimer ainsi plus clairement, un composé de diverses fibres, dont les unes sont parcourues par un fluide qui communique et transmet le MOUVEMENT, et dont les autres sont parcourues par un autre fluide de même genre, mais d'espèce différente, qui communique et transmet la SENSIBILITÉ générale. Les premières fibres se nomment nerfs de mouvement ou *actifs*, et les secondes, nerfs de sensibilité ou *passifs*.

On doit cette découverte au génie sublime du célèbre anatomiste et physiologiste écossais sir Charles Bell. Il a démontré, au commencement de ce siècle, que les faisceaux ou branches nerveuses, à leur sortie de la base du cerveau, de la moelle allongée et de la moelle épinière, sont formés par deux racines différentes placées l'une au devant de l'autre. La racine antérieure communique et transmet le mouvement, et la racine postérieure la sensibilité. L'homme possède quarante-trois paires ou branches de nerf ; les treize premières naissent du cerveau et de la moelle allongée, et sortent par des trous pratiqués à la base du crâne; les trente paires restant naissent de la moelle épinière et sortent par des trous de chaque côté du rachis. On peut le voir facilement dans la gravure que je vous ai présentée à ce sujet (t. I, p. 359), dans une autre leçon.

Les nerfs, par le moyen du fluide qui les parcourt, sont si bien, les uns conducteurs du mouvement, et les autres conducteurs de la sensibilité, que, si l'on coupe chez un animal toutes leurs racines postérieures, celui-ci perd entièrement le pouvoir de sentir et conserve en même temps le mouvement; si, au contraire, on incise toutes les racines antérieures sans toucher aux postérieures, il perd le pouvoir de se remuer et conserve entièrement celui de sentir.

Ce dessin représente une portion de moelle épinière, pour vous montrer le mode suivant lequel les nerfs naissent par paires ou par doubles branches. — *r* indique les racines antérieures, destinées à la communication du *mouvement*; *p* les racines postérieu-

Tronçon de moelle épinière où l'on voit naître les paires des branches nerveuses.

res, destinées à la communication et à la transmission de la *sensibilité*, et *g* un *ganglion* ou renflement ganglionnaire d'une racine postérieure [1].

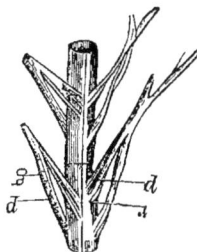

---

[1] Le système nerveux n'est pas une unité absolue; c'est une uniformité d'unités distinctes, c'est-à-dire une UNITÉ MULTIPLE, par le moyen de laquelle chaque appareil organique extra-crânien, de même que chaque appareil organique intra-crânien, constitue un centre nerveux distinct, avec des ramifications distinctes et avec un fluide électrique-ani-

Ces ganglions sont des renflements nerveux dont la fonction a été pendant plusieurs siècles le cheval de bataille des plus grands anatomistes et physiologistes. Parmi eux on trouve Willis, Wieussens, Bichat, Reil, Johnston, Meckel, Zinn, Scarpa et autres philosophes non moins célèbres. En 1835, le Dictionnaire de l'Académie française définissait encore le mot *ganglion* : « Nom donné, en anatomie, à différents organes.... dont les fonctions sont en général inconnues. » Spurzheim, cependant, qui n'a pas son pareil en anatomie nerveuse, avait dit, dans son *Anatomy of the Brain*, Boston, 1834, p. 28, que je viens de citer, après avoir résumé tout ce qui avait été écrit sur ce sujet : « Les ganglions sont essentiels à la structure des nerfs de sensation; mais, en même temps, ils isolent ou excitent les parties auxquelles ils transmettent l'efficacité ou l'énergie nerveuse de la volonté. Ils donnent également naissance à des rameaux, à des filets ou filaments nerveux: ils servent en outre de centre de communication entre plusieurs nerfs. *Enfin, comme l'existence d'un fluide nerveux n'est pas impossible, que dis-je? impossible! comme il est très-probable qu'un fluide semblable existe, les ganglions servent, dans ce cas, à aider sa sécrétion ou son développement et à modifier sa circulation ou distribution.* »

Des diverses classes de sensation et de mouvement, c'est-à-dire passives et actives. — L'importante découverte de Gall et de Spurzheim, que le système nerveux ne provient pas d'un centre exclusif, mais qu'il possède une diversité de centres et de ramifications (note au bas de cette page), et, par conséquent, une diversité de fluides électriques, n'a pas été utilisée autant qu'elle le devait pour servir de base à une classification plus lumineuse, plus complète et plus exacte des nerfs appelés maintenant nerfs de sensation et de mouvement. Une différence de centres, de ramifications et de fluides nerveux suppose une différence d'*impressions* externes, origine (t. II, p. 117) de *sensations* internes différentes. Cette différence nous montre comment une impression lumineuse dans l'œil peut être à l'instant transmise à la visualitivité interne sans se mêler ni se confondre avec aucune autre des impressions tactives, auditives, gustatives ou olfactives qui ont été simultanément reçues dans les centres externes de force impressionnable, et qui, transmises à leurs organes intra-crâniens respectifs, ont dû produire dans

mal distinct, destinés à rendre effectives ses communications spéciales, actives et passives. A cet égard, l'autorité de Spurzheim est la plus grande et la plus puissante, parce qu'elle est fondée sur un plus grand nombre de faits bien observés, bien enchaînés et bien médités. Cette grande autorité nous dit (p. 21) dans l'ouvrage intitulé : *Anatomy of the brain* « anatomie du cerveau : »

« Le premier principe anatomique, relativement au système nerveux, c'est qu'il n'est pas une unité, mais qu'il se compose de beaucoup de parties essentiellement différentes, d'origine diverse et de communication mutuelle. Le docteur Gall et moi nous considérons par conséquent ce principe comme essentiel à nos investigations et à nos déductions physiologiques. Aucun des anatomistes qui nous ont précédé n'ont été aussi intéressés que nous à démontrer cette vérité. Nous croyons (Spurzheim et Gall) l'avoir prouvé d'une manière satisfaisante, relativement au cerveau, comme Bichat l'avait démontré avant nous pour les nerfs de la poitrine et de l'abdomen.

l'âme des sensations *analogues distinctes*, comme je l'ai démontré psychologiquement (t. II, p. 411 à 415).

La découverte de sir Charles Bell est le premier anneau de la grande chaîne des découvertes de nerfs et de fluides de sensation et de mouvement que l'humanité est destinée à faire. C'est pourquoi tout est général dans cette découverte. On parle seulement de sensibilité physique et de mouvement volontaire, mais on ne distingue pas diverses espèces de sensibilité ni diverses espèces de mouvement. Ainsi que je l'ai dit dans une autre circonstance (t. I, p. 175 à 177), l'homme, dans sa marche progressive, va de la synthèse à l'analyse, pour mieux synthétiser lui-même bientôt avec connaissance de cause. Sir Charles Bell découvrit synthétiquement les nerfs de sensation et de mouvement, mais il ne se rendit pas compte, et, sans la phrénologie, on n'aurait jamais pu peut-être le comprendre, qu'il existe et qu'il doit nécessairement exister des espèces distinctes de sensation et de mouvement.

Le nerf optique, le nerf olfactif, le nerf du goût ou glosso-pharyngien, le nerf auditif ou acoustique, qui naissent tous de la moelle allongée, comme vous l'avez vu sur les gravures que je vous ai présentées à cet effet (t. I, p. 256 à 335), démontrent qu'il y a des espèces distinctes et différentes de sensibilité ou d'action passive. Bell ne parle pas de ces sortes de sensibilité; il parle seulement de la sensibilité qu'on a appelée *physique*, faute d'autre nom, et que j'ai nommée moins improprement, je crois, *tactile* ou *tactive*. Mais, comme il n'existe pas un seul point dans tout l'organisme (t. I, p. 358) qui ne soit susceptible d'impressionnabilité tactivement sensible, tandis qu'il y en a beaucoup qui ne sont pas susceptibles d'impressionnabilité lumineuse, olfactive, gustative ou auditive, nous devons admettre que la sensibilité dont parle Bell est universelle au moins dans toute la superficie de l'organisme. Ainsi donc, quoiqu'il y ait dans chacun des appareils optique, olfactif, glosso-pharyngien et auditif, une matière et un fluide nerveux spéciaux et distincts qui reçoivent des impressions optiques, olfactives, glosso-pharyngiennes et auditives du monde externe ou objectif, et qui les transmettent au monde interne ou subjectif, ils sont remplis en même temps d'une matière et d'un fluide nerveux tactifs. Ceci est démontré par le fait que, si l'on détruit les nerfs qui unissent quelques-uns de ses appareils avec la moelle allongée, la force de son impressionnabilité spéciale est détruite et ne se manifeste plus, tandis que son impressionnabilité tactive est conservée. Au contraire, si l'on incise tous les nerfs à leur racine appelés de sensation (t. I, p. 359) et si l'on conserve ceux des appareils optique, olfactif, glosso-pharyngien et auditif (t. I, p. 256 à 335), l'individu perdra la force d'impressionnabilité tactive, improprement appelée *sensibilité*, et il conservera le pouvoir complet de la vision, de l'olfaction, du goût et de l'audition.

L'attention générale n'ayant pas été attirée avant comme après la découverte de sir Charles Bell sur ce fait aussi évident que transcendant et fécond, on a continué à distinguer tous les nerfs qui n'étaient pas de *mouvement vo-*

lontaire par le nom générique de *nerfs de sensation*. Si l'on fait abstraction de la distinction entre une impression et une sensation, ce qui constitue la ligne qui sépare (t. II, p. 374) le fonctionnement physiologique du *psychisme* ou siquisme psychologique, raison pour laquelle les nerfs ne peuvent, dans aucun cas, s'appeler proprement que *nerfs d'impression*, il devient manifeste qu'appeler nerfs de *sensation* tous ceux qui ne sont pas de *mouvement volontaire*, c'est confondre en un seule genre toutes ses espèces distinctes et spéciales.

Les nerfs de l'appareil optique ou de l'appareil glosso-pharyngien, par exemple (t. I, p. 256 à 335), sont des nerfs de sensation, c'est-à-dire d'impression externe ou extra-crânienne, tout comme ceux de l'appareil tactif, qui embrasse toutes les parties de l'organisme (t. I, p. 359), et avec lesquels on a confondu jusqu'à présent tous les nerfs de sensation, quel que fût le caractère spécial et exclusif de leur force impressionnable. Ainsi donc, pour ne pas tomber dans quelqu'une de ces erreurs, je ne donnerai le nom de *sensation* qu'au phénomène mental, mystérieux, qui, comme je l'ai dit (t. II, p. 117 *fin*, 411 à 415), produit une impression intra ou extra-crânienne, ou qui, sans impression aucune connue, se manifeste spontanément dans l'âme sous forme d'impulsion ou d'affection. Je nommerai nerfs d'*impression* ou de *contact* ceux qu'on appelle aujourd'hui, dans leur ensemble, de sensation ; j'ajouterai la qualification « extra-crânéal » toutes les fois que le sens l'exigera, afin de les distinguer des nerfs d'impression ou de contact « intra-crânéal » ou « cérébral. » Afin de ne pas confondre les nerfs d'impression en général avec quelqu'une de leurs classes en particulier, je distinguerai chacune d'elles par le nom des appareils externes qui les centralisent. Ainsi donc je distinguerai les nerfs de contact ou d'impression visuelle ou optique des nerfs de contact ou d'impression gustative ou glosso-pharyngienne, et ceux de contact ou d'impression tactile ou tactive de ceux de contact ou d'impression auditive ou acoustique. De cette façon, on verra que, quoique tout soit impression ou contact, il existe autant d'espèces d'impressions ou de contacts que de centres d'impression ou de contact extra-crânéal, c'est-à-dire d'appareils de sens externes.

La même confusion, et, par conséquent, les mêmes défauts engendrés par le nom générique de *nerfs de sensation*, sans distinction de leurs espèces fondamentales et différentes, ont donné lieu au nom générique de nerfs de *mouvement volontaire* ou simplement de *volonté*. Tout nerf *actif*, improprement appelé de *volonté*, obéit à une force d'impulsion qui le domine immédiatement. Cette force d'impulsion est aussi variée que les facultés particulières (t. II, p. 384 à 385) et leurs organes cérébraux. Un acte honteux ou pudique peut, par les impulsions réunies de la rectivité, de l'inférioritivité, de l'approbativité et de la supérioritivité, faire baisser la même paupière que les impulsions de l'adhésivité font ouvrir à la vierge candide pour regarder l'objet de son chaste amour. La mouvementivité fait mouvoir, pour souffler, la même bouche que l'alimentivité ouvre pour manger ou boire. Cette main, que la destructivité arme d'un poignard assassin, est la même que la bénévolentivité porte au secours du pauvre abandonné. Les mêmes jambes, qu'une passion fait aller vers le sud, sont dirigées vers le nord par une passion contraire. De sorte que nommer nerfs de mouvement volontaire ou de *volonté* ceux qui obéissent à des forces d'*impulsion* différentes et essentiellement distinctes, c'est leur appliquer une dénomination impropre et inexacte; ce seront des nerfs de mouvement impulsif ou d'impulsion différente, et non des nerfs de mouvement volontaire.

Il est évident, ainsi que cela découle de tout ce que j'ai rapporté (t. II, p. 240 *fin* à 371), que la volonté ou faculté générale *choisit*, *résout* et *ordonne*, et que les facultés particulières présentent des éléments d'élection, réagissent impulsivement et *exécutent* leurs impulsions isolées et combinées par ordre ou sans ordre de la volonté. Ces impulsions sont celles qui agissent directement sur l'organisme, de même que l'organisme agit directement sur les objets externes. C'est pourquoi les nerfs actifs ou exécutifs sont tous des nerfs de la volonté ou ne le sont nullement, suivant la manière de les envisager; il en est de même des facultés partielles : elles sont toutes ou elles ne sont pas des facultés particulières de la volonté, suivant la manière de les considérer. Si nous envisageons les nerfs actifs comme dépendant immédiatement des facultés partielles soumises aux ordres de la volonté, qui agit intelligemment sur elles et suspend ou réalise son action combinée par le moyen dont elle dispose, *tous* les nerfs actifs *sont* des nerfs d'action volontaire ou de la volonté. Si cependant l'on considère les nerfs actifs comme soumis exclusivement et immédiatement aux facultés partielles, et si, pour agir ou ne pas agir, ils ne dépendent directement en rien de la volonté, *aucun d'eux n'est* et ne peut, par conséquent, *être appelé* proprement nerf d'action volontaire. D'où il suit évidemment et définitivement que les plus célèbres anatomistes ont confondu les nerfs d'action volontaire, parce que tous le sont et qu'aucun ne l'est, avec les nerfs d'action impulsive ou d'action immédiatement dominée par les facultés partielles; il faut ajouter à ces facultés partielles celle de la LOCOMOTIVITÉ ou MUSCULATIVITÉ, dont l'organe, qui se manifeste déjà dans les mollusques d'une classe peu élevée (t. I, p. 246), a probablement son siége dans la moelle allongée[1].

[1] L'existence d'une faculté dans l'âme dont la spécialité primitive et fondamentale est un désir de LOCOMOTION MUSCULAIRE se trouve démontrée d'une manière incontestable par cela même que nous sentons quelquefois ce désir se manifester d'*une manière dominante* ou *principale*, quoique presque toujours son action soit, chez les hommes, *auxiliaire* ou *accessoire* (voir t. II, p. 17 à 18, 293, *note* au bas de la page). Qui ne se sent pas une fois ou une autre poussé par le désir exclusif de locomotion musculaire en vertu de laquelle on marche, on court, on monte à cheval, on va en voiture, on remue un poids, on travaille ou on exerce de diverses autres manières son corps, ou une partie de son corps? Qui ne se sent porté quelquefois à faire un exercice corporel quelconque, plus ou moins violent, sans autre but ni d'autre motif que de le faire? Il est des personnes qui ne sont jamais tranquilles; elles changent de position tantôt une jambe, tantôt un bras; elles meuvent tantôt les mains, tantôt les pieds; à peine sont-elles assises, qu'elles veulent se lever; elles ne peuvent jamais rester deux minutes dans la même position. Il est, au contraire, des individus qui sont tout naturellement paresseux;

Télégraphie électrique nerveuse INTRA-CRANIENNE *servant de passage actif et passif entre le matériel et le spirituel dans le cerveau ou dans la tête.* — L'existence d'une télégraphie électrique nerveuse avec des centres, des ramifications et des fluides nerveux distincts dans le système extra-crânéal ou matériellement exécuteur a été prouvée et démontrée par l'expérience appliquée aux sens externes; c'est pourquoi nous en avons une conviction pleine et entière, c'est-à-dire sensitive et intelligente. L'existence d'une télégraphie électrique nerveuse avec ses centres, ses ramifications, ses fluides

ils éprouvent du plaisir dans l'inertie et de la répugnance pour tout ce qui s'appelle exercice musculaire; s'ils écoutaient dans ces circonstances leurs désirs dominants, ils ne changeraient jamais une partie de leur corps de la position qu'ils lui ont donnée une première fois. Les premières personnes ont l'organe de cette faculté très-développé, et les secondes très-peu; c'est une circonstance que les maitres et les maitresses des enfants ne prennent pas en considération, parce qu'ils ne savent pas qu'elle existe. Ils ne savent pas qu'il y a une faculté mentale *très-active chez les enfants* qui les pousse naturellement et spontanément à sauter, à courir, à bondir, à folâtrer, à être vifs dans le but, qu'ils ne pressentent pas ni ne connaissent pas, de développer harmoniquement et d'une manière égale tout l'organisme; ils maintiennent ainsi la rapidité du mouvement général du sang et des autres fluides. Il y a cependant, en cela comme en tout, son plus et son moins, il est vrai; mais vouloir contraindre au repos absolu ou à une règle *capricieuse* de repos celui dont Dieu exige un mouvement réglé dans son propre intérêt, c'est, en pratique générale, impossible; et, si on parvient à le mettre en pratique, on engendre des maux sans nombre.

Toutes les parties de l'organisme sont plus ou moins intimement et inévitablement liées avec l'*une* d'elles, et l'*une* d'elles avec *toutes*. C'est pourquoi les facultés dominent l'organisme, et celui-ci le monde externe dans leur cercle et dans leur juridiction respective, comme je n'ai cessé de le répéter. La locomotivité ou musculativité est intimement et immédiatement enlacée avec toutes les parties mouvantes et flexibles, contractives et expansives à volonté de l'organisme. Cette faculté, quant au spirituel, et son organe, quant au matériel, se trouvent intimement liés au centre de locomotion *musculaire impulsire*, qu'on a si *improprement* appelée toujours et qu'on appelle encore *volontaire*. Le centre directeur général de locomotion, siège par conséquent de la locomotivité, et les centres partiels formant les quarante-trois paires de nerfs qui sortent du cerveau et de la moelle allongée par des trous pratiqués à la base du crâne et sur les côtés de la colonne vertébrale, ont été démontrés par le célèbre professeur de physiologie M. Bernard, dans des expériences et des démonstrations pratiques, faites journellement à ses élèves, au Collège de France. Ce professeur a enlevé, à volonté, chez certains animaux l'aptitude à TOUTE ESPÈCE de locomotion, en endommageant ou en détruisant une partie de la *moelle allongée* ou « isthme de l'encéphale, » ainsi qu'on commence à l'appeler maintenant plus convenablement. Si le professeur veut seulement priver l'animal d'UNE ESPÈCE de locomotion, il endommage ou détruit une partie des nerfs nommés mal à propos de mouvement volontaire, ou que j'appelle d'action active.

Les découvertes de M. Bernard, que M. Sapey, professeur agrégé de la Faculté de médecine de Paris, a utilisées dans son récent *Traité d'anatomie*, qui surpasse tout ce qui a été publié jusqu'à présent dans ce genre, prouvent que la tactivité, de même que la locomotivité, possède des organes d'impression et des organes de perception, comme les autres facultés de contact immédiat externe, ainsi que je l'ai démontré (t. I, p. 421; t. II, p. 48, 52). La partie de l'appareil de la tactivité qui reçoit des impressions est située dans la moelle allongée ou isthme encéphalique, et la partie perceptive et conceptive dans la région du cerveau désignée sur le crâne par le chiffre 1 (t. I, p. 427 à 455 . Je dis dans l'*isthme encéphalique*, parce qu'en lésant une certaine partie, M. Bernard prive à volonté certains animaux de l'aptitude de recevoir toute espèce de sensation tactile ou physique. La partie de l'appareil de la locomotivité qui reçoit des impressions et qui exécute se trouve dans l'isthme encéphalique, comme l'ont démontré les expériences de M. Bernard; mais on ignore si c'est là même que réside ou ne réside pas le siège du reste

nerveux, plus subtile, plus délicate, plus ténue, plus occulte que la précédente, dans le système cérébral ou intra-crânéal qui manifeste la réception et la direction sensitive intelligente, peut être également démontrée sinon par le fait même de contact avec les sens externes, au moins par la déduction sévère et logique d'une immense quantité de faits d'observation.

Le premier fait sur lequel se base notre conviction intime qu'il existe dans le système intra-crânien une télégraphie électrique nerveuse imperceptible, avec des centres, des ramifications et des fluides distincts, con-

de l'appareil, c'est-à-dire de la partie sensitive désirative, perceptive et conceptive. — De toute façon, il faut ajouter aux sept* facultés de contact externe immédiat la huitième, appelée *locomotivité*, qui est simplement *active*, comme la générativité (t. II, p. 18).

Les sens ou organes impressionnables des facultés contactives sont des centres généraux pour l'organisme extra-crânien et des centres partiels ou particuliers pour les centres cérébraux généraux dont ils dépendent. Ces centres cérébraux généraux sont de même des centres particuliers d'autres centres plus élevés auxquels ils sont soumis. J'ai parlé de cette multiplicité admirable, sublime, mystérieuse, de centres *administratifs*, subordonnés les uns aux autres et tous à un grand centre *gouvernemental*, c'est-à-dire, à la volonté ou *unité* rationnelle, toutes les fois que j'ai dit (t. I, p. 554 à 556, 552 à 555, 421 à 422; t. II, p. 222 à 225) que certaines facultés au moyen de leurs organes sont des sens d'autres facultés, que toutes sont des sens de la volonté, et qu'une seule ne peut agir ni *passivement*, ni *activement*, sans le secours des autres (t. II, *notes* au bas des p. 555, 576), parce que toutes sont auxiliaires et accessoires les unes des autres.

D'après ce que je viens d'exposer, on comprend facilement que la locomotivité domine toute espèce de mouvement ou de repos musculaire, appelé mal à propos volontaire, et que l'impulsion ou la résolution qui règne dans le moment actuel détermine son objet. C'est la locomotivité, par exemple, qui fléchit ou qui étend la main, qui donne le mouvement aux jambes ou qui les maintient en repos, qui allonge ou qui retire la langue, qui ouvre ou qui ferme les paupières; mais la direction donnée à tous ces organes et le but dans lequel tout cela s'exécute dépendent de la volonté ou d'une faculté partielle dominante. Voilà comment, par exemple, la destructivité déchaînée d'un aliéné saisit, à l'aide de la locomotivité, un poignard assassin pour tuer son bienfaiteur. Voilà comment la bénévolentivité d'un brave noblement excité saisit, à l'aide de cette même locomotivité, le bras de ce fou, pour détourner le coup mortel qu'il allait porter à son semblable, imprudent ou sans défense. Voilà comment la volonté, aidée de la locomotivité, avec laquelle on l'a confondue jusqu'à présent, se sert de l'organisme pour exécuter une action générale dans tous les sens suivant lesquels l'organisme et toutes ses parties peuvent se mouvoir par suite d'influences impulsives. Voilà comment la locomotivité, en vertu de la télégraphie électrique, qui parcourt tout l'organisme extracrânien, transmet sa direction avec une rapidité inconcevable à toutes les extrémités différentes de l'organisme, suivant autant de sens qu'il y a en elles d'aptitude excitable et répressible d'action musculaire.

Il me paraît à peine nécessaire d'ajouter, en terminant, que vous ne confondrez pas, je l'espère, la mouvementivité avec la locomotivité, d'après la manière dont je vous ai expliqué l'une et dont vous venez d'entendre parler de la seconde. La mouvementivité se trouve en harmonie avec tout ce qui se passe ou arrive dans le monde externe ou interne, comme chose réalisée, comme phénomènes qui s'effectuent présentement, qui se sont effectués et qui s'effectueront; l'univers entier est son cercle ou sa juridiction. La locomotivité est en harmonie seulement avec la force nerveuse et musculaire qui, dans un organisme donné, peut être excitée, réprimée et dirigée par une impulsion sensitive ou rationnelle, c'est-à-dire par une faculté particulière dominante ou par la volonté.

* Les facultés contactives sont, à proprement parler, au nombre de cinq seulement; l'alimentivité (t. II, p. 54), la générativité (t. II, p. 18) et la locomotivité, jouissent seulement du caractère contactif organique, mais elles ne sont pas tout à fait contactives, parce qu'elles ne reçoivent pas directement des impressions du monde externe. (*Note de l'auteur pour l'édit. française.*)

siste dans le phénomène inexplicable de l'influence aveugle et intelligente,
ou sensitive et perceptive, que les facultés exercent entre elles; nous ne pouvons pas douter un seul instant de cette influence, car nous en avons une
conviction complète ou certitude (voyez les endroits cités dans les *notes*
au bas des pages 333 et 376 du t. I). Eh bien, les facultés mentales ne
manifestent-elles pas ou ne révèlent-elles pas, au moyen des organes cérébraux et dans toute espèce d'action active et passive, qu'elles sont distinctes par leur *nature* et séparées par leur *position?* Comment peuvent-
elles donc communiquer entre elles, si elles sont distinctes et si elles se
trouvent séparées? Il est évident que, pour communiquer entre elles, leurs
organes ont besoin de *conduits* et de moyens de communication *soumis à
direction*.

En outre, quoique chacun des organes cérébraux ou intra-crâniens soit
mis en mouvement par UNE seule faculté exclusive, tous sont doubles (t. I,
p. 253, 432, *ob. gén.*). Dans quelques-uns d'entre eux, les deux moitiés
qui les constituent se trouvent très-éloignées, comme on le constate pour
la destructivité, pour la combativité et pour les autres organes latéraux. De
toute façon il n'y en a aucun qui n'ait son semblable dans un hémisphère
distinct (t. I, p. 208 à 210). De sorte que les DEUX moitiés organiques d'un
seul organe doivent agir non-seulement avec une simultanéité des plus ri-
goureuses pour rendre normale l'unité d'action, mais encore avec la plus
grande harmonie, car le moindre désaccord, à cet égard, produit des irrégularités extraordinaires et quelquefois funestes. Il y a beaucoup de cas de
folie ou d'imbécillité qui peuvent être rapportés à un mode différent de
fonctionner de chacune des deux moitiés qui constituent un organe (t. I,
p. 329); la perte complète de l'une d'elles produit seulement un affaiblisse-
ment fonctionnel et nullement un désordre ou une irrégularité (253 et suiv.).
La même chose se passe ordinairement pour les organes doubles des sens
externes. La fonction irrégulière d'un œil affecte en général la vision des
deux, tandis que sa perte totale diminue seulement l'intensité de la vision.
La perte complète d'un des deux organes auditifs ne rend pas l'ouïe irrégulière; mais l'audition d'un son par un organe auditif avant que l'autre
organe l'ait entendu devient tellement imparfaite, qu'on attribue à cette
cause, dans beaucoup de circonstances, le manque d'aptitude à la musique.

Puisque les organes, considérés dans leur individualité distincte comme
dans chacune des deux moitiés dont se compose la totalité de chacun d'eux,
se trouvent séparés, comment peuvent-ils avoir correspondance et communication affective, impulsive et perceptive, s'il n'existe pas un QUELQUE CHOSE
qui ne constitue pas les organes, mais dont ceux-ci peuvent disposer? Comment la moitié d'un organe peut-elle être au même instant *excitée* avec son
autre moitié séparée et opposée, et comment toutes deux peuvent-elles agir
avec la simultanéité la plus exacte et la plus rigoureuse, s'il n'y a pas, entre
elles et la cause *excitante* un *quelque chose* qui communique et qui transmet? Comment un organe peut-il communiquer avec tous les organes céré-

braux et ceux-ci avec l'un d'eux, si ce n'est en vertu d'un *quelque chose* qui part de ces organes et qui s'étend ensuite? Cependant aucun d'eux ne change de *position*, ni de *nature*, parce qu'il ne peut changer ni d'une manière ni d'une autre. Aucun organe ne peut être son propre messager, son propre courrier, son propre commandement, car aucun ne peut quitter le siége exclusif et invariable que Dieu lui a imposé comme partie intégrante de la totalité multiple cérébrale.

Ce quelque chose que renferme l'organe et qui en sort pour transmettre son état aux autres organes doit être, de toute nécessité, un fluide électrique nerveux cérébral, que nous ne connaissons pas expérimentalement, mais dont notre harmonisativité a une conviction intime. C'est une chose évidente par elle-même et fondée sur tous les faits analogues physiques ou métaphysiques connus, que ce fluide électrique nerveux cérébral doit circuler dans des directions prescrites et déterminées, dont il ne peut ni sortir ni se séparer, suivant le cercle des communications qui lui est destiné. Tous les cas analogues physiques ou métaphysiques connus viennent à l'appui de ce fait. Dieu a établi un système de conduits, sous forme de tubes, de tuyaux, d'aqueducs, de canaux, de fils ou télégraphes, dont les veines, les artères et les nerfs sont un exemple remarquab'e, pour imprimer des directions fixes à toute espèce de courant des fluides du corps humain. Il n'est pas probable, par conséquent, ainsi que le comprend maintenant notre esprit, que le système de communication ou de circulation, dans le cas analogue de communication sensitive et intelligente entre les facultés mentales, *au moyen des organes cérébraux*, soit d'espèce ou de nature différente, quoique les sens externes ne puissent, pour le moment, en donner la preuve à l'harmonisativité, et que celle-ci ne puisse, par conséquent, en avoir CERTITUDE ou conviction complète. Nous n'avons pas non plus la certitude de l'existence des lignes qui séparent entre eux les organes cérébraux (t. I, p. 221 *fin* à 224), parce que les yeux ne voient pas et que le tact ne touche pas la séparation individuelle de chacun d'eux. Qui doute cependant, malgré l'absence de cette conviction sensitive fournie par le monde externe, que les lignes de séparation organique n'existent pas dans le cerveau, lorsque la simple conviction intelligente suffit à l'harmonisativité pour en avoir certitude?

Puisqu'il est établi comme vérité incontestable qu'une faculté de l'âme, dans l'ordre de la nature, ne peut manifester son action passive, active ou exécutive que par un organe matériel auquel elle est mystérieusement unie, il n'est pas possible de concevoir l'existence d'un *moi* sensitif, doué d'une force passionnelle qui entraîne aveuglément et forcément, ni de ce *moi* rationnel qui harmonise librement et avec intelligence les autres facultés, sans une télégraphie électrique nerveuse, intra-crânienne, capable de communiquer ou de transmettre des éléments d'excitation sensitive et intelligente à des organes matériels. Le *moi* dominant, soit sensitif et impulsif, soit rationnel et harmonisateur (t. II, p. 283 à 295, 358 à 371), doit communiquer, dans l'ordre de la nature, ses impulsions ou affections, ses perceptions ou idées, à son organe cérébral d'abord, d'une manière qui sera toujours pour nous un mystère. Cet organe spirituellement affecté ne pourra jamais cependant transmettre son affection spirituelle à aucune faculté sans affecter en premier lieu son organe. De sorte que toute transmission ou communication entre une faculté et une autre faculté doit s'effectuer par l'intermédiaire des organes cérébraux, et ceux-ci, étant matériels en eux-mêmes, ne peuvent établir exclusivement entre eux aucune espèce de communication que par des moyens matériels. Ces moyens ne pouvant consister qu'en une diversité de fluides électriques nerveux sensitivement imperceptibles pour le moment, mais susceptibles peut-être, avec le temps, d'être constatés expérimentalement par l'homme, sont ceux que leurs organes respectifs mettent à la disposition du centre d'unité perceptif, actif ou exécutif de l'âme. On ne peut véritablement expliquer la réalisation d'une action dans l'organisme, celle de fermer ou d'ouvrir les paupières, par exemple, ni une action de l'organisme sur le monde externe, comme celle de la mastication des aliments, qu'elle soit engendrée dans une impulsion ou dans une résolution (t. II, p. 201 à 202), sans l'existence d'une télégraphie électrique nerveuse qui parcourt tous les centres et toutes les ramifications diverses de l'organisme extra-crânien, naturellement exécutrice ou obéissante (t. II, p. 451 à 459), soumise à une autre télégraphie électrique nerveuse d'une hiérarchie supérieure qui parcourt tous les centres et toutes les ramifications de l'organisme intra-crânien et met en évidence le principe spirituel directeur.

LEÇON LIII

Passage du matériel au spirituel et du spirituel au matériel, par voies télégraphiques électrico-nerveuses, créées par Dieu dans notre organisme en admirable multiplicité de parties et en admirable unité d'action.

(SUITE.)

MESSIEURS,

Tables tournantes. — Il est une autre grande preuve, susceptible d'expérimentation sensitive, que les organes des facultés mentales communiquent entre eux au moyen d'une télégraphie électrique nerveuse qui circule dans tous et en vertu des quarante-trois paires de nerfs qui naissent du cerveau, du cervelet et de son isthme ou de la moelle allongée. Elle consiste en ce que le fluide électrique nerveux qui parcourt tous les organes cérébraux, qui domine et qui dirige les organes extra-crâniens, est directement transmissible à des objets inorganiques et organiques et dans lesquels il produit des phénomènes très-remarquables. Tout le monde civilisé sait, par expé-

rience propre ou par ouï-dire, qu'on fait tourner, osciller et même onduler
sur leurs pivots des tables, des chapeaux, des clefs et d'autres objets par le
seul contact des doigts, sans aucune impulsion musculaire, suivant tel ou
tel côté, tel ou tel sens indiqué par le *moi* rationnel (force de vouloir)
ou par un *moi* sensitif (force d'impulsion). Beaucoup de personnes ont
vu ou produit elles-mêmes ces phénomènes ; plusieurs les ont regardés
comme des jeux puérils, et un plus grand nombre encore, après s'en être
enthousiasmées d'abord, les ont abandonnés ensuite, parce qu'ils n'y ont vu
qu'un mouvement dû à une impulsion physique ou métaphysique qui ne
faisait pas prévoir des résultats ultérieurs d'un intérêt particulier ni général. La manie des tables et des chapeaux tournants, sans l'intervention
d'une impulsion musculaire, est passée. Aujourd'hui de pareils phénomènes
sont tombés dans l'abîme insondable de l'oubli, excepté pour ce petit nombre d'âmes qui n'abandonnent rien de tout ce qui peut un jour, suivant
elles, — quoiqu'elles ne le voient pas dans ce monde, — conduire à une
découverte qui doit être utile ou qui doit augmenter le bonheur de l'humanité[1].

[1] Dans ce nombre il faut comprendre, dans un rang distingué et éminent, le modeste
et savant don José Maria Pelegri, actuellement pharmacien de l'hôpital général de Tarragone. Lorsqu'en 1853 « le désir général de faire tourner des tables et des chapeaux » était
à son apogée, j'étais très-occupé à préparer les leçons que vous avez entendues sur la volonté. Je n'ai pu, par conséquent, m'occuper alors de ce sujet qu'autant qu'il me fut nécessaire de m'en former une opinion générale par moi-même. Je venais à peine de me convaincre qu'en effet divers corps inorganiques pouvaient se mouvoir et se mouvaient, en réalité,
dans un sens circulaire, oscillatoire et ondulatoire sous l'influence directe et exclusive
du moi rationnel (volonté), ou d'un moi sensitif (faculté particulière), distinction que j'ai
établie (t. II, p. 358 à 371), lorsque je reçus une lettre de M. Pelegri, de l'amitié duquel
je suis flatté. Je publie cette lettre ci-après ; elle contient sur ce sujet des connaissances
beaucoup plus exactes que des volumes entiers qu'on a l'habitude d'écrire d'une manière
diffuse et avec peu de connaissance du sujet. La voici :

A DON MARIANO CUBÍ I SOLER.

« Tarragone, 25 juin 1853.

« Mon très-estimable ami, le *Bulletin de médecine, de chirurgie et de pharmacie*, publié
à Madrid, contient un article très-favorable sur le phénomène de la table tournante. J'ai
été tenté plusieurs fois de lui envoyer l'article que je vous écris et mes amis m'y ont engagé ; je suis résolu donc à le faire, pourvu qu'il ait l'approbation de mon bien cher ami,
el señor Cubi ; j'espère qu'il me dira sincèrement si je dois ou si je ne dois pas le faire, et
qu'il m'adressera les autres observations qu'il trouvera opportunes.

« *Monsieur l'éditeur*, — les expériences multipliées qu'on fait aujourd'hui dans toute
« l'Europe sur le phénomène du magnétisme, à l'influence duquel on a l'habitude d'attri-
« buer la rotation d'un nombre considérable d'objets auxquels on applique la chaîne ma-
« gnétique de première ou de deuxième espèce, ont fortement attiré mon attention. Mon
« but principal étant, par profession et par goût, l'observation de la nature, j'ai fait
« quelques expériences à cet égard depuis un mois et demi ; si elles méritent votre ap-
« probation, j'espère que vous aurez la bonté de les publier dans les colonnes de votre
« estimable journal. Ces expériences tendent à démontrer l'influence de la force ou de
« l'empire de la *volonté humaine* dans le mouvement impulsif des tables tournantes.

« Mes expériences ont été faites plusieurs fois en présence et avec des personnes illus-
« tres. C'est une vérité qu'il faut admettre et qui, je crois, est évidente pour tous les as-
« sistants, que l'application du bout des doigts ne se fait que par un contact très-léger,

T. II.   30

L'Europe civilisée s'est entièrement divisée en deux partis relativement à ces phénomènes. Les uns disent que le mouvement des objets dépend d'une force musculaire involontaire par laquelle les doigts eux-mêmes poussent imperceptiblement les objets, et non du fluide électrique nerveux que la volonté leur transmet ou leur communique par l'intermédiaire des organes et des télégraphies qu'elle domine. Les autres affirment que les doigts et les yeux sont des conducteurs de la force de la volonté transmise sous forme d'électricité nerveuse humanale; celle-ci est communiquée aux objets

« et que toutes les personnes sont passives et attendent seulement l'effet qu'elles cher-
« chaient, c'est-à-dire la pure vérité, sans provoquer la moindre action de la force de
« contraction musculaire, autant du moins qu'il est permis à la perspicacité humaine
« de l'observer.

« Plusieurs personnes douées de l'impassibilité nécessaire s'approchèrent d'une table
« guéridon qui tournait sur son pied, firent l'application du bout de leurs doigts avec
« beaucoup de délicatesse et formèrent la chaîne. Quelques minutes après, la table com-
« mença à se mouvoir; les personnes attentives à la production du phénomène ne sui-
« virent pas son mouvement. On convint que toutes auraient la volonté ferme et soute-
« nue de changer la direction du mouvement, et la table, après quelques instants, reprit
« son mouvement primitif jusqu'à ce que, son inertie ayant été vaincue, elle s'arrêta un
« peu et commença bientôt, sans retard appréciable, le mouvement circulaire inverse
« avec beaucoup plus d'énergie que celui qu'elle avait auparavant. Nous avons répété
« plusieurs fois l'expérience, même après avoir fait monter sur le guéridon un enfant de
« dix ans; cette circonstance ne l'empêcha pas de tourner de la même manière. Ensuite
« des personnes d'un plus grand poids y montèrent; il y en eut qui pesaient plus de cent
« douze kilogrammes; ce poids énorme n'empêcha pas le mouvement circulaire du gué-
« ridon, qui l'exécutait *à droite ou à gauche, suivant la volonté des assistants.*

« Les expériences ont été souvent répétées; elles ont toujours fourni un résultat sem-
« blable, soit qu'on ait formé la chaîne magnétique de première ou de seconde espèce,
« soit qu'on ait placé les petits doigts, à sa fantaisie, sans s'occuper de la forme qu'on
« a établie pour les deux espèces de chaîne. De sorte que le mouvement giratoire de la
« table ou d'un autre objet dépend de la volonté uniforme des personnes qui concourent
« à la production du phénomène, bien plus que d'une autre force ou d'un autre élément
« quelconque que la réflexion ou l'imagination avait prétendu trouver pour l'expliquer.

« Pendant ces expériences, deux individus habitués à diriger la volonté se mirent au
« guéridon, l'un en face de l'autre ou diamétralement opposés. Ils appliquèrent leurs
« mains sur le bord, comme s'ils formaient la chaîne, mais sans contact entre eux, ainsi
« qu'on le prescrit. Vu la distance qui les séparait l'un de l'autre, ils convinrent de former
« une seule volonté pour faire tourner le guéridon à droite, et ils l'obtinrent sans diffi-
« culté. Voyant que deux individus seulement avaient suffi pour faire tourner la table
« selon leur volonté, je les engageai à avoir deux volontés opposées, c'est-à-dire à vou-
« loir l'un que la table tournât à droite et l'autre qu'elle tournât à gauche; la neutralisa-
« tion des volontés en fut le résultat et l'inaction de la table la conséquence. La lutte
« mentale ou intérieure des deux nouveaux athlètes fut longue; chacun des concurrents
« causait pendant ce combat. Je me mis, à mon tour, à la table, et je me proposai de faire
« agir ma ferme volonté en faveur de l'un des deux; au bout d'un instant, la table fit du
« bruit et se mit tout de suite en mouvement dans le sens demandé par une des deux vo-
« lontés; elle termina, par conséquent, la lutte au moyen du renfort de ma volonté. Ce
« fut une grande surprise pour les personnes présentes.

« J'ai répété ces dernières expériences plusieurs fois avec différentes personnes, et il en
« est résulté la neutralisation la plus parfaite des volontés, c'est-à-dire l'inamovibilité
« de la table; dans un petit nombre de cas, soit que les personnes fussent peu habituées
« à diriger leur volonté ou que leur pouvoir fût inférieur au mien, j'ai vaincu dans la
« lutte, et le guéridon a tourné dans le sens suivant lequel je dirigeais ma volonté.

« J'ai fait d'autres expériences d'un autre genre, il est vrai, qui démontrent la force ou

physiques externes qui se meuvent dans la direction prescrite par la volonté, sans que les doigts les poussent dans aucun sens, ainsi que vient de nous le démontrer M. Pelegri.

Toutes ces discussions m'ont semblé puériles, pour le moins, quant aux premiers, que j'appellerai, pour les distinguer, *muscularistes*. Ils prétendent, d'une part, que la cause du mouvement de rotation des objets est exclusivement et imperceptiblement musculaire et involontaire. D'un autre côté, par une contradiction singulière et manifeste, ils sont forcés de re-

« l'empire de la volonté pour diriger les mouvements de cette nature. Peut-être je me
« déciderai un jour à vous les faire connaître, espérant que vous éclairerez ce sujet de
« vos plus grandes lumières. En attendant, permettez-moi de vous dire comment je com-
« prends, pour l'instant, la production de ces phénomènes ; je ne prétends pas pourtant
« que ce soit la véritable cause.
« En acceptant, comme je le fais, l'idée de notre compatriote le célèbre médecin don
« Agustin Acevedo (t. II, p. 20 *fin* à 21, 118 *fin* à 119) que le cerveau est un appareil géné-
« rateur du fluide électrique-animal, et en considérant la volonté comme une faculté ou
« pouvoir capable de mettre ce fluide en mouvement, le fait se trouve ainsi expliqué, à
« mon avis ; puis, par force de volonté, on exprime (permettez-moi la comparaison) ce
« fluide électrique-animal ou magnétique, comme l'on voudra, qui, conduit par cette té-
« légraphie nerveuse dont tout notre corps est enveloppé, produit les phénomènes indi-
« qués ; de sorte que, par la seule volonté, nous remuons un bras et non l'autre, une
« main et non le pied, un doigt et non la tête, etc., suivant qu'elle le désire. »
« J'attends votre avis sur cet article le plus promptement possible ; j'ai ensuite éprouvé
beaucoup de retard pour l'écrire. Il est vrai que je voulais voir ce que vous disiez sur la
volonté, et, comme je m'aperçois que vous tardez, l'attente serait cause peut-être que
l'opportunité du présent écrit passerait.
« Portez-vous bien, et disposez de votre ami.   « PELEGRI. »

Il est facile de comprendre que j'engageai mon ami non-seulement à transmettre son estimable article au *Bulletin de médecine, de chirurgie et de pharmacie*, où il parut bientôt, mais encore à continuer et à publier ses expériences. Je reçus peu après la réponse suivante à cette lettre que j'avais demandé permission d'insérer dans cet ouvrage :

A DON MARIANO CUBÍ I SOLER.

« Taragone, 29 juin 1855.

« Mon estimable ami, je réponds à votre très-estimable du 27 courant pour vous auto-
riser à insérer la communication que je vous ai envoyée sur les tables tournantes, dans
l'article que vous allez publier sur la volonté, puisque vous l'en jugez digne.
« Ce qui m'engagea le plus et ce qui me décida à écrire de semblables observations, ce
furent les opinions contraires du secrétaire perpétuel de l'Académie des sciences de Paris, M. Arago, de M. Chevreul et de quelques autres. Cela vous prouvera que mes convictions sont tout à fait opposées à leurs théories. Quant au faible appui dont se prévaut
M. Chevreul pour fortifier sa théorie contractile musculaire sur le pendule, dont le mouvement a trompé ou illusionné sa vue, je lui dirai que, s'il n'en était pas ainsi, je ne
croirais pas à un tel mouvement oscillatoire comme j'y crois aujourd'hui, et je lui com-
muniquerais en même temps que, dans ce genre d'expériences, l'attention est l'avant-
garde de la volonté. Cela s'obtient, par conséquent, en fixant la vue et en faisant en même
temps agir la volonté sur les mouvements que le pendule doit exécuter. Je lui dirais
bien autre chose ; je lui expliquerais comment je les conçois, et peut-être acquerrait-il
mes convictions. Il se peut qu'un jour je le fasse.
« Pour le moment, je le répète, vous pouvez publier mes observations sous la responsabilité de mon nom, sans aucun inconvénient.
« Portez-vous bien, et disposez de votre ami de cœur.   « J. M. PELEGRI. »

connaître que l'impulsion des doigts donnant le mouvement aux objets avec lesquels ils sont en contact n'est pas *musculaire*, mais *volontaire*. Il en est ainsi, en effet, puisque personne n'a même eu l'idée générale que la volonté siége au bout des doigts. Tout le monde admet, quelles que soient d'ailleurs les croyances psychologiques ou métaphysiques, que la volonté est un moteur qui transmet son action à toutes les parties activement flexibles et mobiles du corps humain. Tout le monde admet également aujourd'hui que la volonté considérée dans son essence spirituelle ou considérée dans son organe de manifestation réside dans la tête.

Eh bien, aucun doigt, pas plus qu'aucune partie flexible et mobile du corps, ne peut se mouvoir en *direction déterminée* sans que la volonté le veuille. La volonté ne peut le *vouloir* que depuis la tête, où elle siége comme faculté et comme organe.

Puisque la volonté ne peut vouloir que depuis la tête, et qu'elle ne peut en sortir ni comme faculté ni comme organe, il faut qu'elle puisse parvenir à exécuter, depuis la tête, son vouloir jusqu'aux extrémités de l'organisme le plus éloignées. Quels moyens physiologiques humains Dieu a-t-il donnés à la volonté pour que son vouloir ou commandement, *exercé dans la tête et depuis la tête*, soit exécuté, organiquement et instantanément, par les doigts ou par quelque autre partie activement flexible ou mobile du corps? Là est la question; je crois l'avoir expliquée et résolue, messieurs, d'une manière satisfaisante pour vous et pour l'humanité (t. II, p. 451 à 454). Il est certain, en résumé, que la volonté veut ou commande pour le bien général de l'individu. Chacun des actes de vouloir ou de commandement de la volonté affecte son organe d'une manière particulière et mystérieuse. Celui-ci, ainsi excité spécialement, communique son affection au moyen de fluides électriques nerveux dirigés à travers des conduits très-subtils aux facultés sensitives ou particulières; ces facultés, par un procédé mystérieux, s'emparent, en ce qui les concerne, du vouloir ou du mandat de la volonté qui leur est communiquée par l'intermédiaire de son organe. Lorsque le vouloir ou le mandat contient locomotion d'une partie de l'organisme, la locomotivité (t. II, p. 459 à 461, *note* au bas des pages) exécute ou accomplit le mandat de la volonté en affectant d'abord son organe, qui envoie la spécialité de fluide électrique vital ou nerveux, dont il est un centre, en quantité proportionnelle et en direction déterminée, à l'organe extra-crânien qui doit se mouvoir. En recevant cette impulsion, l'organe se meut instantanément dans la direction et avec l'énergie que cette impulsion développe en lui, jusqu'à ce qu'il ait capacité ou aptitude suffisante pour obéir.

Il ne faut jamais perdre de vue cette condition de *capacité obéissante*. C'est d'une nécessité et d'une importance extrêmes. Cependant on ne s'en inquiète pas et on ne s'en préoccupe pas dans des questions aussi importantes que celles de savoir si « le mouvement des tables » vient d'une influence directe de la volonté ou d'une impulsion directe des muscles. Ma volonté a beau vouloir remuer les jambes, si elles ont perdu leurs forces *obéissantes* en partie ou en totalité, ce vouloir restera sans effet. Lorsque ma volonté veut que la tête se fléchisse sur la colonne vertébrale pour qu'elle touche les pieds, c'est comme si je ne le voulais pas, parce que ni ma tête, ni mon rachis, ni mon organisme, n'en possèdent pas, en général, la *capacité obéissante*, c'est-à-dire la force d'exécution nécessaire. La volonté individuelle, sans pouvoir *exécuteur*, est la même chose que la *volonté nationale*, c'est-à-dire rien, par rapport à la réalisation effective des actes (t. II, p. 277, 551 *fin* à 535, 451 à 455).

Que serait la volonté nationale de l'Espagne, résidant à Madrid ou dans un autre centre quelconque, sans messagers ni courriers, sans postes ni télégraphes, sans moyens, enfin, pour transmettre ses ordres? Elle ne serait rien. Que serait-elle si, possédant ces moyens, elle n'avait pas des moyens de conviction pour faire comprendre dans tout le cercle de sa juridiction que l'exécution de ses actes doit nécessairement produire le bien de tous les individus, de la nation en général? Elle ne serait rien. Que serait-elle si, possédant les moyens de transmission et de conviction, elle n'avait pas la force d'exécution effective que lui fournissent les mêmes individus de sa juridiction? Elle ne serait rien. Enfin que seraient, d'un autre côté, les *nombreux* individus, les *nombreuses* classes et les *nombreuses* hiérarchies d'une nation, sans une volonté, une, puissante, ayant la force de concevoir et de percevoir des idées de direction et de gouvernement pour le bien général de toute la nation? Ce serait (t. II, p. 243, 506, 564 à 565) la même chose qu'un attelage sans cocher, qu'un orchestre sans directeur, qu'une école sans maître, qu'une armée sans général, qu'une famille sans chef; ce serait enfin une multiplicité d'individus formant une entité, sans principe d'unité dans cette même entité, c'est-à-dire une impossibilité.

Ceci étant bien compris, quelle différence peut-il y avoir entre mettre en mouvement, depuis la tête, un doigt de la main ou du pied et un objet qui se trouve en contact avec l'un quelconque de ces doigts? Il y en a très-peu pour moi. Il n'y a, selon moi, de différence qu'en ce que le mouvement du doigt pourra prendre une variété de directions, sans s'arrêter, aussi grande que son mécanisme compliqué le lui permettra ou qu'il possédera plus de capacité obéissante, tandis que l'objet avec lequel il est en simple contact ne pourra prendre d'autre direction que celle d'osciller, de sauter ou de tourner, parce que sa capacité obéissante n'en obtient pas davantage. Le même fluide électrique vital humanal que la locomotivité, dirigée par la volonté doit nécessairement transmettre à un doigt pour le mouvoir, pénètre dans l'objet inorganique avec lequel ce doigt est en contact immédiat. La volonté, pourra faire décrire au doigt un B, un R, un S, un W et d'autres mouvements compliqués, tandis que l'objet avec lequel les doigts de la main et les yeux sont en contact ne pourra que tourner ou osciller. Nous ne devons jamais perdre de vue, et je ne puis le répéter trop souvent pour le sujet qui nous occupe, que la volonté qui *commande* est toujours bornée dans son pouvoir à la force ou à l'aptitude de la juridiction qui lui obéit (t. II, p. 277, 331 *fin* à 335, 432 à 434, 443 à 446).

La volonté ne peut pas transmettre son mandat à la locomotivité (t. II, p. 459 à 462, *note* au bas des pages), pas plus que la locomotivité ne peut communiquer son impulsion au doigt ou à d'autres parties mobiles par le moyen exclusif des nerfs. S'il en était ainsi, l'action partirait de l'organe de la volonté et mettrait en mouvement tout le système nerveux entre la tête et les extrémités du corps. Rien de cela n'a lieu, parce que le mouvement commence et finit précisément dans l'organe que la volonté détermine. De sorte que dans tout mouvement il y a deux actions : l'une d'impulsion, et l'autre de répression. Un doigt de la main se meut à l'exclusion des autres, parce que celui-là reçoit une énergie impulsive et ceux-ci une force répressive.

Cette force d'action de mouvement dont dispose la volonté avec intelligence et que la locomotivité (note au bas des p. 459 à 462 du t. II) distribue sensitivement doit être et est transmissible; et elle ne peut l'être que sous forme de fluide électrique d'une espèce ou d'une autre, dont les conducteurs sont les nerfs. Le fluide n'a pas en lui-même force déterminée de direction variée; il n'est qu'un principe qui communique le mouvement, dont le cercle varié est déterminé, dans des cas donnés, par la volonté (MOI rationnel) ou par une faculté particulière dominante (MOI sensitif). Les fluides nerveux du corps humain abandonnés à eux-mêmes sous une direction particulière vont toujours, en sortant du corps, de *gauche à droite*, même au dehors. La volonté cependant, au moyen de son organe et des organes de sa juridiction, domine ces fluides et peut les diriger de toutes manières et par autant de sens *que lui permet sa juridiction, c'est-à-dire le système actif nerveux, extra-crânien, exécuteur ou obéissant.* Voilà pourquoi M. Pelegri (*note* au bas des p. 465 à 467 du t. II) faisait marcher la table dans la direction particulière que l'intention de la volonté désignait; voilà pourquoi, lorsque cette intention était contrariée par une autre intention de même espèce, la direction de la table l'était aussi. Toutefois, tant que ni la volonté ni aucune autre force supérieure ne déterminent la direction, celle-ci ne se manifeste jamais que de gauche à droite.

Avec de semblables antécédents, je me suis dit en moi-même : « Pour avoir une preuve sensitive et expérimentale de ces faits, il n'y a qu'à faire agir un individu qui n'ait jamais entendu ni jamais parlé d'une semblable matière. Si les phénomènes se montrent, par son intermédiaire, tels qu'on les indique, il n'y a pas à faire davantage d'expériences démonstratives. » En effet, après avoir répété des épreuves par des personnes tout à fait ignorantes à cet égard, les résultats ont été toujours complétement satisfaisants.

Vous pouvez, messieurs, obtenir comme moi sur ce sujet une conviction complète. Celui qui doute si les objets se meuvent par une impulsion musculaire communiquée par les doigts avec lesquels ils sont en contact, ou par une influence occulte transmise directement par la volonté aux objets eux-mêmes, au moyen de son organe et de sa juridiction, n'a qu'à faire les

mêmes expériences que j'ai exécutées moi-même. Qu'il cherche des personnes ignorantes sur la question; qu'il fasse prendre à l'une d'elles un petit fil, une petite clef, un anneau ou une petite médaille d'un métal quelconque; qu'elle suspende l'objet au fil, qu'elle tiendra avec le bout des doigts
d'une main, à un demi-pouce de distance d'une table, ou, mieux encore,
d'une plaque métallique; une grande pièce de monnaie telle qu'un napoléon
ou un douro (duro) pourra servir au besoin. Les choses étant ainsi disposées, on dit à l'individu de fixer les yeux sur le fil et sur l'objet suspendu et
de maintenir fermement la main et les doigts sans les mouvoir d'aucun
côté ni dans aucun sens. Quelques instants après, on verra que le pendule
ou l'objet suspendu au fil commence à se mouvoir dans un sens giratoire de
gauche à droite, et sa force de mouvement deviendra si rapide, qu'avant
deux minutes, la main étant toujours immobile, le pendule ou l'objet dé-
crira rapidement un cercle plus grand que le disque ou la dimension du
napoléon ou du douro au-dessus duquel il tourne. Si le pendule ou l'objet
suspendu au fil est placé au-dessus d'une bande de métal longue et étroite,
le mouvement sera oscillatoire et il commencera toujours perceptiblement
par la gauche.

Lorsque ces expériences seront faites et que l'objet tournera de gauche à
droite, dites à l'individu : « Ayez l'intention ou la volonté que le pendule
marche dans une direction opposée, c'est-à-dire de droite à gauche, et prenez
bien garde de remuer ni main ni doigt. » À l'instant l'objet commencera à
se mouvoir avec moins d'énergie et finira par s'arrêter momentanément. Il
prend ensuite la direction que l'intention de la volonté lui a fixée. Mais, si,
tandis que l'objet tourne circulairement, l'intention veut qu'il oscille ou
vice versâ, tout s'accomplit instantanément. Ceci n'a pas lieu une seule fois,
mais toutes les fois qu'on en fait l'expérience; cela n'arrive pas seulement
par rapport à un individu, mais même par rapport à un certain nombre
d'individus qui forment un cercle ou une chaîne autour d'une table, comme
nous l'a expliqué M. Pelegri. D'ailleurs, à quoi sert-il de défigurer ou d'exagérer les faits et de mettre en doute que l'électricité organique vitale ou
nerveuse passe avec une rapidité inconcevable d'une partie quelconque de
notre corps à un objet inorganique quelconque, lorsque nous voyons que
l'électricité physique passe instantanément, par le moyen de conducteurs,
dans un individu quelconque ou dans une série d'individus, comprenant
même l'humanité entière, pourvu que tous se donnent la main ou que les
personnes qui la composent forment une chaîne?

Pour faire ces expériences, que peut exécuter quiconque en a envie, il
faudra déterminer dans quel sens le mouvement *locomotif* du corps humain doit s'opérer en vertu d'un système de *conducteurs* ou de nerfs *conducteurs* et d'une force ou d'énergie de fluide *conduit*, c'est-à-dire en vertu
de ce qui est mis en action par le vouloir de la volonté qui *commande* et
par les impulsions sensitives des facultés particulières qui *obéissent*. Toutefois il ne faut jamais perdre de vue que, dans la création, tout est relatif,

tout est conditionnel. De même que la volonté, dans son *vouloir* et dans son *commandement*, et les facultés particulières, dans leur *désir* et dans leur *obéissance*, se trouvent renfermées dans les conditions dont elles dépendent (t. II, p. 520 à 555), de même les muscles *conducteurs* et les fluides, *conduits* sont limités au cercle de leurs dépendances : d'où il résulte évidemment et définitivement que les objets inorganiques, sous forme de pendule suspendu aux doigts ou sous forme d'un centre circonscrit par une chaîne électrique nerveuse humanale, ne se meuvent pas seulement suivant l'intensité et la spécialité du vouloir et du pouvoir de la volonté, mais encore, condition indispensable, *suivant la force propre* ou le *pouvoir moteur obéissant* des mêmes objets, provenant des éléments et d'autres circonstances particulières qui les constituent.

On a fait des expériences et on a publié des articles très-remarquables pour démontrer qu'il se dégage de notre corps un fluide vital dominé par la volonté et qui s'incorpore aux objets inorganisés, pourvu qu'il soit en vue et en contact avec les doigts du corps humain. Quant aux expériences, celles qu'on fit sur une grande échelle dans l'Athénée de Manchester, dans la nuit du jeudi 2 juin 1853, est une des plus remarquables, des plus grandioses et des plus concluantes que je connaisse. Une relation étendue et circonstanciée en a été donnée dans le journal qui se publie dans cette ville et qui est intitulé l'*Examiner and Times,* numéro du 4 juin 1853.

Dans un salon, qu'on peut appeler princier, à cause de ses dimensions et de ses dispositions, un grand nombre de personnes invitées formèrent huit chaînes ou cercles autour d'autant de tables, dont les phénomènes, accompagnés d'incidents très-divers, établirent pour toujours la vérité du sujet qui nous occupe; ils se présentèrent, quoique sur une plus grande échelle, de la même manière dont M. Pelegri nous l'explique (note au bas des pages 465 à 467). Cette expérience publique et définitive était d'autant plus nécessaire en Angleterre, que les éditeurs du *Chamber's Journal* — journal hebdomadaire publié à Édimbourg, très-répandu et très-accrédité — avaient déclaré, sur l'autorité du célèbre docteur Madden et d'autres savants non moins célèbres, que les mouvements oscillatoires et circulaires provenaient d'impulsions mécaniques musculaires imperceptiblement communiquées par l'expérimentateur ou par les expérimentateurs [1]. Les faits qui se passèrent

[1] Le *Diario de Barcelone,* nᵉ 143, lundi 23 mai 1853, p. 3, dit, autorisé, sous le titre de *Tables tournantes,* que l'Académie des sciences de Paris *admet* le fait de l'oscillation et de la rotation des objets, mais qu'elle *nie* qu'elles puissent être attribuées au fluide électrique, au magnétisme ou à la simple volonté. Dans ce même article, on dit que M. Chevreul, chargé d'étudier le phénomène, l'attribua, comme le docteur Madden, à des mouvements musculaires imperceptibles. M. Chevreul se convainquit de ce fait en faisant fermer les yeux; les rotations et les oscillations cessèrent dès lors de se produire. « J'obtins alors, dit-il, un peu de tout, sans aucune régularité, sans ordre, sans *direction déterminée.* »

C'est précisément ce qu'il devait obtenir d'après les théories que je viens d'expliquer. Le fluide électrique vital, abandonné complètement à sa liberté, va, comme vous le savez, *à gauche.* Dirigé par une intelligence dominée par le doute, il devait se manifester dans ses effets sur les objets avec lesquels il s'incorporait en harmonie avec sa condition indé-

dans la nuit du 2 juin 1853, en présence d'un public nombreux, sagace et
réfléchi, mirent fin à cette question; ils établirent pour toujours que les objets se mouvaient sans impulsion musculaire, et seulement en vertu d'un
fluide électrique nerveux qui leur a été communiqué par le contact des doigts
et des yeux comme *conducteurs* de ce fluide *conduit;* ce fluide est sous l'empire de la volonté et des facultés particulières, et il entretient un commerce
actif entre elles, entre elles et l'organisme, et entre l'organisme et les objets
qui l'entourent.

Les articles publiés dans les journaux et les gazettes sur ce sujet sont très-
nombreux; ils offrent beaucoup d'intérêt et beaucoup d'importance pour
son explication et sa démonstration. Parmi cette grande foule d'écrits nationaux et étrangers, il y en a deux des plus remarquables, publiés dans notre
pays, sur lesquels j'appellerai votre attention afin de vous expliquer certains
passages dont la rectification répandra peut-être une vive lumière sur un
sujet transcendant et fécond, quoiqu'il ne soit en apparence qu'un passe-
temps et qu'une vaine curiosité.

Dans une communication adressée à l'*Heraldo medico*, journal de Madrid,
n° 58, 21 juillet 1853, don Juan Bautista Tórres, de Molins de Rei (Catalogne), demande : « *Cette force est-elle transmise par la main ou par les
yeux ?* » — la force qui fait mouvoir les corps inorganiques; — et il se ré-

---

terminée, quelque opposées et quelque contraires que fussent les espérances et les craintes diverses. Il en résultait nécessairement un peu de tout, c'est-à-dire un peu de repos,
un peu de mouvement à gauche, un peu de mouvement à droite. Cette expérience fut en
vérité probante du fait, car elle démontra : 1° que, sans une intention déterminée de la
volonté, le fluide ne prend pas de direction fixe; 2° que la vue est un grand moyen de
transmission de ce fluide dirigé ou non dirigé par la volonté. C'est précisément ce que disent tous les partisans du mouvement produit par une force électrique, ou les *volontaristes*,
contrairement à ceux qui n'y voient qu'une impulsion musculaire, ou les *muscularistes*.
La décision de l'Académie des sciences de Paris est réellement favorable à ceux qui soutiennent la théorie du fluide moteur-vital. Elle dit que le mouvement pendulaire ou rotatoire dans les faits cités est incontestable, mais qu'il ne faut pas l'attribuer au fluide électrique, au magnétisme ou à la simple volonté. Or, comme l'Académie ne peut prouver, ni par
analogie ni par expérimentation, son opinion, c'est comme si elle n'en avait pas. Le fait
suivant, rapporté par la *Patrie* du 16 juin 1853, journal de Paris, sur l'une des plus grandes
conquêtes de l'intelligence humaine, démontre bien clairement ce que vaut, dans des cas
semblables, l'autorité des corps scientifiques.
En 1856, à Amiens, M. Henry avait établi avec M. Lapostelle, chimiste distingué, une
correspondance par des fils électriques. Un choc se produisait-il, par exemple, c'était la
lettre A, deux étaient le B, trois étaient le C, et ainsi successivement. M. Henry crut devoir
donner connaissance au gouvernement de cette découverte. Il écrivit, le 8 août 1856, au
ministre du commerce et des travaux publics; celui-ci lui répondit, le 8 octobre de la
même année, que la commission consultative avait décidé que sa découverte *ne pouvait pas
avoir d'application en grand*. D'après cette décision il n'y avait lieu à s'occuper plus longtemps du système de télégraphie électrique.
Du reste, les démonstrations qui peuvent être considérées, selon moi, comme concluantes touchant le mouvement des tables, des chapeaux, des anneaux et d'autres objets produits par l'énergie exclusive du fluide électrique vital du corps humain, sont les expériences faites par les personnes qui n'en ont jamais entendu parler, et qui ne peuvent ni
rêver ni imaginer le genre de phénomènes qu'elles doivent produire, comme il a été démontré (t. II, p. 470 *fin* à 471).

pond : « Je l'ignore. Ce que je sais, moi, c'est que le tact, la vue et la volonté
doivent agir de concert; c'est que, si l'une de ces trois circonstances fait
défaut, le phénomène ne se produit pas, et que, si une volonté déterminée
ne précède pas l'expérience, il se produit un effet, mais un effet *indéterminé*. »

Voilà comment don Juan Bautista Tórres, écrivant en faveur de la cause
des fluides pour les mouvements rotatoires et oscillatoires, s'exprime dans
les mêmes termes que M. Chevreul, qui parle contre elle et en faveur de la
cause musculaire. Tous deux s'accordent pour affirmer que, sans l'action
des yeux, les objets se meuvent à peine, et, si l'un d'eux se met en mouvement, il ne suit pas une direction déterminée. Ils affirment également que,
sans un vouloir spécial de la volonté, la direction n'est indiquée dans aucun
sens. Cet aveu, basé sur un grand nombre d'expériences et fait par les coryphées de chacun des deux partis opposés, muscularistes et volontaristes,
décide la question d'une manière définitive en faveur de ces derniers. En
effet, si les objets se mouvaient par l'action imperceptible du bout des doigts,
comme le veulent les muscularistes, le mouvement *actif* ou *intentionnel*
s'opérerait aussi bien avec les yeux fermés qu'avec les yeux ouverts. Je ne
dis rien de l'indispensable nécessité (t. II, p. 468 à 470) d'un vouloir spécial
de la volonté pour imprimer une direction fixe et déterminée aux objets,
parce que j'ai prouvé que ce seul fait suffit pour démontrer entièrement que
les *doigts eux-mêmes* sont mis en mouvement, dans leur cause directe et
immédiate, par des impulsions de ce fluide vital nerveux que les muscularistes nient ou sur lequel ils se taisent.

« Le corps suspendu, a dit M. Tórres dans la communication citée, qui
constitue un simple pendule, n'est pas une horloge infaillible, comme on l'a
supposé; par conséquent, si l'homme fait l'expérience sans savoir l'heure, il
s'induit en erreur; car il aura beau répéter l'expérience, il obtiendra chaque
fois un nombre différent de coups. S'il connaît l'heure, le pendule donnera
le nombre qu'il a dans son esprit. »

Comme ce passage renferme une question de psychologie la plus sublime
et la plus transcendante, je dois le recommander à votre attention d'une
manière toute particulière. D'après tout ce que j'ai dit sur la volonté qui
ordonne et sur les facultés particulières qui *obéissent;* d'après tout ce que
j'ai dit sur les facultés qui obéissent et sur le cercle ou juridiction matériellement exécutif de chacune d'elles, en dedans et en dehors de l'organisme,
il est facile de comprendre que, pour que la proposition niée et la proposition admise dans le passage que je viens de citer fût une vérité, il faudrait
que les objets inorganiques eussent des qualités exclusivement propres aux
créatures animales et humaines. En effet, pour qu'un pendule soutenu par la
main de l'homme pût communiquer à un objet placé à sa portée autant
de coups et pas plus que les heures du jour sans être intentionnellement
fixées en idée ou dans la volonté de l'expérimentateur, il serait nécessaire
que la matière inorganique jouit non-seulement d'une intelligence, mais

d'une intelligence intuitive prophétique, qui est le don surnaturel des prophètes et des bienheureux.

Ce que M. Tórres admet, c'est-à-dire que le pendule frappe autant d'heures que celles qui sont fixées *en idée* dans l'esprit de l'expérimentateur, ne pourrait être une vérité qu'autant que le pendule serait à même de *comprendre intelligemment* le mandat déterminé de la volonté de l'opérateur ou expérimentateur; il faudrait admettre, en outre, comme le donne à entendre l'assertion de M. Tórres, que l'action du pendule dépend immédiatement de celle de la volonté, et non d'une action mécanique qui l'empêcherait physiquement et forcément de frapper plus ou moins de coups qu'il n'y a d'heures, en idée, dans l'esprit de l'opérateur. Comme cependant c'est un fait attesté par un grand nombre d'expériences, que si quelqu'un suspend un pendule avec ses doigts *fixes et immobiles* dans un vase, et qu'il regarde avec la ferme intention de lui faire frapper sur les parois internes autant de coups et pas davantage que l'opérateur en a *en idée* dans son esprit pour un temps donné, le pendule frappera sur les parois internes du vase ce nombre de coups et pas davantage. J'ai cherché à étudier ce phénomène d'une manière très-particulière, très-variée et très-attentive.

Ma manière d'étudier dans ces cas consiste à faire toute espèce d'expériences variées relatives au sujet que je traite. Celles que j'ai vu faire à cet égard, que j'ai fait pratiquer et que j'ai exécutées moi-même s'élèvent à plusieurs centaines. Toutes m'ont démontré en résumé qu'il n'existe pas — *parce qu'elle ne peut pas exister* — une compréhension intelligente entre la volonté humaine et le pendule inorganique. Ce qui existe dans ces circonstances, c'est une force d'intention, de vouloir ou de résolution engendrée par l'idée fixe des heures que l'on a dans l'esprit; cette idée affecte avec une énergie extraordinaire la locomotivité, qui envoie dans un sens oscillatoire une grande quantité de fluide électrique nerveux aux doigts, et ceux-ci dirigent ce dernier vers le pendule qu'ils supportent. Le pendule, ainsi poussé extraordinairement, fait son trajet dans le vase avec une force d'autant plus grande que l'énergie avec laquelle la volonté veut qu'il frappe sur les bords du vase autant de coups que sa résolution en contient en idée est plus intense. La satisfaction d'un désir ou l'accomplissement d'une résolution fait naturellement disparaître ce même désir ou cette même résolution, parce que la cause ni le motif de son être n'existent plus. Il n'est donc pas étonnant qu'au dernier coup frappé par le pendule, complément exécutif de la résolution formée par la volonté, cette même volonté cesse de transmettre son énergie mandataire à la locomotivité, que la locomotivité cesse de communiquer ses fluides locomoteurs aux doigts, et que les doigts cessent à leur tour, instantanément, de donner le mouvement au pendule, qui, par conséquent, cesse presque à l'instant de se mouvoir dans aucun sens.

Afin de se convaincre que c'est là la véritable théorie et la véritable explication de ces phénomènes, qui ont attiré si longtemps l'attention du monde civilisé, il n'y a qu'à continuer l'expérience citée, et à vouloir avec la même énergie de volonté que le pendule frappe ou atteigne les bords du vase comme auparavant, et quoiqu'il ait frappé autant de coups que l'on a d'heures *en idée*. On verra alors que le pendule frappera aussi longtemps que durera la force extraordinaire du vouloir. Pour moi, ce phénomène démontre plus que tout autre que le pendule se meut en vertu d'un fluide impulsif et non d'une impulsion musculaire. Les doigts pourraient communiquer dans ces circonstances une impulsion musculaire suffisante au pendule pour lui faire atteindre oscillatoirement les bords internes d'un grand vase; mais retenir ou arrêter presque instantanément cette impulsion même, son énergie, comme cela a lieu avec la volonté, c'est tout à fait impossible, à moins de supposer et d'admettre le départ ou la non-communication d'un fluide-cause de mouvement directement transmissible au même pendule.

LEÇON LIV

Passage du matériel au spirituel et du spirituel au matériel, par voies télégraphiques électrico-nerveuses, créées par Dieu dans notre organisme en admirable multiplicité de parties et en admirable unité d'action.

(CONCLUSION.)

MESSIEURS,

Variété hiérarchique d'électricités nerveuses humanales. — Dans le même *Heraldo medico* que je viens de citer, n° 42, 18 août 1853, le docteur don Francisco Castellvi i Pallarès, de Tortosa, connu d'une manière avantageuse comme écrivain, comme médecin et comme homme scientifique, raconte que M. Alarcon i Salcedo regarde le désir et l'aversion comme des attractions modifiées par la vie. M. Castellvi l'admet comme lui, mais il ajoute qu'il y a dans l'homme *quelque chose de plus*. Ensuite l'écrivain s'élève à la hauteur de la vraie philosophie, et, au milieu d'une extase de conception sublime, il éclate ainsi : « Et ce *quelque chose* qui nous humilie et qui nous confond, c'est l'*alpha* et l'*oméga* de notre être ; c'est cette UNITÉ DANS LA MULTIPLICITÉ; c'est cette multiplicité dans la simplicité, d'où surgit, non pas un ordre de phénomènes obscurs ou de peu d'importance, mais tout le merveilleux et tout le sublime de l'espèce humaine. Dans tous nos actes, de quelque nature qu'ils soient, par conséquent, excepté seulement les actes physiques-vitaux (organiques), il y a un fauteur d'un ordre plus élevé. »

Il est incontestable que tous les actes dont parle M. Castellvi sont dus à un fauteur d'hiérarchie élevée, et c'est à lui qu'appartiennent les sublimes attributs qu'il leur accorde. Or un fauteur n'est qu'une force-cause, une origine, un principe qui, en aidant ou en excitant, modifie les actes des causes auxquelles ce fauteur est uni. Par conséquent l'âme, suivant M. Castellvi, n'est qu'une cause coexistante élémentaire, un fauteur de toute action et de toute répulsion sensitive, c'est-à-dire de tout désir et de toute aversion; mais tout désir et toute aversion — dont M. Alarcon présente comme exemples l'*amour* et la haine, l'*amitié* et l'inimitié — sont en eux-mêmes et d'eux-mêmes des attractions et des répulsions physiques.

Je vois d'après ce que disent M. Alarcon et M. Castellvi, que l'un et l'autre ont confondu la faculté ou principe vivant fondamental avec l'effet ou acte phénoménal. M. Alarcon et M. Castellvi entendent-ils par *amour* ou par *amitié* une faculté ou une action, un principe ou un acte, un effet ou une cause? Voilà ce qu'aucun de ces messieurs ne peut affirmer d'une manière claire et certaine, car, à chaque instant, ils rapportent des circonstances identiques et ils parlent de ces apparences ou phénomènes, comme s'ils étaient tantôt des causes et tantôt des effets. Parler d'amour et d'amitié ou de leurs antagonismes, haine et inimitié, en termes généraux, c'est parler de ces apparences ou phénomènes comme principes et non comme actes, comme causes et non comme effets. Mais, lorsqu'on dit que l'amour et l'amitié, que la haine et l'inimitié, sont des attractions modifiées ou non modifiées par un fauteur d'un ordre quelconque, on parle de ces choses comme actes ou phénomènes et non comme principes ou causes. De sorte que le même mot, dans ces cas, exprime deux choses très-distinctes, aussi distinctes que peuvent l'être la cause comparée à l'effet, et l'effet comparé à la cause. C'est pourquoi je n'ai cessé de vous démontrer (t. I, p. 315 à 317) la nécessité de bien comprendre ce que sont les facultés en elles-mêmes et d'elles-mêmes, considérées comme principes vivants fondamentaux, et ce que sont les attributs et les modes d'action qui leur sont propres d'une manière individuelle et combinée. Pour éviter de graves erreurs, j'ai expliqué également dans le même but, et avec instance, la nécessité de bien comprendre pour toute espèce d'études (*note* au bas des p. 278 à 280) la différence qu'il y a entre les principes et les actes, entre les organes et leurs fonctions, entre les causes et leurs effets. J'ai constamment appelé d'une manière particulière votre attention sur ce point (t. II, p. 410 à 415), qu'il n'y a pas, à l'exception seulement du Créateur, qui ne reconnaît pas d'origine, de cause, ni de principe qui ne soient effet ou acte, suivant la manière de les envisager, et qu'il n'y a pas non plus d'effet ni d'acte qui ne soient cause ou principe suivant la manière de les considérer.

Il est démontré que les ACTES de désir et de répulsion des principes fondamentaux ou facultés appelées *amour* ou générativité (t. II, p. 7 à 21), et amitié ou adhésivité (t. II, p. 90 à 94), se manifestent dans leur excitation et leur transmission par des *attractions* et des *répulsions* organico-animales ou nerveuses (t. II, p. 454 à 464). Mais on ne peut pas dire, sans confondre les faits, que l'amour ou l'amativité et que l'amitié ou l'adhésivité, considérées comme principes fondamentaux, sont précisément ce qui provient de leurs actes, dans l'ordre de la nature, lorsqu'ils sont excités, c'est-à-dire des *attractions* et des *répulsions*, ou, ce qui revient au même, des électricités antagonistes d'une même nature; voilà ce qu'on ne peut pas dire, sans nier et sans attaquer peut-être l'existence de ce principe spirituel et immortel qui existe en nous, supérieur à tout ce que l'homme peut concevoir avec une existence purement physique, chimique ou organique, végétale ou animale; c'est ce principe qui a inspiré à M. Castellví cette exclamation d'éloquence sublime.

Cette question, messieurs, me conduit à l'examen d'un autre sujet que n'ont compris ni M. Castellví, ni M. Alarcon, ni aucun *volontariste* ou *musculariste*, à ma connaissance. Je veux parler des cinq classes générales d'attraction et de répulsion qui existent nécessairement, de même que les cinq classes générales d'êtres ou de forces-causes subordonnées les unes aux autres. L'attraction et la répulsion ne sont qu'effets provenant de causes, de principes ou d'acteurs. Ces acteurs sont distribués en une admirable subordination hiérarchique; ils sont purement inorganiques ou *physiques*, affinités-inorganiques ou *chimiques*, organiques ou *végétaux*, animaux ou *sensitifs*, intelligents ou *rationnels*, ainsi que je vous l'ai fait remarquer dans une autre circonstance (t. II, p. 59, 121, 311 *comm.*, 313). Pénétré de ces vérités, mais trop imbu du système phénoménal exclusif de Kant (t. II, p. 423 à 426), Spurzheim, emporté par une ardeur scientifique et par une sublime moralité, s'écrie dans une exclamation éloquente :

« Quelles sont les facultés d'hiérarchie la plus élevée ou qui doivent posséder la suprématie? Est-ce les facultés communes aux animaux et aux hommes, ou les facultés propres et exclusives aux humains? La réponse se fait d'elle-même. La loi générale de la nature veut que les facultés inférieures soient subordonnées aux facultés supérieures. Voilà pourquoi les lois *physiques* sont soumises aux lois chimiques. L'attraction, par exemple, est modifiée par les lois chimiques; les molécules d'un sel s'attirent contrairement à leur gravité et forment des cristaux. D'un autre côté, quoique des *lois* physiques et chimiques existent dans des êtres organisés, elles sont modifiées par les lois de l'organisation. Les plantes ne croissent pas par contiguïté; elle ne s'assimilent pas non plus de simples substances homogènes. Les lois physiques du mouvement et de l'hydraulique sont observées dans les systèmes musculaire et circulatoire; mais les lois de la vie animale ont sur elles une influence décisive. Les lois chimiques sont conservées dans la digestion, mais elles sont complétement soumises à l'empire des lois organiques. Des lois physiques, chimiques et végétatives existent dans les créatures animées, mais elles sont modifiées par celles de la vie sensitive. Les animaux se nourrissent et les plantes aussi; mais les animaux choisissent leur nourriture, guidés par le sens du goût ou gustativité. Les plantes propagent leurs espèces machinalement ou automatiquement, et les animaux les propagent par un instinct qui les pousse. Les inclinations, les affections, les facultés de connaissance des animaux modifient donc d'une manière considérable les propriétés de leur organisme. Le même principe doit être appliqué aux facultés particulières qui distinguent l'homme de la brute. Toutes les lois inférieures physiques, chimiques, organiques et sensitives brutales sont subordonnées à celles qui sont exclusivement propres à l'homme... Celles-ci sont évidemment supérieures à celles qui lui sont communes avec les brutes, puisque l'homme, en vertu de ce qui constitue sa propre nature, est maître, souverain et seigneur de tout ce qui respire; il doit l'être aussi par conséquent de tout ce qu'il y a en lui de purement sensitif ou de bestial. » (*Phrenology*, t. II, p. 131-132.)

L'ordre qui existe entre les diverses causes physiques, chimiques, organiques, sensitives-animales, sensitives-humanales et rationnelles, existe de même entre les attractions et les répulsions qui émanent de ces causes et des organes de manifestation dans leurs diverses relations. L'attraction et la répulsion, c'est-à-dire *deux fluides opposés de même genre* qui se dégagent des objets *purement physiques*, sont inférieurs et subordonnés à ceux que développent les objets chimiques. Les fluides électriques qui se dégagent des objets *chimiques* sont inférieurs et subordonnés à ceux que développent les végétaux. Les fluides électriques qui se dégagent des parties *végétales* sont inférieurs et subordonnés à ceux que développent les organes cérébraux qui manifestent la sensation animale. Les fluides électriques qui se dégagent des organes *sensitifs-animaux* sont inférieurs et subordonnés à ceux que développent les organes *sensitifs-humains*. Les fluides électriques qui se dégagent des organes sensitifs humains sont inférieurs et subordonnés à ceux que développe l'organe de la *faculté suprême rationnelle*. Spurzheim ne connaissait pas cette faculté; c'est pourquoi il n'a pas parlé du domaine, ni de la suprématie que l'harmonisativité, productrice de la concorde générale, possède sur toutes les autres facultés sensitives qui entraînent par aveuglement ou qui luttent par égoïsme (t. II, p. 289 à 297). L'homme ne domine pas la brute seulement par sa force d'impulsion morale, c'est-à-dire d'impulsion exclusivement humanale, comme l'assure Spurzheim ; il la domine surtout par sa force de volonté active et passive (t. II, p. 278 à 281) purement et exclusivement rationnelle, et dont les animaux de la classe même la plus élevée ne donnent aucun indice (t. II, p. 243 à 251, 284 à 297). Cet ordre hiérarchique de fluides électriques ou de forces d'attraction et de répulsion, si simple dans sa complication et si compliqué dans sa simplicité, si admirable par son *unité* comprenant toujours la *multiplicité*, et par sa multiplicité renfermée toujours dans le cercle de l'*unité* (t. II, p. 398 à 409); cet ordre hiérarchique, en vertu duquel tout est à la fois indépendant et dépendant, libre et limité, uni et désuni, est le même qui règne, comme je n'ai cessé de le démontrer (t. II, p. 221 *fin* à 222 et *note* au bas des p. 333, 376, et endroits y cités), dans les organes cérébraux dont ces fluides émanent.

Ces différentes classes, hiérarchies et espèces d'électricité ou d'attraction et de répulsion, dominantes et dominables, que les facultés possèdent entre elles au moyen de leurs organes, nous expliquent facilement de quelle manière chacun des sens externes transmet les impressions à son appareil interne sans se confondre les unes avec les autres. En effet, on peut concevoir seulement ainsi comment la vue, l'ouïe, le tact, le goût, l'odorat, peuvent communiquer au cerveau, sans confusion ni désordre, les différentes impressions infinies qu'ils reçoivent chacun dans leur individualité spéciale, sur laquelle, plein d'admiration et d'enthousiasme, j'ai appelé depuis peu (t. II, p. 412 *fin* à 414, 456 à 459) votre attention. Ces forces distinctes d'électricité nerveuse dont disposent nos facultés mentales nous expliquent pourquoi un profond scélérat, qui ne craint pas le supplice, tremble en face d'un juge droit et sévère, et pourquoi le regard fixe et énergique du courage moral de l'homme anéantit le courage exclusivement animal d'un lion et même d'un tigre, comme nous le prouve et nous le démontre le témoignage digne de foi des voyageurs naturalistes [1]. D'ailleurs, s'il n'en était pas ainsi, comment pourrait-on expliquer les effets les plus extraordinaires de l'empire que les dompteurs de bêtes féroces exercent ordinairement sur toute espèce d'animaux destructeurs? Ces forces différentes d'électricité nerveuse dont disposent les facultés mentales nous expliquent pourquoi l'aspect ou l'expression muette de la personne que nous saluons produit en nous une diversité instantanée de sensations de toute espèce; comment une grande bénévolentivité, une grande rectivité, une grande destructivité, communiquent au visage de l'individu l'expression de leur activité énergique, appelée langage naturel (t. I, p. 385 à 391; t. II, p. 145 à 147), et comment elles communiquent ensuite, par le moyen des sens externes, attraction ou répulsion aux personnes qui se mettent en contact avec cet individu. Ces forces distinctes d'électricité nerveuse nous démontrent comment le pouvoir de la volonté passe aux autres facultés *sans changer de siége*, comment « faire un effort de volonté, faire un effort d'intention » (t. II, p. 511) pour produire un phénomène rotatoire ou oscillatoire dans un objet inorganique ou dans un effet magnétique, dans un être inorganique végétal ou animal, mais surtout humain, signifie que toutes les fa-

---

[1] En effet, le *courage* purement *animal* considéré dans son principe fondamental, c'est la combativité exclusive ou aidée tout au plus par la supérioritivité et la destructivité. Le *courage moral*, considéré dans son principe fondamental, c'est également la combativité; mais elle peut recevoir, outre le secours de la destructivité et de la supérioritivité, celui de plusieurs autres facultés morales parmi lesquelles se trouvent la continuativité, la rectivité, l'effectuativité, la réalitivité et d'autres. Je vous ai déjà dit quelque chose de ce sujet dans une autre occasion. Eh bien, la nature de l'électricité dégagée par les organes de toutes ces facultés réunies en unité d'action intelligente, produite par une volonté calme et ferme, est d'une qualité supérieure à celle que développent les organes animaux du lion; quant à ce qui concerne leur quantité, ils peuvent se surpasser ou du moins s'égaler. La vue et le visage sont les conducteurs actifs et passifs les plus puissants que possèdent les animaux et l'homme pour l'électricité nerveuse. Il n'y a donc rien d'étonnant que l'homme, par un regard continu ou par une série continue de regards qui doivent être autant de décharges électriques nerveuses dirigées sans interruption dans les yeux d'une bête féroce, lui fasse éprouver sa supériorité, et que celle-ci se sente dominée même dans ses plus grands accès de combativité, par l'opposition d'une force de genre analogue, mais supérieure en qualité et en quantité à celle en vertu de laquelle elle les manifeste.

cultés impulsives ou particulières de l'âme tendent à ce que leurs organes produisent la plus grande quantité d'électricité nerveuse possible; cette électricité est soumise au pouvoir de la volonté, qui la dirige par divers conduits *en un seul volume ou courant* vers l'objet qu'elle détermine. De sorte qu'une personne en magnétise une autre, non-seulement d'après la disposition plus ou moins susceptible de celle-ci, mais encore d'après ses propres efforts de volonté plus ou moins intenses ou plus ou moins bien dirigés, cette volonté étant considérée, bien entendu, dans son principe essentiel et dans le cercle ou domaine qui constitue sa juridiction (t. II, p. 277, 358 à 372). Enfin ces forces différentes de l'électricité nerveuse nous rendent compte de tant et de si importants phénomènes, — qui constituent jusqu'à présent des mystères scientifiques, — que si je voulais m'étendre sur ce sujet je donnerais à ce cours de leçons deux fois plus d'étendue que celle qu'il a actuellement. Toutefois je dois me contenter de vous répéter ce que j'ai dit dans un autre endroit (t. II, p. 442), savoir, que mes explications actuelles sur les principes doctrinaires ou base fondamentale exigent et rendent nécessaire un autre cours ou une autre série de leçons consacrées exclusivement à des applications pratiques, que j'espère prononcer et publier à une époque peu éloignée, si Dieu me conserve vie et santé comme aujourd'hui.

Magnétisme animal et humanal. — Le magnétisme animal et humanal, auquel je viens de faire allusion et sur lequel j'ai appelé votre attention dans une autre circonstance (t. II, p. 377 et *note*), constitue une autre grande preuve que la volonté et les facultés particulières de l'âme, servies par des organes, communiquent et correspondent entre elles au moyen d'une télégraphie électrique cérébrale dont elles disposent. Il faut entendre par magnétisme les différentes hiérarchies et les différentes espèces de fluide électrique nerveux qui parcourent tout l'organisme humain; de même il faut entendre par *magnétiser* l'acte par lequel un individu, acteur ou opérateur, s'efforce d'introduire au moyen de regards fixes, au moyen du contact des doigts ou au moyen de frottements perpendiculaires légers avec le bout des doigts, appelés *passes*, une plus ou moins grande quantité de fluide électrique nerveux humanal dans le corps d'un autre individu patient ou soumis à l'expérience. De sorte que, de même que les corps inorganiques se meuvent circulairement ou oscillatoirement en vertu du fluide électrique nerveux qui les pénètre, de même les corps organiques animaux, et en particulier celui de l'homme, présentent une variété de phénomènes d'autant plus grande, que leurs aptitudes ou capacités [1], comparées à celles des corps inorganiques,

---

[1] J'ai parlé, dans une autre occasion (t. II, p. 337 à 358), de quelques-uns de ces phénomènes surprenants et admirables à la fois. Je n'attribue au magnétisme aucun phénomène *surnaturel*, parce que tous sont *naturels* et très-naturels. Il n'y a, dans le magnétisme, qu'une force influente pour le système nerveux et surtout pour le cerveau. Quant à son influence sur nous, ce n'est qu'une espèce d'éther, de chloroforme, de narcotique ou d'autre substance analogue, dont j'ai fait mention (t. II, p. 377 à 378). Tout le mystère consiste en ce que telle sera la condition du système nerveux et surtout celle du cerveau (t. II, p. 321 à 325), telles seront les manifestations de l'âme. Pourquoi en est-il ainsi ou en ar-

sont plus nombreuses. On admet aujourd'hui universellement les effets magnétiques produits dans un être humain par d'autres êtres humains en vertu
de certains fluides nerveux qui lui sont transmis par le procédé que je viens
de signaler et que j'ai expliqué plus au long dans d'autres endroits.

On pourra mettre en question la réalité de certains phénomènes magnétiques, c'est-à-dire des phénomènes produits par une quantité de fluide électrique nerveux introduit par une personne dans l'organisme d'une autre, et
qui sont appelés *somnambuliques* ou de *somnambulisme;* mais très-peu de
personnes mettent en doute les effets appelés *magnétiques* ou de *magnétisme.*
Ceux-ci, quels qu'ils soient, lors même qu'ils ne produiraient que l'effet que
nous éprouvons en nous par le moyen de ces regards appelés significatifs,
expressifs ou dominateurs, suffiraient pour démontrer que le cerveau envoie,
au moyen des yeux, des décharges de fluide électrique humain aux yeux de
nos semblables, qui se sentent, avec l'instantanéité de l'éclair, mentalement
affectés. Ainsi nous disons très-souvent: « Ces yeux me fascinent, ceux-là
m'anéantissent; les regards tendres de N... m'attirent, ceux de R... me repoussent. » Ces effets spirituels, qui doivent être produits nécessairement
par l'intermédiaire du cerveau, pourraient-ils reconnaître un moyen de
transmission physique autre que celui des décharges électriques faites à
l'aide des yeux par un cerveau sur un autre, et provoquer ensuite *mystérieusement* des affections, des sensations, des impulsions, des idées et toute espèce d'actes spirituels agréables ou désagréables, attractifs ou répulsifs?

*Le passage du matériel au spirituel et du spirituel au matériel se trouve
dans la sphère d'action de la télégraphie électrique nerveuse extra-crânienne.* — Je vous ai démontré d'une manière incontestable et sans réplique
qu'il existe une télégraphie électrique nerveuse parcourant tout l'organisme,
et que ce système général de télégraphie électrique nerveuse se divise en DEUX
GRANDS systèmes *particuliers,* l'un extra-crânien et *sensitif,* l'autre intra-crânien et intelligemment perceptible, réunis tous les deux par la moelle allongée
ou isthme encéphalique. J'ai à vous parler maintenant de la sphère d'action
qui appartient à chacune de ces deux grandes télégraphies particulières.

Les télégraphies électriques nerveuses extra et intra-crâniennes se divi-

rive-t-il ainsi? c'est ce que nous ne savons pas et ce que nous ne saurons jamais. C'est un
mystère que Dieu veut nous cacher.

Les effets de la magnétisation sont donc en eux-mêmes et par eux-mêmes aussi naturels et aussi physiques-organiques que ceux de l'éthérisation, de la chloroformisation ou
de l'alcoolisation. C'est pour avoir compris toujours ainsi ce sujet que ma manière d'expliquer et d'enseigner le magnétisme a toujours été en harmonie avec le *licet* de la sacrée
Pénitencerie. Les tribunaux ecclésiastiques de Santiago et de Barcelone l'ont du reste approuvé d'une manière explicite et définitive, après un long et mûr examen. Je vous recommande à cet égard la lecture de mes *Elementos de Frenolojía, Fisonomia i Magnetismo
humano* (p. 159-188); et la *Polémica Relijioso-Frenolójico-Magnética,* soutenue devant le tribunal ecclésiastique de Santiago (t. I, p. 104-142, 274-277, 370-576, 466-467)[1]. Leurs titres
se trouvent en entier dans cet ouvrage (*note* au bas des p. 195, 577 du t. II). La lecture de
ces deux ouvrages dans les endroits cités est suffisante pour savoir MAGNÉTISER et DÉMA-
GNÉTISER, et pour connaître tout ce qu'il y a de vrai et de licite dans le magnétisme animal et humanal.

sent chacune en deux grandes moitiés, l'une *passive*, et l'autre *active*, c'est-
à-dire qu'elles se composent de deux grandes moitiés, dont l'une sert à
transmettre l'influence, l'énergie, la communication PASSIVE, et l'autre, l'influence, l'énergie et la communication ACTIVE. Nous avons, ainsi que vous
l'avez vu, une connaissance sensitive ou contactive de la partie *passive*
comme de la partie active de la télégraphie électrique nerveuse extra-crânienne. Je dis, vous avez vu, parce qu'en effet je vous en ai donné la représentation depuis peu (t. II, p. 452, 453), dans deux gravures extraites des
ouvrages les plus accrédités sur cette matière. Le dessin que je vous ai fait
voir (t. I, p. 335) dans la leçon XXI constitue une partie intégrante de l'une
de ces deux gravures, c'est-à-dire de celle qui représente l'action *passive*.
Quant à la télégraphie électrique nerveuse intra-crânienne (t. II, p. 460 à
463), je vous ai dit que nous n'en avions pas une conviction sensitive, c'est-
à-dire une connaissance fondée sur des impressions ressenties. La connaissance que nous avons de son existence est due à une simple conviction ou
déduction intelligente, basée toutefois sur un si grand nombre de faits
admis et sur un si grand nombre d'arguments irrécusables, que personne ne
peut en douter raisonnablement, même un seul instant.

La sphère d'action relative à la télégraphie électrique nerveuse extra-crânienne qui va nous occuper à l'instant d'une manière exclusive est celle que
sir Charles Bell a déterminée (t. II, p. 455 à 456) vaguement et avec confusion, il est vrai, lorsqu'il a découvert que les nerfs étaient les uns de mouvement (*actifs*), et les autres de sensation (*passifs*). Cette découverte ne nous
aurait pas démontré, à moins qu'on eût pu le prouver, que des fluides électriques animaux différents circulent dans ces nerfs de mouvement et de
sensation; elle ne nous aurait pas dit qu'il y a (t. II, p. 456 à 458) autant
d'espèces de nerfs de sensation ou *passifs* que de sens externes ou organes
extra-crâniens contactifs (t. I, p. 421), et autant d'espèces de nerfs de mouvement ou *actifs* (t. II, p. 457 à 459) que de facultés partielles; ou, en
d'autres termes, que le mouvement *locomoteur*, improprement appelé jusqu'à présent, *volontaire* (t. II, p. 452 à 462, *note*), peut-être physiquement
affecté d'autant de manières qu'il existe de facultés particulières.

La sphère d'action des nerfs et des fluides de sensation ou passifs (t. I,
p. 535; t. II, p. 454), constituant la partie qui est et que j'appelle PASSIVE de
la télégraphie électrique nerveuse extra-crânienne, consiste à *transmettre au*
cerveau les impressions reçues du monde objectif par les sens externes.
C'est de cette sphère d'action que dépendent la transmission, le passage ou
la communication directe de tout ce qui est impression extra-crânienne ou
externe dans l'homme à tout ce qui est impression intra crânienne ou interne. Comme les impressions intra-crâniennes cérébrales ou internes provoquent mystérieusement dans l'âme des actes spirituels analogues aux impressions reçues à l'extérieur, on peut dire avec beaucoup de raison que la
télégraphie extra-crânienne PASSIVE constitue *la transmission ou le passage*
du matériel au spirituel.

La sphère d'action des nerfs et des fluides de mouvement ou actifs (t. II, p. 452 à 454), formant la partie qui est et que j'appelle ACTIVE de la télégraphie électrique nerveuse intra-crânienne, consiste à *transmettre les impulsions et les résolutions de l'âme par l'intervention mystérieuse du cerveau à toutes les parties capables d'obéissance de l'organisme avec lequel ces impulsions sont unies ou en relation.* De cette sphère d'action dépendent donc la transition, le passage ou la communication directe de tous les actes spirituels qui doivent prendre forme ou réalisation matérielle externe. On peut bien dire qu'une télégraphie électrique nerveuse active, sans laquelle l'âme ni le corps ne nous serviraient de rien pour faire passer à l'état de réalité ou de fait une impulsion ou une résolution, est une télégraphie qui constitue la force de *transmission ou le passage du spirituel au matériel.*

Je rapporterai un exemple pour donner une preuve de cette double télégraphie électrique nerveuse extra-crânienne en action passive et active.

Un moucheron nous pique : cet acte produit une impression dans le sens ou dans l'organe externe de la tactivité; cette impression tactive se transmet avec une rapidité extrême, par le moyen de la télégraphie électrique *passive* (t. II, p. 454), à l'organe interne ou intra-crânien de la tactivité. Cette impression, reçue par l'organe cérébral tactif, provoque dans sa faculté, à l'aide d'un procédé psychologique qui sera toujours un mystère pour nous, une *affection douloureuse* proportionnée à l'intensité et à la gravité de la piqûre. Cette affection douloureuse excite instantanément, comme conséquence naturelle, dans la même faculté, une répulsion contre la persistance de cette douleur, et cette répulsion devient à son tour une cause excitative d'un désir de la repousser ou de la détruire d'autant plus ou d'autant moins énergique que la douleur éprouvée est plus ou moins intense.

Une faculté exclusivement considérée en elle-même et par elle-même ne peut, vous le savez très-bien (t. II, p. 332 à 335), rien effectuer, c'est-à-dire qu'elle ne peut satisfaire aucune impulsion ni accomplir aucune résolution. Les facultés qui doivent nécessairement aider la tactivité pour qu'elle puisse satisfaire son désir de repousser ou d'adoucir la douleur qu'elle souffre, sont la locomotivité, la combativité et la destructivité. Elle leur transmet, par conséquent, au moyen de la télégraphie électrique intra-crânienne, une connaissance ou perception de son désir, et non une sensation ou une expérimentation de ce même désir, ce qui est impossible, comme j'ai eu l'honneur de vous le démontrer (t. II, p. 332 à 335 et *notes*) pour le bien et pour le progrès de la psychologie. Les facultés averties, ayant connaissance de la situation douloureuse de la tactivité, font cause commune avec elle et l'aident, comme *accessoires*, pour agir dans la direction que, comme *principale*, elle désigne. Si cela ne va pas au delà, tout aura été PASSIF, car il y aura eu seulement action de dehors en dedans et non de dedans en dehors, c'est-à-dire qu'il n'y aura pas eu communication de l'âme au corps, mais bien du corps à l'âme. Cependant on aura vu clairement, *dans cette action passive*, que s'il n'y avait pas eu des moyens ou des forces de communication entre le point extra-crânien impressionné par la piqûre du moucheron et la masse cérébrale intra-crânienne, l'âme n'aurait jamais eu connaissance sensitive ou expérimentale de cette impression tactive. Ce qui est vrai d'une piqûre relativement à la tactivité l'est également pour un parfum ou pour une odeur, pour un son agréable ou désagréable, pour une couleur belle ou laide et pour toute autre impression organique extra-crânienne relativement aux autres *sens* ou parties externes des organes *contactifs*. Ainsi donc la télégraphie électrique nerveuse passive ou la série de nerfs et de fluides qui les parcourent, appelés auparavant « nerfs de sensation » et que j'appelle maintenant *passifs*, constitue la *véritable force de transmission* ou *passage du matériel au spirituel*.

Dans l'exemple du moucheron que je viens de rapporter, il n'y aurait pas eu toutefois seulement action PASSIVE; il y aurait eu encore action ACTIVE, à moins qu'il ne fût intervenu des motifs supérieurs, ce qui aurait très-bien pu arriver. En effet, la tactivité, sous l'influence du désir de repousser la cause de la douleur que le moucheron lui a fait éprouver par la piqûre, s'efforce, dans sa *stimulation*, de le satisfaire. Dans cet état, elle ne serait pas une faculté exclusivement *passive*, elle serait de plus un MOI sensitif provocateur *actif*, fort et puissant, par le secours de la locomotivité, de la combativité et de la destructivité, facultés sur lesquelles elle agit très-énergiquement pour leur faire accomplir de concert son but. L'action de la tactivité pousse la locomotivité à transmettre le fluide locomoteur à la main; elle influence la combativité, afin que cette main, pourvue de la force active locomotrice, obtienne l'impulsion nécessaire pour apporter un secours énergique à l'endroit où on l'appelle; elle agit enfin sur la destructivité, afin que la même main, pourvue de force locomotrice et agressive, soit également munie d'une force destructrice, et qu'avec toute cette *multiplicité* de forces, elle accomplisse l'*unité* d'objet en frappant un violent coup dans le lieu où la tactivité éprouve la douleur. Ce coup, dont l'exécution, rapide comme l'éclair, a nécessité une si grande multiplicité d'éléments actifs, a chassé ou tué le moucheron, — cause de la douleur tactile, — et a donné satisfaction à la tactivité. Cet acte de satisfaction ou d'accomplissement d'une impulsion ou d'une résolution, dans tout ce qui peut affecter l'organisme, est une action ACTIVE; elle peut se réaliser seulement par le moyen des nerfs et des fluides qui constituent la partie ACTIVE de la télégraphie électrique nerveuse extra-crânienne. C'est pourquoi elle est, seule, le *passage* (ou forces communicatives) *du spirituel au matériel*.

Ce que j'ai dit dans une autre occasion (t. I, p. 421 à 424; t. II, p. 369 à 370) sur les actes *passifs* et *actifs* des sens externes éclaire beaucoup ce que je viens d'expliquer sur le *passage du matériel au spirituel*, et ce que je viens de dire sur ce passage éclaire beaucoup, à son tour, ce que j'ai démontré alors sur les actes passifs et actifs des sens externes. Les actes *passifs* sont occasionnés par les objets externes, et les actes *actifs* par les facultés internes. On sent par le tact, on voit, on entend, on goûte, on sent par l'odorat ce que le monde externe présente PASSIVEMENT au tact, à la vue, à l'ouïe, au goût, à l'odorat; mais on touche, on regarde, on écoute, on déguste, on flaire ce qu'indiquent une impulsion d'un *moi* sensitif ou une résolution du *moi* rationnel (t. II, p. 358 à 363, 368 à 369) transmises ACTIVEMENT aux appareils ou sens externes des facultés contactives. En un mot, la télégraphie extra-crânienne passive (t. II, p. 454) est communicatrice de l'action impressionnelle REÇUE, et elle sert, comme je l'ai dit, pour la transmission de dehors au dedans, ou du *matériel* au *spirituel;* la télégraphie extra-crânienne active (t. II, p. 452 à 454) est communicatrice de l'action mentale ENGENDRÉE, et sert, comme je l'ai dit également, pour la transmission de dedans au dehors, c'est-à-dire pour le passage du *spirituel* au *matériel.*

Le passage actif et passif en vertu duquel les diverses facultés de l'âme manifestent leur pure communication spirituelle entre elles se trouve dans la sphère d'action de la télégraphie électrique nerveuse intra-crânienne. — Vous avez sans doute remarqué, messieurs, que dans tout ce que j'ai exposé jusqu'ici je ne vous ai parlé que du passage actif et passif entre le matériel et le spirituel, c'est-à-dire de la force de communication *entre le cerveau* comme organe manifestateur de l'âme, et *tout l'organisme extra-crânien* comme partie communicatrice et exécutrice matérielle de l'âme.

Un autre sujet d'hiérarchie plus sublime et plus élevée, quoique moins sensiblement perceptible, va être maintenant l'objet de notre attention. Je veux parler de la communication purement spirituelle qui existe entre les facultés; c'est au moyen de cette communication que les facultés que j'appelle *particlles* forment leurs perceptions, leurs conceptions et leurs impulsions particulières, et que la faculté que je nomme rationnelle forme ses idées, ses conceptions et ses résolutions générales; car rien de tout cela ne peut avoir lieu, comme vous le savez (t. II, p. 332 à 338), sans que l'une ne transmette toujours aux autres et celles-ci à une connaissance de ce qui se passe en elles. Cette communication entre faculté et faculté, purement spirituelle, dans laquelle doit intervenir le cerveau tandis que l'âme est unie au corps, s'établit nécessairement, quant à leurs manifestations, au moyen d'une télégraphie électrico-nerveuse intra-crânienne; l'existence de cette télégraphie est bien complétement démontrée (t. II, p. 460 à 467); mais jusqu'à présent nous ne la connaissons, dans ses effets, que d'une manière déductive ou intelligente.

Sans ce système de communication passive et active, purement intra-crânienne, il eût été impossible à la tactivité, dans l'exemple que je viens de vous présenter du moucheron, de donner connaissance de sa douleur à aucune des facultés qui, unies en action avec elle, ont chassé ou détruit le moucheron qui en était cause. La tactivité ne pouvait communiquer avec la locomotivité, la combativité et la destructivité, qu'au moyen de leurs organes, et il ne peut y avoir entre leurs organes aucune espèce de correspondance, si ce n'est par des nerfs, conducteurs des fluides nerveux en relation avec eux, sous forme de télégraphie électrique. Ces nerfs conducteurs de fluides doivent être nécessairement des nerfs de communication *active* et *passive,* car la force ou mode d'action que possède chaque faculté est active et passive (t. II, p. 284 *fin* à 283), la correspondance qui existe et qui doit existir entre ces facultés est également active et passive, afin qu'elles puissent agir dans l'unité multiple exigée par chacune de leurs actions, soit actives soit passives (t. II, p. 332 à 338).

Lorsque la tactivité a reçu une affection douloureuse, elle a agi *passivement;* lorsqu'elle a éprouvé un désir de la repousser, elle a agi *activement.* Lorsqu'elle a communiqué ce désir aux facultés qui devaient opérer en unité multiple avec elle, elle a dû le faire par des moyens de transmission *passive;* lorsque toutes ces facultés, en concourant à un but spécial, détruisirent la cause de la douleur, elles agirent *activement.* Ces moyens de transmission active et passive d'une faculté à toutes les facultés, et de toutes à une, constituent la force de transmission ou le passage en vertu duquel les divers éléments constitutifs de l'âme communiquent entre eux leurs perceptions et leurs influences conceptives, sensitives et affectives. Je dis leurs perceptions et leurs influences, parce que les conceptions, les sensations et les affections elles-mêmes sont tout à fait impossibles, à moins (*note* au bas des pages 293 à 294 du t. II) qu'on ne puisse changer la nature particulière et exclusive de chaque chose.

Pour comprendre la communication mystérieuse, rapide et compliquée, active et passive des facultés entre elles, établie au moyen de leurs organes cérébraux et de la télégraphie électrique-nerveuse intra-crânienne, sans réaliser ou avant de réaliser aucun de leurs actes, c'est-à-dire avant de les faire passer à l'état de faits matériels, il suffit de considérer ce qui se passe souvent dans chacun de nous pour rendre effective la résolution ou l'impulsion qui décide l'action intelligente ou sensitive devant enfin s'effectuer dans le monde externe. Il y a même dans les brutes, comme vous l'avez vu dans le chien de Jackson (t. II, p. 289 à 290), un mouvement considérable actif et passif entre faculté et faculté; on y voit une foule de sensations sensitives diverses communiquées d'une faculté à une autre, une foule d'influences affectives diverses transmises et repoussées avant que l'impulsion définitive et dominante qui entraîne l'individu tout entier à l'accomplissement objectif d'une action apparaisse elle-même.

Dans l'homme, où il existe un cercle de facultés sensitives beaucoup plus grand que chez les brutes les plus élevées, et l'intellectualitivité rationnelle qui le porte à une distance incommensurable au-dessus d'elles, il se passe ordinairement, avant d'effectuer l'impulsion ou la résolution décisive, un mouvement de communication active et passive, si étendu, si sublime, si mystérieux, que nous ne pouvons le contempler sans étonnement et sans admiration. Supposons, par exemple, outre tout ce que j'ai dit à cet égard (dans les endroits cités au bas des p. 333 et 376 du t. II), qu'au lieu du moucheron qui ait offensé ou affecté la tactivité douloureusement ce soit un officier ou un chef qui ait blessé celle d'un soldat faisant l'exercice et ayant manqué à son devoir. Ici, comme dans le cas du moucheron, la tactivité a réagi pour repousser la cause de la douleur, et la locomotivité, la combativité, et la destructivité ont fait instinctivement cause commune avec elle dans ce but. Toutefois, au moment où la tactivité allait exécuter son impulsion, l'inférioritivité et la rectivité se sont senties émues d'épouvante, et elles ont manifesté leur répugnance contre l'acte. Ce choc a mis en action l'harmonisativité que le souvenir de la discipline excite à son tour, et elle fait comprendre à toutes les facultés particulières le résultat terrible qui suivrait l'acte primitif ou instinctif de la tactivité s'il s'effectuait. Cette connaissance alarme la précautivité; sa répugnance s'élève contre l'exécution de l'acte, et la tactivité elle-même, percevant ce qui se passerait si son impulsion se réalisait, conçoit de plus grandes souffrances que celles qu'elle éprouve pour le moment. Cette conception neutralise ou domine non-seulement son désir de repousser la cause de la douleur présente en attaquant l'officier qui le réprimande, mais il est encore pénétré d'une répugnance d'exécution. D'un autre côté, la supérioritivité offensée et réactionnée se sent stimulée par le désir de défendre sa dignité; elle lève son étendard (t. I, p. 296 à 297) autour duquel viennent se grouper la combativité et la destructivité; celles-ci, qui ne respirent, comme on le sait, que combats et extermination (t. II, p. 257 à 258), réexcitent la tactivité dans son désir de repousser la cause de la douleur qu'on lui a infligée. Ces facultés sont par rapport à l'âme ce que sont par rapport à la société les hommes rebelles et malveillants qui appartiennent toujours au parti qui veut attaquer tout et tout renverser sous quelque forme que ce soit. Au milieu de ces agitations générales plus ou moins violentes l'harmonisativité, aidée par la causativité et la déductivité, et ayant, comme centre passif et actif de toutes les facultés, une complète perception de tout ce qui se passe, pense, réfléchit, médite, discourt, raisonne; elle perçoit enfin que l'obéissance est la première loi de la discipline militaire et que si la supérioritivité a jusqu'à un certain point raison d'éprouver du ressentiment, il est nécessaire qu'elle se contienne, parce qu'il y va de l'harmonie générale, ou du bien de toutes les facultés; elle réagit, elle veut conformément à ces convictions ou perceptions intelligentes, c'est-à-dire qu'elle se résout, se décide ou propose d'agir dans le sens déterminé par ses convictions. Ici l'acte n'a pas été simplement instinctif ni primitif; il a été un acte de réaction de la volonté, et cette réaction s'est opérée en pensant, en méditant, en discourant, en réfléchissant, en examinant. Si donc il s'effectue, c'est, comme on dit, un acte exécuté *sciemment*, *à dessein*, *avec intention*, *avec préméditation*, car il y a eu perception de résultats, de cause et d'effet et finalement d'harmonie générale, harmonie qui, dans cette circonstance, consistait à souffrir, à se taire, à se proposer de ne pêcher plus, c'est-à-dire à éviter les récidives [1].

---

[1] Je sais bien qu'on pourra phrénologiquement m'opposer le résultat suivant : la supérioritivité et la continuativité du soldat réprimandé auraient pu être si grandes et son inférioritivité, sa précautivité, sa conservativité si petites, que ces facultés, au lieu de réprimer, sur les indications de la volonté, les impulsions et les emportements de la combativité et de la destructivité, auraient pu suivre avec énergie le premier mouvement d'impétuo-

Que de facultés excitées et réprimées ! que de résolutions aussitôt abandonnées que prises ! que d'affections contraires ! Et tout cela cependant pour un acte de pouvoir intelligent exercé sur toutes les passions soulevées ! Nous avons vu dans cet exemple une foule d'actions purement spirituelles, compliquées et multiformes, dans lesquelles se sont entre-croisées mille influences impulsives et affectives des facultés, mille perceptions sensitives et intelligentes; et chacune d'elles a produit une impression plus ou moins déterminée dans tout l'organisme intra et extra-crânien. Je dis intra et extra-crânien, parce que, toujours dans l'ordre de la nature, il n'y a pas un mouvement spirituel qui n'affecte un organe cérébral, ni aucun mouvement cérébral qui n'affecte une faculté spirituelle. Il n'y a pas non plus d'organe extra-crânien qui n'ait une correspondance plus ou moins intime avec tous les organes cérébraux, ni aucun organe intra-crânien qui ne soit plus ou moins immédiatement enchaîné avec tous les organes extra-crâniens. Cette influence transmise d'un point à l'autre du cerveau et du cerveau à toutes les parties du reste de l'organisme, sans que ces parties puissent quitter leurs siéges respectifs, doit être nécessairement communiquée, lorsqu'il s'agit de sensation ou d'intelligence active ou passive, par un *système général de télégraphie électrique-nerveuse* dont je viens de vous démontrer complétement l'existence. Vous avez maintenant une connaissance complète de ce système électrique-nerveux qui, composé dans son cercle ou *unité* générale de deux grandes moitiés ou systèmes électriques nerveux particuliers, existe non-seulement entre le matériel et le spirituel, mais encore entre

sité de la tactivité contre l'officier ou chef; ou bien, si l'on veut, le soldat, en sortant de l'exercice, aurait pu, dans un accès de folie de la destructivité, de la supérioritivité et de l'inférioritivité, se suicider. L'histoire militaire nous offre des exemples de l'un et de l'autre résultat. Il faut cependant convenir que tous ces cas sont exceptionnels et en dehors des règles ordinaires. La même phrénologie nous apprend que la comparativité ou harmonisativité, outre qu'elle est la faculté suprême, est aussi la plus généralement bien développée (t. II, p. 216), et que la causativité et la déductivité, ses auxiliaires les plus proches, les plus constants et les plus puissants, se manifestent aussi au moyen d'organes très-grands (*note* au bas de la p. 284 du t. II). De sorte que la volonté, comparativité ou harmonisativité, dans son organe de manifestation comme dans ses auxiliaires immédiats et dans sa hiérarchie, a la suprématie sur toutes les autres facultés.

Supposer des cas exceptionnels de deux soldats qui, sourds aux plaintes de la concentrativité, attaque, l'un son chef, et l'autre se suicide; c'est supposer deux cas de *contrainte* ou de *séduction*, comme l'on voudra. Mais supposer que la volonté est ou peut être contrainte ou séduite d'une manière *générale* et non *exceptionnelle*, c'est supposer, comme je l'ai démontré (t. II, p.559 à 548) victorieusement, ce qui n'est pas et ce qui est impossible. Si cela était, il existerait une faculté *normalément* supérieure à la volonté, et la raison humaine se trouverait alors au niveau de la passion animale. Il ne pourrait y avoir dans cette circonstance d'instruction humaine fondée sur la force de réflexion, sur l'intelligence pure. Tout homme qui connaît son devoir et qui, ayant des moyens de l'accomplir, ne l'accomplit pas malgré le châtiment ou la récompense qui l'attendent, est ou très-faible ou très-criminel. Ces extrêmes sont les limites de la société humaine et non les éléments qui la constituent et peuvent la constituer. D'ailleurs, la phrénologie, même dans les circonstances exceptionnelles que nous venons de citer, a pu être utile pour démontrer, avant l'exécution de l'acte, que la carrière militaire ne convient pas (t. II, p. 351 à 353) à des sujets semblables, ou que le système de rigueur humiliante produirait en eux l'aliénation ou la démence (t. II, p. 529 à 530).

les éléments purement spirituels relativement à tout ce qu'ils peuvent ou doivent révéler par des moyens matériels.

Transmission de l'influence morale ou physique et pouvoir direct et indirect de la volonté sur cette transmission. — Il existe non-seulement dans l'âme des impulsions et des résolutions comme agents ou causes d'action organique *dirigée*, mais encore la partie affective comprise dans ces impulsions et dans ces résolutions et les sentiments agréables ou désagréables auxquels est sujette chaque faculté, partie affective et sentiments qui constituent, comme je l'ai démontré (t. II, p. 371 à 375), le *moral de l'homme.* Les affections de ce moral exercent une influence sur l'organisme intra et extra-crânien bien différente de celle des impulsions et des résolutions. Une impulsion ou une résolution influent l'organisme jusqu'à ce que la volonté, comme l'on dit, prenne une résolution nouvelle pour la faire passer à l'état de fait, jusqu'à ce qu'elle forme un nouveau vouloir ou une résolution définitive de réaliser objectivement ce qu'elle veut ou ce qu'elle a résolu, comme je crois l'avoir démontré (t. II, p. 281 à 519), aussi clairement et aussi complétement que l'exige et que le mérite l'importance de ce sujet. Il n'en est pas ainsi avec les affections du moral; son influence impressionne l'organisme envers et contre les résolutions de la volonté, et l'on n'entend pas cependant par là, comme je l'ai indiqué (note au bas de la p. 385 du t. I) et comme je l'expliquerai bientôt complétement, que la volonté est entièrement dépourvue d'empire sur les affections elles-mêmes et par conséquent d'influence sur l'organisme. Un plaisir ou une douleur, une horreur ou un enthousiasme, produits par des impressions du monde externe ou par des idées perçues ou conçues dans le monde interne (t. II, p. 374 à 384), peuvent abattre, indisposer et même tuer l'organisme, ou bien ils peuvent, au contraire, s'il est malade, le relever, l'animer et même le guérir.

J'ai dit que dans ces circonstances le cerveau est le premier agent matériel qui agit, et qu'il opère d'autant de manières différentes qu'il y a de facultés mentales. Chaque faculté, outre son action individuelle, agit différemment sur son organe, suivant son affection actuelle agréable ou désagréable, et cette affection en produit une autre analogue dans le reste de l'organisme, mais plus ou moins intense sur certains points que sur d'autres, suivant que les parties sont plus ou moins en rapport avec l'organe cérébral affecté. Toutefois il importe de savoir quelle est la transmission de l'influence morale sur le physique, c'est-à-dire comment et de quelle manière se transmet à l'organisme *extra-crânien* l'influence d'une affection morale agréable ou désagréable de l'une ou de plusieurs facultés, au moment où celles-ci viennent de la communiquer à leurs organes *intra-crâniens* ou de manifestation spirituelle immédiate. Tel est le sujet que j'ai déjà effleuré et que je me suis engagé jusqu'à un certain point à vous faire comprendre (t. II, p. 584 à 586, 448 à 450). Je veux maintenant le traiter et vous l'expliquer dans toute son étendue, avec confiance et avec sûreté. Malheureusement, cependant, nous n'avons pas et nous ne pouvons pas avoir maintenant sur cette question une connaissance fondée sur des sensations ou convictions sensitives. Tout doit être conjectures plus ou moins plausibles; tout est convictions rationnelles basées sur des données plus ou moins évidentes. Toutefois il me semble que, d'après tout ce que j'ai prouvé et démontré sur l'influence entre le physique et le moral (t. II, p. 372 à 396), et sur le passage actif et passif entre le matériel et le spirituel (t. II, p. 448 à 490), je puis peut-être vous présenter comme théorie certaine ce que je vais, à cet égard et en peu de mots, soumettre à votre considération.

Lorsqu'un organe cérébral est impressionné par une affection morale agréable ou désagréable, il se développe en lui un fluide que toutes les analogies me conduisent à regarder comme électrique-nerveux, et qui se répand dans l'organisme par un système d'inondation ou de déversement, comme nous le voyons dans le débordement d'un fleuve qui rompt ou qui passe par-dessus les rives, les digues ou les chaussées qui le maintiennent, et non par le système d'une télégraphie électrique, dont les communications supposent toujours une transmission fixe et complétement dirigée. Il est évident que ce débordement se fait en vertu du système nerveux, et dans son cercle; or, en supposant encore qu'il a lieu en vertu du système nerveux et sans dépasser son cercle, il n'en arrive pas moins pour cela à tous les points de l'organisme sans en excepter un, quelque petit qu'il soit; vous savez en effet (t. I, p. 358) qu'aucun n'est dépourvu de nerfs. Nous savons personnellement et expérimentalement, par exemple, qu'au moment où nous venons d'éviter un danger ou que nous sommes sauvés de celui que nous avions ou que nous avons sous les yeux, nous éprouvons une affection agréable; et celle-ci produit la conviction de la sûreté personnelle (t. II, p. 84 *fin* à 87). Nous éprouvons encore quelque chose de plus : à peine commençons-nous à sentir le plaisir de la sécurité que notre cœur se dilate, nos poumons deviennent libres, nos jambes se raffermissent, notre visage s'anime et semble dire : « Maintenant je respire. » Si, au contraire, nous nous engageons davantage dans le danger que nous craignons au lieu d'en sortir et qu'il augmente au lieu de diminuer, nous serons saisis d'une panique ou d'une terreur circonspecte qui nous oppresse, nous serre le cœur, affaiblit nos jambes et communique à notre visage la véritable image de la peur que nous ressentons.

Cette influence si salutaire, si expansive et si fortifiante d'une part, si maladive, si répressive, si affaiblissante d'autre part, que tout l'organisme et surtout les organes que je viens de nommer ont reçue, est directement venue de la précautivité. Comment l'influence de cette faculté aurait-elle pu, depuis la tête, où elle a son siége fixe et invariable, atteindre ces organes différents et éloignés, s'il n'avait point débordé ou s'il n'était pas sorti de son organe un *quelque chose* formé de molécules mystérieuses dans lesquelles elle est contenue? La force de transmission de ces molécules ou particules influentes du moral sur le physique est comprise dans un tissu ou dans une série de tissus nerveux sans nul doute, non disposés, je le répète, sous forme de télégraphie électrique, mais bien sous forme de conduits passifs à travers lesquels cette influence suit son cours, sans qu'aucune impulsion sensitive ni aucune résolution intelligente le dirigent.

Ce qui a lieu pour la précautivité se passe plus ou moins perceptiblement pour toutes les autres facultés; elles affectent toutes l'organisme d'une manière distincte et particulière, suivant leur individualité propre, et chacune l'affecte avantageusement ou préjudiciellement suivant qu'elle est excitée agréablement ou désagréablement. Voilà comment le moindre plaisir, quelle que soit la faculté d'où il provient, affecte utilement l'organisme, tandis que la moindre douleur l'affecte nuisiblement. Voilà comment l'état du moral se révèle matériellement sur le visage de l'homme, ainsi que vous l'avez vu complétement démontré en vous parlant de la physionomie et du langage naturel (t. I, p. 383 à 409). C'est de là que vient cette expression aussi heureuse que vraie : « Le visage est le miroir de l'âme. » Voilà enfin comment les affections morales agréables de l'âme sont accompagnées ou accompagnent toujours la santé et la force du corps, et les affections désagréables de l'âme, ses maladies et sa faiblesse. C'est de là que sont nées ces sentences vulgaires, mais pleines de vérité et de bon sens : « Les peines n'engraissent personne; les plaisirs prolongent la vie, » et autres dictons populaires.

Nous ne devons jamais oublier cependant qu'on peut éviter ou qu'on ne peut éviter à son gré qu'une affection ou la partie morale d'une impulsion ne transmette son influence au visage ou au reste de l'organisme que tout autant que le pouvoir DIRECT de la volonté s'étend jusque-là. Dans ce cas, la volonté, par suite de l'empire qu'une faculté particulière *dominante* a sur une autre faculté particulière *dominée* (t. I, p. 155 à 156, 164 à 166, 295 à 299, 429 à 430 et tous les endroits où l'on parle de l'*influence mutuelle des facultés*, t. II, p. 353, 576, *notes*) et en vertu de la force générale intelligente que la volonté elle-même possède sur toutes les autres facultés de l'âme, n'empêche pas seulement que les impulsions s'effectuent (t. II, p. 304 à 349); mais, de plus, elle apaise, elle neutralise, elle anéantit ou elle fait disparaître, dans leur origine, les affections ou l'expérimentation sensitive (t. II, p. 444 à 446). La cause qui doit influer sur le visage et les autres parties de l'organisme n'existant plus, tous ses effets disparaissent; c'est par là que la volonté exerce son empire sur la transmission de l'influence du moral ou des affections à l'organisme intra et extra-crânien. Quant à ce qui concerne l'influence INDIRECTE de la volonté sur les facultés particulières et conséquemment sur ses organes, je vous ai dit et je vous ai démontré qu'elle est immense, parce que la connaissance acquise et à acquérir sur les causes *matérielles* ou *idéales* des effets sur le cerveau, dominables et applicables par la volonté, est-elle-même immense; cette influence ranime ou réprime les impulsions et les affections, comme je vous l'ai expliqué avec beaucoup de soin en diverses occasions (t. II, p. 340 à 343, 375 à 594). Or avoir un pouvoir *direct* et *indirect* pour exciter ou réprimer l'affection agréable ou désagréable d'une faculté, et, par suite, l'effet sur son organe, c'est avoir le pouvoir de répartir ou de ne pas répartir l'influence agréable ou désagréable d'une faculté et de produire ou de ne pas produire un bien ou un mal.

Le fait incontestable, auquel j'ai fait si souvent allusion, savoir : que l'organe d'une faculté, les poumons, le cœur, le visage et autres endroits dans lesquels se manifeste son influence, sont distincts, séparés et à des distances considérables sans que la faculté mentale primitivement affectée et que l'organe cérébral postérieurement impressionné aient pu quitter leur siége intra-crânien, prouve que l'influence du plaisir ou de la douleur morale, c'est-à-dire d'une affection agréable ou désagréable d'une faculté mentale doit être transmise par un fluide nerveux engendré dans son organe. L'action du fluide PASSIF agréable et désagréable engendré dans chacun des organes cérébraux par les affections morales des facultés, par le système du trop-plein ou du débordement naturel, et non par la direction de la volonté, comme cela arrive pour la manifestation d'une impulsion quelconque, est démontrée par cela même que la volonté n'excite, ni ne combine, ni ne gradue, ni ne distribue à plaisir aucune espèce d'affection morale, comme elle le fait, jusqu'à un certain point, pour les impulsions d'action active. C'est dire que l'homme n'est pas directement triste ou joyeux à plaisir, ni qu'il distribue l'influence de la tristesse ou de la joie à plaisir, à certains organes déterminés, choisis et préférés par sa volonté. Les expressions différentes que prend ou que revêt notre visage, toujours d'accord avec les affections internes, prouvent que les fluides qui s'engendrent dans chacun des organes cérébraux sont distincts, spéciaux, déterminés, doués d'une individualité ou d'une nature propre, et qu'ils produisent en général un dommage ou un bien à l'organisme. Quelle différence n'y a-t-il pas entre le visage d'un homme épouvanté et plein de terreur et celui d'une femme alerte et pleine d'espérance? Ces expressions si différentes et même opposées sont occasionnées, l'une par l'affection désagréable de la précautivité, et l'autre par l'affection agréable de l'effectuativité. Si les molécules d'électricité nerveuse qui partent des organes de ces facultés pour communiquer au visage leur influence n'avaient pas une nature distincte, une individualité spéciale, jamais le visage de l'homme ne présenterait d'expressions variées, et dès lors la physionomie et le langage naturel n'auraient pas d'existence possible. Oui, messieurs, il y a autant de fluides affectifs ou de transmission du moral au physique que de facultés : les différentes physionomies, de même que les langages naturels divers, dont je vous ai présenté tant d'exemples remarquables et que vous pouvez voir en action à chaque instant dans le monde, en sont une preuve manifeste, complète et définitive [1].

---

[1] Jusqu'à présent, il y a eu une grande confusion d'idées sur cette question. A tout instant on a éprouvé le besoin d'une véritable théorie sur la physionomie et sur le langage naturel, théorie que je crois avoir fournie à la science humaine. Blair, qui est, à mon avis, le plus grand critique littéraire connu et le phénix des rhétoriciens, fait consister l'expression, physionomie ou langage naturel du visage de l'homme, dans ses immortelles leçons sur la rhétorique et sur les belles-lettres, leçon V, en une idée inspirée par la conformation de ses traits. Il y a là deux erreurs : la première, c'est qu'il suppose que l'er-

LEÇON LV

La phrénologie est la base de tout système psychologique. — Découverte du grand principe qui a permis à la phrénologie de devenir un système complet de philosophie mentale supérieure à tous ceux qui existent. — Histoire et origine du mot *phrénologie*; raisons très-puissantes qui doivent le faire préférer à celui de « *psychologie* » et surtout à celui de *philosophie*, pour signifier la science de l'âme et des phénomènes qui se manifestent en elle successivement ou simultanément.

MESSIEURS,

Depuis la leçon VIII jusqu'à la leçon XXVI (t. I, p. 63 à 419), nous avons établi et fixé comme vérité incontestable les principes fondamentaux de la phrénonologie conçus par l'inspiration ou déduits par le raisonnement. Nous avons démontré alors que les facultés spirituelles, n'ayant pu être connues par leurs organes matériels cérébraux, la science mentale, c'est-à-dire tout système de philosophie mentale, avait dû avoir pour base la *croyance*, l'*opinion*, l'*hypothèse*. Aucun système de philosophie mentale n'avait été, dans ce cas, pour nous, qu'un ensemble de théories et non une réalité positive. Pour nous, la réalité positive d'une chose est seulement établie par la démonstration sensitive d'accord avec la déduction rationnelle, touchant la connaissance de cette chose ou ce que nous appelons une « *conviction pleine ou certaine*, » quoique l'erreur, comme dans toute chose humaine, puisse s'y faire place (t. II, p. 395). En effet, rien ne prouve autant ce fait que l'histoire de la philosophie mentale, car, jusqu'à la découverte de la

---

pression du visage n'existe que subjectivement en idée; la seconde, c'est qu'il suppose que l'idée que nous nous formons de cette expression s'engendre dans une conformation spéciale des traits, et non dans l'expression même que l'âme a daguerréotypée réellement et objectivement sur le visage. Ce qu'il y a de plus singulier, c'est que Blair fait consister la plus grande beauté du visage humain dans son expression; et cependant, comme je viens de l'affirmer, il n'admet son existence qu'en idée et nullement comme la réalité d'une existence extérieure et propre, ce qui est indispensable et de toute nécessité pour produire en nous des affections d'une espèce particulière, unique et exclusive, pouvant servir de base à toute idée de beauté. Tout ce que j'ai dit dans les pages 332 à 337 du t. II vous montre clairement que, sans attributs, sans entités ou sans causes déterminées externes, capables d'exciter la méliorativité, comme les odeurs excitent l'olfactivité et les sons la tonotivité, le beau ne produirait sur nous aucun effet. Sans affections ou sentiments soulevés en nous par le beau, nous ne pourrions nous en former aucune notion particulière; et, sans notions ou perceptions particulières, il serait impossible à l'harmonisativité de former aucun jugement général ou aucune idée de celles que nous connaissons par le nom d'*idées* du beau. De sorte que Blair confond même, et il ne pouvait pas s'empêcher de confondre, l'idée particulière ou sensitive que la vue de quelque chose de beau nous inspire, et l'idée générale ou intelligente que détermine une chose belle ou celle dont elle procède. Mais il n'est pas étonnant que Blair se soit trompé sur ce terrain,

phrénologie, elle est l'histoire de systèmes renversés et se renversant, de théories abandonnées et s'abandonnant, d'opinions réfutées et se réfutant. On doit à Gall d'avoir fixé et établi des principes démontrés par le criterium sensitif relativement à la MULTIPLICITÉ constitutive de l'âme. Oui, Gall est celui qui, par la découverte d'un fait rationnel et sensitivement prouvé et démontré par toute espèce d'observations et d'arguments, découverte à laquelle se rattachent les manifestations externes de toutes les facultés de l'âme (t. I, p. 122 à 124), a posé la base et fondé le point de départ de tout système de philosophie mentale présente et future. C'est pourquoi son nom sera toujours impérissable et sa mémoire toujours vénérée.

En dehors du cercle de la phrénologie, les philosophes ne parlent et ne peuvent parler que de l'activité d'un principe, mais jamais du principe lui-même, parce qu'il leur est inconnu. Ainsi l'on dit que la sensibilité, que la volonté et que tout autre principe interne sont *activités;* l'on ne peut pas non plus, rigoureusement, parler d'autre chose. Les facultés ne révèlent ni leur essence ou individualité, ni leur siége ou organe (t. I, p. 386). Leur activité ne nous donne connaissance que de phénomènes subjectifs distincts, et non de leurs principes divers. La découverte de Gall est d'autant plus admirable qu'elle nous a fait connaître, en le démontrant sensitivement, ce dont nous n'aurions jamais pu avoir sensation ni conscience. Cette immense découverte, qu'on a regardée pendant un temps comme exclusivement *physiologique,* est tout à fait psychologique, car elle est la découverte rationnellement et sensitivement prouvée des principes constitutifs de l'âme.

Cette immense découverte, toutefois, ne nous aurait jamais mis à même de former ou de constituer, à proprement parler, un système de *philosophie mentale.* Il est vrai qu'avec elle nous n'aurions jamais connu avec certitude que les divers principes propres ou' facultés distinctes de l'âme, en les considérant dans leur individualité variée, diverse et isolée. Nous n'aurions jamais connu ces facultés comme éléments constitutifs d'un tout es-

puisque ceux qui l'ont précédé et ceux qui l'ont suivi ont fait la même chose en traitant philosophiquement et avec beaucoup de soin ce sujet, auquel ils ont donné le nouveau nom d'esthétique. Écoutons cependant ce que dit Blair dans le passage auquel je fais allusion, et qui est ce qui a donné lieu à cette remarque :

« La beauté du visage humain, dit ce rhétoricien et ce critique littéraire remarquable, est plus complexe qu'aucune des espèces de beauté que nous avons passées en revue jusqu'à présent. Elle comprend la beauté de couleur, qui naît des nuances délicates de la peau, et la beauté de configuration, qui naît des lignes que forment les traits divers du visage. Cependant la beauté principale du visage humain dépend d'une expression mystérieuse que les qualités de l'âme lui communiquent : du bon sens, de la bonne humeur, de la vivacité, de la candeur, de la bienveillance, de la sensibilité et d'autres dispositions affectueuses. Il ne m'appartient pas d'examiner, et il n'est pas facile, en vérité, de savoir comment agit la nature pour qu'une certaine conformation de traits soit unie *dans notre idée* à certaines qualités morales, soit que l'instinct, soit que l'expérience nous enseigne à former ce lien et à lire par conséquent l'âme sur le visage. Il suffit pour mon objet que ce soit un fait certain et reconnu, que ce qui donne au visage humain sa beauté la plus extraordinaire soit ce que nous appelons son expression ou une image, qui excite dans nous l'idée ou conception des dispositions morales internes. »

sentiellement rationnel subordonnés à un principe vivant qui, sans cesser de faire partie de ce tout, le représente d'une manière suprême et souveraine dans son individualité exclusive. Il est vrai que nous aurions scientifiquement connu l'âme dans sa *multiplicité* de forces constitutives, mais jamais dans son essence, dans son unité ou dans sa totalité. Nous l'aurions connue scientifiquement comme une réunion de principes perceptifs et impulsifs, mais jamais comme une totalité qui perçoit sensitivement comme intelligemment, qui désire passionnellement comme elle veut rationnellement. Nous l'aurions connue scientifiquement comme une multiplicité d'identifications distinctes, mais jamais comme une unité individuelle propre et exclusive qui embrasse en elle-même toutes les identifications. Enfin nous aurions connu scientifiquement l'âme comme nous connaissons la multiplicité des parties d'un édifice, mais jamais comme édifice dans son unité totale ou individualité exclusive, suivant que lui a communiqué d'abord et que lui a assuré ensuite l'idée *une*, mais générale, que l'architecte a eue de l'édifice comme entité ou objet avant de le construire. Tout cela se serait passé ainsi parce que nous aurions toujours ignoré le principe suprême sensitif et intelligent qui, par son action, uniformise *forcément* ou harmonise *rationnellement* tous les divers principes analogues et antagonistes qui agissent et tous les actes qui se font sentir en même temps dans l'âme. Sans la découverte de ce principe suprême, la connaissance positive des facultés de l'âme aurait été une connaissance d'individualité isolée, et il n'y aurait pas eu un fait généralisateur qui eût pu nous servir de base pour présenter l'âme, non-seulement dans sa *multiplicité* de forces constitutives, mais dans son *unité* essentielle et dans son entité absolue, condition indispensable pour qu'une chose puisse être considérée comme science ou comme système déterminé.

Gall et ses prosélytes, c'est-à-dire les phrénologues, n'avaient vu dans l'âme qu'une variété de facultés (t. II, p. 317 *fin* à 319) manifestées par une variété d'organes et de combinaisons de facultés devant produire des actes spirituels complexes (voir les endroits cités dans les *notes* au bas des p. 332 et 376); *mais ils avaient été obligés*, en même temps, d'admettre un principe constant et inséparable d'unité dans la multiplicité (voir *note* 4, p. 296, t. II). Les idéalistes ou psychologues purs (t. I, p. 8 à 31, 438 à 439, 440 à 442; t. II, p. 120 à 121, 416 à 422, 437 à 439) n'avaient vu dans l'âme qu'une unité exclusive et absolue, *mais ils avaient été obligés*, en même temps, d'admettre en elle une multiplicité de principes, de facultés ou de forces constitutives (t. I, p. 79 à 107). Les idéologues purs n'avaient vu dans l'âme que de simples sensations transformées, c'est-à-dire une capacité récipiente exclusive, *mais ils avaient été obligés*, en même temps, d'admettre qu'elle possédait ce que nous appelons forces ou dynamismes capables de *conception* ou *création*, d'*impulsion* ou d'*instinct*, de *vouloir* ou de *volition* fondamentales et génératrices. Si les philosophes, phrénologues ou antiphrénologues, psychologues ou antipsychologues, idéologues ou antiidéologues, étaient restés dans cette contradiction en eux-mêmes et sans la connaissance du principe de l'*unité-multiple*, comme point de départ de toute investigation philosophique, la science de l'esprit n'aurait été qu'une agglomération de faits et de données sans totalité essentielle, sans système bien fondé, sans individualité et sans existence scientifique émanées d'une idée générale complétement démontrée.

Histoire du mot « phrénologie » comme expression de tout un système de philosophie mentale; il doit être, à cet égard, préféré à toutes les autres dénominations connues. — Gall, dès le principe, a donné et a toujours persisté depuis à donner à son immortelle découverte le nom de « physiologie cérébrale. » Cette dénomination a toujours l'inconvénient et le défaut capital de ne pas comprendre dans sa signification le *psychisme* ou siquisme spirituel (*note* 6, au bas de la p. 285 du t. II) que cette physiologie nous révèle et présente à notre observation et expérimentation externe. C'est pourquoi Foster, en 1816, et quelque autre auteur, peut-être, avant lui, adoptèrent la dénomination « phrénologie » pour exprimer la physiologie du cerveau considérée non-seulement quant aux fonctions matérielles de cet organe, mais encore quant aux actes spirituels dont ses fonctions sont un instrument de manifestation. Spurzheim (t. II, p. 236 à 237) adopta le mot dans le même sens et il lui donna par ses écrits une autorité scientifique, de sorte qu'il est accepté aujourd'hui et qu'on l'emploie réellement pour exprimer un système quelconque de philosophie mentale basé sur l'organologie cérébrale. Comme il ne peut exister de science mentale, c'est-à-dire aucun véritable système de philosophie de l'âme rationnelle ou brutale, sans avoir pour fondement l'organologie du cerveau, le mot « phrénologie » exprimant cette base, par suite de l'autorité de l'usage, et la science elle-même de l'âme, par l'autorité de son étymologie, est celle qui peut être employée avec le plus d'exactitude pour signifier la philosophie mentale. On doit, par conséquent, le préférer à toutes les autres dénominations dont la science se sert aujourd'hui à cet égard.

Origine étymologique du mot « phrénologie; » on doit le préférer au mot « psychologie » pour exprimer la science de l'âme. — Le mot *phrénologie*, dans son origine étymologique, vient de deux mots grecs : φρήν, *esprit, âme,* et λόγος, *discours, doctrine.* Celui qui forma le premier ce mot, ce fut le célèbre docteur Rush, de Philadelphie (États-Unis), à la fin du siècle dernier. Il inventa ce mot parce qu'il ne trouva pas celui de *psychologie* assez rationnel et assez philosophique pour exprimer un système ou corps de doctrine mentale. En effet, si nous considérons que ψυχή, dans son origine grecque, signifie proprement *souffle,* et φρήν, *âme* ou *esprit,* — mots fondamentaux d'où dérivent les expressions « *psychologie* et *phrénologie,* » — on verra que la préférence est bien mieux fondée. « *Psychologie* » signifie étymologiquement *science* ou *doctrine du souffle,* tandis que le mot « *phrénologie* » exprime la *science* ou *doctrine de l'âme ou de l'esprit.* Par cette courte et simple explication, vous vous convaincrez de la grande

erreur de ceux qui emploient avec une préférence particulière le mot
« *psychologie.* » Ils croient, en effet, que sa signification comprend
le spiritualisme mental, et ils rejettent le mot « *phrénologie* » parce qu'ils
le regardent comme un néologisme intrus et significatif de matérialisme
pur.

Ceux qui préfèrent cette dénomination à celle de *phrénologie* l'écrivent
avec un *p* devant l's, de cette manière : *psychologie.* Ils ne voient pas que
cette manière d'écrire le mot est contraire à l'esprit de notre orthographe
et au même principe étymologique qu'ils croient suivre à tort. Pour se bien
convaincre de cette vérité, il suffit de jeter un coup d'œil sur un écrit que
j'ai publié à Barcelone, en 1852, sur les réformes orthographiques. J'y
prouve incontestablement qu'il était aussi contraire à l'esprit de notre orthographe d'écrire, dans le siècle dernier, *retórica* avec *th*, *asunto* avec
un *m* et un *p*, *ortografia* avec *th* et *ph*, comme il l'est aujourd'hui d'é-
crire *sicolojia* avec *psy* ou *psi* ; en effet, c'est contraire à notre douce
et majestueuse orthologie de prononcer le son de *p* avant celui de *s* ou
de *f*, de même qu'il est naturellement contraire à notre orthographe
philosophique de prononcer des sons qu'on n'écrit pas. C'est pourquoi
on peut affirmer avec raison que, de même que *psalmo* est devenu
« *salmo,* » *psycolojia* ou *psicolojia* deviendra, par l'usage universel, « *sicolojia.* »

Ce même mot « *sicolojia* » est une preuve manifeste et définitive du changement orthographique que je viens de vous citer. Il n'y a pas encore cinquante ans qu'on eût regardé comme coupable de lèse-étymologie l'auteur
qui n'aurait pas écrit « *sicolojia* » avec un *y* et un *g* : « *psycologia,* » tandis
qu'aujourd'hui on regarderait comme très-arriéré celui qui n'écrirait pas
« *psicolojia* » avec *i* et *j*. Personne ne peut douter que cet usage du *j* au
lieu du *g* ne soit déjà un très-grand pas vers le mot *sicolojia* sans *p;*
d'ailleurs, les études des philologues ont démontré aujourd'hui d'une manière incontestable que la *prononciation* et non l'*écriture* détermine les
origines étymologiques, et que, lorsque celles-ci ne peuvent pas ou ne doivent pas être phonétiquement suivies dans une langue étrangère, il est
absurde d'appliquer l'*œil* à ce que l'*oreille* repousse [1].

*Supériorité du mot « phrénologie » comparé avec celui de « philosophie »
également employé pour exprimer la science de l'âme.* — Ce que je viens
de démontrer quant à la dénomination *psychologie* comparée à celle de *phrénologie* peut également, et avec une plus grande abondance de preuves et d'arguments, être démontré par rapport au mot PHILOSOPHIE. Nous savons tous
qu'on emploie aujourd'hui ce dernier mot dans un grand nombre de sens [2].

[1] Voyez sur ce point l'ouvrage le plus remarquable qu'on ait imprimé, et qui est intitulé : *A Plea for phonetic spelling* « Apologie de l'orthographe phonétique ou philosophique; » une brochure in-8° de 180 pages (Londres, 1848).
[2] A l'appui de ce que j'établis ci-dessus, et n'ayant trouvé dans aucun dictionnaire ni
dans aucun traité scientifique ou élémentaire les significations véritables et diverses que

Parmi eux, il en est un qu'on peut appeler *scolaire* ou *universitaire;* il signifie précisément ce que Cicéron et les stoïciens des temps anciens appelaient « science des choses divines et humaines; » ils la divisaient communément en *logique* et *dialectique,* comme science de l'être en soi; *physique* comme science de l'être dans la nature, et *étique* comme science de la vie et de la conduite humaines. Les Allemands des temps modernes entendent par philosophie, dans ce sens universitaire, la science des choses les plus sublimes et la connaissance la plus sublime de ces choses; ils la divisent en ce que les Français, les Anglais et nous autres nous appelons « sciences

l'on attribue généralement, selon moi, au mot *philosophie,* j'ai cru opportun de présenter ces différents sens dans une note. Les voici :

1° Savoir par excellence ou, en d'autres termes, la connaissance et par extension l'étude, l'examen, l'investigation, l'explication, l'exposition et la pratique de principes, c'est-à-dire de la raison des choses connues d'avance, sensitivement, comme faits ou phénomènes. J'ai parlé de philosophie dans ce sens à la page 7 du t. 1 de cet ouvrage, et c'est dans ce sens qu'on dit : « La philosophie élève l'âme; — Heureux celui qui connaît la philosophie de ce qu'il fait. » Grammaire, orthographe, enseignement philosophique; philosophie expérimentale, rationnelle, pratique. Quelques-uns divisent la philosophie en théorique ou passive et pratique ou active. « Aux siècles d'imagination et de poésie succèdent ordinairement les siècles de philosophie et de raisonnement. » — « La philosophie est l'explication des phénomènes de la nature *. »

2° Examen, explication, recherche ou étude des divers systèmes scientifiques considérés dans leur totalité ou dans une partie de leur totalité. Ainsi nous disons : philosophie des sciences, philosophie de la philosophie, philosophie sublime, philosophie amplifiée.

3° La raison examinant comme : il appartient à la philosophie de chercher la raison des choses. Il est du ressort de la philosophie de chercher à expliquer toute espèce de phénomènes. La philosophie étudie ce que l'on doit à la philosophie, et produit bientôt une philosophie de la philosophie. J'ai parlé de la philosophie dans ce sens à la *note* de la p. 7 du t. I. Si à la p. 280 du t. II je suis opposé à ce sens, ce n'est pas parce qu'il cesse de lui appartenir, car, d'après le plus légitime de tous les droits, celui du bon usage, il lui appartient, mais parce que M. Bálmes, auquel je me rapporte ici, le lui attribue comme principal et exclusif.

4° Science ou système scientifique connu : la philosophie de l'éloquence, de l'âme, du chant. Dans ce sens, on l'emploie comme si la philosophie était personnifiée; la philosophie de l'éloquence *explique* ou *enseigne* non-seulement les principes et la pratique de la conviction, mais encore ceux de la persuasion, car ces deux choses constituent l'objet de cette science.

5° Les doctrines, les spéculations, les théories ou systèmes d'un individu quelconque sur des choses que l'on n'a pas démontrées expérimentalement ou qui ne sont pas expérimentalement démontrables. Exemple : la philosophie de beaucoup d'hommes illustres a disparu comme un songe devant quelques découvertes modernes. Comment se fait-il que Platon et Aristote, que Fichte et Broussais n'écrivirent pas des philosophies différentes sur les mêmes choses?

6° Les systèmes doctrinaires d'une époque, d'un philosophe ou d'une secte philosophique quelconque qui avaient acquis de la réputation. Exemple : la philosophie ancienne, moderne, d'Aristote, de Locke; la philosophie scolastique, écossaise, du moyen âge, des saints Pères.

7° Savoir rationnel humain ou déduit d'analogie, en opposition avec le savoir théologique, religieux ou révélé, comme : la philosophie n'est pas contraire à la religion ni la religion à la philosophie. « Lorsque les théologiens seront plus philosophes et les philo-

* Dans cette acception, on emploie le mot dans le sens de l'étymologie grecque : *Philosophie,* φιλός, inclination, amour; et σοφία, savoir, connaissance, sagesse. Le savoir ou sagesse se rapporte cependant à une connaissance de principes, au savoir rationnel par excellence, ce qui est le savoir philosophique. Voyez un peu plus loin ce que je dis dans la leçon LVIII, sous le titre *philosophie.*

(Note de l'auteur pour l'édition française.)

morales et politiques [1]. » Nous-mêmes (les Espagnols), en suivant, depuis le commencement de ce siècle, la signification que les anciens donnaient à ce mot, nous disions, avec Guevara, que la Philosophie se divisait en psychologie, logique et physique; ou, avec Vallbuena (dans son Dictionnaire latin, refondu par Salvá), qu'elle se divisait en physique, éthique, logique et métaphysique.

Tandis que ces auteurs divisaient ainsi la *philosophie*, le Dictionnaire de l'Académie royale espagnole, dans sa huitième édition, publiée en 1837, donne la définition suivante de ce mot : « *Philosophie*, science qui traite de l'essence, des propriétés, des causes et des effets des choses naturelles. » Puisque aucune science ne peut traiter que de l'essence, des propriétés, des causes et des effets de la chose qui est son objet, la philosophie, suivant cette définition, est une science qui embrasse toutes les sciences qui n'ont pas pour objet des choses surnaturelles. Dans ce sens, la philosophie se diviserait dans toutes les sciences qui ne s'occuperaient pas de choses surnaturelles. Or on voit manifestement que, dans cette définition, on confond la philosophie scolastique et la philosophie avec toutes ses différentes significations. La philosophie scolastique, qui remonte au septième siècle, se composait des études physiques et métaphysiques que comprenait Aristote sous le nom de *philosophie*, et des modifications introduites en elle par Albert le Grand, par saint Thomas d'Aquin et par d'autres illustres philosophes (t. I, p. 21 à 24). Les immenses découvertes qui ont été faites dans le quinzième siècle dans l'ordre physique et social ont tellement modifié la philosophie scolas-

sophes plus théologiens, on verra plus d'harmonie dans toutes les sciences » J'ai parlé dans ce sens de la philosophie (t. I, p. 121).

8° Abus du libre examen et de ses effets sous forme de doctrines séduisantes, mais fausses ou conduisant à l'erreur. Exemple : « La philosophie est cause de tous nos malheurs; — la philosophie est l'ennemie du progrès qu'elle proclame. »

9° Fermeté d'âme, élévation d'esprit, résignation élevée. Ainsi nous disons : Il n'y a pas de philosophie à souffrir autant. Philosophie chrétienne, philosophie stoïque.

10° Système particulier de conduite. Exemple : Jean a sa philosophie; Pierre ne sort de la philosophie.

Il me semble inutile d'ajouter qu'outre ces significations le mot *philosophie* est usité suivant l'acception dont je parle dans le texte ci-dessus, pour exprimer dans quelques cas les sciences morales et politiques, et parmi nous, aujourd'hui, dans un sens scolaire pour exprimer la science ou la philosophie de l'âme. On l'emploie aussi par extension pour désigner un livre ou un ouvrage quelconque sur ces matières. Suivant ces dernières significations, nous disons : La phrénologie est la seule des sciences philosophiques qui démontre expérimentalement que les facultés sont susceptibles d'être réprimées, combinées et dirigées (t. II, p. 315). Cette bibliothèque est riche en philosophie; les ouvrages philosophiques ne sont pas compris dans ce catalogue. Philosophie fondamentale, philosophie élémentaire, philosophie à l'usage des écoles supérieures, philosophie adaptée à l'enfance.

[1] C'est ce qui résulte du fameux article que Wendt, célèbre conseiller royal et professeur de philosophie, a écrit dans le *Conversations lexikon* (mot *Philosophie*), publié, en 1837, par Brokaus (Leipsick). Il importe de prévenir cependant que, d'après les systèmes de philosophie qui ont régné en Allemagne depuis Kant jusqu'à Hegel (depuis 1770 jusqu'en 1828), la philosophie, considérée dans un sens scolaire, c'est-à-dire comme science spéciale, n'a été en réalité qu'un mot employé pour exprimer l'idée générale de toute espèce de spéculations systématiquement expliquées ou exposées sur des choses non démontrables et non démontrées par l'expérience.

tique, c'est-à-dire la philosophie considérée comme science particulière et déterminée, qu'il en est résulté aujourd'hui une division en toute espèce de sciences externes ou subjectives et en toute sorte de sciences sociales et politiques. De sorte qu'on entend maintenant par philosophie, dans un sens scolaire et universitaire, c'est-à-dire comme science qui a pour objet une chose précise et déterminée, la science de l'âme et de ses opérations considérées dans leur action passive ou théorique et dans leur action active ou pratique.

Cette signification du mot philosophie n'est ni plus ni moins que celle qu'on donne proprement, exclusivement et généralement au mot « *phréno-logie*. » Don Nicomèdes M. Mateos, qui a étudié ce sujet, dit que la philosophie est une science ayant pour objet nos moyens de connaître. Le savant Galuppi di Tropea, l'un des écrivains les plus distingués de l'époque, définit la philosophie : « la *science du penser humain*[1]. » Quoique la philosophie soit regardée aujourd'hui comme une science ayant pour objet *exclusif* l'âme et ses opérations, sa division, c'est-à-dire la détermination de ses parties, n'en est pas moins un chaos, un labyrinthe d'opinions contraires qui parviendra à faire perdre à la dénomination philosophique le sens scolastique de philosophie mentale de l'esprit, comme cela est arrivé déjà en Angleterre et comme cela commence à se réaliser dans d'autres pays civilisés.

Comme preuve et démonstration de ce que je viens d'avancer, il suffit de dire qu'on divise quelquefois la philosophie en logique et psychologie, et d'autres fois en idéologie et étique. Aujourd'hui on veut que la philosophie soit l'ontologie, l'idéologie et la logique, et demain ce sera la logique, l'étique et la métaphysique, cette dernière se subdivisant en esthétique, idéologie pure, grammaire générale, psychologie et théodicée[2].

Dans l'excellent Dictionnaire de Bouillet on divise la philosophie en : psychologie, logique, métaphysique, morale, esthétique et pédagogie[3]. Le célèbre écrivain (*note* 2 au bas de la p. 426 du t. II), Pasquale Galuppi di Tropea, qui, dans ses *Éléments de philosophie*, définissait la philosophie la *science du penser*, la divise en : logique pure, psychologie, idéologie, logique mixte et étique

[1] Voyez l'opuscule intitulé : *Veinte-i-seis cartas al señor marques de Valdegamas, en contestacion a los veinte-i-seis capitulos de su ensayo sobre el catolicismo, el liberalismo i el socialismo*, p. 63 (Valladolid, 1851). Celui qui désire voir ce sujet traité avec beaucoup de talent peut consulter la réfutation de notre profond et éloquent écrivain don José Frexas, dans son ouvrage admirable : *el Socialismo i la Teocracia* « le Socialisme et la Théocratie, » avec la réfutation des idées les plus remarquables de don Juan Donoso Cortès, marques de Valdegamas; trois volumes in-4° (Barcelone, 1852). — Voyez encore l'ouvrage de Galuppi di Tropea, intitulé : *Elementi di filosofia*, t. V, c. 1, § 1, p. 1 (Messine, 1827).

[2] Cette dernière division est celle adoptée par M. Bálmes dans son ouvrage, *Curso de filosofía elemental* (Madrid, 1847). Il appartenait à M. Bálmes plus qu'à tout autre auteur d'avoir l'idée singulière de comprendre dans la métaphysique — mot qui signifie, comme on le sait (t. 1, p. 18 *fin* à 19), « le surnaturel » ou « au-dessus du sensitif » — l'esthétique, qui est précisément cette partie de la philosophie mentale qui s'occupe spécialement de ce qui est sensitif ou naturel en nous.

[3] *Dictionnaire universel des sciences, des lettres et des arts*, par M. N Bouillet. Paris, 1855. — Voyez le mot *Philosophie*.

ou philosophie morale[1]. Parmi nous (les Espagnols) la philosophie se divise en : *psychologie, logique* et *étique*. C'est du moins ce qui résulte de ce qu'on dit à cet égard dans le projet de loi d'instruction publique que le ministre don Manuel Alonso i Martinez, a présenté aux Cortès le 23 décembre 1855.

L'article 8 du titre ii dit que dans l'instruction secondaire on enseignera pendant la seconde période les éléments de la psychologie, de la logique et de l'étique. L'article 8 du titre iii dit, en parlant des matières que comprend la Faculté de littérature et de philosophie, que l'une d'elles sera l'amplification de la *philosophie*, faisant entendre évidemment par ce mot ce qu'il vient de nommer « psychologie, logique et étique. »

On parle également, dans ce sens scolaire et universitaire, de la « philosophie sublime, » de la « philosophie d'amplification. » On entend par la première de ces expressions l'étude, l'examen, l'investigation ou l'explication des divers systèmes doctrinaires qui ont eu et qui ont le plus de réputation, de vogue, d'influence. Par la seconde on entend simplement l'enseignement ou l'explication de ces systèmes. Par « systèmes doctrinaires, » il est évident qu'on entend : certains modes déterminés de comprendre une série plus ou moins étendue de *principes généraux* sur des choses physiques et métaphysiques.

Par suite de cette divergence infinie d'opinions relativement aux éléments ou parties constitutives de la *philosophie*, les auteurs des dictionnaires n'ont pas su précisément à quoi s'en tenir. Dans la dernière édition du Dictionnaire de l'Académie française, on dit que la philosophie, suivant le sens qui nous occupe, est « la *science qui sous ce nom est enseignée dans les collèges*, » et l'on n'ose pas définir son essence, ni déterminer sa constitution. Webster, dans son immortel « Dictionnaire américain de la langue anglaise, » en donnant la signification de ce mot, s'exprime aussi d'une manière vague et incertaine de la manière suivante : « Un cours de sciences lu et expliqué dans les écoles. » C'est précisément dans ce dernier sens qu'aujourd'hui encore on délivre dans nos universités le diplôme de « *bachelier en philosophie*, » et dans les universités d'Allemagne celui de « *docteur en philosophie*. »

Cette multiplicité de divisions et cette confusion des significations disparaîtra dès que le nom *phrénologie* sera substitué à celui de « *philosophie*, » pour désigner la science de l'âme individuelle, considérée en elle-même et dans ses opérations actives et passives. Je dis individuelle et non sociale ou en société, parce que l'âme ainsi considérée est l'objet des *sciences politiques*. Tant qu'il existera dans les collèges ou dans les universités une faculté ou une branche d'enseignement nommée *philosophie*, nous ne saurons jamais ce que signifient bien exactement les expressions : cours, classe, professeur, livre, cahier, étude de philosophie, alors même qu'on le définira d'avance; tant est grande la diversité des éléments constitutifs que

---

[1] L'exemplaire de cet ouvrage, que j'ai sous les yeux, comprend cinq tomes. Il a été imprimé à Messine depuis 1820 jusqu'à 1827.

ce mot, considéré comme le nom d'une science spéciale et déterminée, a exprimés ,et exprime encore.

Pour éviter cette confusion et afin d'apporter la lumière et la clarté là où tout est obscurité et ténèbres aujourd'hui, il suffira, je le répète, de substituer au mot *philosophie* celui de *phrénologie* toutes les fois qu'il s'agira de la science de l'âme individuellement considérée et de ses opérations passives et actives. En substituant les expressions : faculté, cours, classe, professeur, livre, cahier, étude de *phrénologie* à celles de : faculté, cours, classe, professeur, livre, cahier, étude de *philosophie*, on saura d'une manière claire, fixe et définitive les matières ou éléments constitutifs compris dans cette faculté, dans ce cours, dans cette classe, dans l'enseignement de ce professeur, dans ce cahier ou dans cette étude. Le mot *phrénologie* n'a et ne peut avoir d'autre signification que celle de la science mentale, de l'esprit ou de l'âme individuellement considérée, avec les divisions et les subdivisions qu'il convient d'y faire pour la rendre plus claire et d'une intelligence plus facile.

Il n'y aurait aucun inconvénient à appliquer à ses divisions et ses subdivisions des noms connus dans la philosophie enseignée dans les écoles, et dont j'ai parlé dans ce que je viens d'exposer. Ceux qui pourraient supposer que la logique, l'éthique ou une autre partie constituante de la philosophie n'appartiennent pas au domaine de la phrénologie, doivent comprendre que cette science n'est pas seulement passive ou théorique, mais qu'elle est encore, comme toute autre science, active ou pratique. J'ajouterai en terminant que je ne m'arrête pas à établir la préférence que mérite le mot phrénologie sur ceux de logique, idéologie, métaphysique et autres qui sont et qui ont été employés ordinairement pour exprimer tout un système complet de philosophie mentale, parce qu'elle est évidente d'elle-même. On sait qu'il n'y a aucune de ces dénominations qui ne soit confondue, lorsqu'on s'en sert pour désigner l'ensemble d'un système mental, avec l'expression de quelques-unes de ses parties constituantes; une semblable confusion, au contraire, n'a eu et ne pourra jamais avoir lieu avec le mot phrénologie pour ceux qui connaissent l'étendue de sa signification légitime.

LEÇON LVI

La phrénologie considérée comme SCIENCE, ou phrénologie philosophique, et comme ART, ou phrénologie pratique.

MESSIEURS,

J'ai soumis à votre considération la multiplicité des principes constitutifs de l'âme, et je vous ai démontré son existence par conviction sensitive, par

conviction intime, par conviction rationnelle, en un mot par toutes les espèces de convictions dont l'ensemble constitue le criterium de la vérité et
qui nous donnent la meilleure connaissance que nous puissions obtenir naturellement pour le moment de l'essence de cette même âme. J'ai soumis
encore à votre considération les divers modes d'agir de ces principes ou facultés en eux-mêmes et dans leurs plus importantes combinaisons; je vous
ai expliqué la grande infinité d'actions humaines que peuvent engendrer
ces combinaisons, et je vous ai fait connaître toutes les difficultés et tous
les points contestables qui avaient fait jusqu'à présent de la philosophie
mentale un chaos de ténèbres ou de confusion.

C'est maintenant le moment d'envisager dans son ensemble tout ce que
j'ai exposé dans ces leçons, et, partant de son unité générale, de le considérer comme une essence avec sa constitution, comme une unité avec sa
multiplicité, comme un édifice avec ses pierres formant un tout individuel
distinct et déterminé. C'est le moment enfin d'étudier la phrénologie en
général comme un corps de doctrine analysable et applicable, comprenant
des principes et des règles, pouvant et devant être considéré par conséquent
comme SCIENCE et comme ART.

Considérée comme SCIENCE, la phrénologie est dans sa *multiplicité* ou constitution une réunion et une explication d'idées représentatives de lois ou
de principes par rapport à l'âme et à son organe de manifestation, le cerveau, et, dans son *unité* ou essence, une totalité doctrinale ou système philosophique.

Considéré comme ART, elle est la même science phrénologique quant aux
principes pratiques ou règles qui en ont été ou qui peuvent en être déduites,
pour former et pour apprendre à former des jugements sur le caractère,
sur le génie, sur les dispositions et sur le talent naturels de l'individu par
l'examen externe de la tête. On donne, comme vous le savez (t. II, p. 323,
352 à 353), le nom de CRANIOLOGIE à la phrénologie considérée comme art.

La phrénologie considérée comme science constitue, comme vous l'avez
vu, dans la leçon précédente, ce qu'on appelle en langage scolaire : philosophie, et en langage ordinaire : science ou philosophie mentale ou
de l'esprit. Ainsi considérée, la phrénologie a été expliquée avec précision,
avec détail et avec soin dans toute sa totalité comme dans ses parties
constitutives, dans les leçons antérieures. J'ai fixé et établi les principes
fondamentaux de la philosophie phrénologique de la manière la plus évidente, la plus sensible, la plus morale et la plus rationnelle, depuis la
leçon VIII jusqu'à la leçon XXVI (t. I, p. 63 à 419); et depuis la leçon XXVII
jusqu'à la leçon LIV (t. I, p. 420 à t. II, p. 493); j'ai présenté comme vérités incontestables les faits particuliers compris ou renfermés dans ces
principes.

La phrénologie peut avec très-peu de modifications être divisée utilement
et avantageusement de la même manière que Bouillet, dans son Dictionnaire (*note* 3 au bas de la p. 501 du t. II), divise la philosophie, c'est-à-

dire en : psychologie [1], psychisme ou siquisme, esthétique, idéologie, logique, éthique et pédagogie ou éducation [2]; on peut ensuite étudier le rapport de la phrénologie en général avec les autres sciences et arts. Ces parties de la phrénologie, science de l'âme ou philosophie, peuvent être et sont souvent considérées comme sciences ou philosophies distinctes ayant chacune une individualité propre; mais elles sont subordonnées toutefois, quant à leur genre ou classe particulière, à la science ou philosophie générale de l'âme. Ainsi nous disons : la science ou philosophie psychologique, la science ou philosophie idéologique, la science ou philosophie morale. Toutes ces sciences philosophiques [3], appartiennent cependant à la juridiction de la science ou philosophie mentale.

J'ai parlé, soit avec intention, soit par hasard, de toutes ces sciences philosophiques ou phrénologiques, c'est-à-dire des parties principales constitutives de la phrénologie ou philosophie dans les leçons précédentes. Bien plus, j'ai établi comme démonstration rationnelle ou sensitive que les principes qui les constituent étaient fondés sur la véritable nature de l'âme. Malgré cela, j'avais eu l'idée de vous présenter un résumé général de ces leçons et d'en faire autant de traités qu'il y a de sciences subordonnées ou parties générales de la philosophie ou phrénologie considérée comme science. Enfin je me suis convaincu que pour remplir cette tâche j'avais à dire trop de choses pour ne pas dépasser les limites d'un résumé, et en dépassant ces limites je m'éloignais du caractère général de ce cours de leçons, qui est l'explication ou le développement raisonné et démonstratif des vrais principes de l'âme, de ses phénomènes successifs et simultanés, et qui doit servir,

[1] Dans ce cas, le mot *psychologie* est employé dans un sens limité pour désigner une partie principale d'un système de philosophie mentale en particulier ou de la philosophie mentale en général, mais non tout un système particulier ni toute la philosophie. Cette acception limitée est aujourd'hui très-bien admise. Galuppi di Tropea dit, dans son ouvrage cité de *Philosophie*, apud psychologie, § 2 : « Je donne le nom de *psychologie* à la science des facultés de l'esprit. » Dans sa *Philosophie élémentaire*, apud psychologie, ch. I, § 1, M. Balmes dit que l'esthétique et l'idéologie ne considèrent l'âme que dans ses phénomènes, et « qu'il convient de réserver le nom *psychologie* à la science qui se propose d'étudier la nature elle-même du sujet. »

[2] Je ne suis pas l'exemple de M. Balmes, qui admet la grammaire générale et la théodicée comme partie intégrante de la phrénologie ou philosophie, parce que la nature de la chose dont il est question, et non la faculté mentale avec laquelle cette chose est en relation intime, détermine l'espèce de science à laquelle elle appartient. La grammaire générale, qui s'occupe de la manière d'exprimer les idées objectivement et non de la manière de les former subjectivement, et la théodicée, qui a pour objet Dieu dans son existence propre, et non les facultés qui la déduisent rationnellement et qui croient en elle, n'appartiennent pas comme science à celles que comprend la philosophie subjective, mais bien à celle qu'embrasse la philosophie objective.

[3] On voit clairement ici que le mot « science » et le mot « philosophie, » employés dans le sens de « science, » peuvent avoir et ont, en effet, une signification aussi étendue et aussi limitée que l'on veut. En effet, si nous disons « la *science*, ou la *philosophie* du communisme, » nous nous servons de ces noms dans un sens bien limité, sans doute. Mais, si nous disons : « l'expérience, de même que la *science* ou *philosophie*, repousse le communisme comme institution générale, nous les employons dans un sens si étendu, qu'ils signifient toutes les sciences et toutes les philosophies existantes.

en dehors de son objet spécial et propre, de fondement et de point de départ à toutes les sciences morales et politiques. Ces deux extrêmes m'ont fait préférer au résumé général cité un ouvrage, préparé d'avance, que je publierai à une époque peu éloignée et qui est intitulé : *Philosophie fondamentale et élémentaire à l'usage des universités, des séminaires, des colléges et des écoles d'enseignement supérieur en Espagne et à l'étranger* [1].

PHRÉNOLOGIE PRATIQUE OU CRANIOLOGIE

Nous devons nous occuper maintenant, messieurs, de la phrénologie considérée comme ART, c'est-à-dire, comme vous le savez déjà (t. II, p. 523, 352 à 353), de la craniologie ou phrénologie pratique.

La craniologie ou phrénologie pratique admet certains principes comme vérités irréfutables qu'il appartient à la philosophie scientifique d'expliquer et de démontrer. Ces principes, point de départ de toute crâniologie, sont les suivants :

1° L'âme est une entité, une essence, une individualité ou une totalité spirituelle dont la multiplicité ou constitution est formée d'une diversité de forces, de facultés ou de principes, ayant naturellement chacun un cercle d'action distinct et propre, comme je vous l'ai expliqué et démontré d'une manière claire et définitive (t. I, p. 65 à 124, 427 à 236 du t. II).

2° Les inclinations, les dispositions, les aptitudes, le caractère, le génie et les talents divers des individus dépendent des diverses facultés ou principes de l'âme, suivant le degré de force manifesté par chacun d'eux dans leur cercle d'action particulier propre et exclusif, et suivant le mode varié d'entrer en combinaison et en action générale. Ce que j'ai dit sous le titre : *Direction et influence mutuelle*, en parlant de chacune des facultés en particulier, et mes observations en général (Voir les endroits cités dans les *notes* au bas des pages 532 et 576 du t. II), sur la production ou sur l'apparition de certains actes spirituels comme résultat de l'action combinée des diverses facultés, forment un traité complet de cette matière et du *psychisme* ou siquisme en même temps [2].

3° Le cerveau constitue dans son unité ou individualité l'organe de manifestation de l'âme dans son entité ou totalité.

4° La constitution du cerveau comprend une multiplicité de parties, de

[1] Cet ouvrage se composera d'un tome peu volumineux. J'en publierai aussi, à l'usage des écoles primaires, un petit épitome ou compendium. En outre, mon système complet de phrénologie, très-amélioré, paraîtra bientôt dans sa quatrième édition. Ces deux ouvrages pourront être regardés comme des abrégés de ces leçons. Il n'y aura d'autre différence entre eux qu'en ce que la philosophie fondamentale et élémentaire pourra être considérée comme un manuel de phrénologie envisagée comme *science*, et le système complet de phrénologie comme un manuel de craniologie, c'est-à-dire comme un manuel de phrénologie envisagée comme *art*.

[2] On entend par *psychisme* ou siquisme la manière d'agir de l'âme dans l'accomplissement de ses actes purement spirituels, ainsi que je l'ai dit (t. II, p. 285, note 6.)

compartiments ou d'organes manifestant ou révélant chacun une faculté mentale, à l'exclusion complète de tout autre (t. II, p. 263 *fin* à 264).

5° La force de chaque faculté mentale ou de l'esprit *mise en action* se manifeste par le volume, par la qualité et la condition actuelle de son organe cérébral.

6° Aucun *psychisme* ou siquisme mental ne peut s'opérer dans l'ordre de la nature sans un fonctionnement cérébral correspondant. Si deux ou plusieurs facultés se trouvent combinées pour une action mentale, leurs organes cérébraux correspondants doivent se trouver et se trouvent en action combinée identique de manifestation, et l'action interne *mentale* apparait à l'extérieur selon sa condition *matérielle*.

7° Le volume, la qualité et la forme du cerveau correspondent complètement, sauf de très-rares exceptions, au volume, à la quantité et à la forme de la tête; ces circonstances peuvent être entièrement appréciées en regardant et en palpant sa superficie externe. Pour connaitre donc le volume, la qualité et la forme du cerveau, il n'y a qu'à observer certaines règles pour regarder et toucher la superficie extérieure du crâne ou de la tête.

8° Par suite de la correspondance complète qui, sauf de rares exceptions, existe entre le cerveau et le crâne ou tête par rapport au volume, à la forme et à la qualité, le siège occupé dans le cerveau par chacun des organes de manifestation mentale se reconnait par le siège correspondant indiqué par lui-même sur la superficie externe du crâne ou de la tête. De sorte que l'expression « compartiment ou organe cérébral et compartiment ou organe crânien » signifie une même chose. Il n'y a de différence que la suivante : lorsque nous parlons d'un organe crânéal, nous y comprenons la partie du cerveau qu'il recouvre, et, lorsque nous parlons d'un organe cérébral, nous y comprenons la partie du crâne qui le recouvre. Par conséquent, lorsqu'on parle de l'organe de manifestation mentale ou de l'esprit, on entend toujours l'organe cérébral uni à la partie du crâne dont il est couvert (t. I, p. 208 à 281).

9° La qualité du cerveau se reconnait au tempérament ou aux tempéraments qui prédominent dans l'individu, la prépondérance du tempérament étant toujours modifiable. La qualité d'un crâne se reconnait à sa contexture (t. I, p. 377 à 384).

10° La condition actuelle du cerveau se reconnait en général par la physionomie du visage *en repos* de même que les grands mouvements spirituels se reconnaissent par le langage naturel *en action* (t. I, p. 383 à 409).

Ces dix principes, vous le savez, ont été expliqués et démontrés dans ces leçons (t. I, p. 63 à 409) par toute espèce de preuves, et d'une telle manière, que leur vérité n'admet ni doute ni réplique. Or, si les inclinations, dispositions, aptitudes, caractère, génie et talents des individus dépendent de la diversité de force, par laquelle les facultés mentales se manifestent; — si cette diversité de force des différentes facultés mentales ou de l'esprit, unie à leur action combinée et variée, se manifeste par le volume, la qualité et la condition actuelle des organes cérébraux occultes; — si le volume, la qualité et la condition actuelle des organes cérébraux occultes peuvent, sauf de très-rares exceptions, se reconnaître par les organes crâniens manifestés à l'ex-térieur, IL EST DE TOUTE ÉVIDENCE QUE : le siége de chacun des organes crâ-niens et la faculté manifestée ou révélée par l'organe cérébral qu'ils recou-vrent, étant connus, les inclinations, le caractère, le génie et les talents de l'individu dont on examine la tête phrénologiquement, c'est-à-dire d'après des règles phrénologiques, peuvent être reconnus *très-approximativement* par l'examen, par la vue et par le toucher de la partie extérieure de la tête.

Le phrénologue praticien ou craniologue qui sait plus ou moins le fonde-ment des principes que je viens d'exposer et qu'il doit admettre comme vérités parce qu'ils sont la base et le point de départ de tous ses jugements craniologiques, connaîtra d'autant plus ou d'autant moins scientifiquement son art ou sa profession. Ceci posé, la phrénologie embrasse comme ART ou profession les branches ou connaissances que, sous forme d'*instructions*, je vais continuer à vous énumérer et à vous expliquer. Personne ne pourra à juste titre se considérer comme phrénologue praticien ou cranialogue, s'il ne possède pas parfaitement ces connaissances et s'il ne sait pas les mettre habilement en pratique.

Instruction première. — La carte ou topographie craniologique, c'est-à-dire la division du crâne ou de la tête en autant de sections ou de com-partiments qu'il y a d'organes cérébraux connus, appartient au domaine du phrénologue praticien, c'est-à-dire de la phrénologie considérée comme art. Dans ce but, vous devez avoir présentes à l'esprit les deux têtes phrénologi-quement numérotées que je vous ai présentées plusieurs fois (voy. le com-mencement de cet ouvrage), et la localité ou le siége que conserve chacun de ses organes. Il est encore d'une extrême importance de se rappeler ce que j'ai dit dans la leçon XV (t. 1, p. 221 à 227), et de confronter sans cesse, dans les têtes phrénologiques, le chiffre sur la section, case ou comparti-ment avec le nom de l'organe qu'il marque ou signale. L'élève ne doit abandonner son étude que lorsqu'il saura l'organe représenté par une case, compartiment ou division quelconque de la tête numérotée sans avoir recours à la liste qui renferme son nom. L'élève sachant bien la carte ou topographie craniologique en fait l'application sur toutes les têtes naturelles qui se présen-tent à la vue, afin de concevoir dans son esprit telle ou telle région et de la déterminer par l'organe ou par les organes craniologiques qu'elle comprend. Il ne doit pas abandonner cette pratique, à moins qu'il ne puisse, en voyant une tête, un crâne ou un portrait, dire de prime abord avec vérité, sûreté et certitude, dans l'indication des régions déterminées : Là est tel organe, ici tel autre et ainsi de tous les organes.

Instruction deuxième. — Le phrénologiste praticien doit connaître la fa-culté mentale et son *cercle d'action* représenté par chacune des divisions, compartiments ou *organes* crâniens. Il doit dans ce but commencer l'étude de l'organe simplement avec la *définition* de la faculté qu'il manifeste, comme je l'ai établi depuis la leçon XXVII jusqu'à la leçon XLIV (t. I, p. 437 à t. II, p. 256), en traitant de chacun des organes et de leurs facultés en particulier. Lorsque l'élève aura acquis dans cette étude une pratique assez grande pour qu'il puisse, à l'inspection et au toucher d'une région déterminée d'un crâne, d'une tête ou d'un portrait quelconque, dire avec vérité et sans vaciller un seul instant : Ici se trouve tel ou tel organe ; et par conséquent telle ou telle faculté, ayant tel ou tel cercle d'action dans son *usage* ou objet, dans son *abus* ou perversion et dans son *ina tivité* ou inertie, il devra étudier tout ce qui a été dit sur chacune des facultés, jusqu'à ce qu'il puisse en donner raison par son seul vouloir.

Instruction troisième. — Il est extrêmement important que le phrénolologiste praticien se rende bien compte de la position belle, sublime et admirable des organes cérébraux ou crâniens comparés avec la faculté mentale distincte que chacun d'eux révèle ou manifeste. Cette connaissance nous habitue à attribuer à chaque faculté ce qui la concerne relativement à son ordre hiérarchique, sans rien oublier de l'importance relative que toutes les facultés ont entre elles par rapport à la totalité mentale, qu'elles constituent dans leur ensemble.

Rien n'est plus funeste au phrénologiste praticien que de posséder des idées erronées de *liberté* et d'*égalité*. Toutes les facultés sont *égales*, comme les instruments d'un orchestre, en tant que principes constitutifs de l'âme ; mais elles sont toutes *distinctes* quant à l'individualité particulière et au cercle d'action spéciale et propre que chacune d'elles possède. Toutes les facultés sont *libres* comme les instruments d'un orchestre, puisque sans liberté elles ne pourraient pas exercer l'action qui leur est exclusivement propre ; mais elles sont toutes sujettes à l'*harmonisativité*, comme les instruments d'un orchestre le sont au chef qui les dirige. L'une est la loi *vivante* d'action générale de la totalité mentale dont chacune des facultés fait partie ; l'autre est la loi *vivante* de l'action générale de la totalité de l'orchestre dont chacun des instruments fait aussi partie. Sans ces deux principes *vivants* d'action générale ni l'âme ni l'orchestre n'auraient d'unité harmonique dans les combinaisons infinies dont ils sont susceptibles. Voici une autre preuve irrécusable de l'*unité multiple* dans tout, et pourquoi cette *unité multiple* est le point de départ de toute philosophie, de toute philosophie morale et politique du moins. Dans l'univers, comme j'ai dit souvent, tout est uni et séparé, tout est un et multiple, tout est libre et soumis, tout est égal et distinct.

Les facultés de l'âme, de même que les instruments d'un orchestre ou les individus d'une société humaine, ont chacune par elle-même leur importance relative comme parties composantes d'un tout. Cette importance relative ou hiérarchique des facultés est celle qui peut se déduire de la position variée de leurs organes dans la tête. En effet, les organes des facultés CONTACTIVES destinés à avoir un contact immédiat avec les attributs *externes* sont localisés de manière qu'ils se trouvent à la partie *inférieure* du front et en contact immédiat avec ces mêmes attributs. Où sont situées les facultés COGNOSCITIVES, *supérieures* déjà en importance, puisqu'elles sont destinées à recevoir les irradiations immédiates des facultés contactives, et à donner depuis le monde interne connaissance de ce qui passe dans le monde externe aux autres facultés internes? Elles sont précisément *au-dessus* et environnées par les facultés contactives; mais elles siègent également à la partie antérieure de la tête, puisqu'elles doivent être d'abord affectées avant de pouvoir affecter les autres. De sorte que leur position frontale dénote l'antériorité naturelle de leur action par rapport à l'action des autres classes de facultés. On peut en dire de même des impulsions animales qui, formant la classe infime des opérations mentales, ont leurs organes réunis dans la région postérieure ou infime de la tête. En suivant le même ordre hiérarchique, nous trouvons les organes des facultés humanales, c'est-à-dire morales et religieuses (t. I, p. 370 à 375) dans la partie la plus éminente et la plus élevée de la tête, et les facultés *intellectuelles* dans la région supérieure du front; je vous ai parlé de leur gradation locale et actionnelle.

Si nous considérons les facultés isolément, nous verrons que leur ordre de localisation conserve la même correspondance admirable que l'ordre hiérarchique actionnel. Voyez où est situé l'organe de la faculté (t. II, p. 177 à 182) qui nous inspire le désir de monter, de nous élever personnellement, d'être supérieurs aux autres, de nous approprier l'autorité? C'est au sommet supérieur, mais *postérieur* de la tête; c'est une faculté élevée, mais tout à fait égoïste. Où est l'organe de cette faculté (t. II, p. 182 à 188) qui, faisant abstraction d'elle-même et de tout ce qui a ou peut avoir des vues égoïstes, ne pense qu'au prochain? Elle est sur le sommet supérieur mais *antérieur* de la tête. Le cercle de son action est d'un caractère si élevé, qu'il n'a pour objet que le désintéressement pur et absolu. Examinez le siège de la raison (t. II, p. 253 à 257, 297 à 302, 331 à 337), de cette faculté impartiale par excellence qui ne voit, n'aperçoit que le bien général de tout l'individu considéré dans toutes ses relations et qui, par conséquent, doit recevoir intelligence de toutes les autres facultés et doit transmettre à toutes une instruction et des ordres. Peut-on concevoir une position plus centrale, plus élevée pour un ministère aussi sublime et aussi important! Toutes, oui, toutes les facultés se manifestent par des organes dont la localité céphalique proclame l'importance relative de leur cercle d'action propre; et ce cercle d'action démontre, non-seulement d'une manière *palpable* l'existence dans l'âme de cet ordre hiérarchique admirable que j'ai tant de fois cité (t. II, p. 59, 127, 222 à 223 *et passim*), mais il prouve encore irrésistiblement la diversité et l'harmonie des parties analogues et contraires qui existent dans l'individualité ou dans la totalité des choses créées.

Instruction quatrième. — Le phrénologiste praticien doit connaître les règles qui apprennent à former le jugement le plus exact de la grandeur ou du volume de la tête, du crâne ou du portrait qu'on lui présente. Ce jugement doit être relatif : *premièrement*, à la totalité du crâne ou du portrait, *deuxièmement*, aux trois régions *morale, intellectuelle* et *animale*, et, *troisièmement*, à chacun des organes en particulier. Pour le premier, je n'ai rien à ajouter à ce que j'ai dit dans les leçons XVI et XVII (t. I, p. 259 à 281). Quant au second, j'ai donné, non-seulement des instructions spéciales (t. I, p. 142) que vous n'avez pu oublier, mais j'ai encore présenté un grand nombre de têtes et de crânes comme exemples pratiques que vous vous rappelez très-bien (t. I, p. 137, 162, 171, 179, 181, 183, 187, 188, 191 à 193, 197). Quant au dernier, il suffit de savoir ce que j'ai dit dans les leçons XVI et XVII (t. I, p. 259 à 281) et sur la localité particulière ou topographique dans le crâne ou dans la tête de chacun des organes, topographie que j'ai signalée d'une manière spéciale dans les instructions première et deuxième [1].

Instruction cinquième. — Le phrénologiste praticien doit bien posséder les règles qui nous apprennent à connaître la *qualité* des organes cérébraux, tant sur le crâne de l'individu mort ou cadavre que sur la tête du vivant; car le jugement phrénologiquement déduit du caractère et des talents d'une personne ne dépend pas moins du volume ou quantité que de la condition ou qualité de l'encéphale. La qualité bonne ou mauvaise des organes est reconnaissable au tempérament favorable ou défavorable du sujet. J'ai parlé (t. I, p. 377 à 382) d'une manière qui ne laisse rien à désirer je crois, des tempéraments, de la manière de les reconnaître d'après le crâne d'un cadavre ou d'un homme vivant et des moyens qui les modifient dans ce dernier.

Instruction sixième. — Le phrénologiste praticien doit connaître également le langage naturel et la physionomie en repos comme en action [2] pour ne pas se laisser surprendre, d'un côté, par la manifestation momentanée d'un caractère simulé, et pour déduire, d'un autre côté, par l'expression du visage, l'état interne général du cerveau, lorsqu'une anomalie inconnue le met en désaccord avec les manifestations externes du crâne. C'est pourquoi je ne me suis pas arrêté (t. II, p. 41 à 43), comme vous le savez, avant de m'être convaincu de la vérité du langage naturel, ni avant d'avoir fait de la physionomie (t. I, p. 595 à 410) une véritable science physiognomonique. Il importe également aux craniologues de connaître l'anomalie que présentent quelquefois les crânes relativement à l'épaisseur et à d'autres circonstances; le volume ne peut pas alors servir de guide complet pour des jugements phrénologiques, ainsi que je l'ai expliqué, dans une autre occasion (t. I, p. 216 à 218, 265 à 281), avec tout le soin et toute la justification nécessaires dans un si important sujet. D'autre part, le phrénologiste praticien doit être bien sur ses gardes par rapport à des volumes exagérés relatifs à des crânes ou relatifs à des têtes. J'ai donné sur ce point également, comme vous le savez (t. I, p. 128 à 130, 278 à 279), des explications très-circonstanciées afin d'éviter des jugements erronés. Enfin le craniologue doit, en exa-

---

[1] Les leçons XVI et XVII (t. I, p. 259 à 281), et les leçons XI, XII, XIII (t. I, p. 122 à 206), peuvent être regardées comme des leçons de pure phrénologie topographique; l'élève ne peut pas les lire ni les étudier trop.

[2] Je crois avoir parlé de ce sujet avec toute la philosophie, toute la précision et toute la certitude qu'exigeait l'état actuel des sciences. Celui qui veut être un bon phrénologiste praticien doit lire et relire ce que je dis dans les pages 377 à 410 du t. I, et, sous le titre *langage naturel*, à chacun des organes en particulier.

minant une *tête*, la palper avec attention, afin de chercher s'il n'y a pas iné-
galité de température dans les organes, circonstance qui, comme vous le savez
ou comme vous devez le savoir (t. II, p. 99 à 100), peut accompagner dans une
région une *atrophie* ou une *irritation* occasionnée par des maladies et nullement par faute ou par excès de volume cérébral, et donner lieu à un jugement
phrénologique très-différent de celui qu'on établirait d'une autre manière. Il
ne faut jamais perdre de vue que le plus ou moins de chaleur dans un organe
ou dans un groupe d'organes peut être l'effet normal de son plus ou moins
d'exercice continu ou accidentel. Dans ce cas on doit toujours consulter l'é-
quilibre ou l'harmonie de toute la tête (t. I, p. 143 à 144, 161 à 162, 215 à
217; t. II, p. 12 à 13, 364 à 565); j'ai suivi moi-même, dans l'intérêt de ma
santé et de ma tranquillité d'esprit, les principes (t. II, p. 241 *fin*) établis sur
ce point.

Instruction septième. — Les conditions ou circonstances qui, en dehors
de la qualité ou du tempérament, modifient la force de la grandeur ou du
volume sont également du ressort du phrénologiste praticien, c'est-à-dire
de la phrénologie considérée comme art. Je n'ai rien à ajouter, à cet égard,
à ce que j'ai dit dans la leçon XIX (t. I, p. 299 à 313) et que doit toujours
se rappeler celui qui aspire à être un bon craniologiste.

Instruction huitième. — Le phrénologue praticien doit connaître la correspondance qui existe entre la forme générale d'une tête — tenant toujours
compte, bien entendu, du volume et des circonstances modifiantes — et le
caractère, le talent et les dispositions de l'individu à qui elle appartient. Si
l'élève se rappelle bien ce que j'ai dit dans les leçons XI, XIII, XVI, XLV et
XLVII (t. I, p. 124 à 145, 175 à 205, 246 à 251; t. II, p. 264 à 267, 323 à
330), il saisira à première vue et presque sans difficultés, j'en suis sûr, cette
correspondance, qui est d'autant plus exacte que les jugements phrénologiques, basés sur l'aspect frappant de grandes sections ou régions céphaliques, trompent à peine [1].

Instruction neuvième. — La connaissance la plus importante que comprend la phrénologie considérée comme art, ou que doit posséder le phrénologiste praticien, est relative à la combinaison variée des organes, consi-

---

[1] Celui qui veut être bon phrénologue praticien doit lire et relire sans cesse ces pages. Il
doit, en outre, examiner attentivement toutes les gravures de têtes de cet ouvrage, et comparer leur volume et leur forme avec ce que l'on sait du caractère des personnes dont elles
proviennent. Il doit aussi se rappeler que les hommes qui se distinguent seulement par
de la *facilité* ont une tête moyenne, mais très-active; que ceux qui se distinguent seulement par de la *force* l'ont grande et qu'ils doivent la soumettre principalement à l'exercice, que ceux qui ont naturellement de la *facilité* et de la *force* à la fois possèdent une
tête très-grande et très-active : tels étaient Homère et Shakspeare. La tête de Lope de
Vega était peut-être une des plus actives qu'on ait connues; mais son volume n'était que
moyen. Voilà pourquoi l'impression qu'il produisit sur son siècle ne s'est pas transmise à
la postérité. Il n'en a pas été ainsi de Cervantes, qui joignait à une tête très-grande une
activité cérébrale inférieure seulement à celle de Lope de Vega, activité en vertu de laquelle, à l'exception d'Homère et Shakspeare, personne n'a produit comme auteur une
aussi forte impression que lui sur la postérité.

dérée comme indice ou indication de la diversité d'inclinations, de dispositions, de génies, de caractères et de talents.

Vous n'ignorez pas que je n'ai été, dans aucune question, aussi explicite,
aussi précis et aussi long que dans celle-ci, car je savais qu'elle était l'élément le plus important de la phrénologie pratique. C'est à cette même question que je viens de faire un moment (t. II, p. 506) allusion lorsqu'en
vous parlant du second principe je me suis occupé des principes admis par
la phrénologie et qui lui servent de point de départ. Toute la différence qu'il
y a consiste en ce que je l'ai considérée alors comme exclusivement psychologique, c'est-à-dire comme se rapportant seulement aux diverses combinaisons des facultés qui constituent la variété des inclinations, des dispositions, des aptitudes, des caractères, des génies et des talents observés dans
l'humanité, tandis qu'il s'agit ici de la connaissance, de l'aspect extérieur
du crâne ou de la tête, pour déterminer, relativement au cas qui se présente, la combinaison prépondérante des organes les plus développés et les
plus actifs, et, par conséquent, de savoir quelle doit être la combinaison
particulière des facultés dominantes, pour en déduire les inclinations, les
dispositions, les aptitudes, le caractère, le génie ou les talents particuliers
de l'individu, du portrait ou du crâne examiné.

Puisqu'en traitant des facultés je me suis occupé aussi de leurs organes,
il s'ensuit qu'en parlant en même temps de la combinaison des facultés, j'ai
parlé de la combinaison des organes qui servent à manifester l'action des
combinaisons variées des facultés. Ayant établi l'immense importance de
cette question, j'ai déjà commencé à m'en occuper d'une manière étendue
et très-circonstanciée dans les leçons V (t. I, p. 49 à 52), XI (t. I, p. 142 à
144), XII (t. I, p. 161 à 173), XVIII (t. II, p. 286 à 299). En traitant ensuite des facultés et de chacun de leurs organes, j'ai étudié de nouveau le
sujet d'une manière très-particulière; j'ai commencé dans la langagetivité
(t. I, p. 447 à 449), sous l'épigraphe *Direction et influence mutuelle*, et
j'ai continué dans presque toutes les autres facultés et organes, mais surtout dans les endroits auxquels j'ai fait allusion en parlant des *conditions et
accidents* de la volonté (t. II, p. 352, *note*), en m'occupant de l'influence du
physique sur le moral (t. II, *note* au bas de la p. 376).

Quoique le phrénologiste praticien doive tenir compte, en général, pour
ses jugements, de la combinaison des organes les plus développés, il ne doit
cependant jamais perdre de vue le rôle très-important que remplit dans le
drame craniologique un organe ou un groupe d'organes qui domine comme
géant ou qui disparaît comme pygmée au milieu des autres organes. S'il est,
en effet, bien vrai qu'un seul organe considéré isolément n'est que la force
de manifestation d'une seule faculté, et qu'une seule faculté n'est qu'un
principe-cause abstrait et qu'elle ne peut, par conséquent, agir ni dans un
sens passif, ni dans un sens actif, sans l'intervention ou le concours d'une
autre ou de quelques autres facultés (t. II, p. 278 à 280, *note* au bas des
pages; et p. 330 à 337), cependant une seule faculté développée ou déprimée

d'une manière excessive est toujours voisine de l'*abus* ou de l'*inactivité*, et, conséquemment, elle tend à produire très-prochainement une discordance parmi les forces mentales diverses avec lesquelles elle a perdu sa relation intime et son enchaînement. C'est pourquoi j'ai eu grand soin de signaler toujours sous l'épigraphe *Définition*, relativement à chacune des facultés, l'espèce particulière d'aberration à laquelle toute faculté manifestée par un organe proportionnellement trop grand expose l'âme. J'ai rapporté, à l'appui de cette importante matière, beaucoup de faits pratiques sous les titres *Incidents* et *Observations générales*, afin que vous puissiez devenir de bons phrénologistes praticiens. Ce même sujet m'a conduit à expliquer avec précision et détail, comme vous le savez (t. I, p. 474 à 476; t. II, p. 72 à 74, 158 à 159, 307 à 308 et les endroits y cités), les aberrations de la conduite de l'individu par suite du défaut d'équilibre ou de relation intime dû à l'inactivité, à la surexcitation, à la maladie d'un organe parmi les diverses facultés mentales.

Si l'on constate qu'un organe est grand ou petit comparativement aux autres, mais non d'une manière exagérée, c'est l'indice que la faculté tend à être très-active ou très-inactive, mais elle ne tend pas à une perversion ou à une inertie complète. Si la faculté est *partielle*, son action se rapporte, *dans le premier cas*, à une tête rebelle, et elle est entraînée à tout renverser, à tout dominer (t. I, p. 157; t. II, p. 53, 70); mais elle peut, par un effort, marcher ou se combiner avec d'autres facultés comme élément *subordonné*. *Dans le second cas*, la faculté ne sent pas son manque de force pour toute espèce de combinaison mentale, mais elle est susceptible d'être activée d'une manière assez prononcée par l'effort et par l'exercice tempérés et harmoniques. S'il s'agit de la *faculté générale*, le grand développement exclusif de son organe indique un besoin de distinguer, une tendance extrême à varier ou à tout soumettre à un examen exagéré, à manquer de fixité dans ses résolutions; son peu de développement indique, au contraire, une tendance à ne pas voir les choses sous leur plus grand nombre d'aspects possible ou à ne pas faire des efforts pour établir un jugement ou délibérer suffisamment sur une question quelconque; mais tout cela est modifiable par l'effort [1]. Celui qui veut être un bon phrénologiste praticien peut acquérir une connaissance complète de ce sujet en étudiant les *divers degrés d'activité* des facultés d'après les différents degrés de développement des organes, ainsi que je l'ai expliqué avec toute la précision et toute l'étendue nécessaires en traitant de chacun des organes et de chacune des facultés en particulier [2].

Il importe au phrénologiste praticien, dans tous ces cas de développement

---

[1] L'effort est de deux sortes : *direct* ou *indirect*. Étudiez avec attention ce sujet traité dans les pages 540 à 541 du t. II.

[2] Consultez ce que j'ai dit en parlant de cette faculté générale sous les noms intelligence, comparativité, volonté ou harmonisativité, dans ses relations avec les facultés particulières et surtout avec la continuativité (t. II, p. 201 à 204, 260 à 265, 501 à 504). Ses convictions rationnelles sont supérieures à toute autre conviction sensitive et elles ne peuvent être annihilées que par des convictions plus complétement véritables et d'une classe supérieure identique (t. II, p. 546 à 548 et *note* au bas des pages).

d'un organe plus ou moins fautif ou plus ou moins excessif, d'indiquer les moyens de combattre la tendance au défaut ou à l'excès d'action mentale particulière qu'il engendre, puisque aucune impulsion, quelque énergique qu'elle soit, n'est pas, à proprement parler, indomptable; puisque aucune faculté, quelque grande que soit sa tendance à l'inactivité, ne perd pas sa susceptibilité d'excitation. Je vous ai parlé, vous le savez, plusieurs fois de ces moyens (t. I, p. 142 à 145; t. II, p. 321 à 323, 330 à 331, 340 à 343, 352 *fin* à 354, 375 à 384, 435 à 448), et toujours en vue de leur application pratique comme partie intégrante de la craniologie. Cependant le craniologue, s'il ne veut pas à chaque instant être induit en erreur dans ses jugements, doit partir toujours, pour ses appréciations céphaliques, de l'organe ou du groupe d'organes les plus développés dans la tête qu'il examine. Il pourra seulement ainsi déterminer la faculté ou le groupe de facultés qui sont les plus faciles à enthousiasmer, à extasier, à entraîner, à enflammer, à électriser, ou bien à être saisies d'horreur, d'épouvante et d'aversion; il utilisera ses connaissances, autant pour déterminer le caractère de l'individu que pour l'exciter à exécuter des actions saintes et utiles, actions qui nécessitent la stimulation de quelques facultés et la répression de quelques autres, ainsi que je vous en ai donné des preuves et des exemples (t. II, p. 323 à 329, 342 à 346) pour vous expliquer et vous apprendre entièrement ce sujet.

En outre, il ne faut jamais perdre de vue que la faculté ou les facultés que révèlent un organe ou un groupe d'organes extrêmement développés constituent le principe abstrait, général ou essentiel du caractère, de la disposition, du génie, du talent ou de l'aptitude de l'individu. La détermination, la constitution ou la combinaison qui permettent à ce caractère, à cette disposition, à ce génie ou à cette aptitude d'acquérir une existence particulière et spéciale concrète dépendent d'autres facultés. J'ai cherché à traiter cette question mieux que tous les autres phrénologues praticiens et scientifiques en vous l'expliquant avec toute la précision et en l'appuyant de tous les exemples que son importance nécessitait [1].

Malgré tout ce que j'ai dit et répété si souvent à cet égard, vous me permettrez de le rendre au besoin plus clair et de le mettre à la portée de tous à l'aide de quelques exemples d'une utilité pratique. L'individu qui a, par exemple, une grande constructivité, possédera une inclination innée pour la construction ou la formation des choses en général; mais les autres facultés devront déterminer l'ESPÈCE de construction à laquelle s'applique cette incli-

---

[1] Voyez ce que j'ai dit sur ce sujet à l'épigraphe: *Direction et influence mutuelle*, en traitant de chacune des facultés en particulier et en d'autres endroits plusieurs fois cités, mais surtout dans les pages 332, 376, 506, *notes* et endroits y cités. Tout ce que j'ai dit sur la formation de perceptions et de conceptions spéciales et déterminées par une faculté qui agit comme *principale*, suivant les irradiations qu'elle reçoit des autres facultés qui agissent comme *accessoires*, doit être également regardé comme appartenant à cette matière. Je me suis efforcé à cet égard d'être très-clair, très-explicite et très-complet, non pas une fois, mais un grand nombre de fois (voir t. I, p. 354 à 358; t. II, p. 9 à 14, 172 *fin* à 174, 213 à 216, 352 à 355, 295 *note* au bas de la page).

nation. L'individu doué d'une grande acquisivité sera fortement porté à posséder ou à acquérir en général ou abstractivement; mais, pour savoir *quelle
est la chose* à laquelle cette acquisivité s'adresse ou s'applique avec le plus
d'énergie, il faut reconnaître les autres organes et fixer son attention sur les
plus développés. Si ce sont les organes qui constituent le peintre, l'individu
cherchera plus spécialement à faire des collections de tableaux ; si ce sont les
organes intellectualitifs, il acquerra des livres où se trouvent de puissants
arguments; si ce sont les organes domestiques, il cherchera à se procurer les
objets, les commodités et les douceurs du ménage, et ainsi de suite pour les
organes qui possèdent dans la tête un plus grand développement. Savez-vous
pourquoi l'acquisivité se dirige de préférence et avec le plus d'ardeur vers
l'argent ? C'est que l'argent constitue, comme elle, une généralité ou une
abstraction au moyen de laquelle elle peut se procurer un plus grand cercle
de satisfactions provoquées par la plupart des facultés, comme objet unique
et exclusif de son désir spécial et particulier.

Lorsque donc le phrénologue praticien voit un organe ou un groupe d'organes très-développés, il doit savoir que c'est l'indice d'un grand désir ou
d'une grande répugnance, avec exclusion complète du pouvoir de satisfaire
l'un ou d'éviter la réalisation de l'autre. Un grand organe de tonotivité indique une faculté très-active qui nous pousse énergiquement vers la musique; un grand organe de stratégitivité indique une faculté qui nous porte
aux manœuvres secrètes et artificieuses; un grand développement du groupe
des organes de l'inférioritivité, de l'effectuativité et de la réalitivité nous dirige
vers le sacerdoce; un grand organe de la méliorativité nous porte au progrès;
un grand développement de la supérioritivité nous inspire de la répugnance
pour toute carrière considérée comme modeste. Mais tout cela ne détermine
que l'inclination ou l'aversion, mais nullement la disposition, le talent ou le
génie. Pour déterminer si avec l'inclination ou affection, il y a disposition,
talent ou génie, il faut examiner s'il y a avec le désir le pouvoir de le satisfaire, et avec l'aversion le pouvoir d'éviter la réalisation de son objet. Le
phrénologiste praticien pourra seulement ainsi apprécier le génie, le talent,
la disposition et le caractère dominant de l'individu examiné, et par conséquent la carrière, l'emploi, la profession ou l'occupation pour laquelle il a
le plus d'aptitude, ou le genre de vie qui convient le mieux à sa nature. Pour
arriver et pour se former à la pratique de ces principes craniologiques, il faut
absolument avoir présentes à l'esprit les nombreuses et importantes observations que je vous ai présentées sans cesse dans le cours de ces leçons (t. I,
p. 527 à 551; t. II, p. 558 à 359, 348 à 354), et qui suffisent dans ce but.

Instruction DERNIÈRE et très-importante. L'élève qui s'adonne à la phrénologie pratique comme profession dans laquelle il doit gagner sa vie, ou qui
l'étudie comme une connaissance d'agrément ou d'utilité personnelle, ne doit
pas s'exposer à formuler un jugement phrénologique qui ne doive servir à
la modification de la conduite ou au choix de la carrière ou de l'emploi
d'une personne. Il faut auparavant qu'il ait examiné beaucoup de têtes, d

crânes et de portraits de personnes connues, et que chacun de ces examens ait été pour lui une nouvelle preuve de la vérité de la phrénologie, soit en corroborant ou en modifiant ses opinions antérieures.

Nul ne doit s'aventurer à porter un jugement phrénologique sur la tête, le crâne ou le portrait d'une personne *inconnue*, s'il n'a examiné des centaines de personnes connues. Sans la conviction sensitive ou expérimentale de *faits* qui prouvent dans l'esprit de l'élève la vérité entière des *principes*, il ne pourra jamais être un craniologue de bonne foi. On doit étudier la phrénologie pratique pour devenir un craniologue instruit et de convictions arrêtées, à la manière de Gall, c'est-à-dire : ne cesser jamais de vérifier ses principes, de rectifier ses opinions et d'acquérir de nouvelles connaissances par l'examen de têtes, de crânes et de portraits de personnes remarquables et bien connues par leur caractère spécial ou par leur talent particulier. La conduite que j'ai suivie (t. II, p. 42 à 43) lorsque j'ai voulu me convaincre de la vérité du langage naturel est celle que je vous recommande en ce moment; je vous propose comme stimulant et comme aiguillon le souvenir de la seule différence qui existe entre la psychologie ancienne et la phrénologie moderne, et qui consiste en ce que (t. I, p. 122 à 124) *dans l'une* on inventa les facultés mentales à plaisir, et que *dans l'autre* on les a découvertes et démontrées telles que Dieu les a créées.

LEÇON LVII

La phrénologie considérée comme SCIENCE, ou phrénologie philosophique, et comme ART, ou phrénologie pratique. — Mode de procéder dans l'examen craniologique d'une tête.

(CONCLUSION.)

MESSIEURS,

Vous ayant appris les connaissances qui forment le phrénologiste praticien, c'est-à-dire les connaissances qu'embrasse la phrénologie considérée comme art, je dois maintenant vous faire connaître le mode de procéder à l'examen craniologique d'une tête pour en déduire avec les plus grandes probabilités de certitude les dispositions, les inclinations, les aptitudes, le caractère, le génie ou les talents qui distinguent la personne à laquelle elle appartient, et ne pas offenser en même temps la morale chrétienne et notre sainte religion dans tout ce qu'elles enseignent.

Lorsqu'on présente une tête à notre examen, la première considération à observer c'est que cette tête, quelle qu'elle soit, est en harmonie avec le *bien*, car il n'y a pas de tête mauvaise et il n'y en a pas non plus qui n'ait é.é créée pour une fin sainte et utile, à condition qu'on lui *donnera une bonne direction et qu'on l'appliquera à la destination que la nature lui a assignée.* Malgré les observations répétées et détaillées que j'ai faites sur ce sujet (t. 1, p. 137 à 175, 282 à 299, 293 à 294 *note*, 323 *fin* à 324, 332 à 345, 436) et malgré surtout ce que j'ai dit en divers endroits à cet égard, je ne puis m'empêcher de vous rappeler ce que je n'ai jamais cessé de vous répéter dans mes leçons, savoir : « Celui qui n'est pas bon pour soldat peut être bon pour architecte; le peintre qui s'adonne aux portraits et qui ne produit que de mauvais tableaux, voué à l'application des couleurs des portes et des fenêtres, peut être très-utile et très-heureux. Il y a des hommes qui, livrés au commerce, sont malheureux et inhabiles parce qu'ils ont embrassé une certaine branche de cette profession; s'ils s'étaient adonnés à une autre branche de cette profession, ils seraient des hommes très-considérés et auraient la réputation d'intelligents. J'ai connu un individu qui se ruina, et se convainquit enfin qu'il était inapte pour une branche de commerce et très-propre pour une autre. Il avait voué toute sa vie à la direction de diverses sociétés commerciales *en grande échelle* qu'il avait formées; s'étant livré ensuite à la pratique du *petit* commerce, il gagna non-seulement ce qu'il avait perdu, mais il acquit même la réputation d'homme sagace et prévoyant. »

Il ne sera pas non plus en dehors d'un sujet d'une importance aussi transcendante, de vous rapporter ce qui m'arriva dans une circonstance semblable à Torroella de Montgri, village de la province du Gérone, la nuit du 25 septembre 1841. Au milieu de mes explications, les élèves me demandèrent mon avis sur un crâne qu'ils venaient de déterrer et qu'ils me présentèrent à l'improviste. C'était celui d'un célèbre scélérat qui avait répandu l'alarme dans ces contrées pendant quelques années. L'ayant observé un moment, je fis remarquer aux élèves ses tempérament et développement particuliers ; je leur dis ensuite : « Vous voyez vous-mêmes que, tout en ignorant, comme moi, quelle est la personne à qui ce crâne a appartenu, vous n'éprouveriez aucune difficulté à affirmer que son volume et sa configuration sont l'indice de beaucoup de talents et d'inclinations malheureuses; vous pourriez presque assurer que si l'individu qui l'a possédé n'a pas eu une *bonne direction* et ne s'est pas trouvé soumis à une répression constante, il a été dans son temps un chef de bandits ou autre chose analogue. »

Les élèves furent étonnés d'une correspondance aussi exacte entre ce crâne et la vie de celui qui l'avait possédé. Ils s'empressèrent de me raconter son histoire, qui n'avait été qu'une série de crimes ayant abouti à une fin tragique. A cet égard, j'ai eu occasion de leur dire, comme appui et corroboration du principe en question, ce qui suit :

« Ce crâne, d'après ce que nous enseigne la phrénologie, avait de violents penchants pour la destruction, pour l'attaque, pour le commandement, pour la propriété, et n'avait ni respect, ni amour, ni considération pour le prochain; il craignait à peine le malheur que les résultats de sa conduite pouvaient lui attirer. Vous venez de donner une certitude au pronostic de la phrénologie en assurant, comme vous venez de le faire, que ce crâne a appartenu à un célèbre voleur, assassin qui répandit l'alarme, la frayeur et la terreur avec sa bande, pendant six années, dans quelques contrées de la Catalogne. Était-ce là la mission de cette tête sur la terre? Non sans doute. A l'aide d'une éducation convenable, cette tête aurait été paisible comme celle d'un agneau, courageuse comme celle d'un lion, prompte comme l'éclair. Que fallait-il donc pour que cette tête accomplît sa destinée, celle de faire le bien que Dieu lui avait indiqué? Il fallait que les autres membres du corps social que la nature avait doués d'une haute prévision et d'une haute morale, eussent élevé convenablement la partie supérieure et intelligente de sa tête et endormi sa partie inférieure. Il fallait ensuite la mettre dans sa *véritable sphère d'action*, qui était l'armée, la marine, les entreprises ardues, difficiles et exigeant de la fatigue, de la valeur, de la constance et une âme de fer. Trois mille soldats ayant des têtes comme celle-ci et commandés par des têtes douées d'une même constitution avec la prédominance de la partie supérieure antérieure, et disciplinés, tiendraient tête à plus de vingt mille hommes et les vaincraient complétement.

« Non, messieurs, je le répète et je le répéterai toujours, il n'y a pas de tête mauvaise; qu'on donne à chacune sa propre sphère d'action, et il n'y en aura pas de mauvaise, ni de malheureuse, puisque dans toute la nature il n'y a pas un seul atome qui n'ait son application utile et importante. Comment la tête humaine pourrait-elle ne pas en avoir? C'est impossible. Il n'y a qu'à chercher cette application au moyen de l'intelligence que Dieu a donnée au grand corps social, et pour laquelle la phrénologie lui fournit une vive et brillante lumière.

« Il n'y a donc pas, je le répète, de tête qui soit mauvaise qui n'ait une application ou une adaptation utile et importante dans la nature. Toute la difficulté consiste à trouver ou à découvrir cette application ou cette adaptation pour laquelle la phrénologie est venue à notre secours (t. II, p. 350 à 353). L'homme qui est né *piéton* et qui a un organisme physique fort et robuste, avec une intelligence bornée et peu active, est aussi utile, remplit tout aussi bien le but de sa mission, et peut être aussi heureux en transportant des fardeaux pour ses semblables d'un lieu à un autre, que l'homme grand et bon qui dirige, dans l'intérêt de tous, les destinées d'une nation. Il faut seulement que dans les deux cas ils ne reçoivent l'un et l'autre, ni plus ni moins que le produit de leur travail, afin qu'ils puissent satisfaire modérément et harmoniquement les désirs qu'ils éprouvent suivant leur intensité et leurs modifications.

« Le grand devoir de l'homme comme individu, comme membre de la société, devrait consister à étudier et à déterminer son organisation, à embrasser ensuite une profession et une manière de vivre en harmonie avec cette organisation. Si nous nous conduisions tous ainsi, il n'y aurait pas, comme il n'y a pas en réalité de têtes mauvaises et bonnes, heureuses et malheureuses; toutes seraient bonnes et heureuses, autant que notre nature *impar-*

faite mais *perfectible* le comporterait. Tel qui vole aujourd'hui sur une route ou qui assassine dans un désert pourrait appliquer les mêmes facultés qui commettent ces crimes à des actes de véritable utilité, de bienveillance et de justice. Que nos parents étudient, étudions nous-mêmes l'état ou profession et le genre de vie pour lesquels la nature nous a formés, et adoptons-les; que les gouvernements agissent de manière que tous les gouvernés puissent les adopter, et chaque individu pourra dire avec raison : « *Ma tête est la meilleure.* »

Avec cet exemple sous les yeux et avec le souvenir de ce que j'ai dit sur ce sujet dans plusieurs de ces leçons auxquelles je viens de vous renvoyer, je suis certain que vous ne manquerez jamais au principe de la phrénologie, le plus salutaire et le plus consolant, principe qui veut qu'il n'y ait pas de tête qui ne soit en harmonie avec le bonheur, avec le progrès, et que ce soit exceptionnellement que nous nous trouvions exposés au mal, à la misère, à rétrograder (t. II, p. 348 à 355). Je suis sûr, je me le persuade du moins ainsi, que si l'on vous présente une tête malheureusement organisée comme celle de Thibets (t. I, p. 137), comme celle de Hare (t. I, p. 169), comme celle de Martin (t. II, p. 33), vous ne direz pas : « *Voici un méchant, un infâme, un assassin, un voleur,* etc.; » mais vous direz : « *Voici une tête qui a besoin d'une sphère d'action spéciale, d'une direction particulière; voici une tête qui doit être placée sous l'empire complet et immédiat du libre arbitre ou gouvernement social,* » dont je vous ai parlé en diverses occasions (t. I, p. 168, 293; t. II, p. 74 et *passim*). Quant à la responsabilité morale, il n'y a pas, vous le savez bien (t. I, p. 156 à 157; t. II, p. 314 à 316), de tête, à moins qu'elle ne soit folle, emportée ou imbécile, qu'elle ne puisse atteindre, suivant la phrénologie. Mais la phrénologie, loin d'admettre un nombre de cas exceptionnels irresponsables plus grand que celui des tribunaux, en admet moins et nous enseigne de plus à le faire diminuer progressivement. Je n'ai cessé de vous prouver et de démontrer ce fait (t. I, p. 142 à 145, 157 à 175; t. II, p. 320 *fin* à 355), et je crois avoir rendu un service immense à ceux qui sont destinés à diriger ou à réprimer les éléments perturbateurs de la société dans l'intérêt de l'ordre ou de l'harmonie générale.

Une autre considération très-importante que nous ne devons jamais oublier et dont nous ne devons jamais nous écarter, lorsqu'on soumet à notre examen une tête, un crâne ou un portrait quelconque, consiste en ce que la phrénologie ne réduit, en ce qu'aucun phrénologue ne peut ni ne doit par conséquent déduire au moyen de son art ou science que des *inclinations* ou des *aptitudes*, et nullement des actions ou des actes consommés. Tout ce que j'ai dit dans les leçons XI, XII, XIII (t. I, p. 122 à 206), et toutes mes observations sur la volonté et sur le libre arbitre (t. II, p. 240 *fin* à 319), ont eu pour but principal d'expliquer, de prouver et de démontrer ce principe primordial, — base fondamentale et véritable point de départ de toute saine craniologie, — afin que ce sujet fût présenté à vos yeux et à votre raison aussi clairement que le jour. Tout cela était nécessaire pour que tout le monde sût ce que j'ai dit et proclamé plusieurs fois, savoir : « Que la phrénologie indique des inclinations et n'établit pas des nécessités; qu'elle détermine des tendances et ne prédit pas des actions; qu'elle reconnaît et démontre l'empire du libre arbitre sur des impulsions particulières, libre arbitre qu'elle ne rend ni parfait, ni omnipotent, mais imparfait-perfectible et *limité* dans tous ses degrés d'amélioration, et pour lequel enfin elle admet et elle doit admettre nécessairement l'intervention de la grâce. »

L'ignorance qui règne sur ce sujet, même parmi des personnes fort instruites du reste, est telle, que je fus obligé, le 24 novembre 1854, de remettre, sur cette question, une lettre au directeur de *la Época*, journal qui se publiait et qui se publie encore à Madrid. Il s'agissait d'un individu *soupçonné* alors comme le *vrai* assassin du comte Viamanuel et déclaré tel par les tribunaux peu de temps après. Le directeur de *la Época* le visita dans sa prison. Ce directeur, dans la relation qu'il publia dans son journal de cette visite, — copiée ensuite dans le *Diario* de Barcelone du 19 novembre de la même année, où je la lus, — se prononçait catégoriquement et définitivement contre la phrénologie, par suite de sa conviction erronée que cette science explique *tous les grands crimes d'après la prédisposition organique exclusive de l'individu.* Je m'empressai de lui remettre la lettre en question pour l'insérer dans son journal. Je n'ai reçu aucune réponse, et jamais, que je sache, mon désir qu'on insérât ma lettre dans *la Época* n'a été accompli. Comme il ne me serait pas possible de vous présenter des explications aussi à propos que celles que renferme cette lettre, afin d'établir pour toujours d'une manière satisfaisante et consolante un principe craniologique dont l'ignorance est cause des erreurs les plus regrettables et tend à affaiblir le mérite de la phrénologie, je vais vous en donner lecture; je suis sûr que les amis du progrès scientifique, comme vous, m'en sauront gré.

« Prédisposition organique. — Assassinat du comte Viamanuel. — Barcelone, 20 novembre 1854. — A M. le Directeur de *la Época*. — Mon très-cher monsieur, — J'ai lu dans un des derniers numéros de votre estimable journal deux articles relatifs à l'assassin présumé du comte Viamanuel, Estéban Pariente, et sur lesquels je crois de mon devoir, tant pour éclairer le public que dans l'intérêt de l'excellent nom de la phrénologie ou de la physiologie cérébrale, si vous l'aimez mieux, de faire quelques observations. J'espère qu'elles mériteront votre approbation et que vous leur donnerez une place dans votre journal. Les articles auxquels je fais allusion disent ce qui suit :

« Estéban Pariente est d'une petite stature, bien formé, agile et d'une force physique complète en apparence; sa tête est d'une régularité presque parfaite; le front, quoique non très-large, n'est nullement déprimé; l'angle facial est petit, les narines un peu grandes, mais régulières, les tempes peu déprimées, les yeux noirs, grands, bien fendus et d'une vivacité extrême. Les autres traits sont complétement naturels; ils forment un ensemble dans lequel les physiologistes les mieux instruits ne pourraient lire

qu'une impétuosité énergique ou une audace sans limites. Son regard révèle l'intelligence, la méfiance et même la colère, ou, pour mieux dire, l'esprit de vengeance.

« *Nous avons cherché à examiner à vue d'œil, il est vrai, la physionomie de l'accusé en faisant abstraction de l'horreur que nous inspirait sa présence, parce que, ennemi de* CETTE ÉCOLE FATALISTE QUI TEND A EXPLIQUER TOUS LES GRANDS CRIMES PAR LA PRÉDISPOSITION ORGANIQUE DE L'INDIVIDU, *sans réfléchir à la transcendance funeste d'un semblable principe, nous ne voulons que le délit nous dépeigne le visage du délinquant que pour le contempler comme nous l'avons fait la veille de sa mise en accusation.*»

« Nous savons tous, monsieur le directeur, qu'il n'y a pas d'effet sans cause ni d'action sans motif dans l'humanité. Or un motif qui, nous inclinant au mal, s'appelle tentation, est un acte purement subjectif ou mental, quoiqu'il soit dû à une impression objective, matérielle. Cet acte purement mental, appelé *motif*[1], peut soulever certaines passions déterminées avec une si grande violence et une si grande fureur, que l'individu se sent poussé à commettre des actes criminels en désaccord complet avec ses penchants *déduits par la valeur attribuée à divers signes organiques.*

« D'un autre côté, un acte de conduite humaine ne dépend pas seulement de l'impulsion qui nous pousse à l'accomplir ni de l'organisme à l'aide duquel nous lui donnons une réalité objective ou matérielle, mais encore de beaucoup d'autres circonstances physiques et morales, prévues et imprévues, dominables et non dominables, internes et externes, et que la simple prédisposition organique ne révèle ni ne pourra jamais révéler. Voilà pourquoi le domaine de la phrénologie ne va pas jusqu'à prédire des *actions*; il se borne à indiquer des *tendances*. Voilà pourquoi la phrénologie n'explique pas ni ne peut pas expliquer *tous* les crimes; elle n'en explique pas même *un seul*, comme vous l'affirmez, par la prédisposition organique exclusive. Si quelqu'un assure le contraire, il l'assure sous sa propre responsabilité, et non sous la responsabilité d'une école à la tête de laquelle m'ont placé mes compatriotes en me nommant le propagateur de la phrénologie en Espagne.

« La phrénologie, si elle est en bonnes mains, pourra déduire des inclinations, des impulsions ou des tendances vers une ligne de conduite ou profession, de la prédisposition organique, c'est-à-dire de la configuration particulière d'une tête avec tel ou tel tempérament, telle ou telle expression *peinte* sur le visage; elle le fera mieux que tout autre, mais elle n'en déduira pas des faits consommés. Tout cela est en harmonie complète avec la voix de la nature, avec la grâce du Saint-Esprit, avec l'auteur des deux arti-

---

[1] Un motif est une *idée active* ou une *impulsion intelligente*, comme je l'ai expliqué à la page 249 *fin* à 250 du t. II; j'ai expliqué aussi fort au long (t. II, p. 580 à 584) les immenses prodiges qu'une idée peut produire dans l'âme, contrairement à toute espèce de manifestation organologique, afin de détruire cette manie regrettable de déterminer ou de déduire des actes réalisés ou à réaliser d'après la simple prédisposition organique ou plutôt d'après le développement céphalique.

cles que je commente ici, puisqu'il n'a pu s'empêcher de percevoir chez Estéban Pariente des qualités spirituelles d'après des indices organiques. Or, même alors, il faut savoir et bien savoir qu'il n'existe aucune force d'inclination sans une force de répression analogue et contraire dans le même individu. Supposer autre chose serait supposer, comme le dit très-bien saint Augustin (lib. *De littera et spiritu*, cap. xxxi), que Dieu, en nous donnant une force d'impulsion, nous aurait infligé le châtiment de la fatalité[1]. Tout proclame cependant qu'il n'en est pas ainsi; partout on voit que Dieu gouverne l'univers et les univers avec des forces et des contre-forces, c'est-à-dire par des impulsions et par des résistances analogues et antagonistes.

Si Dieu a donné aux astres une force de rotation, il leur a donné aussi leurs orbites, qui sont leur contre-force rotatoire. Si Dieu a donné à la mer sa force d'inondation, il lui a donné aussi ses plages, qui sont sa contre-force inondante. Si Dieu a donné aux animaux des instincts impulsifs dont la satisfaction tempérée et harmonique produit un plaisir sensitif, il leur a donné aussi leur susceptibilité douloureuse, qui est leur contre-force de plaisir. Si Dieu a accordé à l'homme une susceptibilité de discordances en lui-même par suite d'une grande variété et d'un grand contraste de forces impulsives, il lui a donné en même temps son harmonisativité ou libre arbitre, qui est une contre-force de discordance ou des séditions sensitives[2].

« Il est certain que cette harmonisativité ou libre arbitre n'est ni parfaite ni toute-puissante; elle existe, comme tout ce qui est humain, dans un état d'imperfection perfectible et de restriction susceptible d'agrandissement. Il n'y a donc pas, sur le chemin du progrès humain, une station ou un arrêt dont cette harmonisativité ou libre arbitre n'ait pas, dans des cas évidents, une intelligence suffisante pour connaître le bien et le mal, c'est-à-dire l'accord et le désaccord généraux, et une suffisante liberté pour uniformiser les passions, quelque contraires qu'elles soient, et pour les diriger ensuite à son gré vers le bien, qui est toujours concordant, ou vers le mal, qui est toujours discordant[3]. Comme Dieu soutient les lois morales par le châtiment, sous forme de douleur, si notre force harmonisative intelligente et libre permet que les passions en combinaison discordante conduisent au mal tout l'individu *dont elle est moralement responsable*, il se commet une action criminelle à laquelle est toujours attaché un châtiment irrémissible, et le proverbe : *Au péché la pénitence*, se trouve vérifié[4].

[1] Voyez ce sujet longuement traité, t. II, p. 514 *fin* à 515, et autres endroits y cités.
[2] Voyez sur cette matière, qui, scientifiquement considérée, a été immensément agrandie par ma découverte t. II, p. 240 *fin* à 571 de l'organe de la volonté et du cercle de son action, les pages 73, 243 à 249 du t. II, et les autres endroits y cités. Quant à ce qui concerne l'immense pouvoir direct et indirect de la volonté, qui limite non-seulement les facultés sensitives, mais qui encore les excite et les réprime, les combine et les dirige, voyez t. II, p. 240 à 243 et autres endroits y cités.
[3] Voyez l'explication complète de toutes ces doctrines, t. II, p. 514 à 517, 548 à 555 et autres endroits y cités.
[4] Cette doctrine, démontrée au peuple, en peu de paroles, par ce sublime adage catalan, qui dit : « *Q i ne vol creurer lo bon p ire i la bona mare, ha de cre rer lo pell de cabre;* »

« D'après ces explications, on comprendra très-facilement que si la tête d'Estéban Pariente, assassin présumé du comte Viamanuel, est, comme on l'affirme, d'une régularité presque parfaite, et si son regard est intelligent, sa tête et sa physionomie, phrénologiquement considérées, indiquent des forces destructives et agressives peu développées en même temps qu'une grande vigueur et une grande énergie dans l'harmonisativité ou libre arbitre; par conséquent, s'il a commis l'acte criminel dont on l'accuse, cet acte est en désaccord avec la force de ses inclinations, telles qu'il nous est permis de les étudier par des indications organiques. De sorte qu'Estéban Pariente, considéré d'après sa prédisposition organique, aurait pu éviter l'acte criminel dont on l'accuse avec d'autant plus de facilité, que ses impulsions destructives et agressives étaient peu manifestes, et que son harmonisativité, volonté, libre arbitre ou force de former et d'exécuter des résolutions, était très-prononcée, comme c'est presque toujours le cas et comme je l'ai démontré ailleurs [1] pour tous les hommes.

« Ne nous y trompons pas, la phrénologie ne peut, ni dans le cas de Pariente, ni dans aucun autre, déduire ni attribuer des *actions* par suite de la prédisposition organique exclusive; son domaine et sa mission ne consistent qu'à déduire des *tendances*. A ce point de vue, et seulement à ce point de vue, qui n'est certes pas peu de chose, la phrénologie dans ses applications pratiques fournit un puissant secours au législateur, au juge, au médecin, à l'avocat, au commerçant et à l'homme en général dans tous ses rapports avec ses semblables. Du reste, la phrénologie, ainsi que cela résulte de tout ce que je viens d'exposer, examine l'accusé relativement à l'exécution de l'acte qu'on lui attribue, comme vous le faites, monsieur le directeur, c'est-à-dire de même la veille que le lendemain du jour où il devait être accusé. C'est à la démonstration et à l'utile application de ces principes et d'autres non moins importants qui, si je ne me trompe, ouvrent un monde nouveau et consolant à la philosophie mentale, qu'on doit le retard qu'éprouve, bien malgré moi, l'impression des dernières livraisons de l'ouvrage que j'ai commencé à publier, il y a près de trois ans, sous le titre : la *Phrénologie et ses triomphes.*

« MARIANO CUBÍ I SOLER. »

Ne croyez pas, messieurs, que les principes fondamentaux de la phréno-

---

(Qui ne veut pas croire le bon père ou la bonne mère doit croire la peau du cabri), se réduit à nous faire rechercher le *plaisir*, qui est la loi, sous peine de *douleur*, qui est le châtiment, ainsi que je l'ai établi (t. I, p. 551). Je reparle ensuite de cette importante matière aux pages 411, 522 (*note*) du t. I; p. 294 et 548 du t. II, *notes* au bas des pages.

[1] Je fais allusion ici à ce que l'organe de la comparativité, de l'harmonisativité ou de la volonté est un de ceux qui ont le plus grand volume dans la tête humaine, comme je l'ai démontré dans la note de la page 284 du t. II. D'ailleurs, toutes ces circonstances qui, suivant le directeur de *la Época*, sont en désaccord avec la science phrénologique, sont seulement en désaccord avec la prétention absurde de ceux qui, se disant phrénologues sans l'être, cherchent et croient qu'il doit nécessairement y avoir une certaine configuration céphalique malheureuse dans tout individu accusé d'assassinat, de vol, de viol, etc., ou qui périt réellement sur l'échafaud.

logie scientifique et pratique présentés dans la communication que je viens
de vous lire soient chez moi des doctrines nouvelles ou qu'ils soient prépa-
·rés pour servir à un but spécial déterminé suivant les circonstances. Non,
ce sont des doctrines fondées sur l'essence et la constitution de la phrénologie elle-même; ce sont des doctrines que j'ai toujours proclamées et que je
ne cesserai jamais de proclamer. Je les ai toujours expliquées et enseignées
dans tous mes écrits et dans toutes mes leçons publiques et privées. On en a
un témoignage irrécusable dans mon *Système complet de Phrénologie*, t. II,
p. 77-78, où je dis : « Ni la phrénologie, ni aucune science ne peut former
des jugements sans avoir quelque chose de positif qui leur serve de base;
comme la phrénologie ni aucune science humaine ne possèdent aucune donnée positive qui puisse servir de fondement à la direction de la volonté ou
que les circonstances doivent donner ou donneront dans la suite aux inclinations, aux dispositions ou aux talents, il est impossible d'établir un pronostic sous cette direction. Le phrénologiste saura bien si une personne possède
naturellement plus ou moins d'amour de la gloire, plus ou moins d'ambition
du pouvoir, plus ou moins de talent mécanique ou plus ou moins de génie
musical; mais, comme il ne connaît pas la direction qu'on doit, ou qu'on veut,
ou qu'on peut donner à ces désirs, il ne lui sera pas possible de pronostiquer, et aucun phrénologue ne prédira, à moins qu'il n'ait perdu sa raison,
si ces individus ont été ou seront de grands généraux, des cordonniers, des
serruriers ou des musiciens. »

La science phrénologique, d'un autre côté, n'est qu'*estimative*. Elle peut
dire seulement qu'un individu, ayant telle ou telle tête et placé dans telles
ou telles circonstances, aura des penchants pour agir, toujours sous l'empire de la liberté morale, de telle ou telle manière, pour tels ou tels progrès.
Mais il est évident que la phrénologie, en nous fournissant seulement cette
connaissance estimative, peut produire des biens immenses, parce qu'elle
peut, par ce moyen, prévoir d'avance des dispositions et des talents naturels et qu'elle nous donne beaucoup de probabilités pour former des sociétés, contracter des mariages, choisir des carrières, nommer des employés,
prendre des serviteurs avec une confiance plus grande et d'une manière plus
conforme à la volonté de l'auteur suprême. Rappelez-vous, je le répète, que
la phrénologie n'est qu'estimative, et nullement positive et infaillible [1].

Je ne doute pas, messieurs, que d'après tout ce que je viens de vous
exposer, vous ne vous contentiez de déduire des *tendances* et des *talents*,
relativement à des choses qui doivent arriver ou se produire, et que vous
ne vous absteniez d'affirmer ou d'assurer, sur de simples signes craniologiques, des choses arrivées ou produites relativement à la tête que vous
examinez ou que vous reconnaissez, quel que soit son développement ou

---

[1] Le phrénologiste praticien ne doit jamais oublier à cet égard ce qui a été dit dans les
leçons X, XI, XII, t. I, p. 95 à 175, parce qu'elles contiennent toutes les explications scientifiques désirables.

quailté. Il ne m'est pas permis non plus de douter, même un seul moment, que vous regarderez formellement comme crime de lèse-phrénologie
tout effort ayant pour but de rechercher des crânes, ou des têtes d'hommes
célèbres par leurs crimes, leurs vices, leurs vertus, leurs actes ou leurs
œuvres, afin d'y trouver écrits ces phénomènes ou de les expliquer simplement et exclusivement par le volume, par la forme et par la qualité du crâne
ou de la tête.

Lorsqu'on cherche ces crânes ou têtes, ce doit être pour un objet tout
opposé à celui que je viens de vous exprimer, c'est-à-dire pour étudier et
pour apprendre la phrénologie en suivant un ordre inverse. Connaissant
l'acte accompli ou le produit confectionné par la personne qui possédait tel
ou tel crâne, ou qui possède telle ou telle tête, et connaissant *les autres circonstances ou conditions qui ont donné lieu à l'exécution de cet acte ou à la
confection de ce produit*, il faut chercher ce crâne ou cette tête pour étudier son volume, sa configuration et sa qualité, afin de déduire ensuite,
dans des cas analogues, des tendances et des talents pour des actes ou des
produits semblables. Un seul ignorant ou un indiscret qui, ami de la phrénologie, voudrait posséder, par exemple, le crâne du célèbre régicide Merino,
pour expliquer seulement par lui un régicide possédant une grande force
de volonté, fait plus de mal à la phrénologie que toutes les diatribes ou extravagances de ses ennemis.

J'avoue avec franchise, messieurs, que je ne pus m'empêcher de rougir
en lisant depuis peu dans un journal de phrénologie qui se publie ou publiait à Paris, l'examen phrénologique de la tête de l'erger[1], vue de loin et
avec l'intention de déduire d'après sa configuration l'assassinat qu'il venait
de commettre sur la personne du bienveillant et savant monseigneur Sibour,
et qui souleva l'indignation universelle. Une supérioritivité moyenne (amour
de soi-même) irritée par des échecs volontairement provoqués, mais ridicule-
ment ou criminellement imputés à des causes bien différentes du peu de
talent ou du peu de vertu de l'individu, ne suffit-elle pas pour exciter une
effectuativité (espérance) et une approbativité bien développées et accompagnées d'une destructivité et d'une combativité normales, telles que les possédait Verger? Ne suffisait-elle pas pour le conduire, tandis qu'il était sûr
du pardon ou de l'exemption de la peine de mort, à commettre un des assas-
sinats les plus horribles et les plus perfides qui aient été consignés dans les
annales du crime?

Si Verger n'avait pas été traité avec autant de magnanimité et de générosité par ses supérieurs; si on lui avait fait comprendre que le supplice igno-
minieux de l'échafaud l'attendait irrémissiblement s'il commettait l'acte

[1] La cause de ce célèbre assassin français a été examinée et jugée à Paris le dimanche
17 janvier 1857, par les assises de la Seine. Il expia son crime par la guillotine, le 30
du même mois; il éprouva une grande terreur de la mort, et, à cet égard, il forma un
contraste complet avec la sérénité que montra Merino en allant au supplice et en le subissant.

qu'il préméditait; si on lui eût fait comprendre par des punitions que son défaut de talent et sa mauvaise conduite volontaire, et non le caprice ou la partialité de ses supérieurs, comme il le croyait dans son intérieur, étaient la cause de ses échecs et de ses désillusions; si Verger eût eu l'éducation, la profession, et s'il eût été soumis à la répression, qui convenaient à son caractère et à ses talents, il n'aurait jamais commis, autant qu'il nous est permis d'apprécier le fait humainement d'après sa conduite postérieure, le crime qu'il expia ignominieusement sur l'échafaud. Ces circonstances, qui eussent très-probablement rendu Verger un homme bien différent de ce qu'il se montre, ne sont-elles pas entièrement distinctes et séparées de son crâne, de sa tête, tout comme d'autres circonstances analogues le sont du crâne ou de la tête de tous les criminels qui ont existé ou qui peuvent exister.

Ainsi donc, dans ces cas, loin d'établir l'irrésistibilité dans l'individu relativement à l'exécution d'un acte d'après tels ou tels signes cranioscopiques, la phrénologie nous offre des moyens éducatifs, excitatifs ou répressifs (t. I, p. 142 à 145, 166 à 168, 301 à 302; t. II, p. 321 à 322, 435 à 448 et endroits y cités) indiqués par ces mêmes signes, pour augmenter la tendance et la force d'accomplir l'acte s'il est bon, ou pour diminuer cette tendance et cette force si l'acte est mauvais. Il faut savoir et bien comprendre que la phrénologie ne voit pas, ni ne lit pas les crimes dans l'organisation céphalique; elle y voit seulement des tendances afin de les détourner du crime et de les faire entrer dans la voie de la vertu et dans l'intérêt individuel et général.

Les phrénologues ignorants se découragent en voyant que le crâne d'un assassin ne possède pas une configuration analogue à celle de la tête de Thibets (t. I, p. 137) ou de Hare (t. I, p. 169); leur croyance à la phrénologie reçoit un coup fatal, et, si ce n'était la crainte de la mortification que la dérision ou la moquerie des autres ferait éprouver à leur amour-propre, ils déserteraient les rangs des *crédules*. On ne dit rien des antiphrénologues, parce que dans ces circonstances ils chantent gloire et triomphe. Sérieusement parlant, je ne vois aucun principe aussi contraire à la vérité, à la morale, à la religion, et d'autant plus sacré pour la société, que celui qui base un acte criminel ou vertueux sur le simple et exclusif développement céphalique. Proclamer ce principe, c'est proclamer l'irrésistibilité et conséquemment la négation de l'influence que la récompense et le châtiment, comme aliment d'impulsion ou de répression, exercent en nous dans un but saint et utile.

Je m'honore, messieurs, d'avoir été le premier phrénologue et peut-être le premier homme qui ait établi la véritable théorie de cette question sur la susceptibilité de séduction ou de coaction que possèdent toutes les facultés (t. II, p. 343 à 348); ceci explique l'indispensable nécessité de la récompense et du châtiment individuel, domestique et social, dans toutes les phases et conditions de l'humanité. Personne ne peut douter, avec raison, que si on nous disait à tous : « *Travaillez à votre guise, dirigez-vous d'après vos passions dominantes, suivez vos plus ardentes impulsions,* » la vie individuelle, domestique et sociale ne serait que troubles, combats et meurtres. Rappelez-vous bien et mettez en pratique tout ce que je vous ai dit sur cette importante question (t. I, p. 157 à 168; t. II, p. 269 à 273, 343 à 348), et je suis sûr que vous ferez, non-seulement un grand bien à la phrénologie, mais que vous ferez encore vos efforts pour détruire, pour renverser une foule de théories absurdes relatives au gouvernement civil, militaire et politique de la société; vous rendrez ainsi un grand service en même temps à la religion, à la patrie, à l'humanité, et vous agirez dans le véritable intérêt de chacun de vous.

Avec ces principes pour base et avec les connaissances dont j'ai fait mention dans la leçon précédente, le phrénologue doit procéder à l'examen d'une tête, d'un crâne ou d'un portrait dans le but de pronostiquer le caractère et le talent, ou les tendances et les dispositions, d'après les RÈGLES suivantes.

Première règle. — On place ou on considère la tête, le crâne ou le portrait qui doit être examiné horizontalement, c'est-à-dire que la bouche soit dirigée vers l'horizon et nullement en dessus ni en dessous. Si la bouche de la tête de la lionne que je vous ai présentée (t. I, p. 188) en parallèle avec le crâne d'un Péruvien très-ancien était regardée perpendiculairement en dessous, elle présenterait toute la partie supérieure, qui est très-aplatie d'elle-même, comme si elle était le *front*.

Deuxième règle. — On se forme une idée, *au moyen de la vue*, du tempérament et du langage naturel en repos de l'individu, ou du portrait qu'on soumet à notre examen. Si l'on nous présente un crâne, il est bien entendu que le langage naturel ne peut pas se reconnaître, mais il n'est pas non plus nécessaire parce que son volume, sa configuration, sa contexture et ses diverses épaisseurs suffisent pour toute espèce de jugement craniologique.

Troisième règle. — On se forme une idée, la plus exacte possible, au moyen de la vue, de la grandeur ou du volume général de la tête, du crâne ou du portrait, toujours considéré comme divisé en trois régions *morales*, *intellectuelles* et *animales*. Si l'élève n'était pas satisfait de son calcul et s'il désirait une plus grande exactitude, il pourrait alors employer le compas phrénologique, suivant la manière et les moyens dont j'ai longuement parlé dans les endroits rappelés dans l'*instruction quatrième* de la leçon précédente (t. II, p, 510 *fin* à 511). En outre de ce que j'ai dit alors et pour que l'élève puisse former un jugement plus exact, surtout lorsqu'une tête est grande, moyenne ou petite, je vous mets ici sous les yeux une table de grandeurs céphaliques avec lesquelles vous pourrez comparer celle des têtes, des crânes ou des portraits qu'on soumettra à votre examen. Les chiffres qu'elle contient, se rapportent aux pouces anglais; pour le réduire en pouces espagnols, il faut ajouter 9/100.

TÊTES.	De la crête occipitale à l'individualivité. 1	De la concentrativité à la comparativité. 2	De l'orifice auditif externe à la crête occipitale. 3	De l'orifice auditif externe à l'individualivité. 4	De l'orifice auditif externe à la comparativité. 5	De l'orifice auditif externe à la bénévolentivité. 6	De l'orifice auditif externe à la continuativité. 7	De la destructivité à la destructivité. 8	De la stratégivité à la stratégivité. 9	De la précantivité à la précantivité. 10	De la méliorativité à la méliorativité. 11	De la constructivité à la constructivité. 12
D'homme catalan....	$7\frac{1}{2}$	$6\frac{1}{2}$	$3\frac{6}{7}$	$5\frac{9}{14}$	$5\frac{1}{24}$	$5\frac{13}{14}$	6	$5\frac{10}{14}$	$5\frac{11}{14}$	$5\frac{2}{14}$	$5\frac{3}{14}$	$5\frac{1}{14}$
De femme catalane.	$6\frac{3}{4}$	$6\frac{1}{5}$	$3\frac{1}{2}$	5	$5\frac{3}{8}$	$5\frac{5}{8}$	$5\frac{1}{2}$	$5\frac{5}{8}$	$5\frac{1}{8}$	$4\frac{3}{8}$	$4\frac{3}{8}$	5
D'homme écossais...	$7\frac{1}{2}$	....	$4\frac{3}{5}$	$4\frac{19}{20}$	....	....	....	$5\frac{10}{16}$	....	$5\frac{14}{20}$	$5\frac{3}{10}$	
D'Américain des États Unis..........				5				$5\frac{3}{4}$		$5\frac{3}{4}$		

La tête du Catalan est la moyenne de 14 têtes appartenant à la population qui habite la haute montagne de la Catalogne et à la classe instruite de la société; les têtes de cette classe peuvent être appelées normales. La tête catalane de femme est la moyenne de 8 têtes appartenant à la classe des dames instruites. La tête écossaise est la moyenne de 20 têtes mesurées par Georges Combe et appartenant également à des personnes d'une classe supérieure. La tête américaine est une moyenne donnée par Silas Jones, phrénologue praticien qui, depuis plusieurs années, s'est livré à ce genre de recherches. Les mesures présentées dans ce tableau seront suffisantes pour fournir un terme de comparaison à l'élève. Si l'on veut mesurer la circonférence horizontale inférieure de la tête et la distance de la racine du nez à la crête occipitale, on peut partir du principe que dansles 14 têtes catalanes citées pour les hommes, il existe, relativement à la première mesure, une moyenne de 22 pouces, et, relativement à la seconde, une moyenne de 13 pouces. Pour les femmes, la première est de 20 pouces et la deuxième de 12 pouces. Chez les idiots de naissance, la première mesure est de 12 à 14 pouces et la deuxième de 8 à 10 pouces.

Quatrième règle. — Nous ayant formé une idée du tempérament, du langage naturel et du volume de la tête ou du portrait (du tempérament et du volume si c'est un crâne) qu'on nous donne à examiner, nous chercherons à nous former une idée, également *au moyen de la vue*, de sa forme ou configuration générale. Il est bien entendu que l'élève doit toujours tenir compte de la valeur ou signification psychologique des divers tempéraments, des langages naturels en repos, des volumes, et des configurations, comme

T. II. 34

je l'ai indiqué dans la *huitième instruction* (t. II, p. 512) de la leçon précédente. Il ne pourrait autrement tirer aucune déduction psychologique des connaissances craniologiques par rapp rt au caractère, au talent que représente, en général, la tête, le crâne ou le portrait soumis à son examen. Il ne faut pas perdre de vue que malgré que les faits externes ou *craniologiques* servent de point de départ au phrénologue praticien pour son objet, comme pour toutes les données qui servent de base immédiate à ses jugements spéciaux, ils sont purement *psychologiques*.

Cinquième et dernière règle. — Le phrénologue praticien possédant les connaissances comprises dans les règles précédentes procède à la détermination des différentes combinaisons d'organes, suivant l'objet de son examen; il ne doit pas oublier ce que j'ai dit dans la leçon précédente sur ce sujet et spécialement dans l'*instruction neuvième* (t. II, p. 512 à 513). Je dois en outre prévenir que l'examen doit être fait avec la *vue* et avec le *tact;* que les doigts doivent être appliqués à *plat* sur la tête et non par leur *extrémité* et conduits avec une douce pression sur la surface du crâne pour mieux déterminer les dépressions et les saillies. Rappelez-vous à cet égard ce que j'ai dit sur les *lignes de séparation* dans la leçon XV (t. I, p. 224 à 229).

OBJETS.

L'examen d'un crâne ne peut avoir pour objet que celui de déterminer le caractère et le talent naturel d'un individu dont il constituait une partie organique. Il suffit pour cela de bien se rendre compte de la combinaison des organes les plus développés naturellement, en ayant toujours égard, bien entendu, à la qualité et autres circonstances modificatrices du volume.

L'examen d'une tête ou d'un portrait peut avoir, outre le but précédent, d'autres fins dont je vais m'occuper maintenant et dont chacun a besoin pour s'améliorer. Si l'on fait la reconnaissance dans le but de savoir si l'individu examiné sur sa propre tête ou sur un portrait sera apte à suivre telle ou telle carrière, telle ou telle profession, il faut d'abord que l'élève connaisse bien lui-même les indispensables conditions mentales exigées par cette carrière, par cette profession ou par ce métier [1]. L'élève examine après cela si les organes combinés qui manifestent les conditions requises se trouvent en partie ou en totalité bien développés. S'ils le sont dans leur généralité et s'ils comprennent l'organe fondamental ou les organes fonda-

---

[1] Rappelez-vous que la phrénologie détermine des tendances ou des aptitudes et non des faits ou des actes Elle ne nous dit pas si tel ou tel individu est tailleur ou cordonnier, maçon ou tisserand; elle nous apprend seulement s'il a ou s'il n'a pas bien développé les organes et le tempérament, sous l'action simultanée desquels se trouvent ces métiers. Si nous voulons un bon domestique, un bon cordonnier, un bon tailleur, il ne nous suffit pas de trouver cette organisation convenable; nous devons rechercher de plus à savoir si cette organisation a été formée et instruite pour l'emploi particulier que nous désirons.

mentaux, comme la configurativité pour le dessinateur, la tonotivité pour le musicien, la coloritivité pour le peintre, la comptativité, la configurativité et la comparativité pour le professeur de mathématiques; la combativité, la continuativité, la supérioritivité et l'inférioritivité pour le militaire; la constructivité et la configurativité pour l'architecte, etc., etc.; l'individu possède plus ou moins de talent pour la carrière qu'il a l'intention de suivre. Mais, si l'organe ou les organes fondamentaux sont petits ou si la majorité de ceux qui restent n'ont pas même un volume moyen, on ne doit pas lui conseiller de suivre la carrière qu'il a en vue, quel que grand que soit son zèle, ou son envie, ou son intérêt. Il faut toujours se rappeler que le *désir* et le *vouloir* sont bien différents du pouvoir de satisfaire l'un et d'accomplir l'autre, quoi qu'on fasse abstraction des circonstances objectives ou externes (t. I, p. 337 à 348).

J'ai publié dans mon *Traité complet de phrénologie*, troisième édition. t. II, p. 179-190, une liste des combinaisons d'organes avec leur développement spécial représenté par le nombre, par le numéro et par l'activité différente des facultés nécessaires à telle ou telle carrière. L'expérience m'a cependant enseigné depuis que le nombre des carrières, des professions et des emplois étant infini, même parmi ceux que renferme un même ordre ou une même hiérarchie, le nombre de combinaisons d'organes indiquant et déterminant telle ou telle carrière, telle ou telle profession, tel ou tel métier doit être très-insignifiant. D'ailleurs, quoiqu'une combinaison d'organes signale en général un caractère particulier, les autres organes de la tête qui n'entrent pas dans cette combinaison ne la modifient pas moins très-sensiblement; et, dans beaucoup de cas, l'aptitude ou l'inaptitude plus ou moins prononcée pour telle ou telle carrière, telle ou telle profession, tel ou tel métier, peut dépendre de cette modification. On voit donc que dans tout examen phrénologique il est important de laisser bien libre le jugement de l'examinateur, car il peut être, dans le plus grand nombre de circonstances, trop restreint ou trop circonscrit par des formules déterminées qui doivent être de toutes les manières et dans tous les cas sujettes à la modification que déterminent ses propres calculs.

J'ai expliqué dans ces leçons avec le plus grand soin et avec la plus grande étendue l'action diverse générale propre à la combinaison variée des facultés [1], parmi lesquelles une agit toujours comme *principale* et les autres comme *accessoires* (*note* au bas de la p. 293 du t. II), afin de mettre en évidence ces difficultés et de donner ainsi au craniologiste la plus grande liberté possible pour ses jugements et le plus grand nombre de données possible, pour que ses jugements soient exacts. J'ai laissé à l'appréciation de l'examinateur ou de l'élève craniologue le genre de combinaisons avec sa modification d'après le reste de la tête, modification qui peut être nécessaire pour

---

[1] Voyez les endroits que je cite dans le second principe que doit admettre le phrénologiste praticien (t. II, p. 506, et dans les *notes* au bas des p. 332 et 376).

telle ou telle carrière. On voit par conséquent qu'on sera d'autant meilleur craniologue que l'on connaîtra mieux, outre les autres éléments nécessaires, la différente fonction générale de la combinaison variée des facultés, comme je l'ai dit dans une autre occasion, et le cercle d'actions particulières de chacune des facultés dans leur individualité spéciale.

Afin que vous compreniez bien et que vous appliquiez encore mieux, s'il est possible, ce principe, je vous ai expliqué ce que nous devons entendre par *génie*. Rappelez-vous ce que j'ai dit du médecin *Véron* (t. I, p. 529 à 531), du grand Daguerre (t. I, p. 536), de l'aveugle Isern de Mataro et du premier capitaine de tous les siècles passés, Napoléon Ier (t. I, p. 434 à 436), du grand joueur de guitare Sor, du grand et vertueux Simpson, du merveilleux génie de ce siècle, Napoléon III (t. II, p. 324 à 325). J'ai dit aussi tout ce qui était indispensable et relatif au TALENT, lequel s'acquiert par l'art, sans prétendre pour cela que le génie puisse se passer d'étude et d'art, pour se mettre au niveau du progrès auquel l'humanité civilisée est arrivée. Rappelez-vous de quelle manière je me suis exprimé dans la leçon XXV (t. I, p. 393 à 394), en vous faisant remarquer l'utilité du *talent* et du *génie* pour la peinture, pour la représentation théâtrale, pour la littérature descriptive depuis les immenses découvertes de Gall. Rappelez-vous ce que je vous ai fait observer (t. II, p. 64 à 65, 441 à 442) au sujet des animaux qui peuvent produire seulement par instinct ou *génie*, comme les abeilles produisent le miel, et jamais par *talent* ou par règle.

Le phrénologiste praticien doit également se bien rappeler dans ces circonstances ce que j'ai toujours répété (Voir *Définition* et *Divers degrés d'activité* dans chaque organe), savoir : qu'un organe très-faible indique son peu de disposition ou sa faiblesse pour le cercle d'action mentale qu'il révèle; qu'un organe moyen indique la disposition régulière et la possibilité d'un grand accroissement de force pour l'exercice tempéré et harmonique (t. I, p. 50 *fin*, 74, 301 *note*, 309 *fin*; t. II, p. 15 et *passim*), et qu'un organe très-grand est la preuve de beaucoup de disposition d'action spontanée extrêmement active. Eh bien, il en est de même pour les combinaisons variées qui déterminent telle ou telle carrière, telle ou telle profession. Une combinaison d'organes *très-petits* est l'indice de la NULLITÉ; une combinaison d'organes moyens représente le TALENT, et ce talent sera d'autant plus ou d'autant moins remarquable qu'il y aura un plus grand nombre d'organes dans cette combinaison et que leur volume sera plus grand. Une combinaison d'organes très-grands et très-actifs proclament le GÉNIE.

L'examen craniologique d'une tête peut être fait dans le but de diriger notre conduite relativement à un inconnu que nous voyons pour la première fois. Dans ce cas, l'examen se fait *avec les yeux*, mais cela suffit pour nous former une idée générale du caractère et des aptitudes de l'individu et pour nous faire adopter une manière de procéder, soit que nous devions éviter tout rapport futur avec une semblable personne, soit qu'il nous convienne de lui inspirer une bonne idée de nous-mêmes et de le laisser très-

content sans le flatter ni le tromper. Je vous recommande dans ce but
d'avoir toujours présent à l'esprit ce que je dis aux endroits cités dans l'instruction huitième (t. II, p. 512) de la leçon précédente. Si vous vous rappelez bien ce que je dis à ce sujet et les têtes et crânes qui en sont la démonstration (t. I, p. 124 à 145, 175 à 206, 246 à 251; t. II, p. 263 à 266,
323 à 330), je suis sûr que vous pourrez lire à simple vue le caractère et les
aptitudes de l'individu que vous verrez pour la première fois, et que cela
suffira pour vous conduire convenablement, suivant que le cas l'exigera.

L'examen d'une tête ou d'un portrait peut avoir pour but de déterminer
si un individu est ou n'est pas apte pour une certaine place ou emploi. L'organisation ne suffit pas alors par elle-même, comme lorsqu'il s'agit de déterminer la carrière, la profession ou le métier auquel nous sommes naturellement le plus apte. Ici, il faut, outre les dispositions naturelles, bien
posséder les connaissances, dont la tête ne nous donne aucun indice particulier, exigées par l'emploi pour lequel nous voulons savoir si une tête est
bonne. La phrénologie dans ces circonstances peut être très-utile pour déterminer si la tête examinée possède une disposition, un caractère ou un
génie approprié; il ne suffit pas, par exemple, qu'un caissier soit habile en
comptabilité, il faut encore qu'il soit honnête. Il ne suffit pas non plus qu'un
maître possède et sache enseigner la branche d'instruction qu'il professe,
il faut aussi qu'il sache s'attirer l'amour et le respect des élèves.

Quoiqu'il soit nécessaire pour la capacité intellectuelle de posséder des
antécédents, ce serait ne pas rendre à la phrénologie ce qui lui appartient
que de ne pas dire que son témoignage peut avoir quelquefois plus de valeur, quant au caractère, au génie, ou à la disposition, que tous les antécédents expérimentalement connus. Il y a des personnes qui peuvent manifester ou simuler pendant des années un caractère extrêmement bienveillant ou paisible ou une honnêteté et une probité très-grandes afin de ne
pas alarmer, dans le premier cas, la victime qu'ils se sont promis de subju-
guer, et d'obtenir, dans le second cas, un brevet de confiance de celui
auquel ils comptent voler des sommes considérables. Dans ces cas et dans
d'autres analogues, tous les antécédents et l'expérience ne peuvent manquer d'inspirer aux personnes en général une confiance aveugle; mais le
phrénologue le plus inexpert n'y verrait qu'une fourberie ou qu'un arti-
fice. Je dis le phrénologue le plus inexpert, parce que, vous le savez bien,
dans des cas aussi patents les TENDANCES à ces actes de simulation prolongée
ayant pour objet de mieux réussir dans ce genre de crime, se signale-
raient par une stratégitivité et par d'autres organes si développés, leurs
antagonistes étant très-déprimés, qu'il faudrait fermer les yeux et perdre
le tact pour ne pas les *voir* et les *palper*. Je ne dis plus rien sur cette
question de phrénologie pratique, parce que j'ai été très-explicite et très-
complet à cet égard dans la leçon LI (t. II, p. 435 à 456).

Lorsque l'emploi, la place ou l'administration concerne un individu qui
doit la remplir, en demeurant plus ou moins longtemps près de nous et avec

plus ou moins de rapport ou d'intimité avec nous, nous sommes *nous-mêmes* le point de départ de l'examen. Telle famille trouve un serviteur ou un domestique excellent qui ne le serait pas pour une autre. Tel homme ou telle femme est un mauvais mari ou une mauvaise épouse pour une certaine personne, tandis qu'ils seraient excellents pour une autre; et cela quoiqu'il y ait correspondance de fortune et de position sociale. Le fait est que lorsque nous cherchons des personnes qui doivent vivre avec nous sous quelque rapport que ce soit *nous devons toujours partir de nous-mêmes*, tout en n'oubliant pas les importantes observations que je vous ai présentées sur ce sujet (t. II, p. 330 à 333, 435 à 436). Nous devons pouvoir nous répondre clairement et complétement à ces deux demandes :

« Quel est mon caractère, ou quel est le caractère de ma famille, etc.? Tel ou tel caractère étant donné, quel genre de serviteur, de domestique, de nourrice, de bonne d'enfants, d'épouse, de mari, etc., exige-t-il pour qu'il remplisse son devoir à ma satisfaction et moi à la sienne? » En effet, vouloir que les autres remplissent les devoirs que nous avons droit d'exiger sans jamais penser à l'accomplissement de ceux que les autres ont le droit d'exiger de nous, c'est vouloir le contraire de ce qu'ordonnent le bon sens, la saine logique, la vraie morale et la loi divine.

Partant de ces faits, le craniologiste sait à quoi s'en tenir; il examine s'il existe dans la tête de l'individu en question les *tendances* naturelles désirées et la probabilité du *changement* ou de la *modification* du caractère que telle ou telle conduite doit produire sur lui. Ce changement peut être très-grand. J'ai démontré pourquoi dans une leçon consacrée tout entière à ce sujet (t. I, p. 281 à 299), et j'en ai parlé incidemment avant (t. I, p. 160 à 168, 195, 215 *fin* à 216 et ailleurs) et après (t. II, p. 339 à 346, 439 à 440) chaque fois que j'ai expliqué combien il était facile de conduire l'individu dans telle ou telle voie, suivant les facultés qu'on excite agréablement ou désagréablement.

L'examen peut encore avoir pour but de déterminer si telle ou telle personne, qui a commis telle ou telle faute, tel ou tel crime, possède une tête capable de la pousser à cette faute ou à ce crime; ou si cette tête indique qu'une semblable faute ou qu'un crime semblable a été commis par la personne à laquelle elle appartient. Ce serait déterminer des actes ou des faits dont l'accomplissement a dû exiger l'intervention de circonstances que la phrénologie ne connaît pas par elle-même. Si ces circonstances se spécifient en entier ou en partie, le craniologiste en tient compte, et il peut *hasarder* un jugement; ce jugement ne pourra jamais être que *moral* ou incomplet (t. II, p. 394), ou celui de la plus ou moins grande tendance ou prédisposition qui peut avoir existé chez l'individu examiné, pour l'exécution de l'acte ou du fait. Quant à la certitude de cet accomplissement lui-même, c'est une conviction pleine et complète qui seule peut la déterminer (t. II, p. 394 à 395). Souvenez-vous de ce que j'ai dit au commencement de cette leçon (t. II, p. 517 à 524). D'ailleurs, pour déterminer s'il existe ou s'il n'existe pas, dans la tête soumise à l'examen, des penchants pour la faute ou le crime en question, il n'y a qu'à examiner si l'on y trouve la combinaison des organes et leurs différents degrés d'activité, qui les révèlent.

L'objet de l'examen phrénologique peut également consister dans l'indication de tel ou tel système de conduite pour faire perdre telle ou telle habitude vicieuse à l'individu, pour lui donner telle ou telle direction, pour parvenir ainsi à corriger ou à améliorer son caractère et à lui faire suivre le plan d'éducation le plus convenable pour le but proposé. Dans ce cas le phrénologue praticien doit non-seulement bien déterminer les tendances et les dispositions d'un individu et bien posséder tout ce que j'ai dit ailleurs sur la direction (t. I, p. 281 à 299), sur la coaction ou contrainte et la séduction (t. II, p. 343 à 346), sur l'instruction et l'éducation (t. II, p. 209 à 210, 329 à 332, 435 à 448), et sur l'influence du moral sur le physique (t. II, p. 372 à 390). Il pourra déterminer seulement ainsi avec la plus grande exactitude possible ce qui convient le mieux pour le cas particulier en question. Je ne dis rien de la *thérapeutique phrénologique*, ou de la cure ou du traitement de certains cas de folie ou d'imbécillité qu'on ne peut déterminer que par la phrénologie, parce que ce sujet appartient plutôt au médecin qu'au phrénologue, et parce que j'en ai déjà dit dans ces leçons (t. I, p. 143 à 145, 166 à 167; t. II, p. 99 à 103, 139 à 140, 321 à 323, 378 à 379 et ailleurs) tout ce qui était propre, convenable ou nécessaire.

Enfin, l'examen phrénologique peut avoir pour objet l'analyse et la synthèse complètes de la tête qui lui est soumise. On doit déterminer alors le développement *petit*, *moyen* ou *grand* de *chacun* des organes, l'activité proportionnelle de *chacun* des quatre tempéraments et les mesures générales de la tête; on doit déduire de ces données, dont l'ensemble constitue l'*analyse*, le talent et le caractère de l'individu examiné, dont la description constitue la synthèse. Cette description du talent et du caractère doit comprendre la carrière, la profession ou l'emploi que détermine l'organisation de l'individu, ainsi que les observations nécessaires qui doivent l'aider à se distinguer le mieux possible dans l'occupation signalée. Il faut également indiquer les penchants prononcés ou les défauts passifs et actifs, c'est-à-dire d'opinion et d'impulsion, dans le cas où ils existeraient, ainsi que les moyens phrénologiques capables de les corriger ou de les faire entrer dans la voie de la vérité et de la droiture. Le phrénologiste praticien doit faire connaître dans sa description les moyens les plus capables d'obtenir une amélioration physique et morale, progressive et constante, qu'il y ait ou qu'il n'y ait pas des tendances très-prononcées à errer relativement à l'*idée* ou à mal agir relativement à l'*action*. Il doit surtout être clair, concis et toujours au fait. Les connaissances phrénologiques que comprend la craniologie et que j'ai résumées dans les instructions de la leçon précédente et dans toutes les explications de celle-ci, doivent suffire pour faire une description telle que je viens de la décrire, à condition que le phrénologue praticien ne se laissera pas influencer par les trois considérations suivantes :

1° L'incrédulité, la moquerie ou l'espérance exagérée avec lesquelles les assistants peuvent accueillir la phrénologie et ses jugements. Le craniologue doit dans ces circonstances dire affectueusement, clairement et entièrement que la phrénologie n'est ni un sortilége, ni une grâce divine de prophétie, mais qu'elle est simplement une science qui nous donne connaissance, comme la médecine, par des symptômes ou des signes *externes*, de conditions ou dispositions *internes;* il doit dire que le jugement qui en sera le dernier résultat doit être nécessairement humain, et que par conséquent sa plus ou moins grande exactitude doit dépendre du talent, des connaissances générales, de l'habileté dans l'art craniologique et de l'état actuel plus ou moins favorable de l'âme du phrénologue examinateur. Il doit ensuite remplir sa tâche avec une dignité noble et un visage bienveillant, avec gravité et conscience, sans distraction aucune.

2° La prétention qu'on doit trouver *nécessairement* écrit dans la tête examinée quelque vice ou quelque vertu qui le plus souvent existe dans l'esprit des personnes environnantes. Il est très-ordinaire d'entendre dire : « Si le phrénologue ne dit pas que l'individu examiné est très-orgueilleux ou très-modeste, qu'il a beaucoup de talent pour ceci et pour cela, je ne crois pas à la phrénologie. » Si le craniologue s'aperçoit que cet esprit règne parmi les assistants, il doit leur faire comprendre très-brièvement et avec précision que les jugements d'un individu sur un autre sont très-souvent basés sur des préoccupations ou faits mal interprétés, sur la tendance que nous avons tous en général à établir des principes généraux sur des faits isolés et à voir les choses à travers le prisme de nos intérêts actuels ou de nos passions momentanées. Il doit ensuite leur faire comprendre que la phrénologie procède d'une manière très-différente, qu'elle se fonde sur des faits primitifs originaux, indiquant des tendances en général et non sur tels ou tels actes qui peuvent émaner de causes spéciales ou exceptionnelles. Le savoir plus ou moins exact et plus ou moins complet du phrénologue est un des éléments principaux de ses jugements, comme je viens de l'établir. Ces remarques étant faites, l'examinateur doit terminer et dire d'un ton très-formel : « D'après tout ce que je viens de vous démontrer, vous voyez qu'il serait très-peu logique de croire qu'un jugement phrénologique sur l'individu examiné doit être nécessairement et toujours en conformité complète avec notre opinion individuelle, et bien moins encore de supposer que s'il n'en était pas ainsi la phrénologie serait fausse. »

3° *Enfin,* son propre caractère. Rien n'est plus facile au phrénologue de se laisser influencer plus ou moins par ses propres penchants naturels dans les descriptions qu'il donne des tendances et des talents d'autrui. S'il possède, par exemple, l'approbativité très-développée, il se sentira poussé par un grand désir de plaire, et il pourra être ainsi conduit à exagérer les penchants pour la vertu et à cacher les tendances aux vices. Si le grand développement porte sur l'inférioritivité, et si la continuativité et la supérioritivité étaient déprimées, la crainte d'offenser, la lâcheté morale, seraient alors de puissants stimulants internes pour exagérer et pour cacher. Avec l'approbativité et l'inférioritivité déprimées, l'examinateur se sent au contraire excité à rabaisser les talents ou tendances aux vertus et à exagérer les tendances aux défauts, ou du moins à faire ses observations avec peu de mesure et peu de considération.

Je ne crois pas qu'il soit nécessaire de m'étendre davantage pour vous faire comprendre l'importance de l'influence du caractère de l'examinateur sur sa description du sujet examiné. Aussi le craniologue doit-il se connaître lui-même, faire abstraction complète de ses tendances, ne se servir que des données fournies par le crâne, la tête ou le portrait examiné, et prononcer ensuite clairement et complétement, mais toujours avec le décorum et la considération convenables, le résultat de son examen. Ici se terminent, messieurs, les observations que je m'étais proposé de vous faire sur la phrénologie considérée comme art. Plaise à Dieu qu'elles fassent parmi vous beaucoup de bons phrénologues praticiens! C'est ainsi que s'accompliront à ma satisfaction toutes mes espérances et tous mes désirs.

LEÇON LVIII ET DERNIÈRE

Éclaircissements et rectifications présentés comme complément de ce cours de leçons.

Messieurs,

J'ai maintenant l'intention, pour compléter, en le terminant, ce cours de leçons, de vous indiquer quelques rectifications et de vous donner quelques éclaircissements fort utiles, afin d'éviter tout doute et toute équivoque et d'expliquer certaines contradictions réelles ou apparentes dans des matières importantes sur lesquelles j'ai été heureux d'appeler plus ou moins souvent votre attention. Ces éclaircissements et ces rectifications seront le couronnement d'un exposé de doctrines qui est le résultat d'une vie entière consacrée à l'étude et à la méditation, avec l'espoir de satisfaire, dans une route obscure et scabreuse, mais menant aux vérités naturelles les plus sublimes et les plus fécondes que l'intelligence humaine soit capable de découvrir et de comprendre, cette soif de progrès et d'améliorations qui, dès ma plus tendre enfance (t. II, p. 131 à 132), a constamment tourmenté mon âme, et dont le terme, toujours entrevu de loin et toujours poursuivi sans relâche ni repos, semblait toujours reculer devant moi. Heureux si, après tant de peines et tant d'efforts, je suis enfin parvenu à présenter quelques nouveaux principes dignes de l'attention et des sympathies de l'humanité.

Sensation, impression, sentiment, plaisir et douleur, bonheur et malheur. — Par sensation, affection ou sentiment, il faut entendre une conviction qui s'impose de fait, ou, si l'on veut, un jugement spontané et irrésistible. Ce jugement se produit en vertu d'une impression organique [1] communiquée par irradiation du monde extérieur (t. I, p. 335 *fin* à 337, 550 à 560; t. II, p. 117 *fin*, 411 à 415), ou par radiation du monde intérieur (t. II, p. 380 à 384, 460 à 482).

Les sensations, affections ou sentiments, qui sont en eux-mêmes des *jugements* aveugles ou forcés, forment néanmoins le fondement, constituent les éléments primitifs de toutes nos connaissances, ou notions et idées. Ces sensations, — qu'elles viennent, soit des impressions extérieures, soit des mouvements intérieurs, — comparées et déterminées par la force perceptive des facultés particulières, constituent nos connaissances sensitives, et ces connaissances sensitives, comparées et déterminées par notre harmonisativité, constituent nos connaissances rationnelles et philosophiques, ainsi que je vous l'ai clairement et longuement expliqué (t. II, p. 118 à 121, 258 à 241, 297 *fin* à 501, 552 à 554, 580 à 582).

Toute espèce de sensations, d'affections et de sentiments doivent être considérés comme correspondant à quelque *désir* ou à quelque *répugnance*. S'ils correspondent à un désir, nous les appelons *plaisir*; s'ils correspondent à une répugnance, nous les appelons *douleur*. De sorte que, sous ce rapport, toute sensation, quand même elle serait si légère et si faible qu'elle ne se ferait pas percevoir, est un plaisir ou une douleur. Et le jugement instinctif ou la conviction expérimentale qu'elle implique est pour nous d'autant plus impérieux que plus intense ou plus profond est le plaisir ou la douleur qui, en partie, détermine ce jugement et constitue cette conviction. Que tout sentiment, affection ou sensation soit par lui-même accompagné d'un plaisir ou d'une douleur qui résultent, soit de l'accomplissement de quelque désir, soit de la réalisation d'une chose qui répugne, c'est ce que j'ai déjà complétement démontré (t. I, p. 351 à 559, 555 à 559, 410 à 418) d'une manière générale en parlant des AFFECTIONS, et d'une manière spéciale en définissant chacune des facultés considérée dans sa partie AFFECTIVE. Il est facile d'en conclure qu'il y a autant d'espèces de sensations, d'affections et de sentiments, ou de plaisirs et de douleurs qu'il y a de facultés.

Le *bonheur* et le *malheur*, en d'autres termes, le plaisir général et la douleur générale, correspondent à la volonté (t. II, p. 251 à 262). Quand a lieu, entre des sensations d'espèces diverses et contraires, la concordance

---

[1] En effet, dans l'ordre naturel, toute sensation, de quelque genre qu'elle soit, doit son origine immédiate à une *impression*, puisque c'est seulement en vertu d'affections organiques, produites par un système intra-crânien de télégraphie électro-nerveuse que les facultés mentales elles-mêmes peuvent communiquer entre elles (t. II, p. 460 à 482). Cette doctrine est admise par les philosophes catholiques les plus scrupuleux et les plus sévères en matière religieuse. Dans ses Éléments de philosophie (*Esthétique*, ch. I, § 4), Balmes dit : « *La sensation est l'affection* que nous éprouvons à la suite d'une impression organique. »

que la volonté exige, le *bonheur* existe, comme c'est le *malheur* qui existe quand se fait sentir la discordance qu'elle repousse. Un bonheur ou un malheur absolument complet est aussi difficile qu'une concordance ou une discordance absolument complète ; néanmoins le plaisir et le bonheur sont la règle, la douleur et le malheur sont l'exception (t. I, p. 351 à 353, 411 ; t. II, p. 260 à 262, 354 à 355).

Sensation et conscience. — Il est aisé de confondre la *sensation* avec la *conscience*, si l'on ne se rappelle pas bien que la première est la présence intime ou l'effet éprouvé au fond de nous-mêmes de quelque chose qui se rattache à une cause extérieure, tandis que la seconde consiste en des actes purement intérieurs qui donnent eux-mêmes des signes subjectifs de leur existence. Ainsi nous disons : avoir la *sensation* d'une forme, d'une couleur, et avoir la *conscience* d'une affection, d'un sentiment, d'une idée.

Sensation et attribut. — Il importe de ne pas oublier que les *attributs* ou les causes qui excitent les *sensations* (t. II, p. 911 à 914) portent souvent le même nom que les sensations qu'ils font naître, et qu'à chaque instant on caractérise l'intégralité d'un être par quelqu'un de ses attributs sensibles. Ainsi nous disons : Cette orange est aigre, ce vin est doux, cette démarche est pénible, cette scène est affreuse ; et cependant l'orange n'a pas cette aigreur, ni le vin cette douceur, il n'y a rien de pénible dans cette démarche, rien d'affreux dans cette scène ; mais ces objets ont des attributs ou des forces qui produisent ces sensations. D'autre part, ces attributs ne forment pas la totalité de ces mêmes objets ; car, par exemple, une orange n'est pas *exclusivement* un attribut ou une force qui produit l'aigreur : cet attribut ou force dans elle n'est qu'un des principaux éléments qui la constituent, de même qu'un précipice dont la vue seule inspire la terreur n'est point tout péril, ou qu'un nuage qui excite l'admiration n'est point toute beauté.

Synonymie des mots sensation, affection *et* sentiment. — Le mot *sensation* est synonyme d'affection et de sentiment, et est fréquemment employé pour l'une ou l'autre de ces deux expressions ; toutefois, dans l'usage général, on paraît porté à se servir le plus souvent du mot *sensation* pour désigner la sensation physique, et des termes *affection* et *sentiment* pour exprimer la sensation morale : c'est là une distinction sur laquelle je vous ai donné ailleurs (t. I, p. 391 *fin* à 392) toutes les explications désirables. Ainsi nous avons accoutumé de dire une *sensation* érotique et une *affection* amoureuse, pour distinguer l'amour physique de l'amour moral (t. II, p. 18 à 19, 396 *fin*). Nous parlons de même de la *sensation* douloureuse que cause une piqûre et de l'*affection* ou *sentiment* agréable que nous cause le beau.

On prend rarement l'*affection*, mais assez souvent le *sentiment* et la *sensation* pour la faculté qui les éprouve. Habituellement, nous parlons du sentiment de la justice comme de la faculté dans laquelle il apparaît, c'est-à-dire de la rectivité (t. II, p. 169 à 176) ; et, lorsque nous disons, par exemple, « N... a de nobles ou de bons sentiments, » notre intention est de faire entendre que les facultés morales ou supérieures (t. I, p. 374 à 375 ; t. II, p. 95 à

96) sont très-actives chez N... L'usage du mot *sensations*, dans le sens de sensibilité ou de principe qui les produit, est très-commun parmi les idéologues, qui, dans leur faux et funeste système, attribuent ce pouvoir ou dynamisme mental (t. I, p. 910) au système nerveux, confondant d'une manière pitoyable l'organe de la manifestation avec le sujet de l'action.

Emploi du verbe percevoir *dans l'acception de* sentir, *et du substantif* perception *avec la signification de* sensation. — Le verbe *sentir*, qui, dans sa véritable signification, équivaut à *avoir* ou *recevoir une sensation*, ne s'emploie pas pour exprimer aucune des sensations que nous recevons par l'intermédiaire de la *vue*, et l'on ne s'en sert pas toujours pour exprimer celles que nous recevons par l'intermédiaire du *toucher*. Ainsi, si nous disons bien : avoir la sensation d'une couleur, d'une forme, d'une étendue ; nous ne disons pas : sentir une couleur, une forme ou une étendue. En ce cas, nous nous servons du verbe *percevoir*, qui exprime d'ordinaire tous les modes de sentir ; nous disons : percevoir une douleur, une musique, un bruit, comme nous disons : percevoir une forme, un tableau, une étendue. La raison pour laquelle, dans ces cas-là, nous ne pouvons employer que le mot *percevoir*, et non celui de *sentir*, est que toutes les sensations reçues par l'intermédiaire de la vue, et quelques-unes de celles que nous transmet le tact, supposent bien, il est vrai, la *présence intime* des attributs extérieurs qui les ont provoquées, mais ne sont pas accompagnées, comme les sensations transmises par les autres sens, y compris le plus souvent le tact, de l'expérimentation sensible de leur propre existence subjective. Nous *percevons* une forme ou une couleur, parce que nous constatons la présence intime de ces attributs au dedans de nous, parce que nous avons la conviction irrésistible de leur existence au dehors de nous. Nous sentons un bruit ou une odeur, parce que nous en avons l'expérimentation au dedans de nous, quoique nous ne constations pas la présence intime de l'attribut extérieur qui a causé cette sensation auditive ou olfactive.

Il importe de ne pas confondre ce sens secondaire du verbe *percevoir*, qu'on emploie généralement et qu'il est permis d'employer comme synonyme de *sentir*, d'avoir la conscience ou de constater la présence intime, avec celui moins vulgaire ou plus scientifique qui exprime, ainsi que je vous l'ai démontré (t. II, p. 238 à 240, 296 *fin* à 301), des actes d'intelligence animale et raisonnable, formés en vertu de la comparaison et de la déduction. Ainsi, quand j'ai dit que les perceptions déterminent des plaisirs et des douleurs analogues à leur genre, j'ai employé le mot *perception* tantôt dans le sens de sensation, tantôt dans celui de jugement intelligent. Dans le premier sens, j'ai voulu dire que toute perception (sensation produite par irradiation extérieure) *implique* (t. I, p. 336 *fin* à 337, 551 à 560 ; t. II, p. 117 *fin* à 118) un plaisir ou une douleur ; et, dans le second, que toute perception (jugement intelligent) produite par radiation intérieure (t. II, p. 380 à 384, 460 à 482) provoque une sensation agréable ou désagréable. Quand le phrénologue écossais distingué, Georges Combe, nous disait, et que je répétais après lui : « Nous entendons une musique, nous la *percevons;* si nous cessons de l'entendre, il semble qu'elle résonne encore à nos oreilles, nous la *concevons,* » nous employions, sans nous en apercevoir, l'expression *nous percevons* pour celle de *nous avons la sensation,* et nous confondions grossièrement la conception ou l'imagination (t. 1, p. 339, 343; t. II, p. 115 à 116, 386 à 391) avec la *mémoire,* dont je parlerai dans quelques instants.

Dans la leçon XXXVIII (t. II, p. 118), j'ai dit que la perception consiste à *sentir* que l'on éprouve une sensation ; j'ai dit alors assez improprement *sentir* pour *déterminer,* pour *avoir la conscience* ou *la conviction intime,* expressions dont je me sers dans cet endroit-là même aux lignes suivantes. La signification du mot *perception* dans ce sens, c'est-à-dire de la perception considérée comme principe de comparaison et de déduction tendant à déterminer, a été clairement et nettement expliqué dans la leçon XLV (t. II, p. 237 *fin* à 238).

Percevoir, *dans le sens de* comprendre, entendre, *ou* se rendre compte. — Avant d'avoir découvert l'existence d'une force de perception ou d'intelligence *sensitive,* et d'une force de perception ou d'intelligence *raisonnable,* sur laquelle j'ai tant et si souvent appelé votre attention (t. II, p. 117 à 119, 237 à 240, 245 à 251, 281 *fin* à 301), je ne faisais aucune distinction entre l'acte par lequel une faculté perçoit ses propres sensations et les communications que lui transmettent les autres facultés, et l'acte par lequel elle perçoit les communications mêmes qui lui sont transmises : c'est un sujet dont je me suis ensuite occupé ailleurs (t. II, p. 300, et la *note* au bas des pages 460 à 464).

On sait assez que dans le premier cas le mot exprime une comparaison, une détermination, comme je l'ai précédemment expliqué (t. II, p. 782 *fin* à 783). Mais, dans le second cas, le terme *percevoir* exprime un acte que nous ne saurions ni expliquer ni analyser. Une faculté transmet à une autre, non ses propres sensations, ce qui est impossible (t. II, *note* au bas de la p. 500); mais les perceptions ou actes de compréhension intellective de ces sensations, que cette autre faculté, qui les reçoit, entend ou comprend à l'instant même. De sorte que, si *percevoir* signifie comparer et déduire de la comparaison faite, pour arriver à déterminer les sensations et les impressions qui se sont éveillées dans une faculté ou qui lui ont été transmises, *comprendre, entendre, se rendre raison,* signifie l'acte mystérieux par lequel une faculté peut avoir connaissance de ce qu'une ou plusieurs autres facultés lui communiquent. Ainsi, toutes les fois que j'ai dit (t. I, p. 325 à 329, 342 à 344 et *passim*) que certaines facultés *perçoivent* ce qui se passe dans d'autres, j'ai dû dire que certaines facultés peuvent comprendre, entendre ou apprécier ce qui se passe dans d'autres.

Idées. — Il n'y a point dans la philosophie mentale ou dans la phrénologie de matière sur laquelle on ait écrit d'une manière aussi vague et aussi confuse que sur les *idées,* et je sens au fond de mon âme que les deux premiers tiers de mes leçons se ressentent de ce vague et de cette confusion. Ils sont venus en partie de ce que l'on n'a pas jusqu'ici étudié avec l'attention que méritait l'importance du sujet la lexicographie du mot *idée*, c'est-à-dire les significations distinctes qu'on lui donne universellement; mais surtout de ce qu'avant la découverte que j'ai faite d'une faculté purement rationnelle, qui est le principe souverain et suprême de l'âme humaine, il était impossible de bien distinguer l'*idée-chose* de l'*idée de la chose*, soit sensitive, soit rationnelle.

Toute espèce de *conception* ou d'*image* est une *idée-chose*, ou une idée qui a son individualité exclusive. Dans ce sens, les idées se divisent en deux classes, séparées par une immense barrière : d'une part, les idées sensitives, particulières ou concrètes, et, d'autre part, les idées rationnelles, générales ou abstraites.

Les idées sensitives sont des concepts, des images, des conjonctures positives, nécessairement déterminés par la nature spéciale de la faculté dans laquelle ils se forment et que j'appelle *conceptions* ou *notions sensitives*, pour les distinguer par un nom particulier. Nous donnons ce sens au mot idée, quand nous disons : une idée, une pensée, une fantaisie *musicale;* une idée, une pensée, une invention maligne; une idée, une pensée, une fantaisie de cruauté, de vengeance, de tendresse, d'architecture, etc. Dans cette acception restreinte, sensitive et concrète du mot idée, les oiseaux ont des idées musicales, les renards des idées rusées, les tigres des idées féroces, les éléphants des idées vindicatives, les castors des idées architecturales, les chiens des idées affectueuses, etc., comme je l'ai établi, expliqué et démontré en d'autres occasions (t. I, p. 360 *fin* à 361; t. II, p. 247 à 251).

Les *idées rationnelles* sont des pensées, des raisonnements, des réflexions (t. II, p. 337), qui se rapportent d'une manière concrète non à la nature ou au caractère d'une faculté particulière déterminée, mais à un fait ou à un événement général. Nous parlons de cette classe d'idées, exclusivement propres à l'harmonisativité, et par conséquent étrangères aux animaux, quand nous nous servons d'expressions analogues à celles-ci : « Une idée heureuse, sublime, vaste, immense... Les idées ne meurent pas... » Je vous ai présenté en diverses occasions (t. II, p. 346 à 347, *note* au bas de la page, 380 à 385) un grand nombre d'exemples de l'*idée* prise dans ce sens : je tomberais donc dans une ennuyeuse prolixité si je les multipliais ici. Il semble même inutile d'ajouter que ces idées-choses rationnelles sont toujours des CONCEPTIONS ou des CRÉATIONS de l'harmonisativité, à laquelle se sont présentées des choses de divers ordres distincts.

Il y a aussi une *idée de la chose*, une idée qui n'a pas seulement son existence ou son individualité propre, mais qui dans son existence ou son individualité propre embrasse, représente ou comprend subjectivement l'existence ou l'individualité propre de quelque chose qui n'est pas elle. Cette classe d'*idées*, qui est aussi le privilége exclusif de l'humanité (t. II, p. 51 à 52, 73 74, 120 à 121, 143, 147, 237 *fin* à 240, 281 *fin* à 301), se compose d'actes passifs de l'harmonisativité, sur la production ou la formation desquels je vous ai donné ailleurs (t. II, p. 238 à 240, 296 *fin* à 299 et *note*, 332 à 337) de longues explications et de nombreux éclaircissements. Nous disons, dans ce sens, l'idée d'une affection, l'idée d'un lion, l'idée d'une idée ou d'un concept, l'idée de toutes les choses que j'ai mentionnées, à titre d'éclaircissements, dans la leçon XXXV(t. II, p. 122). De sorte que l'expression de former une idée d'une chose équivaut à celle-ci : savoir ce qu'elle EST ou se former une idée de ce qu'elle EST. Il est encore inutile d'ajouter que ces *idées rationnelles des choses* sont des PERCEPTIONS ou des actes DÉTERMINATIFS de l'harmonisativité, qui a comparé des choses de divers ordres distincts.

On me dira peut-être que, rigoureusement parlant, les conceptions des animaux sont des *idées-choses*, tandis que leurs perceptions sont des *idées des choses*. Mais chez eux, dans la création des unes comme dans la formation des autres, tout a été sensitif, forcé, concret et déterminé (t. II, p. 281 *fin* à 301). Il n'y a point eu de libre préférence, ni de libre détermination, comme il n'y a point eu de comparaison d'espèces, de principes, ou de totalités abstraites. Or, sans la comparaison des espèces, des principes ou des totalités abstraites, et sans le libre pouvoir de déterminer qu'une chose est ceci ou cela, suivant les rapports de cause à effet et d'analogie générale qu'on y remarque, on ne peut pas dire qu'on se forme une idée de ce qu'est une chose, mais seulement qu'on *sent* qu'une chose est ou n'est pas ceci ou cela, par le sentiment exclusif du plaisir ou de la douleur inévitables que la chose inspire, ainsi que je vous l'ai expliqué ailleurs de la manière la plus claire et la plus complète (t. II, p. 245 à 251, 281 *fin* à 301).

Par cet éclaircissement je vous mets à même de savoir à point nommé quand j'ai employé dans ces leçons le mot *idée* soit dans le sens d'*idée-chose*, soit dans celui d'*idée de la chose*, ou, en d'autres termes, soit dans le sens de perception, de conception ou de souvenir *sensitif*, soit dans celui de perception, de conception ou de souvenir *rationnel*, tandis qu'on confond constamment ces divers sens et que je les ai moi-même confondus, jusqu'à ce que j'aie à dessein approfondi la matière dans les leçons XLVI et XLVII (t. II, p. 296 *fin* à 297, 333 *fin* à 334), après vous avoir exposé ma découverte de l'harmonisativité, sans laquelle il n'eût jamais été possible de déterminer d'une manière nette et positive ces diverses significations ou valeurs du mot *idée*.

Cette confusion me faisait attribuer à chaque faculté la force de déterminer, rationnellement ou avec liberté d'élection, l'être des choses; ce qui est exclusivement propre à l'harmonisativité. Ainsi je disais dans la leçon XXXVIII (t. I, p. 531 *fin*) : « Quand une faculté quelconque donne une impulsion, elle est la seule qui puisse se former l'idée de cette impulsion. — Le principe intelligent, le pouvoir de former des IDÉES, appartient à *toutes les facultés* (t. I, p. 541). — Toute faculté sent et sait et se forme l'IDÉE de ce qu'elle sent et sait (t. I, p. 542 *fin*). » Dans cette même leçon, j'affirmai nettement et positivement (t. I, p. 534) que par se former l'idée d'une chose, on doit entendre : déterminer l'ÊTRE d'une chose ou CE QU'EST une chose dans sa généralité, dans son intégralité ou abstractivement, pour qu'il fût d'autant moins douteux que j'attribuais une puissance rationnelle originelle à chacune des facultés.

C'étaient autant d'erreurs que je m'empresse d'éclaircir et de rectifier. Ce qu'a chaque faculté particulière, c'est la capacité de percevoir, de concevoir et de se remémorer les sensations et les impulsions propres à son caractère ou à sa nature spéciale; mais le pouvoir de se former une idée de l'être des choses, abstraction faite de toute considération sensitive, appartient exclusivement à l'harmonisativité, avant la découverte de laquelle je ne parvenais pas à comprendre, comme la science même ne comprend pas encore bien nettement [1], qu'il y a dans la formation des *idées* deux principes distincts, séparés par un abîme infranchissable (t. II, p. 281 *fin* à 301).

Tout en faisant cette confusion, tout en confondant la conception ou l'*idée-chose* avec la perception ou l'*idée de la chose* et l'*idée-chose* et l'*idée de la chose* SENSITIVES avec l'*idée-chose* et l'*idée de la chose* RATIONNELLES, je m'évertuais de toutes mes forces à prouver (t. I, p. 349) que toutes les facultés perçoivent et conçoivent les idées propres à leur spécialité, en disant : S'il n'en était pas ainsi, comment le chien et le renard auraient-ils des idées de fidélité et de ruse, privés qu'ils sont d'intellectualitivité? Comment y aurait-il une folie *lucide* ou qui raisonne (t. I, p. 349), si les facultés ne pouvaient pas délibérer chacune séparément, et si, en pareil cas, l'intellectualitivité ne restait pas saine, puisque les sujets raisonnent?

Grâce à ma découverte (t. II, p. 240 *fin* à 371) de l'harmonisativité ou vo-

---

[1] Je dis que la science même ne comprend pas bien nettement ces deux principes, ces deux forces; car, avant ma découverte, le génie profond des Allemands s'était seul tant soit peu rapproché de la vérité à cet égard. Dans leur langue, prodigieusement riche, ils ont deux mots, *idee* et *begriff*, pour exprimer ce que nous appelons *idée*. Par le mot *idee* ils expriment comme nous la perception ou conception d'un principe ou de l'être d'une chose; mais par *begriff* [*] ils entendent la perception ou conception distincte d'un attribut comparé à d'autres attributs du même genre, dont nous n'avons que la conscience sensitive et expérimentale, que nous avons jusqu'à présent aussi appelée *idée*, et que je dénomme *perception ou conception sensitive*.

Mais, comme la science n'est point encore en possession de ma découverte, d'où il résulte que toutes les facultés comparent ou raisonnent, en étant subordonnées à une force déterminante innée, impérieuse, nécessaire ou inévitable, à l'exception de la faculté souveraine, qui préfère ou résout librement en vue d'une qualité de l'objet qu'elle considère comme principale, relativement à toutes les autres qualités connues, l'explication philosophique de *Begriff*, conception, perception ou idée sensitive, par les philosophes allemands, les seuls au monde, si je ne me trompe, qui se soient occupés de la matière, est incomplète, inexacte et foncièrement erronée. Kant et ses disciples ont dit à ce sujet : « *Wir haben einen Begriff* (conceptus, notio) *von einer Sache, wenn wir die Merkmale derselben oder dasjenige, was eine Sache dargestællt von der andern unterscheidet, dass der Verstand beide mit einander nicht verwechseln kann, aufgefunden und uns gehœrich vergegenwærtigt haben. Es erhellt von selbst dass wir dazu des Bewustseins bedürfen: die Thætigkeit aber, durch welche wir begriffbilden, ist der Verstand.* — Nous avons *Begriff* (le concept, la *notion*) d'une chose, quand nous avons découvert et que nous nous sommes suffisamment représenté le caractère particulier qui distingue une chose d'une autre du même genre, de sorte que l'entendement ne puisse pas prendre l'une pour l'autre. Il va de soi que

---

[*] Étymologiquement et logiquement, le mot français *concept* répond exactement au mot allemand *begriff*.   (*Note de la traduction.*)

lenté, et de son organe de manifestation, ainsi que de la sphère d'action générale passive et active propre à toutes les facultés de l'âme, nous savons maintenant que ce qu'a le chien, que ce qu'a le renard, comme je ne cesse ni ne
cesserai de le répéter, ce sont des sensations de fidélité, ce sont des sensations de ruse, avec la capacité perceptive de les déterminer (t. II, p. 237 à 251);
mais qu'ils n'ont nullement l'idée de l'*essence* de ces sensations, par des déductions (t. II, p. 297 *fin* à 298, 332 à 337, 403 *fin* à 406) tirées des rapports
d'analogie et de cause à effet que ces sensations ont avec les autres choses
connues du sujet, et comparées dans un centre où préside l'intelligence. Un
chien, un renard, un éléphant, pourront avoir la connaissance de fait ou sensitive d'un vert plus ou moins foncé, d'une forme plus ou moins grande, d'une
action plus ou moins rusée; mais jamais ils ne distingueront ces choses par
leurs pures relations générales avec les autres choses qu'ils connaissent, en
déterminant en conséquence leur ÊTRE par leur CLASSE, ou leur CLASSE par leur
ÊTRE; jamais ils ne concevront des idées générales ou qui embrassent une
totalité abstraite, rationnellement déduite et non expérimentalement sentie.

Quant à l'explication philosophique de la *folie lucide*, elle est très-simple depuis que j'ai démontré jusqu'à la dernière évidence que la raison ou
la partie passive de la volonté ne peut point se former une idée des choses
ni en raisonner, qu'autant que les autres facultés lui ont transmis une connaissance sensitive (t. II, p. 332 à 337). Aussi longtemps, par exemple, que

pour cela nous avons besoin de la conscience (c'est-à-dire de la conviction sensitive);
néanmoins l'acte efficace en vertu duquel nous nous formons *Begriffe* (des notions) est
celui de l'entendement. » J'ai voulu reproduire textuellement ce passage pour prouver que
Kant et ses disciples entendent par *Begriff* ce que j'entends par notion, dans le sens de
perception sensitive ou spéciale (voir t. II, p. 117 à 120, 237 à 240, 243 à 251, 281 *fin* à 295),
en la distinguant de *idée* ou de l'IDÉE, dans le sens de conception ou de perception rationnelle ou générale (t. II, p. 296 à 299, 332 à 337, 380 à 384). Si les principes que je soutiens
et que j'ai établis sont vrais, Kant et ses disciples se trompent en supposant qu'il n'y a que
l'entendement, la raison ou l'harmonisativité qui compare des perceptions sensitives du
même genre, et surtout en supposant que l'entendement ou l'harmonisativité représente
la seule activité par laquelle l'âme se forme ces perceptions, ou ces notions. Non; chaque
faculté particulière se forme ses notions ou perceptions spéciales, et l'entendement se
forme, par la comparaison des notions qui lui sont fournies, les idées générales ou purement rationnelles. Autrement il faudrait supposer que les brutes elles-mêmes ont un
entendement rationnel (*Verstand*); car il est incontestable qu'elles manifestent des notions
ou perceptions (*Begriffe*) musicales, témoin le rossignol; des notions ou perceptions (*Begriffe*) rusées, témoin le renard; des notions ou perceptions (*Begriffe*) destructives, témoin
le tigre; des notions ou perceptions (*Begriffe*) affectueuses, témoin le lévrier; des notions
ou perceptions (*Begriffe*) architecturales, témoin le castor. C'est pour n'avoir pas su faire
la distinction nécessaire entre les facultés particulières ou sensitives, MULTIPLES, et la faculté générale ou rationnelle, UNE, que les écoles philosophiques ou métaphysiques ont
laissé tant de confusion et d'obscurité dans leurs doctrines sur les opérations de l'âme des
brutes et sur celles de l'âme raisonnable. Au surplus, si je me suis arrêté à l'explication
de cette matière, c'est que j'ai tenu à même de vous mettre à même de vous rendre compte d'une
foule de passages obscurs et contradictoires qu'on trouve maintenant dans Kant et dans
d'autres métaphysiciens allemands non moins célèbres; je vous aurai en même temps
donné les éclaircissements les plus complets sur l'idée-*chose* et l'idée *de la chose*, en général, et sur l'idée-chose et l'idée de la chose *sensitives*, comparées avec l'idée-chose et
l'idée de la chose *rationnelles*.

la tactivité n'aurait pas palpé la feuille de fer-blanc peinte, dont je parle dans la leçon XXXIII (t. I, p. 537 *fin*), tous les arguments et syllogismes de la raison, en eux-mêmes valables et solides, auraient tendu à prouver que cette feuille de fer-blanc était un index ou un catalogue imprimé. Celui qui, connaissant la réalité, eût ignoré que la personne qui eût raisonné de la sorte n'avait pas examiné de près, pas touché cette feuille de fer-blanc peinte, se fût écrié : *Voilà un cas de folie lucide.* De même que savants et igno- rants disaient que la découverte du nouveau monde, dans l'esprit de Co- lomb, était un cas de folie lucide, parce que ni les uns ni les autres ne pouvaient concevoir comme possible l'existence de cette Amérique qui a déjà tant changé l'Europe. Tant il est certain que souvent nous traitons un fou en homme sensé, et un homme sensé en fou !

Vous vous rappelez, sans aucun doute, que jusqu'à la leçon XXXVI in- clusivement (t. II, p. 51 à 53), j'avais uniquement démontré que chacune des facultés se forme des perceptions, des conceptions, des souvenirs, ou des idées propres, en vertu d'une capacité intelligente innée[1]. Mais l'idée que les facultés intellectualitives, appelées réflexives par Spurzheim (t. I,

---

[1] Cette doctrine, qui fut proclamée, mais non prouvée par Gall, et que j'ai démontré être un fait qu'une raison imbue de préjugés peut seule contester (voir t. I, p. 325 à 331, 350 à 333, 474, 531 à 536, 542 *fin* à 545; t. II, p. 10 à 13), a été vivement combattue, ainsi que je l'ai déjà dit (t. I, p. 325 à 360), par Spurzheim, Combe et d'autres phrénologues émi- nents. Dans ces derniers temps, elle a été aussi attaquée avec une certaine acrimonie par le philosophe Auguste Comte. Il est regrettable pour la science qu'un génie aussi distingué que celui de ce grand écrivain n'ait vu le monde mental qu'à travers un prisme étroit et fermé à tout ce que l'humanité en général sait et sent d'elle-même, et qui ne réfracte pas même les principes fondamentaux qu'Auguste Comte établit lui-même comme base de sa philosophie. Voici ces principes : « Si le cœur doit poser les questions, c'est tou- jours à l'esprit qu'il appartient de les résoudre; — agir par affection et sentir pour agir. » D'où il conclut, par corollaire, « que *l'esprit doit être entièrement subordonné au cœur.* »

Je viens d'avancer que ces deux principes fondamentaux de la philosophie de Comte se contredisent l'un l'autre. En effet, si nous devons uniquement *agir par affection et sentir pour agir*, l'esprit est inutile, et, si l'on admet l'esprit pour résoudre les questions que le cœur doit poser, il est absurde de supposer que nous devons agir par affection, si la question de l'action elle-même doit être soumise à la décision de l'esprit.

Quant au corollaire ou à la conséquence qu'il déduit de ces deux principes, et d'après lequel *l'esprit doit être entièrement subordonné au cœur*, autant vaudrait conclure que le *lazarillo* doit être entièrement subordonné à *l'aveugle* qu'il guide; car il appartient au *lazarillo* de décider par quel chemin *l'aveugle* doit diriger sa marche pour éviter de trébu- cher à chaque pas. Cette conséquence, absurde dans des cas analogues, est celle que Comte cherche à élever à la hauteur d'un principe de conduite particulière et de gouvernement général, *contrairement*, dit Lewes, son commentateur, *à l'ancienne psychologie, qui a tou- jours subordonné le cœur ou les émotions à l'esprit ou à l'intellect.* Outre qu'il attaquerait directement tout ce qu'il y a de plus moral, de plus saint et de plus sacré sur la terre, ce principe, s'il était possible de l'appliquer comme une règle qui serait essentiellement fausse, placerait au premier rang parmi les hommes des monstres tels que Thibets et Caracalla (t. I, p. 151 à 157, 157 à 167), et produirait des horreurs dont n'est qu'une faible peinture ce que j'ai dit à cet égard en diverses occasions (t. I, p. 164 à 166; t. II, p. 270 à 271).

Si jamais j'ai éprouvé une vive satisfaction d'avoir démontré d'une manière irréfragable que toutes les facultés sont à la fois aveugles et intelligentes, et que les animaux seuls sont assujettis à l'empire de la nécessité ou de l'impulsion la plus forte, mais que le gou-

p. 523), pouvaient seules concevoir des idées de l'ÊTRE des choses, en comparant des genres ou des principes abstraits ou généraux, ne commença à
germer dans mon esprit que lorsque j'abordai la leçon XXXVI (t. II, p. 51
à 53), et elle continua à se développer et à prendre plus de consistance dans
les leçons suivantes (t. II, p. 73 à 75, 117 à 120, 143 à 144, 145 à 147),
jusqu'à ce que dans la leçon XLV (t. II, p. 237 à 240), elle se présenta enfin
à moi dans toute sa vérité, dans toute son intégrité, et je puis vous l'expliquer avec toute la clarté, tous les détails et toute la solidité désirables.

Toutefois l'erreur qui me faisait supposer que dans l'homme l'intelligence centrale n'appartenait pas à une faculté exclusive, mais résultait de
l'action combinée des facultés intellectualitives, nuisait à ces explications.
C'était de ce principe que je partais ainsi que tous les phrénologues, comme
je l'ai déjà dit, en parlant de quelques cas particuliers, dans la leçon XLVI
(t. II, p. 259 comm., et p. 296, note au bas de la p.). Je continuai mes explications, en m'appuyant sur cette erreur que je prenais pour la vérité,
jusqu'au commencement de la leçon LXV. Au milieu de cette leçon (t. II,
p. 251 à 259), et du moment où j'entrepris de traiter de la volonté (t. II,

vernement de l'homme et des hommes est rationnel et libre (t. II, p. 281 à 317), ç'a été
en lisant le cours de *Philosophie positive* d'Auguste Comte (six vol.; Paris, 1830-1844), et
l'exposé de sa doctrine par l'Anglais G. H. Lewes (un vol. petit in-8°. Londres, 1853). J'ai
éprouvé et j'éprouve encore cette vive satisfaction, parce qu'il eût été difficile de publier
des ouvrages plus propres à mettre en relief et à faire briller du plus grand éclat la
vérité, la nécessité et l'utilité de mes découvertes et de mes doctrines psychologiques
Elles fourniront, si je ne m'abuse, le remède le plus efficace pour faire disparaître tant
de funestes théories qui se multiplient sur l'âme et sur son psychisme individuel et social, et qui sont toutes fondées sur une ignorance complète de sa nature, en même
temps qu'elles fourniront la preuve la plus évidente et la plus irrécusable pour convaincre à l'instant l'homme le plus opiniâtre et le plus prévenu que c'est la volonté, douée
de liberté, d'intelligence et de raison, et soumise à la loi du bien général, qui règne au
dedans de nous comme un vivant principe, qui résout les questions et agit en maîtresse
souveraine, et qui, en fait, doit les résoudre et présider comme une maîtresse souveraine à toutes nos actions, en harmonisant par rapport à elles, par conviction ou par
force, tous les désirs et aversions, toutes les affections agréables ou désagréables qui
s'opposeraient à ses résolutions. Il est presque inutile d'ajouter que cette doctrine fondamentale, base de tous les systèmes d'éthique, a été prouvée, démontrée, développée
avec tous les éclaircissements convenables de la p. 211 *fin* à la p. 371 du t. II), et que ce que
j'entends par volonté libre et intelligente, avec la partie perceptive de toutes les facultés
particulières, est ce que l'on appelle vulgairement *esprit* ou *intellect*, et que ce que j'entends par la partie aveugle ou affective et impulsive est ce qu'on appelle d'ordinaire *cœur*
ou *affection*. Du reste, on peut, comme je l'ai fait remarquer (t. I, p. 373 à 376), classifier
les facultés de l'âme de beaucoup de manières différentes plus ou moins fondées, plus
ou moins satisfaisantes.

Au surplus, Auguste Comte, qui semble n'admettre d'autre philosophie que celle que
constituent les lois ou les méthodes naturelles qui ont été découvertes (il lui donne par
excellence le nom de *Philosophie positive*), sort du champ de la spéculation pour extra-
vaguer, quand il prétend que certaines masses encéphaliques fonctionnent, non suivant
la loi ou la méthode naturelle suivant laquelle on a découvert qu'elles fonctionnent
réellement et positivement, mais au gré de son caprice ou de sa fantaisie. Quand il
s'exprime là-dessus, il devient si pitoyablement trivial après les grandes découvertes de
Gall et de Spurzheim sur l'organologie cérébrale, qu'il ne mérite point une réfutation :
le lecteur le plus vulgaire la trouve dans l'ouvrage de l'auteur lui-même.

p. 240), les études que j'avais faites sur la matière pendant deux ans et demi, et que j'approfondis durant onze semaines dans les méditations les plus sérieuses et dans l'examen le plus attentif dont mon âme soit capable, amenèrent pour résultat [1] la découverte que les activités mentales universellement connues sous les noms de volonté et de raison sont la force innée active et passive de la faculté qu'on appelait en phrénologie comparativité, et que j'ai cru depuis qu'on pouvait appeler beaucoup plus proprement l'*harmonisativité*. J'ai donné à cet égard des preuves si complètes, si détaillées, si claires, si concluantes, à partir du milieu de la leçon XLV jusqu'à la leçon LI inclusivement (t. II, p. 251 à 430) et surtout dans les leçons XLV et XLVI (t. II, p. 251 à 319), que tout ce que je pourrais ajouter ici dégénérerait en une prolixité stérile et fatigante.

Il suit de ce que je viens d'exposer que le premier alinéa de la leçon XLV (t. II, p. 237), où je dis : « Dans leur action combinée, les facultés intellectualitives constituent l'*intelligence*, engendrent la *volonté*, et conçoivent l'idée du MOI, » se trouve en contradiction avec mes explications subséquentes, par lesquelles j'ai démontré que l'intelligence ou la raison, la volonté ou la force de vouloir, l'idée du MOI ou de notre personnalité rationnelle, siègent exclusivement dans une seule faculté, auparavant appelée comparativité, dénomination à laquelle je répète que j'ai substitué celle d'harmonisativité, pour les raisons que vous connaissez (*note* au bas de la p. 304 du t. II). Ainsi, dans le sommaire de chacune des leçons, de la leçon XLV à la leçon L inclusivement, au lieu de l'expression : *action combinée des facultés intellectualitives*, il faut dire simplement *harmonisativité*.

Faute de ces découvertes, il y a une contradiction réelle et véritable entre ce que je dis à la p. 52, lignes 16 à 25 du tome II et ce que j'affirme à la p. 258, lignes 19 à 20 du même t. II. Je déclare dans le premier endroit que « certaines facultés *ne perçoivent pas les opérations des autres;* par conséquent, « qu'elles ne calculent pas, qu'elles ne se répriment ou ne s'excitent pas « intelligemment les unes les autres. » Dans le second passage, je m'exprime en ces termes : « Dans quelque hypothèse que ce soit, l'adhésivité « eût-elle réprimé son action, si..... elle n'eût pas perçu ce qui se passait « dans la tactivité? » Dans ces deux passages qui se rapportent l'un et l'autre à des animaux d'une classe élevée, toute l'erreur consiste dans le double sens que je donne au verbe *percevoir*.

Dans le premier cas, en disant *ne perçoivent pas*, j'ai voulu faire comprendre, sans pouvoir alors y parvenir, que certaines facultés ne percevaient pas *ce que c'était* qui se passait dans les autres, pour pouvoir s'en servir

---

[1] La postérité pourra apprécier par mes manuscrits le travail immense auquel je dus me livrer pour arriver à ce résultat, qui a fait de la phrénologie un système scientifique et de la philosophie mentale une doctrine complètement vraie. Il constituera, j'ose l'espérer, la véritable base fondamentale de toutes les sciences morales, politiques et économiques.

comme de prémisses, afin de *calculer* ou de déduire des principes ou des raisons générales, et de fonder sur ces raisons des motifs pour se réprimer ou pour s'exciter, avec la connaissance abstraite de la cause et de l'effet; et en réalité, c'est ce que j'ai alors cherché à exprimer, à mon insu, par l'adverbe *scimment* ou intelligemment. Que telle ait été en effet mon intention, sans que je l'aie aussitôt perçue rationnellement, tout ce que je dis immédiatement après le constate, puisque je prouve que chez les hommes, non-seulement certaines facultés savent en fait ce qui se passe dans les autres, mais qu'elles sont même *instruites*, par les déductions supérieures de l'intellectualitivité, de la NATURE de la chose qui se passe. Dans le second cas, en disant *si elle n'eût pas perçu*, j'ai voulu dire que si en fait une faculté ne comprenait pas ce qui se passe dans une autre, si elle n'en avait pas la conscience sensitive, pour en ressentir, sans aucune connaissance de cause, un effet d'excitation ou de répression, analogue à l'impulsion qui lui est exclusivement propre, comme je l'ai expliqué en temps et lieu (t. II, p. 245 à 251, 281 *fin* à 301), avec toute l'évidence de la vérité, les animaux ne présenteraient pas ces surprenants phénomènes d'idées déterminées, ou de perception, de conception et de mémoire concrètes et sensitives, que j'ai si souvent mentionnés (t. I, p. 360 *fin* à 361, 119 à 120, 245 à 251, 281 *fin* à 301), pour les comparer avec ces autres phénomènes rationnels, qui, quoiqu'ils puissent paraître du même genre, sont d'une classe si infiniment supérieure : car la conception de l'animal, quelque grande qu'elle soit, *naît et meurt en lui*, tandis que la conception de l'homme DEVIENT à l'instant le patrimoine de l'humanité (t. I, p. 396, 500 *fin*, 176, 441 à 442).

Ce point important une fois établi, dès qu'il est reconnu que la volonté repose exclusivement sur l'harmonisativité, et qu'elle seule peut se former rationnellement une *idée de la chose;* que toutes les facultés sont douées d'intelligence ou d'une force perceptive (t. II, p. 237 à 240), et qu'elles toutes peuvent concevoir des *idées choses;* que cette force ou capacité perceptive doit être considérée comme sensitive ou inconcrète, et comme rationnelle ou concrète (t. II. p. 299 à 301, *note* au bas de la page), et que la capacité perceptive sensitive est propre aux facultés particulières que les animaux des classes les plus élevées partagent avec l'homme (t. II, p. 281 *fin* à 295); tandis que la capacité de perception rationnelle repose sur l'harmonisativité, faculté exclusivement propre aux hommes, on met par là même à jamais fin à toutes ces discussions, qui depuis trois mille ans agitent l'esprit des philosophes les plus célèbres sur les classes et les catégories, sur l'être ou l'essence, sur l'origine ou la génération des idées, sur la question de savoir si les bêtes ont ou n'ont pas des idées, de l'intelligence, ou si elles sont ou non capables de raisonner; si elles pensent ou ne pensent pas, si elles rêvent ou ne rêvent pas dans le sommeil, si elles ont ou si elles n'ont pas une certaine logique, et sur une foule d'autres questions semblables.

Vous savez déjà, par exemple, que les idées qui constituent des desseins, des motifs, des plans, des résolutions, des pensées (t. I, p. 249 *fin* à 250,

266 *fin* à 267), et que les idées qui, déduites de la comparaison de classes, ou de totalités, ou de principes abstraits, impliquent dans leur propre individualité l'existence d'autres choses distinctes d'elles-mêmes (t. II, p. 297 *fin* à 298), ont leur origine dans l'harmonisativité, quoiqu'elles y soient suscitées par les irradiations des autres facultés (t. I, p. 332 à 337); d'où il résulte que toute idée rationnelle est la conception ou la perception en bloc ou en somme d'un nombre d'attributs et de relations plus ou moins étendu. Vous vous trouvez par là même en état de pouvoir apprécier en parfaite connaissance de cause la valeur des opinions de certains grands philosophes relativement à l'être ou à l'essence des *idées*. Aristote a dit qu'elles étaient des *fantasmagories;* Cabanis, des *sécrétions* du cerveau; Broussais, des opérations de la *substance nerveuse*, et d'autres auteurs, d'autres choses non moins étranges. Il faut espérer que mes explications feront disparaître pour toujours toutes ces théories, qui, outre qu'elles ne s'appuient sur aucun fondement solide ni sur aucune donnée plausible, renferment, dans la plupart de leurs principes, une philosophie fausse et désolante, contre laquelle j'ai déjà élevé la voix dans une de mes leçons (t. I, p. 175 à 177, exorde de la leçon XIII), que vous avez bien voulu, à ma grande satisfaction, qualifier de mémorable.

Maintenant que vous connaissez, comme vous les connaissez, les forces de perception, de conception et de mémoire sensitives et rationnelles, vous ne vous étonnerez plus que quelques philosophes aient prétendu que les animaux pensent, réfléchissent et raisonnent comme l'homme, tandis que d'autres, et parmi eux Descartes, leur ont refusé jusqu'à la sensibilité, en soutenant que c'étaient des automates, ou de purs assemblages mus par des ressorts mécaniques. Ce serait faire injure à votre intelligence que de m'arrêter à vous démontrer que cette dernière opinion est évidemment absurde. Est-ce que la perdrix n'est pas mue par la faim, quand, à peine sortie de l'œuf, elle cherche le grain qui doit la nourrir? N'est-ce pas en cédant à une semblable impulsion qu'un tout jeune chien s'attache au teton de sa mère? La créature humaine fait-elle, peut-elle faire quelque chose de plus?

Aux philosophes qui, professant des doctrines diamétralement opposées, nous disent : Le castor a des idées; l'éléphant réfléchit et rêve; le renard pense; le chien comprend et tire des déductions logiques; le cheval devient fou, de même que l'homme raisonnable, et la seule différence qu'il y ait entre ces animaux et nous, c'est qu'ils n'ont pas la parole pour pouvoir exprimer ce qu'ils éprouvent, vous pourrez désormais répondre en parfaite connaissance de cause; vous pourrez leur dire, et leur dire avec beaucoup de raison : Sans doute, le castor a des idées, mais des idées de construction, fixes et concrétifiées dans le cercle étroit de son individualité; il n'a pas des idées générales qui embrassent des principes et qui s'étendent dans une sphère assez vaste pour comprendre toutes les espèces, tous les temps, tous les climats, avec la perception libre et rationnellement modifiable que l'homme a de l'*entité* et de la *classe* de toutes ces choses.

Sans doute, l'éléphant réfléchit et rêve, mais il réfléchit et rêve à des faits qui ne sortent pas de la vie sensitive; c'est pourquoi ses réflexions et ses songes sont toujours violents. Il n'imagine pas, comme l'homme, des conversations qui ne peuvent avoir lieu que par des signes intelligents dont il manque (t. II, p. 145 à 147, 249 à 251); il n'imagine pas qu'il sait, qu'il a su ou qu'il saura ce que c'est qu'imaginer ou ce que c'est que toute autre chose; en un mot, il n'imagine rien qui appartienne au monde rationnel ou à des principes généraux.

Sans doute, le renard pense, mais il pense seulement à des ruses ou à d'autres actes déterminés qui se rapportent à sa vie individuelle dans le présent. Il pense en sentant, mais jamais abstraction faite de la sensation; jamais en se fondant sur de pures analogies d'une perception exclusive qui embrasse des totalités, des généralités, des essences; jamais en se rendant compte à lui-même de ce qu'il pense ni de ce qu'est ce qu'il pense; car pour tout cela il aurait besoin de signes intelligents dont il manque (t. II, p. 145 à 147, 249 à 251), et il en manque précisément parce que rien de tout cela ne peut s'opérer dans son âme animale.

Sans doute, le chien comprend et tire des déductions logiques, mais elles se bornent toutes à la sensibilité; oui, le chien comprend, mais, comme je l'ai dit précédemment (t. II, p. 250 *fin* à 251), il comprend seulement par la pure comparaison d'analogies générales et non avec abstraction complète d'*impressions*. Le chien reconnaît à un nom sa propre individualité, mais non celle d'un autre chien. Et pourquoi? Parce que, dans le premier cas, il suffit d'un cri, d'un son impressif; tandis que, dans le second, il faut pouvoir comprendre des totalités ou des individualités dans leur manière d'être générale indépendamment de leurs attributs particuliers; or c'est là une faculté dont manque non-seulement le chien, mais tout autre animal créé. Le chien et le cheval comprennent par une déduction logique, mais c'est une déduction logique sensitive, comme celle que j'ai attribuée au chien de Jackson (t. II, p. 289). En voyant un bâton levé ou l'ombre d'un bâton, un chien, par *sa logique sensitive*, en conclura qu'on va le frapper, et il fuira tout épouvanté; mais il n'a pas fait cette déduction parce qu'il a considéré le bâton levé comme la cause ou la prémisse d'une conséquence : car, pour le chien, cela est impossible, il ne possède pas une *logique rationnelle* ou abstraite (t. II, p. 223 *fin* à 224). Le bâton levé a été simplement pour lui un attribut complexe qui a provoqué instantanément une sensation désagréable dans la précautivité, comme une mauvaise odeur en aurait provoqué dans l'olfactivité.

Enfin, un cheval devient fou comme peuvent devenir fous d'autres animaux, mais ce sera toujours par suite d'une rupture d'équilibre entre la partie aveugle et la partie intelligente de ses facultés exclusivement spéciales, rupture qui les empêchera de se combiner spontanément d'une manière déterminée d'avance pour produire dans certains cas certains actes harmoniques de perception ou d'impulsion, conformément à ce que j'ai déjà expliqué dans une autre occasion (t. II, p. 73 *fin* à 74); mais jamais nous ne trouverons chez les animaux, quelque élevés qu'ils soient dans l'échelle des êtres, ce que nous voyons fréquemment parmi les hommes, le cas d'un sujet fou sachant qu'il l'est ou qu'il va le devenir [1].

C'est pour toutes ces raisons que sera toujours imparfaite ou incomplète toute philosophie, fondamentale ou élémentaire, dont la psychologie, l'idéologie, la logique et l'éthique n'en embrassent pas les deux côtés, le sensitif et le rationnel; car c'est sous ces deux rapports qu'il faut considérer les matières dont on traite. L'homme est, comme les animaux, impressionnable, sensitif et soumis à des impulsions; mais il a de plus que les animaux des facultés morales et intellectuelles d'un ordre supérieur, qui en font une créature perfectible, religieuse et raisonnable. Toute philosophie qui ne le considère point sous tous ses aspects, c'est-à-dire comme impressionnable, sensitif, soumis à des impulsions, perfectible, religieux et raisonnable, ne peut manquer d'être une philosophie fort incomplète. Vous savez déjà que sous ce rapport je n'ai laissé aucune lacune dans mes leçons, au terme desquelles je puis bien dire maintenant que je touche. Je présenterai quelque chose de plus complet encore dans la Philosophie fondamentale et élémentaire que j'ai annoncée, et qui pourra bientôt, j'espère, voir le jour de la publicité.

Mémoire. — Il convient maintenant que je vous explique la théorie de la MÉMOIRE, sujet sur lequel on a tant écrit, et, jusqu'à présent, d'une manière si peu satisfaisante, tant dans les idées qu'en dehors des idées phrénologiques. Je ne sais si je serai plus heureux que mes prédécesseurs; mais, comme cette leçon est une leçon d'éclaircissements, voici ceux que je puis donner sur une matière que j'ai à dessein laissée de côté jusqu'à ce moment pour en traiter ici à fond.

L'opération perceptive ou la *perception*, comme vous le savez (t. II, p. 257 à 240, 284 à 295), est celle qui compare et détermine les sensations ou les connaissances dont a la conscience une même faculté. Sans la perception, et dans la condition des animaux annelés et des vertébrés des dernières classes (t. II, p. 246), ni l'homme ni la bête ne pourraient ni comparer ni déterminer leurs sensations (t. II, p. 237 *fin* à 238), et, par conséquent, ils manqueraient de toute connaissance; nous sentirions des désirs et des affections, mais nous ne connaîtrions d'une manière déterminée ni désirs ni affections.

La perception, vous le savez aussi, peut être purement sensitive, comme on l'observe dans les animaux vertébrés des classes les plus élevées (t. II, p. 245 à 251); ou sensitive et rationnelle (t. II, p. 117 à 121, 143 à 147, 201 à 203, 237 à 240, 281 *fin* à 301), comme elle existe chez les hommes. La *perception* peut, en outre, se rapporter à des sensations et à des af-

---

[1] Milton, dans son *Paradis perdu*, a entrevu la différence qui existe entre l'intelligence sensitive et l'intelligence rationnelle, mais il n'est point parvenu à l'expliquer. Il a distingué l'une en disant (liv. VIII, v. 391-392) que les animaux ne *raisonnent pas d'une manière méprisable*, et l'autre, en disant (liv. VII, v. 509-510) que l'homme a été *doué de la sainteté de la raison*, et qu'il se *connaît lui-même* pour gouverner toutes les autres créatures.

fections actuelles et passées; en d'autres termes, il y a une perception du présent et une perception du passé, et c'est là-dessus qu'est fondée la théorie de la MÉMOIRE. La perception du présent, appelée simplement *perception*, est celle qui détermine ou connaît, avec une rapidité plus grande que celle de la lumière, les sensations que provoquent les impressions que nous recevons dans le moment actuel. Un œillet qui se présente à nous laisse échapper des parfums odorants et des reflets de lumière. Ces parfums et ces reflets sont autant d'attributs qui produisent des impressions dans nos oreilles et dans nos yeux; ces impressions provoquent instantané-ment, d'une manière mystérieuse, des sensations internes dans un grand nombre de facultés différentes (t. II, p. 117 *fin* à 118, 411 *fin* à 415). La détermination cognoscitive de ces sensations et des effets agréables ou dés-agréables qu'elles produisent (t. II, p. 237 à 240), de laquelle résulte la *conviction intime* que nous éprouvons, est la simple perception ou la perception actuelle, c'est-à-dire du *présent*.

Avec ce résumé de tout ce que vous savez sur la *perception* immédiate, il vous sera facile de comprendre comment la MÉMOIRE, ou la force ou faculté mé-morative, n'est qu'une *perception* du PASSÉ. La mémoire ou la force mémo-rative est la perception que l'on a maintenant de sensations, affections ou idées que l'on a eues auparavant, perception accompagnée de la conviction intime que ces sensations et idées ont déjà existé dans notre esprit à une autre époque, relativement au tout ou à la complète individualité d'un fait ou d'un objet. Cette conviction intime, principal élément de la *mémoire*, dépend exclusivement de l'action saine et vigoureuse de la durativité (t. I, p. 508 à 513). Les autres éléments constitutifs de la mémoire se trouvent dans la perception *actuelle* de toutes les sensations et idées que l'on a eues à une autre époque et qui concernent une circonstance, un événement, un objet tout entier, c'est-à-dire une totalité ou individualité complète quel-conque.

Cette dernière condition d'une totalité, jointe à la perception des sensa-tions qui en constituaient l'exacte et complète connaissance, est indispen-sable pour qu'il y ait mémoire ou pour que la mémoire existe. La perception intérieure de la sensation isolée (t. II, p. 117 *fin* à 118, 411 *fin* à 415) d'une couleur ou d'une forme, telle qu'elle a eu lieu auparavant et telle qu'elle aura toujours lieu ensuite, ne constitue pas la perception mémora-tive; ce qui constitue la perception mémorative, c'est d'avoir actuellement présentes les sensations de cette couleur et de cette forme dans leur union et dans leur enchaînement avec les sensations d'autres attributs et rapports objectifs et subjectifs qui constituent l'entité intégrale de l'événement spé-cial, de la circonstance ou de l'objet dont nous désirons nous souvenir.

Avoir la mémoire, par exemple, d'une lettre que nous avons vue en tel ou tel lieu, à telle ou telle époque, ne signifie pas seulement se rappeler la grandeur, la forme, la couleur et l'individualité de la lettre, mais c'est se rappeler les circonstances qui accompagnaient le lieu où elle se trouvait et le temps où on l'a vue, puisque tous ces éléments constituent la chose dont nous voulons nous souvenir. C'est pourquoi l'on a dit, et l'on a fort bien dit, sans expliquer néanmoins toute la théorie de la mémoire, que le souvenir d'une chose, c'est se trouver *maintenant* dans le même état que celui où l'on se trouvait à l'époque où l'on a perçu la chose, avec toutes les facultés mentales qui étaient alors en action.

Je dis que cela n'explique pas toute la théorie de la mémoire, et à beaucoup près, puisque pour la compléter il faut admettre que nous avons la conscience que la perception de cette lettre ou d'une autre chose quelconque a déjà eu lieu au dedans de nous, avec celle de toutes ses circonstances accessoires. Cette conscience ne peut se produire, comme je l'ai déjà dit, que dans la durativité et ne peut être communiquée que par elle aux autres facultés. Cette condition est d'une importance immense, puisqu'elle détermine la mémoire, en la distinguant de la conception, imagination ou force créatrice.

Avoir la perception d'une chose sans avoir en même temps la conscience qu'on l'a déjà perçue à une autre époque, c'est en avoir la *conception* et non la *mémoire*. Si, quand un objet se présente à notre vue, ou quand une musique impressionne notre oreille, la durativité n'attestait pas à notre conscience, après que l'un et l'autre ne frappent plus nos sens, que ce sont bien les choses que nous venons de percevoir, nous aurions, qui pourrait en douter? la conviction intime et inébranlable qu'elles étaient de pures créations, de pures conceptions de notre esprit.

En outre, il est nécessaire de remarquer que maintes fois nous voulons nous souvenir de quelque chose, en le réintégrant dans toutes ses parties constitutives, mais qu'en ayant seulement quelques-unes présentes, nous nous efforçons de nous rappeler celles qui nous manquent pour obtenir le complément requis. Quelle est en nous, en pareil cas, la faculté qui s'aperçoit que nous nous rappelons seulement une partie des éléments qui composent le tout que nous cherchons? Quelle est la faculté qui excite les facultés particulières voulues à percevoir les sensations qui nous manquent pour compléter nos souvenirs? Cette faculté est l'harmonisativité; c'est elle qui se rend compte des choses dans leur totalité ou dans leur être général, qui se présente parfois mystérieusement à la mémoire avec une indépendance complète des attributs qui les constituent. C'est un souvenir vague, confus, indéterminé; mais il existe, et la preuve qu'il existe, c'est qu'il devient graduellement plus fixe, plus clair, plus déterminé, à mesure que les facultés particulières intéressées se mettent dans la même activité perceptive où elles se trouvaient quand elles ont perçu pour la première fois la chose qu'on veut se rappeler, et au moyen de laquelle l'harmonisativité l'a connue d'une manière précise et complète. J'ai expliqué à votre entière satisfaction, d'après votre propre témoignage, le psychisme ou le mode de procéder de cette faculté transcendantale et souveraine, pour exciter le principe perceptif des facultés particulières qu'elle domine, quand j'ai traité de l'*attention* et des *attentions* (t. II, p. 366 à 371).

Combien de fois l'homme ne se représente-t-il pas intimement dans l'esprit la mystérieuse intégralité ou substance d'un événement ou d'un objet, ne cherche-t-il pas à s'en rappeler telles ou telles parties constitutives, et, dans les efforts qu'il fait pour y parvenir, n'en saisit-il pas, sinon une conscience complète, au moins certaines réminiscences mentales, qui le font s'écrier : « *Je l'ai au bout de la langue, mais ce ne peut sortir de mes lèvres !...* » Qui nous expliquera ce mystérieux, admirable et sublime phénomène de l'esprit humain ? car l'âme peut percevoir, se rendre intimement présent un tout, ou s'en former une idée, sans que soit nécessaire la présence d'aucun des éléments qui le constituent ; elle peut également se former une idée d'un principe, sans que soit nécessaire la présence d'aucun des faits sur lesquels il repose, quoique sans ces éléments constitutifs ou ces faits, elle n'eût jamais pu se former une idée d'un principe ni d'un tout abstrait, et quoiqu'il ne cesse pas d'être certain que plus il y a d'attributs et de rapports essentiels qui sont entrés dans la formation subjective de l'idée d'un tout ou d'un principe, plus cette idée est claire, exacte et complète (t. II, p. 122 *comm.*, 297 *fin* à 298, 332 à 337).

On peut faire de la doctrine que je viens d'établir et de celle que je vous ai déjà enseignée en d'autres leçons sur la volonté et sa juridiction, ou sur les forces commendatrices et obéissantes (t. II, p. 277, 557 à 339, 353 à 354, 468 à 471), une application si utile, qu'elle suffirait, dans certains cas, pour empêcher la folie, quoique, dans la plupart des cas, elle servirait surtout à augmenter et à fortifier la mémoire. En effet, l'harmonisativité se souvient de totalités abstraites, ou, ce qui revient au même, de l'unité ou de l'entité exclusive de la chose dont nous voulons nous rappeler la multiplicité ou les éléments constitutifs ; mais, pour effectuer ou réaliser ce souvenir, l'harmonisativité a absolument besoin du secours (t. II, p. 332 à 359) des facultés particulières.

Quand, profitant de ces connaissances de l'harmonisativité, *nous*[1] voulons nous rappeler de fait, par exemple, une quantité numérique, dont elle se rappelle abstractivement le total, nous faisons des efforts pour exciter la comptativité (t. I, p. 495 à 502), et par elle des facultés auxiliaires, afin d'obtenir la reproduction intime ou de fait des chiffres ou des éléments constitutifs de cette quantité. Ce que je dis relativement au souvenir d'une quantité, je le dis relativement à celui d'un nom pour lequel il y a lieu d'exciter la force perceptive de la langagetivité (t. I, p. 443 *fin* à 456) et de ses auxiliaires ; je le dis, s'il s'agit du souvenir d'une figure, ou d'un événe-

---

[1] On sait que ce mot *nous* exprime l'idée de l'*homme en résumé* et que la faculté qui se forme l'idée de ce qu'est et de ce qu'on peut en réalité appeler l'homme *en résumé*, c'est l'harmonisativité (t. II, p. 530, 370 et 571) ; de sorte que moi, nous ou harmonisativité (voir la note au bas de la p. 561 du t. II et les p. 365 à 566) sont des mots qui expriment la même chose. Le mode de procéder du moi, du nous ou de l'harmonisativité, pour exciter la force perceptive des facultés particulières, a été clairement, amplement et surabondamment expliqué aux p. 366 à 571 du t. II).

ment, ou d'une couleur déterminée, ou d'un attribut quelconque, sauf à
exciter, dans ces cas-là, le principe perceptif des facultés particulières, qui,
par leur sphère déterminée d'action, se trouvent dans des rapports intimes
et exclusifs avec telle ou telle chose.

Beaucoup de personnes, sans connaître les lois naturelles que je viens
d'expliquer, les appliquent instinctivement. Moi-même, longtemps avant
que j'eusse osé rêver la gloire de découvrir le premier ces lois naturelles, je
les appliquais spontanément. Mais comment les appliquent-elles et comment
les appliquais-je? Sans connaissance de cause, et par conséquent plutôt en
abusant de ces lois qu'en en faisant un bon usage. « Voulons-nous, disent-
elles et disais-je, nous rappeler, par exemple, un nom déterminé? Il n'y a
qu'à faire des efforts de mémoire, jusqu'à ce que de fait nous nous en sou-
venions. » En beaucoup de cas, l'application au hasard de ce principe aboutit
au résultat désiré; mais parfois, et j'en connais des exemples, elle produit
une espèce de manie qui finit par faire perdre le jugement du sujet.

En effet, diriger constamment les efforts de l'harmonisativité vers un
point fixe, c'est, s'ils se prolongent trop, fussent-ils suspendus ou inter-
rompus par de courts intervalles de repos, épuiser les forces de cette faculté. Or cette prolongation excessive a nécessairement lieu toutes les fois
que la faculté particulière et ses auxiliaires, qui doivent concourir aux efforts
de l'harmonisativité, sont naturellement peu développées, ou se trouvent
accidentellement fatiguées ou engourdies, à la suite d'excès du genre que je
décris ici, ou par d'autres causes, soit connues, soit ignorées. C'est pourquoi,
si après quelques efforts de l'harmonisativité, les facultés particulières
n'obéissent pas, c'est parce que, fatiguées, faibles ou engourdies en ce mo-
ment-là, elles ne *peuvent* pas obéir. S'obstiner, en pareil cas, à vouloir
qu'elles fassent ce qu'elles ne peuvent pas faire, c'est la même chose que
s'obstiner à vouloir qu'un aveugle voie ou qu'un muet parle. Quand cela arrive, nous devons nous désister de notre recherche, pour laisser les facultés
se reposer quelque temps, ou bien l'harmonisativité doit se servir de *moyens
indirects* (t. II, p. 340 à 343), c'est-à-dire, interroger, vérifier, examiner
dans le monde extérieur, pour atteindre son but.

La découverte de l'harmonisativité n'a pas seulement servi à nous mettre
en état de pouvoir donner les explications et les éclaircissements que vous
venez d'entendre; elle a encore servi à nous rendre raison de cette admirable
et mystérieuse mémoire, exclusivement propre à l'homme, appelée mémoire
de la substance des choses, et dont un développement considérable est ordinaire chez toutes les personnes qui ne sont pas imbéciles; tandis qu'une
bonne mémoire du fait ou des éléments constitutifs de la chose est assez rare.

En réalité, quand nous parlons du souvenir d'un passage que nous avons
lu, d'une relation qu'on nous a faite, d'un événement qu'on nous a raconté,
d'un fait dont nous avons été personnellement témoins, nous entendons
communément parler du souvenir de la substance en général, telle que l'a
comprise dans ses points les plus importants l'harmonisativité. Nous sup-

posons que tout le monde est doué à un degré satisfaisant de cette espèce
de mémoire, et par conséquent nous sommes intimement convaincus que
tout le monde rapportera *à sa manière*, mais avec peu de différence, ce
qu'il a lu ou entendu, ou ce dont il a été témoin.

Nous ne nous attendons pas ou du moins nous ne supposons pas, sinon
dans des cas extraordinaires, que ce qui a été lu ou entendu, et par conséquent rapporté, sera rappelé dans les mêmes termes que ç'a été lu ou entendu; ni que ce dont on a été témoin sera rappelé avec toutes les circonstances qui ont accompagné le fait perçu; mais nous espérons qu'il sera
rappelé et rapporté en substance ou en résumé : pour cela nous avons tous
une bonne mémoire, parce que nous avons tous une harmonisativité bien
développée (t. II, p. 284, *note* au bas de la p.). Si l'on a lieu dans certains
cas de remarquer beaucoup de différence dans la manière de rapporter ou
de raconter les choses rappelées, c'est parce qu'il existe une grande différence dans le développement de certaines facultés particulières, qui conçoivent ou ne conçoivent pas, — suivant les narrateurs, — les événements,
les faits, les circonstances, et des paroles analogues à celles qui, relativement aux choses rappelées, ont été d'abord perçues.

On peut résumer clairement et simplement tout ce que je viens d'avancer,
en disant que la mémoire est, EN PRINCIPE GÉNÉRAL, une force d'action perceptive, qui peut, dans des temps *postérieurs*, se trouver dans le même état
qu'elle se trouvait dans des temps *antérieurs*, et toutes les facultés sont
douées de cette force et de ce pouvoir.

Étant entendu que toutes les facultés ont une force d'action perceptive,
qui peut, à des époques différentes, se trouver dans un état identique, la
mémoire est, QUANT AUX CAS DÉTERMINÉS EN FAIT, la susceptibilité qu'elles ont
toutes de se prêter à mille combinaisons diverses et de se grouper, suivant
les circonstances, UN GRAND NOMBRE des facultés agissant comme *auxiliaires*,
autour d'UNE seule agissant comme faculté PRINCIPALE, tantôt pour des effets
actifs, tantôt pour des effets *passifs*. Il va sans dire que dans toutes les combinaisons possibles la durativité[1] doit intervenir; car, sans son concours,
l'acte perceptif ne deviendrait pas *mémoratif*, parce qu'il ne pourrait point
distinguer si la chose perçue est un simple souvenir ou une création (une
conception) originale.

Il suit de là qu'une mémoire grande sous tous les rapports ne peut exister
que dans une tête grande et active sous tous les rapports, et dont les facultés peuvent très-facilement se combiner et se replacer, à tout moment
donné, dans l'état d'action perceptive où elles se sont trouvées en d'autres
occasions. Ces deux dernières conditions constituent cette PRODIGIEUSE FACULTÉ
DE RETENIR les choses, dont j'ai parlé dans la leçon XIX (t. I, p. 304 à 511).

---

[1] Certains vieillards, en qui cette faculté commence à faiblir, racontent comme arrivé
hier ce qui s'est passé dans leur enfance, et ont l'habitude de raconter pour la millième
fois les mêmes choses à la même personne, toujours comme si c'était la première fois
qu'ils les lui rapportent.

Et, quoiqu'il ne m'ait pas été donné de découvrir de quelles conditions organiques dépend la manifestation de ces deux importants éléments de MÉMOIRE,
force perceptive *rétrogradative* et *combinative*, et beaucoup moins encore
d'en faire l'appréciation extérieure à la vue ou au toucher, ce qui en serait
la *phrénologie*, je me tiens pour très-satisfait d'avoir pu en déterminer la
pure *psychologie* avec une grande probabilité de succès; car, avant qu'une
découverte mentale puisse devenir *phrénologique*, ou être confirmée d'une
manière expérimentale, il faut d'abord avoir eu, ainsi que je l'ai établi (t. II,
p. 230 à 231), l'idée ou la déduction purement subjective ou *psychologique*.
Peut-être avec ce que je viens de dire sur ces deux éléments de la mémoire,
dans sa partie purement mentale, joint à ce qu'en a dit don Joseph Augustin
Peró (t. I, p. 305), quant à sa manifestation organique, verrons-nous bientôt le jour où il sera possible d'apprécier, extérieurement, *tous* les éléments
constitutifs de la force mémorative ou recordative, à ses divers degrés de
développement.

Mais quant à présent nous devons nous borner, pour déterminer les
signes extérieurs des divers degrés de force mémorative intérieure, à considérer la grandeur et la qualité des organes, comme nous le ferions pour
mesurer toute autre force subjective. Il est vrai que nos jugements ne seront
pas aussi exacts que si nous pouvions calculer la quantité de la force capable
de se combiner et de rétrograder; mais contentons-nous de ce que nous savons actuellement : c'est un échelon qui nous permettra de monter plus
haut dans l'avenir.

Si nous remarquons une comparativité (t. II, p. 214 *fin* à 217, 251 à 256)
bien développée et active dans une tête assez grande, nous pouvons affirmer
qu'il y a là une bonne mémoire, quant à la substance et au sens des choses,
ou en d'autres termes quant aux généralités. Une langagetivité (t. I, p. 443 à
454) puissante et active, accompagnée de son auxiliaire, annonce une bonne
mémoire des paroles. Si à cela se joint un développement régulier de l'individualitivité et de la mouvementivité (t. I, p. 467 à 473, 502 à 507), ce sera
le signe d'une bonne mémoire des noms. De même nous devons supposer
qu'un développement considérable de la coloritivité (t. I, p. 484) de la configurativité (t. I, p. 458), de la comptativité (t. I, p. 495), etc., etc., et
de leurs facultés auxiliaires, toujours dans des têtes bien conformées, annonce une bonne mémoire des couleurs, des formes, des nombres, etc.

Enfin, il semble presque superflu d'ajouter que la mémoire des scènes, des
faits, des événements, des spectacles, des relations de *tendresse*, de *destruction*, d'*égoïsme*, etc., suppose en outre un développement considérable
des facultés qui ont des rapports directs avec ces scènes, ces faits, ces événements, ces spectacles ou ces relations, c'est-à-dire de la philoprolétivité
(t. II, p. 46 à 59), de la destructivité (t. II, p. 33 à 37), de l'approbativité
(t. II, p. 131 à 136), etc. Du reste, il y a autant d'espèces de mémoires
qu'il y a de facultés. C'est pourquoi quand quelqu'un demande à un phrénologue : Ai-je de la mémoire? celui-ci doit lui répondre : Quelle espèce

ou quel degré de mémoire? Car, si l'un et l'autre ne sont point d'accord sur ces deux points, la réponse est impossible. Ce mot de mémoire seul exprime toutes les espèces de mémoires en général, mais aucune en particulier.

Plaise à Dieu que cette explication sur la perception mémorative ou récordative soit complétement satisfaisante! Car, s'il en était ainsi, j'aurais éclairci soit au point de vue de la phrénologie, soit à tout autre point de vue, un côté de la philosophie mentale resté jusqu'ici fort obscur, et j'aurais à cet égard convenablement accompli la promesse que je vous ai faite dans une leçon précédente.

Volonté, comparativité ou harmonisativité. — Je dois vous faire sur cette faculté quelques rectifications importantes. J'ai dit dans ma leçon IX (t. I, p. 92) : « Pour ce qui concerne la *volonté*, il est absolument inexact de l'appeler faculté. La volonté est un attribut de toutes les facultés *intelligentes*, influencées par celles qui désirent et sentent aveuglément. »

Ce passage contient deux erreurs, que je m'empresse de rectifier. D'abord j'ai dit que la volonté n'est point une faculté, et plus loin (t. II, p. 251 à 257, 278 à 319) j'ai prouvé que non-seulement elle est une faculté, mais qu'elle est la faculté suprême et souveraine de l'âme. Il est vrai que par volonté on n'entend que la partie *active* (t. II, p. 240 *fin*, 273), de même que par raison ou rationalité (t. II, p. 332 à 337) on entend la partie *passive* de cette faculté suprême et souveraine de l'âme, auparavant appelée comparativité, et aujourd'hui beaucoup plus proprement harmonisativité; mais comme j'ai démontré (t. I, p. 365) que les facultés doivent être nommées d'après leur principe actif, il va de soi que, loin qu'il soit inexact, il est, au contraire, très-juste d'appeler la volonté une faculté.

En second lieu, j'ai dit que la volonté est un attribut des facultés intelligentes, entendant par *facultés intelligentes* celles que Spurzheim appelait *intellectuelles* (t. I, p. 323). Plus loin j'ai prouvé (t. I, p. 330 à 360), que toutes les facultés sont intelligentes ou perceptives, sans autre différence (t. II, p. 281 *fin*, 301), que l'intelligence des facultés *particulières* est sensitive, et que celle de la volonté, comparativité ou *harmonisativité* est rationnelle.

Dans la même leçon, un peu après le passage cité, je me range à l'avis de Laromiguière, disant que la volonté est le produit, dans l'âme, du désir, de la préférence et de la liberté. Plus tard j'ai démontré (t. II, p. 251 à 257) que la volonté n'est point le produit d'actions diverses, mais qu'elle est la force active d'une faculté distincte et séparée, ou le principe d'action inné dans l'âme, inhérent à l'âme, dont le désir, par cela même qu'il est général ou abstrait et non particulier ou concret, constitue un genre ou une classe à part, d'autant plus qu'il n'y a ici ni stimulant ni inclination déterminée; et c'est en quoi consiste la liberté d'élection ou la préféritivité de la volonté. Or c'est précisément parce que le désir de cette faculté transcendantale n'est point accompagné d'une inclination déterminée, ou excité par un stimulant propre et exclusif, qu'on l'appelle force de vouloir ou volonté, nom auquel je préfère celui d'harmonisativité, parce que cette dénomination renferme dans sa signification l'action passive et l'action active, ainsi que je l'ai expliqué d'une manière aussi claire et aussi étendue que l'importance du sujet le mérite et que je l'ai démontré par des preuves si complètes et si décisives, que dans mon humble opinion elles n'admettent ni doute ni réplique (t. II, p. 240 *fin* à 371).

Dans les leçons XXVII (t. I, p. 423 *fin* à 424) et XXXIII (t. I, p. 525), et peut-être encore dans quelques autres endroits, je suppose que toutes les facultés ont une force de réaction, d'impulsion ou de volonté. Cela est incontestable. Il faut seulement remarquer que la réaction des facultés particulières est *aveugle* et *forcée*; ou, ce qui revient au même, qu'elle tend à un point déterminé, et que la faculté elle-même ne saurait changer : c'est pourquoi on l'appelle force d'*impulsion, inclination* ou *tendance;* tandis que la force de réaction de la faculté générale ou de l'harmonisativité est intelligente et libre, ou, en d'autres termes, tend au point qu'elle juge le plus directement utile au bien général du sujet : c'est pourquoi on l'appelle force de *résolution* (t. II, p. 299 à 503). Il n'y a eu par conséquent ici d'autre erreur que d'avoir confondu la force d'impulsion, de réaction ou d'attention *sensitive* avec la force de vouloir, de réaction ou d'attention *rationnelle*, sur laquelle j'ai donné depuis des explications si claires et si catégoriques (t. II, p. 299 à 303, 366 à 371).

Criterium sensitif ou expérimental; criterium complet ou rationnel. — Le criterium SENSITIF est le criterium des attributs; il consiste dans l'évidence matérielle ou dans les impressions reçues par les sens extérieurs, agissant sur la partie affective des facultés particulières. L'effet immédiat de cette action, ce sont les sensations qui se rattachent directement aux attributs extérieures qui les ont provoquées; et, comme ces sensations sont des jugements irrésistibles basés sur l'existence de ces attributs, considérés dans leur individualité et dans leur manière d'être exclusive, il en résulte que ce criterium a, pour nous, en lui-même, une autorité qui nous rend tout doute et toute opposition impossibles.

A celui qui goûte, dans des moments donnés, quelque chose de doux ou quelque chose d'aigre, à celui qui voit une couleur blanche ou noire, à celui qui perçoit une forme ronde ou carré, à celui qui sent l'odeur d'un œillet ou d'une rose, il n'est point de puissance humaine qui lui fasse goûter, sentir ou percevoir quelque chose de différent. J'en dis autant de celui qui éprouve un mal de tête ou un mal de dents, ou de celui que saisit l'horreur ou la peur ou que ravit l'extase, ou de celui qui, en un mot, sent n'importe quelle espèce de commotion, d'émotion ou d'affection produites par la tonotivité, l'effectualité, la précautivité, etc.; car elles forment toutes des jugements irrésistibles.

Pour que ces jugements se modifient ou cessent d'être, il faut, s'ils sont réguliers ou harmoniques, que les attributs ou les impressions extérieures qui les causent se modifient ou cessent d'être eux-mêmes; s'ils sont irréguliers ou discordants, il faut que le *trialisme* (t. I, p. 438 à 442) dont ils résultent soit changé ou corrigé. S'il n'en était pas ainsi, les sensations ne pourraient point nous communiquer une connaissance des attributs extérieurs qui pour nous fût certaine. Je ne parle pas des accidents et des exceptions dans lesquels les sensations ne nous donnent pas exactement la conscience des véritables attributs extérieurs; car elles proviennent, en pareil cas, comme je l'ai déjà dit, d'un désordre dans les conditions, ou dans le trialisme (t. I, p. 438 à 442) dont dépend le criterium lui-même.

Il me reste maintenant, messieurs, à parler du criterium complet ou RATIONNEL, en d'autres termes, de toutes les circonstances qui déterminent la *complète* certitude que nous avons des choses. C'est le criterium de l'*idée rationnelle* que nous nous formons de l'entité des choses dans leur totalité abstraite : il consiste dans toutes les sortes de convictions dont l'homme est susceptible en tant qu'elles se rapportent harmoniquement à cette idée. Ainsi l'accord de toutes les sortes de convictions sur l'idée rationnelle que nous nous formons de l'entité d'une chose est pour nous le seul criterium rationnel que nous possédions. Mais j'ai déjà parlé de ces convictions, et conséquemment de ce criterium, d'une manière qui, dans mon opinion, ne laisse rien à désirer (t. I, p. 241 à 247, 438 à 442, 537 *fin*; t. II, p. 151 *fin* à 152, 386 à 396); tout ce que je pourrais ajouter ici ne serait donc qu'une inutile et fastidieuse répétition. Aussi puis-je déclarer que si j'ai donné alors ces éclaircissements sur le criterium de la vérité des choses, c'est parce que dans les mêmes leçons j'avais seulement parlé du criterium complet ou rationnel, ou du criterium des choses considérées suivant l'idée générale que nous nous en formons *librement* et *rationnellement;* et non du criterium sensitif ou expérimental, du criterium des sensations forcées et inévitables que les impressions des attributs éveillent en nous.

Cette double manière de considérer le criterium de la vérité ou de la certitude des choses est d'autant plus importante, qu'elle rapproche et concilie les deux systèmes extrêmes de la philosophie allemande. Les partisans du premier, à la tête desquels se trouvent Wolf et ses disciples, disent : « La philosophie — à l'entendre dans le sens scolastique — est le plus sublime développement de la conscience. » Les partisans du second, parmi lesquels se rangent presque tous les chefs d'école allemands, depuis Fichte jusqu'à Hegel, de 1770 à 1828, disent de leur côté : « La philosophie est la science des idées rationnelles, systématiquement développées par les idées sensitives (*Begriffe*). » Les premiers ne savent pas qu'il y a une harmonisativité, une faculté souveraine et transcendantale, libre de toute conscience sensitive (t. II, p. 297 *fin* à 304); tandis que les seconds ne savent pas que cette harmonisativité est un principe vivant ou une cause *efficiente*, qui ne peut produire aucun effet (t. II, p. 278 à 279, *note* au bas des p. 332 à 337, 418 *fin* à 422), sans le secours d'autres *co-causes* ou de forces *récipientes :* car telles sont précisément les perceptions, conceptions et souvenirs sensitifs des facultés particulières. C'est pourquoi Kant, tout en professant au fond l'idéalisme transcendantal pur, était plus près de la vérité, quand il appelait la philosophie (toujours dans le sens scolastique ou universitaire) *une science rationnelle formée de notions ou d'idées sensitives* (Begriffe). Mais, comme l'âme n'est point exclusivement douée de sensitivisme ou de rationalité, mais qu'elle l'est des deux choses à la fois; comme, d'un autre côté, la phrénologie seule nous a mis en état de pouvoir expliquer complétement cette simultanéité par la découverte expérimentale des facultés mentales, il est évident que hors de son cercle il n'y a point de philosophie possible (t. II, p. 494 à 496).

Rêves. — La découverte des facultés mentales, prouvée par leurs organes de manifestation, explique de la manière la plus complète et la plus satisfaisante la théorie des rêves. En effet, tous les organes du corps humain sont susceptibles du plus grand repos, d'une inactivité complète, sans pour cela laisser d'exercer leurs fonctions vitales. Cet état d'inactivité complète, avec la conservation de la force vitale, s'appelle le *sommeil*. Le sommeil ne suppose point nécessairement le complet repos de *tous* les organes cérébraux à la fois, mais seulement celui d'un *certain nombre* plus ou moins grand. Eh bien, lorsque sont endormis les organes extra-crâniens et les extrémités du tronc, ainsi que les organes des sens extérieurs, ainsi que les organes de diverses facultés internes, il est clair que quelques organes peuvent rester éveillés ou en complète activité, sans que pour cela le sujet en général cesse d'être endormi.

Dans cet état de choses, les organes cérébraux éveillés ne sont plus associés, unis, enlacés avec les autres, qui sont endormis; ces conditions ne permettent plus aux facultés de rectifier (t. I, p. 240 à 241, 438 à 442), 557 *fin*; t. II, 151 *fin* à 152) aucune action, aucun mouvement isolé, et, du moment où ne peut plus avoir lieu cette rectification d'aucune action, d'aucun mouvement isolé (t. II, p. 158 à 159), leurs conceptions, perceptions et souvenirs ne sont plus que des visions fantastiques, et leurs désirs et aversions, leurs actes de vouloir et de non-vouloir, doivent nécessairement être fondés sur ces mêmes visions fantastiques; c'est pourquoi, s'ils aboutissent à des voies de fait, ils n'amènent que des actes en discordance avec la réalité complète des objets auxquels ils se rapportent, et c'est à tout cela qu'on donne le nom de *rêve*, dans cet état où le sujet, considéré en général, est endormi. Mais, comme l'union et l'enchaînement des facultés peuvent également cesser d'exister, ainsi que je l'ai ci-dessus expliqué (t. II, p. 295, note au bas de la p. 361 *fin* à 363), même chez un sujet éveillé, il y a aussi des *rêves éveillés*. En effet, quand une faculté particulière se trouve dans un état de surexcitation passive agréable, ses perceptions, conceptions et souvenirs ne sont plus que des *rêves éveillés*. Nous en sortons, lorsque quelque mouvement subjectif ou quelque fait objectif sollicite notre *attention* (t. II, p. 358 *fin* à 359). Si la surexcitation est active, il n'y a plus ce qu'on peut appeler rêve, il y a transport, entraînant à des actions bonnes ou mauvaises, mais toujours violentes. Les rêves éveillés s'appellent souvent aussi châteaux en l'air, rêves dorés, illusions, fantasmagories; mais, dans tous les cas, et quelle que soit leur dénomination, le psychisme en a été expliqué ailleurs (t. I, p. 475 à 476; t. II, p. 73 *fin* à 74, 158 à 162, 295, note au bas de la page, et les endroits qui y sont cités). De sorte que, bien que dans une précédente leçon (note au bas de la p. 295 du t. II), j'aie promis de vous donner de plus amples explications sur cette matière et d'autres matières analogues, en fait, je les juge maintenant tout à fait inutiles. En pareille circonstance, il est clair que pour juger de la réalité de ce qui se passe en nous, nous n'avons pas d'autre criterium que le *criterium sensitif*. Mais, comme ce criterium est plus pressant, plus impérieux, plus despotique que le *criterium rationnel*, il n'y a point de rêve qui ne revête en nous une réalité plus vive et plus saillante que n'en peut prendre la *certitude* qui résulte d'une pleine ou entière conviction rationnelle (t. II, p. 344 à 345).

Spectres, fantômes, ombres, mânes, lutins, apparitions, fables, visions, illusions, créations fantastiques, personnifications [1]. — La théorie de toutes ces choses a été expliquée dans ces leçons (t. I, p. 240 à 241, 438 à 442, 474 à 475, 487 à 491, 537 *fin*; t. II, p. 73 *fin* à 74, 158 à 162, 336 à 337, 378 à 390, 476 à 482), d'une manière qui, j'ose le croire, n'admet ni doute ni réplique et ne laisse rien à désirer, grâce à mes découvertes, desquelles il résulte qu'une faculté ne peut rien produire sans le concours d'autres facultés (t. II, p. 332 à 337), et qui nous ont fait connaître exactement l'union et l'enchaînement qu'il y a entre tous les ordres de facultés, et le véritable cercle d'action passive et active de chacune d'elles (t. I, p. 314 à 376; t. II, p. 281 à 282 et les endroits qui y sont cités); la nécessité d'un complet trialisme pour que les fonctions subjectives aient pour nous une réalité aussi nettement vraie qu'il peut nous être donné de la concevoir et de la comprendre (t. I, p. 438 à 442); l'existence d'une faculté transcendantale et souveraine, dont la connaissance nous a permis de pénétrer mille importants secrets de la philosophie de l'esprit, et d'élever le seul système de psychologie (t. II, p. 240 *fin* à 571, 494 à 496) véritablement complet. Mes découvertes nous ont fait connaître aussi les conditions et accidents de la volonté, dont l'ignorance nous aurait fait nous épuiser en vain à rechercher l'origine, les rapports et les limites du pouvoir de la volonté humaine (t. II, p. 320 *fin* à 355); l'unité multiple qu'il y a en toutes choses, et par laquelle se rapprochent et se concilient toutes les écoles qui se sont occupées de la philosophie de l'esprit (t. II, p. 398 à 408). Elles nous ont fait également connaître le MOI rationnel et l'ATTENTION rationnelle, les *moi* et les *attentions* sensitives, en jetant le plus grand jour sur le psychisme de l'âme humaine

---

[1] Je dois avertir qu'il ne s'agit pas ici des visions miraculeuses ou surnaturelles, que la phrénologie ne nie ni ne peut nier, et qu'aucune philosophie n'explique ni ne peut expliquer. Ce sont là des faits miraculeux, qui, quoiqu'ils soient en harmonie avec la raison, ne sont du domaine de la raison qu'autant qu'elle est capable d'expliquer cette harmonie.

comparé à celui de l'âme des bêtes (t. II, p. 358 à 371); l'influence que chaque faculté exerce sur toutes les autres, en les pénétrant de l'esprit qui constitue l'attribut principal ou essentiel de sa nature (t. II, p. 366 *fin*, 369 et endroits y cités); la télégraphie électro-nerveuse, au moyen de laquelle les impressions extra-crâniennes se communiquent aux impressions intra-crâniennes, et celles-ci transmettent à celles-là et aux objets extérieurs leurs impulsions ou volitions, que j'appelle force de transmission ou passage entre les choses matérielles et les choses spirituelles (t. II, p. 448 à 493); et enfin, elles nous ont fait connaître l'influence de l'*idée* sur le moral (t. II, p. 375 *fin* à 590), la sphère d'action spéciale de la réalitivité, auparavant appelée merveillosité (t. II, p. 148 à 165), et le fait que toutes les facultés peuvent, tant dans le sommeil que dans la veille, agir soit comme principales, soit comme accessoires (note au bas de la p. 293 du t. II).

N'allez pas croire, messieurs, que je sois assez présomptueux pour m'attribuer toute la gloire des découvertes que je viens d'énumérer. Non. Vous savez, au contraire, que je ne me suis point lassé de répéter (t. I, p. 12 à 15, 33, 79) que les inventions, les découvertes et les progrès d'*aujourd'hui* sont le résultat immédiat des inventions, des découvertes et des progrès d'*hier*, comme les flots qu'un fleuve vomit à son embouchure sont la conséquence de ceux qui les précèdent immédiatement. Sans les découvertes antérieures de Gall, comment aurais-je pu postérieurement découvrir la sphère d'action de la réalitivité? Et sans les démonstrations préalables d'Andelson sur les spectres, comment aurais-je pu concevoir, contre l'opinion inébranlable de Gall, l'idée que toutes les sortes de visions prennent leur origine dans les facultés cognoscitives et intellectualitives, la réalitivité servant seulement à communiquer à l'harmonisativité (qui est *l'homme en résumé, le* moi *en général* (t. II, p. 530, 365, 370) la créance ou le sentiment de la réalité de l'existence objective et subjective de ces visions, quoiqu'en beaucoup de cas elle soit purement subjective, ainsi que je l'ai prouvé (t. II, p. 151 à 162) clairement à l'entière satisfaction de tous ceux qui n'ont pas le malheur d'être imbéciles ou qui ne veulent pas fermer les yeux à l'évidence?

« Si cette matière a été si amplement et si heureusement traitée dans les précédentes leçons, me demanderez-vous peut-être, à quoi bon y revenir maintenant? » A cette question assez plausible je dois une réponse, et la voici. Dans ces derniers temps on a tant parlé et l'on continue à tant parler encore d'électro-biologie[1], d'évocation des esprits, d'esprits frappeurs ou ravisseurs, de M. Philips et de M. Hume (ou Home, car ce fameux biologiste est connu sous ces deux noms); il y a, en outre, tant de personnes distinguées qui m'ont sollicité de leur expliquer ces phénomènes, s'ils étaient explicables, que j'ai cru de mon devoir de faire ici quelques observations,

---

[1] Je conseille aux personnes qui ne savent rien ou ont peu entendu parler et qui désirent savoir quelque chose sur ce sujet, la lecture de quatre excellents articles, insérés dans l'*Indépendance belge*, de Bruxelles, et publiés dans le *Journal de Barcelone*, dans les n°° 122, 126, 128, 135, qui ont paru les 2, 6, 8 et 15 mai 1857.

succinctes et peu nombreuses, pour l'éclaircissement de ce que j'ai déjà soumis à vos réflexions sur ce sujet, dans les endroits que je viens de citer.

D'abord, il n'y a point de phénomène d'électro-biologie ou de magnétisme en des individus éveillés, — non parmi les phénomènes qui ont été
attribués à M. Hume (ou Home), mais parmi ceux qu'il a réellement produits, — que je n'aie déjà moi-même produit aux yeux des Espagnols, que je
ne leur aie expliqué et démontré. Le cas du prisonnier de Séville (t. I, p. 577
fin à 578), le cas de la jeune fille de Reus (t. II, p. 233 à 234) attesté *de
visu* et confirmé par dix-sept médecins, et mille autres cas analogues que
j'ai présentés dans toutes les principales villes d'Espagne, et à la suite desquels je me suis muni d'un grand nombre de témoignages publics tout à
fait satisfaisants, que sont-ils sinon des cas de biologie réels et positifs, sans
aucun mélange, sans ombre de prestidigitation? Entre M. Philips, M. Hume
(ou Home) et les magnétiseurs en général et moi, la seule différence qu'il
y ait eu, c'est qu'ils se sont entièrement attribué, comme *opérateurs*, la
cause ou l'agence des phénomènes produits; tandis que je l'ai toujours attribuée presque tout entière aux *opérés*, par la raison qu'il n'y a point d'*obéissance* là où il n'y a point de forces qui puissent *se faire obéir* (t. II, p. 468
à 470). Cette raison est une loi aussi certaine qu'il est sûr que deux et deux
font quatre; je vous l'ai énoncée, en disant que là où il n'y a point de
susceptibilité chatouilleuse, toutes les titillations du monde ne produiront
aucune sensation chatouilleuse bien marquée, tandis que celui chez qui elle
existe à un haut degré tressaillira à la seule idée du moindre chatouille-
ment. Si d'un côté cette conduite m'a empêché de provoquer autant d'admiration, autant d'engouement, d'un autre côté, elle m'a préservé de ces
échecs éclatants que se sont attirés certains magnétiseurs.

En second lieu, s'il ne nous paraît pas extraordinaire qu'une mère, une
aïeule, une bonne, évoquent devant de jeunes enfants des lutins, des
géants, des revenants, des brigands et toute sorte de fantômes, en leur disant : *Voilà qu'il vient!* pourquoi nous étonnerions-nous que de grandes
personnes, chez lesquelles la réalitivité et l'effectuativité sont très-développées, très-actives ou très-susceptibles de surexcitation, et les facultés intellectualitives et cognoscitives ou sensitives, sont faibles, peu développées
ou fort inactives, voient en complète réalité subjective toutes ces choses
ou les choses qu'on leur persuade qu'elles verront, quand elles se trouvent en présence d'un homme dont on raconte des merveilles et dont les
commandements trouvent chez elles des facultés si souples et si dociles?
Si, quoique je m'attachasse à dépouiller de toute espèce de prestige et de
merveilleux toutes mes expériences de magnétisme et de somnambulisme,
il est parfois arrivé que certaines personnes se trouvaient magnétisées
presque à l'instant même où j'entrais dans l'appartement ou dans le salon
où elles étaient, et qu'elles croyaient voir et toucher aussitôt toute sorte
d'objets naturels et surnaturels que je leur persuadais qu'elles pouvaient
voir et toucher, qu'eût-ce été si j'avais voulu entourer mes opérations de

mystère et leur donner une importance prestigieuse[1]? En pareil cas, il s'agit de savoir si la réalité subjective correspond à la réalité objective. Elle y correspond, sans aucun doute, dans la profonde conviction des sujets opérés, ou qui, sans opération, ont vu, comme Hoffmann, le Tasse, Milton et beaucoup d'autres, des spectres, des apparitions ou des génies; mais elle n'y correspond pas dans la réalité du fait, de sorte que d'autres personnes puissent le voir et le vérifier par leurs sens extérieurs.

En troisième et en dernier lieu, les phénomènes dont je viens de parler sont du même genre que ceux que j'ai rapportés en parlant de l'effet de la force qu'a toute idée rationnelle pour produire par radiation des perceptions sensitives ou particulières (t. II, p. 380 à 584, 586 à 592). — « Je ne crois pas à ces folles prétentions de changer l'eau en vinaigre ou le vinaigre en eau, » me dit une dame de Reus, tandis qu'effectivement certaines personnes que j'avais *biologisées* ou magnétisées tout éveillés, rien qu'en leur disant qu'elles l'étaient, buvaient de l'eau et trouvaient que c'était, au goût, une liqueur quelconque, agréable ou désagréable, que je leur indiquais. — « Ah! madame, répondis-je en plongeant directement un regard fixe jusqu'au fond de ses yeux, il ne s'agit pas ici de changer aucun liquide en un autre différent, car cela est impossible; ce qui a lieu ici, c'est que les liqueurs *soient*, pour celui qui en boit, *ce que je veux* qu'elles soient. Voyez, continuai-je en lui présentant un vase d'eau, voici de l'eau, goûtez-en et vous vous apercevrez que c'est bien de l'eau. » Elle en goûta et me répondit aussitôt : « C'est de l'eau. — Eh bien, lui répliquai-je en la regardant avec une plus grande in-

---

[1] Dans une foule de circonstances, j'ai vu se produire des phénomènes de magnétisme ou de biologie chez des sujets sur la tête desquels je posais la main quand ils se présentaient à mon examen phrénologique. Et, quoique j'aie toujours eu grand soin, en de pareils cas, d'expliquer scientifiquement le fait, en l'attribuant surtout à la susceptibilité excessive du système nerveux des patients, qui avaient une tête où prédominait le développement des organes de la réalitivité et de l'effectualité, des poëtes ont néanmoins raconté ces cas comme exclusivement dus à mon action :

> J'ai vu sous ton regard l'homme lever la tête
> Et si vite obéir à ta puissante voix,
> Que l'on eût dit un dieu qui pouvait à la fois
> Commander à la mer le calme ou la tempête[*].

(4e strophe d'une ode qui m'a été adressée par le célèbre poëte espagnol D. Pablo Garcia Aura. — Alcoi, 24 juillet 1849.)

Du reste, il n'y a point un seul des cas auxquels je fais allusion ci-dessus et de beaucoup d'autres dont je ne dis rien, qui ne se trouve attesté par le témoignage écrit de personnes honorables qui ont pu les constater. J'en ai déjà donné des preuves quant aux faits magnétiques, biologiques et phrénologiques, que j'ai présentés à Reus, à Séville, à Málaga et dans d'autres villes que j'ai déjà citées dans ces leçons (voir t. I, p. 229 à 259). Peut-être me déciderai-je, à une époque peu éloignée, à publier l'*Histoire de la propagation de la phrénologie en Espagne*; j'y inscrirai tous les témoignages publics qui m'ont été donnés, les polémiques les plus importantes que j'ai soutenues, et j'y rapporterai les événements les plus remarquables qui sont arrivés pendant cette propagation. Sous plus d'un rapport, un pareil ouvrage ne pourrait manquer d'être extrêmement instructif et intéressant.

[*] Traduction de M. Ernest Lafond, pour l'auteur de cet ouvrage. — Paris, 15 mai 1858.

tension qu'auparavant, ce n'est plus de l'eau maintenant, c'est du vinaigre bien aigre, fort, fort aigre. » Je prononçai ces dernières paroles avec beaucoup d'énergie. Elle prit le vase, but une gorgée, et, s'en débarrassant vivement, avec force gestes et contorsions de mécontentement, elle s'écria : « Oui, c'est du vinaigre, et du vinaigre extrêmement fort. »

Or qu'y eut-il en tout cela? Ce qu'il y eut pour Jean le charretier (t. II, p. 387 à 389); ce qu'il y eut pour celui qui se mourait de peur, parce qu'on lui avait dit qu'il venait de dormir dans le lit d'un cholérique (t. II, p. 381 *fin* à 382); ce qu'il y a, quand M. Hume (ou Home)[1] a dit à quelqu'un : « Tu vas voir ton père décédé; tu vas toucher la main de ton amante décédée; tu vas t'entretenir avec l'esprit de Bacon... » C'est-à-dire qu'il y a une idée à laquelle on ajoute foi, une idée qui provoque par radiation les perceptions et les sensations qui la constituent elle-même, avec certaines pratiques prestigieuses, une force de volonté telle, qu'elles effacent le témoignage contraire des objets extérieurs qui environnent le sujet, et qu'elles détruisent toutes les objections qui s'élèvent dans l'âme[2].

[1] Le 15 septembre de l'année dernière (1857) j'ai eu la satisfaction de reconnaître phrénologiquement, à Biarritz, la tête de M. Hume (ou Home). Je trouvai chez lui un tempérament extraordinairement nerveux, mais en même temps très-fibreux ou musculeux. L'état du crâne, dont les dimensions étaient plus qu'ordinaires, et dont les diverses parties constitutives étaient *harmoniques*, annonçait clairement qu'il était normal et physiologique, et que toute sa cavité devait être entièrement remplie de matière cérébrale. De sorte que je jugeai que l'examen de la tête de cet homme célèbre pouvait conduire à la connaissance du caractère et des talents du sujet qui la possédait. Avec ces données, je n'hésitai pas à affirmer que M. Hume (ou Home) était un homme d'une énergie remarquable et d'une grande force de volonté; d'une bonté de cœur incontestable, mais d'un esprit décidé et opiniâtre; aussi affectueux que dévoué, mais très-enclin à se laisser aller à un premier mouvement d'attraction ou de répulsion pour les personnes qui l'approchaient; certainement doué de grandes ressources physiques et morales; toujours prêt à se mettre en colère, mais toujours disposé à se calmer, à se réconcilier, pourvu qu'on employât la douceur et la bienveillance; plein de talents incontestables pour les sciences naturelles, et de tact, de mesure et de prudence dans son système de conduite; naturellement porté à s'exprimer avec ce ton à la fois fier et affectueux, qui caractérise le véritable chevalier, l'homme comme il faut. Ce n'est ni un fanatique ni un charlatan : les phénomènes qu'il produit — la plus grande partie desquels je viens d'expliquer — sont donc dus à une *agence* naturelle, à une force de transmission nerveuse très-impressionnable dont il ne connaît pas les propriétés ni la philosophie. Depuis, j'ai eu occasion de le fréquenter, et je me suis convaincu que ma description *à priori* était confirmée par toutes les déductions possibles que j'ai pu faire *à posteriori*.   (*Note de l'auteur pour l'édition française.*)

[2] Avant mes découvertes, grâce auxquelles nous connaissons les lois ou modes de procéder de la nature, relativement à tous les phénomènes mentaux qu'on a pu appeler d'*électro-biologie*, on les appliquait d'une manière vague, confuse et générale, mais pourtant digne d'attention et suffisante pour satisfaire la causalité, antagoniste de la réalitivité (voir t. II, p. 221 *fin* à 222, 594). Cette manière d'expliquer les phénomènes dont il s'agit et dans lesquels la réalité subjective n'est pas conforme à la réalité objective, est indiquée dans le dernier numéro de ceux du *Journal de Barcelone* que j'ai cités dans la note au bas de la page 564 du tome II. Voici ce qu'on y lit :

« Chez les personnes dites *électro-biologisées* il se produit par conséquent un phénomène cérébral analogue au rêve, et qui fait qu'elles regardent comme réel, comme existant hors d'elles, c'est-à-dire dans le monde extérieur, ce qui n'existe qu'en elles, ce qui n'est qu'une modification cérébrale passagère. (Nous supposons, comme toujours, qu'il n'y a ni complicité ni connivence). Une personne qui rêve croit voir un ami qui lutte contre un

Philosophie. — Dans la crainte d'être diffus, quand j'expliquai le sens primitif et le plus général du mot philosophie, — savoir par excellence, — je péchai par l'excès contraire (voir la *dernière note* au bas de la p. 499 du t. II); c'est-à-dire que je passai sous silence quelque chose de nécessaire. Dans ce sens primitif de *savoir par excellence*, le mot philosophie est employé dans celui qu'implique son étymologie. En effet, φιλος, *enclin à, ami de*, et σοφία, *savoir* ou *sagesse*, sont les racines de ce mot. Mais le savoir auquel s'applique le mot grec σοφία, est un savoir rationnel, qui suppose la connaissance de la cause et de l'entité de la chose. Ce savoir, bien qu'il se fonde sur un savoir sensitif, n'est point le savoir sensitif qui naît d'une impression ou d'une inspiration particulière, mais un savoir qui résulte immédiatement d'un *pourquoi?* De sorte que l'enfant est *philosophe*, ou désire rechercher la cause ou la raison de la chose sue sensitivement ou expérimentalement, du moment où il demande *pourquoi?* Il *philosophie*, ou fait de la philosophie, du moment où il fait des efforts d'esprit pour répondre à ce pourquoi; il a une *philosophie* dès l'instant où lui-même résout ou bien d'autres résolvent cette question d'une manière satisfaisante. Je ne m'étends pas davantage sur cette matière, pour ne point anticiper sur ce que je me réserve de développer dans l'ouvrage que je vous ai annoncé (t. II, p. 506). Toutefois je ne puis quitter ce sujet sans vous faire observer que mon explication du mot philosophie dans sa signification la plus importante eût été impossible, si elle n'avait été précédée de la découverte de l'harmonisativité. Le *pourquoi* prend naissance dans la causativité, sans doute (t. II, p. 218); mais, sans harmonisativité, jamais nous n'y répondrions, jamais nous n'y donnerions une solution; car il n'y a que l'harmonisativité qui puisse se rendre compte du *rapport* entre la cause et l'effet, et s'élever par là même à la connaissance des principes (t. II, p. 358 *fin* à 360 et *note*).

Sympathie et antipathie. — Le mot sympathie, employé comme se rapportant aux relations humaines, — et c'est ainsi que je le considère et que je dois le considérer ici, — signifie une correspondance d'affections, qu'on suppose toujours être *agréable* ou *faisant plaisir*, entre deux personnes, et le mot antipathie exprime un désaccord ou une discordance de ces mêmes affections, que l'on suppose toujours être *désagréable* ou *douloureux*.

La sympathie ou l'antipathie peut naître instantanément ou après quelque

agresseur, qui se tire du danger, etc., etc., cependant l'ami, l'agresseur et le danger ne lui sont en réalité point présents; ils sont un simple produit cérébral. Si vous usez avec excès d'excitants alcooliques quelconques, si vous avez une émotion vive, en un mot, si pour une cause quelconque vous éprouvez quelque trouble dans les fonctions du cerveau, vous n'aurez pas un sommeil paisible (car le sommeil n'est que le repos complet du cerveau, ou, si vous préférez cette expression, le repos complet des *fonctions de relation*); alors vous ferez des rêves; en d'autres termes, certaines parties du cerveau, plus excitées que les autres, entreront spontanément en action, tandis que les parties les moins excitées seront encore à l'état de repos, de même qu'au moment où nous commençons à nous réveiller, un sens extérieur entre parfois en action avant un autre, par exemple, l'ouïe avant la vue. »

temps par une fréquentation habituelle. Il y a plus, par la fréquentation, la sympathie momentanément obtenue peut se changer en antipathie et l'antipathie en sympathie.

Quoique les expressions sympathie et sympathiser, antipathie et antipathiser, prises dans leur acception générale, signifient une correspondance agréable ou une opposition désagréable d'affections entre deux personnes, il faut reconnaître que cette condition d'égalité d'affections analogues ou contraires n'est pas indispensable pour qu'il y ait sympathie ou antipathie. Ainsi Pierre peut être sympathique à Jean et Jean antipathique à Pierre et *vice versa*, Pierre peut être antipathique à Jean et Jean sympathique à Pierre.

La sympathie et l'antipathie peuvent être partielles; c'est ainsi que nous éprouvons des sympathies et des antipathies pour certains animaux, bien que le sens dans lequel on emploie communément ces termes exprime une sympathie ou une antipathie générale.

La philosophie ou la véritable théorie de la sympathie et de l'antipathie, sous les divers aspects sous lesquels je viens de les envisager, est inexplicable, en dehors du point de vue phrénologique, pris dans toute l'étendue du champ que j'ai ouvert à vos yeux dans ces leçons.

Sans savoir que chaque faculté désire instinctivement ce qui lui cause du plaisir et répugne à ce qui lui cause de la douleur, nous ne saurions pas pourquoi tout le monde a du moins une certaine sympathie pour une personne dont la beauté est remarquable. Maintenant nous savons que cela arrive parce que la présence d'une personne belle sous tous les rapports flatte et charme toujours instantanément notre méliorativité. Si cette belle personne est d'un autre sexe que celui qui la regarde, la sympathie est plus forte, parce qu'à la jouissance de la méliorativité s'est jointe, suivant les circonstances, une excitation agréable de la générativité. Cette sympathie existera du côté de la personne qui regarde, fût-elle laide et antipathique à la personne regardée. Voilà un cas qui nous explique comment on peut inspirer de la sympathie, tout en n'éprouvant soi-même que de l'antipathie.

Continuons. Supposons que pour des raisons d'état, ou d'intérêt, ou des convenances de famille, ces deux personnes contractent mariage; supposons de plus que la personne qui a éveillé cette sympathie, parce que physiquement elle est belle sous tous les rapports, soit moralement aussi laide, tandis que celle qui lui a inspiré de l'antipathie, parce qu'au point de vue elle est absolument laide, se distingue tout autant par sa beauté morale. La conduite de la personne belle sera nécessairement hostile et déplaisante pour la personne laide, en même temps que les procédés de celle-ci seront généreux et délicats, et par conséquent agréables à celle-là. La continuation d'une conduite si opposée chez les deux conjoints changera dans l'un l'antipathie en sympathie, et, dans l'autre, la sympathie en antipathie. Mais, si nous supposons que la personne sympathique *par sa beauté* est douée d'une intelligence normale, elle comprendra ses véritables intérêts et les intérêts de sa famille, et elle s'efforcera de rendre sa conduite moins insupportable et

plus acceptable, et il finira par s'établir entre les époux, après mille incidents heureux et fâcheux, une sympathie mutuelle, régulière et constante.

Ce cas prouve que le principe des sympathies et des antipathies est fondé
sur le plus ou moins grand ou petit nombre de facultés que dans un temps
donné la présence et la conduite d'une personne excite chez une autre, soit
d'une manière agréable, soit d'une manière désagréable, et l'on peut, par
extension, appliquer ce principe aux animaux [1] quant aux affections qu'ils
provoquent en nous. Ce principe comprend dans son cercle tous les cas et
tous les degrés de sympathie et d'antipathie. Pourquoi un bandit sympathise-
t-il avec un autre bandit, et les bandits, quelque braves qu'ils soient, ne
sympathisent-ils pas avec un héros? D'après le principe que j'ai établi, la
raison saute aux yeux. La présence et la conduite d'un bandit affectent agréablement les facultés les plus actives d'un autre bandit; mais aucun bandit
ne sympathise avec un héros, parce que ni la présence ni les actes d'aucun
bandit ne sauraient affecter agréablement les facultés les plus actives d'aucun héros, c'est-à-dire la méliorativité, la rectivité, l'inférioritivité, la bénévolentivité et l'intellectualitivité. Un héros pourra admirer, en certains cas,
la valeur et l'intrépidité d'un bandit; sympathiser avec lui, jamais.

Pourquoi deux personnages qui ont la même ambition des honneurs et
du pouvoir s'inspirent-elles de la sympathie ou de l'antipathie, suivant qu'il
y a ou qu'il n'y a pas chez eux unité de vues quant à l'objet de cette ambition? L'ambition du commandement, considérée d'une manière abstraite,
prend naissance dans la supérioritivité. Ces deux personnages sympathisent
donc, quant à l'ambition du commandement ou de l'autorité, prise en général. Mais l'emploi des moyens propres à satisfaire cette ambition et même
son objet peuvent produire, soit de grandes sympathies, soit de grandes antipathies, parce que, suivant qu'ils sont semblables ou dissemblables, ils
peuvent affecter un grand nombre de facultés, soit d'une manière agréable,
soit d'une manière désagréable.

Pourquoi y a-t-il des gens qui sympathisent avec tout le monde et d'autres
avec personne? Cela est simple et évident, d'après le principe établi. Les gens
sympathiques, outre qu'ils se présentent et se comportent d'une manière
qui affecte agréablement la méliorativité, la supérioritivité et l'approbativité,
savent tenir un langage qui ne blesse ni n'irrite aucune des autres facultés

[1] Relativement aux animaux, il suffit de dire que nous avons une espèce de sympathie
pour les jeunes tigres, les jeunes lionceaux, les jeunes léopards que nous voyons jouer et
bondir, tandis que nous éprouvons un sentiment contraire quand nous les considérons,
devenus grands, sous leur aspect féroce. Il est des personnes qui sympathisent plus avec
certains animaux qu'avec d'autres, parce qu'ils leur affectent plus ou moins de facultés
d'une manière agréable selon les impressions qu'ils en reçoivent ou l'idée qu'ils s'en forment. Le poëte écossais Burns avait des sympathies pour un pauvre rat; Shakspeare,
pour les escargots, au point qu'il était ému de pitié à l'idée que l'homme les écrase si volontiers, sans même penser au mal sensitif qu'il leur cause. Ferdugi, poëte persan, avait
des sympathies pour la fourmi; Cooper, pour les lièvres; Byron, Walter Scott et d'autres pour les chiens.

de la personne à laquelle ils s'adressent. Cela suppose une tête beaucoup cultivée par l'éducation et par des relations utiles, ou naturellement grande et bien conformée, avec un tempérament nervoso-fibreux. Les gens antipathiques à tout le monde sont ceux qui se présentent et se comportent avec trop de sans-gêne, ou dont le genre répugne naturellement à la méliorativité, à la supérioritivité, à l'approbativité; qui parlent toujours sans tenir compte des moments, des personnes ni des circonstances, et qui blessent et irritent ainsi, outre les facultés que j'ai mentionnées, toutes celles que possèdent les survenants qui sont victimes de leur indiscrétion ou de leur manie particulière. En pareil cas, les individus antipathiques agissent sous des impulsions dominantes que ne dirige pas l'harmonisativité. Celui qui est doué d'une grande approbativité ne tarit pas dans son propre éloge, parlàt-il devant les rivaux les plus ambitieux et les plus envieux. Tel autre, qui a une grande générativité et une grande causticité, ne cherchera jamais à adapter sa mine, naturellement drolatique et bouffonne, au caractère et aux circonstances de ceux avec qui il s'entretient, et, devant une pudique jeune fille comme auprès d'un moribond à l'agonie, il ne débitera que des plaisanteries. Avec qui pourraient sympathiser de pareils individus?

Il y a des sympathies et des antipathies momentanées ou instantanées que, bien qu'elles soient fondées sur le principe que je viens d'indiquer, on ne parviendrait pas à expliquer entièrement si je n'avais découvert que chaque organe est un générateur de fluide électro-nerveux, suivant l'état de la faculté qu'il manifeste (t. II, p. 490 à 493), et que le cerveau est une machine électro-nerveuse dont les décharges frappent les objets qui nous entourent au moyen du langage naturel en repos ou en activité, c'est-à-dire au moyen des yeux (t. II, p. 482) et des autres parties du visage, ainsi que par les démonstrations du reste de l'organisme (t. II, p. 479 à 481, 490 à 493). Cette machine produit sur les vivants les effets les plus puissants et les plus marqués:

Ainsi nous entrons dans un salon, et voilà qu'entre mille personnes, il s'en présente une à nous, qui, sans que nous puissions remarquer en elle rien de particulier, nous inspire instantanément, par on ne sait quelle influence mystérieuse, une profonde sympathie ou une violente antipathie. Une jeune fille voit entre mille cavaliers un homme vers lequel elle se sent attirée par une puissante sympathie ou dont elle se sent détournée par une invincible antipathie, sans qu'elle-même puisse apercevoir en lui aucun motif qui doive le lui faire préférer aux autres ou le lui faire mettre au-dessous des autres. Un indifférent regarde un groupe de personnes qui jouent, qui discutent ou qui soutiennent les unes contre les autres une lutte ouverte ou cachée sous une autre forme quelconque, et il se sent tout à coup pénétré d'une mystérieuse sympathie pour l'une ou d'une secrète antipathie pour l'autre, de sorte qu'il désire intérieurement, sans pouvoir se rendre compte de ses dispositions, que la première gagne ou l'emporte, et que la seconde perde ou succombe. Si l'on raconte à deux ou à un grand nombre de per-

sonnes un événement auquel concourent plusieurs acteurs, il en est qui sym:-
pathisent avec les uns comme avec les autres. Il est rare que deux ou plusieurs personnes qui auront lu une nouvelle dans laquelle figurent divers
personnages principaux ou très-remarquables, aient un égal degré de sympathie ou d'antipathie pour les mêmes; il arrivera assez souvent, au contraire, que, pour certains lecteurs, tels personnages seront sympathiques
que d'autres trouveront antipathiques.

Tout cela a lieu parce que l'ensemble du caractère des sujets qui nous ont
inspiré des sympathies ou des antipathies exerce une action cérébrale, générale et constante, laquelle détermine dans la physionomie en repos des
décharges électro-nerveuses qui nous affectent agréablement ou désagréablement un grand nombre de facultés. On m'a cité des exemples de sympathie
ou d'antipathie subite de la part de gens aveugles pour des personnes qui ne
faisaient que s'approcher d'eux et qu'ils n'avaient ni touchées ni entendues.
S'il en est ainsi, et je n'ai aucune raison pour en douter, il faut reconnaître
que le visage et la tête dégagent un fluide nerveux qui affecte les organes
cérébraux des personnes voisines, et qui, par son influence agréable ou désagréable, produit les mêmes effets, quoique d'une nature différente, que
les molécules odoriférantes ou les miasmes pestilentiels produisent sensi-
vement sur l'olfactivité.

Les personnages des relations qu'on nous fait ou des ouvrages d'imagination que nous lisons produisent en nous la sympathie ou l'antipathie par la
radiation sur nos facultés sensitives de l'idée que nous nous en formons,
suivant que cette idée comprend plus ou moins d'éléments capables de déterminer le plaisir ou la douleur dans un plus grand ou dans un moindre nombre de facultés, par rapport à chacun de ceux en particulier qui ont entendu
ces récits ou qui ont lu ces ouvrages. En un mot, comme j'ai déjà eu occasion de le dire ailleurs, deux personnes, qu'elles soient de même sexe ou de
sexe différent, éprouveront une sympathie ou une antipathie d'autant plus
complète et d'autant plus constante qu'elles peuvent exciter l'une chez l'autre
un plus grand nombre de facultés d'une manière agréable ou désagréable; et
le pouvoir ou la force d'exciter agréablement un plus grand nombre de facultés, en autres termes, de s'inspirer de mutuelles sympathies, se trouvera
toujours chez des personnes dont la tête, l'âge, la condition, les vues, les opinions et la profession sont analogues. Tel est le fondement sur lequel nous
devons chercher à fonder nos sympathies dans les amitiés que nous formons,
dans le mariage que nous désirons contracter, et dans toutes les circonstances où nous avons à établir avec des tiers des unions de longue durée.
N'oublions jamais que, tout en ne manquant pas de remplir fidèlement et
exactement les devoirs que nous impose notre condition ou notre état, nous
provoquerons toujours d'autant plus de sympathies et d'autant moins d'antipathies chez nos semblables que nous ferons plus de sacrifices et plus d'efforts pour exciter en eux d'une manière agréable le plus grand nombre et
d'une manière pénible le plus petit nombre possible de facultés.

Tempérance et harmonie. — J'ai dit maintes fois (t. I, p. 50, 74, 301, 308; t. II, p. 15, 383, *note*) que tous nos efforts doivent tendre à exercer et à satisfaire nos facultés mesurément et harmoniquement, ou, en d'autres termes, avec tempérance et harmonie. J'ajoute maintenant que c'est dans cet exercice que, philosophiquement parlant, consiste la suprême sagesse, et c'est pour cela que j'ai ajourné jusqu'à ce moment, où je dois terminer ce cours de leçons, quelques éclaircissements qui vont compléter l'explication de l'usage des facultés.

Dans la leçon XIX (t. I, p. 308 à 312), j'ai démontré que la tempérance et l'harmonie sont le point de départ de toute éducation. Dans la leçon XLV (t. II, p. 260 à 261), j'ai ensuite prouvé que Dieu a tout créé en vue de la satisfaction harmonique de nos facultés mentales, et rien pour la satisfaction exclusive d'une seule. Tout a été soumis à des combinaisons solidaires, afin que, quand une faculté se satisfait, toutes les autres puissent éprouver en même temps une satisfaction harmonique. Dans la même leçon (t. II, p. 267 à 273), j'ai montré que, quoique chacun de nos actes puisse produire cette satisfaction harmonique, comme chaque faculté particulière a une impulsion propre, spéciale ou égoïste qui tend à une satisfaction exclusive, il arrive très-fréquemment que nos actes aboutissent uniquement à une satisfaction partielle. Cette satisfaction partielle, toujours poursuivie aveuglément, et souvent avec une fougue extraordinaire et en faisant violence aux autres facultés, peut produire des discordes, des guerres et des révolutions intestines. Ainsi c'est parce qu'il peut y avoir partiellement ou dans une chose abus engendrant la douleur, conduisant à une discordance générale dans les choses d'où résulte le malheur, qu'existe l'harmonisativité ou le gouvernement suprême de l'âme douée de rationalité, l'harmonisativité, qui ne veut qu'établir la *tempérance* dans chaque faculté ou pour chaque chose et l'*harmonie* dans toutes les facultés ou en toutes choses, pour nous procurer la première ou la tempérance le plaisir, et la seconde ou l'harmonie, le bonheur.

Ce qui constitue la nature et les principes fondamentaux de la *tempérance* et de l'*harmonie*, ou d'une conduite mesurée et harmonique, comme source de la plus grande somme de plaisirs partiels et de bonheur général que Dieu nous ait accordée ici-bas, a été complétement expliqué, éclairci et démontré. Je n'ai par conséquent ici, à raison de l'immense importance du sujet, qu'à en résumer les applications, en disant, pour les faire mieux comprendre, que ce n'est point impunément qu'on procure une satisfaction intempérante à un désir ni un exercice immodéré à un organe, de même qu'un désir ou un organe ne saurait, sans subir un juste châtiment, agir en discordance avec d'autres désirs ou d'autres organes. Si, parce que nous avons le bras vigoureux ou pour d'autres causes, nous l'employons fréquemment jusqu'à une extrême fatigue aux dépens des jambes, dont nous ne nous servons pas, après un certain temps le bras et les jambes ne pourront plus rien faire, l'un par excès et les autres par manque d'exercice. Si, parce que nos fonctions digestives s'accomplissent parfaitement nous mangeons et buvons trop, en négligeant nos poumons, auxquels nous ne fournissons pas un air vif et pur, en peu de temps nous nous appesantirons ou détruirons l'estomac par excès et la poitrine par manque d'exercice. Si, parce que Dieu nous a doué d'une bonne tête ou pour d'autres causes, nous lui imposons des travaux excessifs, sans nous occuper de nos pieds, nous l'affaiblissons, et nous pouvons arriver à perdre la tête pour avoir trop étudié, et les pieds pour avoir trop peu marché. Ce qui est vrai de tout un appareil est vrai d'un simple organe ou de tout un système. Celui qui s'exalte ou qui s'impressionne constamment, épuisant ainsi les ressources des systèmes sanguin et nerveux, aux dépens du système fibreux ou musculaire et du système lymphatique ou vasculaire, perd la raison ou la santé par excès d'irritabilité et de sensibilité et manque de résistance, de calme ou de repos, comme je l'ai précédemment expliqué et démontré (t. I, p. 308 à 311).

Ce n'est pas à dire qu'il faille que chaque série d'organes extra ou intra-crâniens soit employée et exercée, soit pour l'intensité, soit pour la durée de l'action, précisément et exactement comme les autres séries qui constituent l'organisme. S'il en était ainsi, il ne pourrait y avoir dans la société ni métiers, ni carrières, ni professions ou emplois distincts. C'est pour qu'il y ait dans un ordre harmonique des occupations distinctes, que la nature accorde à un même individu une série d'organes plus ou moins développés que d'autres, tout en les rendant susceptibles de se fortifier par un exercice bien entendu. Les organes naturellement plus développés ont, comparativement, besoin de plus d'exercice que ceux qui le sont moins; et, si elle ne dépasse pas les limites tracées par le degré de ce développement lui-même, cette plus grande quantité d'exercice qui est une nécessité, et dont la réalisation constitue un plaisir, est ce qui détermine, comme vous l'avez vu plus haut (t. II, p. 312 à 316, 330 à 333), la carrière ou la profession que les hommes doivent choisir préférablement à une autre ou aux autres.

Toutefois, qu'il soit bien entendu qu'une série d'organes, comparativement fort développés, tout en déterminant pour l'individu le choix qu'il doit faire d'une carrière, ne suppose ni n'implique nullement la privation absolue d'exercice jusqu'à un point et suivant un mode suffisant, pour les séries des organes moins développés. Celui qui naît avec des jambes faibles et une poitrine peu robuste, mais avec une tête grandement conformée, ne choisira point le métier de coureur ou de plongeur; il embrassera, autant que ce lui sera possible, une carrière littéraire ou scientifique. Le choix de cet individu, qui le portera naturellement à faire de grands efforts d'intelligence et par conséquent de tête, en complète harmonie avec le reste de son organisme ou de sa constitution, ne suppose ni n'implique nullement la privation absolue d'exercice pour les jambes et les poumons. Au contraire, ce choix exige que l'individu donne un plus grand exercice musculaire à ses jambes, à sa poitrine, à ses bras, que si sa profession avait demandé une grande activité du tronc et des extrémités; mais cet exercice ne doit jamais être que proportionné à celui de la tête, eu égard aux forces respectives de toutes les parties de l'organisme en général. Il n'y a dans tout cela, messieurs, qu'une question de gymnastique proportionnée aux diverses forces naturelles de nos organes, appareils et systèmes, afin de faire régner entre eux une harmonie complète. Il faut que celui qui, dans une carrière littéraire ou scientifique, fait faire, par devoir de profession, beaucoup de gymnastique à son cerveau, en fasse faire, par raison de santé, proportionnellement autant au tronc et aux extrémités du corps. Il faut au contraire que celui qui, par état, doit exercer beaucoup le tronc et les extrémités, exerce, dans l'intérêt de sa santé, relativement autant son cerveau par la lecture, la méditation ou l'étude. L'orateur ou le chanteur qui, par devoir de profession, se fatigue beaucoup la voix et la poitrine, dans une atmosphère souvent plus ou moins viciée, doit exercer au grand air, par une gymnastique modérée, ses poumons, ainsi que les autres organes qui contribuent à donner plus de force et de vigueur à la gorge. Quant à la conduite purement morale, après tout ce que j'ai dit dans la leçon XLV (t. II, p. 251 à 273) il serait absolument inutile de faire à cet égard aucune nouvelle observation.

Et maintenant, messieurs, j'ai terminé ma tâche actuelle, et cette tâche résume toute ma vie littéraire et scientifique. Et, puisque mes travaux ont déjà obtenu, tant dans leurs diverses parties constitutives que dans leur ensemble ou totalité essentielle, les témoignages les moins équivoques de votre estime, de même que l'approbation complète de l'Église catholique, apostolique et romaine, notre sainte mère, au jugement de laquelle je soumets et soumettrai toujours mes publications et mes doctrines, il ne me reste qu'à supplier Dieu, et je l'en supplie ardemment, de les bénir, pour sa plus grande gloire et la plus grande utilité du prochain.

FIN.

TABLE DES LEÇONS

CONTENUES DANS LE SECOND VOLUME

FIN DE LA TABLE DES LEÇONS DU SECOND VOLUME.

TABLES GÉNÉRALES

Table, par ordre d'intercallation, des portraits et autres gravures dont est orné l'ouvrage.

Table, par ordre alphabétique, des ouvrages cités dans ces leçons.

A

B

Bálmes, Curso de Filosofía elemental.
— El Criterio.
— Estudios frenolójicos.
Bardach, Vom Baue und Leben des Gehirns.
Beecher Stowe, Uncle's Tom Cabin.
Bently, Health made Easy.
Bergier, Diccionario Teolójico.
Besnard (el Abate), Doctrine de M. Gall : son orthodoxie philosophique, son application au christianisme.
Bessieres, Nueva clasificacion de las facultades mentales.
Blair, Lecciones sobre Retórica i Bellas Letras.
Blumenbach, Collectio craniorum diversarum gentium illus.
Boardman, Combe's Lectures.
Boletin de Medicina, Cirujía i Farmácia.
Bonells i Lacaba, Anatomía del cuerpo humano.
Borrajo, A todos los que tengan ojos para ver i oidos para oir.
Bouillaud, Archives générales de médecine.
Bouillet, Dictionnaire universel des sciences, des lettres et des arts.
Boyer, Tratado de Enfermedades quirúrjicas.
Brillat-Savarin, Physiologie du goût, ou Méditation de gastronomie transcendante.
Broussais, Cours de phrénologie.
— De l'irritation et la folie.
Brown, Lectures on the Philosophy of the Humand Mind.
Bruyères, Phrénologie pittoresque.

C

Caldwell, Elements of Phrenology.
— Paralelism of the Tables.
Carrasco, Fisiolojía.
Cérise, Esposicion i ecsámen crítico del Sistema frenolójico.
Cerber de Robles, Nueva clasificacion de las facultades celebrales.
Colburn, Memorias de su vida, escritas por sí mismo.
Coleccion de Definiciones de lójica.
Combe, G., System of Phrenology.
— G., Lectures.
— G., Notes on the United States of America.
— Traité de phrénologie.
— On the Functions of the Cerebellum by Drs. Gall, Vimont and Broussais.
— A., Mental Derangement.
— A., The Physiology of Digestion, considered in relation to the principles of Dietetics.
— Observations on Mental Alienation.
Comte, Cours de philosophie positive.
Conversations = Lexikon.
Couper, Lectures on Surgery.
Cox, Essay on the character and cerebral development of the Esquimaux.
Cubí, Polémica con el Tribunal eclesiástico de Santiago de Galicia.
— Sistema completo de Frenolojía.
— Al pueblo español sobre las causas que hacen el comunismo imposible i el progreso incontrarestable.
— Sobre el camino que nos conduce a la abundancia i nos aleja de la miseria.
— A la nacion española sobre reformas ortográficas.
— Nuevo sistema para aprender el inglés por medio de la ortografía fonética.

J

Journal de la Société phrénologique de Paris, de 1832 à 1835.

K

Kant, Von der Macht des Gemüths durch den blossen Vorsatz seiner Krankhaften Gefühle Meister zu sein.

L

Larrey, Mémoire de chirurgie militaire et campagnes.
Lavater, Art de connaître les hommes par la physionomie.
Leroi, Lettres à un physicien de Nuremberg sur l'instinct des animaux.
Londe, Hijiene.
Lucca (El abate de), Annalí de scienze religiose.

M

Magendie, Anatomie des systèmes nerveux des animaux vertébrés.
Martin Martinez, Anatomía comparada.
Masse, Atlas completo de Anatomía descriptiva del cuerpo humano.
Medico-chirurgical Review.
Mémoires de l'Académie française, de 1703, 1741, 1748.
Milton, Paradise lost.
Miles, Phrenology.
Molina, Conquista de Chile por los españoles.
Moreau, Materialismo frenolójico.
Moreto, El desden con el desden.
Morton, Crania americana.
Mímica degli antichi, investigata nel Gestire Napolitano.
Monlau, Arte de emplear las fuerzas en beneficio de la salud.

N

Nahum Capen, Spuhrzeim's Phrenology in Connexion with the Study of Phisiognomy

P

Pasquale (Barone), Elementi di Filosofía.
Patrie (La), journal qui se publie à Paris.
Pinel, sur l'Aliénation mentale.
— Éléments de physiologie.
Phrenological Journal.
Pluquet, Du Fatalisme.
Porta, De humana Physionomia.

R

Reports, Relating to the State Lunatic Hospital at Worcester, Massachusetts.
Riboli, Brevi Concetti o Discorsi sulla Prenología.
Riera i Comas, la Frenolojía i el Siglo.
Richerand, Éléments de physiologie.
Roret, Nouveau Manuel du physionomiste et du phrénologiste.
Ruschenberger, Tres años en el Pacífico.
—   Phisiology and Animal Mechanism.

S

Saavedra Fajardo, Idea de un príncipe político cristiano.
Sapey, Traité d'anatomie.
Sancti Bonaventuræ Opera.
San Agustin, Lib. de littera et spiritu.
Schœll, Histoire abrégée de la littérature grecque.
Serres, Anatomie comparée du cerveau.
Shuttleworth, un article dans le Manchester Times and Examiner.
Silas Jones, Practical Phrenology.
Skinner, Estado presente del Perú.
Smith (John), Fruits and Farinacea : the proper food of man.
Spurzheim, Phrenology, or the Doctrine of mental phenomena.
—   Anatomy of the Brain.
—   On Insanity.

T

Thomæ Aquinatis, Opera complectens Summa theologiæ.
Torquemada, Monarquía indiana.
Transilvannian Journal of Medicine.

V

Vegeterian, Messenger.
Veinte i seis cartas al Marqués de Valdegamas en contestacion a los veinte i seis capítulos de su Ensayo sobre el Catolicismo, el Liberalismo i el Socialismo.
Vieira, Arte de furtar.
Vimont, Traité de phrénologie.

W

Walker, Intermarriage.
Wendt, un artículo en el Conversations Lexikon.
Wiseman, Estudio comparativo de las lenguas.

Z

Zuriaga, Compendio de Anatomía.

Table analytique, par ordre alphabétique, des matières contenues dans cet ouvrage.

EXPLICATION DES PRINCIPALES ABRÉVIATIONS ADOPTÉES DANS CETTE TABLE.

Act..................... Organe ou faculté actionitive.
Cog..................... Organe ou faculté cognoscitive.
Comm.................. Commencement de la page.
C. a. .... Comparé avec.
Comp.................. Complet ou complète.
Cont.................. Organe ou faculté contactive.
Déf.................... Définition.
Deg................... Degrés (d'activité).
Dir.................... Direction et influence mutuelle (de cette faculté avec les autres).
Expl................... Explication.
F...................... Fin de la page.
Fac................... Faculté.
Harm................. Harmonisme et antagonisme.
Ib.................... Ibidem.
Lang................. Langage.
Loc.................. Localité et découverte.
Nat.................. Naturel.
N.................... Note.
Org.................. Organe.
Orig................. Origine.
P..................... Page.
Part................. Particularités, incidents, observations, etc.
Préc. (p.)............ Précédentes (pages).
Phrén............... Phrénologie.
Prim................ Primitif ou primitive.
Suiv. (p.)........... Suivantes (pages).
Us.................. Usage.
V................... Voir.

A

Aberrations et maladies mentales, V. *équilibre* (Manque d'); t. I, p. 438-442, 474-477; t. II, p. 71-76, 158-159 et autres endroits.
Abstraction (L') : son expl. compl., t. II, p. 117-119, 404-410.
Abstraits (Mots) : leur expl. compl., t. I, p. 452-455.
Absurdité; c'en est une que cette phrase : Je crois à la physionomie, mais non à la phrén., t. I, p. 56, 313, 404 f.
Acceptions diverses du mot philosophie, son expl. compl., t. II, p. 494-503.
Accidents auxquels est sujette l'harmonie entre les désirs et le pouvoir de les satisfaire, t. II, p. 411-415. — Accidents de la volonté : leur expl. compl., t. II, p. 321-355. — Comparés avec le principe utile dont ils émanent, t. II, p. 354-355.
Acevedo, auteur espagnol, il a écrit sur l'électricité animale, t. II, p. 20, 119, 405, *note*.

C

D

E

F

G

H

J

M

portrait, t. II, p. 517-537; d'étudier, de comprendre et de représenter l'homme pour les poëtes, les nouvellistes, les historiens, les publicistes, les commerçants, les avocats, les fabricants, les militaires, les artisans, les moralistes et les autres classes de personnes, t. I, p. 36-42.

Modificatifs (Des effets, du volume de la tête, t. I, p. 299-314.

Moelle allongée (La), c'est une partie de l'encéphale, t. I, p. 210; on commence à l'appeler *isthme encéphalique*, t. II, p. 459-462, *note*.

Moi (Système métaphysique du), t. I, p. 8-18. — Le moi employé dans l'acception de force, de sens intime, de force de conviction rationnelle, de force de principe intelligent, t. I, p. 8-9, 10-16, 38 et *passim*.

Moi (Le) a diverses significations, t. II, p. 109, *note*.

Moi (Le) et le non-moi général, souverain ou raisonnable; amples explications; grandes, neuves et importantes doctrines et applications à ce sujet, t. II, p. 358-371.

Moi (Le) double, V. *Doubles*. — Le moi complexe que croient avoir tous les monomanes, t. I, p. 329.

Moi (Les) et les non-moi particuliers, subordonnés ou sensitifs; leur expl. compl., t. II, p. 358-371.

Monomanie (La); son orig. prim., t. II, p. 138-140. — V. *équilibre* (Manque d').

Monstres sous une forme humaine, t. I, p. 137, 169-170.

Montèr ou *excelsior*, c'est le vœu, le cri constant de l'humanité, t. II, p. 127. — Pourquoi? p. 110-132.

Moquerie (La), t. II, p. 104, f., 105.

Moral (Le) et le physique; expl. de leur mutuelle influence, t. II, p. 372-390. — Application à ce sujet d'une utilité immense, *ibid*.

Morale (La); quel caractère elle nous enseigne à donner au langage, t. II, p. 114. — Partie morale; c'est une des divisions importantes des fac. et des organes, t. I. p. 142, 374, 510-511 (4° instruction). — Synonymie de ce mot, t. I, p. 373-375; t. II, p. 95-96, 372-374, 3`3, *note*. — Le moral; son influence sur le physique. t. II, p. 372-390. — Médecine et hygiène morales, t. II. p. 383, *note*. — Règne moral confondu avec le règne animal, p. 95-96 et *note*. — Philosophie morale. V. *Ethique*.

Moraux (Org. et fac.', t. I, p. 340-543, 369-370, 373-375; t. II, p. 95-96; on peut diviser les fac. morales en animales et humanales, t. I, p. 369-370.

Moreto, célèbre auteur dramatique espagnol; son portrait et son caractère. t. II. p. 82 fin, 83.

Mort (La); son expl. philosophique, t. II, p. 23-24.

Motif (Le) est une impulsion intelligente, t. II, p. 249-250. — Il est toujours indispensable pour la résolution, t. II, p. 346, note, 522, note. — En quoi consiste sa plus grande ou sa moindre puissance, *ibid*.

Mouton (Le); merveilleuse harmonie entre sa condition et ses destinées, t. I, p. 412.

Mouvement (Comment les fac. se mettent en), t. II, p. 430-434. — Expl. extrêmement utile de la connaissance de ce principe, *ibid*.

Mouvementivité (La); fac. cog. indiquée aujourd'hui par le n° 15, et aup. par le n° 34. sous le nom d'*Eventualité*, t. I, p. 502-507. — Pourquoi l'on a changé l'ancienne dénomination, p. 506-507. — Déf., p. 502. — Us., *ibid*. — Loc., p. 503. — Harm., p. 522-537. — Deg., p. 503-504. — Dir., p. 504. — Part., p. 504-507. — Lang. nat., p. 507.

Moyens immenses que fournit la phrén. pour exciter ou calmer les fac., t. I, p. 50-52, 116-118, 142-144, 161-162; t. II, p. 9-16, 71-75, 99-103, 299-301 et suiv., 374 f., 590. — Moyens de communication des fac., t. II, p. 448-451 et p. suiv.

Multiplicité (La) exclusive n'existe pas; elle est toujours accompagnée de l'unité ou d'un tout général, t. II, p. 398-403. — Elle forme la partie ou les attributs constitutifs de toutes choses, t. II, p. 403-410. — Comment la multiplicité mentale concourt à l'unité d'action rationnelle ou sensitive, t. II, p. 428-429 et aux endroits

40*

T

U

Y

FIN DES TABLES GÉNÉRALES.

ERRATA

Tome I, p. 35, ligne 24, omettre le mot *Voisin*. Ce nom indique un phrénologue français illustre, qui est le fondateur du système *orthophrénique* en plein succès aujourd'hui, et auteur de divers excellents ouvrages, entre autres, *Du Traitement intelligent de la folie*, et *Analyse de l'entendement humain* [1]. On trouve dans ces ouvrages beaucoup d'originalité, une portée pratique immense et un style à la fois clair et éloquent.

Tome II, p. 14, ligne 24, au lieu de : *tel est l'âne, telle est sa femelle qui* ; lisez : *Tantôt c'est le mâle, tantôt c'est la femelle.*

---

[1] J. B. Ballière et fils.

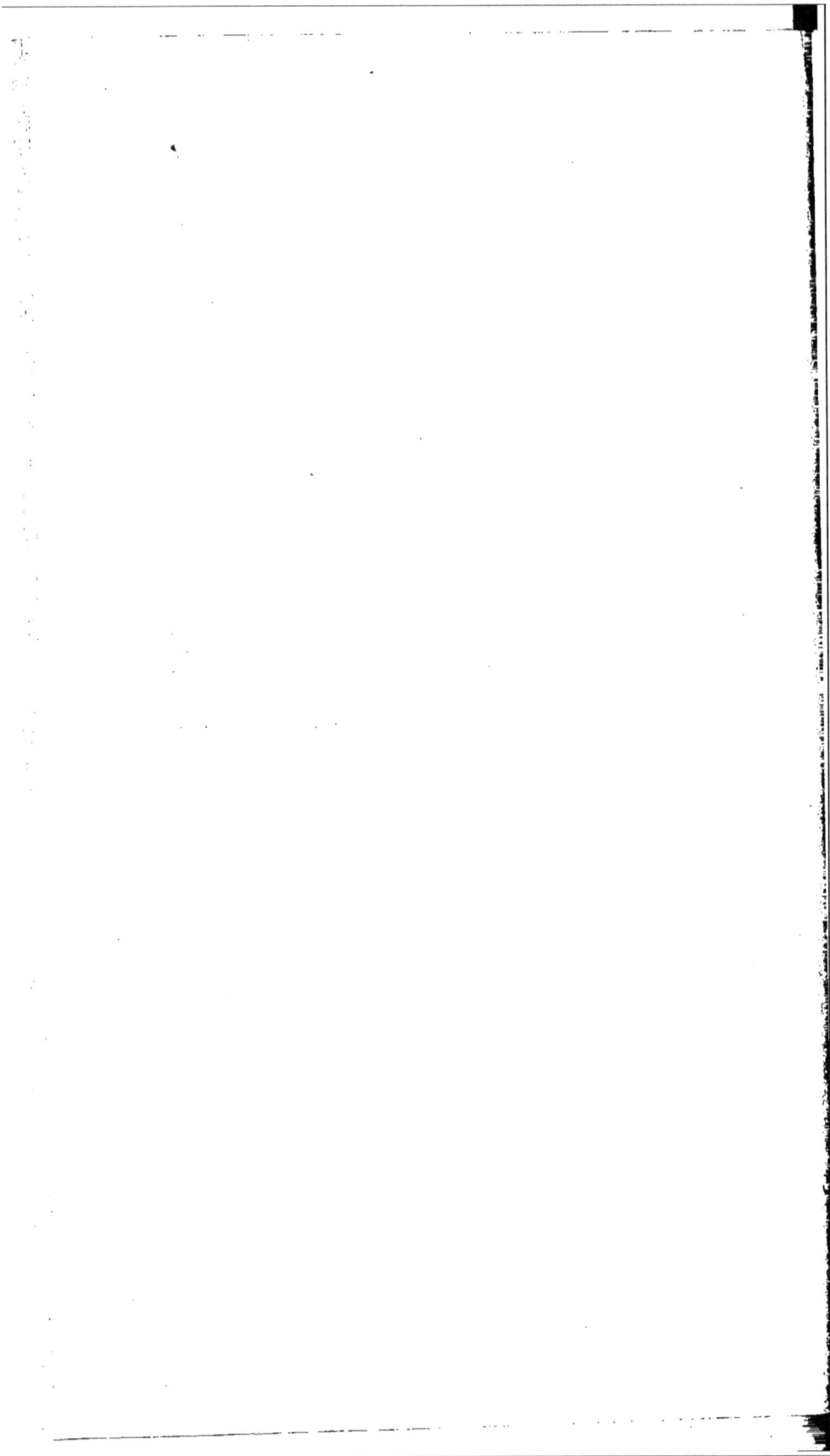

www.ingramcontent.com/pod-product-compliance
Lightning Source LLC
Chambersburg PA
CBHW060830220326
41599CB00017B/2299